魚類学の百科事典

The Encyclopedia of Ichthyology

日本魚類学会 編

丸善出版

多様な魚類の世界

本事典で解説する魚類のうち，特に興味深い特徴を持つものを選んだ．

⬆キンメモドキの群れ．夜行性の魚で，昼間はサンゴ礁や岩礁で大きな群れをつくって休んでいる［撮影：内野啓道］

⬆インドネシア・シーラカンスの幼魚．インドネシアのマナド湾の水深161 mで自走式水中カメラによって世界で初めて撮影された．シーラカンスは胎生であることが知られており，この体長約30 cmの個体は産まれたばかりだと思われる．［写真：アクアマリンふくしま］

⬆硬骨魚類の二重染色標本．硬骨をアリザリンレッドで赤く染色し，軟骨をアルシャンブルーで青く染め分ける二重染色法は魚類の内部骨格を観察するために開発された［撮影：細谷和海］

⬆ムカシウナギ．ウナギ目の魚で，パラオの海底洞窟から発見され，2012年に新科・新属・新種として発表された［撮影：坂上治郎］

⬅シノノメサカタザメ．名前に「ザメ」と付いているが，鰓孔が腹面にあり，エイの仲間である［写真：海遊館］

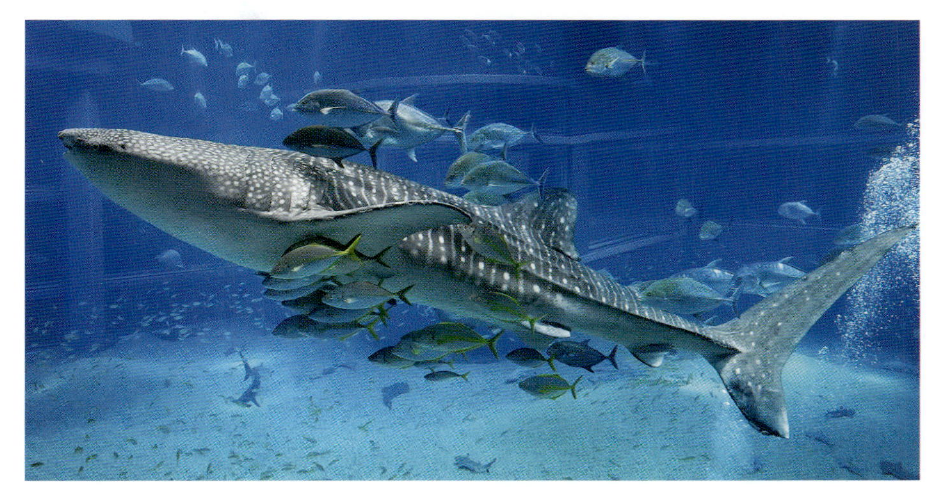

⬆ジンベエザメ．世界最大の魚類で，主に動物プランクトンなどを鰓杷で濾過して食べる［写真：海遊館］

⬆アマミホシゾラフグ．(a) 水深25～30 m の砂底に幾何学模様の産卵巣をつくる．直径2 m もあり，魚類がつくる最大の産卵巣．(b) 雄（右）が雌の頬に噛み付いて産卵をうながす［撮影：大方洋二］

⬆ロウソクギンポの求愛と産卵.（a）産卵時間になると雄の頭部は黒くなり，腹部と胸鰭は黄色になる．雌が近付くと，雄は頭部を激しく上下させて求愛する．（b）巣に入った雌（左）が産卵せずに出て行こうとすると，雄（右）は雌に噛み付く．雄の左体側の赤（前方）と緑（その後ろ）の線は，個体識別のため皮下注射した色素［撮影：松本有記雄］

⬆掃除魚とその擬態種.（左）ハナビラウツボの口の中を掃除するホンソメワケベラ［撮影：桑村哲生］.（右）ホンソメワケベラに擬態するニセクロスジギンポはイバラカンザシの鰓冠なども食べる［撮影：藤澤美咲］

⬆アユモドキ．体形がアユに似ているが，ドジョウの仲間で，国の天然記念物である［撮影：細谷和海］

⬆イタセンパラ．国の天然記念物．雌（手前）が雄（奥）の誘導によってイシガイに産卵しようとするところ［撮影：細谷和海］

⬅リュウキュウアユ．1988年に奄美大島と沖縄島から採集された標本に基づいて新亜種として発表されたが沖縄島の個体群は記載された当時には既に絶滅していた．奄美大島の個体群のみが生き残っている［撮影：米沢俊彦］

⬆オオスジイシモチの産卵．沿岸岩礁域に棲み，雌が産卵すると雄は卵塊を口にくわえて口内保育をする［撮影：奥田昇］

⬆ムツゴロウの求愛．有明海の干潟に生息，干潮になると雄はジャンプして雌に求愛する．皮膚呼吸によって空気中の酸素を体表から取り込むことができる［撮影：中濱憲臣］

⬆オキナワベニハゼ．魚類では雄から雌に（雄性先熟），または雌から雄に（雌性先熟）性転換する種が数多く知られているが，オキナワベニハゼは双方向へ性転換する［撮影：内野啓道］

⬆ビワマス．約50万年前に琵琶湖に陸封されたサクラマスの亜種．サクラマスの若魚は銀化変態して海水適応能を獲得し海へ降るが，ビワマスは降湖時に体色は銀白化するものの，海水適応能は発達しない．銀化変態の内分泌制御を研究する上でユニークな存在である．(b) ジャンプして遡上するビワマスの雄．(c) 産卵中のペア［撮影：(a) 尾田昌紀，(b, c) 秋葉健司］

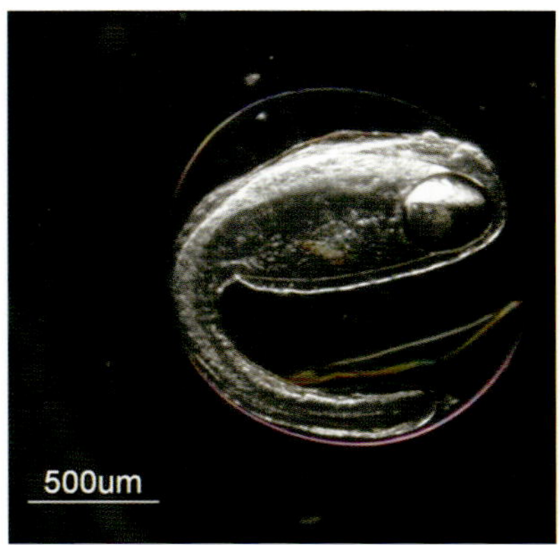

⬆ニホンウナギの卵．日本の研究者によって世界に先駆けて西マリアナ海嶺南部水域で採捕された［撮影：望岡典隆］

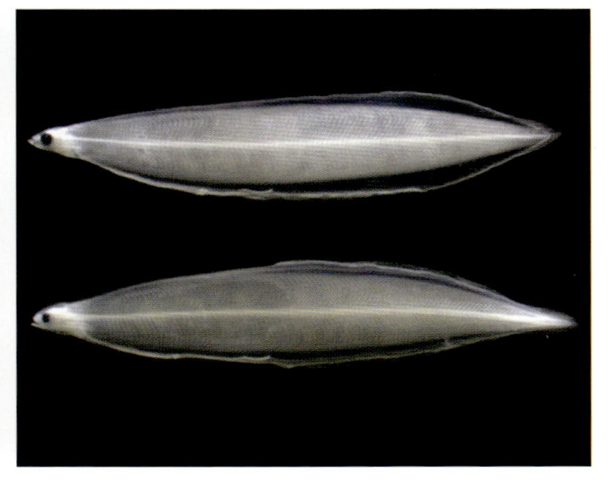

⬆ニホンウナギのレプトセファルス．台湾東方海域で採捕された，(上) 変態前の葉形仔魚，(下) 変態期の葉形仔魚．頭部が丸みを帯び，背鰭始部と肛門が前方に移動している［撮影：望岡典隆］

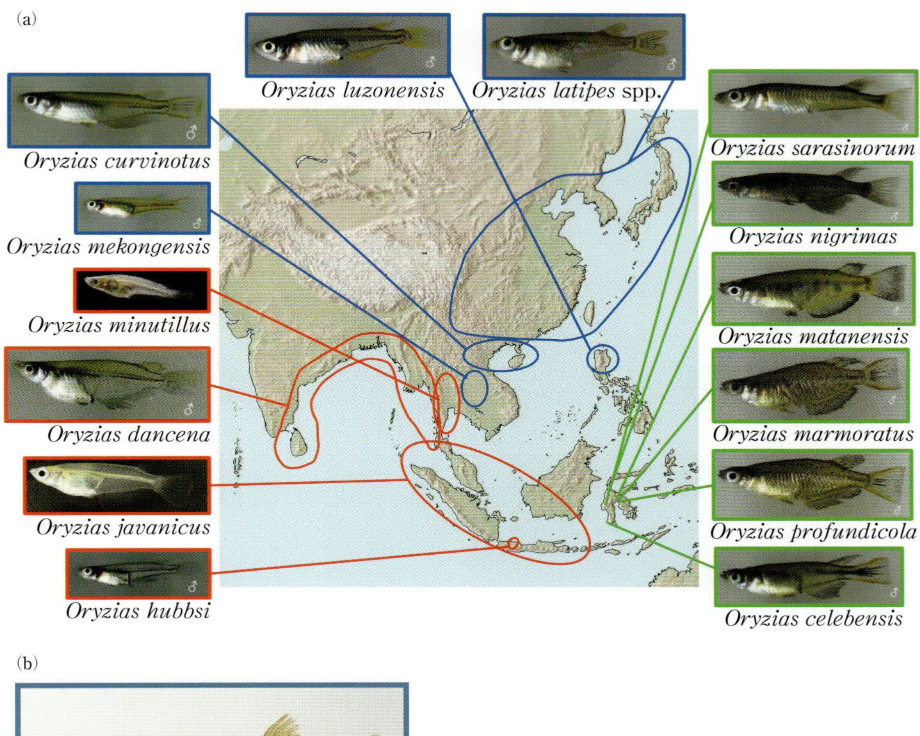

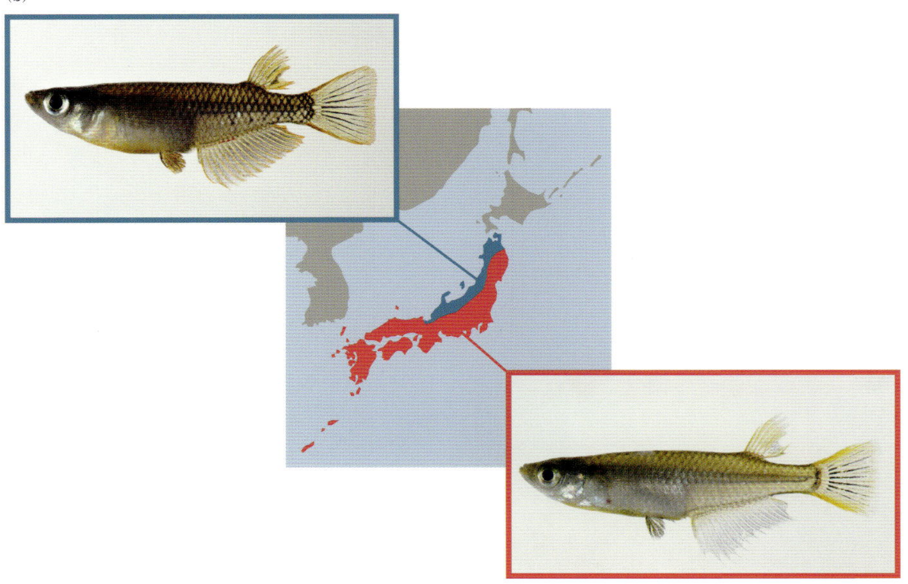

⬆メダカの仲間.（a）メダカ類はアジア固有の魚類で3つの単系統群から構成される．3系統を青・赤・緑で区別して分布域を示した［作図：竹花祐介］.（b）日本のメダカ類は近年，2種に分けられた．左がキタノメダカ，右がミナミメダカ，中央は2種の分布域［写真提供：神奈川県立生命の星地球博物館，撮影：瀬能宏］

➡クロマグロ．寿司や刺身で人気の食材であるが，絶滅危惧種に指定されている．未成魚の漁獲規制などさまざまな資源管理が行われている［提供：神奈川県立生命の星・地球博物館，撮影：瀬能宏］

⬅ヒラメ．体は左右非対称で両眼は左側にある（矢印で示す）．ヒラメはカモフラージュの名人で，体色を周囲の環境に似せることができる．食材として有名で，養殖や放流も盛ん［撮影：内野啓道］

➡ウシマンボウ．全長3.3 mになる巨大な魚で，インド・太平洋に分布し，毎年日本近海の定置網で漁獲される［撮影：相良恒太郎］

〔口絵頁に出てきた魚の学名〕キンメモドキ *Parapriacanthus ransonneti*，インドネシア・シーラカンス *Latimeria menadoensis*，シロチョウザメ *Acipenser transmontanus*，エツ *Coilia nasus*，アサヒアナハゼ *Pseudoblennius cottoides*，ヒラメ *Paralichthys olivaceus*，ムカシウナギ *Protanguilla palau*，シノノメサカタザメ *Rhina ancylostomus*，ジンベエザメ *Rhincodon typus*，アマミホシゾラフグ *Torquigener albomaculosus*，ロウソクギンポ *Rhabdoblennius nitidus*，ハナビラウツボ *Gymnothorax chlorostigma*，ホンソメワケベラ *Labroides dimidiatus*，ニセクロスジギンポ *Aspidontus taeniatus*，アユモドキ *Parabotia curtus*，アユ *Plecoglossus altivelis altivelis*，イタセンパラ *Acheilognathus longipinnis*，リュウキュウアユ *Plecoglossus altivelis ryukyuensis*，オオスジイシモチ *Ostorhinchus doederleini*，ムツゴロウ *Boleophthalmus pectinirostris*，オキナワベニハゼ *Trimma okinawae*，ビワマス *Oncorhynchus masou* subsp.，サクラマス *Oncorhynchus masou masou*，ニホンウナギ *Anguilla japonica*，キタノメダカ *Oryzias sakaizumii*，ミナミメダカ *Oryzias latipes*，クロマグロ *Thunnus orientalis*，ウシマンボウ *Mola alexandrini*

刊行にあたって

現在の地球には3万4,000種以上の魚類が生息しています．これは脊椎動物（哺乳類，鳥類，爬虫類，両生類，魚類）全体の種数の約半分にあたります．海に囲まれた日本からは，海水魚・淡水魚合わせて約4,300種が報告されています．これらの魚類を研究対象とした生物学の1分野が「魚類学」です．対象は魚類で共通していても，研究目的や方法は生物学の多様な分野ごとに異なっています．本百科事典では，魚類学全体を，分類，系統，形態，分布，生態，行動，生理，発生，遺伝，保護，社会（との関わり）の11分野に分けて章立てし，全部で約300項目について，一般の方々にもわかりやすく解説しています．

例えば，童謡《めだかの学校》で親しまれてきたメダカは，日本の水田地帯では最も身近な魚で，ニホンメダカとも呼ばれてきました．しかし，2012年にキタノメダカ *Oryzias sakaizumii* が新種として認められ，ミナミメダカ *Oryzias latipes* と2種に分類されるようになりました．系統的にみると，メダカ属は脊索動物門・条鰭綱・ダツ目・アドリアニクチス科に属しています．形態的特徴としては，目が大きく，頭部上端から飛び出しており，これが名前の由来です．鰭の形態・大きさには性差があり，例えば，雄の背鰭の膜の一部には切れ込みがありますが，雌にはありません．そして，この雄の背鰭の切れ込みの程度でキタノメダカとミナミメダカは区別できます．分布域は，キタノメダカは本州の日本海側，東北・北陸地方，ミナミメダカは本州の太平洋側，中国地方，四国，九州，南西諸島と南北に分かれています．

生態としては，流れのゆるい小川などに生息し，動物プランクトンなどを食べ，春から秋にかけて毎日産卵することが知られています．産卵周期は光周期に依存しており，卵巣内の未熟卵がホルモンの刺激により約23時間かけて成熟し，卵巣腔に排卵されます．産卵は日の出前の暗いうちに行われ，雄から雌へ求愛行動を繰り返したのち，腹部を接して放卵・放精します．一度に産む卵は10個前後で，塊になって雌の腹部にぶら下がり，雌は数時間後にそれを水草などに付着させます．卵は直径1.3 mmほどの球形で，卵内で発生が進み，水温25～26 ℃では約10日で全長4～5 mmの仔魚が孵化します．

メダカの体色にはヒメダカなどの変異がみられ，メンデル遺伝することが確認されています．雄になるか雌になるかを決める性決定遺伝子も発見されていますが，性ホルモンの投与により人為的に性転換させることもできます．このように，生理・発生・遺伝などの研究でモデル生物として利用されてきた魚です．しかし，野生のメダカは開発や環境の悪化，外来種（カダヤシなど）の侵入などによって減少の一途をたどり，2003年に環境省が発表したレッドデータブックでは絶滅危惧種に指定され，現在では保護活動の対象になっています．一方，飼育が容易なため，江戸時代から観賞魚として庶民にも親しまれており，今ではさまざまな品種（突然変異や遺伝子導入による）がペットショップに出回っています．

以上，メダカを例に分類，系統，形態，分布，生態，行動，生理，発生，遺伝，保護，そして社会（との関わり）をかいつまんで紹介してみました．本事典では淡水魚から海水魚まで，さまざまな魚類に関する研究成果を紹介します．これまで見たことも聞いたこともない，あっと驚く魚類の世界を知っていただけると思います．本書の特徴は「読む百科事典」です．各項目は見開き2頁（一部は4頁，コラムは1頁）の読み物になっており，引用文献･参考文献は巻末にまとめました．さらに，巻末付録として，①「魚類学の歴史」，②「日本魚類学会の歴史」，③「日本魚類学会の現在」も掲載したので，合わせてお読みいただければ幸いです．

日本魚類学会は1968年に設立され，当時の会員数は300名ほどでしたが，現在では約1,200名を擁する学会になりました．今年（2018年）は設立50周年にあたります．そこで本書を50周年記念事業の1つに位置付けて魚類学会編で刊行することにし，現会長が監修を，前会長が編集委員長を務めました．各章を担当した編集委員は魚類学会のベテラン会員ですが，各項目の執筆は会員以外にも候補を求め，適任者を選んで依頼するようにしました．

2018年10月の魚類学会年会（50周年記念大会）に間に合わせよう！ を合言葉に，企画からわずか2年で刊行まで漕ぎ着けることができました．これは，執筆者，編集委員，編集幹事のみなさんのご協力の賜物です．同時に，丸善出版株式会社企画・編集部の佐藤日登美さんと鈴木晶子さんが粘り強く付き合ってくださったおかげです．みなさまに深く感謝の意を表します．

では，魅力あふれる「魚類学」の世界をお楽しみください．

2018年9月

編集委員長　桑　村　哲　生

編集委員一覧

執筆者一覧（五十音順）

秋吉　英雄	島根大学
浅川　修一	東京大学
足立　伸次	北海道大学
阿部　秀樹	名古屋大学
荒井　克俊	北海道大学
荒川　修	長崎大学
荒木　仁志	北海道大学
有元　貴文	東京海洋大学名誉教授
安房田　智司	大阪市立大学
飯田　碧	新潟大学
井口　恵一朗	長崎大学
池永　隆徳	鹿児島大学
石松　惇	長崎大学
井尻　成保	北海道大学
磯川　桂太郎	日本大学
稲葉　修	飯舘村教育委員会
井上　潤	沖縄科学技術大学院大学
今井　仁	自然環境研究センター
今村　央	北海道大学
入江　貴博	東京大学
岩田　明久	京都大学
岩槻　幸雄	宮崎大学
岩見　哲夫	東京家政学院大学
上田　高嘉	元宇都宮大学
瓜生　知史	マリンライフナビゲーション
遠藤　広光	高知大学
大竹　二雄	東京大学名誉教授
太田　博巳	近畿大学
大橋　慎平	水産研究・教育機構 国際水産資源研究所
大橋　優季	水産研究・教育機構 国際水産資源研究所
岡本　誠	開発調査センター
甲斐　嘉晃	京都大学
帰山　雅秀	北海道大学
加川　尚	近畿大学
柿岡　諒	国立遺伝学研究所
景平　真明	大分県農林水産部水産振興課
梶村　麻紀子	和歌山大学
風藤　行紀	水産研究・教育機構 増養殖研究所
片山　英里	水産無脊椎動物研究所
加藤　明	東京工業大学
門田　立	水産研究・教育機構 西海区水産研究所
金子　与止男	岩手県立大学
河合　俊郎	北海道大学
川上　浩一	国立遺伝学研究所
川口　眞理	上智大学
川崎　雅司	バージニア大学
川瀬　成吾	大阪経済法科大学
川瀬　裕司	千葉県立中央博物館分館 海の博物館
河端　雄毅	長崎大学
川原　玲香	東京農業大学
岸本　謙太	京都大学

北川貴士　東京大学
北川忠生　近畿大学
北川哲郎　建設環境研究所
北野　潤　国立遺伝学研究所
木下　泉　高知大学
木下政人　京都大学
木原　稔　東海大学
木村清志　三重大学
工藤秀明　北海道大学
熊澤慶伯　名古屋市立大学
工樂樹洋　理化学研究所
倉谷　滋　理化学研究所
栗岩　薫　国立科学博物館
桑村哲生　中京大学
幸田正典　大阪市立大学
河野　博　東京海洋大学
小枝圭太　国立海洋生物博物館
古賀章彦　京都大学
小北智之　福井県立大学
小柴和子　東洋大学
小嶋純一　海洋生物環境研究所
小島隆人　日本大学
小関右介　大妻女子大学
後藤友明　岩手大学
小橋常彦　名古屋大学
小林　徹　近畿大学
小林　光　全国ブラックバス防除市民ネットワーク
小林靖尚　近畿大学
古屋康則　岐阜大学
昆　健志　琉球大学
斎藤憲治　水産研究・教育機構 東北区水産研究所
坂井陽一　広島大学
阪倉良孝　長崎大学
坂本一男　おさかな普及センター資料館
櫻井　真　鹿児島純心女子短期大学
佐々木邦夫　高知大学
佐々千由紀　水産研究・教育機構 西海区水産研究所
佐藤　綾　群馬大学
佐藤圭一　沖縄美ら島財団
佐藤俊平　水産研究・教育機構 北海道区水産研究所
佐藤　崇　京都大学
佐藤拓哉　神戸大学
佐藤直人　環境省新潟事務所
佐藤行人　琉球大学
猿渡敏郎　東京大学
篠原現人　国立科学博物館
柴田淳也　広島大学環境安全センター
渋川浩一　ふじのくに地球環境史ミュージアム
清水則雄　広島大学
清水宗敬　北海道大学
白井　滋　東京農業大学
杉原　泉　東京医科歯科大学
鈴木　徹　東北大学
鈴木寿之　大阪市立自然史博物館
鈴木伸明　水産庁増殖推進部
鈴木伸洋　東海大学

須之部友基　東京海洋大学
瀬能　宏　神奈川県立生命の星・地球博物館
宗宮弘明　中部大学
曽我部篤　弘前大学
征矢野清　長崎大学
都木靖彰　北海道大学
高久宏佑　自然環境研究センター
髙橋清孝　NPO法人シナイモツゴ郷の会
高橋宏司　慶應義塾大学
高橋鉄美　兵庫県立大学
髙橋　洋　水産研究・教育機構 水産大学校
田川正朋　京都大学
滝川祐子　香川大学
竹井祥郎　東京大学
竹内勇一　富山大学
竹内　裕　鹿児島大学
竹垣　毅　長崎大学
武島弘彦　東海大学
武田洋幸　東京大学
竹花佑介　長浜バイオ大学
竹村明洋　琉球大学
田子泰彦　富山県農林水産総合技術センター水産研究所
田城文人　北海道大学
立原一憲　琉球大学
田中　彰　東海大学
田中　克　舞根森里海研究所
田中幹子　東京工業大学
田畑諒一　滋賀県立琵琶湖博物館
千葉　悟　ふじのくに地球環境史ミュージアム
寺井洋平　総合研究大学院大学
冨田武照　沖縄美ら島財団総合研究センター
中井克樹　滋賀県立琵琶湖博物館
長江真樹　長崎大学大学院
中江雅典　国立科学博物館
中島　淳　福岡県保健環境研究所
中嶋正道　東北大学大学院
中嶋美冬　スタンフォード大学
中根右介　名古屋大学
中坊徹次　京都大学名誉教授
中村　修　北里大学
中村遼平　東京大学
中山直英　東海大学
成瀬　清　基礎生物学研究所
西田清徳　海遊館
西田　睦　琉球大学
野田幹雄　水産研究・教育機構 水産大学校
羽井佐幸宏　鹿児島県環境林務部自然保護課
箱山　洋　水産研究・教育機構 中央水産研究所
橋口康之　大阪医科大学
長谷川　功　水産研究・教育機構 北海道区水産研究所
畑　晴陵　鹿児島大学博士課程
畑　啓生　愛媛大学
服部昭尚　滋賀大学
波戸岡清峰　大阪市立自然史博物館

馬場　治　東京海洋大学
日比野友亮　北九州市立自然史・歴史博物館
兵藤　晋　東京大学
平井明夫　マリノリサーチ
平嶋健太郎　和歌山県立自然博物館
廣井準也　聖マリアンナ医科大学
廣野育生　東京海洋大学
深田陽久　高知大学
福井美乃　鹿児島大学博士課程
藤井千春　盛岡市立高等学校
藤澤美咲　元広島大学
藤田朝彦　建設環境研究所
藤村衡至　新潟大学
星野浩一　水産研究・教育機構 西海区水産研究所
細谷和海　近畿大学名誉教授
堀之内正博　島根大学エスチュアリー研究センター
牧口祐也　日本大学
益田玲爾　京都大学
松浦啓一　国立科学博物館名誉研究員
松田裕之　横浜国立大学
松沼瑞樹　近畿大学
松原　創　東京農業大学
松本有記雄　水産研究・教育機構 東北区水産研究所
馬渕浩司　国立環境研究所琵琶湖分室
丸山　敦　龍谷大学
南　卓志　福山大学
源　利文　神戸大学
宮　正樹　千葉県立中央博物館
ミヤケツトム　東京慈恵会医科大学
宮﨑多恵子　三重大学
三輪　理　水産研究・教育機構 増養殖研究所
向井貴彦　岐阜大学
武藤望生　東海大学
武藤文人　東海大学
望岡典隆　九州大学
本村浩之　鹿児島大学総合研究博物館
森友忠昭　日本大学
籔本美孝　北九州市立自然史・歴史博物館
矢部　衞　北海道大学名誉教授
山口敦子　長崎大学
山﨑　曜　国立遺伝学研究所
山下　洋　京都大学
山根英征　鳥取県境港市立第一中学校
山野ひとみ　倉敷芸術科学大学
山野上祐介　東京大学
山羽悦郎　北海道大学
山本直之　名古屋大学
山家秀信　東京農業大学
湯口眞紀　日本大学
横井謙一　日本国際湿地保全連合
吉﨑悟朗　東京海洋大学
吉田朋弘　鹿児島大学
吉田　学　東京大学
吉冨友恭　東京学芸大学
吉村　崇　名古屋大学

淀　　太我　三重大学
渡辺勝敏　京都大学
渡邉研一　東京農業大学
渡邊　　俊　近畿大学
渡部終五　北里大学

＊所属は2018年7月現在

目　　次

＊見出し語五十音索引は目次の後に掲載

1章　分　類　［担当編集：松浦啓一］

2章　系　統　［担当編集：宮　正樹］

3章　形　態　［担当編集委員：矢部　衞］

4章 分 布 ［担当編集委員：本村浩之］

5章　生　態　［担当編集委員：井口恵一朗］

6章　行　動　［担当編集委員：桑村哲生］

7章　生　理　［担当編集委員：古屋康則］

8章　発　生　［担当編集委員：望岡典隆］

9章　遺　伝　[担当編集委員：西田　睦]

10章　保　護　[担当編集委員：細谷和海]

11章 社 会 [担当編集委員：坂本一男]

見出し語五十音索引

■A～Z

■あ

■か

■さ

■た

■な

■は

■ま

■や

■ら

■ わ

1. 分　類

魚類分類学は魚類の多様性を解明するための学問分野である．脊椎動物の中で最大の分類群である魚類には未知の種が多数存在する．魚類分類学はフィールドワークに基づき，未知の魚類を発見・報告し，種間関係や上位分類群の関係を探求する学問でもある．また，魚類分類学の知見がなければ，魚類に関する他の分野の研究を進めることはできない．魚類分類学はそれ自体が魅力的な学問であると同時に他の分野に基盤的な情報を提供している．本章では魚類分類学に関する基本的な事項を解説するとともに，魚類分類学がどのようにして発展したか，そして，魚類の多様性の解明にどのように貢献しているかを明らかにする．

［松浦啓一］

探検航海——未知の魚を求めて

　西洋における博物学研究は，古代ギリシア時代のアリストテレス（Aristotle）までさかのぼる．彼は自然界の産物に広く関心を持ち，実用性の有無にかかわらず，標本を収集・観察し，時には解剖した上で論究し，知識を構築した博物学者であった．中世は神秘主義が蔓延し，自然史研究が停滞した．14～15世紀のルネサンスと15～16世紀の大航海時代は，18世紀以降に近代博物学が発展する礎（いしずえ）となった．魚類を含む近代の動物分類学は，リンネ（Linnaeus, C.）の『自然の体系』第10版（1758）を起点とする．本項では，近代生物学の発展の契機となった15世紀以降の大航海時代から19世紀初頭の探検航海までの歴史的背景と自然史研究を，魚類に着目しつつ，概観する．

ルネサンスと大航海時代の影響　ルネサンスは，ありのままの自然の姿を観察し，精確に表現・記述するギリシア・ローマ時代の精神への回帰を目指した文芸復興運動であった．自然の事物に興味を持ち，古典文献を研究・出版し，先人の到達していた芸術・自然科学の領域を確認し，知の革新をはかった．15～16世紀の大航海時代を牽引したポルトガルとスペインは，アフリカ，アジア，新大陸への航路を開拓した．そして海外の貿易拠点や植民地を支配し，香料貿易などの商業活動や宣教師による布教活動を行った．17世紀以降，オランダ，イギリス，フランスは東インド会社や西インド会社を設立し，アフリカ，アジア，新大陸の既存の拠点を奪い合ったり，新規開拓したりして，植民地経営と遠隔地貿易で富を築いた．こうしてヨーロッパ諸国の地理的活動域が地球規模に拡大した結果，交易品に加え，世界各地から膨大な量の珍品・稀品がヨーロッパに集積されるようになった．それらの品々は，ルネサンス以降，自然界に関心を抱いた西洋人の好奇心を大いに刺激し，珍品・稀品の需要をさらに高めた．

珍品陳列室の流行　異国から届いた産物は，大きく分けると美術工芸品などの人工物と動植物などの自然物であった．特に珍しく驚嘆すべき自然物への関心が高まり，ヨーロッパ各地で王侯貴族をはじめ，医師，知識人，商人など熱心な蒐集者（コレクター）が現れた．やがて蒐集品（コレクション）を陳列する「珍品陳列室（キャビネット・オブ・キュリオシティーズ）」，あるいは「驚異の部屋（ヴンダー・カンマー）」が大流行した．これらの陳列室は，自然界の多様性と未知の世界を示すだけでなく，蒐集者の権力や富，知の象徴とも考えられた．魚類も多様な自然物蒐集品の一部であった．17世紀中ごろの著名なコレクターの一人，コペンハーゲンの医師ウォルム（Worm, O.）の陳列室の図には，チョウザメやオコゼなど，乾燥・保存に耐え，形態的に視覚にうったえる標本が示されている．

目録・博物図譜の出版　蒐集品の保管や管理，あるいは同好の訪問者のため，珍品陳列室の蒐集品目録（コレクション・カタログ）が作成されるようになった．目録の作成の過程で，蒐集品を命名し，ある一定の秩序に即して分類・記録・整理し，解説を記載することが必要となった．これは多様な自然の産物を分類・体系化する前段階となった．

活版印刷技術の発明は，目録に限らず，博物図譜の出版を可能にし，知識を多くの人々と共有することを可能にした．さまざまな博物学者が，文章だけではなく写実的な図版を含む博物図譜を出版し，知の体系化をはかった．スイスのゲスナー（Gessner, C.）の『動物誌』(1551～58）をはじめ，16世紀以降，数多くの写実的な図を含む博物誌が刊行された．

リンネによる自然の体系化　世界各地からヨーロッパに集積されてきた膨大な物と情報を，いかに分類し体系化するか？　17世紀後半の博物図譜の出版でも，さまざまな試みがなされた．18世紀になり啓蒙思想の時代に入ると，普遍的で明快な分類方法が模索された．リンネによる分類法，すなわち階層分類（現在は界門綱目科属種）と二語名法（二名法）は，自然界の全生物の分類を可能とした．現在，動物の学名はリンネの著作である『自然の体系』第10版（1758）を起点とする．

リンネが自然界を分類し体系化する構想を得たのは，西洋に集積していた陳列室（キャビネット）の標本資料を活用できたからである．魚類資料に関しては，彼はスウェーデン国王アドルフ・フレデリック（Fredrik, A.）の蒐集品，オランダの博物学者グロノビウス（Gronovius, L. T.）の標本と著作をはじめ，多数の標本と出版物を参照した．記載に用いた標本のうち，リンネの私的蒐集品の一部は，現在ロンドン・リンネ協会に保管されている（図1）．さらに，彼の弟子たちが未知の生物を求め，世界各地へ探検に出向き，精力的に標本を収集し，師の元へ送った．師の分類体系の中に世界中の未知の種を位置づけ，自然界全体を体系化することが，弟子たちの共通の目標となった．

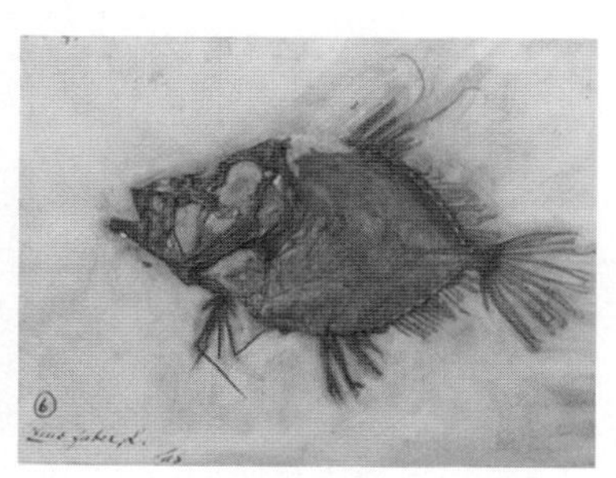

図1　リンネが記載したマトウダイ *Zeus faber* Linnaeus, 1758のタイプ標本［写真：滝川祐子，The Linnean Society of Londonの許可を得て掲載］

18～19世紀の探検航海　リンネによる自然界の体系化は，同時代の多くの博物学者にも熱狂的に支持された．一方，フランスのビュフォン（Buffon, G.-L. L.）は，不完全で人為的な分類・体系化よりも，個々の事物の精確な記述と詳細な研究に専念し，そこから得られる理論を重視することを主張した．当時は体系化や人為分類（特に植物の性体系）について，厳しい批判も少なくなかった．

やがて西洋諸国は，競って大規模な探検航海を実施するようになった．探検航海は未知の大陸の発見，領土・植民地の拡大，有用な産物や資源の発見という国家的利益追求のために行われたが，一方で，科学的新発見も重要な目的であった．

そのため，探検航海に博物学者や画家が参加し，現地で標本の採集時に記録し，多くの場合作画も行って，本国に持ち帰った．博物学者らは，リンネの体系に従って種を分類するため，標本を精力的に収集し，研究した．このような探検航海の先駆けとして，フランスのブーガンヴィル（Bougainville, L.-A.）の世界周航探検（1766～69）があげられる．フランスによる世界的な探検航海はさらに続いたが，特にコキーユ号の世界周航（1822～25），アストラーブ号の世界周航（1826～29）は，帰国後に美しい図版入りの航海記が出版されたことで知られる．またフランスに対抗し，イギリスも探検航海を積極的に実施した．キャプテン・クック（Cook, J.）による3度の世界周航は，科学的探検として有名である．エンデバー号による第1回周航（1768～71）は，タヒチでの金星の太陽面通過の観測が目的であった．その観測により，太陽と地球の間の距離を正確に算出しようとしたのである．また存在するとされた「南方大陸」の探索も重要任務であった．さらに，イギリスは太平洋における地位を盤石なものとすべく，南太平洋の未知の領域への勢力拡大を狙っていた．この航海のため博物学者バンクス（Banks, J.）は，リンネの弟子であるソランダー（Solander, D.）や画家のパーキンソン（Parkinson, S.）らを調査団に加えた．一行は南半球を航行中，ニュージーランドやオーストラリア，島々の寄港地で，地図作成のための緯度経度の測定，測量，景観図の作成や，標本の収集，スケッチなど学術資料の収集に従事した．この時に収集した標本は，後に大英博物館に保管され，今日の大英自然史博物館のコレクションとなった．このように各国が大規模な世界周航探検と科学的調査を実施した結果，多くの標本や図が本国へ持ち帰られた．探検航海によって，各国の自然史博物館の標本資料は飛躍的に充実したのである．

日本の未知の魚を求めて　初期の日本産魚類の分類学的研究は，18世紀中ごろの博物学のグローバル化と，鎖国時代の日欧交流史と密接に関係している．18世紀後半から19世紀前半，日本産魚類資料の西洋渡航ルートが2つあったことが明らかになった．すなわち，鎖国中，唯一の西欧貿易国であったオランダとの交易ルートと，日本との通商樹立を目指し，使節を派遣したロシアの探検航海のルートである．そして，ヨーロッパ域内の博物学者が標本や図を活用し，日本産魚類に関する最初の分類学的な知識を得た．

オランダ・ルートで日本産魚類標本を最初に西洋にもたらしたのは，リンネの弟子であるツュンベリー（Thunberg, C. P.）であった．彼はオランダ東インド会社の医師として南アフリカ，ジャワを経て1775～76年に出島に滞在し，その間，江戸参府も経験した．彼の第一目的は植物標本の採集であったが，動物標本も収集した．ツュンベリーが収集した日本産魚類標本に基づき，1782年にハウタイン（Houttuyn, M.）が先に二語名法で命名したが，ツュンベリー自身が後に記載した種にマハタ，オニカサゴ（図2）などがある．

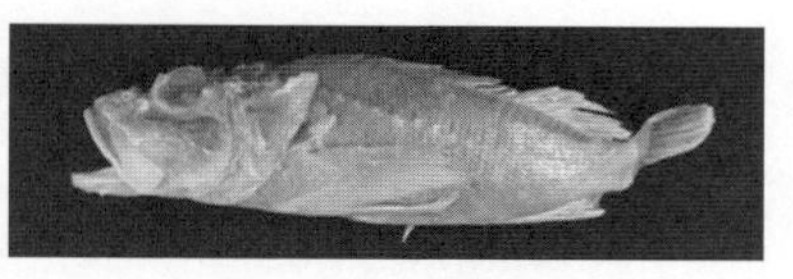
図2　ツュンベリーが記載したオニカサゴ *Scorpaenopsis cirrosa*（Thunberg, 1793）のタイプ標本［写真：滝川祐子, Museum of Evolution, Uppsala Universityの許可を得て掲載］

ツュンベリーがもたらした日本の動植物の情報は，西洋の知識人に大きな影響を与えた．フィンランド出身の博物学者キリル・ラクスマン（Laxman, K.）は，ロシアの極東進出と日本の自然史研究を結びつけ，ロシア皇帝エカテリーナ2世に日本への使節派遣を進言した．その結果，キリルの息子，アダム・ラクスマン（Laxman, A.）を代表とするロシア使節が，大黒屋光太夫ら漂流民を伴い根室に来航，函館を経て松前で交渉した．幕府は「信牌」を渡し，長崎での通商交渉の可能性を示唆し，その場をしのいだ．その信牌を携え，レザノフ（Rezanov, N. P.）を代表とする2回目のロシア使節が，石巻若宮丸漂流民4名を伴い，1804年に長崎に来航した．これはクルーゼンシュテルン艦長（Krusenstern, I. F.）が率いるロシア初の世界周航探検（1803～06）の実施に乗じた派遣であった．ロシア使節は約半年間，長崎の梅が崎に半ば軟禁状態での滞在を余儀なくされた．一行には科学的調査を目的に2人のドイツ人博物学者，ラングスドルフ（Langsdorff, G. H.）とティレジウス（Tillesius von Tilenau, W. G.）が同行していた．彼らは標本採集の自由がない中，日本の食料調達係に生魚の提供を極秘で依頼し，標本を作成して持ち帰った．これらの標本は，ドイツのベルリン自然史博物館（図3），フランス国立自然史博物館，ロシア科学アカデミー動物学部門（サンクトペテルブルク）に現存する．またクルーゼンシュテルンの『世界周航図録』（露語1813；独露語1814）に掲載されたティレジウスが描いた魚類図の原画は，ライプチヒ大学美術品保管部に現存する．

図3　ラングスドルフが日本から持ち帰った標本．チカメキントキ *Cookeolus japonicus*（Cuvier, 1829）のタイプ標本（ZMB427）［写真：滝川祐子, Museum für Naturkunde Berlinの許可を得て掲載］

ラングスドルフが持ち帰った日本の魚類標本は，当時の西欧では得難い，貴重な科学資料であった．フランス人博物学者キュヴィエ（Cuvier, G.）とヴァランシエンヌ（Vallenciennes, A.）は，現在ベルリンとパリにあるラングスドルフ標本と，パリにあった絵入俳諧書『海の幸』の図を生物資料として研究に活用した．その研究成果に基づき，彼らは22巻からなる大著『魚類博物誌』の中で，新種を含む日本産魚種を記載した．これらの初期の研究に続き，オランダの博物学的使命を受けたシーボルト（Siebold, P. F.）の来日が，近代の日本産魚類研究の礎を築くことになる（☞項目「日本の魚類分類学史」）．

［滝川祐子］

日本の魚類分類学史

魚類は古くから食料として，あるいは，釣りや絵画・詩などの対象として，日本人の生活になくてはならないものであった．魚類は江戸時代の本草学の書物に登場しているが，日本産魚類が分類学によって体系的に理解されるようになったのは幕末からであった．そして，日本人による分類学的研究が始まったのは明治時代になってからである．幕末から現代までの日本の魚類分類学の歴史を概観する．

江戸時代から明治時代初期の魚類分類学　日本から採集された魚類標本に基づいてオランダのハウタイン（Houttuyn, M.）が新種を報告したのは1782年のことであった．ハウタインが報告した魚類は十数種に過ぎなかったとはいえ，日本の魚類が標本に基づいてヨーロッパに紹介されたのは初めてのことだった．しかし，多数の日本産魚類が分類学的に体系だって報告されたのはハウタインの業績の約60年後のことであった．テミンク（Temminck, C. J.）とシュレーゲル（Schlegel, H.）は1843年から1850年にかけて，シーボルト（Siebold, P. F.）の大著『日本動物誌』(Fauna Japonica）の中で多数の日本産魚類を新種として報告した．彼らによって，マダイ *Pagrus major* やアユ *Plecoglossus altivelis altivelis* をはじめとした日本人になじみ深い多くの魚類に学名が与えられたのである．

明治時代になると魚類の分類学的研究が日本人によって行われるようになった．水産講習所の初代所長であった松原新之助（1853～1916）は第一大学区医学校（現在の東京大学医学部）の教授であったドイツの博物学者ヒルゲンドルフ（Hilgendorf, F. M.）から生物学や水産学を学んだ．松原は1880年にベルリンで開催された万国漁業博覧会に参加し，学名を付した日本産の魚類目録（約600種を収録）を発表した．また，キリスト教思想家として有名な内村鑑三（1861～1930）は北海道大学の前身であった札幌農学校で水産学を学び，農商務省に勤務し，1883年に日本産魚類目録の手稿を作成した．彼の魚類目録は出版されることはなかったが，日本産魚類579種を収録していた．松原や内村はシーボルトの『日本動物誌』をはじめとするヨーロッパの主要な出版物を参照しながら分類学的研究を行っていたのである．

日本人による魚類分類学の推進　20世紀初頭にアメリカの魚類学者ジョーダン（Jordan, D. S.）が来日し，日本産魚類を精力的に研究した．東京帝国大学の魚類学者であった田中茂穂（1878～1974，図1左）はジョーダンの強い影響を受けながら，日本産魚類の分類学的研究を精力的に行った．田中は日本産魚類に関する大部の論文原稿を書き上げ，ジョーダンに送って共著論文として発表することを依頼した．その結果，日本産魚類1,235種を収録した「日本産魚類目録（A catalogue of the fishes of Japan)」 がジョーダン・田中・スナイダー（Snyder, J. O.）の共著論文として出版された．その後，田中は詳細な解説と精緻な図版から構成される『日本産魚類図説』（全48巻，41新種を収録）を1911年から1930年にかけて出版した．また，田中は日本の海産魚類の動物地理について初めて詳細に研究し，日本の魚類相は北方系と南方系の要素で構成され，その境界は太平洋側では房総半島の銚子沖にあることを示した．田中は生涯を通じて約170種の新種を発表し，研究論文や単行本を多数出版するとともに魚類学の普及活動も精力的に行った．田中はまさに「日本魚類学の父」であった．しかし，田中の研究は魚類の記載に重点を置き，系統関係に言及することは少なかった．

図1　田中茂穂（左）と松原喜代松（右）

田中より28歳年下の松原喜代松（1906～68，図1右）は日本で初めて魚類の系統関係を本格的に研究した．松原は1943年に出版した学位論文において，カサゴ目魚類の系統を比較形態学に基づいて推定した．この研究はアメリカの魚類研究者によって分岐分類学的手法を魚類の系統研究に用いた嚆矢と評価されている．松原は魚類の系統や分類に関する論文を多数出版するばかりではなく，1955年に魚類分類学のバイブルといわれた大著『魚類の形態と検索』を出版した．さらに，1963年に『魚類』（動物系統分類学第9巻），1965年に魚類学の教科書である『魚類学』（上・下）を出版するなど精力的な活動を続けた．また，松原の研究室からは多くの弟子が育ち，各地で魚類の分類や系統に関する研究拠点を築いた．明治以降の日本の魚類分類学において，松原は屹立する存在となっている．

1980年代に入ると日本の魚類分類学は分岐分類学の影響を大きく受けるようになり，多くの分類群の定義を行う際に，共有派生形質や固有派生形質が重視されるようになった．また，分類を行う際に，形態形質ばかりではなく遺伝的な特徴も用いられるようになった．さらに，染色体の観察や電気泳動法によって種レベルや属レベルの分類学的研究や系統関係の研究が行われた．そして，20世紀末に近づくと，DNA解析という新たな研究手法が登場した．その結果，形態的に酷似する隠蔽種の存在が明らかにされるようになった．また，種や属のレベルばかりではなく，魚類の高次分類群の分類学的位置や系統関係についてもDNAを用いた解析が精力的に行われるようになった．その一方で，日本から報告される新種の数は数十年にわたって年に10種前後となっていて，依然として未知種が多いことが分かる．日本産魚類の全貌を明らかにするためには，分類学的研究を総合的な手法で進めなければならない．

［松浦啓一］

魚類の多様性

現生の魚類は，世界で34,000種以上が知られている．魚類は種数において脊椎動物（哺乳類，鳥類，爬虫類，両性類および魚類）全体の半数を占める大所帯である．日本魚類学会の「日本産魚類の追加種リスト」によると4,300種以上が日本周辺から報告されている．高次分類群である綱，目や科の体系は研究者によって異なるが，最近の研究によると以下のようになっている．ヌタウナギ類1目1科80種，ヤツメウナギ類1目3科45種，軟骨魚類（サメやエイ）13目60科1,360種，条鰭類55目480科32,800種，シーラカンス類1目1科2種および肺魚類1目3科6種に大別され，サンマ *Cololabis saira* やマサバ *Scomber japonicus* などを含む条鰭類は全魚類の96％を占める（図1）．1,000種以上を含む科はコイ科3,116種，ハゼ科1,847種，カワスズメ科1,705種およびカラシン科1,126種であり，これら4科のみで魚類全体の種数の23％を占める．300種以上を含む科はロリカリア科947種，フクドジョウ科679種，ハタ科558種，ベラ科544種などを含む15科であり，種数は6,785種に達する．種の多様性が高いこれら19科は条鰭類に含まれ，全魚類の43％を占める．一方，1種のみで構成される科は67科となっている．科別の種数を比較すると，魚類の多様性が分類群によって大いに異なることがわかる．

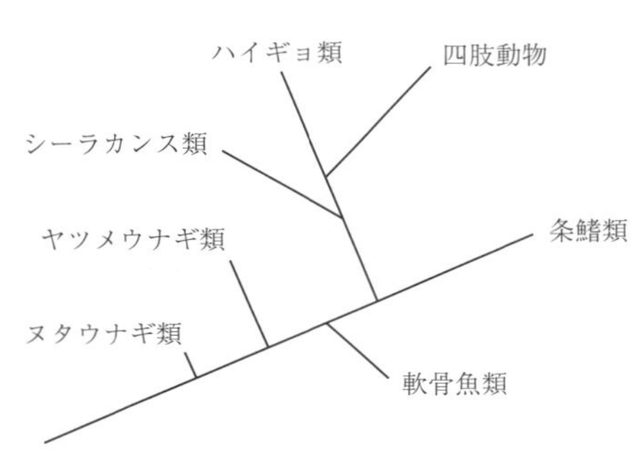

図1　脊椎動物の系統関係［Nelson et al., 2016に基づいて作成］

魚類の新種　毎年多くの魚類の新種が記載されているため，魚類の種数は増え続けている．過去10年間を見てみると，毎年300種から500種の魚類の新種が報告され，ヌタウナギ類では11種，ヤツメウナギ類では5種，軟骨魚類では239種，条鰭類では3,633種の合計3,888種の新種が報告されている．新種が最も多く報告された科はコイ科の355種で，次にハゼ科の308種，ロリカリア科の225種，カラシン科の209種，カワスズメ科の184種，フクドジョウ科の156種およびキノレビアス科の118種と続く．海産魚類ではカリブ海南西部，インド洋北西部および南シナ海からオーストラリア周辺にかけて，淡水魚類では南米のアマゾン川流域およびパラナ川流域，西部中央アフリカ，トルコ周辺および東南アジアからの新種の発見が多く，これらの地域はホットスポットと呼ばれている（図2）．

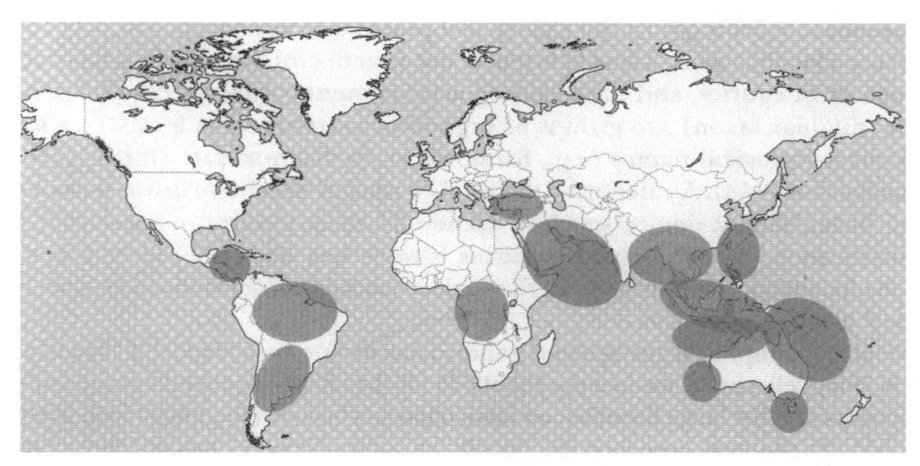

図2　魚類の新種発見が続くホットスポット［Nelson et al., 2016に基づいて作成］

魚類の生息域　魚類は熱帯から極域までの浅海から水深6,000 mを超える超深海まで，高地から平地までの河川や湖といった地球上のほぼ全ての水域に広く生息している．魚類の57％は地球表面の70％を覆う海にすんでいるが，43％は主に淡水に生息する．地球上の大部分は海水であることを考慮すると，水圏の単位体積や面積当たりの淡水魚の多様性はきわめて高いといえる．標高5,200 mのチベットの温泉域からはフクドジョウ科の1種*Triplophysa stolickai*が，世界最深の湖であるバイカル湖（最深部は1,741 m）からはバイカルカジカ類の*Comephorus baikalensis*と*Comephorus dybowskii*が水深1,700 mから報告されている．最も深い場所から採集された魚類はプエルトリコ海溝の水深8,372 mから採集されたヨミノアシロ*Abyssobrotula galatheae*であり，日本海溝からもシンカイクサウオ*Pseudoliparis amblystomopsis*やチヒロクサウオ*Pseudoliparis belyaevi*が水深7,000 mを超える超深海から報告されている．また，生息域の塩分濃度も0.01 pptという淡水の湖から100 pptという塩分濃度の高い湖まで変化に富んでいる．42.5℃という高温で強アルカリ性の湖であるケニアのマガディ湖にはカワスズメ科の1種*Alcolapia alcalica*が生息している．一方，約−2℃の南極氷床の下（海水は0℃以下でも凍らない）にはノトテニア科の1種*Trematomus newnesi*などが生息する．さらに，深海の熱水噴出孔周辺からもイデユウシノシタ*Symphurus thermophilus*などの魚類が報告されている．

今後の展望　多くの新種の報告が続いていることは魚類の多様性が依然として解明されていないことを示している．ホットスポットを中心として魚類の多様性研究を引き続き推進する必要がある．

［河合俊郎］

学名とは何か

春になると魚市場にカツオが並ぶ．「目には青葉 山ほととぎす 初鰹」は日本の食文化を端的に表現した句である．しかし，カツオを利用するのは日本だけではない．カツオは全世界の熱帯から温帯海域に生息し，本種を漁獲する国は世界で40を超える．これらの国々で使用されている言語はさまざまであり，カツオも種々多様な名称を背負う．スペイン語の名称だけでも10以上を数える．このような名称を全てひっくるめ「俗名」と呼ぶ．ある特定の地域でしか通用しないので，「地方名」でもよい．魚類図鑑にもカツオとあるが，「カツオ」はあくまでも俗名であり地方名（日本の場合は和名）である．世界の人々とカツオについて語りたいとき，各地方の俗名を覚えるのも一つの手であろう．しかし，語学の天才でもなければ荷が重い．それでは，世界で共通する唯一にして無二の名称をカツオに与えてみてはどうだろう．後者の名称を学名と呼び，カツオは*Katsuwonus pelamis*と記される．

学名の形式　学名の形式を定めたのは，「分類学の父」とも賞されるスウェーデン生まれの博物学者，リンネ（Linnaeus, C., 1707～78）である．*Katsuwonus pelamis*は種の学名である．*Katsuwonus*は属階級の名称（属名）を，*pelamis*は種階級の名称（種名あるいは種小名）を表す．すなわち，属名と種名の組合せで学名を構成し，この形式を二語名法（二名法）と呼ぶ．使用する語はラテン語かラテン語化した語である．*Katsuwonus*は日本語の「カツオ」にラテン語の男性名詞の語尾を表す*-nus*を加えた造語であり，*pelamis*は「マグロ類の」を意味する形容詞である．リンネの生きた時代，ラテン語はヨーロッパ全体に共通する学問の言語であり，普遍性の観点からラテン語が用いられた．

学名の誕生　学名には命名者と命名年を付記できる．カツオの命名者は他ならぬリンネ自身であり，付記をすれば*Scomber pelamis* Linnaeus, 1758となる（後にカツオ属*Katsuwonus*に移された）．命名年は，『自然の体系』第10版での命名を示す．動物の種の名称が，二語名法でもって統一的にリストアップされたのは，1758年発行の第10版を嚆矢とし，同版をもって学名の誕生・確立と見なす．同時に，第9版以前の全ての名称は，混乱の回避を目的とし，分類学的には破棄された．ちなみに，第10版で記載された動物は4,378種で，ヒト*Homo sapiens*も含まれる．

学名の変更　リンネはサバの仲間を全てサバ属*Scomber*にまとめ，第10版で8種を命名した．しかし現在，カツオの学名には*Katsuwonus pelamis*（Linnaeus, 1758）があてられる．原記載で置かれた属から他の属への移動（変属）は，命名者をカッコで囲み，その経緯の存在を示す．カツオ属 *Katsuwonus* は岸上鎌吉（きしのうえかまきち）によって1915年に創設され，カツオ1種のみを含む（1属1種）．その一方，リンネの命名が変更なく用いられている学名には，*Scomber scomberus* Linnaeus, 1758（タイセイヨウサバ）がある．このように学名は不変ではなく，変更を受ける．研究が進展すれば，大雑把な区分から細かな区分（新属の設立）に移行するのは自然である．リンネの属は今日の科におおむね該当するので，これも宜なるかなである．そのほか，学名の変更が余儀なくされる要因は多々ある（ただし，全ての変更・新種の追加は，学名の安定性を確保するため『国際動物命名規約』に従う必要がある）．長く親しまれた学名の変更は，混乱をもたらすだろう．しかし，変更があっても，あるいはどれだけ新種が追加されても，全ての種が属名と種名の2語で簡潔に表現できる．これが学名の最大の利点である．

学名の必要性　リンネ以前にも「学問に使う名称」は意識されていて，種の名称はラテン語表記であった．しかし，命名には統一的なルールがなく，各人が自己流で行っていた．単一の語からなる名称もあれば，数語を連ねた名称もあった．類似した種が多いグループでは，特徴を縷々並べないと種の識別は不可能であり，名称そのものが記載文のような種もあった．さらに，単一の種に異なる複数の名称が付され（同物異名），これも混乱に拍車を掛けた．リンネの生きた18世紀は，航海術の発達も伴い，新奇な生物標本が世界各地からヨーロッパに怒涛の勢いでなだれ込み，分類学が先端の科学として勃興した世紀である．リンネ自身も弟子筋の学者（使徒と称される）を未知の生物を求める探検に送り出し，少なからぬ殉職（教）者を伴いつつ，標本の収集に奮闘した．リンネの使徒には鎖国時代の日本を訪れ，日本の博物学発展に大きな足跡を残したツュンベリー（Thunberg, C. P.）も含まれる．このような背景にあって，リンネは動物の名称を簡潔明瞭な学名で統一し，属を組み込むことで分類学的な整理の利便性を飛躍的に高め，時代と彼自身の要請にこたえたのである．

創造から進化に　リンネはダーウィン（Darwin, C. R.）以前に登場し，種は神の創造物と考えた．彼にとって種の命名は，神の御業の顕在化と賞賛である．徹底して種の枚挙に励むその姿から「神の事務官」とも評された．しかし，学名はまったく同一の形式を保ちつつも，ダーウィンの「進化論」により，その意味が大きく変容した．神の意図の表現から系統仮説の表現に変わったのである．同一属に含められる複数種は，単一の共通祖先から由来した近縁なグループと認識される．したがって，近縁性が否定されれば，「変属」が必要となる．カツオ属 *Katsuwonus* は1属1種である．しかし，新たな種が発見され，本属に複数の種が認められるかもしれない．本属はスマ属 *Euthynnus*（世界で3種）に最も近縁である．これら2属4種の類縁の明示が重視され，過去にも使用された経緯のある *Euthynnus pelamis* が復活する可能性も否定できない．　　［佐々木邦夫］

標準和名――日本独自の命名体系

和名とは，生物に付けられている日本語名である．日本人は古来より海や川の魚を食料として利用してきたため，多くの魚に和名が付けられているが，同じ種でも地方により呼び名が異なる事例は多い．メジナ *Girella punctata* は関東地方ではそのままメジナだが，関西ではグレという．こうした日本ならではの古典的名称以外に，ある特定分野で使われる名称もある．魚類の和名をその利用背景や由来により整理すると，標準和名，地方名，商品名，品種名の4つに分類される（図1）．

標準和名の定義 標準和名とは，学名の代わりに用いられる生物の日本語名である．日本人にとって発音・記憶しやすく，意味を容易に理解できるなど，ラテン語もしくはラテン語化された言語で表記される学名の短所を補う便利なものとして，生物研究の進歩や普及，教育に大きく貢献してきた．標準和名には明文化された命名法はないが，100年以上にもわたり「紳士協定」として大きな混乱なく受け継がれてきた．しかしその一方で，新しい名称の提唱，同名や異名の処理，改称といった行為は，慣習的に行われているにすぎず，しばしば問題の合理的解決を困難にしていた．

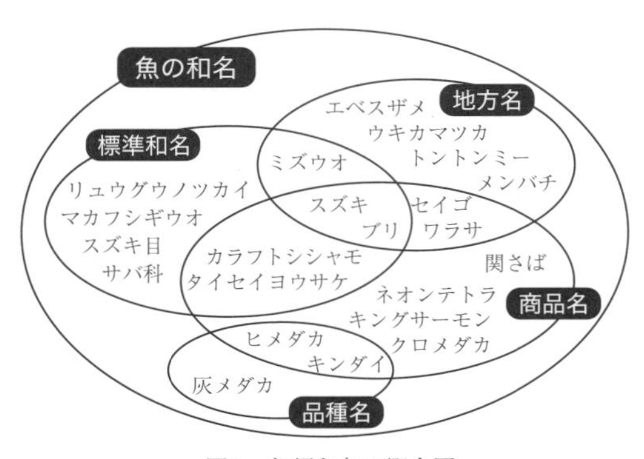

図1 魚類和名の概念図

こうした背景を踏まえ，日本魚類学会は，2005年9月2日付けで標準和名を「標準和名は，名称の安定と普及を確保するためのものであり，目，科，属，種，亜種といった分類学的単位に与えられる固有かつ学術的な名称である.」と定義し，適用対象となる範囲を明確にした．この概念下の標準和名は，地方名や商品名などとはたとえ同じ表記でも生物分類学を背

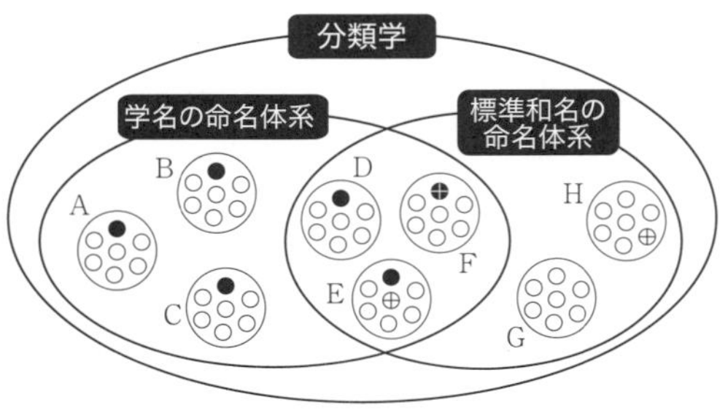

A～H：種，○：個体，●：学名のタイプ，＋：標準和名のタイプ
図2 学名と標準和名の命名体系概念図

景に持つ点で本質的に異なるだけでなく，単に学名に対比させた名称でもなければ，ましてや学名の和訳でもない．学名のない種に標準和名が付けられていたり，標準和名は学名に連動したりしないという言明もこの原理による（図2）．また，学名がリンネ（Linnaeus, C. R.）の著作を出発点としているのに倣い，日本産の魚類の標準和名は，原則として「『日本産魚類検索：全種の同定』第2版（中坊徹次編，東海大学出版会，2000）を起点とする.」と定めた．これは同書が日本産魚類を網羅的に扱っている標準的な出版物であることによる．さらに，「標準和名は自然科学，教育，法律，行政など，分類学的単位を特定し，共通の理解を得ることが必要な分野での使用が推奨される．ただし，それは通俗名（方言や商品名など）の使用を制限するものではない.」とし，標準和名の使用範囲を明確にした．学会レベルで標準和名を定義し，その運用に一定の基準を示したのはこれが最初である．

標準和名の命名法　標準和名の命名にあたって配慮すべき事柄については，2011年に日本魚類学会が勧告した「魚類の新標準和名候補名の公表前流布行為の抑制に関する提言」が参考になる．これによれば，魚類の標準和名は分類学的単位に与えられる固有かつ学術的名称であり，新たな命名は学術雑誌やそれに準ずる媒体に掲載される分類学の論文など（適切な場）において，当該の分類学的単位を認識できる記載や図を伴い（分類学的単位の定義），それが新しい名称であることを明示（新称の付与）して行われるべきものとしている．適切な場とは，学会誌，紀要，専門性の高い図書が該当する．普及啓発を主目的とした出版物，記者発表資料や個人的なホームページはこれに当たらない．また，公表とは新標準和名の提唱を含む媒体の出版を意味する．学術大会における口頭発表やその要旨集は，学名と同様，標準和名の命名上の公表にあたらず，そこでは新名称を使用すべきではない．標準和名の提唱は分類学的単位に対する命名行為であり，学名の命名と原理的には同じであるとの観点から，分類学の進展に伴う名称の混乱を避けるため，命名の基準となる標本を指定したり，さらにはさまざまな分野の利用者への配慮から語源について言及したりすることも研究者間に普及しつつある．独自性や合理性，倫理性に支えられた標準和名の命名にあたっては，学名のような命名規約がないからこそ，提唱者には名称の安定と普及に配慮したモラルが求められる（図3）．　［瀬能　宏］

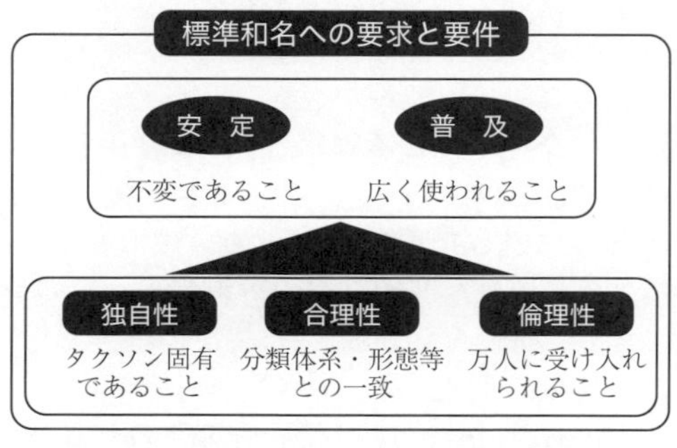

図3　標準和名への要求と要件

分類形質

分類学とは,「生物多様性を認識･解明するために行う分類の理論と実践のこと」である. そして生物多様性の基本要素である種を認識するための特徴として分類形質が用いられるが, 種に限らず, 属や科などの高次分類群を認識するための特徴も分類形質である.

多くの場合, 形態形質が分類形質として用いられるが, これはすでに固定され, 標本となった生物を分類学的研究に用いることが多いためである. 行動にも種間変異や分類群による違いが見られる場合もあるため, 野外観察で行動が分類に活用できる場合もあり得る. また, 遺伝子解析によって種判別や分岐群の特定を行うことも近年では一般的である. したがって, 塩基配列を羅列することの是非はともかく, 遺伝情報も分類形質となりうるのである. このように, 分類形質は生物が示すさまざまな側面から抽出することが可能である. しかし前述のとおり, 実際には形態形質を用いて分類する場面が多く, また分類の最小単位は一般的には種であるため, 本項では種分類に関する形態形質に焦点を当てて解説したい.

形態形質が持つ意味　種分類では種を対象とするが, そもそも対象となる種とは何か？　種が定義できないとその分類も曖昧なものとなるが, これにはさまざまな見解が示されており, また本書の別項で論じられるので, ここではマイア（Mayr, E.）の生物学的種概念, すなわち「種は実際にあるいは潜在的に相互交配する自然集団のグループであり, 他の同様の集団から生殖的に隔離されている」を採用する. 種が生殖的に他種から隔離されているなら, 遺伝的にも他種から隔離されていることとなる. したがって, 遺伝子に支配されている形態形質も種間で不連続性を示すものもあることになる. それ故, 種分類ではさまざまな形態形質が連続する集団を同種と判断し, 形質の連続性が途切れる所で別種と認識することとなる. 連続性が途切れる形質が分類形質となる. このように, 形態形質は遺伝的な連続性と不連続性, つまり生殖の有無を間接的に表わす指標と考えることができるのである.

分類に適した形質　魚類の分類形質はさまざまで, 鰭条数, 側線鱗数などの計数形質, 頭長, 眼径などの計測形質, 歯の形態, 色彩など, 枚挙にいとまがない. しかし, 理想的な分類形質は, 個体変異が限りなく小さく安定的で, さらに誰が見ても判断を間違えることのない明瞭な形質であろう. 例えば, コチ科のマツバゴチ *Rogadius asper* は前鰓蓋骨の下部に明瞭な1本の前向棘をもっており, 日本産コチ科魚類ではこの棘を持つ種は他にいないので, 日本産種の分類にはきわめて有用な分類形質となる. また, 同じく日本産コチ科のアネサゴチ属 *Onigocia* の3

種は有孔側線鱗が42枚以下であるのに対し，他種では通常50枚以上であり，こちらも非常に明瞭，かつ有効な形質である．しかし，側線鱗を計数するには実体顕微鏡が必要となるし，数十枚を計数しなければならないので少々手間がかかる．したがって，安定性，判断のしやすさの他に簡便性も重要な要素となる．しかし実際にはこれらとは正反対の形質もあり，分類が非常に難しい魚種も数多く存在する．

変異がある形質　計測形質を分類形質として用いる場合は注意が必要である．単純に計測した数値（相対値）を比較できないからである．同種であっても相対値が異なる場合もあり得るし，別種であっても相対値が同じとなる場合もあり得る．なぜこのようなことが起こるかというと，成長変異があるからである．魚類の場合，例えば眼や頭は小型個体では相対的に大きく，成長するにつれて徐々に小さくなっていくことが多い．したがって，計測形質を比較する場合は体長も考慮する必要がある．計測した実測値の単純な比較ではなく，体長との相対値に変換してデータをグラフにプロットし，分布を調べ，調査対象が単一種か複数種かを検討することが求められる．また，成魚では安定的な形質であっても，生まれた時からあるわけではなく，成長に伴って発現する場合もある．例えばコチ科の*Onigocia macrocephala*は体長約54 mmから眼の後部に複数の乳頭状皮弁が形成され始め，体長約79 mm以上では全ての個体がこの皮弁を持つ．本種は同属のアネサゴチ*Onigocia macrolepis*と最近まで混同されてきたが，この皮弁の有無によって大型個体では簡便に識別できるようになったのである（図1）．しかし，体長約54 mmより小型個体ではこの形質では分類できず，頭長などの他の分類形質が必要となる．このように，ある形質がどこで発現するかを見いだし，その形質を用いて分類可能となるサイズを明らかにすることも重要である．そのためにはさまざまな体サイズの標本を多数観察することが求められる．また，魚類には地理的変異が知られる種もある．したがって，ある分類形質がさまざまな分布範囲に生息する個体群全てに有用であるかを調べることも重要である．そのため，分布範囲を網羅的にカバーするような標本群の観察が求められる．結果として，よりよい分類形質を探すためには，できるだけ幅広い体長と分布範囲の多くの標本の観察が必要であるが，そのような観察にはそれなりの時間と労力が必要で，十分な標本が得られないことも多い．

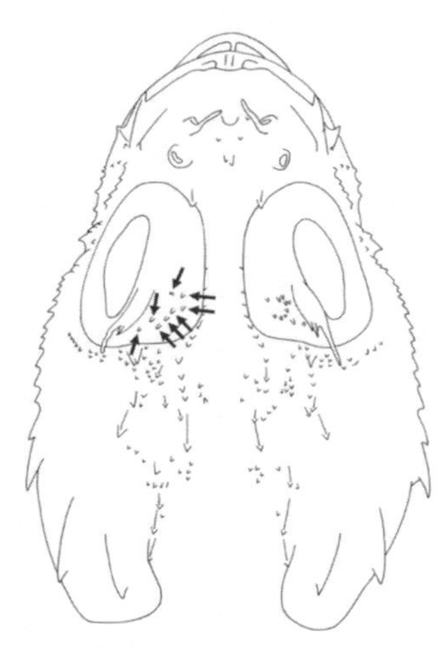

図1　体長92 mmの*Onigocia macrocephala* 頭部背面図．左眼の後部にある乳頭状皮弁を矢印で示す［Imamura, 2012より改変］

［今村　央］

分類群

生物は地球の歴史の中で種分化し進化を続けている．種分化によって祖先種から次々に子孫種が生み出されると，共通の祖先を持つ1つあるいは幾つかの生物の集まりが形成される．このような生物の集まりが分類学での1つの単位（分類学的単位）すなわち分類群（taxon）となる．下位の分類群が1つあるいは複数集まって上位の分類群を構成する．このようにして，分類群は低位のものから高位のものまで明瞭な階層を形成する．これらの階層をなす分類群に対して種，属，科，目，綱，門などの名称が与えられている．分類群は共通の祖先から派生した生物の集まりであるから，どのような階層にあっても分類群内で共通の遺伝的，形態的特徴をもっている．このような特徴のうち，ある分類群を同じ階層の他の分類群から区別する特徴を識別的特徴（diagnosis）と呼ぶ．われわれはこのような遺伝形質を含む識別的特徴によってそれぞれの分類群を区別し，認識している．

種グループ　種と亜種で構成され最も下位の階級群である．種は唯一実存すると考えられている分類群で全ての上位分類群の基礎となる．種はある範囲の遺伝的，形態的，生態的特徴を有し，有性生殖を行う動物では近縁の集団と生殖的に隔離される（☞項目「種概念」）．魚類における種の認識は，現在分子生物学的方法で解析した遺伝的特徴と形態的特徴の両方で行われることが多い．しかし，この両特徴が一致しない場合もしばしば生じ，研究者を悩ますことがある．この原因として，遺伝子の変異がわれわれが解析できる形態形質に反映されていないことや，形態的変異をもたらす遺伝子をわれわれが解析していないことが考えられる．図1は，ミトコンドリアDNAの数領域を解析することよって得られたトウゴロウイワシ科ヤクシマイワシ亜科の系統関係を示したものである．この図から現在のヤクシマイワシやトウゴロウイワシはそれぞれ2種，ネッタイイソイワシは3種から構成されていることが示唆された．

亜種は国際動物命名規約において最下位の分類群である．亜種は種内の地方型であって，他の亜種とは明確に区別できる一定の遺伝的および形態的特徴を有し，固有の亜種名を持つ（☞項目「国際動物命名規約」）．ある生物集団を種ではなく亜種として認識することは，種として認識するよりも判断が難しい場合がある．単に類似した生物集団と形態的相違が少ないという理由では，亜種か種かの判断はできない．類似した生物集団との系統的類縁性や異所性などから総合的に判断されるものと考える．なお亜種より下位のいわゆる変種などは国際動物命名規約では分類群と認めていない．

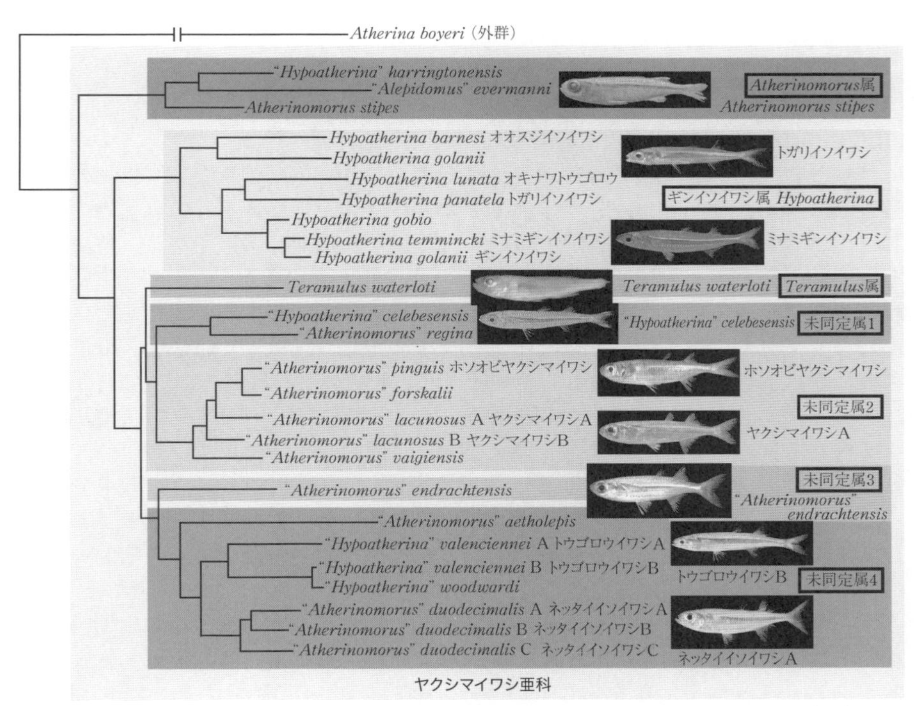

図1　トウゴロウイワシ科ヤクシマイワシ亜科の系統関係［Sasaki et al., 2014：fig. 2 を改変］

属グループ　属階級群は種階級群の上位にあり，属と亜属で構成される分類群である．属（亜属）も特有の遺伝的特徴や形態的特徴を持つ集団であり，1つあるいは複数の種を含んでいる．しかし，属間の遺伝的，形態的相違の程度に関する客観的基準は無い．どの程度の遺伝的変異および形態的相違があれば1つの属として認識するのかは各研究者の判断に任されている．一般には，その集団が含まれる上位分類群内（通常科，亜科，あるいは族）の従来の属間の遺伝的，形態的相違から判断する場合が多い．また属を定義する際には，その属の識別的特徴となる共有派生形質も明示されることが多く，これによってその属が系統的にまとまった一群であると認めている．属の単系統性を確認するためにも分子生物学的情報がしばしば用いられる．ヤクシマイワシ亜科の系統樹（図1）からこれまでヤクシマイワシ属（*Atherinomorus*）やギンイソイワシ属（*Hypoatherina*）に属していた種は幾つかのグループに分かれ，逆に両属に含まれていた幾つかの種が1つのグループを形成している．この各グループは属の階層にあると考えられ，したがって，本亜科に含まれる属の構成は今後大きく変わる可能性がある．

［木村清志］

種概念

地球上に魚類は約34,000種が生息すると考えられ，魚類のみならず生物の多様性を知る上で「種」という分類学的カテゴリーは欠かせない．特に魚類は食料として用いられるため，資源管理の現場では「種」の識別は必須であり，絶滅のおそれのある種の保全を図る上でも，「種」を認識しなくてはならない．

種カテゴリー　種は生物界の分類体系における基本的な構成要素であるにもかかわらず，全ての生物にあてはまるような種の定義（種概念）はなく，20以上の種概念が提唱されている．最も広く受け入れられているのは，マイア（Mayr, E.）によって提唱された生物学的種概念で，「種は実際にあるいは潜在的に相互交配する自然集団のグループであり，他の同様の集団から生殖的に隔離されている」というものである．しかし，魚類においても，この生物学的種概念を適用できないケースもある．例えばギンブナは雌のみで次世代に子孫を残すことができる雌性発生で繁殖できるため，厳密な意味での交配を行わない．また，時間的・空間的に隔離された近縁種は，自然下で相互交配するかどうかを判断できない．

生物学的種概念の欠点を補うためにさまざまな種概念が存在し，ある生態学的地位（ニッチ）を占める群を定義する概念，形態学的な類似度で定義する概念などがある．系統樹上で種を定義しようとする系統学的種概念もその1つである．これには，形質状態の独自の組合せで識別性を重視する基準と，最小の単系統群を用いる基準がある．しかし，前者では識別性の客観的基準を設けることは困難であり，また，特定の環境によって形質が異なる場合には種数が膨大になってしまう．後者では，どのレベルの単系統群（遺伝子系図レベルから地域分岐図レベル）を種として設定するかの判断は明確ではない．また，系統樹を推定する際に用いるデータや方法によっても樹形は変わり得る．かつて「種」は神が創造した不変のものとされていたが，ダーウィン（Darwin, C. R.）の進化論以来，種は時間とともに進化し得る動的なものであると捉えられている．つまり種は変化し続ける生物の系統樹の一部を瞬間的に捉えたものであり，それを定義することはそもそも困難であると主張されることも多い．

種タクサ　分類群（タクソン，複数形はタクサ）として個々の生物学的種を認識する際，魚類では生殖的に隔離しているかどうかを直接観察することは難しい．したがって，形態的・遺伝的なギャップの有無から別種かどうかを判断することが多い．前述のように形態的な違いから認識された種は形態学的種と呼ばれることもあり，魚類では頭長や眼径といった計測形質，鰭条数や鱗の数といった計数形質，色彩や模様のパターンなどの違いが用いられる．遺伝的な違いでは，例えば動物の標準的DNAバーコーディング領域であるミトコンドリアDNAのCOI遺伝子領域の比較などがあげられる．これは，形態的に区別ができない隠蔽種の探索には役立つことが多いが，種分化してからの時間が短いと系列選抜が不完全であるなどの理由で，遺伝子の系統と種の系統が一致しないこともある（図1）．近年は大規模塩基配列データを用いて，合着理論に基づいて統計的に種を発見する方法（coalescent-based species delimitation）が提案され，実際にその結果を基に記載された種も存在する．

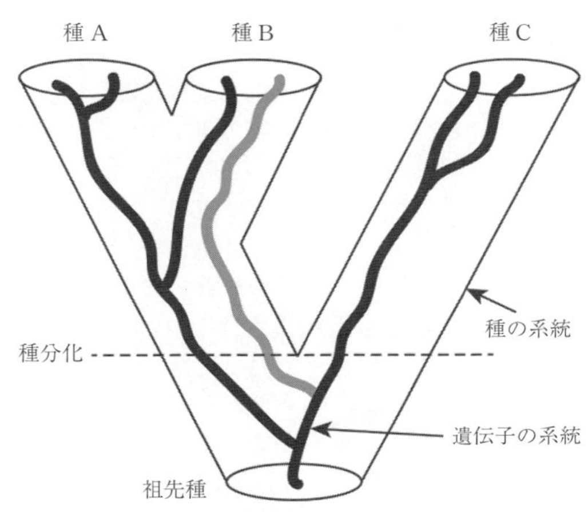

図1　種分化のときに祖先種に多型が存在し，その系列選抜が不完全な場合は種と遺伝子の系統は一致しない（灰色の遺伝子系統に注目）

種以下の単位　動物命名規約の下では，種以下のカテゴリーとして「亜種」が認められており，3語名（属名・種小名・亜種小名）を用いて命名することができる．亜種は，地理的に区別し得る集団であるが，種・亜種を区別する明確な基準はない．一方，規約上命名はできないが，水産業上の重要種では「系群」，保全上の重要種では「地域個体群」の認識も必要となる．「系群」は，産卵場，産卵期，回遊経路などの生活史が同じ集団であり，資源変動するため，資源量調査・管理はこれを単位として行う必要がある．絶滅に瀕している生物の場合，適切な保全単位として，種以下の個体群（地域個体群）を正しく認識することも必要である．特に淡水魚では地理的な障壁（水系間や分水界の間）で移動分散が制限されている場合が多く，何万年という単位で交流がない独自の歴史を持つ地域個体群を含んでいることも多い．

種分化　種分化にはさまざまなパターンがあるが，同所的種分化と異所的種分化が代表的である．異所的種分化は地理的な障壁などで集団が物理的に分断されることで起こる．この場合，分断された集団は互いに交流することがないため，それぞれが独自に進化する．後の時代に二次的にこれらの集団が接触することがあっても，生殖的隔離が成立していれば，遺伝的交流は起こらない．同所的種分化は任意交配を行っている1つの集団から物理的障壁のない状態で起こる．例えばアフリカ大陸に生息するシクリッド類では，雄の体色に対する雌の嗜好性の進化によって種分化したと考えられている．

［甲斐嘉晃］

上位分類群

生物分類学の目的は生物の特徴に基づいて一定のグループに分け，グループ間の関係を明らかにすることである．種階級群（種や亜種）は生物分類の土台となるグループであるが，それより上位にある分類階級を上位分類群と呼ぶ（表1）．ここでは科階級群と高位階級群について説明する．

分類学における階層構造　リンネ（Linnaeus, C.）は生物の学名を二語名で表記する方法を創始したことで有名であるが，同時に生物の階層的な分類体系を提唱した．その体系はリンネ式分類体系と呼ばれている．上位分類群の中で属，科，目，綱，門および界は基本的な階級である（表1）．例えば，ニホンウナギ（*Anguilla japonica* Temminck and Schlegel, 1846）はウナギ属（*Anguilla*），ウナギ科（Anguillidae），ウナギ目（Anguilliformes），硬骨魚綱（Osteichthyes），脊索動物門（Chordata），動物界（Animalia）に所属する．魚類の科階級群や一部の高位階級群の名称は特有の接尾辞があるので，それらによりどの階級であるかを知ることができる（表1）．階層構造は2つ以上の上位分類群の階級群間の近縁性を測る尺度としても使える．例えば，同じ科の2属は異なる科に所属する属よりも系統的に近縁であるということになる．マイワシ属とニシン属はニシン科に分類され，カタクチイワシ属はカタクチイワシ科に分類されるので，マイワシ属はカタクチイワシ属ではなく，ニシン属に近いことがわかる．また新種や新属を発表する際には，その種や属の上位分類群を決定する必要がある．もし，これまで知られている科のどれにも該当しないようなら新科を設立することになる．

表1　リンネ式分類体系に用いられる階級と階級群

階　級			階級群
界	Kingdom		高位階級群
門	Phylum		
亜　門	Subphylum		
綱	Class		
亜　綱	Subclass		
目	Order	（接尾辞は-iformes）	
亜　目	Suborder	（-oidei）	
下　目	Infraorder		
上　科	Superfamily	（-oidea）	科階級群
科	Family	（-idae）	
亜　科	Subfamily	（-inae）	
族	Tribe	（-ini）	
亜　族	Subtribe		
属	Genus		属階級群
亜　属	Subgenus		

上位分類群の変遷　種名や属名と同様に科階級群や高位階級群も系統分類学の進展によって変化することがある．サケ目（Salmoniformes）はその1つの例である．ネルソン

(Nelson, J. S.) は魚類の分類や系統に関する最新情報や研究成果を批判的に検討し，1976年にFishes of the worldという，魚類全体の分類体系に関する書籍を出版した．この本はその後大きな改訂を繰り返し，2016年には第5版が出版された．サケ目を構成する亜目やそれらの亜目に内包される科階級群は第1版と第5版で大きく変化した．第1版のサケ目の中にはサケ亜目（サケ科など4科を含む），カワカマス亜目（カワカマス科など2科），キュウリウオ亜目（シラウオ科など3科），ニギス亜目（デメニギス科など5科），ワニトカゲギス亜目（ムネエソ科など8科）およびボウエンギョ亜目（ボウエンギョ科など2科）が含まれていたが，第5版ではサケ目の中にはサケ科だけしか認められていない．第1版と第5版の間は40年もの歳月が経っているが，この間に形態学や分子系統学による系統類縁関係の研究が大いに進展し，サケ目の分類体系もその結果を反映させたものに書き換えられる必要があったのだ．さてFishes of the worldの第1版でサケ目に含められていたサケ科以外の23科はどうなったのか．例えば，カワカマス亜目とキュウリウオ亜目は1994年に出版された第3版でカワカマス目とキュウリウオ目にそれぞれ昇格し，ワニトカゲギス亜目は1984年出版の第2版でワニトカゲギス目になった．これらの目は第5版でも目の階級からの変更はない．なお，魚類の分類体系はネルソンのFishes of the worldの最新版に現代の研究者が全員従っているというわけでない．それぞれの研究者は自分で新しい分類体系をつくり出すこともあれば，他の研究者が提唱した分類体系を幾つか比較して最も納得できるものを自分の責任で選ぶこともある．

科階級群と国際動物命名規約　科階級群の学名は種階級群や属階級群と同様に国際動物命名規約のルールに沿って運用しなければならない．種階級群の学名を担うのは担名タイプ（ホロタイプ，シンタイプ，レクトタイプおよびネオタイプ）という標本であるのに対して，属階級群の担名タイプは模式種であり，科階級群のそれは模式属である．したがって，科階級群のシノニム（同物異名）関係を論じる場合は種階級群や属階級群と同様に先取権のルールに十分に注意を払わなければならない．ダンゴオコゼ類は近年の系統分類学的研究によってカサゴ類と一緒にして，1つの科にすべきという結果が得られた．カサゴ科階級群とダンゴオコゼ科階級群の学名のどちらがより古い時代に命名されたかを調べると，カサゴ科Scorpaenidaeが1827年で，ダンゴオコゼ科Caracanthidaeが1885年だった．その結果ダンゴオコゼ類にはダンゴオコゼ科より古いカサゴ科をあてがうのが妥当と判断された．一方，目や綱などの高位階級群の学名には国際動物命名規約の制約を受けない．しかし，分類学者は新しい高位分類階級をつくる際には現行の分類体系を大きく変更しないよう注意を払っている．これまでの分類体系をまったく無視した斬新的な階級をむやみに創設すると，利用者に大きな負担を強いることになるからだ．

［篠原現人］

新　種

分類学における新種とは，種名（種の学名）が新たに与えられた種のことである．よって，種名が新たに与えられた著作物の中でのみ新種と呼び，それより前は未記載種（種名が付いていない種），後は既知種（種名がついている種）と呼ぶ．しかし一般には，未記載種を新種と呼ぶことも多い．

未記載種の確認　新種を発表するには，まずその元となる魚類標本が未記載種であることを確認する．その際，近縁と考えられる既知種の担名タイプ（ホロタイプなど）やそのほかの標本，それらの特徴を記した著作物などを参考に，その標本がどの既知種にも含まれないことを確かめる．一般に既知種との比較には表現型を用い，具体的には体長，頭長，体高，眼径などの計測形質，側線鱗数，鰭条数，鰓耙数などの計数形質，および歯の形状や体の色彩パターンなどがよく用いられる．DNA 塩基配列など分子生物学的情報を併用すれば，より正確な分類が可能となる．

未記載種を確認するには，地域変異を考慮する必要がある．しかしこのことは，解決の難しい問題を孕んでいる．例えば，ある地域で得られた魚類標本が，他の地域に生息する近縁な既知種と，表現型や遺伝的組成が異なっていたとする．この場合，どの形質がどの程度違えば，その標本を既知種と異なる未記載種とすべきか，また逆に，どの形質がどの程度似ていれば既知種の地域変異とすべきか，合意された基準はない．このため，ある標本を未記載種とすべきか既知種に含めるべきか，分類する者によって見解が分かれることがある．

新種の発表　未記載種を新種として発表するには，1 個体（ホロタイプ）もしくは複数個体（シンタイプ）を担名タイプとし，新しい学名を著作物で公表する．著作物の構成は，例えば次のようなものがある．タイトル，著者名と所属，要約，緒言，材料と方法，新しい種名，シノニムリスト（過去に充てられていた学名のリスト，該当する学名がない場合は省略），タイプ（ホロタイプとパラタイプなど）のリスト，ダイアグノーシス（新種を既知種から区別するための特徴），記載（新種の分類形質を言葉によって表明したもの），地理的分布，新しい種名の語源，摘要，謝辞，引用文献．このうち「新しい種名」から「摘要」までの部分は，一般の科学論文でしばしば見られる「結果と考察」に相当するとみることができる．また，「シノニムリスト」や「ダイアグノーシス」は，新種の発表をはじめとする分類に関する著作物に特有なものである．

このような著作物で公表された種名が適格なものとして認められるには，『国際動物命名規約』第 4 版（動物命名法国際審議会，2000）に定められた規約に従う必要がある．例えば，新しい種名を公表した著作物の中では二語名法（二名法：属名と種小名を組合せて種名とする，亜種名の場合はこれに亜種小名を加える）を一貫して適用していること，新種を識別するための形質をその著作物の中で（もしくは他の文献を参照して）言葉で示していること，新しい種名を提唱する意図を明示していること（例えば，新しい種名を最初に使うところで，その種名に新種を意味するsp. nov., new species, n. sp.のいずれかを付ける），新しい種名の担名タイプがどの個体かを明示していること，などが求められる．これらを満たした著作物が公表された日付をもって，適格な新しい種名を公表（つまり新種を発表）したことになる．

なお，著作物が公表されたと認められるには，紙に印刷されるか電子的に発行されて配布されること，後者の場合，その著作物（オンラインジャーナルに掲載された論文など）が「Official Register of Zoological Nomenclature」(ZooBank）に登録され，その証拠（登録番号など）がその著作物自体に含まれることなど，幾つかの満たされるべき要件がある（ICZN, 2012）．また，標本のラベル，論文の校正刷り，集会の参加者向けに発行された講演要旨などに新しい種名が記されていても，公表したことにはならない．適格な新しい種名を公表した著作物を原公表，またその中にある新種の記載を原記載と呼ぶ．

新種を発表した著者らには，その新しい種名が確実に広く知られるようにする責任がある．このため著者らは，著作物を適切な学術誌などで発表すること，新しい学名をZooBankに登録すること，および著作物のコピーをZoological Recordに送付することが勧告されている（ICZN, 2012）．

❖新種の担名タイプの保存　前述のように，新種を発表する際にはその著作物（原公表）の中で，担名タイプがどの個体かを明示する必要がある．そして一般には，その担名タイプを博物館などに収蔵して保存する．しかし，『国際動物命名規約』第4版によると，担名タイプの保存は必須ではない．このため2015年には，魚類ではないが，屋外で撮影された写真のみに基づいた新種発表が行われた．写真の個体が担名タイプであるが，捕獲されず，よって保存もされていない．しかし担名タイプが保存されていなければ，情報の残っていない新しい形質の観察が必要となったり，新しい技術で測定する必要が生じたりしても，それができないといった問題が将来的に生じる可能性がある．このため，できる限り担名タイプをホルマリン希釈液で固定するなど長期にわたって観察できるようにし，場合によっては体の一部をDNA解析用に100％エタノールで固定するなどした上で，博物館などに収蔵して恒久的に保存することが望まれる．担名タイプを保存せずに新しい種名を提唱する行為は，技術的または保全的な理由により採集や保存が不可能であるなど，特別な場合に限られるべきであるとされている（ICZN, 2017）．

［高橋鉄美］

タイプ概念

タイプとは，動物の学名を管理する国際的なルールである国際動物命名規約に定められた，学名の安定を図るシステムである．種階級群（種と亜種），属階級群（属と亜属）および科階級群（上科，科，亜科，族，亜族）には学名を担うタイプが存在する．

複数の階級群にタイプがあるが，魚類分類学において日常的に目にするのは種階級群のタイプ標本である．新種（新亜種も同じ）を公表するとき，学名の基準となる標本（なるべく複数が望ましい）を選定し，その特徴を記載して，学名を命名する（☞項目「新種」）．その標本をタイプ標本という．複数からなる場合にはタイプシリーズと呼び，タイプ標本の中で学名を担保する標本を担名タイプという．担名タイプが存在することによって分類学上の混乱を回避することができる．例えば，これまで1種と思われていたものが研究に伴って複数種に区別されることがある．その際，元の学名は担名タイプを含む種に自動的に割り当てられる（図1）．担名タイプとは学名と種の1対1対応を決定する客観的な基準であり，これがないと学名がどの種を示すのか特定できない場合が生じる．学名の安定のためには，担名タイプが恒久不変，唯一無二であることが理想であるが，歴史的経緯から例外が多数存在する．

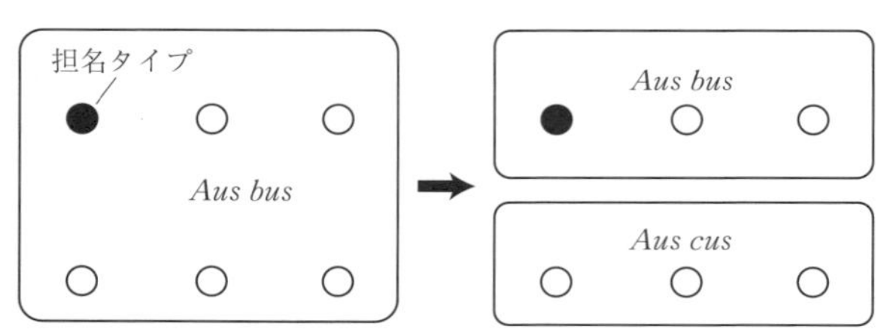

図1　担名タイプの役割．従来1種と思われていた*Aus bus*（仮想種）に2種が含まれると判明した場合，元の学名*Aus bus*は担名タイプ（●）を含む方の種に割り当てられる．○は担名タイプ以外の個体．*Aus cus*にも別途担名タイプが指定されるが，本図では省略

4種類の担名タイプ　担名タイプは，指定された状況の違いにより，ホロタイプ，シンタイプ，レクトタイプ，ネオタイプに分けられる．新種を命名する際，1個体の担名タイプを指定し，これをホロタイプと呼ぶ．ホロタイプに指定されなかったタイプシリーズはパラタイプと呼ばれるが，これには担名タイプの役割はない．

ホロタイプを指定することが浸透したのは20世紀半ばであり，それ以前にはタイプシリーズからホロタイプが指定されないことも頻繁にあった．その場合，これらタイプシリーズをシンタイプと呼び，全標本が担名タイプの地位を持つ．シンタイプの中から後の研究者が1個体を担名タイプに指定する場合がある．これをレクトタイプと呼ぶ．このとき，レクトタイプ以外のタイプシリーズはパラレクトタイプと呼ばれ，担名タイプの地位を失う．また，担名タイプが何らかの理由で失われた場合，これに代わる標本を担名タイプに指定する場合がある．これをネオタイプという．

レクトタイプ指定が招いた混乱　レクトタイプやネオタイプは慎重に指定しないと学名の混乱を招く．タイ科魚類のキダイの学名には*Dentex tumifrons*が用いられていた．キダイは，幕末に長崎で採集された2個体のシンタイプに基づき，オランダのテミンク（Temminck, C. J.）とシュレーゲル（Schlegel, H.）によって新種として1843年に報告された．ただし，彼らはキダイを*Chrysophrys*に含めていたが，後の研究者が*Dentex*に移した（属が移されても入れ物が変わっただけで中身は変わらず，同じ種を指す同一の学名とみなされることに注意）．オランダのボスマン（Boeseman, M.）は1947年に，シンタイプの1個体をレクトタイプに指定した．このためレクトタイプが*Dentex tumifrons*という学名の担名タイプとなったのである．

ところが近年，上記2個体の精査によって，1個体はキダイであり，もう1個体はタイ科魚類の別属別種のチダイであると判明した．厄介なことにボスマンがレクトタイプに指定したのはチダイであったため，*Dentex tumifrons*はチダイを指す学名になってしまった．チダイにはそれまで，東京帝国大学の田中茂穂が1931年に命名した学名*Evynnis japonica*が用いられていたので，2つの異なる学名がチダイを指す事態が生じた．この場合，古い方の学名を古参シノニム（古参異名），新しい方を新参シノニム（新参異名）という（☞項目「シノニム」）が，有効名となるのは古参シノニムである．そのためチダイの学名は，古参シノニムの*Evynnis tumifrons*となった．なお，キダイの学名にはオランダのブリーカー（Bleeker, P.）が1854年に命名した*Dentex hypselosomus*が有効名となった．ややこしいことに，この学名はそれまで*Dentex tumifrons*の新参シノニムと見なされていたものである．

タイプ標本の恒久保存　学名の混乱はタイプ標本を観察することで解決する場合が多い．タイプ標本は，自然史系博物館など公的な研究機関の標本コレクションに恒久的かつ適切に保存管理されなくてはならない．後の研究者が必要なときに観察できるように，新種記載の論文中にはタイプ標本を保管する自然史系博物館や研究機関の名称と標本の登録番号を明記する必要がある．

タイプ種とタイプ属　属（または亜属）を設立する場合，タイプ種を指定しなくてはならない．属におけるタイプ種の役割は，種における担名タイプのそれと同じである．例えば，ある属が複数の属に分割された場合，元の属名はタイプ種を含む属に割り当てられる．同様に，科および関連する階級群に属する分類群にはタイプ属が存在する．

［星野浩一］

シノニム

シノニム（synonym）とは同一の分類群に付けられた複数の学名のことである．シノニムは「同物異名」もしくは「異名」とも呼ばれ，発表年が先のものを古参シノニム（senior synonym：シニアシノニム），後のものを新参シノニム（junior synonym：ジュニアシノニム）と呼ぶ．

有効名と無効名　シノニムが存在しても有効な学名は1つだけである．日本沿岸に生息するブリを例に説明しよう．ブリの有効な学名は *Seriola quinqueradiata* Temminck and Schlegel, 1845であるが，*Seriola cristata* Döderlein, 1884や*Seriola sparna* Jenkins, 1903も過去にブリに付けられた学名である（図1）．デーデルライン（Döderlein, L.）もジェンキンズ（Jenkins, O. P.）も記載当初はブリを新種であると考えていたが，その後の分類学的整理によって*S. quinqueradiata*, *S. cristata*, *S. sparna*は全て同一種のブリにつけられた学名であることが判明した．このような場合，「これら3つの学名はシノニムである」という．3つの学名のうち，有効な学名は1つだけとなるが，基本的にはその発表年が最も古い学名が優先される（条23．先取権の原理．ICZN：『国際動物命名規約』第4版）．よって，テミンク（Temminck, C. J.）とシュレーゲル（Schlegel, H.）が1845年に発表した*S. quinqueradiata*が有効名になり，その後に付けられた*S. cristata*と*S. sparna*は無効名となる．そして，*S. quinqueradiata*は，*S. cristata*と*S. sparna*の古参シノニム，逆に*S. cristata*と*S. sparna*は，*S. quinqueradiata*の新参シノニムであるという．

有効名：*Seriola quinqueradiata* Temminck and Schlegel, 1845
無効名：*Seriola cristata* Döderlein, 1884
無効名：*Seriola sparna* Jenkins, 1903
図1　ブリのシノニム（有効名と無効名）

シノニムはなぜ生まれるか　シノニムは，すでに記載された種であるにもかかわらず，既報の文献を見逃してしまい，同じ種を誤ってまた新種として記載してしまった場合などに生ずる．その結果，単一種が複数種として間違って扱われることを誘発し，分類に混乱をもたらす．魚類分類学は18世紀半ば以降に西洋で発達し，日本においては，20世紀初頭になって根付き始めた．当時，情報網や交通網は未発達で，世界中の魚類に関する文献情報を得ることやタイプ標本の調査をすることは決して容易ではなかった．そのため，研究者はすでに記載された種を見逃しやすく，後に別の学名で記載してしまうことによって，今よりも多くのシノニムが生じたと考えられる．1980年代半ば以降，魚類に関する標本や学名，文献などのデータベース化により全世界の新種やそのほかの魚種に関する情報の入手，ならびにタイプ標本などの調査が容易になり，昔に比べればシノニムが生じる割合は低くなっている．また，同時に分類群ごとの分類学的再検討がスピードアップしており，これらの研究によって学名の整理が行われ，まとまったシノニムの存在が明らかとなることがある．

シノニムが多い魚種とは　多くの種が含まれるグループではシノニムが生じやすい傾向がある．種数が多ければ近縁種間の識別は一般的に難しくなり，専門家の間でも，別種とするか同種とするかについて意見が分かれることは珍しくない．同様に，種内変異が多い種類では，変異が種間の相違と誤認される場合があり，複数の種名が生じやすい．分布範囲が広い種はその種内変異がたとえ段階的であっても，その分布域の両端に生息する個体群を比較すると，形態形質の差が大きく見えてしまうため，別種と判断される可能性が高くなる．沿岸性で分布域が広く日本にも生息するツバメコノシロ科のツバメコノシロ *Polydactylus plebeius* (Broussonet, 1782) には約200年の間に，有効名以外に13ものシノニムが生じてしまった．さらに，ボラ科のボラ *Mugil cephalus cephalus* Linnaeus, 1758には少なくとも33のシノニムが知られている．また，多くの魚類は仔稚魚期に変態をして成長していくため，発育段階初期と成魚との間に形態的差異が見られ，同一種でも仔稚魚と成魚に別々の学名が付けられることがある．アナゴ科のオキアナゴ *Congriscus megastomus* (Günther, 1877) は長い間，その葉形仔魚（レプトセファルス〈レプトケパルス〉期）が不明だった．一方，巨大なレプトセファルスである *Thalassenchelys coheni* Castle and Raju, 1975は成魚が不明だった．しかし，形態形質とDNA分析の比較研究によって同種であることが2016年に判明した．つまり，両者はシノニムであり，後者が新参シノニムとなった．

増やさないために　当然のことながら，シノニムをつくることは生物を扱う全ての分野に影響を与える．例えば，これまで複数種と考えられていた魚が実は1種であると判明した場合，それまでの資源量推定や水産資源の管理方法などについて再考せざるを得なくなる．つまり，シノニムは分類学のみならず資源学にも影響する．では，シノニムを増やさないためにはどうすればよいのだろうか．まず第一に魚類分類学の専門家の間で積極的に情報交換を行う必要がある．また，言うまでもないが，分類学者は慎重に種の記載をしなければならない．さらに，新種記載の際は，類似種との識別を論文情報のみに依拠するのではなく，標本に基づくことが重要である．

［岡本 誠］

国際動物命名規約

国際動物命名規約（International Code of Zoological Nomenclature，以後，規約）は，研究者が学名を決定する際，上科から亜種の範囲において「分類学的判断にしたがって動物を分類する自由を損なうことなく，動物の学名に最大限の普遍性と連続性を与えること」（規約第4版・日本語版，序文より）を目的とした国際的な取り決めである．規約は以下の原則に基づいている．①種をどのようにして認めるかなどの分類学的判断には立ち入らない，②分類学的境界や階級に関わりなくタクソンに学名を与える，③学名は，直接あるいは間接的に標本という「もの」がその基盤となる担名タイプ方式によって与えられ，学名の有効性を決定する際には先取権の原理が用いられる，④学名の安定性や普遍性をそこなわないよう先取権の原理の杓子定規的な使い方をしない，⑤異なったタクソンに同じ学名を使わない，⑥規約の解釈と管理に備える，⑦学名に関する問題の解決には「判例法」（過去の決定の参照）を用いず，規約のみに依拠する．

国際動物命名規約第４版　規約本体は前文と18の章にまとめられた90の条と用語集から構成される．また，幾つかの条には，強制力はないが助言となる勧告や例が付されている．そのほかに，規約第4版には，緒言，序文が含まれ，さらに，動物命名法国際審議会（International Commission of Zoological Nomenclature，以後，審議会）規則を含む3つの付録が加えられている．規約第4版より，審議会により認定された文書は「効力，意味，権威において英・仏語版と同等である」ことになり，日本語版（図1）も正文となった．なお，2012年に一部改正が行われ，規約第3版以降許容されていた光学ディスクによる公表が認められなくなり，電子出版が新たに許容された（野田他，2013）．

図1　『国際動物命名規約』第４版 日本語版の表紙

規約は前文と以下の18章からなる．章1．動物命名法；章2．動物の学名の語数；章3．公表の要件；章4．適格性の要件；章5．公表の日付；章6．学名と命名法的行為の有効性；章7．学名の形成と扱い；章8．名義科階級群タクソンとその学名；章9．名義属階級群タクソンとその学名；章10．名義種階級群タクソンとその学名；章11．著作権；章12．同名関係；章13．命名法におけるタイプの概念；章14．科階級群におけるタイプ；章15．属階級群におけるタイプ；章16．種階級群におけるタイプ；章17．動物命名法国際審議会；章18．本規約の管理規定．

国際動物命名規約の沿革　動物の学名はリンネ（Linnaeus, C.）が1758年に出版した『自然の体系（Systema Naturae）』第10版で採用した二語名法に始まる．18世紀後半から19世紀にかけては，ヨーロッパ諸国の海外進出や，顕微鏡をはじめとする研究器具の発達により，命名された生物の種類が年々増加の一途をたどり，しっかりした取り決めによる整理統一がなければ学名が大混乱して収拾がつかなくなることが明瞭になってきた．動物命名法を規定する試みの中で歴史的に重要なものはストリックランド（Strickland, H.）とその同僚達が提案した英国協会規約ないしストリックランド規約と呼ばれるものである．この英国協会規約はダーウィン（Darwin, C. R.）らによって1842年に英国科学振興協会で披露された後，フランス，イタリア，アメリカで出版され，1846年に英国科学振興協会に採択された．以後，度々改訂されたが，国際地質学会議の2度（パリ，1878年；ボローニャ，1881年）の議論から，条項が動物学名全てを対象とし，使用団体や学問分野にかかわらず，化石にも現生動物にも適用できるようにするために公式の国際協定をつくる必要性が明瞭になった．

その後，国際動物学会議（International Congress of Zoology）の5回（ライデンの第3回会議で審議会が設置された）の会議の後，動物学分野での最初の国際的な学名に関する取り決めである，Règles internationales de la Nomenclature zoologique（日本での呼称は萬国動物命名規約）が仏語（正本），英語，独語で1905年に出版された．このルール（Règles）は一連の改正を伴いつつ第15回国際動物学会議（ロンドン）によって採択され，フランス語と英語の条項が並立する規約の第1版出版（1961年）までその効力を持ち続けた．規約第2版は1964年に出版された．規約と審議会に対する責任は1973年に国際動物学会議から国際生物科学連合（International Union of Biological Sciences）に移され，規約第3版が同連合により1985年に出版された．

1970年代から1980年代にかけては，遺伝情報とコンピュータの応用による分類学方法論における変化や電子出版を含む情報工学分野での急速な変化などがあったため，それらを考慮した第3版の改訂が必要となった．改訂作業は1988年から始まり，1995年5月に討議用草案が動物学界に公開（草案700部が少なくとも43カ国に配布）された．1年間で約500箇所から約800ページの批評が得られたが，これらの批評を公開するとともに議論がなされ，規約第4版は国際生物科学連合により採択され，1999年に出版された．

［波戸岡清峰］

形態分類

　人間は視覚に大きく依存して生きる動物であるため，われわれが生物を分類する上で最も注視するのは，その生物の形であろう．魚類を含めた生物の分類体系は形を比較することによって構築されてきた．近年になって著しく発展した遺伝学や分子系統学が分類学に多くの貢献をするようになったが，遺伝的特徴に基づく研究には限界がある．生物の長い進化を振り返ると，過去に絶滅して化石のみが知られている魚類の種数は膨大である．現生魚類の分類や進化を研究する際に化石魚類の情報を欠かすことはできないが，化石魚類の分類にはDNAを使うことはできないため，形態のみに依拠せざるを得ない．また，現生魚類の研究においても以下に述べるように，形態が分類学において重要な位置を占めていることにかわりはない．

形態形質　魚類を分類する際には，それが持つ属性あるいは特徴に着目する．これを形質と呼び，形に着目したのが形態形質である．形態形質に基づいて生物を分類することが形態分類である．形質は種の特徴を示すものであり，ある種を他の種から識別する基準となる．そのため，形質は同一の種内で一定の状態を示し，他の種と一線を画すことが望ましい．

　しかし，形質も詳細に見ると，同じ種内でもまったく同一ということはまれである．このような違いを変異と呼び，魚類における種内の変異にはさまざまな要因が考えられる．例えば，キュウセン *Parajulis poecilepterus* というベラ科の魚の雄は青く，雌は赤い．これは同一種内の性の違いによる形態の変異であるが，昔はキュウセンの雄と雌は別種とされていた．このように現在では雄と雌で色彩が異なることが知られている魚でも，別種と考えられていた例は多い．

　多くの魚類では成長に伴って体の各部の比率や形が変化し，幼魚と成魚ではまったく形態が異なることがある．このような成長段階の違いが種間の違いと混同されていたこともある．例えば，ハワイ諸島固有のフサカサゴ科ヒメヤマノカミ属の1種は3つの種に分けられていたが，これらは胸鰭(むなびれ)の長さと頭部の棘の形態によって区別されていた．しかし，成長に伴って，胸鰭の体長に対する割合が短くなり，頭部の棘の数は増加することが明らかになった（図1）．つまり，種を識別する特徴とされていた形質は，同じ種内の成長に伴う変異であった．また，ヘビギンポ科などには繁殖期に雄の色彩が変化する種がいるし，カワハギ科などの魚は周囲の環境に合わせて色彩を変化させる．これらの違いは全て同じ種の個体変異である．

　したがって，形態分類のためには，形質の変異が，同じ種内の変異であるのか，異なる種の間の差異を示すものであるかを判断することが重要となってくる．種間の違いを示し，同じ種内での変異が少ない形質は，安定した分類形質として用いることができる．そういった形質を探索し，それぞれの種を形態的に特徴付けることが形態分類の目的の1つであり，そのような情報は種同定の際に役立つ．また，分類学的研究に不可欠なタイプ標本の調査に際しても形態分類に基づく比較検討が行われる．

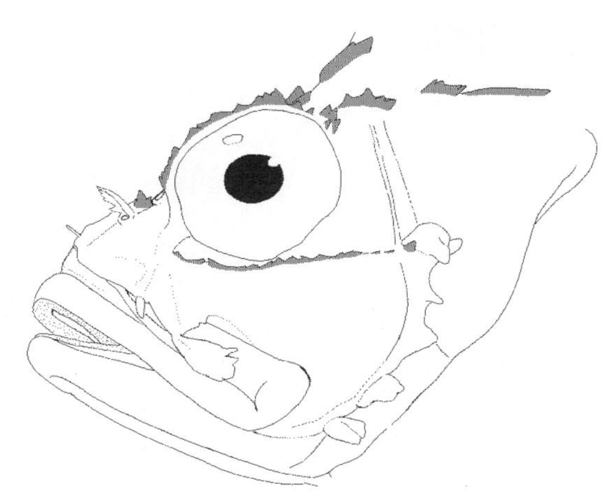

図1　ヒメヤマノカミ属魚類の頭部の棘（グレーの部分）

魚類の形態形質　魚類の分類に用いられる形態形質には，まず計数形質と計測形質の2つがあげられる．前者は，数えられる形質であり具体的には，鰭条や鱗，鰓耙の数などである．脊椎骨数など内部形態にも計数形質に含められるものがあるが，これらの観察には解剖や軟X線写真が必要となる．計測形質は，頭長や体高など体の各部の長さとして表される形質を指す．動物は成長に比例して体の各部の長さも増加するため，計測形質を比較する際は，比較している標本の成長段階に留意する必要がある．そのため，計測形質を比較に用いる際は，測定部位の実測値を標準体長や全長など基準となる部位の長さに対する相対値に変換する．これを標準化と呼ぶ．また，色彩も重要な形態形質の1つであり，模様や斑点の数や位置などが分類に用いられる．

そのほかにも形態形質として用いられる特徴は魚類によって千差万別であり，分類群によって重視される形質は異なる．例えば，ハダカイワシ科では発光器の数や位置，フサカサゴ科では頭部の棘の状態，ハゼ科では頭部感覚器官（微小な管と小孔）が分類形質として重視される．近年では，魚をMRI（核磁気共鳴画像法）でスキャンした3D画像を用いて内部から外部形態まで観察する研究も行われている．形態分類では，これらの形質を組合せて総合的に判断する．

形態分類の萌芽期には，前述のヒメヤマノカミ属の1種の例のように，単に鰭が長い・短いといった主観にたよった分類が行われてきた．計数・計測形質は，数値で違いを客観的に示すことができ，統計学的に検定することもできる．一方で，誰もが容易に種を認識できる形質を探索するのも形態分類に求められる役目である．

［松沼瑞樹］

分子分類

全ての生物は生命の設計図の情報を核酸の1種であるDNA（デオキシリボ核酸）に遺伝子として格納し，祖先から代々受け継いできた．生命史の長い時間の中で，全ての生物は共通の祖先に由来する遺伝情報の変化と伝達経路の分岐による進化の結果として存在する．分子分類は，遺伝情報の本体であるDNAや遺伝情報によってつくり出されるタンパク質などの生体高分子を形質として用いることで，より直接的に生物進化を反映した自然分類を行おうとするアプローチの1つである．

アロザイムとDNA　現在，分析対象として最もよく使われている生体高分子はDNAであるが，分子分類の初期の段階ではDNAよりもタンパク質が分析対象の主流であった．酵素（タンパク質）としての機能がほぼ同じでありながらタンパク質を構成するアミノ酸の配列が異なるものをアイソザイムといい，これが同一の遺伝子座における対立遺伝子の違いによって生じる場合をアロザイムという．アロザイムの分子種の違いを電気泳動によって識別することで，その根本にある遺伝子型の違いを推定するのがアロザイム分析である．1960年代以降，アロザイム分析は分類学や系統学，集団遺伝学のツールとして盛んに用いられたが，好熱性細菌から単離された耐熱性DNAポリメラーゼを用いたDNAの増幅法（PCR法：polymerase chain reaction）が1988年に発表されると，分子分類における分析対象はより直接的に遺伝子を調べることができるDNAへと遷っていった．

DNA　遺伝情報を担う生体高分子であり，遺伝情報はDNAの4種類の塩基，アデニン（A），チミン（T），シトシン（C），グアニン（G）の配列によって暗号化されている．DNAは生体高分子の中では比較的分解・変性されにくい性質で，新鮮な標本から採取したDNA解析用のサンプルは，冷凍での保管や高濃度のアルコールによる脱水によってヌクレアーゼ（DNA分解酵素）の活性を抑えることで保存が可能である．しかし，化石やホルマリンなどで処理された標本に含まれるDNAは高度に分解されているため解析は難しい．魚類の場合，配偶子に含まれる1組のDNA（ゲノム）は数億から数十億塩基で構成されている．DNAに生じる多くの変異は進化に中立的である場合が多く，何らかの要因によって生殖的に隔離され独自の進化をたどってきた種の間には，生殖的隔離からの時間に対応してDNAに変異が蓄積する．また，DNAは全ての生物に共通して存在することから，DNAを用いることで膨大な情報に基づいて，異なる生物間を進化的枠組みの中で共通の尺度で比較することが可能である．

DNAバーコーディング　種の違いを反映しているような特定の遺伝子領域の短い塩基配列を，コンビニやスーパーなどのレジで商品を判別するために用いる「バーコード」に見立て，生物種を同定する技術が開発された．種名が分からない標本のDNAバーコードを解読し，データベースに登録された同定の基準となるリファレンスと比較すれば，一致する種を検索することが可能となる（図1）．

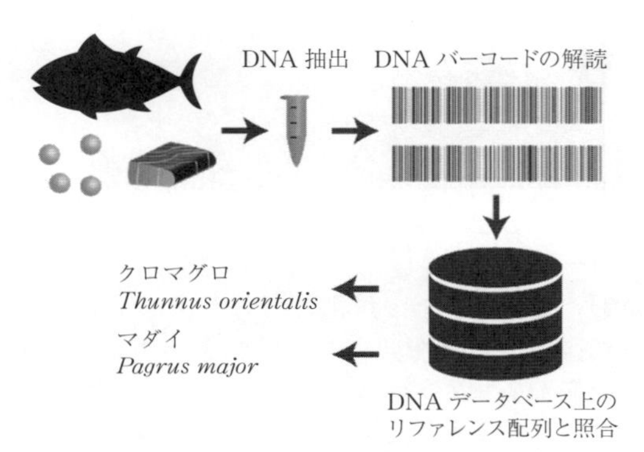

図1　DNAバーコーディングの模式図. DNAデータベースはWeb上で公開されており誰でも利用できる

ただし，そのためにはリファレンスとなる多くの種のバーコードが必要となる．形態分類では，それぞれの分類群に関する高度な専門的知識を必要とするが，分類群による違いのない一律の方法を用いるDNAバーコーディングでは，分類の専門家でなくても容易に種を同定できる．DNAを単離することが可能な生物体の一部があれば同定が可能なので，スーパーで売られている切り身などの加工品でも種を特定することが可能である．また，DNAの塩基配列は一生を通して変わらないので，親とは形態的特徴が著しく異なる卵や仔稚魚も容易に種を同定できる．雌雄の間でも大部分のDNAは変わらないので，二次性徴による雌雄差が顕著な種でも同定できる．形態的によく似ていて区別が困難な隠蔽種においても容易に識別できる場合がある．分子分類によって隠蔽種であることを認識した上で注意深く観察することにより，わずかな形態の違いを認識できる場合が少なくない．

DNAを用いた初期の分子分類では少数の遺伝子領域を対象として分析が行われていたため，解析する領域により得られる結果に違いがあるなどの問題があった．しかし，DNA解析の分野では目まぐるしい技術革新が続いており，ゲノムレベルでの大規模な塩基配列データが低コストで取得可能になった．今日の分子分類では，客観的かつ膨大なデータに基づいて，これまで以上に生物進化を真に反映していると考えられる新しい系統仮説を得ることが可能になっており，自然分類体系の構築への貢献がより一段と期待されている．また近年では，河川や湖沼，海などからバケツ1杯程度の水を汲み，その中に含まれる魚類の体表粘液や糞などとともに放出されるDNA（環境DNA）を調べることで，ある特定の種がそこに生息するか否かを特定する技術や，生息する魚類を網羅的に同定する技術（メタバーコーディング）およびこれらの生物量を分析する技術の開発が進んでいる．環境DNAの分析技術は，直接観察することが難しい水中に生息する魚類の分布や生物量を明らかにするために大いに役立つであろう．　　[千葉 悟]

検　索

魚類の種名を調べるために，魚類図鑑が使われることが多い．魚類図鑑にはカラー写真や図，形態や生態の特徴が種ごとに整理されていて，各種の特徴がよくわかる．知りたい魚種の名称を調べるのは簡単なように思えるが，手元の魚と魚類図鑑の写真を照合して結論を出すのは簡単なようで難しい．形態や斑紋が微妙に異なる種がおり，種を特定するのは難しいことが多い．正確に魚種を特定するには「検索」を使う．一般的に「検索」という言葉が意味するのは「文書やデータの中から必要な事項を探し出す」ことである．しかし，分類学で「検索」といえば，「分類群の特徴を簡潔に示し，二分岐方式で分類群を特定する」システムである．

リンネ式分類体系　分類学では，似ている種の集合を属，似ている属の集合を科，というように形態の類似と相違の程度によって生物が体系的に配列されている．この体系はリンネ式分類体系と呼ばれ，基本的に界，門，綱，目，科，属，種という上位から下位に至る7階級で構成されている．上位階級の分類群は下位階級の分類群を包含するので，共通した一般的な特徴から個別の特徴をたどるように「検索」が作成されている．

現生の魚類は無顎上綱（ヌタウナギ綱と頭甲綱）と顎口上綱（軟骨魚綱と硬骨魚綱）に分類されている．これら2つの上綱は口の構造が根本的に異なり，上綱内の綱は体の構造によって特徴付けられる．綱内では内部骨格などの形状や位置関係が共通であるものがまとめられ，目として把握されることが多く，綱から目への検索は外部形態の観察だけでは難しい．目内の科は形と生態にまとまりがあり，視覚的に把握しやすく，内部骨格などの内部形態だけでなく，体形などを含めた外部形態の特徴で検索される．属は科内で，さらに形態的類似で検索され，種は属内でもっと細かい形態的類似で検索される．

検索の実際　検索を使う際に必要なことは，魚類の形態的特徴についての知識である．形態的特徴の類似と相違で検索をして，上綱から出発して最終的に種にたどり着くのだが，このためには大小さまざまなレベルの形態的特徴を知っていなくてはならない．現実的には上綱から目まで検索でたどられることはほとんどない．種名を調べる際には，上綱，綱，そして目がどのような特徴を持っているか，あらかじめ知っていることが求められる．目内の特定の科を同定する場合，スズキ目のように多くの科を含んでいる分類群では検索が必要になる．しかし，一般的に，種の同定の出発点は科であることが多い．したがって，魚の名前を正確に調べるためには，手元の魚が，どの科に含められているのかを知っている必要がある．このときに役立つのが写真や図のある魚類図鑑である．図や写真があれば，問題の魚が魚類図鑑のどれに似ているか検討することができる．科がわかれば種への検索を用いればよい．

科と種の間の属には少々問題がある．科は安定した分類群であり，形態的にも生態的にもよくまとまっており，把握しやすい．ところが，属の認識と把握は研究者によって異なることがあり，魚類図鑑によって使われる属名が異なることがしばしばある．多くの種を含む属は研究の進展に伴い細分化されることが多い．

科などの分類群について，全ての種が網羅されている刊行物（論文を含む）には検索が付されている．その検索を使うと，既知種であれば必ず種の同定ができる．ただし，魚類は世界に広く分布しており，1つの科といえども，種数が多いものがほとんどで，多くの場合地域を限定して種の検索が作成されている．例として，硬骨魚類の日本産ネズッポ科の一部を取り上げて検索を示す．下記のように，共通した特徴と独自の特徴を使い特定の種にたどりつける（E以下は略）．

A1　臀鰭は8軟条，後頭部に骨質隆起がある……ヨメゴチ属 *Calliurichthys* Bへ

A2　臀鰭は9軟条，後頭部に骨質隆起がない……ネズッポ属 *Repomucenus* Cへ

B1　雄の第1背鰭は第1・2棘が糸状に伸びる，雌と幼魚の第1背鰭には第3棘と第4棘の間に1黒斑がある……ヨメゴチ *Calliurichthys japonicus*

B2　雄の第1背鰭は4棘とも糸状に伸びる，雌と幼魚の第1背鰭には第3棘の上に1黒斑がある……イズヌメリ *Calliurichthys izuensis*

C1　眼下管には外側に向かう分枝がない……Dへ

C2　眼下管には外側に向かう分枝がある……Eへ

D1　前鰓蓋骨棘は槍状で，内側は鋸歯状となる……ヤリヌメリ *Repomucenus huguenini*

D2　前鰓蓋骨棘は槍状ではなく後端は内側に曲がる，内側は鋸歯状ではなく突起が大きい……ホロヌメリ *Repomucenus virgis*

種の同定のために検索を使うのは分類学者とは限らず，他の分野の人たちが使うことも少なくない．水産学や生態学，環境調査関係などで，種の同定のための検索が使われている．検索は種の同定だけでなく，未知の分類群の発見にも使われる．調べている対象が，検索してどの種にも該当しなければ，その分類群は未知種となる．すなわち，当該地域での未記録種，あるいは新種の可能性がある．

検索の体系的構造は西洋の基本的な思考方法である．事物を類あるいは属（ゲノス）と種（エイドス）で把握することはアリストテレス（Aristotle）以来，西洋の思考の基本であり，同じ類に含まれる種同士は種の違いで区別されて認識される．生物も同様で，類（属）と種，つまり類似と相違で理解される．これを自然の三界である植物，動物，鉱物で体系化したのがリンネ（Linnaeus, C.）の『自然の体系』（初版は1735年）である．それぞれに綱，目，属，種という階級が設定されている．分類階級に基づいた「検索」の思考と方法の源はここにある．　［中坊徹次］

同　定

分類学において同定といえば，既知のどの種に相当するかを調べる行為である．多くの人達が同定する際に頼りにするのは図鑑であろう．しかし，全ての既知種が図鑑に収録されているわけではないし，日本の魚類図鑑に依拠するだけでは国外の魚類を同定することはできない．多くの魚類を正確に同定するためには，かなり専門的な知識が必要である．同定が不確かであるなら研究結果を公表できない．したがって，研究過程で同定に疑義が生じた場合には，分類群の専門家に意見を聞くことが重要である．

同定と分類　同定は分類と混同されることが多い．同定と分類はどのように違うのだろうか．同定は採集した標本が既知種のどれに相当するかを調べることであるが，分類は同定を超える行為である．採集した標本の種名を調べる点では同定と分類に違いはないように見える．しかし，分類は標本や対象分類群の分類学上の位置付けを行うことである．採集した標本を既知種と比較して同定できなければ，新種の可能性もあるため，類似する種（少数の場合もあれば，かなりの数になることもある）との比較検討を行うことになる．その結果，既知種と異なることが判明すれば，新種として新たな学名を付けて発表することになる．また，既知種や既知属であっても分類学上の地位を変更して，新たな分類体系を提唱することも分類という行為に含まれる．

同定するための情報　前述したように図鑑と比較するだけでは正確に同定することはできない．同定するためには専門的な知識と情報が必要となるため，初学者には難しいことが多い．日本産魚類を対象とする場合には，『日本産魚類検索—全種の同定』という良書を参考にすれば，かなり正確に同定できる．同定するためには各種の特徴を正確に理解する必要があるが，魚類を識別するための特徴は分類群によって異なる．このため，同定を行うためには魚類全体に関する深くて広い知識が必要となる．したがって，実際の同定作業には困難を伴う場合が少なくない．

また，同書の出版以降に日本から新種として報告された種や日本から初めて記録された魚類もいるため，「魚類学雑誌」やIchthyological Researchなどの専門的な学術誌を参照する必要に迫られる場合もある．一方，個人や釣り愛好家のWeb上の魚類図鑑には，「Web魚類図鑑」や「市場魚貝類図鑑」など，豊かな同定情報が掲載されているサイトもある．日本以外の魚類については，国際的なデータベースであるフィッシュベース（FishBase）が役に立つ．

同定する際に注意すべき形質　魚類には成長段階や雌雄によって色彩や体形，

鰭(ひれ)の形などが大きく変わる種も多いため，このような形質を同定に用いる際には注意が必要である．また，計数形質（鰭条数(きじょうすう)，鰓耙数(さいはすう)，脊椎骨数）には個体変異があるため，同種であっても計数形質の値には幅があることが多い．そして，類似する種では，計数形質の値が重複していることがあるため，最頻値や平均値などを慎重に検討すべき場合も少なくない．したがって，文献を参照するだけでは解決できない場合があるが，そのようなときには博物館や大学の所蔵標本を調べることにより成長段階による形質の違いや地理的変異が明らかとなることもある．したがって，正確な同定をするためにも魚類の所蔵標本は非常に重要である．各魚種の成長段階に応じた標本を集めて，国や自治体の博物館，さらに大学の博物館で魚類標本を所蔵しておくことは正確な同定をするための基盤となる．長年にわたって多くの標本が収集されていると，種の分布範囲が網羅されることになり，地方変異や個体変異も調べることができるし，通常の標本では観察しにくい形質を調べることもできる．例えば剥がれやすい鱗を持つ魚類の場合には，多くの標本がなければ鱗の状態を知ることはできない．体形や計数形質では区別できなかったが，微妙な鱗の違いによって新種や別種の存在に気付いたり，種の識別が可能となったりすることもある（図1）．

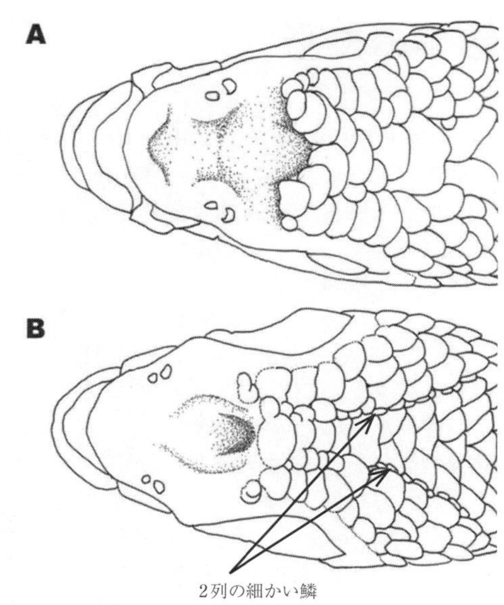

図1　クロサギ科魚類2種の頭部背面における微妙な鱗の形や覆い方の違い．(A) *Gerres mozambiquensis*, 体長119 mm, (B) *G. maldivensis*, 体長65 mm [Iwatsuki et al., 2007を改変]

遺伝情報　近年，遺伝学的手法の発展によりDNA解析を容易に行えるようになったため，DNA情報を同定に使うことができるようになった．母系遺伝するミトコンドリア（COI領域648 bp）の領域を種判別に使うバーコードプロジェクトという国際的な活動がカナダの研究者を中心として，全世界的に広まっている．DNAの配列に明瞭な違いがあれば種の同定や判別は容易であるが，DNAの違いがあまりない場合，種判別が困難となることに注意が必要である．さらにミトコンドリアDNAには明瞭な違いがなくても，核DNAでは違っている場合もある．自然界では必ず例外があるため，遺伝情報を同定に利用する際には，生殖的隔離の有無を再確認するなど，注意が必要である．

［岩槻幸雄］

標本の役割

魚類学における標本とは，学術的な活動に用いるために採集データの記録を残しつつ，自然界から採集した個体の全体あるいは一部である．標本に求められる役割は多様であり，備わる情報は多い方がよいのは言うまでもない．しかし，残そうとする情報が多いほど標本の処理や保管のコストが大きくなるため，用途に合わせた方法で管理されている．いずれの標本にも共通する性質として，研究の「材料」あるいは「資源」としての役割を果たし，科学論文の「再現性を担保する」存在であることがあげられる．このことから，標本は多くの研究において必要不可欠なものといえよう．

分類学分野における標本 分類学分野においては特に標本の存在が重要視されてきた．例えば，新たな種を提唱する際にはその標本の形態的特徴を記載するとともに，用いた標本の詳細情報（例えば，所蔵機関，標本番号，採集情報など）も論文に記す必要がある．新種の証拠となる標本はタイプ標本と呼ばれる（図1）．なぜ証拠が必要なのか？ それは新種の提唱も1つの仮説にすぎないからである．新種として報告された種が以前にすでに報告された種と同一（同物異名：シノニム）であると判明することもある．その際に，仮説（新種）を検証するためには証拠標本が不可欠となる．したがって，タイプ標本は将来にわたって適正に維持・管理され，確実にアクセスできる施設に保管されることが求められる．

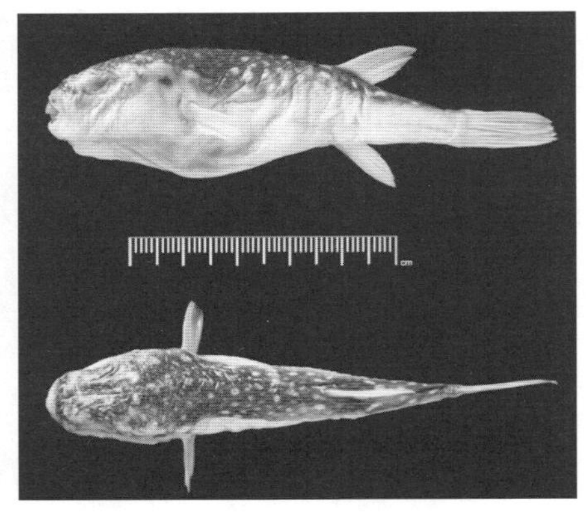

図1 クサフグ *Takifugu alboplumbeus* (Richardson, 1845) のホロタイプ（BMNH 1980.3.6.1）．およそ170年前の標本であるが，良好な状態で保管されている［写真提供：大英自然史博物館］

また，分類学的研究では内部構造も含めた多くの部位を観察する．そのため，その魚が持つ情報を可能な限り残すために魚体を丸ごと保管することが理想である（図2A）．保管の方法としては液浸，冷凍，剥製などがあげられるが，魚類標本は乾燥に非常に弱いため，液浸での保管が最も適している．また，DNAを調べるための組織標本はホルマリンで保管できないため，肉片や鰭の一部などを個別の容器にアルコールで保管する．

こうした標本の処理や保管には大きなコストがかかる上に，技術や経験も求められる．そのため，博物館などの研究機関で専門知識をもった職員によって維持・管理されている場合が多い．

生態学分野における標本　生態学研究においては体の一部を標本として用いる場合が多く（図2, B, C），産卵生態の研究では生殖腺（精巣，卵巣），食性の研究では消化管（胃，腸），成長に関する研究では年齢形質となる部位（鱗，脊椎骨，耳石など）が用いられる．また，水産研究所などの研究機関には博物館のように大きな保管スペースがないことが多いため，その標本の特性に合わせた保管方法が採られている．

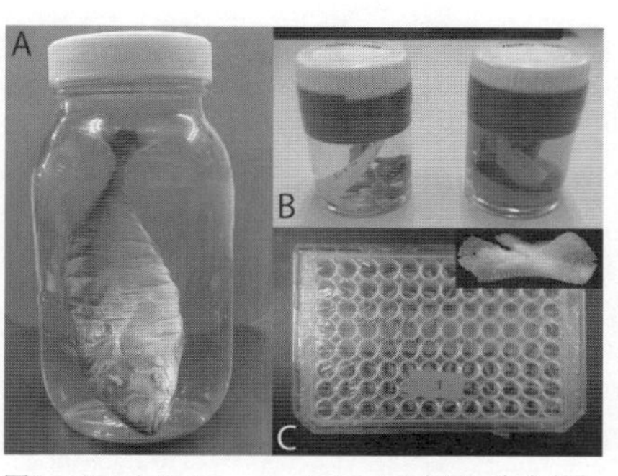

図2　カツオ *Katsuwonus pelamis* の標本．(A) 幼魚の魚体アルコール液浸標本，(B) 生殖腺のホルマリン液浸標本，(C) 耳石の乾燥標本，右上は容器に収められている耳石の外側面写真

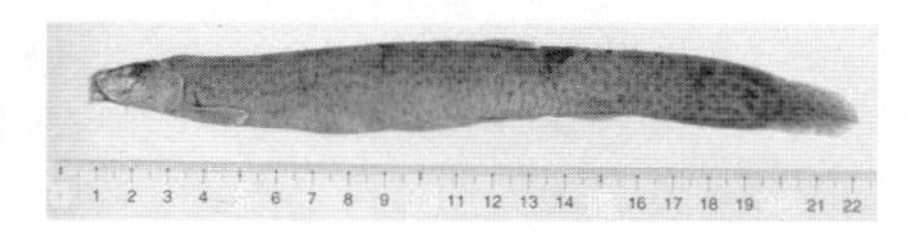
図3　約55年前に北海道パンケ沼で採集されたドジョウの標本（HUMZ 213730，標準体長184.2 mm）［写真提供：河合俊郎］

例えば，生殖腺標本は冷凍すると組織が破損してしまうため，すぐにホルマリン液浸にされるし，逆に年齢形質となる耳石標本などはホルマリン中ではカルシウムが脱灰するため，冷凍や乾燥標本として保管される．ただし，魚体標本と同様に可能な限り多くの情報を付随させることは不可欠である．体長や体重などは基本的な情報であるが，生態学研究において必要不可欠であるし，後から調べることも難しい．

そのような基本的な情報が欠落している場合は，その標本が持つ情報を有効に活用することができない．情報も含めてそれぞれの標本に適したかたちで維持・管理されることが重要である．

生息環境の復元　標本は適切に管理されれば，50年，100年と良好な状態で保管することができる．そういった標本は採集当時の環境を探る上で重要な情報を与えてくれる．1962年に北海道のパンケ沼で採集されたドジョウ *Misgurnus anguillicaudatus* の体長は約18 cmで（図3），ドジョウとしては非常に大型であり（多くは10 cm程度），当時のパンケ沼がドジョウにとって好適な環境であったことを伺い知ることができる．また，標本の胃に含まれる餌生物や，鰓や消化管から寄生生物を得られることもある．そうすれば当時の環境をより詳細に知ることができる．さらに，近年では魚類の体に含まれる炭素や酸素などの同位体組成を調べることで，魚類の生息環境を復元する研究も盛んに行われている．標本を調べることによって，その個体が生きていた環境を知ることができるのである．

［大橋慎平］

標本データベース

標本データベースとは自然史博物館などに保管されている標本の属性データ（学名，和名，採集地，採集年月日などの文字データ）を収録したものであり，研究や標本管理などに使用されている．

標本管理の歴史と標本データベース　魚類標本の体系的な収集が開始されたのは18紀半ばであった．19世紀に入るとヨーロッパの国々が植民地開拓を本格的に進め，それに伴って多くの魚類が世界のさまざまな地域で収集された．魚類標本は同定された後，登録番号を与えられ，分類体系に従って標本室に保管された（図1）．標本の学名や採集データ，採集年月日などは標本台帳に記録されるとともに標本ラベルに記載されて標本と一緒に保管された．

標本データを記録しておくことはきわめて重要である．魚類を含む生物は同一の場所から採集された個体であっても，特徴が少しずつ異なる．また，生息する地域が異なる地域個体群を比較すると，多かれ少なかれ特徴が異なる．生物には変異が存在するため，標本データが記録されていないと，研究対象に見られる変異がどのようにして生じたかを究明する上で大きな障害となってしまう．そのため，自然史博物館では標本の永続的な保管に努めるとともに，標本データを記録して，いつでも参照できるようにしているのである．

標本は研究の材料であるから，研究者が必要とするときに標本室内で速やかに検索できる体制が必要である．標本数が少なければ求める標本を標本室の中で探すことは容易である．しかし，標本の増加につれて，検索にかかる時間は増大する．そして，複数の条件によって特定の標本を検索することは難しくなる．例えば，特定の地域で採集された特定の分類群の標本を探そうとすると，長時間を要することになる．そこで，標本データを台帳から複数のカードに記録し，分類群別や採集地別のカードを用いて検索する方法が考案された．この方法は，図書カードを使用していた図書館の方法と同一である．しかし，標本数が十万を越えるようになるとカードシステムを用いても，速やかな検索は難しい．また，カードシステムでは多くの検索条件（学名，採集地，採集地の詳細な地形，採集年月日，採集水深など）を用いることは不可能である．

この課題を解決するためにはコンピュータの登場を待たねばならなかった．1980年代に入ると，パーソナル・コンピュータを使って標本データベースを構築する試みが欧米で始まった．開発当初はコンピュータの能力が低かったため，複雑な条件を設定して標本検索を行うと，数時間かかることもあった．しかし，標本台帳や標本カードでは不可能な検索が可能となったのである．例えば，特定の

図1　国立科学博物館の動物液浸標本室. 魚類の標本棚の総延長は4 kmを超える［撮影：栗岩薫］

採集地から特定の時期に採集された複数の分類群の標本を検索することを日常的に行えるようになった. 検索に要する時間がかかる場合でも, 検索条件を設定してコンピュータのキーボードを叩いて帰宅すれば, 翌朝には検索結果が得られる. 標本データベースのない時代とは比較にならない便利さである. 欧米で始まった標本データベース構築はオーストラリアや日本でも採用され, その後, 世界各地の自然史博物館に広まった.

標本データベースの活用　自然史博物館は図書館と同じような機能を持っている. 標本を必要とする研究者が博物館を訪れれば, 研究者が求める標本を研究のために提供する. 遠隔地にいる研究者から要望があれば, 標本を貸し出すこともある. 多数の魚種の標本を大量に保管している博物館には, 研究者の要望が殺到する. このため博物館の標本管理者は研究者から届く標本閲覧や標本借用の要望に追われることになる. 標本データベースがなかったときには, 標本を検索するために多くの時間を割かねばならなかったが, 標本データベースの登場によって標本管理を能率的に行えるようになった. 現在では多くの博物館がホームページに標本データベースを公開しており, 研究者は必要とする標本を検索できるようになっている.

標本データベースの今後　標本データベースの登場によって, 標本管理者は自分の博物館に不足している分類群や採集地を量的に把握することができるようになった. つまり, 標本データベースを用いることによって, 標本の収集方針を検討できるようになったのである. さらに, 標本の採集地の詳細データ（例：緯度経度）が記録されていれば, 特定の分類群の採集地分布図を描けるようになった. このような分布データを用いることによって, これまでは長い時間を必要とした魚類相や分布パターンの研究も行えるようになった. さらに, 時系列に沿って, 特定の魚類の出現パターンを比較することも可能となった. 標本データベースは自然史博物館の標本を活用するさまざまな研究を可能にしたのである.

［松浦啓一］

図鑑と分類学

今日，日本でいう図鑑類は，内外の古典籍と欧米の生物系の書籍の流れを受け継ぎ，発展・成立してきた（図1）.

図鑑の歴史　図鑑は，元来はその字が示す如く，図を参照する形式の解説書全般を示していた．その範囲は広く，国立国会図書館の近代デジタル資料を見ると，明治期には地図を用いた特定地域の解説，人物紹介なども図鑑と呼ばれていた．そして，洋式の印刷技術が急激に導入された1920年前後から，動植物の「図鑑」が相次いで出版された．牧野の『日本植物図鑑』の改訂で蓄積された技術は，『日本動物図鑑』の改訂増補に生かされたという（後書の序による）．レイアウトなどのソフト的な蓄積があったのだろう．また思うに，それら初期の図鑑は，旧制中学校の「博物」の授業で活用され，さらには，好事家の手に渡っただろう．

日本には江戸期本草学の下地があって，以後，図鑑形式の出版物は受け入れられやすかった．例えば『大和本草の附録巻（諸品図）』『和漢三才図会』『雪華図説』，あるいは（家紋を図とみれば）『武鑑』などは現代の図鑑をほうふつとさせる．李時珍の『本草綱目』は，日本の本草書の形式に大きな影響を与えたが，木版印刷の限

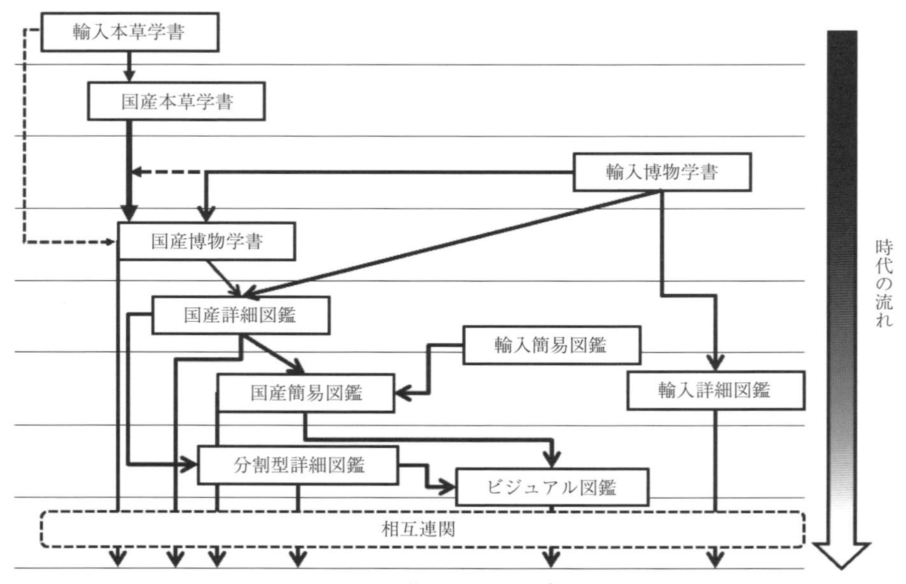

図1　現代に至る図鑑の系譜

界もあり図は稚拙である．しかし本書から派生，あるいは引用をした本草書類は，解説を補う図版が多く掲載される場合があり，さらに図鑑に体裁が近い．

一方，キュビエとヴァランシエンヌ（Cuvier, G. and Valenciennes, A.）の『魚類の自然史』，そしてシーボルト（Siebold, P. F.）の標本を基にした『日本動物誌（Fauna Japonica）』，やや時代を下がってジョーダン（Jordan, D. S.）らの一連の業績，例えば『北米と中米の魚類』などは，堅牢な石版や銅板による細密図版が掲載され，後の日本における活字印刷の重厚型の図鑑類へとつながっていく．田中茂穂の始めた『日本産魚類図説』はその嚆矢だろう．また，欧米に起源を持つ簡易的なフィールド・ガイドやポケットブックに相当する図鑑も，あるときは豪華図鑑類の廉価版として，次々に出版され現在の「簡易型」図鑑に至る．簡易／絵合わせ的な図鑑には，江戸期とも変わらぬ需要が見込まれる．

図鑑の役割　図鑑に掲載される種の数は，特に簡易的な図鑑では限界がある．ただし『日本産魚類検索』のような優れた例外はある．図鑑によく掲載される種は普通種と認識される．過去には十分な検証と合意のないままに一般向けの市販図鑑や非売品の少部数発行の図鑑類で提唱された新称，学名，さらには「学名を代替する記号」が国内外にある種の混乱を招いた．これらは当時の過渡的状況においては容認すべき事態だが，今日では許されない．現在，図鑑では参照標本が明示される場合があるが，多くの混乱を防ぐ上で有効である．1982年に出版された，三宅貞祥の『原色日本大型甲殻類図鑑』(保育社）では，すでに標本の番号が明示されていた．魚類でもこの形式は，池田博美と中坊徹次の『南日本太平洋沿岸の魚類』(東海大学出版部）に見られるように受け入れられつつある．

図鑑には専門性の高い図鑑と，一般向けの図鑑がある．日本産の魚類を網羅するような専門性の高い図鑑については，商業的な採算は難しいと考えられ，大学の出版部門の果たす文化的役割は大きい．一方，一般向けの図鑑は，さまざまな出版社が斬新な工夫を凝らして発売している．ここに還元された研究情報は，専門家と一般読者を結び付け，そして獲得された若き読者たちの一部は，魚類学者の再生産に寄与していくだろう．

今後の図鑑の形式として，中島淳の『日本のドジョウ』は大いに参考になり，後に続く出版が期待される．本書では日本産ドジョウ類に関する総合的な情報が示されており，キュビエとヴァランシエンヌ『魚類の自然史』の記述を連想させる面もあるが，さらに詳細である．また，電子情報も組み入れた出版形態は，専門性の高い詳細な図鑑と，一般向けの図鑑の両者に取り入れられて，一定の勢力を持つようになるだろう．これらの電子情報には，CDやDVDなどの媒体が付属する場合と，Webページと連動する場合がある．電子媒体は読み取り装置自体が廃止されるおそれがあり（例：フロッピーディスク），Webページはいつまで維持されるかわからないことが，考慮すべき点といえよう．　［武藤文人］

国際データベース

20世紀末から今世紀初頭にかけて，生物多様性に関する国際的なデータベースプロジェクトが始まった．その中には魚類を含む多くの生物に関するデータベース（以後，DB）もあれば，魚類のみを扱うものもある．国際的なDBは魚類の多様性研究や多様性の保全活動のための重要な情報源となっている．

魚類に関するデータベース　1989年に本格稼働を開始したフィッシュベース（FishBase）は魚類に関する総合的なDBとして広く知られている．このDBは国際連合食料農業機関（FAO）の支援の下でポーリー（Pauly, D.）とフロージー（Froese, R.）によって構築された．本部はフィリピンにあり，現在，33,000種の魚類に関する情報を提供している．提供している情報は，魚類の学名や通称名，分類，分布，生態，生理，魚病，漁獲量など多岐にわたる．また，魚類の写真も55,000件収録している．一方，魚類の学名のみに焦点を絞ったDBもある．カリフォルニア科学アカデミー（サンフランシスコ）のエシュマイヤー（Eschmeyer, W. N.）は全魚類の学名を収集した巨大な魚類DB（Catalog of Fishes）を構築し，多くの研究者の協力を得ながら，新種や学名変更に関する情報を常に収集し，更新している．その結果，このDBは魚類の分類学的研究に不可欠の情報源となっている．DBの解析結果によると，1998年以後の19年間に発表された新種は合計7,407種（年平均390種）となっており，新種発表のペースは最近になっても落ちていない．この事実は多くの未知種が地球上に生息していることを物語っている．

魚類の標本情報を収録した国際的なDBも構築されている．アメリカの自然史博物館が中心となって1999年に設立したフィッシュネット（FishNet2）には，アメリカだけではなくヨーロッパ，アジア，オセアニアの自然史博物館などに保管されている魚類標本の情報が集積され，魚類の標本DBとしては世界最大である．このDBはテュレーン大学のバート（Bart, H. L., Jr.）とカンザス大学のワイリー（Wiley, E. O.）が中心になって運営されている．フィッシュネットは魚類研究者によって日常的に利用されているが，国際自然保護連合（IUCN）が魚類の絶滅危惧評価を行う際の重要な情報源ともなっている．

魚類を含む生物多様性に関するデータベース　生物多様性条約の批准を背景として，地球規模生物多様性情報機構（Global Biodiversity Information Facility：GBIF）という生物多様性に関する国際科学プロジェクトが2001年に始まった．GBIFは生物多様性に関する巨大なDBであり，2018年2月現在8億5,000万件のデータ（主に生物の出現情報）を提供している（図1）．この科学プロジェクトには多くの国々，自然史博物館や大学などの研究機関，国際組織，そしてNGOが参

図1　地球規模生物多様性情報機構（GBIF，左）とGBIF日本ノード（右）のWebサイト

加しており，プロジェクトの運営資金は日本を含む参加国から提供されている．GBIF参加国はノード（活動拠点）を設けて，各国の生物多様性情報の収集と提供を行っている．日本のノードは国立科学博物館と国立遺伝学研究所に置かれており，日本語による情報提供を行っている（図1）．GBIFは生物の種ごとの分布状況を地域や年代など多くの条件を設けて検索するシステムを提供している．生物多様性の保全のためには，外来生物の分布状況を把握することが重要であるが，GBIFを利用すると国別，地域別，そして特定の年を指定して外来種の侵入状況を知ることができる．例えば，コイ *Cyprinus carpio* が，北米，南米，オーストラリア，アフリカに年を追って侵入地域を広げたことが分かる．

GBIFの課題は地域や国によってデータ量にかなりのばらつきがあることである．ヨーロッパや北米のデータ量が多く，皮肉なことに生物多様性が最も豊かなアジア地域のデータが少ない．GBIFのもう1つの課題は生物の分類群によって情報量に顕著な差があることである．鳥類の観察データがデータ量の60%以上を占めており，他の生物群と大きな差が生じている．地域と分類群によるデータ量のばらつきを克服することがGBIFにとって大きな課題となっている．GBIFは生態や遺伝子に関する情報とデータの連係を目指しており，これが実現すると生物多様性に関する総合的なDBとなるであろう．

「生物百科事典（Encyclopedia of Life：EoL）」という生物全体に関するDB構築が2008年に始まった．EoLは既知の生物全ての情報を提供することを目指している．各生物に関する詳しい説明が収録されており，魚類のページを見ると種の説明に関してはフィッシュベースより詳しい．扱う情報は文字による説明や画像にとどまらず，動画や音声を含む場合もある．また，このプロジェクと類似した「生物系統樹（Tree of Life Web Project：ToL）」というDBの構築が1994年に開始された．ToLは分類群の系統関係に重きを置き，EoLは生物各種の詳細な情報を提供することに力点を置いて，相互に連携して役割を分担している．このように魚類を含む生物に関する国際的なDBは相互に情報を提供し，それぞれの特性を生かした情報提供に努めている．

［松浦啓一］

新種はどこから見つかるのか

哺乳類や鳥類の新種が発見されることはめったにない．そのため新種が見つかると新聞やテレビなどで話題になる．その一方で，魚類の新種は毎年，数百種も発表される．このため話題になることは少ない．魚類の新種発見のペースはやや鈍りつつあるが，日本からも1年に10種程度の新種が見つかっている．では，魚類の新種はどこから見つかるのだろうか．

過去に新種が多数報告されてきたのは海では熱帯域のサンゴ礁，淡水ではアマゾン川流域などであった．このような地域では魚類の種多様性がきわめて高い．一般的に言って，多くの種が生息している場所には未知の魚がいる可能性が高い．1950年から2009年までの60年間に報告された海水魚の新種を国（地域）別に調べてみると，上位4位はオーストラリア（740種），日本（491種），中国（202種），台湾（146種）となっている．これらの国々にはサンゴ礁が存在し，多くの新種がサンゴ礁から報告されている．ただし，その多くは小型のハゼ類などで，中型・大型魚類の新種の発見は頭打ちとなっている．魚類の新種発見は依然として続いているが（図1），地球上に生息する魚類の種数は有限である．研究が進めば世界に生息する魚類の全種が明らかになる日が必ずやって来る．

図1　2015年に世界の新種トップ10に選ばれたアマミホシゾラフグ *Torquigener albomaculosus*. 奄美大島の水深25～30mの海底で発見［撮影：大方洋二］

最近，海で新種発見が続いているのはディープリーフと呼ばれる水深50 mから150 mの所と水深200 mより深い深海である．淡水ではアマゾン川やメコン川など熱帯の大河の流域から依然として新種が報告されている．ディープリーフは通常のスキューバダイビングでは到達できない水深にあり，地形も複雑なため調査は難しい．このため混合ガスという特殊な気体を用いた高度な潜水技術に依拠することになる．このような制約があるため，限られた研究者しか新種の宝庫であるディープリーフの調査を行えない．一方，深海は世界の海洋の大半を占めているが，あまりにも広く深いため，新種を発見できる頻度は浅海に比べると低くなる．このため，深海に生息する未知の魚を探査するためには，多くの時間を要する．しかし，未知の魚の種数は減りつつある．今世紀中に地球上の全魚種が明らかになる可能性は高い．しかし，魚類分類学者が欧米では激減しているため，今後も新種の発表が従来のスピードで進むとは限らない．魚類の多様性解明のためには魚類分類学の後継者養成が急務となっている．　［松浦啓一］

2. 系　統

魚類の3万種を超す膨大な多様性は進化が生み出したものだ．太古の昔に存在した魚類の共通祖先種から，5億年の歳月をかけて無数の種分化と絶滅を繰り返して現在の姿になった．その枝分かれの歴史を解き明かすのが系統学で，本章では最新の分子系統学で得られた研究成果を中心に11の項目に分けて解説した．分類体系が系統関係のように分岐的なので，系統関係が既知のものと誤解されてきたが，そんなことはない．この十数年は形態を比較するだけではまったく想像もできないような新たな系統関係が解き明かされ，まさに魚類系統学は激動の時代であった．そんな最新の発見を本章で楽しんでいただければ幸いである．

［宮　正樹］

魚類系統解析の歴史——形態から遺伝子へ

現生魚類は優に3万種を超す．これら3万種は神がつくったものでもなく，同時多発的に自然発生したものでもない．この膨大な多様性は，5億年もの太古の昔に存在した唯一の祖先種から，無数の種分化（種の枝分かれ）と絶滅（種の消滅）を経て現在の姿に至ったものとされている．したがって，これら3万の現生種の間には，祖先種を介した樹状の血縁関係（系統関係）が張り巡らされている．血縁関係であるから，種の間をつなぐのは，祖先種を基点に親子関係を通じて受け渡されてきた遺伝子である．その遺伝子の本体であるDNAの塩基配列を容易に決定できるようになった現在，種間のDNAを比較解析することによって系統関係を解き明かす分子系統学が主流になったのは当然の成り行きであろう．それ以前，遺伝子を読み解くことができなかった時代，どんな系統解析が行われてきたのか振り返ってみるとともに，それ以降の動向についても触れてみる．

進化を類型的に認識していた時代　ダーウィン（Darwin, C. R.）が「種の起源」で進化の概念を発表してからも，魚類系統学者の間で，種の間に存在する関係が祖先を介した血縁関係であることが長い間，理解されなかった．

前世紀半ば頃（1950～60年代）までの進化に対する認識は，現生の生物の中に「原始的な体制」のもの（真骨類を例に取ると背鰭（せびれ）始部や腹鰭（はらびれ）の付け根が体の後方に位置しているもの）と「進歩的な体制」のもの（同じく前方に位置しているもの）を見極め，それらが中間的なものを経て段階的に進化してきたとする考え方であった．この現生生物に対する段階群的認識は，少し考えれば進化の概念と相容れないものであることがわかる．身近な例で喩えると，「現生のヒトが現生のチンパンジーから直接進化してきた」と言っているようなものだ．

このような曖昧な進化的認識に基づき，魚類でも分類群の存在が正当化されてきた．昔の魚類学の教科書にはそれが色濃く残されており，魚類を低位群と高位群に類型的に分け，どちらにも当てはまらないものを中位群としていた．その名残は，イギリスのリーガン（Regan, C. T.）や旧ソ連のベルグ（Berg, L. S.）といったかつての魚類学の大御所たちが等椎類やニシン類と呼んだ原始的な真骨類の一群に見られる．

進化的段階群の解体　このような低位群や高位群といった真骨類の「類型化」に疑問をもったのがグリーンウッド（Greenwood, P. H.），ローゼン（Rosen, D. E.），ワイツマン（Weitzman, S. H.），そしてマイヤース（Myers, G. S.）の4人であった．彼らは，等椎類やニシン類などといった類型化によって認識された真骨類のグループが，由来の異なる系統の寄せ集め（多系統群）であると感じ，

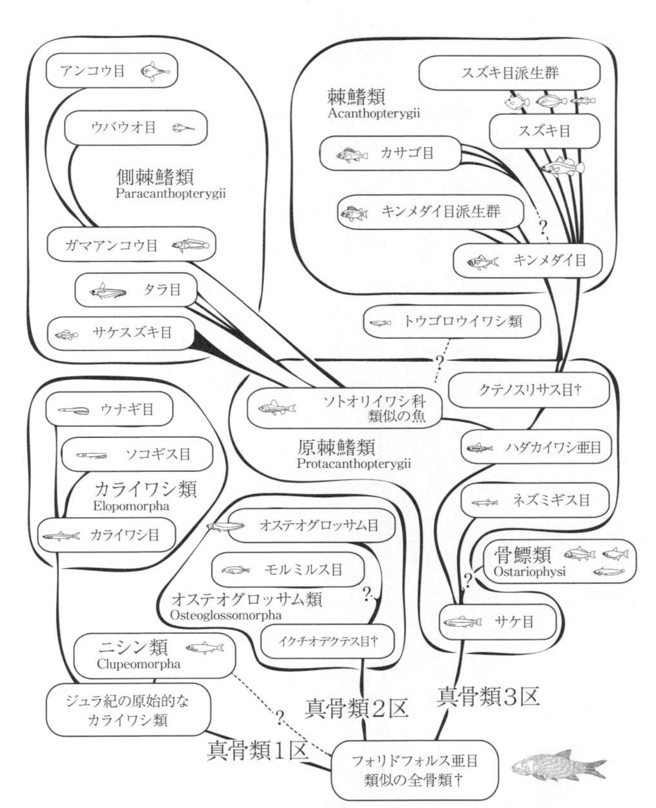

図1　グリーンウッドらが提示した真骨類系統の概念図（†絶滅群）[Greenwood et al., 1966を改変]

頭骨や尾骨などの内部骨格や顎骨周辺における筋肉の付着様式を注意深く比較観察し，真骨類の新たな進化的関係に関する概念図を示した（Greenwood et al., 1966）．

彼らが図式化したその記念碑的な系統樹を図1に示した．注意したいのは，彼らはこの系統樹を「われわれの概念」(our conception）として，さらには論文最初の図として発表したことである．「われわれはこう考えるのだけれどどうだろう」と半ば当て推量のようなものを先に示し，後でその証拠となる進化的傾向（evolutionary trend）と呼ばれる形態的特徴を列挙している．わざわざ曖昧な言葉である「傾向」としたのは，数多くの例外があることを彼らが明確に認識していたことを示している．

段階群から単系統群へ　グリーンウッドらの研究における最も大きな成果の1つは，それまで等椎類やニシン類と一括して呼ばれてきた原始的な真骨類の一群

（進化的段階群）が，実は側系統的なグループ（非単系統群）であることを比較解剖学的データに基づき明らかにした点であろう．

この下位真骨類の系統に関する新たな見解が発表されたのは，実は分岐学理論の教科書英訳版が出版された時期とほぼ一致している．彼らがレプトセファルス（葉形幼生と呼ばれる葉っぱのような形をした仔魚）を持つというユニークで派生的な形質（後に分岐学の理論で「共有派生形質」と呼ばれるようになった）に基づきカライワシ類という高次分類群を設立したことから，グリーンウッドらが分岐学理論の影響を受けていたかのようなイメージもあるが，彼らは無意識的に派生形質の共有に基づき系統を推定していたらしい．

いずれにせよ，グリーンウッドらは分岐学理論（原始形質でなく派生形質の共有こそが単系統群を確証するという理論）の普及に伴い，すぐさま一連の再解釈を受けることとなり，若干の修正を施されつつも彼らが提唱した系統仮説は定説となっていった．すなわち，オステオグロッサム類，カライワシ類，ニシン類などの下位真骨類がこの順に他の真骨類の姉妹群になっていくという，現在でも広く一般に受け入れられている系統関係が，あたかも既成事実であるかのように分類体系に組み込まれていったのである．

権威主義の横行　3万種をはるかに上回る多様な魚類の形態から，派生形質を抜き出し単系統群を見極められるのは，比較形態学に通じたその道の権威に限られる．権威であれば，「進化的傾向」のような都合のよい言葉を使ってそれを共有派生形質と称することが許される．実際，グリーンウッドら（1966）以降の魚類全体を包含するような大系統研究は，先に記したグリーンウッドとローゼンに加えて古生物学者のパターソン（Patterson, C.）を加えた3人（後にジョンソン〈Johnson, G. D.〉が加わり4人）によってほぼ独占的に行われ，悪い意味での権威主義がまかり通ってしまった．

要するに，彼らの論文を堂々と批判できる研究者がほとんどおらず，彼らの（半ば強引ともいえる）主張は何ら批判を受けることもなく教科書に載ってきたのである．ネルソン（Nelson, J. S.）による魚類分類の教科書Fishes of the Worldの第1～5版（1976～2016）で採用された分類体系はいまだにグリーンウッドら（1966）とそこから派生した研究の影響下にあるし，他の教科書も基本的に同様である．

分子系統の挑戦　そうしたなかで，遺伝子の本体であるDNAの塩基配列が注目を浴びたのは当然の成り行きであろう．当然の成り行きではあったが，魚類において分子系統学の手法が導入された当初は失望の連続であった．実際，その初期にはとても常識からは考えられないような系統樹が論文で発表され，挙げ句の果ては形態学者から嘲笑を買うはめになった（第1世代）．

初期の分子系統は期待外れのものが多かったが，世界各地で1990年代前半からさまざまな試みが始まった．米国カンザス大学の教授ワイリー（Wiley, E. O.）を中心とするグループは核とミトコンドリアのrRNA遺伝子を，フランスのパリ自然史博物館の博士ルコントワ（Lecointre, G.）や米国ネブラスカ大学の准教授オルティ（Orti, G.）（現ジョージ・ワシントン大学教授）たちは核のタンパク質遺伝子を中心に条鰭類全体（あるいはその一部）の系統解明という難問に挑むことになった．とはいえ，依然として系統樹の解像度は悪いままで，その原因が少数の分類群から得られた数千塩基対に満たない塩基配列で問題を解こうとしたことにあるのは疑いようがなかった（第2世代）．こうしたなか，宮正樹と西田睦は1999年にロングPCRの技術とユニバーサルプライマーの開発に基づく魚類のミトゲノム全長配列（約16,500塩基対）の高速決定法を確立し，2000年頃からこの大量データを魚類の大系統解明に使おうと試みた．その試みは次々に成功し，2003年には4つの論文に分けて条鰭類全体の系統を解明することに成功した．なかでも，上位真骨類を100種のミトゲノム全長配列で解明した宮ら（Miya et al., 2003）の論文は，ネルソン（Nelson, G.）により「未解決の多分岐（bush at the top）」と呼ばれた上位真骨類の概要を世界に先駆けて示したことで注目を浴び，2018年3月現在700件以上引用されている（第3世代）．

核遺伝子による大系統解明　大量の10 kb近い塩基配列を使って魚類の大系統を解く試みはさらに続き，近年では幾つかの核遺伝子を束ねた研究が相次いだ（第4世代）．個々の核遺伝子では系統樹の解像度が悪いのだが，それらを束ねると理に適った系統関係が得られることが経験的にわかり，上記のミトゲノム全長配列が行ってきた研究をなぞるように核遺伝子を使った魚類大系統の研究が行われてきた．2012年と2013年には，アメリカの2つのグループから条鰭類の大系統に関する論文が相次いで出版され（Near et al., 2012；Broughton et al., 2013），ここに至ってようやく条鰭類の進化史の全容が明らかになった．

さらに，次世代シークエンスを用いた超並列分析が可能になると，ターゲットとする大量の遺伝子をゲノムから集める手法が開発され，それを並列分析することが可能になった．この技術を用いることで，何十倍もの大規模なデータを短時間で取得できるようになり，より確実な結果が出ると期待されたが，問題は単純ではなかった．例えば，初期の分子系統でカラシン類は側系統になったのだが，その後の大量データの分析ではデータの取り扱い方で2通りの解釈が生まれることになった．彼らが側系統なのか単系統なのかは予断を許さない問題として残った．

ゲノム重複（☞項目「全ゲノム重複」）の影響で，遺伝子同士の相同性が担保できない状態で解析を進めているのも，こうした複数の解釈が出てくる一因と考えられる．今後は，相同性が確実で，しかも系統解析にノイズをもたらす要因をもたない核遺伝子を大量に束ねた解析により，より確度の高い魚類大系統の詳細が解き明かされるだろう．

［宮　正樹］

化石から見た魚類大系統

現在の地球に生息している（広義の）魚類は，無顎類，軟骨魚類，硬骨魚類（条鰭類と肉鰭類）の4つの系統に分けられるが，これらの系統は全て古生代に誕生したと考えられている．特に魚類化石が多く発見される古生代デボン紀は「魚の時代」と呼ばれ，魚の初期進化を解明する上で中心的な役割を果たしてきた．ところが，近年，定説を覆すデボン紀以前の化石情報が続々と発見されたことで，魚類の初期進化について議論が再燃している．

無顎類の誕生　無顎類は顎を持たない原始的な魚の総称であり，単系統群ではないと考えられている．最古の無顎類の証拠は古生代最初のカンブリア紀にさかのぼる．この化石種はミロクンミンギアといい，現生無顎類であるヌタウナギ類に似た生物である．彼らは鰓室や鰭を持ち，魚類に特徴的な筋節の形態が見られるなど，魚類の基本デザインを持っていた．

ずっと時代が下って，シルル紀からデボン紀になるとガレアスピス類と呼ばれる無顎類のグループが繁栄した．頭部が骨性の甲冑で覆われており，尾鰭以外の鰭がないなど，奇妙な特徴を持つ魚である．頭部の内部構造を調査した研究により，鼻が左右1対あることが近年明らかとなった．この特徴は，鼻が頭頂部に1つしかない現生無顎類（例えば，ヤツメウナギ類）と異なり，軟骨魚類や硬骨魚類などの顎口類と共通する特徴である．つまり，ガレアスピス類は無顎類の中でも顎口類に近い生物だったようだ（図1）．

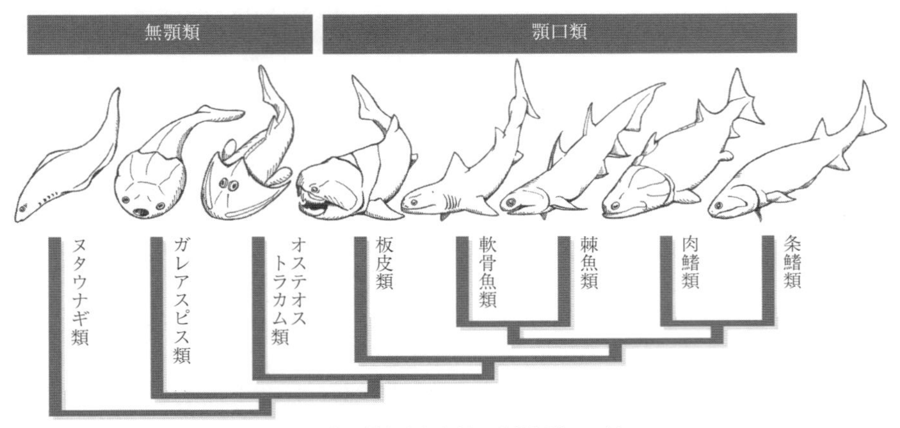

図1　化石種を含む魚類の系統仮説の一例
［無顎類の系統関係についてはGai et al., 2011に，顎口類の系統関係についてはZhu et al., 2009に基づく］

顎口類の誕生　顎口類(がくこうるい)は顎を持つ魚類で，現在のほぼ全ての魚が含まれる．顎口類は無顎類のオステオストラカム類に近い系統からシルル紀に分岐したと考えられている．この動物は顎こそ持たないものの，1対の胸鰭など，顎口類に見られる特徴を備えていた．

最も原始的な顎口類と考えられているのがデボン期に繁栄した板皮類(ばんぴるい)である．この動物は頭部が甲冑で覆われており，下顎を持つ最初の魚と考えられている．一般的に板皮類の下顎は1つの骨格要素によってできており，このような下顎から，硬骨魚類に見られるような複数の要素からなる「派生的な」下顎が進化したと考えられてきた．ところが近年シルル紀の地層から見つかった原始的な板皮類は，この定説を覆すものである．この化石種はエンテログナトゥスといい，下顎が硬骨魚類のように複数の要素によって構成されていた．つまり，これまで「派生的」と考えられていた複数の要素よりなる下顎は，むしろ原始的な特徴かもしれない．

板皮類と同様，原始的な顎口類と考えられているのが軟骨魚類である．板鰓類（サメ・エイ類）や全頭類（ギンザメ類）など，現在でもその子孫を見ることができる．最古の確実な軟骨魚類の化石はデボン紀だが，誕生はシルル紀にさかのぼると考えられている．デボン紀に生息していたクラドセラケなどの軟骨魚類は現生のサメ類によく似ており，現在のサメ類が「生きている化石」であるとする根拠となってきた．しかし，現生のサメ類が古生代の軟骨魚類の特徴をそのまま残しているかどうかは議論の余地がある．近年の研究により，古生代の軟骨魚類には，硬骨魚類や，後述する棘魚類(きょくぎょるい)と共通する特徴が数多く見つかっている．

硬骨魚類の誕生　硬骨魚類の起源についてはさまざまな仮説がある．1つの仮説はシルル紀からペルム紀にかけて繁栄した棘魚類から進化したとする説である．この動物は胸鰭の前縁などに長い棘(とげ)を持つことで特徴付けられ，脳頭蓋に硬骨魚類の特徴が見られるとされる．しかし近年の研究によると，棘魚類は硬骨魚類より軟骨魚類と近縁で，硬骨魚類は棘魚類と軟骨魚類が分岐する以前に独自の進化を遂げたとする説が有力である．

最古の確実な硬骨魚類は，シルル紀のグイユウである．保存状態の良い全身骨格が見つかっており，現生のシーラカンスなどが含まれる肉鰭類に属することが判明した．この生物は背鰭の前縁に太い棘を持つなど，軟骨魚類や棘魚類とも共通する特徴を持ち，初期の肉鰭類の特徴を今に伝えてくれる．硬骨魚類のもう1つの系統である条鰭類の最古の記録はシルル紀の地層から発見された鱗である．体骨格に基づく，より確実な証拠は，デボン紀の地層から発見されたケイロレピスが知られている．この魚は全長50 cmほどの淡水魚であった．現在の海に生息する条鰭類の中で最大のグループである真骨類は古生代からは見つかっておらず，その繁栄は中生代を待たねばならなかった．　［冨田武照］

無顎類の系統進化

無顎類とは，骨と筋肉で構成され上下に開閉する顎を持たない脊椎動物を指す．その多くは翼甲類や甲皮類などシルル紀からデボン紀の化石として知られる絶滅種であり，顎を獲得した系統（顎口類）が出現する前に，順々に枝分かれしたと考えられている（図1）．すなわち，「無顎類」は，単系統群ではなく，全脊椎動物から顎口類を除いた側系統群である点に注意が必要である．現存の無顎類はヌタウナギ類とヤツメウナギ類の2系統に分けられ，これらはまとめて円口類と呼ばれている．どちらも呼び名に「ウナギ」と付いているが，硬骨魚のウナギ類とは系統学的にはまったく別である．

無顎類の多様性　現存種に限ると，ヌタウナギ科が81種，そして，ヤツメウナギ科が46種記載されている（2017年9月現在. Eschmeyer et al., 2017よりによる）．ヌタウナギ科が全て海水性であるのに対し，ヤツメウナギ科は，産卵のために淡水を遡上する遡河回遊（☞項目「遡河回遊」）を行う種と，一生淡水に棲む種に分かれる．ヌタウナギとヤツメウナギのどちらの科についても，これまでの研究の多くは北半球に生息する種を対象として進められてきたが，フクロヤツメ類やミナミヤツメ類など南半球（オーストラリア，ニュージーランド，南米）に生息する種もいる．現存のヤツメウナギ類についていえば，北半球と南半球の系統の間の分岐が最も古い．一方，ヌタウナギ類の系統では，ヌタウナギ亜科とホ

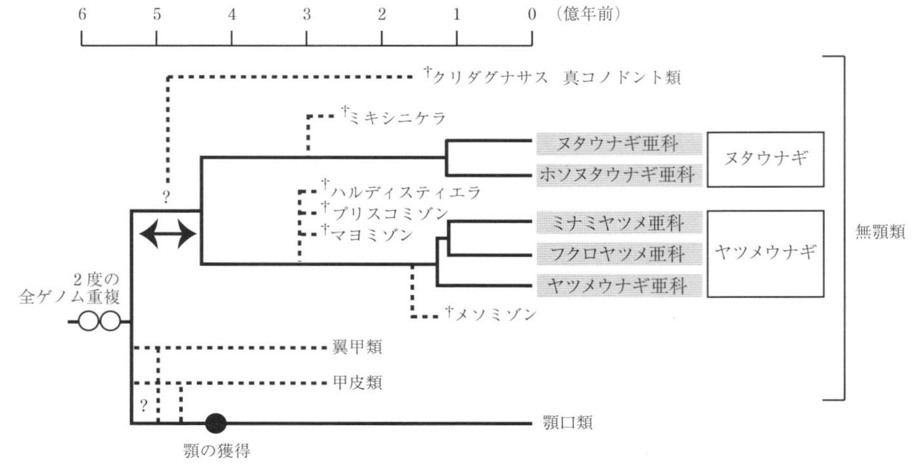

図1　無顎類系統の分岐．現存種へ至る系統は実線で表した（†化石類）

ソヌタウナギ亜科の分岐が，現存種の間の最も古い分岐であると考えられる．化石記録としては，ヌタウナギ類の系統では，ミキシニケラという約3億年前の石炭紀の化石種が知られている．ヤツメウナギ類の系統では，同じく石炭紀の化石種ハルディスティエラ，マヨミゾンや，デボン紀のプリスコミゾン，そして，より最近の白亜紀前期からのメソミゾンなどが知られている（図1）．

ちなみに，コノドントと呼ばれる歯状の微化石がどういった生物に由来するものか長年大きな謎であったが，現在では，絶滅種クリダグナサスを代表とする円口類の祖先のものであるという見方がある（図1）．

ヌタウナギ類とヤツメウナギ類の分岐時期　円口類として1つに括られるヌタウナギ類とヤツメウナギ類であるが，決して互いに近縁であるとはいえない．これまで，ミトコンドリアDNAだけでなく核ゲノム上のさまざまな遺伝子の配列を用いて分子系統学的解析が行われてきたが（☞項目「魚類系統解析の歴史」），その結果によると，ヌタウナギ類とヤツメウナギ類との分岐年代は4億年以上前だという．すなわち，円口類の系統が後に顎を持つ系統と分岐してから1億年経ずしてヌタウナギ類とヤツメウナギ類の系統が分岐したことになる（図1）．これは，顎口類でいえば，メダカなどの条鰭類とヒトくらいの進化距離である．これだけ進化距離が遠いことを考慮すれば，形態などにおいてヌタウナギ類とヤツメウナギ類の間で大きく異なる特徴が見られるのは自然かもしれない（☞項目「無顎類の形態」）．

遺伝子とゲノムの進化　遺伝子の進化に注目した場合，円口類は非常に特別な位置を占める．現存の脊椎動物の中で最も古い時期に分岐した系統であるということに加え，2度の全ゲノム重複（☞項目「全ゲノム重複」）と非常に近接した時期に分岐した系統だからである．以前は，円口類は，1度目の全ゲノム重複の後，2度目の重複が起きる前に分岐し，そのために原始的な形態を持つと考えられていたこともある．しかし，昨今では，全ゲノム重複はその2度ともが円口類を含む現存の全ての脊椎動物の共通祖先で起きたと考えられるようになってきた．全ゲノム重複で数が増えた個々の遺伝子について，それぞれの円口類の遺伝子が，複数ある有顎類の遺伝子のどのオーソログ（☞項目「下位真骨類の系統進化」）であるかを判定することは非常に困難であることが多い．これは，種の分岐と全ゲノム重複の時期が近接しているうえ，5億年以上前と非常に古いイベントであるために，そのイベントの起きた順序を再構築するのに十分な情報を，現存種のDNA配列がとどめていないことが原因であると考えられる．遺伝子の働き方の変遷についても，特にヤツメウナギ類を対象として，近年のゲノムレベルの研究が進んでいる．どうやら円口類という系統は，全ゲノム重複で生成された複数の重複遺伝子が機能分化を完了する前に分岐したため，重複遺伝子間の役割分担の仕方が円口類と有顎類とでは異っているらしい．　［工樂樹洋］

軟骨魚類の系統進化

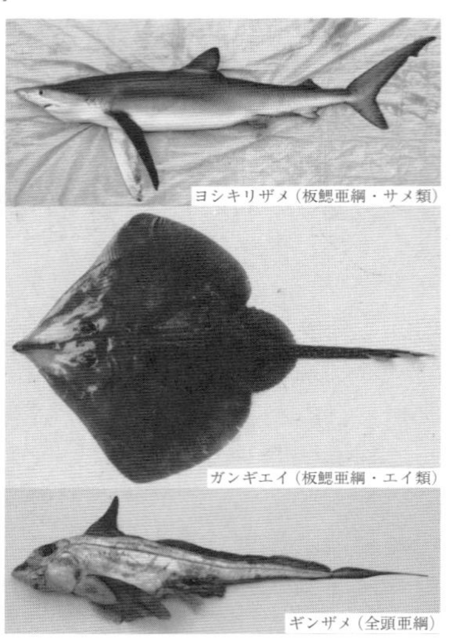

図1 現生軟骨魚類の三系統. 板鰓亜綱（サメ類とエイ類）と全頭亜綱

軟骨魚類は古生代の魚の特徴を今に残す「生きている化石」と考えられている. 現生の軟骨魚類には板鰓亜綱（サメ・エイ類）と全頭亜綱（ギンザメ類）が含まれ（図1）, 両者の分岐は古生代シルル紀にさかのぼると推定されている.

板鰓亜綱 板鰓亜綱は外見的な特徴からサメ類とエイ類に伝統的に二分されてきた. この2つのグループは鰓孔の位置によって判別できるとされ, サメ類の鰓孔は体側に, エイ類の鰓孔は腹側に開口している. この考えに従えば, サメとエイは互いに近縁だが, それぞれ独立した分類群ということになる. この説に異を唱えたのが白井滋（Shirai, 1992）である. 白井はエイ類と, 一部のサメ類（カスザメやノコギリザメ）との解剖学的な共通点を発見し, エイ類をサメ類の内部に位置付けた（図2）. つまり, 白井によればエイは海底での生活に適応したことで体が極端に平たくなったサメということになる. その後, ミトコンドリアDNAの情報に基づき（Naylor et al., 2012）, 白井（Shirai, 1992）の仮説を検証する試みがなされた. その結果, 白井（Shirai, 1992）の仮説は否定され, 板鰓亜綱はサメ類とエイ類に二分されるとする伝統的な説が支持されている.

近年現生の板鰓亜綱の外群にあたる生物の化石がヨーロッパを中心に続々と発見され, 板鰓亜綱がどのような生物から進化したのかが明らかになってきた. この生物はパレオスピナックス類と呼ばれ, 現生のサメによく似た, 全長1m足らずの軟骨魚類だった. このことから, エイ類は「サメ的な」外見をした生物から進化したと推定されるが, 現時点で中間的な形態の化石は見つかっていない. ちなみに, 現生のサメ・エイ類にパレオスピナックス類を加えて新生板鰓類という分類名が与えられている.

全頭亜綱 全頭亜綱（ギンザメ類）は約40の現生種が知られており, 1,000種以上いる板鰓亜綱に比べて圧倒的に小さいグループである. ミトコンドリアDNAに基づく解析によると, 現生の全頭亜綱は, 古くに分岐したゾウギンザメ科, よ

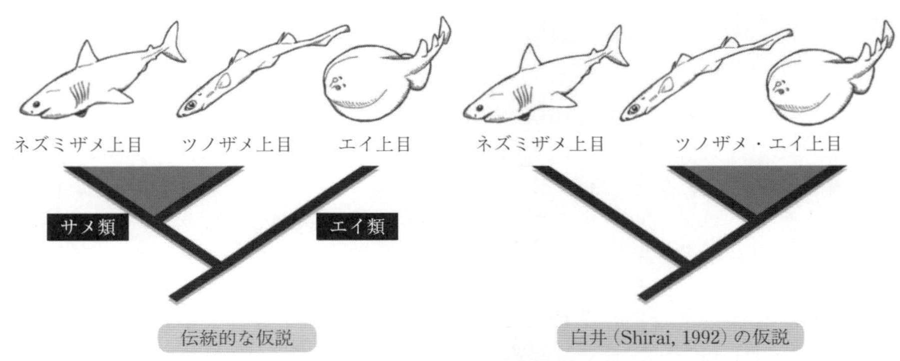

図2　板鰓亜綱（サメ類とエイ類）の系統に関する2つの仮説

り最近分岐したテングギンザメ科とギンザメ科の3つの系統が含まれる．

全頭亜綱の起源についてはほとんどわかっていない．古生代ペルム紀に生息していたオロダスなどが，全頭亜綱の外群にあたるとする考えもあるが，その真偽については意見が分かれる．近年，ヘリコプリオンと呼ばれる古生代の奇妙な動物が全頭亜綱の系統に含まれると発表され話題となった．長年，この動物は丸ノコギリのように円形に配列した歯列のみが知られ，その持ち主についてさまざまな想像がなされてきた．2013年に頭部の骨格を含む新たな化石が発表され，この円形の歯列が下顎の正中線上（せいちゅうせんじょう）にあったことがほぼ確実となった．この特殊な歯列を用いて，頭足類など捕食していたと考えられている．全頭類現生種こそ非常に限られたグループしか生存していないが，化石種を含めると，形態的，生態的に多様性の高いグループであったことをうかがわせる．

軟骨魚綱の起源をめぐる議論　近年，軟骨魚類の研究者の間でホットな話題の1つが，古生代の「サメ」が本当にサメ類に属するのかという点である．クラドセラケに代表されるデボン紀の「サメ」は，一見すると現生のサメ類によく似ており，現生のサメ類が「生きている化石」であるとする根拠とされてきた．ところが，古生代の「サメ」の化石をCTスキャンなどの新技術を用いて再調査したところ，サメ類との決定的な相違点が次々と発見されている．例えば，石炭紀の「サメ」であるオザーカスの鰓骨格は板鰓亜綱より硬骨魚綱のものに似ていたらしい．さらに，デボン紀の「サメ」であるドリオダスは胸鰭（むなびれ）の前縁に棘（とげ）を持つことが知られ，これは古生代に繁栄した化石魚のグループである棘魚類に似た特徴である．このような研究から，一部の研究者は，デボン紀の「サメ」は板鰓亜綱や全頭亜綱よりずっと原始的な魚類であると考えており，系統的位置が確定するまで「サメ様軟骨魚類」と呼ぶべきだと主張している．化石種を含めた軟骨魚綱の系統関係は，いまだ謎に包まれている．

［冨田武照］

硬骨魚類の系統進化

本事典では「軟骨魚類」という項目を掲げているため，それとの対比という意味で「硬骨魚類」という項目を掲げた．前者は，ギンザメ類と板鰓類（サメ・エイ類）からなる単系統群であるのに対して，後者は，ヒトもその一員である四肢類を含めないと単系統群にならない（図1）．どういうことかというと，単系統群とは共通祖先から生まれた全ての子孫を含む分類群であるが，硬骨魚類と呼ばれる魚類は，水中で大規模な多様化を遂げた（しかも単系統群である）条鰭類に，陸上に上がり損ねた一部の下位肉鰭類（シーラカンス類と肺魚類）を加えた寄り合い所帯であり，肉鰭類のうち四肢類を含まないために単系統群とみなすことはできない．

下位肉鰭類　肉鰭類はシーラカンス類と肺魚類のような，水中生活を営みつつ鰭を保持し続けたグループに，その鰭を4本の手足に進化させた四肢類（両生類・爬虫類・鳥類・哺乳類）を加えたものである．シーラカンス類も肺魚類も，最近の分類では目のランクに位置付けられており，前者は現生種を2種，後者は6種を含む．彼らは，条鰭類とは異なる肉質の鰭を持つことから，条鰭類よりはむしろ四肢類に近縁なグループだと古くから考えられてきた．

一方，彼らが四肢類に対してどのような関係を持つのか長年にわたって議論されてきたが，近年の分子系統学的研究ではシーラカンス類が最も早くに分岐し，それに次いで肺魚類が分岐したという結果が一貫して得られている．

条鰭類　条鰭類という名前はあまり一般的でないが，他の主要な魚類グループ（無顎類・軟骨魚類・下位肉鰭類）とは異なり，各鰭の鰭条がよく発達していることから，このように名付けられた．条鰭類は，現生に連なる下位の系統（「古代魚」と呼ばれるポリプテルス類・チョウザメ類・ガー類・アミアなどの淡水魚でわずかに49種）を残したものの，硬い外皮が仇（行動上の制約）となったためかその大半は絶滅した（☞項目「古代魚の系統進化」）．

一方，古生代の終盤に登場した真骨類（3万2,090種）（以下種数についてはNelson et al., 2016に従う）は，固い外皮から解放された結果，遊泳をはじめとする行動上の制約から解放され，その後3億年余りをかけて現生魚類の大半を占める3万数千種近い放散を遂げるに至った．

真骨類の初期進化で現生に連なる系統を残したのは，①オステオグロッサム類，②カライワシ類，③ニシン･骨鰾類，そして④正真骨類の4つの系統になる（図1）．この特徴的な4つのグループを理解すると，現生魚類の系統的構成と多様化のあらましを理解できることになるので要点を以下に記す（①と②の詳細については

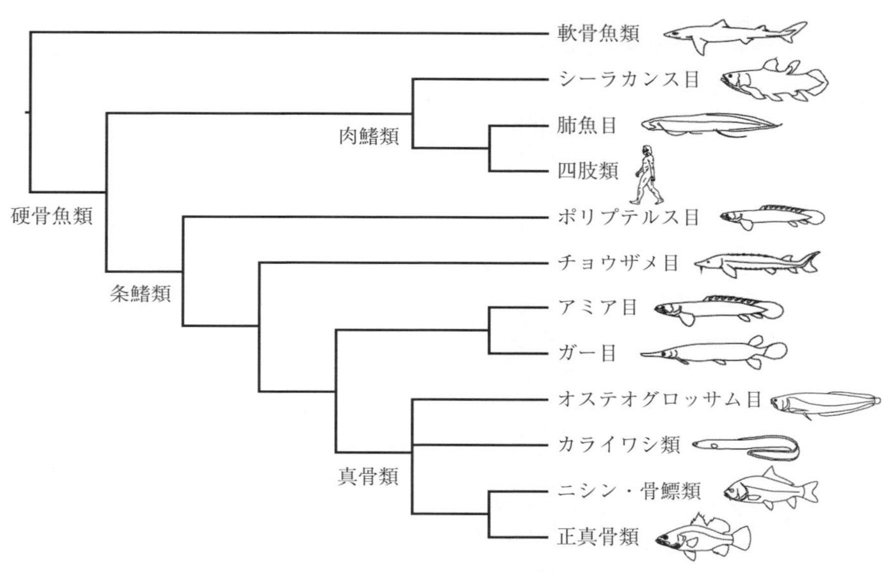

図1　硬骨魚類の系統進化［宮，2016を改変］

☞項目「下位真骨類の系統進化」，③と④の詳細については☞項目「ニシン・骨鰾類の系統進化」「下位正真骨類の系統進化」）．

①オステオグロッサム類（246種）はアロワナやバタフライフィッシュなど全てアジア・アフリカ地域に生息する淡水魚だが，過去には海産のものも数多くいたらしい．②カライワシ類（986種）の大半はニホンウナギを含むウナギ目（938種）である．その姿から想像されるとおり穴蔵生活を基本にしており，浅海から深海までさまざまな環境に適応している．③ニシン・骨鰾類（1万1,022種）も聞き慣れないグループだが，その中心となるコイやナマズなどの骨鰾類（1万480種）は淡水域を中心に放散を遂げたグループで，オーストラリアと南極を除く全大陸に広く分布する．④正真骨類（1万9,836種）は，ニシン・骨鰾類とは異なり主に海洋を舞台に放散を遂げたグループで，（興味深いことに）初期進化で分化したもののうち現生種を残しているのは，ハダカイワシ類やワニトカゲギス類など深海魚が多い．

正真骨類の進化で最も注目すべきイベントはスズキ類（Percomorpha；1万3,886種）の大放散であろう．約1億年前の白亜紀後期に始まった彼らの分化は急激で，ペラジア類やオヴァレンタリア類と呼ばれる共通の生態的特徴を持つものの形態的に異質なグループを次々に生み出した（☞項目「下位正真骨類の系統進化」「棘鰭類の系統進化」）．

［宮　正樹］

古代魚の系統進化

古代魚とは，シーラカンス類，肺魚類，下位条鰭類など，遠い過去に絶滅した化石種に似た魚類の一群を指す．ここでは下位条鰭類のポリプテルス類，チョウザメ類，ガーパイク類，アミアに注目し（図1），その系統進化について述べる．下位条鰭類は，化石条鰭類と同様にからだ全体が硬い鱗で覆われており，種数に注目すると条鰭類全体の0.2%にも満たない小さな魚群を形成する．

ポリプテルス類はアフリカの淡水に固有のグループで，アミメウナギ属とポリプテルス属からなる．原始的な形質を残すため，条鰭類ではなく他の脊椎動物に近縁と考える研究者もいた．チョウザメ類はユーラシアと北米の淡水や汽水域に生息し，ヘラチョウザメ科とチョウザメ科からなる．世界最大の淡水魚で，1トンを超える個体が採集された記録もある．ガーパイク類は北アメリカや中央アメリカの淡水域に分布する．日本では飼育放棄による河川への放流が相次ぎ問題となっている．アミアは東部北アメリカの淡水域から1種のみが知られる．中生代には世界中の川や湖沼，浅海に広く分布していた．

系統関係　下位条鰭類の系統関係では，単系統群と信じられてきた真骨類に対して，下位条鰭類4系統がどのような関係を持つかが問題であった．下位条鰭類の系統解析も，他の動物と同様に形態形質に基づく研究から始まった．1960年代から外部形態や骨格，筋肉の分析による近代的な系統解析がなされた．しかし，それぞれの系統がきわめてユニークな形態を持つため形質の相同性の確認が容易ではなく，30年以上にわたりさまざまな分岐関係が提唱され統一した見解が得ら

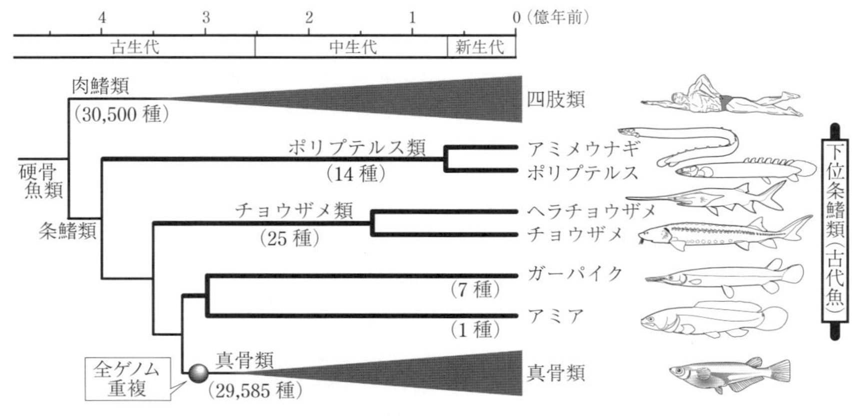

図1　下位条鰭類（古代魚）の時間軸付き系統樹

れなかった．1990年代に入るとPCR法の普及によって分子データによる解明が期待されたが，4億年を超える歴史を持つ下位条鰭類の系統関係の解明は，当時用いられていた1,000塩基にも満たない配列データでは不可能であった．

2000年代に入り革新的な方法によりミトコンドリアゲノムという約1万6,000塩基からなるデータが各主要系統を代表する数種から解読されることで，状況は急展開した．ミトコンドリアゲノム分析によって初めて，ポリプテルス類を根幹の分岐とした一連の下位条鰭類がまず分岐し，その祖先が真骨類の起源へとつながることがデータ解析によって示された（図1）．その後，数個の核遺伝子データを合わせた解析が次々と発表され，ガーパイク類とアミアが単系統群を形成し真骨類の姉妹群となる関係が支持されるようになった．2005年頃から化石と分子データを融合した解析により，下位条鰭類の分岐年代が推定されるようになった．

淡水起源？　現生する下位条鰭類と真骨類の根幹をなすオステオグロッサム類のほとんどが淡水に生息する．このため一見，下位条鰭類さらには真骨類の祖先は淡水域に生息していたように思える．下位脊索動物（かいせきさくどうぶつ）やサメ・エイ類など外群の多くが海域に生息することを考えると，この仮説は，海域に生息していた硬骨魚類の祖先が淡水域に入り，その後で真骨類の祖先が海域に戻ったことを意味する．しかし，下位条鰭類やオステオグロッサム類の化石種では海域に生息していたグループが発見されるので，祖先状態の推定はそう簡単ではない．この問題を解明するには，化石種を含めた系統関係の綿密な推定が必要である．少なくとも現生する条鰭類では，分岐が深く種数の少ない下位条鰭類は淡水域に残され，繁栄を極めた真骨類が海域を独占したのは確かなようだ．

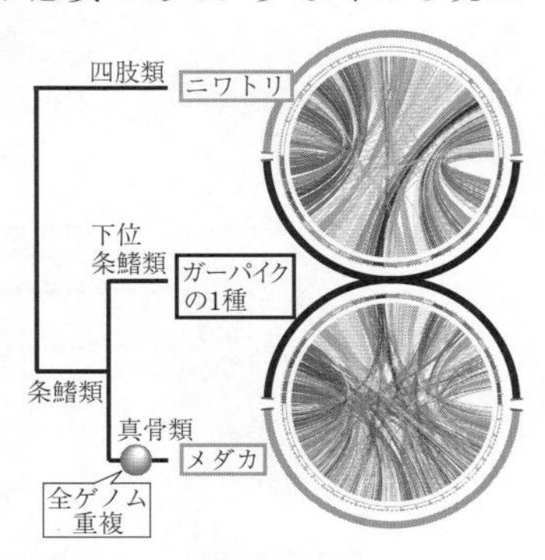

図2　ゲノム構造の比較．ニワトリとガーパイクは類似している（対応する遺伝子を結ぶ線がほぼ交差していない）が，ガーパイクとメダカは異なる（線が激しく交差している）

展望　形態データは現生種では分析が進んでいるものの，化石種ではまだ検討の余地が残る．特に分岐年代推定に適用可能な化石データの充実が待たれる．一方で分子データでは，ミトコンドリアゲノム分析が一定の成果をあげたいま，下位条鰭類の主要系統を網羅した核ゲノムデータの解読が必須である．分子データ全ての解読ともいえるこの作業は，有用性に疑問の残る核遺伝子の解析に終止符を打つだけでなく，脊椎動物のゲノム進化研究にも貢献する．近年，下位条鰭類で唯一ゲノムが解読されたガーパイクの1種では（図2），真骨類の根幹で生じた全ゲノム重複の直前に分岐したため，四肢類でも特にニワトリと高度に類似したゲノム構造が保持されていた．このことは，両系統が硬骨魚類の祖先に近いゲノム構造を維持することを示す（Inoue et al., 2015）．［井上 潤］

下位真骨類の系統進化

下位真骨類は，オステオグロッサム類，カライワシ類，ニシン・骨鰾類，および正真骨類，原棘鰭類からなる．これらのグループは，脊椎動物最大の分類群である真骨類の根幹から分岐する．ここでは，最も分岐の古いオステオグロッサム類とカライワシ類について述べる（図1）．オステオグロッサム類はアロワナやナギナタナマズなど観賞魚として有名な魚類が含まれる．主に淡水魚からなり，多くの化石種が知られる．カライワシ類はイセゴイやソコギスなど主に海域に生息する種からなるが，降河回遊を行うウナギが含まれる．カライワシ類の成魚は，尾の二叉したイセゴイや体の伸長したウナギなどさまざまだが，仔魚は共通して柳の葉のような形をしたレプトセファルス幼生となる．系統関係は，古代魚と同様に下位真骨類も多様な魚群からなるため形態データでは推定が難しく，分子データによる解析によって2000年代に入ってようやく解明されてきた（Inoue et al., 2003）．

系統関係　真骨類にはあまりに多様な種が含まれるため，多くの魚類学者が挑んだにもかかわらずその単系統性を裏付ける明確な形態形質は見いだされていない．分子データに基づく解析は，ほとんどが単系統性を支持する．さらに，真骨類では根幹で全ゲノム重複が生じたことが明らかになり，これを唯一の共有派生形質と考える研究者もいる．真骨類最古の系統は，形態データに基づく解析では伝統的にオステオグロッサム類と考えられてきた．しかし分子データによる解析では，用いるデータセットによって得られる結果が異なる．ミトコンドリアゲノ

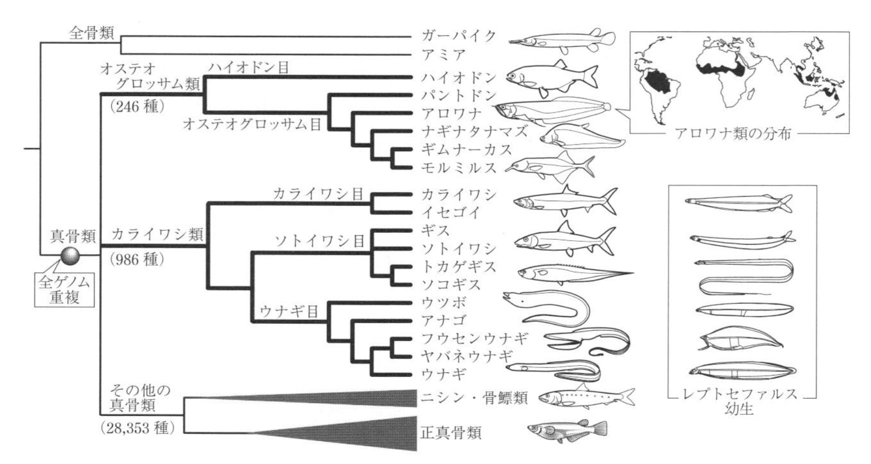

図1　下位真骨類の系統関係

ム解析ではオステオグロッサム類を，核遺伝子解析ではカライワシ類を，それぞれ最古の系統と主張している．分岐年代の推定はより混乱している．真骨類根幹の分岐年代を化石解析ではジュラ紀中期とするが，分子解析ではさらに1億年近く古く推定することも多い．

オステオグロッサム類　単系統性は，形態と分子データの双方から認められている．科間の系統関係は，形態解析ではハイオドン科が最も古い系統であるという以外，研究者の間で統一した見解が得られていない．一方，ミトコンドリアゲノムデータを主体とした分子解析では，科間の関係は研究者の間でほぼ一致している（図1）．アロワナ類やナギナタナマズ類などは，淡水魚であるにもかかわらず遠く海を隔てた大陸に近縁種が分布するため，系統地理学の研究対象となることが多い．またパントドンには，形態ではまったく区別がつかない隠蔽種（いんぺいしゅ）が存在する．

カライワシ類　単系統性は，形態解析では成魚か仔魚どちらを見るかで大きく異なる．成魚の形質だけに注目すると単系統性が認められないものの，幼魚に注目すると特異なレプトセファルス幼生によって1つのグループとされる．この難題はミトコンドリアゲノム分析によって解決され，単系統性が証明された．単系統性はレプトセファルス幼生が単一起源であることを意味する．形態解析では4目とされるが，分子解析ではウナギ目内部にフウセンウナギ目が分岐する．ウナギ目には，アナゴ，ウツボなど沿岸や磯の海底付近に生息する種以外にも，大陸棚斜面など深海に生息するものが含まれる．ニホンウナギは数千kmも離れた海域に向けて産卵回遊を行い，そこで孵化した仔魚は海流に乗って再び育った淡水域に戻る．産卵場は長い間謎であったが，近年マリアナ諸島の西沖合にあることが判明した．ウナギ科は中・深層に生息する魚群の内部から分岐することがミトコンドリアゲノム分析によって示されたため，大回遊の進化的起源は深海にあると考えられる．

展望　下位真骨類の系統進化に残された最大の問題は，真骨類最古の系統がオステオグロッサム類かカライワシ類のどちらかの判定である．形態およびミトコンドリアゲノムデータによる解析がオステオグロッサム類を最古の系統とする一致した見解を示したいま，充実した核遺伝子データによる再解析が期待される．しかし，全ゲノム重複が解析に有効な遺伝子データを選択するのに障壁となっている．系統関係を解明するには種の分岐によって分かれた遺伝子（オーソログ）を選ぶ必要があるが，真骨類にはその根幹で生じた全ゲノム重複に由来するコピー遺伝子（オーノログ）が多数残っている．実は，全ての脊椎動物は進化の初期段階で2回の全ゲノム重複を経験したため，真骨類以外の脊椎動物ゲノムにも多くのオーノログが存在する．コピー遺伝子の存在しないミトコンドリア遺伝子では問題にならないが，核遺伝子の解析を行うには，多くのコピー遺伝子からオーソログを注意深く選定する必要がある．　［井上 潤］

ニシン・骨鰾類の系統進化

ニシン目(ニシン，イワシなど)，骨鰾類(コイ，ナマズなど)，およびニギス目からはセキトリイワシ亜目だけが，分子系統解析により単系統群をなすことがわかった(図1)．この単系統群はOtocephala(耳頭類)と名付けられた．耳頭類は鰾が内耳に接続し，聴覚や水圧の変化に敏感であるという特徴を持つ．ニシン目では鰾前方の延長により直接に，骨鰾類では脊椎骨が変形してできた骨片(ウェーベル氏器官)により内耳に振動が伝わる構造になっている(図2)．セキトリイワシ亜目は深海魚のため鰾を持たない．

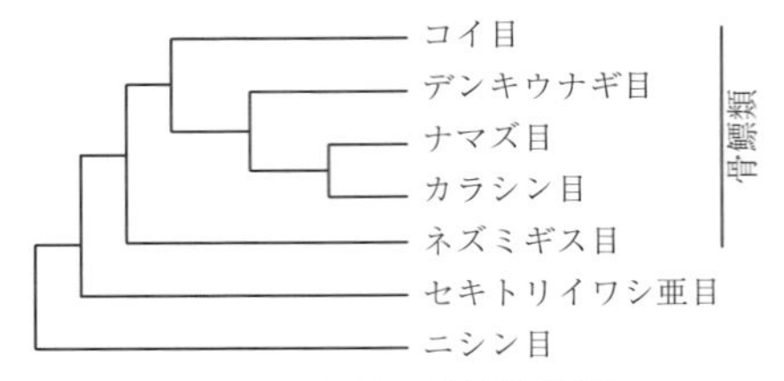

図1 耳頭類の系統類縁関係
[Lavoue et al., 2005を改変]

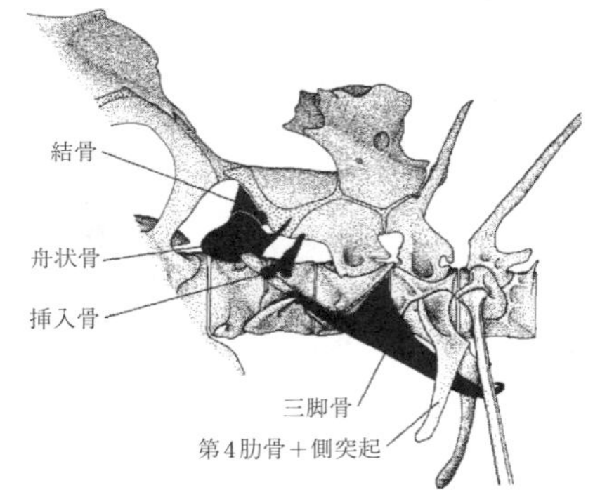

図2 骨鰾類(ハス)のウェーベル氏器官(黒く塗りつぶした部分)[Fink et al., 1981を改変]

ニシン目 主として亜熱帯～熱帯の内湾汽水域～淡水に棲み，405種(日本近海からは26種)が知られる．腹中線上の鱗が後ろ下向きにとがる(稜鱗)のが特徴で，捕食者を避ける適応と考えられている．脂鰭を持たない．

3つの系統(熱帯西アフリカの淡水産デンティセプス科，カタクチイワシ科，ニシン科)に分けられる．大型で魚食性に特化したオキイワシ科と，東南アジアの淡水に棲むシラウオに似た半透明の小魚スンダサランクス属(シラウオの仲間と考えられていた)もニシン科の系統に含まれる．ほぼ全ての種が表層～中層を泳ぎ，動物プランクトン食．日本近海ではマイワシ，カタクチイワシ，ニシンの3種が暖流と寒流の混合域ないしは寒流域を大集団で回遊し，重要な漁業資源となっている．

セキトリイワシ亜目 原棘鰭類(サケ，キュウリウオなど)ニギス目の亜目に分類されていたが，耳頭類の一員であることがわかった．耳頭類の中ではニシン目よりは骨鰾類に近いと考えられている．深海性で全身が黒っぽく，背鰭が体の後方にあり，脂鰭を持たない．目は大きく体側に発光器を持つ．

骨鰾類 真骨魚の3分の1近い種を含む大きなグループである．警報物質(ハイポキサンチン-3N-オキサイド）が表皮中にあり，傷つくと放出されて周囲の個体に逃避行動を誘発するほか，病原体や紫外線などへの防御物質として働く．ほとんどの種が淡水魚．ウェーベル氏器官が未発達な前骨鰾系（Anotophysi）と，よく発達する骨鰾系（Otophysi）に分けられる．

現生の前骨鰾系には海産のネズミギス属5種，サバヒーと，アフリカ淡水産（クネリア属など）の31種が含まれる．南極以外の5大陸から化石が知られる．中では白亜紀のアフリカ，ヨーロッパ，中東の多様性が高い．最古の化石は白亜紀最初期のもの．骨鰾系はコイ目とカラシン系（Characiphysi）に大別され，後者はさらにカラシン目，ナマズ目，デンキウナギ目などに分けられる．

コイ目　広義のスズキ目を除くと真骨魚では最大の目である．ほぼ全てが淡水魚．大枠で5系統ある（コイ科，カトストムス科，ギリノケイルス科，ドジョウ類，ペドシプリス属）．顎と口蓋骨に歯がなく，代わりに咽頭歯が発達する．ドジョウ類の多くを除き胃を持たない．頭蓋骨（神経頭蓋）と上顎（前上顎骨）が小さな吻骨を介してつながり，吻骨が半回転することで上顎を突出させ，吸い込むように餌を捕ることができる（図3）．ユーラシア，北米，アフリカ大陸とこれらの周囲の島に分布する．南米，オーストラリア，南極大陸にはいない．パンゲア大陸が中生代ジュラ紀にローラシアとゴンドワナの2大陸に分離した後，ローラシア大陸側で誕生したと考えられる．

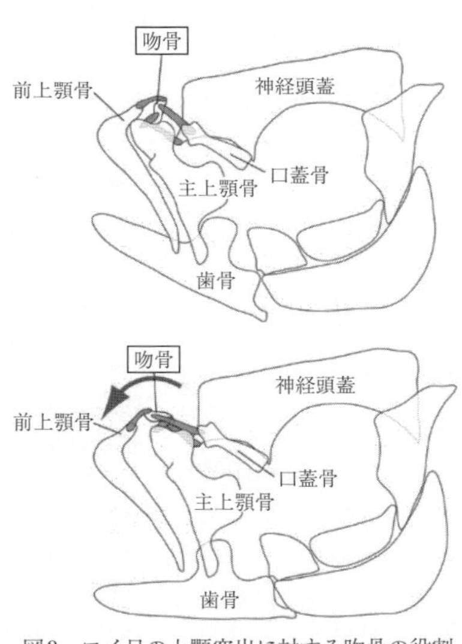

図3　コイ目の上顎突出に対する吻骨の役割
［Staab et al., 2012を改変］

コイ科　コイ科は真骨魚最大の科で，3,023種を含む．日本には66種/亜種が知られ，うち25種/亜種が環境省により絶滅または絶滅危惧種に指定されている．また，うち7種は国外外来魚．11亜科に分けられる．実験魚ゼブラフィッシュはダニオ亜科の一員である．各亜科の単系統性に疑いはないが，その位置は一部不明確（次頁図4）．系統樹の基部で2つのグループ（シロリンクス亜科＋コイ亜科とダニオ亜科～ウグイ亜科）に分かれるが，前者は主に底生魚で，後者にはカマツカ亜科を除き遊泳魚が多い．複数列からなる複雑な配列の咽頭歯を持つ．産卵はばらまき型で仔を保護しない種が多いが，営巣保護（モツゴなど），生きた二枚貝への産卵（タナゴ亜科とヒガイ属），流下卵（ソウギョなど），肉食魚との産卵床共有（北米のウグイ亜科），肉食魚の産卵巣への托卵（ムギツクなど）など，繁殖生態に多様化が見られる．倍数体（ばいすうたい）がコイ亜科とウグイ亜科に見られる．日本ではコイとフナ属は全て倍数体（両性生殖4倍体とフナ属の雌性発生（しせいはっせい）6ないし8倍体）である．ユーラシア大陸が分布の中心で，北米にはウグイ亜科だけが，アフリカにはコイ亜科とダニオ亜科だけが新生代中期以降に侵入した．最古の化石記録としては始新世前中期から，コイ亜科，オキシガスター亜科，カマツカ亜科のものが知られている．

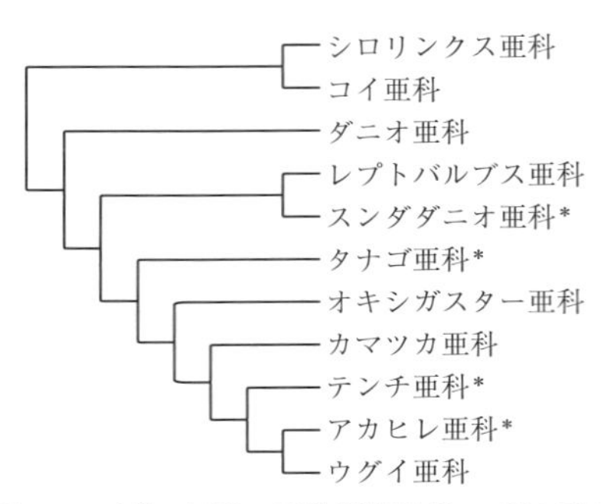

図4　コイ科の亜科の系統類縁関係．*印の亜科の位置付けは明確ではない［斉藤，2014を改変］

ドジョウ類　ドジョウ類はコイ目ではコイ科に次ぐ大きなグループで1,098種を含む．かつてはドジョウ科とタニノボリ科の2科に大別されていたが，最近では4～9科に細分さることが多い（図5）．ただし，日本ではドジョウ類全体を広義のドジョウ科としてまとめ，その中にアユモドキ，シマドジョウ，フクドジョウの3亜科を設けることが一般的である．タニノボリ科の一部を除き，鱗（うろこ）が細かくにょろにょろとした底生の小魚という，コイ科などコイ目の他のグループとの違いを直感的に認識できるためであろう．咽頭歯は1列．シマドジョウ亜科を除いて胃を持つことが遺伝子発現によりわかった．日本には分類学的整理が必要なものを含めて33種/亜種/型が知られ，うち15種/亜種が環境省により絶滅危惧種に指定されている．また，うち2種は国外外来魚．さらに，ドジョウの中には食品や釣餌として輸入された後に野外に放流されたものが在来集団と置き換わりつつ広がっている．倍数体（3倍体や4倍体）がシマドジョウ属などに見られ，その一部は雌性発生または雑種発生をする．分布域はユーラシア大陸にほぼ限られる．

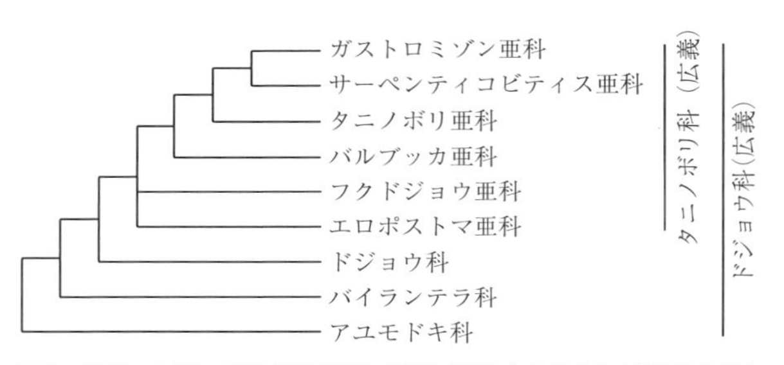

図5　ドジョウ類の系統類縁関係．9科に細分する場合には亜科を科に昇格させる［Bohlen et al., 2009を改変］

カトストムス科など　カトストムス科は4倍体のグループで，北米に77種，中国に1種知られている．咽頭歯は1列．現在の分布はほぼ北米に限られるが，化石は両方から見つかる．最古のものは新生代暁新世初期から．ギリノケイルス科は東南アジア産の底生の熱帯魚．1属3種．2倍体であるが，倍になった場合を想定すると4倍体のカトストムス科とほぼ同じになる．ペドシプリス属はコイ科に似た世界最小級の魚類で，1 cmそこそこで成熟する．東南アジアから1属3種のみ知られている．

カラシン系　大枠で4つの系統（カラシン目の大半，ナマズ目，従来のカラシン目のうちのキタリヌス亜目，デンキウナギ目）に分けられる（図6）．ナマズ目を除き，かつてゴンドワナ大陸であった南米のアフリカ大陸の両方またはいずれかを主な分布域としている．パンゲア大陸がローラシアとゴンドワナの2大陸に分離した後，ゴンドワナ大陸側で誕生したことの名残と考えられる．

カラシン目　カラシン目とされてきたグループは単系統（たんけいとう）ではなく分類の再検討が必要である．キタリヌス亜目（クラウンテトラなど）は，ナマズ目を挟んでそれ以外の科とは側系統の関係にある（図6）．2,000種を超える大きなグループで，全てが淡水魚．南米，アフリカ大陸と，北米の一部にいる．ネオンテトラなど熱帯魚として知られている種が多い．顎に歯があること，脂鰭を持つ種が多いことで一見してコイ目と識別できる．最古の化石は白亜紀中期のものである．

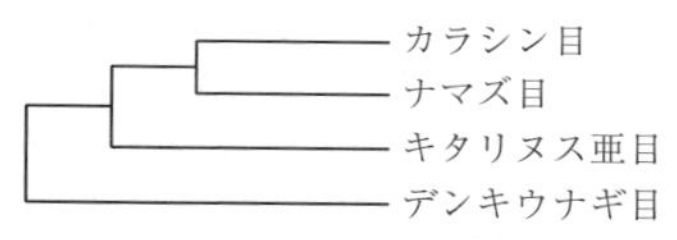

図6　カラシン系の系統類縁関係［Nakatani et al., 2011を改変］

デンキウナギ目　南米に分布する，発電器と電気受容器を持つグループ．デンキウナギの強力な発電能力（600 V程度）はよく知られているが，他の種も弱い電気を発生させ，電場により濁った水中での活動の手掛かりとしている．208種を含み全てが淡水魚．アフリカ大陸にはいない．ウナギ状または細長いナイフ状の体形で，胸鰭と臀鰭以外の鰭を持たない種が多い．

ナマズ目　39科，3,730種を擁する大きなグループ．上顎の骨が小骨化してヒゲを動かすための支えになっていること（図7），背鰭と胸鰭に強い棘を持ち，これらを立てたまま固定する構造があること，鱗がないことで他の目と識別できる．ヨロイナマズの鱗のように見えるものは骨が変形した骨板．脂鰭を持つ種が多い．日本にはナマズやギギなど8科17種が見られ，12種が淡水魚（うち4種が環境省による絶滅危惧種指定）で残りは海産．3種は国外外来種である．背鰭と胸鰭の棘に毒腺（どくせん）がある種があるため，素手で扱うには注意が必要．南極を除く全ての大陸に分布．淡水魚の多いグループでこれだけの広い分布を示すのは，海を渡って分布を広げたことがあるためとみられる．最古の化石は白亜紀最終期のものである．［斉藤憲治］

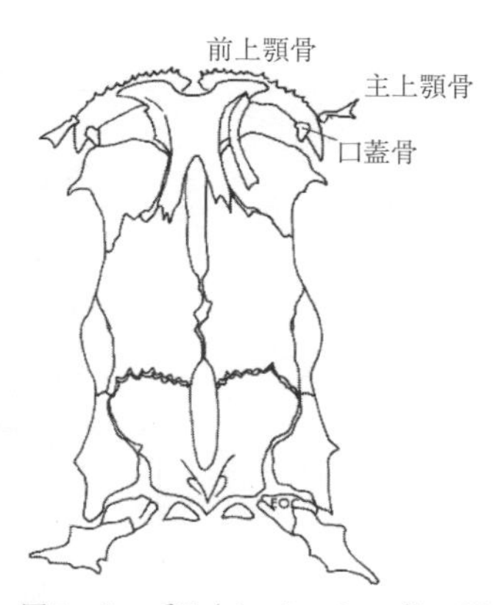

図7　ナマズ目（イワトコナマズ）の頭部骨格背面図［Kobayakawa, 1992を改変］

下位正真骨類の系統進化

条鰭類全体から，古代魚（ポリプテルス類，チョウザメ類，ガーパイク類とアミア）と，真骨類系統樹の基部で初期に枝分かれした下位真骨類（オステオグロッサム類とカライワシ類）を除くと，現生魚類の種多様性の大半を占める二大グループ，ニシン・骨鰾類（7目93科1,663属に分けられ1万1,022種を含む）（以下，種数についてはNelson et al., 2016に従う）と正真骨類（50目349科3,177属に分けられ1万9,796種を含む）からなる巨大クレードが現れる．本項では，正真骨類の頂点で大放散を遂げた棘鰭類（☞項目「棘鰭類の系統進化」）を除く，より早くに分岐した下位正真骨類の系統進化の概要を記す（図1）．

ニシン・骨鰾類vs正真骨類　魚類学者の間でもきちんと認識されていないことだが，ニシン・骨鰾類も正真骨類もそれぞれ生態的にユニークな進化を遂げた巨大グループである．ニシン・骨鰾類は淡水を中心に，正真骨類は海水を中心に適応放散を遂げており，種多様性の観点で見ると正真骨類（約1万9,799種）の方がニシン・骨鰾類（約1万1,022種）を上回る．とはいえ，海水が地球上の水の97%を占めることを考えると，単位体積当たりの種多様性では両者の立場が逆転する．ただし，ニシン・骨鰾類にもセキトリイワシ目のような深海魚がいたり，正真骨類にも淡水で大規模な放散を遂げたカワスズメ科（シクリッド類）のよう

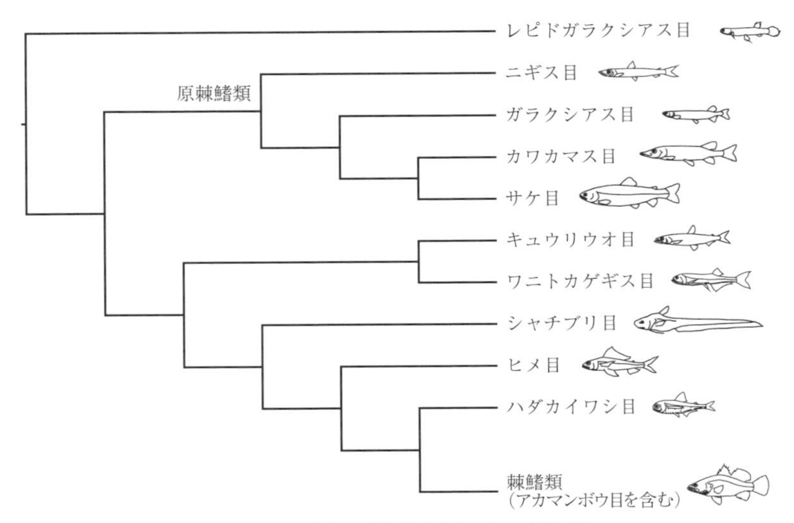

図1　正真骨類の系統進化［宮，2016を改変］

なグループがいるので，チャンスがあれば出自（進化的由来）を問わずに新たな環境にチャレンジするのが魚類進化の特性なのかもしれない．

正真骨類ではなかったセキトリイワシ類　初期の分子系統学的研究で，海産魚類が中心のニシン目が骨鰾類（淡水産のものが大半）に近縁だという説が出され，既成概念が打ち砕かれた．さらにそこに，正真骨類とされていたセキトリイワシ亜目が加わることになろうとは誰も想像しなかっただろう．石黒直哉（Ishiguro et al., 2003）は，当時（原棘鰭類の）ニギス目の一員であったセキトリイワシ類（当時は亜目）を含めて「原棘鰭類」の系統解析を行った．その結果，セキトリイワシ類が正真骨類の一員ではなく，ニシン・骨鰾類の一員であることを発見した．この仮説は当初疑問視されていたが，その後の研究で次々にそれを裏付ける証拠が出て，今ではニシン・骨鰾類の1つの目（セキトリイワシ目）として位置付けられている．セキトリイワシ類は1,000 m以深の海底近くを主たる生息域とする純然たる深海魚で，同じく深海の海底近くを泳ぎ回るソコダラやアシロの仲間とは異なり，普通の魚の体形を持つものが多い（図2）．

図2　セキトリイワシ科ハナメイワシ属の1種 *Platytroctes mirus*

正真骨類で最初に分岐したレピドガラクシアス　レピドガラクシアスと聞いて知っている人がいたらよほどの魚好きだ．1科1属1種からなるレピドガラクシアス目に含まれ，オーストラリア南部の乾燥地帯にある酸性度の高い池に生息する奇妙な小魚だ（全長10 cmにも満たない）．何が奇妙かというと（肺魚類の仲間と同様に）生息する池が干上がると穴に潜って「夏眠」を行い，普通の魚と異なり「首」をいろいろな方向に回すことができるという特技を持つ．もともとガラクシアス目の一員だったのだが，近年の研究で正真骨類最下部で分岐し，そのまま生き残った「生きている化石」であることがわかった．

原棘鰭類　原棘鰭類（Protacanthopterygii）は，その名が示すとおり「原始的な棘鰭類」として段階群的な発想でまとめられた一群の魚類だった．当初は，①カワカマス目，②キュウリウオ目，③サケ目の3つの目が含まれており，②のキュウリウオ目の中にはニギス亜目，キュウリウオ亜目，そしてすでに記したセキトリイワシ亜目という3つの亜目が含まれていた．最近の分子系統解析（Betancur et al., 2017）によると，ニギス目（セキトリイワシ類を除く），ガラクシアス目（レトロピンナ科とレピドガラクシアスを除く），カワカマス目，サケ目の4つの目が原棘鰭類を構成するとしているが，これらが本当に単系統群を形成するのかどうか予断を許さない．

ニギス目（405種）はその大半が深海魚で，ユニークな筒状の眼を持ったデメニギス類の存在がよく知られている．この筒状の眼は，種によって斜め前方を向くものから真上を向いているものまでさまざまで，生鮮時は黄緑色に光っているものが多い．最近，モントレーベイ水族館研究所が撮影したデメニギスの仲間の映像は衝撃的で，眼の上に透明のフードがかぶさっていることが世界で初めて明らかになった．

ガラクシアス目（50種）はオーストラリアとニュージーランドを中心とする南半球にのみ生息する小型の淡水魚で現地では食用にもされているが，外来魚であるサケ科の魚との競合で絶滅危惧種になっているものも多い．

ガラクシアス目とは異なり，カワカマス目（12種）とサケ目（＝サケ科；223種）の天然分布域は北半球で，カワカマス目は純淡水魚であるのに対してサケ目は遡河回遊（そかかいゆう）を行うものが多い．カワカマス目とサケ目が姉妹群であることから，サケ目の遡河回遊の進化的起源が淡水であるとする説が近年有力になってきた．一方，サケ目に見られる母川回帰の現象や降海型・残留型の存在は，生理生態学的研究の対象として大きな注目を集めており，世界中で活発に研究が行われている．また，サケ目の仲間は世界で最も重要な水産資源の1つとなっており，さまざまな面で人間生活との関わりが深い．

キュウリの匂いがする魚たち　キュウリウオ目（47種）は文字どおりキュウリの匂い（瓜臭（うりしゅう））がする種類が多い．アユやシラウオやワカサギなど，わが国の重要な水産資源になっているものもいる．サケの仲間と同様に遡河回遊をするものが多い．もともとガラクシアス目に含まれていたレトロピンナ科は，現在キュウリウオ目の一員であることが明らかになっている．

キュウリウオ目の姉妹群であるワニトカゲギス目（414種）は全てが深海魚で，その大半が海底から離れた中・深層域（200～2,000 m）に生息する．大陸棚縁辺の海底近くに生息するキュウリエソという種がいて，強烈な瓜臭がすることからこのように名付けられた．他のワニトカゲギス目も大なり小なり瓜臭がする．ワニトカゲギス目には，牙（きば）のような歯が伸長して口を閉じることができないホウライエソや，全身が発光器で覆われているホテイエソ，体が側偏して眼が上を向いているテオノエソ（図3）など，これぞ深海魚といった奇妙な形をしたものが多い．世界で

図3　ムネエソ科テオノエソ属の1種
Argyropelecus sp.

最も個体数が多い魚として知られているオニハダカ属もワニトカゲギス目の一員で，外洋深海で中層トロールネットを曳くと，数十から数千個体が採集される．ヨコエソ科の中には雄性先熟の性転換を行うものもいる．

深海魚が多い下位正真骨類　ニギス目やワニトカゲギス目に加え，さらに上位の下位正真骨類にも分類群全体が深海魚のものが多い．正真骨類が深海起源なのか，それともこれらの下位正真骨類にも浅海魚が多くいたにもかかわらず絶滅してしまったのか，化石記録が乏しく本当のところはわからない．

その1つがシャチブリ目（13種）である．英名をジェリーノーズといい，ゼラチン質の吻端（鼻先）が目立つ丸く大きな頭部を持ち，尾部はネズミの尻尾のように伸長する．体長は比較的大きく最大のもので2 mに達する．深海としては比較的浅い，大陸斜面上部（200 m付近）の海底近くを遊泳する．魚の専門家でも新鮮な状態の標本を見たことがある人はあまりいない珍らしい魚の1つである．

ヒメ目（261種）の魚は，魚を見慣れた人でも同じヒメ目の魚と判断するのが困難なほど形態的多様性が高い（ヒメ目の15科に対して形態的多様性が低いハダカイワシ目の2科を比べると容易に理解できる）．全てが海産魚で，岸近くの砂地に潜って魚を捕食するエソ科の仲間がよく知られている．それ以外にも，深海の中層や底層，さらには深海底に適応進化を遂げたグループがいる．正面を向いた筒状の眼を持つボウエンギョや，眼がソーラーパネルのような板状の器官になったチョウチンハダカの仲間などはその最たるものである．また，伸長した腹鰭と尾鰭を3本の脚のように使って海底に立ち，これまた伸長した胸鰭を広げて流れてくる餌を待つイトヒキイワシの仲間の姿がしばしば深海カメラで写され話題となる．ボウエンギョの仲間の仔魚の形態は，成魚のものとはまったく異なるユニークなもので，独自の科に分類されていたこともあった．エソ科のマエソ属は高級な蒲鉾（かまぼこ）の材料であり，ミズテング属は南アジア（特にインド）で重要な食糧資源になっている．

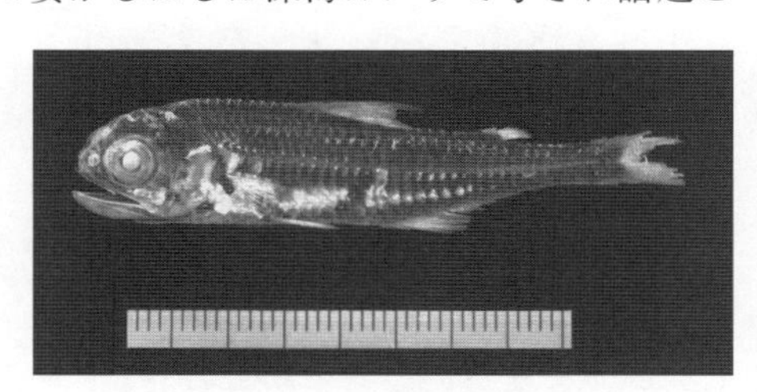

図4　ハダカイワシ科ススキハダカ属の1種 *Myctophum* sp.

ハダカイワシ目は2科からなり（図4），15科から構成されるヒメ目と異なり形態的な多様性は小さいが，種数は252種とヒメ目の262種に匹敵する．近底生性のソトオリイワシ科を除き，ほぼ全てが海底から離れた200～2,000 mに生息する中・深層性魚類であり，二次的に発光器を消失したものを除いて頭部から体の側面にかけて多数の発光器を持つ．種の多様化については，発光器の相対的な位置や数で記載され，それが分類にも反映されてきた．この多様化のパターンが近年分子系統の解析結果とよく一致することがわかってきた．　［宮 正樹］

棘鰭類の系統進化

棘鰭類は魚類の中で最も派生的であり，現在最も繁栄している一群である．ネルソンら（Nelson et al., 2016）によると条鰭綱の一群である正真骨区の中に位置付けられている．40目311科1万5,486種を含み，種数に関していえば全脊椎動物（約6万種）の約4分の1（25.8％），条鰭類（約3万500種）の約半分（50.8％）を占める非常に大きなグループである．

形態や生態についても多様であり，沿岸域を中心に深海から淡水域まで世界中のさまざまな水域で見られる．このグループの特徴は背鰭，腹鰭，臀鰭に棘を持つことなどであり，分類群の名前の由来にもなっている．なおこの棘は体を防御する機能があると考えられている．

本グループの最古の化石は白亜紀前期の約1億2,000万年前の地層から見つかっている．特に始新世の約5,600万年前以降，さまざまなグループの化石が知られている．ネルソンらによると棘鰭類はアカマンボウ上目，側棘鰭上目，棘鰭上目の3つの上目に分けられており，棘鰭類に最も近縁なグループはハダカイワシ目のみを含むハダカイワシ上目とされている（図1）．そしてこの3上目の中で，棘鰭上目は34目284科1万4,797種であり，棘鰭類のほとんど（種数にして95.6％）を占めている．

棘鰭類はローゼン（Rosen, 1973）によって最初に認められ，その後行われた形態形質による解析，DNAによる解析の多くがその単系統性を支持している．形態形質による解析ではアカマンボウ上目が最初に分岐し，続いて側棘鰭目と棘鰭上目が分岐したと考えられてきたが，近年の分子系統解析に基づく研究ではアカマンボウ上目と側棘鰭上目が姉妹群であることを示したものが多い．

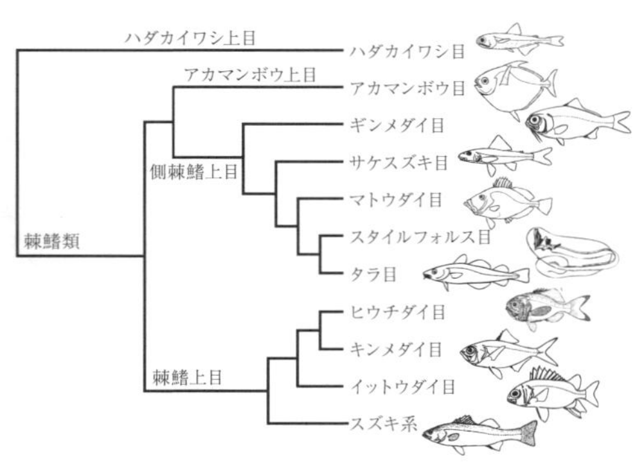

図1　Nelson et al., 2016で示された棘鰭類の系統関係

アカマンボウ上目　アカマンボウ上目はアカマンボウ目（6科11属22種）のみを含み，棘鰭類の全種数の約0.14％を含む小さなグループである．前述のローゼンにより本グループが原始的な棘鰭類であることが示され，その後の形態やDNAによる研究でも概ね支持されている．棘鰭類ではあるが鰭に真の棘を持たないな

ど，棘鰭類の中では原始的な形質を多く保持している．多くのものが外洋に生息する大型になるものが多く，体型は側編しているがアカマンボウやクサアジのように体高の高いものと，サケガシラやリュウグウノツカイのような細長いものまでさまざまである．

側棘鰭上目　側棘鰭上目（5目21科109属667種）は棘鰭類の全種数の約4.3%を含む．タラ目を中心にマトウダイ目，ギンメダイ目，スタイルフォルス目，サケスズキ目で構成されている．棘鰭上目の前段階の形態を持つとされてきたが，グリーンウッドら（Greenwood et al., 1966）による側棘鰭上目の設立以降，いろいろなグループが追加されたり除かれたりと紆余曲折を経ている．スタイルフォルス目は1種のみを含む小さなグループであるが，従来はアカマンボウ目とされてきた．さらに近年の研究によると明らかに棘鰭上目に分類すべきであるアンコウ目，アシロ目，ガマアンコウ目は，側棘鰭上目に分類されることが多かった．逆に側棘鰭上目に分類すべきであるマトウダイ目は棘鰭上目に分類されてきた．

ギンメダイ目に関しては，以前はキンメダイ目に含める場合が多かったが，形態形質によるより詳細な解析が行われるにつれ，より原始的なグループであると考えられるようになった．分子系統解析による研究では上記の5目の単系統性を示したものが多い．側棘鰭上目はほとんどが海産であるが，サケスズキ目は北米の淡水域のみに生息する種類で構成される．暗い洞窟に適応したため目を失っているドウクツギョなどが有名である．

一方，他の4目は外洋や深海に生息しているものがほとんどである．タラ目はマダラやスケトウダラなど水産資源として重要な種を含んでいる．

棘鰭上目　前述のように棘鰭類のほとんどの種数（95.6%）を占めており棘鰭類の中でも派生的な特徴を持つと考えられている．前上顎骨の上方突起が発達して上顎を突き出すことができることなど，複数の形態形質によって本グループの単系統性が支持されており，多くの分子系統学的研究によっても単系統だと考えられている．世界各地の沿岸域で主要なグループであるが，深海や淡水域などでも見られるなど多様な水域に進出している．キンメダイ系（3目14科52属255種）とスズキ系（31目270科2,212属1万3,173種）の2つの系統に分けられている．

キンメダイ系　キンメダイ系はキンメダイ目，ヒウチダイ目，イットウダイ目を含む．古くから棘鰭類の原始的な状態を保持するグループとして認識されていた．以前はキンメダイ目のもとにこれらの3目やギンメダイ目などが置かれていたが，比較形態や分子系統解析による研究が進むにつれ，その範囲の変更や目の細分化などが行われてきた．しかし，近年の分子系統学的研究においてイットウダイ目とヒウチダイ目の系統的位置は不安定であり，キンメダイ系が単系統ではなく側系統の可能性も考えられる．キンメダイ系魚類は全て海産であり淡水域には生息しない．イットウダイ目はサンゴ礁などの浅瀬に生息するものを多く含むが，キンメダイ目やヒウチダイ目には深海に生息するものが多い．特にキンメダイ目はクジラウオやカンムリキンメダイなどを含み，1,000 m以深の深海に生息するものも多い．

スズキ系 スズキ系は非常に大きなグループであり（種数にして棘鰭類の約89.0%），多くのものが沿岸域に生息するが深海や淡水などさまざまな水域に進出している．そして水産種や観賞魚など人々の生活に深く関わる身近な種類が多く含まれている．例えばマグロ類やヒラメ，トラフグ，マダイ，サンマ，マアジ，メダカ，シクリッド類などである．しかし非常に多くのグループを含むことや形態が多様性に富み，しかも形態による主要系統間の系統推定は非常に困難であった．したがって本グループは身近な魚類を多く含むにもかかわらず，その内部の関係はよくわかっていなかった．従来の形態形質に基づく分類体系では，特異な形質を持つグループがカレイ目，フグ目，カサゴ目など，目レベルで分類され，それ以外の多くのスズキ系のグループが脊椎動物最大の目とされたスズキ目に分類されてきた．そしてスズキ目の中でも際立った特徴を持たない多くのグループがスズキ亜目というごみ箱に入れられていた．当然このような分類体系が系統を十分反映しているとは考えられておらず，相反する仮説が複数提示され，さまざまな変更が行われてきた．

そして近年の分子系統学的研究により，スズキ系の範囲や内部の系統関係について従来の分類体系からはまったく想像できない仮説が提示されるようになった．例えば，スズキ系の範囲に関して従来の分類体系と大きく異なる点は，側棘鰭上目に置かれることが多かったアンコウ目，ガマアンコウ目，アシロ目がスズキ系に含まれること，そしてスズキ系と姉妹群関係が示唆されていたトウゴロウイワシ系がスズキ系に含まれることなどである．その内部関係についても，別系統だと思われていたグループが近縁だったもの（例えば，カレイ目とアジ科の仲間，フグ目とアンコウ目），これまで認識されていた分類群に複数の系統が含まれていたもの（例えば，トゲウオ目，ベラ亜目）などさまざまである．そこで，得られた関係に基づいてスズキ系の分類体系を再構築することが試みられている．しかし，どのグループにどのランク（系や目など）を与えるか，といったランキングの問題や，解析結果の支持確率が低いなどの理由でまだ名前がつけられていないもの，解析に含められていないグループなどもありまだ発展途中である．

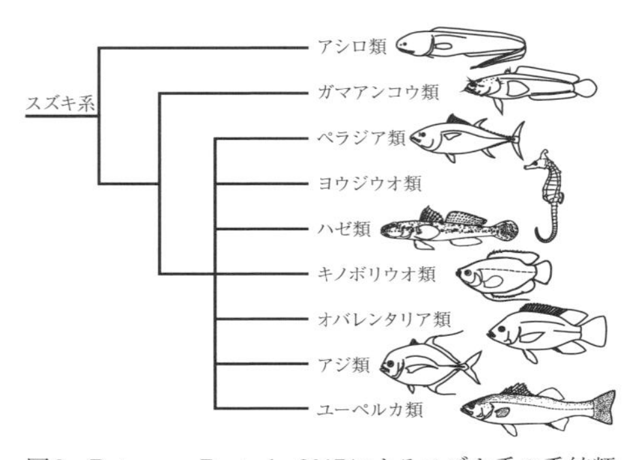

図2 Betancur-R et al., 2017によるスズキ系の系統類縁関係．ブートストラップ値が100%の枝のみ示した．Betancur-R et al., 2017ではNelson et al., 2016のスズキ系に相当するものに亜区のランクを与えているが，ここではNelson et al., 2016に合わせた

現時点で最新の分類体系である，ベタンクールら（Betancur-R et al., 2017）ではスズキ系は大きく9つに分けられている（図2）．この9系統の系統関係はまだよくわかっていないが，共通祖先からアシロ類が最初に分岐し，その次にガマアンコウ類が分岐したという点は複数の研究で一致している．そして9系統はそれぞれ主に生息域や生態においてそれぞれ共通点が見いだされつつある．

棘鰭類の系統進化　陸上脊椎動物に関して，主要系統におけるK-Pg境界（白亜紀／古第三紀境界，約6,600万年前）前後の動物相の変化について以前から盛んに論じられてきた．そのなかでもK-Pg境界の気候の変化によって中生代を通して繁栄した恐竜類が滅び，その後多様な哺乳類が出現したという説は有名である．実際に，K-Pg境界の大絶滅によって空いたニッチを新生代に哺乳類や鳥類などが占め，形態的に多様化したことは古生物学的にも分子系統学的にも確かめられている．それに対して魚類の系統進化とK-Pg境界の大絶滅との関連性はあまり論じられていなかった．しかし，アルファロら（Alfaro et al., 2018）による化石とDNAを用いた分岐年代推定によると，スズキ系の9系統の多くはK-Pg境界よりもはるか前の白亜紀前期（1億4,500万～1億500万年前）にすでに分岐していたが，各系統の根元の分岐はK-Pg境界付近に集中していることを示した．つまり，棘鰭類の派生的な一群であるスズキ系の主要系はすでにK-Pg境界よりも前に出現しており，K-Pg境界前後に爆発的に大放散が起こったというものである．このことから，K-Pg境界における大絶滅により多くのニッチが空き，スズキ系の各系統がこの空いたニッチを占有したためにK-Pg境界の前後の大放散が起こったと彼らは結論付けた．

化石記録についても棘鰭類の初期の化石は白亜紀中期のものであり，アカマンボウ上目や側棘鰭上目，キンメダイ系などの棘鰭類の進化の初期に分岐したグループのものが多い．それに対し，始新世初期頃（約5,600万年前）からスズキ系の各系統に分化した多様な化石が産出している．これらの化石の産出パターンは，よく研究されている哺乳類や鳥類のものと似通っており，陸上脊椎動物と棘鰭類の進化パターンの類似性を裏付けている．棘鰭類の原始的なグループや棘鰭類に近縁なハダカイワシ上目やヒメ目からなる円鱗上目（えんりんじょうもく），ワニトカゲギス目を含む狭鰭上目（きょうきじょうもく）の多くが深海や外洋などに生息し，淡水域にはコイやナマズなどからなる骨鰾上目（こっぴょうじょうもく）Ostariophysiといったさらに原始的なグループが多く分布する．それに対してスズキ系の多くのグループが沿岸の浅海域に集中して分布していることからも，浅海における大絶滅の影響が他の水域よりも大きかったことが想像できる．

これらの仮説はさらなる検証が必要であるが，系統分類という基礎的な知見に関してすら未知の部分が多かった本グループについても近年の技術の発展によりさまざまなことが明らかとなってきた．本グループ，特にスズキ系に関する系統関係の解明や系統進化についての仮説の検証，そして分類体系をさらに改善していくことが今後の課題である．

［山野上祐介］

硬骨魚類の新たな分類体系

項目「魚類系統解析の歴史」に記したように，近年の分子系統学の急激な進歩により魚類全体を網羅する系統関係の概要が明らかになってきた．その内容は，既往の比較形態学的研究からは想像もつかなかったものが数多く，これまで多くの人に使われてきた分類体系との乖離が目立ってきた．ベタンクールら（Betancur-R et al., 2017）は，慣習的に使われてきた分類体系（Nelson et al., 2016）からの脱却を目指し，分子系統に基づく新たな分類体系を作成するための国際チーム（日米仏）を組織した．彼らは，硬骨魚類514科のうち410科を網羅した1,990種から20遺伝子座のDNA塩基配列データを集めて大規模な系統解析を行い，硬骨魚類の新たな分類体系を提唱した．この新分類体系では，新たに73目と79亜目を認め（図1），帰属不明な104科を除く410科を各目と亜目に配置した．以下，系統樹だけからは読み取れないスズキ類（Subdivision Percomorphaceae＝ Percomorpha）における目・亜目レベルの大きな改訂部分について簡単な注釈を加える．

側棘鰭類の解体―アンコウ類はフグ類の親戚　かつて「側棘鰭類」（Paracanthopterygii）の中核をなしていたアンコウ目とアシロ目とガマアンコウ目がスズキ類の一員となった．アンコウ目はフグ目の姉妹群であること（したがってきわめて派生的な一群であること），アシロ目とガマアンコウ目はスズキ類の初期進化で派生したグループであることがさまざまな分子データから確証されるに至った．アンコウ目はユーペルカ系（Series Eupercaria），アシロ目とガマアンコウ目はそれぞれ独自の系（Ophidaria/Batrachoidaria）に位置付けられた．

外洋で適応放散したペラジア類　「スズキ目」の6つの亜目に別々に分類されていた魚たちが，かつて外洋の深海に生息していた祖先種から適応放散によって分化した単系統群であることが確証された．彼らの外部形態に共通する特徴を見付けるのは困難だが，外洋の表層から深海にかけて生息する捕食性魚類という点で一致している．その生態的特性にちなんでペラジア系（Series Pelagiaria）と名付けられた．ペラジア系はサバ目（Order Scombriformes）のみを含み，形態的に異質な17科から構成される．

ネズッポ類もヒメジ類もヨウジウオ類の仲間　もともとヨウジウオ類の仲間（ヨウジウオ亜目）は，トゲウオ目の内部に位置付けられていたのだが，近年の分子系統学的研究によりトゲウオ類とは縁遠いことが判明した．新たにヨウジウオ類の近縁群として浮上してきたのが，セミホウボウ類，ネズッポ類，ヒメジ類という，いずれもヨウジウオとは類縁関係を想定されてこなかった形態的に異質なグループである．この単系統群は，ヨウジウオ系（Series Syngnatharia）と名付け

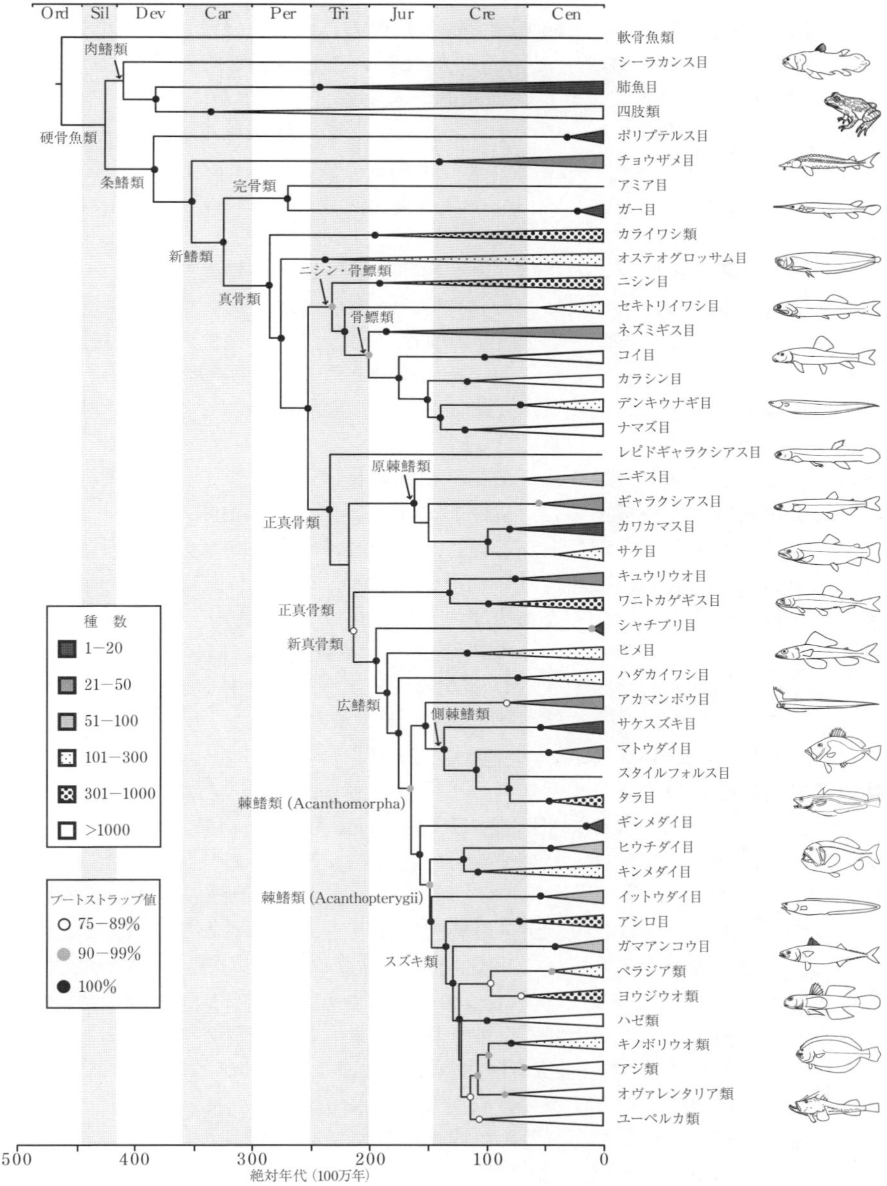

図1　硬骨魚類の新たな分類体系のベースとなった系統関係［Betancur-R. et al., 2017 を改変］

られ11科を含む.

ハゼ類の親戚は？ スズキ類で最も種多様性の高いグループの1つがハゼ亜目（8科321属2,167種）である．その近縁群は長いこと不明であったが，近年の分子系統学的研究でベラギンポ科が姉妹群であることが明らかになった．さらに，両者（ハゼ目）の外側にコモリウオ科とテンジクダイ科からなる単系統群が来ることがわかり，これら4つの科を合わせたものがハゼ系（Series Gobiaria）と名付けられた．生態的知見が少ないベラギンポ科を除き，残りの3科は何らかのかたちで子育てを行っている.

パラドックスフィッシュの正体 トゲウオのような硬い鱗板を持つパラドックスフィッシュ *Indostomus paradoxus* は，その外部形態からトゲウオ目の一員であるとされてきた．ところが，ヨウジウオ亜目と同様にトゲウオ目とは縁遠いことがわかり，代わってトゲウナギ目の一特化群であることが明らかになった．トゲウナギ目はキノボリウオ目と姉妹群関係を持ち，両者を合わせてキノボリウオ系（Series Anabantaria）と名付けられ11科を含む.

カレイ類と近縁なアジ類 体が左右不相称の異体類（カレイ目）の近縁群は長いこと魚類系統学の謎であった．近年の分子系統解析により，アジ科をはじめととする近縁群の存在が浮かび上がってきた．形態の異質性が高いこの一群はアジ系（Series Carangaria）と名付けられたが，これまでアジ科とは無縁と思われた分類群を数多く含む．少なくともカジキ目，アジ目（アジ科・シイラ科・コバンザメ科・スギ科・ネマティスティウス科），カレイ目の3つの目を含むが，アジ系に含まれるそのほかの科（セントロポムス科・アクタウオ科・レプトブラマ科・ギンカガミ科・ツバメコノシロ科・カマス科・テッポウウオ科）の関係が不明瞭で，新たな目の設立には至っていない．全体で27科を含む.

卵に付着糸を持つ魚たち 近年の分子系統で明らかになったユニークな分類群の1つがオヴァレンタリア系（Series Ovalentaria）だ．当初は，トウゴロウイワシ類（トウゴロウイワシ目・カダヤシ目）に近縁な幾つかの分類群（カワスズメ科・ウミタナゴ科・スズメダイ科・ウバウオ科・イソギンポ科・アゴアマダイ科）が示されたにすぎなかったのだが，最終的には40を越える科が含まれることが明らかになった．少なくとも，カワスズメ目，トウゴロウイワシ目，カダヤシ目，ボラ目，ウバウオ目，イソギンポ目の6つの目を含むが，オヴァレンタリア系に含まれるそのほかの9科（タカサゴイシモチ科・センニンガジ科・ウミタナゴ科・グランマ科・アゴアマダイ科・タナバタウオ科・ポリセントルス科・スズメダイ科・メギス科）の系統関係が不明瞭で，新たな目の設立には至っていない．ボラ目を除き，卵に付着糸を持つことが大きな特徴．全体で45科を含む.

最後に残るのは“ゴミ箱”分類群 これまで示した8つの系は，その内部に位置付けが不明な科があったとしても，それ自身の単系統性はどんな解析を行っても再現された．一方，9つ目のユーペルカ系（Series Eupercaria）は，自身の単系統性もおぼつかない巨大分類群で，少なくとも16目161科に位置付けられる6,000以上の種から構成される．以下に16目を列挙し，それに含まれない系統的位置が不明の科を追記する．

① クロサギ目：クロサギ科のみからなる単型目
② ミシマオコゼ目：イカナゴ科・ケイマリクティス科・トラギス科・ミシマオコゼの4科を含む
③ ベラ目：広義のベラ科（ブダイ科とオダクス科を含む）のみからなる単型目
④ マンジュウダイ目：マンジュウダイ科・スダレダイ科
⑤ チョウチョウオ目：チョウチョウウオ科・ヒイラギ科
⑥ ニザダイ目：ニザダイ科・アマシイラ科・ツノダシ科
⑦ フエダイ目：フエダイ科・イサキ科
⑧ マツダイ目：マツダイ科・ダトニオ科・ヒゲダイ科
⑨ タイ目：タイ科・フエフキダイ科・イトヨリダイ科
⑩ キントキダイ目：キントキダイ科・ソコアマダイ科
⑪ ヒシダイ目：ヒシダイ科のみからなる単型目
⑫ アンコウ目：5亜目に含まれる15科からなる
⑬ フグ目：7亜目に含まれる10科からなる
⑭ ハタンポ目：ホタルジャコ科・チョウセンバカマ科・ソコイワシ科・ワニギス科・トビギンポ科・ヤセムツ科・アオバダイ科・クシスミクイウオ科・スズキ科（Lateolabracidae）・オニガシラ科・ハタンポ科・カワビシャ科・ホカケトラギス科・イシナギ科・カワリハナダイ科・レプトスコプス科・ヘメロコエテス科
⑮ サンフィッシュ目：サンフィッシュ亜目・ゴンベ亜目・ペルキクティス亜目・シマイサキ亜目・ペルカラテス亜目に含まれる19科からなる
⑯ ペルカ目（Perciformes）：アイトラギス亜目・ノルマニクティス亜目・ハタ亜目・ペルカ亜目（Percoidei）・コウリウオ亜目・カサゴ亜目・コチ亜目・ホウボウ亜目・カジカ亜目に含まれる61科からなる
⑰ 目の帰属が不明な科：シキシマハナダイ科・オニハタ科・ハチビキ科・アマダイ科・ヒメツバメウオ科・モロネ科・キンチャクダイ科・クロホシマンジュウダイ科・ニベ科・アイゴ科・キス科・ディノレステス科・ディノペルカ科・パラスコルピス科

今後，これらグループの系統解析が大規模分子データに基づき行われることにより，将来的には系統を反映した分類体系が構築されると思われる．［宮 正樹］

ウナギもマグロも祖先は深海魚

系統学の面白さの1つは，系統樹を使って過去に向かってタイムトラベルできることだ．本項の「ウナギもマグロも祖先は深海魚」というタイトルも，このタイムトラベルの結果得られたもので，いずれも筆者の研究が関わっている．

「ウナギがどこから来たのか？」という問題に取り組んだ最初の一人は古代ギリシャの哲学者アリストテレスだ．彼は結局，ウナギは自然発生する（泥の中から生まれる）と結論せざるを得なかったが，ウナギが遠く離れた外洋に産卵場を持つとわかったのは，それから2,000年以上も後のことだ．一方，なぜそんなに遠い所で産卵するのか，説得力のある説明を誰もできなかった．

われわれの研究グループは，その謎に答えるためにウナギ目全体の系統関係を推定した（Inoue et al., 2010)．その結果，ウナギ属（全19種）が外洋の中・深層（海底から離れた200 m以深の深海）に生息するウナギの仲間（ノコバウナギやフクロウナギなど奇妙な形態を持つ一群）の内部から分岐し，祖先の生息場所が外洋の中・深層であることを明らかにした．

この発見が何を意味するのか．中・深層に棲んでいたウナギの祖先（おそらく熱帯産）が生産力の高い熱帯の河川に成長の場を求め，産卵場所だけは外敵が少ない安全な外洋に残してきたのではないか．だとすれば，彼らの産卵大回遊は日本人でいうと「お里帰り」ということになる．この説明は日本人には妙に説得力を持ったようで，ウナギが産卵大回遊をする理由について多くの人が納得してくれた．

さて，マグロの仲間（サバ科）の類縁関係についても，近年非常に興味深い結果が得られた（Miya et al., 2013)．これまで類縁関係がないと思われていたスズキ類の6亜目の魚たちが，実は一番近い祖先を共有する近縁なグループ（単系統群）だということがわかったのである．形態的にはとても近縁とは思えないこれらの魚たち（だから6つもの亜目に分けられていた）だが，実は全てが外洋の浅海から深海に暮らす遊泳性捕食魚類であることもわかった．

筆者の研究グループはこの新分類群に対してペラジアと名付け，共通祖先の生息場所とその分岐年代を推定した．その結果，生息場所は400 mほどの深海であること，そしてその分岐年代は恐竜が絶滅した白亜紀末であることもわかった．どうやら，白亜紀末に，外洋でも大型捕食性魚類の絶滅が起こり，その後に生き残ったペラジアの祖先が外洋で大放散を遂げたらしい．だとすれば，マグロの祖先も深海魚ということになる．

[宮 正樹]

3. 形　態

魚類の形態は外部形態だけを見ても千差万別であり，著しく多様性に富む．水中で生きる魚類は，体の諸器官にもそれに伴う独特の特徴を示す．約5.4億年の脊椎動物の歴史の中で，はじめの約2億年間は地球上の脊椎動物が魚類だけの時代であり，この間に脊椎動物の基盤となる構造ができあがった．本章では魚類の各分類群の基本形態と，体の諸器官の構造，機能そしてその進化について解説する．現生の魚類の体の構造や機能は，無顎類，軟骨魚類そして硬骨魚類で共通するものもあれば特異的なものもある．私たちはその共通性と特異性を知ることにより，脊椎動物全般の進化のプロセスについての理解を深めることができよう．

［矢部 衞］

外部形態

魚類の形態の構造は，個々の生活様式や類縁関係を色濃く反映して分類群ごとに著しい多様化を遂げている．外部形態は観察しやすく，分類形質として有用であるばかりか，各種の生態，行動，あるいは系統を探る上で研究の糸口となることも少なくない．

体の方向　魚類に見られる多様な形態を統一的に理解するためには，体の方向を定義する必要がある．魚体を左右対称に分かつ平面を正中矢状面と呼ぶ．正中矢状面上を走り，頭部から尾部を前後に貫く直線が体軸である．体軸から見て背鰭側が背方，その逆が腹方となる．正中矢状面上にあって体表を走る直線を正中線と呼び，背腹のものをそれぞれ背中線および腹中線と区別することもある．頭部を上にして魚体を背方から見たとき，背中線の左に来るのが左体側，その逆が右体側となる．縦横の方向は体軸に基づいて定義され，体軸に沿うものが縦，交わるものが横となる．

体の区分と部位の名称　魚体は頭部，胴部（躯幹部），尾部，および鰭の4つの基本構造に分けられる．これらの境界は厳密には内部骨格に基づいて区分されるため，外見上は便宜的に定義される（図1）．

頭部は魚体の最前部にあり，その後端は無顎類と板鰓類では最後の鰓孔の後端，肉鰭類と一般的な条鰭類では鰓蓋の後端，全頭類と一部の条鰭類（ウナギ類など）では鰓孔の後端となる．頭部は眼の位置を基準にさらに細分化され，眼より前方を吻，腹方を眼下域，後腹方を頬部，左右の眼の間を眼隔域と呼ぶ．眼隔域より後方の部分は後頭部と項部に分けられる．鼻に相当する部分は吻にあり，鼻孔によって体表に開く．肉鰭類，肺魚類および条鰭類では眼の後方に鰓蓋が発達する．左右の鰓条膜（鰓膜）が腹方で接近する部分を峡部と呼ぶ．無顎類を除く魚類では，口が上顎と下顎から構成される．左右の下顎が癒合する場所を縫合部，その直後の部分を頤と呼ぶ．

胴部は頭部の後方に位置し，尾部とは肛門の位置で分けられる．肛門と臀鰭が隣接しない場合は臀鰭起部までを胴部とする．腹鰭基底より前方の部分を胸部，さらにその前方を喉部，腹鰭基底から胴部後端までを腹部と呼ぶ．エイ類では胴部が頭部および胸鰭と幅広く癒合し，扁平な体盤を形成する．

尾部は胴部の後端から尾鰭基底（尾部骨格の後端）までの部分で，尾鰭がない場合は体の後端までを尾部に含める．一般に，臀鰭基底後端から尾鰭基底までの部分を尾柄と呼ぶ．高速遊泳する魚類の中には尾柄の左右にキール（側隆起縁）を備えるものもいる．

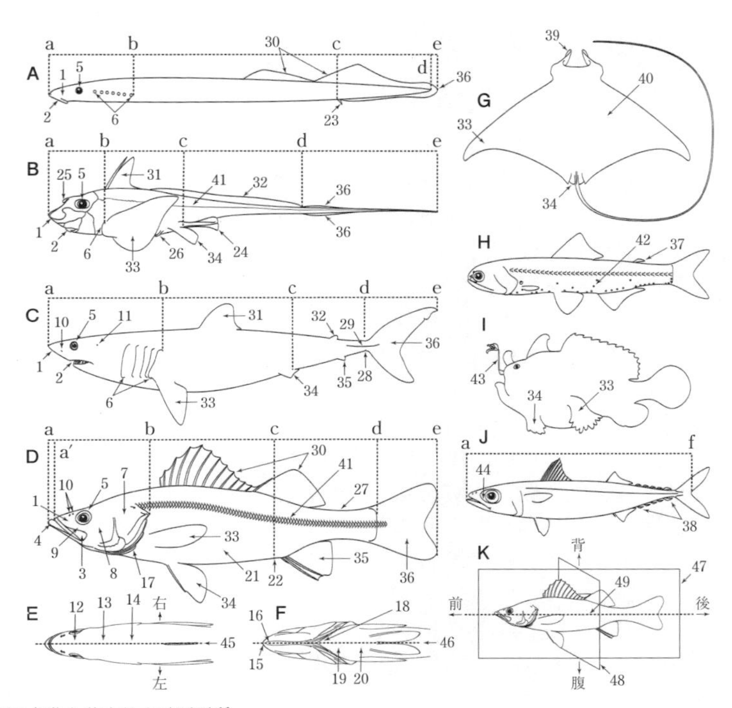

図1　各部の名称と基本的な計測形質

A. カワヤツメ（無顎類）；B. ギンザメ（全頭類）；C. アオザメ（板鰓類）；D ～ F・K. スズキ（条鰭類；D・K. 側面；E. 頭部と胴部の背面；F. 頭部と胴部の腹面）；G. ヒメイトマキエイ（板鰓類）；H. ハダカイワシ（条鰭類）；I. カエルアンコウ（条鰭類）；J. ゴマサバ（条鰭類）.

a–e. 全長；a′-d. 標準体長；a–f. 尾叉長；a–b. 頭部；b–c. 胴部；c–d. 尾部.

1. 吻；2. 口；3. 上顎；4. 下顎；5. 眼；6. 鰓孔；7. 鰓蓋；8. 頬部；9. 眼下域；10. 鼻孔；11. 噴水孔；12. 眼隔域；13. 後頭部；14. 項部；15. 縫合部；16. 頤；17. 鰓条膜；18. 峡部；19. 喉部；20. 胸部；21. 腹部；22. 肛門；23. 泌尿生殖突起；24. 交尾器；25. 頭部把握器；26. 腹鰭前部把握器；27. 尾柄；28. 尾柄欠刻；29. キール；30. 背鰭；31. 第1背鰭；32. 第2背鰭；33. 胸鰭；34. 腹鰭；35. 臀鰭；36. 尾鰭；37. 脂鰭；38. 小離鰭；39. 頭鰭；40. 体盤；41. 側線；42. 発光器；43. 誘引突起；44. 脂瞼；45. 背中線；46. 腹中線；47. 正中矢状面；48. 横断面；49. 体軸.［筆者作図］

鰭は不対鰭（ふついき）（正中鰭（せいちゅうき））と対鰭に大別される．不対鰭とは体の正中線上にあって対をなさない鰭の総称で，背鰭，臀鰭，および尾鰭が該当する．アジ類やサバ類に見られる小離鰭（しょうりき），サケ類やハダカイワシ類などに見られる脂鰭（あぶらびれ）も不対鰭に含まれる．分類群によっては尾鰭が背鰭や臀鰭と連続し，外見上の区別が難しい場合もある．対鰭は体の左右で対をなす鰭の総称で，胸鰭と腹鰭が含まれる．鰭は基底によって体の他の部位と接し，背鰭と臀鰭では各鰭の基底の前端を起部（始部）と呼ぶ．なお，アンコウ類の誘引突起，ウバウオ類やコバンザメ類などの吸盤は鰭が変化したものである．

［中山直英］

体形と遊泳

魚類の姿は，系統や生息環境に応じるようにさまざまな形を示す．一般に渓流や海洋の表層を活発に泳ぐ魚の体形は水の抵抗が少ない流線形で，波や流れのある岩礁やサンゴ礁付近に生息し，たえず機敏に方向を変えながら泳ぐ魚は体高が高く，岩陰や水底に潜む魚の体形はウナギ類のように細長くなる傾向が見られる．共に渓流に生息し，体形も互いに類似しているイワナ類とヤマメ類を注意深く比較すると，イワナ類の方は体高が低く，体の横断面も円形に近い．この違いはヤマメ類よりも水の少ない上流に棲むイワナ類は体の一部を空気中にさらして移動することもあり，筒形の体形が有利に働くと考えられている．このように体形はその魚類の生活様式と密接に関係している場合が多い．

魚類の体形　体形は一般に，紡錘形（ぼうすいがた），側扁形（そくへんがた），縦扁形（じゅうへんがた）などに分けることができ，同じような体形の魚は共通した生活スタイルを示す場合が多い（図1）．紡錘形は体の輪郭が流線形で，効率的で継続的な遊泳に適しているといえる．この体形はネズミザメ類，ブリ類，マグロ類などに見られ，一般的に遊泳の妨げと考えられている形状抵抗と乱流抵抗を最小にしている．さらに遊泳時には尾柄（びへい）と尾鰭（おびれ）を高い振動数で速く，かつ強く振ることで強力な推進力を得ている．

側扁形は体を左右から潰したような形状で，遊泳時に急な方向転換や速度を変えるのに適している．チョウチョウウオ類やスズメダイ類のように上下左右への移動能力が高く，機動性があるほか，マトウダイ類やハタンポ類のように水底から離れて水中で定位できる魚も側扁形のものが多い．側扁形の魚類でもベラ類，スズメダイ類，ウミタナゴ類などは胸鰭を羽ばたくように動かして泳ぐ．

縦扁形は体を背腹から潰したような体形で，底生生活に適しており，エイ類，アンコウ類，コチ類などに見られる．縦扁形は

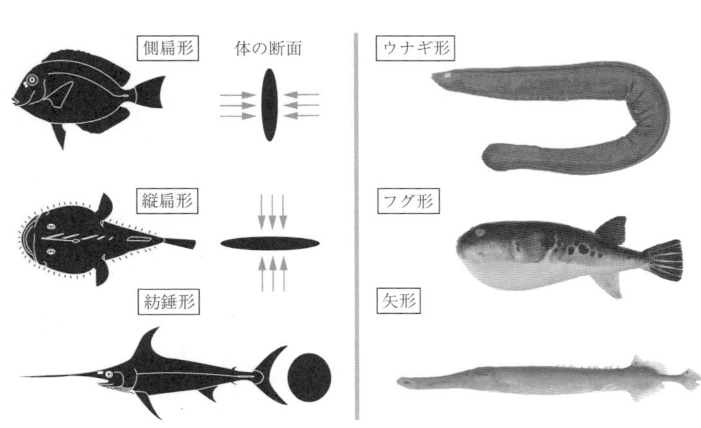

図1　魚類の体形［篠原他, 2016］

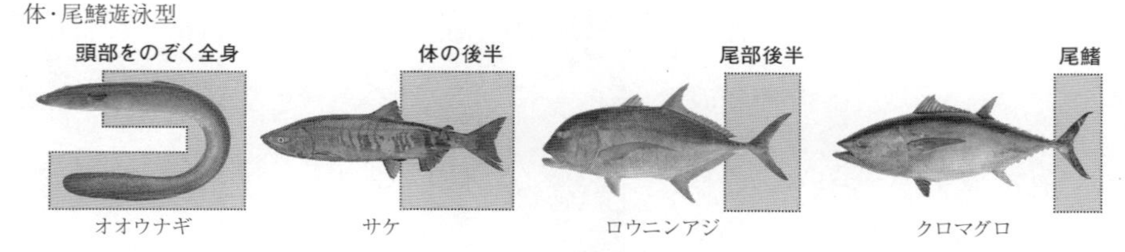

不対鰭・対鰭遊泳型

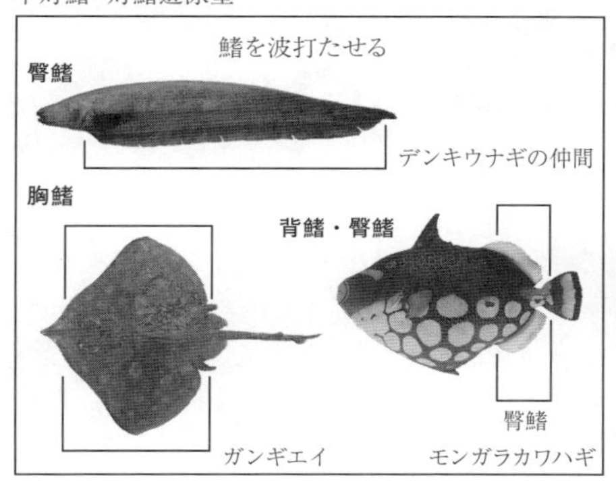

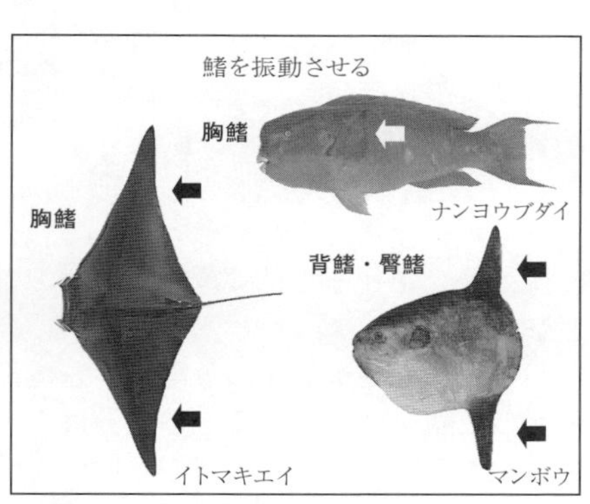

図2　魚類の遊泳方法［Barton, 2006を改変］

一般的に持続的な遊泳には向かないと考えられているが，イトマキエイ類のように高い遊泳力を持つものもいる．底生魚（ていせいぎょ）のカレイ類・ヒラメ類の体形は縦扁形と思うかもしれないが，仔魚（しぎょ）のときには体の両側にある眼が成長の過程で片側に偏るだけで，側扁形である．

魚の名前がついた体形がある．ウナギ形は体が著しく細長く，石や岩の隙間に隠れ，砂泥中に潜むのに適した体形であり，ウナギ類のほかにヤツメウナギ類，ヌタウナギ類，ゲンゲ類などが該当し，さらに深海ザメとして有名なラブカ *Chlamydoselachus anguineus* もウナギ形に含められる．一般にこの体形の魚類は動きが緩慢で，体をくねらせて移動する．フグ形はフグ類やフサアンコウ類に見られ，リボン形はタチウオ類，サケガシラ類などが，矢形はダツ類，ヤガラ類などが該当する．ダンゴウオ類のように球形，ハコフグ類のように箱形と表現すべきものもいる．

推進器官として重要な体側筋や鰭　魚類は鰭や体を使って遊泳する．魚類の遊泳方法は体のどの部位を使うかによって体・尾鰭遊泳型と不対鰭・対鰭遊泳型に分類することができ，特に前者が体形と深く関わる（図2）．

ウナギ形の魚類は非常に柔軟な体を持ち，体の半分以上を使って周期的な波状運動を起こし，一般に体の後ろほど大きな振幅を示す．泳ぎは遅く，体全体で水

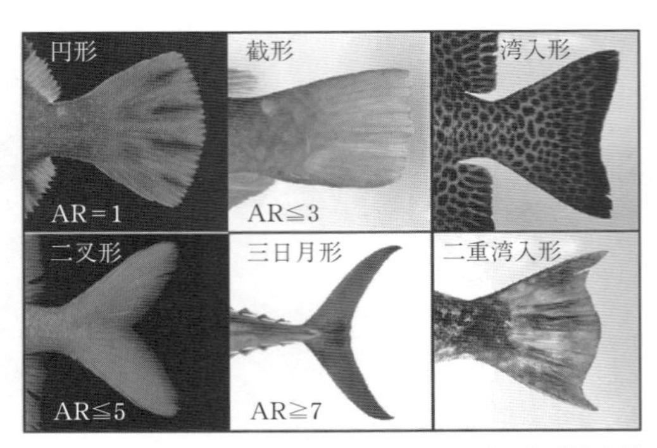

図3　硬骨魚類の尾鰭の形とアスペクト比（AR）.［筆者撮影. ARの値はピネ, 2006より］

を後ろに押し出すためエネルギーを消費しやすいが，後退することが可能で海藻の繁った場所や泥中を移動できる．速く泳げる魚類ほど，体の後半だけを使う傾向があり，特に高速遊泳魚として知られるマグロ類やカジキ類は紡錘形の体と細い尾柄を持ち，靭帯で体側筋とつながる尾鰭の基底は可動域10～20度の蝶番のような構造になる．ウナギ形と紡錘形の中間を多くの魚類が占め，サケ類のように体の後半を使って泳ぐものにはタラ類などが，アジ類と同じ型にはニシン類などがいる．

不対鰭・対鰭遊泳型の魚類は体や尾鰭以外の鰭を利用して泳ぎ，鰭を波打たせるものと鰭を振動させるものに分けられる．デンキウナギ類は体を曲げずに基底の長い臀鰭を規則正しく波のように動かして泳ぐことができる．アミア *Amia calva* は基底の長い背鰭を持ち，この鰭を波のように動かして泳ぐ．ガンギエイ類は大きな胸鰭を，モンガラカワハギ類は背鰭の軟条部と臀鰭を波のように動かして移動する．鰭を波打たせるこれらの魚類は抗力を利用している．

胸鰭を振動させる魚類の多くはオオクチバス *Micropterus salmoides* のようにこの鰭を前後に動かして抗力で推進力を得るが，ブダイ類は胸鰭の羽ばたきによって生じる揚力を利用して泳ぐ．抗力は水流と並行な方向に，揚力は抗力に対して垂直方向に働く力である．羽ばたき運動による揚力型の遊泳者には，ブダイ類に近縁なベラ類のほかにイトマキエイ類，ギンザメ類，ウミタナゴ類がいる．ただし大部分の魚類では遊泳速度などに応じて，体・尾鰭遊泳型と不対鰭・対鰭遊泳型の遊泳法を使い分けることがあり，さらに胸鰭の基底の角度が体軸に対して水平でも垂直でもないものが多数いるので，実際には抗力と揚力を同時に利用しているものも珍しくない．

また，尾鰭の形態によっても推進力や持久力に違いが表れる．硬骨魚類の尾鰭は幾つかの型に分けることができる（図3）．さらに，尾鰭のアスペクト比（AR＝［尾鰭高］^{2}/［尾鰭面積］）の違いによって高速遊泳性や加速性などの移動能力を見分けることもできる．アスペクト比は尾鰭の面積の広い方が小さくなる．

円形のように面積の広い（ARが小さい）尾鰭を持つ魚類は，急加速や高い機動性を持ち，瞬発的な推進力を得ることができるが，高速遊泳には向かない．一方，二叉形，三日月形などのように面積の狭い（ARが大きい）尾鰭を持つ魚類

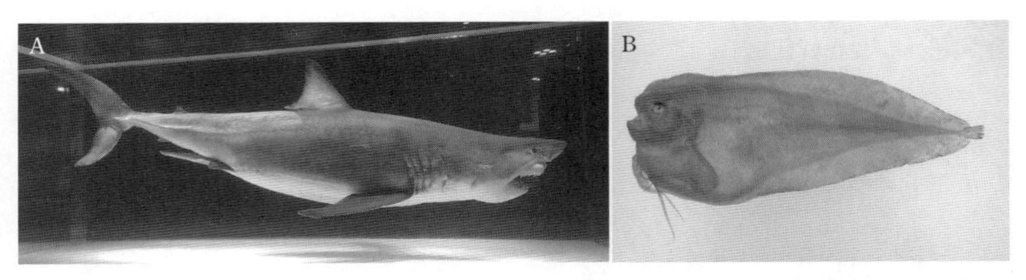

図4　水平方向に広がった大きな胸鰭で揚力を得るホホジロザメ（A）と寒天質の体で浮力を得るサケビクニン（B）. 写真のホホジロザメは全長3.2 m，サケビクニンは全長30 cmの液浸標本［筆者撮影］

は，機動性には欠けるが，高速で持続的な移動をすることができる．

なお，高速遊泳魚は，流体抵抗を小さくするように体形を進化させてきたが，形状抵抗や乱流抵抗の最小化以外に，皮膚にも抵抗を減らす工夫がある．サメ肌（楯鱗（じゅんりん））のリブレット構造やカジキ類の皮膚などの親水性構造などがそれに該当し，遊泳時に体表面で発生する乱流摩擦抵抗を低減するといわれている．このような構造は工学系の研究者からも注目され，競泳水着などにすでに応用されているケースもある．

遊泳を補助する浮力　魚類の体の構成要素の大部分は水よりも比重が大きく，移動する際に重い体はエネルギーを消費する．魚類は鰾（うきぶくろ）や脂質などで中性浮力を得たり水よりもやや重い体を維持することでエネルギーの浪費を抑えている．鰾は無顎類や軟骨魚類にはない．硬骨魚類や肉鰭類には気体や脂質で満たされた鰾を持つ種がいるが，底生魚として知られるものの中にはカジカ類のように進化の過程で鰾を消失してしまったものが多い．鰾を持たない魚類の中には脂質や体の軽量化による静的揚力や遊泳によって生じる動的揚力によって浮力を得るものもいる．特にサメ類では多量の油脂を蓄える大きな肝臓を持つ種が多い．中でも深海ザメといわれるアイザメ類やユメザメ類は，体重の4分の1に相当する大きな肝臓を持ち，比重0.86の肝油成分のスクワレンによって静的揚力を得ている．ホホジロザメ *Carcharodon carcharias*，ヨシキリザメ *Prionace glauca*，ジンベエザメ *Rhincodon typus* などの外洋遊泳性のサメ類は大きな胸鰭を使って揚力を得る（図4A）．

一方，鰾を欠く硬骨魚類では脂質蓄積の他に硬骨や筋肉タンパク質などの比重の大きい部位を減らす工夫が備わっている．南極海に生息するノトセニア類や北太平洋の深海域に分布するギンダラ類は鰾を欠くが，筋肉や骨格の中にも脂を蓄えることで，静的揚力を得ていると考えられる．クサウオ類や一部のゲンゲ類は皮膚と退縮した筋肉層の間に皮下腔が発達し，ここに水分に富む寒天質の層ができる（図4B）．多くの深海性魚類に見られる寒天質の体は，浮力を得るための軽量化の産物であると考えられる．

［篠原現人］

形態の雌雄差

魚類では多くの種で明確な雌雄の性別があり，性差は精巣・卵巣のほか，生理，形態，生態などさまざまな特性で表れる．通常，発生の初期段階においては外観から雌雄を区別することは難しい．しかし，成長・成熟に伴い体のさまざまな部位で性差が発現し，ひと目で雌雄がわかることも珍しくない．動物に見られる性的形質は，18世紀にイギリスの解剖学者ハンター（Hunter, J.）によって一次性徴と二次性徴に分類された．一次性徴は生殖腺や交尾器などの生殖器官に見られる雌雄間の差異を，二次性徴はそのほかの性差をそれぞれ意味する．

一次性徴と二次性徴　内部形態における一次性徴は，配偶子をつくり出す精巣・卵巣に加え，排出口までの連絡器官である輸精管・輸卵管なども含まれ，これらは基本的に全ての魚種で共通して存在する．一方，外部形態となると一次性徴が顕在化する種は少なくなり，軟骨魚類のクラスパー，カダヤシ類のゴノポディウムの生殖脚，メバル類・カジカ類の肉質突起など交尾種の雄が持つ交尾器や，タナゴ類の雌が持つ産卵管が例としてあげられる（これらの性差は二次性徴に含められる場合もある）．

対照的に，魚類において形態の二次性徴は著しく多様性に富むことが知られ，発現する部位もさまざまである．また，追星（おいぼし）（頭部や鰭に出現する粒状突起）のように，系統がまったく異なる分類群間で並行進化が認められる場合もある（表1）．

ヘルフマンら（Helfman et al., 2009）は二次性徴形質の一般的な性質として次

表1　魚類における形態的二次性徴形質の例

体サイズ	カワスズメ科・クジラウオ科・サケ科・チョウザメ科・チョウチンアンコウ亜目・ミツマタヤリウオ科　など
体色・模様	アイナメ科・カワスズメ科・キンチャクダイ科・ネズッポ科・ハタ科・ベラ科・ヘビギンポ科　など
頭部の形態	カワスズメ科・コイ科・サケ科・シイラ科・シギウナギ科・シュモクザメ科・ニザダイ科・ベラ科　など
鰭の伸長	カジカ科・カダヤシ科・カワハギ科・ハゼ科・ハタ科・ヒメ科・ポリプテルス科・メダカ科　など
発光器	カラスザメ科・ハダカイワシ科・ホウキボシエソ科・ワニトカゲギス科・ミツマタヤリウオ科　など
歯	アカエイ科・イソギンポ科・ウツボ科・ガンギエイ科・コイ科・ハゼ科・ロリカリア科　など
嗅覚器官	シギウナギ科・ソコギス科・トカゲギス科・フウセンウナギ科・ムネエソ科・ヨコエソ科　など
骨　格	アシロ科・カクレウオ科・カラシン科・ドジョウ科・ニベ科・ポリプテルス科　など
追　星	アユ科・カジカ科・カラシン科・コイ科・サカサナマズ科・サケ科・ペルカ科・メダカ科　など

その他：腹部の皮しゅう（シワイカナゴ科）；頭部の皮しゅう（イソギンポ科）；眼の位置（ダルマガレイ科）；頭部把握器（ギンザメ科）；体表の瘤状突起（ダンゴウオ科）；尾棘（ガンギエイ科）；鰾（Psilorhynchidae科）；発音筋（アシロ科・ガマアンコウ科・ニベ科）；保育器官（カミソリウオ科・コモリウオ科・ヨウジウオ科）

の4点を示した. ①発現は一方の性(多くは雄)に限られる, ②成熟期に発現する, ③性差は繁殖期に顕著になる, ④個体の生き残りやすさには影響しない. 二次性徴の発達は性ホルモンに誘導されることが多く, 性ホルモンの異常産出もしくは人工的操作によって遺伝的な性別と表現型の性別が相反する事例も知られる.

性的二形の進化　二次性徴を起因とする性的二形はさまざまな種でごく普通に見られる現象である. 身近な例では, サケ類の産卵期雄に見られる吻部(ふんぶ)の湾曲(いわゆる「鼻曲がり」), ヨウジウオ類の雄が持つ育児嚢(いくじのう), シイラ類の雄成魚に見られる前頭部の隆起, ベラ類の色彩多型などがある. また, 最大体サイズが雌雄で顕著に異なる場合があり, なかでも, チョウチンアンコウ類では大きな雌の体表に複数の稚魚のような矮小雄が付着し, 寄生生活を行うことが知られる.

このような性的二形の進化メカニズムとして, 多くはダーウィン (Darwin, C. R.) が提唱した性淘汰理論 (☞項目「配偶者選択」) によって説明が可能である. この研究例としてソードテール類がある. ソードテール属 *Xiphophorus* には, 雄のみで尾鰭下葉(おひれかよう)に剣状の伸長が見られる派生的な種と, 尾鰭が雌雄ともに伸長しない祖先的な種が含まれる. これらを用いた実験によって, 尾鰭伸長種では下葉のより長い雄が同種の雌に好まれること, 尾鰭が伸長しない種でも (人工的な) 剣状下葉がある雄が同種の雌に好まれることがわかった. これらの事象により, ソードテール類の尾鰭形状における性的二形とその進化が雌による淘汰圧に起因することが実証的に示された. このような実証的研究は, グッピー *Poecilia reticulata*, トゲウオ類, シクリッド類など他の淡水魚や, サンゴ礁魚類などの海水魚でも報告があり, さらなる研究の発展が期待される.

雌雄の形態差と分類学　著しい性的二形は誤った種の認識を導くことがあり, 古い研究では雌雄がそれぞれ異なる種として記載された例も多い. 現代よりも情報が限られ, 標本の保管・観察技術も乏しかった時代であり, やむを得ないことであった. 1900年代以降になって徐々に分類学的整理が進められてきたが, 近年における遺伝情報を用いた研究の高度化や飼育技術の発展に伴い, 驚くべき発見も相次いでいる. クジラウオ科・ソコクジラウオ科・トクビレイワシ科を対象にした研究では, 3科のミトコンドリアDNAにはほとんど違いがなく, 同じ分類群の雌 (クジラウオ科)・雄 (ソコクジラウオ科)・仔魚 (トクビレイワシ科) であることが示された. ダンゴウオ科では体表の瘤状突起(こぶじょうとっき)の有無が属・種を区別する分類形質として重要視されてきたが, 飼育実験によって瘤状突起は可塑的な二次性徴形質であることが明らかにされた. 魚類では同一種の雌雄がそれぞれまったく異なる発生過程や生態を持つことはありふれた事象であり, それらに影響を受けやすい形態特徴に性的二形が生ずることは容易に想像ができる. 将来, さらなる研究の発展によって分類体系が大きく変わる分類群も出てくるだろう.

［田城文人］

皮膚と色彩・斑紋

　魚類は水中環境で，皮膚や鱗（うろこ），粘液などにより体を防御している．多くの魚類では，体は硬い鱗で覆われているが，鱗が皮下に埋没する魚や，鱗がないものもいる．また，皮膚や鱗の表面には色素胞があり，その色彩や形状，分布によって魚類は多様な体色や斑紋（はんもん）を示し，それらをさまざまな生存戦略に用いている．

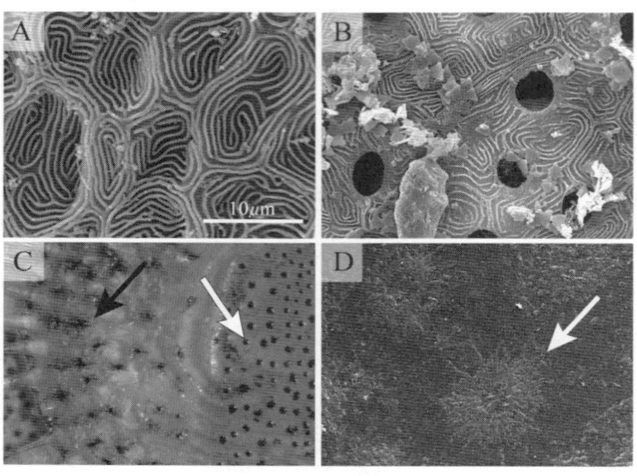

図1　表皮の走査型電子顕微鏡画像. A. ツルウバウオ *Aspasmichthys ciconiae* の上皮細胞, B. ボウズハゼ *Sicyopterus japonicus* の上皮細胞間にある開孔, C. イシダイ *Oplegnathus fasciatus* の鱗にある色素胞（矢印黒：拡散, 矢印白：凝集）, D. 色素胞の樹上突起（走査型電子顕微鏡画像）［提供：国立科学博物館］

皮膚と粘液　魚類の皮膚は表皮（ひょうひ）と真皮（しんぴ）で構成される．表皮は体の最も表層にあり，多層扁平上皮細胞（たそうへんぺいじょうひさいぼう）の集合で構成される．また，表皮には粘液細胞または粘液腺があり，粘液を分泌して表皮を保護する．多層扁平上皮細胞の表面には指紋状の模様があり（図1A），細胞間には，粘液細胞につながる開孔がある（図1B）．粘液細胞は鱗のない魚類ではよく発達する．体表を覆う粘液は防御のほかに，浸透圧の調節や，遊泳時の水との摩擦減，海底などへの接着などの機能を担う．また分泌物には，タンパク質やアミノ酸（ムチンなど）が含まれており，ウイルスや細菌などからも身を守るとされる．魚類の中には表皮に毒を含む細胞や毒腺を持つものが知られる．ヌノサラシ *Grammistes sexlineatus* などではグラミスチンという毒が表皮中にある大型細胞や真皮の組織中で生産される．また，フグ類の表皮にはテトロドトキシンを含む細胞と分泌腺があり，ここから水中へと放出される．

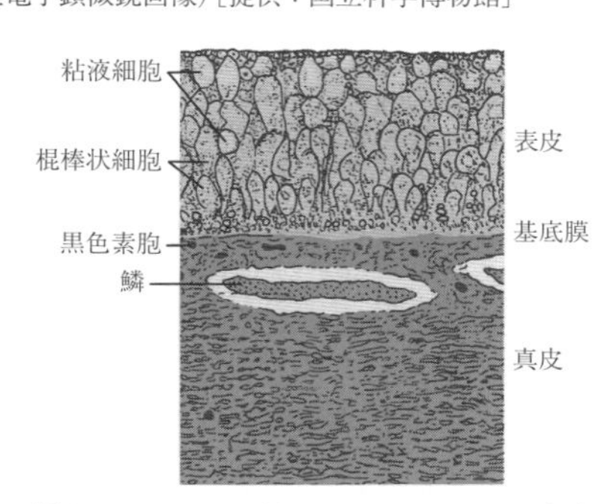

図2　ニホンウナギ *Anguilla japonica* の皮膚の断面図［落合, 1987を改変］

　真皮は表皮の直下にあり，表皮よりも厚く，鱗，色素胞，血管，神経線維の末端などがある（図2）．真皮はヌタウナギ類などでは線維性結合組織で構成されるが，軟骨魚類と硬骨魚類では疎性結合組織で構成される海綿層と，その下層にある密生結合組織で構成される緻密層からなる．海綿層には多数の血管，神経，鱗や色素胞があり，硬骨魚類では鱗や色素胞の周りにマスト細胞が分布し，外傷などの炎症に反応してヒスタミンを放出する．真皮は薄い皮下組織を介して筋肉層へ続く．

多様な体色と色素胞　魚類は多様な体色を呈する．その役割は主に身を守ることにあり，魚種により自身の存在を隠す隠蔽色，あるいはその逆に自身の存在を誇示する標識色の機能を持つ．隠蔽色の例としては，カエルアンコウ類やヒラメ類が知られる．カエルアンコウ類は個体によってさまざまな体色を示し，周囲のサンゴ礁や岩礁に溶け込んでしまう．また，ヒラメ類などは海底の砂に浅く潜り，周囲の環境とそっくりの体色に変化する．標識色としては，婚姻色や毒を持つ鮮やかな体色の生物に似せたものなどがある．イトヨ類の雄は繁殖期に赤色を呈し，他の雄が近付くと攻撃する．また，ウシノシタ類の幼魚などは，毒を持つヒラムシ類（扁形動物）に類似した体色を呈し，捕食者に自身が有毒生物であるかのように見せる．体色の変化をもたらすものが色素胞である．色素胞には色の種類があり，魚類の色素胞は他の脊椎動物に比べ種類が多く，黒色素胞・赤色素胞・黄色素胞・白色素胞・虹色素胞・青色素胞の6種類である．虹色素胞以外の色素胞には枝状突起が多数あり（図1C，D），それらが皮膚表面に沿って放射状に伸びる（図1D）．色の変化は，色素胞の細胞に含まれる化学物質によって引き起こされる．メラニンやグアニンの量が変化することで色素胞内の色素が拡散（図1C，矢印黒），あるいは凝集（図1C，矢印白）する．赤色素胞や黄色素胞はカロテノイドとプテリジンを含み，体色の赤と黄色の部分に多く含まれる．虹色素胞は主にグアニンなどのプリン体の板状結晶の重なりを細胞内に含み，反射や蛍光色を生じさせる．この発色を「構造色」と呼び，タチウオ *Trichiurus japonicus* などの銀白色やルリスズメダイ *Chrysiptera cyanea* などの鮮青色を生む．

縞模様と斑紋　魚類には縞模様を持つものも多い．顕著な縞模様がないように見えても，例えばアジ類の幼魚は水中では縞模様を示す．縞模様は目立つように見えるが，サンゴや海藻などの間では魚体の輪郭をぼかし生息環境に同化しやすい．体の背腹方向に走る帯を横帯，頭から尾部にかけて走る帯を縦帯という．斑紋や斑点なども身を守るのに役に立つ．シモフリタナバタウオ *Calloplesiops altivelis* は尾鰭に目立つ目玉模様（眼状斑）を持つが，捕食者が尾部を頭だと錯覚しやすく，捕食者が想定した方向と別方向に逃げることができる．さらに，シモフリタナバタウオは暗色の体に白い斑点が散在し，その体色は捕食者であるハナビラウツボ *Gymnothorax chlorostigma* などに酷似するため，擬態効果があるとも考えられる．

［片山英里］

鱗

魚類の鱗は真皮が変化した骨質板と呼ばれるものの1つで，歯または骨と同じ性質を持つため皮骨とも呼ばれる．魚類の鱗はその形状や化学組成によって，楯鱗，コズミン鱗，硬鱗，円鱗，櫛鱗に分けられる（図1）．楯鱗はサメやエイの仲間などに見ることができ，エナメル質，象牙質，髄からなり，その内部構造が歯と同じであるため皮歯とも呼ばれる．コズミン鱗はシーラカンス類や肺魚類などの肉鰭類の化石種に見られ，板骨層を基盤として象牙質のコズミン層，エナメル層，スポンジ層が重なっている．現生のシーラカンス類と肺魚類の鱗は円鱗状でコズミン鱗が退化したものである．硬鱗はチョウザメ類，ガー類などに見られ，コズミン層が退化し，板骨層の上にエナメル質が肥厚したガノイン層が覆っている．現存する多くの魚に見られるのは円鱗と櫛鱗であり，両者をまとめて葉状鱗または板状鱗と呼ぶこともある．円鱗はサケ類，コイ類，イワシ類などに，櫛鱗はスズキ類などに見られる．櫛鱗には周囲に櫛状の突起物が並んでいるのが特徴である．

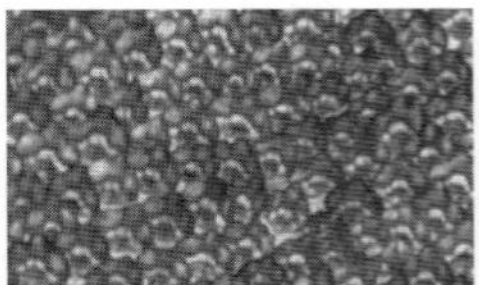
楯鱗（ドチザメ）

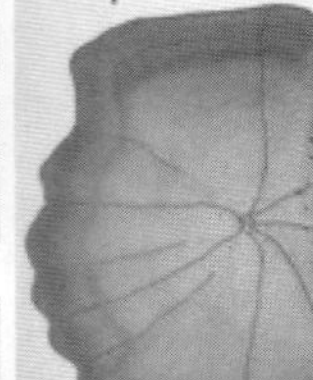
円鱗（ギンブナ）

コズミン鱗（ハイギョ）

硬鱗（ガー）　櫛鱗（ナンヨウハギ）

図1　鱗の種類［写真：しながわ水族館］

円鱗と櫛鱗の形態　円鱗と櫛鱗は構造的に同一で，上面は硬い骨質層，下面はコラーゲン線維からなる線維層の2層からなる．多くの魚では鱗は周囲の鱗と重なり合って配列しており，成長縁である基部は薄くて軟らかく，外界水と接する体表露出部は厚く硬い．鱗の骨質層には中心から放射状に広がる細い溝があり，これを溝条という．また，成長に伴って同心円状に隆起線が形成される．側線に並ぶ鱗は側線鱗と呼ばれ（図2），鱗の中心部に側線孔があり，外界水が表から裏へと通じる．その中の感覚細胞により水

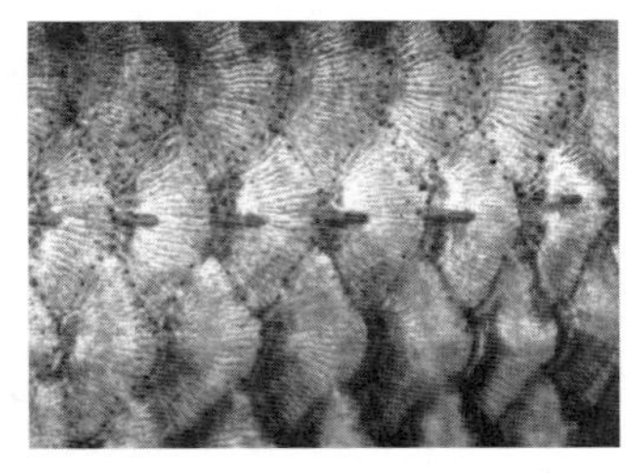
図2　コイ *Cyprinus carpio* の側線鱗［筆者撮影］

の微妙な振動を捉えることができる．部分的に特徴的な形態の側線鱗を持つものも見られ，アジの側線の後方には稜鱗（りょうりん）と呼ばれる鋭く尖った鱗が並ぶ．鱗はその形状や配列が多様で魚の種類によって特徴があるため，系統分類上の重要な形質となっている．

鱗の形成過程　鱗は発生学的には外胚葉性の組織に由来する．鱗は孵化したばかりの魚にはなく，まず，尾柄部などから発生し，成長とともに数を増やしながら魚体全体を覆っていく．全体が覆われると一枚一枚がさらに大きく成長していく．鱗の被覆部の縁辺は鱗の成長縁であり，まだ石灰化していない骨基質で類骨帯と呼ばれる．類骨帯上では骨芽細胞が周期的に重なって骨基質を分泌する．そのため，骨基質が石灰化され，部分的に隆起し，隆起線が形成される（図3）．一方，底面には線維芽細胞が存在し，コラーゲン線維からなる薄板を底面に付加していく．鱗は脱落するとそこから新しい鱗が生じ，これを再生鱗と呼ぶ．体長約10 cmのコイ *Cyprinus carpio*では，再生鱗は15日間で周囲の鱗の径の8割以上にまで成長することが確かめられている．鱗にはカルシウム，リン，ストロンチウム，亜鉛などの元素が含まれ，これらは体表露出部に集中して蓄積している．

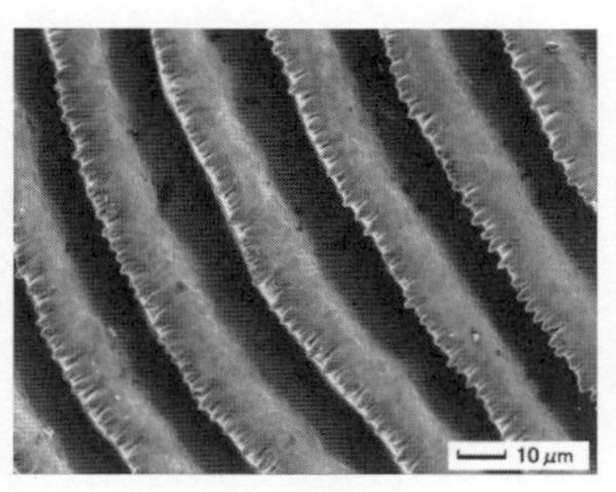

図3　マダイ *Pagrus major*の隆起線（走査型電子顕微鏡画像）［筆者撮影］

鱗と年齢査定　隆起線の配置には粗密があり，隆起線の間隔は成長の速い時には広く，成長の緩慢な時には狭くなり，それぞれを成長帯，休止帯と呼ぶ．休止帯は多くの魚類で年周期をもって形成されるため，年輪とも呼ばれる（図4）．休止帯の数によって年齢を推定できるため，鱗は年齢形質として用いられる．鱗は採取しやすく化学的に安定しており保存性も高いことから，魚類の資源管理における年齢査定に便利な組織である．鱗は体の部位によって発生時期が若干ずれたり大きさが違ったりするため，サケ類の資源管理においては，採鱗部位は背鰭基底後端部下方の側線から上下3列と定められている．鱗は魚の生理的・環境的要因によって再吸収されることがあり，その結果，隆起線が消失し，休止帯のように見える場合もある．年齢表示と考えられる休止帯以外の休止帯を偽年輪と呼び，年齢査定の場合には判別に注意が必要である．また，再生鱗は中央部の隆起線を欠くため，年齢査定に用いることができない．

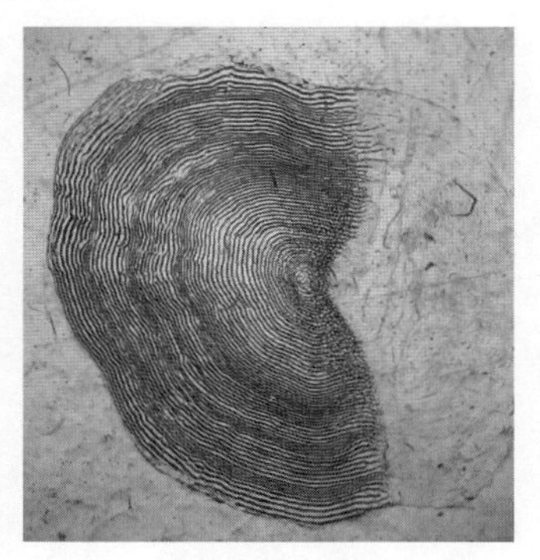
図4　サケ *Oncorhynchus keta*の鱗に見える3本の休止帯［写真：さけますセンター］

［吉冨友恭］

無顎類の形態

顎がないという最大の特徴を持つ無顎類は，頭甲類や翼甲類など多くの化石種を含むが，現生するものはヌタウナギ類とヤツメウナギ類のみである．ともに「うなぎ」という名前が付けられているが，ウナギ目魚類とは分類学的にも系統学的にもまったく異なり，脊椎動物の中で最も原始的であるとされる．ヌタウナギ類とヤツメウナギ類では顎がない，舌器官がある，鼻が1つしかない，脊索がある，対鰭がない，鱗がないなどの共通する特徴はあるものの，そのほかの形質においては大きく異なっている（松原他, 1974, 1979）．

口　ヌタウナギ類の口は裂口状で周りに3〜4対の短いひげがある．舌の上に左右2対で縦に並ぶ角質櫛状舌歯があり，その数と形は種の分類形質となる．ヤツメウナギ類の口は丸い吸盤となり，その上に角質の小歯が多数並ぶ．それらの数や形と配列パターンの違いは分類形質となる．舌にも歯がある．

鼻　ヌタウナギ類の鼻の開口部は吻端に開く．縦走鼻管は長く，嗅嚢に達した後，さらに後方に伸びる鼻咽喉嚢があり，その後端は口腔に開く．ヤツメウナギ類の鼻は両眼よりやや前方の背中線上に開口する．鼻管は短く，嗅嚢に達した後，鼻咽喉嚢となるが口腔に開くことなく盲嚢で終わる．

鰓嚢　両者とも鰓を支持する鰓弓は発達しない．鰓裂はヤツメウナギ類では7対で種による違いはない．ヌタウナギ類では6〜14対と種により異なる．鰓裂は中央部で肥大して鰓嚢と呼ばれる嚢状部になり，その内側に鰓弁が並ぶ．鰓嚢から流出管が伸び外鰓孔となって体表に開く．ヌタウナギ類では流入管は食道に連続するが，ヤツメウナギ類の成魚では流入管は食道直下に位置する鰓管に通じる．ヤツメウナギ類は鰓裂と外鰓孔の数は等しい．ヌタウナギ類も普通はヤツメウナギ類と同様だが種によっては流出管が途中で合流して1本になり外鰓孔が1対の種もある．さらに，ヌタウナギ類では左側の最終鰓裂は鰓嚢を成さず，その直前の鰓嚢と一緒に咽皮管となって開口する．

骨格　両者とも骨格は全て軟骨で中軸骨格系しかない．頭蓋はヌタウナギ類では床部のみが軟骨で，上蓋部と側面は結合組織からなる．ヤツメウナギ類では側面，床部，および背面の後頭軟骨環が軟骨で，それ以外の部分は結合組織からなる．また，頭部骨格系の形態や構造はヌタウナギ類とヤツメウナギ類で共通の構成要素を見い出すことが困難なほど大きく異なる（図1）．ヤツメウナギ類では鰓嚢と流出管は軟骨が複雑に組み合わさって連続する鰓籠で囲まれるが，ヌタウナギ類は細長い軟骨片のみによって保護される．両者とも体の中軸には脊索が縦走しているが，ヤツメウナギ類では全体にわたってその背面に小軟骨片が縦2列に並ぶ．ヌタウナギ類では小軟骨片が尾部にのみに見られる．

内耳　ヤツメウナギ類では明瞭な2半規管があるものの小嚢や壺は明らかでない．ヌタウナギ類も2半規管をもつが，それらが互いに交わっているので1半規管のような外観となり小嚢も壺もない．

変態　ヌタウナギ類では長円形の大きな卵を産み，極卵割で，孵化した個体は変態をしない．ヤツメウナギ類は球形の小さな卵を産み，全割で，孵化した個体はアンモシーテス幼生と呼ばれ，多くの部分で成魚と形態が異なる．例えば，①唇は口の上面から側面を囲む上唇と，口の下縁となる下唇からなり，歯がない．②眼は皮下に埋没する．③鰓管がなく，流入管は食道に開口する．④頭骨や鰓籠は痕跡的（図1）．⑤内柱がある，などである．アンモシーテス幼生はふ化してから数年後に成魚の形態に至る変態をする．

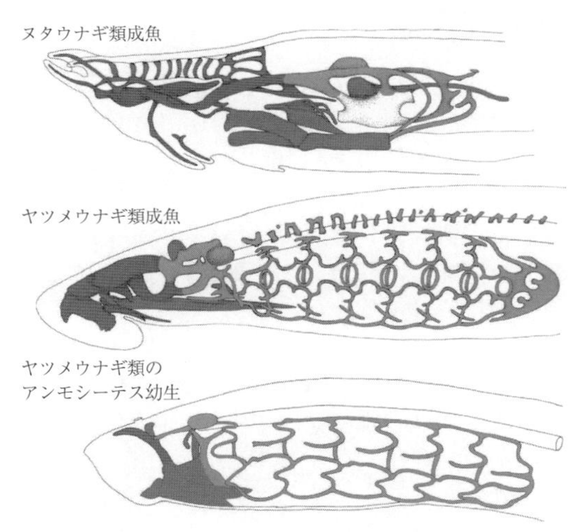

図1　上からヌタウナギ類成魚，ヤツメウナギ類成魚，ヤツメウナギ類のアンモシーテス幼生の軟骨頭蓋を示す．発生上，別の起源から分化すると推定される骨格要素が濃淡に塗り分けられている［Oisi et al., 2013を改変］

眼　ヌタウナギ類では眼は皮下に埋没しレンズや虹彩を備えず，眼筋や視神経も退化的な状態である．ヤツメウナギ類はアンモシーテス幼生の時期は発達程度は低いがレンズを有する眼が皮下に埋没し，変態とともに体表に現れ視覚器官として機能するようになる．

新たな展開　近年，形態学的視点からヌタウナギ類やヤツメウナギ類の研究を行った論文が盛んに発表されているとは言い難い．しかし，最近，進化発生生物学（エボデボ）の分野で，この類を対象とした研究が相次いで公表されている．理化学研究所の倉谷滋を中心とした研究者がヌタウナギ *Eptatretus burgeri* やカワヤツメ *Lethenteron japonicum* の胚頭部の発生系列を組織学的手法に加え3DCGを駆使するとともに，遺伝子の発現状況などを解析してそれらの構造の相同性を明らかにし，両者の単系統性を支持する結果を得たのである（Oisi et al., 2013）．さらに，倉谷が2017年に出版した『新版 動物進化形態学』にはこれまでの研究成果をまとめた「円口類の進化形態学」という章が設けられている．いずれにしても，この研究分野が無顎類を含む魚類の進化のシナリオ解明において新しい展開を生み出す可能性を大いに秘めていると言っても過言ではない．　［岩田明久］

顎の起源

顎は脊椎動物の進化の黎明に起こった，最も劇的な発明であるといわれることが多い．しかし，顎を持つ現生の顎口類には，円口類には見られない多くの新しい形質（体幹筋の背腹の分割や，対鰭の獲得）があり，一概に顎が新しい適応的意義を意味したかどうか，まだ証明されてはいない．顎口類の顎は，発生上，咽頭胚期における咽頭弓のうち，最も前方の要素である顎骨弓（第1咽頭弓ともいう）より発する．つまり，顎は鰓の系列の1つであるとされることが多い．しかし，それがいつ，どのように生じたのか，まだ確実なことはわかってはいない．

さまざまな学説　顎口類の発生において，顎が顎骨弓の上下の分割によって生ずるため，進化においても，未分化な鰓弓列を持つ仮想的な祖先の前方の弓の1つが分化し，顎をつくり上げたという説が長らく支配的であった．これを，総じて「古典学説」と呼ぶ．これには幾つかのバリエーションがあるが，顎をつくる顎骨弓の前方にもう1つの顎前弓が祖先には存在し，それが二次的に変形して，神経頭蓋の一部をつくる梁軟骨になると考えられることが多かった．これは現在では認められていない考え方だが，顎骨弓の前方（いわゆる顎前領域）に，骨格形成能を持つ頭部間葉が存在することは事実である．

古典学説にまつわる深刻な問題は，鰓弓がまったく分化しておらず，機能的な口器がないような祖先が本当にいたのかという当然の疑問であった．これに対し，マラット（Mallatt, 1984）の唱えた「換気説」においては，顎骨弓が最初から食物や水の取り込みに機能し，その前にあったであろう顎前弓の拡大が顎の獲得に先行したと考えられた．さらに，それを改変した「新古典学説」も問われた（Mallatt, 2008）．ほかに，現生円口類に見るような水を取り込むポンプ機構である縁膜（顎骨弓由来）が上下に分割して顎をもたらしたという説も知られる．しかし，顎口類の祖先的系統に縁膜を持った動物がいたかどうかについては疑問視する向きも多く，さらにヤツメウナギ類の胚における遺伝子発現パターンや詳細な解剖学的パターンはこの説を擁護しない．顎骨弓より由来する縁膜と舌装置はむしろ，円口類を特徴付ける，円口類独特の派生的形質であると考えられることが多い．

ヘテロトピー説　顎の起源に関し，比較発生学的，古生物学的データと最も整合性の高い学説が，重谷安代らによるヘテロトピー説である（Shigetani et al., 2002; Kuratani, 2012）．この説ではヤツメウナギ類の胚の口器形成過程を原始的なものと捉えており，この手続きは最近のヌタウナギ類の胚の観察や古生物学的データからも正当化されている作業仮説である．ヤツメウナギ類においてもヌタウナギ類においても，その口器の発生には顎骨弓のみならず，顎前領域にある上唇（図1aの薄い灰色の部分）が参画し，後者はもっぱら口の背側にある突起を形成する（アンモシーテス幼生の「上唇」）．

この間葉細胞集団に相当するものは，現生の顎口類の胚にも存在するが，そのほとんどは神経頭蓋の前半部を分化することになる棒状の軟骨，梁軟骨を形成するか，さらに前方の一部が（板鰓類やチョウザメ類を例外として）前頭鼻突起と上顎先端となる（図1b）．しかし，上顎の大半は顎骨弓の背側半より派生する．このように，円口類において以前「上顎」と比べられてきた上唇部は，発生的由来が顎口類の上顎とは異なり，むしろそれはわれわれの神経頭蓋や鼻面（はなづら）に近い．したがって，円口類，もしくは原始的顎口類に相当する甲皮類（鼻孔が1つしかない）においては，梁軟骨（対をなす鼻孔の間に存在する）とその派生物が存在しなかったと考えられる．

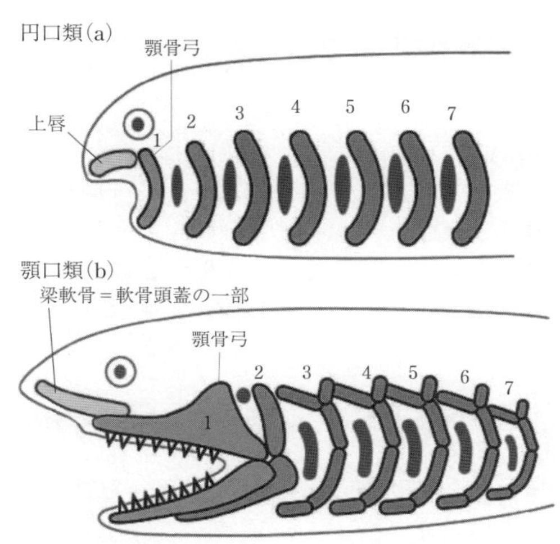

図1　円口類と顎口類の口器の比較［筆者作図］

円口類と現生の顎口類において，発生後期の背側部をつくる間葉の由来に違いがあることは，頭部の間葉細胞とそれを覆う外胚葉上皮の位置関係にずれが生じ，組織細胞間相互作用が位置的に変化したためであると示唆されている．そして，進化における発生原基や細胞群の位置のシフトによる形態パターンの抜本的変化をヘテロトピーという．プラコード（上皮の肥厚）の変化が帰結すると思われる細胞間相互作用のヘテロトピーが，顎の形成につながったと考えるのである．

鼻の進化と顎　上のような理解から，顎の獲得に先立ち，鼻孔が対になり，下垂体の分離（鼻腔から遊離して口腔に至る）が進行したとする古生物学的見解があり，確かに甲皮類のうちガレアスピス類にはそのような兆しがある（Gai et al., 2011）．さらに，顎を持った最初の脊椎動物，板皮類のうち原始的な系統においては，顎はできていたが，上唇のような構造がまだ残っており，神経頭蓋の形状が現生の顎口類よりもむしろ甲皮類に似ていた（Dupret et al., 2014）．つまり，顎の獲得は嗅覚器官を含めた神経頭蓋部の変遷とともに考察する必要があり，従来の「鰓の変形」だけでは済まない，複雑な様相を呈している．その複雑な変化はおそらく，古生代の海の中，甲皮類と板皮類をつなぐ，いずれかの系統で生じたに違いない．古生物学と進化発生学の連携を通じ，その解明は今後もますます進んでゆくであろう．

［倉谷 滋］

軟骨魚類の頭骨

軟骨魚類の頭骨は軟骨性で，縫合線がない函状の神経頭蓋と，口腔と咽頭を囲む通常7対の内臓頭蓋から構成される．本項では板鰓類を中心に紹介する．

神経頭蓋　軟骨魚類の神経頭蓋は，神経孔や血管孔の位置関係や個体発生の共通性に基づき，吻部，鼻殻，脳函天蓋，眼窩，基板，耳殻，後頭部の7領域に区分される（図1）．吻部は神経頭蓋の先端に位置し，前方に伸張した吻軟骨を有する．吻軟骨の形態は分類群ごとに大きく異なる．メジロザメ目とネズミザメ目では鼻殻内側から伸びる1対の側吻軟骨が加わり三脚状になる（図1A）．テンジクザメ目では腹中線上から伸びる細長い中吻軟骨のみで構成される（図1B）．他の主なグループでは吻軟骨はよく発達し，ツノザメ上目では大きな舟状，ノコギリザメ目や多くのエイ類では棒状の張り出しとなる（図1C, D）．一方，ネコザメ目やトビエイ目は吻軟骨がない．

吻部の側方には1対の鼻殻があり，嗅神経と嗅覚器を囲む．鼻殻腹面は開口し，鼻軟骨により囲まれた鼻孔となる．脳函天蓋は鼻殻間にある前方泉門と耳殻上部の中央溝に挟まれた脳函背面部を指す．前方泉門は結合組織性の膜で塞がれた大きな開口部である．中央溝は左右の耳殻の間にある凹みで，内リンパ孔と外リンパ孔が開口する．眼窩は眼球を収める左右1対の凹みで，眼窩冠状隆起で縁取ら

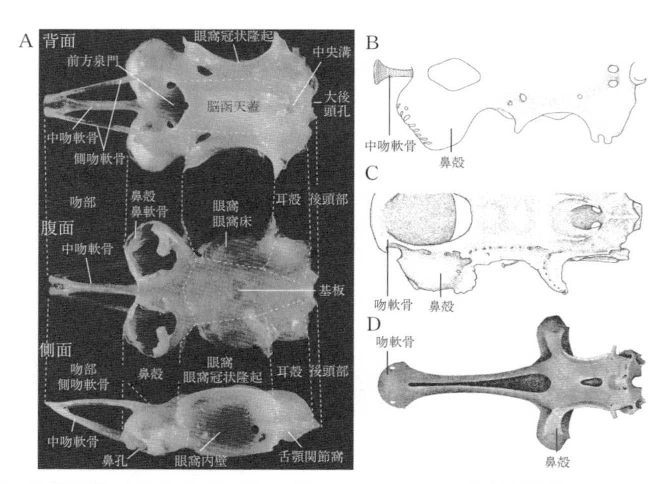

図1　板鰓類の神経頭蓋．(A) ドチザメ科の1種 *Mustelus henlei* の神経頭蓋［Compagno, 1998を改変］，(B) テンジクザメ *Chiloscyllium plagiosum*［後藤, 1996を改変］，(C) ラブカ *Chlamydoselachus anguineus*［Shirai, 1992を改変］，(D) サカタザメ科の1種 *Rhinobatos productus*［Daniel, 1934を改変］

れる眼窩内壁から構成される．眼窩内壁には眼球を支える軟骨性の眼柄があり，その周辺には脳神経や眼窩静脈叢が通る小孔が開口する．眼窩の形態は軟骨魚類の神経頭蓋の中で最も多様性に富む．ネズミザメ上目では眼窩腹縁は眼窩床により縁取られる（図1A）．ツノザメ上目では眼窩床がなく，口蓋方軟骨の関節部となる眼窩突起溝がある（☞項目「軟骨魚類の顎」）．

基板は鼻殻後方の脳函腹面を指し，口蓋の背面を形成する．耳殻は内耳を覆う左右1対の膨状部で，舌顎軟骨と関節する舌顎関節窩がある．後頭部は神経頭蓋の最後部を指し，中央には大後頭孔が開口して脊髄が貫通する．

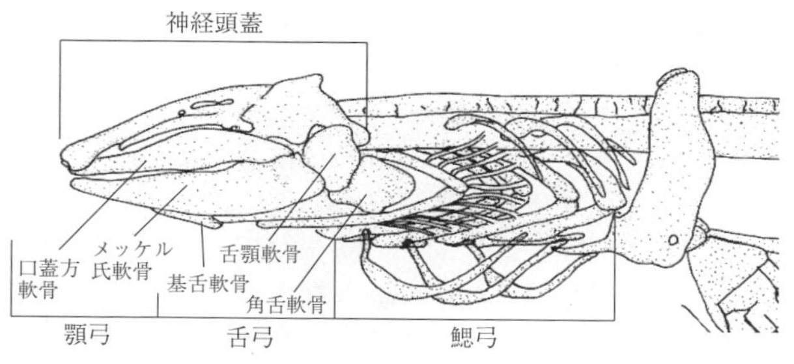

図2　ジンベエザメ *Rhincodon typus* の内臓頭骨全体図［後藤他，2001を改変］

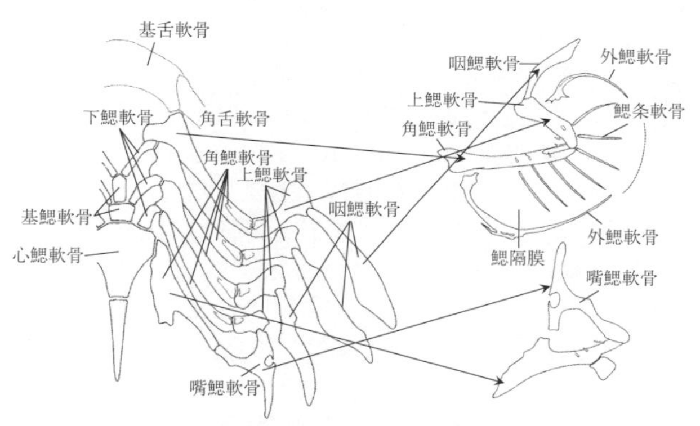

図3　カラスザメ属 *Centroscyllium* の鰓弓［Shirai，1992を改変］

内臓頭蓋　内臓頭蓋は内臓弓と呼ばれる前方より各1対の顎弓（がくきゅう）（☞項目「軟骨魚類の顎」）と舌弓，5〜7対の鰓弓（さいきゅう）から構成される（図2，3）．舌弓は顎弓を裏打ちするように口腔を取り囲み，腹中線上にある後方に湾曲した大きな基舌軟骨から角舌軟骨と舌顎軟骨が順に関節する．舌顎軟骨と角舌軟骨の関節部は外側で下顎に関節する．舌顎軟骨と角舌軟骨の外側には放射状に伸びる鰓条軟骨（さいじょうなんこつ）があり，第1鰓孔前面の片鰓を形成する鰓隔膜（さいかくまく）を支える．鰓弓はアーチ状に咽頭を取り囲み，咽頭の腹中線上にある基鰓軟骨から下鰓軟骨，角鰓軟骨，上鰓軟骨，咽鰓軟骨が順に関節し，咽頭と内鰓孔の輪郭を形成する．最後尾の2列の咽鰓軟骨と最後尾の上鰓軟骨は癒合し，単一の嘴鰓軟骨を形成する．最後尾の1対を除く角鰓軟骨と上鰓軟骨の外側には放射状に伸びる鰓条軟骨が関節し，全鰓（ぜんさい）を形成する鰓隔膜を支える．鰓隔膜の背腹外縁には2対の外鰓軟骨があり，鰓隔膜を縁取る．通常最後尾の2〜3対の鰓弓を担う基鰓軟骨は，囲心腔（いしんくう）の背面を覆う大きなプレート状の心鰓軟骨となる．

［後藤友明］

軟骨魚類の顎

顎（顎弓）は，顎口動物では消化管の前端に位置する骨格である．軟骨魚類の顎は，普通上顎も可動的で，餌を把握し，これを切り裂いたり砕くなどした後に消化管（食道）へ送り込む働きをする．条鰭類と同様，顎は主に舌弓とともに働く．ここでは，上顎と神経頭蓋との関係から「眼窩接型」に分類されるツノザメ類の顎を中心に説明する．

骨・筋肉の基本構造　軟骨魚類では，顎は左右1対の口蓋方形軟骨（上顎）とメッケル軟骨（下顎）でできている．これらの前半部は口腔の前縁となり，種や系統によって特徴的な歯（顎歯）を備える．ツノザメ類では，口蓋方形軟骨の前部背縁に背方を向く突起があって，この基部で神経頭蓋の眼窩域（視神経孔またはその後方）の腹面と関節する．顎弓後半部の外側面には発達した閉顎筋が収まる．

顎の骨格は，構造的にも機能的にもこれに続く舌弓によって支えられる．以前は，舌顎軟骨は一方の端部で神経頭蓋（耳殻域）に関節し，もう一方で口蓋方形軟骨を懸垂すると説明されてきた．しかし，サメ類では，メッケル軟骨が持つ関節突起（口蓋方形軟骨との関節面の内側にある）を，舌顎軟骨とこれに続く舌軟骨との関節部前縁で支えている．舌顎軟骨と口蓋方形軟骨，舌軟骨とメッケル軟骨は，それぞれ靭帯により強く結合する（図1Aのa, b）．

顎弓には，口裂の口角部に唇褶軟骨を持つものが多い．この軟骨片に口角部の皮膚が折りたたまれ，開口時に口角が立ち，横に開いた口裂が，開口時に円形に広がる．眼下筋（神経頭蓋腹面から下顎側の閉顎筋の前縁に位置する）はこの働きに関与し，さらに上顎の前下方への突出にも関わる．

舌弓は顎弓と緊密に接しているので，舌弓の回転（舌軟骨と基舌軟骨が半時計回りに移動する）によって下顎が開く．この動きは烏口舌筋（肩帯の烏口軟骨から，舌弓の基舌軟骨に挿入）が関与する．この筋肉からは，枝分かれをした細い筋肉束（烏口鰓筋）が角鰓軟骨の腹側付近に挿入され，口腔に続く咽頭部を広げる働きをする．咽頭内部には鱗が分布し，その尖頭部分は後方を向いて，餌を食道側に送り込む働きを助けている．

機能形態　このような顎とその周辺の構造について，ウィルガら（Wilga et al., 1998）は，アブラツノザメ *Squalus acanthias* を例にその働きを説明した．本種は，餌を歯で切断しこれを吸引するという捕食生態を示す．この行動は，以下の①～③の過程で行われる（図1D～F）．①背側の体側筋が収縮して，神経頭蓋を引き起こす．烏口舌筋が収縮し，基舌軟骨が後方に移動すると下顎が大きく開く．同時に，口唇軟骨の働きにより口裂が円い開口部になる．②舌弓の動きに伴い口腔

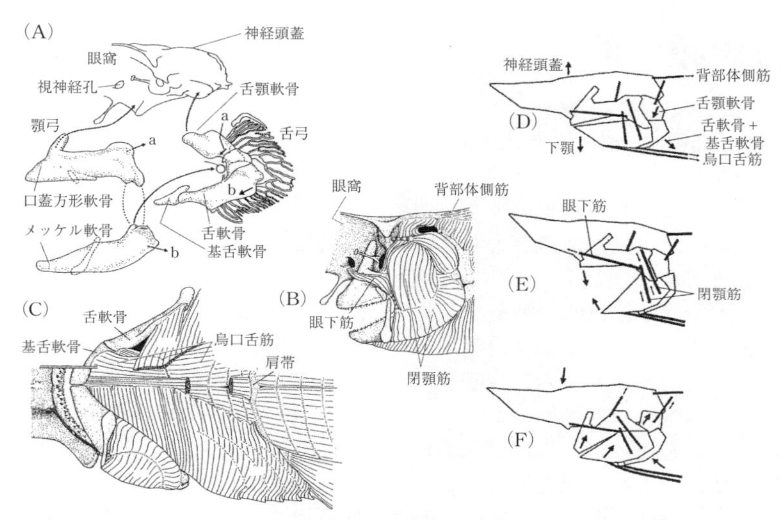

図1　サメ類頭部の基本的構造（A～C）と摂餌に関わる顎の機能（D～F）.（A）オオカスミザメ *Centroscyllium excelsum* の顎弓と関連する骨格．aおよびbは顎弓と舌弓間の靭帯による結合．（B）頭部側面の筋肉配置．（C）頭部腹面の筋肉．顎部分の二重線より上は神経頭蓋．顎弓および体表に近い筋肉を切除．（D～F）アブラツノザメの顎．図中の太線は筋肉を，矢印は骨格の移動方向を，それぞれ示す［白井，2005より作成］

から咽頭部の底が下がり，この部分が大きく広がって負圧が生じる．この時点で顎はすでに餌をその歯で捕えている．続いて，閉顎筋および眼下筋によって顎が閉じられるが，これにより上顎が眼窩との関節に沿って前腹方に引き出される（上顎の突出）．本種の顎の突出は頭長の3割程度（全長55 cmの個体で約2 cm）になるという．③収縮していた筋肉群が弛緩して神経頭蓋が下げられるとともに舌弓が元の位置に戻り，顎が体内に引き戻され，一連の動きが終了する．

そのほかの軟骨魚類の顎　原始的な特徴を持つカグラザメ類では，口蓋方形軟骨の後半背縁に神経頭蓋との別の関節面がある．これにより，上顎が2箇所で神経頭蓋と関節するため，この関節様式は「両接型」として認識される．ネズミザメ・メジロザメ類では，口蓋方形軟骨と神経頭蓋の関節面がツノザメ類より前方の眼窩域前縁部にある．この状態は「舌接型」という．サメ類の顎の構造とは異なり，エイ類では顎に対する舌弓としての関与が少ない．エイ類では口蓋方形軟骨は神経頭蓋には関節せず，舌顎軟骨がメッケル軟骨の後端部背縁に関節して顎弓を直接的に懸垂する．舌軟骨と基舌軟骨は退化的で，先頭の烏口鰓筋は舌顎軟骨のメッケル軟骨との関節部近くに挿入され，この骨を強く引き下げる（真舌接型）．また，ギンザメ類では，現生の軟骨魚類では例外的に上顎が可動しない．口蓋方形軟骨は発生初期に神経頭蓋に癒合するので，ヒトのように下顎が神経頭蓋から直接懸垂される（全接型）．

［白井　滋］

軟骨魚類の歯

軟骨魚類の歯の形態は，進化のプロセスや食性の多様化を反映し，きわめて変化に富んでいる．軟骨魚類のうち，板鰓類（サメ・エイ類）と全頭類（ギンザメ類）では歯の仕組みや形態が大きく異なる．特に板鰓類では，巨大な濾過採食者から外洋性の高次捕食者，小型の底生種まで，あらゆる食性に適応した歯が存在する．全頭類では板鰓類と異なり，上顎に2対，下顎に1対の歯板を持つ．

板鰓類の歯　現生の板鰓類の歯は，外層からエナメロイド，象牙質，基底層の骨様組織により構成される．板鰓類の歯は，唇側面に並ぶ機能歯と，その後方の舌側面に並ぶ多数の予備歯によって構成される．板鰓類の歯は顎軟骨と固着せず，基底層が顎骨を覆っている線維性結合組織（粘膜固有層）で固定される．その結合組織全体が前方の唇側面へと移動するため，歯も前に押し出されるような仕組みとなり，最前列の機能歯は次列の予備歯に置換される．機能歯が予備歯に置換される周期は，8～10日（ニシレモンザメ *Negaprion brevirostris*）や5週間（トラザメ類の1種 *Scyliorhinus canicula*）などの報告があるが，ルアー ら（Luer et al., 1990）によるコモリザメ *Ginglymostoma cirratum* の観察では，水温などの生息環境により9～70日の範囲で変化することが知られている．このほか，年齢，栄養状態，繁殖など個体の状況によっても置換速度は変化する．

板鰓類の系統，生態と歯の形態　板鰓類の歯の形態は，大きく見ると系統関係をよく表している．特に，それぞれの目レベルでは，多少の相違はあれ歯の形態は類似性が高い．また，個体レベルで見ると，両顎，および顎の近心（縫合部付近）と遠心（側後方部）で，形態が顕著に異なる異形歯性がある．

上・下顎における異形歯は，特にツノザメ目やカグラザメ目で顕著に見られ，上顎に鋭い咬頭を持つ“突き刺す”歯を，下顎にプレート状の“切断する”歯を持つ（図1A）．ダルマザメ *Isistius brasiliensis* はその典型で，下顎の鋭い切断歯で掬い取るように魚類や鯨類の体表を捕食する．ツノザメ類の下顎歯は両隣の歯と連結しており，予備歯に置換する際には一体的に脱落する．

一方，メジロザメ目やネズミザメ目では，上顎が幅広い切断歯，下顎が幅の狭い噛み付き歯となる（図1B）．切断歯には，切縁に鋸歯を持つ種も多く，ホホジロザメ *Carcharodon carcharias*，大型のメジロザメ科のほかカグラザメ類にも見られる．鋸歯を持つサメ類は，一般に大型動物を捕食するものが多く，左右に顎を振ることによって獲物を切り裂き，丸呑みしてしまう．また，ネコザメ属 *Heterodontus* では近心と遠心で顕著な異型性が存在する．上顎，下顎共に，近心では鋭い単咬頭の噛み付き歯，遠心側では幅広いタイル状の噛み潰し歯を持つ

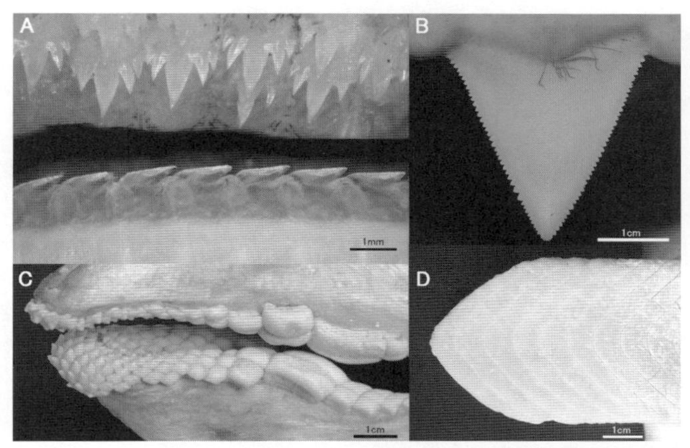

図1　(A) ホソフジクジラ *Etmopterus brachyurus*（ツノザメ目）の上顎と下顎の異型歯，(B) ホホジロザメの鋸歯（上顎歯），(C) ネコザメ *Hererodontus japonicus* の近心と遠心の異形歯，(D) マダラトビエイ *Aetobatus narinari* の貝類を噛み潰す機能を持つ上顎歯［筆者撮影］

（図1C）.

エイ類ではほとんどの種が底生性であることから，全般にタイル状の噛み潰し歯や，餌生物を捕捉するための細かな噛み付き歯を持つものが多い．トビエイ科では，強固な板状の歯が密着し，両顎で硬い貝類や甲殻類などを破砕できる広い破砕面を形成する（図1D）．

プランクトンを濾過採食するジンベエザメ *Rhincodon typus*，ウバザメ *Cetorhinus maximus*，メガマウスザメ *Megachasma pelagios* およびイトマキエイ科では，両顎歯は微小で，退化的（イトマキエイ類）な場合もある．一方，濾過のための鰓耙がきわめて発達しており，歯は捕食のためには機能しない．彼らの微小な歯には，交尾の際に雌の胸鰭を拘束する機能があり，交尾後の雌の体表にそれらによる交尾痕が生じる．歯の形状には二次性徴による雌雄差が顕著に表れる場合も多く，成熟雄は雌より鋭い咬頭を持つ傾向がある．

⁂そのほかの"歯"　軟骨魚類，特に板鰓類には顎のほかに「歯」と呼ばれる部位がある．軟骨魚類の体表面は一般にサメ肌と呼ばれ，楯鱗（皮歯）が存在する．楯鱗は，基本的に歯と同様の構造を持ち，歯は皮歯から分化したとする説もある．ツノザメ類やネコザメ類に見られる背鰭棘やアカエイ類の尾棘は，皮歯が変化して発達したものである．ノコギリザメ属やノコギリエイ属の吻端突起には吻歯（吻棘）があり，捕食する際の武器として機能する．これらの吻歯は，吻を左右に振ることによって，餌生物を捕獲し押さえ付ける役割がある．吻歯は両顎歯のような定期的な置換はないが，何らかの要因により失われた場合には置換することが知られている．

［佐藤圭一］

サメ形からエイ形へ

サメ類とエイ類の系統（板鰓類）は長い歴史を持っていて，古生代には現在のギンザメ類にたどり着く系統とは分かれ，その後，消長を繰り返しながら現在に至っている．軟骨魚類の全身が化石として残ることは稀であるため，分岐の深い系統関係についての考え方は1つではない．しかし，板鰓類の基本は円筒形の体躯を持つサメ形であり，エイ類がその派生形であることは多くが認めるところである．エイ類に明らかな多様性が現れるのは白亜紀以降とされるが，興味深いことに，この時期には現生のサメ類の基本的な系統（目レベル）はすでに出そろっていた．つまり，サメ類の基本的な分化はすでに終了したと考えられる．では，エイ類は，どのようなサメ類系統から現れたのだろうか．

サメ類とエイ類の形態的な違い　まず，外見とともに骨格と筋肉の状態に見られるサメ類とエイ類の違いを幾つか拾ってみよう（Shirai, 1992）．これらの構造は，いずれもエイ類の拡大した頭部および胸鰭を支え，さらにそのような体の運動（遊泳）や捕食機能に強く関係する形態であると思われる．

エイ類の体は，頭部から躯幹部にかけて強く縦扁する．体の側面には拡大した胸鰭があり，ガンギエイ類やトビエイ類のように三角形から円形に近い大きな体盤と細長い尾部とからなる体形が印象的である．エイ類の中でも，シノノメサカタザメ *Rhina ancylostomus*（☞「巻頭口絵」）や，ノコギリエイ類および一部のサカタザメ類は前方に伸びた頭部を持つが，胸鰭は比較的小さく，体形はサメ類に近い．それでも，エイ類の胸鰭には共通の特徴があって，鰭を支える3個の基底軟骨のうち最前方にある前担鰭軟骨が体前方に伸びて，神経頭蓋の鼻殻側面に達する（図1A）．さらに，肩帯はそれぞれの基底軟骨を支える独立した関節頭を持つ．サメ類では，前担鰭軟骨は小さく，肩帯では1つの関節頭が3個の基底軟骨を支える．

サメ類では神経頭蓋に先頭の脊椎骨が関節するが，エイ類では神経頭蓋と脊椎骨の間に軟骨塊（椎体癒合体）がある（図1B, C）．この軟骨は十数個の脊椎骨が癒合したものと考えられ，その背面では肩甲軟骨と関節または癒合することで肩帯をも支える．サメ類では，肩帯は前方から見るとU字状を呈し，肩甲軟骨は脊椎骨には至らない．

顎の構造では，エイ形は「真舌接型」と呼ばれる特別な構造で，サメ形と明確に異なる（☞項目「軟骨魚類の顎」）．エイ類では，舌顎軟骨を大きく腹側に引き下げるため，先頭の烏口鰓筋が舌顎軟骨に挿入する．この筋肉は，元来（サメ形では）下鰓軟骨と角鰓軟骨の腹側部分に挿入して咽頭部の拡大に関わっている．

エイ類では，その進化の過程で胸鰭が推進器官に変化したとされるが，その祖

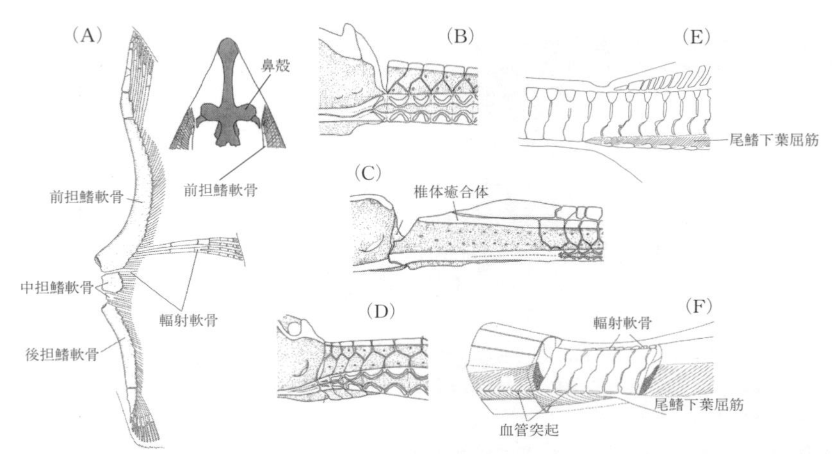

図1 エイ類に特徴的な形質.(A)サカタザメ類の胸鰭骨格(右側)と神経頭蓋との関係.(B～D)神経頭蓋と脊椎骨の前端部の縦断面.(B)ネコザメ類.(C)サカタザメ類.(D)ノコギリザメ類.(E)ツノザメ類に見られる尾鰭下葉屈筋(前半部).(F)尾柄部から尾鰭前部の腹側面観(一部体側筋をとって,脊椎骨の状態を示す:ノコギリザメ類).[Shirai, 1992より作成.Aの右上挿入図はNishida, 1990を改変]

先はノコギリエイ類やサカタザメ類に見られるサメ様の尾部を持っていたものと思われる.サメ形の尾部を持つエイ類では,体の推進をつかさどる尾鰭下葉屈筋(おびれかようくっきん)が発達して,尾柄部(びへいぶ)の体側筋に連続する(サメ類では尾鰭上に限られる.図1E).

サメ類の中のエイ形 サメ類とエイ類の形態的な違いはかなり明瞭であり,リンネの時代から両者には異なる分類の枠組みが与えられてきた.しかし,エイ形の由来については,これまで誰もが納得する仮説は得られていない.分子系統解析でも,エイ類はサメ類と異なる系統であることしか示されていない.

これまでの形態観察の結果から,幾つかのサメ類がエイ形の特徴を持つことがわかっている.特にエイ形の形態を多く持つのは,ツノザメ類に系統的に近いとされるノコギリザメ類である.この類には以下のような特徴がある.神経頭蓋の前端が一部のエイ類のように大きく前方に伸びる.頭部の縦扁が強く,口裂は体の腹側に開く.椎体癒合体はないが,先頭の数個の椎体はエイ類のように未発達で,これらの脊椎骨が靱帯で強く結合して,大きな頭部の支持に関わっている(図1D).顎の構造は眼窩接型であるが,エイ形の烏口鰓筋を持つ.尾鰭下葉屈筋が発達し体側筋に続く(図1F).こうした中途半端なエイ形は,何を物語っているのだろう.

ノコギリザメ類とエイ類全体が近い系統であることは,残念ながら,これまでの分子系統解析では支持されていない.しかし,エイ類が現生のサメ類全ての姉妹群であっても,エイ類の祖先的な系統は(ノコギリザメ類とは異なるかもしれないが)不完全なエイ形の特徴を持っていたものと思われる.エイ類の由来についての疑問が,いつか解決されることに期待したい.

[白井 滋]

古代魚の頭骨と顎

地質時代に繁栄し，現在は限られた地域に少数の種が生き残っている原始的な魚類は古代魚と呼ばれている．肉鰭類のシーラカンス類や肺魚類，腕鰭類のポリプテルス類，軟質類のチョウザメ類，そしてガー類とアミアである．これら古代魚の頭骨は魚類の進化を考える上で重要である．頭骨は皮骨頭蓋，神経頭蓋，内臓頭蓋からなる．皮骨頭蓋は骨板で軟骨を経ずに骨となる．皮骨の構成はグループによって異なり，相同性はいまだ不確実である．神経頭蓋は軟骨か軟骨段階を経てできた骨で脳が収まる．神経頭蓋は前部の篩骨域と眼窩域，後部の耳域とそれに続く幾つかの椎骨由来の部分からなる．

肉鰭類　現生のシーラカンス類は1属2種が深い海に，肺魚類は3属6種が淡水に生き残っている．シーラカンス類の神経頭蓋は軟骨が多く，前部と後部に分かれ，関節する（図1A）．前部は前上顎骨，複数のrostral ossiclesと鼻骨，鼻骨に続く2対の頭頂骨からなる．後部は1対の後頭頂骨と上側頭骨，外肩甲骨からなる．主上顎骨の代わりに膜があり，口を開けたときに膜が広がって口裂の側面を覆い吸引摂餌を行う．2枚の喉板があり，正中でわずかに重なる．下顎は方骨と接続骨の2箇所で関節する．シーラカンス類の頭骨と顎は現生種に軟骨部が多いことを除けば化石種とあまり違いは認められない．現生の肺魚類では多くの骨が消失あるいは他の骨と癒合し，古生代の肺魚類とは大変異なる．頭部骨格の名称は研究者によって異なるが，ここではビーミス（Bemis, 1982）とクリズウェル（Criswell, 2015）に従う．口縁には歯がなく，左右のpterygoidと prearticularにそれぞれ1個の扇形の歯板が癒合する．神経頭蓋はほとんど軟骨でできているが，前後に分かれることはない．頭蓋骨背面は前端のdermal ethmoid，それに続くfrontoparietal（median B-bone）とその両側の眼上骨からなる（図1B）．プロトプテルス属（*Protopterus*）では眼上骨が前部で互いに接し，frontoparietalを覆うが，レピドシレン属（*Lepidosiren*）では眼上骨は前部でも離れている．ネオセラトドゥス属（*Neoceratodus*）では眼上骨はfrontoparietalで完全に隔てられ，dermal ethmoidとも縫合する．

腕鰭類　ポリプテルス類はアフリカの淡水から2属14種が知られている．頭骨はよく化骨する（図1C）．1対の喉板があるが，正中では重ならない．前上顎骨は吻骨と，主上顎骨はsubinfraorbitalと癒合し，頭蓋骨に固着する．前頭骨は1対で，後縁で皮翼耳骨と縫合する．鼻骨は吻骨によって隔てられる．鰓条骨がなく，鰓弓も4対で5番目を欠く．

軟質類　チョウザメ目は2科6属27種が知られている．主上顎骨がなく，鰓条

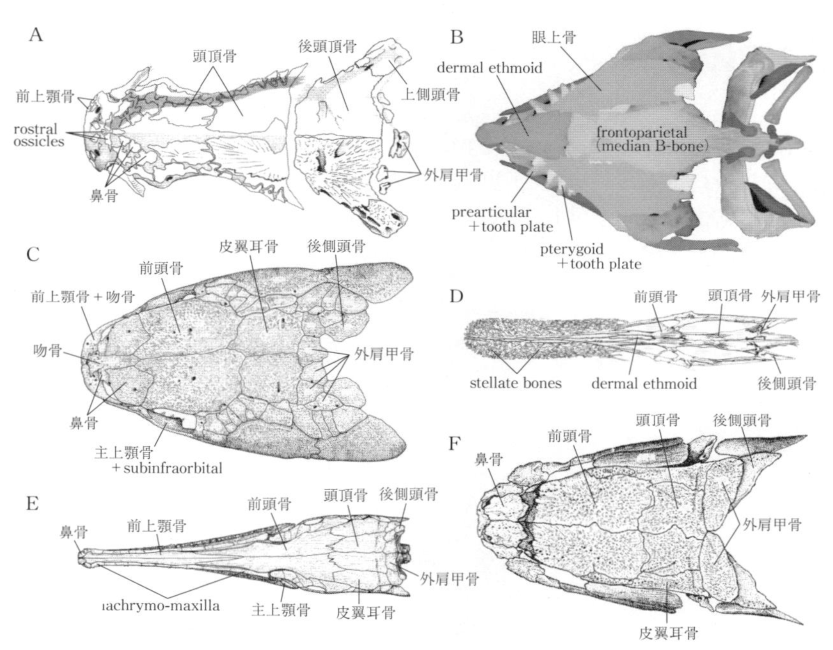

図1　古代魚の頭骨背面　A：シーラカンス類［Forey, 1998］. B：ネオセラトドゥス属［Criswell, 2015］. C：ポリプテルス類［Grande, 2010］. D：ヘラチョウザメ類［Grand and Bemis, 1991］. E：ガー類［Grande, 2010］. F：アミア［Grand and Bemis, 1998］

骨数は減少し，1～3である．正中に骨質のキールを伴う長く伸びた吻骨を有する．喉板はない．ヘラチョウザメ科はへら状に伸びる長い吻を有することでチョウザメ科から識別される（図1D）．この吻は正中に連なる細く短い骨とその両脇に広がる多数の小さなstellate bonesで支えられている．

ガー類　1科2属7種が淡水，汽水，まれに海水域に見られる．鋤骨は1対，鼻骨と前頭骨は長い前上顎骨によって隔てられる（図1E）．上顎は歯のあるlachrymo-maxillaによって縁取られ，後方に続く主上顎骨は動かすことはできない．上主上顎骨と間鰓蓋骨（かんさいがいこつ），動眼筋室（どうがんきんしつ）がない．

アミア　北アメリカの淡水に*Amia calva* 1種のみが生き残っている．鼻骨は1対で互いに縫合し，吻骨で隔てられない（図1F）．前頭骨 は1対で，後縁で頭頂骨と皮翼耳骨と縫合する．上後頭骨はなく，1対のepioccipitalがある．occiputは外後頭骨より後方に伸びる．1枚の大きな喉板がある．接続骨は方骨とともに下顎と関節する．前上顎骨は頭蓋骨に固着するが，主上顎骨は頭蓋骨に固着せず，動かすことができる．1つの上主上顎骨がある．鰓条骨は多く，10～13本である．

［籔本美孝］

真骨類の頭骨

進化の過程において，有頭動物の共通祖先は内部骨格を獲得し，さらに硬骨魚類のそれは内部骨格の硬骨化を果たした．硬骨魚類の骨格は，鱗や鰭条のような体表にある外部骨格と体内に存在する内部骨格に大別される．内部骨格はさらに中軸骨格と付属骨格に区分される．本項で扱う頭骨は中軸骨格に含まれ，神経頭蓋と，囲眼骨，上顎，下顎，懸垂骨，舌弓および鰓弓からなる内蔵頭蓋を含む．本項目では真骨類の頭骨の各要素について概要を述べるとともに，幾つかの要素に見られる分類群間の変異について紹介する．なお，種や分類群によって癒合や消失が生じ，全ての要素を持たない場合も多い．

神経頭蓋　神経頭蓋は中枢神経としての脳，および感覚器官としての鼻，眼，内耳などを保護・収容しており，魚類に限らず有頭動物全般にとってきわめて重要な骨格である（図1）．神経頭蓋の背面には頭部感覚管が走り，眼下骨，前鰓蓋骨，肩帯などの感覚管と連絡し，さらに肩帯の感覚管を介して側線とも連続する．神経頭蓋の感覚管を支持する骨は一般的には鼻骨，前頭骨および翼耳骨であるが，カサゴ類やゲンゲ類などでは頭頂骨にも感覚管がある．神経頭蓋の腹後部には大後頭孔があり，脳から発した脊髄がこれを通過して後方に伸びる．神経頭蓋は鼻殻域，眼窩域，耳殻域および床域に分けられる．鼻殻域は1個の前篩骨，篩骨，上篩骨と鋤骨，および1対の側篩骨と鼻骨から構成される．ニシン類，コイ類やサケ類では前篩骨と上篩骨はあるが，スズキ類などではこれらを欠く．アマダイ類の稚魚やセミホウボウ類では左右の鼻骨は癒合する．鋤骨の腹面の歯の有無にも変異がある．側篩骨には前後に貫通した孔があり，ここを嗅神経が通過する．眼窩域は1個の基蝶形骨，1対の前頭骨，翼蝶形骨および鞏膜骨，さらに1個または1対の眼窩蝶形骨から構成される．基蝶形骨はカジカ類，ハタハタ類，ゲンゲ類などにはない．眼窩蝶形骨はニシン類やコイ類にはあるが，サケ類，タラ類，スズキ類などにはない．耳殻域は1対の蝶耳骨，翼耳骨，前耳骨，上耳骨，外後頭骨，頭頂骨と間在骨，

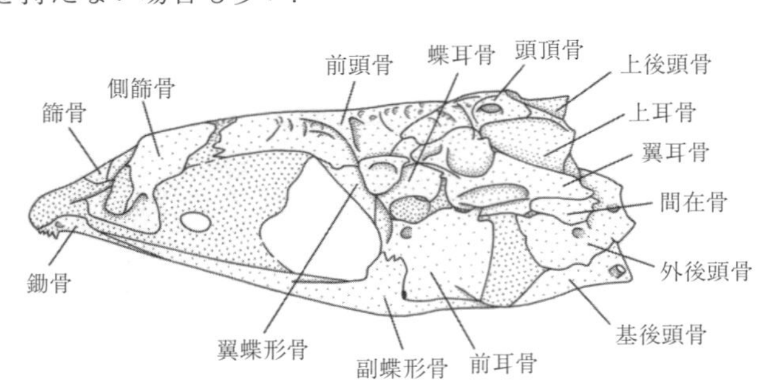

図1　ハタハタ *Arctoscopus japonicus* の頭蓋骨（側面図）［Imamura et al., 2005］

および1個の上後頭骨から構成される．床域は1個の副蝶形骨と基後頭骨から構成され，後端で第1脊椎骨と関節する．この関節にはコイ類やサケ類などの下位の真骨類では基後頭骨のみが関与し，タラ類やスズキ類などの高位の魚類ではさらに外後頭骨も関与する．

囲眼骨　囲眼骨は眼の周囲を取り囲む骨で，眼の下縁と後縁に位置する眼下骨（図2）と，眼の上縁に位置する眼上骨に分けられる．最前の第1眼下骨を涙骨と呼ぶこともある．一部のホウボウ類やキホウボウ類のように第1眼下骨が前方に突出し，吻突起（ふんとっき）を形成するものもある．眼下骨は通常は5個前後のひとつながりの骨だが，その数は種や分類群によって変化し，例えばウバウオ類などのように第1眼下骨しか持たないものや，一部のユメタカノハダイ類のように10個を超えるものもある．カサゴ類では第3眼下骨の後部が後方に伸長し，眼下骨棚を形成するが（図2），発達の程度は種によってさまざまである．従来はセミボウボウ類も眼下骨棚を持つと考えられていたが，本群のそれは第2眼下骨の突出部であり，その後端に位置し，他の魚類には見られない小骨も第2眼下骨から独立したか，または独自の骨格要素と考えられるため，カサゴ類との近縁性を示す特徴ではないことがわかっている．コイ類やサケ類などは1～2個の眼上骨を持つが，スズキ類やカサゴ類などにはない．眼下骨は感覚管を支持するが，眼上骨にはない．

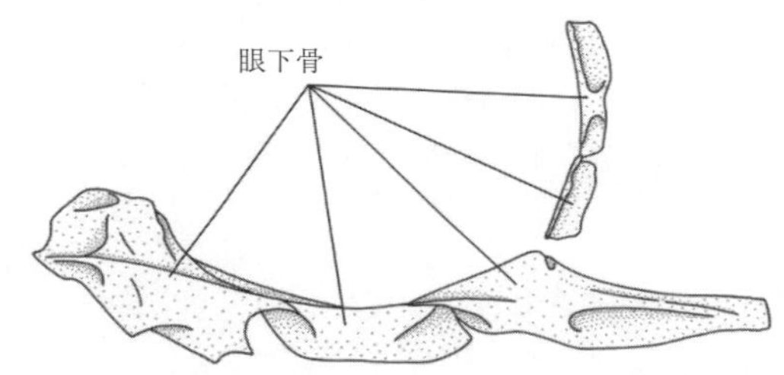

図2　ユメカサゴ *Helicolenus langsdorfii* の眼下骨（側面図）［Imamura et al., 2002］

上顎・下顎　上顎と下顎は口の縁辺を形成する（図3）．上顎は前上顎骨，主上顎骨および上主上顎骨からなる．ニシン類などでは前上顎骨と主上顎骨の下縁に歯があり，後者の方が前者よりきわめて大きい．スズキ類やカサゴ類などでは前上顎骨のみに歯がある．タラ類やスズキ類などでは前上顎骨の前部には上向突起があり，これ

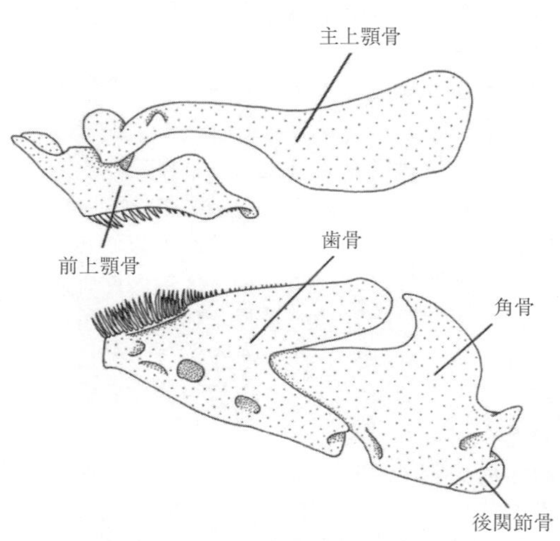

図3　ダンゴオコゼ *Caracanthus maculatus* の上顎（上）と下顎（下）（腹面図）［Shinohara et al., 2005］

が神経頭蓋の前部背面と関節・スライドすることで上顎を前方へ突出させる．ニシン類などの上向突起を持たない魚類では前上顎骨の前部が神経頭蓋とゆるく関節し，これを起点として上顎を回転運動させることで開口させる．ニシン類，サケ類，下位のスズキ類などでは主上顎骨の後上方に1～2個の上主上顎骨があるが，カサゴ類や高位のスズキ類などではこの骨を持たない．下顎は歯骨，角骨および後関節骨から構成される．歯骨と角骨には感覚管が通り，前鰓蓋骨のそれと連続し，前鰓蓋下顎管を形成する．下顎歯は歯骨のみに存在する．角骨の内側面にはメッケル軟骨と呼ばれる棒状の軟骨がある．メッケル軟骨の後側部に板小骨が位置する．後関節骨は強い靭帯を介して下鰓蓋骨と連続する．下顎の先端には舌弓から起発する筋肉要素の舌骨伸出筋が付着し，この筋肉が舌弓の尾舌骨と肩帯の擬鎖骨を結ぶ胸骨舌骨筋とともに収縮することで下顎の引き下げを行う．

懸垂骨　懸垂骨は頭部側面に位置する骨で，口腔部と鰓蓋部に分けられる（図4）．口腔部は口蓋骨，外翼状骨，内翼状骨，後翼状骨，方形骨，接続骨および舌顎骨から構成され，口腔の背面と側面を形成する．口腔部の外側面に閉顎筋 が付着し，ここが閉顎運動の起部となる．口蓋骨の腹面には歯がある種とない種がある．外翼状骨はスズキ類やカサゴ類などの高位の真骨類ではmetapterygoid laminaと呼ばれる板状突起を備え，この突起の内側は筋肉要素の口蓋弓挙筋の挿入部位を提供する．懸垂骨の口腔部はこの筋肉が収縮することなどによって側方に開き，口腔が拡張される．内翼状骨は下方から眼の下部を支持する．方形骨は下部の関節顆で下顎の角骨と関節し，下顎の回転運動の起点を提供する．舌顎骨は上部で神経頭蓋と関節し，懸垂骨全体を頭蓋骨から懸垂するとともに，後部で主鰓蓋骨とも関節する．鰓蓋部は前鰓蓋骨，間鰓蓋骨，主鰓蓋および下鰓蓋骨から構成され，鰓蓋を支持する．前鰓蓋骨は感覚管を支持し，神経頭蓋と下顎の感覚管を中継する．

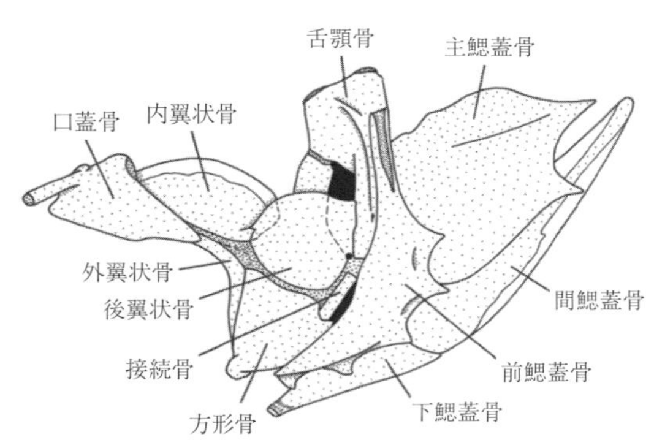

図4　カサゴ *Sebastiscus marmoratus* の懸垂骨（側面図）［Imamura, 2004］

舌弓　舌弓は基舌骨，尾舌骨，下舌骨，角舌骨，上舌骨，間舌骨および鰓条骨から構成される（図5, 6）．基舌骨は口腔床前部の正中線上に位置し，舌を支持する．尾舌骨は基舌骨の後下方にある骨で，筋肉要素の胸骨舌骨筋の付着部を提供しており，下顎の引き下げにも関与する．下舌骨，角舌骨，上舌骨，間舌骨お

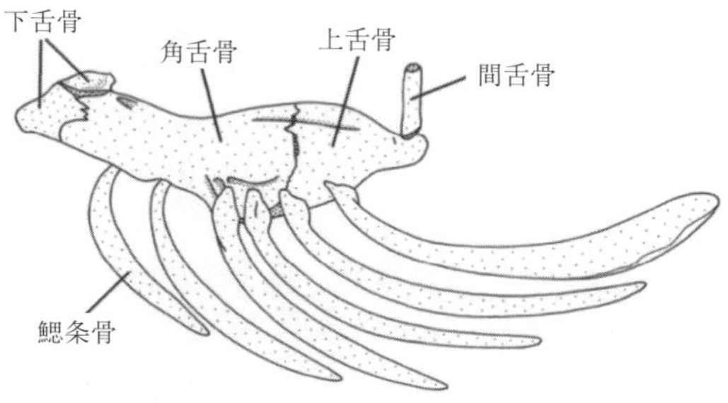

図5　ワニトラギス *Ryukyupercis gushikeni* の舌弓（側面図）［Imamura et al., 2007］

よび鰓条骨は関節・接合することで一連の要素となり，鰓蓋骨の内側面に位置する．下舌骨は上下2個の要素から構成され，これによって舌弓全体が基鰓骨と関節する．舌弓の後部では間舌骨によって口蓋骨の内側面とも関節する．キンメダイ類や下位のスズキ類などでは角舌骨の上縁近くに1個の顕著な孔がある．角舌骨と上舌骨の下縁から鰓条骨が懸垂される．後方の鰓条骨は鰓蓋を内側から支持する．鰓条骨数は種や分類群によって大きく変異する．例えばスズキ類では7本であることが多いが，ヨウジウオ類では1本しか持たない種や，ニシン類では20本にもなる種もある．

鰓弓　鰓弓は通常5対あり，口腔床部を形成するとともに前縁で鰓耙，および後縁で鰓弁を支持する（図6）．鰓弓は背面の骨格要素に付随する筋肉を介して頭蓋骨の腹面に付着する．口床の正中線上に3個の基鰓骨が並び，基鰓骨の左右から下鰓骨，角鰓骨，上鰓骨および咽鰓骨が対をなして並ぶ．このうち下鰓骨と角鰓骨は鰓弓の下枝を構成し，上鰓骨と咽鰓骨が上枝を形成する．第5鰓弓の下鰓骨と角鰓骨は変形して下咽鰓骨となるが，真骨類ではこの骨を第5角鰓骨と呼ぶのが一般的である．第2～4咽鰓骨と第5角鰓骨には通常は咽頭歯と呼ばれる歯がある．歯を備える咽鰓骨は1～2個の場合もあり，癒合が生じたと解釈されることが多いが，これらの要素の個体発生を調べると，まず1個の大きな要素として出現し，やがて2個，3個へと分割されていく．したがって咽鰓骨数が少ない場合は，癒合が生じたのではなく，分割が起こらなかったと解釈される．

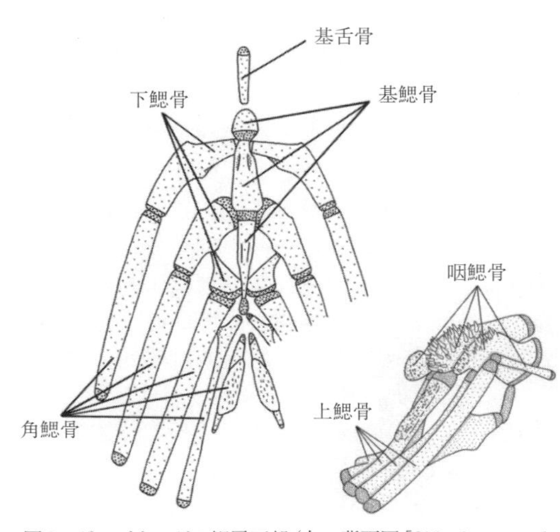

図6　ダンゴオコゼの鰓弓下部（左：背面図［Shinohara et al., 2005］）とユメカサゴの鰓弓上部（右：腹面図［Imamura, 2004］）．尾舌骨は最前の第1基鰓骨の下方に隠れる

［今村　央］

真骨類の顎

魚類の摂食方法は，押し込み型（口を開けて泳ぎ，小型の餌を鰓耙で濾す），吸い込み型（餌に近付き，顎を突出させて吸い込む），そして噛み付き型（顎を開いて餌に噛み付く）に大別される．真骨類は摂食器官の多様化によりさまざまな環境へ適応し，多様な餌資源の利用が可能となった．特に，吸い込み型の摂食方法が主流であった．突出する顎と咽頭顎（☞項目「鰓耙と咽頭顎」）の2つが進化の重要な一因となり，その基本型からは異なる機能を持つ多数の派生型が生じている．

上顎骨の変形　真骨類の上顎は，前上顎骨と主上顎骨，上主上顎骨からなり，一般に原始的とされる上顎は，前上顎骨と主上顎骨により縁取られる（図1A）．例えば，サケ属では前上顎骨は小さく，固定されており，上顎は突出しない．一方，派生的とされる上顎は，ほぼ前上顎骨のみで縁取られ，主上顎骨はその背側に位置し，上主上顎骨は痕跡的か消失する．また，派生的な顎は長さが短く，2つの上顎骨は靭帯や腱膜を介して，前方内側では神経頭蓋に，後方では下顎とそれぞれ連結する．前上顎骨の上向突起はさまざまな程度に伸長する．上顎の伸出は真骨類の高位群を特徴付けるが，真骨類内外のさまざまな系統で並行的に進化した．

顎の突出機構　真骨類の高位群において，上顎の突出によりピペット型の口器が出現した．この吸い込み型の口器は，関与する骨格，筋肉，皮膜，靭帯および腱の要素が高速で連動することにより，口腔内の体積が急激に増加し，強い陰圧を発生させる．その陰圧により口の前方にある餌は，水とともに瞬時に口腔内へ流れ込む．また，顎骨の各要素は皮膜でつながるため，顎の突出時には筒状となり，より餌を捉えやすい．餌への射程距離は，頭長の約25～50%と推測され，顎の突出には，両顎骨と頭蓋骨，各顎骨を接続する靭帯（前上顎骨と主上顎骨，篩骨，そして吻部；主上顎骨と下顎，口蓋骨と懸垂骨；下顎と懸垂骨），そしていくつかの筋肉要素，特に背側筋，鰓蓋挙筋，舌骨伸出筋，腹側筋，閉顎筋および口蓋弓挙筋が関与する（図1A）．前上顎骨は伸長した上向突起と吻軟骨を持ち，この突起が頭蓋骨前端（前鋤骨と篩骨上）に沿って大きく滑り，この上向突起が長いと上顎の突出度が高くなる（図1B, C）．主上顎骨は前端部を支点に前下方へ振り子状に動く．下顎は角骨と懸垂骨の方形骨との関節部をテコの支点として回転し，胸骨舌骨筋と腹側筋の収縮により引き下げられる．

吸引摂餌　派生的なスズキ亜目魚類における吸い込み型の摂食では，1回の顎の開閉で口腔内の圧力が4回増減し，その動きは次の4相からなる．①準備相，懸垂骨の内転と口腔底の持ち上げ（口腔内の水圧増加）．②拡張相，きわめて短時間

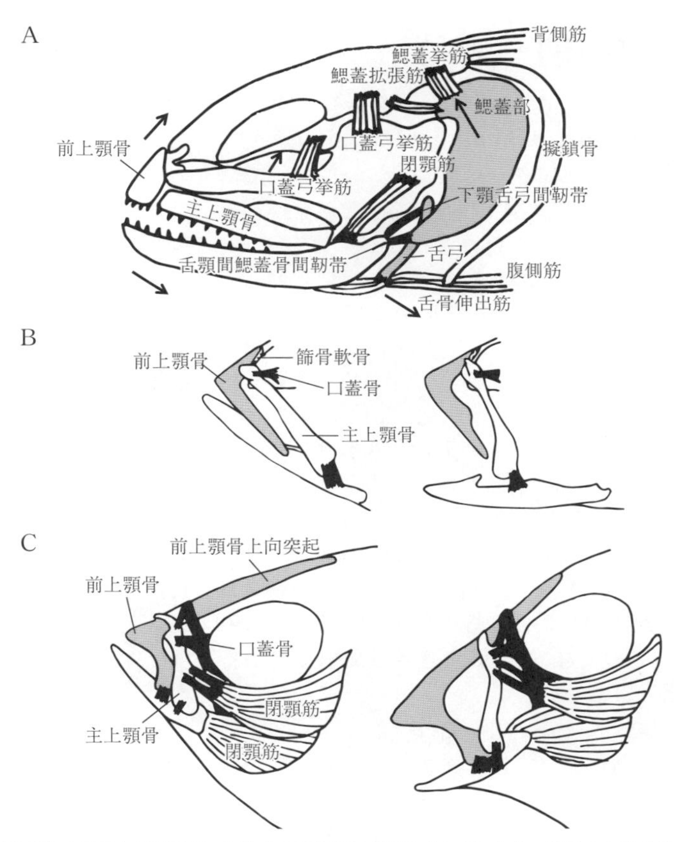

図1　真骨魚類の顎の開閉と突出機構．(A) サケ科魚類の突出しない顎．(B) 一般的な真骨魚類（タラ亜目やスズキ亜目）の顎の開閉．(C) クロサギ科の顎の突出［Bone et al., 2008］

（カエルアンコウ類では0.005秒）に，頭蓋骨の持ち上げ，下顎の押し下げ，前上顎骨の突出，主上顎骨の回転，懸垂骨と鰓蓋要素の拡張，そして舌弓を含む口腔底要素の押し下げにより，一気に陰圧が生じて空洞現象が起こる（水圧減少）．③圧縮相，顎は前相とは逆の動きで閉じ，鰓孔が開いて水が排出される（水圧増加）．④回復相，骨格と筋肉が準備相前の状態へ戻る（水圧減少）．口器の吸引力がほとんど発生しない上顎の突出も知られ，捕食者はほぼ動かずに，顎の突出のみで瞬時に餌を捕獲することができる．ベラ科のギチベラ *Epibulus insidiator* の両顎はきわめてよく突出し（速度は毎秒2.3 m），その長さは頭長の65％に達し，突出に要する時間は0.03秒である．また，小型の餌を食べる種では，口角の幅が狭くなると吸引力が高まることが知られる．［遠藤広光］

硬骨魚類の歯

硬骨魚類の歯は，口腔から咽頭に，一部の種では食道嚢(しょくどうのう)にも分布し，基本的には歯種の別がない同形歯性で，後継歯との交換も終生続く多生歯性を示す．歯の硬組織の主体は石灰化した象牙質で，その内部中央に歯髄組織を含むが，多くの場合は象牙質表面に広くあるいは先端部に限局して，石灰化度がきわめて高いエナメロイド（間葉性エナメル質）が存在する．

歯の多様性と食性　上記の一般則に沿いながらも，硬骨魚類の歯は形態や大きさ，数，分布において著しい多様性が見られる（後藤他，2014；Berkovitz et al., 2017）．形態は円錐・犬歯状を基本としながらも切歯状（図1），臼歯状，敷石状，嘴状(くちばしじょう)など実に多様で，これらの幾つかを併せ持ちさながら異形歯性であるかのような種や，成育に伴う食性変化で歯の形態や分布部位が変わる種も知られる．歯数は無歯あるいは数本から（微小な鰓歯を含め）数万に及ぶ場合があり，外形と数に加えて大きさや配列などの特異性が分類形質ともなる．

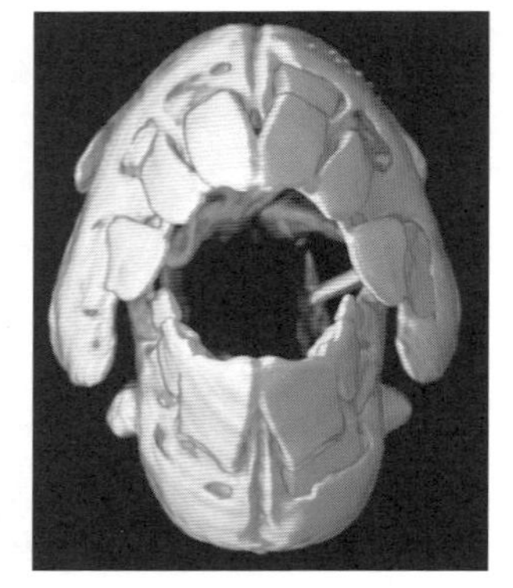

図1　カワハギ *Stephanolepis cirrhifer* の吻部CT像［筆者撮影］

歯の支持様式　硬骨魚類の歯は，前上顎骨・上顎骨，歯骨，前鋤骨，口蓋骨，翼状骨，舌弓・鰓弓部の諸骨など（以下，顎骨などとする）によって支持されるが，その様式には，種差や部位での違いがある．歯と顎骨などを結ぶ構造などにより，歯の支持様式は骨性，線維性，歯足骨性，蝶番性，槽生性などに区分され，食性との関連も深い．

骨性，歯足骨性，槽生性の支持様式は，それぞれ下位条鰭類，多くの真骨類，一部の捕食性真骨類などで見られ，この順に歯の支持様式は一定の進展を遂げたものと考えられる．骨性支持では歯と顎骨が付着骨を介して結合し，歯に可動性はなく，強力な切断，穿通などを可能とする．歯と付着骨の界面に菲薄な線維層が存在する線維性支持は機能的には骨性支持に近く，甲殻類やサンゴなどの破砕を担う歯に見られる．歯足骨性支持は，歯の発生と同期して顎骨上に新生する短円筒形の歯足骨，および歯足骨と歯の下端とを結ぶ線維とで支持される様式である．歯足骨の形状や線維の長短によって歯の可動性に差異が生じ，歯にかかる衝撃の緩衝や削り取りによる採餌の効率化などを可能にしている．

蝶番性支持と可倒歯　歯足骨性支持の特殊化で生じたと考えられる蝶番性の支持機構は歯の一方向性可倒と正立位への復位を可能にした．図2では，舌側歯列

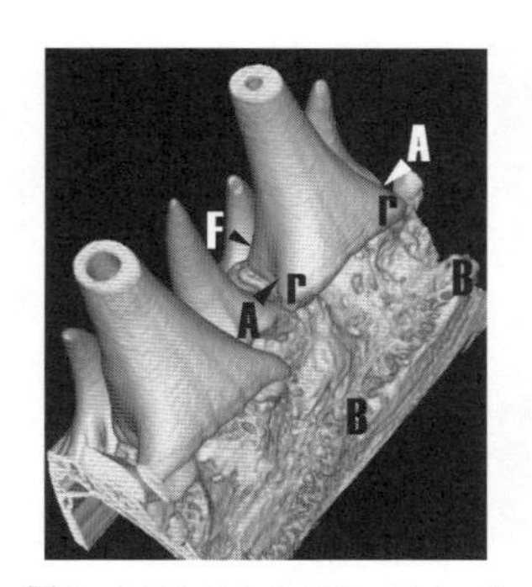

図2　キアンコウ*Lophius litulon*の歯骨可倒歯CT像．大きな2歯の先端はCT撮影域外［筆者撮影］

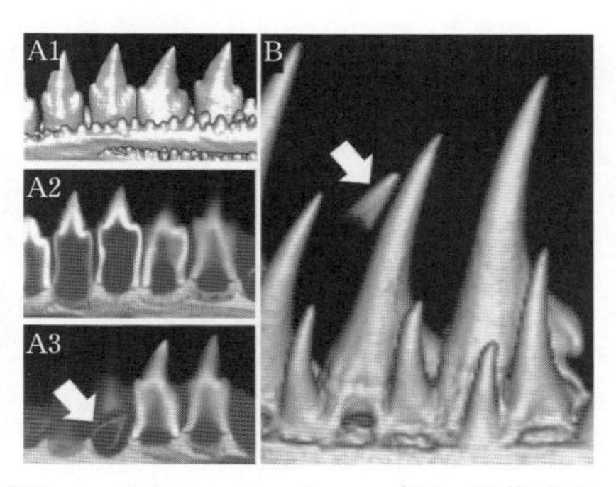

図3　ハモ*Muraenesox cinereus*（A1：再構成像，A2-3：断層像）とキアンコウ（B）の歯胚のCT像．矢印は骨内歯胚（A3）と骨外歯胚（B）［筆者撮影］

（手前）の大きな2歯が可倒歯であり，唇側歯列の小さな4歯は骨性に結合した不動歯である．馬蹄形の歯足骨に乗った可倒歯は，その前縁（F）が歯足骨の形状と一致するために唇側への倒れ込みは阻止される．

一方，直線状の可倒歯の舌側下端（図2のrからr）から膜状の靭帯様線維層（CT像では不可視）が，歯の後下方で緩やかな弧を描く骨稜（BからB）にまで広がっている．この靭帯様線維層は，歯足骨上縁の後端付近（AからA）を蝶番軸とする歯の舌側への倒れ込みを受けとめ，さらに復位に際してのバネとしても機能する．小型で穿通性の不動歯と舌側方向のみに可倒性の大型歯の混在が獲物の捕捉には有利なのであろう．なお，板バネのように働く舌側の線維層はコラーゲン性で弾性系線維は含まれない．

槽生性支持と歯の交換　槽生性支持の歯は魚類では稀である（Fink, 1981）とされていたが，骨に囲まれて発生が進行する骨内歯胚（図3A）は，萌出路の側壁に骨性結合した槽生性支持の歯を生じることがある．ベラ科，タイ科などはこれに該当し，従来考えられていたよりも槽生性の歯は多い（Berkovitz et al., 2017）．ただし，これらの槽（骨陥凹）は，各形成歯ごとに新たに準備され，線維による支持を受けるワニ類の槽生や哺乳類の釘植とは異なる．

骨内歯胚と対照的に，粘膜上皮の近傍で歯堤から生じた骨外歯胚は発生の進行に伴ってパラシュート降下のように顎骨に接近する（図3B）．歯胚および形成中の歯と支持組織との間で交わされるシグナルや，歯の支持構造が時空間的に適切なタイミングで生み出される仕組みにはいまだ不明の点が多い．多生歯性を示す魚類では，発生段階の異なる歯胚が顎咽頭部に同時に多数存在している．歯胚細胞の分化や硬組織形成の機構には高い共通性があると思われるが，種によって形態的に大きく異なる歯やその支持構造の形態制御機構の解明が待たれる．

［磯川桂太郎・湯口眞紀］

鰓耙と咽頭顎

鰓は摂餌にも重要な役割を果たすが呼吸器官でもある．新鮮な魚の鰓蓋をめくると房状の赤い鰓弁という呼吸装置が見える．鰓弁は鰓弓という弓型の骨格の後縁に固着する（図1）．一方，鰓弓の前縁に櫛の歯のように並ぶ骨質の構造が鰓耙で，餌生物が鰓孔から逃げるのを防ぎ，餌のプランクトンを濾し取るなどの機能がある．鰓弓は5対から成り，外側から順に第1～第5鰓弓と呼ぶ（図2A）．普通，第1～第4鰓弓には鰓弁と鰓耙があるが，第5鰓弓は角鰓骨のみから成り，鰓弁，鰓耙はない．

魚類の両顎は主に餌を捉える機能を果たすが，口腔の奥には，餌を咀嚼して食道に送り込む働きを持つ構造がある．これは咽頭顎と呼ばれ，鰓弓の一部から成る（図2B, C）．魚類にはいわば前後2段構えの顎がある．

鰓耙　鰓耙の数・形は食性と密接な関係がある．魚食性の魚類では鰓耙は一般に疎らで短く数は少ない．例えばアラでは第1鰓弓外側の鰓耙数（以下同じ）は20～23である（図1A）．マエソでは鰓耙は薄板状で鰓弓を覆うように並び，鋭い棘が密生する（図1B）．アンコウ類，タチウオ類，カマス類のように鋭い大きな

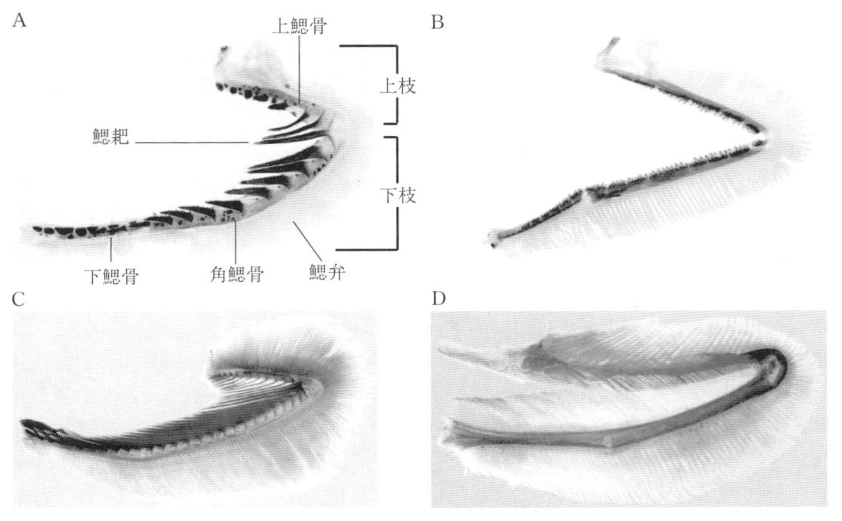

図1　第1鰓弓と鰓耙（側面）．(A) アラ *Niphon spinosus*（ハタ科）．(B) マエソ *Saurida macrolepis*（エソ科）．(C) マサバ *Scomber japonicus*（サバ科）．(D) コノシロ *Konosirus punctatus*（ニシン科）．鰓弁は鮮魚では赤いが，液浸標本のため色が失われて白い．骨格と鰓耙は染色されている［標本所蔵：水産研究・教育機構西海区水産研究所］

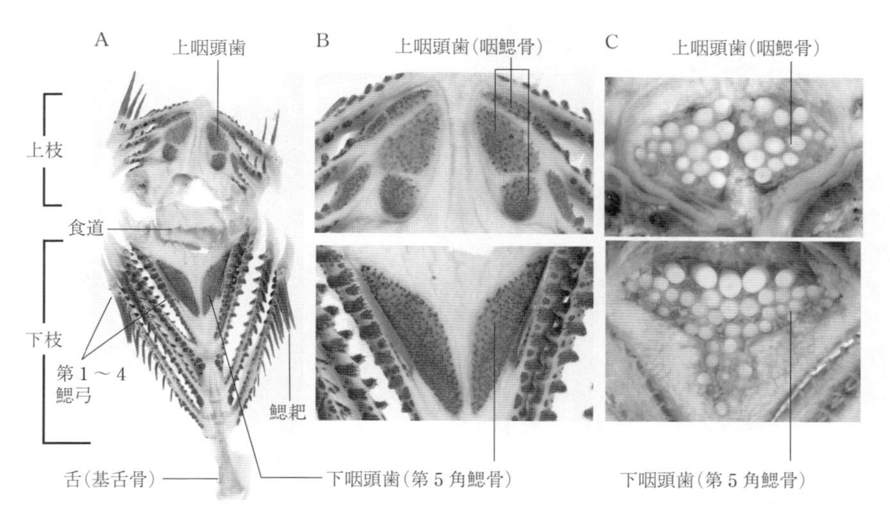

図2　(A) アラ *Niphon spinosus*（ハタ科）の鰓弓（前面）. (B) Aの咽頭顎を拡大. (C) アカササノハベラ *Pseudolabrus eoethinus*（ベラ科）の咽頭顎［標本所蔵：水産研究・教育機構西海区水産研究所］

歯で餌を捕える魚類では一般に鰓耙の発達が悪いか，鰓耙を持たない．プランクトン食性の魚類では鰓耙は一般に長く密生して数が多く，その傾向は微細な植物プランクトンを食べる魚類で顕著である．例えば，動物プランクトン食性のマサバ（図1C）では鰓耙数は37～47であるが，植物プランクトン食性のコノシロ（図1D）では150～250に上る．また，鰓耙数は分類形質としても重要で，種を見分ける際に有力な手掛かりとなる．

咽頭顎　咽頭顎の背側の要素は上鰓骨（じょうさいこつ）および咽鰓骨（いんさいこつ），腹側の要素は第5角鰓骨（かくさいこつ）という骨からなり，それぞれ上咽頭歯（じょういんとうし）および下咽頭歯（かいんとうし）という歯を備える（上鰓骨には歯がない場合も多い）．上下の咽頭歯の形と配列は，細かな歯が広く覆う（図2B），大きな円錐形の歯が1～数列に並ぶ，臼歯状を呈する（図2C）など多様であり，食性と密接に関係する．例えば，ベラ科魚類のうち外部寄生虫など軟らかい餌を食べるホンソメワケベラ *Labroides dimidatus* などでは咽頭歯は円錐形で，貝類など硬い餌を食べるツユベラ *Coris gaimard* などでは大型の臼歯状となる．硬い餌を食べる種類では，咽頭歯を支持する骨格およびそれに関与する筋肉の一部が大きく発達する場合が多い．ベラ科，ブダイ科，スズメダイ科，ウミタナゴ科などでは左右の第5角鰓骨が互いに癒合して1個の要素となる（図2C）．なお，イボダイ亜目魚類では鰓弓直後の食道が袋状に膨らんで食道嚢（しょくどうのう）という器官となる．食道嚢はその内面に歯があり，厚い横紋筋の層を持つことから，咀嚼の機能があると考えられる．

［星野浩一］

硬骨魚類の脊柱と尾骨

硬骨魚類の脊柱は中骨や背骨と呼ばれ，サンマなどの焼き魚を食べるときには必ず目にする骨である．専門的に表現すると，体軸に沿って縦走する脊索・脊髄・背大動脈などを内包して，それらを保護するとともに，体を支持する脊椎骨で構成される骨要素である．その構造は体の部位によって異なり，付随する要素や役割も異なる．

脊索と脊椎骨　脊索はいずれの魚類においても，発生の初期に形成される中軸骨格の要素であり，脊髄の直下を頭部から尾部にかけて縦走する．多くの硬骨魚類では成魚になるまでにほぼ消失するが，肉鰭類や軟質類などの原始的な魚類では成魚でも円筒状の脊索が保持される．

脊椎骨は脊索を取り囲むように形成される椎体とそれに付随する複数の骨要素で構成される．椎体は一般的には腹椎骨と尾椎骨に区分される（図1）．腹椎骨は体の前部から中央部に位置し，腹腔の背方に並ぶ．腹椎骨には矢状面（正中線に沿って体を左右に分ける面）を背方に伸びる神経棘と，腹面から両側下方に張り出す側突起がある．側突起の末端部には肋骨が付着し，腹腔の壁面に沿って配列する．一方，尾椎骨は中央部から尾部の体軸に沿って並び，神経棘に加えて血管棘を備えるが，肋骨を欠く．各神経棘の基部には神経弓門，各血管棘の基部には血管弓門と呼ばれるアーチ状の構造があり，それぞれ脊髄および尾動・静脈が貫通する．血管弓門は左右の側突起の先端が癒合して形成され，さらにその腹方に血管棘が形成される．脊椎骨の数は魚種によって大きく異なる．例えばマダイ *Pagrus major* の脊椎骨数は24であるが，原始的で細長い体形のニホンウナギ *Anguilla japonica* では110個以上と多く，より派生的で体が短いマンボウ *Mola mola* では脊椎骨数が18個と少ない．

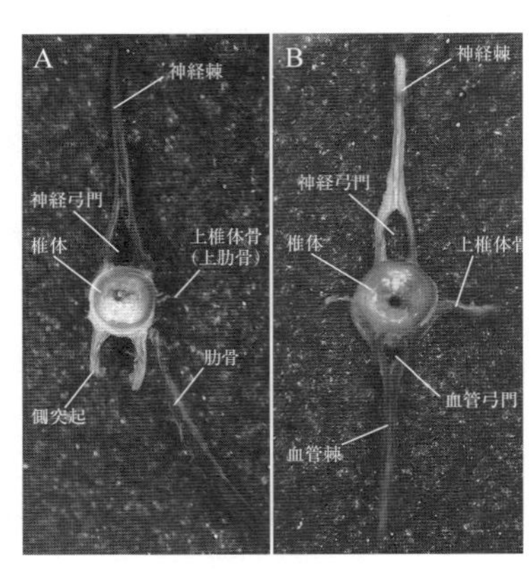

図1　カツオの脊椎骨を正面から見た状態．(A) 腹椎骨，(B) 尾椎骨［筆者撮影］

肉間骨　魚類には体側筋中に埋没するように存在する数種類の肉間骨があり，焼き魚などを食べるときに煩わしい小骨はこの骨であることが多い．体の背側には神経棘に付随する上神経骨が，腹側には肋骨とその後側方に上肋骨がある．また，椎体の側方あるいは肋骨基部から起発する上椎体骨は背側筋と腹側筋の境界

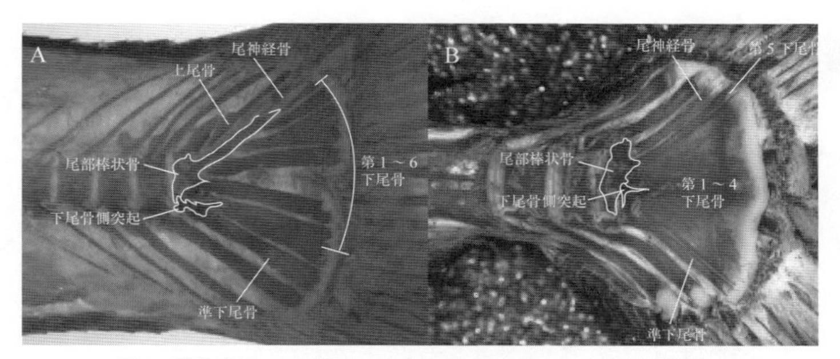

図2　硬骨魚類の尾鰭骨格.（A）ウグイ,（B）カツオ［筆者撮影］

である水平隔壁に沿って配列する．この他にも他の骨から遊離して存在する筋骨竿(きんこつかん)がある．これらの肉間骨はウナギ目，ニシン目，コイ目などの原始的な魚類でよく発達する．スズキ類などの派生的な魚類は上神経骨や上肋骨が消失し，普通は肋骨と上椎体骨だけを持つが，位置関係から上椎体骨を上肋骨と呼ぶこともある．

尾骨　脊椎骨は末端で変形し，尾鰭を支持する尾骨を形成する．アミア目などの原始的な硬骨魚類では尾骨は背方へ湾曲し，血管棘がやや変形するものの，椎体の形状には大きな変化はない．一方，真骨類はウナギ類など尾鰭が退化的なものを除くと複雑な形状の尾骨を持ち，生態的および系統的要因を反映して著しく多様性に富む．脊柱の末端の数個の尾鰭椎が変形・癒合して尾部棒状骨が形成されるが，構成要素の違いによりその名称が異なる場合もある（藤田，1990を参照）．尾部棒状骨の後腹方には血管棘が変形した板状の下尾骨があり，後方へ伸長して尾鰭の鰭条の大部分を支持する．下尾骨の数は種によって異なり，一般的に原始的な魚類では多く，派生的な魚類では癒合が進み少なくなる傾向にある．例えばコイ目のウグイ *Tribolodon hakonensis* では下尾骨は6個であるが，スズキ目のカツオ *Katsuwonus pelamis* では癒合して1個（第5下尾骨は基部で癒合）になっている（図2）．カツオのように癒合が進んだ堅固な下尾骨は，尾鰭に強い推進力を生みだすのに役立つ．このような高速遊泳をもたらす尾骨の形態はカツオに近縁なマグロ類にも見られる一方で，系統的にはやや離れたカジキ類でもさらに癒合が進んだ状態が見られる．これはまさしく系統的・生態的要因の双方を反映したものといえよう．尾鰭椎の直前の椎体を尾鰭椎前第一椎体と呼ぶが，アロワナ類やカライワシ類などの原始的な魚類を除くと尾部棒状骨と一体化することが多い．尾鰭椎前第一椎体の血管棘は準下尾骨として下尾骨の腹方にあるが，下尾骨や尾部棒状骨と癒合することもある．準下尾骨は基部に下尾骨側突起と呼ばれる棘を備えた隆起があることで特徴付けられる．尾部棒状骨や下尾骨の背方には神経棘や神経弓門が変化してできた尾神経骨や上尾骨などが存在する．しかし，その数や形状は魚種によりさまざまであり，退化して消失することもある．

［大橋慎平］

肉鰭類の鰭

肉鰭類は，現生の肉鰭魚類であるシーラカンス属 *Latimeria* や肺魚類を含む肉鰭魚類と，四肢を持つ肉鰭四肢類に大別される．シーラカンス類はデボン紀から白亜紀にかけて浅海および汽水域に生息したが，その後は深海へと生息域を移行した．それに対して，肺魚類はデボン紀には海に生息したが，石炭紀になると淡水へと生息域を移行した．後期デボン紀から前期石炭紀にかけて肉鰭魚類が水生から陸上環境への移行を試みた後，原始的な肉鰭四肢類を経て多くの四肢動物が3億7,000万年余の時間をかけて進化したと考えられている．この上陸劇は，「対鰭から四肢への進化」として知られている．

肉鰭の骨格形態　肉鰭の骨格は，軟骨魚類の対鰭の3本軸鰭状骨格（前鰭状軟骨・中鰭状軟骨・後鰭状軟骨）や硬骨魚類の1本軸鰭状骨格（中鰭状骨）とは異なり，1本軸鰭状骨格（後鰭状軟骨／骨）により構成され，対鰭の先端には鰭条を有する．前期デボン紀に生息した原始的な肉鰭魚類（*Psarolepis* や *Achoania*）の肉鰭骨格は基本的に1本軸以上の骨格により構成されていたが，後期デボン紀の肉鰭魚類の骨格は全て1本軸骨格（後鰭状軟骨）で構成されていた．現生のシーラカンス類と肺魚類の骨格も1本軸からなる軟骨でできているが，2つのグループの軟骨の配置や形態は異なる．ヒトを含む陸上四肢動物の上腕の骨格と比較すると，シーラカンス類の胸鰭の後鰭状軟骨には上腕軟骨・橈軟骨（とうなんこつ）・尺軟骨（しゃくなんこつ）があり，鰭先端にかけて幾つもの小さい軟骨が認められる（図1）．一方，肺魚類では多くの軟骨が肩関節から鰭先端に向かって直線上に並び大きさは徐々に小さくなる．

カナダ北部で発見された後期デボン紀（約3億7,500年前）の原始的な肉鰭四肢類ティクターリック *Tiktaalik roseae* の胸鰭骨格は，四肢動物の骨格形態である上腕骨・橈骨・尺骨を持ち，胸鰭先端には四肢動物の手に相当する骨格形態を持っていた．しかし，ティクターリックよりさらに進化したアカントステガ *Acanthostega* やイクチオステガ *Ichthyostega* は指を持っていたのに対して，ティクターリックは手に相当する骨格形態の中に指でなく鰭条などを持っていた点で，「対鰭から四肢への進化」途上にあった原始的な肉鰭四肢類として注目されている．

肉鰭の筋肉形態　肉鰭は肉鰭類の分類形態の根拠であるのにもかかわらず，対鰭・四肢の形態・発生・分子・進化学的な研究は骨格を中心に行われてきた．骨格中心の研究の潮流の中で，インド洋産シーラカンスの詳細な解剖が1958年にフランスで行われ，肉鰭である胸鰭，腹鰭，臀鰭，第二背鰭の筋肉が初めて記載された．最新の研究では，現生のインド洋産シーラカンスの上腕軟骨・橈軟骨・尺軟骨に働く筋肉はヒトの上腕にある一関節・二関節筋からなる3対6筋に類似していること（図1），一方，現生の肺魚プロトプテルス類の肩関節にはヒト肩関節の三角筋に類似した筋肉が存在することが判明した．ヒトの上腕と大腿には一関節・二関節筋からなる3対6筋があり，これらの筋肉は協調して手足を動かす力の強さと力の方向を制御している．特に1対の二関節筋は重力に対応し，足が床に着地したとき滑らないように働いている．それ故，重力に対応し陸上を移動するため原始的な肉鰭四肢類はヒトの上腕，大腿に類似した筋肉形態を持ち四肢動物へと進化したと考えられる．

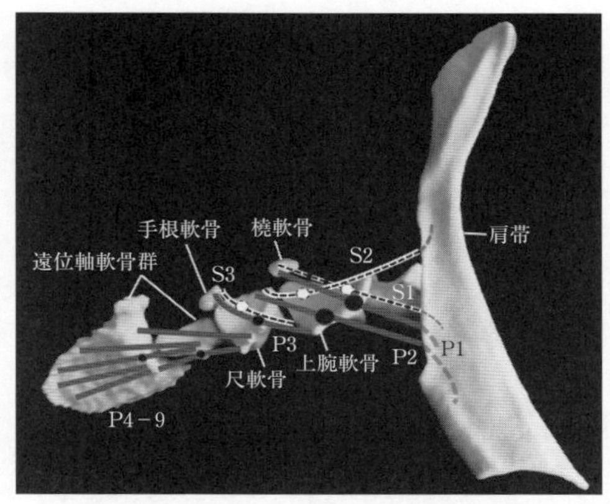

図1　インド洋産のシーラカンス *Latimeria chalumnae* の肉鰭骨格と筋肉．S1～3：回外筋（胸鰭の近心側）．P1～3：回内筋．外転筋，内転筋，回外筋S4～9は表示してない［Miyake et al., 2016 を改変］

対鰭から四肢への進化　対鰭から四肢への進化は後期デボン紀から前期石炭紀にかけての約3,500～4,000万年の間に浅瀬の環境で起きたと考えられている．後期デボン紀にかけて海水中の酸素が少なくなり，多くの脊椎動物は少なくとも2度（3億8,000万年前，3億4,000万年前）の絶滅の危機にさらされた．この危機を乗り越えるため肉鰭魚類は原始的な肉鰭四肢類へと進化し上陸劇を試みたと考えられる．最新の研究では，前期石炭紀の地層から上陸進化初期の小型四肢動物の化石が発見され，四肢のない *Lethiscus* や *Coloraderpeton* なども確認された．

肉鰭魚類の対鰭から四肢へ進化する上陸劇では少なくとも以下のイベントが起きたと考えられる．①個体サイズの縮小により体重を支えるのに適した形態になった．②鰭条が失われ，その代わりに指が進化した．鰭条を構成するアクティノディンという物質を探索すると，硬骨魚類，シーラカンス類，肺魚類にはあるが四肢動物にはない．つまり，アクティノディン遺伝子が失われ，鰭条が存在した部位の四肢に指が形成されたことになる．さらに，硬骨魚類が持つ鰭の外転筋，内転筋を失い，代わりに一関節・二関節筋からなる3対6筋が進化したと考えられる．③現生の四肢動物と同様に肘関節，膝関節が屈曲する形態となった．この屈曲に伴って関節の構造も複雑になり，一関節・二関節筋からなる3対6筋が協調し重力への対応ができるようになった．肉鰭はヒトを含む四肢動物の進化に大変重要な形質である．上陸劇の解明には，比較解剖学，形態学，古生物学，系統進化学，分子発生学，生体力学などを統合した視点からのさらなる研究が必要不可欠である．

［ミヤケツトム］

条鰭類の鰭

多くの条鰭類は，体の正中線上に不対の背鰭(せびれ)，臀鰭(しりびれ)および尾鰭(おびれ)を持ち，体側に左右1対の胸鰭および腹鰭を持つ（図1）．鰭の形状や位置関係は分類形質として重要である．また，一見すると鰭とは思えないような形に変化したものもある．

鰭の基本構造　条鰭類の鰭は基本的には複数の鰭条と呼ばれる骨によって支持され，各鰭条は鰭膜によって連続する．鰭条には分節があり柔らかい対構造の軟条(なんじょう)と，分節がなく硬い不対構造の棘条(きょくじょう)に大別される．軟条は先端に向かって分枝する分枝軟条と，分枝しない不分枝軟条に区別される．背鰭および臀鰭は近位担鰭骨(きんいたんきこつ)，間担鰭骨(かんたんきこつ)および遠位担鰭骨(えんいたんきこつ)によって支持され，各鰭条の前縁から鰭条を立てる起立筋が，後縁から鰭条を倒す下制筋が並び，各鰭条の基底から鰭条を左右に倒す傾斜筋が並ぶ．尾鰭は下尾骨や準下尾骨などによって支持され，背側屈筋，腹側屈筋，浅背側屈筋，外腹側屈筋，下索縦走筋，鰭条間筋の筋肉によって，尾鰭を広げ，尾鰭を左右に振ることができる．尾鰭後縁の形状はさまざまで，円形，截形，湾入形，二叉形などがあり，多くは上下2葉に分かれ相称である．胸鰭は肩帯，腹鰭は腰骨によって支持され，横に開くための浅外転筋および深外転筋，後方へ倒すための浅内転筋および深内転筋，第1鰭条を立てるための腹側立筋および背側立筋がある．サケ類，ニギス類，ハダカイワシ類などでは，背鰭の後方に鰭条を欠く脂鰭と呼ばれる鰭を有する．

鰭条数の数え方　各鰭の鰭条数は重要な分類形質となっている．ハブス（Hubbs, C. L.）らによると，各鰭の表記は各鰭の英語表記の頭文字をとって，背鰭はD（dorsal fin），臀鰭はA（anal fin），尾鰭はC（caudal fin），胸鰭はP_1（pectoral fin）

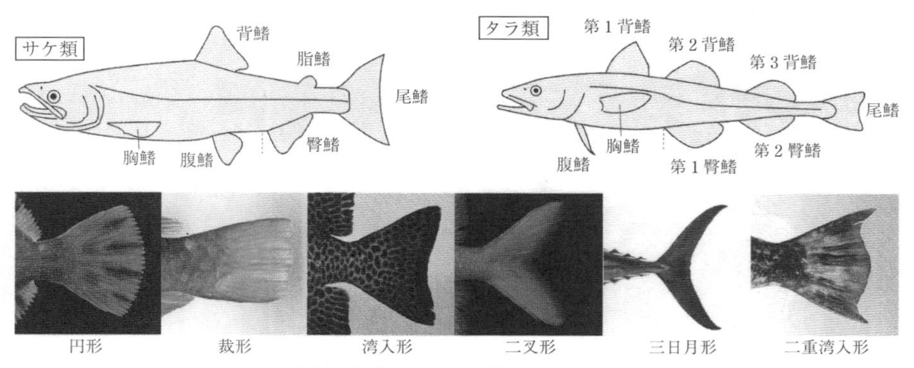

図1　各鰭の名称と尾鰭の形［篠原他，2016を改変］

および腹鰭はP_2（pelvic fin）と略記する．鰭条数の表記には鰭式を用いることが多い．鰭式は棘条の数をローマ数字で，軟条の数をアラビア数字で表す．例えば，背鰭が1基で10軟条からなる場合はD 10と表記する．背鰭が1基で10棘と9軟条からなる場合はD X, 9と表記し，棘条数と軟条数をカンマで区切る．背鰭が2基で第1背鰭が10棘，第2背鰭が9軟条からなる場合はD X-9と表記し，第1背鰭の鰭条数と第2背鰭の鰭条数をハイフンでつなぐ．背鰭が2基で第1背鰭が7棘，第2背鰭が1棘10軟条からなる場合はD Ⅶ-Ⅰ, 10となる（図2）．

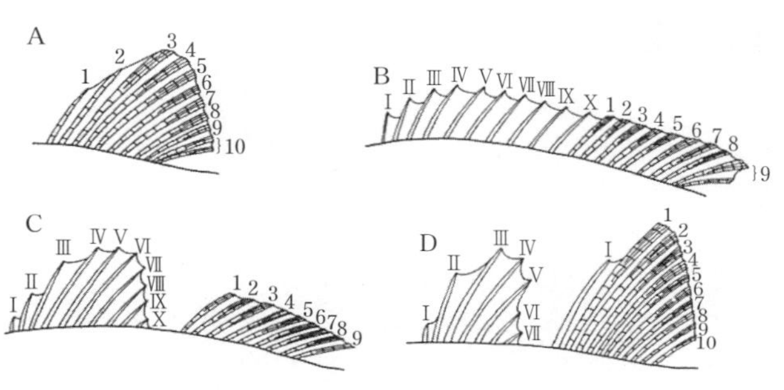

図2　背鰭の諸形と棘・軟条の表記法（鰭式）．（A）背鰭が1基で10軟条，（B）背鰭が1基で10棘9軟条，（C）背鰭が2基で第1背鰭が10棘，第2背鰭が9軟条，（D）背鰭が2基で第1背鰭が7棘，第2背鰭が1棘10軟条［中坊他，2013を改変］

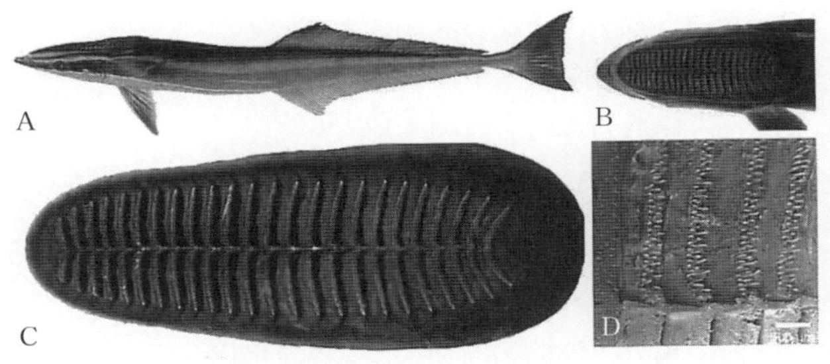

図3　コバンザメ *Echeneis naucrates*（A）と吸盤（B, C）のSEM画像（D）［篠原他，2016を改変］

鰭の変形物　コバンザメ類では背鰭の棘条が変形し小判型の吸盤となり，大型のサメ類，イトマキエイ類，ウミガメ類などの遊泳性動物に吸着して水中を移動する．棘条の表面には多数の小棘が並び，それらを起立させることによって吸盤の内外に圧力差をつくりだして吸着し，小棘を倒すことによって吸盤内の圧力を下げて脱着する（図3）．チョウチンアンコウ類では背鰭の最前部の軟条が他の背鰭軟条から離れて，竿のように前方に伸び，誘引突起と呼ばれる．誘引突起の先端は膨らみ，エスカと呼ばれる擬餌状体となり，発光バクテリアの光によって発光する．ダンゴウオ類，クサウオ類，ウバウオ類などには腹鰭が変形した吸盤があり，海底の石や海藻の表面などに吸着する（☞コラム「吸盤を持つ魚」）．

今後の展望　各鰭を支持する内部形態や表面の微細構造については明らかになっていない種が多い．機能形態学や生物規範工学の研究などを行う上で，詳細な形態情報は非常に有益である．

［河合俊郎］

体側筋

魚は骨格と，これを保護する骨格筋によりその形態が形づくられている．一般に魚肉と呼んでいるのが骨格筋である．このうち胴部や尾部に発達するのが体側筋であり，これにより遊泳エネルギーが産出される．魚は主に尾鰭(おびれ)の振動により発生する揚力と，吻端から尾鰭までの体幹をその振幅が次第に大きくなるような振動による波状運動を行うことにより，尾鰭先端から後方に送られる水塊の運動量変化率の反作用による力を推進力として遊泳している．これらの力は全て，体側筋が収縮と進展を繰り返すことによる魚体の波状運動により生み出される．

体側筋の構造　体側筋は脊椎骨から背腹方向に伸びる垂直隔膜と内臓塊により体軸の左右に分けられ，さらに脊椎骨の高さで水平方向に伸びる水平隔膜により，背側と腹側にも分けられる．水平隔膜には前斜走腱と後斜走腱が交錯して走っており，前後の斜走腱の一端は脊椎骨の椎体に付着し，他端は体側筋に広がって魚の遊泳運動に重要な役割を果たしている．体側筋の構成単位は筋節であり，筋節横断面の中央付近に赤色もしくは褐色を呈する血合筋が通常表層部に分布するが，マグロ類のように高速で持続的に遊泳する魚では深部にまで血合筋が広がって分布している（図1）．血合筋以外の体側筋は普通筋と呼ばれ，血合筋との中間層には中間筋が分布する．血合筋は普通筋より筋線維が細く，毛細血管の分布が密である．また，ATP産生に関与するミトコンドリアのほか，脂質も多量に含み，さらに，酵素タンパク質，色素タンパク質などの筋形質タンパク質も普通筋より多い．血合筋は色素タンパク質である赤色のミオグロビン，ヘモグロビン，シトクロムcなどの生理活性の高いヘムタンパク質も豊富に含んでおり，特にミオグロビン含量が多いほど赤色を強く呈する．ヘムタンパク質は酸素の運搬に関与しており，これが好気的運動に貢献している．血合筋および普通筋は，その色により，赤筋および白筋とも呼ばれる．血合筋の収縮速度は遅いのに対し，嫌気的代謝を行う普通筋のそれは速く大きな力を発揮することが可能であるが，疲労しやすいとされている（塚本, 1991）．

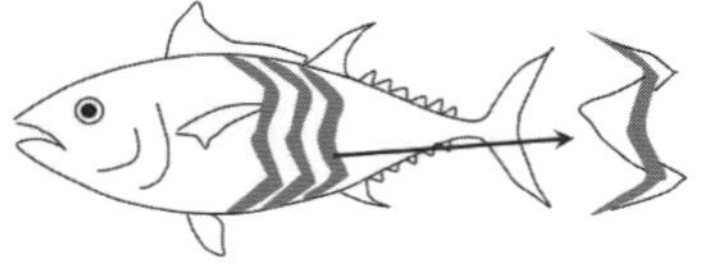

図1　筋節の構造と血合筋の断面図［Altringham et al., 1999を改変］

脊椎動物の骨格筋を構成する筋線維は一般にその収縮速度により，速線維および遅線維に分けられるが，その色により赤色筋線維，白色筋線維および中間筋線維に分けられることもある．魚以外の脊椎動物ではこれらの筋線維が混在しており，ヒトではトレーニングの質によりそれぞれの筋線維の肥大化と筋線維内の血流改善による持久性を向上させることが可能であるとされている．魚の場合，血合筋に赤色筋線維，普通筋に白色筋線維，隣接部に中間筋線維がそれぞれ偏在するとされており，血合筋が特に発達しているマグロ類やカツオ *Katsuwonus pelamis* などは，外洋を高速で長時間にわたって遊泳し続けることができるのに対し，マダイ *Pagrus major* やヒラメ *Paralichthys olivaceus* など移動距離の少ない魚は普通筋が多くを占めている．一方，カツオやマグロ類では普通筋でもミオグロビンを多く含み赤色を呈している．このため本来嫌気的代謝を行う普通筋でも多くの酸素が供給可能な魚種も存在する．一般に赤身魚および白身魚と呼ばれるのは，この普通筋が呈する色のことである．

⁂体側筋を使った遊泳運動　魚が通常遊泳するときにはもっぱら，血合筋が活動している．普通筋は外敵からの逃走や，餌生物の追尾時など，突進的な遊泳が必要な時に不規則的に活動する．疲労しないで持続的な遊泳が可能なのは血合筋を利用しているときである．速度が速くなるにしたがって普通筋が利用されるようになるが，その速度は長時間維持できない．ただし普通筋にもミオグロビンを多く含む魚などでは，突進速度の持続時間も長く，血合筋および普通筋の分業形態は魚種により異なる（塚本，1991）．

魚が前進するときには，体側筋を収縮・弛緩して体軸を屈曲するが，頭部付近の収縮・弛緩が時間的に少しずつずれながら尾鰭まで伝達されることで，波状運動が生じる．波状運動の波は通常，魚体長に対して0.7～1.7回含まれ，波状運動が最終的に伝搬される尾鰭振動の振幅は体長の0.5～1.0倍，一般的には0.9倍とされている（Altringham et al., 1999）．魚はその紡錘形の形状のため，中央部付近の胴周は大きく体側筋も多いが，尾柄部に近付くにつれて胴周も小さくなり体側筋量も少なくなる．一方，体軸中央付近で血合筋が占める割合は小さいが，尾柄部では大きくなる．このことは体軸中央部断面で大きな断面積を占める普通筋は，尾柄部に向けて急激にその断面積が減少することを示している．魚が血合筋を利用して持続的な遊泳をするときには，体軸中央から尾柄部にかけての血合筋，特に尾柄部の血合筋が推進に貢献しているとされる（Rome et al., 1993）．これに対して普通筋を利用した突進遊泳の場合には，中央部の大きな普通筋で発生した力を波状運動として伝達するためには前述したように尾柄部の筋肉量が極端に少ない．そのため，尾柄部の筋肉を硬直させて硬化した魚体の固有振動数との共振を利用して前方から送られてきた大きな力を伝達する（Altringham et al., 1999）ほか，流れを遮る物や他の魚体の後方で生じる渦列の前方に向かう流れを利用して遊泳するときには，魚体前方の血合筋のみを利用して後方の筋肉を休ませたり，尾鰭の振動を渦列の周波数に同調させたりする（Liao et al., 2003）など，その遊泳運動は実に巧妙な機構となっている．　［小島隆人］

鰾

鰾（うきぶくろ）は気体（ガス；大半は酸素）を満たした袋状の器官で，硬骨魚類に特有である．魚類の体を構成する筋肉と骨格の比重は外部環境である水よりも大きいので，多くの魚類は鰾で浮力を得ている．浮力以外にも，鰾は聴音と発音にも関わり，多様な形態的・生理的適応が認められる．軟骨魚類では鰾がなく，浮力は肝臓に蓄えられた大量の油（肝油）で得ている．

浮力調整　鰾は腹腔の背側を占め，前後に伸長する．消化管前部の背側が膨出して形成され，発生初期の段階では，両者は気道と呼ばれる管で連絡する．生涯，気道を保持する魚類は開鰾魚（かいひょうぎょ），仔魚期に気道を失う魚類は閉鰾魚（へいひょうぎょ）である．前者は低位の分類群（ウナギ類，ニシン類，コイ類，サケ類など）に多く，後者はタラ類やスズキ類など高位の分類群で普通である．

開鰾魚では口を水面から出し，直接空気を消化管と気道を通して鰾に補給し，排出は逆ルートをたどる．ただし，一部の開鰾魚（ウナギ類やサケ類など）では，鰾や気道でもガス量の調節を行っている．

閉鰾魚では，鰾自体にガスを補給・排出する仕組みが必要となる．鰾の内壁にはガスを補給するガス腺がある．この腺には多数の動脈・静脈の毛細血管が網目状をなす奇網が付属する．奇網では静脈血の酸素や窒素が動脈血に取り込まれ，ガス腺を通して鰾の内に放出される．ガスの排出は血管が集中している卵円体（らんえんたい）が行う．卵円体には筋肉が関与し，その開（排出あり）と閉（排出なし）をつかさどる．

昼間を中深層（水深約200～1,000 m）で過ごし夜間に表層に移動する魚類では，ガス腺が一般によく発達し，急激な水圧の変化に対応している．しかし，さらなる高圧下の環境では，鰾の内部に油分を満たす種や鰾が退化・消失する種が増える．後者では，骨格系を硬骨から軟骨に置換するなどし，体の比重を小さくしている．

聴音　魚類の聴音は神経頭蓋内（耳殻域）の内耳と体の表面に発達する側線系でなされ，ともに感覚細胞である有毛細胞が機能する．鰾は聴音それ自体には関与しないが，補助器官としてきわめて重要である．聴覚は音波を刺激とする感覚である．音波による水圧の変化が鰾を共振させ，この振動が内耳に伝わる．より効率よく伝えるため，内耳と鰾が連絡する魚類も多い．これらでは，骨格要素が介在するか，あるいは鰾自体の付属要素が前方に伸長する．前者は「骨鰾類」のコイ目やナマズ目で，4つの小骨が前後に連なるウェーバー器官を形成し，内耳と鰾を連絡する．後者は多様な分類群に認められるが，ニシン目やニベ科などが代表例としてあげられる．ニシン目では，聴胞器と呼ばれるガスで満たされた球状の袋が耳殻に収められ，これが細管で鰾と連絡する．ニベ科では他のグループに比較して鰾が神経頭蓋に近接する．前側方に膨出した鰾前部あるいは鰾から発した付属枝などで耳殻域と連絡する種もある（図1）．これらの魚類では聴覚における閾値が低く，可聴範囲も広い．

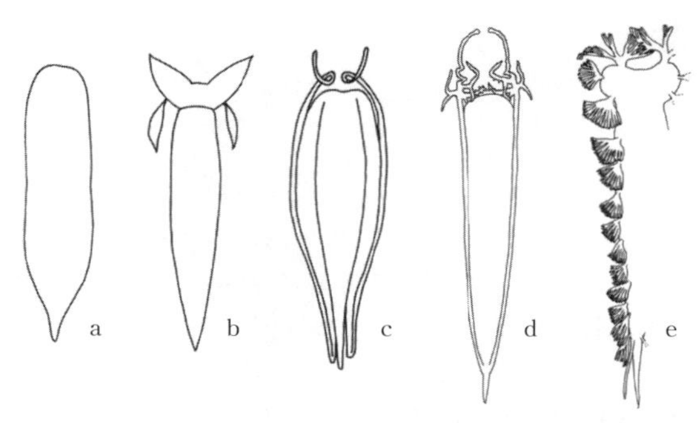

図1　ニベ科魚類の鰾．基本的な鰾（a）．前部の膨出部（b）と付属枝（c, d, e）で神経頭蓋の耳殻域と連絡［Sasaki, 1989 を改変］

発音　鰾は魚類における主要な音源の1つである．鰾自体は共鳴器として働き，共鳴を引き起こす源は「発音筋」として一括される筋肉要素である．発音筋は鰾の外壁に関与する場合と内壁に付着する場合がある．前者はハマギギ科，タラ科，イットウダイ科，メバル科，ニベ科，シマイサキ科，イシダイ科などに，後者はガマアンコウ科などにある．

前者では筋肉の発達様式（頭部に起発し鰾の前部に停止するか，鰾をシート状に包み込むか）および筋肉を支配する神経（後頭神経か脊髄神経か）がさまざまであるので，多くの分類群で発音機能がそれぞれ独立して獲得されたらしい．

発音はテリトリーを守るための威嚇や求愛行動などに役立っている．ニベ科では一般に雄で発音筋が雌より発達し，発生音にも性差がある．産卵期には魚群が盛んに鳴き交わす（コーラスする）ので，繁殖行動と関係すると考えられている．その騒々しさは漁船員の安眠を妨げるほどだという．

鰾と肺　鰾から肺が生じたのか，肺から鰾が生じたのか，両方の考え方が長く並立してきた．ダーウィン（Darwin, C. R.）は『種の起源』で前者の説を唱え，水中から陸上への移行と肺の誕生を結び付けている．ポリプテルス類（多鰭類）は硬骨魚類における最も早期の分岐群である．この類には空気呼吸をする肺があり，鰓呼吸の補助をしている．ポリプテルス類と四肢類（厳密には肉鰭類）で肺を形成する遺伝子を比較した近年の研究は，両者で同一の遺伝子が働いていることを明らかにした．これは脊椎動物の進化におけるごく初期段階で肺が獲得され，肺から鰾が二次的に生じたことを示唆する．鰾とは異なり，肺は消化管前部の腹側が膨出して形成される．しかし，発現する遺伝子では鰾と肺の区別が困難らしい．呼吸機能を二次的に備えた鰾はさまざまな分類群に認められ，この機能は沼地のような酸素欠乏に陥りやすい環境への進出に有利であったと考えられる．

［佐々木邦夫］

鰓

鰓は，頭部の咽頭領域にあり，襞状の鰓弁と呼ばれる構造に特徴付けられる器官である．大部分の魚類において主要な呼吸器官として働く（☞項目「多様な呼吸法」）．また，浸透圧調節やアンモニア代謝においても重要な役割を果たす（☞項目「浸透圧調節と塩類細胞」「老廃物の排出」「軟骨魚類の浸透圧調節」）．外鰓と区別するために，内鰓とも呼ばれる．

咽頭弓と鰓の形成　鰓は，胚発生期の頭部腹側に咽頭弓（内臓弓，鰓弓[*A1]）という繰り返し構造から形成される（図1）．脊椎動物の咽頭弓は，前後に一定の間隔をもって外側の体表面から内側へ咽頭溝（内臓溝，鰓溝）が陥入しそれと対応するかたちで内側の消化管から外側へ咽頭囊（内臓囊，鰓囊[*B1]）が膨出することによって，形成される．

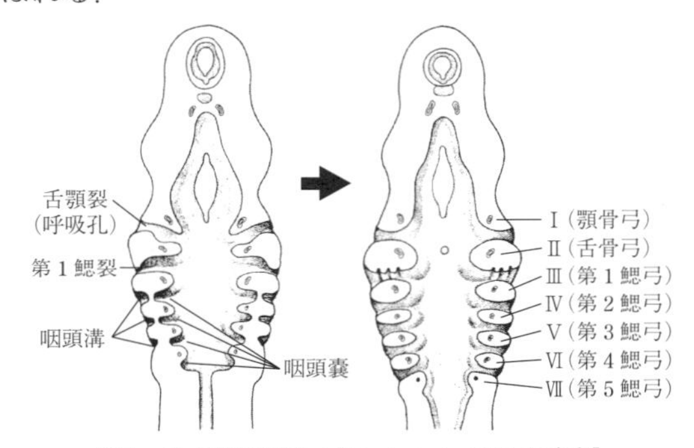

図1　サメ類の咽頭弓［Kent et al., 2001を改変］

四肢類や板鰓類の胚では各咽頭弓は膨らみとして外部から観察されるが，真骨類の胚では小さな区画として形成されるため咽頭弓を認識することは難しく，発生初期に咽頭弓を通る動脈（大動脈弓）が形成された後，その血流によって初めて認識することができる．

それぞれの咽頭弓から，特定の骨・筋・動脈が生じる．第1咽頭弓は顎骨弓（顎弓）とも呼ばれ上下の顎骨などが形成される．第2咽頭弓は舌骨弓（舌弓）とも呼ばれ舌顎骨や角舌骨などが形成される．第3以降の咽頭弓は鰓弓[*A2]とも呼ばれ，鰓を支持する鰓弓骨格（鰓弓[*A3]）を含め，鰓の各要素が形成される（鰓弓という用語については，上付きの[*A1～3]で示したように異なった意味で用いられるので，注意が必要である．鰓囊と鰓裂についても同様に，それぞれ[*B1～2]，[*C1～2]と示した）．

魚類では，咽頭溝と咽頭囊が連絡し，口腔が外通する．その開通部を咽頭裂（内臓裂，鰓裂[*C1]）と呼ぶ．第1咽頭弓と第2咽頭弓の間に生じる第1咽頭裂は舌顎裂と呼ぶ．第2咽頭弓と第3咽頭弓の間に生じる第2咽頭裂を第1鰓裂と呼び，第2，第3と順次，鰓裂[*C2]が後方へ続く．舌顎裂は退化傾向を示し，軟骨魚類の板鰓類やポリプテルス類・チョウザメ類などでは呼吸孔（噴水孔）として存在するものの，ほとんどの硬骨魚類では開口しない．軟骨魚類の板鰓類では鰓裂それぞれが鰓孔(さいこう)となって開口するが，軟骨魚類の全頭類および硬骨魚類では，舌骨弓から発達する鰓蓋(さいがい)によって覆われるため鰓孔は1つとなる．

円口類の鰓の構造　円口類では，鰓を支持する鰓弓*A3が発達していないので，鰓は独特の形状をとる．鰓裂はヤツメウナギ類では7対，ヌタウナギ類では6～14対存在する．鰓裂の中央部が肥大して鰓嚢*B2を形成し，その内面の前後壁に鰓弁が生じる．各鰓嚢は流出管を経て鰓孔に開く．多くの種では鰓孔の数は鰓嚢の数と一致するが，ヌタウナギ類では流出管が途中で合流し鰓孔が1対しかない種もいる．

軟骨魚類と硬骨魚類の鰓の構造　軟骨魚類と硬骨魚類の鰓は，鰓弓*A3，鰓弁，二次鰓弁，およびこれらの内部を走る血管系によって，構成される（図2）．

鰓弓*A3は鰓を支持する1組の骨格である．軟骨魚類の各鰓弓は，腹中線に不対の基鰓軟骨と，下鰓軟骨，角鰓軟骨，上鰓軟骨，咽鰓軟骨が背側へ左右対に連なった基本構造から成り立つ（☞項目「軟骨魚類の頭骨」）．ラブカは6対，カグラザメ類は6～7対の鰓弓からなるが，ほとんどの軟骨魚類の鰓弓は5対である．硬骨魚類でも各鰓弓は，腹中線に不対の基鰓骨(きさいこつ)と，下鰓骨(かさいこつ)，角鰓骨(かくさいこつ)，上鰓骨(じょうさいこつ)，咽鰓骨(いんさいこつ)が背側へ左右対に連なった基本構造から成り立つ（☞項目「真骨類の頭骨」）．アフリカハイギョ類は6対，ポリプテルス類は4対であるが，ほとんどの硬骨魚類の鰓弓は5対である．多くの場合，第4および第5鰓弓の咽鰓骨は癒合して上咽頭骨に，第5鰓弓の下鰓骨と角鰓骨は変形して下咽頭骨になっている．角鰓骨と上鰓骨は＞型に関節し，この関節より上に位置する上鰓骨を鰓弓上枝，下に位置する下鰓骨と角鰓骨を鰓弓下枝と呼ぶ．

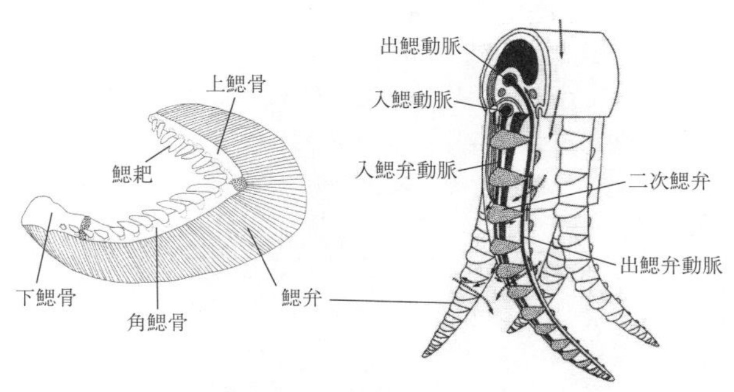

図2　鰓(左)と鰓弁(右)の構造[岸本, 2006および難波他, 2013を改変]

それぞれの鰓弓の前縁（口腔側）に，鰓耙と呼ばれる瘤状(こぶじょう)/棒状の突起物が並ぶ（☞項目「鰓耙と咽頭顎」）．鰓耙は餌料や異物から鰓弁を保護し，餌料を効率良く食道へ送る役割を果たす．

それぞれの鰓弓の後縁（鰓蓋腔側）に，柔らかく薄い襞状の鰓弁（鰓葉）が並ぶ．鰓弁は，生きた魚の鰓蓋を持ち上げ開くと鮮やかな赤色に見えるもので，一般に鰓と認識されている構造である．鰓弁は，1つの鰓弓に前列と後列の2つの列をなし，前列または後列の1つの列の鰓弁を片鰓（へんさい）と呼び，前後列合わせた1組を全鰓（ぜんさい）と呼ぶ．通常，軟骨魚類では舌骨弓の後列と第1～4鰓弓の前後列の鰓弁があり，硬骨魚類では第1～4鰓弓の前後列の鰓弁がある．軟骨魚類も硬骨魚類も最後方の第5鰓弓には鰓弁がない．フグ類やアンコウ類については第1～3鰓弓しか鰓弁がない．

軟骨魚類の呼吸孔と多くの真骨類の鰓蓋の内側にも鰓弁を伴った構造が見られ，擬鰓（ぎさい）（偽鰓）と呼ばれる．擬鰓にはすでに鰓で酸素を受けた動脈血が入り，擬鰓から出た血液は眼の脈絡膜にある毛細血管が多数集まった脈絡腺へと送られる．擬鰓と脈絡腺によって酸素が濃縮され，網膜に酸素を供給しているものと考えられている．

軟骨魚類の板鰓類では，2列の鰓弁の間は鰓隔膜（さいかくまく）（鰓間隔壁）によって完全に分離され，鰓隔膜同士の間が鰓孔として開口する．長く伸びた鰓隔膜は，鰓蓋のように個々の鰓孔を覆い，空間（副鰓腔）を形成する（図3左）．一方，硬骨魚類では鰓隔膜は鰓弁の先端まで達せず，特に真骨類では著しく退縮し，個々の鰓弓の2列の鰓弁は鰓蓋腔の中で並列する（図3右）．各鰓弁は中肋（鰓弁条）と呼ばれる構造によって支えられており，外転筋や内転筋の作用によって2列の鰓弁は開いたり閉じたり調整される．

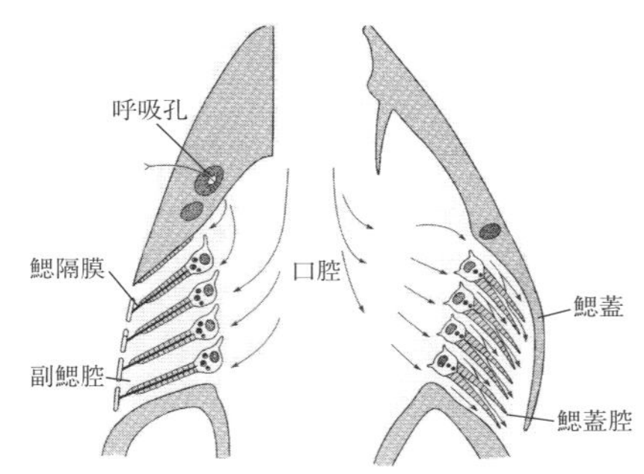

図3　サメ（左）と真骨類（右）の鰓［Kent et al., 2001を改変］

各鰓弁の両面には葉状の二次鰓弁（鰓薄板）が多数並ぶ（図2右）．二次鰓弁は薄く，その内部には毛細血管が網目状に配置されている．この構造によって表面積が広くなり，ガス交換を効果的に行うことができる．そのため，活発に遊泳する魚では鰓弁や二次鰓弁の数が多く発達していて，動作の鈍い魚では発達が不十分であるとされる．

心臓から腹大動脈を経た血液は入鰓動脈により各鰓弓に入る．この静脈血はそれぞれの鰓弁の中の入鰓弁動脈を通り，さらに二次鰓弁の毛細血管に入る．静脈血は，二次鰓弁間を流れる水流と逆方向に二次鰓弁内を流れる対向流システムによってガス交換を行い動脈血となる．動脈血は，鰓弁の出鰓弁動脈，鰓弓の出鰓動脈を通り，背大動脈によって全身へと送り出される．

換水機構　鰓弁の表面に酸素を含んだ新鮮な水を供給することを換水という．硬骨魚類では，鰓ポンプによる換水と前進運動による換水（ラム換水）の2つの機構が知られている．

鰓ポンプによる換水は，弁構造を伴った口腔と鰓蓋腔という2つの空間がそれぞれ拡張・収縮し，口腔が加圧ポンプ，鰓蓋腔が吸引ポンプとして機能することにより換水する機構である(図4).

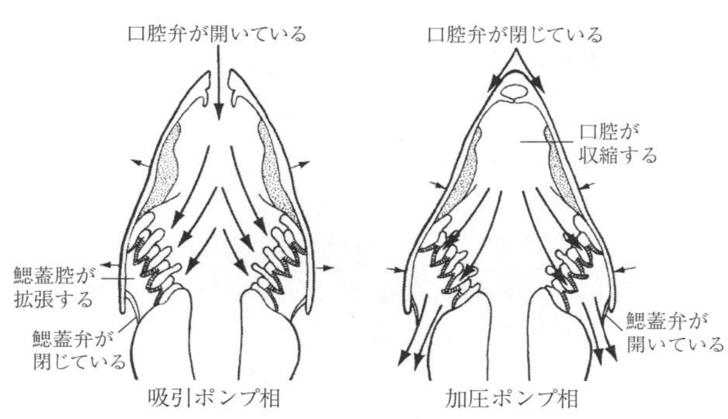

図4　鰓ポンプによる換水［Helfman et al., 2009を改変］

遊泳性の魚は，安静時は鰓ポンプによって換水するが，速やかに遊泳する際には口を開き前進運動による換水を行う．とりわけ，回遊性の魚は，前進運動による換水をもっぱら行うため，夜間も静止することなく遊泳する．鰓ポンプに要するエネルギーよりも，前進運動による換水に要するエネルギーは少なく，効率が良いとされる.

軟骨魚類においても，口腔が加圧ポンプ，副鰓腔が吸引ポンプの役割を果たし，硬骨魚類における二重ポンプ系と同様な換水機構が働く．円口類では，鰓嚢[*B2]の拡張・収縮によって換水する.

酸素消費　魚が単位時間内に呼吸によって摂取する酸素量を，代謝量（酸素消費量，酸素摂取量）という．代謝量は，養殖魚の飼育可能密度や必要餌量を算出する際に用いられるなど水産学的に重要なエネルギー代謝の指標である.

魚をできるだけ安静な状態に置いたときの酸素消費量を安静代謝量（基準代謝量）といい，強制的に激しく運動させ続けているときの酸素消費量を活動代謝量（最大代謝量）という．安静代謝量と活動代謝量の中間値を平常代謝量とする.

外鰓　ミナミアメリカハイギョ *Lepidosiren paradoxa* とアフリカ産ハイギョ類（オーストラリアハイギョ *Neoceratodus forsteri* にはない）やポリプテルス類の稚魚には外鰓（がいさい）と呼ばれる羽毛状/樹枝状の構造が咽頭部側面に見られ，成長に伴って消失する．板鰓類やドジョウ類などの幼魚において内鰓の鰓弁が糸状となって鰓孔の外へはみ出し外鰓と呼ばれる場合があるが，これらと外鰓は構造的に異なる．外鰓は，内鰓と発生学的な起源が異なり，胚発生期の咽頭領域の背側に外鰓芽が膨出し枝分かれすることにより形成される．肺魚類の外鰓は鰓弓領域に4対，ポリプテルス類の外鰓は舌骨弓領域に1対，形成される．骨格はないが筋肉が発達していて，分岐した枝を広げたり縮めたりすることができる．咽頭の動脈から血液が供給されていて，枝の内部を通る毛細血管においてガス交換が行われる．内鰓が形成される前から，呼吸器官として機能する.

外鰓は，肺魚類やポリプテルス類だけでなく両生類の幼生においても存在し，硬骨魚類の原始的な特徴であると考えられる.　［藤村衡至］

循環器

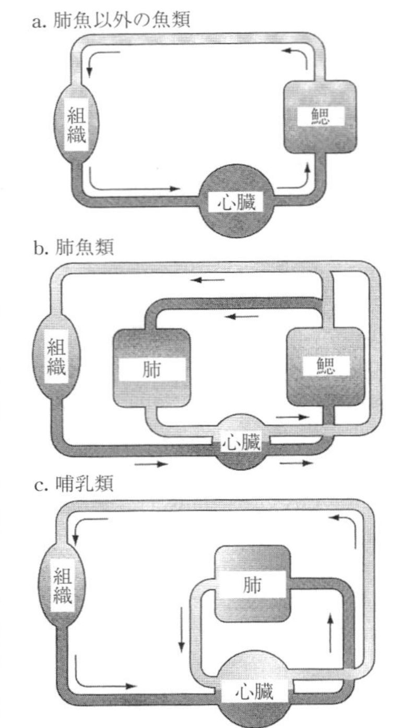

図1　魚類と哺乳類の血液循環の模式図［Kardong, 2005を改変］

循環器は体液を循環させるシステムで，ポンプ器官である心臓と血管，およびリンパ管からなり，外部から摂取した酸素と栄養物を細胞に送り届け，二酸化炭素と代謝産物を運び出す働きを持つ．魚類の血管系は血液が血管の外に出ることのない閉鎖血管系であり，肺魚類などを例外として，血液循環は単一循環経路を取り，心臓には静脈血のみが入り込む（図1）．

魚類の心臓形態　魚類の心臓は血液が流れ込む側から，静脈洞，心房，心室，流出路の4つの区画からなる1心房1心室の形態を示す（図2）．胚発生の初期に左右の側板中胚葉前端に形成された将来心臓となる細胞集団が，発生とともに体の正中線上で融合し心筒を形成する．その後，心筒は折り畳まれ，流出路と心室は腹側に，心房と流入路は背側に位置するようになる．魚類心臓の各部を見ると，静脈洞は筋層に乏しい線維質の薄い壁を持つ袋状の構造であり，拍動のリズムを決めるペースメーカーが存在する．心房は薄い筋性の壁を持つ膨大部で，静脈洞との境には洞房弁が，心室との境には房室弁が存在し，血液の逆流を防ぐ．心室は厚い筋性の壁を持ち，血液を流出路へ排出する．真骨類を除く硬骨魚類と軟骨魚類の流出路は，心筋により構成され，逆流防止のための

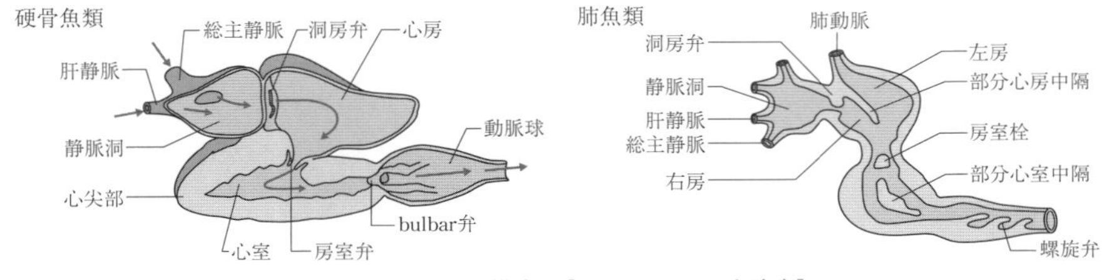

図2　魚類の心臓模式図［Kardong, 2005を改変］

複数の半月弁を備え，動脈円錐と呼ばれる．一方，真骨類の流出路は平滑筋により構成され，弾性に富んだ球状の形状をしていることから動脈球と呼ばれる．動脈球は，心室からの血液を一時的に蓄え，心室圧が鰓の毛細血管に直接かからないように働いている．動脈球は平滑筋からなるため血管の一部と考えられていたが，心臓前駆細胞が動脈球形成に寄与していることが明らかになり，現在では心臓の一部と捉えられている．動脈球にはエラスチンが豊富に存在し，その性質は血管のエラスチンとは異なる．真骨類以外の魚類ではエラスチン遺伝子は1種類であるが，真骨類には2種類あり，分子系統的解析によってこのエラスチン遺伝子の重複は真骨類特有の進化的イベントである3回目の全ゲノム重複によることが示された．流出路に特異的に発現するエラスチン遺伝子を阻害すると流出路に異所的に心筋が分化することから，全ゲノム重複によるエラスチン遺伝子の多様化と新規機能の獲得が動脈球形成の引き金になり，動脈球の獲得による効率的な血液循環が真骨類の繁栄をもたらしたと考えられる．

血液循環　心臓流出路に起因する腹側動脈は，咽頭の前方下部を通り6対の動脈弓によって1対の背側動脈へとつながる．動脈弓の形状は魚類の種類により異なるが，真骨類では第3〜6動脈弓が毛細血管を備えた鰓動脈へと分化する．鰓を通過し酸素濃度の高まった血液は背側動脈へと流れ込み，1対の背側動脈は後部で合流し体循環を形成する．肺魚類は肺呼吸も行うため，体循環系の他に肺循環系を持つ（図1）．肺魚類の心臓には部分的な心房中隔と心室中隔があり，動脈円錐には動脈血と静脈血とを分ける螺旋弁（らせんべん）がある（図2）．それにより静脈血は第5･6動脈弓から鰓へ循環し，さらに第6動脈弓は肺へ循環する．肺から心臓に戻った酸素に富んだ血液は第3・4動脈弓を経て全身へ運ばれる．奇網は血管が細かく枝分かれして網目状の構造を取っている組織である．魚類では鰾（うきぶくろ）の気体の保持に奇網が関与している．鰾のガス腺で産生された乳酸が静脈に入るとヘモグロビンの酸素親和性が低下し酸素が解離する．解離した酸素は対向する動脈に移動し，酸素分圧の高まった血液はガス腺で酸素を放出する．マグロ類などでは，奇網は筋肉の温度を上昇させる効果があり，筋肉の運動性を高め高速遊泳を可能にする．

リンパ管　リンパ管は血管に併走して存在し，体液の代謝の維持と脂肪の吸収，またリンパ球を介して免疫に関与する．硬骨魚類ではリンパ管系は血管系とは独立した構造であるが，軟骨魚類では完全には独立せず，血リンパ管となる．血管が環状に閉じた閉鎖循環であるのに対し，リンパ管の末端は盲端となり，もう片側は最終的に集約されて左右の静脈角（鎖骨下静脈と内頸静脈の合流点）に開口する．リンパ管は血管と同様に中胚葉に由来し，魚類では主静脈から分化する．

　このように魚類の循環器は，形態こそヒトと異なるが，発生の分子機構には多くの共通点があり，一部小型魚類はヒト循環器疾患の病態解析に利用される．

［小柴和子］

血液と造血器官

心臓から拍出された血液は，血管を通って体の隅々まで運ばれ，酸素の運搬・止血・感染防御などさまざまな働きをする．血液は，液性成分である血漿と有形成分である血球（血液細胞）に分けられるが，血漿中にはさまざまな塩類やタンパク質が，また，血球にはさまざまな種類が存在する．

血球の種類と機能　脊椎動物の血球は，赤血球・栓球（哺乳類では血小板とも呼ばれる）・顆粒球・単球・リンパ球に大別される（図1）．これらの形態および機能は，脊椎動物を通して比較的よく保存されている．例えば，赤血球は酸素の運搬を，栓球（血小板）は血液凝固を，顆粒球・単球・リンパ球は感染防御を主な機能とする．しかし，魚類・両生類・爬虫類・鳥類の赤血球や栓球が有核であるのに対して，哺乳類の赤血球や栓球は無核であるなど，動物のグループによる形態の違いも見られる．

哺乳類の顆粒球は，顆粒の染色性により，好中球・好酸球・好塩基球の3種類に分けられるが，ウサギや鳥類の好中球は特殊な染色性を示すため，好異球とも

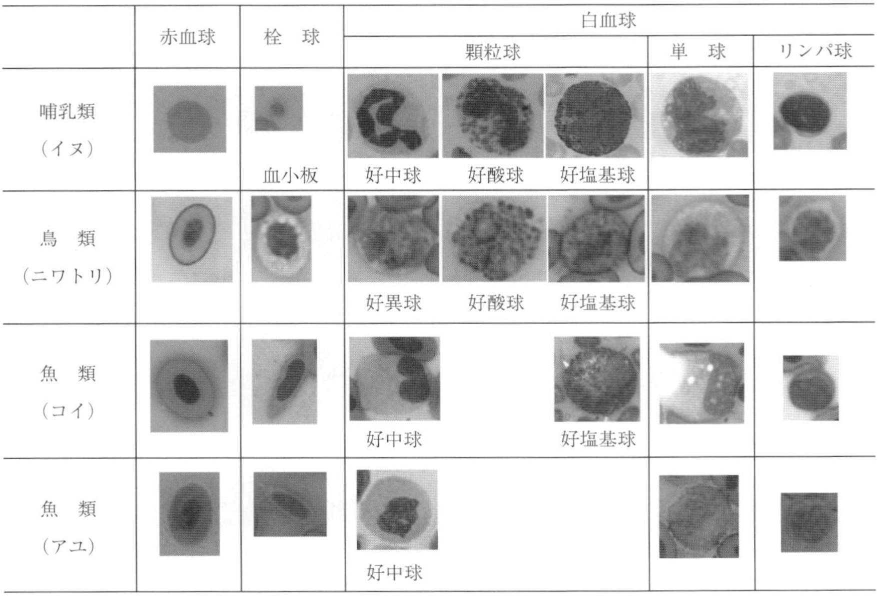

	赤血球	栓　球	白血球				
			顆粒球			単　球	リンパ球
哺乳類（イヌ）		血小板	好中球	好酸球	好塩基球		
鳥　類（ニワトリ）			好異球	好酸球	好塩基球		
魚　類（コイ）			好中球		好塩基球		
魚　類（アユ）			好中球				

図1　脊椎動物の血球比較［筆者作成］

呼ばれる．一方，魚類では，顆粒球の種類は種により異なる．コイ *Cyprinus carpio* やフグ類では，好中球の他，好塩基球も認められるが，アユ *Plecoglossus altivelis*・ニジマス *Oncorhynchus mykiss*・ニホンウナギ *Anguilla japonica*・メダカ類では，ほとんど好中球しか観察されない（中村他, 2001）．哺乳類の好中球は炎症部位に早期に現れ，貪食（どんしょく）・殺菌を行うなど，初期の感染防御に重要な役割を担っているが，魚類の好中球も同様の働きをすることが知られている（椎橋他, 2003）．一方，コイやフグ類の好塩基球の機能は不明である．また，哺乳類および魚類とも，単球は高い貪食能を持ち獲得免疫を発動させる．

哺乳類のリンパ球はT細胞・B細胞などに区別され，そのうちB細胞は抗体を産生し，また，T細胞は免疫反応を制御するヘルパーT細胞と異常細胞を攻撃するキラーT細胞などに機能的に分けられる．魚類においても，これらと同様のリンパ球の亜集団が存在することが知られており（Nakanishi et al., 2011），基本的な獲得免疫機構も脊椎動物の間で保存されている．

血球の発生（造血）　脊椎動物の血球数は生涯を通じて一定に保たれており，減少することはない．これは，全ての種類の血球をつくり出す造血幹細胞が存在するためである．この造血幹細胞から血球がつくり出される過程を造血と呼ぶ．

哺乳類や鳥類では，造血幹細胞は骨の内部の骨髄に存在し，骨髄が造血の場となっている．一方，魚類に骨髄は存在せず，真骨類の造血の場は腎臓と脾臓である．特に，腎臓は多くの真骨類で主要な造血部位となっている．また，軟骨魚類では，生殖腺に付随するエピゴナル器官や食道粘膜下に存在するライディヒ器官が造血の場として知られている．このように造血の場は動物の種類によって大きく異なる．

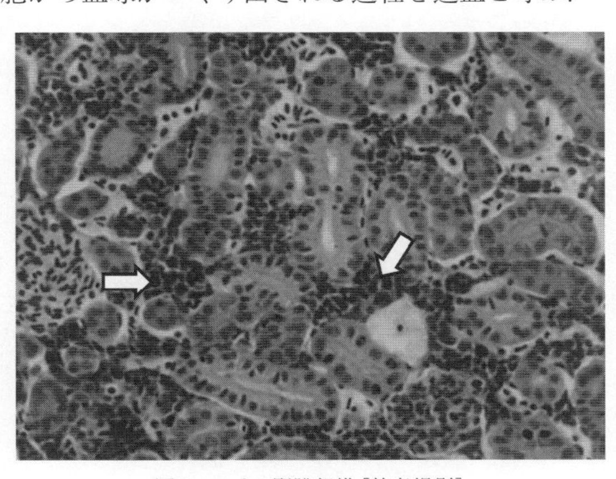

図2　コイの腎臓組織［筆者撮影］

前述のように，真骨類の腎臓は尿をつくると同時に造血器官でもある．腎臓組織標本（コイ）を見ると，図2のように尿をつくる組織の間に分化途中の各種の幼若血球が観察される（矢印）．また，魚類の腎臓中には，全ての種類の血球を長期間にわたってつくり続けることができる造血幹細胞がある（Kobayashi et al., 2006）．このように造血の場であるという点からすれば，真骨類の腎臓は，哺乳類の骨髄と機能的に相同な器官といえる．

［森友忠昭］

消化器官

食物を摂食し，その栄養物を吸収して体に必要なさまざまな物質につくり変える働きは，生命を維持する上での重要な働きの1つである．消化管の前方部を構成する摂食器官である口，口腔，鰓腔（さいくう）には，顎，歯，鰓耙（さいは）などがあり，食物を捕捉し，咀嚼や濾過を行う．食道，胃，幽門垂（ゆうもんすい），腸，総排泄孔（そうはいせつこう）（肛門）までの管状の構造である消化管は，化学的な消化と栄養物質の吸収，食物残渣の排除を行う．この消化管に付属する肝臓・胆嚢（たんのう）・膵臓（すいぞう）は，腺組織（せんそしき）によって胆汁や膵液の産生・分泌を行うとともに，肝臓は代謝と呼ばれる化学工場のような働きを行う臓器である．進化の過程でさまざまな魚類が出現して，その生息域は拡大し，食性も肉食・草（藻）食・微生物食・デトリタス食など，地球のあらゆる有機体に対応できるようになった．一方，多くの魚類の食性は，生息域に応じて有機体を限定して捕食することで，さまざまな魚類の生息する場（ニッチ）の重複を防ぎ，魚類の多様性を維持している．消化器官もそれぞれの魚に特殊化した形態と働きを持っている．

摂食器官―口・口腔・鰓腔　食物は口腔から鰓腔を通り，咽頭から消化管に運ばれる．口の形や大きさは顎の形によって決まり，上顎を大きく突出させることで食物を効率良く吸引する魚など，食性とは強い関連性がある．口腔前方の両顎の内縁にある膜状の口腔弁は，口腔内の内圧を変化させて水の吸い込みや排出を調節する働きがある．また口腔床部には基舌骨で支持された舌があるが筋肉の発達は悪く，多くの魚類は舌を動かすことはできない．上下の顎には歯を備えているが，鰓腔の後方にも咽頭歯がある．咽頭歯の発達状態は魚種によってさまざまで，顎歯を持たないコイ科は下咽頭歯がよく発達し，頭蓋骨下面にある咀嚼台との組合せで食物を効率良く咀嚼する．鰓弓の内縁にはさまざまな形態の鰓耙があって摂餌に関わる．

消化管―食道・胃・幽門垂・腸　食道は咽頭の後端から胃または腸と連結する管状の器官で，長さはさまざまであるが，内面は縦走する皺（しわ）に富む粘膜で被われていることから伸縮は容易である．食道から肛門までの消化管壁の基本構造は共通しており，内腔から外側へ向かって粘膜，粘膜下組織，筋肉層および漿膜の各部からなる．食道粘膜は重層の扁平上皮で粘液腺細胞や繊毛が見られる．粘膜下組織は食物の大きさによって内腔の拡張が可能な疎性結合組織よりなる層で，さらに外側には食物を移動させるための筋肉層（骨格筋），最外層の漿膜（しょうまく）によって食道は保護されている．食道の骨格筋は胃または腸の起始部に侵入した後は，内臓筋に置換される．

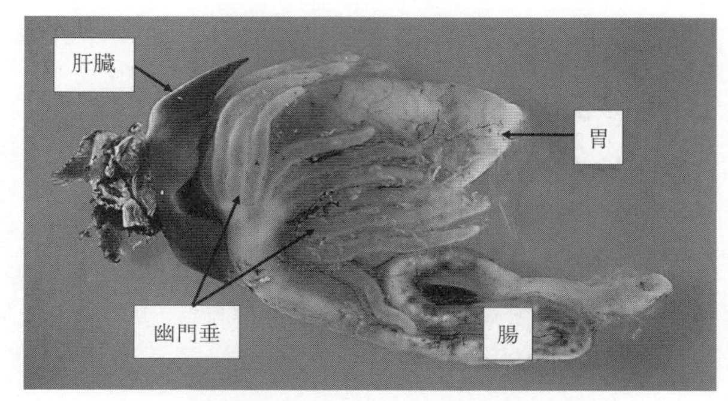

図1　消化器官の全体像（左体側・右体側）［筆者撮影］

胃は伸縮性に富み，食物を多量に摂取した際には著しく拡張可能で，食物の貯蔵と消化を行う器官であるが，胃を有する有胃魚と胃のない無胃魚に分けられる．有胃魚の場合，食道との境界部を噴門部，それに続く胃液の分泌が盛んな体部（盲嚢部）および腸に接続する幽門部の3部から構成されるが，各部の発達程度には差があり，形態学的に5型に分類される（I型，U型，V型，Y型，ト型）．このような形態の違いは，系統発生学的な進化の段階に加え，浸透圧調整や食性に関連すると考えられている．一般に，下位真骨類のカライワシ上目と骨鰾上目ナマズ目は有胃魚，骨鰾上目コイ目は無胃魚であるが，真骨類の多くは有胃魚である．海水魚は，海水を飲む必要があるため多くは有胃魚であるが，水を飲む必要がない淡水生息種は無胃魚である．しかし例外が多く，下位真骨類の淡水魚と異なり，真骨類の淡水魚は有胃魚，海水魚ではフグ亜目，ハゼ亜目，ベラ亜目，ダツ類，サンマ *Cololabis saira*，サヨリ類，トビウオ類は無胃魚である．食性では，雑食性やイソギンポ科の藻食性魚類は無胃魚が多く，代わりに腸管は長い．胃の内壁は多数の縦走皺が見られ，胃体部の粘膜固有層には顆粒を含む腺細胞からなる胃腺が発達し，小孔を通して胃の内腔へ塩酸とペプシノーゲンを分泌する．この塩酸によって胃のpHは強酸性となり，食物中のバクテリアなどを殺菌する働きがある．筋層は内臓筋（平滑筋）からなり，輪走および縦走に走行し，物理的な破砕を行って食物を腸へ移動させる．コノシロ *Konosirus punctatus* やボラ類などの幽門部の筋肉層は肥厚して固く，砂嚢または球状であるのでソロバン玉とも呼ばれる．

幽門垂は，硬骨魚類に特有の消化器官で，胃幽門部と腸起始部の境界部に突出する盲嚢である．したがって無胃魚には幽門垂はないが，有胃魚でもウナギ目やナマズ目には幽門垂がない．盲嚢数は魚種によって異なり，一般的には1～10本以内であるがそれ以上の魚もいる．組織学的には，消化管共通の粘膜と粘膜下層および筋層（内側に輪走筋，外側に縦走筋）が走行し，漿膜により保護されている．消化酵素を分泌して食物の消化に関係するが，腺上皮細胞間には消化性内分泌細胞（胆嚢を収縮させるコレシストキニン分泌）の存在が明らかにされている．幽門垂は活発に遊泳したり，回遊したりする魚種に多く見られる傾向にあるが，その働きも含めて生物学的意義はよくわかっていない．

腸は，腸前部（中腸）・腸後部（後腸）または直腸などに区別されることもあるが，境界が判然としないことが多い．腸の長さは種類によってさまざまで，食性と関係があるといわれている．カライワシ上目のウナギ類やマアナゴ*Conger myriaster*など細長い魚の腸は短く直線的であるが，内面には軟骨魚類に見られる螺旋弁(らせんべん)を備え，内腔は螺旋状に回転している．骨鰾上目コイ目の腸は著しく長く，腹腔内で複雑に湾曲している．藻食性魚類ヨダレカケ*Andamia tetradactyla*はオタマジャクシのような渦巻き型の腸であるが，雑食性の魚の腸も長く，湾曲している．粘膜は単層の円柱上皮で，杯細胞による粘液と膵液，胆汁および消化酵素の働きにより消化作用を営む一方，微絨毛による栄養物質の吸収を行う．粘膜下組織およびさらに外側の内輪走・外縦走の2層の平滑筋層によって食物を移動させる．直腸は総排泄孔または肛門に開く部分をいうが，多くの魚類は外観的には腸との境界が明らかでない．サメ・エイ類は直腸背部に付属する直腸腺という腺組織からなる盲嚢があり，塩類排出の機能を有する．

消化管付属腺—肝臓・胆嚢・膵臓　これらの臓器は発生学的には胃幽門部と腸起始部に形成される肝憩室の肝臓芽（肝臓・胆嚢）と膵臓芽（膵臓）から分化してくる．肝臓は動物体を内側から支える重要な器官の1つで，さまざまなタンパク質を合成するとともに，グリコーゲン，中性脂質を貯蔵し解糖作用によってエネルギーを産生する．このように食物中の有機物質（糖・脂質・タンパク質）および無機物質（鉄・ビタミンなど）の代謝の中枢臓器としての働きに加え，血液内の有毒物質を無毒化し（抱合化），胆汁を産生して体外に排出する．肝臓の肉眼形態は魚種によって異なるが，一般的には系統発生学的な位置関係に相応する．

肝臓はカライワシ上目ウナギ目や骨鰾上目ナマズ目では塊状の1～2葉，骨鰾上目コイ目の多くの種類では湾曲する消化管の隙間にある細長い扁平の数葉からなる．真骨類では2～数葉あるが，魚の形態に相応して，左右不相称であったり，前後に2葉であったりする．肝組織構造は，肝小葉とグリソン鞘によって構築され，肝小葉は肝臓の実質的な機能単位で，肝細胞，類洞と毛細胆管によって構成される．類洞には毛細血管が網目様に配列し，肝細胞へ消化吸収された物質を運ぶとともに，新たに肝細胞で産生された物質を心臓へと送り出す．毛細胆管は肝細胞で産生された胆汁を輸送する導管である．肝細胞と類洞との位置関係は肝臓機能を決める重要な因子で，肝細胞の配列と類洞の様式は筆者らによって，3型に分類されている（図2）（Akiyoshi et al., 2004）．一方，グリソン鞘は肝臓という器を構

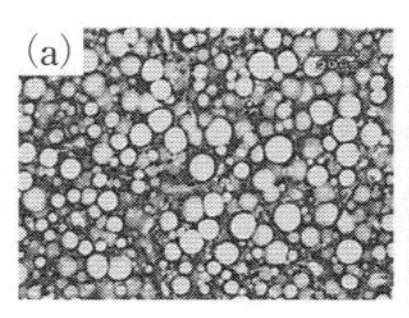

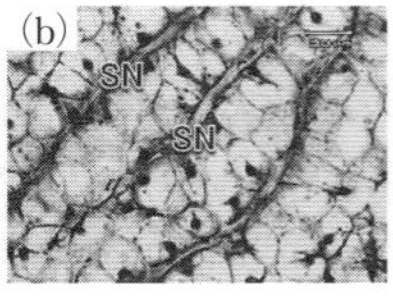

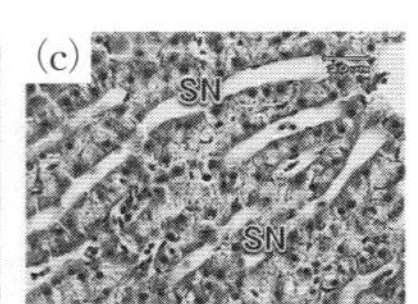

図2　肝細胞と類洞（SN）の位置関係.（a）塊状型，（b）管状型，（c）索状型［Akiyoshi et al., 2004を改変］

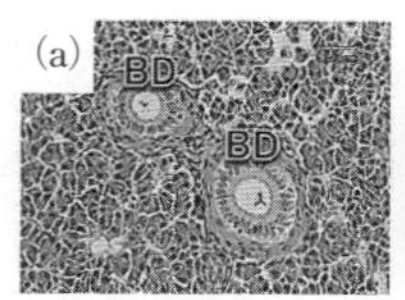

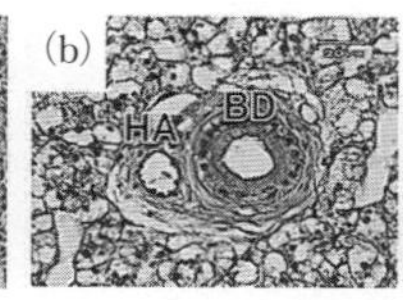

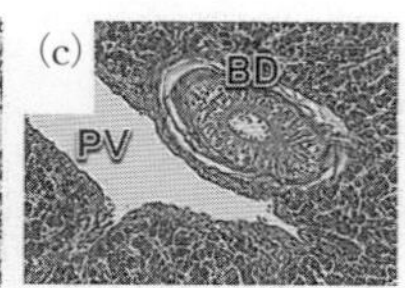

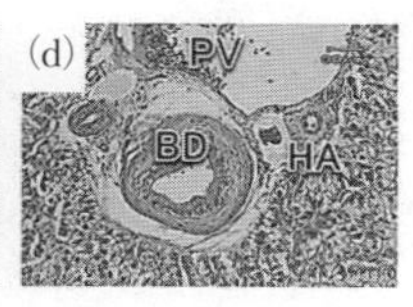

図3　グリソン鞘を構成する血管（PV:門脈，HA:肝動脈），胆管（BD）の配列．(a) 胆管孤立型，(b) 胆管－動脈型，(c) 胆管－静脈型，(d) 胆管－動脈－静脈型［Akiyoshi et al., 2004を改変］

築する結合組織であり，肝小葉を物理的に支持するとともに，消化管由来の栄養静脈である門脈と大動脈経由の酸素濃度が高い肝動脈，胆汁を消化管内に輸送する胆管および自律神経を内包している．グリソン鞘内を走行する血管や胆管の構成は魚種によって異なっており，特に肝臓に流入する門脈の走行に起因していると考えられ，グリソン鞘（図3）は筆者らにより4型に分類されている．

胆囊は肝臓で生成された黄緑色から濃緑色の胆汁を一時的に貯蔵し，食物が消化管を通過する際に輸胆管を通して胃や腸に胆汁を排出する．輸胆管は魚種によって異なるが，一般的には腸に開口し，ウナギ類のような盲囊胃を有する魚では食道と胃噴門部の近くに開口する．胆囊の形は，卵形，細長い紐状など，肝臓や消化管の形態に応じている．胆囊壁は円柱上皮で，固有層，平滑筋層が認められ，平滑筋の収縮によって胆汁が腸に排出される．

膵臓は明瞭な器官をつくらず，外分泌膵組織と内分泌膵組織（膵島）は腹腔内に個々に存在するが，軟骨魚類やウナギ類，ナマズ類では外分泌膵組織間に膵島が存在する．外分泌膵組織は，肝門部，幽門垂，腸，脾臓周囲の脂肪組織中に散在して見られるが，骨鰾上目ナマズ目ゴンズイ，棘鰭上目ベラ亜目，ハゼ亜目，フグ目などでは，肝臓の門脈枝に沿って肝臓内に侵入し，肝臓内に膵組織を認め，肝膵臓と称している．ゴンズイ *Plotosus japonicus* の膵組織はグリソン鞘の結合組織内にあるが，ベラ類，ハゼ類，フグ目は門脈血管の内腔に見られる．肝膵臓は系統発生学的な位置に応じて出現するが，例外も多い．外分泌膵組織は，顆粒（かりゅう）を含む細胞が腺房状に並んだ腺組織で，細管によって膵組織内を縦走する膵管へと連絡，腸の起始部に開口して膵液を排出する．内分泌膵組織であるインスリンを産生する膵島は，多くの魚種では独立した器官として肉眼的に区別できる1～数個の器官として存在し，ブロックマン小体と称される．肝膵臓で見られる膵組織は，外分泌膵組織であり，膵島は，肝外の脂肪組織中に存在する．

内臓の多様性　動物が進化する過程で，内臓も進化し，消化器官の形（構造）は次々に変化し，働き（機能）もより高度になっていく．一方，系統発生学的に同じグループに属する魚でも，その構造と機能にはさまざまな変異があり，内臓器官の構成も多様性が見られる．内臓の多様性は，魚類がそれぞれの生息環境に適応して生活する中で獲得したものである．

［秋吉英雄］

泌尿器官

魚類の腹腔には腎臓，膀胱，尿管が存在し，泌尿器系を形成する．腎臓は腹腔の背側に1対存在する塊状の器官で，内部にネフロン（腎単位）と呼ばれる細い管状の組織を数多く含み，尿を産生する唯一の場として機能する（Hickman et al., 1969）．魚類の腎臓の外観はさまざまであるが，どれもネフロンの集合体として同じように機能する．魚類の腎臓は，腎臓の主要な体積を占めネフロンを多く含む体腎と，哺乳類の副腎に相当する内分泌組織を有する頭腎に分かれ，頭腎は体腎の頭側に付属する．膀胱は排泄口に隣接して尿の貯留する袋として機能する．哺乳類の膀胱と異なり，魚類の膀胱は尿の最終的な成分調製に積極的に関わる．尿管は腎臓と膀胱をつなぐ管として腹腔の背側に沿って1対存在する．

魚類にとって腎臓はさまざまな老廃物の排出器官として，また細胞外液（血漿（けっしょう）など）の浸透圧や電解質バランスを調節する器官として重要である．これらは腎臓単独で行われるのではなく，鰓（えら）と共同して実現されている点は魚類の特徴といえる（☞項目「老廃物の排出」「浸透圧調節と塩類細胞」）．尿量や尿成分は生息環境により異なり，ホルモンなどにより制御される．

ネフロンの構造と機能　ネフロンは尿産生の場として機能する腎固有の組織単位であり，腎小体（マルピーギ小体）と尿細管からなる基本構造は脊椎動物内で共通に観察される（図1）．動物の老廃物の排出は限外濾過と能動輸送という2つの基本過程により行われ，ネフロンも腎小体による限外濾過と尿細管による能動輸送により尿を産生する（シュミット=ニールセン, 2007）．能動輸送はその向きによって尿細管分泌と再吸収に分けられる．

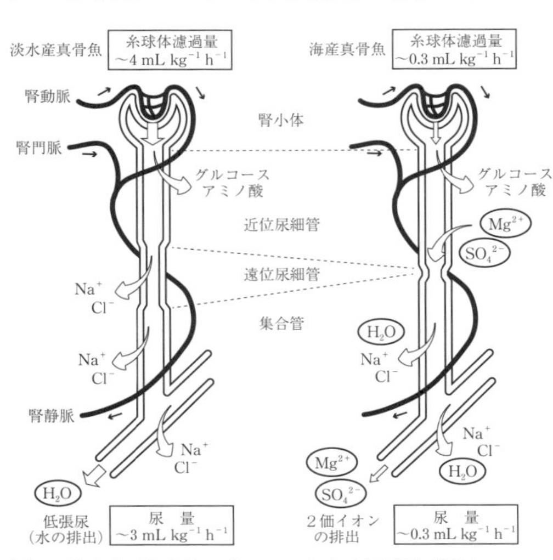

図1　淡水魚，海水魚のネフロンによる尿産生［Hickman et al., 1969; Marshall et al., 2005を改変］

腎小体は糸球体と呼ばれる毛細血管の塊をボーマン嚢（のう）が取り囲む構造から成っており，糸球体の毛細血管とボーマン嚢の足細胞（蛸足細胞，ポドサイト）は血液の濾過フィルターを形成する．濾過により血液から原尿を産生するためにはある程度以上の血圧が必要であり，濾過される血漿量（糸球体濾過量）は糸球体と体循環をつなぐ輸入細動脈，輸出細動脈の血流制御，および糸球体の毛細血管の隙間に存在するメサンギウム細胞の収縮・弛緩により調節される．ヨウジウオ類やアンコウ類には腎小体を欠く種がいて，無糸球体魚と呼ばれる．

濾過された原尿はそのまま尿細管の管腔へと流入する．尿細管は管内の原尿と管外の組織液との能動輸送を活発に行って尿量や尿組成を変化させる．魚類は尿細管分泌が比較的活発であり，原尿形成には糸球体濾過と尿細管分泌がともに重要である．これは原尿形成の大部分を糸球体濾過に依存している哺乳類と対照的である．能動輸送はエネルギーを必要とするため，尿細管細胞は燃料を多く消費し，細胞内に多くのミトコンドリアを有している．また細胞同士は密着結合により結合し，細胞間隙を介した非選択的な物質交換は制限される．尿細管はボーマン嚢に近い部位から近位尿細管，遠位尿細管，集合管と呼ばれており（図1），それぞれを構成する細胞の形態や遺伝子発現，能動輸送活性は異なる．近位尿細管は管腔側に刷子縁（さっしえん）と呼ばれる微絨毛を有し，原尿中の糖やアミノ酸を積極的に再吸収する主要な経路として機能する．近位尿細管による栄養素の再吸収機構は，小腸粘膜上皮細胞の栄養素の吸収機構と類似している．遠位尿細管や集合管には刷子縁が存在せず，主に電解質の能動輸送を担う．

腎臓への血液流入は，哺乳類では腎動脈のみに依存するのに対し，魚類を含む他の脊椎動物では腎動脈と腎門脈の2つの経路が存在する．腎動脈は糸球体濾過と尿細管分泌を介した原尿産生に，腎門脈は尿細管分泌を介した原尿産生に関与する．無糸球体魚では原尿産生は腎門脈を介した尿細管分泌のみに依存する．

淡水・海水順応における泌尿器の役割　淡水産真骨類（以下，淡水魚）の腎臓は多量の低張尿を産生し，水を排出する唯一の経路として機能する．淡水魚は海水魚に比べて糸球体濾過量が約10倍多く，尿の排出量も約10倍多い（Marshall et al., 2005）．淡水魚の遠位尿細管，集合管，膀胱は水の透過性が低く，加えて原尿の主要な溶質であるNaClを再吸収する活性が高い．その結果，浸透圧を体液の10分の1～20分の1まで低下させた尿を産生することができる（図1左）．

海水魚にとって，腎臓は海水から体内に流入したMg^{2+}やSO_4^{2-}の排出経路として重要であり，それらの尿中濃度は140 mmol/L，70 mmol/Lにも達する．海水魚の近位尿細管はMg^{2+}，SO_4^{2-}を能動輸送により原尿中に分泌する活性が高い．海水魚では集合管と膀胱の水透過性は高く，加えてNaClを再吸収する活性も有する．その結果，NaClの再吸収に伴い水も再吸収されて尿量が減少し，Mg^{2+}とSO_4^{2-}が濃縮された等張尿（とうちょうにょう）が産生される（図1右）．哺乳類などの腎臓に見られる尿細管のループ構造は真骨類には存在しない．ループ構造は哺乳類が過剰に摂取したNaClを高張尿として排出するために必要である．海水魚ではNaClは主に鰓から排出され，腎臓で高張尿が産生されることはない．　［加藤　明］

真骨類の生殖器官

生殖の内部器官として，生殖「巣」は卵や精子などをつくり，生殖「腺」はホルモンを分泌する働きをする．通常は左右1対で，間膜で体腔背壁から懸垂される．真骨類には目立った外部生殖器官を持つものは少ないが，生きた無脊椎動物の体内に産卵するタナゴ類やカジカ類では雌が産卵管を持ち，交尾をするカジカ類などでは雄が発達した生殖突起を持つ．食材として卵巣はタラコ・数の子・カラスミ・キャビア，精巣は白子などとして珍重される．

卵巣の構造と機能　成熟した雌の腹を裂くと，ザーッと卵がこぼれ落ちるのはサケ・マス類の特徴で，卵巣を包む被膜が完全に閉じておらず，卵巣実質（卵胞を含む組織）が露出している．このような卵巣は裸状型と呼ばれ，サケ目やウナギ目などに見られる．成熟卵は体腔に排卵され，肛門の後方の泌尿生殖孔を通じて体外に放卵される．一方，コイ目魚類では卵巣実質の露出箇所が体腔壁に癒合することで構造上は閉じた状態となり，嚢状型と呼ばれる．成熟卵は卵巣実質と体腔壁の間の卵巣腔に排卵される．タラコなどのように被膜によって完全に包まれた卵巣も嚢状型と呼ばれ（図1a），高等な真骨類に見られる．成熟卵は卵巣腹側に形成された内部空間である卵巣腔に排卵され，後方の輸卵管から体外に放卵される．卵巣実質は，中心にそれぞれ1個の卵母細胞とそれを囲む濾胞層からなる卵胞が数多く含まれる．濾胞層にはステロイドホルモンの合成能を持つ細胞が含まれ，卵巣の内分泌器官としての役割を担う．

繁殖様式を反映した卵巣構造　メバル科とフサカサゴ科には2型の卵巣が見られる．1つは高等真骨類によく見られる基本的な嚢状型であり，卵巣実質が卵巣基部から薄板状に発達する型である（図1a）．もう一方も嚢状型であるが，中心部を縦走する結合組織を基部として卵胞が周囲に向かって放射状に発達する型であり（図1b），卵巣の全周縁にできた卵巣腔に成熟卵が排卵される．これら2型の卵巣は本科内での繁殖様式の2型によく対応している（Koya et al., 2007）．前者はメバル属やカサゴ属に見られ，どちらも胎生の繁殖様式をとる．一方，後者はキチジ属，ユメカサゴ属，ミノカサゴ属などそのほかの属に広く見られ，これらは全て中空のゼラチン質に卵が埋没した卵塊を産む（図1 c, d）という特異な繁殖様式を共有する．

卵巣は通常左右1対であるが，発生の早い段階で左右が融合して単一の卵巣となるものがいる．カダヤシ科，グデア科，ウミタナゴ科およびゲンゲ科の3種などで単一の卵巣が見られ，これらの魚は胎生の繁殖を行うことで共通している．卵巣が単一になることに何か適応的な意味があるのであろう．また，胎生ではなく

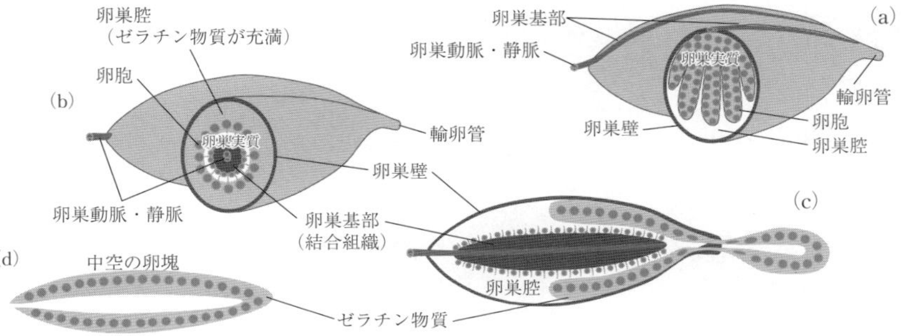

図1　フサカサゴ科に見られる嚢状卵巣の2型.（a）基本型,（b）ゼラチン質卵塊を産むことに特化した型,（c）,（d）ゼラチン質卵塊が産み出される様子の模式図［筆者作図］

卵生であるがメダカ類も単一の卵巣を持つ.

精巣の構造と機能　精巣は被膜に包まれた1対の嚢状の器官で, 内部には精小嚢と呼ばれる管状あるいは嚢状の構造が納められている. 精小嚢の内部には包嚢と呼ばれる構造が詰まっている. 個々の包嚢の内部には1つの精原細胞に由来する生殖細胞が詰まっている. 1つの包嚢内で精原細胞が複数回分裂した後, 精母細胞となり, これらが一斉に減数分裂して数千から数万個の精子がつくられる. 精小嚢の間を埋める結合組織を間質と呼び, その中にはステロイドホルモンを合成する細胞が散在する. 精巣は精小嚢や精原細胞の精巣内での分布によって, 管状型, 精原細胞非局在型, および精原細胞局在型の3つの型に分類される（Uribe et al., 2014）. 包嚢内で完成した精子は包嚢の壁が破れることで精小嚢の内腔に放出され, 後述する輸精管へと運ばれる.

貯精嚢　精巣間膜の接続部（基部）には精子を体外まで運ぶ輸精管が縦走する. 左右の輸精管は後方で合一し, 後端は泌尿生殖孔に接続する. ナマズ類, ハゼ類, ギンポ類などには輸精管の一部が分枝し盲嚢状に膨らんだ貯精嚢と呼ばれる構造があり, 精子を貯留するほか, 粘液物質を分泌する. 分泌物にはムコ多糖, 脂質, タンパク質, ステロイドやその代謝物などが含まれ, 精子への栄養供給, 雌に対するフェロモン, 精漿のpH維持（精子運動能の獲得のため）, 精子の不動化など種々の機能が考えられている. カジカ類では交尾する種で輸精管の一部が肥大した貯精嚢が見られ, 非交尾種では見られないことから, 貯精嚢は交尾に関係して獲得した構造であると考えられる（Koya et al., 2011）. カジカ類の貯精嚢でも精子貯留と分泌物の産生が確認されているが, 分泌物の機能は不明である.

生殖器官の形態や構造はその種の繁殖生態を反映しやすい. これは生殖器官に現れる形質が個体の繁殖成功に直結し, 繁殖の成否によって集団内に広まりやすいためかもしれない. 系統関係を解析する際には生殖器官の形態は重要な因子の1つとなるであろう.

［古屋康則］

神経系

神経系は，感覚器でとらえた体内および外界の情報を処理・統合し，適切な反応や行動を行う指令を出す．餌の探索，摂食，逃避や闘争行動，繁殖行動など，状況や季節に対応して各種行動を適切に制御するために必須の機能系である．神経系は，中枢神経系と末梢神経系から構成される．中枢神経系と末梢神経系のいずれに関しても，軟骨魚類と硬骨魚類には違いがあり，硬骨魚類の中でも分類群による形態の違いがある．本項では，種類が最も多く，食用として重要であり，なじみの深い真骨類の形態について概説する．

神経系を構成する細胞の中で機能的に最も重要なのは，神経細胞（ニューロン）である．神経細胞には3つの機能的な区画がある（図1）．すなわち，細胞の主要部で，核があって代謝も行う細胞体，細胞体から木の枝のように伸びる樹状突起，細胞体あるいは樹状突起の途中から発する長い突起である軸索（じくさく）（あるいは線維（せんい））である．軸索の初部で神経細胞の興奮によって活動電位が生じる．活動電位は軸索に沿って伝わる．軸索の末端部（軸索終末）は別の神経細胞の樹状突起や細胞体，あるいは筋細胞と近接しており，ここで化学物質（神経伝達物質）を放出して情報を相手に伝える．この情報伝達を行う場所をシナプスと呼ぶ．神経細胞の細胞体が集まった構造を神経核（あるいは単に核）と呼ぶ．神経核Aの神経細胞から発した軸索が神経核Bに終わる場合には，「神経核Aは神経核Bに投射する」という．

中枢神経系　中枢神経系は，脳と脊髄から構成される．脳は神経頭蓋の内部にある．複数の区画に分けられ，前方から後方へと終脳（大脳），間脳，中脳，後脳，延髄（髄脳）の順に並んでいる（図2）．後脳（小脳と橋（きょう））は，その背側部には小脳が，腹側部には橋がある．多くの文献において魚類には橋がないとされているが，実際には存在する．哺乳類の橋には，発達した橋核（大脳からの情報を小脳に伝える）があるが，魚類には橋核に相当する構造がないため，橋そのものがないと誤解されてきた．中脳，橋，延髄を合わせて脳幹と呼ぶ．

終脳は嗅球と終脳本体である終脳半球からなる．終脳半球は背側野と腹側野に

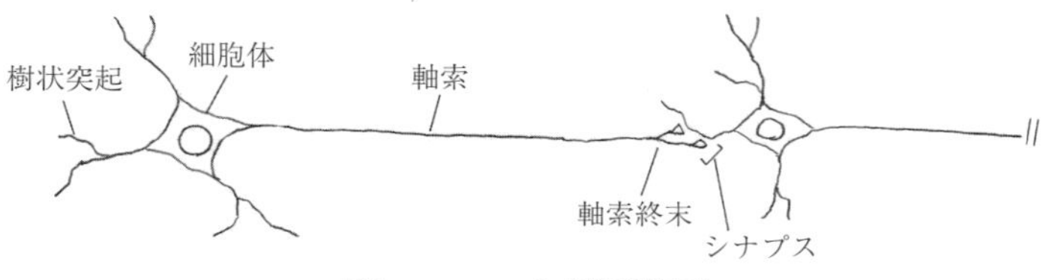

図1　ニューロン［筆者作図］

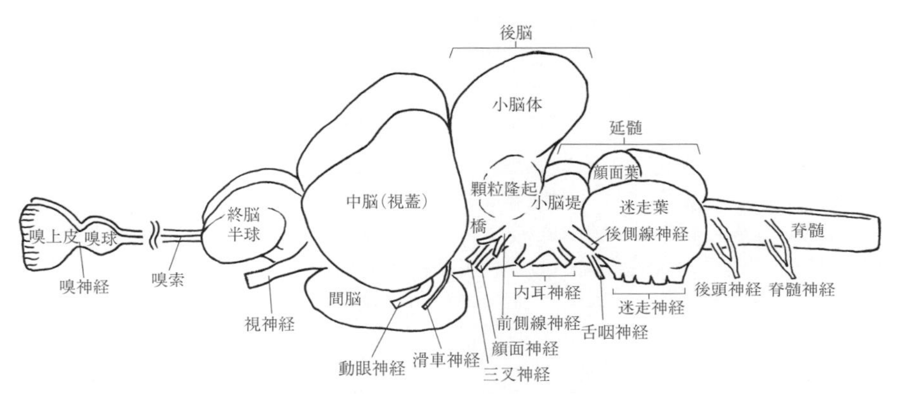

図2　コイの脳の外形. 終神経は嗅索など嗅覚経路の中を走行しているため, 外からは見えない. 延髄腹側からでる外転神経は隠れている. 後頭神経は複数の背根と腹根をもつが簡略化してある [谷内他編, 2005を改変]

分けられる. かつて, 終脳は嗅覚処理のみに関わると思われていたが, 実際には背側野に嗅覚以外の各種感覚情報も送られてくることがわかっている. 腹側野には, 嗅覚と味覚などが到達していて, 繁殖行動制御などに関わっている.

間脳の最も背側には, 光受容能を持つとともにメラトニン分泌を行う松果体と松果体からの投射を受ける手綱がある. 手綱の腹側に視床があり, 間脳の最も腹側には視床下部がある. 視床の腹外側にさまざまな感覚を終脳背側野に中継する糸球体前核群がある. 視床の後方に遠近調節などに関わる視蓋前域と尾鰭運動調節に関わる内側縦束核がある.

中脳の最も背側には, 主要な視覚中枢である視蓋が位置している. 中脳脳室を挟んで視蓋の腹側にあるのは, 側線感覚, 聴覚, 触覚などを中枢する半円堤がある. 視蓋と半円堤は, それぞれヒトにおける上丘と下丘に相当する.

中脳の後方に続く橋には, 視蓋と相互連絡する峡核などがある. 橋の背側には小脳体がある. 小脳体から, 条鰭類特有の小脳弁と呼ばれる構造が中脳脳室の中へと前方に突出している. 小脳体の外側および後方に連続して, それぞれ顆粒隆起と小脳尾側葉がある. 小脳体と小脳弁には, 視蓋前域に由来する視覚関連情報を運ぶ線維や中継核を介した終脳や視床下部などからの情報が入る. 小脳体は脊髄からの投射も受ける. 小脳体と小脳弁はこれらの情報に基づいた運動制御に関わると考えられている. 顆粒隆起と小脳尾側葉には側線や内耳の平衡感覚器からの情報が入っており, このような情報に基づいた姿勢制御などに重要と考えられている.

延髄の前方部分には, 側線感覚, 聴覚, および平衡感覚を受ける幾つかの神経核がある. 後方部分には, 味覚や内臓感覚を受ける構造がある. 脳幹には, 頭部のさまざまな運動に関わる神経核なども存在している．

脊髄は，延髄の後方に続き，脊柱管の中にある細長い構造である．外観からはわかりにくいが，節状構造（脊髄節）が前後にたくさんつながった構造である．脊髄の表面近くは脳に向かって上行する線維，脳から脊髄へと下行する線維，脊髄内をつなぐ線維があり，生の状態だと白く見えるため白質（はくしつ）と呼ばれる（図3）．もっと中心に近い場所には，細胞体がたくさんあり，こちらもその色から灰白質と呼ばれる．灰白質には背側に伸びる背角と腹側に伸びる腹角がある．背角には感覚をうける感覚ニューロンがあり，腹角には筋肉を支配する運動ニューロンが位置している．哺乳類などでは，左右の背角は離れているが，真骨類では左右が正中で癒合している．

脳と脊髄の内部には脳脊髄液と呼ばれる液体で満たされた腔所があり，それぞれ脳室と中心管と呼ばれる．個体発生において，中枢神経系は管状の構造（神経管）から発達してくるが，脳室と中心管は神経管の管腔に由来する．

末梢神経系　末梢神経系の主要な要素は，脳と脊髄に出入りする軸索の束であり，それぞれ脳神経と脊髄神経と呼ばれる．脳神経と脊髄神経には感覚器からの情報を中枢に伝える軸索や中枢から発して骨格筋を支配する軸索の他に，内臓運動や血管収縮などを調節する軸索も含まれていて，これらは自律神経系の要素である．消化管の壁にも神経細胞（ニューロン）があり，それらの軸索が形成する網目状の神経網を形成している．この消化管の神経網を腸神経系と呼び，末梢神経系の一部と見なすことも多い．

真骨類には番号が付けられている脳神経が10対，それ以外の脳神経が3対ある．以下に前方から後方の順に説明する（前頁図2）．

・終神経（第0脳神経と見なすこともある）：嗅神経や嗅球など，嗅覚路に沿って存在する細胞体があり，脳の広範な領域や網膜に軸索を送っている．視覚や嗅覚の調節に関わり，性行動の動機付けにも関与することが報告されている．

・第Ⅰ脳神経＝嗅神経：嗅覚器である嗅上皮から嗅球に投射する線維束．

・第Ⅱ脳神経＝視神経：網膜からの情報を視蓋などの視覚中枢に伝える線維の束．前述の終神経の線維やそのほかの脳から網膜に向かう線維も含まれている．

・第Ⅲ脳神経＝動眼神経：中脳にある動眼神経核から眼球の周りにある外眼筋（目を動かす筋肉）に向かう運動性の線維束．遠近調節に関わる水晶体筋を制御する副交感神経系に属する線維も含まれる．

・第Ⅳ脳神経＝滑車神経：中脳と橋の境界付近にある滑車神経核から外眼筋に向かう運動性の線維束．

・第Ⅴ脳神経＝三叉神経：頭部・顔面の感覚（触覚など）を橋から延髄にかけて存在する三叉神経感覚核群に伝える線維束．鰓蓋や顎の筋肉を支配し，呼吸や咀嚼を制御する運動性の線維も含まれている．

・第Ⅵ脳神経＝外転神経：延髄の外転神経核から外眼筋に向かう運動性線維束.
・第Ⅶ脳神経＝顔面神経：体表と口腔前方部からの味覚を延髄に伝える感覚性の線維と鰓蓋の筋肉を支配して呼吸運動を制御する運動性の線維からなる．味覚が発達している種では，味覚を受ける延髄領域が大きくなって顔面葉と呼ばれる膨らみを形成する.
・第Ⅷ脳神経＝内耳神経：内耳の半規管と耳石器官からの平衡感覚と聴覚を延髄に伝える．脳からこれらの感覚器に向かう線維も含まれている.
・側線神経（番号なし)：側線感覚を感覚器である感丘から延髄に伝える．脳から感丘に向かう線維も含まれている．頭部に分布する前側線神経と躯幹部に分布する後側線神経がある．一部の種では，電気感覚を伝える線維も含まれている.
・第Ⅸ脳神経＝舌咽神経：口腔後部と咽頭前部からの味覚を延髄に伝える．鰓の筋肉を支配する運動線維と鰓の血管を支配する副交感神経系の線維も含まれる.
・第Ⅹ脳神経＝迷走神経：咽頭後部からの味覚を延髄に伝える線維，内臓の感覚を延髄尾側部に伝える線維，鰓や咽頭の筋を支配する運動性の線維と内臓機能を調節する副交感神経系の線維も含まれる．咽頭の味覚が発達している種では，味覚をうける延髄領域が大きくなって迷走葉と呼ばれる膨らみを形成する.
・後頭神経：迷走神経よりも後方の延髄と脊髄の境界領域に出入りする神経であり，脊髄神経とよく似ているが脳神経の1つとして扱われることが多い．背側から延髄-脊髄境界部に入り触覚などを伝える線維の束と，腹側からでて胸鰭などの筋肉を支配する束がある.

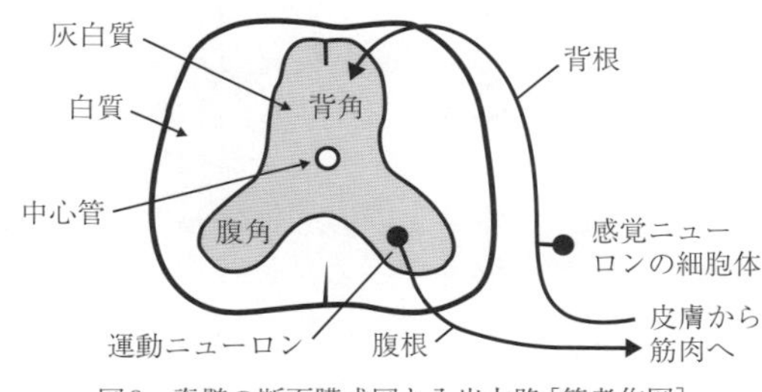

図3　脊髄の断面膜式図と入出力路［筆者作図］

脊髄神経は，魚種によって本数が違うが，脊髄に皮膚の触覚などを伝える感覚性の線維と，筋肉を支配する運動性の線維が含まれている．感覚性および運動性の線維は脊髄の近くで分離し，前者は背根(はいこん)として脊髄の背側部に入り，後者は腹根として脊髄の腹側部で脊髄につながっている（図3)．腹根(ふくこん)には交感神経系の線維も含まれている.

主要な中枢感覚路　嗅覚を除き，前述したように間脳の糸球体前核群を介して，各種感覚は終脳背側野に到達する．視覚は視蓋を経由して，聴覚は延髄の一次および二次聴覚中枢から中脳の半円堤の聴覚領域を経由して，側線感覚は延髄の一次側線感覚中枢から半円堤の側線感覚領域を経由して，味覚は延髄の顔面葉や迷走葉などの一次味覚中枢から，二次味覚核を経由して，糸球体前核群に到る.

［山本直之］

視　覚

魚類の視覚器は脊椎動物の基本形を示すと同時に，種ごとに生息する水深や水域の光環境に適応した形態的特徴を持つ．洞窟魚など視覚器を退化させた種を除き，魚類も他の脊椎動物と同様，外部環境情報の8割以上を視覚によって得ているといわれており，眼の位置，眼球内外の付属組織，網膜細胞の種類や分布は彼らの生活様式をよく反映している．さまざまな魚類の視覚器について構造や生理機能を調べることにより，魚類の多様な行動生態への理解が深まる．

眼の基本構造　魚類をはじめとする脊椎動物の眼は「カメラ様眼」と呼ばれる．眼球外側の強膜（ヒトの白目の部分）とそれに続く角膜はカメラのボディに，水晶体はレンズに，網膜はフィルムにあたる．魚類とヒトとで形が最も違うのは水晶体である．ものを見るためには眼に直進してくる光を屈折させ網膜上の1点に集めて焦点を合わせる必要があるが，角膜の屈折率は水とほぼ等しいため，魚類は球形の水晶体で光を屈折させている．水晶体は眼球内の背側に付く懸垂靭帯（けんすいじんたい）とそのほか数本の靭帯によって硝子体内に保持されている．焦点調節は腹側に付く水晶体筋が水晶体を尾側に2～3 mm移動させることにより行われる（図1）．

網膜には水晶体筋との接点から視神経乳頭まで続く眼裂と呼ばれる1筋の切れ目がある．マグロ類やサバ類では眼裂から鎌状突起（かまじょうとっき）という網目状の血管繊維が硝子体内に張り出す．ダツ *Strongylura anastomella* やサンマ *Cololabis saira* では鎌状突起が分化して1枚の薄膜となり，表面全体に黒色素が沈着する．薄膜は眼球内の空間を赤道面付近で仕切り，上からの光は腹側に，下からの光は背側に届く．イワシ類やキュウリウオ類は水晶体筋が眼裂に接続してカーテン様に振る舞いまぶしさを軽減する．光の方向性からどのような情報を得ているのかを考えるには魚の生活様式を理解する必要がある．

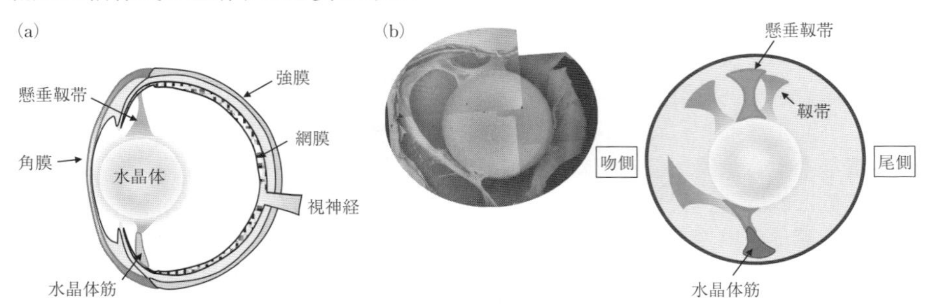

図1　真骨魚類の眼の構造．(a) 真骨魚類の眼の断面模式図，(b) ブルーギルの眼球内の電子顕微鏡写真（左）と靱帯の分布模式図（右）［(a) 田村，1963を改変，(b) Khorramshahi et al., 2008を改変］

視細胞と色覚・偏光感覚　網膜で光情報を受け取るのは桿体（かんたい）と錐体の2種類の細胞である．いずれの細胞も先端部分（外節）は薄膜円盤が光軸に面して層を成し，ここに光を吸収するタンパク質（視物質）が含まれる．桿体細胞は各動物種において1種類であるが，錐体細胞には単錐体と複錐体があり，さらに単錐体は短単錐体と長単錐体に分けられる．通常は短単錐体にはUV-A域の，長単錐体には青色域の，複錐体には緑または赤色域の光を吸収する視物質が含まれる（図2）．細胞は規則性のあるモザイク状に配置されるが，細胞の種類や配列は魚種により異なる．網膜部位によって配列が異なる魚種は，見る角度によって色覚の違いがあることを意味する．

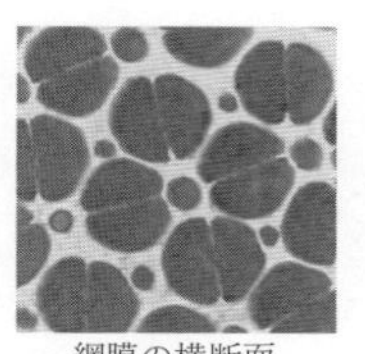
網膜の横断面

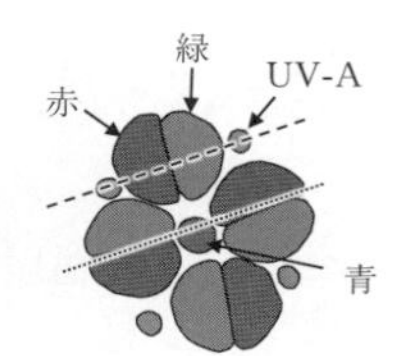

錐体モザイクの模式図

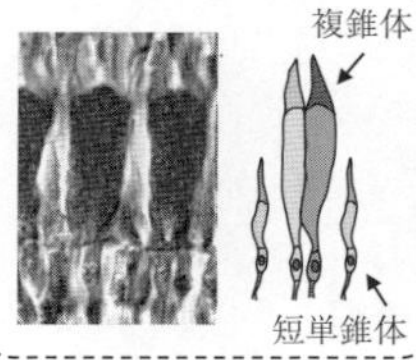

破線部分の縦断面

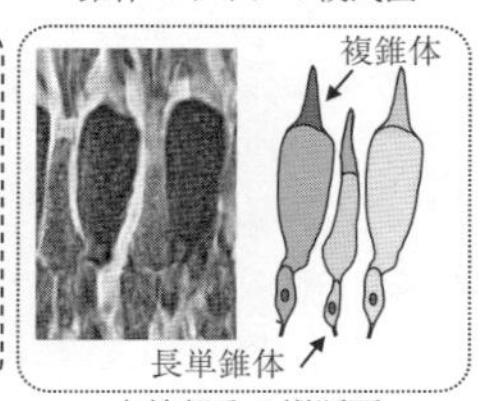

点線部分の縦断面

図2　魚類網膜の錐体細胞［Miyazaki et al., 2002; Miyazaki et al., 2001を改変］

カタクチイワシ類では錐体外節の薄膜円盤が光の入射軸と同じ向きに並ぶため光の振動ベクトル（偏光）を識別できる．また深海性のアオメエソ科は桿体様の視細胞が束になった特殊な構造を持つ．

神経節細胞の分布と視軸　ヒトの網膜の中央にある中心窩には錐体細胞が密に分布し解像度が高い（フィルムで例えると画素数が多い）．網膜のほぼ中央にあるので視軸は前方向きで，ヒトは正面をよく見ていることになる．ヒトの中心窩では光情報の受容細胞である錐体細胞と，その情報が脳へ送られる神経節細胞はおよそ1：1であるが，魚類では錐体細胞の方が多い．魚の中心窩を知りたいときは神経節細胞の密度分布を調べる．錐体細胞と神経節細胞の比率は魚種によって異なり，例えば水深が深い所に棲む魚では錐体密度の方が高い．これは暗い環境では光情報を得るのにたくさんの錐体が必要なことを意味している．

網膜神経節細胞は細胞体の大きさや樹状突起の張り出し方で3種類に分類される．ネルソン他（Nelson et al., 1978）は細胞体が小さく樹状突起が短いものをβ細胞，細胞体が大きく樹状突起が長いものをα細胞，β細胞よりも小さく樹状突起の分岐が少ないものをγ細胞とした．細胞の機能性はネコで調べられ，β細胞は空間のコントラスト情報を，α細胞は視野内を物体が移動することによる明るさの変化を感じ取ることがわかっている．クロマグロ *Thunnus orientalis* ではβ細胞は腹側で密度が高く，胴側にはα細胞が局在することから，巡航遊泳中は斜め上方向に餌を探索し，捕食する際は動体視力で餌を正面でとらえると考えられる．

［宮崎多恵子］

嗅覚と味覚

嗅覚と味覚は，ともに化学物質に由来する化学信号を感じる感覚であり，化学感覚と呼ばれる．陸上で生活する脊椎動物において，嗅覚は空気中の揮発性の化学物質を受容し，味覚は口腔内で唾液に溶けた水溶性の化学物質を検知する．水中で生活する魚類においては，嗅覚と味覚はともに環境水に溶けた化学物質の検出に関わることになる．したがって，嗅覚と味覚は魚類においてはその区別が曖昧な印象を持たれる．しかし，嗅覚と味覚の受容器と受容器細胞は異なり，受容器細胞にはそれぞれの感覚に特有の受容体が存在する．受容器細胞からの情報は，異なる脳の部位へと送られ，結果的に異なる行動が誘発される．これらのことから，魚類においても嗅覚と味覚は明確に区別できる異なる感覚である．

嗅覚　嗅覚はエサの識別，雌雄の認識，生息場所の識別，生殖行動の誘発，母川回帰，成群など，さまざまな行動に関わる．魚類の鼻は眼の前方の吻部の背面に左右1対存在する．鼻には鼻孔と呼ばれる穴が，多くの魚では前後に1対存在する（図1）．前方の鼻孔から鼻腔に水が入り，後方の鼻孔から出ていく．この際に，水中の化学物質が鼻腔で検出される．鼻腔内には嗅板（きゅうばん）が集まってできた嗅房（きゅうぼう）という構造がある．嗅板には匂い物質に応答する嗅細胞が分布している．嗅細胞は嗅板の表層と深部側に伸びた細長い形をしている．表層側には小さな突起が存在し，この突起上に匂い物質と結合するタンパク質である嗅覚受容体が分布している．魚類において，嗅覚器はアミノ酸，性ホルモン，ヌクレオチド，胆汁酸などに応答する．嗅細胞の深部側からは軸索が伸びており，嗅覚受容体で受容された情報は，活動電位と呼ばれる電気信号に変換されて，それが軸索を伝わって脳まで運ばれる．複数の嗅細胞の軸索が集まって嗅神経を構成し，嗅神経は嗅球と呼ばれる嗅覚の一次中枢へと連絡する．嗅球の大きさは魚種によって異なり，ウツボ類などでは非常に大きく，嗅覚が鋭敏な魚に見られる特徴であると思われる．嗅神経の軸索は嗅球に存在する僧房細胞という細胞とシナプスを形成する．僧房細胞の軸索の集合は嗅索と呼ばれ，終脳と連絡する．終脳まで伝達されてきた匂いの情報がどのように処理されて，それに由来するさまざまな行動が誘発されるかに関してはまだ不明な点が多く，今後の研究課題である．

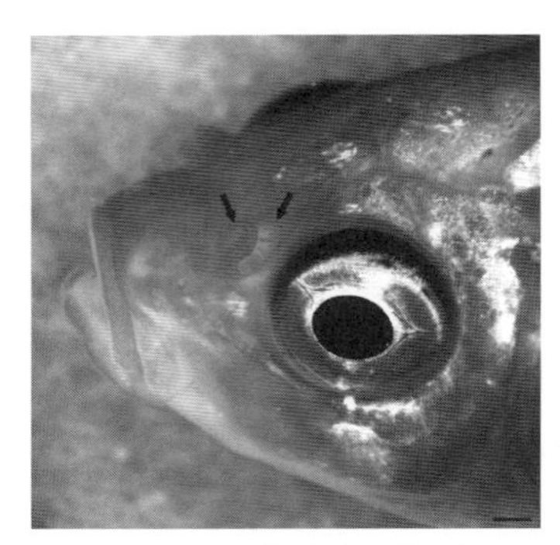

図1　キンギョの鼻．矢印は体の左側の前後の鼻孔．スケールバーは1 mm［筆者撮影］

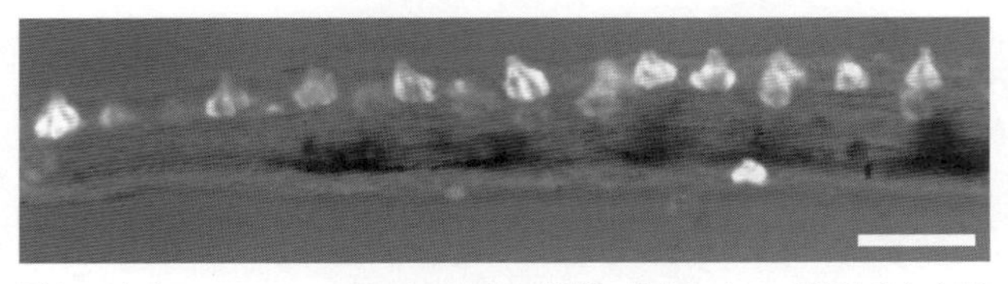
図2　ゼブラフィッシュ *Danio rerio* の触鬚．抗体によって標識された味蕾が分布している．スケールバーは50 μm［筆者撮影］

味覚　味覚は，陸上脊椎動物では口内に取り込んだ物質が摂取可能か否かを判断するための感覚である．味覚の受容器は味蕾（みらい）であり，陸上脊椎動物では主に口内に分布する．魚類では味蕾は口腔，鰓，さらに口唇や触鬚（しょくしゅ）など体表にも分布する（図2）．なかでもナマズ目魚類では触鬚に加え，鰭や胴体部にも味蕾が分布しており，餌の探索の段階でも味覚が関与する．これは，味覚の刺激物質が溶けている水中に棲む魚類ならではの特徴である．味蕾は複数の細胞が集まってできており，フラスコ状の形をしている．味蕾の中の味細胞は紡錘形で，その先端部には突起状の構造がある．この先端部のみが表皮から表面に露出しており，そこに分布する受容体と化学物質が結合する．魚類の味覚器は，餌生物のエキスに多く含まれる物質によく応答し，なかでもアミノ酸に高い感受性を示す．どのアミノ酸に対してよく応答するかは魚種間で異なり，これは餌生物の違いを反映していると考えられている．嗅覚器もアミノ酸に応答するが，その閾値は一般的に味覚器の方が低い．味細胞は軸索を持たず，味細胞で受容された情報はシナプスを介して，顔面神経，舌咽神経，迷走神経のいずれかの脳神経へ伝達される．体表と口内前方に分布する味蕾は顔面神経と連絡し，口内の後方に向かうにつれ，それらの部位の味蕾は舌咽神経，迷走神経と連絡する．このように，各脳神経が対応する部位が異なる．これらの脳神経を介して，味覚情報は延髄の一次味覚中枢へ伝達される．延髄からは橋の二次味覚中枢へ，さらにそこから直接，もしくは間脳を介して終脳に情報が伝達される．このように，味覚情報を処理する受容器，脳神経の種類，脳の部位は嗅覚のそれと明確に区別される．

前述のように，顔面神経と舌咽−迷走神経が支配する味蕾の分布は異なる．顔面味覚系は餌の探索と口内への取り込みに，舌咽−迷走味覚系は取り込んだ餌の識別に関与する．味覚の発達した魚種では延髄の一次味覚中枢が巨大化している．多く味蕾が分布する触鬚を用いた索餌（さくじ）を行うナマズ目魚類では，顔面神経の延髄での投射部位が大きく，この部位は顔面葉（がんめんよう）と呼ばれる．一方，口内に取り込んだ物質が餌か否かを選別する行動を示すコイ *Cyprinus carpio* やキンギョ *Carassius auratus* では口内後方に多くの味蕾があり，それらを神経支配する迷走神経の投射部位が迷走葉として発達している．それぞれの魚種に特有の摂餌行動と味覚器の分布，それに対応した脳の部位の発達との見事な対応が見られる．このような味覚の発達した魚類の特徴は，動物の行動や体のつくりがさまざまな環境に適応するためにどのように発達しているかをうかがい知るための，優れた例である．［池永隆徳］

聴覚と平衡感覚

聴覚は，音すなわち伝導する振動エネルギーを内耳を介して検出する感覚機能である．平衡感覚（または平衡覚，前庭覚）は，頭の向きや運動を内耳を介して検出する機能である．聴覚は音の知覚，コミュニケーション，逃避反射に関与し，平衡感覚は，姿勢制御，泳動運動制御，動眼制御に関与する．

聴覚と平衡感覚の意義　音は伝導する振動エネルギーであるが，10 Hz～1 MHzの音が水中をよく伝わる．このうち低周波の部分はヒトの感覚的には振動である．水中での音は，音圧成分のほかに，粒子運動成分が存在する．音は，環境から，あるいはみずからの捕食や泳動の際に自然に発生するほか，多くの種において，鰾と筋肉を用いるなどして意図的に発生させることができ，迅速で暗所でも使用可能な個体間のコミュニケーション手段として使われる．このような音を検知する機能が聴覚である．

また，魚は，水中という三次元空間の中で姿勢を整えて目標位置に向かってよろけずに移動し，さらに視野を安定化する平衡感覚をもつ．姿勢制御に関しては，多くの魚類では，吻尾軸を水平に背腹軸を垂直にするのが正常の姿勢で，さらに強い光が入射する場合に光の方向に体の背腹を傾ける反射（背光反射）がある．視野に関しては，頭の向きが横回旋・前後屈・左右傾の方向に変化させられるとそれを補償する方向に眼球の動き（前庭動眼反射）が生じて視野を安定化させる．内耳の破壊により，姿勢制御，泳動制御，前庭動眼反射が著しく障害される．ただし，すぐに中枢性の代償機能が働く．

内耳の構造と機能　聴覚と平衡感覚に関わる感覚受容器は内耳に存在する．内耳は，上部に3つの半規管，そして耳石器として卵形嚢，さらに，耳石を持たない微小な平衡斑（後述）として2つのmaculae neglectaが存在する（図1）．内耳の下部には耳石器として球形嚢（小嚢）とラゲナ（壺嚢）が存在する．半規管では，他の脊椎動物と同じく，前半規管・後半規管が垂直方向，外側（水平）半規管が水平方向の回転運動の検出に関わる．魚類の耳石器では，球形嚢が主な聴覚器として機能する．ラゲナは，振動を含めた聴覚と平衡感覚の両方に関わる．卵形嚢は，主として線形加速度と重力の検出に関わるが，聴覚にも関与する．すなわち，陸上動物とは異なって内耳において聴覚器と平衡感覚器が明確に区別されてはいない．また，種による各耳石器の形態の違いが大きく，それに伴う機能的な違いも存在する（Lewis et al., 1985）．

半規管の構造と機能は，脊椎動物全体でかなり共通している．その膨大部において，盛り上がった管腔の上皮（膨大部稜）に有毛細胞が存在する．有毛細胞から伸びる感覚毛を覆うようにムコ多糖ゲルを成分とする障壁状の構造物（クプラ）があり，頭の回転に際して，慣性によって引き起こされる管内の水流がクプラを押し，感覚毛が傾けられる．

耳石器では，肥厚した内耳の内腔の上皮（平衡斑）の中に有毛細胞が存在する．有毛細胞から伸びる感覚毛を覆うゼラチン質の耳石膜の上に，魚類では全体が一塊（ひとかたまり）になった耳石が存在する．耳石は内耳の組織や内耳腔内の液体（内リンパ）よりも比重が大きいため，重力が加わり，また，慣性により体の動きに追随しない．そのため，体（頭）の向きや加速度により，平衡斑内の有毛細胞の感覚毛に対してそれを傾けるような偏位を与えることになる．各耳石器の形状や有毛細胞の感覚毛の方向性などが，各耳石器の機能に関係している．耳石器の中の球形嚢には，音による振動が伝わりやすいような構造が存在する場合が多い（下記）．

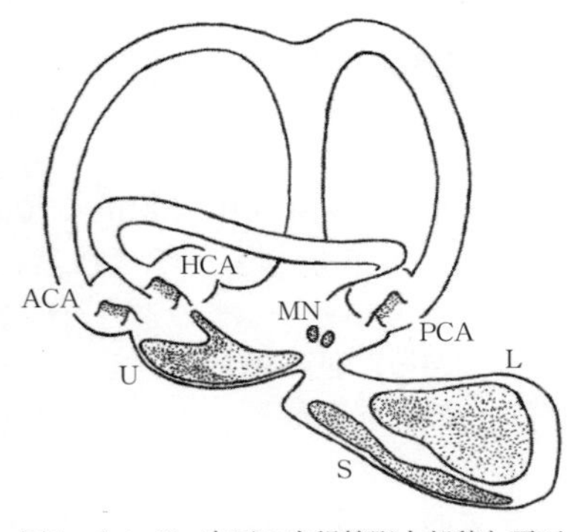

図1　キンギョ内耳の半規管膨大部稜と耳石器平衡斑（点描部分）．左内耳の管腔を開いて外側から見ている
(ACA) 前半規管，(HCA) 水平半規管，(PCA) 高半規管，(MN) macula neglecta，(U) 卵形嚢（以上は内耳上部），(S) 球形嚢，(L) 卵形嚢（以上は内耳下部）［Lanford et al., 2000 を改変］

半規管と耳石器の有毛細胞には，第Ⅷ脳神経（求心神経）が分布し，有毛細胞から興奮性のシナプス伝達を受ける．聴覚情報と平衡感覚情報を脳に伝える．感覚毛が傾くことで，有毛細胞は興奮の効果を受け，求心神経に対して脱分極性のシナプス伝達を行う．その結果，求心神経に活動電位が発生し，脳へ聴覚情報と平衡感覚情報が伝えられ，さまざまな神経の反応が引き起こされる．

魚類の聴覚の特殊性　耳石器では，音の伝導に際して，体の組織より比重の大きい耳石は位相がずれて振動するため，有毛細胞の感覚毛に偏位が生じ，音を（粒子運動成分を含めて）感受する．一部の魚では，さらに，鰾などのガスの入った嚢状の構造を持ち，音の音圧成分によって生じる嚢の体積変化に伴う嚢の膜振動を内耳に伝えて感度よく音を聞く．特に，骨鰾類（こつぴょうるい）では，鰾の振動を内耳に伝えるウェーバー小骨と呼ばれる陸上動物の耳小骨に似た構造を持ち，ウェーバー小骨の振動が無対洞と横断管を経て球形嚢の耳石に伝わる．これらのメカニズムで，魚類の聴覚は，おおむね2 kHz以下の周波数の音に感度がある．上記の骨鰾類では，200～1,000 Hzの範囲で最小検出音圧50～60 dB re 1μPaの，哺乳類にほぼ匹敵する優れた聴力がある．ウェーバー器官が未発達でも鰾と小嚢の間に振動伝達の機構のある魚，鰾と内耳の間に特別な振動伝達の機構のない魚，鰾のない魚では，それぞれ，同様の周波数範囲で50～80, 70～110, 90～110 dB re 1μPaの聴力が報告されており（Fay, 1988），この順で聴力が優れている傾向がある．　［杉原 泉］

側線系

側線系は魚類と両生類（後者は主に幼生）に特有であり，水の動きを感知する感覚器である．獲物を捕らえる，外敵から逃れる，群れを形成する，効率的な遊泳を行うなどのさまざまな行動において，非常に重要な働きを担っている．一般的には体側部にある側線鱗の連なりを側線と呼ぶことが多いが，正確には側線系は頭部と体側部の双方に存在する．

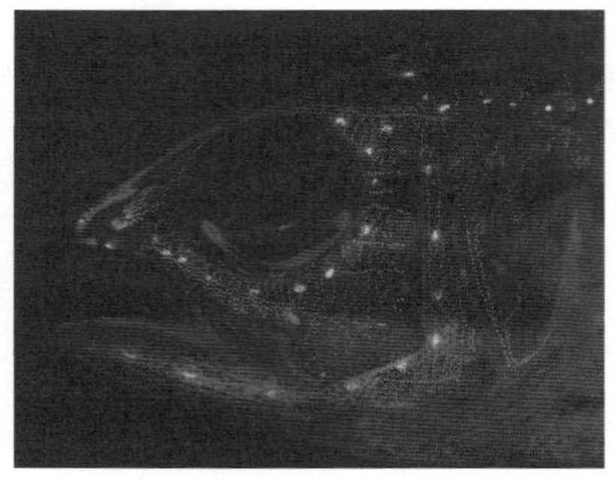

図1　オオスジイシモチ *Ostorhinchus doederleini* の孔器（微小な光点）と管器感丘（大きな楕円）．DiAsp染色［Sato et al., 2017］

感丘　側線系の受容器は感丘と呼ばれる器官である．感丘が頭部や体のさまざまな部位に分布・配列し，側線系を形成する（図1）．感丘の基本構造は，哺乳類などの内耳にある感覚上皮と同様であり，支持細胞，有毛細胞，感覚毛およびクプラから構成される（図2）．クプラは，感覚毛を覆うゼラチン状のキャップのようなものである．水流によりクプラが曲がると感覚毛も曲がり，その刺激が側線神経を介して脳へ伝えられる．それにより水流などの刺激が感知されるのである．各感丘には，水流を感知する主な方向があるとされている．また，感丘は体のどの部位に存在するかによって名称が異なる．表皮や鱗の表面にある場合には，孔器や遊離感丘，表面感丘または表在感丘と呼ばれる．一方，側線管の中にある感丘は管器感丘と呼ばれる．管器感丘は，発生学的には体表にある感丘が魚の成長とともに側線管内に埋没して形成されたものである．ただし，管器感丘は，一般的には孔器よりも直径が大きい傾向にある．孔器と管器感丘は，機能の重複があるものの，ある程度の役割分担があると考えられている．孔器は海流などの周囲の大きな水の流れの感知や緩やかな水流中での走流性に主に関わっているとされ，管器感丘は低周波数などのノイズがある中での物体の感知や群れの形成行動に主に関わるとされている．

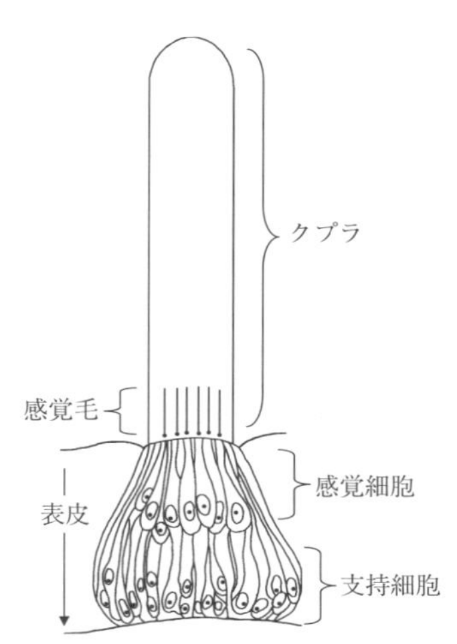

図2　感丘の基本構造図［Dijkgraaf, 1962を改変］

側線管　管器感丘を覆う管のことを側線管と呼ぶ．側線管は頭部の骨要素や鱗，表皮内に形成された管で構成される．魚類の多くは頭部と体側部の双方に側線管を備えている．

頭部の側線管は，多くの魚種において左右8対存在し，眼上管（がんじょうかん），眼下管（がんかかん），前鰓蓋管（ぜんさいがいかん），下顎管（かがくかん），耳管（じかん），後耳管（こうじかん），後側頭管（こうそくとうかん）および側頭部躯幹管（そくとうぶくかんかん）（頭部にある躯幹管）で構成される（図3）．これらの側線管は，頭部の特定の骨格内を通ることが多く，骨格との関係や相対的位置で構成要素が判断される．

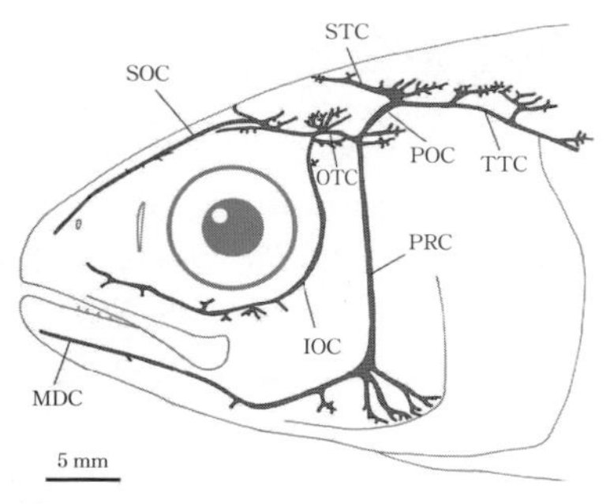

図3　クロマグロ *Thunnus orientalis* の頭部側線管．IOC，眼下管；MDC，下顎管；OTC，耳管；POC，後耳管；PRC，前鰓蓋管；SOC，眼上管；STC，後側頭管；TTC，側頭部躯幹管［筆者作図］

体側部には，通常，左右1対の側線管があり，専門的には躯幹管と呼ばれる．基本的に側線鱗内の管で構成され，頭部後端（多くは上擬鎖骨直後の側線鱗）から尾柄部までの管となる．この側線鱗内の管や側線鱗の連なりが線状に見えるので，一般的には，この部位が側線と呼ばれている．躯幹管の走行状態は種によってさまざまである．頭部後端から尾柄部まで背腹の中央付近を一直線に走る種もあれば，背側や腹側にカーブする種や背面や腹面近くを走る種もある．躯幹管の走行状態は，その種の生態や系統関係をある程度反映していると考えられている．

頭部および体側部の側線管には，複数の開孔部があり，基本的には，管器感丘と管器感丘の間に開孔部があることが多い．そのため側線管の開孔部と開孔部の間には，通常，1個の管器感丘があることが多い．ただし，開孔部が二次的，三次的に分枝することもあり，例外も多い．また，管の一部が形成されずに側線管が途切れていたり，側線管自体が管ではなく，体表の溝になっている魚種も多い．コイ科やハゼ科，フグ科の魚類がその例である．側線管の分枝状態や発達・退縮，直径の大小，開孔部の数については，魚類の生態や系統を反映していると考えられているが，はっきりしたことはまだ明らかになっていない．

側線神経　感丘で感知された刺激は側線神経を介して，脳に送られる．側線神経は，三叉神経や顔面神経と同じく，脳神経の一部である．一部のサメ類では，側線神経が左右6対あり，前背側，前腹側，耳，中央，後側頭および後の各側線神経から構成される．これが，ポリプテルス類などでは耳側線神経が前背側側線神経と融合して5対となり，コイ科などでは後側頭側線神経も後側線神経と融合して4対となる．さらに，中央側線神経も消失または後側線神経と融合し，側線神経は3対（前背側，前腹側，後）となる魚種もいる．研究者によっては，単純に，頭部の側線系を支配する前側線神経と，体側部の側線系を支配する後側線神経とに分ける場合もある．

［中江雅典］

電気受容器

脊椎動物には，環境中の微弱な電場を感知できる電気感覚を持つ種がいる．この感覚は，ヒトを含む陸上動物にはほとんど備わっていないが，水中に棲む魚類にとっては必ずしも特殊な感覚ではなく，硬骨魚類だけでなく，無顎類や軟骨魚類にも見いだされる，祖先的な形質である．電気感覚は，陸上化した四肢類および現生魚類の大部分を含む条鰭類において，進化の初期過程（☞項目「硬骨魚類の系統進化」）でいったん消失した．しかしその行動学的有用性のためであろう，複数の系統で独立して再獲得されている．

「電気を感じる」際に，ヒトの場合は，ようやく知覚できるかすかな静電気放電ですら，発生にはしばしば数kV/cmもの電場を伴う．それに対して，電気感覚を持つ魚類，例えばガンギエイ*Raja clavata*は，わずか10 nV/cmの電場強度変化にも応答する．この鋭い感覚を担う電気受容器は，側線受容器（☞項目「側線系」）が分化したもので，側線系に沿って体表面に広く分布している．受容器の奥底にある，感覚上皮に含まれる電気受容細胞が，細胞体を横切る電位勾配に応答することで，刺激が受容される．

2種類の電気受容器　電気受容器は，形態および機能的側面から，アンプラ型と結節型の2種類に大別される（図1）．そのうち，感覚上皮から体表に向かって伸びる管状構造を特徴とするアンプラ型受容器が一般的なタイプで，無顎類と哺乳類を除けば，電気感覚を持つ全ての水生脊椎動物に備わっている．アンプラ型は，外部環境の一様電場や，近くの生物の動きに由来する電場変動の周波数に一致した，DC-50 Hz程度の電気刺激によく応答する．この特性が生かされた行動として，例えば，砂に隠れた餌となる動物の位置を特定できる，受動的電気定位があげられる．さらに，サメ類などは，みずからが地磁気中を移動する際に生じる誘導電場のベクトルから進行方向を読み取って，遠く離れた目的地までたどり着けると考えられている．

一方，結節型受容器は，管状開口部を持たず，感覚上皮は体表側を上皮細胞で塞がれている．この受容器は，電気感覚を持ち，かつ発電能力（☞項目「発電」）も有する真骨類の2つの系統，すなわちアフリカ産のモルミルス目と，中南米産のデンキウナギ目の電気魚にしか存在し

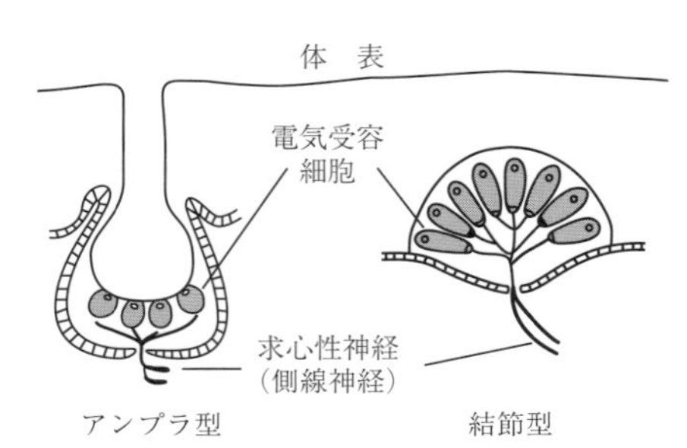

図1　2種類の電気受容器［Hopkins, 2009を改変］

ない．結節型は，機能的にもアンプラ型とは異なり，電場変動の高周波成分（50〜10 kHz）に強く応答する．この特性は，以下で述べるような，自身や他の電気魚が発生する高周波（50〜1.5 kHz）の交流連続波発電や，短いパルス放電を分析するために適している．

電気感覚と発電能力の組合せ　電気受容能力と発電能力を併せ持つモルミルス目とデンキウナギ目は，これら2つの能力を組み合わせた特別な行動を示す．その1つは，自己発電のフィードバックを利用した，能動的電気定位である．この2つの系統の電気魚は主に夜間に活動する上に，濁った水域に生息している．そのような視界の悪い環境においては，みずからの発電によって体の周囲につくり出された電場が，周辺状況の認識に役立つ（図2）．発電電場がつくり出す電位勾配に応じて，皮膚には電流が流れ込むが，その電流量や時間波形は，周囲の電気抵抗や電気容量によって歪められる．このような歪みの，皮膚の場所による違いから，物体の位置や形，電気的性質を認識できる．

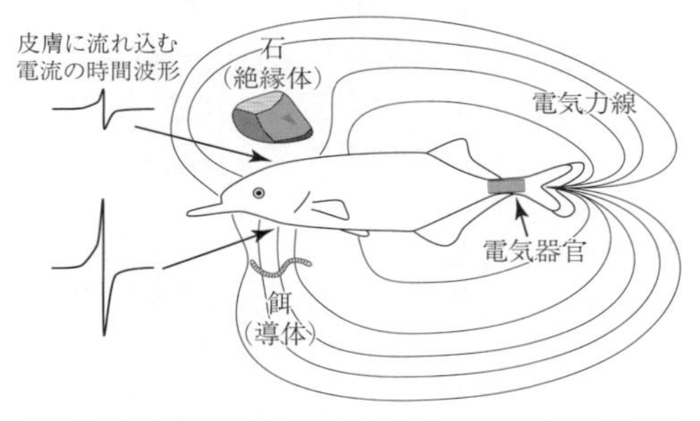

図2　尾の電気器官からつくられる，弱電気魚周辺の電場の様子［von der Emde, 2006を改変］

電気感覚と発電能力の組合せが利用されるもう1つの行動は，個体間で発電を受容しあって情報を送受信する電気コミュニケーションである．モルミルス目とデンキウナギ目はどちらも，発電様式の違いから，パルス状放電を繰り返すパルス種と，交流連続波発電を行うウェーブ種とにさらに分類され，それぞれの発電様式に対応したコミュニケーション行動を示す．パルス種の電気コミュニケーションは，モルミルス目でよく調べられている．パルス列を構成する個々の発電パルス波形の，マイクロ秒単位の違いが，種や性といった個体識別に利用されるのに対し，パルス間隔の時系列パターンは，威嚇や求愛といった異なる社会状況に対応する．一方，ウェーブ種では，発電周波数の近い2匹が出会った際に，互いに発電周波数を遠ざける，混信回避行動がよく調べられている．この行動により，自己と他魚の発電波形の干渉による「うなり」の周波数が上がり，能動的電気定位への混信の影響が緩和される．

上述の，能動的電気定位や電気コミュニケーションに必要な脳内情報処理は，生物現象の中でも特に高い時間分解能を必要とする．このため，高精度時間計算を実現する神経機構のモデルとして，電気受容器そのものや，受容器から受け取った信号を分析する神経回路を対象とした研究が活発に行われている．

［小橋常彦］

形態観察の染色法

魚類の形態観察において，さまざまな器官・部位に適した染色法が開発され，研究の発展に大いに貢献してきた．

本項では，魚類の形態観察に用いられてきた多数の染色法のうち，骨格，末梢神経および側線系を観察する方法の一部を紹介する．

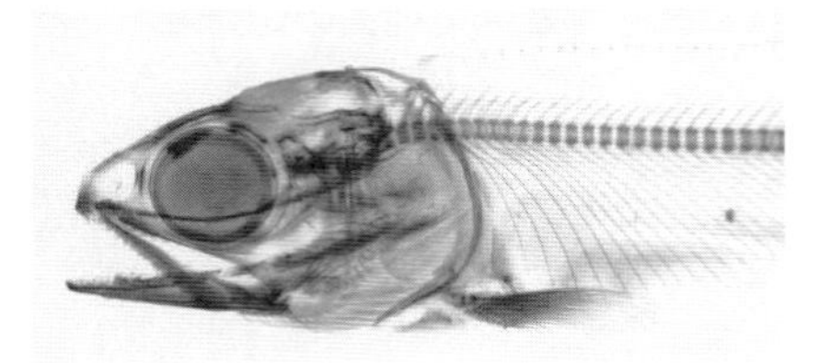

図1　サケ *Oncorhynchus keta* 稚魚の透明二重染色標本

透明二重染色法　魚類を含む脊椎動物の硬骨および軟骨をそれぞれ赤と青に染色し，そのほかの組織を透明化して観察する手法である（図1，☞「巻頭口絵」）．完成標本は，透明二重染色標本や透明骨格標本と呼ばれ，単に透明標本と呼ばれることも多い．二重染色法は1940年代に開発されて以降，さまざまな改良法が提案されている．その中で，アルシアンブルーやトリプシンなどを用いた方法の概要を紹介する．まず，10%ホルマリンで固定された標本を用意し，100%エタノールにて脱水し，アルシアンブルー水溶液にて軟骨を染色する．

標本を中和後，トリプシン水溶液にてタンパク質を分解し，次にアリザリンレッドS水溶液にて硬骨を染色する．その後，徐々に濃度を高めたグリセリンへ移していき，最終的に100%グリセリン中にて保存・観察をする．必要に応じて，各染色の前や後に，鱗や内臓の除去，過酸化水素水での漂白，水酸化カリウム水溶液での透明化，キシレンでの脱脂などを行う．アリザリンレッドSは金属イオンと結合して赤く発色するため，カルシウムと結合して硬骨を染色する．アルシアンブルーは軟骨に多く含まれているムコ多糖類と結合して，軟骨を青く染める．トリプシンは，水酸化カリウム水溶液よりも選択的にタンパク質を分解するため，標本崩壊のリスクを低下させる効果がある．

上記の染色法は幅広く使用されているが，軟骨染色の過程で酢酸を使用するため，硬骨を脱灰（だっかい）し，硬骨の一部が染まらない場合がある．硬骨の脱灰を伴わない軟骨染色法の開発が待たれる．

神経染色法　末梢神経の染色には，さまざまな手法が用いられてきた．その中で，ヘマトキシリン，ズダンブラックBおよび四酸化オスミウムを用いる各方法を紹介する．ヘマトキシリンおよびズダンブラックBを用いた染色法は筋肉や皮膚を透明にする点で，透明二重染色法と似ている．ヘマトキシリンを用いた染色法は，ホルマリン固定標本を水酸化カリウム水溶液やトリプシン水溶液に入れ，筋肉を透明化させる．その後，酢酸が入った溶液で硬骨を脱灰し，中和後，ヘマトキシリンの入った水溶液で末梢神経を染色する．最終的に100％グリセリンにて保存・観察をする．

ズダンブラックBを用いた染色法は，硬骨の脱灰が不要である点以外は，ヘマトキシリンを用いた工程と似ている．ズダンブラックBを用いた染色法は，アルコールで保存されていた標本も使用できる点と，末端の神経枝がよく染まる点でヘマトキシリンを用いた染色法よりも便利であるが，全身の神経を観察できる標本を作製するには，非常に高度な技術と経験が必要である．四酸化オスミウムは解剖によって露出させた神経枝を観察する際に使用する．神経枝に2％オスミウム酸を滴下すると，脂質と反応し，神経が黒く染まる．染色された神経枝を追跡し，分枝状態や経路，神経支配を観察する．ただし，時間が経つと他の組織も黒く染められるので，迅速な観察と記録が必要となる．

末梢神経の脳内への投射を観察するには，西洋ワサビ過酸化酵素（HRP）を生体の末梢神経へ取り込ませる手法が盛んに行われた．また，近年はゲノムに緑蛍光タンパク質（GFP）遺伝子を組み込み，さまざまな神経の観察を行う手法も広く行われている．

側線系の染色法　側線系は側線管と感丘から構成され（☞項目「側線系」），それぞれに適した染色法がある．魚類標本の側線管とその開孔部を観察するには，サイアニンブルーを用いた染色法が広く用いられる．サイアニンブルー粉末を60～70％エタノールに溶かし，それを側線管内へ挿入または開孔部周辺に塗布することにより，コントラストを際立たせて観察を行う．また，ハゼ亜目魚類などの比較的大きな孔器（感丘）を持つグループでは，孔器配列の観察にも本染色法が利用される．サイアニンブルーによる染色法の利点は，染色後の標本を60～70％エタノールに浸けることにより，脱染色を容易かつ非破壊的に行えることにある．

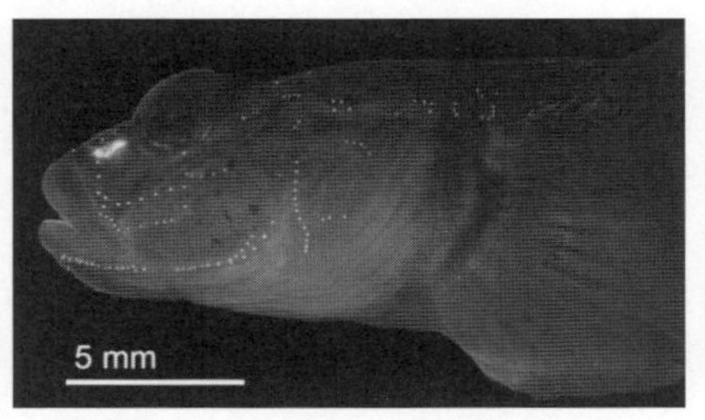

図2　DiAspで染色されたカワヨシノボリ *Rhinogobius flumineus*の感丘（小さな光点）［筆者撮影］

孔器や管器感丘の観察には，DiAsp(4-(4-diethylaminostyryl)-1-methylpyridinium iodide)を用いた染色法が有効である．DiAspは有毛細胞に取り込まれることにより，感丘を染色する（図2）．本染色法は，生きた個体が必要であること，蛍光ライト（波長470 nm）と黄色のフィルターが必要であること，魚体の微小な傷でも染色に悪影響を及ぼすこと，大型個体では観察に不向きなことなどの難点があるものの，染色工程が簡便であり，非常に明瞭な染色結果が得られる点で便利な手法である．

［中江雅典］

吸盤を持つ魚

吸盤とは，陰圧効果を利用して他物に吸着する円盤状の器官である．水生動物の中には吸盤を他物に吸着させて体を固定させ，摂餌や，体勢の維持などに役立てるものが多い．魚類もまたその例外ではなく，さまざまな分類群に吸盤を持つものが知られている．細部の形態的特徴が種や属の有用な識別形質としてよく用いられるほか，生物模倣（バイオミメティクス）の観点から注目されているものもいる．

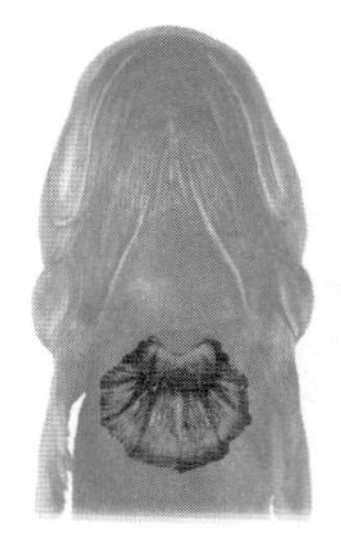
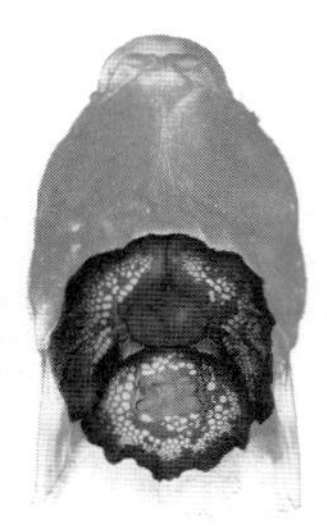

図1　吸盤状の腹鰭を持つ魚．(左) ドロメ *Chaenogobius gulosus* (ハゼ科)，(右) ウバウオ *Aspasma minima* (ウバウオ科) [筆者撮影]

多くの魚類では腹鰭は鰭条や鰭膜の基底付近のみで体と連続しているため，可動性に富むが，吸着力に乏しい．しかし，ハゼ類やクサウオ類，ダンゴウオ類，ウバウオ類では，腹鰭が変形した吸盤が見られる（図1）．なかでもハゼ類の吸盤は，左右の腹鰭が互いに近接し，棘条間と最後の軟条間にそれぞれ癒合膜が発達するのみ，という最も単純な構造となっている．沿岸浅所の砂底に生息するハゼ類には大きく発達した吸盤状の腹鰭を持つものがよくいるが，隙間の多い砂上では吸着力が発揮できないため，吸盤というよりもむしろ安定盤としての役割を担っている．クサウオ類やダンゴウオ類，ウバウオ類の吸盤は，表面に特徴的な肉質突起が散在するか，整然と並ぶものが多い．前2群の吸盤が単一の円盤状であるのに対して，ウバウオ類の吸盤は前後2～3部に分かれている．コバンザメ類は頭部の背面に背鰭が変形した吸盤を持つ（☞項目「条鰭類の鰭」）．

ヤツメウナギ類の成体は口自体が吸盤状になっており，寄生性の種はサケ類など他の魚類の体に吸着して体液を吸う．熱帯・亜熱帯の河川に生息する一部のコイ目魚類やロリカリア科のナマズ類には，下唇をはじめとする口周辺の器官が変形し，口と併せて吸盤と同様の機能を示すものがいる．吸盤状の口で他物に吸着しつつ，表面に付着する微小な藻類や水生昆虫の幼生などを口腔内の角質部でこそげとって食べる．よく似た構造は，岩礁性海岸の潮上帯に生息するイソギンポ科のヨダレカケ属にも見られる．

南～東南アジアの河川急流域に生息するコイ目のタニノボリ類には，上から押しつぶしたように平たい頭と体，左右に大きく広がった胸鰭・腹鰭とが合わさって，1つの吸盤のようになっているものが少なくない．　　　　　　［渋川浩一］

魚の大きさ

魚類の形態が実に多種多様であることはこれまで述べられてきたが，同様に体の大きさも種によって大きく異なる．

魚類の中で最も小さな種は，ドワーフフェアリーミノーと呼ばれる，コイ目コイ科の*Paedocypris progenetica*で，最も小さな成熟雌は体長7.9 mm，全長に換算すると9.3 mmになる．また，自力で生活できない寄生生物を含めると，アンコウ目オニアンコウ科のヒカリオニアンコウ*Photocorynus spiniceps*の矮小雄が体長6.2 mm（全長に換算すると推定13.3 mm）で，最小の脊椎動物としてギネス世界記録に認定されている．

一方，最も大きな魚類は，軟骨魚類のテンジクザメ目のジンベエザメ*Rhincodon typus*である（☞「巻頭口絵」）．正確な計測記録によると全長は12.1 mになるが，最大全長を17～18 mあるいは21.4 mとする説もある．硬骨魚類に限定すれば，フグ目マンボウ科に属するウシマンボウ*Mola alexandrini*が最も重く全長2.7 mで体重2.3トンであるので，最大全長3.3 mの個体は当然もっと重いだろう．またアカマンボウ目リュウグウノツカイ科の1種*Regalecus glesne*が硬骨魚類では最も長い（全長8 m）と考えられている．絶滅してしまったものを含めて史上最大の魚類を探ると，軟骨魚類では中新世～鮮新世に生息していたネズミザメ目オトドゥス科のムカシオオホホジロザメ（通称，メガロドン）*Carcharocles megalodon*で，全長は18 mに達すると考えられている．また，硬骨魚類では，ジュラ紀に生息していたパキコルムス目パキコルムス科の1種*Leedsichthys problematicus*（リードシクティス）で推定全長は16.7 mとされる（図1）．

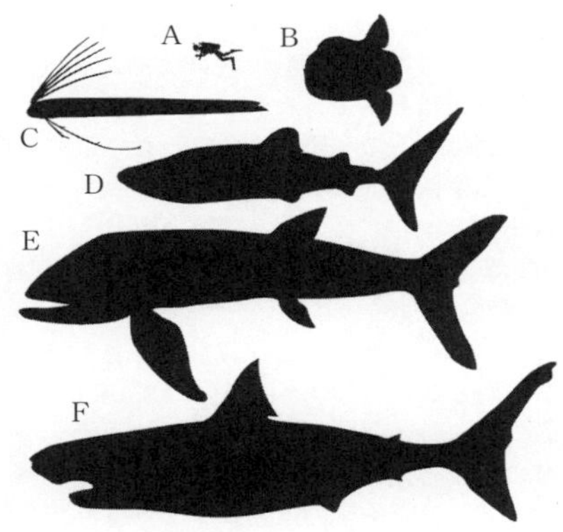

図1　最大の魚類の大きさの比較
(A) ヒト，(B) ウシマンボウ，(C) リュウグウノツカイ科の1種，(D) ジンベエザメ，(E) リードシクティス，(F) ムカシオオホホジロザメ［筆者作図］

ジンベエザメがこれほど大きくなるには50年以上かかると考えられているが寿命は定かでない．現在，最も寿命の長い魚類と考えられているのは，ツノザメ目オンデンザメ科のニシオンデンザメ*Somniosus microcephalus*であり，脊椎動物の中でも最も長寿とされる．2016年に発表された研究では，全長5.02 mで392歳と推定された．この種は全長6.4 mの個体も報告されているため，その寿命は400年以上であろう．

［大橋優季］

ヒトの中の魚

魚類に特徴的な鰭，鰓，鰾などの器官は，一見してヒトにはないように見える．しかし，対鰭（胸鰭と腹鰭）は四肢動物が進化する段階でわれわれの手足になった（☞項目「肉鰭類の鰭」）．また，硬骨魚類に特有な鰾はヒトの肺と起源が共通する（☞項目「鰾」）．本項では，さらに鰓と，少々複雑な進化をたどった顎の構造を通して魚とヒトの形態のつながりを見てみよう．

鰓は魚の呼吸器官である．肺呼吸をするヒトには空気を吸ったり吐いたりする鼻穴や口はあるが，体表に開く鰓孔はない．しかし，鰓由来の形態がヒトの喉の奥にある．硬骨魚類では鰓弁を持つ4対の鰓弓がある．第1鰓弓はヒトでは舌を動かす筋肉などが付着する舌骨の一部となり，第2～4鰓弓は甲状軟骨（のどぼとけ）や，声帯を囲む披裂軟骨や輪状軟骨などとして存在する．また，各鰓弓の間の鰓裂はヒトでは盲嚢状で，扁桃腺，胸腺，甲状腺などが納まる．このように魚の鰓はヒトの喉頭部の器官として重要な機能を果たしている．

両顎構造は顎口類を定義する特徴である．初期の顎口類の両顎の形態は現生の板鰓類と同様に上顎は口蓋方形軟骨，下顎はメッケル軟骨からなり，この両顎は舌顎軟骨を介して神経頭蓋に連結する（☞項目「軟骨魚類の顎」）．棘魚類などの初期の硬骨魚類では，それらの軟骨が硬骨化した軟骨性硬骨が顎を構成した．しかし，条鰭類では上顎は前上顎骨や主上顎骨など，下顎は歯骨，角骨，関節骨などからなる（☞項目「真骨類の顎」）．これらのうち前上顎骨や主上顎骨，また歯骨や角骨は軟骨由来ではなく結合組織が硬骨化した膜骨である（☞項目「骨組織の形成と代謝」）．

一方，軟骨由来の上顎要素であった口蓋骨と方形骨（方骨），また舌顎骨は条鰭類では懸垂骨の構成要素になる．懸垂骨は両顎と神経頭蓋をつなぐ部位で，外側面は閉顎筋などの起発面，内側面は口腔の側壁となる．さらに下顎要素であったメッケル軟骨は後端部が硬骨化して関節骨になり，他の部分は歯骨と角骨に覆われる．顎口類の進化の過程ではこのような軟骨性硬骨から膜骨への入れ替わりが進み，特に頭骨では骨格要素の癒合がさらに進む．しかし，哺乳類を除く四肢動物では，条鰭類と同様に軟骨由来の顎骨要素（関節骨と方骨）がまだ顎関節に関与している（一次顎関節）．

一方，哺乳類では，膜骨性の硬骨（歯骨と，ヒトの側頭骨の一部になる鱗状骨）が関与する関節様式に替わった（二次顎関節）．このことにより軟骨由来の顎骨要素は顎から完全に解放されたことになる．そして，これらの軟骨性硬骨はヒトをはじめとする哺乳類では耳の中に納まり，そこを新たな活躍の場にした．つまり，初期の顎口類の上顎要素の方形骨はツチ骨，下顎要素の関節骨はキヌタ骨，舌顎骨の一部がアブミ骨となり，聴覚伝達の重要な機能を果たす耳小骨の構成要素となったのである．

［矢部 衞］

4. 分　布

種や属，科などのさまざまな分類群において，それらが生息する場所の広がりを分布という．魚類の分布はその生態的特徴や環境，地史などの影響を受け，また種分化や絶滅などの進化の歴史の上に形成される．本章では魚類の地理分布に焦点をあて，その形成の要因となる大陸移動や分散と分断などの事例から特異的な分布様式の例，研究の方法，各水域における魚類相の特徴などを淡水魚と海水魚に分けて概説する．

［本村浩之］

生物地理区――淡水魚

生物地理区とは，生物の分布や生物相の類似性によって地域を区分けする地理区分の1つである．生物地理区は，19世紀に提示された動物地理区や植物群系を基礎として，最上位の生物地理区分として8地域に分けられることが多い(Udvardy, 1975)．生物分類のように，界，区，亜区，地方，エコリージョンなどの階層的な区分が行われることもある．これらの生物地理区は比較的長い時間にわたって，主に地理障壁の存在により生物相の交流が妨げられ，それぞれの地域で構成種の進化が起こることで形成される．

生物地理区と特徴 陸上の生物地理区は，ウォレス（Wallace, A. R.）の動物地理区を基礎とし，旧北界，新北界，インドマラヤ界または東洋界，アフリカ熱帯界またはエチオピア界，新熱帯界，オーストラリア界，オセアニア界，南極界に分けられる（図1）．最近，陸上脊椎動物の分布と系統関係に基づいて，11の地理区に分けることも提案されている（Holt et al., 2013）．

それぞれの生物地理区には特徴的な淡水魚類相が見られる．淡水魚のグループ（例えば科）は，しばしば耐塩性に基づき，一次性淡水魚（耐塩性に乏しく，淡水域に生息や分散が限定されるグループ），二次性淡水魚（通常淡水域に生息するが，ある程度の耐塩性を持ち，沿岸や海域を移動して分布を広げた可能性があるグループ），および周縁性淡水魚（生活史の少なくとも一部は淡水域に依存する

図1 世界の生物地理区［Udvardy, 1975を改変］

が，海産起源のグループ）に分けられる．これら淡水魚の科レベルの分布は生物地理区の間で異なっており（Berra, 2001），大陸移動や淡水魚の分断と分散の歴史を反映していると考えられる（図2）．

なお，生物には起源の古さや移動分散能力においてさまざまなグループが含まれていること，また地理区の区分の手法もさまざまであることから，生物地理区の境界は必ずしも明確で一致したものとはならないことに注意が必要である．

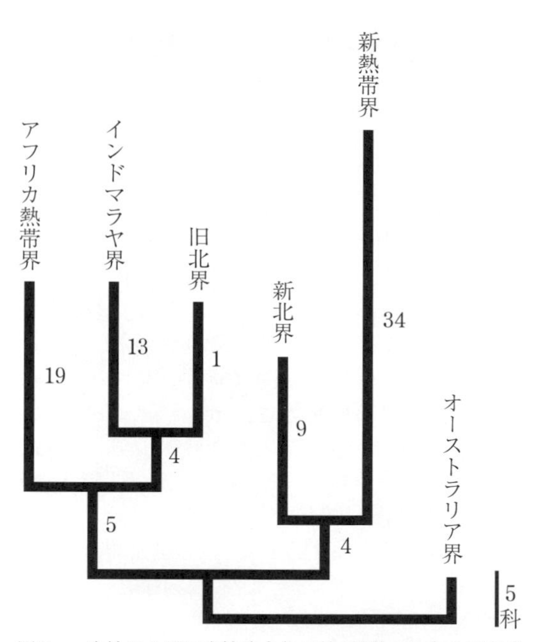

図2　一次性および二次性淡水魚の計108科の分布の固有性に基づく生物地理区の最節約的地域分岐図．枝の数字は，派生形質（科）のうち，その枝で完全に固有な科の数［Berra, 2001のデータに基づく．ただし，生物地理区名は本文に合わせた］

淡水域のエコリージョン　上記の8地域の生物地理区はさらに細分化され，計193の地方に分割されている（Udvardy, 1975）．一方，淡水魚の分布データに基づき，世界の陸域は計830のエコリージョンに分割されている（Abell et al., 2008）．エコリージョンとは，生物多様性特性に影響する生態・環境要因の分布パターンを示す地理的区分であり，特徴的な生物相，あるいは生態系の集合体として認識されるものである．生物相や絶滅危惧種のリストとともに，エコリージョンの区分は，生物多様性の高い地域や，多様性が高いにもかかわらず多様性消失のリスクが高い地域（ホットスポット）を地図上に視覚化し，相対化するのに役立つ．例えば，南米，中央アフリカ，東南アジア，および日本列島などに淡水魚の生物多様性ホットスポットが存在することが知られている．

日本列島のエコリージョン　日本のほぼ全域は旧北界に属し，特に淡水魚類相は大陸部，つまり中国・朝鮮半島・シベリア東部と類似している．日本列島には3つのエコリージョンが認識されており，北海道，本州・四国・九州，そして琵琶湖が区別されている（Abell et al., 2008）．さらに詳細に日本列島の地域淡水魚類相を解析すると，固有種の存在によって地域間の階層的な構造を抽出することができる（☞項目「日本の魚類相—淡水魚」）．

［渡辺勝敏］

生物地理区――海水魚

世界の海洋は広大かつ連続するが，海洋生物にも生物地理区とその分布の境界域がある．各地理区分は特にプレートの位置（☞項目「大陸移動―海水魚」），水温，および固有種の比率に相関した範囲として定義付けられる．しかし，解析する要因の重み付けによって各地理区分の範囲は若干異なる．現在主流である固有種の比率に着目した地理区分では，ある特定の水域における魚類相が十分に明らかにされないと正しく区分されない．そのため，今後の魚類学の進展に伴って特に狭い地理区分の範囲は随時改訂されていくであろう．

海洋における生物地理区分 水温は海洋生物地理の研究において検討すべき重要な項目の1つであり，全世界の海洋は温帯から熱帯にかけての温暖域，および寒帯と亜寒帯を含む寒冷域に大きく二分される．近年，大陸棚上に分布する固有種の比率が10%以上であることに基づき，温暖域は5区（東大西洋区，西大西洋区，西太平洋区，熱帯インド・西太平洋区，東太平洋区），寒冷域は北半球極域で5区（北東太平洋区，北西太平洋区，西大西洋区，東大西洋区，北極区）に，南半球極域で4区（南米区，ニュージーランド・オーストラリア区，亜南極区，南極区）に細分された．しかし，プレートと魚類の分布を関連付けた研究においては，若干異なる地理区分がなされている．特に魚類の種多様性が最も高いインド・西太平洋は，範囲が大きく異なる2つの定義付けがされているため，以下に紹介する．

インド・西太平洋区 南北アメリカ大陸西岸（東太平洋区）を除く太平洋とインド洋には，共通する多くの広域分布種が生息することから，両者はまとめてインド・西太平洋区として扱われている．各海域の固有種の比率に基づく研究では，インド・西太平洋区には紅海と西インド洋からハワイ諸島，イースター島までの範囲が含まれると定義された．この中で，さらに西インド洋，紅海（アデン湾を含む），インド・ポリネシア，ハワイ諸島，マルキーズ諸島，イースター島の5亜区に細分される．特に西インド洋亜区と紅海亜区はそれぞれ魚類のおよそ14%が固有種であり，亜区より区に近い．インド洋東部と太平洋はインド・ポリネシア亜区としてまとめられてる．インド，モルディブ，スリランカからアンダマン海，クリスマス島，スマトラ島にかけてのインド洋東部は，固有種の比率が約5%にとどまり，多くの魚が太平洋と共通するためである．しかしその一方で，ユーラシアプレートとフィリピン海プレート上にある東アジアと東南アジアから，オーストラリアプレート上のオーストラリア，ニュージーランド，トンガまでを含む西太平洋区の有効性は広く認められている．西太平洋区の存在に基づき，魚類の分布を

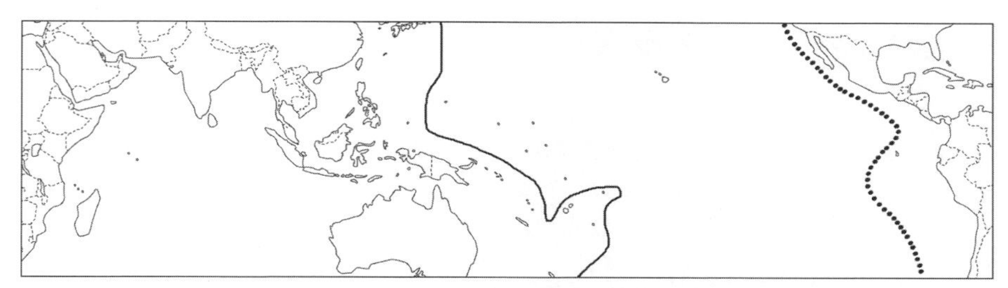

図1　2つの「インド・西太平洋」. 実線は「インド・西太平洋域」と「西太平洋区」の東限を，点線は「インド・太平洋域」と「インド・西太平洋区」の東限を示す

示す際に，インド・西太平洋域（アフリカ東岸と紅海～日本，マリアナ諸島，パラオ，ニューギニア島，ソロモン諸島，トンガ）やインド・太平洋域（アフリカ東岸と紅海～ハワイ諸島，イースター島）などの地理区分が使われる．したがって，現在「インド・西太平洋」と呼ばれている海域は，太平洋プレートを考慮するか否かにより東限が異なる2つの範囲（図1）の意味合いが含まれている．確かにガマアンコウ科やアマダイ科は太平洋プレート上には生息しない一方，ダツ科の亜種などは太平洋プレート上にのみ生息するなど，一定の特異性を有している．しかし，太平洋プレートに固有な魚類は9%未満で，その中にはプレート上の各島嶼にのみ固有な種も多く含まれている．そのため，太平洋プレートの加除による地理区の細分には合理性がないと考えられている．

現在，日本語では一般的に，生物地理区を論じる際は，アフリカ東岸と紅海からハワイ諸島とイースター島にかけてを「インド・西太平洋区」，個々の種の分布を論じる際は同範囲を「インド・太平洋域」，アフリカ東岸と紅海からフィリピン海プレートとオーストラリアプレートの東縁にあたる日本，マリアナ諸島，パラオ，ニューギニア島，ソロモン諸島，トンガにかけてを「インド・西太平洋域」と厳密ではないものの区と域を用いて使い分ける傾向がある（図1）.

魚類の固有種率が最も高い地理区　極域にはその過酷な環境に適応した多くの固有種が分布する．しかし，北極区は形成の歴史が浅く，魚類の固有種率は25%ほどである．一方，南極区は魚類の種の多様性が低いものの，南極海が形成されて2,000万年以上が経過していることもあり，水深1,200 m以浅における固有種率は88%，固有属率は76%に達し，世界で最も魚類の固有率が高い海域である．同海域ではおよそ400万年前に南極海で進化したと考えられているノトセニア亜目（8科166種）が優占する．同亜目のコオリウオ科などは酸素を運ぶ役割を担うヘモグロビンがないことで知られ，血液は無色透明である．南極区の海水は冷たく溶存酸素量が多いことや，他種との競合も少ないため，ヘモグロビンがない魚でも繁栄を遂げることができたと考えられている．

[本村浩之・福井美乃]

大陸移動——淡水魚

地球上の大陸が長い時間をかけて移動したことが明らかになると，基本的に陸域で生息する淡水魚の進化との関係が注目されるようになった．従来は，淡水魚の大陸ごとの分布状態を系統分類体系や大陸移動の地史と対比させる研究手法が採られてきたが，最近の分子系統学の進展により，遺伝子情報に基づく詳細な系統関係及び分岐年代のデータを利用できるようになった．その結果，大陸移動による分断や分散の仮説が幾つかの分類群で提唱され議論されている（☞項目「分散と分断—淡水魚」）．

プレートテクトニクス　地球の地殻上に存在する陸塊である大陸は，地質学的な時間スケールでは必ずしも安定ではなく，プレートと呼ばれる厚く固い岩盤の動きに伴い，その位置や形状を変化させる．大陸が地球表層上を移動するという考えは，ヴェゲナー（Wegener, A.L.）などによって古くから提唱されていたが，20世紀後半に発展したプレートテクトニクス理論と測量データによって裏付けられた．約2億年前の地球にはパンゲアと呼ばれる超大陸が存在したが，約1億8,000万年前のジュラ紀には北のローラシア大陸と南のゴンドワナ大陸に分裂した．白亜紀以降にはこれらがさらに分裂し，ローラシア大陸からは現在のユーラシア大陸，北アメリカ大陸，グリーンランドなどの元となる大陸塊が，ゴンドワナ大陸からは現在のアフリカ大陸，南アメリカ大陸，オーストラリア大陸，南極大陸，インド亜大陸，マダガスカル島などの元となる大陸塊が誕生した（図1）．

淡水魚の種類　地球上の淡水域から約1万5,000種の淡水魚が知られている．大陸移動との関係で特に注目されるのは，近縁分類群も含め厳密に淡水域にのみ生

後期三畳紀(2億2,000万年前)

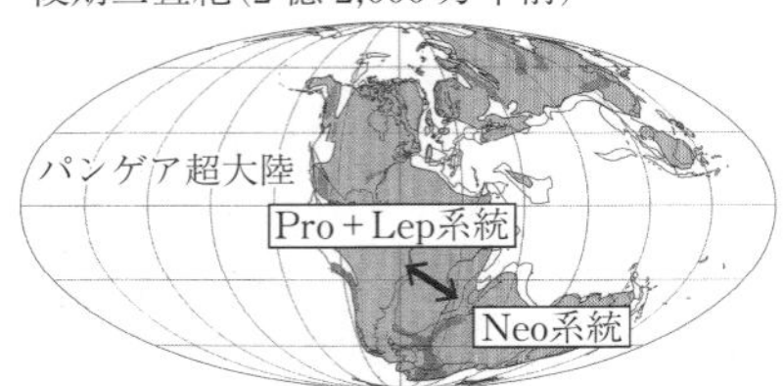

後期白亜紀(1億500万年前)

鮮新世(500万年前)

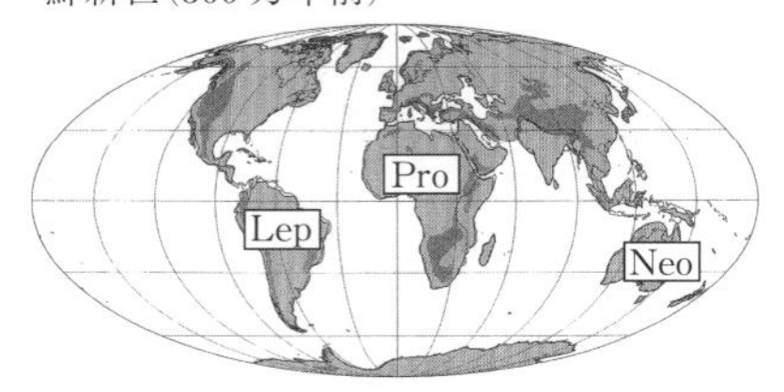

図1　大陸移動と肺魚の進化. Neo：オーストラリアハイギョ, Lep：ミナミアメリカハイギョ, Pro：アフリカハイギョ類［古地理図はSmith et al., 1994を改変. 網掛け部分が当時の大陸］

息する一次性淡水魚，普段は淡水域に生息するが一時的に汽水・海水域に進出し得るような塩分耐性を獲得したと考えられる二次性淡水魚である．これらの淡水魚類の割合が特に高い分類群としては，ポリプテルス目，ガー目，アロワナ目，骨鰾上目などがあげられる．最新の魚類系統学の知見に基づけば（☞項目「硬骨魚類の新たな分類体系」），これらの淡水性のグループは硬骨魚類の比較的下位の分類群に集中しており，骨鰾上目以外の分類群は古代魚とも呼ばれることがある．

大陸移動と淡水魚の進化　肉鰭綱肺魚亜綱の現生種は，アフリカ大陸から4種，南アメリカ大陸から1種，オーストラリア大陸から1種の計6種が知られ，全て厳密に淡水のみに生息する一次性淡水魚である．分子系統学の研究からは，ミナミアメリカハイギョおよびアフリカ産ハイギョ類で構成されるクレードに対してオーストラリアハイギョが姉妹群を形成する系統関係が示されている．また，ミナミアメリカハイギョとアフリカ産ハイギョ類の間の分岐年代が約1億1,000万年前，これらとオーストラリアハイギョとの間の分岐年代が約2億2,000万年前と推定されている．前者の分岐年代は，アフリカ大陸と南アメリカ大陸が分離した時期（約1億年前）とほぼ合致する．このため，少なくともミナミアメリカハイギョとアフリカ産ハイギョ類の分岐は，大陸移動に伴い分断的に生じた可能性が高い（図1）．同様な大陸移動に伴う分断的な系統分岐は，カラシン目内部やスズキ目カワスズメ科における南アメリカ産系統とアフリカ産系統の間でも生じた可能性がある．

大陸移動に伴う淡水魚の分散としては，インド亜大陸を介してのゴンドワナ系淡水魚のユーラシア大陸への分散の可能性が注目される．インド亜大陸はゴンドワナ大陸に起源をもつが，後期白亜紀に南半球を北上し，古第三紀にはユーラシア大陸に衝突したことが分かっている．実際，両生類のアカガエル科や被子植物のクリプテロニア科などでは，詳細な分子系統学的研究に基づき，インド亜大陸を介したユーラシア大陸への分散があったことが有力視されている．淡水魚においては，アロワナ目のアジア原産種などに関して，インド亜大陸を介した分散仮説が提唱されている．

このように，以前は憶測する部分の多かった大陸移動と淡水魚の進化との関係が，分子データを踏まえて客観的かつ定量的に議論できるようになり，淡水魚の歴史生物地理における新たな仮説も提唱されるようになった．しかし，分子データに基づく分岐年代の推定値には大きな誤差が伴い，また推定される年代値が解析に用いる遺伝子によって異なる場合があるなど，解決されるべき技術的課題も多い．また，例えばサメ類などに比べると，硬骨魚類（特に淡水魚）の化石記録は必ずしも多くなく，この点も仮説の検証を困難にしている．淡水魚の歴史生物地理を研究するにあたり，分断や分散などの特定の見方にとらわれず，独立した複数の客観的証拠を総合して取り組むことが望まれる．　［熊澤慶伯］

大陸移動——海水魚

大陸移動による魚類の分布の変化は，大陸やプレートの移動に伴う火山形成や山脈の隆起などの地球規模の環境変化に耐えて適応を遂げた，魚類の進化の歴史でもある.

大陸移動による種分化 シーラカンス目は古生代デボン紀に出現し，およそ6,500万年前に絶滅したと考えられていたが，1939年に現生種が記載された．生きた化石と称されるシーラカンス類は，現在までに南アフリカやコモロ諸島に分布するシーラカンス *Latimeria chalumnae* とインドネシアに分布するインドネシア・シーラカンス *L. menadoensis* が知られている（図1）．しかし，その2種の生息域は1万km以上離れており，インドネシア・シーラカンスの起源について研究者を悩ませた．ミトコンドリアゲノム解析により，2種の分岐年代は3,500万年前と推定された．シーラカンス類の祖先種はインド洋沿岸に広く分布していたとされている．インド亜大陸がパンゲア大陸から分離し，北に移動し，4,000万年前頃にユーラシア大陸に衝突した結果，ヒマラヤ山脈が隆起し，ガンジス川などの大規模河川が生じた．それによりインド亜大陸の沿岸域に河川より運搬された土砂が堆積し，沿岸環境が激変した．インド亜大陸を挟んで東西の遺伝的交流が妨げられ，両個体群が長い時を経て分化したと考えられている.

ニベ科魚類は大きな耳石を持つことからイシモチとも呼ばれる．耳石は炭酸カルシウムからなる組織であるため，化石として残りやすく，世界中の地層から本科魚類の耳石が見つかっている．本科魚類の中でも体長1.5 mに達する大型種であるオオニベ *Argyrosomus japonicus* は，現在，東アジア（日本から香港），オーストラリア（南岸），およびインド

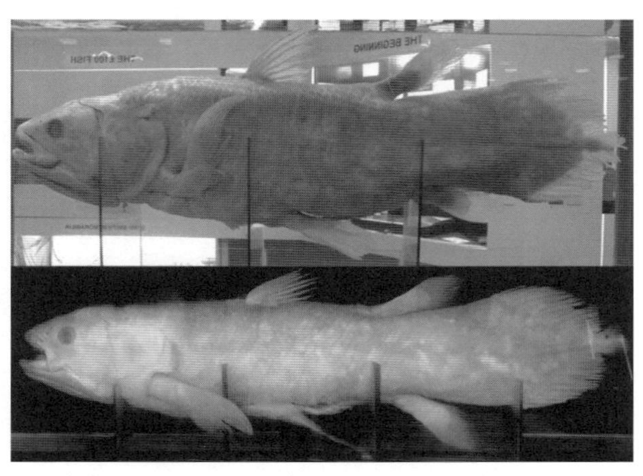

図1 （上）南アフリカ水棲生物多様性研究所（SAIAB）に展示されている *Latimeria chalumnae* の標本［撮影：吉田朋弘］と，（下）インドネシア科学院（LIPI）に所蔵されている *L. menadoensis* のホロタイプ［撮影: Kunto Wibowo］

洋（インド東岸から南アフリカ）に不連続に分布する．遺伝子解析の結果，アフリカとオーストラリアの個体群は共通の祖先から4万年前に，東アジアの個体群はより古い時代に分岐したと考えられている．大陸沿岸域に生息するオオニベは，大陸の分裂や移動に付随して移動することによって，現在の不連続な分布域を形成することになったと考えられる．

山脈隆起による種分化　アマゾン川に生息する淡水エイとして知られるポタモトリゴン科の祖先種は，かつて太平洋に生息していたと考えられている．現在のアマゾン川は大西洋に流出しているが，白亜紀から中新世にかけては太平洋に流れ込んでいた．ポタモトリゴン科の祖先種は太平洋と古アマゾン川を行き来していたと考えられる．南アメリカ大陸西岸のアンデス山脈が新生代以降，海洋プレートからの圧力によって隆起したことに伴い，海と川が分断された．その結果，ポタモトリゴン科の仲間は長い年月を経て淡水域での生活に適応したと考えられている．

分散の要—テチス海　テチス海（古地中海）は三畳紀から第三紀までローラシア大陸とゴンドワナ大陸の間に存在していた温暖な海域であり，もともとパンゲア大陸がローラシア大陸とゴンドワナ大陸に分裂したことにより形成された．その後，インド亜大陸の移動やアフリカ大陸とユーラシア大陸の接近などを経てテチス海は消滅した．日本人になじみが深いマダイ *Pagrus major* をはじめとするタイ科魚類は，現在三大洋（太平洋・インド洋・大西洋）に広く分布し，分布の中心は地中海である．現在，本科魚類の固有な属や種の比率が大西洋に多いことなどから，8,650万年前までにタイ科魚類の祖先がテチス海に出現し，始新世から中新世以降にかけて分化が進んだと考えられている．このようにテチス海を分散の中心として，現在にかけて分布を広げたであろうと考えられている浅海性魚類はニベ科のオオニベなどをはじめ多い．

カグラザメ属などの深海性サメ類もテチス海を初期進化の場とし，局所的な絶滅などを経て現在の分布パターンを形成したと考えられている．これらの深海性サメ類は漸新世後期まで，ユーラシア大陸とオーストラリア大陸との間に位置するインドネシア海路を使いインド洋と太平洋を往来したと考えられている．その後，漸新世後期から中新世にかけて生じたインドネシア海路の閉鎖に伴った分断・隔離により多くの種が分化したと示唆されている．

火山活動—島弧　プレートの沈み込みにより誘発された火山活動が魚類の分布形成に関与する場合がある．例えば，フィリピン海プレートの東端では，古第三紀の火山活動により小笠原群島が形成され，第四紀の新しい活火山により小笠原群島の南に火山列島が形成された．最近の研究によると，火山列島の南に位置するマリアナ弧から北方への熱帯性魚類の分散が新たな魚類相の組成に影響を及ぼしていることがわかってきた．

［吉田朋弘・本村浩之］

分散と分断——淡水魚

元の生息地とは別の場所に生物が移動することを分散という．生物の分布は分散によって広がる．移動できない地形や，生存に適さない環境を横切って分散することはできない．このように分散を妨げる環境を障壁（しょうへき）という．分布域内に障壁が形成されたため，連続していた分布域が不連続になることを分断という．

一生を淡水域で過ごす純淡水魚は，河川や湖沼といった淡水の水系を通じてのみ分散することができる．すなわち，陸も海も障壁となる．そのため純淡水魚の分布は，地形や気候の歴史的な変化から大きな影響を受けると考えられる．これに対し，生活史の一部を海や汽水域で過ごす通し回遊魚や，海や汽水域に棲むが淡水域に侵入することもある周縁性淡水魚は海を通じて分散することができるため，長距離分散に有利だと考えられる．とはいえ，これらも海水魚と同様に種特有の生態・生活史による分散の制約や分断を受ける．

地殻変動 大陸移動による大陸の分裂は分断を引き起こし，近縁な分類群が遠く離れた地域に分布する原因となる．例えばカラシン目魚類が南アメリカ大陸とアフリカ大陸に隔離分布しているのは，かつて両大陸がゴンドワナ大陸という一つの大陸であった時代に大陸内の水系を通じて分散できたためである（☞項目「大陸移動—淡水魚」）．逆に大陸移動が分散の機会をもたらすこともある．北アメリカ大陸と南アメリカ大陸がパナマ地峡で地続きになったため，カラシン目魚類は南アメリカ大陸から北アメリカ大陸に進出することができた．日本列島に分布する淡水魚の近縁種が中国をはじめとしたユーラシア大陸東端に多くいるのは，日本列島がユーラシア大陸から分裂して形成されたため，かつては水系がつながっており分散が可能だったことによる．また山地の隆起は水系の接続を絶つことで分断を引き起こす．例えば鈴鹿山脈の隆起は，さまざまな分類群で山脈の東西それぞれに分布する2つの系統が分岐する原因となった．

河川流路の変遷 河川争奪はある河川の流域の一部が別の河川に奪い取られることで，奪う側の河川の浸食がより盛んである場合に主として起き，中国山地などから多く知られている（図1）．河川争奪が起きると別々だった水系がつながるため，分散が可能になる．

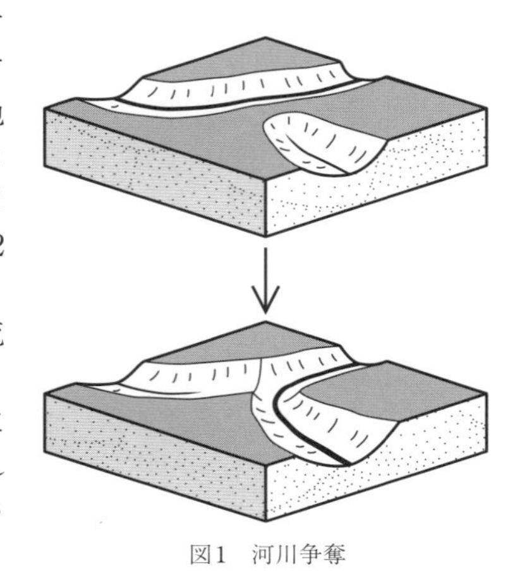

図1 河川争奪

また，勾配の緩やかな下流域や盆地では河川が蛇行して流路が変遷したり湿地が発達したりして，長期的に，あるいは増水時など一時的に水系がつながり，分散が可能になる場合がある．

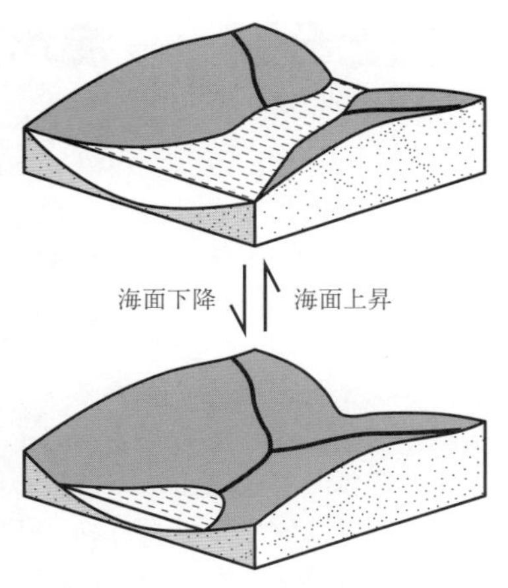

図2　海水準変動による水系の接続と分離

気候変動　氷期には海面が下降するため，露出した陸上で水系がつながることがある．逆に間氷期には海面が上昇するため，接続は絶たれる（図2）．日本列島はユーラシア大陸から分離した後もしばしば氷期には大陸と地続きになったため，大陸と水系がつながり分散が可能になったこともあった．氷期に氷床が発達した北アメリカや北ヨーロッパでは，氷河自体または氷河に浸食・運搬され堆積した土石によって水がせき止められて形成される氷河前縁湖（図3）が発達し，流入河川がつながったことで，淡水性のサケ科魚類などが分散した．

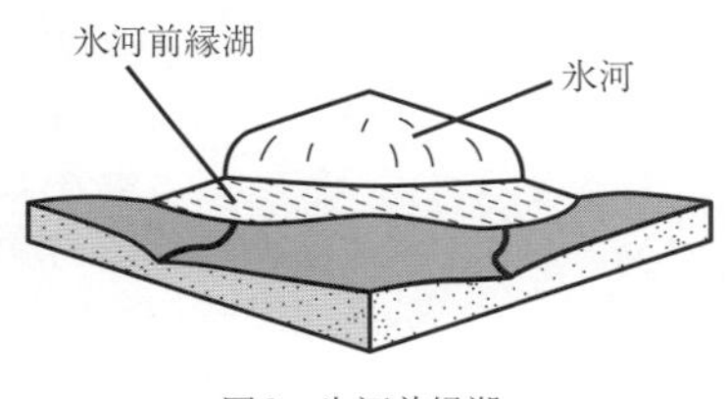

図3　氷河前縁湖

また気候変動により水温をはじめとする環境が変化するため，種の分布域は生息に適した環境の消長に応じて拡大・縮小する．例えば氷期には北半球では温水性魚類の分布北限が南下し標高の上限が下がるのに対し，冷水性魚類の南限は南下し標高の下限は下がる．氷期が終わると逆のことが起きる．生息可能な地域が縮小する結果として，しばしば分断が生じる．気候変動による環境の変化が周囲より小さい地域は避難地（レフュジア）となり，種がそこで生き延びたり，再び気候変動が起きた際にそこから分散したりすることを可能にする．

海を越えた分散　通し回遊魚や周縁性淡水魚は海を通じても分散できるため，小笠原諸島やハワイ諸島のように大陸と一度もつながったことのない海洋島にも分散できる．分散能力の限られた種が地理的に隔絶された海洋島に進出した場合には，オガサワラヨシノボリ *Rhinogobius ogasawaraensis* のような固有種が進化することもある．大陸とつながったことがないインドネシア・スラウェシ島には純淡水に生息するメダカ科やサヨリ科魚類が分布する．これらがどのようにスラウェシ島に進出したのかはよくわかっていないが，祖先種が塩分耐性を持っていたり，雨期に海の表層の塩分濃度が大きく低下したりしたため，海を通じて分散できたなどという可能性が考えられる．

［柿岡　諒］

分散と分断――海水魚

海水魚の大規模な分散は一般的に卵・仔魚期に生じる．ウナギ目魚類やニシン目魚類，サバ科魚類などの広域回遊魚を除き，多くの魚は着底後はそれ以前よりも大規模な移動を行うことは少ない．したがって，卵・仔魚の浮遊期が長い種ほど分散能力が高く，浮遊期の短い種や仔稚魚（しちぎょ）の保護を行う種（口内保育を行うテンジクダイ科や胎生魚であるメバル属など）は分散能力が低いといえる．なお，船舶の移動に伴うものや，外国産養殖種苗の逸失，飼育個体の放逐などによる人為的な個体の移動はここでは扱わない．一方，特定の地域の生物が何らかの理由により他の地域から隔絶され，遺伝的交流がなくなることを分断という．遺伝的交流が断たれることに伴い，それぞれの隔絶された地域において独自に種分化が生じることも多い．

海流による分散と分断　浮遊期の分散は主に海流によって行われる．黒潮は最大流速毎秒2 m以上の非常に強い海流であり，マリアナ諸島西方において発生し，フィリピン近海から琉球列島西方を経て房総半島東方へ流れる暖流である．マリアナ海溝周辺で発生し，黒潮に乗って日本に到達するニホンウナギ*Anguilla japonica*のほか，クロマグロ *Thunnus orientalis*やカツオ *Katsuwonus pelamis*などの広域回遊魚は黒潮を恒常的に利用していることが知られている．さらに，多くの魚種が偶発的に黒潮の流れに乗り，広域移動することが知られている．沖縄島近海が再生産地の北限とされるミズン *Herklotsichthys quadrimaculatus*が鹿児島県本土から得られた事例や，八重山諸島以南に多く分布するアミメカワヨウジ *Hippichthys heptagonus*が高知県，静岡県，および神奈川県から報告された事例など，黒潮の流路である南日本の太平洋沿岸では黒潮によって運ばれてきたと考えられる熱帯性魚類の偶発的な出現が多く報告されている．黒潮は魚を運搬し，その分散に大きく貢献する．

一方で，黒潮は海水魚の分布を分断する存在であることも明らかになりつつある．黒潮は非常に強い海流であるため，多くの魚は流路を横断することが難しく，黒潮の流路の外側と内側では魚類の遺伝的交流が乏しくなる．黒潮は琉球列島の西方を北東に流れ，トカラ海峡を抜け，日本列島に沿うように北東へ向かう．そのため，黒潮によって遮られる琉球列島と日本本土においては，琉球列島固有種であるミナミクロダイ *Acanthopagrus sivicolus*と南日本における普通種であり琉球列島には分布しないクロダイ *A. schlegelii*など，きわめて近縁な2種が異所的に出現することが知られている．また，ニシン科のオグロイワシ *Sardinella melanura*に関しては，種子島以北の南日本に分布するものと奄美群島以南に分布するものでは形態的に若干異なることが知られ，別種である可能性が指摘されている．このように，黒潮の内側と外側において異所的に姉妹種のペアが分布することから，黒潮によって魚類の分布が分断されていると考えられている．

海面の下降による分断　海水魚の分布の分断は，海面水位の変動によっても生じる．インドシナ半島からインドネシア・ジャワ島にかけては，広大な大陸棚が広がり，現在は多様な浅海性魚類が分布する．しかし，氷河期には海面が100 mほど降下し，この海域は干出して，スンダランドと呼ばれる広大な陸地が出現していた．ベラ科やブダイ科，チョウチョウウオ科などの幾つかの種において，スンダ列島の東西にきわめて近縁な2種が異所的に分布し，スンダ列島南岸において同所的にそれらが出現する例が知られる．これらの例は，スンダランドが存在する時代に種分化し，その後スンダランドの水没に伴い2種が同所に現れるようになったと考えられている．

空白海域による分断　海水魚の多くの種は沿岸性であり，その生育には浅海域が必要であり，浮遊生活を終えて着底するまでに浅海域にたどり着くことができなければ，死滅してしまう．したがって，島嶼（とうしょ）のない広大な海域は魚類の分布を分断する．例えば，キリバス共和国のライン諸島とアメリカ大陸の間には赤道海流と反赤道海流があり，両海域間での海水の交換はあるものの，共通して見られる魚種がほとんどないのは，両海域間には島嶼がほとんどないためと考えられる．

日本国内における例では，琉球列島と小笠原諸島における沿岸性魚類の共通性の低さがあげられる．ほぼ同緯度に位置する琉球列島と小笠原諸島であるが，両諸島間に魚類の分散を助ける連続した島嶼群がないからである．浅海性魚類においては広大な海域も分布拡大の障壁となるが，深海性魚類は島嶼の有無や表層水の水温などに生育を左右されにくく，ミズウオ *Alepisaurus ferox*，リュウグウノツカイ *Regalecus russelii* は世界中の暖海の深海に分布するなど，分布が広域に及ぶ傾向がある．

漂流物や生物に伴う分散　マツダイ *Lobotes surinamensis* などにおいては流れ藻などの漂流物に，エボシダイ *Nomeus gronovii* はクダクラゲの1種カツオノエボシに付随して移動する習性が知られている．これら漂流物を隠れ家として，さらに流れ藻に付着した小動物あるいはカツオノエボシを餌として利用することにより，着底する島嶼が少ない海域においても生育することが可能である．

さらに，コバンザメ科魚類は，頭部の吸盤を用い，イトマキエイ科やマカジキ科などの大型魚やウミガメ類などに吸着し，移動する生態が知られている（☞項目「条鰭類の鰭」）．これらの魚類はいずれもきわめて広範な水域に分布し，こうした漂流物や生物への付随がこれらの種の広域分散に寄与していると考えられる．

［畑　晴陵・本村浩之］

固有種と広域分布種

海洋は河川や湖沼など陸水と異なり連続しているため，魚類の移動に物理的な障壁は少ない．しかし，魚類には非常に広域に分布する種もいれば，島嶼(とうしょ)など特定の海域にしか分布しない種もいる（図1）．このような分布の地理的な広さの違いは，その種の分布が形成された過程の違いを反映しており，種分化の過程と密接に関わっている．なお，固有種と広域分布種は相反する用語ではない．インド・太平洋に広く分布する種であってもこれら2大洋の固有種と言い換えられる．

固有種　固有種とは，ある地域にしか生息しない種を指す．魚類の固有種の形成には，島嶼または沿岸地域の地質年代，地理的な位置，祖先種の分散と競合，水温や塩分などの環境など多くの複雑な要因が伴う．淡水魚の固有種は海水魚より一般的に多く見られる．河川や湖沼に生息する魚類は，基本的に水域の間を自由に行き来することができず，地史的な要因により特定の水域に閉じ込められた個体群がそのまま独立した種へと進化しやすいからである．日本で見られる代表的な淡水魚であるキタノメダカ *Oryzias sakaizumii* は世界でも北日本にしか生息しない日本の固有種である．

海水魚は島嶼や閉鎖的な海域で固有種が多い．島嶼では個体群が隔離され，他の個体群と交流がないため種分化が起きやすい．太平洋の島嶼は，東南アジア（コーラルトライアングル）から東へ地理的に離れるほど総種数が減少するのに伴い固有種の割合が増加する傾向が見られる（☞項目「コーラルトライアングル」）．南半球のフランス領ポリネシア・マルケサス諸島の固有種の割合は13.7%，北半球のハワイ諸島では25%，インド・太平洋域で最も東に位置するイースター島では21.7%と見積もられている．例えば，大陸から遠く離れた火山島であるハワイ諸島の固有種には東太平洋と西太平洋の2つの要素が認められ，これらの祖先種が同諸島に到達した経路には海流による分散と近隣の島々を介した分散が示唆されている．また，紅海（固有種の割合は13.6%）や地中海（7.3%）など閉鎖的な海域にも固有種は多い．紅海はアラビア海と比べて塩分濃度が高く隔絶された環境である．閉鎖的な海域は，周辺の海域とは海洋環境が大きく異なることが多く，それが固有種の形成と維持に関わっていると考えられている．

属の階級で見ると，多くの属は広い海域にまたがって分布する種を含むため，固有属の数は固有種よりも圧倒的に少ない．海水魚の固有属は，ハワイ諸島とイースター島で1属ずつ，紅海で4属と多くの海域で少ないが，アフリカ南部では36属，オーストラリア南部にいたっては50属を超える．

広域分布種　卵・仔稚魚期に分散能力が高い魚類あるいはマグロ類など成魚が

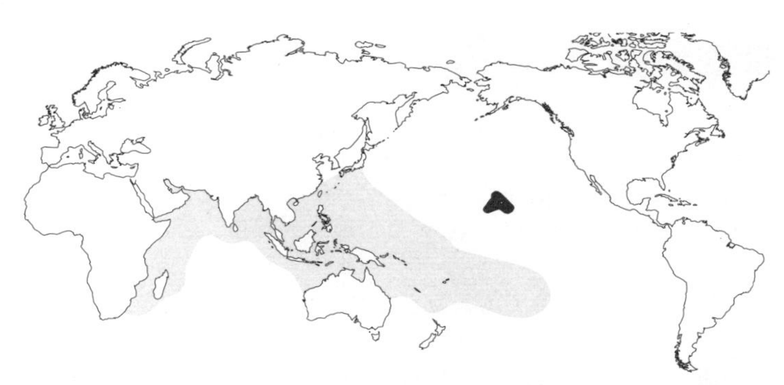

図1　フサカサゴ科ミノカサゴ属2種の分布域. ハワイ固有種（黒色）と広域分布種（灰色）

長大な距離を回遊する魚類は広大な分布域を持つ（☞項目「分散と分断―海水魚」）. 分布の端々をつなげば広域に分布するように見える魚類でも，実際にはその地理的分布に空白の地域がある場合がある. これを不連続分布という. 例えば，ニベ科のクログチ *Atrobucca nibe* は，日本周辺と東シナ海，フィリピン，インドネシアおよび南アフリカと地理的に離れた海域に分断して分布している. また，イソギンポ科の *Istiblennius bellus* はインド・太平洋に広く分布するが，東南アジアを挟んでインド洋と太平洋の個体群が地理的に分断されており，東南アジアには同属他種が分布している. このような不連続分布を示す海水魚は少なくない. これには地史的な分断や生息場所をめぐる他種との競合，環境への適応などさまざまな要因が考えられる.

遺伝学的研究手法の発展によって，単一種の中に複数種が認められることもある. 例えば，オキエソ *Trachinocephalus trachinus* は世界の熱帯域に広く分布すると考えられていたが，近年の研究によりそれぞれ大西洋，インド・太平洋およびフランス領ポリネシアに分布する3種が含まれていたことが示された. また，マンボウ科のマンボウ *Mola mola* やアジ科のヒラマサ *Seriola aureovittata* もこれまで汎世界的に分布する種と考えられていたが，遺伝・形態的に異なる複数種が混同されていたことが明らかにされている. 広域分布種には形態形質に地理的な変異が見られる場合がある. 例えば，カエルアンコウ *Antennarius striatus* は海域ごとに胸鰭の軟条数が異なる. このような変異は，遺伝的差異を反映していると考えられ，広域に分布する単一種であっても遺伝的に均一な集団ではないことを示している. 一方で，イットウダイ科のアカマツカサ *Myripristis berndti* はアフリカ東岸からアメリカ大陸西岸のコスタリカまで広く分布するが，海域間で比べても遺伝的な差異がほとんどないことが知られおり，本種は卵・仔稚魚期の分散能力が高いため，遠く離れた海域の間でも遺伝的交流が保たれていると考えられている.

［松沼瑞樹］

反熱帯性分布

同一のあるいは近縁の分類群が，赤道熱帯域を隔てた南北半球に分断的に分布する状態をいう．「反熱帯分布」ともいう．地球的規模のこのような分布現象は，すでに19世紀半ばにはヨーロッパのナチュラリストに知られており，ダーウィン（Darwin, C. R.）の種の起源でも言及されている．当初は「両極分布」と呼ばれていたが，この分布パターンを示すものの大部分は極周地域よりは低緯度の温暖な気候帯に生息することから，ハブス（Hubbs, 1952）は「反熱帯性分布」という用語を提唱し，現在ではこれが一般的に用いられている．

反熱帯性分布する魚類は，分類階級的には，同一種とされている場合から近縁な種群，属群あるいは科群の場合まである．また，分布する気候帯もさまざまで，寒帯，温帯，さらには亜熱帯の場合もある．なお，亜熱帯の場合は，南北回帰線の内側つまり熱帯域の内部にも分布することになるので，「反赤道性分布（または反赤道分布）」という表現がランドール（Randall, 1982）により提唱されている．

大陸棚以深の魚類で多くの例があげられているが，沿岸域の身近な磯魚や，食用としてなじみ深い浮魚で多くの例が知られ，研究はこちらの方が進んでいる．

日本近海の例 磯魚の代表的な例としては，メジナ属（全15種），イシダイ属（全7種），タカノハダイ属（全8種），ササノハベラ属（全11種）があげられる．

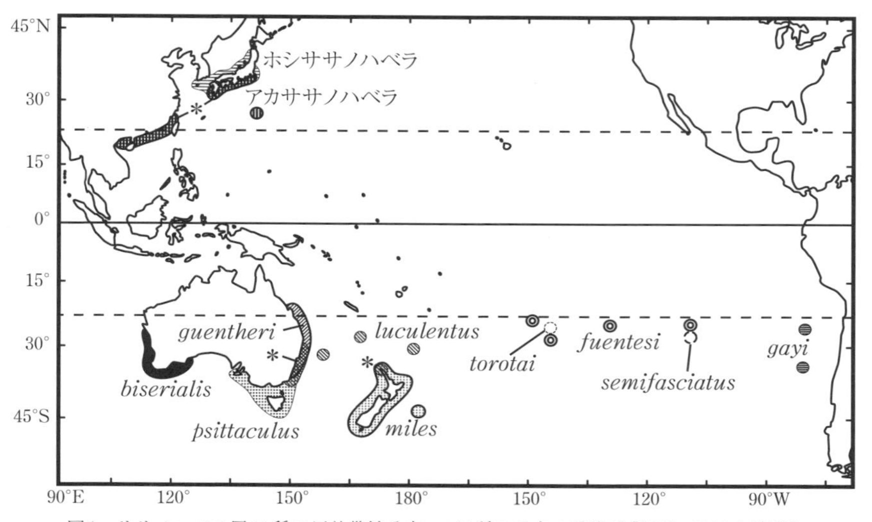

図1 ササノハベラ属11種の反熱帯性分布．＊は種の分布の重複域［馬渕，2009を改変］

図1に示したササノハベラ属を例に解説すると，北半球には東アジア沿岸にホシササノハベラ *Pseudolabrus sieboldi* とアカササノハベラ *Pseudolabrus eoethinus* の2種が分布するが，残りの9種は全て，豪州沿岸から南米沖の島嶼部にかけて，南半球の太平洋の温帯域に分布する．

やや深い水深に生息するマダイ *Pagrus major* とゴウシュウマダイ *Pagrus auratus* のペア種群も反熱帯性分布の一例である．マダイは東アジアに分布するが，豪州・ニュージーランド沿岸に分布するゴウシュウマダイとごく近縁で，その亜種とされることもある．カゴカキダイ *Microcanthus strigatus* は同一種として反熱帯性分布し，北半球では東アジア沿岸とハワイ諸島に，南半球では豪州の温帯沿岸に分布する．

浮魚の例としてはゴマサバ *Scomber australasicus* やマアジ類があげられる．ゴマサバはインド・太平洋の南北半球の温帯域に分布する．東アジア沿岸に分布するマアジ *Trachurus japonicus* は，豪州・ニュージーランドに分布する *Trachurus novaezelandiae* と非常によく似ており，遺伝的近縁性から両者を同種内の亜種関係とする見解もある．

大陸棚以深に生息する魚の例としては，例えば中坊徹次（2015）では，アカムツ *Doederleinia berycoides*, ヒメ *Aulopus japonicus* など20種以上を例としてあげている．

❀成因についての仮説　赤道熱帯域の通過を可能にしたイベントとその時期に着目すると，主な仮説は次の3つに大別される．①中生代以前におけるパンゲアの分裂と大陸移動．②中新世に起こった全球的寒冷化．③鮮新世・更新世における氷期・間氷期サイクル．このうち②の仮説は，熱帯表層の水温低下を推定した根拠（深海底コア中の有孔虫殻の酸素同位体比の変動）の解釈が改められたため，現在では旗色の悪い仮説になっている．残りの2仮説はイベントの時期が大きく異なるため，検証には分子データに基づく南北姉妹群間の分岐年代推定が有効である．反熱帯性分布の分子系統学的解析は，これまで主に沿岸魚や浮魚を対象に行われてきたが，今のところ多くの解析事例で③の仮説が支持されている．

分子系統解析においては，分類群間の分岐の順序とその時期が推定できるので，現在の地理的分布との照合により，いつ頃，どこで赤道を越えたかが推定できる．このような解析は20年以上前から行われており，その結果，西太平洋より東太平洋での赤道通過の方が頻繁に起こっていることなど興味深い結果が得られているが，解析されたグループがまだ限られており，事例を増やしていく必要がある．特に，まだほとんど手付かずの大陸棚以深の魚類については研究が必要で，これらは磯魚や浮魚とは異なり，赤道熱帯域を水温の低い深層を通じて通過できると考えられるので，既知の浅海魚の事例とは大きく異なる歴史を持つ可能性がある．

［馬渕浩司］

系統地理学

系統地理学は，生物の分布が形成された過程や原理を遺伝的変異とその地理的分布から明らかにすることを目的とした生物地理学の1分野である．DNA分子の塩基配列を種間で比べると，種分化以降に突然変異が生じるため違いがある．共通祖先からの分岐が古いほど突然変異がより多く蓄積され塩基配列の種間差が大きくなることを利用すれば，塩基配列を種間で比較することで分子系統樹を作成して種分化の歴史的過程を推定することができる．同一種や近縁種の各個体にも同様に突然変異に由来する遺伝的変異があり，親から子へ受け継がれる遺伝子（ハプロタイプ）の分子進化過程を反映した遺伝子系統樹の作成や，集団遺伝学的解析を行うことで，集団の分化などの進化過程を推定することができる．

集団の進化と遺伝的変異の地理的分布　ある生物種の分布域で分断が起きた場合，地理的に隔離された各集団で突然変異により新たなハプロタイプが生じる．さらに各集団が共通祖先から同じハプロタイプを受け継いでいても，その頻度は遺伝的浮動によって各集団でランダムに変化する．その結果，集団間に遺伝子型頻度の差が生じる（図1）．分断に加え，分布域外への分散が遺伝的変異の地理的分布をかたちづくる主な要因となり，多くの種で地理的に近い集団が遺伝的なまとまりを形成する．障壁の形成が古いほど集団分化の程度が大きくなる一方で，移動能力の高い種では分散が起こりやすいため集団分化が見られないこともある．このような遺伝的変異の地理的分布を形成した過程は遺伝子系統樹から推測することもできるが，集団分化の年代や集団間での移住を仮定したモデルを作成し，合祖理論に基づく集団遺伝学的解析で適切なモデルを選択するほうが確かな推測ができる．また地史のほかにも気候などの環境要因も分布形成に影響する．種の分布情報と気候要因を統計的に関連づけた分布予測モデルと気候シミュレーションをもとに過去から現在にわたる分布変遷を推定することで，種分化に関わる環境要因の検証や，系統地理学的仮説の評価を行うことが可能になる．

比較系統地理学　共通した分布域をもつ複数の分類群で遺伝的変異の地理的分布パターンを調べ，どのような地史や過去･現在の環境要因などが種間でのパターンの共通性や違いをもたらしたのか解明することを目指すのが比較系統地理学である．これまでの研究で，更新世の気候変動が現生の生物の分布に大きな影響を与えたことが明らかになった．例えば，気候変動による環境の変化が少ないレフュジア（避難地）に熱帯性スズメダイ科魚類の分布域が限られた時期があったり，海水面の低下により陸橋が形成されることでユーラシア大陸から日本列島へのコイ科などの淡水魚の分散が可能になったり，タツノオトシゴ属などの海水魚

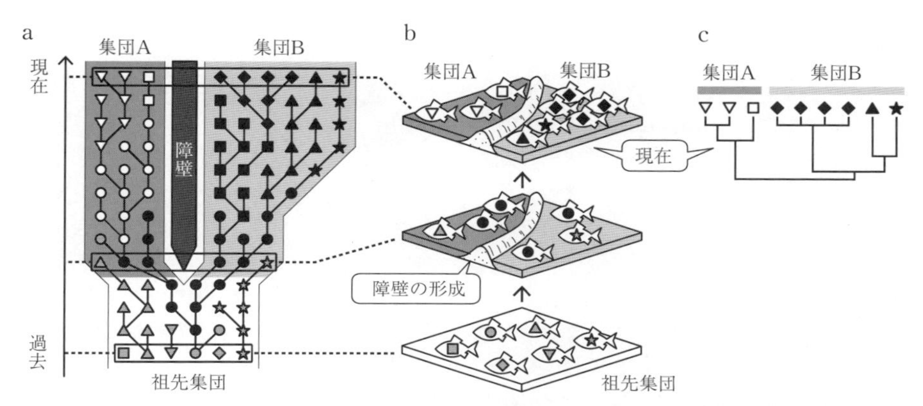

図1　分断による集団分化とミトコンドリア遺伝子の進化過程．★などの記号はそれぞれ母親から受け継いだ遺伝子型（ハプロタイプ）を表す．ミトコンドリアは母親からのみ受け継がれるため，図は雌のみ含む．(a) 分断による集団分化の過程におけるハプロタイプ頻度の変化．線はハプロタイプが親から子に受け継がれることを，記号の形・濃淡の変化は突然変異を表す．集団内のハプロタイプ頻度は遺伝的浮動によりランダムに変化し，突然変異により新たなハプロタイプも生じる．(b) 現在に至るまでの3つの時点での集団内のハプロタイプ頻度．(c) 現在の集団から採集したミトコンドリアDNAに基づく遺伝子系統樹

で太平洋とインド洋の集団の間に分断が生じたりする場合がある．

分子マーカー　遺伝的変異を調べるためにさまざまな分子マーカーが使われてきた．最初期の系統地理学ではミトコンドリアDNAの制限酵素断片長多型(RFLP) が分子マーカーとして使われ，アメリカ合衆国南東部に分布する複数種の淡水魚でハプロタイプ頻度が東西で異なることが明らかにされた（Avise et al., 1987）. DNAシーケンサーで塩基配列を決定すれば遺伝子の系統情報がより多く得られるため，後にはミトコンドリアDNAの塩基配列が用いられるようになった．核遺伝子の変異も，個々の核遺伝子の塩基配列のほか，多型性が大きいマイクロサテライトマーカーや，多数のマーカーを得られるAFLPを利用して調べられるようになった．さらに次世代シーケンサーの普及により，非常に多数の遺伝的変異をゲノム全体から探索して系統地理解析が行われるようになってきた．

より複雑な進化過程　分化した集団間でも，移住が可能である場合には集団間で交雑が起こる場合がある．また，いったん分化した後に障壁が消失することで集団が二次的に接触することもある．複数の遺伝子を調べ，ただ分断が生じた場合に予想される遺伝的変異の分布と比較することでこのような複雑な進化過程を調べることが可能になる．さらに，自然淘汰を受ける遺伝子はランダムな分子進化過程を経る中立的な遺伝子とは異なるパターンの遺伝子系統を示すことから，特定の遺伝子型がどのような環境をもつ地域でどのように進化してきたのか，その過程を明らかにすることができる．

［柿岡 諒］

魚類相

魚類相とはある特定の水域や環境に生息する全ての魚類の種組成のことであり，種の同定に基づき決定される．水域を軸に環境や時期の範囲を任意に設定できるため，例えば，東アジアの魚類相，日本の魚類相，東京湾の魚類相，四国の淡水魚類相，駿河湾の深海魚類相，利根川河口の夏季の魚類相，三畳紀のテチス海の魚類相などと目的に応じた枠組みの中で論じられる．魚類相には普通個体数や優占度などの量的評価は含まれないが，生態学的研究を行う上で魚類相の把握は必要不可欠である．また複数の水域の魚類相を比較し，地史的イベントや環境と照らし合わせることによって魚類相形成のメカニズムを解明することができる．

魚類相の調査方法　一般的な魚類学の分野では，特定の分類群を採集あるいは観察して研究を行う．しかし，魚類相の調査は，ある特定の範囲内に生息する全ての魚種を記録する必要があるため，多大な時間と人的・金銭的資源を要する．例えば，日本の魚類相は，100年以上にわたる膨大な調査や研究の蓄積があるにもかかわらず，いまだに毎年複数の日本初記録種や新種が報告されており，「全種」を把握するためにはさらなる調査が必要である．これは湾や島などのさらに狭い範囲における魚類相調査でも同じで，対象範囲外からの偶発的な加入なども予想されるため，どのような方法をもってしても全種を記録することは不可能であるといえる．

しかし，それでも全種の記録を目指してフィールド調査を行うことが，魚類相を把握する上で最も重要であり，そのために実現可能なさまざまな方法によって魚類の採集を行う．海水魚の調査では，一般的に潜水や釣り，ならびに投網，刺網，曳網，追込網，籠網などの漁具を用いるとともに，地元漁師の協力を得て魚を確保する．あらゆる水深や環境を網羅した調査を実施しないと，偏った魚種のみが記録され，魚類相の把握は難しい．日本で最も魚類相がわかっている島である屋久島を例にすると，同島の魚類相調査の歴史は古く，最初の調査は明治時代にさかのぼる．明治から2009年までの間に記録された魚類は約400種であった．調査方法は潜水観察と市場での漁獲物目視が中心で，各調査はそれぞれ数人によるものであった．その後，2010～17年にかけて，延べ200人以上であらゆる方法で調査した結果，それまでに報告されていた種数の3倍に及ぶ1,200種以上が記録されたのである（Motomura et al., 2017）．

近年，新しい魚類相調査法として，環境DNA多種同時検出法が注目されている（☞項目「環境DNA」）．同法は海水中に含まれる魚類由来のDNAの分析に基づき，定量的に魚類の生物量や種構成，遺伝的特徴を把握する手法である．少ない人数で採水し，機械的に分析を行うことでその水域の魚類相を調査できるため，従来の大人数を投入して数年間かけて実施する調査より効率がよい．しかも，DNA解析では従来の調査で必須の魚類を同定するための専門知識も必要がない．しかし，環境DNA多種同時検出法も万能ではなく，解決すべき課題や問題点も多い．特に全ての魚種のDNAデータがそろっているわけではないので，DNAが検出されてもそれがどの種のDNAなのかわからない場合が多い．従来の地道な魚類採集を伴うフィールド調査によって得られた証拠標本とDNAデータのセットからDNAデータベースが構築され，そのデータベースの存在の上に環境DNA多種同時検出法が成り立っているのである．また，環境DNA多種同時検出法は魚体の採集を伴わないため，新種の可能性があるDNAが検出されても，分類学的措置がとれないなどの問題もある．

証拠標本・資料の重要性　魚類相調査の成果としての出現魚類の種リストは，日本ではこれまで長い間，種名のみを列記することが一般的であった．しかし，魚類の分類学的研究は急速に進んでおり，それに伴い，これまで1種だと思われていた魚に複数種が含まれることが明らかになる場合が多々ある．例えば，ササノハベラは1997年にホシササノハベラ *Pseudolabrus sieboldi* とアカササノハベラ *P. eoethinus* の2種に分類された．1997年以前に出版された魚類相の記録にササノハベラが収録されていた場合，収録の根拠となる標本や少なくとも写真が保管されていれば，再調査することによって現在の2種のどちらであったか判断することが可能であるが，それがない場合は検討することができない．

また，これまで多くの報告で琉球列島からオニカサゴ *Scorpaenopsis cirrosa* が記録されていたが，2002年にオニカサゴにきわめて類似した新種が複数記載されたことにより，過去のオニカサゴの記録が正しかどうか，標本が残っていない限り再検討ができない．

そして，根拠がなく誤同定の可能性が高くても一度記録されてしまった名前を消すことは容易ではないのが現状である．出現する魚は採集すれば存在を証明できるが，いない魚をいないと証明するのは困難である．そのため，現在の魚類相研究では，根拠となる標本や写真を公的研究機関に登録して半永久的に再調査できることを想定したリストづくりがスタンダードになっている．

魚類相調査は「現在」の種多様性を記録することであるが，100年，200年と時が経過するほどその成果の価値は高まる．環境の変化を考慮した魚類相の遷移を見ることができるためで，魚類相研究は他の研究分野と比べて，より未来のための研究といえる．過去の魚類相の記録は，現在の魚類相との比較に使えるが，上記のとおり，同定の根拠となる標本が残っていない場合が多く，十分な活用ができない．「未来」のために「現在」の標本・資料を残すことが重要である．

［本村浩之］

クラスター分析

魚類相の研究において，調査地点ごとの出現種リストは最も基礎的なデータである．これらを比較することにより，地点間の類似性や非類似性が明らかとなり，それらを決定付ける要因を探ることができる．しかしながら，どのような手法を用いれば魚類相の特徴を客観的に評価できるのかは難しい問題である．調査範囲が広くなればなるほど，対象となる魚種が網羅的になればなるほど，得られる情報は地点ごとの単純な2値データ，つまり在（1；出現）・不在（0；非出現）データとならざるを得えない．また，在・不在といっても，ある地点の不在が本当に不在なのか，調査精度の問題から多少の誤差を含むことは避けられない．クラスター分析は，事前の仮説がなく，多少の不完全さをも含む手探りの状態でこうした大量のデータを分析するのに優れている統計学的手法である．単に汎用性が高いだけでなく，手軽に使える統計ソフトが入手しやすいという利点もある．

距離尺度　クラスター分析ではまず似ている程度（距離を尺度とするため，非類似度ともいう）をどうやって測るのかが問題となる．地点ごとの2値データを扱う際に使われる尺度には，ユークリッド距離やマンハッタン距離などいろいろあるが，なかでも単純一致係数は，ある地点間の両方に出現する場合と，両方に出現しない場合とを等価と見なす点で優れている．似ている程度を測るなら，両地点に出現するという共通性だけに注目すればよいと考えがちだが，生物地理学では，ある種が両地点に出現しない共通性の要因（例えば火山の噴火や津波などによる絶滅）も考慮しなければならない．ユークリッド距離やマンハッタン距離でも不在の共通性は考慮されるが，不在を0として扱うため，計算上は過小評価されてしまう可能性がある．群集生態学の分野で使われるソーレンセンの類似商やジャカードの群集係数は，不在の共通性を考慮しないため，魚類相の比較に使うことは適切ではない．

表1は地点AB間の出現パターンである．a（両地点共に出現），b（Aに出現するが，Bでは出現しない），c（Bに出現するが，Aでは出現しない），d（両地点共に出現しない）の4つのパターンがあり，単純一致係数は（a + d）/（a + b + c + d）で求められる．表2は3地点における10種の出現状況である．この場合，地点A・B間の距離 = (4 + 2) / (4 + 2 + 2 + 2) = 0.6，地点B・C間の距離 = (3 + 1) / (3 + 3 + 3 + 1) = 0.4，地点A・C間の距離 = (3 + 1) / (3 + 3 + 3 + 1) = 0.4となる．

要約手法と解釈　クラスター分析の目的は，似ているもの同士をグループ分けすることにあり，統計ソフトを使って計算した結果はデンドログラム（樹状図）として出力される．デンドログラムによって，似ている程度を視覚化するともいえる．デンドログラムの作製には，地点間の距離をどのように要約するかによって複数の方法がある．最短距離法，最長距離法，群平均法，メディアン法，重心法などが代表的なものであるが，クラスター間の距離を最小値で決める最短距離法や，最大値で決める最長距離法は，なぜ極端な値を選択するのかを合理的に説明できないため，魚類相の比較にはなじまない．また，距離の中央値で結合するメディアン法や，最小の重心間の距離で結合する重心法は，結合される2つのクラスターのサイズが極端に異なる場合，距離の逆転が起こり，大きなクラスターの中に小さなクラスターが取り込まれやすいという欠点がある．その点，クラスター間の距離の平均値で結合する群平均法は，最小・最大値を選択する理由がない場合の要約手法として受け入れやすい．

表1　2地点間の出現パターン

		地点B	
		出　現	非出現
地点A	出　現	a	b
	非出現	c	d

表2　3地点，10種の出現パターン例

	地点A	地点B	地点C
種　1	0	0	1
種　2	0	0	1
種　3	0	1	1
種　4	0	1	0
種　5	1	0	0
種　6	1	1	1
種　7	1	0	1
種　8	1	1	0
種　9	1	1	0
種　10	1	1	1

表2の例では，数値が大きいほど共通性が高いため，地点A･B間の距離が0.6で最初のクラスターをつくる．この例では3地点しかないので，A･Bのクラスターと地点Cが次のクラスターをつくるが，その距離は群平均法では，地点A･C間の距離と地点B･C間の距離の平均なので，(0.4 + 0.4) / 2 = 0.4となる（図1）．

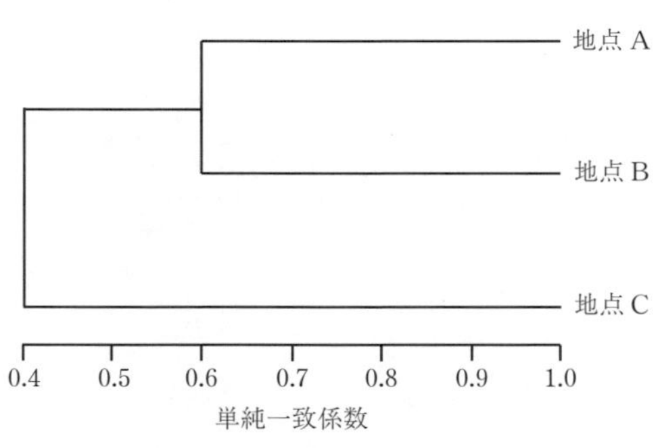

図1　表2のデータに基づくデンドログラム（群平均法）

実際の場面では，得られたデンドログラムには，距離が近いクラスターのまとまりが複数認められるが，枝分かれのどこで区切るかは任意である．重要なことは，クラスターのまとまりや，クラスター間のギャップを規定する要因を探るための目安としてデンドログラムを解釈することである．魚類相の比較においては，まとりのあるクラスターは共通する環境要因や地史的背景，ギャップは距離的障壁や温度障壁，巨大海流の存在などを示唆する．　［瀬能 宏］

日本の魚類相——淡水魚

淡水魚とは，生活史の少なくとも一時期を淡水域で過ごす魚類のことを指す．日本には，在来種だけで300種以上の淡水魚が生息しており，そのうちの約150種が河川や湖などにのみ生息する純淡水魚や淡水環境に非常に強く依存している魚である．本項では主にその約150種を対象とする．日本列島は，南北にかけて長いため，冷水魚から熱帯魚まで多様な淡水魚が生息している．さらに山地が数多く存在し，移動分散が制限されていることから，各地で異なる魚類相が形成されている（図1）．北海道から九州における日本列島の淡水魚類相は，北海道の石狩低地帯を境界線として北東と南西の2つに分けられる．さらに，南西については，本州中部に存在するフォッサマグナ地域の西部，つまり糸魚川–静岡構造線で東西に分けられ，西日本の魚類相は東日本の魚類相よりも豊かである．西日本には琵琶湖–淀川水系や九州北部といった特に豊富な魚類相が存在している地域がある．また，琉球列島は純淡水魚の種数が少ないが，日本列島や大陸沿岸部から遠く離れた島であるため，独自の魚類相を有する．現在では，分子遺伝マーカーを用いた研究により，日本列島の淡水魚の系統地理情報が蓄積され，その多様性や成立過程が明らかになりつつある．

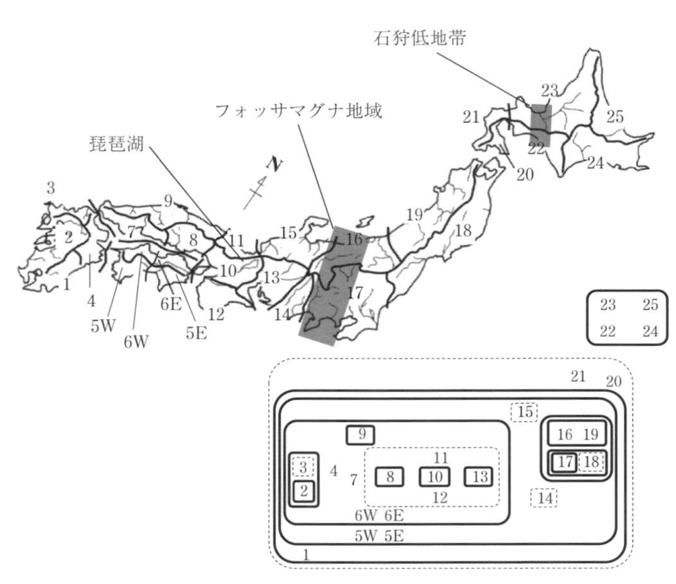

図1　日本列島の地理区分と地域固有性最節約分析により得られた淡水魚類相の地域分岐図．数字は各地域の番号を表す．下段のベン図にて，固有性が類似している地域ごとにまとめられている［Watanabe, 2012を改変］

東日本の淡水魚類相　フォッサマグナ地域より東の淡水魚類相は，西日本のそれに比べて貧弱である．その要因としては，地球規模で起きた寒冷化の影響が厳しかったことや地質学的に不安定であったことが考えられている．しかし，東日本の魚類相の中にもさまざまな要素が含まれている．北海道の石狩低地帯以東は，それ以西とは魚類相が大きく異なり，冷水性淡水魚が数多く生息している．例えば，フクドジョウ *Nemacheilus barbatulus toni* などはここが南限であり，代表的な冷水性淡水魚グループであるカジカ科，トゲウオ科，サケ科魚類などが，この地域の魚類相の主要な部分を占めている．東日本に生息する淡水魚には，フォッサマグナを越えて西日本にも生息するものと東日本に固有なものがいる．前者には，ヤリタナゴ *Tanakia lanceolata* などがあげられる．ただしナマズ *Silurus asotus* などの一部の魚種については，フォッサマグナより東の分布は人為移植の結果だと考えられている．また一方で，カマツカ *Pseudogobio esocinus* などの一部の広域分布種については，系統地理学的研究によって，西日本集団と東日本集団は遺伝的に別種レベルに異なっていることが示されている．東日本にしか生息していない魚種には，ギバチ *Tachysurus tokiensis* などがいるが，特にミヤコタナゴ *Tanakia tanago* は関東地方の固有種である．本州東部では，関東から東北へ北上するにつれて，淡水魚の種類数は減少していく傾向にある．

西日本の魚類相　西日本の淡水魚類相は，東日本に分布していない分類群も含めた多様な温帯性淡水魚から構成されている．例えば，東日本には自然分布していないモロコ類などを含むコイ科魚類，多様なスジシマドジョウ類を含むドジョウ科魚類，在来の大形肉食魚であるナマズ科魚類や在来で唯一の純淡水性スズキ亜目のオヤニラミ *Coreoperca kawamebari* などがいる．これらの多くは朝鮮半島や中国といったユーラシア大陸東部に近縁種がいる．そのため，西日本の魚類相の成立には，ユーラシア大陸東部との交流などが深く関わっていると考えられている．また，西日本には，琵琶湖–淀川水系や九州北部といった地域固有種が複数種分布する非常に多様性が高い地域が幾つか存在している．特に琵琶湖は，400万年以上の歴史を持つ東アジアを代表する古代湖であり，その長い歴史と岩場や沖合といった多様な環境は，ホンモロコ *Gnathopogon caerulescens* やアブラヒガイ *Sarcocheilichthys biwaensis*，イワトコナマズ *Silurus lithophilus*，イサザ *Gymnogobius isaza* など，十数種に及ぶ琵琶湖固有種を生み出してきた．九州北部にも，ヒナモロコ *Aphyocypris chinensis* やアリアケギバチ *Tachysurus aurantiacus*，複数のシマドジョウ類などの地域に固有な魚類が複数種生息している．これらの地域以外にも，アユモドキ *Parabotia curtus* が生息する山陽地方や，ネコギギ *Tachysurus ichikawai* が生息する伊勢湾周辺地域といった豊かな魚類相を持つ地域がある．また，琉球列島は，純淡水魚の種数は少ないが，タウナギ属の1種 *Monopterus* sp. やキバラヨシノボリ *Rhinogobius* sp. YBなど，他地域とは大きく異なる固有性の高い魚類相を持つ．

［田畑諒一・渡辺勝敏］

北日本の魚類相——海水魚

筆者が住む函館の魚屋の店頭にはホッケ，キチジ，ソウハチ，また春にはニシンやサクラマス，秋にはサケ，冬にはマダラ，カジカ類などの地元の鮮魚が並ぶ．港ではチカ，エゾメバル，ギスカジカなどがよく釣れ，道東や道北ではコマイが多い．このような身近な魚の顔ぶれは南日本とはかなり異なる．

北日本の海域を銚子以北の太平洋，能登半島以東の日本海の本州と北海道の周辺とすると，中坊徹次（2013）などによると277科約1,345種の魚類が分布する．北日本周辺をさらに本州の太平洋と日本海，北海道の襟裳岬(えりもみさき)以西の太平洋，襟裳岬以東の太平洋，日本海およびオホーツク海の海域に区分して，各海域の魚類の総種数と主要な分類群の構成を下表に示す．この表からわかるように各海域の魚類相は一様ではなく，それは各海域の海洋特性の現れでもある．以下に，各海域の特徴について解説する．なお，南日本で種類が多い沿岸性の魚群を暖海魚と呼ぶことにする（北陸・東北地方の日本海については，☞項目「日本海の魚類相—海水魚」）.

本州の太平洋　日本列島に沿って北上した黒潮は房総半島付近で外洋に離れ，黒潮勢力の北限が形成される．一方，北海道沖を南下した親潮の勢力は三陸沖に達する．また日本海を北上した対馬暖流の分流が津軽暖流として三陸沖に流入するため，本海域は暖水と寒冷水の混合域となる．本海域の外洋深層域は日本海溝の超深海域に続くため，ハダカイワシ科などに加えワニトカゲギス目（49種），ヒメ目（26種），ニギス目（24種），チョウチンアンコウ亜目（21種）などの深海性

表1　北日本周辺の各海域に分布する魚類の総種数と主要な分類群の種数

	北日本 本州・太平洋 165科578種	北日本 本州・日本海 196科703種	北海道・太平洋 襟裳岬以西 165科578種	北海道・太平洋 襟裳岬以東 150科546種	北海道・ 日本海 129科439種	北海道・ オホーツク海 95科422種
ハダカイワシ科 (87)	**49**	—	**19**	21	—	7
カジカ科 (87)	**39**	**36**	**37**	**44**	**36**	**46**
ハゼ科 (460)	**35**	**49**	10	3	17	2
メバル科 (44)	**35**	**24**	**26**	18	**20**	14
ソコダラ科 (68)	28	3	11	11	—	8
アジ科 (59)	24	**27**	15	11	10	3
カレイ科 (33)	22	23	**27**	**28**	**29**	26
フグ科 (53)	21	19	14	7	13	5
クサウオ科 (48)	20	11	15	**24**	11	**34**
ゲンゲ科 (64)	19	13	14	**24**	18	**41**
タウエガジ科 (46)	19	19	31	**30**	**25**	**33**
ガンギエイ科 (33)	19	7	16	18	7	20
トクビレ科 (23)	13	15	18	20	14	21

北海道・日本海には北海道側の津軽海峡が含まれる．各科に付した括弧内の数値は各科の日本産の種数を示す．太字の数値は各海域の上位4分類群の種類．

魚類が多い．沿岸域に多いカジカ科は本海域では大陸棚やその縁辺に生息する種が主体で，浅海種はアナハゼ類などに限られる．メバル科は浅海性のソイ・メバル類と沖合性のメヌケ類共に多様性に富む．暖海魚であるハゼ科は浅海魚類相の主体をなすが，ハタ科（5種），テンジクダイ科（5種），スズメダイ科（4種），ベラ科（3種）などは本海域南部においても種数は限られる．

⁂北海道襟裳岬以西の太平洋　夏・秋季には津軽暖流水が渦状に存在するが，冬・春季には寒冷な道東沿岸流が噴火湾や津軽海峡まで勢力を伸ばすため，冬季にはマダラやスケトウダラなどの好漁場が形成される．暖海魚はアジ科やフグ科が比較的に多いが，ハゼ科は本州両岸に比べて激減し，ベラ科，ハタ科，テンジクダイ科なども少ない．それに替わってカジカ科（ギスカジカ，フサカジカ，イトヒキカジカ，ヤセカジカなど），タウエガジ科（ハナジロガジ，ムロランギンポなど），トクビレ科，ニシキギンポ科（6種）などの寒冷性の浅海種が増加する．

⁂北海道襟裳岬以東の太平洋　本海域は沖合の親潮本流と，ごく沿岸を西方へ流れるオホーツク海起源の道東沿岸流の影響を恒常的に受け，寒冷性魚群が卓越し，暖海魚はさらに減少する．外洋深層域が千島海溝の超深海域に続き，ハダカイワシ科，ワニトカゲギス目（26種），チョウチンアンコウ亜目（11種）なども多い．

⁂北海道の日本海　対馬暖流は津軽暖流の分流後も北海道沿岸を北上するが，北緯40°以北の沖合表層域はロシア沿海州沖を西方へ流れるリマン海流の影響下の冷水域となる．また日本海の200 m以深は寒冷な日本海固有水が占める．北海道の他海域と同様に寒冷性魚類が主体をなす．ハゼ科は北陸・東北地方の日本海に比べ減少し，本州の日本海に10種以上が分布するベラ科（3種），ハタ科（2種）なども減少する．これらの暖海魚の多くは，その分布が積丹半島付近までにとどまる．日本海全域の特徴でもあるが，ハダカイワシ科などの典型的な深海性魚類はまれで，ワニトカゲギス目のキュウリエソとムネエソのみとなる．

⁂北海道のオホーツク海　本海域の沿岸域は冬季に流氷に覆われる．夏・秋季には対馬暖流が宗谷海峡を越えて宗谷暖流としてごく沿岸表層域を知床半島付近まで南下するが，その沖合は寒冷な東樺太海流の影響下にあり，水深50 m付近でも水温は通年0℃以下となる．そのため本邦では本海域だけに分布するオホーツク海固有種が多く，ゲンゲ科14種，クサウオ科11種，カジカ科4種，タウエガジ科3種など36種に上る．また本海域南部の深層は千島海盆の深海域に続くため，ハダカイワシ目，ワニトカゲギス目，チョウチンアンコウ亜目などの深海性魚類が35種に達する．暖海魚はフグ科，アジ科，ハゼ科などの他偶来種に限られる．

以上のように北日本では全般的に沿岸域はカジカ科，タウエカジ科，カレイ科，メバル科などが，また沖合深層域はゲンゲ科，クサウオ科，ソコダラ科，ガンギエイ科などが主体をなす魚類相を示す．しかし，各海域の海洋特性などにより暖海魚や深海性魚類などの消長があり，それぞれ独自の魚類相を示す．　［矢部　衞］

日本海の魚類相——海水魚

日本海は，大陸と日本列島に囲まれ，浅く狭い海峡で周囲の海域とつながる閉鎖的な海域である．その平均水深は1,667 m，最深部の深さは3,796 mであるが，海峡の深度は130 mと浅く，特に深海部の閉鎖性は強い．日本海の南側にある対馬海峡からは対馬暖流が流れ込み，大陸側ではリマン海流という寒流が流れる．日本海の浅海域の魚類相は海流の影響を大きく受けているが，水深200 m以深には，安定的な冷水塊が存在し，日本海の深海魚類相を特徴付けている．

浅海域の魚類相　隣接する海域から日本海に流れ込む海水は，対馬海峡からの対馬暖流がほとんどである．対馬暖流は，中国大陸の大河川などから流出した陸水で希釈された東シナ海表層水の影響で，日本の太平洋沿岸を流れる黒潮とは異なる性質を持っている．このため，黒潮支配下のサンゴ礁域に見られるような種は対馬暖流域には分布しない．対馬暖流は地球の自転の影響で日本海の東寄り，日本列島側を北上し，大部分は津軽海峡から，一部は宗谷海峡から流れ去る．このような海流の影響により，温帯性の魚類は日本列島側では本州北部まで分布するが，北海道にかけてその種数は激減する（北海道日本海沿岸の魚類相は ☞項目「北日本の魚類相」）．一方，寒帯性の魚類は日本列島側では山陰地方，大陸側では朝鮮半島南岸からさらに南方にかけてまで分布する．

対馬暖流の影響を受ける本州に沿った陸棚上では温帯性の魚類が多く見られる．エソ科（マエソ属魚類），ニギス科（ニギス *Glossanodon semifasciatus*），スズキ科（スズキ *Lateolabrax japonicus*），タイ科（マダイ *Pagrus major*, チダイ *Evynnis tumifrons*, キダイ *Dentex hypselosomus*），アマダイ科（アカアマダイ *Branchiostegus japonicus*），カレイ科（ムシガレイ *Eopsetta grigorjewi*, ヤナギムシガレイ *Tanakius kitaharae*, ソウハチ *Cleisthenes pinetorum*, メイタガレイ属魚類），ヒラメ科（ヒラメ *Paralichthys olivaceus*）などが多獲され，水産業上も重要種となっている．

表層回遊性の温帯種では，日本海で再生産を行う種と，東シナ海と日本海を回遊する種が見られる．例えば，前者ではマアジ *Trachurus japonicus* やマサバ *Scomber japonicus* などが，後者ではサワラ *Scomberomorus niphonius* やハマトビウオ属魚類が代表的な種である．日本海のクロマグロ *Thunnus orientalis* は，南西諸島周辺海域で産卵し，来遊すると考えられてきたが，日本海内で産卵している可能性も指摘されている．サワラは，5～6月頃に東シナ海で孵化し，対馬暖流に乗って成長しつつ日本海に来遊する．満2歳になるまでは日本海内でとどまって成長し，再び東シナ海へ南下して産卵する．逆に日本海で多く見られるホソト

ビウオ *Cypselurus hiraii* とツクシトビウオ *Cypselurus doederleini* は，産卵のために初夏に日本海へ来遊し，秋になると東シナ海へ向けて南下する．

一方，大陸側の沿海地方から朝鮮半島東岸にかけては，リマン海流や北鮮海流といった寒流の支配下にあり，カジカ科，クサウオ科，アイナメ科，トクビレ科，タウエガジ科などに代表される寒帯起源の魚類が多く見られる．朝鮮半島東岸の37°N付近で暖流と寒流の移行帯があり，この付近で魚類相は大きく変化する．イカナゴ *Ammodytes japonicus* とオオイカナゴ *Ammodytes heian* は，この移行帯付近を境に分布が異なり，北側にはオオイカナゴが，南側にはイカナゴが分布する．

日本海は狭い海峡で周囲の海域とつながっているため，潮汐は概して小さく，太平洋沿岸のような大規模な干潟域は形成されない．したがって，干潟域を利用する魚類はあまり見られないが，タビラクチ *Apocryptodon punctatus* など一部の種は海底の淡水湧出域での生息が確認されている．

深海域の魚類相　日本海の200 m以深の深海域には，日本海固有水と呼ばれる水塊が存在する．水温は0～1℃と冷たく，溶存酸素が多いことが特徴的である．日本海の深海動物相は，他の海域の深海域の動物相に比べると，固有の程度や規模が小さいこと，質的にも量的にも貧弱であること，真の深海動物群集を欠いていること，深海域に生息する動物は沿岸性の種から二次的に深海域に侵入したものであること，などで特徴付けられる．このような特徴は，日本海の歴史と大きく関係している．日本海は，更新世に何度か起こった氷期の海水準低下に伴い，周囲の海域からほぼ孤立したことが知られている．このため，陸水の流入により日本海の表面水の塩分が低下し，成層構造が強化されて深海に酸素が供給されなくなったとされる．このような環境悪化により，日本海の深海性魚類は絶滅，あるいは衰退し，隣接する海域から浅い海峡を越えて再侵入を果たした種が生息している．太平洋の深海域の魚類相と比べると，日本海ではカジカ科，ゲンゲ科，クサウオ科の種数が多く，古くから深海に適応している種は，ムネエソ科のキュウリエソ *Maurolicus japonicus* を除くとほとんど知られていない．日本海の1,000 mを超える水深帯で見られる種は極端に少なく，ガンギエイ科のドブカスベ *Bathyraja smirnovi*，タラ科のスケトウダラ *Gadus chalcogrammus*，ウラナイカジカ科のヤマトコブシカジカ *Malacocottus gibber*，クサウオ科のザラビクニン *Careproctus trachysoma*，ゲンゲ科のノロゲンゲ *Bothrocara hollandi* とアゴゲンゲ *Petroschmidtia toyamensis* などである（図1）．　［甲斐嘉晃］

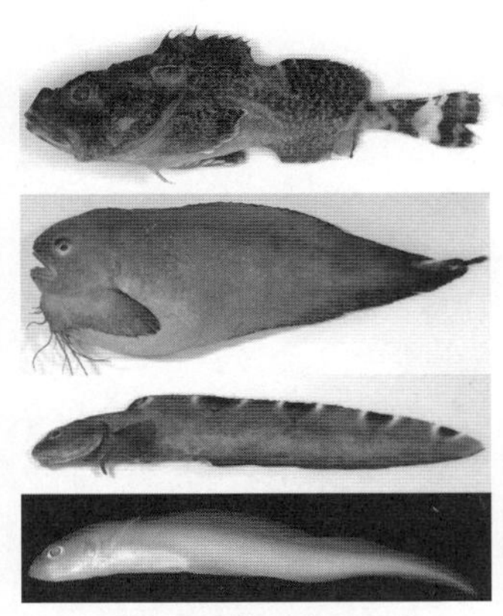

図1　日本海の深海域を特徴付ける種．上からヤマトコブシカジカ，ザラビクニン，アゴゲンゲ，ノロゲンゲ［提供：京都大学舞鶴水産実験所］

南日本の魚類相——海水魚

南日本の魚類相は，黒潮とそれを取り巻く複雑な海流によってつくり出されている．黒潮は幅約100 km，最大流速毎秒2 m以上の強大な海流で，赤道の北方を西向きに流れる北赤道海流を起源とし，フィリピンの東方で北に流路を変え，台湾と八重山諸島の間を抜け，東シナ海の陸棚斜面上を北上する．その後，トカラ海峡を横切って太平洋に抜け，再び流路を北に向けて宮崎県南部沖，高知県沖を通過する．近年，南日本における魚類相は黒潮の影響によって大きく二分されることがわかってきた．

南日本の魚類相を二分する境界線 南日本は旧北区と東洋区の2つの生物地理区にまたがって南北に広がっている．前者は南アジアと東南アジアを除くユーラシア大陸全域とアフリカ北部に広がる地域で，後者は南アジアから東南アジア，中国南部に至る地域が含まれる．日本における両地理区の境界線はトカラ海峡に位置し，ここを渡瀬線と呼ぶ．つまり，大隅諸島以北は旧北区，奄美群島や沖縄諸島は東洋区に属する．トカラ海峡は水深1,000 mにも及び，更新世前期に琉球列島と大陸が陸橋としてつながった時代でも海峡のままであった．そのため，陸上動物はトカラ海峡（渡瀬線）を境に南北に移動できなかったと考えられている．魚類の場合も，屋久島を南限とするアユ *Plecoglossus altivelis altivelis* や奄美大島を北限とするリュウキュウアユ *P. altivelis ryukyuensis*（沖縄島では絶滅）などが知られているが，これらは両側回遊魚であり，トカラ海峡が陸続きにならなかったことが分布の拡大を妨げたとは考えられない．むしろトカラ海峡を横断する黒潮が分布拡大の障壁および種分化を誘発する遺伝的交流の障壁となったものと考えられている．

これまで海水魚の南日本における生物地理境界線は，淡水魚や多くの陸上生物と同様にトカラ列島に位置すると考えられていた．しかし，近年の包括的なフィールド調査やクラスター分析（☞項目「クラスター分析」）の結果から，同境界線は「屋久島」と「硫黄島＋竹島＋種子島」の間の大隅諸島に位置することが明らかにされた．つまり，小笠原諸島，伊豆諸島，房総半島から九州にかけての太平洋沿岸，大隅諸島の硫黄島，竹島，および種子島までが1つの魚類相を，屋久島以南の奄美群島や沖縄諸島，八重山諸島はそれとは異なる魚類相を呈することが統計学上証明されたのである．さらに，南日本各地に出現する優占科（帰属する出現種数が多い科）の順位や各科の包含種数がその海域に生息する全種数に占める割合の比較結果も上記区分と完全に一致することが知られている．また，種レベルで見ても，アカエイ *Hemitrygon akajei* やホンベラ *Halichoeres tenuispinis*, オニカサゴ *Scorpaenopsis cirrosa*, カサゴ *Sebastiscus marmoratus*, マハゼ *Acanthogobius flavimanus*, ヒラメ *Paralichthys olivaceus* など日本本土や種子島に分布するが，屋久島や奄美群島以南には出現しない種が多くいることが確認されている．

種子島と屋久島は20 kmほどしか離れていないが，前述のように両島間に分布の境界線があり，前者には温帯系，後者には熱帯系の魚が優占する．これは，黒潮が屋久島南方海域で北向きから東向きに流路を変える際，黒潮に乗っている多くの魚類（卵を含む）が流路の向きが変わるコーナーの所でいわば遠心力によって屋久島に振り落とされているからと考えられている．同じように黒潮の流路に位置する種子島に熱帯系の魚類が少ないのは，種子島に向いた流路のコーナーがないため，南方から運ばれてきた魚が振り落とされにくいからであろう．

屋久島の特異的な魚類相　南日本における2つの主要な魚類相のうち，南側の生物地理区の北限にあたる屋久島は南日本の中で最も特異的な魚類相を示す．南日本に分布する魚類の姉妹種のうち，メジナ *Girella punctata*（温帯系）・クロメジナ *G. leonina*（熱帯系）やイシダイ *Oplegnathus fasciatus*（温帯系）・イシガキダイ *O. punctatus*（熱帯系）などのペアはおよそ600万年前に陸化した対馬海峡を障壁として日本海と太平洋において共通の祖先種から種分化したと考えられている．これらの姉妹種のうち温帯系の種は，現在の黒潮の流路が形成されてからは，黒潮を横断して南下することができない．他にも黒潮流路を挟んで異所的に分布する姉妹種の存在は多数確認されている（☞項目「分散と分断—海水魚」）．しかし，本来黒潮流路の南北に異所的に分布するはずの姉妹種が屋久島では同所的に出現することが知られている．屋久島は奄美群島以南の琉球列島の魚類相要素が強いものの，日本本土の魚類も見られるのだ．日本本土を主な分布域としている温帯系の魚類が屋久島に出現する要因の1つとして，日本本土からの南下流の影響が考えられている．鹿児島県本土の薩摩半島西岸沖海域には長崎県の五島列島から鹿児島県の甑島列島沿いに南下する流れがある．この南下流が薩摩半島の沿岸水を引き込み，結果として薩摩半島西岸近海にも南下する流れが卓越する．熊本県の八代海を分布の南限とするウスメバル *Sebastes thompsoni* やクジメ *Hexagrammos agrammus* が稀に屋久島でも発見されることから，この南下流は屋久島まで到達するのであろう．また，大隅半島先端と種子島・屋久島の間を流れる，大隅分枝流（流量が黒潮の5%程度）は，普通北東へ向かって流れているが，その逆の南西流もしばしば観測される．このように大隅分枝流や薩摩半島沖の南下流が日本本土の温帯系魚類を屋久島に運んでくると思われるが，一方で，13万年ほど前に大隅半島先端と種子島・屋久島が陸続きになった歴史的経緯があり，そのときに日本本土から屋久島まで広く分布していた温帯系魚類が現在も屋久島に遺存的に残っている可能性もある．　［本村浩之］

小笠原諸島の魚類相——海水魚

小笠原諸島は，東京の南約1,000 kmの太平洋上にある小笠原群島（聟島列島・父島列島・母島列島）を中心に，さらに南の火山列島（北硫黄島・硫黄島・南硫黄島），および孤立した島嶼（とうしょ）である西之島・沖ノ鳥島・南鳥島から構成される．これらのうち有人島は小笠原群島の父島と母島のみで，ほかは全て無人島である．当該海域で見られる海産魚類相は，地理的および生物地理学的特性に起因し，日本周辺海域の中でも特異なものとなっている．一般的に小笠原あるいは小笠原諸島と呼ぶ場合は，小笠原群島のみ，あるいは小笠原群島および火山列島を含めた海域を指すことが多い．本項では，小笠原群島および火山列島を含めた海域を小笠原諸島として解説する．

小笠原諸島の地理的および生物地理学的特性　伊豆諸島から小笠原諸島にかけての島嶼域は，伊豆・小笠原弧と呼ばれる全長約1,400 kmにも及ぶ巨大な島弧を形成している（図1）．伊豆・小笠原弧上の島嶼群のうち小笠原諸島は，形成以来，氷期も含めて一度も大陸と陸続きになったことのない海洋島であり，島周りの浅海域が狭いことや，内湾や藻場が少なく，環境の多様度が低いという特徴を持つ．小笠原諸島はこの巨大な島弧の最南端に位置するため，本州沿岸で見られる多くの魚種にとって，分散あるいは移住によってたどり着くことは容易ではない．さらに，インド洋・太平洋・大西洋の海洋生物を比較する場合の生物地理区でいうと，小笠原諸島はインド・西太平洋区の東端に位置し，やはり同生物地理区の中心から小笠原諸島への海産魚類の分散・移住は困難である．これらの地理的および生物地理学的特性から，小笠原諸島の海産魚類相は，南日本沿岸だけでなく，ほぼ同緯度にある琉球列島と比較しても貧弱であることが指摘されている．

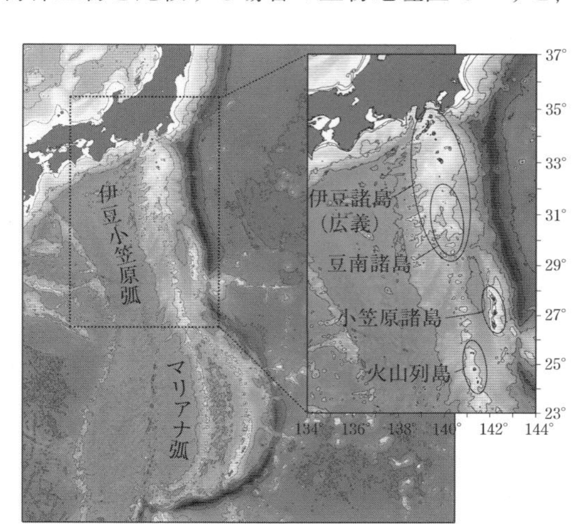

図1　伊豆・小笠原弧上の島嶼群

一方，小笠原諸島の魚類相には他の日本周辺海域には見られない独自性が認められる．前述のような地理的および生物地理学的特性とは対照的に，海産魚類の分散・移住に際して大きく障害となるような物理的障壁が存在せず，むしろ伊豆諸島から小笠原諸島まで伊豆・小笠原弧という海底の高まり上で一続きとなっている．世界有数の巨大海流である黒潮は，伊豆諸島を横断する際に，本州沿岸から伊豆諸島への温帯性魚種の分散をもたらしているが，伊豆諸島海域において黒潮が数年から数十年の間隔で大蛇行することが知られており，最南では北緯30度付近，伊豆諸島と小笠原諸島の間に位置する鳥島付近まで南下する．つまり，本州沿岸に生息する温帯性魚種が小笠原諸島までの約1,000 kmを直接分散・移住することは困難ではあるが，黒潮のベルトコンベヤー効果により本州沿岸から伊豆諸島海域へ，続いて伊豆・小笠原弧経由で伊豆諸島南部から小笠原諸島海域へと，飛び石状に分散・移住すると推察されている．さらに，伊豆・小笠原弧は南端でマリアナ弧と接しており，広義では伊豆・小笠原・マリアナ弧という全長約2,800 kmにも及ぶ超巨大島弧を形成している．したがって，伊豆・小笠原弧における伊豆諸島から小笠原諸島への連続性と同様に，マリアナ弧から伊豆・小笠原弧南端の小笠原諸島への熱帯性魚種の分散・移住も推察されている．

以上から，海洋島環境および生物地理区の端に位置していることにより潜在的な生息魚種数が少ないことに加え，南北両方向の海産魚類の分散・移住が，小笠原諸島の海産魚類相を特異なものにしていると考えられている．

❀小笠原諸島の海産魚類相　小笠原諸島の海産魚類相について，ほぼ同緯度に位置する琉球列島と比較すると，種数全体で琉球列島は1,500種を超え2,000種に達するとの報告もある一方，小笠原諸島では800種を超える程度である．また，優占科（帰属する出現種数が多い科）の順位も異なる（例えば，琉球列島ではハゼ科が最も多く全体の16～20%を示すのに対し，小笠原諸島では6.5%程度で3位と低く，代わりにベラ科が約10%で最も多い）．さらに小笠原諸島の海産魚類相の特徴として，以下の3点があげられる．①伊豆諸島経由で北から分散・移住してくると考えられる温帯性魚種および東アジア固有の亜熱帯性魚種で，小笠原諸島の海産魚類相の約10%を占める（ブダイ *Calotomus japonicus*, アカササノハベラ *Pseudolabrus eoethinus*, フエダイ *Lutjanus stellatus* など）．②小笠原諸島に固有の種，あるいは伊豆諸島から小笠原諸島，小笠原諸島からマリアナ諸島など伊豆・小笠原・マリアナ弧に固有の種で，約2.5%を占める（オビシメ *Scarus obishime*, ミズタマヤッコ *Genicanthus takeuchii*, ユウゼン *Chaetodon daedalma*, ヨゴレヘビギンポ *Helcogramma nesion*, ダイダイヤッコ *Centropyge shepardi* など）．③分布の中心が中央太平洋にあってマリアナ弧経由で南から分散・移住してくると考えられる熱帯性魚種で，約5.7%を占める（トンプソンチョウチョウウオ *Hemitaurichthys thompsoni*, コガネヤッコ *Centropyge flavissima*, アカツキハギ *Acanthurus achilles*, ニラミハナダイ *Pseudanthias ventralis* など）．この中央太平洋要素の種のほとんどは，日本周辺海域では小笠原諸島でしか見られない種である．　［栗岩　薫］

東アジアの魚類相——淡水魚

淡水魚の分布に注目した場合，東アジアとは，中国大陸部を中心に，ロシア極東域からベトナム北部，またサハリン，日本列島，台湾，海南島などの島嶼部を含む地域を指す（Bănărescu, 1992）．この地域には，主な淡水系として，アムール川（黒竜江），黄河，長江，珠江，ソンホン川（紅河）などがあり，主に温帯から亜熱帯気候に属する．南部はヒマラヤ山脈，アンナン山脈などによって南アジア・東南アジア地域と隔てられ，北部はヤブロノヴイ山脈，スタノヴォイ山脈を境とすることが多い（図1）．西部には中国東部から中央アジアに広がる高原があり，必ずしも境界は明瞭ではないが，太平洋に流出しない独立水系は含めないことが多い．

東アジアは，動物地理区における旧北界からインドマラヤ界にまたがるが，淡水魚類相には特徴的な動物地理的要素（東アジア要素）がみとめられる．中国南中部には，メコン川（瀾滄江）やタンルウィン川（怒江）など東南アジアを流れる大河の上流部があり，長江上流部（金沙江）と接している．このような地域を中心に，地勢上の東アジアには動物地理学上の東南アジア要素も含まれるが，本項ではそれを含めない．

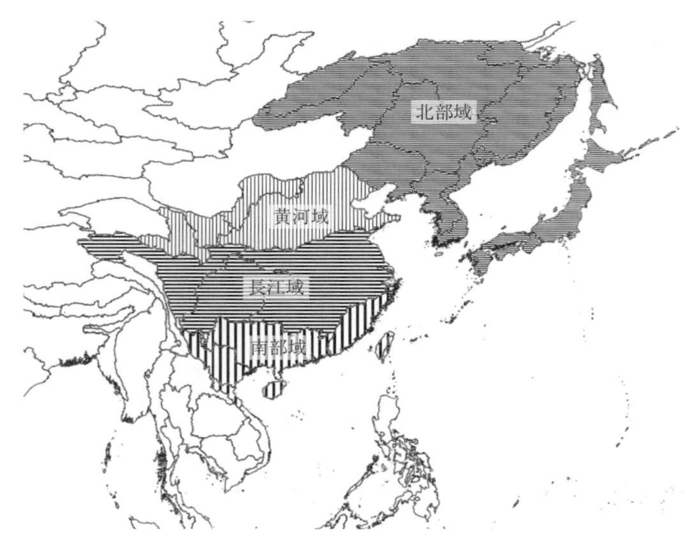

図1　東アジアの淡水魚分布の地理的区分［Abell et al., 2008のエコリージョン上にBănărescu, 1992の4区分を図示］

東アジアに分布する淡水魚　東アジアには少なくとも1,000種以上の淡水魚が分布する．バナレスク（Bănărescu, 1992）を基に近年の分類に従って整理すると，東アジアには22科の一次性淡水魚が分布する．そのうち以下の13科が骨鰾上目であり，生息種数の大部分を占める：コイ目コイ科，サッカー科，ドジョウ科，アユモドキ科，タニノボリ科，フクドジョウ科，ガストロミゾン科，ナマズ目アカザ科，ギギ科，クラノグラニス科，シソル科，ナマズ科，ヒレナマズ科．

骨鰾類以外には，主に他地域に分布の中心を持つ以下の9科が東アジアに分布するが，種数は少ない．旧北界・新北界に主に分布するヘラチョウザメ科とカワカマス科，南・東南アジアに主に分布するタイワンドジョウ科，タウナギ科，トゲウナギ科，キノボリウオ科，およびオスフロネムス科，そして東アジアに分布するケツギョ科とドンコ科（それぞれ1～数種）．そのほかに冷温性から亜熱帯性の二次性・周縁性の淡水魚が生息する（ヤツメウナギ科，サケ科，ハゼ科ほか）．

主な水系の淡水魚の特徴　東アジアに広く分布する種（種群）として，コイ *Cyprinus carpio*（あるいは *C. rubrofuscus*），フナ類 *Carassius* spp.，ハス *Opsariichthys uncirostris*，モツゴ *Pseudorasbora parva*，ツチフキ *Abbottina rivularis*，ドジョウ *Misgurnus anguillicaudatus*，ナマズ *Silurus asotus* などが代表的である．

東アジアは大きく北部域（アムール川など），黄河域，長江域，南部域（珠江など）の4地域に分けられることがあり（図1），以下のような特徴を示す（李，1981；Bănărescu, 1992；Xing et al., 2016）．北部にはアムール川水系をはじめ，朝鮮半島や日本列島が含まれ，北方系の種群（タカハヤ属，ウグイ属，カジカ属など）の分布が特徴的である．朝鮮半島や日本列島には上記のほか，黄河域や長江域の要素も混在する．黄河域と長江域は東アジアの淡水魚類相の多くの部分を占める．黄河域には100余種の淡水魚が生息し，多くの東アジア種の北限となっている．長江域には400種を超える種が生息し，シナヘラチョウザメ *Psephurus gladius*（ヘラチョウザメ科）やイェンツーユイ *Myxocyprinus asiaticus*（サッカー科）といった遺存固有種が見られる．南部域は閩江（福建省）から珠江，さらにトンキン湾周辺河川や台湾，海南島を含み，コイ科ダニオ亜科やラベオ亜科などの東南･南アジア要素を含む500種に及ぶ多彩な種が生息する．中でも雲南･貴州･広西壮族自治区にまたがる雲貴高原のカルストには広大な地下水系が発達し，60種以上の *Sinocyclocheilus*（コイ科）を含め，さまざまな程度に洞窟適応した独特の魚類相も存在する．

東アジア全体にわたる淡水魚の分布パターンについては，今後，分類学的精査を踏まえ，系統関係も考慮しながら定量的な再検討が行われる必要がある．またその成立要因（山地・水系形成，現在および過去の気候，種分化など）を解析・整理することによって，この地域の魚類相の理解がより深まると期待される．

［渡辺勝敏］

東アジアの魚類相——海水魚

東アジアはユーラシア大陸の東部地域を指す地理学的な名称であり，北東アジアや極東などと呼ばれることもある．東アジアの海洋に面した国と地域には，朝鮮半島，日本，中国，および台湾が含まれる．しかし，東アジアの海水魚の分布を論じる際には，陸域とは異なり，ベーリング海からベトナム中部にかけての海域に生息する魚類を対象にする必要がある．本項では，国際連合食糧農業機関（FAO）が定義した北西太平洋のArea 61（図1）を東アジア海域とする．

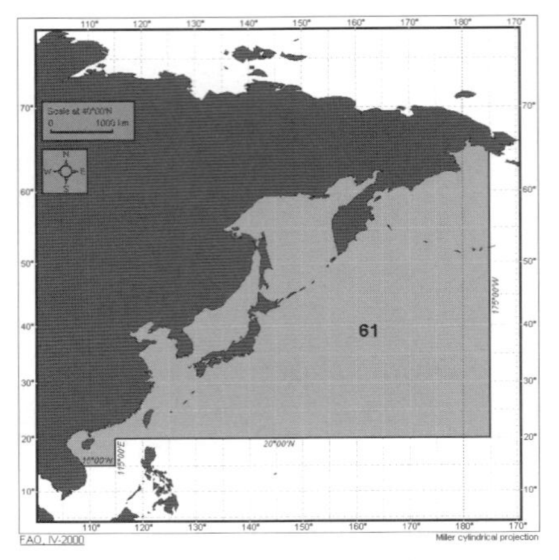

図1　FAO北西太平洋Area 61の海域
［http://www.fao.org/fishery/area/Area61/enを改変］

東アジア海域（Area 61）の魚類　東アジアの魚類は主にベーリング海から北日本にかけて分布する北方系種（☞項目「北日本の魚類相—海水魚」）と南日本からベトナム中部にかけて分布する南方系種（☞項目「南日本の魚類相—海水魚」）から構成される．東アジア海域から記録されている魚類は約4,800種であるが，特に南方系種は種多様性が高い故に分類学的研究が遅れており，実際には5,000種を超えると考えられる．

東アジア海域に出現する魚類のうち，北太平洋に広く分布するタラ科のスケトウダラ*Gadus chalcogrammus*やサケ科のサケ*Oncorhynchus keta*などや，インド・西太平洋に広く分布するシマイサキ科のコトヒキ*Terapon jarbua*やサバ科のイソマグロ*Gymnosarda unicolor*など多くの種が同海域の範囲外にも広く分布する．しかし，カジカ科のアナハゼ属（アナハゼ*Pseudoblennius percoides*など）やスイ属，イダテンカジカ属などは東アジア海域に固有な北方系の属であり，ゲンゲ科（コウライガジ*Zoarces gilli*など）やダンゴウオ科などは多くの同海域固有の種を有する．一方，南方系では，スズキ科が東アジア海域の固有科，トラフグ属は（1種の例外を除き）固有属であり，マイワシ*Sardinops melanosticta*やサワラ*Scomberomorus niphonius*など多くの固有種が知られている（図2）．同海域に生息する固有種の数は，北方系と南方系を合わせて，現在のところ1,100種を超えると考えられる．

❀東アジア海域の生物地理

東アジア海域の魚類相は，日本列島や千島列島などの南北に長い入り組んだ地形とその形成史，複雑に取り巻く暖流や寒流，および多様な環境（サンゴ礁，岩礁，砂底など）の影響を受けて形成されてきた．

図2　東アジア海域に固有な魚類. 上からアナハゼ（カジカ科），コウライガジ（ゲンゲ科），マイワシ（ニシン科），サワラ（サバ科）［撮影：本村浩之］

東アジア海域の魚類相は，東アジア固有要素，インド・西太平洋要素，北太平洋要素，および反赤道要素（☞項目「反熱帯性分布」）などから構成される．魚類のニッチを重視した研究（中坊, 2013）では，東アジア海域に含まれる日本産の魚類を礁魚，底魚，および浮魚に区分し，78の分布パターンを認め，魚類の分布は生態と関係することが示された．固有種の比率が10%以上であることを基準に海洋生物区を区分した研究では，ベーリング海南西部から日本，黄海にかけての海域が3つの生物地理区（オホーツク区，クリル区，東洋区）に区分された（Briggs et al., 2011）．オホーツク区は北海道の北東部を含むオホーツク海全域で，氷河期にカムチャツカ半島やサハリン，千島列島に囲まれた閉鎖水域だったと考えられている．クリル区は津軽海峡以北のオホーツク海を除く海域であり，一方，東洋区は津軽海峡以南の北日本，大陸の日本海沿岸と黄海沿岸が含まれるが，朝鮮半島南端は含まれないため，不連続な地理区となっている．

最近の研究によって，東アジア海域の南部は，2つの地理区に分けられ，1つは朝鮮半島南部と南日本から台湾，中国沿岸を経てベトナム中部まで広がる範囲で，もう1つは屋久島以南の琉球列島であることが明らかになった（☞項目「南日本の魚類相—海水魚」）．

東アジア海域の魚類相を解明するためには，沿岸魚の分類学的研究や魚類相調査が十分には進んでいない中国やベトナムなどのさらなる調査研究が必要である．

［岩槻幸雄］

東南アジアの魚類相——淡水魚

東南アジアは，インドシナ半島や周辺の島嶼などを含むアジア南東部地域の総称である．本項では，ミャンマーのイラワジ河水系から東はベトナム北部と近隣の中国沿岸（海南島を含む），さらにはマレーシア，シンガポール，ブルネイ，インドネシア（パプア州と周辺の一部島嶼を除く），フィリピンといった島嶼部の陸水域を対象とする．生物多様性がきわめて高い地域だが，同時に人口増加や大規模な開発による環境破壊の影響が危惧される地域でもあり，全域が生物多様性ホットスポットのいずれかに含まれている．

純淡水魚類相 東南アジアでは3,100種以上の陸水性魚類が記録されており，今後さらに500種程の増加が見込まれるという．特に，確認魚種全体の6割を占める骨鰾類の種多様性が著しい．骨鰾類の半分弱はコイ科が占め，その種数は世界の同科魚類の4分の1を超す．種や属の固有性もきわめて高い．こうした豊かな骨鰾類，ひいては純淡水魚類相は，いかにして醸成されたのだろうか．

塩分耐性の低い純淡水魚にとって，海という障壁を超えることは難しい．その影響を如実に示すのが，インドネシアのスラウェシ島やロンボク島以西の島嶼，そしてフィリピン諸島である．いずれも純淡水魚の魚類相が貧弱で，外来魚を除くと，淡水魚の大半は通し回遊魚や周縁性淡水魚となっている．スラウェシ島やロンボク島の西方には深い海峡があり，かつて氷期の度に起こる海水準降下期にも，陸化することがなかった．ウォーレス線が設定されたこれらの海峡は，多くの陸上生物の往来を阻み，純淡水魚もまたその例外とはならなかった．フィリピンの場合は，若干様相が異なる．ボルネオ島とフィリピン諸島の間にもやはり深い海峡があるが，こちらは辛うじて陸続きになった時期があるのか，在来の純淡水魚として42種ほどが知られている．属は，全て東南アジアの他地域のものと共通する．特筆すべきは固有種の多さである．特にコイ科のバルボデス属では，確認されている27種全てがフィリピン固有種となっている．東南アジアの他地域で知られる同属魚類は，14種にすぎない．他のコイ科魚類も大半はフィリピン固有種であり，系統地理学的に非常に興味深い地域である．

残る東南アジアの大部分は，氷期には陸続きとなり，スンダランドと呼ばれる広大な陸地を形成していた．スンダランドには幾本もの大河川が流れ，氷期が終わり，海水準が上昇するとともに水系の大部分は海中に没した．これら古水系の流路は，いまも海底にその跡をとどめている．つまり簡単にいうと，スンダランドの大河川で沈まなかった上流側の部分が，いま私たちが目にできる河川である．この古水系の全体像が頭にあれば，インドシナからスンダ域にかけての純淡水魚類相は理解しやすい.

例えば, カンボジア西部で調査をしていると, タイランド湾沿岸のすぐ内陸部を走るカルダモン山脈を境に, 東西で純淡水魚類相が大きく異なることに気付く. 山脈西方の魚類相は, 東方, すなわちメコン河水系のものよりもむしろ, タイランド湾を挟んだ対岸のマレー半島のものに似ている. かつてタイランド湾の中央部には, 現在のチャオプラヤ川の河口からつながり, インドシナ半島とボルネオ島の中間辺りの位置で南シナ海に流出する大河川があった. 複数の支流があり, 東側のものはカルダモン山脈西方に, 西側のものはマレー半島東岸に達していた. ベトナム南部のメコンデルタ西方にあるフーコック島でもよく似た淡水魚類相が見られるので, おそらくは同島にもこの水系の一部が影響していたのであろう. 同水系とインドシナ半島を広く覆うメコン河水系は, スンダランドが存在した時期にも互いに独立した水系となっていたとされる.

ボルネオ島でも北側と南側とで淡水魚類相がかなり異なるが, 古水系を見ると, それぞれが, まったく別の方向に流れ出していた大河川の一部であることがわかる. かつてのスンダランド地域に見られる純淡水魚には, 現在もインドシナ域からスンダ列島にかけて広く分布する種もいる. ただ, そうした広域分布種が再検討され, インドシナ域とスンダ列島の集団が互いに酷似する別種であることが明らかとなる例も後を絶たない.

アジアアロワナやナギナタナマズ類など, 分岐年代の古い純淡水魚の分布形成には, 大陸移動など, はるか昔のダイナミックな地史的イベントが関わっているとされる（☞項目「大陸移動—淡水魚」）.

⁂通し回遊魚・周縁性淡水魚類相　海と川を行き来する通し回遊魚や周縁性淡水魚では, 地理的分布パターンはむしろ海水魚のそれに似る. すなわち, インド・西太平洋の熱帯・亜熱帯に見られる広域分布種が多く, 西方のインド洋, あるいは北方の琉球列島などとの共通種もよく見かける. ベトナム北部から海南島にかけての河川では, アユやハゼ科のマハゼ属魚類など, 東アジアの温帯域に分布の中心をもつ両側回遊性魚類も知られている.

海を介した移動ができることもあり, 固有性はそれほど高くない. 例えば, 純淡水魚ではギリノケイルス科, インドストムス科, ヘロストマ科など8科が東南アジア固有であるのに対して, 通し回遊魚・周縁性回遊魚を含む科で固有のものはトウゴロウメダカ科しか知られていない. ただし, 海から遠く離れた大河川の中流域で見られるエイの仲間や, ニシン科, ダツ科, サヨリ科, ヨウジウオ科, タカサゴイシモチ科, ツバメコノシロ科, ハゼ科, ササウシノシタ科, フグ科などには, 種や属が東南アジア固有となっているものも多い. これらの中にはすでに河川内で生活環を完結していると思しき種も少なくないが, 多くは調査が不十分で, 産卵生態や生活史に関する情報は断片的にしかない.　［渋川浩一］

東南アジアの魚類相——海水魚

本項では，東南アジアの海水魚類相の生物地理的特徴と，その成り立ちを述べる．ベトナム，タイ，カンボジア，フィリピン，マレーシア，インドネシア，ブルネイ，シンガポール，ミャンマーに面した海域を対象とする．太平洋とインド洋にまたがること，大小の島嶼（とうしょ）と半閉鎖的海域を多く含むこと，サンゴ礁，砂浜，マングローブなど多様なハビタットがあることを特徴とする海域である．

東南アジアの海水魚類研究は，欧米の研究者によるものを中心に200年に及ぶ歴史があり，3,000種を優に超える種が記録されてきた．しかし魚類相の全貌はいまだ明らかでない．特に深海域は見過ごされがちであったため，今後の調査が望まれる．比較的調査の進んでいる浅海性の魚類に限っても，新たな分布の確認や新種記載の勢いは近年も衰える様子がない．その要因として，分子生物学的に種を識別する手法が発展したことや，現地の研究者が主体となった共同研究が盛んになってきたことがあげられるだろう．

生物地理 東南アジアの海水魚の多様性は，生物地理的にはどのように理解されるだろうか．この海域における既報の魚類の大部分は，熱帯・亜熱帯の沿岸性魚類である．これらの分布を見るとインド洋と太平洋にまたがるものが特に多く，アフリカ東岸からハワイやイースター島まで分布するインド・太平洋要素の種や，インド亜大陸からオーストラリアプレート上の島嶼にかけて分布する東インド洋・西太平洋要素の種などさまざまである．西太平洋や東インド洋に限られる種，汎熱帯分布の種，特定の島のみなど局所分布の種がそれに続く．このような種ごとの分布を重ね合わせることで，種数の分布を見てみよう．すると，フィリピン，インドネシア，ソロモン諸島を結ぶ線で囲まれたコーラルトライアングル（☞項目「コーラルトライアングル」）と呼ばれる海域で最も種数が多くなり，そこから離れるにつれ種数が減少する同心円状のパターンが表れる．なお，このパターンは造礁サンゴ，腹足類，有孔虫など幅広い生物群で確認されている．

種数への貢献は大きくないが，温帯性魚類の存在も無視できない．ベトナム北部には東アジア大陸沿岸温帯種の分布南限があり，前述の熱帯・亜熱帯沿岸性魚類の分布と接している．以上を総合すると，東南アジアの魚類多様性はさまざまな分布要素の集合としてとらえることができよう．

多様性形成の歴史—中新世 続いて，多様性形成の歴史を述べる．熱帯・亜熱帯のインド–太平洋において種の多様性が著しいテンジクダイ科，チョウチョウウオ科，スズメダイ科，ベラ科，フグ科といったグループは，いずれも今から約2,300万年～500万年前の中新世に急速な種数の増加を経験したことが，分子系統学的に推定されている（Cowman et al., 2011）．言い換えれば，現在の種多様性の大部分がこの時期に形成されたことになる．

時を同じくして，現在の東南アジア周辺に相当する海域では，オーストラリアとユーラシア両プレートが衝突していった．ここにインド・オーストラリア島弧の原型となる複雑なサンゴ礁島嶼が形成され，インド洋と太平洋が隔てられることとなる．これに伴い，周辺海域の魚類の種数が増加したと考えられる．まず，それ自体の内部で種分化や種の存続がうながされたと考えられる．その根拠は，前述した魚類のグループそれぞれの中でも，特にサンゴ礁への依存度が高い系統で著しい種数の増加が見られたことである．2つ目に，この地形がインド洋と太平洋の間で海洋生物の移動分散を妨げる障壁として働き，異所的種分化を促したと考えられる．これを支持するのが，互いに姉妹種の関係にある魚類の分布である．インド洋と太平洋にそれぞれ分布の中心があり，東南アジア周辺に限って重複する姉妹種のペアが，魚類の幅広い分類群で知られている．

多様性形成の歴史―更新世　より近年には，東南アジア周辺海域の環境変動が，魚類の種内多様性（遺伝的集団構造）形成に強く関与した．とりわけ顕著な例として，南シナ海周辺を境に，インド洋と太平洋の個体群が遺伝的に区別される種の存在をあげることができる．これは，今から約250万～1万2,000年前の更新世に，氷期と間氷期が繰り返されたことと関係がある．氷期には最大で現在より120 mほども海水準が低下し，南シナ海は広範囲に渡り陸化した（図1）．これにより海洋生物はインド洋と太平洋の間の移動が制限され，遺伝的分化を遂げたのである（Gaither et al., 2013）．

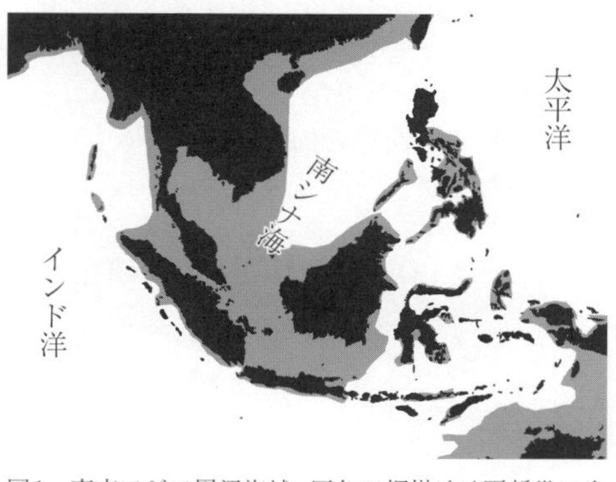

図1　東南アジア周辺海域．灰色の網掛けは更新世の氷期に陸化した120 m以浅の部分を示す

東南アジアのダイナミックな地史が，種内レベルから種レベルに渡る魚類の多様性形成に大きな役割を果たしてきたことを述べた．しかし，これに関連して未解明なことがある．更新世に陸化を含む激しい環境変動の舞台となった南シナ海であるが，インド洋と太平洋の個体群を隔てる役割ばかりが強調され，それ自体に分布する個体群の歴史が明らかになっていないのである．筆者を含む研究グループの分析によれば，南シナ海内部というごく小さい地理的スケールでも，場所によって由来の異なる個体群が分布しているようだ．こうした異質性が生じた要因を，地史との関連において議論していく必要があろう．　［武藤望生］

コーラルトライアングル

コーラルトライアングルは，インドネシア，マレーシア，パプアニューギニア，フィリピン，ソロモン諸島，および東ティモールの6カ国にまたがる三角形状の海域である（図1）．この海域そのものは，世界の海域全体のたった1.6%の広さであるにもかかわらず，サンゴ礁の広さは約7万3,000 km^{2}であり，これは世界全体の29%にもなる．ここでは既知のサンゴ種の75%が確認されており，3,000種以上の魚類の住処となっている．これらを一例として，コーラルトライアングルは地球上で最も海洋生物の多様性が高い海域として「海のアマゾン」と呼ばれることもあるほどである．この豊かな海は，この地域で暮らす13億人もの人々を支える重要な水産資源を供給しているだけでなく，自然災害に対する天然の要害（サンゴ礁やマングローブなど）となり，さらにはその美しい水中の景観は世界中から観光客を呼ぶ観光資源ともなっている．

コーラルトライアングルが抱える課題　海域に生息する魚類の多くは，沿岸環境やマングローブ域，淡水域を産卵場所や稚魚の成育場として利用するが，それらの環境のほとんどが，人間活動により何らかの影響を受けている．また，サンゴの分布は，世界の海洋面積全体のわずか0.2%程度にすぎないが，全海洋生物の約25%もがサンゴ礁生態系と関連しており，サンゴ礁が海洋生態系に対していかに重要な存在であるかがうかがえる．にもかかわらず，緊急に対策を講じなければ，今後30年の間に，90%近いサンゴ礁が死滅する可能性があることも指摘されている．

コーラルトライアングルの豊かな海も例外ではなく，過度の乱獲や毒性の強い化学薬品・ダイナマイトを用いた環境を破壊する漁法，沿岸域の開発・汚染，地球全体の環境変動などを要因として，その生物資源の豊かさや生態系の多様性を急速に失いつつあ

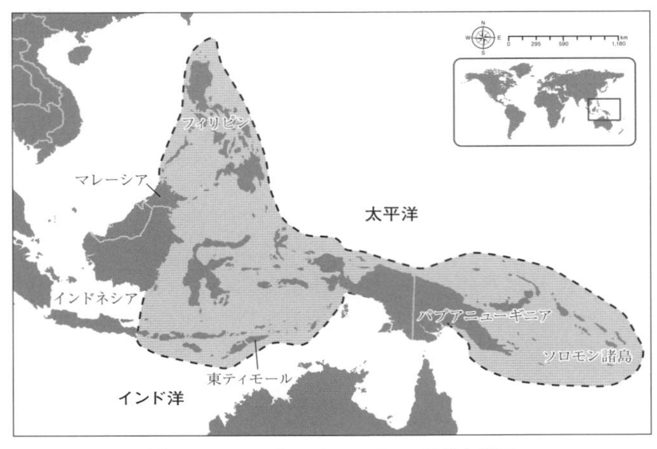

図1　コーラルトライアングルの位置と範囲

る．地球上で最も高い海洋生物の多様性を誇るコーラルトライアングルの海洋環境を保護し，持続可能な資源とすることは，この海域を直接利用する周辺国ばかりでなく，世界全体にとってきわめて緊急性の高い課題といえる．

保全のため行われている対策　コーラルトライアングルの豊かな海洋・沿岸環境を保全し，持続可能な資源として利用していくため，本海域を排他的経済水域に含む6カ国は政治的枠組みを越えて連携し，多国間パートナーシップとして「サンゴ礁保全，漁業生産，食料問題に寄与するためのコーラルトライアングル・イニシアティブ」を提唱した．ここでは，国境を越えた保護地域の設定や，水産資源および海洋資源管理に生態学的アプローチを取り入れることを促進すること，海洋保護区のネットワークを設立すること，絶滅の危機にある生物種の減少回避や生物多様性の保全などが具体的な目標として掲げられており，この活動が世界各国・機関から経済的・技術的に支援されている．

コーラルトライアングルの魚類学の始まり　コーラルトライアングルの魚類学は19世紀にヨーロッパから自然史学者が訪れることから始まった．その始祖とも呼べるのがオランダの医師であり魚類学者のブリーカー（Bleeker, P.）である．彼は，1842年から1860年の間，オランダ東インド陸軍の軍医将校としてインドネシアに駐在し，軍務の傍ら魚類研究を行った．彼は地元の漁師から標本となる魚を入手するだけでなく，各島嶼から標本が送られてくるようなネットワークを構築することで，1万2,000点以上という膨大な標本を収集し，その大部分をオランダへと送った．これらの標本の多くは現在でもオランダ国立自然史博物館に所蔵されており，魚類学者にとって大変貴重なものとなっている．ブリーカーは1860年にオランダに戻った後，“Atlas Ichtyologique des Indes Orientales Netherlandaises”（オランダ領東インドの魚類図鑑）の作成に尽力した．1,500点にも上る実寸大の美しいカラーイラストを含む図鑑の出版は，1862年から彼が没する1878年まで続いた（図2）．さらに彼は，36年のキャリアの中で，523属1,926種もの未記載属・種を記載しており，その種数は魚類学史上最多である．

図2　ブリーカーの大作である“Atlas Ichtyologique des Indes Orientales Netherlandaises”は後の魚類学に大きな影響を与えた

現在もなお，コーラルトライアングルは，数多くの魚類学者の研究活動の舞台となっている．その結果，現在では4,000種以上が海域内に生息していることが明らかになっており，このうち約300種がこの海域の固有種であるとされる．

［小枝圭太］

無効分散と死滅回遊魚

水生生物は生活様式によって大まかにプランクトン，ベントス，ネクトンに3区分される．ネクトンは水の流れに逆らって移動する能力を持つものであり，魚類がここに含まれる．ただし，これは一般的に稚魚から成魚にかけての成長段階であり，浮性卵や仔魚期はプランクトンといえる．日本近海では，マイワシやマサバ，サンマなどが索餌や繁殖のために能動的に表層回遊を行っている．一方，浮性卵や仔魚はプランクトンとして受動的に海流によって分散する．移動してもとの場所に戻る回遊をする魚類と異なり，受動的に分散した仔魚などは回帰性がない．

秋から初冬にかけて，房総半島から南の太平洋沿岸や青森県以南の日本海沿岸で熱帯・亜熱帯性のスズメダイ科やチョウチョウウオ科魚類の幼魚が見られる．これはフィリピン北部や台湾東部，八重山諸島などで春から夏にかけて産卵された卵や仔魚が黒潮に乗って黒潮下流域の沿岸部に偶来するためである．黒潮の流路や流量は変動が大きく，日本沿岸の温帯域に出現する熱帯・亜熱帯性魚類の種数や個体数，場所は年によって大きく異なる．

黒潮による運搬は魚類にとって生息域の拡大（分散）をする上で重要な役割を担うが，多くの熱帯性魚類においては黒潮下流域の日本沿岸は水温が低すぎて再生産（繁殖）することができない．逆に寒帯性魚類が温帯域に流されてきて再生産できない場合もある．このように流れ着いた先で再生産できない現象のことを無効分散という．

無効分散魚は見るからに色鮮やかな熱帯魚のような幼魚ばかりではない．チョウチョウウオ *Chaetodon auripes* やホウセキキントキ *Priacanthus hamrur* などは成魚が日本沿岸の温帯域で周年見られるが，これらの魚は同温帯域で再生産していないと考えられており，日本沿岸の温帯域においては無効分散である．日本本土で漁獲されたオオクチイケカツオ *Scomberoides commersonnianus* やミナミコノシロ *Eleutheronema rhadinum*，カンムリブダイ *Bolbometopon muricatum* なども，卵や仔魚ではなく，成魚になってから黒潮によって運搬された無効分散の事例として知られている．

死滅回遊と無効分散はほぼ同義語であるが，一般的に冬季の水温低下（あるいは夏季の水温上昇）によって個体が死亡（死滅）する場合に死滅回遊という言葉が使われることが多い．本来，回遊とは移動してもとの場所に戻るという回帰移動の意味合いを多分に含む．一方，分散は生物が移動して別の場所にたどり着くことであるため，死滅回遊（魚）という用語は，死滅分散（魚）と表現した方がよいと思われる．

［本村浩之］

5. 生　態

生態学の目的は，生き物と環境の相互作用を探るところにある．この学問分野では，例えば「アユという魚は，どうやって日本の川の中で暮らしているのだろう？」といった類いの問いかけに説明を与えてくれる．ここで扱われる環境には，流れの速さや水の深さなど非生物的な要素に加えて，周りに生息する生物の存在それ自体も含まれる．ときに環境は外圧として力を振るい，生き物をより分ける．その際，環境に適した性質を備えた個体が生き残り，次の世代に子孫をつなぐことが許される．本章では，適応過程のさまざまな局面を取り上げる．そこから，魚の世界の多様性を司る自然選択の働きについて，理解を深めていく．

［井口恵一朗］

無性生殖

無性生殖とは性なしでクローン生殖を行うことである．無性生殖においては，稀な点突然変異を除けば，個体の遺伝子は遺伝的組換えや倍数性の変化をすることなく子孫に伝わる．したがって，生まれてくる子孫は親と同じ遺伝子を持つクローンとなる．脊椎動物では，爬虫類・両生類・魚類において，100種ほど，雌しか存在しない無性生殖種が知られている．これらの無性生殖では雌個体はクローン卵を産むが，3つの異なる繁殖様式がある．①単為発生：雄の精子を必要とせずに卵は発生する．②雌性発生：クローン卵の発生に刺激として近縁種の雄の精子が必要である．雄の精子は遺伝的な貢献はしない（図1）．③雑種発生：母方由来の遺伝子のみが組換えなしで配偶子に伝えられる．卵は近縁種の雄の精子で受精することから，子孫は雄由来の多様な遺伝子型を持つが，次世代に伝えられるのは雌の遺伝子だけである．

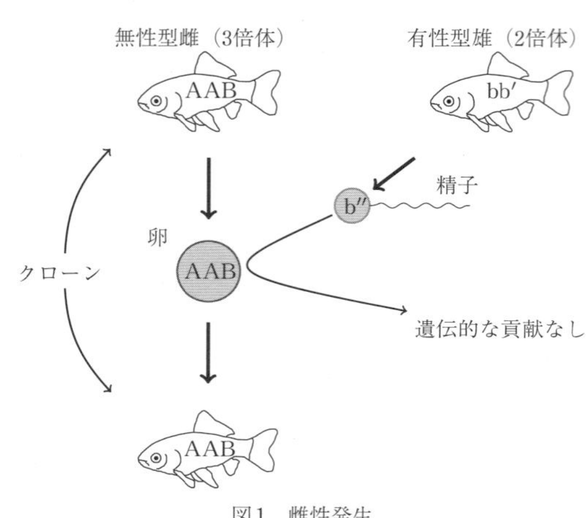

図1　雌性発生

魚類では雌性発生と雑種発生が知られているが，単為発生は知られていない．例えば，フナ属 *Carassius* spp. では雌性発生をする系統が，グッピー属 *Poecilia* では雌性発生と雑種発生の系統が知られている．脊椎動物の単為発生は爬虫類でのみ知られている．

無性生殖と倍数体　動物では無性生殖は倍数体（基本数の数倍の染色体を持つ個体）と関係がある．動物の3倍体は無性生殖であることが多いが，植物では3倍体はほとんど無性生殖とならず不稔であることが多い．3倍体は相同染色体を3セット持つために減数分裂において3個対合して不均等に分離する傾向がある．このため異数性（さまざまな倍数性）の配偶子をつくり，不稔となりやすい．無性生殖における減数分裂なしの配偶子形成はそのような困難を回避している．

倍数体の進化と無性生殖　倍数体化は全遺伝子重複と同義であるが，種分化における重要な過程である．機能的な遺伝子は安定性淘汰の為に変化しにくいが，発現していない遺伝子は厳しい自然淘汰を受けずに突然変異を蓄積し，新しい機能を進化させる可能性がある．遺伝子重複は遺伝子に冗長性をもたらし，発現しない淘汰圧から解放された遺伝子のコピーをつくる．古代の全遺伝子重複は進化のために大量の遺伝子の素材を提供し，それに続く小規模な遺伝子重複と相互作用しながら，4倍体が進化的な時間スケールで2倍体化する過程で，形態や機能に革新を生み出してきたと考えられている．

しかしながら，生態学的な時間スケールで，どのようにして4倍体が2倍体集団の中で増加し，定着することができたのかはよくわかっていない．なぜなら，2倍体集団に生じた少数の4倍体が任意交配する場合，多数派の2倍体と交配する機会が多く，3倍体の子孫ができやすい．3倍体が不稔である場合，少数派の倍数体が不利になる頻度依存淘汰（集団内の表現型の頻度に応じてそれぞれの表現型の適応度が変化する自然淘汰）によって4倍体は集団から速やかに排除されるため，その定着は著しく困難である．植物を対象とした数理モデルでは，自家受粉，移動・分散の違い，ニッチの違い，2倍体による2倍体配偶子の生産，4倍体の高い適応度などが4倍体定着を助ける可能性を議論しているが，魚類などの動物には適用しにくい仮説も多い．

これに対して，無性生殖の3倍体が存在する場合，3倍体を介して4倍体を生み出すことで，この4倍体定着の困難が解決できるかもしれない（Schultz, 1980）．雌性発生の3倍体の雌は雄の精子を基本的に受け入れないが，精子を受け入れて4倍体をつくることがある．2倍体と3倍体が頻繁に交雑する状況では，4倍体が集団中に維持され，有性型の4倍体が進化するメカニズムとなり得る．実際，有性生殖する2倍体と無性生殖する3倍体が同所的に任意交配しながら共存することは，フナ類などいくつかの魚類で知られている．また，フナ類では4倍体もある程度の頻度で集団中に存在している．

⁂雄をつくるコストと有性・無性の共存　上の4倍体定着のメカニズムは，有性生殖する2倍体と無性生殖する3倍体が同所的に共存することを前提としている．しかしながら，両者がなぜ共存できるのかも，説明が難しい問題である．無性生殖する雌は雌しか産まない．一方，有性生殖の雌は雄と雌を産む．したがって，性比が1対1であれば増殖率は無性生殖の方が2倍大きい．これは性のコストの1つであり，「雄をつくるコスト」という．他の条件が同一であれば，無性生殖の頻度が世代とともに高くなっていく．一方，雌性発生の場合，無性生殖は有性生殖の雄がいなければ，繁殖することができない．無性生殖の頻度が増加すると，雄が足りなくなるため，集団サイズは減少していき，両者は滅びることになる．共存を説明する仮説には，雄の配偶者選択，病気への耐性の違い，メタ個体群構造，生息場所の違いなどがあげられるが，十分な理解は今後の課題である．有性生殖と無性生殖が共存する集団は，性の進化を理解する上で重要な研究対象となっている．

［箱山 洋］

初期生残

サメ類やウミタナゴ類など一部の胎生（卵ではなく魚の形の子どもを産む）の種を除いて，ほとんどの魚類は0.3 mmから大きなものでも4 mm程度の小さな卵を多数産む．多数の子どもがいるということは，厳しい生存競争が働くことを強く示唆する．卵の大きさや産まれるタイミング，環境，孵化後の形態などさまざまな特性によって，それぞれの種が巧みな生き残り戦略をとっている．

卵数と卵サイズ　魚類の卵は，周囲の水に浮く浮性卵と沈む沈性卵に分けられる．沿岸や外洋で大量の卵を産むイワシ類やマグロ類など多くの魚類の卵は浮性卵で，川で産卵するサケ類やアユ *Plecoglossus altivelis altivelis*，河川から沿岸に生息するハゼ類などの卵は沈性卵である．

1個体の雌が一度に産む卵の数は，卵のサイズが小さいほど多くなる．つまり卵数と卵サイズには，2つの形質の片方が増えれば，もう1つは減るというトレードオフの関係がある．最適な卵サイズは環境条件の変化により変化すると予測される（Smith et al., 1974）．この理論は，親による保護，餌の量，生涯産卵数など卵サイズを決める進化的な要因を検討する他の理論の基礎となっている．卵サイズは魚種によって異なるだけでなく，種内でも変異がある．親が卵を保護しないサケ類やタラ類，ストライプドバス *Morone saxatilis* などでは，雌親の体サイズが大きいほど，卵サイズが大きくなる．また，イワシ類などでは，親の体サイズには関係なく，低水温下で産卵された卵はより大型となり，低温耐性を高めるとされている．卵サイズが仔魚（しぎょ）の生残に与える影響として，小型よりも大型の卵から孵化した仔魚の方が生残がよいことが，タラ類やイワシ類，アユなどさまざまな魚種で報告されている．大きな卵黄を持っていると餌不足に耐性があり，大きな卵から孵化した仔魚は体が大きく遊泳能力も高く，捕食者から逃避しやすい．一方で，大型の卵は，孵化までに時間がかかることや酸素消費量が大きいという特徴もある．海洋，特に沿岸域のように餌となる小さなプランクトンが多い環境では小さな卵サイズが有利である．このように，卵サイズと仔魚の生残の関係性は，得られる餌の量や環境によってさまざまである．また，同一の親が複数回産卵する場合，卵サイズは産卵期の始めでは大きく，時期が進むに連れて小さくなる例がタラ類で知られており，卵サイズの変動は適応的意義以外に親魚の状態にも影響を受ける可能性がある．

生活史特性全般を説明するモデルとして，r-K 戦略がある．r は内的自然増加率（増殖力），K はその環境における最大の個体数を表す環境収容力である．r 戦略は種内競争が弱く，環境が不安定な場合に成長を速くするなど個体の潜在的な増殖能力を高める戦略で，K 戦略は環境が安定で種内競争が激しい場合に高齢で成熟するなど種内の競争力を高める戦略である．小卵多産はr戦略といえる．多くの生物を対象として，卵サイズをはじめとするさまざまな生活史特性についてr-K戦略に関する議論がなされてきたが，種内でも条件によって大きく傾向が変わることなどから，近年ではこの理論を用いることは少なくなってきている．

初期減耗　魚類は一般に多産であり，被食，飢餓，不適な環境への受動輸送，環境変動などにより生活史の初期に大きく個体数を減らす．これを初期減耗という．初期減耗を経て成魚の生息場へ移動することや，個体群に加わることを加入という．ヨルト（Hjort, J.）は初期減耗の要因として，卵黄を吸収した仔魚が摂餌開始時期に摂餌を失敗することにより大量に減耗するというクリティカル・ピリオド（critical period）仮説を提唱し，飢餓を減耗の主な要因とする幾つもの仮説の基となった．しかし，資源量が大きく年変動するマイワシにおいてはこの説は当てはまらないという報告がある．また，冬季の水温低下や親魚の栄養状態，海洋環境の変動による想定外の場所への輸送などさまざまな要因が初期減耗に影響すると考えられており，なかでも，被食が大きな要因とされている．これは摂餌開始後の変態期では，飢餓耐性も高くなり，捕食者回避の方がより生き残りに影響すると考えられるようになってきたためである．体サイズが大きくなるにつれて，死亡率は急激に減少する（図1）．

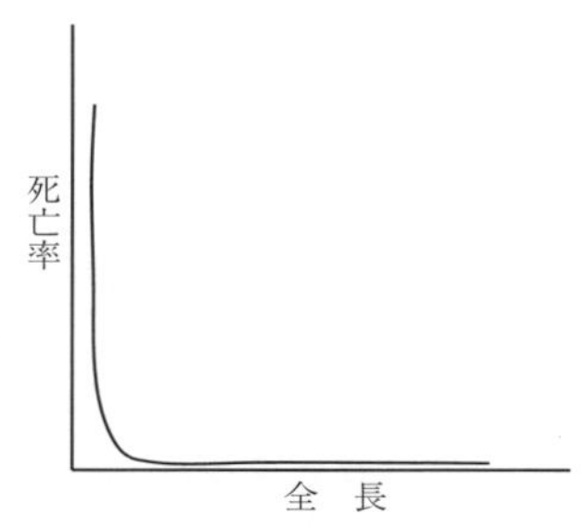

図1　サンゴ礁魚類の全長と死亡率の関係の模式図．初期の死亡率は体サイズの増大につれて急激に減少する［Goatley et al., 2016を改変］

生態　小さな湖沼のような限られた空間に生息する種を除いて，多くの卵生の魚類は生活史の初期に分散する．卵は流れによって受動的に移動し，仔魚は遊泳力が乏しいため，海流や川の流れにより輸送される．多くのサンゴ礁魚類やクサフグ *Takifugu alboplumbeus* など，潮流の大きくなる大潮に合わせて産卵する種も多い．分散した仔魚は，多くの場合死滅するが，好適な環境へと移動する可能性もあり，分散は1つの生き残り戦略といえる．一方，分散は多くの種についてかなり大規模と推定されていたが，近年の遺伝的解析などによって，サンゴ礁魚類では，多くの個体が産まれたサンゴ礁域に留まる可能性が示されている．また海水魚では，初期のうちから捕食者回避やプランクトンを摂餌するため，昼夜で異なる水深に生息する日周鉛直移動が知られており，仔魚は受動的に運ばれるのみでなく，能動的に遊泳できるという報告も近年増えている．

淡水から海水，極域から熱帯と多様な水圏に生息する魚類は，生活史初期の変動の大きな時期にさまざまな戦略によって生き残りを図っている．生物的，物理的双方の特性についてさらに研究が進むことで，未知の初期生残機構が明らかになることが期待される．

［飯田　碧］

表現型可塑性

一般に，生物の表現型は遺伝因子の影響だけではなく，環境因子の影響も受ける．表現型の可塑性とは，ある遺伝子型が環境変異に依存して異なった表現型を発現する性質を指す．環境の変化に誘導されてどのように表現型が変化するか，つまり表現型可塑性のパターンを表す方法として，リアクション・ノーム（反応基準）という概念が古くから用いられており，これは横軸に環境条件を，縦軸に表現型値をとった図上に示すことができる（図1）．可塑性は，環境条件に対して表現型が連続的な変化を示す場合もあれば，不連続な変化を示す場合（しばしば表現型多型と呼ばれる）もあるが，これはリアクション・ノームの形状により判断できる．集団間で表現型が異なる場合，それに対する遺伝的変異と表現型可塑性の相対的影響を検討するために，水槽や野外エンクロージャーなどの同一環境下で表現型の発現を調べる「コモンガーデン」実験がしばしば行われるが，さまざまな環境条件下で「コモンガーデン」実験を行うことで，リアクション・ノームの形状やリアクション・ノーム自体に存在する集団間の遺伝的変異を検出することができる．

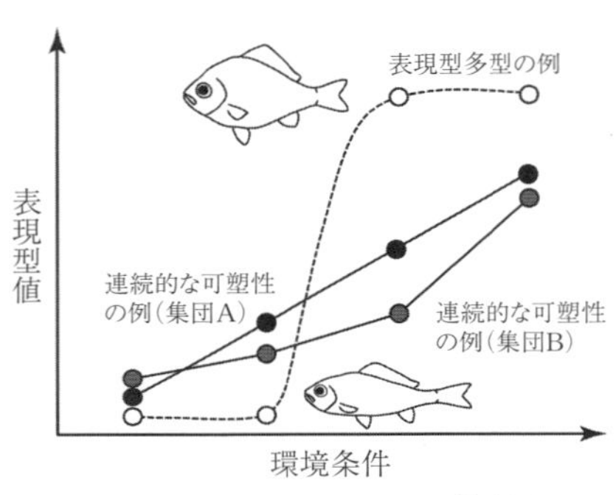

図1　リアクション・ノームの模式図

適応的な表現型可塑性　表現型可塑性は，形態，生活史，生理，行動などさまざまな形質に認められ，可塑性がある環境下で個体の適応度を増加させるような適応的なものである場合もあれば，そうでない場合もある．適応的な表現型可塑性は，新規な表現型を誘導し，遺伝的順応（遺伝的同化）による表現型進化の潜在性も含めて，生物の新規環境への進出に重要な現象であることから，魚類においても多くの研究例がある．なお，社会的環境よって誘導される性転換現象や物理化学的環境に依存した環境性決定現象も魚類の適応的な表現型可塑性の代表的なものである（☞項目「性転換の進化」）．

形態的可塑性　魚類の適応的な形態的可塑性の例として，被食防御と摂餌に関連したものがよく知られている．ヨーロッパブナ *Carassius carassius* は，捕食者である飲み込み型の魚食性魚類の飼育水を含む水槽で育成すると，被食防御に有利な体高/体長比が大きくなるような体形に変化する．さらに，本種を底生のユスリカ幼虫で育成した場合には体高/体長比が大きくなるような体形になるのに対し，動物プランクトンで育成した場合には細長い体型になる．この現象は機動性の観点から，体高がある体形は底生生物食に適しているのに対し，細長い体型はプランクトン食に適しているという適応的意義で説明できる．また，栄養多型または資源多型と呼ばれる摂餌生態の変異と関連した口器形態の可塑性も研究例が多い．例えば，パンプキンシード・サンフィッシュ *Lepomis gibbosus* において，巻貝類を餌資源として多く利用している集団は，巻貝を噛み砕くのに都合がよい咽頭顎の筋肉が発達するが，これは餌資源の質的・量的な変異によって誘導される可塑性の産物であることが明らかになっている．

生活史形質の可塑性　生息場所の捕食圧と関連した生活史形質の適応的な可塑性を示した研究は多い．トリニダード・トバゴの河川に生息するグッピー *Poecilia reticulata* は，生息地の捕食者の有無と関連して異なる生活史形質が適応進化（遺伝的な適応）しているが，同様の生活史形質は適応的な可塑的応答によっても発現する．例えば，魚食性捕食者の飼育水を含む水槽で育成すると，グッピーは小型で成熟する．また，タンガニイカ湖に生息するカワスズメ科 *Eretmodus cyanostictus* では，捕食者がいると雌は大型の卵を産卵する．さらに，魚類において，雌の経験水温によって卵サイズが可塑的に変化するという現象が広く知られている．例えば，多回産卵魚では，低水温期には大型の卵を産卵するが，高水温期には小型の卵を産み出す．ただし，この現象が適応的な可塑性かどうかについて包括的な見解は得られていない．

可塑性としての雄の繁殖多型　同一集団内に異なった繁殖様式をとるタイプの雄が共存する魚類は珍しくないが，多くの場合，このような雄の繁殖多型も表現型可塑性の産物である．例えば，サケ科魚類では，通し回遊を行う降海型と河川に残留する河川型が存在するが，降海型はなわばり雄として繁殖するのに対し，河川型はスニーカー雄として繁殖する．このような繁殖様式は，初期生活期の成長やエネルギー貯蔵量に依存して決定される．また，地中海に生息するベラの1種 *Symphodus ocellatus* には異なる繁殖様式をとる雄の繁殖3型（なわばり雄，サテライト雄，スニーカー雄）が存在し，雄は，年齢依存的にこのような繁殖様式を使い分ける．このような現象は，複数の代替繁殖戦術が状況に応じて使い分けられる条件付き戦略の一例である．

可塑性を生み出す至近要因　これまで表現型可塑性の研究は，その生態学的興味から究極要因の追究が主であったが，近年では，可塑性を生み出す分子機構，つまり，DNAメチル化やヒストン修飾といったエピジェネティック制御にも注目が集まっている．例えば，魚類においても繁殖行動の可塑性と関連した網羅的な遺伝子発現パターンの変異が明らかにされつつある．今後このような遺伝子発現のエピジェネティック制御に関する研究が進むことで，表現型可塑性の進化がどのようなメカニズムで生じたかが明らかになるであろう．　［小北智之］

左右性

魚の左右性とは，骨格・筋肉・感覚器などの身体構造上の左右非対称性，およびそれに起因する遊泳方向などの行動や注意を向ける方向など機能上の左右非対称性をいう．右利きの個体は，頭蓋骨と下顎との左右の関節のうち右が左よりも外，上，前側に位置し，頭がやや左を向き，頭を前にして体を背側から見ると体全体が逆Cの字に曲がっている（図1）．左右性は正確には個体の骨格を露出させて左右の顎の関節部の大きさの差や頭骨と背骨のなす角度を計測することで判定され，またそれが個体の左右性の程度の指標となる．現存する魚類全ての目（2006年時点で62目）で左右性の存在が確認されており，集団内に右利き個体と左利き個体の両方が存在する．左右性は先天性であり遺伝的に決まっていることが，カワスズメ科（シクリッドの1種）の*Perissodus microlepis* および *Julidochromis transcriptus*や ゼブラフィッシュ *Danio rerio*，ミナミメダカ *Oryzias latipes*の継代飼育個体やヨシノボリ類の野外繁殖個体の観察から示唆されている．

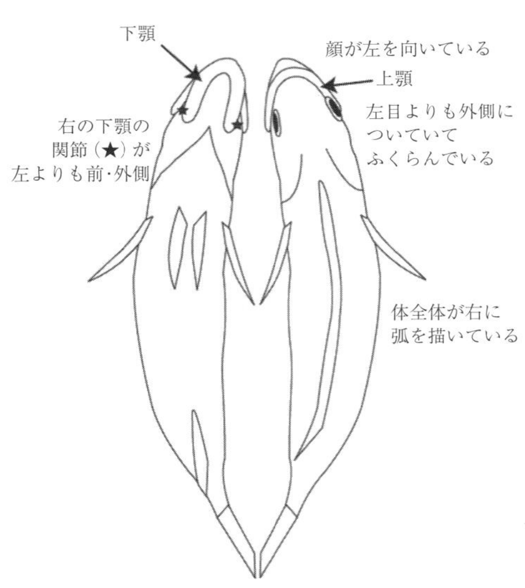

図1　右利き個体［中嶋，2005］

利きと行動　魚の左右性が最初に確認されたのは，アフリカに住む鱗食（りんしょく）のシクリッド *P. microlepis*である（図2）．鱗食魚は他の魚の鱗を口で剥ぎ取って食べるが，食べられる魚（被食者）の背後から体側面を襲う際，口が左に曲がっている右利きの鱗食魚は被食者の右体側を，左利きの鱗食魚は左体側を襲うことがわかっている．同じく被食者の背後から襲いかかるシクリッドやオ

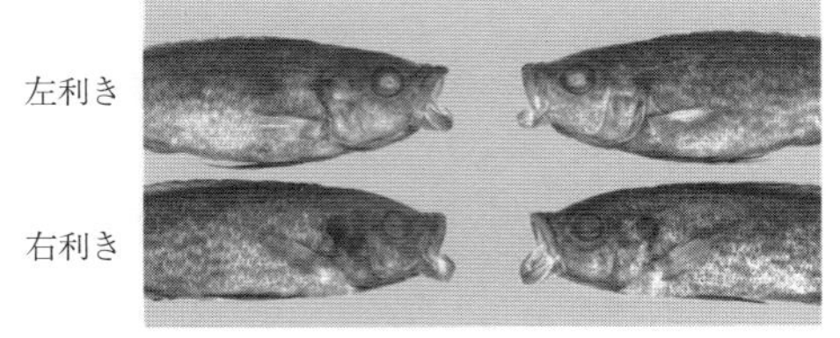

図2　タンガニイカ湖産鱗食シクリッドの左利き個体（上）と右利き個体（下）を左右から写した写真．口が右に曲がって開く左利きは，右体側を上にして見ると口の中まで見えるが，左体側を上にして見ると口の中は見えない．右利きはその逆であることがわかる［撮影：堀道雄，中嶋，2016］

オクチバス *Micropterus salmoides* などの魚食魚においては，胃の中の餌魚を調べた結果，自分とは反対の利きをより多く捕食していた．このように捕食者と被食者の利きが反対である場合を「交差捕食」，逆に利きが同じ場合を「並行捕食」と呼ぶ．オオクチバスにおいては，餌に襲いかかる際に左利き個体は時計回り，右利きは反時計回りに体をひねることがわかっており，またオオクチバスに襲われたヨシノボリ類 *Rhinogobius* spp. は，反対の利きに襲われたときの方が同じ利きに襲われたときよりも逃げ遅れる場合が多かった．このことから，互いの利きが反対の場合，捕食者が襲いかかる際の進行方向と被食者が逃げる際の進行方向が交差するため，交差捕食が卓越すると考えられる．とすれば，逆に捕食者と被食者が対面する場合には互いの利きが同じ際に進行方向が交差し捕食成功率が高まると予想される．実際に，アンコウ *Lophiomus setigerus* が底層遊泳性の魚を捕食する際は対面することが多いと思われるが，アンコウの胃内から得られたこれらの被食者はそのアンコウと同じ利きであることが多かった．

また，雌雄のペアで子育てをする鱗食のシクリッドでは利きが反対のペアの方が利きが同じペアよりも多いことが観察されている．さらに，エビ食のシクリッド *Neolamprologus fasciatus* が岩陰から餌を狙う際や，ベタ属の1種 *Betta splendens* が対戦相手と対峙する際，ヨシノボリ類が水底で静止する際の体勢など，さまざまな行動で利きが発揮されることがわかっている．

集団内の左右比の年推移　アフリカのタンガニイカ湖や琵琶湖において，さまざまな魚種についてそれぞれ固定した調査区内の右利きと左利きの個体数の比を観察したところ，ある年は右利き個体が多かったが翌年にはやや減り，だんだんと右利きと左利きの比が1対1に近付いた後に今度は左利きの比が増していき，やがて左利きの方が多くなり，その後減少に転じて再び右利きが増加するという，数年周期の繰り返しが観察された．琵琶湖では，捕食者のハス *Opsariichthys uncirostris* とその被食者のアユ *Plecoglossus altivelis* の左右比はほぼ4分の1周期ずれていた．これを説明する仮説として，交差捕食が卓越する場合，捕食者に右利きが多い年にはそれに食べられる種では左利きが減り，やがて得意な餌が減った右利きの捕食者は減少して左利きが台頭する．すると被食者では右利きがより多く食べられて減る．これが繰り返されて，左右比が周期的に変動するという説がある．このようにある集団内で少数派が生存に有利になることを「負の頻度依存選択」といい，種内で複数の表現型（ここでは右利きと左利きの2型）が維持されるメカニズムの1つとされている．

動物の左右性　魚類だけでなく四肢動物においても，脳機能や利き足，利き目など機能的な左右性が確認されている．これらが魚類の左右性と同一の起源を持つのかは，まだ明らかではない．左右性を決定する遺伝子の特定など，今後の研究が待たれる．

［中嶋美冬］

形質の地理的クライン

表現型や遺伝子型の種内変異のうち，地理的に連続的な変異をクラインという．表現型や非中立遺伝子に見られるクラインは，環境勾配に対する自然選択を介した適応の証拠として，進化生物学者の注目を集めてきたという経緯がある．表現型のクラインには，その表現型の発現に関係している遺伝子型のクラインが主たる原因として生じている場合がある．この場合には，クラインを含んだ表現型の分散（V_P）は，その表現型の遺伝分散（V_G）とほぼ等しくなる．反対に，表現型可塑性を介して，何らかの環境勾配が表現型のクラインの中央値として現れている場合もある．クラインが主に可塑性によって生じている場合には，表現型分散（V_P）とその表現型の環境分散（V_E）の値はほぼ等しくなる．これらの遺伝（G）と環境（E）の影響が単純に相加的であれば，$V_P = V_G + V_E$となることが期待される．ところが，両者の間に交互作用（$V_{G \times E}$）や共分散（Cov [G, E]）が0でない場合には，この等号は成立しない．遺伝と環境の共分散については，緯度クラインと密接に関係した現象であるため，以下に詳しく述べる．

体サイズの緯度クライン　緯度方向のクラインとして最も有名な例は，高緯度ほど体サイズが大きくなる種内変異である．恒温動物では寒冷な生息地の個体は温暖な生息地の個体に比べて体サイズが大きくなる傾向があり，ベルクマンの法則と呼ばれている．外温動物でも体サイズの正の緯度クラインには多くの報告例があり，成育時の温度が低いほど大きなサイズで成熟するという表現型可塑性（温度–サイズ則と呼ばれる）が，その一因であると考えられている（入江，2010）．ところが，完全変態の昆虫などとは異なり，体サイズの増大が生涯にわたって続く（つまり非決定成長の）魚類では，体サイズを比較すべき発生段階が一意的に決まらない．体サイズの1つの尺度である推定最大体長に関しては，淡水に棲む18種のうちでわずかに5種のみが緯度に対して正の相関を示すという報告がある（Belk et al., 2002）．海水魚に関する体サイズの緯度クラインについては報告例が乏しく，今後の研究が期待される．

成長率の緯度クライン　外温動物である多くの魚類では，遺伝子型が同一であれば，高温阻害のない範囲で，一般に環境の温度が高いほど成長速度は速くなる．ところが野外では，温度の低い高緯度の個体群は，低緯度の個体群に比べて，同じ温度条件で飼育した際には高い成長率を示す遺伝子型を有していることが多い．このような現象は緯度間補償と呼ばれている．北大西洋西岸に生息するトウゴロイワシ科の*Menidia menidia*の場合，温度を管理した条件下で飼育実験を行うと，高緯度の遺伝子型を持つ個体は低緯度の個体に比べて，同じ温度でも速い成長を示す（Conover et al., 2009）. この場合，野外において成長率を決める遺伝子型（G）と温度（E）の効果は，成長率に対して互いに打ち消し合う方向（GとEの共分散が負）にあり，一般にcountergradient variation（CnGV）と呼ばれているパターンに一致する（図1aおよび山平, 2001）. なお，本種は一年生で，成長可能な温度を維持する期間（夏）は高緯度ほど短くなるため，成長期が終わった時点での成体のサイズには緯度クラインが見られない. このような生活史の緯度クラインが進化的に維持されている背景としては，高緯度において，体サイズが大きな個体ほど越冬に成功する確率が高くなるような方向性選択が働いている可能性が指摘されている. 成長速度の緯度間補償は，日本のキタノメダカ *Oryzias sakaizumii* でも知られており，その生態学的な背景が詳しく研究されている.

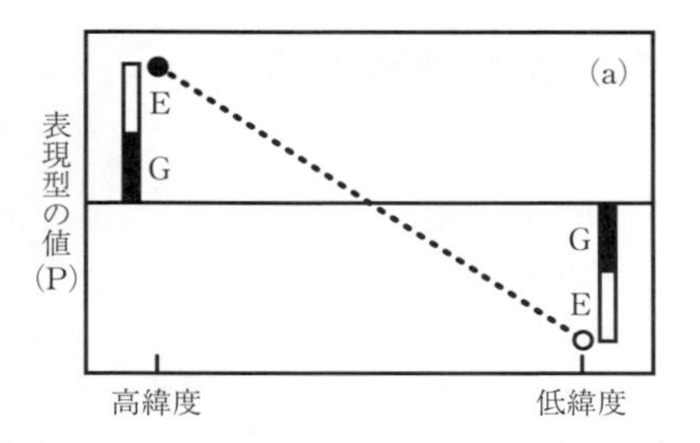

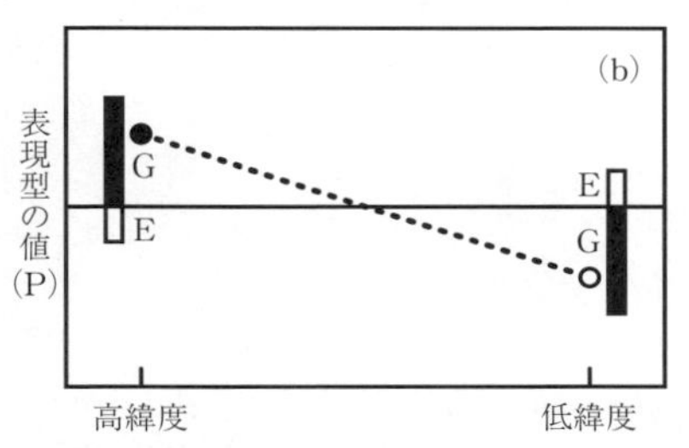

図1　緯度が異なる2個体群での表現型の平均値（P：●と○）をつないだ破線が，想定される緯度クラインである. 南北それぞれの個体群で，表現型の値（P）は遺伝子型値（G：黒い縦棒）と環境の影響（E：白い縦棒）の和に一致する. GとEの交互作用はないことを仮定している. (a) GとEの共分散が正（CoGV）の例. (b) GとEの共分散が負（CnGV）の例

脊椎骨数の緯度クライン　魚類では，高緯度の個体群ほど脊椎骨数が多くなるという緯度クラインが19世紀から知られており，ジョルダンの法則（Jordan's rule）と呼ばれている. 前述の *M. menidia* には緯度方向に隣接して分布する姉妹種 *Menidia peninsulae* がおり，脊椎骨数は2種の壁を越えて緯度と非常にきれいな直線関係に収まることが示されている. この系では，野外において脊椎骨数に対する遺伝子型（G）と温度（E）の効果は相補的（GとEの共分散が正）であり，一般にcogradient variation（CoGV）と呼ばれるパターンに一致している（図1b）.

中立遺伝子頻度のクライン　遺伝子座が中立である（適応度に影響を与えない）ことが明らかであるにもかかわらず，その遺伝子頻度にクラインがある場合には，クラインを構成している個体群間での遺伝的交流に何らかの制限が存在する可能性が高い. クラインを生み出す機構として最も普通に想定されるのは「距離による隔離」で，これは飛び石移動モデルのように，互いに距離の近い個体群ほどその間での遺伝的交流が強いことを仮定している. 観察された集団遺伝構造が成立した背景として，距離による隔離が働いていると考えられる例は，海産魚類で普通に見られる.

［入江貴博］

摂餌なわばり

摂餌なわばりとは，餌や，餌が供給される場所を資源として，なわばりの主による独占的または優先的な使用のために囲い込まれる場所である．普通，同じ餌を利用し，競合する同種他個体や，類似した食性の他種から防衛される．魚類では，底生藻類や，底生動物，河川の流下昆虫などを主な餌にする種が，摂餌なわばりを持つ．日本の河川では，藻類食のアユ *Plecoglossus altivelis* が河床におよそ 1 m^2 の摂餌なわばりを持ち，珪藻やシアノバクテリアを防衛して利用している（川那部，1970）．またサンゴ礁に生息するクロソラスズメダイ *Stegastes nigricans* やハナナガスズメダイ *S. lividus*，およびルリホシスズメダイ *Plectroglyphidodon lacrymatus* など藻類食のスズメダイ類は，サンゴの骨格上や海底に摂餌なわばりを持ち，糸状紅藻や珪藻を繁茂させてそれを主な餌としている．一方，アマゴ *Oncorhynchus masou ishikawae* やイワナ類など渓流に生息するサケ科魚類では，体サイズが大きく優位な個体が，餌となる昆虫が流下してくる淵の表層付近になわばりを持ち，その餌を独占的に利用する（中野，2003）．摂餌なわばりには，スズメダイ類のように夜間などに魚が隠れたり休んだりする場所や，産卵床となる場所を内包し，数年にもわたって維持されるものもあれば，アユのように，夜間に休む場所は別にあり，摂餌する昼間だけ防衛され，かつ1年のうちの一時期，性成熟前の夏季のみに維持されるものもある．

⁘摂餌なわばりの管理と栽培共生　摂餌なわばりは，藻類を防衛して食べるアユ

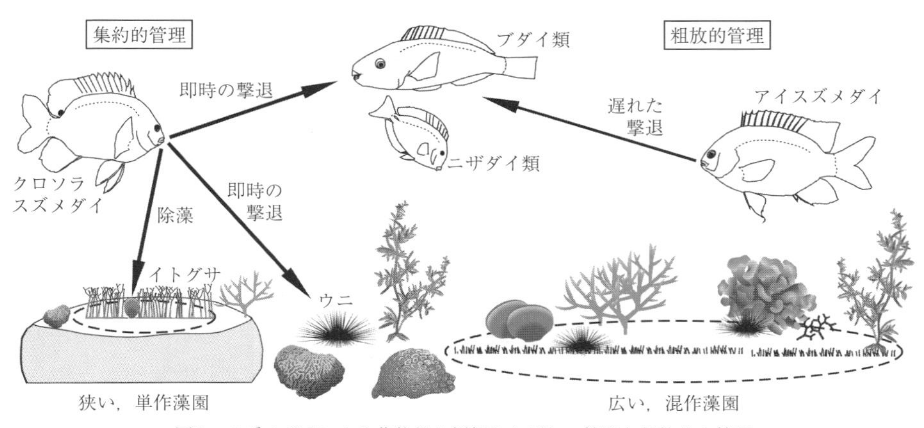

図1　スズメダイによる集約的な摂餌なわばりの管理と粗放的な管理

やスズメダイ類では各個体が1つずつ持つが，サンゴを防衛して食べるチョウチョウウオ類や，カイメンなどを防衛するキンチャクダイ類では雌雄のペアで持つ．摂餌なわばりの管理には，資源を排他的に利用できるよう，同じ資源を利用するものの排除が行われる．一方で，餌の食べ方や種類を違えた複数種の藻食魚によって時に重複した摂餌なわばりが共に防衛される場合もある．例えば，アフリカのタンガニイカ湖の*Petrochromis polyodon*は，なわばり内に*Tropheus moorii*のなわばりを内包しているが，*P. polyodon*が付着藻類を梳(す)き取って食べるのに対し，*T. moorii*は，主に*P. polyodon*が梳き取った食み跡から糸状緑藻を摘(つ)み取って食べる（堀，1993）．こうして利用する資源が競合しないため，同じ場所をそれぞれのなわばりとして共に他の侵入者から防衛する．

図2　除藻行動をするクロソラスズメダイ．なわばり内に生えた食べられない藻類を口でついばみ，なわばり外へと運び捨てる［撮影：増原碩之］

なわばりを持つ魚の中には，限られた面積での餌の生産性をさらに向上させるように，集約的な管理を行うものがある（図1）．サンゴ礁のクロソラスズメダイは，なわばり内で，餌となる糸状紅藻イトグサの一種以外の藻類を口でついばんでなわばり外へと運び捨てる除藻を行う（図2）．イトグサは芝のように匍匐茎(ほふくけい)を持ち，マット状群落を形成するため，他の藻類が除藻されることでなわばり内はイトグサの単作となる．クロソラスズメダイはこのイトグサを主食とし，一方でイトグサは，スズメダイの防衛がなくなるとすぐに食べ尽くされ，なわばり外にはまったく生育しておらず，このスズメダイに守られたなわばりを唯一の生息場所としている．スズメダイとイトグサとの関係は，ヒトと栽培植物との関係になぞらえて，栽培共生ということができる（畑，2012）．両者は共進化の結果，互いに強く生存を依存し合う絶対共生に至っている．

摂餌なわばりが生物多様性を上昇させる　摂餌なわばりは，防衛されることで，なわばりの外とは異なるよう条件付けられるため，そこに特異な底生生物群集が形成される．強い摂餌圧にさらされ，摂餌耐性の高い被覆状の藻類などが繁茂するなわばり外に比べ，なわばり内では，普通餌となる藻類や底生動物のバイオマスが増加し，豊かな立体構造を持つ藻類群落が安定的に形成され，種多様性の高い底生生物群集が住み込む．さらに，なわばりの効果は，餌を競合し，なわばりから排除される動物の密度をはじめ，藻類と生息場所を競合するサンゴなど他の底生生物や，餌とならない藻類の空間分布へも波及する．そのため，水域にパッチ状に存在する藻類食魚の摂餌なわばりは，環境の空間的異質性を高め，水域全体の生物多様性を上昇させることに貢献する．

［畑 啓生］

擬 態

擬態とは，広義には「生物（擬態者）がモデルとなる他の生物や無生物などとそっくりの形や色彩，行動を示し，擬態信号の受信者である第三者を騙す現象」を指す．また，狭義の擬態とは「だまされる者に対してみずからを広告して注目してもらうことで何らかの利益を得る」ことであり，保護擬態や攻撃擬態などがあげられる．逆に，「みずからを目立たなくして，気付かれないことで何らかの利益を得る」体色を隠蔽色（いんぺいしょく），もしくは，保護色という．3万種あまりいるといわれている魚類の中には，他の生物などになりすましている例が数多く報告されているが，生態学的に詳しく調べられた例は少ない．本項では，その中でもよく知られている代表的な例をあげて紹介する．

保護擬態　有害・有毒な生物に似ることにより，捕食される可能性を低下させることを保護擬態という．ノコギリハギ *Paraluteres prionurus* は無毒であるが，有毒のシマキンチャクフグ *Canthigaster valentini* とそっくりな体色・模様をしていることにより，敵の捕食から逃れていると考えられている．毒を持つ種は危険であることを外見でわかるようにして周囲に警告し（警告色または警戒色という），捕食を回避しているため，擬態種もその恩恵にあずかると考えられている．シマウミヘビ *Myrichthys colubrinus*（ウナギ目ウミヘビ科）も，犬歯に猛毒を持つエラブウミヘビ（爬虫類）に似た縞模様を持つことで身を守っていると考えられている．

攻撃擬態　有益・無害な生物に似ることにより，餌生物をだまして捕食成功率を高めることを攻撃擬態という．アンコウ類は頭部の突起を擬似餌として利用しており，だまされて近付いてきた小魚を捕食する．この場合，小魚を丸呑みしてしまえば学習されるおそれはなくなるため，攻撃擬態効果を最大限利用することができる．

一方で，だまされた魚の体の一部のみをかじるので学習され，擬態の効果がなくなると考えられている魚もいる．一生を通じて掃除魚ホンソメワケベラ *Labroides dimidiatus*（図1a, c）に擬態するニセクロスジギンポ *Aspidontus taeniatus*（図1b）である．ホンソメワケベラは幼魚から成魚になる際，体色が変化するが，ニセクロスジギンポはその体色変化さえも真似ている．そして，ホンソメワケベラと間違えて，掃除をしてもらおうと近付いてきた魚の鰭（ひれ）の一部をかじり取るので，攻撃擬態の代表例とされてきた．しかし，野外では，鰭かじりはあまり観察されず，カンザシゴカイ類の鰓冠（さいかん）をかじったり，スズメダイ類の巣を集団で襲って，付着卵を食べることが多い（図1d, e）．最近の研究により，小さい

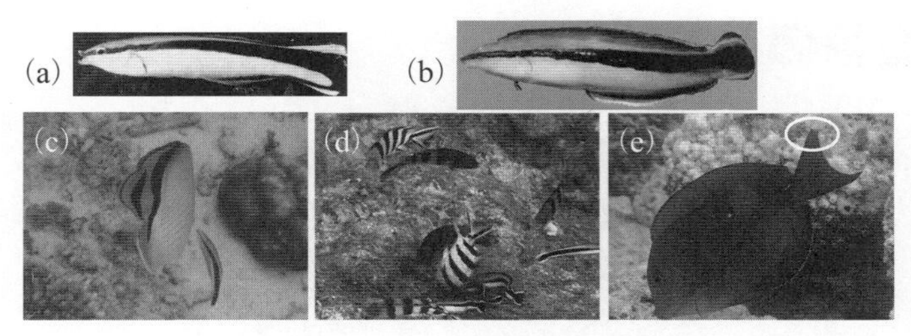

図1　(a) ホンソメワケベラ　(b) ニセクロスジギンポ　(c) フウライチョウチョウウオ *Chaetodon vagabundus* を掃除するホンソメワケベラ　(d) ロクセンスズメダイ *Abudefduf sexfasciatus* の卵を集団で食べるニセクロスジギンポ　(e) ニセクロスジギンポに尾鰭をかじられたナガニザ *Acanthurus nigrofuscus* [撮影：(a) 桑村哲生，(b)～(e) 筆者]

時のみ，鰭かじりに依存していることがわかってきた（Fujisawa et al., 2018）.

また，ミナミギンポ *Plagiotremus rhinorhynchos* は幼魚期のみ，ホンソメワケベラの幼魚に擬態している．ミナミギンポ属のほとんどの種は魚の体表をかじる専門家であり，ミナミギンポも成魚となりホンソメワケベラとは異なる体色になっても体表をかじる．つまり，この場合，ホンソメワケベラの幼魚にそっくりな体色になることで，幼魚期の体表かじりの効率を上げていると考えられている．

隠蔽色・保護色　よく知られている魚として，砂地に住み，砂とそっくりな体色をしているヒラメ類があげられる．これらは砂に紛れて体を隠し，気付かずに近付いてきた小魚などを捕食する．他には，背鰭に猛毒を持ち危険生物とされるオニダルマオコゼ *Synanceia verrucosa* も岩のような体形・体色で背景に溶け込む隠蔽色をしており，小魚が通りかかるのをじっと待ち構えて襲う（図2）．また，隠蔽色のうち，敵から捕食されにくくしている場合を保護色といい，海藻とそっくりな突起物と色彩を持ったタツノオトシゴ類などがあげられる．また，チョウチョウウオ類の多くは目を通る縞模様があるため，弱点である目の位置がわかりにくく，部分的な保護色（分断色）になっている．

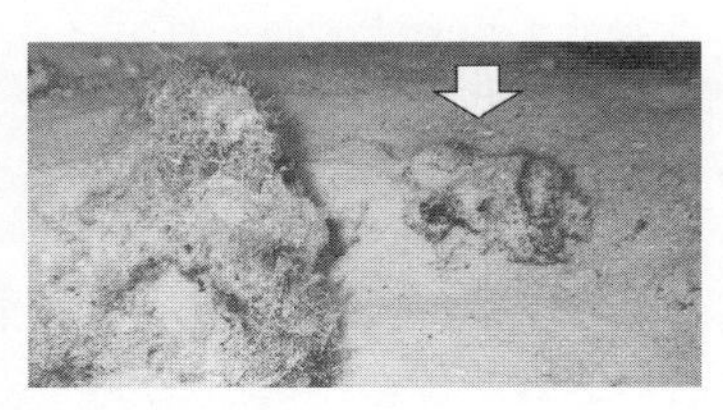

図2　岩のようなオニダルマオコゼ [筆者撮影]

最後に，擬態の進化を考える上で重要な収斂進化（しゅうれんしんか）についても触れておく．収斂進化とは，似た生態を持つ場合に，系統の異なる生物同士が次第に相似的な形質を表すように進化することである．ロバートソン（Robertson, 2013）が提唱した social-trap 説は，「ある種（擬態種）が他の種（モデル）に偶然似た形態や体色を進化させた後に，互いに出会うことで利益を得て，さらにモデルに似るように進化していく」という考えである．擬態の種類分けや進化の過程については，今なお議論されており，今後さらなる解明が期待される．

[藤澤美咲]

種間競争の行方

生物は生存に必要な資源（空間や餌）をめぐり他個体と競争する．競争には，攻撃やディスプレイなどの他個体への干渉を通じて採餌空間を守る（または奪う）干渉型競争と干渉なしにわれ先に餌を取り合う消費型競争がある．河川性のサケ科は，種内・種間競争に関する研究のよいモデル生物とされてきた．そこで，本項では，サケ科を用いて競争について概説する．

密度依存型競争　個体密度は競争の帰結に影響する．基本的には，密度上昇とともに個体の採餌量は低下し，成長も低下する．サケ科では，干渉型競争と消費型競争は同時に生じていてシャドー型競争ともいわれる．ただし，低密度下では，他個体から採餌空間を守る必要がないために干渉型競争はあまり生じず，消費型競争の影響の方が強く現れる．そして，密度上昇とともに採餌空間への他個体の侵入が増えるために干渉型競争が強くなる．物理環境も密度依存型競争に影響する．イワナ *Salvelinus leucomaenis* では，視界を遮る石などがあると他個体を視認できないため干渉型競争は生じにくいこと，水の流れがゆるいと流下昆虫を待ち受けて捕食するサケ科にとって，よい採餌空間を特定できなくなるので干渉型競争は生じにくいことが示されている．

種間競争と外来種による在来種の競争排除　サケ科では複数の在来種が河川内で共存していることが多い．日本では，イワナとサクラマス（ヤマメ）*Oncorhynchus masou masou* やオショロコマ *S. malma* が典型例である．共存のメカニズムとして，第一に生息場所の選好性が種によって異なることがある．また，生息場所が重複する場合でも，ニッチシフト（生息場所や餌を変化させること）することで共存していることもあり，このニッチシフトには種間競争が寄与している．在来種の分布域に外来種が定着した場合，外来種が在来種を競争排除することもある．石狩川水系千歳川の支流では，外来種であるブラウントラウト *Salmo trutta* が定着している．ブラウントラウトと在来種サクラマスは利用する餌は重複するが，採餌空間の選好性が異なるため，種間競争は強く生じず，ブラウントラウトの生息下でもサクラマスの個体群は存続している．一方，千歳川の複数の支流では，ブラウントラウトの侵入後，在来種イワナの個体数が激減した．これはさまざまな種間関係の帰結であるが，ブラウントラウトとイワナは同じような採餌空間を選好し，干渉型競争においてブラウントラウトが優位になることから，種間競争の影響も大きいとされている．

野生魚と放流魚の競争　水産資源として重要な魚種では，孵化（ふか）場産の個体が自然の河川に放流されることがある．サケ科では，放流魚が競争を通じて同種・異

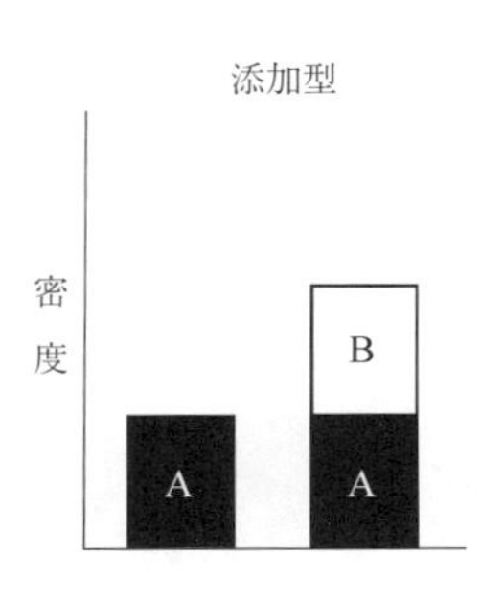

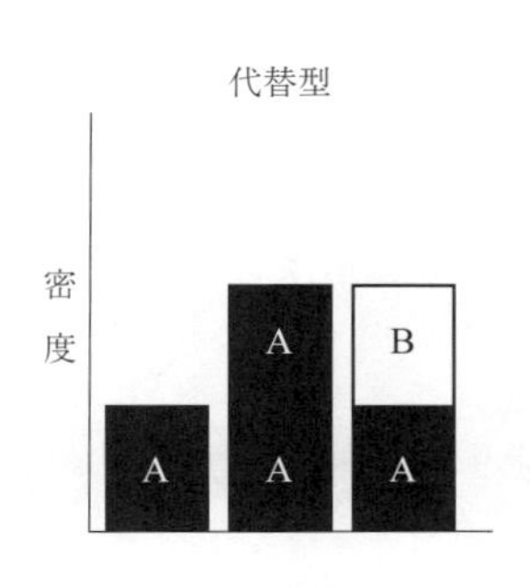

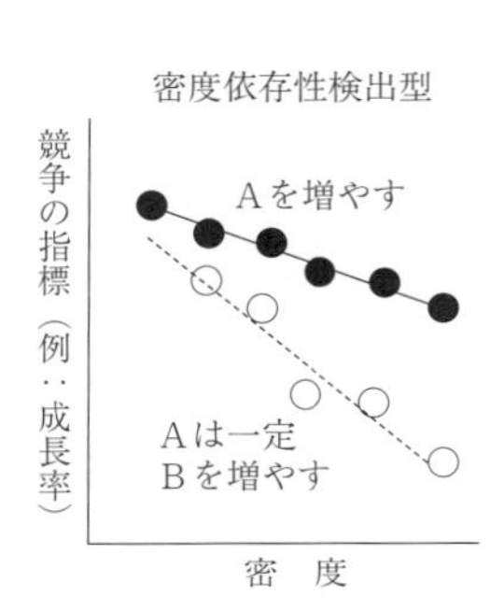

図1　種間競争を検証するための実験デザイン

種の野生魚（自然再生産由来の個体）へ与える影響について調べられている．体サイズや行動といった放流魚と野生魚の特性の違いが両者間の競争における優劣に影響する．一方で，放流が実施された河川では放流魚が極端な高密度となるため，放流魚の方が劣位でも，野生魚に採餌量や成長の低下といった負の影響を及ぼすこともある．例えば，サクラマス稚魚の野生魚は放流されたサケ *O. keta* 稚魚よりも実験条件下では優位であったが，サケ稚魚が大量に放流された河川では，採餌量が低下した．その理由の1つとして，サクラマスがサケを採餌空間から排除するのに追われて，採餌に集中できなかったことがあげられる．

種間競争の検証方法　種間競争の影響は，種内競争との比較で評価される．したがって，種間競争の影響を検証する際には，種内競争の影響を検証する対照区を設けることが望ましい．これらを実験的に検証する際，主に3つに大別される方法が用いられる（図1）．添加型は，種Aがいる区とそこにある個体数の種Bを上乗せした区で比較を行う．この方法は外来種あるいは孵化場産魚の放流による密度上昇の影響を簡便に評価できる．ただし，実験結果が密度上昇と競合種のどちらの影響によるのか区別できない．その短所を補うのが代替型で，種Aと種Bの両方がいる区と同密度になるような種Aのみの区をさらに設ける．すると，密度の影響を除いて種間競争の影響を評価できる．サケ科のように密度依存型競争を顕著に示す種には，密度依存性検出型が適している．種Aがある個体数いるところに，さまざまな個体数の種Aあるいは種Bを加え，密度変化に対する種Aの反応を種Aと種Bを加えた場合で比較する．図1右図の場合，競争が強く生じるほど成長は低下するので，実線よりも点線の方が下にあることは，種内競争よりも種間競争の影響の方が強く検出されたことを示す．この方法では，実験設備が大掛かりで作業量が多いのが難点である．いずれの方法を用いるにせよ，実験で検証する仮説を野外調査で得たデータから導くことができれば，自然条件下で起きている現象（例えば，外来種による在来種の競争排除など）のメカニズムの解明につながる．

［長谷川 功］

頂点捕食者

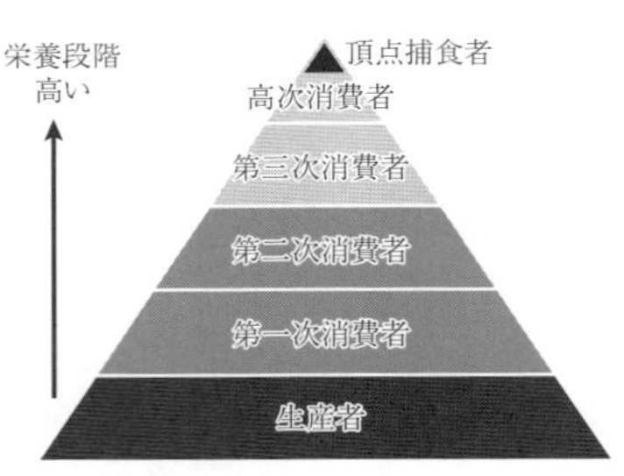

図1　生態ピラミッドのイメージ図

頂点捕食者とは，食物連鎖の頂点に位置する種のことを指す．光合成によりエネルギーを産生する植物（プランクトンを含む），それを食べる動物プランクトン，さらにそれを食べる魚類など，複数の被食者や捕食者との相互関係（食う-食われるの関係）は複雑な網目のように入り組んでいることから食物網と呼ばれる（☞項目「食物網」）．生態系は全ての構成生物に加え，それを取り巻く環境要素から成り立っている．植物は第一栄養段階として底辺を支え，それを食べる小型の動物は第二栄養段階，さらにそれを食べる動物は第三栄養段階となり，栄養段階が高くなるほど，個体数が少なくなることから，生態系の構造はピラミッドに例えられる（図1）．

頂点捕食者による生態系の調節機能　陸上の頂点捕食者であったオオカミが減少した後，それらの餌生物の個体数が増加し，さらにそれらが餌とする生物へと影響が及んだ事例が知られている．このように，頂点捕食者が減少することにより，栄養段階下位の生物へ順次影響を及ぼすことを栄養カスケード効果と呼ぶ．頂点捕食者の減少は，直接的に食う-食われるの関係にない生物の個体数の変化にまで大きな影響を及ぼす．生態系全体に直接または間接的に多大な影響を及ぼす生物をキーストーン種と呼ぶ．頂点捕食者はキーストーン種の1つとして生態系の重要な調節機能を果たしている．しかし，海洋では頂点捕食者の実態を捉えることは簡単ではない．そのため，どのような頂点捕食者が存在し，それらが何をどのように食べ，どのような生活史を送るのか，いまだ多くは明らかにされていない．

海洋生態系の頂点捕食者としてのサメ・エイ　海洋生態系の頂点捕食者として真っ先に思い浮かぶのは，ジョーズと呼ばれるホホジロザメ *Carcharodon carcharias* のようなサメ類だろう．獰猛で無敵な危険生物としてのイメージが強く，人間はこれらとの遭遇をいかにして避け，いかにして漁業生物を奪われないようにするかを考えてきた一方で，これらの保全について十分に考慮してこなかった．その理由として，これらの生物についての知識があまりにも不十分で，これらがいかに海洋生態系の制御，保全に役立つのかが明確に示されなかったことをあげることができる．

世界に1,000種以上が知られるサメ・エイ類（板鰓類）は，一般に長寿で生息数が少ない上に成熟に達するまでに長い年月を必要とする．多くが肉食性で，繁殖の際には交尾を行う．胎生のものと卵生のものがあるが，いずれも比較的大きな胎仔を少数産む．生まれるときの体サイズが大きいことから，繁殖力が強いと誤解されることもある．サメ・エイ類が現生魚類のほとんどを占める硬骨魚類と大きく異なる点は，5～7対ある鰓の構造，飛行機の翼に喩えられることもある鰭（ひれ）の構造，軟骨で構成される骨格，表皮に楯鱗（じゅんりん）と呼ばれるエナメル質の無数の突起があることなどである．そして，上顎（じょうがく）が単純に頭蓋に吊されているだけにすぎないという点は重要で，これにより顎を前に突き出して，大きな獲物にかぶり付くことができる．サメ・エイ類の上下の顎に備わる歯は交換式で，次から次へと新しい歯が再生され続ける（図2）．例えば，1週間程度で新しい歯に生え替わる種が知られている．歯の形態は種によって特徴的で，歯の縁辺がギザギザな鋸状（のこぎりじょう）になっている種では，獲物を噛み切り，切り裂くこともできる．

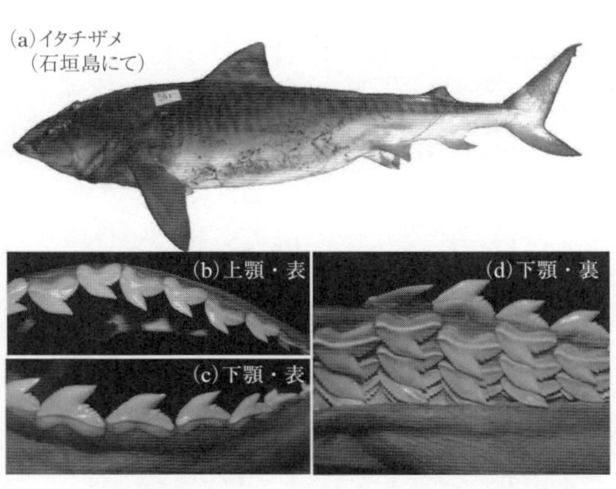

図2　高次捕食者であるイタチザメとその顎歯［筆者撮影］

とはいえ，サメ・エイ類を全て一般化して説明することは困難である．最大全長6 mにも達する巨体で空中に飛び上がり，すさまじい攻撃行動で頂点捕食者と呼ぶのにふさわしいイメージを持つホホジロザメ，何でも食べるといわれるイタチザメ *Galeocerdo cuvier*，魚類の中で最大サイズを誇るジンベエザメ *Rhincodon typus*，淡水域にまで出現するオオメジロザメ *Carcharhinus leucas*，深海の暗闇で光るツノザメ類，エイ類のような扁平な体を持つカスザメ類，平らな歯で甲殻類を食べる小型のホシザメ類，胸鰭で大きな体盤を形成する種々のエイ類など．これらのサメ・エイ類は全てが頂点捕食者となるわけではなく，その中にも相互に食う-食われるの関係は存在する．これらのサメ・エイ類の分布や生態については未解明な点が多く，いずれの種類がどこでどのような捕食者となっているのかを知るためには今後の研究を待つよりほかない．

フカヒレを採取するための過剰な漁獲圧がかけられ，混獲による漁獲も多い．また，水産有用資源を食い荒らすという理由で，駆除も行われてきた．数多くのサメ・エイ類が人間活動による影響で絶滅の危機にさらされている．多くの種が国際自然保護連合（IUCN）や環境省のレッドリストに掲載され，注目度が高まっている．現在，国内外でさまざまな研究が進められているため，今後，サメ・エイ類を含む頂点捕食者に関する理解が深まることを期待したい．［山口敦子］

寄生と宿主操作

　動物食の魚類はしばしば，水域だけでなく，陸域に生産基盤を持つ動物を捕食する．河川の上流域に生息するコイ科魚類やサケ科魚類が，クモやハムシ，イモムシなどの陸生無脊椎動物を捕食することは，その好例である．森林に日射を遮ぎられる河川上流では，河川の一次生産は低く，それを基盤とする食物連鎖で魚類の生息量を維持することは困難である．森林から流入する陸生無脊椎動物は，餌動物となることで，魚類の生息量維持に大きく貢献している．陸生無脊椎動物はさまざまな形態や行動様式を有している．それにもかかわらず，多様な陸生無脊椎動物が河川に流入するプロセスについては，単に「落下」として扱われることがほとんどである．

寄生虫介在型エネルギー流　本州の多くの河川上流では，サケ科魚類のヤマメ *Oncorhynchus masou masou* やアマゴ *O. masou ishikawae*，イワナ *Salvelinus leucoamenis* が，夏から秋にかけて，直翅類（主にカマドウマ類）を大量に捕食する．紀伊半島のある河川では，イワナの年間総エネルギー消費量の約60％が，夏から秋にカマドウマ類を捕食することで得られているという推定結果もある．カマドウマ類の入水には，寄生虫であるハリガネムシ類（類線形動物門）による宿主の行動操作が関わっている．既知の淡水性ハリガネムシ類は全て，水中で産卵をする．孵化したハリガネムシの幼生は，水生昆虫（中間宿主）の幼虫に寄生

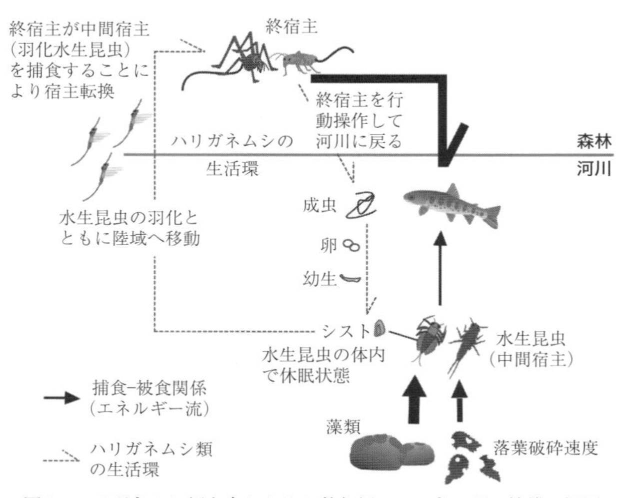

図1　ハリガネムシ類を介したサケ科魚類へのエネルギー補償の概要

すると，宿主の腸管内でシスト（みずからを被囊して休眠状態になった状態）を形成する．ハリガネムシのシストは，水生昆虫の羽化とともに，河川から森林に移動する．羽化水生昆虫の死骸などをカマドウマ類（終宿主）が捕食することで，ハリガネムシは，中間宿主から終宿主へ宿主転換を行う．終宿主の体内で成長したハリガネムシは，成熟すると再び河川に戻って産卵しなければならない．この際，ハリガネムシ類は宿主の中枢神経系を改変する複数のタンパク質を放出して，宿主の異常行動と入水行動を生起すると考えられている．この宿主操作を通して，ハリガネムシ類は，森林と河川の境界を越えて，サケ科魚類に大きなエネルギー補償をもたらしている（図1，Sato et al., 2011）．

森林と河川をまたぐ食物連鎖　ハリガネムシ類を介したエネルギー補償は，森林と河川の境界を越えて，食物連鎖の強さやひいては生態系の機能に大きな影響を及ぼすことが野外で実験的に示されている（Sato et al., 2012）．この実験では，カマドウマ類の入水量を実験的に抑制すると，アマゴは餌不足を補うために，河川の底生動物類への捕食圧を増大させた．これにより，藻類食者が減少することで，付着藻類の現存量は増大した．一方，落葉破砕者も減少し，落葉破砕速度（生態系の機能）が低下する傾向が見られている．

寄生虫の多様性　ハリガネムシ類は，寒帯から熱帯に至る淡水生態系に広く分布しており，これまでに約21属326種が記載されている．日本におけるハリガネムシ類の種多様性の全容は未解明である．しかし，北海道から沖縄に広く分布しており，紀伊半島の河川では，1つの河川から最大で7種のハリガネムシが確認されている．

多様な種のハリガネムシは，多様な宿主と寄生関係を築いている．この寄生関係の多様性は，宿主が河川に入水して魚類の餌動物となる季節に影響している．本州の河川上流域では，数種のハリガネムシが，カマドウマやキリギリス類（直翅類）を主な宿主にしており，夏から秋に大きなエネルギー補償を魚類にもたらす．一方，北海道では主に，本州とは異なる種のハリガネムシが，ゴミムシ類やシデムシ類といった地表徘徊性甲虫と寄生関係を築いており，宿主を春に宿主操作して，河川に入水させている．

魚類は，ハリガネムシ宿主をどの季節に捕食できるかで，その生活史を柔軟に変化させている可能性がある．これにより，魚類の個体群動態や河川の群集・生態系機能の季節動態も大きく変化する可能性がある．

寄生虫と餌動物の多様性　寄生生活を有する生物は自然界に普遍的に存在し，地球上の生物種の半数以上を占めるといわれている（Dobson et al., 2008）．寄生虫を介して魚類と餌動物の捕食-被食関係が強化されることは，水域の生態系において，複雑な食物網がつくり出される重要な仕組みの1つなのかもしれない．

［佐藤拓哉］

物質輸送

海洋生態系から陸域生態系への物質輸送は，降雨，地殻変動などの非生物環境要因のみならず，海鳥や遡河回遊魚などの生物学的要因によっても行われる．繁殖の場を淡水に，成長と生活の場を海に求めて回遊する遡河回遊魚はサケ科魚類やニシン科魚類のように，淡水域で産卵することにより，大量の海起源物質を陸域生態系へ輸送する．

⁂生物多様性と物質輸送　カムチャツカ半島南端に位置するクリル湖は，北海道の支笏湖と同じ貧栄養のカルデラ湖で，構造や規模も似ている．クリル湖には毎年数多くのベニザケ *Oncorhynchus nerka* が産卵回帰する．この時期，クリル湖周辺には数多くの魚類や海鳥類，アカギツネ，タイリクオオカミやヒグマなどの哺乳類が餌としてベニザケを利用するために集まる．このようなランドスケープは，わが国を除いて，野生のサケ属魚類が産卵遡上する陸域生態系ではごく自然に観察され，遡河性魚類は河川を含む河畔林生態系の生物多様性を高める役割を担っている．貧栄養湖における栄養塩の制限因子はリンである場合が多いが，クリル湖には湖水のリンの5～15トンが産卵後のベニザケの死体によりもたらされる．同様のことは，ベニザケの遡上量が世界最大であるアラスカのイリアムナ湖でも観察されており，湖中のリンの約60%がベニザケにより供給されている．一方，海との通路が断たれている支笏湖では全リン量が25 kgと，きわめて少ない．支笏湖にはベニザケの陸封型であるヒメマスが生息しているが，その環境収容力はわずか3.2トンで，クリル湖のベニザケ環境収容力の2,000分の1以下にすぎない．このように野生のサケ属魚類は産卵回帰し，自然繁殖することにより，陸上から海洋へ流出した大量の栄養塩を再び陸圏へもたらす．

⁂δ^{13}Cとδ^{15}N　炭素と窒素の安定同位体比分析は，生態系の物質循環や食物網を明らかにする手法としてきわめて有効である．動物の炭素（δ^{13}C）と窒素（δ^{15}N）の安定同位体比は基本的に生態系に組み込まれている食物連鎖の一次生産者（植物）の同位体比組成を反映するため，動物の生活史や栄養レベルを知る上で役に立つ．また，海起源の有機物のδ^{15}Nは陸上のそれに比べて高いので，δ^{15}Nを調べることにより陸域生態系の生物に海起源のδ^{15}Nがどれだけ含まれているかを知ることができる．北太平洋に広く分布するサケ属魚類のうち，サケ *O. keta* とカラフトマス *O. gorbuscha* のδ^{15}Nは最も低い．サケ属魚類は，産卵のために母川へ回帰するために，海由来の高いδ^{15}Nを陸域生態系へ運搬する．南東アラスカのサッシン川では滝の下までカラフトマスが遡上するが，滝の下に生息する魚類や河畔林のδ^{15}Nは滝の上のそれらに比べて著しく高い．また，沿岸や河畔林に生息してサケ属魚類を食べているヒグマやタイリクオオカミのδ^{15}Nは，内陸に生息する個体より高い．フレーザー川流域に住む先住民族では，食生活を海洋性タンパク質（サケ属魚類）に依存するヒトほどδ^{13}Cが高い．

知床世界自然遺産地域に果たす遡河回遊魚の役割　このように遡河回遊魚のサケ属魚類は，母川へ産卵回帰することにより，環北太平洋の陸域生態系の生物多様性の維持と物質輸送者としての役割を果たす．わが国ではこのような系を持った河川はきわめて少ない．2005年に世界自然遺産に登録された知床半島にはカラフトマスとサケが産卵回帰する．遺産地域の中心に位置するルシャ川では，カラフトマスとサケが産卵遡上し，ヒグマなどに越冬用の貴重な餌を供給するばかりでなく，海起源物質を陸域生態系へ運搬している．δ^{15}Nの濃縮係数から，カラフトマスが運んだルシャ川流域生態系における生物の海起源栄養物質（MDN）の割合は，河川のバイオフィルム（付着微生物）が39%，水生昆虫が21%，オショロコマが31%，陸域の河畔植物がケヤマハンノキを除いて約25%，ヒグマが34%であった．このようにルシャ川の河畔林生態系は，北米ほどではないがMDNをカラフトマスを通して比較的多く取り込んでいる（図1）．

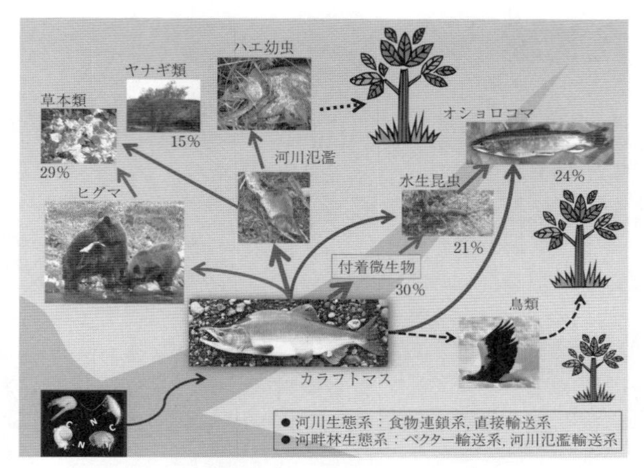

図1　知床世界自然遺産地域ルシャ川河畔林生態系におけるカラフトマスによる海起源栄養物質（MDN）の輸送システム．河川生態系では「食物連鎖系」とカラフトマスの魚体や卵を直接摂餌する「直接輸送系」があり，河畔林生態系ではヒグマやハエなどにより森林へ運ばれる「ベクター輸送系」と産卵後のホッチャレが洪水により運ばれる「河川氾濫輸送系」がある

生態系サービスとしての遡河回遊魚　人類は，生態系の機能やそれを構成する生物からさまざまな生態系サービスを得て生きている．サケ属魚類を中心とする遡河回遊魚は，①食料としての供給サービスだけでなく，産卵のために母川回帰することにより，②海洋生態系の物質を陸域生態系へ運ぶ基盤サービス（物質輸送），③河川と河畔林の生態系で多種多様な生物が餌として利用するために集まる調整サービス（生物多様性の維持），④環境・情操教育などの文化的サービスとして貢献している．今日，わが国では私たちが住む陸域生態系への底支えとしての遡河回遊魚とその再生産の場である河川生態系，それらをどのように回復させて保全していくかが問われている．　［帰山雅秀］

食物網

生物群集内に見られる被食者–捕食者関係，または被食者–捕食者関係が連なった全体像を食物連鎖と呼ぶ．生産者（主に光合成生物）を基点に，生産者を食べる第一次消費者，その捕食者（二次消費者），さらにその捕食者（第三次消費者），そして頂点捕食者までと，4・5この栄養段階が鎖状に連なる．ただし，実際の生態系では，異なる起点を持つ複数の食物連鎖から餌生物を利用する動物も珍しくない．隣の生態系の生物を主な餌とする動物も知られる．上位の消費者が下位の消費者だけでなく生産者を摂食する雑食も見られる．このように食物連鎖が複雑に絡み合う様子を強調して，その全体像を食物網と呼ぶ．

食物網は，多くの生態系サービスを担う．水域生態系の場合，水質の浄化および安定，多種の安定共存，タンパク源の生産などがあげられる．

食物連鎖の種類　被食者–捕食者関係で連なる捕食連鎖に対して，寄生による連鎖は寄生連鎖として区別される．また，多くの食物網は，生きた生物の捕食で連なる生食連鎖と，生物死骸や排泄物を摂食する腐食連鎖とで構成される．例えば，止水生態系の沖帯では生物死骸や排泄物を分解するバクテリア（腐食連鎖の第2段階）が小型の動物プランクトンの重要な餌となることがあり，微生物ループと呼ばれる．

水域生態系は，沿岸の付着藻類を起点とする沿岸食物連鎖，沖帯の植物プランクトンを起点とする沖帯食物連鎖の2つの生食連鎖が骨格をなす．魚類は，この両方にさまざまな割合で依存する．動物組織の炭素安定同位体比（δ^{13}C）は，餌生物とほぼ同じ値を示す．また，沿岸帯の付着藻類と沖帯の植物プランクトンは光合成活性の違いからδ^{13}Cが異なる．これらを利用すると，各魚種が沿岸/沖帯食物網にそれぞれどの程度依存しているかを推定できる（図1）．

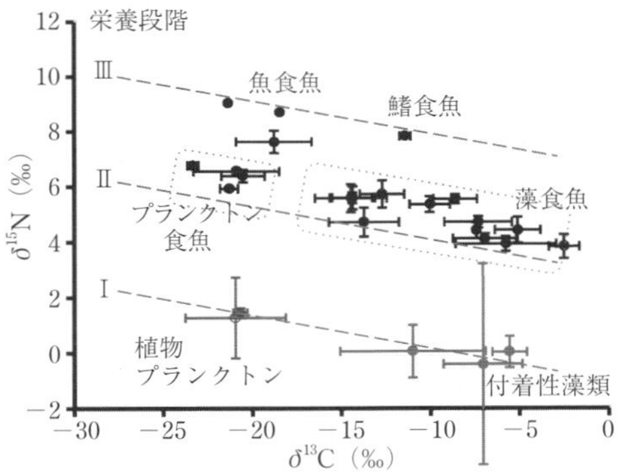

図1　炭素・窒素安定同位体比（δ^{13}C・δ^{15}N）で描いたマラウイ湖沿岸帯の食物網．破線Ⅰ，Ⅱ，Ⅲは栄養段階に相当する

魚類の栄養段階と役割　魚類は主に第一次消費者～第四次消費者（第2～5栄養段階）に幅広く分類される．付着藻類を専食するシクリッド類，植物プランクトンを食べるハクレン *Hypophthalmichthys molitrix* などは典型的な第一次消費者である．

ただし，これらの魚種も成長段階や餌環境によって食性を変えるため，栄養段階は流動的である．動物プランクトンや水生昆虫を食べる魚種は第3～4栄養段階に，魚食性の魚種は第3～5栄養段階に属する．栄養段階が上がるにつれ，低次の栄養段階に属する生物と自身の食性の流動性に影響され，栄養段階の特定は困難になる．

動物組織の窒素安定同位体比（δ^{15}N）は，餌生物より一定値（濃縮係数）だけ高くなる性質がある．これを利用して，生産者と対象動物のδ^{15}Nの差を平均的な濃縮係数で割ることで栄養段階を数値化できる（図1）．δ^{15}Nによる栄養段階の算出は，食物連鎖に属する全生物の食性を調べるよりも簡便なうえに，雑食を反映した連続的な数値が得られる点で優位性がある．

魚類の存在は，食物網全体にどのような影響を与えるか．低次栄養段階の魚類は高次栄養段階の生物を餌として支える一方（ボトムアップ効果），高次栄養段階の魚類が低次栄養段階の生物組成に影響することもある（トップダウン効果）．例えば，第三次消費者の大型魚類を河川から除去した野外操作実験では，第二次消費者の小型魚類や捕食性水生昆虫が増加して，第一次消費者の個体数が抑制された結果，生産者である糸状藻類の体サイズやバイオマスが増加した（Power, 1990）．これは，大型魚類による捕食が，食物連鎖を通じて生産者のバイオマスを抑制していることを示す．このような上位の消費者の食物連鎖を介した食物網全体への影響は，小さな滝の連なった様子に見立ててカスケード効果と呼ばれる．

●食物網の構造　生物の生産速度（時間・空間当たりの有機物生産量）は栄養段階が高いほど小さくなり，栄養段階の順に積み上げるとピラミッド状に図示される．この様子を生態（生産速度）ピラミッドと呼ぶ．これは，ある栄養段階から1つ上の栄養段階にエネルギーが流れる際，消費，同化，生産の効率がどれも100％にはなり得ないためである．栄養段階間の生産速度の比（生態転換効率＝消費効率×同化効率×生産効率）は，水域生態系では1～25％と幅広い．

食物連鎖の長さ（栄養段階数）が何に制限されるかについて，幾つかの説明がある．生態ピラミッドの理論では，栄養段階が上がっても生産速度は0にはならないが，高次栄養段階において利用可能なエネルギーの密度は小さくなり，現実的ではないほど広い行動範囲が必要になる．また，多くの動物は口に入る餌生物を捕食するため，捕食者は被食者より大きい必要があり，頂点捕食者の体サイズの限界が食物連鎖の長さを制限し得る（寄生連鎖はこの限りではない）．群集組成の似かよった湖の比較研究では，δ^{15}Nを用いて推定された頂点捕食者の栄養段階（食物連鎖の長さ）は，各湖の生産性（リン濃度）とは独立であり，各水域の体積によってのみ説明されることが示された（Post et al., 2000）．

食物網の構造やその環境応答の研究は，生態系サービスに関わる重要事項だが，理論研究が先行して実証研究が追いついていないといわれる．新技術を駆使した効率的な実証研究法の開発が期待される．

［丸山 敦］

地下水・伏流水に棲む魚たち

長年，魚採りをしていると「こんな所に？」と思えるような場所で魚と出会うことがある．台風の増水による水たまりや川の源流の浅瀬，あるいはお風呂のごとく温められた夏場の潮だまりなど，おおよそ「魚がいる」と思えない条件の水域にも魚はいる．

われわれが普段目にしている川や池，海は，ある意味で表層的な水域（地下水に対して表流水）であり，それらの水域を取り囲む場所にも常に水（伏流水）がある．伏流水は河川に沿った地下を流れ，雨水など地表からの浸透水を集めて地下水脈を形成する．地下水は地上の河川とは異なる流路をたどり，時に一度も地表に現れることなく，海域へと流出する．こうした地下水と海水の接点には，洞窟が形成されることがある．当然このような水域にも魚はいる．これらは洞窟魚や地下水棲魚類と呼ばれる．洞窟の地底湖などから知られるドウクツギョ科をはじめ，コイ科やハゼ科，ウナギ目の魚類が含まれる．彼らの多くは科や属にかかわらず，体色素の喪失，退化した眼球，発達した感覚器官などの共通点を持つ．このような収斂進化の産物とも考えられる共通形質には，地下水中での生活が影響していることは容易に想像できる．もちろん，何かの拍子に表流水から地下水域に迷い込んだ魚もいるが，地下水性の魚類とは，一生の大部分を太陽光がなく，一般に貧栄養な世界で過ごすグループを指す．ただし，地下水性の魚の生態の多くは，いまだ謎に包まれている．日本の地下水の魚というとドウクツミミズハゼ *Luciogobius albus* やネムリミミズハゼ *L. dormitoris*，イドミミズハゼ *L. pallidus* などのハゼ科魚類があげられる．

イドミミズハゼは，主に河川や沿岸の伏流水を利用して生活している．現在，イドミミズハゼには複数の種や地域個体群が存在すると考えられているが，ここではひとまとめに「イドミミズハゼ」とする．イドミミズハゼは両側回遊を行う通し回遊魚で，生活史の初期を沿岸域で過ごすと考えられる．彼らの仔魚（しぎょ）の眼の大きさや位置，正の走光性を示す行動などは，地表のミミズハゼ類の初期生活史と大して違いはない．しかし，稚魚期になると体の色素は発現しないまま，頭部の上方に両眼がそれぞれ移動するとともに皮下へと埋没していく．ほぼ同時に水底への選好性が高まり，常に潜行運動を示し，物陰があればそこへと身を隠し，負の走光性を示すようになる．この時期を境に急速に底棲生活へと移行する．

イドミミズハゼは西日本を中心に洞窟や湧水周辺，掘り抜き井戸から確認され，和歌山県では地下 40 m の深さから大量のイドミミズハゼがヨコエビ類や水生昆虫とともに採集された例がある．地下 40 m 以深の世界に，これだけの個体数の魚類とそれを支える餌生物が棲む環境があるという事実によって．われわれが表面的な水域しか見ていないことを改めて思い知らされた．地下の水環境はわれわれが想像するよりも賑やかなのかもしれない．

［平嶋健太郎］

ヘビのような魚

魚類にはさまざまな形態のものが知られているが，なかでもウナギ目はほとんどの構成種が著しく細長い体を持ち，全身をくねらせて遊泳する．その姿は文字どおり「蛇行」であり，ヘビにとてもよく似ている．

ウナギ目には現在世界で940種程度が知られていて，その構成グループとしてはウミヘビ科が約330種と，最も種数が多い．一般に「ウミヘビ」というと爬虫類のウミヘビ（有鱗目コブラ科）の仲間を想像するが，魚類のウミヘビには爬虫類のウミヘビのような咬毒はなく（ただし，咬まれるととても痛い），鱗もない．ウミヘビ科の多くは体全体が褐色で，同じウナギ目であるウツボ科の多くの構成種のような目立った色や模様を持たない．多くのウミヘビ科の魚たちは，日中は体のほとんどを砂中に埋め，頭の前部だけを砂から出して周囲の様子をうかがっている．彼らが全身をあらわにするのは索餌のために行動する夜間ぐらいなので，目立った色彩は必要ないのかもしれない．

ところが，ゴイシウミヘビ属の仲間は体中に縞模様や水玉模様があり，多くの種が日中も活発に遊泳する．特にシマウミヘビ *Myrichthys colubrinus* は全身に見事な縞模様があって，一見したところでは爬虫類のウミヘビと見誤ってしまう（図1）．夜間に限らないゴイシウミヘビ属の活発な行動は，この仲間の色彩が爬虫類のウミヘビに類似しているために，サメ類や鳥類などからの捕食の回避によって説明することができる．このように有毒種，つまり危険な種に似せている現象はベイツ型擬態と呼ばれ，生き残り戦略の1つとして多くの生物で知られている．ところで，爬虫類のウミヘビのうちの幾つかの種は，ウナギ目魚類を好んで摂餌することが知られている．彼らは潜砂しているウナギ目魚類を巧みに探し出し，砂に頭を突っ込んで強力な毒で動きを封じるや否や，頭から一気に飲み込んでしまう．視覚に頼らず摂餌を行う彼らに対してはゴイシウミヘビ属の擬態は役に立たないようで，事実，爬虫類のウミヘビの消化管内からはゴイシウミヘビ属を含む派手な模様のウナギ目魚類が次々に見つかっている．こけおどしは通用しないのだ．

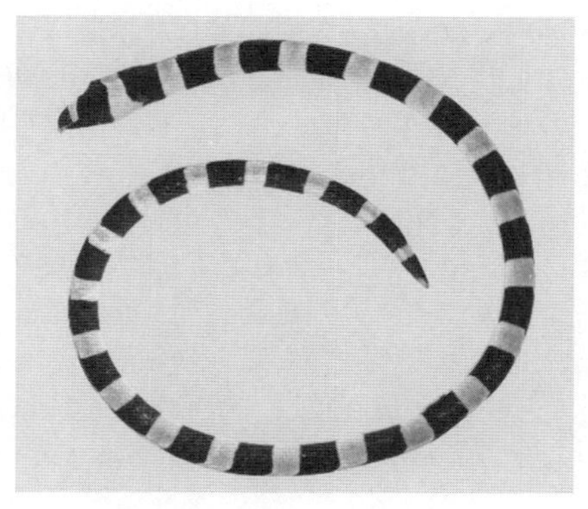

図1　シマウミヘビ［筆者撮影］

［日比野友亮］

大陸系遺存種

　大陸系遺存種とは朝鮮半島から中国大陸にかけて主要な分布域を持つが，日本列島内では限られた地域に孤立して同種もしくは近縁種が分布するような種である．九州北西部の有明海を中心とした地域にはこのような魚類が多く分布しており，日本列島の他の地域には見られない特異な魚類相を有している．

有明海と沿岸性の大陸系遺存種　有明海は面積約1,700 km^{2}の入り江状の海で，最大約6 mの干満差とそれによって生じる濁った水，そして広大な干潟で知られている．この有明海を代表する大陸系遺存種として，エツ *Coilia nasus*，アリアケシラウオ *Salanx ariakensis*，ヤマノカミ *Trachidermus fasciatus*，ムツゴロウ *Boleophthalmus pectinirostris*，ワラスボ *Odontamblyopus lacepedii*，ハゼクチ *Acanthogobius hasta*，デンベエシタビラメ *Cynoglossus lighti* があげられる（図1）．いずれも渤海，黄海から東シナ海に面した中国大陸の沿岸部との共通種であり，一方で国内では有明海を中心とした地域にのみ分布する．また，有明海の特産種として知られるアリアケヒメシラウオ *Neosalanx reganius* は，大陸に分布するヒメシラウオ類ときわめて近縁である他，有明海に生息するスズキ *Lateolabrax japonicus* は，中国大陸のタイリクスズキ *L. maculatus* と日本列島のスズキの自然交雑に由来する集団であることが明らかにされている．有明海には魚類以外にもハラグクレチゴガニ，ヒメモクズガニ，アリアケカワゴカイ，殻のない巻貝の一種であるヤベガワモチ，腕足動物の1種であるオオシャミセンガイなど，同様の分布様式を持つ多くの動物が見られる．これらの沿岸性の大陸系遺存種は，特に大陸沿岸性遺存種と呼ばれることもある．

図1　有明海の大陸系遺存種．上からエツ，アリアケシラウオ，ムツゴロウ，ハゼクチ［筆者撮影］

　有明海に生息する沿岸性の大陸系遺存種は，大陸の集団と遺伝的にある程度分化しているものもあるが，一般的にその差異はあまり大きくない．そのため，これらは約2万年前の最終氷期における海水面低下によって，九州北西部と中国大陸の沿岸部が近接した際にその分布を広げたものと考えられている．また，これらの魚類が有明海に分布することができたのは，単に大陸と近いことだけが理由ではない．有明海の沿岸環境は国内では他に見られない独特なものであるが，こうした環境は渤海，黄海から東シナ海に面した地域では普遍的なものである．すなわち，有明海の持つ入り江状の環境構造が，大きな干満差，濁った海，広大な干潟という，沿岸性の大陸系遺存種に好適な生息環境をうみ，その生存を可能にしたのである．実際に，有明海よりも大陸に近い九州西岸には同様の沿岸環境は存在しておらず，当然のことながらこれらの魚類は分布していない．まさに地史と地形が生んだ，奇跡の魚類相といえる．

筑後川に見られる大陸系の純淡水魚　一方で一生を淡水域で生活する純淡水魚類についてはどうだろうか？　九州ではこれまでに41種類の在来の純淡水魚が知られ，最も種数が多い筑後川水系には34種類が自然分布している．このうち，特に中国大陸との関連が深い種類は，ヒナモロコ *Aphyocypris chinensis*，アリアケスジシマドジョウ *Cobitis kaibarai*，アリアケギバチ *Tachysurus aurantiacus* の3種である（図2）．

ヒナモロコは朝鮮半島から中国大陸中部にかけて広い分布域を持つが，日本列島においては九州北西部にのみ自然分布している．分類学的には大陸産と同種とされているが，形態的にも遺伝的にも大陸産のヒナモロコ集団とは大きな違いが認められる．アリアケスジシマドジョウは有明海流入河川の固有種で，近年の分子系統学的な研究の結果，最も近縁な種類は朝鮮半島に分布する同属の *C. tetralineata* や *C. nalbanti* であることが明らかとなっている．また，アリアケギバチは九州西部に広く分布するが，本種も遺伝的には中国の長江流域に分布する同属の *T. ondon* に最も近縁である．したがって，これらの純淡水魚類はいずれも大陸系遺存種といえるだろう．

図2　大陸と関係が深い純淡水魚．上からヒナモロコ，アリアケスジシマドジョウ，アリアケギバチ［筆者撮影］

地史的には九州北西部と中国大陸は約2万年前の最終氷期において地続きではなかったことが確実である．そのため，海を介した移動ができないこれらの魚類は，九州北西部と大陸の諸水系が接続した40～100万年以上前の複数回の氷期のどこかで分布を拡大した祖先種の末裔と考えられる．

以上のように九州北西部には，大陸系遺存種を中心とした独特の魚類相が存在している．沿岸性魚類と純淡水性魚類ではその来歴が大きく異なるものの，いずれも比較的最近の複数回の氷期を背景に成立したものであることは間違いないだろう．また，これらの大陸系遺存種の国内での分布域は限られるが，日本列島の魚類相形成過程を考えるうえで欠くことのできない重要な要素といえる．［中島　淳］

水陸両棲魚

潮間帯魚類は，潮間帯の岩礁，転石帯，砂浜，潮溜まりなどを含む複雑な環境で生活する．台風がもたらす生息場所の攪乱，日周的，季節的な潮位の変化など，激しい環境変動にさらされるため，その生息場所に適した行動，生理機構などが特殊化している．

このような潮間帯魚類は700種以上記録されており，沿岸生態系を構成する生物として欠くことのできない生物群である．これらの魚類は，その生活形態によって潮間帯から離れないものと，潮汐サイクルなどによって潮間帯に一時的に移動してくるものの2タイプに分けることができる．前者のほとんどは小さな体（体長10 cm以下）と周囲の環境に類似した体色を持ち，潮間帯という過酷な環境で生息できるように水温や塩分濃度，乾燥などの環境変化に対して柔軟に適応している．さらに潮間帯魚類の中には，陸上に進出し，空気呼吸をする両棲魚類も知られている．

両棲魚類とは!?　両棲魚類は，グレアム(Graham, 1997)によれば硬骨魚綱の17目にわたる49科125属374種が知られ，空気中でときどきガス交換を行ったり，酸素不足に耐え得る生理機構を持っていたり，完全に空気中で呼吸するタイプも存在するなど，さまざまな陸上環境に適応している．この代表が，干潟の人気者ハゼ科のトビハゼ *Periophthalmus modestus* やムツゴロウ *Boleophthalmus pectinirostris* である．トビハゼは，日本各地の干潟に棲息し，両棲魚類の中で最も有名な魚である．ムツゴロウは有明海の固有種であり，繁殖期には干潟上で驚異的な跳躍を見せて雌に求愛のダンスを行うことで知られている．これらの魚は干潟上を胸鰭を使って這って移動するほか，頻繁に尾鰭を「U字」状に頭部に近付けて尾の伸展により跳躍し，時には水面上を飛び跳ねて移動することも少なくない．また，鰓蓋に水を溜めて鰓呼吸を行うほか，皮膚による空気呼吸も同時に行っている．さらに，灼熱下の干潟や潮溜まりに発生する高塩分の状況にも耐える塩分耐性をも持ち合わせることで，水中と陸上での過酷な両棲活動を可能にしている．ハゼ科と近縁のイソギンポ科にも7属31種以上で両棲行動が知られている．その中でも南西諸島の転石帯に生息しているヨダレカケ *Andamia tetradactyla* は，飛び抜けた存在であることが知られている(図1)．

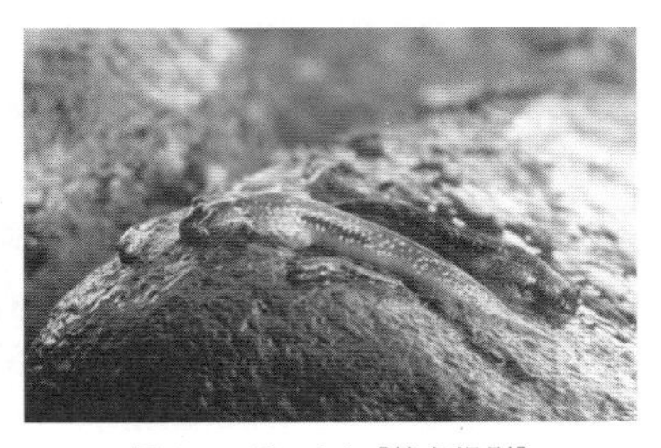

図1　ヨダレカケ［筆者撮影］

魚なのに空気中で産卵!?　ヨダレカケの両棲行動の特筆すべき点は，陸上の岩穴に卵を産むことである．本種は，大潮の満潮線付近の岩穴になわばり雄が巣を構え，雌を呼び込み産卵させる（図2）．本種は，潮位に合わせて波打ち際の岩上の藻類をはみながら移動する．満潮線辺りにある巣穴は，干潮時には波打ち際から遠のき波がまったく届かない「陸」となる．そして潮が満ちるにつれて，波打ち際は徐々に巣穴に近付く．最満潮時刻には，最も激しく波が巣穴を襲い，大潮時には一時的に水没する巣穴もでてくる．普通の魚ならばこの満潮時に水中で産卵を行うと考えられる．しかし，ヨダレカケの雌の巣穴への訪問回数や求愛のディスプレイの頻度を調べた結果，巣穴が水没するような満潮時にはむしろ繁殖行動の頻度は低く，波が到達し始めた時間帯や，潮が引き始めた時間帯（湿度が高い状態）に高い頻度を示した．さらに，高湿度を維持した巣穴を用意して水槽実験を行ったところ，40日間に，13卵塊約4,000粒の産卵を確認し，受精率はほぼ100％であった．陸上産卵行動は野外でも観察され，世界で4例目の確認となった．

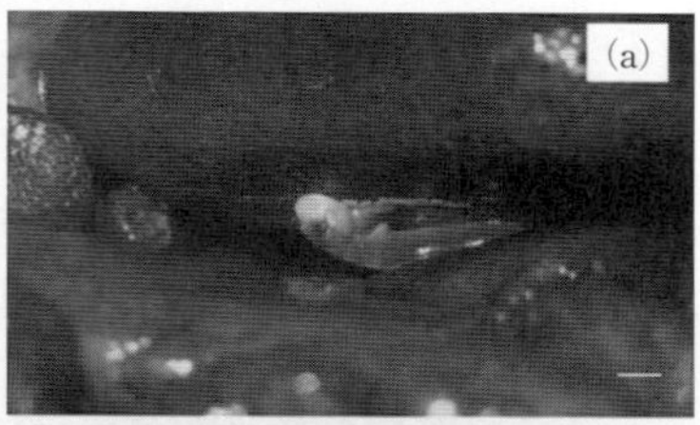

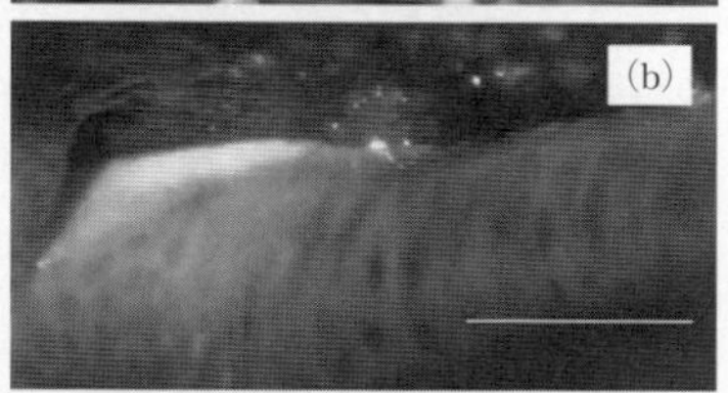

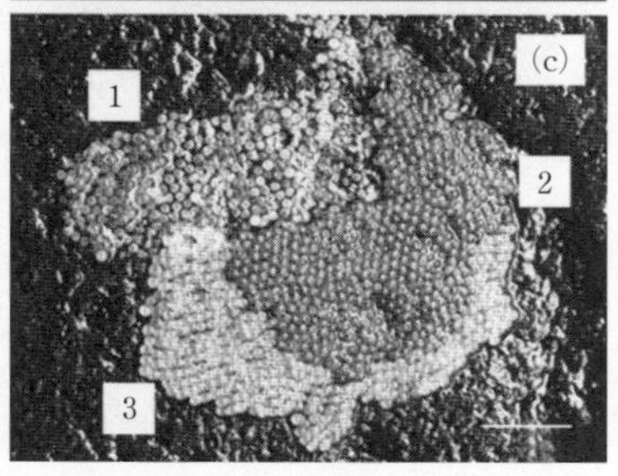

図2　空気中産卵された卵に放精するなわばり雄(a)，産卵(b)，産出卵(c) 1：発生後期，2：発生中期，3：産卵直後．スケールは10 mm［撮影：(a)筆者，(b,c)佐久間文男］

世界初！ 陸で卵を守る魚!?　野外観察によると，卵は直径約1 mmの球形で，巣穴の天井や側面にびっしり産み付けられていた．なわばり雄は，産卵が終わった後も巣穴に残り，卵の保護を行った．巣穴は，小潮時には1日に約13時間，大潮時には約12時間，完全に干上がった．雄は付きっきりで卵を守り，フナムシやカニなどの外敵から卵を保護した．産卵から7～10日後の満潮時に仔魚が孵化した．雄の営巣期間は40日前後であった．このような魚類における陸上での卵保護は，世界初の報告となった（Shimizu et al., 2006）．その後，乾燥に耐える卵の微細構造，小型雄の代替繁殖戦術，水陸両棲に適応した代謝・生理機構などの研究が進んでいる．

両棲魚類の生活史を明らかにすることは，魚類の陸上進出を引き起こした要因解明にも手掛かりを与えてくれるかも知れない．また，陸域と水域の狭間に生息する魚類の存在は沿岸生態系を保全管理する上で1つの指標になるだろう．

［清水則雄］

藻　場

大型沈水植物の海草類や海藻類が形成する群落を藻場と総称する．このうち顕花植物である海草類の群落を海草(うみくさ)藻場，海藻類の群落を海藻藻場とし，両者を区別する場合がある（図1）．また，丈の高い褐藻類の群落は陸上の林に似た外観を持つため，特に海中林ということがある．さらに，個々の藻場は群落を構成する主な植物の種名あるいは通称名から，アマモ場（アジモ場），コアマモ場，ガラモ場（ホンダワラ類の群落），アラメ場，カジメ場，コンブ場などと称される．海草藻場は主に波当たりの穏やかな内湾域などの砂泥地に見られ，海藻藻場は岩礁域に形成されることが多い．

図1　ウミショウブが形成する海草藻場（上）およびクロメが形成する海藻藻場（下）［筆者撮影］

魚類の成育場　一般に藻場は周囲の裸地などと比べると出現する魚類の種多様性や個体数密度が高く，また，成長すると別のハビタットへ移動する種や漁業対象種も含むさまざまな魚類の稚魚が育つ成育場となっていると考えられている．その理由として，藻場が魚類に提供するさまざまなメリットがあげられる．まず，藻場を構成する植物がつくる複雑な構造は，多様な微細生息場所を創出し，また，小型魚類に対する捕食リスクや水の動きによる攪乱を軽減する機能を持つ．さらに，藻場には植物由来のデトリタスや葉上あるいは藻体上に繁茂する珪藻類のような微細藻類などが豊富に存在するため，それらを餌とする端脚類や多毛類などが高密度で生息している．これらの小型無脊椎動物は多くの小型魚類にとって好適な餌生物であるため，藻場は餌場としての機能を果たす．

藻場のもたらすメリットのうち，捕食リスクを軽減する機能は捕食されやすい稚魚のような小型魚にとって特に重要である．すなわち，藻場の複雑な構造が捕食者の視野を妨げるため，その内部に居れば捕食者に発見される確率が低下し，発見された場合でも，追尾されている間に捕食者の視野から逃れられる可能性が高まる．また，体の大きな捕食者が藻場内部の狭い間隙を縫いつつ高速で獲物を追尾することは困難であるが，小型魚はそのような場所でも比較的自由に動けるため，捕食者の攻撃を回避できる確率が高くなる．さらに，藻場に存在する豊富な餌は稚魚の成長率を高め，相対的に捕食されにくくなる体サイズまでより早く到達することを可能にする．このように藻場は直接的・間接的に稚魚の生残率を高める場合があるため，魚類の成育場として機能すると考えられている．

対捕食者戦略と分布パターン　本州の温暖な地域では春先から初夏にかけ，アマモ場外縁部に接したオープンな場所にハゼ科の稚魚の群が定位しているのがしばしば見られる．どうしてこれらの稚魚は生残率を高めるはずのアマモ場の内部に常在しないのだろうか．実はアマモ場の内部には，その複雑な構造がもたらす捕食リスクの軽減効果により，みずからが捕食されるのを避けると同時に，その構造をうまく利用して稚魚などの獲物を捕える小型の中間捕食者が潜んでいる場合がある．例えばアサヒアナハゼ*Pseudoblennius cottoides*はアマモの葉に身体を沿わせて静止し，その存在に気付かず近くを通りかかった獲物を捕えたり，あるいはアマモがつくる物陰を利用しつつ獲物に忍び寄って捕食したりする．アマモ場の内部にはこのような待ち伏せ・忍び寄り型捕食者に襲われるリスクがあるため，それを効果的に軽減する対捕食者戦略を持つ種ならアマモ場に常在し得るが，そのような戦略を持たない種は普段はアマモ場を避けていた方が生残に有利なのである．ただし前述の稚魚のように遊泳力が相対的に弱い魚では，追尾型捕食者が来遊してきた際にはオープンな場所を逃げ回るよりも，一時的にアマモ場に逃げ込んで内部の複雑な構造を利用した方が捕食者を回避できる確率が高くなるので，アマモ場のそばを離れないのであろう．この他に，アマモ場と周囲の砂泥地の双方に分布する種や，どちらか片方に主に出現するものなども見られるが，それらの分布パターンには各々の対捕食者戦略が影響していると考えられる．

分布パターンに影響するさまざまな要素　直接的な対捕食者戦略のみが魚類の分布パターンを決定するわけではない．捕食者の攻撃を避ける上では有利なハビタットでも，そこで十分な餌が得られなければ，成長や繁殖に廻せるエネルギー量の減少といった不利益が生じ得るため，魚類は長期間そこに留まったりはしないと考えられる．逆に，捕食者の攻撃を避ける上ではある程度不利なハビタットでも，得られる餌が十分に多ければ，成長や繁殖などの面で利益が期待できるため，あえてそこを利用する場合などもあろう．このような捕食リスクと餌の得やすさなどに関連したコストとベネフィットのトレードオフ，あるいは種間・種内競争なども，藻場魚類の分布パターン，ひいては群集全体の構造に大きな影響を及ぼす．沿岸生態系において藻場が魚類の高い種多様性や地域の持続的な漁業を支えていることは論をまたないが，そういった藻場の生態系サービスの基となっているメカニズムを解明するためには，さまざまな要素を考慮する必要がある．

［堀之内正博］

砕波帯

富山湾に注ぐ神通川の河口右岸に広がる砂浜海岸において，1998年4～11月に，毎月1回，サーフネット（高さ1.3 m，幅1 m，目合1 mm，中央部分は袋状）と小型地曳網（袖網の長さ6.8 m，袋網の間口4.5 m，袋網の目合3.9 mm）を用いて魚類の採集を行った．砕波帯に多数出現した魚種は，広塩性で表層性のカタクチイワシ *Engraulis japonicus* 仔魚，アユ *Plecoglossus altivelis* 仔魚，クサフグ *Takifugu niphobles* 稚魚であった．砕波帯の沖側に隣接する海域では，アカカマス *Sphyraena pinguis*，マアジ *Trachurus japonicus*，マサバ *Scomber japonicus* などの大型の魚食性魚類が出現した．これに冬季に行ったサーフネットを用いた砕波帯での調査結果を併せると，富山湾の砕波帯周辺海域では水温の高い5～10月にはカタクチイワシ仔稚魚またはクサフグ稚魚が優占し，水温の低い11～4月にはアユ仔稚魚が優占するものと考えられる．カタクチイワシは沿岸に広く分布し，一部がある時期に砕波帯にも出現するのに対して，アユは海域生活期の大部分を砕波帯とその周辺域に依存する．また，クサフグは時間的分類では回遊型に分類される．このため，本項では砕波帯が有する仔稚魚の保育場機能について，汀線近くの砕波帯に分布し，表層性で滞在型に分類されるアユを例に説明する．

アユ仔魚の生息に好条件の砕波帯　河口付近に広がる砂浜海岸の渚域では，河川水の影響を受け，また，砂浜からの淡水の沁み出しもあって，汽水域となっている．砕波帯は汽水域なので，アユ仔魚の浸透圧調整に要するエネルギーの消費が少なくて済み，餌である動物プランクトンのカイアシ類も多く生息する．砕波帯では砕ける波により常にある程度の濁りがあり，砕ける波そのものも川の瀬の波立ちにも似ていて，外敵から見えにくくなるという利点がある．このように砂浜海岸の砕波帯は，アユ仔魚の生息にはきわめて好条件の環境になっている．

砕波帯を利用するアユ仔稚魚　河川水とともに河口周辺海域に分散したアユ仔魚は，しだいに砂浜海岸の砕波帯に出現してくる．1993～98年に富山湾に面する砂浜海岸で，サーフネットで採集したアユ仔魚の標準体長の平均値，標準偏差および範囲は，10月では12.1 mm ± 1.8（6.8～20.5 mm），11月では18.3 mm ± 3.0（10.0～27.0 mm），12月では22.0 mm ± 4.9（6.8～34.5 mm），1月では23.3 mm ± 2.7（14.5～29.4 mm）で，12月までは急成長が認められたが，12月と1月の体長の違いはわずかだった．曳網面積当たりの採集尾数が最大だったのは11月で，2～3月には仔魚は採集されなかった．神通川河口右岸にある砕波帯において1月にサーフネットで採集された仔魚と，1～2月に小型地曳網により，汀線から沖合約130 mの範囲で採集された仔魚の体長分布を図1に示した．地曳網ではサーフネットでは採集されなかった体長30～48 mmの仔魚が採集された．

以上のことから，アユ仔魚は体長23 mmを超える頃および水温が10 ℃を下回る2～3月には隣接する沖合の暖かい浅海域に移動するものと考えられる．4月に入り水温が再び10 ℃付近になると，体長10 cmほどに成長し，冷水への耐性を備えたアユ稚魚は，再び砕波帯に集まってくる．4～5月の砕波帯周辺海域は，河川への遡上を控えたアユ稚魚と成長を続けるアユ仔魚が混在する．水温が17 ℃を上回るとアユは砕波帯とその周辺海域からいなくなり，河川へと遡上する．

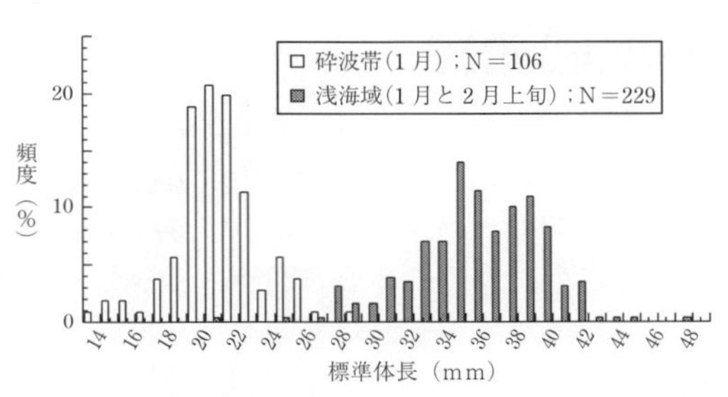

図1　砕波帯と隣接する浅海域でのアユ仔魚の体長分布
［田子，2002を改変］

日中はパッチ状に群れ，夜は散在するアユ仔魚　11～3月にスキューバ潜水と水面遊泳で行ったアユ仔魚の計16回の観察では，アユ仔魚が確認された場所は，汀線から沖合約80 mまでの離岸堤の内側にある砕波帯とそれに隣接する浅海域であった．アユは幾つかの小さな群れや1，2の大きな群れを形成し，水面が波立ち表層の濁りが強かった1回を除けば，全て表層で確認された．浅海域では2～3月にも表層で群れが確認された．この時期，アユ仔魚は正の走光性を有する．10～11月の夜間に行った2時間間隔の5分間の灯火採集では，採集時間ごとに採集尾数が大きく異なったが，潮汐との関連は認められなかった．塩分躍層を人為的につくった水槽で，6～20 mmサイズのアユ仔魚を観察すると，日中には躍層の上側で群れて摂餌していることが多いが，夜間には個々に散在し，ゆっくりと上下移動をしていて，躍層の下側に分布する個体も見られるようになる．これらのことから，アユ仔魚は夜間でも移動しているものと推測される．

砂浜域の砕波帯はアユ仔稚魚の重要な生息場　富山湾に面する砂浜域の砕波帯では，多数のアユ仔魚が採集されたが，砂浜のない漁港内の砕波帯では稀にしか採集されなかった．これは，漁港内の砕波帯では底面がコンクリートであることから水際のフィルター機能や陸からの淡水の沁みだし機能がないこと，および潮の流れが悪いことや餌生物が砂浜とは違うことによると考えられる．以上のように，砂浜域の砕波帯はアユ仔稚魚にとってきわめて重要な生息場であり，アユは日本列島に数多く流れる清冽(せいれつ)な河川とその河口両岸に広がる白砂青松の海岸を上手に利用した典型的な両側回遊魚だといえよう．近年，砂浜海岸の渚の多くが，埋め立てや人工護岸化，海砂の採取などにより消失している．アユのほかにも砕波帯を利用する魚種は多い．それらの資源を守るためにも，砂浜海岸の環境保全はきわめて重要であると考えられる．

［田子泰彦］

高度回遊魚

マグロ類やカツオ *Katsuwonus pelamis*, カジキ類など，主に外洋域の海面付近を中心に生息し，広範囲を回遊する魚類を高度回遊魚と呼ぶ．高度回遊魚の多くは大きな体と高速遊泳に適した外部形態を持ち，主にイワシ類やサンマ *Cololabis saira* などの小型浮魚類やイカ類などの餌を追って太平洋や大西洋，インド洋などの大洋を縦横に移動して生活している．つまり，高度回遊魚の多くは外洋生態系の上位に位置する高次捕食者であり，彼らの分布や行動は生態系や海洋環境の影響を強く受けている．大洋規模の回遊の実態を明らかにするために，採捕した魚に目印となる標識を装着して放流し，再び採捕された場所をもとに移動の距離や方向，移動時間を把握する標識放流再捕調査が広く行われ，多くの種でその回遊の概要が明らかになりつつある．

クロマグロの生活史と大回遊 クロマグロ *Thunnus orientalis* は，高級寿司ネタとして高値で取引され，近年は資源の減少も懸念されていることから，その生態や回遊の詳細を明らかにすることは，資源を持続的に利用する上で重要である．4月から7月にかけて沖縄近海で，また6月から8月にかけて日本海で生まれた体長約3 mmのクロマグロの仔魚は，黒潮や対馬海流に流されながら稚魚へと成長し，夏から秋にかけて成育場である九州～本州中部沿岸域に来遊する．クロマグロの稚魚は，夏季には餌を追って本州沿岸を北上し，浮魚類の稚魚や小型甲殻類を摂餌して急速に成長する．生まれた年の冬には40～50 cmにまで成長し，九州西岸や太平洋側の比較的暖かい低緯度域で越冬する．その後，1歳で60 cm・4.5 kg，2歳で90 cm・16 kg，3歳で120 cm・35 kg程度に成長するが，その間に，一部の幼魚は太平洋を渡って北米西岸まで回遊し，数年後に再び日本近海に戻ってくることが漁場の移り変わりと標識放流再捕データから明らかになった．この太平洋を横断する大規模回遊は渡洋回遊と呼ばれ，東部太平洋では産卵が確認されていないことから，西から東に向けては餌を追っての移動，東から西に向けては成熟に伴う産卵のための移動であると考えられている．

クロマグロの産卵は前述のとおり，春季に沖縄近海で，夏季に日本海で行われるが，日本海の産卵個体は主に30～80 kgであるのに対し，沖縄近海では100 kg以上の個体がほとんどである．このことは，クロマグロが年齢や成長段階により異なる海域を産卵場所として利用していることを示しているが，その理由は解明されていない．

バイオロギングによる回遊実態の解明 近年，遊泳深度や環境水温，照度，体温などを時刻とともに記録できる記録計をクロマグロの体内に埋め込んで放流し，漁獲時にそれらのデータを回収して，個体の移動経路とその間に経験した環境を推定するバイオロギングと呼ばれる調査研究が精力的に行われている．最近では，記録計の小型化と標識装着技術の向上により，土佐湾の成育場に来遊したばかりの20 cm程度の小型魚にも標識できるようになった（図1）．この小型魚のデータから，渡洋回遊前の魚の分布が水温の鉛直分布や黒潮流路などに影響されている実態が明らかになりつつある．また，渡洋回遊直前の50 cm程度の個体を標識放流し，その後東部太平洋で漁獲された個体の記録データから移動経路と移動時期を推定したところ，わずか2カ月あまりで約8,000 kmを移動して渡洋していることが明らかになった（Itoh et al., 2003）．クロマグロの渡洋回遊には，三陸沖などでしばらく滞在する時期と，速やかに渡洋する時期があるようである．

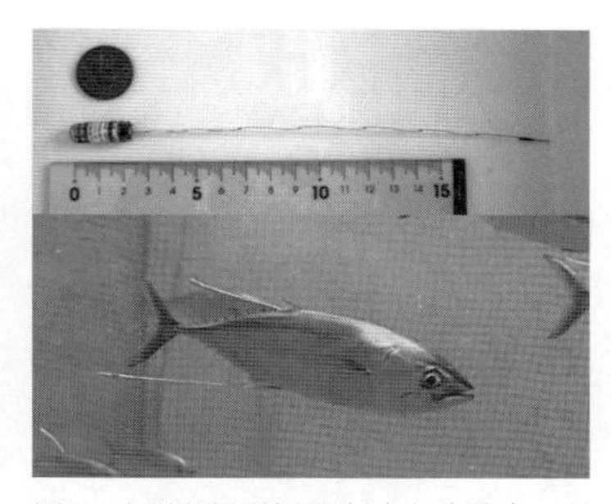

図1　小型記録型標識（上）と腹腔内に記録型標識を装着されたクロマグロ幼魚（下）．幼魚の背鰭付近にはプラスチック標識も装着されている［撮影：藤岡 紘］

さらに，日本海での産卵回遊の実態を明らかにすることを目的に，佐渡島の定置網に入った産卵直前と考えられる30～50 kgの成魚に記録計を装着して放流する調査も行われている．これまでに，佐渡島で5月に放流された後，日本海での産卵期である7～8月に能登半島から隠岐諸島の沖合を回遊する様子が観察されており，産卵行動との関連が推察されている．日本海の産卵群には渡洋回遊した個体が含まれている可能性もあり，東部太平洋で放流された個体が日本海で再捕される事例の積み重ねが待たれている．

⁂生化学トレーサーによる情報　東部太平洋では環境中の窒素安定同位体比が高く，そのことを反映して，クロマグロの筋肉中の窒素安定同位体比は東部太平洋で過ごした個体の方が西部太平洋で過ごした個体よりも高くなる．年齢別に窒素安定同位体比を分析したところ，東部太平洋では3歳未満で低い値の個体が，西部太平洋では3歳以上で高い値の個体が観察され，それぞれ渡洋個体であると判断された（Madigan et al., 2017）．記録型標識による調査では，移動経路とその間の経験環境の直接的なデータが得られるメリットがある反面，多くの個体を放流する必要があり，機器が高価なことと相まって調査コストが膨大となることが障壁となっている．窒素安定同位体比のような生化学的な環境トレーサーを利用することで，比較的安価に多数個体から渡洋回遊に関する情報を得ることができ，記録型標識によるデータの不足を補うことができる．環境トレーサーとしては安定同位体の他，微量元素や放射性同位体などが利用でき，今後の調査研究に期待がかかっている．これらの手法を組み合わせて太平洋全域のサンプルへ適用することにより，将来，クロマグロの詳細な回遊パターンが解明されると期待される．　［鈴木伸明］

周縁性淡水魚

本項では周縁性淡水魚を純淡水魚や通し回遊魚と並列する区分けとして位置付け，その定義を本来は海水魚や汽水魚であるが淡水にも侵入する魚とした．身近な魚ではボラ *Mugil cephalus*，スズキ *Lateolabrax japonicus*，シマイサキ *Rhynchopelates oxyrhynchus*，クロダイ *Acanthopagrus schlegelii*，マハゼ *Acanthogobius flavimanus* などが該当する．その中で，河川中流域（図1）まで侵出する高い淡水適応力を持ち，水産資源上の有用種として既往知見が豊富なスズキを取り上げ，その河川と密接に関係した生態を紹介したい．

図1　大野川の淡水域の調査定点（大分市松岡地先）．河口からの流程距離は約14 km．筆者の調査で最も多くの標本魚を得た場所［筆者撮影］

なぜ稚魚は淡水域へ遡上するのか　河川は水温，水量，流速，濁度，塩分濃度（汽水域）などの変動が大きく，生息環境は海と比べるときわめて不安定である．れっきとした海産魚であるスズキが，あえてより厳しい環境に進出するのは一見不合理であるが，適応度の上昇が見込まれるのであれば適応的な行動ととらえることができる．

スズキの産卵盛期は西日本では12～1月で，産卵場は湾口付近に形成されることが多い．集団産卵（乱婚）により産出された分離浮性卵は受精後数日で孵化し，仔魚は浮遊生活を経た後に，成育場である沿岸域に接岸移動する．そのうちの一部の稚魚が河川の淡水域に全長2 cmほどで出現する．

魚類の浸透圧調節はホルモンの作用により鰓，腎臓，消化管などで行われるが，鰓では淡水適応の際に構造的な変化が起こる．体を改変するコストを費やしてでも，スズキの稚魚が淡水に進出するのは，海水と淡水の境界付近にはカイアシ類（動物プランクトン）やユスリカ（ハエ目昆虫）の幼虫，アミ類（小型甲殻類）などの餌生物が豊富で，高い成長率が得られるためと考えられている．被食リスクの高い稚魚期を素早く通り抜け，生残率を向上させる生存戦略である．

なぜ成魚は淡水域へ遡上するのか　成魚が河川淡水域で見られるのは春から晩秋にかけてで，アユ *Plecoglossus altivelis* の生息期間と概ね一致する．淡水への遡上は一時的侵入に留まらず，遡上障害がない大規模河川では河口から数十 km 上流にも現れる．

淡水遡上が成魚にもたらすメリットについてはこれまであまり注目されず，スズキをよく知る研究者の間でも索餌移動のために偶発的に淡水に侵入すると理解されてきた．しかし筆者が2007～13年に，大分平野の大分川と大野川の淡水域で採捕した成魚の性比は著しく雌に偏っていた（♀208個体，♂6個体）．一方2013年（1～9月）に入手した国東半島沖の姫島周辺海域の漁獲個体は大部分が雄であった（♀14個体，♂78個体，図2）．これらのことは，淡水遡上が雌の適応的な行動である可能性を示唆している．そこで2012～15年に大分県の海水域と淡水域で採捕したおのおのの雌（海水域28個体，淡水域58個体）の肥満度（(体重－生殖腺重量－胃内容物重量)/尾叉長[3]）を比較したところ，淡水域のものが有意に高かった．肥満度が魚の栄養状態を示しているとすると，淡水域は成魚にとってより良い餌料環境と考えられる．また成魚では雌の方が高成長であることが知られており，本調査においても全長70 cmを越える個体はほぼ雌で占められていた．

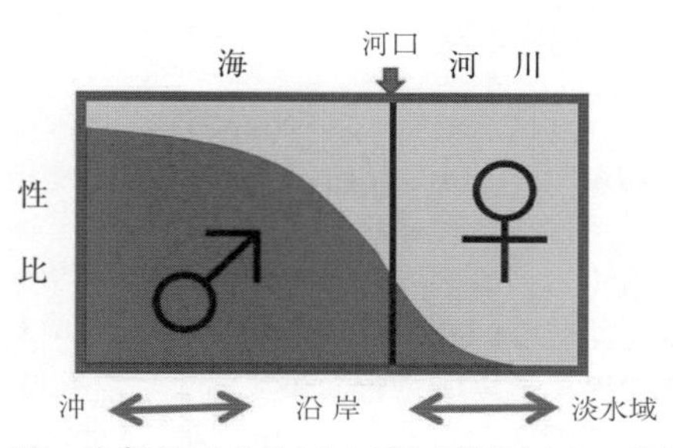

図2　生息域により異なるスズキの性比(イメージ図)

以上を踏まえて，以下の仮説を立てた．雌はコストのかかる卵形成に必要なエネルギーを得るために，あるいは抱卵数の向上に資する高成長を求めて，淡水域に遡上する．一方，雄は産卵場に長く滞在することが何よりも重要であり，精子の形成には卵ほどコストを要しないため，あえて淡水遡上せず，安定した環境の海水域を主な生息場としている．

なぜ成魚は同じ川を利用するのか　2014～15年に，大分川と大野川の淡水域でそれぞれ35個体，および40個体の成魚を捕獲し，アンカータグで個体標識した後に相互の川（大分川⇔大野川）に移送して放流した．その後，2014～17年に計12個体が河川で再捕（大分川6個体，大野川6個体）されたが，1個体を除き，最初に捕獲されたもとの川に回帰していた．この2河川以外の河川で再捕事例はなく，成魚は選択的に河川を利用していると考えられる．その適応的意義の解明は今後の課題としたい．

周縁性淡水魚にとって淡水遡上とは　周縁性淡水魚は偶来性淡水魚（偶来魚）とも呼ばれ，たまたま淡水に現れる魚を意味する．これまでスズキは代表的な偶来魚として扱われてきたが，実は生存競争や繁殖競争を勝ち抜くために，河川を適応的に活用する魚なのである．他の周縁性淡水魚にも何らかの適応的意義が見出されるのか，それとも文字どおりの偶来魚にすぎないのか，興味深いテーマである．

[景平真明]

遡河回遊

魚類は成長段階に応じて生息場所を移動し，そのときどきで最も適した環境で生活する．ある場所から別の場所に移動し，再びもとの場所に戻るようなサイクルを回遊というが，川→海→川あるいは海→川→海と川と海の間で生息環境が大きく異なる場所を行き来するような回遊は，通し回遊と定義される．通し回遊は大きく遡河回遊・降河回遊・両側回遊の3つに分類されるが，本項ではその1つである遡河回遊（魚）を取り上げる．

遡河回遊の特徴と成立　遡河回遊は淡水域を繁殖場所，海水域を成長場所として利用し，成長段階に応じてそれらを移動する回遊形態である．つまり遡河回遊魚は河川や湖で生まれ，ある時期になると海に移動して成長し，繁殖のため再び河川や湖へ戻る魚類である．遡河回遊魚は全世界で110種類が確認されており，日本にはサケ科魚類のほかワカサギ *Hypomesus nipponensis*，シロウオ *Leucopsarion petersii*，シシャモ *Spirinchus lanceolatus*，イトヨ属の1種 *Gasterosteus aculeatus*，ウグイ *Tribolodon hakonensis*，カワヤツメ *Lethenteron japonicum* などが生息する．遡河回遊魚は北半球の高緯度地方になるほどその種数が増加することが知られているが，それは緯度に沿って生じる河川と海洋の生産力の違いに起因すると考えられている．餌量の指標となる河川の一次生産力は高緯度になるほど低くなり，海洋のそれは逆に高くなる．そのため高緯度地方の魚は生産力の低い河川に留まるよりも，生産力が高い海洋に移動する方がより成長でき，結果として高い適応度を得ることができる．この仮説は「有効餌量仮説」と呼ばれ，魚類の遡河回遊性の獲得・進化を説明する上で有効とされる（Gross et al., 1988）．

遡河回遊とサケ科魚類　サケ科魚類は淡水起源の遡河回遊魚と考えられ，遡河回遊の進化を明らかにする上で格好の研究対象となってきた．例えば前川光司（2004）は，サケ科魚類の生活史変異と種系統の関係から遡河回遊の進化を考えている．すなわち，系統的に初期に出現したブラキミスタクス属やイトウ属（イトウ *Hucho perryi* を除く）では降海型は存在しない．一方，サケ科魚類の中で最も新しく出現したサケ属では，サクラマス *Oncorhynchus masou masou* とニジマス *O. mykiss* を除き河川型は存在せず（ただしベニザケ *O. nerka* では陸封型が存在），特にサケ *O. keta* やカラフトマス *O. gorbuscha* は浮上後短期間で全ての稚魚が降海する．イワナ属やサルモ属は系統的にブラキミスタクス属・イトウ属とサケ属の間に位置するが，これらには降海型・河川型・陸封型が出現する（図1）．このことから，サケ科魚類の系統進化においては，それらが分化する過程で淡水（河川）から海水（海洋）へ徐々に依存度を高めていき，遡河回遊性を獲得していったと推察されている．また，サケ科魚類の降海型の海洋分布の規模を見ると，イワナ属のアメマス *Salvelinus leucomaenis leucomaenis* やサルモ属のブラウントラウト *Salmo trutta* はその多くが沿岸域付近を回遊する．一方，サケ属では，河川型が出現するサクラマスやニジマスは沿岸に近い沖合域を回遊するものの，それ以外の魚種は母川から遠く離れた海域まで移動する．特に日本の河川に遡上するサケは降海後，オホーツク海と北西太平洋を経て数千kmも離れたベーリング海まで回遊し，そこを成長の場として利用することが知られている．このことも，サケ科魚類が河川から海洋へ進出し，その高い生産力を利用する方向に進化していった可能性を示唆している．

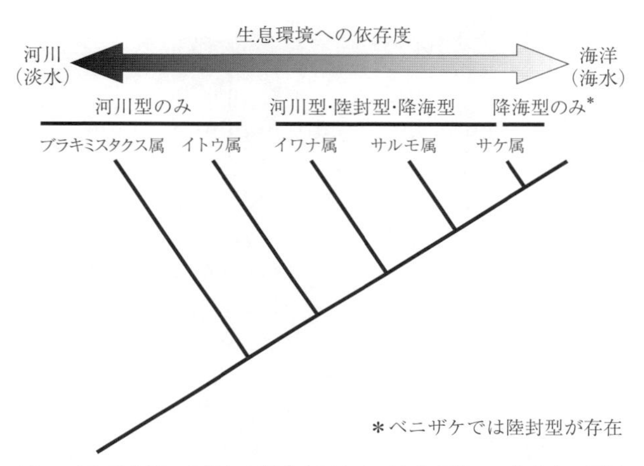

図1　サケ科魚類の系統と生活史変異および生息環境への依存度の関係［前川他，1994を改変］

サケの回遊と母川回帰　遡河回遊魚は淡水域で繁殖するため，どれだけ海洋への依存度を高めたとしても，最後は河川や湖に戻る必要がある．また，母川回帰が繰り返されることで，河川環境への局所的な適応が起こり，その結果高い適応度（例えば，生残率）が得られると考えられる．遡河回遊魚が河川に戻るメカニズムについては，特に母川回帰性が強いサケ科魚類で研究が進んでいる．例えば北太平洋の広範囲に分布するサケは，日長や地磁気をコンパスとして利用して回遊していると考えられている（地図コンパス説）．また近年，サケ科魚類は母川付近の地磁気（全磁力や伏角）を記憶し，それを利用して母川回帰するという「地磁気刷込み仮説」が提唱された．そこで全磁力と伏角を記録できるデータロガーを用いて，ベーリング海から北海道沿岸に回帰したサケが経験した地磁気データを分析したところ，サケは再捕地点の全磁力の等値線にほぼ沿うような形で回帰していることが明らかとなり，先の仮説を支持する具体的な結果が初めて得られた（Azumaya et al., 2016）．一方，サケ科魚類以外の遡河回遊魚の具体的な河川回帰メカニズムについては，その母川回帰性の程度も含め，不明な点が多い．しかし，それらを明らかにすることは，遡河回遊の進化過程や要因を考える上で重要である．今後，このような視点からの研究が進展することで，遡河回遊（魚）に対する理解がさらに深まることが期待される．

［佐藤俊平］

代替繁殖戦略

配偶者や受精の機会をめぐる競争に関連して，同じ個体群内の同性個体（一般には雄）の間に際立って異なる複数の表現型が見られるとき，それらを代替繁殖戦略あるいは代替繁殖戦術という（両者の違いについては後述）．この繁殖競争に関連した二型（稀に三型）は昆虫から哺乳類に至るまでさまざまな分類群で知られるが，特に魚類ではよく調べられ，サケマス類，シクリッド類，ベラ類を含む32科170種に広がっている（Taborsky, 2008）．

異なる行動，形態，生活史　魚類の代替戦略・戦術にはさまざまな種類が存在するが，代表的なのは配偶者や産卵場所を防衛することで繁殖を独占しようとする繁殖独占型とそれに寄生するかたちで繁殖参加を試みる繁殖寄生型の雄二型である．例えばサケ科のギンザケ *Oncorhynchus kisutch* では，雌をめぐって戦うファイター雄「カギバナ」とその産卵に忍び込み，卵の受精に与(あずか)ろうとするスニーカー雄「ジャック」が認められる．カギバナは成熟するのが遅く，大きな体に赤い婚姻色やかぎ状に曲がった顎(あご)などの立派な二次性徴を発達させるのに対し，ジャックは早熟・小型で，二次性徴の発達もほとんど見られない．

こうした二型の表現形質の違いは，進化的には両者に働く選択圧の違いに起因するが（小関他, 2004），直接的には両者の生活史の違いによってもたらされる．例えば，サクラマス *O. masou masou* やタイセイヨウサケ *Salmo salar* では，スニーカーとなる河川残留型雄は早熟であるばかりか海にも降りないため，広い海で成長しファイターとして母川に戻る回遊型雄との形態差は一段と大きくなる（図1）．また，生活史の違いは表現型の違いだけでなく，生存率，つまりは適応度の違いをも生む．したがって，二型の生態や進化を正しく理解するためには，両者の繁殖にのみ注目するのでなく，生活史全体を考慮する必要がある．この意味で，代替繁殖戦略・戦術は本来，代替生活史戦略・戦術と呼ぶべきかもしれない．

図1　サクラマスの回遊型雄（尾叉長538 mm）と河川残留型雄（96 mm）［撮影：玉手剛］

共存様式　二型における極端な表現型変異はどのようにして個体群内に維持されるのだろうか．理論的には，2つの表現型は次の3つの様式で進化的に安定に共存し得る．すなわち，①少数派有利の自然選択（負の頻度依存選択）によって維持される2つの異なる遺伝的プログラム（代替戦略），②純粋に確率的に採用する表現型（戦術）を変える戦略（混合戦略）の下で維持される2つの代替戦術，そして③状況依存的に戦術を使い分ける戦略（条件付き戦略）の下で用いられる2つの代替戦術の3通りである（Gross, 1996）.

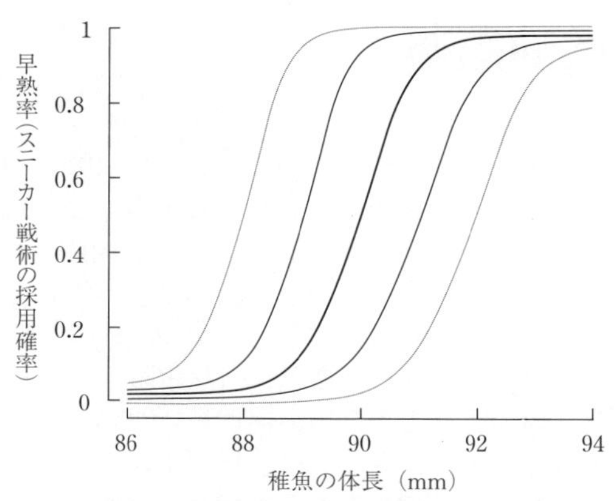

図2　サケ科魚類の雄二型の分岐を説明する成育閾値モデル（数値は仮想的なもの）. 閾値は家系間や個体群間で異なりうる（ここでは5つの線で表現）［Hutchings, 2004を改変］

この理論的枠組みのもと，二型の遺伝的支配と条件依存性について，とりわけサケ科魚類において精力的な実証研究が行われてきた. 初期の研究は，成熟のタイミング（早熟か晩熟か）に弱いながらも遺伝的基盤があることを見いだし，二型が遺伝的に決まる代替戦略である可能性を示唆した. しかし，その後の研究は個体の成育状態（体サイズ，脂肪量，成長率など）やその決定要因となる環境条件や社会的条件（水温や個体群密度など）の影響を示す結果を次々ともたらした. その結果，今ではサケ科魚類の雄二型は上記③の条件付き戦略のもとでの代替戦術と見なされ，戦術の選択は幼魚期の成育状態が遺伝的に決められた閾値を上回るかどうかによってなされるものと理解されている（図2）. なお，しばしば誤解されることだが，図2からもわかるように，小さなスニーカーになるのは稚魚期の成育が悪かった個体ではなく良かった個体である. 証拠を積み重ねる必要はあるが，他魚種の二型についてもおそらく多くはサケ科魚類と同様，遺伝と環境の相互作用によって発現される代替戦術だろうと考えられる.

管理・保全への応用　代替繁殖戦術は生態学や進化の観点から興味深いだけでなく，資源管理や個体群保全の観点からも重要な意味をもつ. 一般に代替戦術は，それが存在しない場合に比べて一部の個体による繁殖の独占を減らし，次世代に遺伝的に貢献する個体の数を増やす. また，戦術間で成熟齢が異なる場合，世代間に定期的な遺伝子流動が生じる. これらは，いずれも個体群の遺伝的多様性の向上に寄与し，個体群の存続性にプラスの効果をもたらす. さらに，異なる生活史をもつ代替戦術は，その異なる時空間動態によって，漁業や環境変動がもたらす個体群への人口学的・遺伝学的影響を緩衝する役割を果たすと考えられる. こうした代替戦術の個体群効果は，温暖化などにより増大する環境変動のもとでの管理計画や保全策に有益な洞察を与えるはずであり，さらなる研究の進展が期待される.

［小関右介］

降河回遊

海と川の間を一生の間に往復する「通し回遊」のうち，海洋で産卵を行い，幼期に河川を遡上・摂餌して成長し，成熟が始まると産卵のために川を下る，すなわち河川を成育場，海を産卵場とする場合を降河（降下）回遊という．サケ・マス類に代表される遡河回遊魚（☞項目「遡河回遊」）が高緯度域に多く分布するのに対して，降河回遊魚は，熱帯域を中心に低緯度域に多く分布する．河川に比べて海の生産力が高い高緯度域に対して，低緯度域では河川の生産力が海に比べて高い．降河回遊は低緯度域の生産力が高い河川を成育場として利用するように発達した回遊型と考えられている．典型的な降河回遊魚にニホンウナギ *Anguilla japonica* を含むウナギ属（19種・亜種）があげられる．日本産のアユカケ *Cottus kazika* やヤマノカミ *Trachidermus fasciatus* などのカジカ科魚類，南半球に分布するガラクシアス科魚類の一部も降河回遊を行うことが知られる．

ウナギ属魚類は，いずれの種も河川で成長した後，成熟が始まると河川を降下し，生息域から遠く離れた外洋域にある産卵場へと向かう．ニホンウナギの産卵場は後述するようにグアム島に近い西マリアナ海嶺南端の海山域にあり，北アメリカとヨーロッパの大西洋側にそれぞれ分布するアメリカウナギ *A. rostrata* とヨーロッパウナギ *A. anguilla* ではサルガッソー海にあるが，それ以外の種の産卵場はいまだ不明である．産卵場で孵化した仔魚（レプトセファルス，☞項目「レプトセファルス」）は産卵場から沿岸域まで海流によって運ばれ，シラスウナギへと変態して河口域に集まり，河川を遡上する．

ニホンウナギの降河回遊　ニホンウナギ（以下，ウナギと表記）は北海道中部以南の日本各地，朝鮮半島西海岸，中国東北地方からベトナム，台湾，フィリピン・ルソン島北部に至る東アジアに広く分布するが，いずれも同じ産卵場に由来する遺伝的に単一の構造をもった集団である（図1）．シラスウナギとして河川を遡上したウナギは，雄で4～10歳，体長40～60 cm，雌で5～10歳，体長50～70 cm に成長すると秋～冬に河川を降下する．下りウナギは体全体が黒ずみ，金属光沢を放つようになることから銀ウナギと呼ばれる．産卵場までの回遊経路はいまだ明らかではないが，最近の研究から，日本の沿岸域を出た銀ウナギは黒潮に遭遇した後，黒潮の中を北上し，その後，南に転針して産卵場に向かうと考えられている．沖合域を回遊するウナギは昼夜で遊泳層を大きく変え（日周鉛直移動），昼間は深さ500～800 m，夜間は深さ100～500 m を遊泳する．

古くから謎とされてきた産卵場は東経141～143度，北緯12～15度の海域にあり，西向きに流れる北赤道海流の中に形成される．この海域の西マリアナ海嶺南端に位置する海山列の西側で2005年に孵化直後の仔魚，2008年と2009年には排卵直後の卵巣を持つ雌ウナギ（6尾）と精巣に精子が充満した雄ウナギ（6尾），さらに受精卵が東京大学や水産総合研究センターを中心とした研究グループにより世界で初めて採集され，産卵場所がピンポイントで特定された（Tsukamoto et al., 2011）．産卵は4～8月の各月の新月前後に深さ160～300 mで行われ，受精卵は深さ150 m前後まで浮上して孵化する．レプトセファルスは北赤道海流の中を西に輸送され，フィリピン沖で黒潮に乗り換え，東アジアの各生息地に来遊する．レプトセファルスは北赤道海流の中を輸送される過程で日周鉛直移動を行い，夜間は深さ50～100 mに浮上し，昼間は200 m前後まで潜行する．夜間に浅い層に浮上したレプトセファルスは，貿易風の影響を受けて表層に生ずる北向きの流れに乗ることで黒潮への乗り換えが促進される．黒潮への乗り換えができず，北赤道海流の中をそのまま輸送されたレプトセファルスは，フィリピン沖を南下するミンダナオ海流に取り込まれ，熱帯域へと運ばれ，東アジアのウナギの生息地には来遊できない．

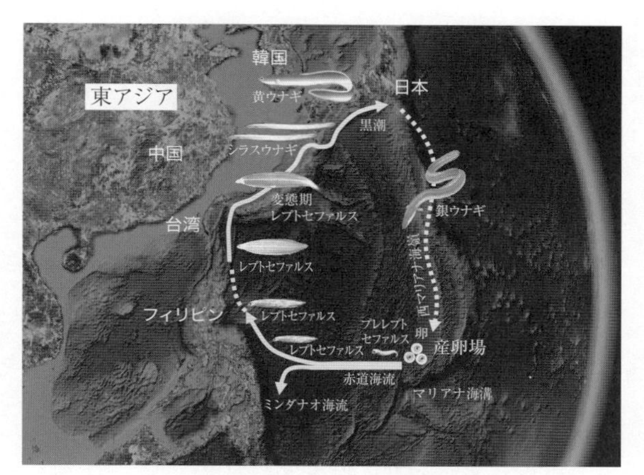

図1　ウナギの回遊路［提供：塚本勝巳］

レプトセファルスからシラスウナギへの変態は黒潮の中を輸送される過程で進み，変態完了後に黒潮を離脱して東アジア各地の河川を目指して遊泳を始める．耳石に刻まれた日周輪紋（1日1本ずつ形成される輪紋模様）や耳石に含まれるストロンチウム（Sr）濃度の分析から，レプトセファルスからシラスウナギへの変態は体長51～59 mm，孵化後100～139日で開始され，20～40日間で完了することが明らかになっている．日本の河川には体長55～60 mm，孵化後151～276日で来遊し，しばらく淡水に順化した後に河川を遡上する．なお，河口に集まった全てのシラスウナギが河川を遡上するわけではなく，河口と淡水域の間を行き来しながら成長するウナギ（河口ウナギ）や河口周辺の沿岸域に定着し一生を通じて淡水域に入らないウナギ（海ウナギ）もいる．日本ではウナギ資源全体の約80％が河口ウナギと海ウナギであるといわれる．また，2008年と2009年に産卵場で採集された親ウナギにも河口ウナギと海ウナギが含まれていたことがわかっている．

［大竹二雄］

両側回遊

両側回遊は，遡河回遊と降河回遊と同じ，通し回遊（☞項目「遡河回遊」）の中の1つの回遊型であり，さらには淡水性両側回遊と海水性両側回遊の2つに分けられる（図1）．川で生まれ，海で育ち，産卵のため川を遡上する型が遡河回遊で，サケ科魚類がその代表である．海で生まれ，川で育ち，産卵のため川を下る型は降河回遊と呼ばれ，ウナギ属魚類の回遊型がこれにあたる．

この2つの回遊型に対し，産卵を直接の目的とすることなく，ある一定の成長段階において海と川の間を移動する型が両側回遊である．この回遊型は成長の場を海と川の双方に持ち，淡水域で産卵する場合は淡水性両側回遊，海で産卵する場合には海水性両側回遊と呼ぶ．前者ではアユ *Plecoglossus altivelis* やボウズハゼ *Sicyopterus japonicus*，後者ではスズキ *Lateolabrax japonicus* やボラ *Mugil cephalus* が代表的な魚といえる．

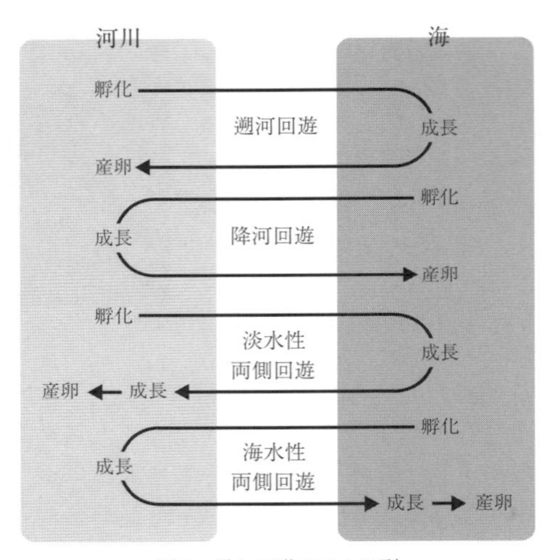

図1　通し回遊の3つの型

淡水と海水では塩分濃度が異なるため，魚類はそれぞれの環境に応じた体の仕組みを持っている．魚類の大多数を占める真骨類では，淡水あるいは海水のいずれかにだけ生息できる狭塩性魚や双方の環境に対応できる広塩性魚を問わず，体液の浸透圧は海水の約3分の1の値に保たれている．浸透圧の大きく異なった淡水と海水の間を，両側回遊を含む通し回遊魚は体液の浸透圧を一定に保ちつつ移動する．この移動は，生理的には大変危険な旅といえる．

淡水性両側回遊　日本人になじみの深いアユの一生を例に，淡水性両側回遊を説明する．アユは年魚と呼ばれ，その一生は1年と短命である（年を越すアユも存在する）．しかしながら，その短い一生のうちに海と川を行き来し，多彩な生涯を送る．アユは春，海から川へ遡上する（地域によって時期に差がある）．遡上を促進する要因は河川の流量の増加があげられる．このとき，アユは稚魚の段階で体長は35～60 mmであり，遡上量の多さによって，河川の中流から上流まで分布域を広げる場合がある．また，遡上の開始が早い個体では中流から上流まで遡上するのに対し，遅い個体では下流に留まることが多い．河川への遡上を終え，生息場所が決まると，アユは川底の石の表面の藻類を活発に食べて成長する．初夏には体長が10～20 cmにまで達し，この頃から自分の餌場を占有するための「なわばり」をつくる個体が多く出現する．しかしながら，なわばりを持たず単独行動をとる個体や，群をつくって淵や水深が瀬と淵の中間くらいで流れが比較的緩やかな場所で生活する個体もいる．秋になると成熟し始め，産卵のために下流へと降下する．この降下には降雨による出水が引き金になる場合が多い．また，降下時には遡上時と同様に群れをつくって移動する．

下流部に集まったアユは，河床に浮き石状の小砂利が整った瀬で産卵を行う．粒径1 mm程度の沈性粘着卵を産卵基質として，礫のサイズが産卵場の選択に関して重要な要素となっている．産卵は暗くなり始めた夕方から深夜にかけて行われる．

一腹の卵数はおおよそ1万粒で，受精した卵は水温15～20度で14～20日後に孵化する．孵化は昼間には起こらず，午後6時前後で最も活発になる．産卵および孵化のどちらも夜になることは捕食者からの回避と考えられている．孵化した仔魚は夕方から夜間にかけて川の流れに運ばれて海へ受動的に到達する．孵化直後のアユは体長5～7 mmで，腹部に栄養源としての卵黄を持ち，この卵黄から養分を吸収し，孵化後3～4日間を餌なしで生きる．しかながら，卵黄を吸収するまでに餌料と遭遇する機会を逃すと飢餓状態に陥る．アユの初期減耗は主に餌不足と捕食によって生じる．晩秋から春までの約6カ月（地域によって異なり，寒い地方ほど海での生活期間が長くなる），アユの仔稚魚は海で生活する．この時期，アユは主に動物プランクトンを食べ，生活場所は波打ち際であることが知られている．また，体長20～30 mmに成長したものはやや沖合にも生息範囲を広げる．

以上，アユの生活史の特性を簡単に記述した．本種は，海では動物プランクトンを食べ，川では藻類を食べ，どちらの環境でも成長する．川から海への移動は孵化後，川の流れで受動的に，海から川への移動は，仔魚から稚魚へ成長した後，能動的に行っている．つまり，アユの回遊型が淡水性両側回遊であり，産卵を目的とした回遊ではないことが理解できる．

❀海水性両側回遊　淡水性両側回遊と比較すると，海水性両側回遊の研究は進んでいない．この要因は，海水生両側回遊における海から川への移動は水の流れに逆らって能動的に行わなければならないこと，および，河川への偶発的な索餌移動との区別の難しさがあげられる．今後の海水性両側回遊における研究の進展が望まれるが，スズキを対象として生態研究がすでに端緒についている（☞項目「周縁性淡水魚」）．

［渡邊 俊］

河川陸封

川と海を回遊する生物が，河川に一生留まるようになる現象を河川陸封と呼ぶ．河川陸封は，ハゼ科，カジカ科，ガラクシアス科，トゲウオ科，サケ科など，通し回遊の中でも両側回遊および遡河回遊を行う分類群で観察されている．河川陸封に伴い生じるさまざまな形質の進化や種分化は，複数の河川で多発的に起こり得ること，進行速度の大小が推測され得ることなどから，進化生物学の格好の研究題材となってきた．なお，湖や池沼などの止水的環境への陸封は，河川陸封と同様に淡水環境への定着ではあるが，河川陸封の場合とは異なる進化的な変化が見られることが多く，同じ陸封であっても両者は区別して扱うのがよい．

河川陸封に伴う形質進化　河川と海は，餌，流速，捕食圧，浸透圧といったさまざまな環境要素が大きく異なることから，河川陸封に伴いさまざまな形質に進化が起きることが知られている．

河川陸封集団の卵サイズは，近縁な回遊集団のものに比べ一般的に大きい（後藤他，2001；Kitano et al., 2012）．特にハゼ科，カジカ科，ガラクシアス科など，孵化直後に海へと下る両側回遊魚において，この傾向が顕著である．回遊パターンが分化した種あるいは集団の間で卵サイズが異なる究極要因として，相互に排他的でない幾つかの仮説が考えられている．ある仮説によると，河川は海に比べ環境変動が激しくまた生産性が低いため，生存率の高い大きな仔魚が有利であり，その結果卵サイズは大きくなり卵数は少なくなるとする（Kitano et al., 2012）．また，餌サイズと流速を重視する仮説もある．すなわち，河川環境はプランクトンなどの小型の餌が海より乏しいため，川では仔魚は大きな餌を摂れるだけの大きな体が必要であり，また流れに逆らう遊泳力を持つ必要があることから大型に進化する．一方，海には小型の餌が豊富であり，遊泳力もさほど必要でないため，小型の仔魚を孵出させる小卵を多産するのが適応的であると説明される（後藤他，2001）．

浸透圧は河川と海で顕著に異なる環境要素の1つである．イトヨ属の1種 *Gasterosteus aculeatus* では，浸透圧調節に関連する複数の遺伝子に，河川集団と回遊集団の間で分岐的な自然選択がかかった可能性が示唆されている．

これらは回遊行動に分化が生じた結果起きた形質進化の例であるが，一方でそもそもの回遊行動の制御においても，重要なホルモンシグナル経路に陸封集団と回遊集団の間で分化が見られる場合がある．甲状腺ホルモンは魚類において，回遊行動や代謝，塩分選好性などの制御に影響することが知られる．河川陸封集団と回遊集団のイトヨの間では，血中の甲状腺ホルモン T_4 量が異なっており，甲状腺刺激ホルモン TSHβ2 にも分岐的な自然選択の痕跡が見つかっている．

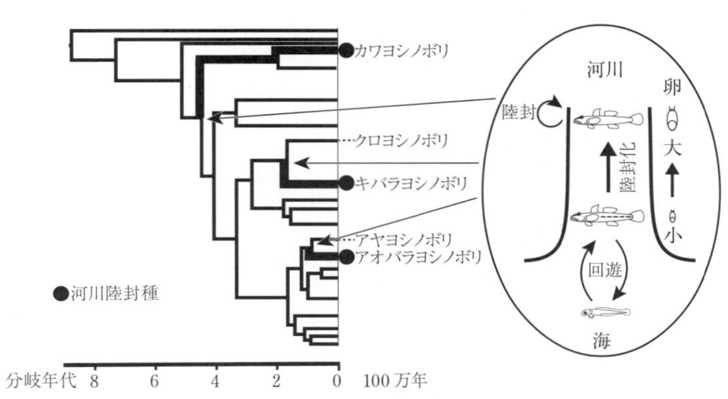

図1　日本産ヨシノボリ属の系統関係と河川陸封性種の平行進化［Yamasaki et al., 2015を改変］

種分化　河川陸封に伴い，生殖隔離の進化が起きる場合がある．上記のイトヨでは河川型は小型であるのに対し回遊型は大型であることが知られており，このサイズの差はそれぞれの環境要素への適応の結果であると考えられている．交配実験から，小型個体同士と大型個体同士が同類交配するために，河川陸封集団と回遊集団の間で交配が制限されていることが示されている．このように，河川陸封集団と回遊集団の間での種分化では，異なる環境への適応の結果として生殖隔離が進化することを予想する生態的種分化仮説に当てはまる事例が多い．

ほかにも，ヨシノボリ属やカジカ属で河川陸封に伴い種分化したと考えられる例がある．しかし種分化メカニズムは不明で，今後の詳細な研究が必要である．

河川陸封における平行進化　進化生物学的に河川陸封の興味深い点は，陸封に伴う形質進化や種分化に繰り返しが見られる場合があることである．進化現象は一般的に一度きりの現象であるため，その進化的変化が自然淘汰の働きにより必然性が高かったのか，それとも偶然的だったかの判断は難しい．しかし同様の進化が繰り返し起きている場合には，両者を切り分けることが可能である．河川や湖，島といった，お互いが地理的に隔離され複数あるような場所において，平行進化は比較的観察されやすい．

例えば，前述した卵のサイズの進化は平行進化のよい例である．平行進化が分類群内に加え複数の分類群にまたがって見られることは，このサイズ差が適応進化の結果であることを強く物語っている．またイトヨ類の河川陸封集団の種分化は，北半球の温帯の河川で平行的に起きており，平行種分化と呼ばれている．日本列島に分布するヨシノボリ属においても，何度か河川陸封性の種が進化したと推定されている（図1）．加えて，クロヨシノボリ *Rhinogobius brunneus* から河川陸封の種であるキバラヨシノボリ *Rhinogobius* sp. YBが繰り返し進化してきた可能性が示唆されており，平行進化の良い例と考えられている．　［山﨑 曜・西田 睦］

水田漁撈

昔の田んぼでは，フナ *Carassius* sp. やドジョウ *Misgurnus anguillicaudatus* の姿を当たり前のように目にすることができた．かつての農家では，忙しい野良仕事の合間に，田んぼ周辺で魚介を捕らえて，日々の糧としたものである．高齢化や過疎化により，米づくりにも高い効率性が求められるようになる．するといつのまにか，田んぼの生き物の賑わいは，影を潜めていった．

一時的水域の代替生息地　モンスーン気候のもとでは，決まったタイミングで雨期が訪れる．長雨のせいで流量が増えると，川は氾濫する．雨が収まって水が引くと，河原には水たまりが残される．日に照らされた浅場は温まりやすく，微小な生物の発生を加速させる．さらに時間がたてば干上がってしまうので，河原の水たまりは一時的水域と呼ばれる．流れがゆるくよどんだ水の中では，孵化したばかりの仔魚でも，餌となるプランクトンを容易に得ることができる．河川に生息する淡水魚の多くが，氾濫原に出現する一時的水域を保育場として利用する理由がここにある．先人たちは，水生植物であるイネを栽培するために，雨期になると水に浸る河原を選んで，水田を切り開いてきた．稲作で行われる水の出し入れは，一時的水域における水の消長と同調する．そのため，氾濫原に築かれた水田は，一時的水域と同様の生息地機能を備えることになる．東南アジアの水田には，年間を通じてさまざまな魚たちが集う．農作業の合間，ありあわせの道具で捕まえられた魚は，昼食の「おかず」として主食のご飯に添えられる（図1）．これが，水田漁撈の原型である．

図1　ラオスの水田にて，昼食のおかず用に即席で集められる雑魚たち［筆者撮影］

大陸に比べると，島国の日本では漁獲対象魚が限られる．そのためか，定置性の漁具を用いた受動的な漁撈が発達した．田んぼに出入りする魚を狙って竹製の筌（うけ）を仕掛けておけば，あとは放っておいても魚が手に入る．一方，水路やため池の水を汲み出して魚を一掃する「カイボリ」には，農閑期のレクリエーションの要素が含まれる．

近代的農法への転換　日本の中山間地域では，速いテンポで高齢化と過疎化が進行している．その影響を受けて，就農人口は減少の一途をたどる．人手不足を補うためには，効率に優れた稲作手法への転換が求められる．大型機械の導入を前提に，規模の小さい水田を合併させる圃場整備が各地で行われてきた．新規の区画には30アール以上の面積が与えられ，広大であるが故に，排水の際に田んぼ内部に取り残される水辺の生き物が増える．また，畑作への転用を見込んで，乾田化の措置が講じられる．すなわち，従来の用排兼用水路が分離され，排水路は田んぼよりも低い位置に設置される．こうなると，水田一帯を一時的水域の代替生息地として利用してきた生き物にとって，不都合が増える．まず，水田内外の出入りの機会が制約される．その上，農閑期の圃場では土壌が乾燥してしまい，水辺の生き物にとっては通年の生息地利用が難しくなる．さらに，大型トラクターの威力は強大で，土中に潜む生き物に対して高い殺傷能力を発揮する．土の中に潜むカエルやドジョウにとっては，安全な冬ごもりが妨げられる．

その結果，餌の少なくなった水田からは，サギ類などの大型捕食者が姿を消していく．一方において，大型機械の導入が難しい中山間地域などでは，否応なく放棄される耕作地が目立つようになる．日本の水辺の生物多様性は，稲作環境を取り巻く社会情勢の変化によって，後退を余儀なくされるのである．さまざまな生き物が集う田んぼは，二次的自然ながら，里地の健全性を示す証左なのである．

稲田養魚の発想　森と川の境界領域は，陸域と水域の双方の特性を併せ持つ．そこに出現する一時的水域では，魚たちを含む生物相互間の営みを通じて，物質循環系が駆動される．水際の生態系機能は，里に築かれた昔ながらの水田においても発揮される．水稲栽培の歴史の長い中国では，紀元前の昔から，稲作の傍らでフナやコイ *Cyprinus carpio* の粗放的な養殖が行われてきた．これら雑食性の魚類は，何でも食べて速く大きくなる．こうした性質が，あまり手をかけなくてもよい半栽培ともいえる稲田養魚に適していたのである．かつての日本の中山間地域でも，水際の生産力を活用して，水田を利用したフナやコイの養殖が行われてきた．ところが，海産魚の流通事情がよくなるにつれて，多くの淡水魚は需要の低迷を招き，稲田養魚は衰退の一途をたどった．近代的農法への転換に伴う圃場整備のおかげで，水田は魚の住む所ではなくなる．さらに，農薬や除草剤の使用が，辺り一帯の生物相を貧弱にしてしまう．かつての水田で展開された豊かな生態系は，今や過去の存在となっている．こうした現状に対して，田んぼで魚が暮らすことの意義を解明すべく，フナを使った挑戦的な実験が行われた．その結果，魚を投入した試験田では，ユスリカ幼虫やイトミミズなどの底生動物の密度が下がり，水中の栄養塩類濃度が上がり，コメの収量が一割近く増えた．フナの摂餌作用で，物質循環系が動き始めたのである．高次消費者には水田生態系を再生させる力がある．身近な生物多様性の保全につなげることができる．［井口恵一朗］

古代湖

古代湖とは，一般に10万年以上前から現在まで存続している湖とされる（Gorthner, 1994）．古代に存在した湖でも，現存しないものは含まない．世界に20ほどある（表1）．世界で最も深いバイカル湖や，面積が世界最大のカスピ海などが含まれる．古代湖の多くには多様な生物が生息し，固有種の割合が高い．

古代湖の成り立ち　現存する湖の多くは，最終氷期が終わった1万年前以降に成立した．それより古い湖は，成立から10万年以内に土砂の流入によって埋まってしまったものが多い．よって，現存する湖のほとんどは歴史が浅い．しかし世界には，数十万～数千万年前から現在まで存続している湖があり，古代湖と呼ばれている．これらの多くは，地殻変動によってできた凹地に水が溜まった構造湖で，土砂の流入を越す速度で湖底が沈降したため，長い期間埋まらずに存続することができた．また隕石の衝突でできたクレーター湖で，長い期間存続しているものもある．現在の水域がいつ成立したか，よくわかっていない湖も多い．

生物多様性　古代湖の多くは，固有で多様な生物相を擁する．その中には，1つの祖先種から湖内で多様な生態を持つ種に分化した，いわゆる適応放散によって生じたグループが幾つか知られている．魚類では，タンガニイカ湖とマラウィ湖のカワスズメ科魚類（それぞれ約250種，800種に分化）や，バイカル湖のカジカ亜目魚類（約30種に分化）などがある．適応放散が起きた要因の1つとして，古代湖が他の湖より長い期間水圏を維持してきたことがあげられる．しかし，ヴィクトリア湖のカワスズメ科魚類のように，最終氷期に干上がった後にきわめて短期間で適応放散した例もある．このため，適応放散に10万年以上もの期間が必須であるわけではない．また，同じ古代湖に生息する生物種でも，適応放散を起こしたものと起こさなかったものが存在する．例えば，ティティカカ湖に在来であるオレスティアス属魚類とトリコミクテルス属魚類のうち，適応放散を起こしたのは前者のみである．このため，適応放散を起こすには古代湖の地質学的特徴だけでなく，生物自体の性質も大きく関わっていると考えられる．

古代湖に生息する固有種が，適応放散の結果ではない場合もある．例えば琵琶湖では，在来のコイ科魚類32種（亜種を含む）のうち6種が固有である．しかし，これらの固有種は1つの祖先種から湖内で種分化したのではなく，複数の系統に起源したものである．また，古代湖の固有種は湖内で種分化したものだけでなく，湖以外の場所で絶滅してしまった残存種と考えられるものもある．

古代湖における種分化は，進化生物学の時間尺度で見ると比較的最近起きた現象であり，また現在も種分化の途中と考えられる種も多い．このことから，古代

表1　代表的な古代湖

代表的な古代湖	場　所	面積 (km^2)	最深部 (m)	成　因	塩類濃度による分類*1	在来魚種数と固有種の割合*2
タンガニイカ湖	アフリカ	32,600	1,470	地殻変動	淡水湖	325（89%）
マラウィ湖	アフリカ	30,800	695	地殻変動	淡水湖	845（95%）
ボスムトゥイ湖	アフリカ	52	76	隕石衝突	塩　湖	11（ 9%）
バイカル湖	アジア	31,500	1,637	地殻変動	淡水湖	52（67%）
カスピ海	アジア	390,000	1,025	地殻変動	塩　湖	116（64%）
琵琶湖	日本	674	104	地殻変動	淡水湖	44（34%）
ラナオ湖	フィリピン	357	112	地殻変動と火山活動	淡水湖	19（95%）
ティティカカ湖	南アメリカ	8,448	284	地殻変動	塩　湖	29（79%）
オフリド湖	ヨーロッパ	358	289	地殻変動	淡水湖	17（41%）

＊1　淡水湖は塩類（Na^+, Ca^{2+}, Cl^-, HCO_3^-など）の濃度が500 mg/Lより低い湖．塩湖はそれ以上の湖
＊2　亜種を含む．分類が不十分な湖では，未記載種を含む推定値

湖に固有な生態系は種分化や適応進化の研究においてきわめて重要であり，古代湖は自然界における壮大な進化の実験場ということもできる．

保全上の問題　古代湖が擁する唯一無二の貴重な生態系は，さまざまな保全上の問題を抱えている．例えば多くの古代湖には，もともと存在しなかった魚種が，食料増産や遊漁の目的で移入された．このような移入種は，捕食や生態的地位の競合を通して，在来種に大きな影響を与えてきた．ラナオ湖（表1）ではカワアナゴ科などの魚種が移入され，固有なコイ科魚類18種のうち16種が見られなくなった．また，琵琶湖ではオオクチバス *Micropterus salmoides* やブルーギル *Lepomis macrochirus*（ともにサンフィッシュ科）などが移入され，在来種の個体群によっては絶滅が危惧されるほど個体数が減ってしまった．移入種が在来種と近縁な場合は，交雑による遺伝子汚染も懸念される．

古代湖に固有な魚種の幾つかは，食用に漁獲されている．タンガニイカ湖のブカブカ *Lates stappersii*（アカメ科），ティティカカ湖のカラチ *Orestias* spp.（キプリノドン科），バイカル湖のオームリ *Coregonus migratorius*（サケ科），オフリド湖のベルヴィカ *Salmo ohridanus*（サケ科）などである．資源維持の目的で漁期や漁具が制限されている場合が多いが，すでに資源量に対する懸念が生じている種もある．また，観賞魚として販売する目的で固有種を採集している例もある．この場合，希少性の高い種や地域個体群に採集圧が集中しやすく，保全の観点から注意を要する．

ほかにも，湖周辺の都市開発に伴う生活・工場排水の流入，周辺の森林伐採，鉱山からの重金属の流入，地球温暖化による湖水の対流の減少など，さまざまな人的要因によって古代湖の生態系が影響を受けている．古代湖によっては，このような問題への対策を講ずるのに必要な基礎的知見が不足している．［高橋鉄美］

島の生物学

日本列島は，大小さまざまな島で形成される島弧である．北海道，本州，四国，九州は，とりわけ大きな島であるが，本項では，九州と台湾に挟まれた一連の島嶼群，琉球弧の陸水域に棲む魚類に焦点を当てる．

島嶼河川の特徴　琉球弧を形成する島嶼群は，種子島からトカラ列島に至る北琉球，奄美大島から沖縄島に至る中琉球，宮古島から与那国島に至る南琉球に区分される（図1）．最も大きな沖縄島でもその面積は，1,207 km^{2}にすぎない．その結果，最も長い比謝川でもその流程は，15.9 kmしかない．このような流程の短い島嶼河川は，降雨期には濁流となり，渇水期には瀬切れを生じる不安定な環境を生み出す．また，過去の地質変動の影響を受け，滝が点在し，日本本土の下流域にあたるBc型の河川環境（可児，1944）を欠く．また，河川によっては流程の約50%を汽水域が占め，純淡水域の環境収容力は決して高くない．一方，河口域にはマングローブが発達する河川が多く，汽水域における魚類の種多様性はきわめて高い．

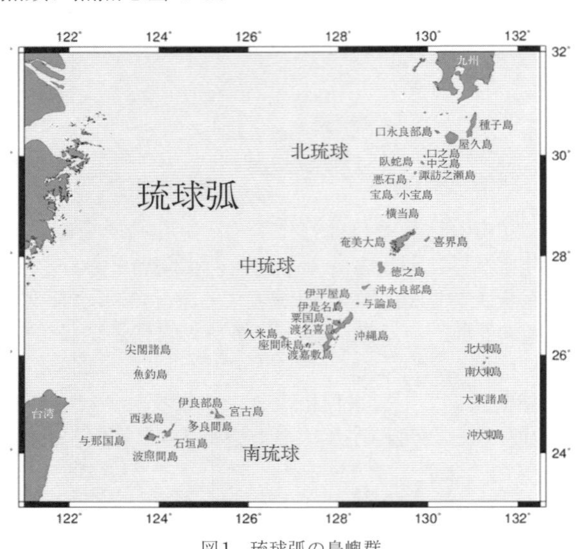

図1　琉球弧の島嶼群

島嶼における生活史戦略　このような島嶼の河川には，純淡水魚は少なく，通し回遊魚や周縁性淡水魚からなる魚類群集が形成されている．琉球弧は，与那国島から種子島に至る島嶼群であり，それらの島嶼に沿って南から北へ黒潮が流れている．規模が小さく，環境が不安定な島嶼河川に生息する魚類には，ナンヨウボウズハゼ属に代表される「長い浮遊期」を持つ生活史戦略をとるものがいる．この仲間の孵化仔魚は，小さく未発達で，フィリピン近海など黒潮の上流から分散して，琉球弧にたどり着くものも多い．一方，中琉球の固有亜種であるリュウキュウアユ *Plecoglossus altivelis ryukyuensis*（図2）は，両側回遊を行うが，「河口からの分散範囲は限定的」である．いずれも両側回遊型の生活史を持つが，前者は広域に分散することにより，後者はなるべく分散しないことにより，島嶼河川での生活に適応している．純淡水種や両側回遊を行うが分散範囲の狭い種は，島嶼間で隔離され，遺伝的に異なる集団になりやすい．

図2　リュウキュウアユ［筆者撮影］

分布域と生活史　琉球弧の魚類の分布を考える上で興味深い魚にユゴイ属がいる．日本には，4種が生息しており，そのうち3種が降河回遊型の生活史を持つ．ユゴイ *Kuhlia marginata* は，八重山諸島から屋久島まで広範に分布し，沖縄島では成熟が確認されている．しかし，屋久島に出現する本種は，冬を越せず，大部分が当歳魚で構成されている．オオクチユゴイ *K. rupestris* も同様の範囲に分布するが，沖縄島での成熟はきわめて稀であり，屋久島では温泉水が流入する河川のみに生息する．トゲナガユゴイ *K. munda* は，八重山諸島に分布するが，成熟は確認されていない．同じ種でも緯度により，再生産可能，越冬可能，分布縁辺に区分される．これらは，異なる緯度に南北に並んでいる島々に沿うように黒潮が流れるという，琉球弧ならではの分布様式といえる．地球温暖化に伴い，各島嶼におけるこれらの生活史が，どのように変化していくのか興味深い．

島嶼河川の魚類群集　琉球弧における島嶼河川の魚類群集は，基本的に偶来種を多く含む周縁性淡水魚を中心に構成される．西表島の浦内川からは，400種を超える魚類が確認されており，その生態系の頂点には，オオメジロザメ *Carcharinus leucas* やロウニンアジ *Caranx ignobilis* がいる．琉球弧では，1河川から100種を超える魚類が確認されることが多く，きわめて多様性の高い魚類群集が形成されている．四季を通じて琉球弧の河川に出現する分類群としては，ハゼ科，ユゴイ科，ボラ科，アジ科，クロサギ科などがあげられ，奄美大島ではリュウキュウアユが淡水域におけるキーストーン種となっている．一方，淡水域では，カワスズメ *Oreochromis mossambicus* やグッピー *Poecilia reticulata* などの移入種のもたらすインパクトは大きく，在来種がほとんど姿を消してしまった河川もある．さらに，河川改修など人為的な環境改変による影響も大きく，沖縄島のリュウキュウアユは，1978年の記録を最後に絶滅してしまった．琉球列島の純淡水魚のうち，フナ属 *Carassius* sp. とタウナギ属 *Monopterus* sp. は，日本本土や大陸とは異なる固有の系統に属し，これらの保全が緊急の課題となっている．また，両側回遊型のヨシノボリ類から独自に進化した河川陸封種のアオバラヨシノボリ *Rhinogobius* sp. BB とキバラヨシノボリ *Rhinogobius* sp. YB の存在は，島嶼における種分化の道のりを示す例としてきわめて興味深い．

［立原一憲］

東日本大震災の影響

2011年3月11日午後，三陸沖を震源とする巨大な地震が発生し，東北地方の太平洋側の地域に大きな津波が繰り返し押し寄せた（東日本大震災）．東北地方北部では，最大津波遡上高20 mを超える大津波に襲われた場所が多く（原口他，2011），津波に襲われた沿岸域は壊滅状態となった．福島県双葉町と大熊町にまたがる東京電力福島第一原子力発電所（以下，福島第一原発と表記）では，高さ約15 mの津波が襲い，きわめて深刻な原発事故を引き起こした．

福島県北東部での事例―津波被災地の状況　福島県北東部に位置する，南相馬市と相馬市などの沿岸域では，海沿いに小規模な潟（汽水湖）や湿地が存在し，背後には複雑に入り組む標高50 m前後の丘陵地と谷間がある．谷間水源の湧水細流は，流れを集めて川幅3 m，水深60 cm前後の小河川となり，太平洋に注いでいる．潟や湿地の多くは明治大正期に干拓されて水田となり，その周囲には素掘の水路が整備され，移り住んだ人々の集落が点在した．この景観は，2011年までは比較的残されたままで，ゼニタナゴ *Acheilognathus typus* やホトケドジョウ *Lefua echigonia*，ミナミメダカ *Oryzias latipes*，ジュズカケハゼ広域種 *Gymnogobius* sp.をはじめ，ニホンウナギ *Anguilla japonica* やマルタ *Tribolodon brandtii* など多くの魚種が生息していた（稲葉，2005，稲葉他，2015）．

2011年に発生した津波は，場所により最大津波遡上高15 mを超える大津波となり，容赦なく福島県北東部を襲い，沿岸域は多数の死者を出し壊滅的になった（図1）．しかしながら，魚類を含めた生物は復活した．海沿いの丘陵地に押し寄せた波は，丘陵地の山にぶつかり，これは結果的に波の力を徐々に抑え，丘陵地谷間やその奥の湧水地は以前の状態のままで残された．これらの場所では，ホトケドジョウやミナミメダカなどが生き残り，特にミナミメダカは，震災後1年を過ぎる頃には，場所によっては津波被災地の水路に分布を拡大していった．津波襲来時の水生生物の生存要因についての検証はまだ不十分であるものの，津波の力を弱める緩衝地帯となった丘陵地の複雑な地形や湧水の存在は，自然災害後の生物の回復力に大きな影響を与えているものと思われる．

図1　かつて淡水魚類の生息した南相馬市鹿島区の津波被災地［2011年，筆者撮影］

しかしながら，回復・復活した魚類や多くの水生生物は，復興工事に伴い減少，消滅してしまった．また，今回の巨大地震後，堤崩壊のおそれがあるとして放水した溜池が多々あり，この下流域では放水時に流下したと思われる多数のオオクチバス *Micropterus salmoides* により，震災後復活したミナミメダカが捕食された．ゼニタナゴの生息地では，津波により死滅した多くのフネドブガイやタガイなどの二枚貝が打ち上げられたが，2011年には生存する二枚貝も見つかり，アクアマリンふくしま（ふくしま海洋科学館）の倉石信は1尾のゼニタナゴ幼魚を確認した．これは，産卵母貝の内側で守られた個体と思われる．この事実に基づいて，生息地の保全が訴えられたが，対応した役所内の情報共有に不備があった様子で，重機を使った瓦礫処理に伴い，再確認地は整地されてしまった．これ以降，この地でゼニタナゴは再確認されていない．

地震や原発事故の影響　地震や原発事故により，大きな影響を受けたのは溜池と水路である．先に述べたように，溜池が干上がった．また，原発事故の影響で稲作が行えなくなった水田は，荒れた原野になった．さらに，地震による漏水で水門が閉じられた素掘り水路は，完全に干上がってしまった．ドジョウ類やフナ類が消え，スナヤツメ北方種 *Lethenteron* sp. やヒガシシマドジョウ *Cobitis* sp.，ギバチ *Tachysurus tokiensis*，タナゴ *Acheilognathus melanogaster* も消滅した．さらに，タナゴの産卵母貝であるカワシンジュガイも大量に死滅した．除染作業により，湧水や湿地では，周辺の表土が剥がされたり，埋め立てが行われたり，汚染土置き場にされることがあった．

衝撃的だったのはアライグマによる二枚貝類の捕食である．南相馬市内の一部では，津波被災地で辛うじて生き残ったドブガイ類が，福島第一原発事故後に大繁殖したアライグマによって捕食されている．軟体部が食いちぎられた個体や，一口殻に噛み付いては捨てられた死殻が点々と見られた．

被災地の魚類を含む生物の今後と問題点　2018年に入り東日本大震災から7年以上が過ぎ，東北地方の津波被災地では，復興のための工事が福島第一原発周囲を除く東北各地で加速している．特に，海岸防潮堤や防災林工事，沿岸域水田の圃場整備事業は，生物種の復活や新規の出現あるいは景観の変貌をもたらしている．また，防潮堤工事に必要な土砂は，被災地周辺の丘陵地を切り崩して供給された．圃場整備では，多くの水路や小川が三面コンクリート護岸化された．これらにより，被災地周辺は，大きく景観を変えた．福島県では原発事故も重なり，避難地域の市街地では，イノシシやサルが活動エリアを広げ，外来動植物が増加した．さらに，農村環境や文化，地域コミュニティが崩壊するというきわめて困難な問題も抱えている．

未曾有の大震災と原発事故を目の当たりにした私たちは，今回の経験や失敗を教訓とし，被災地域の人々の生活を軸に，その地域の未来，文化，自然景観を保全し，活かす取り組みを考えていく必要があるだろう．　［稲葉 修］

アユと日本人

一年間で寿命が尽きるアユ *Plecoglossus altivelis* は，古くは『年魚』の名称で「古事記」に登場する．秋に誕生した仔魚たちは，海へと下って冬を越し，春の川をさかのぼる．川と海を往き来する本種の生活環は，両側回遊と呼ばれる．流れの速い日本の河川は，石面に付着する藻類の生育に適している．ギザギザの櫛状歯に生え替わった若アユは，藻類を削り取って食べる．やがて，河床の餌場を独占しようとする個体が現れる．これが摂餌なわばりである．川の付着藻類は，一次生産物である．それを巧みに利用するアユは，河川生態系における中枢的な役割を担っている．

私たちの祖先は，川沿いの氾濫原を開墾して水田を築いた．稲作には手間がかかり，ご近所同士の協力がなければ，米を手にすることはできない．農作業の合間，川の中を泳ぐアユは，さぞかしうまそうに見えたことだろう．ところが，藻食の魚を相手に，釣り針と餌の仕掛けは通用しない．カワウという鳥は，水中で巧みにアユを捕まえる．そこから学んで，生きた鵜やその羽を使った漁法が生み出された．魚を咥えたカワウの埴輪からは，当時のアユ獲り上手に対する羨望の思いがうかがわれる．市井の人々にとって，アユ獲りは，楽しい余技に位置付けられた．苦労して手に入れたアユの塩焼きは，食卓を飾るご馳走であったに違いない．塩辛の一種である「うるか」や「熟れ鮨」といった伝統食品は，ハレの行事に供されることが多い．地方色豊かなアユ食文化に，本種を愛でる国民性を垣間見ることができる．

今から300年ほど昔，釣り糸と針を用いてアユを捕らえる方法が考案された．糸の先には餌ではなく，囮となる生きたアユがつながっている．竿を操って早瀬のなわばり内へと誘導された囮アユは，なわばりの持ち主から体当たりの攻撃を受ける．その際に，囮の体に装着された掛け針に触れたなわばり個体は，そのまま針に掛かって釣り上げられるという寸法である．今では「友釣り」の名で知られるこの革新技術は，当時の一部の限られた人たちの間で共有された．逃げ場の少ない内水面で効果的な漁法を実践すれば，乱獲に陥りやすい．職能集団による資源の独占は，アユ獲りを楽しんできた一般の人たちの不公平感を喚起したことだろう．先人たちは，獲り過ぎを戒めて，資源保護の重要性を訴えてきた．その中で培われた共同管理の知恵は，現在の漁業法に受け継がれ，漁業権と引換えに資源増殖の義務が課せられるようになった．友釣り人気の高まりとともに，貴重な食べ物から遊漁の対象へと，アユと日本人の関わり方は大きな変化を遂げた．同時に，本来の魚食性のカワウは，「商品」を強奪する悪者として漁業者から疎まれる存在となる．その結果，猟銃で狙われる懸賞金付きの駆除対象となってしまった．スーパーマーケットではパック詰めの養殖アユが並べられるが，最近ではアユを口にしたことのある若者は少なくなったようだ．　［井口恵一朗］

6. 行　動

動物行動学は「なぜそのように行動するのか？」という問に対して，至近要因と究極要因を答える学問分野である．至近要因とは親からの遺伝と環境の影響による行動の発生（発達），および刺激に対する感覚系・神経系・内分泌系・筋肉系における因果関係のことで，究極要因とは現在の行動に至る進化経路，およびその行動が自然選択されてきた理由（適応的意義）のことである．魚類は群れ，摂餌，繁殖をはじめさまざまな興味深い行動を示すが，水中という環境に生息するために，案外知られていない行動も多い．本章ではさまざまな行動を記載するとともに，可能な限り至近要因と究極要因について解説する．　［桑村哲生］

群れ行動

ある魚が他の魚に反応して近くに留まることにより形成される集団を群れまたは魚群と呼ぶ．可塑的に転換する群泳と群がりの2つの状態を呈する．移動している状態の群れは群泳で，頭位交角（個体同士のなす角度）の平均値はランダムな場合に期待される値の90度よりも小さくなる．また個体間距離は通常体長の0.5～3倍程度となる．群がりは静止した状態の群れで，個体の方向は一定とはならない．群泳する魚種は縦縞を持つものが多いのに対し（イサキ *Parapristipoma trilineatum*，カツオ *Katsuwonus pelamis* など），群がりを形成する魚種はしばしば横縞を持つ（イシダイ *Oplegnathus fasciatus* など，図1）．

魚はなぜ群れる？　群れの機能については，捕食の回避，摂餌効率の向上，繁殖の機会を得る，学習の場となる，遊泳効率，回遊の精度などがあげられている（Pitcher et al., 1993）．個体が多く集まることにより，捕食者は幻惑され攻撃の成功率は低下する．また群れを形成することで，捕食者を早い段階で発見して情報を共有し警戒行動をとることができる．一方，魚の餌はしばしば集中分布を示すため，群れの中のある個体が発見した餌資源は他の個体にも利用可能である．複数個体が協力することで効率良く捕食できる餌もある．繁殖期にのみ大群を形成する魚類として，ハタ科やフエダイ科魚類の例が知られる．魚類では観察学習が成立するため，学習の場としても群れは有効に機能する．ヨーロッパスズキ *Dicentrarchus labrax* の群れにおいて後尾の個体では尾鰭の振動数が少ないことから，前の個体がもたらす渦によって遊泳の効率化を図っていることがわかる．さらに，マスノスケ *Oncorhynchus tshawytscha* では回遊する群れの個体数が小さいと母川に回帰できない個体の割合が増えることから，多くの個体が誤差を相殺することによって母川回帰の確率を高めていると考えられている．

群れ維持のメカニズム　魚類は一般に，視覚および側線感覚に大きく依存して群れを維持している．これらに加えてゴンズイ *Plotosus japonicus* では，嗅覚が血縁集団としての群れの維持に関与することが知られている（図1）．側線感覚は群れにおいて個体間の距離を維持し方向転換をスムーズに行う上で重要である．体側側線系は個体間の斥力，頭部側線系は引力に関与するとの説もある．視覚を奪われたタラ科のシロイトダラ *Pollachius virens* は健常個体に混じって群泳することができるが，視覚と側線感覚の両方を奪われると群れに加わることはできなくなる．

群れは離合集散を繰り返すため，メンバーの入れ替わりは頻繁である．これは，群れが多機能的であり生物・非生物環境によって個体が群れに加わるか否かを決

図1　イサキ(左, 舞鶴市冠島), イシダイ(中, 舞鶴市冠島)およびゴンズイ(右, 舞鶴市長浜)の群れ[筆者撮影]

定しているからであろう. また群れの中で先頭に位置する個体も頻繁に入れ替わる. 群れの先頭は捕食の機会が増える一方, 被食のリスクも高まるため, 空腹個体が群れの先頭に位置する傾向がある.

異種混群　魚はしばしば異なる種とも群れを形成し, これらは異種混群と称される. 群れに強く依存した魚種の単独個体が同種個体を見つけられない場合, 他魚種の群れに加わることになる. この場合, 体サイズや色彩, 遊泳力が類似した種の群れを選ぶ. 一方, 異なる魚種が共存することによって, 双方が利を得る場合もある. サンゴ礁域では異なる分類群の複数の魚種が混群を形成する（図2). それぞれの魚種の食性が異なれば餌をめぐる競争は生じず, かつ捕食者に対する警戒情報は共有できる. 混群が捕食者の攻撃を受けた際は, 同種同士が集まる傾向があり, これにより幻惑効果を高めていると解釈できる.

図2　アカヒメジ *Mulloidichthys vanicolensis* とノコギリダイ *Gnathodentex aureolineatus* の混群（タヒチ島）[筆者撮影]

個体から見た群れ　繁殖期にのみ形成される群れを例外とすれば, 一般に群れを形成する個体の数は, 成長に伴い減少する. これは, 捕食者を回避する必要性が低下することに加え, 餌不足が生じるためと考えられる.

群れを形成することによるコストとベネフィットを考えた際, その最適の状態にはない場合がほとんどと考えられる. 単独の個体にとって群れに加わる利益は大きく, 元の群れにとって加入個体を排除する必要性は乏しいため, 最適な状態を超えた巨大な群れが形成される場合もある（Krause et al., 2002).

単独行動と群れ行動を随時に切り替える魚種もいる. これら切り替えを決定している心理的および生理的要因を明らかにすることで, 群れの本質が見えてくるかもしれない.

[益田玲爾]

なわばり行動

動物が個体あるいは群れで独占して使用する区域のことをなわばりという．なわばりを維持するための行動がなわばり行動である．侵入してきた個体を直接排撃する攻撃行動の他，哺乳類で広く見られる臭い付けや，鳥類のさえずりもこれに含まれる．魚類の多くは，なわばりへの接近者や侵入者に対して，直接的に攻撃し排除する．小型魚類ではダイビングによる間近での直接観察が可能であり，水槽で飼育した個体の詳細な観察や実験も容易である．近年，このような魚類を対象とし，なわばり行動の詳細が明らかになってきた．

多重なわばり　筆者らの研究により，スズメダイ科やカワスズメ科魚類のうち定住的な魚種の行動観察から，なわばり構造の詳細が明らかにされた．これらの魚では，卵や子どもを保護している巣の周辺のみを防衛する「営巣なわばり」，摂餌場所をまもる「摂餌なわばり」，配偶者自身や求愛場所をまもる「配偶なわばり」を個別に維持していた（Kohda, 1984）．雄がこれらのなわばりを同時かつ同所的に維持し，3つの個別のなわばりが重なり合ったものを「三重なわばり」と呼び（図1），摂餌なわばりがない場合は，配偶なわばりと営巣なわばりの「二重なわばり」になる．各なわばりの位置と大きさは防衛資源の場所に応じて決まり，同心円状に配置するわけではない．

なわばりの防衛対象と分類　これまでなわばりの防衛対象は，同種個体であると考えられることが多かったが，種多様性の高いサンゴ礁やタンガニイカ湖など

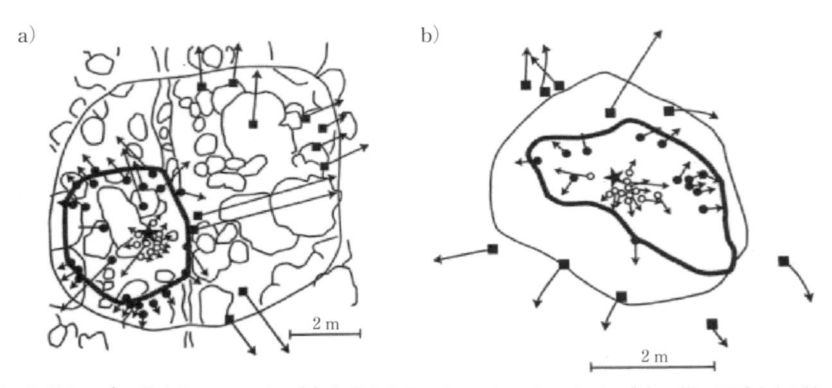

図1　セダカスズメダイ *Stegastes altus*（a）とポリオドン *Petrochromis polyodon*（b）の雄の三重なわばり．白丸は卵の捕食者，黒丸は餌の競争者，黒四角は同種雄の被攻撃地点と逃避軌跡．星印は巣場所．黒い太線の内側は摂餌域．なわばりサイズは2種で異なるが，なわばりの基本形態は同じである（（a）Kohda, 1984（b）幸田，原図）

では，摂餌なわばりや営巣なわばりは同種個体だけでなく資源の競争種からも防衛される「種間なわばり」になるのが普通である（Kohda, 1984）．なわばり攻撃対象は個別のなわばりごとに対応している．摂餌なわばりでは同種のほか餌の競争種，営巣なわばりでは卵や仔魚の潜在的捕食者が攻撃対象となる．一方，性的資源を防衛する配偶なわばりでは，攻撃対象は常に同種の同性個体に限られる．

なわばり研究は歴史的には鳥類を対象に始まった．繁殖する鳥類の多くは，求愛，交尾，摂餌，営巣，産卵，育雛をなわばり内で行う．このように全ての活動が含まれる場合をA型（全目的型）なわばり，摂餌を離れた場所で行う場合，B型（多目的型）なわばりと分類されてきた．しかしこれらも，防衛資源，排除対象，そして機能の異なる個別のなわばりが重複したものと見なすことができる．

魚類にも親敵現象　なわばりを接する隣接個体が互いに寛容になる現象は親敵（dear enemy）現象と呼ばれ，鳥類や哺乳類で知られていたが，近年魚類のなわばりでも複数例が明らかにされた．親敵現象は，隣接するなわばりの境界がいったん決まると，互いの隣人が確立した境界を尊重し相手なわばりへの侵入を控えることと，互いを個別に認知し寛容になることで起きる．この現象は無駄ななわばり闘争を回避できるきわめて社会的な関係によって成り立つと考えられる．

魚類特有のなわばり重複　性成熟すると成長が止まる鳥類や哺乳類では成体サイズが一定であり利用資源が似るため，同種個体間ではなわばりは排他的になることが一般的である．これに対して性成熟後も成長する魚類では，成体サイズの変異が大きくなる．サイズの異なる個体間では要求資源が異なるため，競合関係が弱まり同じ機能のなわばりが重複することがある．沿岸の岩の割れ目などで小型ベントスを摂餌するタンガニイカ湖の *Lobochilotes labiatus* は，似たサイズの個体同士が摂餌なわばりを張り合う．しかし体長が異なる個体間では摂餌場所をめぐる競争が弱まり，摂餌なわばりの重複が見られる（Kohda et al., 2008）．調査区全体ではサイズの異なる個体間で7回のなわばり重複が起こり，隣接クラスの平均サイズの体サイズ比は，いずれもほぼ1.28倍（体重は2.0倍：2.0の三乗根＝1.28）である．なわばりが重複する個体間では，体長の大きい方が優位となる順位が認められる．体長が似ている個体間ではなわばり関係に，体長が異なる個体間では順位関係になることは「体長差の原理」（Kuwamura, 1984）と呼ばれ，性転換するハレム型のサンゴ礁魚類でも知られている．

近縁種や競争種が体サイズや口器サイズを違えることで資源分割し，共存する例はハッチンソン則として知られている．木の幹に穴を穿って昆虫などの餌をとるキツツキ類は，種内なわばりを張り合う．北海道では5種のキツツキが共存し，体サイズの順に並べると共存する隣接種の体重比はいずれもほぼ2倍なのである．魚類のなわばり重複はハッチンソン則と類似した現象と考えることができる．

［幸田正典］

攻撃行動

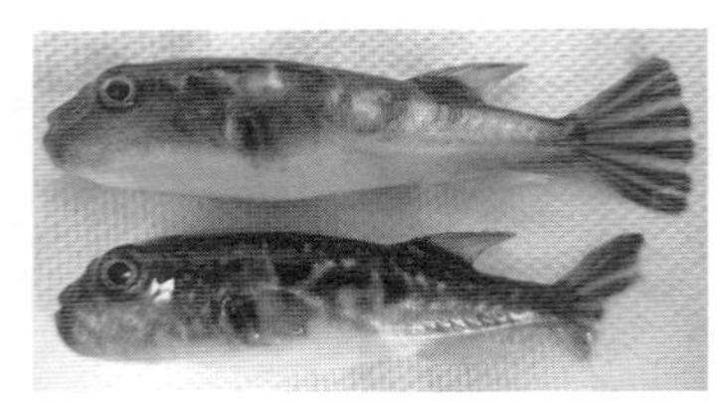

図1　トラフグ *Takifugu rubripes* 稚魚の攻撃行動による尾鰭欠損. ストレスによって集団内で互いに噛み合いが起こり, 写真上のような扇状の尾鰭が, 写真下のように欠損してしまう［筆者撮影］

動物が他の動物を襲うという身体に対する物理的な攻撃（図1）に加えて, 威嚇などの他の動物を傷つけない行動パターンも全て攻撃とすると, 非常に広範な行動を指すことになるが, 一般的に捕食行動は攻撃行動とは認められていない. 本項で扱う攻撃行動は「同一種内で起こる排他的な行動」と定義する. 食物だけでなく, 繁殖のための相手や繁殖場所, 生活する場所あるいは社会における順位など, 同じ種類の魚の中でも防御すべきものは多岐にわたっており, これらをめぐって競争が起こる場合に攻撃行動が見られる. つまり, 攻撃行動は魚が生き残るために非常に重要な行動なのである.

トゲウオの攻撃行動　魚類の攻撃行動の有名な研究例は, ノーベル賞受賞者のティンバーゲン（Tinbergen, N.）によるトゲウオの1種 *Gasterosteus aculeatus* の繁殖期の行動であり, 高等学校の生物学の教科書などにもよく取り上げられている. トゲウオは通常は群れて生活をするが, 繁殖期になると雄が群れから離れて自分のなわばりをつくる. なわばり雄の体の下部（腹面）は赤色の婚姻色になり, 他の雄がなわばりに入ってくると, 背中の棘を立て, 口を開けて相手に突進して攻撃を加える. 一方, 全身が銀色の婚姻色を呈する雌に対しては求愛行動を示す. トゲウオのなわばりを保有する雄に対して, 幾つかの模型を提示することにより, なわばり雄はトゲウオ雄のみならず, 体の下側が赤い物体であれば魚の形をしていなくても攻撃行動を示すことが明らかになった. つまり, トゲウオのなわばり雄の攻撃行動は, なわばり内に進入した物体の色という信号刺激で引き起こされることが証明された. この研究は, 魚の攻撃行動のメカニズムを簡便かつ明確な実験モデルで証明した画期的な成果であり, その後の攻撃行動研究のモデルとなった.

魚の社会の順位制　順位制は魚類の社会にしばしば見られ, 優位個体と劣位個体に分かれる. 魚の社会の中で優位個体は, 体の大きさ, 性, 齢, あるいはそれまでの経験によって決定される. 優位個体は必用な資源（例えば, 餌場や配偶者など）を占有するために, 劣位個体に対して攻撃行動を示してこれを排除する. 優位個体は, たえず複数の劣位個体に対して攻撃をするために多くのエネルギーを使うというリスクを抱える一方, 劣位個体よりも多くの餌を得て早く成長して生き残りに有利になったり, より多くの子孫を残すといった利益を得ることができるのである.

例えば，ホンソメワケベラ *Labroides dimidiatus* は一夫多妻のハレムを形成する．ハレム内の複数の雌の間では，基本的に体の大きさにしたがった順位があり，最も大きな雌（優位個体）はそれよりも小さな個体をつつき，2番目に大きな雌は3番目以下の大きさの雌をつつくという関係になる．雌の優位個体は優先して雄と交配することができ，子孫をより多く残す機会が増す．このとき，雌の優位個体を取り除くと，2番目に大きな雌が優位個体となる．また，山地河川に生息するサケ科魚類では，餌をめぐる順位制が見られる．彼らは水生動物のほかに，川面に落下する陸生無脊椎動物を多く摂餌する．河川に生息するアマゴ *Oncorhynchus masou ishikawae* を個体識別して，おのおのの個体の行動と成長量を調べると，なわばりを持つ個体とそうでない個体の順位ができていた（中野，2003）．なわばりを持つ優位個体は表層から中層付近を占有してより多くの餌を獲得したのに対し，劣位個体はこのような空間防衛を行わず，主に底層付近で広い摂餌圏を利用した．優位個体のうち順位の高い個体ほど流下動物を摂餌する上で好適な場所を占有し，大型の餌を高い頻度で捕食し，より大きな成長量を示した．すなわち，社会順位の高い個体ほど，より多くのエネルギーを得てより高い成長量を獲得することが示された．

群れの中にも順位がある!?　ブリ *Seriola quinqueradiata* は，稚魚の間は身体が黄金色になり横縞が現れ，流れ藻の下に集まって群れをつくる．完全養殖のために卵から稚魚に育てる種苗生産でも，ブリは稚魚になって初めて群れをつくる．群れというと皆仲良く泳いでいるような印象があるが，実際にはブリの稚魚の群れの中には攻撃行動を示す個体がいる（阪倉，2010）．ブリ稚魚の群れの社会構造と行動の個体変異を画像解析装置によって個体識別をして詳細に観察すると，攻撃頻度の高い個体（優位個体），攻撃頻度が低い個体（中間個体），まったく攻撃行動の見られない個体（劣位個体）の3つの階層に分かれた．個体を替えて観察を繰り返したところ，この3つの階層は，ほぼ一定割合の優位個体（20%），中間個体（20%）および劣位個体（60%）からなっており，順位制に似た社会構造が形成されていることが明らかになった．また，優位個体を取り除くと，新たに中間個体が優位個体になることから，これらの階層は群れ構成員相互の力関係によって変化する相対的順位である．さらに，水槽中のブリ稚魚の優位個体の耳石に標識を付け，元の水槽に戻して1週間後に再び優位個体を取り出して耳石の標識の有無を調べたところ，特定のブリ稚魚の優位個体の攻撃性は少なくとも1週間にわたって維持されることが明らかになった．しかし，1週間も優位個体の順位を維持した個体は，他の中間個体よりも体サイズが小さくなっていた．この現象から，流れ藻に付いて群れをつくるブリ稚魚の場合は，群れの構成員の体サイズをそろえるために攻撃行動が機能しているものと考えられる．1つの群れでは同じ体サイズの個体が集まっている方が，捕食者に対する目くらまし効果が高く，結果として生き残りに有利になるからである．

［阪倉良孝］

逃避行動

逃避行動は，迫り来る脅威を避けてみずからの命を守る重要な行動である．脅威には，魚や鳥による捕食や，なわばり争いでの攻撃などの生物学的脅威と，流入土砂や流木，有害な化学物質や振動刺激といったさまざまな非生物学的脅威がある．

捕食回避と攻撃回避　捕食回避とは，捕食者から逃れる防衛行動の1つである．捕食者との距離を広げることが基本であるが，安全な隠れ家に逃げ込むことでも被食の機会を減らせる．素早く逃げる手段とは逆に，身体の動きを止めて捕食者をやり過ごす手段もある．動かない相手に反応しない捕食者には有効な策と考えられ，隙をついて逃げ出す機会を見つけられる．また群れをなす魚（ゼブラフィッシュ *Danio rerio* など）では，傷ついた体表から放出される警報物質が周囲の仲間に捕食者の存在を伝える，化学コミュニケーションが知られている．

攻撃回避とは，攻撃してきた相手から逃げることである．例えば他個体のなわばりに進入した場合に，所有者から攻撃を受けると通例その場から遠ざかる．状況次第では，同種異性によるハラスメントを避けることもある．

逃避反応　逃避行動の様式は魚種によって多少異なるが，最も共通して見られるのはCスタートである（図1）．実験下での振動刺激の場合，刺激から反応までの時間（潜時）は10ミリ秒以内で，まず刺激とは反対方向に頭と尾を曲げることによって体をC字状に屈曲させ，次に尾を逆側に伸展させることで推進力を得て遠ざかる．最初の胴の屈曲運動には15～20ミリ秒を要し，続く100ミリ秒の間に，体長の0.5～1.5倍の距離を移動する．また，身体が細長い魚種では，最初に胴をS字状にして逃避するSスタートが見られる一方で，Sスタートは逃避以外に捕食行動で見られる運動であり，最大限加速するときに不可欠な動きとみられている．

魚類の逃避成功には，「遊泳速度の変化」と「適したタイミングでの反応」が鍵を握る，とファーマン（Fuiman, L. A.）は指摘している．タイセイヨウニシン *Clupea harengus* の幼魚を用いた行動実験により，被食者は長い距離を逃避するよりはむしろ，急激に加速することが

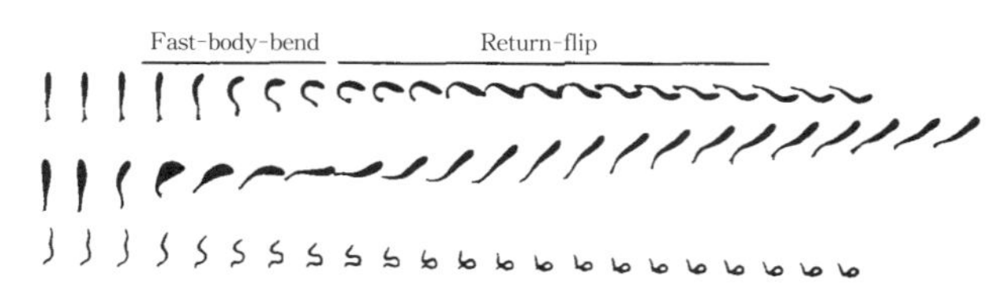

図1　魚類の逃避行動のシルエット．振動刺激による5ミリ秒ごとの動きを示す．上からニジマス *Oncorhynchus mykiss*, マーブルハチェット *Carnegiella strigata*, トゲウナギの1種 *Mastacembelus loennbergii* [Eaton et al., 1977を改変]

逃避成功につながることが示された．また，反応のタイミングも重要で，例えば捕食者が遠いのに被食者が反応してしまうと，結果的に捕まりやすく，被食者の間近に迫られてから反応しても，時すでに遅しで捕まりやすい．一般に，成長に伴って，逃避反応のタイミング，遊泳能力，回避方向が変化し，逃避能力は向上する．

逃避行動の脳神経回路　魚類の逃避行動は，感覚神経，中枢神経，運動神経が直列につながった単純な神経回路によって司られている．特に硬骨魚の場合は，後脳に左右一対で存在する巨大なマウスナー細胞が逃避行動を発現する中枢神経細胞であることが知られている（図2）．例えば，左側からの刺激によって左側のマウスナー細胞が発火すると，脊髄運動神経を通じて反対の右体側の胴筋が収縮して，右にむかってCスタートが起こる．一方で，マウスナー細胞の発火に応じて，交連性介在ニューロンを介して反対側の運動神経の活動は強く抑制される．キンギョ *Carassius auratus* やゼブラフィッシュでは，マウスナー細胞に電極を刺入して活動を記録すると，逃避行動の時にだけ，先行して活動電位が1回発生する事が分かっている．逆に，実験的に活動電位を1回発生させると，Cスタートが誘発される．また，魚類はマウスナー細胞1 対を失うと，素早い逃避反応ができなくなる．このようにマウスナー細胞の活動は逃避行動と1：1に対応する．

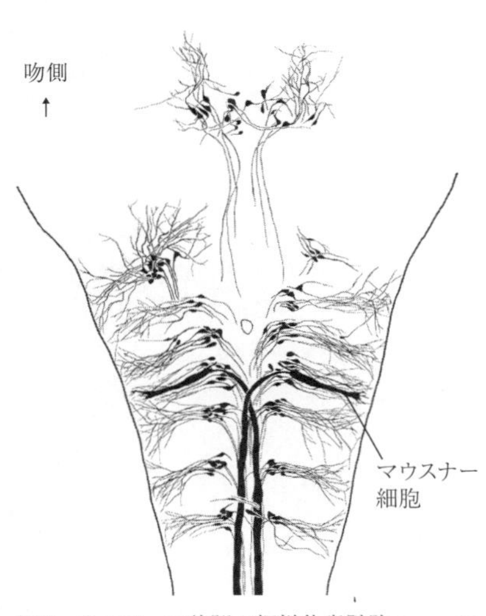

図2　キンギョの後脳の網様体脊髄路ニューロン群．網様体脊髄路ニューロン群は吻尾軸方向に7つのクラスターに分かれて存在する［Lee et al., 1993を改変］

マウスナー細胞はアセチルコリンを伝達物質とする興奮性ニューロンである．ヤツメウナギ，サメ，硬骨魚，両生類のオタマジャクシなど，多くの有尾水棲動物に存在することが確認されている．マウスナー細胞には側方樹状突起と腹側樹状突起という大きな樹状突起が2本あり，キンギョでは長さが500 μm太さは50 μmに及ぶ．聴覚や触覚および水流を感知する側線感覚は側方樹状突起にシナプス結合し，視覚入力は視蓋（中脳）を経て腹側樹状突起にシナプス結合している．このように，マウスナー細胞は多様な感覚入力を受けており，一刻も早く脅威から身を遠ざけられるように回路形成が進化してきたに違いない．さらに，マウスナー細胞と形態がよく似ている網様体脊髄路ニューロン群も逃避行動に関わることが，電気生理学的手法や蛍光バイオイメージング法により明らかにされた．一方で，Sスタートの回路は明らかになっておらず，今後の研究が待たれる．　［竹内勇一］

採餌行動

採餌行動は，食べる行動だけでなく，餌の探索から餌を追跡し攻撃し，捕獲して噛み砕き飲み込みやすくするなどの処理までの全行動を含む．ただし，どの採餌行動でも全過程が見られるわけではない．例えば海藻を食べる魚では，餌の探索と処理以外の過程はない．餌を採る行動的手段である採餌行動は，餌の特性や振舞いに大きく影響されるので，餌の動態を的確に把握することが重要である．

最適採餌戦略　魚が効率よく餌を採り，速く成長することには多くの利点がある．被食の危険性が高い稚魚期は素早く成長して短期間で通過でき，繁殖では大きな雌は産卵数が増加し，大きな雄は雌の獲得で有利になるなどである．効率の良い採餌行動（最適採餌）は生残りを高め多くの子を残すことにつながるので，効率的な採餌行動が進化上有利になり自然選択されると考えられる．効率性の点から見た餌の価値は，餌の処理コストで異なり，処理に要した時間当たりの餌のエネルギー量（カロリー量などで代用）で比較する．例えば大小2種類の餌では，大きい餌の価値が必ずしも高いとはいえず，魚の口のサイズに比べ大きすぎる餌は食べ終わるまでの処理時間が長くかかり，餌の価値が低くなる．一方，小さい餌でも口のサイズに見合った小さすぎない餌サイズであれば処理時間は短くて済み，価値は高まる．価値の高い餌でも，密度が低く餌の探索に多くの時間がかかるなら，処理時間と探索時間を合わせた採餌時間当たりのエネルギー量は小さくなる．最適採餌の視点では「採餌時間当たりのエネルギー収益」が最大の個体が最適採餌者であり，これが採餌行動の最適性を比較する共通のものさしとなる．

さまざまな採餌行動　さまざまな餌を利用する魚類は，形態的制約の中で餌の特性や振舞いに応じて採り方を工夫するので，同じ餌でも採餌行動は多様である．プランクトンを食べる魚の採餌行動は，遊泳力のある大型の餌を1個体ずつついばむ行動（個別摂餌）と植物プランクトンのような小さな遊泳力のない餌を濾し取る行動（濾過摂餌）に分かれる．特に逃避能力の高い餌（大型のヒゲナガケンミジンコなど）を個別

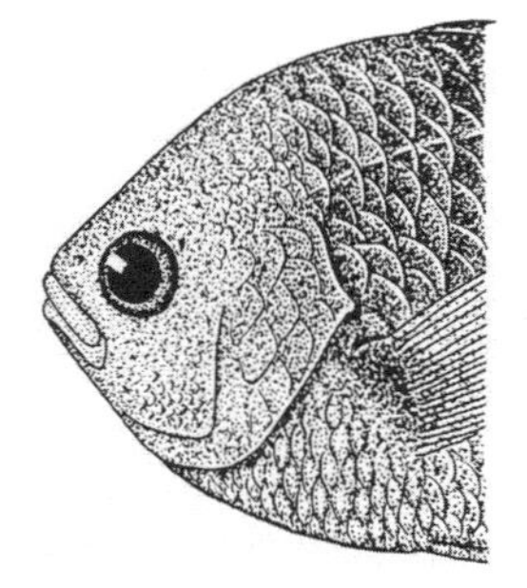
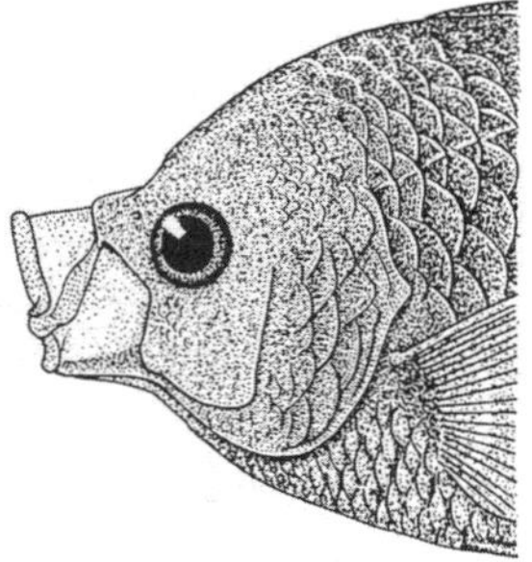

図1　プランクトン食の*Chromis punctipinnis*（スズメダイ科）は顎を最大限に突き出して少し離れた位置から逃避能力の高い餌を採る［Hobson, 1991を改変］

に摂餌する場合は，餌の直下で飛びつく方法（一部のニシン科）や顎を突き出して餌を吸う方法が見られる（図1，スズメダイ科）．いずれの方法も吸込みの際に生じる陰圧を感知されにくく，餌が驚いて逃げるのを防いでいる．濾過摂餌にはさらに，口を大きく開けて泳ぎ回る方法とその場で水を吸込む方法がある．

底生動物を食べる魚は，餌の探索や処理に労力をかける．逃避能力のある餌は，保護色などで基質内に効果的に隠れ敏捷な種も多いので，発見しにくく逃げられやすい．こうした餌は主に視覚を使って探索されるが，ヒメジ類は多数の味蕾を持ち触覚にも優れた，筋肉質のヒゲを使って基質の表面や内部を探査する．また餌が隠れているのを推測して探す行動も見られる．例えばカワハギ類は，付着動物をかじり取るだけでなく，口から水を勢いよく砂に吹きかけて隠れた餌を探す．ツユベラ *Coris gaimard* は，口先（吻）で小礫をひっくり返して餌を探す．一方，硬い殻を持ち基質に固着する餌は，処理に労力を要す．ベラ類は，有殻の固着性動物を犬歯状の顎歯で引き剥がし，臼歯状の咽頭歯で殻を砕いて食べる．ウニ成体（ガンガゼ属）でさえ，一部のモンガラカワハギ類とベラ類に食べられる．棘が少ない口側に噛み付き，殻を潰して内蔵を食べるが，通常基質に面し隠れている口側への噛み付き方と殻の潰し方には工夫がみられる．

魚食性の魚には主に待伏せ型と突進型があり，餌の追跡や攻撃の過程が重要である．餌には，噛み付くか顎を突き出して吸込むことで捕獲する．待伏せ型の魚（アンコウ目，ハタ科など）は，餌をおびき寄せたり油断させたりするためのさまざまな工夫（☞項目「擬態」）をしている．突進型の魚は，高速遊泳に適した体型（サバ科，カジキ亜目など）や瞬発力を生み出す体型（カワカマス科，カマス科など）をしている．

底生植物が主食の魚は魚類全体では比較的少ないが，利用される植物は魚種ごとに多様で，付着藻類（珪藻など），糸状藻類，海藻類，水生植物，陸生植物まで含まれ，植物の種類によって採餌行動も多様である．一般に藻類を基質ごと削り取って食べ，消化管に多量の基質片が見いだされる魚はグレイザー（ブダイ科など），植物体のみを噛み取る魚はブラウザー（スズメダイ科，アイゴ科など）と呼ばれる．一般にブラウザーは利用する植物に好みがあり，短期間で再生する藻類を食べる場合は，摂餌なわばり（☞項目「摂餌なわばり」）の形成も見られる．しかし，多くの植食性魚類は広範囲を動き回りながらたえず餌を採る．

被食の危険と隣合せ　前述のようにさまざまな労力がかかる採餌行動では，採餌に気を取られ隙ができ捕食者に捕まりやすくなるので，捕食者の出現時には採餌効率を犠牲にして安全を優先した採餌行動に切り替える．例えば高報酬の餌利用を控えて捕食者との距離を取る，捕食者を警戒しつつ採餌できる低密度の餌場へ切替える，低報酬だが安全な餌場を利用するなどの実験的な検証事例がある．自然の採餌行動も最適採餌と被食の危険の折合いの中で実現されている．　［野田幹雄］

捕食行動

捕食行動とは，動く餌を捕らえて食べる行動のことであり，餌に植物や固着性生物なども含める摂餌行動の一形態である．捕食行動は，餌との遭遇，餌の捕獲，餌の消化管への移動，の3つの段階からなる．本項では，それぞれの段階における多様な様式について説明し，計測方法についても紹介する．

餌との遭遇　餌と遭遇する戦術は「待ち伏せ」と「探索」に大別することができる．待ち伏せとは，物陰に身を潜めることや擬態することなどにより餌が近づくのを待つ戦術のことである．探索とはみずから移動することで，餌との遭遇機会を増やす戦術のことである．ただし，多くの魚種は，待ち伏せ戦術・探索戦術の二者択一ではなく，両方の戦術を使うことに注意が必要である．例えば，ヨーロッパの湖に生息するノーザンパイク *Esox lucius* には，集団内に待ち伏せ個体と探索個体が混在するが，時には個体が環境に応じて戦術を切り替える（Kobler et al., 2009）．

餌の捕獲　餌と遭遇した場合，捕食魚は，吸い込み，突っ込み，顎出し，噛み付きの方法により，餌を捕獲する（図1）．1つの方法のみを用いることは稀であり，多くの場合2～4つの方法を組み合わせるが，相対的な貢献度は魚種によって大きく異なる．

吸い込みとは，餌を水ごと口内に吸い込むことで捕獲する方法である．捕食魚が口内体積を急激に増加させると，口内外に圧力差が生じて，周辺の水が口内に流れ込み，餌を吸い込むことができる．なお，吸い込みは硬骨魚・軟骨魚を問わず多くの魚種が行うが，必ず突っ込み・顎出しと組み合わせて餌を捕獲することに注意が必要である（図1）．

突っ込みとは，捕食魚自身が餌に向かって移動することである．多くの待ち伏せ型の捕食魚では，Sスタートと呼ばれる突進遊泳により，餌に突っ込む．Sスタートとは，頭から胴体にかけて片側に体を屈曲させるとともに，尾部を逆側に屈曲させることで，バネのようにして一気に加速す

図1　ヒラスズキ *Lateolabrax latus* がカタクチイワシ *Engraulis japonicus* を捕獲する様子．吸い込み，突っ込み，顎出しの3つの方法を組み合わせて，餌を捕獲する［撮影：中村育，河端雄毅］

る突進遊泳のことである．一方，動物プランクトンなどの遊泳力の低い小型の餌を一度に大量に捕食する魚種（カタクチイワシなど）では，口を空けながら通常の遊泳（巡航遊泳）により動物プランクトンに突っ込むことで，餌を捕獲する．なお，程度の差はあるが，ほぼ全ての捕食魚が餌の捕獲時に突っ込みを行っている．

顎出しとは顎を突き出すことにより，餌との距離を縮めることである．多くの硬骨魚類では，おもちゃのマジックハンドと同じ原理である多節リンク機構と呼ばれる仕組みで，折り畳まれた顎を突き出す．顕著な例はギチベラ *Epibulus insidiator* であり，頭長の約65％も顎が伸びる（Westneat et al., 1989）．なお，顎出しには，吸い込み力が増すという効果もある．

噛み付きとは，その名のとおり，噛み付いて餌を捕獲することである．以前は，吸い込みと噛み付きは二律背反と考えられていたが，現在では吸い込んで距離を詰めた後に噛み付くといった種も存在することが明らかになっている．

⁂餌の消化管への移動　ほとんどの魚種は，吸い込みにより，餌を口内から消化管に移動させる．噛み付きの貢献度が高いオニカマス *Sphyraena barracuda* などの種は，自分の口より大きな餌を捕獲後，切り刻んで小さくしてから吸い込みにより消化管に運ぶ場合がある．動物プランクトンを一度に大量に捕獲する魚種では，鰓の一部である鰓耙によって餌を濾し取ってから吸い込みによって消化管に運ぶ．ウツボ科は，吸い込み力が極端に低く，主に特殊化した可動性の咽頭顎（第二の顎）によって口内から消化管に餌を運ぶ（Mehta et al., 2007）．

⁂捕食行動の計測　餌との遭遇，餌の捕獲，餌の消化管への移動のそれぞれの段階において，さまざまな手法で行動が定量化されている．餌との遭遇の段階においては，対象種に小型測器を装着し，移動経路や活動量を推定する手法が発達している（☞項目「高度回遊魚」「行動記録法」）．餌の捕獲の段階においては，主に高速度カメラによる水槽内での撮影が行われる．撮影された映像を解析することにより，吸い込み，突っ込み，顎出し，噛み付きの運動を定量化することができる．なお，吸い込み力を正確に計測する方法としては，口の周辺の水の流れを粒子イメージ流速計測法により実測する方法，口内の圧力変化を圧力センサーにより実測する方法，映像から口内体積の変化を測定し物理モデルにより流れを推定する方法などがある．噛み付き力を計測する方法としては，直接圧力計を噛ませる方法の他に，頭部形態から筋肉と骨格の構造を測定し物理モデルに当てはめて推定する方法がある．餌の消化管への移動は，X線映像の撮影により計測できる．野外で餌の捕獲および消化管への移動を定量化することは現段階では難しいが，体姿勢・運動を詳細に記録可能な加速度・ジャイロセンサーを魚体に装着する方法，顎に加速度センサーを装着する方法，ステレオ高速度カメラで捕食時の映像を撮影する方法などが試みられている．　［河端雄毅］

繁殖行動

繁殖行動とは繁殖に関わる行動全般を意味する．例えばハゼ科クモハゼ *Bathygobius fuscus* の雄は岩穴などを産卵巣としてなわばりを構え，巣に接近した雌に求愛し巣に誘う．雌は入巣し岩の表面に卵を産みつける．産卵後，雌は巣を離れ雄のみが孵化まで保護にあたる（図1）．この場合，繁殖行動とは雄ではなわばりの形成から卵保護の完了まで，雌では巣への接近から産卵までの一連の行動を指す．またサンゴ礁に生息するベラ科魚類は産卵時刻になると礁湖から潮通しの良い礁縁に移動し大きな群れをつくり，1個体の雌を複数の雄が追尾し群れをなして産卵する．卵は浮性卵で水中にばらまかれ卵保護はない．この例では雌雄の産卵場までの移動，そして産卵までが繁殖行動に相当する．

配偶システム　繁殖には雌雄がつがい関係を結ぶことが大前提となる．このつがい関係のあり方が配偶システムである．魚類では一夫一妻，ハレム型一夫多妻，群れ型ハレム，なわばり訪問型複婚，ランダム配偶，一妻多夫，グループ産卵が知られる．一夫一妻では一対のペアが卵・仔魚を保護したり，同じペアで繰り返し繁殖する．ハレム型一夫多妻では雄が複数の雌を自分のなわばり内に囲う．群れ型ハレムは1尾の雄と複数の雌が集団で群を形成するが，集団が大きくなると雄が複数出現することがある．なわばり訪問型複婚では雄がなわばりを構え雌がそこを訪問して産卵する．ランダム配偶では繁殖の度に相手が変わり，雄同士は雌をめぐって争うことはない．一妻多夫では雌が複数の雄とつがい関係を持つ．グループ産卵とは複数の雄が1尾の雌を追尾し，雌の放卵と同時に放精する群れ産卵のことである．配偶システムは資源（餌，繁殖場所など）の分布状態によって決まる．資源が一様に分布していれば一夫一妻となり，パッチ状であれば大型雄が独占して一夫多妻となる．したがって同種内でも環境の違いにより配偶システムが異なる場合がある（☞項目「配偶システム」）．

受精様式と保護行動　受精様式は体外受精と体内受精に大別できる．ヌタウナギ綱および頭甲綱は体外受精，軟骨魚綱は全て体内受精，硬骨魚綱では体外受精と体内受精の両方が知られている．体内受精の場合は体内で受精卵を保護するので，全て体内運搬型と呼ばれる保護様式に該当する．体外受精では受精卵の性質によって保護様式が異なってくる．浮性卵を産む種では，海水魚では全て無保護，淡水魚では一部の種が浮き巣をつくりそこに産卵して保護する．沈性卵は岩の表面や海藻に産み付けられ無保護となる場合もあるが，多くの種が卵保護行動を示す．保護の方法には見張り型，体外運搬型がある．見張り型では親が卵あるいは仔稚魚のそばにいて，鰭や口で酸素を供給したり捕食者を追い払う（図1C）．体外運搬型は卵を口や育児嚢に含んだり，鰭や体表面に付着させたりして持ち運ぶ保護方法である．保護する性は体内運搬型では例外なく雌である．見張り型と体外運搬型では種によって雄，雌あるいは両親が担当するが，多くの場合は雄である（☞項目「保護行動」）．

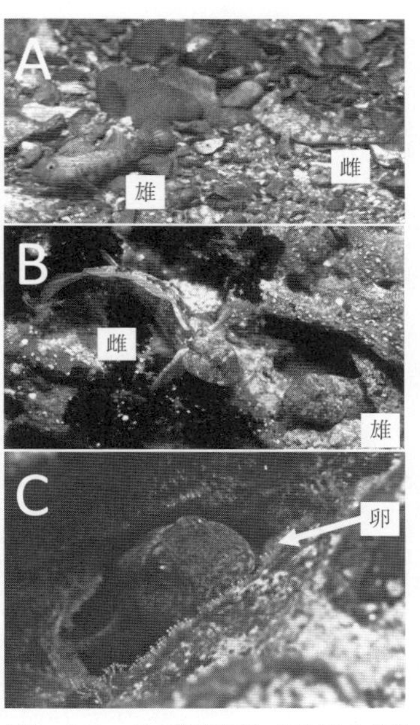

図1　クモハゼの繁殖行動．(A) 雄の求愛に雌の追従．(B) 雌に入巣をうながす雄．(C) 卵塊を保護する雄［撮影：多留聖典］

性選択と条件付き戦略　雄の方が雌に比べ体サイズが大きい，背鰭の棘条が長い，体色が派手になるなど，雌雄間で形態に差があることが多くの魚類で見られる．このような差異が生じる進化プロセスを性選択という．性選択は同性間競争と配偶者選択の2つに分けられる．雄が雌に比べ大きくなる場合を考えてみよう．雄間競争では雄同士が質の良いなわばりをめぐり闘争するが，大きい方が闘争に有利である．その結果，大きな雄がより高い繁殖成功を得ることになる．雌の配偶者選択では雄が卵保護をする性質を持つ種では，大型雄は卵捕食者をより効果的に追い払う能力を持つと考えられる．また，大型であることはその分，生き残る能力が高い遺伝子を持っていることが予想される．そこで雌はこのような大型雄を配偶者として選択するだろう（☞項目「配偶者選択」）．

ではなわばりを保有できず，雌に相手にされない小型雄は繁殖の機会がないのだろうか？　そうではなく小型雄は産卵中のなわばり雄と雌のペアに突入して放精するスニーキングなどによって繁殖に参加する．その後，成長して大型になるとなわばりを保持する行動に変化する．このように体が「小さい」あるいは「大きい」という条件によって行動を変化させる戦略を条件付き戦略という．

性様式　魚類の性様式には雌雄異体と雌雄同体がある．ほとんどの種は雌雄異体であるが，硬骨魚綱の27科で雌雄同体が知られる．雌雄同体には雄と雌の性機能を同時に持つ同時雌雄同体と，1つの個体で雌雄の機能が異なる時期に現れる隣接的雌雄同体がある．始めに雌として機能し次に雄になるのが雌性先熟，その逆が雄性先熟，そして双方向性転換がある．同時雌雄同体は低密度下で出会った2個体が繁殖できるように進化したと推定されている．隣接的雌雄同体の進化には配偶システムが大きく関係しており，性転換とは体サイズによって性を使い分ける条件付き戦略の1つと見なすことができる（☞項目「性転換の進化」）．

［須之部友基］

求愛行動

雌雄が放卵・放精や交尾をする前に，異性に対して求愛行動を示す魚種は多い．求愛行動はさまざまで，配偶相手に対して8の字やジグザグに泳いだり，上下に素早く泳いだり，相手に対して体の側面を向けたり（側面誇示）する行動が観察される．求愛行動と合わせて音を出す魚種も存在し，求愛行動は多様である．異性にアピールするための形質（伸長した鰭や婚姻色など）を発達させる種も多く，求愛の際にはこれらを誇示するような行動をとる．

トゲウオの1種 *Gasterosteus aculeatus* の雄は繁殖期になると腹が赤色を呈して，雄はこれを雌に見せながら，ジグザグに泳ぐ．そして，求愛に応じた雌は雄に向かって泳ぎ，この雌の行動に応じるかたちで雄は雌を巣に誘導する．トゲウオのように繁殖期間中に常時，婚姻色を呈する種だけでなく，イソギンポ科やハゼ科，スズメダイ科などの一部で見られるように求愛のときにのみ黒色や黄色などの婚姻色を呈する種が存在する．イソギンポ科魚類ロウソクギンポ *Rhabdoblennius nitidus* の雄の体色は通常は地味だが（図1a），産卵時間帯になると頭部は黒色，胸鰭（むなびれ）は黄色に瞬時に変化する（図1b）．そして，頭部を高く上げて，雌が近付くとさらに頭を上下に激しく動かす頭振りを雌に対して行い（図1c），これを見た雌は巣穴に入る．雌が産卵に至るまでの一連の行動で，雄が雌に噛み付く魚種は多い．噛み付き行動は雌に産卵をうながすために必要な刺激（nipping）として解釈されている場合も多いが，ロウソクギンポの噛み付きのように，求愛に応じない相手に対して産卵や交尾を強制しようとするハラスメント行動（biting, 図1d）として解釈されている行動もある．

どちらの性が求愛するか　雌雄のどちらが求愛するかは，繁殖可能個体の性比（実効性比）によって決まると考えられている．一般的に，雄が雌に対して求愛をすることが多い．これは雄が多数の精子をつくるのに対して，雌が少数の大き

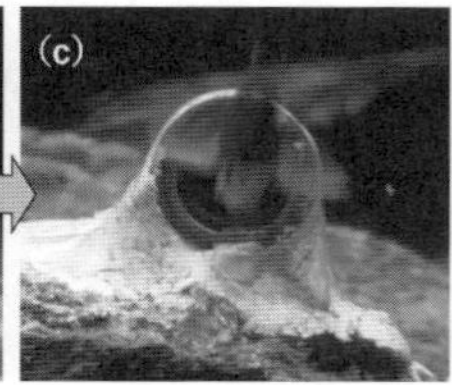

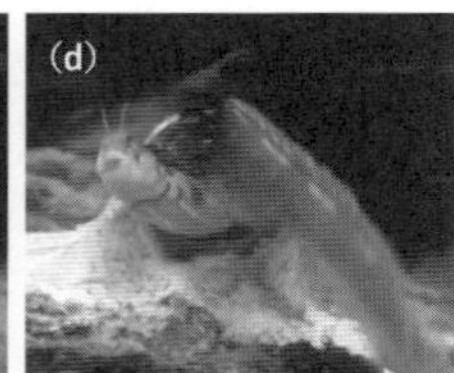

図1　(a) 産卵巣を占有するロウソクギンポの雄．(b) 産卵時間帯になると頭部は黒色，胸鰭は黄色を呈する．巣穴から頭部を高く上げ，(c) 雌が近付くと頭部を激しく上下させる．(d) 産卵をしないで巣から出て行こうとする雌（左）に噛み付こうとする雄（右）［筆者撮影］

な卵をつくるため，雄は多くの雌と配偶することで多くの子孫を残せる一方で，雌は配偶した雄の数ではなく，配偶した雄の質によって残せる子孫の数が決定するためである．すなわち，一般的には実効性比は雄に偏りやすく，その結果雄は雌に対して積極的にアピールすることで多くの雌との繁殖を試み，雌は質の高い雄をえり好みしようとする（☞項目「配偶者選択」）．ヨウジウオやタツノオトシゴの仲間では，この実効性比が雌に偏るため，雌が雄に対して求愛する種が存在する．これは，雄が育児嚢で卵を保護するため卵保護中の雄は新たな配偶ができなくなり，雌余りの状態になるためである．雄が巣穴で卵を保護するニジギンポ *Petroscirtes breviceps*では，実効性比が時間的に変動し，その結果，求愛する性が時間的に変動することが報告されている．ニジギンポの場合，卵を保護していない雄が多い繁殖期の前期は雄が雌に求愛する．しかし，繁殖期の中盤になるとほとんどの雄が巣内で卵を保護しているため，実効性比が雌に偏り，雌が雄に求愛するようになり，再び巣内にスペースが空く繁殖期の後期になると雄が求愛するようになる．

求愛行動の役割　求愛行動が進化した背景の1つには，前述した配偶者選択の存在があげられる．求愛の際に繁殖相手に呈示する形質は，その個体の繁殖相手としての質とリンクしていると考えられている．例えば，求愛活性が高い雄は，肥満度が高い場合や寄生虫に感染していないため，雌が産み付けた卵の保護を失敗しにくい．前述のトゲウオの赤い婚姻色も肥満度や寄生虫感染の有無の情報を雌に知らせる形質として機能する．雌が雄に対して求愛する場合，雌自身の腹を見せながら雄に近付く行動が観察されるが，これは雄に自身が産卵可能な状態であること示していると考えられる．一夫一妻種であるイシヨウジ *Corythoichthys haematopterus*では，ペアが早朝に数分間のペア間ディスプレイ（挨拶行動）を行い，日中は別々に行動する．この挨拶行動は非繁殖期でも観察され，つがいの絆（ペアボンド）を強化する役割があると推察されている．

求愛活性の変化　求愛活性は個体間で異なるだけでなく，同一個体が条件に応じて求愛活性を変化させることも多い．グッピー *Poecilia reticulata*の雄は，捕食圧が高い日中に求愛活性が低く，朝夕に求愛活性が高くなる．また，グッピーの雄は，求愛しても雌からの応答が得られない状況が続くと，求愛をやめて強制的に交尾しようとする．

雄が卵を保護する魚種では，卵を保護していないときと最初の卵を獲得してから数日は求愛するが，それ以降は求愛活性が低下する種が多い．これは，保護卵数の増加や卵の発生に伴って卵の世話に費やす時間が増加するためだと考えられている．これらの種においては，求愛行動に関わる雄性ホルモンの血中濃度が卵保護中に低下することが報告されており，生理学的側面からも求愛活性が変化するメカニズムの解明が進められている．

［松本有記雄］

交尾行動

交尾は，生殖器を直接相手の個体に差し込み，体内で配偶子をやり取りする行動である．ほとんどの場合，雄が生殖突起を雌の体内に挿入し，配偶子（精子）を雌の体内に送り込んで，雌の体内で卵子と受精させる．交尾を行う魚類として，軟骨魚類（サメ，エイ，ギンザメ類）のほか，カダヤシ，ウミタナゴ，タツノオトシゴ，メバル，カジカ類などが知られる．

硬骨魚類の交尾　硬骨魚類における交尾行動は多系統的に出現する．通常，雄の交尾器，あるいは生殖突起と呼ばれる特殊化した構造を使って行われる．全般に交尾の継続時間は短く，数秒で終わる場合が多い．カダヤシ類の交尾器は，臀鰭前端の鰭条類が変化して形成され，ゴノポディウムと呼ばれる．

ウミタナゴ *Ditrema* spp.では，繁殖期になると雄の臀鰭の前方に腺様体が発達するが，大型のペニス状の生殖突器は備えておらず，精子を雌の卵巣内に送り込む機構は明らかでない．交尾の瞬間には，雄は臀鰭を小刻みに震わせて放精する．交尾はなわばり内においてペアで行われ，交尾の継続時間は2～3秒と短い（櫻井，1998）．

メバル科のほとんどは交尾・胎生種であることが知られており，雄は小さな泌

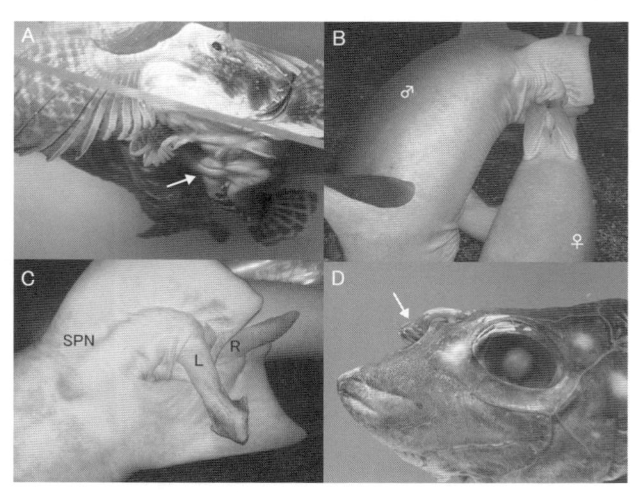

図1　(A) ニジカジカ *Alcichthys elongatus*（カジカ科）の交尾と泌尿生殖突起（矢印），(B) 軟骨魚類（オオテンジクザメ *Nebrius ferrugineus*）の交尾，(C) オオテンジクザメの交尾器(L, R)とサイフォンサック(SPN)，(D) 全頭類（ギンザメ）の前額交尾器（矢印）［写真提供：(A) 宗原弘幸，(B,C) 海洋博公園・沖縄美ら海水族館，(D) 筆者撮影］

尿生殖突起を持つ．カジカ類にも交尾種が見られ，1本の長い泌尿生殖突起を交尾の際に雌の生殖口に挿入して交尾するが（図1A），体内配偶子会合型であり，受精は海水中で開始されることが知られている．

一方，タツノオトシゴ類では，雌が卵を雄の体内に送り込む．配偶の際，雄は育児嚢（いくじのう）を大きく膨らませ，雌に対して求愛を行う．雌は輸卵管を雄の育児嚢に挿入し，育児嚢の中で産卵・受精するといった，逆の交尾を行う．

軟骨魚類の交尾　軟骨魚類は複雑に発達した交尾器を用いて，より確実な体内受精を行うが，彼らの交尾行動は，飼育下でなければ観察を行うことが難しい．一般的に，多くの板鰓類の交尾は継続時間が硬骨魚類より長く，次の4段階を経て行われる．①雄が定位している雌，あるいは遊泳している雌にやや後方からアプローチし，雌に寄り添うように位置する，②雄が雌の胸鰭に噛み付き平行に並ぶ，③雄は噛み付いたまま雌を反転させ腹側が上に向くように体位を変える，④交尾器を雌に挿入し（図1B），射精を行う．通常，雄が雌の右胸鰭に噛み付いた場合は，右側の交尾器を雌に挿入し，左を噛んだ場合は左の交尾器を用いる（図1C）．交尾の間，雄は小刻みに腹部を震わせ，くねらせる行動をとる．交尾が終了すると同時に，雄は交尾器を抜くとともに，噛み付いた胸鰭を離す．その後，雄と雌は完全に離れ泳ぎ去るが，稀に両者が海底に仰向けの状態になったまま，しばらく動きを止めてしまう場合もある．

ギンザメ科など全頭類では，雄が雌を保定するための交尾器（前額交尾器，図1D，腹鰭前突起）を持っているため，胸鰭への噛み付き行動がないと考えられている．また，体が扁平なエイ類の場合には，雄と雌が完全に腹合わせ状態となり，交尾が行われる．

軟骨魚類の交尾器（クラスパー）　軟骨魚類の交尾器は腹鰭基部に備わった1対の器官で，その背面には精子を雌の体内へ送り込む溝状の構造が存在する（図1C）．形態は種，グループによってさまざまであるが，交尾器は多くの軟骨によって構成され，成熟個体では石灰化して硬くなる．交尾器の後端部は関節によって外側へ折れ曲がる機構を持ち，おそらく交尾の際に雌の体内でロックを掛ける機能を果たすと考えられる．一部のサメ類では，交尾器の縁辺に鉤状の肥大鱗や，鋭く長い棘を持つものも存在する．これらは，交尾の成功率を高めるために特殊化した構造と考えられる．

交尾器を雌に挿入する以前に，雄は小刻みに交尾器周辺を震わせ，腹鰭基部から前方に発達したサイフォンサック（図1C）に多量の海水を貯留する．その形状は種によってさまざまであるが，外見上明らかに膨張する様子が確認できる．射精を行う際には，サイフォンサック周辺の筋肉を収縮させることにより，多量の海水を交尾器の基部から噴射し，泌尿生殖器乳頭（精管開口部）から分泌された精液を，交尾器の溝状構造を通して雌の輸卵管内へ圧送する．　［佐藤圭一］

産卵行動

繁殖はみずからの遺伝子を持つ子孫を残すための重要な行動である．多くの真骨類は体外受精を行い，雌雄がお互いの配偶子をタイミングよく放出して受精が起こる．このような産卵シーンとして，サケ科魚類がよく知られている．サケ科魚類は産卵の瞬間，口を開け放卵・放精する．水中で受精した卵は比重が水よりも大きいため底質の砂利の隙間に落ちていく．このように水中に沈むサケの卵は沈性卵と呼ばれる．卵は，大きく分けて浮性卵，付着卵，および沈性卵に分類される．浮性卵は海水よりも比重が小さく，水中を漂い拡散する．付着卵は粘着性があり海藻や底質の石などに付着する．沈性卵は比重が大きいため水中へ沈む．

ペア産卵・グループ産卵　サケ科魚類の産卵行動は比較的浅い河川で行われるため多くの観察・研究が行われてきた．雌は河川に遡上し，産卵に適切な湧水のある場所を探索する．一方，雄は身体を細かく振動させ雌に求愛行動を行う．産卵床が完成すると雄と雌は口を大きく開けると同時に体側筋を強く震わせ放精・放卵する．雄1尾と雌1尾が繁殖することをペア産卵，雌1尾に対して複数の雄が産卵に参加することをグループ産卵と呼ぶ．

代替繁殖戦略とスニーキング　北海道や東北北部に生息するサクラマス *Oncorhynchus masou masou* は，生まれた河川から海に降った後に母川に回帰し成熟する「降海型」と，生涯生まれた河川に滞在し成熟する「残留型」に分けられる．これを代替戦略と呼び，それぞれの雄は異なる繁殖戦略を持つ．降海型雄は二次性徴が顕著で大型であるのに対して，残留型の雄は小型で二次性徴は見られない（図1）．雄間競争で優位な降海型は雌とペア産卵を行うため雌の近くで放精することができる．一方，劣位な残留型はペア産卵ができないため，降海型の雄のペア産卵の放卵・放精の瞬間に飛び込んで放精する代替繁殖戦術を採る．このような残留型雄の行動はスニーキングと呼ばれる．また，産卵において不利な残留型雄は精子の生産により多くのエネルギーを投資している．精子生産への投資量は生殖腺重量を体重で除した値である生殖腺重量指数で表される．残留型雄の生殖腺重量指数は降海型雄のそれに比べて2倍以上になり，残留型雄は降海型雄に比べてより多くのエネルギーを精巣に投資していることがわかる．

図1　サクラマス雄の成熟個体．残留型雄（A）と降海型雄（B）

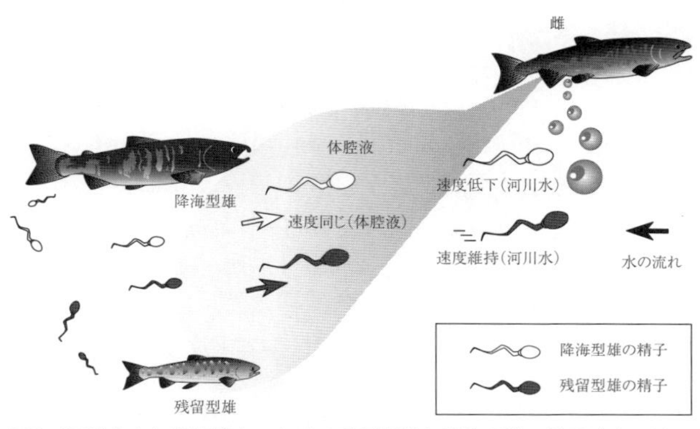

図2　河川水中と体腔液中における残留型雄と降海型雄の精子速度の違い［Makiguchi et al., 2016を改変］

精子競争　受精の瞬間，卵の周りでは複数の雄から放出された精子が受精をめぐって競争する精子競争が起こる．精子競争はパーカー（Parker, G. A.）によって提唱された理論であり，さまざまな魚類で実証研究が行われてきた．体外受精を行う魚種では精子の遊泳速度が受精成功を決定する大きな要因の1つであることが知られている（Gage et al., 2004）．理論研究によると劣位な雄は精子速度に淘汰圧がかかるため優位な雄に比べて精子速度が速くなることが予測される（図2）．サクラマスの残留型雄は降海型雄よりも放精のタイミングが遅れ，精子競争において不利である．そこで残留型雄は降海型雄に比べて速く泳ぐ精子を持つことでそのデメリットを克服していることが実証されている（Makiguchi et al., 2016）．

受精環境　これまでは精子競争における河川水中の精子速度に着目されてきたが，受精の瞬間に卵の周辺に存在している体腔液が精子運動に影響を与えることが明らかとなり注目されている．サケ科魚類では排卵された卵は雌の腹腔内で体腔液とともに存在しており，放卵の瞬間に卵とともに放出される．スニーキング行動を行う残留型雄の精子は，河川水または体腔液と河川水の混合する溶媒を泳いで卵まで到達する．一方，ペア産卵を行う降海型雄の精子は雌との距離が近いため，体腔液と河川水の混合する溶媒中だけを泳いで卵まで到達する場合が多い．このように精子が遊泳する溶媒環境は，雄の繁殖戦略によって大きく異なるため，異なる溶媒を遊泳する精子の遊泳速度には淘汰圧がかかる．人工的に受精環境を再現して降海型と残留型の精子運動を比較すると，河川水では降海型に比べて残留型の精子速度が速いのに対して，体腔液が存在する溶媒環境では両者に差はない．つまり，体腔液が流されて河川水に置き換わると，降海型の精子の遊泳速度が遅くなるのに対して，残留型は変化せず溶媒環境が異なっても速度を維持しながら泳ぎ続けることが可能なのである（図2）．このように残留型の精子速度には繁殖成功という点において淘汰圧がかかっており，雌までの距離の遠さやタイミングの遅さといったスニーキングによる繁殖の不利益さを精子速度によって補っている．

［牧口祐也］

保護行動

子の保護行動とは，親が自分の子（受精卵や仔稚魚・幼魚）の世話を行い，または外敵から防衛して，子の生存率を高める行動である．子を保護する場所によって，体内運搬型，体外運搬型，見張り型の3つのタイプに分けることができる．

体内運搬型保護　体内運搬型保護とは，体内受精をする魚で母親が自分の子を体内に保持する保護である．軟骨魚類では，交尾して体内受精を行うことから，全種で体内運搬型保護が行われている．受精卵を産む卵生種では，体内に保持している間，子が外敵に捕食されるのを防いでいるのに対して（例：ネコザメの仲間），幼魚を産む胎生種では捕食を防ぐだけではなく，子に栄養卵を与えたり（例：ネズミザメの仲間），胎盤を通して母体から栄養を与える（例：メジロザメの仲間）ことにより子の成長を助ける世話を行っている．硬骨魚類の大半は体外受精を行うが，一部の魚は交尾して体内受精を行っている．ウミタナゴの仲間では，子が母親の体内で稚魚期まで成長してから生まれるため，子の体は大きいが数は最大でも数10尾である．これに対してメバルやカサゴの仲間は仔魚期の段階で子が生まれるため，子の体は小さいが数は数万尾に及ぶ（図1）．

図1　妊娠したトゴットメバル *Sebastes joyneri* の卵巣と，その中の胎仔（左下，全長約2 mm）［筆者撮影］

体外運搬型保護　体外運搬型保護とは，親が自分の子を体のどこかに保持する保護である．軟骨魚類の，ネコザメ *Heterodontus japonicus* では雌が産卵した直後に自分の産んだ卵を口にくわえて岩の隙間など別の場所に移す行動が知られている．ヨウジウオ科では，さまざまな方法で子を腹部に保持している．ウィーディシードラゴン *Phyllopteryx taeniolatus* は，雄が卵を腹部に付着させて外部にむき出しのまま保持して，孵化するまで保護する（図2）．タツノオトシゴの仲間では，雄は腹部の皮膚が袋状に変形してできた育児嚢の中で卵や孵化後の仔稚魚を保持して保護する．テンジクダイ科では口内保育が発達し，雌が産んだ卵塊を雄が受精させた後，すぐに雄が口にくわ

図2　腹部に卵を付着させて保護しているウィーディシードラゴンの雄［筆者撮影］

えて保護する．大半の種では卵の孵化までで保護が終了するが，プテラポゴン *Pterapogon kauderni* のように孵化後も口内保育を続ける種が知られている．なお，育児嚢内や口内は体外と直接つながった空間であることから，「体外」として扱われている．

見張り型保護　見張り型保護とは，親が自分の体から離れた所にいる子に対して行う保護である．スズメダイ *Chromis notata notata* の雄は，産卵床となる岩の周辺になわばりを形成し，付近を通過する雌に次々と求愛して産卵床へ誘い，複数の雌と産卵する．したがって，配偶システムはなわばり訪問型複婚である．雌は産卵を終えると産卵床を離れて子の保護を行わないが，雄は複数の雌が産んだ卵を鰭で仰いで水を送ったり，付着したゴミを取り除くなどの世話を行うとともに，卵に近付く他の魚などを追い払って防衛する．ツマジロモンガラ *Sufflamen chrysopterum* は，雄のなわばり内に1～3尾の雌がそれぞれなわばりを持ち，それぞれの雌のなわばり内で産卵を行う一夫多妻である．卵は砂がかかった岩盤の窪みの中に産み落とされて塊状となり，雌は単独で卵の世話と防衛を行う．アミメハギ *Rudarius ercodes* は，雌雄ともなわばりを持たず，配偶相手が一定ではない乱婚である．海藻や人工物の表面などさまざまな場所で産卵し，通常は雌が単独で卵の世話と防衛を行う（図3）．また，雄が卵の防衛に加わり両親で保護したり，雌が卵を放棄した場合には雄が単独で世話と防衛を行うこともある．

図3　海藻に産み付けられた卵に水を吹きかけて世話をするアミメハギの雌［筆者撮影］

保護を行う親の性と割合　軟骨魚類は交尾して体内受精を行うため，子の保護を行うのは必然的に雌となる．これに対して，硬骨魚類では体内受精を行う全ての魚と，体外受精を行う一部の魚で子の保護が行われている．全457科中で子の保護が知られているのは100科（22%）で，各保護タイプの占める割合は，体内運搬型5%，体外運搬型5%，見張り型17%である．体内運搬型では，軟骨魚類と同様，子の保護を行うのは全て雌である．一方，体外運搬型と見張り型では雄による保護が60%前後を占めるが，雌や両親による保護も見られる（表1）．雄，雌，両親のいずれによる子の保護が発達するかは，雌雄の基本的な性差をはじめ，保護方法や配偶システムなどにより決まる．　［川瀬裕司］

表1　硬骨魚類における保護者の性．保護方法ごとに，各タイプの種を含む科数の割合を示す［桑村，2007を改変］

保護方法	雄（%）	両親（%）	雌（%）	科　数
体内運搬型	0	0	100	22
体外運搬型	55	10	34	23
見張り型	64	20	16	76
全　体	53	15	32	100

配偶システム

配偶システムとは，生物個体が配偶相手を獲得する手段やそれに関連した集団の基本的な構造のことを指す．すなわち，雌雄それぞれがどのように配偶相手を得るか，何個体の異性と配偶するか，配偶関係がどれほど持続するか，雌雄どちらが子の保護を担当するかといった，繁殖に関係した行動様式と個体間関係の総体を表す概念である．魚類は特に多様な配偶システムを示す分類群であり，これは体外受精を行うことや，哺乳類や鳥類に比べると単純で短期間の子の保護しか行わず，哺乳類における乳腺の発達のような雌雄の役割分担が未発達であることと関係している．雌雄それぞれの配偶者の数や配偶関係の持続性，雌雄の空間的位置関係に基づいて，配偶システムを便宜的にタイプ分けすると，一夫一妻，一夫多妻，一妻多夫，乱婚の4つに大まかに区分される（図1）．

さまざまな配偶システム　両親による子の保護が稀な魚類では，①少なくとも1回の子育てが完了するまで雌雄のつがい関係が維持される場合に加えて，②特定の雌雄の間でほとんどの配偶が繰り返し起こる場合も一夫一妻と定義することが，魚類行動学者のバーロウ（Barlow, G. W.）によって提唱されている．一夫一妻はチョウチョウウオ科（無保護），ヨウジウオ科（雄単独保護），カワスズメ科（両親保護）など硬骨魚類の25科（6%）でのみ知られる稀な配偶システムである．

1個体の雄が複数の雌と配偶する一夫多妻は，子の保護の有無にかかわらず多くの魚類で見られる配偶システムであり，雌雄の時空間的関係性に基づいてハレム型一夫多妻となわばり訪問型一夫多妻に区分される．前者は雄のなわばり内に雌の行動圏が含まれる場合を指し，雌は配偶機会を得るだけでなく雄のなわばり内の資源（餌や隠れ家）を利用している．一方，後者は雌が配偶のときだけ雄のなわばりを訪問し，産卵・交尾が完了するとすぐに立ち去るような場合を指す．

1個体の雌が複数の雄と配偶する一妻多夫は，魚類に限らず全ての分類群できわめて稀な配偶システムである．カワスズメ科の1種 *Julidochromis transcriptus* では，体の大きな雌が複数の雄が防衛する巣を訪問して産卵することが知られている．深海に生息するアンコウの仲間では，雌に比べて極端に小さな雄（矮雄）が雌の体表に複数寄生し，産卵に際して同時に精子が放出されることで，一妻多夫的な配偶システムを持つと考えられている．雌のなわばりを雄が訪問して産卵・交尾する，なわばり訪問型の一妻多夫は今のところ確認されていない．

乱婚（非なわばり型複婚）は，雌雄共になわばりを持たず，複数の異性と産卵・交尾する場合を指し，グループ産卵を行うベラ科などが知られている．

以上の区分はあくまで便宜的なものであって，配偶システムのある側面を表現

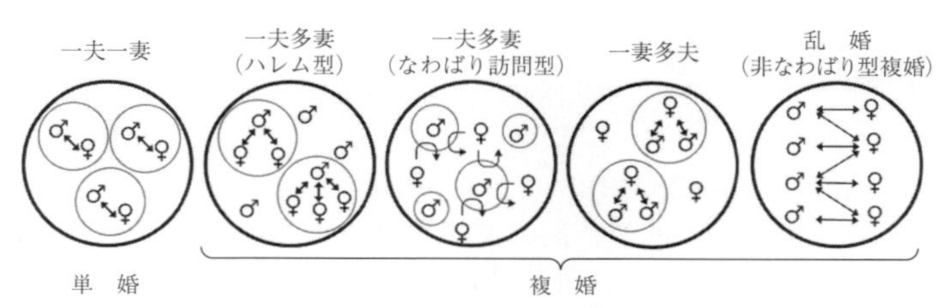

図1　配偶システムのタイプ分け．小さな円はなわばりを，矢印は配偶関係にある雌雄を表す［桑村，1996を改変］

したに過ぎず，また，これらのタイプ間に明瞭な線引きがあるわけではない．例えば，雄が育児嚢で卵保護するヨウジウオ科の1種 *Nerophis ophidion* では，1個体の雄の卵保護期間中に雌は別の雄と配偶することが可能なため，配偶システムは一妻多夫に区分されているが，より長期のタイムスケールでとらえた場合，卵保護を完了した雄も別の雌と配偶するので，乱婚へのタイプ分けも可能である．

配偶システムの可塑性と系統的制約　配偶システムはその種や集団の特徴として固定したものではなく，集団に属する各個体が自身の適応度を高めようと振る舞った結果，個々の繁殖戦略・戦術から生じる同性個体間・異性個体間の競争や対立の帰結として観察されるものである．そのため配偶システムは種内においても，さまざまな社会的（同種他個体の分布や個体数，齢構成など）・生態的（餌や巣などの資源の分布や量，捕食圧の強さ，物理的環境など）環境の変異から時空間的に変化し得る．実際，配偶システムが環境に応じて可塑的に変化することが，ベラ科のブルーヘッド *Thalassoma bifasciatum*，ミスジリュウキュウスズメダイ *Dascyllus aruanus*，テングカワハギ *Oxymonacanthus longirostris* やカワスズメ科など多くの魚類で報告されている．

一方で，受精様式や子の保護様式といったその動物の進化の歴史を反映したある種の繁殖形質が，系統的制約として雌雄の繁殖戦略・戦術に影響しており，その動物が採り得る潜在的な配偶システムの幅を制限することも知られている．例えば，多様な配偶システムを持つヨウジウオ科魚類の中でも，ヨウジウオ属にだけ一夫多妻的な配偶が見られるのは，生息環境に理由があるのではなく，本属の雄にだけ複数の雌の産んだ卵を同時に保護できる育児嚢が進化したためである．配偶システムの進化やその決定機構を論じる際には，社会的・生態的要因のみならず系統的要因についても総合的に検討する必要がある．

●配偶システムのまだ見ぬ多様性　高密度の群れで生活しながらも一夫一妻を維持している種や，巧みな父性操作により雌が適応度を上げる一妻多夫の種など，驚くべき配偶システムを持った魚類の発見が今なお続いている．配偶システムと性淘汰というダーウィンの時代までさかのぼる進化生態学における古くて新しい未解決の難問に挑むため，さらなる研究の発展が待たれる．　［曽我部 篤］

性転換の進化

性転換とは性が生活史のある時期に逆転する現象である．魚類では350～400種が性転換するといわれている．性転換は，雌から雄へ性を変える雌性先熟と雄から雌へ性を変える雄性先熟に大きく分けることができる．雌性先熟はハタ科やベラ科などで，雄性先熟はスズメダイ科クマノミ類やコチ科などで確認されている．

❖体長有利性モデル　では，どのような状況下で各性転換は進化的に有利になるのだろうか？ このことを説明する仮説が体長有利性モデルである．このモデルでは，成長に伴う繁殖成功度（受精卵の数などで評価）の性差から性転換の有利性が説明され，例えば，雌性先熟は一夫多妻で進化的に有利と予測される（図1a）．一夫多妻とは大きな雄が雌との繁殖の機会を独占する社会で，小さな雄に繁殖の機会はほとんどない．そのため，雄の繁殖成功度は，小さいときはとても低く，成長に伴い，多くの雌を独占できるようになると急激に高まる．一方，雌は小さなときから繁殖に参加でき，体長が大きくなるにつれて卵数が増加し繁殖成功度が上がるが，雄ほど急激に増加することはない．したがって，小さいときは雌の繁殖成功度の方が雄よりも高く，大きくなると逆に雄の方が高くなる．そのため，一夫多妻では，初めは雌として繁殖し，その後，性転換して雄になる生活史戦略が，生涯を通じた繁殖成功度が最も高くなるため進化的に有利になる．一方，雄性先熟はさまざまな大きさの相手とランダムに交配するような種で進化的に有利と考えられている（図1b）．ランダム配偶の場合，雄の繁殖成功度は体長にかかわらず，ほぼ一定となる．一方，雌は成長に伴い，卵数が増えていく．したがって，繁殖成功度は小さいときは雄の方が雌よりも高く，大きくなると逆に雌の方が高くなる．それ故，ランダム配

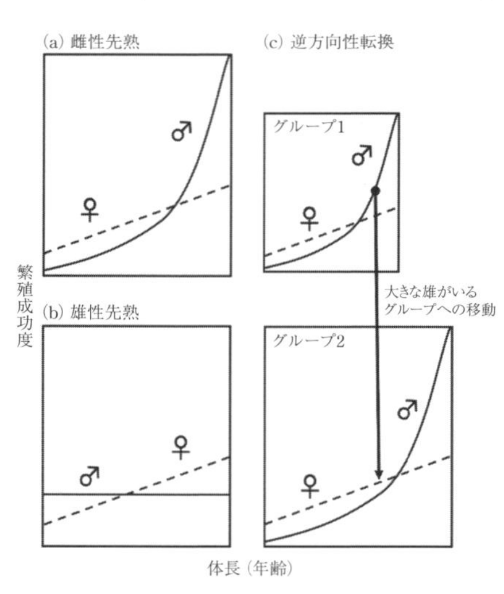

図1　体長有利性モデル．雌雄の繁殖成功の体長（年齢）に伴う変化．(a) 一夫多妻の場合は雌性先熟が有利となる．(b) ランダムに配偶する場合は雄性先熟が有利となる［Warner, 1975を改変］．(c) 一夫多妻魚でも，大きな雄がいる繁殖グループへの移動などにより，雄よりも雌としての繁殖成功の方が再び高くなる場合，逆方向性転換が有利となる［Nakashima et al., 1995を改変］

偶では，初めは雄として繁殖し，その後，性転換して雌になる生活史戦略が進化的に有利になる．また，似た大きさの雌雄が配偶する体長調和配偶の場合は，繁殖成功と体長との関係には雌雄で違いが生じないため，性転換のコスト（性転換中は繁殖できないなど）を考慮すると性転換しない方が有利であり，雌雄異体が進化する．1970年代以降，多くの魚類で配偶システムと性転換の有無およびその方向性に関する野外研究が行われ，体長有利性モデルの予測と一致する多くの事例が確認されている．

双方向性転換　1990年代になると，雌から雄へ，雄から雌へ性を変える双方向性転換が発見された．性転換は，それ以前は，生涯に一度だけ，一方向に起こると考えられていたため，この発見はその常識を大きく覆すものとなった．双方向性転換の研究はダルマハゼ *Paragobiodon echinocephalus* などのサンゴの枝の間に住む一夫一妻のハゼ科で進んでいる．ダルマハゼの性転換は，配偶相手を失った後，サンゴ間の移動により同性同士のペアが形成されたときに起こることが長期野外観察により明らかとなっている．さらに，野外操作実験により，独身化した雌雄は異性がいる距離が離れたサンゴまで移動するよりも，近くの同性とペアを形成する傾向が確認されている．双方向性転換能力を持つことで，相手の性にかかわらず近くの個体とペア形成できるため，配偶相手の探索に伴う被食リスクを軽減させ，個体の繁殖価（成長や死亡も考慮に入れた今後の繁殖成功）を高めていると考えられている．

逆方向性転換　1990年代以降，オキナワベニハゼ *Trimma okinawae* やホンソメワケベラ *Labroides dimidiatus* などの一夫多妻の雌性先熟魚においても，雄から雌への性転換が確認されている．いずれも雌性先熟魚であることから，これらの魚類の場合，雄から雌への性転換を逆方向性転換と呼んでいる．一夫多妻魚では，雌の消失により繁殖機会を失った雄が自分より大きな雄のいる他のグループに加入した場合などに逆方向性転換が起こる．この逆方向性転換の適応的意義についても体長有利性モデルを使って説明されている．一夫多妻では，通常，雄の繁殖成功は雌よりも高い（図1cのグループ1）．しかし，繁殖機会を失った雄が自分より大きな雄と同じグループになると，そこでは大きな雄の行動干渉を受けるため雄として繁殖することは難しく，雄よりも雌としての繁殖成功度の方が高くなる（図1cのグループ2）．それ故，繁殖機会を失った雄は繁殖成功度を改善するため逆方向性転換が起こると考えられている．また，繁殖機会を失った雄は比較的近くの繁殖グループに加入することから，逆方向性転換により移動に伴う被食リスクを軽減していると考えられている．一夫多妻魚では，通常，繁殖グループ内の雌の数が多く，雄が繁殖機会を失う頻度は少ないと予想される．しかし，個体密度が低い状況では一夫多妻魚でも一夫一妻になることがあるため，逆方向性転換は低密度環境で特に適応的になり，進化したと考えられている．　［門田 立］

配偶者選択

配偶者選択は同性間競争とともに性淘汰（性選択）を構成する要素である．一般に雌が配偶する雄を選ぶが，雄も雌を選ぶ場合があり，特に雄が子の保護をする種では雄の配偶者選択がよく見られる．配偶者選択は選択される性における目立つ装飾や求愛行動の進化の要因となる．

性淘汰の理論　配偶子として雄は精子を，雌は卵をつくる．雄が生産する精子の量は雌が生産する卵に比べ相対的に多いため，1個体の雄は複数の雌の卵を受精させることができる．そのため，雄が残せる子の数は配偶できた雌の数とともに増加する．しかし，集団中の雌の数には限りがあるため，雄同士は雌との配偶や資源をめぐって競争する（同性間競争）．一方，雌が残せる子の数は，自身が生産した卵のうち受精し，孵化して生残した子の数のみとなる．そのため，雌は自身や子の適応度に貢献する雄と選択的に配偶する（配偶者選択）．

直接的利益と間接的利益　スズメダイ科の *Stegastes partitus* は雌が雄の縄張りに卵を産み，雄のみが卵の保護を行う．雌は求愛頻度の高い雄を配偶相手として選択するが，求愛頻度の高い雄が保護する卵は生残率が高いことが知られている．このように雄の性的形質が子の保護能力などと関連している場合，雌はその性的形質を指標に配偶する雄を選択することで，残せる子の数の増加という直接的な利益を得ることができる．トゲウオ科イトヨ属の1種 *Gasterosteus aculeatus* の雄は繁殖期になると喉から腹にかけて赤い婚姻色を呈し，雌は雄の赤さを指標に配偶相手を選ぶ．婚姻色の赤さは寄生虫感染の程度を表しており，より赤い雄の子は免疫力が高いことが報告されている．このように雄の性的形質が免疫や成長などの遺伝的質を反映しているとき，雌はその性的形質を指標に配偶相手を選ぶことで，子の適応度の向上という間接的な利益を得ることができる．

トゲウオの配偶者選択と感覚便乗　雄の赤い婚姻色を指標として配偶相手を選ぶ上記のイトヨでは，雌も雄も赤い物体に対して頻繁に採餌行動を示す．また，近縁のキタノトミヨ *Pungitius pungitius* の雄は赤ではなく黒の婚姻色を持つが，イトヨと同様に雌雄ともに赤い物体に採餌行動を示すことが知られている．これらのことから，トゲウオは餌として赤色を感受しやすい知覚システムを持っており，この赤色への感受性に便乗するかたちでイトヨの雄の赤い体色と赤い雄に対する雌の配偶者選択が進化したと考えられる（図1）．このように繁殖とは関係のない感覚に乗じた配偶者選択の進化起源は感覚便乗と呼ばれる．

グッピーの配偶者選択と隠れた選択　グッピー *Poecilia reticulata* は体内受精をする胎生の魚類である．雄は体側面にオレンジ色の斑紋を持ち，雌はオレンジ色が大きく鮮やかな雄を配偶相手として選択する．雌は複数の雄と配偶し，複数の父親からなる一腹の子を出産する．そのため，卵の受精をめぐって複数の雄の精子が競争する（精子競争）．一方，雌は配偶途中や配偶後にも子の父親となる雄を選択している．雌は雄との配偶を受け入れる数日の間，前回配偶した雄よりもオレンジ色の目立つ雄と出会うと積極的に再配偶をする．そして，最後に配偶した雄の精子が選択的に受精に用いられる．そうすることで，最適な配偶者を探す間に配偶機会を失うコストを回避し，かつ特定の雄の子を選択的に産むことができると考えられる．また，雌は生殖器の挿入時間を操作することで，オレンジ色が大きく鮮やかな雄からより多くの精子を受け取る．雌に渡した精子量が多いほど，その雄の精子が卵と受精する確率が高くなるため，雌は受け取る精子量を操作することで，子の父親となる雄を選択できる．このような配偶途中や配偶後における雄に対する雌の選択的な振る舞いは「隠れた選択（cryptic female choice）」と呼ばれ，体外受精の魚類でも事例が確認されている．隠れた選択は雄の最終的な繁殖成功に影響を与えるため，性淘汰の包括的な理解に重要であるが，配偶前の選択に比べて観察が困難なため実証例が少なく，今後さらなる研究が求められている．

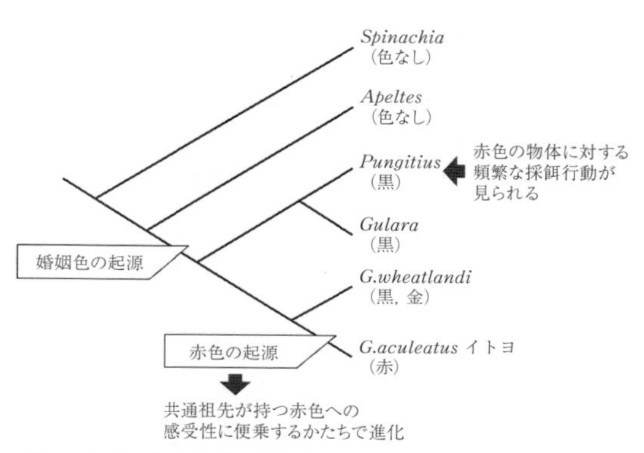

図1　トゲウオの仲間の婚姻色およびイトヨの赤い婚姻色における感覚便乗［Smith et al., 2004 を改変］

シクリッドの配偶者選択と種分化　配偶者選択はアフリカの湖に生息するシクリッドの急速な種分化に重要な役割を果たしたと考えられている．ヴィクトリア湖に生息する近縁な2種のシクリッドでは，浅い場所に生息する種は青色，より深い場所に生息する種は赤色の婚姻色を示す．雌は雄の体色を指標に同種の雄を配偶者として選択する．水の透明度が高いとき，浅い場所には青色の光が，深くなると赤色の光が多く届く．それぞれの種は生息環境に応じた波長の光を感受しやすい視覚を持ち，この感受しやすい光の波長と雄の婚姻色が対応している．このことから，2種では異なる光感受性に応じた雄の体色が発達した結果，種間の交配が妨げられ種が分化したと考えられる．シクリッドでは雄の体色以外にも，匂いや求愛の音も雌が配偶者を選択するシグナルとして機能していることが報告されている．今後，雌の配偶者選択における多様な選択指標の相対的重要性の理解が進むことが期待される．

［佐藤 綾］

協同繁殖

「子育てを手伝う魚がいる」と聞くと驚かれる方も多いだろう．一般的に私たちがイメージする魚は「産みっぱなし」で母親ですら子育てをしないのだから．しかし，東アフリカのタンガニイカ湖に生息する200種にも及ぶカワスズメ科魚類は，鳥類や哺乳類のように子が大きくなるまで子育てする．そして，実際に約20種で「協同繁殖」が確認されている．これらの種は全て，岩礁域に棲む小型種で，岩の隙間や巻貝の貝殻に産卵し，親は孵化した子の周辺で捕食者を追い払うなどの見張り保護を行う．

協同繁殖 協同繁殖とは，親以外の個体が子育てに協力する繁殖システムで，鳥類で最初に発見された．鳥類では多くの場合，繁殖巣で産まれ育った雛が成熟年齢となっても両親の元に留まり，子育ての手伝いをする．手伝いをする個体は1個体から数個体の場合が多いが，これらの個体はヘルパーと呼ばれる．エナガやセイシェルヨシキリなどが知られる．哺乳類では，ミーアキャットやシママングースのような小型のネコ目で協同繁殖が見つかっており，これまでたくさんの研究成果が報告されている．

魚類で初めて協同繁殖が報告されたのは1981年である．タンガニイカ湖での*Neolamprologus brichardi*の野外観察から，繁殖ペアと同様に繁殖巣となる岩の下から砂を口で運び出す行動や巣の周りでなわばりの防衛行動をするヘルパーが見つかった．その後，国内外の研究者が，タンガニイカ湖でのスキューバを用いた潜水観察や水中での操作実験，また水槽内での飼育実験，遺伝子解析など精力的にカワスズメ科魚類の研究を行い，鳥類や哺乳類以上に協同繁殖の研究が進んだ．そうすると，脊椎動物の協同繁殖は，単純な「産まれた子が留まって子育ての手伝いをする」システムだけでなく，非血縁の個体が一緒になって繁殖し，子育てをするシステムが明らかになるなど，現在では，協同繁殖にもさまざまなパターンがあることが知られている．カワスズメ科魚類では大きく2つに大別できる．

ヘルパー付き一夫一妻 *Neolamprologus brichardi*の同種別個体群と考えられる*N. pulcher*が最もよく研究されている．このほか，*N. obscurus*, *N. multifasciatus*, *N. savoryi*がヘルパー付き一夫一妻タイプの協同繁殖を行う．どの種でも大型の雄は複数の巣を囲う行動圏を持ち，それぞれの巣の雌と繁殖するので，ヘルパー付き一夫多妻ともいえる．遺伝子解析から，大部分のヘルパーは繁殖ペアと血縁があるが，大型のヘルパーでは血縁のない個体も含まれる．これは繁殖ペアの死亡や乗っ取りなどによる入れ替わりが原因と考えられている．ヘルパーの多くは繁殖巣で生まれた子の分散遅延によって生じ，これは捕食圧の高さが大きな要因であることが明らかにされている．繁殖ペアの繁殖抑制により，成熟しているヘルパーは少ないが，大型個体では繁殖に参加する場合もある．

共同的一妻多夫　長期の野外調査と遺伝子解析の結果から，*Chalinochromis brichardi* と *Julidochromis ornatus* は，複数の非血縁個体が繁殖も子育ても行うことがわかっている．これらの個体間には決まって体サイズに差があり，大型と中型の個体は異性の組み合わせとなる．小型の個体が雄の場合は共同的一妻多夫（図1），雌の場合は共同的一夫多妻，大型の雄が複数の巣を掛け持ちすると共同的多夫多妻と呼ばれる．*Julidochromis ornatus* の小型個体は雌雄どちらもいるが，*C. brichardi* の場合，小型個体は雄しか見つかっていない．共通して，小型個体のいない一夫一妻で繁殖するグループが半分ぐらい出現する．小型個体が雄の場合，巣で保護されている半数の子は大型個体の子，残り半数は小型個体の子であり，小型個体の繁殖への貢献度はかなり高い．

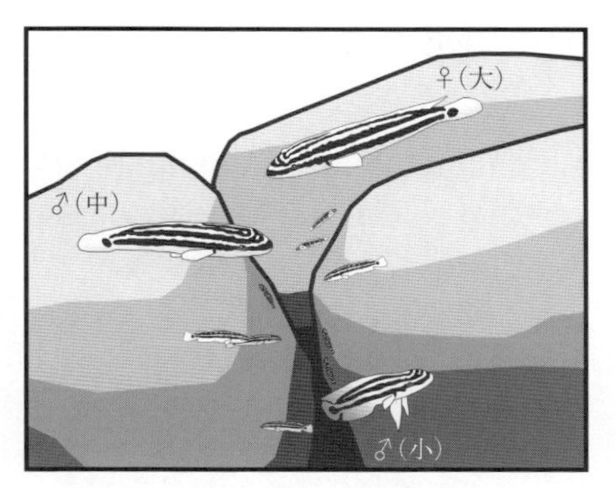

図1　*Julidochromis ornatus* の共同的一妻多夫．大中小3個体は親，それ以外は子．中央下の岩の隙間は繁殖巣を示す．親は巣に近付く子の捕食者を追い払う

面白いのは，繁殖に参加する同性・異性の個体間関係である．野外では，どの個体も仲良く暮らしているように見えるが，自分の子をより多く残すために2雄共に精子量を増加させたり，雌雄で子育てを押しつけ合ったり，雌は雄の保護を引き出すために父性を操作したりと，個体ごとの思惑が複雑に絡み合っている．近年，雌の擬似産卵行動が2雄の保護を引き出すことが明らかとなった．擬似産卵により2雄の放精回数が増え，どちらの個体も「自分が受精した」と思い込ませるわけである．とんでもない策略家である．ともあれ，このような駆け引きがうまく噛み合うことで，この協同繁殖が維持されているようである．

協同繁殖の研究は日進月歩で進んでいるが，不明な点もたくさん残されている．例えば，同じ湖に200種もカワスズメ科魚類がいる中で，20種だけで協同繁殖が進化した要因は何であろうか？ カワスズメ科魚類の分子系統樹と生態の共通性や多様性を照らし合わせる研究が近年報告されており，協同繁殖の進化要因が特定される日も近いかもしれない．また，複雑な個体間関係を維持するためには高次認知能力が必要であるが，認知能力の研究は始まったばかりである．近年，協同繁殖魚がお互いを顔で認識していることや洞察力があることが明らかとなった（☞項目「個体認知」）．魚類の協同繁殖の研究からはまだまだ目が離せない．

［安房田智司］

托 卵

魚類の卵は栄養価が高いため，強い捕食圧にさらされる．物理化学的環境要因もまた初期生存率に大きな影響を与える．そのため，魚類はさまざまな手段（例えば，親による子の保護，卵の隠蔽や分散など）で初期の減耗を軽減させる．初期の生存を高める戦略の1つとして，他種に卵を托す托卵行動がある．

⁂托卵とは 托卵行動は鳥類で広く知られている子育て行動であり，特に，カッコウの托卵が有名である．カッコウはオオヨシキリなどの他種の巣に卵を産み，カッコウの雛が巣立ちするまでの間，他種の親が抱卵や給餌などの子育てを行う．このように，自分では子育てを行わず，他種に子を育てさせる行動のことを托卵行動という．このような行動は，他種が行う育児を搾取していることから育児寄生とも呼ばれる．魚類では，卵寄託と呼ばれる托卵行動も知られている．卵寄託とは，他種の子育てに便乗せず，単に他種の体内に卵を産み付け，子が孵化するまで卵の世話をさせる行動である．

⁂魚類で見られるさまざまな托卵行動 魚類の繁殖行動は多様化しており，多様な繁殖行動を利用した托卵行動が報告されている．北米に生息するゴールデンシャイナー *Notemigonus crysoleucas* などの複数のコイ科魚類が，すり鉢状の巣で卵保護をしているサンフィッシュ科魚類や他のコイ科魚類の巣に托卵をする．また，アフリカのタンガニイカ湖に生息するナマズの仲間であるシノドンティス *Synodontis multipunctatus* は，卵や孵化した子を口内保育するシクリッドに托卵をする（Sato, 1986）．シノドンティスはシクリッドの産卵時に卵を紛れ込ませ，紛れ込んだシノドンティスの卵は，シクリッドの卵とともに口内で保育される．シノドンティスの卵や孵化した子は，単にシクリッドの親に保育してもらうだけでなく，シクリッドの卵よりも早く孵化をし，シクリッドの卵や子を初期の餌として食べ尽くしてしまう．マラウィ湖に生息するナマズの仲間であるカンパンゴ *Bagrus meridionalis* は，両親で卵の世話をし，子が巣立ちするまでの間，捕食者から子を保護する．さらに，カンパンゴの雌は，魚類では珍しい子への給餌を行い，みずからの卵を子に餌として与える．このようなカンパンゴの子育てを利用するのが同じくナマズの仲間であるサプア *Bathyclarias nyasensis* である（Stauffer et al., 2010）．シノドンティスと同様，カンパンゴの巣に紛れ込んだサプアの卵は，カンパンゴの卵よりも早く孵化し，巣内にあるカンパンゴの卵や仔魚を捕食する．さらに，サプアの子はカンパンゴの雌親が行う子への給餌も搾取しながら巣内で成長する．日本でも托卵する魚類が確認されている．コイ科ムギツク *Pungtungia herzi* は，繁殖特性や行動が異なるオヤニラミ *Coreoperca* *kawamebari*, ドンコ *Odontobutis obscura*, ギギ *Tachysurus nudiceps* に托卵する．他の托卵者と同じく，巣内に産み込まれたムギツクの卵は早く孵化し，巣の外に分散することで托卵を成功させる．コイ科のタナゴ類や海産カジカ科魚類は卵寄託者として知られており，タナゴ類は淡水二枚貝の鰓(えら)の中に，海産カジカ魚類はホヤやカイメンの中に卵を産み付ける．

⁂托卵する側（托卵者）と托卵される側（托卵宿主）の関係　一般に，血縁のない子を引き受けて子育てを行うことは，子育てに投資する労力の増加や巣内での餌をめぐる子同士の競争の増加を導くことから，托卵宿主の適応度を低下させる．そのため，托卵される側は何とか托卵を阻止しようとする戦略をとる．一方で，托卵者は何とか托卵を成功させようとする．このように，托卵者と托卵宿主の間には，托卵行動を通した駆け引きが生まれ，それぞれの戦略を進化させる．このような駆け引きは，生態学的，行動学的，進化学的な興味が持たれ，特に鳥類では数多くの研究が行われてきた．鳥類は，子育てに多くの労力を投資するため，托卵者と托卵宿主の間には寄生的な関係が成り立ち，托卵を成功させる戦略と托卵を阻止する戦略が見られる．魚類では，托卵者と托卵宿主の駆け引きを定量的に調べた研究例はまだ少ない．しかしながら，魚類の托卵では鳥類では知られていないような相互作用も見られる．シノドンティスやサプアのように托卵宿主の子を直接搾取し，寄生的な相互作用が知られている一方で，托卵者と托卵宿主の間に相利共生の関係が成り立つ場合もある．これは，子への給餌を行わない魚類にとって，子育てに投資する労力が少なく，また，托卵による卵の増加は卵に対する捕食の希釈効果をもたらすためと考えられる．

⁂托卵を利用した戦略？　これまで托卵行動は，托卵者が托卵宿主を一方的に利用する行動であると考えられてきた．しかしながら，ムギツクとギギの関係はその枠を超える点で興味深い（図1，Yamane et al., 2016）．ムギツクは，ギギの子育てを利用して子を育てる．一方で，ギギの子は托卵されたムギツクの卵の一部を初期の餌として利用する．ギギの子は，ムギツクの卵を捕食することによってより大きな体サイズで巣立ちができるため，初期の生存が高められている可能性がある．

図1　ギギの巣内から採取されたギギの子によるムギツク仔魚の捕食［山根，2014］

さらに，ギギは子の初期の餌を確保するために，ムギツクの托卵を巧みに利用している可能性もあり，今後の研究成果が期待される．

魚類の繁殖行動は多様化しており，またそれを利用する托卵行動は想像もつかない進化を遂げている可能性がある．今後，さらなる野外研究が行われることにより，多様な魚類の繁殖行動の一端が明らかになることが期待される．［山根英征］

共　生

異なる種が密接に関係し合いながら同じ場所で生活することを共生と呼ぶ．例えば，ハマクマノミ *Amphiprion frenatus* は危険が迫るとタマイタダキイソギンチャク *Entacmaea quadricolor* に隠れる．双方に利益があれば相利共生，片方に利益があり他方には損失を与えていれば寄生，片方に利益があり他方には利益も損失もなければ片利共生というが，これらは全て共生に含まれる．利益と損失の定量化は難しく，条件が違えば，寄生が相利共生に変化したり，相利共生が片利共生に変化したりすることもある．本項では，クマノミ類とイソギンチャク類，ダテハゼ類とテッポウエビ類の相利共生について紹介する．

クマノミとイソギンチャク　この相利共生は，高校の教科書や参考書などで紹介されるよく知られた例である．しかし，教科書などではかなり単純化されてしまうので，ここでは少し掘り下げたい．まずクマノミ *Amphiprion clarkii* は種名であるが，他に26種のクマノミ類がイソギンチャクと共生し，このようなイソギンチャクを「宿主イソギンチャク」と呼ぶ．つまり，イソギンチャクは種名ではない．クマノミは10種の宿主イソギンチャク全てと共生できるゼネラリストであるが，1種のイソギンチャクとしか共生できないハマクマノミのようなスペシャリストもいる．この違いは何だろうか．

イソギンチャクは，触手の刺胞に魚などが触れると反応し，刺胞から毒矢を発射して餌としてとらえる．イソギンチャクには敵味方を峻別する脳がないため，自分以外の動くものが刺胞に触れれば毒矢を発射する．クマノミ類は，自分の体表粘液をイソギンチャクの体表粘液の成分に似せて化学的にカモフラージュすることにより，逆に毒矢によって捕食者から身を守る．ここに問題が生じる．1対1の関係であれば粘液の成分は1種類でよいが，宿主イソギンチャクの種数が増えれば成分を変える仕組みが必要になる．つまり，共生種数を増やすにはコストがかかるため，理論上，利益が上回らなければ，共生種数は増やせない．例えば，タマイタダキイソギンチャクは，サンゴ礁の浅瀬に大きな個体群を形成するが，浅瀬は高水温や波浪，淡水の降雨などの影響を受ける過酷な環境である．この環

図1　タマイタダキイソギンチャクにしか共生しないハマクマノミ（黒っぽい窪みがイソギンチャク）［筆者撮影］

境に適応したハマクマノミは，タマイタダキイソギンチャクを独占できるが（図1），分布域は限られる．一方，クマノミは10種のイソギンチャクを利用でき，サンゴ礁域のさまざまな環境に生息し，分布はインド・西太平洋の広い範囲に及ぶ．共生の利益は，双方あるいは一方がより多くの子孫を残せることであり，両者の衰退をもたらす組合せは自然に解消される．

ところで，イソギンチャクの方の利益は何だろうか．昔は共生するクマノミ類が食べきれない餌をイソギンチャクに隠して（与えて）いるといわれていたが，現在は否定されている．宿主イソギンチャクの仲間は，サンゴの仲間と同様に，各個体が体内に褐虫藻（植物プランクトンの仲間）を住まわせて光合成産物（炭水化物）を成長や繁殖のエネルギー源に利用する．クマノミ類がイソギンチャクを捕食するチョウチョウウオ類を追い払うため，イソギンチャクは触手を広げて受光でき，褐虫藻は光合成産物を増産する．また，褐虫藻は，植物と同様，光合成産物だけでは生活できず，窒素などの肥料（栄養塩）をクマノミ類の排泄物から獲得する．クマノミとイソギンチャクの共生は，褐虫藻を含めた三者の相利共生だったのである．実際，サンゴ礁で高水温が続くと高温に弱い褐虫藻がイソギンチャクから逃げ出し（白化現象），この状態が長く続くとクマノミとイソギンチャクは臨終を迎える．

ダテハゼとテッポウエビ　ダテハゼ類とテッポウエビ類の相利共生も有名である．ここでは，ダテハゼ *Amblyeleotris japonica* とニシキテッポウエビ *Alpheus bellulus* の例を紹介する．ニシキテッポウエビは海底の砂地に複雑な形状のトンネルを掘り，ダテハゼはこのトンネルを巣穴とする（図2）．テッポウエビは大きな鋏（はさみ）（鋏脚）で掘削するのは得意だが，目が弱い．視覚の発達したダテハゼが巣穴の入り口で見張りとなり，ダテハゼは接近する捕食者の危険をテッポウエビの触覚に尾鰭を使って知らせる．この早期警戒システムとトンネル掘削技術の組合せが単独生活時よりも共生時に両者の生存率を高め，双方の子孫を繁栄させていると考えられる．

図2　ダテハゼと共生するテッポウエビ．ハゼは見張りをしている［写真：aflo］

さらに，最近の水槽実験により，ダテハゼの排泄物が雑食性のテッポウエビに栄養として利用され，テッポウエビの成長率を高めていることがわかってきた．他にも海底のトンネルを巣穴とする約120種のハゼの仲間が約14種のテッポウエビの仲間の1種または数種と共生することが知られている．だが詳しいことはまだわかっていない．

［服部昭尚］

掃除行動

魚類の体表につく外部寄生虫などを取って食べる行動は掃除行動と呼ばれ，インド・太平洋ではベラ科やチョウチョウウオ科など，カリブ海ではハゼ科など，淡水域ではカワスズメ科など，約30科100種以上の魚類から報告されている．幼魚のときだけたまに掃除をする種が多いが，幼魚から成魚まで掃除行動によって餌を得ている種は，掃除魚と呼ばれている．

掃除魚ホンソメワケベラ　最も有名で詳しく研究されている掃除魚は，サンゴ礁に棲むホンソメワケベラ *Labroides dimidiatus* である．最大全長10 cmほどになる小魚で，口から尾鰭（おびれ）まで1本の黒帯が走り，その上下は体後半部では青みを帯びるのが特徴である（図1）．この体色・模様が掃除屋の看板として認識されており，多くの魚たちが集まってくる．

ホンソメワケベラは定住性が強く，主にいる場所のことをクリーニング・ステーションと呼んでいる．そこにやってきた魚たち（客）は，体の動きを止めて，掃除しやすいようにポーズ（掃除請求姿勢）をとる（図1）．ホンソメワケベラはその体表を丹念に調べ，主にウミクワガタ科の幼生など，寄生性の甲殻類を捕って食べる．掃除魚にとっては，自分で餌を探しに行かなくても客が餌をもってきてくれ，客にとっては寄生虫を駆除してもらって健康になるという，双方にとって利益がある相利共生関係になっており，掃除共生と呼ばれている．魚食性の魚が口を開けると，その中まで入って掃除をするが（図1中），掃除中に食われることはなく，信頼関係が成り立っている．

寄生虫が多く付いた魚ほど掃除魚の前でポーズをとる時間が長いことから，クリーニング・ステーションを訪れる目的は寄生虫の駆除だと考えられる．また，掃除の効果については，数年間にわたり掃除魚を除去し続けた実験区では，掃除魚がいるコントロール区と比べて，①定住性のスズメダイ類の寄生虫の数が増えて，成長率が低下する，②魚類全体の種類数および個体数が減少するという影響がでることがわかっている．

共生か寄生か―騙しと罰　しかし，最近の研究によれば，実態はそれほど単純ではないことがわかってきた．ホンソメワケベラの消化管内容物には，寄生虫の他に，魚の鱗・皮膚・粘液が出てくる．水槽中で餌の選択実験をしてみると，ホンソメワケベラは寄生虫よりも，他の魚の体表から取った粘液の方を好むことがわかった．また，生きている魚を麻酔して動けないようにして，掃除請求のポーズをしている魚のようにホンソメワケベラの前に提示すると，寄生虫を探すことはせずに，もっぱら体表粘液を食べたという．

図1　ハゲブダイ *Chlorurus sordidus*（左），ハナビラウツボ *Gymnothorax chlorostigma*（中），ハリセンボン *Diodon holocanthus*（右）を掃除するホンソメワケベラ［筆者撮影］

クリーニング・ステーションでポーズしている魚が，掃除魚につつかれた直後に体をびくつかせ，急に逃げ出すことがある．あるいは，びくっとした後，掃除魚を追いかけ回すことがある．これは体表（鱗・皮膚・粘液）をかじられたからである．つまり，掃除すると見せかけて騙していることになり，この場面だけを見れば，共生ではなく寄生と見なすことができる．この掃除魚の体表つつきという騙しに対して，客の方は逃げる（掃除の機会を奪う），あるいは攻撃するという罰を与えて，掃除魚の行動をコントロールしている．攻撃された掃除魚は，次に同じ客が来たときには体表つつきを控えるようになる．

他の魚が掃除の順番待ちをしているときには，体表つつきの頻度は低下する．つまり，第三者に見られているときには，騙しの頻度を抑えている．また，単独で掃除しているときよりもペアで掃除しているとき（図1右）の方が，体表つつきの頻度は低い．体表つつきをすると，もう一方がそれを攻撃するからである．客に逃げられないよう，嫌われないように，罰を与えていると解釈されている．

マッサージ効果　一方，掃除魚の方は，ポーズしている魚に対して寄生虫を駆除する前に，腹鰭（はらびれ）や胸鰭（むなびれ）で客の体表に触れるという行動を繰り返す．このとき，口は体表に向けておらず，もっぱら接触刺激を与えていることになる．このマッサージ効果によって，客のストレスホルモン（コルチゾール）の濃度が低下することが，人工的な接触刺激を与える水槽実験によって確認されている．野外観察においても，接触刺激を与えることで客がクリーニング・ステーションに滞在する時間が長くなること，および，体表つつきをした際に逃げるあるいは攻撃する頻度が低下することがわかっている．つまり，掃除魚はマッサージすることによって，客の行動をコントロールしている．

この掃除魚ホンソメワケベラそっくりの擬態種が幾つか知られている．なかでもニセクロスジギンポ *Aspidontus taeniatus* は体形・体色ともによく似ており，掃除魚と間違えて近付いてきた魚の鰭を食いちぎる攻撃擬態として有名になったが，実態は常に鰭かじりをするわけではないことが野外調査で解明されつつある（☞項目「擬態」）．

［桑村哲生］

異種間の随伴行動

魚類には異種と行動をともにする現象が普通に見られる．複数の魚種が群れに加わる異種混群は，ニザダイ類やブダイ類などの藻食性魚類の混成したものや，それらの群れにベラ類やヒメジ類などの雑食性魚類・肉食性魚類が加わるものも見られる．また，群れには至らない少数の異種個体の同調的行動として多様な魚種組合せの随伴採餌が知られている．底質を攪乱する採餌行動を見せる魚類に寄り付くように追従して採餌するものや，比較的大型の肉食性魚類が寄り合いながら一緒に遊泳し，捕食機会を得るパターンもある．

核魚種と追従魚種　最もよく見られる随伴採餌のパターンは，nuclear-follower と呼ばれる組合せのものである．餌生物を探索中の魚種（核魚種）に対して，その恩恵にあずかろうとする魚種（追従魚種）が接近・追従するという関係性である．

図1　底質の藻類を採餌するナガブダイ *Scarus rubroviolaceus* に随伴する小型動物食のヤマブキベラ *Thalassoma lutescens* ［筆者撮影］

核魚種の採餌活動を通じて底質環境が攪乱されることで，追従者は自身の単独での採餌活動では得ることのできない餌生物を獲得できると考えられている．また，随伴中は，捕食圧を軽減させることができ，採餌活動に集中できるという利点が存在することも示唆されている．これらは群れ採餌の利点で考えられているものと同様の効果といえる．

追従者が核魚種へ接近し，随伴遊泳するきっかけは，核魚種の見せる底質をかじる攪乱的な採餌行動だけではない．核魚種が採餌行動を見せていない状態でも，その魚種の体型，体サイズ，体色，遊泳行動などによって追従者を引きつける．

リーフに生息する魚類の生活空間の広さはさまざまである．核魚種になるものは，比較的広い範囲を採餌探索する特徴をもつ．一般的に，核魚種となる魚の種数は，追従者よりも限られることが多い．核魚種となるものとしては，ブダイ類，ニザダイ類などの藻食性魚類や，ウツボ類，ヒメジ類などの肉食性捕食者が代表的である．そのほかにも，エイ類，ギンガメアジ属，ベラ類，タカノハダイ類，ハタ類，フエダイ類，ホウボウ類，カワハギ類，モンガラカワハギ類，イスズミ類などが核魚種となることが報告されている．さらには，タコ，ヒトデ，クモヒトデや，爬虫類のウミヘビ，ウミガメも追従魚を生み出す核生物となる．

一方，核魚類や核生物に随伴する追従者は大抵魚類である．雑食性あるいはベントス類などを中心に採取する肉食性の魚種が，核魚種の採餌活動のおこぼれを狙う．広いエリアで採餌を行う核魚類に長時間随伴するには，追従者も広い行動圏を有し遊泳力に長けている必要がある．特に，ヒメジ類，ベラ類，ハタ類，ギンガメアジ属などは，そのような条件件を満たし，かつ柔軟な採餌戦術を持つため，核魚種・追従者のいずれにもなり得る．イサキ類，キツネアマダイ類，イトヨリダイ類，フエフキダイ類などからも追従随伴の記録がある．

行動圏の比較的狭い小型魚類にも一時的な随伴行動が見られる．核魚類が自身の行動圏内に侵入し滞在しているときに限り，積極的な追従を見せて随伴採餌を行うことが，なわばり性の強いスズメダイ類（クロソラスズメダイ属など），アブラヤッコ属キンチャクダイ類，小型のベラ類（ホンベラ属など），ギンポ類（*Labrisomus*属など）から報告されている．いずれも小型種ゆえ，単独採餌では得にくい餌が手に入る利点とともに，捕食者への警戒に費やす時間を減らす効果がいっそう重要となる．

淡水域における随伴採餌の報告例数は多くないが，河川環境に特化した事例が確認されている．ロリカリア類のナマズ（*Parotpcinclus*属）に随伴するクレヌクス科カラシン *Characidium* sp.は，採餌するナマズの下流側に定位し，流れてきた餌生物を採餌する．また，河川の上方空間にも木が密生するブラジルの川では，樹上のフサオマキザルが食べ落とした果実や，鳥類の食べ落とした昆虫を *Brycon* 属のカラシンの群れが追従移動して食べる，という陸上動物と魚類の随伴関係も報告されている．

異種共同襲撃　遊泳探索型の捕食者2種が接近遊泳しながら採餌を見せるもの．核魚類と追従者という役割の区別がつきにくい肉食性魚類の組合せで，遊泳先導する役割も相互に容易に交代する．クギベラ属とヒメジ類の随伴や，ユカタハタ類とスジアラ類というハタ科同士の随伴も異種間共同狩猟の事例として報告されている．

騎乗襲撃　遊泳探索型の捕食者が，非捕食性魚類の体側および上方に定位して随伴遊泳し，捕食襲撃を見せるもの．ヘラヤガラ属，ヤガラ属のような細長い体型の捕食者に見られる採餌戦術．ベラ類（モチノウオ属，ニシキベラ属など），アイゴ属，ハタ類（キハッソク属など）に騎乗するように随伴し，警戒されずに餌生物に接近できるものと考えられている．

この他にも，擬態種がモデル種を追従する随伴採餌の観察例から，攻撃擬態の利点を得る随伴関係の存在が，ヒメジ科の *Mulloides martinicus* に擬態するフエダイ科の *Ocyrus chrysurus* などで示唆されている．しかし，通常の随伴採餌から得ることができる利点との相違は明確でない．

［坂井陽一］

行動の個体発生

魚類の行動の個体発生の研究は，沖合から沿岸への加入や初期減耗といった生態学的な興味と，栽培漁業での生残率の向上という実用的な側面から進展してきた．魚類の行動の多くは，感覚器官からの情報を中枢が処理し，運動器官が働くことによりなされる．多産な海産硬骨魚類では特に，発生初期の行動のレパートリーは乏しく，特に孵化直後には機械刺激に対する反射や特定の刺激に対して正または負の反応を示す走性のみを持つ．稚魚期には，情動や認知能力が関与する複雑な行動をとるようになる（図1）．こうした変化は感覚器官・運動器官および脳神経系の発達に負うところが大きく，行動によっては成育環境や学習などの要因が関与する．

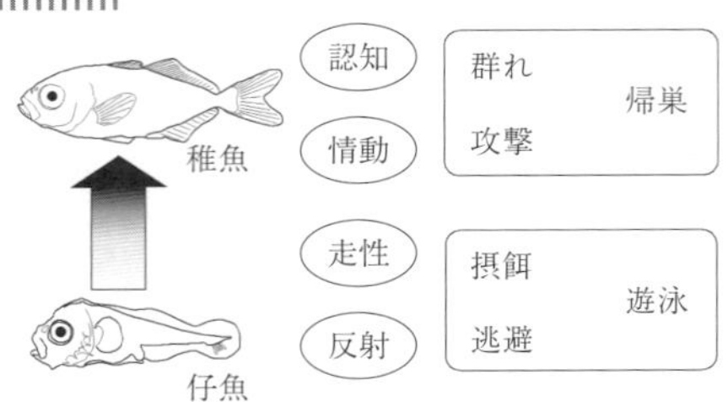

図1　魚類の行動の個体発生の概念図．仔魚期の未発達な脳神経系では反射や走性に基づく行動のレパートリーしか持たないが，稚魚期に脳が発達することにより，情動や認知に基づく複雑な行動を示すようになる

❖仔魚期の行動　卵から孵化した直後の仔魚にとって最も大切なことは，天敵に捕食されないことであろう．このため，機械刺激に対し逃避する反応は最も初期に現れる行動の1つである．網膜に色素が沈着すると，光量の最適な環境を選ぶことが可能となり，これにより生息に適した水深をみずから選べるようになる．また餌を視覚で確認し捕食することもできる．眼や遊泳能力の発達とともに，流れに逆らって泳ぐ水流走性や視目標に対し定位して泳ぐ目標走性なども示すようになる．

❖群れと攻撃行動　魚類は一般に稚魚期になって初めて群れ行動を示す．群れを維持するには，感覚器や筋肉だけでなく，他の個体を認識し一定の距離を維持して遊泳するなど，高度な情報処理を必要とする．このため，脳神経系，特に視蓋が発達しないと魚は群れをつくれない．実際，DHAの欠乏した餌を与えて脳の発達を遅滞させると，通常なら群れを形成する体長に達した魚でも群れを形成しない（Masuda, 2009）．また，トゲウオ科のキタノトミヨ *Pungitius pungitius* を単独で飼育すると，群れで飼育した場合よりも視蓋が小さく嗅球が大きくなるという．群れにおける情報処理に必要な視蓋は発達が抑制されるのに対し，情報センターとしての群れを利用できない状況下では個体レベルで記憶や探索をする必要性が高まるため，嗅球が発達するものと解釈できる．

同種に対する攻撃性もまた稚魚期に初めて発現することが，オヤニラミ

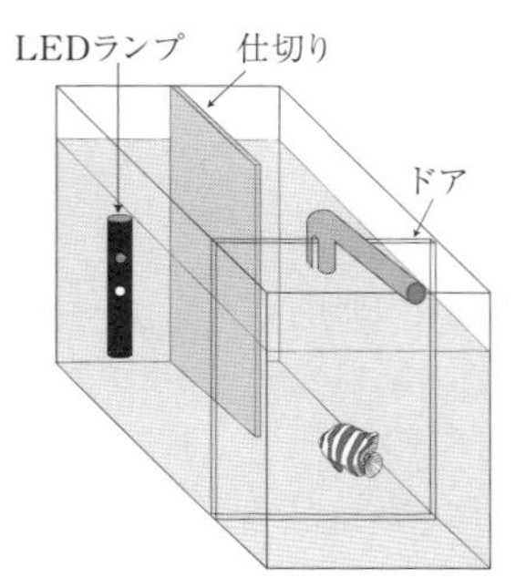

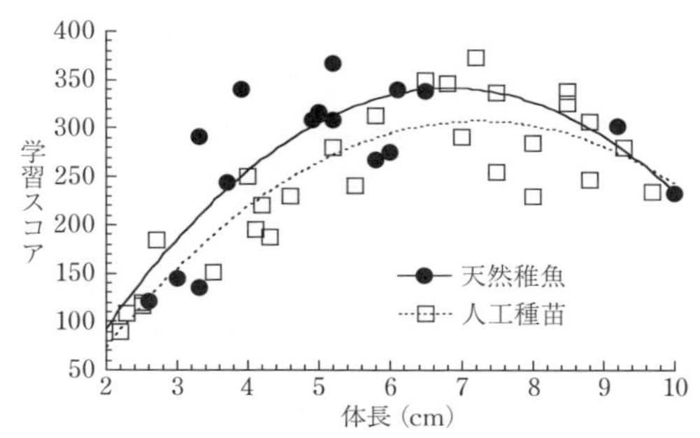

図2　学習能力を測定するためのＹ迷路（左）とこれを用いて測定したイシダイの学習能力の個体発生（右）［Makino et al., 2015を改変］

Coreoperca kawamebari，ブリ *Seriola quinqueradiata* およびヒラメ *Paralichthys olivaceus* において報告されている．ブリやヒラメでは，攻撃行動の前駆的な行動が仔魚期にも認められる．ブリの場合はJの字型，ヒラメではΩ型の姿勢を頻繁に示す個体は，稚魚期に攻撃性の強い個体になるという（阪倉，2001）．

学習能力と帰巣性　魚類の学習能力もまた，成長に伴い大きく変化する．イシダイ *Oplegnathus fasciatus* の稚魚の学習能力についてＹ迷路を用いて調べた研究では，体長7 cm前後で最も学習能力が高く，これは沿岸加入のピーク時に新規の生物・非生物環境の情報を記憶する必要性が高いためと解釈されている（図2）．マアジ *Trachurus japonicus* の場合もやはり，沿岸に加入する5 cm前後で学習能力が急激に向上する．

飼育環境を自然状態に近付ける環境エンリッチメントにより，魚類の学習能力は向上することがイシダイやタイセイヨウダラ *Gadus morhua* で報告されている．イシダイでは，こうした効果が明瞭に見られる発育段階は限定的であることから，環境エンリッチメントの有効性には臨界期があると考えられる（Makino et al., 2015）．

岩礁性の魚類はしばしば帰巣性を示す．標識放流実験から，成魚の方が稚魚や幼魚よりも帰巣性が強いことが明らかになっている．これについては，生息域の地形を理解し記憶する能力によるものか，そもそも帰巣することのコストと利益の問題なのかは不明である．

魚類の行動の個体発生は，そのシンプルさ故に，脊椎動物全般の行動の発達を理解する上でも好個の材料といえる．例えば，高等脊椎動物では脳のさまざまな部位で代償作用が働いてしまうため，行動を支配する中枢系について特定することが難しい．魚類では環境の違いにより脳の形状が変化し，また行動の発達も飼育条件により制御できる．脳の発達と体成長のトレードオフといったことも今後明らかになるかもしれない．

［益田玲爾］

学　習

学習とは,「経験によって生じる比較的永続的な行動の変化」と定義されている. すなわち, 経験することで新しい行動が生じたり, 今までの行動が変化することを指す. これには, 老化による経験を要しない行動の変化や, 疲労による一時的な行動の変化などは含まれない. 学習はヒトを含む多くの動物においてごく日常的に行われており, 適切な行動の選択や心理を形成する上で不可欠である.

魚類の学習能力　他の動物と同様に魚類も学習能力を備えることが明らかにされている. 最も身近な魚類の学習の例として, 水槽で飼育する魚の給餌前の浮上行動があげられる. これは, 飼育者が餌を与える際の所作（人の姿や水槽に触れたときの振動など）の後に餌が出現するという経験を通じて, 給餌の所作と餌の関係が条件づけられて浮上行動が増加したといえる. 魚類の備える学習能力に関する研究は多く, 彼らがさまざまなことを学習することが明らかにされている.

最も研究が進んでいるのは餌の学習である. 魚類は餌のある場所や餌を予期する刺激を学習することができる. 例えば, 決まった時間に決められた餌場に餌を与えることを繰り返すと, 餌の与えられる時間と場所の関係について学習することができる. また, 餌の取り方を覚えることができ, スイッチを押したら（または引いたら）餌が出てくる装置を水槽に設置すると, そのうちにみずからスイッチを押して餌を獲得するようになり, 自発摂餌の学習が成立する.

捕食者や嫌悪刺激の回避についても学習することができる. 例えば, 捕食生物に襲われる経験をすると, その生物を避けるようになったり, 目立たないように行動が変化することがある. 魚類における捕食者の学習については, 同種個体の皮膚から放出される警報物質を忌避刺激とした学習の研究が多い. 未知の捕食者の匂いと警報物質が同時に存在する経験をすることで, 未知の捕食者の匂いだけで警戒反応をとるようになる. 捕食者に対する学習は成立しやすく, たった一度の経験で警戒反応が形成されることもある. 特定情報の学習だけでなく, 危険な環境自体を学習することもできる. 例えば, 日常的に網で追いかけ回される経験を与えて飼育すると, 新規刺激に対して警戒反応を示しやすくなったり, 逆にストレス状況からの立ち直りが早くなることがある. ほかにも, 不適な餌を避けるように学習することもあり, 釣りあげられる経験をすることで釣りの仕掛けを避けるような回避学習が成立することも報告されている.

餌や危険以外に空間構造や回遊ルートの学習についても報告がある. イサキ科の *Haemulon flavolineatum* は昼夜で生活圏を変えるが, その移動ルートを学習によって習得している. ハゼ科の *Bathygobius soporator* では, 満潮時に周囲の潮だまりの空間構造を学習し，干潮時にそれぞれの潮だまりが独立したときにも学習した情報に基づいて潮だまり間を移動することが報告されている．特に，岩礁性魚類の空間学習能力は高く，イソギンポ科の*Lipophrys pholis*はたった一度の経験で隠れ家の位置を覚えたり，繁殖巣の位置を数カ月保持することができる．

自身の経験による学習だけでなく，他個体の観察を通じた観察学習の成立も報告がある．例えば，隣の水槽やモニターに映る他個体の摂餌や逃避行動を観察することで，餌場や隠れ家の情報を学習できる．観察学習については，観察対象の社会的地位や繁殖相手の質などの情報も学習できることが報告されている．

魚類は，彼らの生態に適した学習能力を備えることが多い．例えば，環境が安定している湖沼に生息するイトヨ属の1種*Gasterosteus aculeatus*は河川を生息域とする同種よりも目印を頼りに空間を学習する能力が優れており，逆に水流方向と餌の学習では河川の個体の方が素早く学習できる．魚類の学習能力に単純に優劣をつけることは難しく，魚種ごとに生活に必要な能力を備えているといえる．

魚類の学習研究の発展性　学習の基本原理は神経伝達の過程で生じることから，動物を通じて共通した部分が多いと考えられている．魚類は一般にヒトから系統的に遠いと考えられるが，彼らの神経構造や生理機能には哺乳類と同一，あるいは類似した部分も多い．そのため，動物の学習心理の原理や進化を検討する目的で，魚類がモデル生物として利用されることはしばしばある．

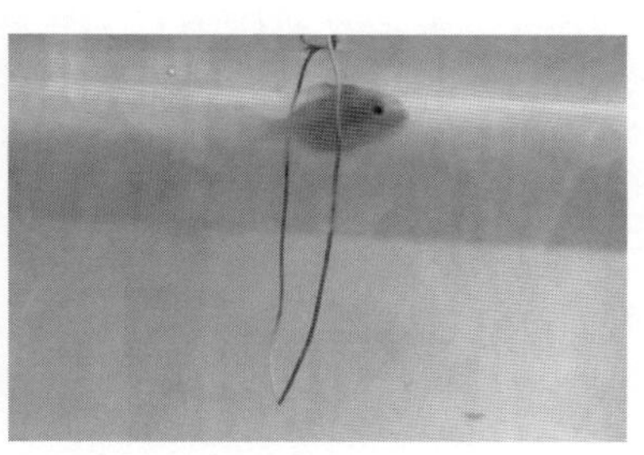

図1　マダイ*Pagrus major*の輪くぐり学習の様子［筆者撮影］

学習は魚類の備える認知能力を調べることにも利用できる．例えば，情報の異なる複数の刺激（赤色と青色など）を提示し，どちらかの刺激と餌を条件付ける．学習が成立した場合，これらの刺激を弁別できることが示される．この弁別学習を利用して魚類に錯視が成立することを証明した研究もあり，ほかの手法では評価が難しい認知能力の検討にも役立てられる．また，魚類の学習を漁業や養殖業に応用する研究もある．例えば，栽培漁業では，放流種苗に捕食者情報などを事前に学習させて種苗の質を改善する試みがある．漁業への応用では，天然礁に継続して大量の餌を撒くことで天然魚に餌場を学習させて，大群を集めてから漁獲する飼い付け漁業が行われている．養殖現場では，自発摂餌学習を利用して給餌の手間や残餌を軽減することができる．

最後に，魚の学習の応用について特筆すべきものとして「魚の芸」がある．実際に，輪くぐり芸（図1）などの展示が水族館で行われており，客を惹きつける手段の1つとして活用されている．魚類の学習能力の研究は基礎生物学的な価値だけでなく，幅広い分野に応用できる可能性を秘めている．　［高橋宏司］

個体認知

他個体を個別に認識することを個体認知という．霊長類をはじめ社会性哺乳類や協同繁殖鳥類など安定して同じ個体が繰り返し出会う社会では，個体認知が発達することが多い．これにより無駄な争いを回避するなど社会関係の維持でのコストを減らすことができる．ヒトや霊長類，ヒツジ，イヌ，複数の鳥類など，相手を視覚で個体認知する場合，主として個々の相手の顔の違いに基づいている．

魚類の顔認知　サンゴ礁魚やタンガニイカ湖のカワスズメ科魚類では安定した社会関係を持つ魚種が多く，なわばり隣人や配偶者を互いに認知する．近年，筆者らは，魚類も視覚で個体認知する場合，変異のある顔の模様に基づくことを確認した．魚類で顔認知が最初に確認された同湖のプルチャー *Neolamprologus pulcher* の実験を紹介する（図1，Kohda et al., 2015）．

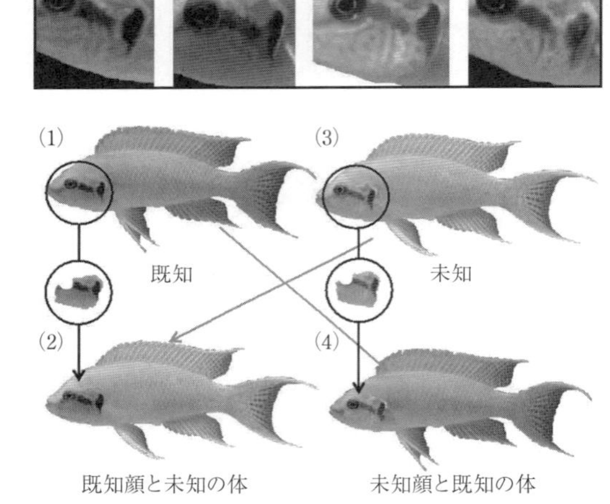

図1　プルチャーの実験モデル．(上) プルチャーの顔模様の個体変異，(下) デジタル映像と合成写真：(1) 既知個体，(2) 既知顔と未知の体，(3) 未知個体，(4) 未知顔と既知の体 [Kohda et al., 2015を改変]

本種の顔には個体変異のある模様がある（図1上）．本種は親しい個体と見知らぬ個体を区別し，親しい既知個体には寛容に，未知個体には攻撃的に振る舞う．既知と未知個体のデジタル映像と，顔の模様だけを入れ換えたモデルを作製し（図1下），4つのモデルを被検個体に示すと，顔模様が既知個体の顔のモデル（1と2）には寛容であったのに対し，未知個体のものであれば（モデル3と4）強く警戒した．この結果は，本種が顔模様だけで既知か未知個体かを見分けることを示している．同様の結果は，ディスカス類，スズメダイ類，さらにメダカ類からも得られており，これらの種にも顔の模様に個体変異がある．サンゴ礁魚類のうち社会性が高い種の多くには，顔模様に個体変異が発達しており，これらでも顔の色彩変異に基づき視覚で個体認知していることが予想される．

魚類でも顔の倒立効果　プルチャーは既知か未知かの区別をわずか0.4秒で正

確に行う．ヒトの顔認知も迅速かつ正確である．ヒトでは顔の写真を逆さに示すと識別に有意に時間がかかるが，そのほかの物体ではこの遅延は起こらない．この現象は「顔の倒立効果」と呼ばれ，類人猿，アカゲザル，ヒツジ，イヌでも確認されている．この倒立効果は顔認知に特化した「顔神経」のはたらきのためと考えられ，ヒト，サル，ヒツジでは顔神経が確認されている．最近メダカ類やプルチャーでも顔の倒立効果が確認された．この発見は，魚類でも顔神経に相当する神経回路や神経領域が存在する可能性を示唆している．

魚類でも鏡像自己認知　鏡像を自分だと認知することを鏡像自己認知という．2歳児のヒト，大型類人猿，イルカ，ゾウ，カササギなどでこの能力が確認されている．最近，筆者らは掃除魚のホンソメワケベラ *Labroides dimidiatus* はこの自己認知ができることを魚類で初めて確認した．

チンパンジーやゾウでは，鏡像自己認知に至るまでに3つの過程を通る．まず①鏡像を他個体と見なす，②鏡像が自分かどうかを確かめ（不自然な行動を繰り返し，鏡像の動きを確認），③鏡を使って自分の体を調べ始める．ホンソメワケベラも鏡の提示後，約1週間でこの過程を経る．

鏡像自己認知の決定的な証拠はマークテストで得られる．鏡がないと見えない箇所（額や喉）にマークを付け，対象個体が鏡像のマークを見て自分に付いたマークだと気が付き，手などで直接触れれば，鏡像を自分だと認識している証拠になる．上記の段階③まで進んだ本種の喉に色素を注射し反応を調べると，鏡がないと全く擦らなかったのに対し，鏡の自己鏡像の喉にマークがあるのを見たとき，初めてかつ頻繁に自分の喉を水槽の底で擦った（図2）．それまで喉をこする行動はなく，この結果は本種が鏡像は自分の体であると認識している証拠といえる．本種は他個体の体表の外部寄生虫を見つけて取る習性があるため，マークを寄生虫と見なしたと考えられる．無論マークのためのイラストマー注射による痛みや痒みなどの刺激によりマークを認知している可能性は，対照実験により否定されている．

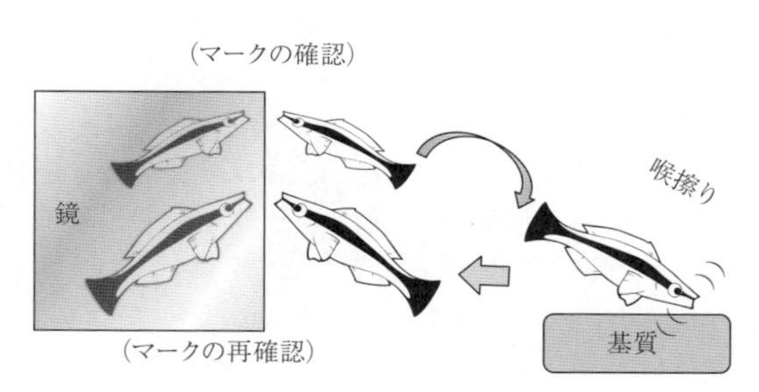

図2　鏡像を見たホンソメワケベラの反応の模式図．鏡を見て喉のマークに気がつくと底で喉を擦る．その後，マークが外れたかどうか，鏡を見て確認する

本種は喉を擦った直後に頻繁に喉を鏡で見ており，これはおそらく寄生虫が外れたかどうかを確認しているのだと考えられる．この確認行動は鏡像自己認知のさらなる証拠である．本種の鏡像自己認知は霊長類などと基本的には大差ないと考えられる．今後の魚類の高次認知能力の見直しが期待される．　［幸田正典］

夏眠と冬眠

夏眠と冬眠は，生物が夏季，冬季の過酷な環境に対応するために，代謝や活動を抑制した状態のことである．哺乳類など恒温動物においては，低温環境下で高い体温を維持するため代謝が活性化されるような特徴的な生理状態に基づき，限定的に冬眠が定義されるのに対し，魚類の夏眠・冬眠は単に夏季，冬季に活動が抑制される状態のことを指す．

魚類でも，さまざまな分類群に属する種において夏季，冬季の過酷な高温，低温または乾燥環境に対して夏眠や冬眠を行うことが確認されている．魚類では，夏眠，冬眠時に活動は抑制されるものの，完全に運動不活発な状態になるわけではなく，何らかの攪乱を受けた場合には反応して逃避活動をするだけの活発性を保持し続けることがベラ類のキュウセン *Parajulis poecilepterus* やホンベラ *Halichoeres tenuispinis*，イカナゴ *Ammodytes japonicus*，北米のナマズ *Ameiurus nebulosus* など多くの種で確認されている．

低温への対応としての冬眠　ベラ類のキュウセンやホンベラでは，水温13～15度以下に低下する12月頃から水温が14～15度以上に上昇する春までの約4カ月間，砂中3～5 cmの深さに潜り絶食のまま冬眠することが知られている．冬眠中も，何らかの刺激を受けると遊泳して逃げる活動性を保っている．また低温に対し冬眠する魚としては，高緯度域に分布するイカナゴ属のキタイカナゴ *Ammodytes heteropterus* や *A. marinus* が，水温が5度を下回る頃から数カ月砂に潜って冬眠することが知られている．

これらの種のように，砂などに完全に潜り込んだ状態で活動を休止し冬眠する魚のほか，北米大陸のナマズ *A. nebulosus* や *Ameiurus melas* およびカムルチー *Channa argus* などは，鰓（えら）が泥から出る程度に浅く底泥に体を埋めた状態で冬眠する．また，岩の隙間に隠れて冬眠するホンソメワケベラ *Labroides dimidiatus* や，単に低水温期に摂餌せず深場で停滞して冬眠するコイ *Cyprinus carpio* やフナ類 *Carassius* spp.，オオクチバス *Micropterus salmoides* など，冬眠時の過ごし方にはさまざまな状態が知られている．

高温への対応としての夏眠　低緯度域に分布するイカナゴ類では，夏季に水温がおよそ20度を超え始めると海底の砂中に完全に潜り，冬に再び水温がおよそ14度を下回るまでの5～6カ月，摂餌をしないまま夏眠することが知られる．イカナゴ類は夏眠前までに蓄積した栄養だけで長期生存するだけではなく，夏眠中に摂餌することなく成熟し繁殖準備を整えることが知られる．このように，多くの栄養を必要とする繁殖準備を夏眠中に可能とする点で，他の種以上に興味深い特徴を示すイカナゴ類であるが，摂餌をしないまま長期の生存と繁殖を可能にする生理機構はいまだ解明されていない．

図1　泥中で冬眠するドジョウ［写真：(c) uchiyama ryu／nature pro.／amanaimages］

季節的な乾燥環境への対応としての夏眠・冬眠　特に有名な例としては，アフリカ産ハイギョの1種 *Protopterus annectens* やミナミアメリカハイギョ *Lepidosiren paradoxa* の夏眠が知られる．これらの肺魚類は，乾季に生息地が干上がる間，泥の中で繭をつくり肺呼吸しつつ，摂餌せずに不活発な状態で夏眠する．この夏眠は雨季に再び水で覆われるまで3～4カ月，時に1年以上に及び，実験下では4年間夏眠し続けた例も知られる．また，東南アジアに生息するタウナギ科魚類でも，夏季の渇水に対し湿り気のある泥の中に潜り，口腔の粘膜を通じて空気呼吸をしつつ，蓄積した脂肪で数週間から数カ月夏眠することが知られる．

一方で，日本で水田に生息するタウナギ *Monopterus albus* は夏眠ではなく，10月から翌5月頃まで干上がった田の土中0.5～2 mの深さに潜り冬眠することが知られる．乾燥に対する夏眠や冬眠をする場合，肺呼吸など何らかの方法で空気呼吸を可能にする生理学的な特徴を有する．オーストラリア固有の淡水魚サラマンダーフィッシュ *Lepidogalaxias salamandroides* では皮膚呼吸，ドジョウ *Misgurnus anguillicaudatus* では腸を通じた空気呼吸(図1)，キノボリウオ *Anabas testudineus* では上鰓器官による空気呼吸をしつつ湿り気のある砂や泥の中で眠むる．

魚類における夏眠・冬眠を支える機構　乾燥に対する夏眠・冬眠については，空気呼吸という特殊な機能を有する共通点が見いだされている．魚類において，長期にわたり摂餌せずに夏眠・冬眠することが可能となるためには，何らかの特殊な生理機構によって支えられていることが予想される．しかし，変温動物の魚類では，生活する上で適した水温範囲を超えた低温や高温環境において，体温の変化に応じ代謝や活動が低下する種も多い．そのため，単なる温度変化に依存した代謝・活動の低下とは別に，どのような特殊な生理学的機構が夏眠・冬眠を支えているのか科学的情報が少ないままである．

今後，極端な温度への対応としての夏眠・冬眠をする種が近縁種内にいるイカナゴ属のような分類群において，夏眠・冬眠時の生理学的特徴の種間比較が進むことで，魚類において摂餌せずに長期の夏眠・冬眠を可能とする生理機構の解明に役立つと考えられる．

［柴田淳也］

発 光

発光生物の多くは海生であり，北大西洋東部の調査では，500 m以深に生息する深海魚の9割以上の種が発光するとされている．魚類をはじめとする生物発光は，発光基質ルシフェリンと発光酵素ルシフェラーゼの化学反応（L–L反応）によって起こる．発光色は，赤から青の可視光域である．

魚類には，発光バクテリアとの共生発光と，自身が発光酵素をつくり出す自力発光がある．共生発光のための発光器官は，浅海ではヒカリキンメダイ科とヒイラギ科の魚類に多く存在する．深海魚ではこのタイプは少なく，チョウチンアンコウ上科とデメニギス科の一部，ソコダラ科・チゴダラ科に見られる．発光器官の位置は眼の周囲・鰓（えら）や口ヒゲの末端・腹部・尾部・肛門周囲などさまざまで，重要な分類形質として利用される．一般に発光は，夜間や深海でのコミュニケーション手段として機能し，特に求愛行動に重要な意味を持つと考えられている．

メカニズム　L–L反応では，ルシフェリンが酸化されて，励起（れいき）状態の酸化物となり，それが基底状態に戻る際に光を発する．ルシフェリンの種類は生物種で異なり，現在までに8種類が同定されている．ルシフェラーゼはルシフェリンの酸化を触媒する酵素であるが，ルシフェリン同様に生物種で異なる．ほとんどの発光色は青か緑だが，ワニトカゲギス目に属するホテイエソ *Photonectes albipennis* やホウキボシエソ *Photostomias tantillux* の仲間は，赤い光を放つ．

チョウチンアンコウ上科以外の共生発光をする深海魚の発光器は，消化管から発達し，腸内の発光バクテリア *Photobacterium kishitanii* ほかが持続的に補給される．チゴダラ科のエゾイソアイナメ *Physiculus maximowiczi* は，肛門の前方に発光腺・反射層・レンズ組織・色素斑からなる発光器がある（図1）．アオメエソ属は，肛門付近に発光バクテリアを共生させる原始的な発光器を持つ（図2）．この発光器は，仔稚魚の時期に下方照射できる構造へと形態形成され，*P. kishitanii* をはじめとする数種の発光バクテリアの共生が開始される．その後，若魚の段階で性的成熟に伴い *P. kishitanii* ほかの共生に増減が見られる．

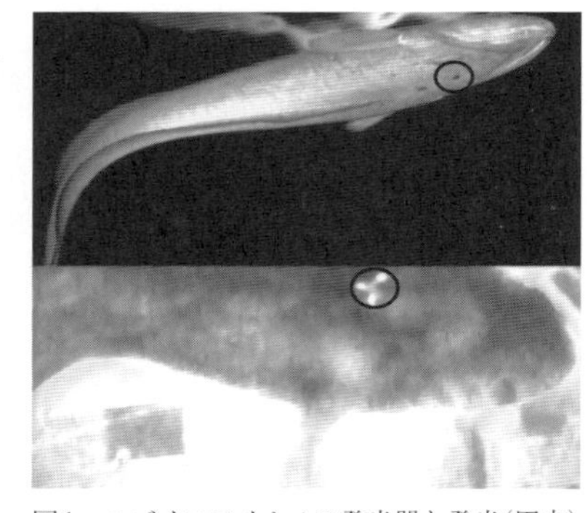
図1　エゾイソアイナメの発光器と発光(円内)

機能　中深層のハダカイワシ類の群れは，発光を集団の維持に用いているだけでなく，雌雄による頭部や尾部の発光器の数や大きさなどの違いから，両性のコミュニケーションにも役立てている．また，ワニトカゲギス類やミツマタヤリウオ類の眼後発光器も，雌よりも雄の方が大きいことが多い．このワニトカゲギス類の眼後発光器は，赤色光や青色光を照射し，餌生物を探すことができる．アオメエソ属の緑色眼が，同種の発光の波長をよく感じ取り，通常は海底に定位していることから，交尾や摂餌などで上昇下降があった場合に，発光が同種間の相互認知に影響している可能性がある．

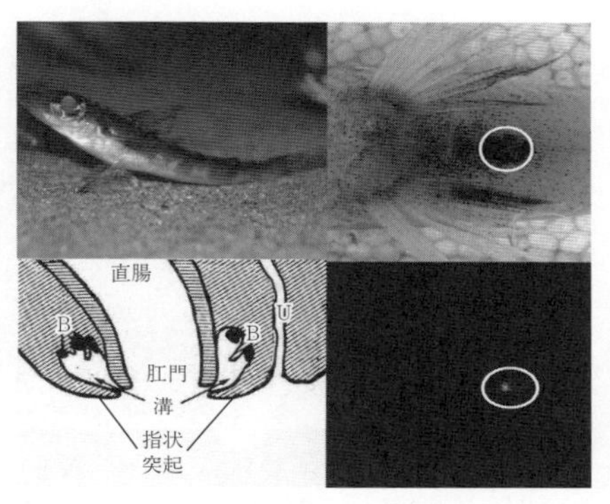

図2　アオメエソの発光器と発光（円内）．左下図のBは発光バクテリアコロニー，Uは淡尿生殖管［発光器図：宗宮弘明，撮影：大場裕一］

そのほかにも，水深1,000 m程度までの中深層の深海魚のほとんどが，腹部に発光器を配置し，環境光と同じ光を発して，自分のシルエットを消すカウンター・イルミネーションを利用して捕食者から身を守っている．サメの1種フトシミフジクジラ *Etmopterus splendidus* も腹部の皮膚の微細な発光器を青色に発光させ，環境光と同化して身を守っている（図3）．また，ムネエソ科の口蓋部には，小型発光器が多くあり，餌生物を誘引すると考えられている．同様に，ホウライエソ科とチョウチンアンコウ上科の長い竿のような背鰭やホテイエソ科のヒゲの先端には発光器があり，餌生物を誘引する．さらに，チョウチンアンコウ上科ではルアーから発光液を出して敵を威嚇することもできる．肛門付近に発光器を持つソコダラ科も発光液を出して逃避する．

図3　フトシミフジクジラと腹部発光［撮影：Jerome Mallefet，提供：海洋博公園・沖縄美ら海水族館］

展望　深海魚の発光を観察・記録することは，以前から非常に困難であった．しかし近年，4K超高感度深海撮影システムと静音性の高い電気駆動式透明ドーム型潜水艇が開発され，深海での生態の観察，撮影が可能になり研究の発展が期待される．また，カイアシ類の *Metridia pacifica* が深海生物のほとんどが持つ共通の発光物質セレンテラジンを合成できることが発見され，それぞれの発光生物がこのセレンテラジンを発光させる独自の酵素を進化の過程で生み出し，食物連鎖を通して利用していると考えられるようになってきた．　［藤井千春］

発　電

電気魚は，数十～数百Vの強い電気を発生する強電気魚と1V程度の弱い発電のみを行う弱電気魚に分けられる．電気で獲物の麻痺や捕食者に対する威嚇などを行う強電気魚は多くはないが（デンキウナギ*Electrophorus electricus*，デンキナマズ*Malapterurus electricus*，シビレエイ*Narke japonica*など），電気定位と電気コミュニケーションを行う弱電気魚は，デンキウナギ目（中南米）とモルミルス目（アフリカ）に多種が知られている．強電気魚は弱電気魚同様に弱い電気で電気定位行動を行うこともできるので，弱電気魚を経て進化したものと考えられる．発電の能力は全生物界で電気魚のみが持つ特殊能力である．

発電のメカニズム　強電気魚も弱電気魚も腹部や尾部に，整列した多数の電気細胞を内包する電気器官がある（図1）．静止状態にある電気細胞は細胞の内側が負（マイナス数十mV）に分極している．電気細胞に興奮を促す電気運動神経は電気細胞の半面（通常は尾側面）を刺激しこの部分の分極を解除するため，電気細胞を尾側から頭側へと貫通する電流が瞬間的に発生する．個々の電気細胞が生じる電気は微弱であるが，多数の電気細胞が直列・並列に接続し，同時に興奮することで電気器官全体からは高電圧・高電流の発電が起こる．電気細胞の同時興奮は，脳にあるペースメーカー核と呼ばれる神経細胞の集団が電気運動神経を介し，全ての電気細胞を同時に興奮させることで起こる．ペースメーカー核からの発電司令信号一回に対し電気器官から0.5～5ミリ秒程度持続する発電パルスが一回発生する．強電気魚の高電圧発電は，威嚇・攻撃などの必要に応じて随時起こるが，弱電気魚の発電は，一定の周波数（数十～1,500 Hz）で昼夜を問わず絶え間なく起こる．

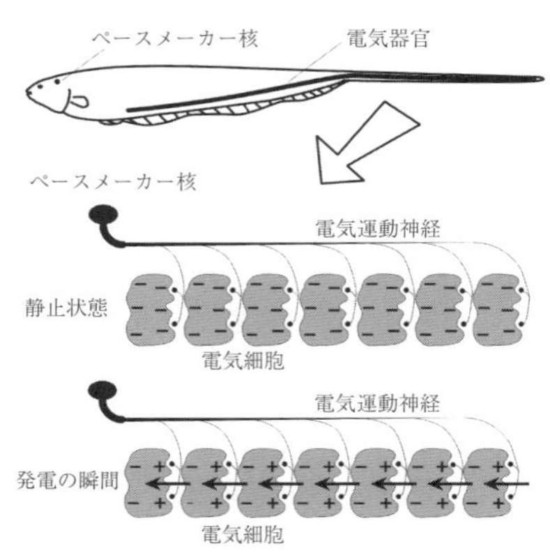

図1　電気器官と発電のリズムを発生するペースメーカー核［Kawasaki, 2011］

強い電気による電気的行動　強電気魚のデンキウナギは，頭近くから尾の先端に至る長大な電気器官から600 V・1 Aもの強力な電気を発生する．デンキウナギが小魚を捕食する際には体をC字型に湾曲させ電気器官の正と負の極で獲物を挟み込む姿勢をとる．一点に集中された強力な電気は獲物魚の運動神経を直接刺激し筋肉の痙攣を引き起こす．デンキウナギは獲物が筋肉の硬直により動けなくなった瞬間を狙い獲物を飲み込む．デンキウナギはさらに，水に脚を踏み入れた陸上動物（捕食者）を強い電気で威嚇することもある．この際，デンキウナギは魚体前半部を空中に突き出し，電気器官の正極（頭）–捕食者の脚–電気器官の負極（尾）の閉回路をつくり強い電流を捕食者の脚に送り込む．

弱い電気による電気的行動　モルミルス目と（デンキウナギ1種を除く）デンキウナギ目の弱電気魚は，1V程度の弱い電気を電気定位行動と電気コミュニケーション行動の両方に用いる．電気定位行動では，電気器官からの電気がレーダーのように働く（図2）．魚の近傍に獲物や物体があると，発電によってできた電場にわずかなひずみが生じる．このひずみは体表に多数存在する電気受容器で捉えられ脳の電気感覚系へ送られ，獲物や物体の位置・大きさ・形・電気的性質などの詳細な情報が認識される．電気定位の優れた感覚能力は，視覚に頼ることのできない夜行性の弱電気魚において重要な役割を担う．個体間で電気信号を授受する電気コミュニケーションには，個々の発電パルスの波形が情報を担うモードと，パルス間隔の時系列パタンが情報を担うモードとがある．パルス波形によるコミュニケーションはモルミルス目の弱電気魚でよく研究されている（図3）．パルスの波形はそれぞれの個体ではほぼ一定であるが，個体の種別・性別・発生段階により大きく異なる場合があり，波形の違いが種内における性の認識や種間での生殖隔離に利用される．パルス間隔の時系列によるコミュケーションはデンキウナギ目の弱電気魚の求愛行動，産卵行動，攻撃行動中によく観察される．通常はほぼ一定のパルス間隔が急激に変化し，変化のパターンには，発電周波数の急激な増加や減少，断続的な発電停止，強さの違う多数のパルスを通常の時系列にはめ込むチャープなどがある（図3）．　［川崎雅司］

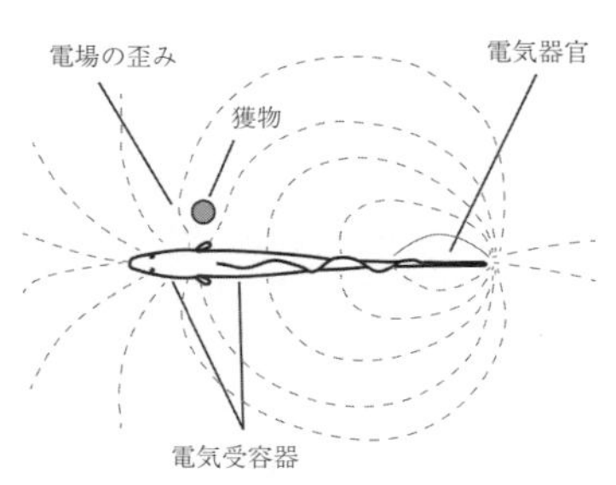

図2　電気定位行動　電気器官からの発電によって魚の周りに電場（点線）ができる

パルス波形によるコミュニケーション
（モルミルス目）［Sullivan et al., 2001 を改変］

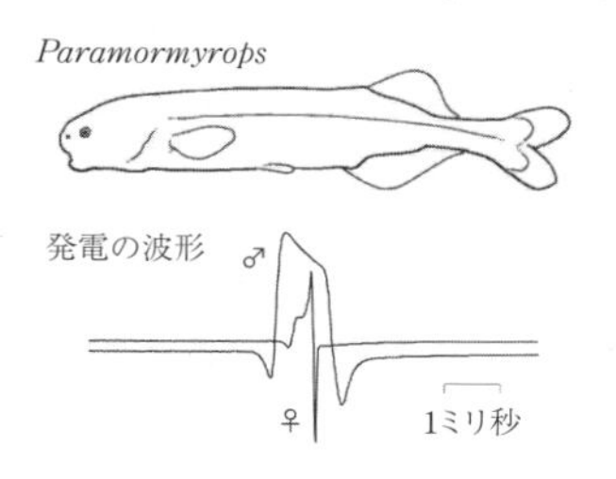

チャープによるコミュニケーション
（デンキウナギ目）

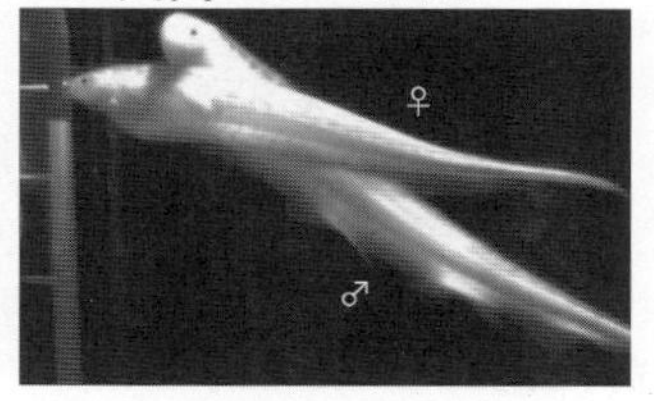

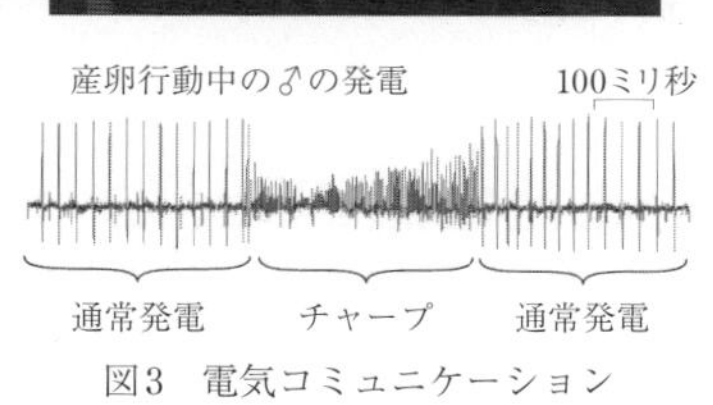

図3　電気コミュニケーション

発　音

クジラやイルカと同じように，一部の魚類も水中で音のコミュニケーションをとっていることはあまり知られていない．発音魚の研究の歴史は古く，紀元前にアリストテレス（Aristotle）は数種の魚が発音すると記している．その科学的な研究は19世紀中期に再開され現在に至っている．現在までの研究成果から，発音魚は「特別な発音器」で音を出す魚種と定義されている．そのため遊泳音や摂餌音を出す魚を発音魚とは呼ばない．ここでは，どんな魚種が発音するのかを最初に述べ，次いで発音器の構造とメカニズム，最後に発音の機能（役割）について概説する．

どんな魚種が発音するのか？　無顎類と軟骨魚類が発音するという報告はない．硬骨魚では，チョウザメ類，ポリプテルス類が発音するがその発音器はまだ記載されていない．真骨類では，コイ目（ミノウの仲間），カラシン目（ピラニア），ナマズ目（ギギ類など多数）など，正真骨類では，マトウダイ目（マトウダイ），タラ目（タラ類など多数），キンメダイ目（イットウダイ），ヒウチダイ目（マツカサウオ），アシロ目，ガマアンコウ目，ハゼ目，カワスズメ目，スズメダイ類，アジ目，キノボリウオ目，ヨウジウオ目（セミホウボウ），スズキ目（ハタンポ，イシダイ，コトヒキ，キントキダイ，チョウチョウオ，ニベ類），カサゴ亜目（カサゴ，ホウボウ）などの多様なグループが発音魚とされている．以前は現生魚（約3万種）の10％前後が発音魚とされていたが，最近は魚類の30％前後が発音魚と推定されている．

発音器の構造とそのメカニズム　発音器は，効果器の1種であり，大部分の魚種は，①発音筋の振動と②骨部の摩擦で発音する．発音筋は鰾（うきぶくろ）に付着する特別な筋（横紋筋）で，その振動の際，鰾は共鳴装置と

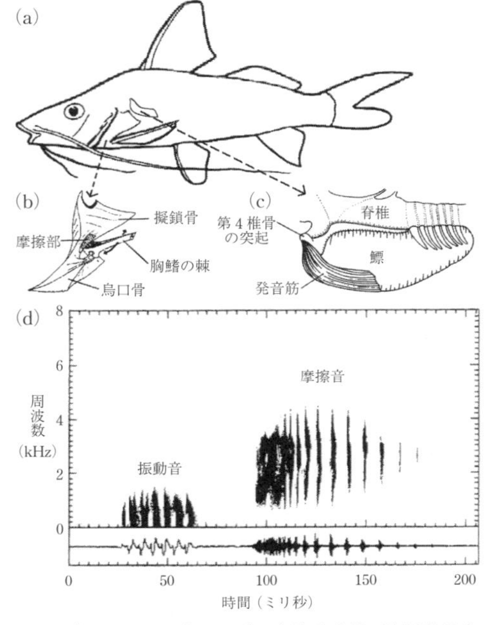

図1　ピメロドゥス科ナマズの摩擦発音器，筋振動発音器とその鳴音［宗宮，2002とFine et al., 2003を改変］

して働く．ピラニア類，ナマズ類，マトウダイ，タラ類，イットウダイ，マツカサウオ，アシロ類，ガマアンコウ類など発音魚の多くはこの筋振動型発音である．一方，骨部の摩擦は胸鰭棘とその棘基部の受け皿となっている擬鎖骨の摩擦によって発音するもので，この摩擦音も胸鰭筋の収縮による棘の開閉で発音する．ここでは，ナマズ類を例に摩擦発音と筋振動発音について解説する（図1）．不思議な事に，熱帯性のナマズ類であるピメロドゥス科，ドラス科，サカサナマズ科などは，胸鰭摩擦発音器（図1b）と鰾に付着する筋振動発音器（図1c）の2つの発音器を持つ．図1dに，ピメロドゥス科のナマズの摩擦発音器，筋振動発音器とそこから出る音のオシログラムとソナグラムを示した．この図から摩擦音の主な波長成分は1〜4 kHzの高周波で，筋振動音の主成分は1 kHz以下の低波長音であることがわかる．また，このナマズの可聴域は0.1 〜5 kHzなのでこの摩擦音・筋振動音を聞くことができることもわかっている．

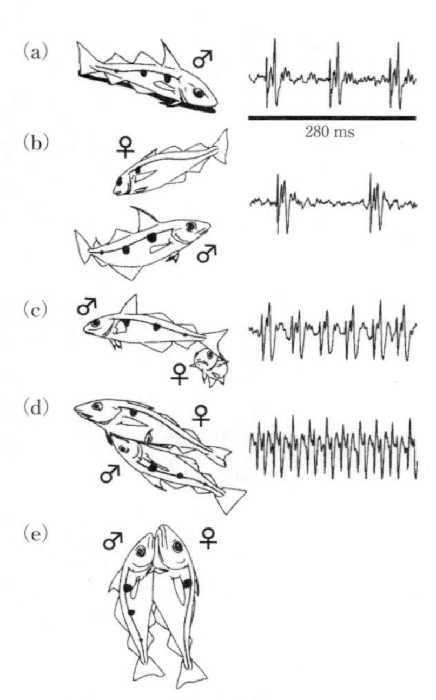

図2　コダラの産卵行動とオスの発音
［Mann et al., 2008を改変］

発音の機能　魚類の発音には主に2つの機能（役割）がある．1つは「威嚇音・警戒音」，もう1つは「求愛音」である．威嚇音の特徴はパルス音で継続時間が短い（ミリ秒単位）．求愛音は雄が出すもので，その音はハーモニックな信号音でガマアンコウ類では1時間以上も長く続く．求愛音が知られている魚種は，ガマアンコウ類，スズメダイ類，タラ類，ニベ類がある．図2にコダラ *Melanogrammus aeglefinus* の産卵行動に関連する雄の発音を示した．なわばりを守る雄の警戒音(a)．接近してきた雌を迎える雄のパルス音（b)．雄は左右に身体を揺らし雌を導きながら速いパルス音を連続的に発する（c)．雄は下から雌に配偶行動を仕掛け急速で連続的なハム音を発する（d)．雄は雌に密着し，沈黙の中で卵と精子を同時に放出する（e)．

まとめと展望　最近の研究により（Ladich, 2016)，より多くの魚類が生存と繁殖のために音を使うことがわかってきた．さらに，外洋で育った幼魚・甲殻類幼生が音をたよりに生まれたサンゴ礁・岩礁域に回帰することもわかってきた．発音魚の生存と繁殖に音がどのように関わるかは魚類学の根本に関わる未解決の問題である．

［宗宮弘明］

行動生態学

行動生態学とは，動物の行動や行動が関連した生態のマクロレベルの機能，すなわち適応的な意味についての解釈を，進化論の正しい理解の下に進めようとする学問分野である．1970年代より欧州では行動生態学，米国では社会生物学としてほぼ同時的に発生したが，学問としての大きな相違はない．行動生態学以前の時代における主流であった群淘汰理論（種や集団レベルの有利性を進化メカニズムと考える理論）による行動・生態の解釈の問題点を指摘し，個体レベルあるいは遺伝子レベルの有利性に基づく淘汰理論でとらえることの科学的正しさを啓蒙する大きな役割を果たした．

行動生態学が世に出た背景には，1930年代からの動物行動学（エソロジー）の学問的発展を受けて，動物社会を詳細に調査する野外研究がさまざまな動物群で精力的に進められ，群淘汰理論では説明のつかないさまざまな行動や生態の実態に関する情報が集積したことが大きい．また，遺伝学や分子生物学の発展により進化メカニズムの基盤理解が大きく進み，改めてダーウィン（Darwin, C. R.）による進化論，すなわち自然淘汰説の再評価が同期的になされたことがある．

⁂動物行動学から行動生態学へ　行動生態学は，個体に注目する研究視点で動物行動研究の礎を築いたエソロジーの1つの発展形態である．エソロジーでは，動物の本能行動の発現機構（鍵刺激）についての研究が盛んに進められ，生理学と生態学をつなぐ学問分野として数多くの成果をあげた．生理学的な面についてはより詳しい体内発現機構を探索する神経生理学などの学問の発展につながった．一方，行動の進化的意味についてはエソロジーでは十分な考察がなされなかった．その不足を補う役割を果すべく発展したものが，行動生態学である．すなわち，動物の行動や生態に関する究極因（進化的意味）を探索する生物学的研究が行動生態学である．

行動生態学がエソロジーから継承し，その学問の核となった重要な指針がある．1973年にノーベル医学･生理学賞を受賞したエソロジー創始者の一人，ティンバーゲン（Tinbergen, 1963）は「生物に対するなぜ」という問いかけには，4つの異なった答えが存在することを提示した．それは，機能（究極因），直接の原因（至近因），行動の発達，進化史である．これらの4つの問いかけに対応した学問分野の発展のきっかけが与えられ，そのうちの究極因を追究したものが行動生態学として結実した．

ただし，そのほかの3つの問いかけ，特に至近因の情報は究極因の理解を助けるため，相互関連させる研究姿勢が重要と考えられている．

魚類潜水研究における行動生態学の息吹き　魚類における個体レベルの行動観察や社会関係に注目する野外調査研究は，スキューバ潜水具が一般に普及し始めた1960年代より発表されはじめた．わが国では，エソロジーや霊長類を筆頭とした陸上動物の動物社会研究の成果に影響を受けた若手研究者（大学院生）が臨海実験所や水産実験所をベースに魚類の潜水観察調査に取り組み始めた．

個体識別を施した個体群の長期観察という研究手法を魚類に転用することにより，魚類の行動や生態に関する詳しい研究データが国内外で得られ始め，陸上動物では見られない興味深い現象が次々と発見される中で，それらの持つ意味，すなわち進化的有利性についての解釈が必要となった．そのタイミングが行動生態学の台頭とほぼ同期した．故に，潜水研究第1世代の魚類研究者たちは行動生態学による進化理論の変革を最初に受け止めることになった．

国内で調査が進められた魚類の行動や社会についての潜水研究成果が最初にまとめて掲載された和書が1987年に出版された『魚類の性転換』（中園他）である．クマノミ類，キンチャクダイ類，ベラ類などその後の魚類生態研究のモデル生物がこの時すでに研究対象として取り扱われており，1970～80年代において潜水研究がいかに勢いをもって進められたかが十分に伝わる．その研究成果は行動生態学の視点（個体淘汰）に基づいて解釈されており，同書は日本初の魚類行動生態学の教科書とも呼ばれる．

魚類行動生態学の研究成果　進化的な有利性に基づく理論モデルにより予測を立て，野外調査や操作実験により理論の有効性を検証する，というモデルアプローチの融合した研究展開は，行動生態学を特徴付けるスタイルの1つである．魚類の性転換の適応的意味を説明付ける「体長有利性モデル」はその好例である．繁殖社会の形態によって生涯繁殖成功（適応度）を最大化するための性表現（性転換パターン）が異なることがこのモデルで予測され，数多くの潜水調査研究によってその理論予測の正しさが実証されている．

魚類の見せる多様な行動パターンの適応的な意義を統一的に解釈できるようになったことは行動生態学の大きな貢献である．非なわばり雄によるスニーキングなどの寄生的な繁殖行動や，子育て中の親魚に見られる卵食行動（フィリアルカニバリズム）など，旧来は異常行動と解釈されていた現象の適応的意義が明らかにされている．また，非血縁者による子の保護や，協同繁殖という利他的な現象についても，自然淘汰の視点から有利性を説明付けることに成功している．また，実験的アプローチによる性淘汰（特に配偶者選択）研究や，性転換を含めた性配分研究，子の保護の起源と進化に関する研究，配偶システムの成立機構に関する研究，受精競争（精子間競争）に関する研究など，数多くのテーマにおいて魚類を対象とした行動生態学の研究成果が理論進展に大きな貢献を果たしている．

［坂井陽一］

漁具と魚の行動

水界の生物を漁獲するために使う道具を漁具といい，釣り漁具と網漁具に大きく分類される．対象とする生物としては魚類・軟体動物類・甲殻類などの食用とする動物から海藻類までの多岐にわたり，それぞれの生息場所や生態に対応させた構造や操業方法の漁具に発展してきた．漁具に対する魚の行動について漁獲過程としての理解も進み，一網打尽を目指した大量漁獲のための技術から，漁獲選択性の向上や混獲投棄の削減といった方向への技術展開が進められてきた．

漁獲過程の理解　水中に置かれた漁具の構造や動きによってさまざまな人為的な刺激が発生する．魚がこれらにどのように反応するかを刺激–反応系としてとらえ，漁獲の過程を理解し，効率性を高めるための研究が行われてきた．この仕組みは入力系（受容体）と出力系（作動体）から成り，刺激を視覚・聴覚といった感覚器官によって受容し，中枢神経系による判断を経て釣り餌や漁灯の照射域に接近し，あるいは漁具を回避するといった行動となる（図1）．もっと単純に，魚体周辺での水の乱れや障害物の接近に対しては，中枢神経を介さずに反応する反射も主要な行動パターンとなる．このような漁具からの刺激に対する魚の反応について，仕組みを理解せずとも漁獲できていた段階から，感覚器官の特性と期待される反応の程度を理解して行動を制御し，漁業・養殖や資源管理・増殖に応用することが近年の研究の流れとなっている．

人為的な刺激に対する反応　漁具をどのように使うかを漁法といい，漁具に対する魚の行動を基にして漁獲の法則性を考えるものである．すなわち，漁具の実際の効果を高めるために狭い水域に集め，そして漁具を操作しやすい場所へ移動させるといった漁獲条件を創出する手法があり，威嚇・誘引・遮断・陥穽の4通りの漁法が組み合わせて使われる．誘引漁法は光や餌料，そして魚礁や浮き魚礁などに集まる効果を期待し，これとは逆に威嚇漁法では刺激から遠ざかり，回避する効果を期待している．移動行動が解発された次の段階では遮断漁法が活用される．網漁具の多くが群れの移動行動を遮断する機能を持ち，底引網の手綱や袖網では魚群を網口へ追い集め，また定置網の垣網では運動場へ誘導する機能を持つ．漁獲の最終段階が陥穽漁法(かんせいぎょほう)であり，籠や定置網の箱網のように狭い場所に閉じ込め，逃げにくい状況にするもので，漏斗網(ろうとあみ)や登り網といった構造上の工夫を踏まえて，網目に刺させ，絡ませ，掬い，そして釣る，刺すといった漁具の操作で水中から取り上げて，漁獲が完了する．

行動制御の実際　漁獲の効率を高めるためには漁具と漁法の組合せによって，どの段階で，どの機能の向上を目指すのか，対象種の生息場所と行動特性に合わ

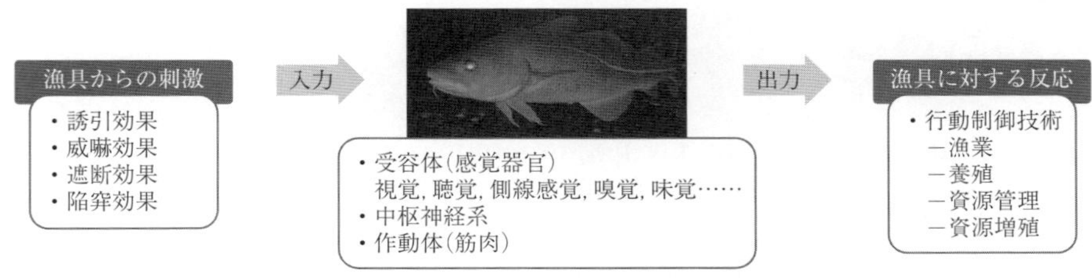

図1　刺激に対する反応の入力系と出力系

せた視点が重要である．威嚇と誘引のために使う刺激については感覚器官の生理学的特性を理解し，どのように反応するかを期待することになる．例えば適当な強さの光が誘引効果を持ち，強すぎる光やストロボ光のように短周期で点滅する場合には威嚇効果となる．さらに昼夜の時刻や水深，そして水域の透明度といった環境条件によって刺激の効果は変化し，対象とする生物種や成長段階によって異なる反応が考えられる．このように漁具の存在や接近に気付き，そして漁具を回避する能力について感覚や運動の生理学からの研究展開が有効である．

遮断効果について，底曳網や巻網のように漁具を積極的に移動させて使うものでは網地を見えやすくして包囲する段階がある．一方，漁具をあらかじめ設置しておき，待って獲る受動的な漁具の中でも，刺網では網地が見えないままに近傍まで来て網目に刺さり，絡むことになる．しかし，定置網の垣網では網地に沿って深い方向へ移動することを期待しており，実際には通過できるような大きな網目でも群れに対しては誘導の効果がある．こういった網漁具に対する反応については水中で漁具がどのように見えているのかを考えることになる．漁具の特性としては，網地を構成する網糸の太さや色，そして網目の大きさによって背景となる水界の明るさや水色とのコントラストが関係する．対象生物の視覚機能としては，網膜上の視細胞の分布状況から視力を推定することができるし，明順応であれば形状や色彩，そして移動する物体を見分けることができるのに対し，暗順応状態では視覚機能の劣ることも理解されている．

行動制御の今後の応用　対象魚と非対象魚，そして成魚と未成魚・幼魚での体形状や大きさ，感覚機能と反応特性の違いをもとに漁獲選択性を高めるための技術開発が行われてきた．網目の大きさによって漁獲物の大きさを選別する網目選択性に始まり，底引網では小型の幼稚魚とエビ類を網内で選別し，不要のものを排出するための混獲防除装置の開発も進み，その過程では逃がした小型魚の生残性を考慮する必要も強調されてきた．しかし，生態系アプローチによる漁業管理の方策を考える中で，必要な魚種や大きさだけを狙った過度な選択漁獲によって，生態系の構造や機能が変化してくることを問題視する動きも始まっている．

［有元貴文］

行動観察法

水中で生活している魚類の行動を観察するためには，観察者が水中に入るか，対象魚を水槽内に収容する必要がある．野外における直接観察では水深の浅い水域に生息する定住性の高い種が，水槽観察では小型で飼育が容易な種が対象とされることが多い（大型遊泳性魚類については ☞項目「行動記録法」）．いずれの場合も目的に応じて対象魚の自然な行動を観察できるようにすべきである．

野外観察　野外で魚類の行動を直接観察するには，その水域の透明度が十分に高いことが絶対条件である．野外観察にはシュノーケリングもしくはスキューバが用いられることが多い．シュノーケリングは，水中マスクとシュノーケル，フィン（足ヒレ）を着用して，水面に浮かんだ状態で，あるいはごく短時間水中に潜って観察する方法である．主に水深2～3 mまでの浅所での観察に適している．スキューバ潜水観察は，潜水器材と技法の発達に伴って1960年代頃から水中観察研究に用いられるようになり，魚類の行動観察研究を飛躍的に進歩させた．スキューバ潜水では魚と同じ目線で3次元的に観察が可能であり，魚の細かな行動を詳しく観察する場合は浅所でもスキューバ潜水が適している．ただし，1回に潜水可能な時間は空気タンクの容量や安全基準などにより1時間程度に制限される．いずれの潜水方法も重大事故につながる危険性があるため，国や研究機関の安全基準を厳守し，十分な訓練と準備を行った上で実施する必要がある．人による潜水が困難な大深度水域では潜水艇を用いた行動観察も行われている．河川やタイドプールなどのごく浅い水域では，陸上からの観察も可能であるが，風や雨の強い日は水面が波立つため観察には適さない．

水中で行動を記録するには，耐水紙と鉛筆を用いる．耐水紙はアクリル板などに耐水テープで貼り付け，鉛筆も流されないようにヒモで板に固定する（図1a）．個体の空間配置を調

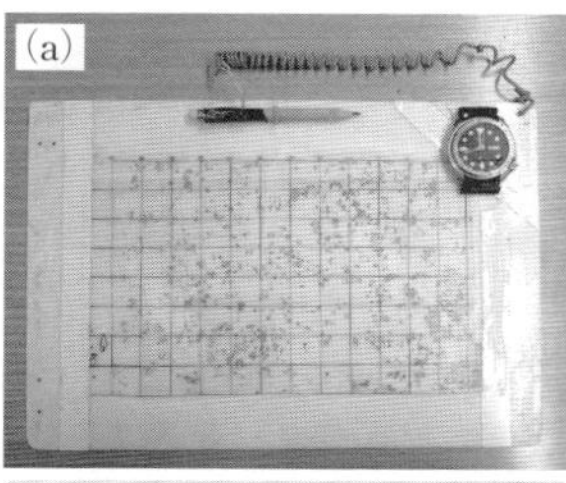

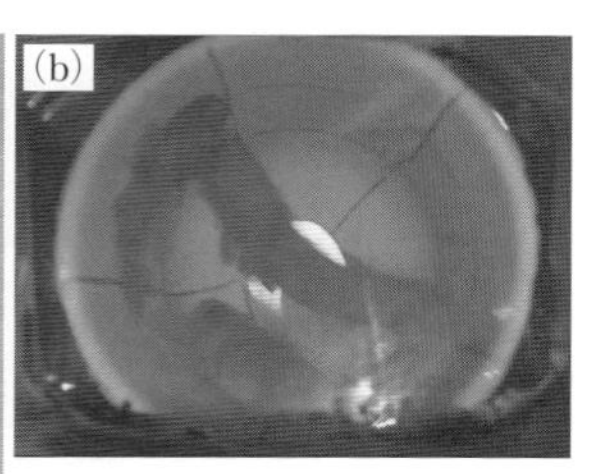

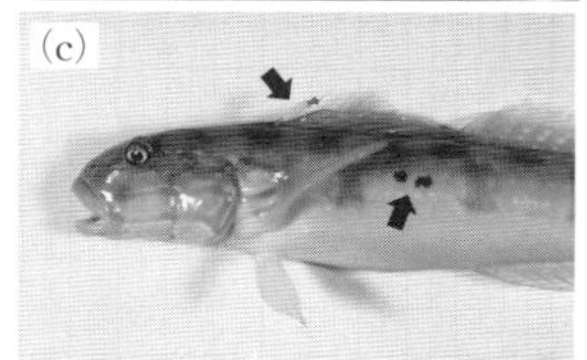

図1　(a) 野外潜水観察に用いる記録ボードの例．(b) 水槽内の人工産卵巣内でクモハゼ *Bathygobius fuscus* の繁殖行動を，ビデオカメラの暗視撮影機能を利用して撮影（右上：ペア雄；下：産卵中のペア雌；左上：ペア雄に噛み付かれたスニーカー雄）．(c) サザナミハゼ *Valenciennea longipinnis* の人為標識の例：第1背鰭前方に手芸用ビーズを釣り糸で縫い付ける方法と，体側皮下にアクリルペイントを注入する方法を併用

査する場合は，調査地の海底地図を事前に作成して耐水紙に印刷しておく．水中カメラや水中ビデオカメラの安価化，小型化，高性能化も水中行動観察を大きく変容させた．陸上観察では当たり前のことであるが，観察個体から離れていてもズーム機能で鮮明な映像が記録できるほか，水中にカメラを固定すれば観察者がその場にいなくても記録が可能である．比較的広範囲を遊泳する魚種では，観察者がGPS受信機を装備して水面を泳いで追跡すれば，おおよその行動圏を記録できる（Nanami et al., 2008）．また，夜行性の魚種では，夜釣りに利用されるケミホタルなどの小型化学発光体を魚体に装着すれば，その光を目印に夜間に行動を追跡できる．さらに，液晶タブレットを防水ケースに収容すれば，水中で観察対象個体の個体識別写真や過去のデータを参照することも可能である．

水槽飼育観察　野外観察が困難な場合や対象魚をより近くから観察する必要がある場合，さまざまな条件が個体の行動に与える効果を検討する場合などは，水槽飼育観察が有効である．例えば，閉鎖的な産卵巣内で繁殖するハゼ類の産卵行動は，水槽内に設置した人工巣内を暗視機能付カメラで撮影することで観察が可能である（図1b）．また，雌の配偶相手へのえり好み現象は，水槽内で配偶相手以外の条件をそろえた二者択一（お見合い）実験により検証が進んだ．その一方で，水槽観察は閉鎖的で単純な環境条件下で行動を観察していることに留意し，個体の行動圏の測定や，他個体や資源の分布に影響される配偶システムの調査，捕食圧や餌条件に依存する死亡率や成長率などの測定には注意が必要である．水槽内での行動観察を円滑に遂行するには，魚種や観察目的に応じて水槽のサイズや個体数密度，水質など適切な飼育環境を整えることが重要である．

個体識別　魚類の生態研究，特に行動生態学分野においては個体レベルの変異を調査対象とすることが多く，観察対象種の個体識別の必要性が高い．個体識別には，魚体の斑紋や傷痕などの特徴で識別する自然標識法と，魚体に標識を装着する人為標識法がある．自然標識法は，個体に負担を与えない優れた方法であり，捕獲や標識が難しい種で特に有効である．人為標識法には，魚体に小型の標識（リボンタグやアンカータグなど）を装着する方法，体表下にアクリル色素などを注入する方法，鰭や棘条の一部を切除する方法などがある（片野他, 2010）．標識の装着は個体の行動に少なからず影響があると考えられ，魚種や目的に応じてその影響を最小限にする標識を選ぶべきである．また，倫理的な面を考慮して，標識装着時は麻酔をかけるなど個体の苦痛を最小限に抑える手段を講じるべきである．

いずれの方法においても，対象とする特徴や標識の持続性を事前に検討しておく必要がある．例えば，巣穴に頻繁に出入りする種や砂に潜って生活するような種では，外部標識に力が掛かって脱落しやすい傾向がある．個体識別をより確実なものにするためには2種類以上の識別方法を併用することが望ましい（図1c）．

［竹垣 毅］

行動記録法

魚類の季節回遊や鉛直的・水平的な移動といった行動を記録する方法にバイオロギングがある．バイオロギングとは，動物に計測機器（データロガーや発信器）を装着し，人間が直接観察することができない行動・生理情報を環境情報と同時に記録する手法のことである（バイオロギング研究会, 2009）．バイオロギングはもともと，海獣類などの大型哺乳類の潜水行動研究のために開発された手法で，当時の計測機器は大型で，水深や水温などの環境情報のみをアナログ的に記録していた．近年のマイクロエレクトロニクスの発達に伴い機器の小型化が進み，本手法が魚類へ適用されるようになってきた．センサーの多様化，データの大容量化に伴い，速度，加速度といった魚の運動情報（☞項目「空を飛ぶ魚」），照度，地磁気といった環境情報，静止画・動画や体温，心・筋電位などの生理情報の計測も可能になってきている．魚類においては，行動の妨げにならないよう，装着可能な機器の重量は個体の体重の2%以下が望ましいとされている．

記録されたデータはデジタル化された物理量であるため処理は比較的容易であるが，膨大なデータから目的とする行動を抽出するにはユーザーの工夫が必要になる．動画は魚の行動を直接映像として記録したデータであるため，行動自体を視覚的にとらえやすいが，解析を行うには定量化する必要がある．バイオロギングは発信型と蓄積型に大別される．

発信型　一般的にはバイオテレメトリーと呼ばれる．小型発信器を対象魚に装着することにより，個体の位置，環境・生理情報などを超音波信号として発信する手段である．信号の受信方法は，船舶による追跡型と受信機係留型に分けられる．追跡型の場合，天候に左右されるなど多大な労力を強いられるため，長期間にわたる追跡や，開放的な海域での調査では複数個体を同時に追跡することは難しい．係留型は受信機の受信範囲に対象魚がいることが条件となるため，ある程度の設置数が必要である．

蓄積型　内部ICメモリーに水温，塩分，圧力，照度などの環境情報，速度，加速度などの運動情報，体温などの生理情報を記録する小型記録計を対象動物に取り付けることにより，長期間にわたる高精度の情報を得る方法である．最近は記録計を魚から切り離して水面に浮上させ，記録計に記録さ

図1　小型記録計を装着したサケ *Oncorhynchus keta* の産卵行動［撮影：牧口祐也］

れたデータを人工衛星に電送する手法も実用化されている（ポップアップタグ）．発信型に比べ長期間，高精度のデータを取得できるが，記録計を一定期間の後に供試魚から切り離すか，漁業などで再捕して回収する必要がある．漁業などで再捕する場合，再捕率を考慮して多数放流しなければならないため，費用もかかる．

経緯度推定原理　電波は海水中では通じないため，魚の位置（経緯度）を探るためにはGPSなどは使えない．そのため発信型（係留型）では，受信機を複数台設置することで，送信音波信号の到達時間差から双曲線測位の原理を利用して，発信器を装着した魚の水平位置を推定する手法が確立されている．蓄積型においては，記録計に記録された照度データを用いて1日ごとの位置を推定している．照度データより推定された日出・日没時刻から算出されるその日の南中時刻より経度を，日長より緯度が算出できる．実際のところ位置推定には誤差が生じるため，同時に計測される海表面温度データを衛星画像情報などと照合して，時には，対象魚の1日当りの移動可能範囲や水深なども考慮に入れて，推定値を補正する．

将来発展性　日本近海における重要な漁業資源となっている回遊魚に関し，適正な資源管理を行う必要が生じているが，その基礎となる行動や回遊に関する生物学的知見はいまだ不足している．回遊などについての至近的，究極的，発達的，系統進化的要因を明らかにしていくためにも，魚の行動を直接計測できる本手法にかかる期待は大きい．彼らの行動を，周囲の環境といった外的要因に対する内的（生理的）反応を介した応答としてとらえる考え方も依然重要であり，そのためには生理現象を計測するセンサーの開発も重要となってくる．このような生理センサーなどの多様化は，養殖施設や水族館などの飼育施設での健康診断といった応用にもつながる．

本手法の技術的な課題として，1つの記録計・発信器からは基本的には単個体の情報しか入手できず，機器も高価で放流数に限りがあるため，機器の回収数や取得データが制限されることがあげられる．機器自体も魚類に装着するには依然として大型で，データ容量が小さく，バッテリー寿命が短いといった問題もある．こういった問題を解消するため，近年，低価格・大容量の小型および多機能の記録計，音響通信技術などを駆使したデータの回収率を高めるための技術開発も進められている（宮下他, 2014）．その中で，個体間の双方向音響通信技術などにより1度に多個体の行動を計測することが可能になってきており，実用化されればデータ回収率の向上のみならず，群れ（集団）としての魚の動態の把握にもつながるため，技術の進展は気候変動に伴う分布域の変化，漁場形成要因の追究といった面などでも重要な役割を果たしていくと思われる．得られる情報も今後はビッグデータと呼ばれる規模になってくると考えられるため，クラウド上でのデータベースシステムや機械学習などのAI技術を導入した大規模データの解析基盤の整備などが必要となってくるであろう．　　［北川貴士］

空を飛ぶ魚

トビウオ類は水面を滑空できる唯一の魚類であるが，トビウオがなぜ飛ぶのかという問いに対する決定的な答えはいまだ見つかっていない．有力な説として，しばしばシイラやサメなどの大型魚類から逃避する姿が観察されていることから，捕食者からの逃避があげられる．

トビウオの空力学的な特性に関する形態学的研究から，4枚羽を持つハマトビウオ属 *Cypselurus* は胸鰭と底の平らな体の構造によってより大きな揚力を得ていることがわかっている．模型を用いた風洞実験で羽の周りの空気の流れを可視化することにより，最大揚力を得るために胸鰭が最適化されていることがわかっている．水中での推進力は，尾鰭もしくは体の後方の往復運動によって発生し，一度空中に飛び上がると尾鰭下葉の左右方向の往復運動によって推進力が維持される．滑空速度が低下すると下葉をさらに往復させることで速度を維持し，滑空を継続することができる．これをタキシングと呼ぶ．高速度カメラ撮影により，トビウオが秒速10.0 mで水面から飛び出し，尾鰭の下側にある下葉で舵を取り秒速15～20 mの速度を維持しながら，最大50 mの距離を滑空していたという報告がある．

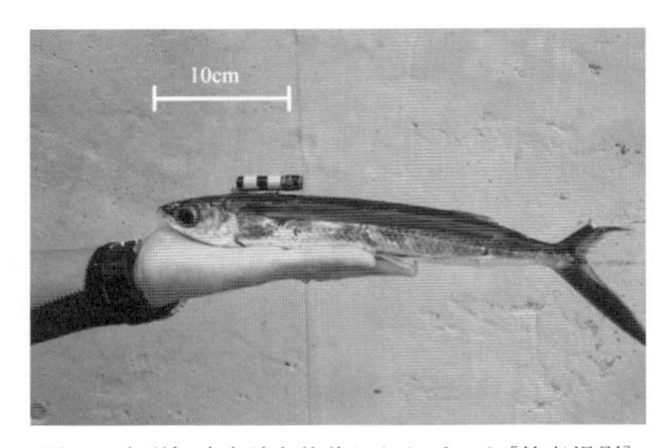

図1　小型加速度計を装着したトビウオ［筆者撮影］

近年，バイオロギング（☞項目「行動記録法」）による直接飛翔行動の計測が試みられている．サメ（ツマグロ *Carcharhinus melanopterus*）が遊泳している水槽へ，複数軸計測が可能な重量9 gの加速度計を装着したツクシトビウオ *Cypselurus doederleini*（図1）を放流し，ツマグロから逃避する飛翔行動を計測した．飛び出し角度30.0°で，胸鰭に働く揚力が最大になり，飛び出し速度は秒速10.0 mになる．加速度の解析から，飛び出し角度は20.0 ± 3.3°で，飛び出し速度は秒速3.9～5.2 mであった．過去の報告と異なる理由として，トビウオが周りの環境を認識してみずからの飛翔行動を制御していた可能性があげられる．トビウオは十分な光がある表層に生息しているが非常に大きな目を持っている．これはトビウオが生息環境において捕食者の認識をはじめとする環境認識の多くを視覚に頼っている可能性を示している．つまり，外洋に比べて非常に狭小な水槽の大きさを認識して飛翔する力を抑えていたのかもしれない．

［牧口祐也］

雄が出産するタツノオトシゴ

口腔内や体表で体外運搬型の卵保護を行う魚類は23科で知られているが，タツノオトシゴに代表されるヨウジウオ科魚類の雄の育児嚢（いくじのう）による卵保護は，保護機能の多彩さにおいて他とは一線を画する．哺乳類の妊娠になぞらえて，ヨウジウオ科魚類では，育児嚢からの仔魚の放出を出産と呼ぶことがある（図1）．

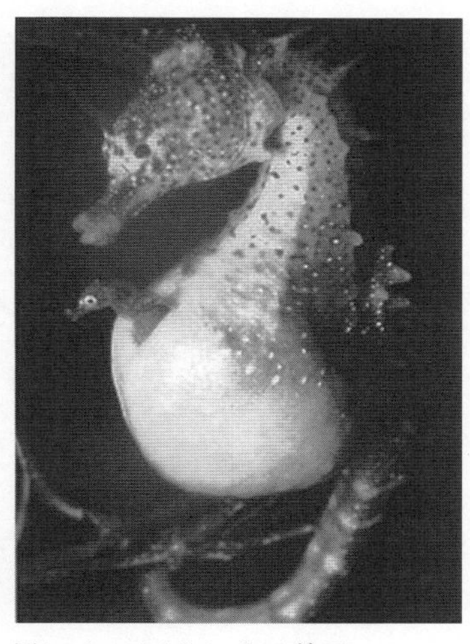

図1 タツノオトシゴの1種 *Hippocampus breviceps* の雄の出産［Kuiter, 2009］

57属300種からなるヨウジウオ科全てで，雄の尾部または腹部には卵保護のための特別な構造である育児嚢が発達する．その構造には種間変異があり，タツノオトシゴのように完全な袋状のものから，単に体表に卵を付着させるものまでさまざまである．胚発生速度は水温に依存しており，抱卵期間は水温の高い熱帯域で9日，水温の低い高緯度域で2カ月に及ぶこともある．哺乳類の妊娠維持に働くプロラクチン（脳下垂体前葉から分泌されるホルモン）が，タツノオトシゴの卵保護でも重要な役割を果たしており，脳下垂体切除によりプロラクチンの生成を阻害すると，育児嚢の崩壊や即時的な中絶を引き起こすことが知られている．

鰓において浸透圧調節に働く「ミトコンドリアの多い細胞」が，育児嚢にも存在することがヨウジウオの1種で報告されている．育児嚢内の浸透圧は雄親の血液と等張に保たれており，河口域のような塩分変動の激しい環境での胚の発生を助けている．卵を完全に内包する閉鎖的な育児嚢を持つ種では，育児嚢内表皮に血管が密に発達する．これは胚と雄親の間のガス交換のためだと考えられており，胚に接する育児嚢内表面の細胞には微小突起が発達してガス交換を行うために表面積を広げている．また抱卵中のタツノオトシゴでは，抗菌活性のあるC型レクチンが育児嚢内に大量に分泌されていることが明らかになっており，胚の免疫システムが確立するまでの期間，生体防御の役割を担っていると考えられている．ほかの魚類と同様に，ヨウジウオ科魚類でも胚発生のための栄養のほとんどは卵黄から供給されるが，育児嚢を介して雄親から胚に栄養供給が行われていることが，放射性同位体を用いたトレーサー実験により確かめられている．また反対に，育児嚢を介して胚の栄養を雄親が吸収する，いわゆるフィリアルカニバリズムが起こることもある．

［曽我部 篤］

ブダイの寝袋

図1 ナンヨウブダイ *Chlorurus microrhinos* の寝袋［写真：aflo］

サンゴ礁に棲むブダイ類は，夜になるとサンゴの下などに隠れ込み，口や鰓から粘液を出す．粘液は胸鰭によって体の後方へ送られ，やがて体全体が透明な粘膜で包まれる（図1）．この粘液の「寝袋」の機能については，自分の匂いを閉じ込めて，ウツボ類など夜行性の魚食性魚類に気付かれないようにしているといわれてきたが，寝ている間にウミクワガタ類などの外部寄生虫が体表に付くのを防ぐ効果があることが，実験的に証明されている．ここでは行動に関する章のまとめとして，スジブダイ *Scarus rivulatus* を例に取り上げて1日の行動を追ってみる．

夜明けとともに寝袋から出て泳ぎだしたスジブダイは，まず礁縁の産卵場所に向かう．朝6時すぎから多くの個体が集まってくる．大きな雄はなわばりを持ち，中層で求愛のダンスを踊る．誘われた雌が底から上がってくると，ペアで寄り添って上昇し，放卵・放精する．受精卵は潮に流されていく．雌はすぐに底に降りて，産卵場所を離れ，摂餌場所に向かう．雄はなわばりに残って，次の雌が来るのを待つ．一方，なわばりを持てない小さな雄たちは，10尾前後の群れをつくって雌を追尾し，集団で上昇するグループ産卵を行う．

9時前になって雌がほとんどいなくなると，雄も産卵場所を離れて岸に向かって数百mも移動する．なわばり争いをしていた雄たちも，摂餌場所では群れをつくり，海底のサンゴをかじる．スジブダイがかじるのは生きているサンゴではなく，死んだサンゴの枝やサンゴ起源の石灰質の岩盤である．そこには糸状の藻類が生えており，オウム（ブダイの英名はパロットフィッシュ）の嘴（くちばし）のような歯板で石灰質ごとかじり取る．そして，消化できなかった石灰質を白い糞として撒き散らす．これがサンゴ礁の白い砂浜のもとになる．

摂餌の際には他のブダイ類や，同じく藻類食のニザダイ類などと異種混群をつくることもある．多数で群れた方が藻類食魚のなわばりに侵入しやすいので，協力行動と見なすことができる．また，摂餌の合間にホンソメワケベラ *Labroides dimidiatus* のクリーニング・ステーションを訪れて，昼間に付着した寄生虫を駆除してもらうこともある．

やがて日没が近付くと，群れでリーフエッジに向かい，それぞれの寝床に隠れて寝袋をつくる．繁殖し，摂餌し，他種と共生し，敵や寄生虫から身を守ることが，彼らの日課である．

［桑村哲生］

7. 生　理

生理とは生物個体が生きていくために示す生命現象で，個体が生命を維持しながら成長し生殖によって子孫を残すという，生物が持つ根源的な現象をはじめとして，外部からの刺激や環境変化に対する反応まで，さまざまなものがある．生理現象が起きる直接的な仕組みを器官・組織・細胞・分子のレベルにまでさかのぼって探る学問分野が生理学である．本章では，魚類が持つ生物としての根源的な現象，水中生活者として特有の現象，多様な環境への適応的な現象，特定の分類群に特有な現象に関して，生理学の立場から解説した．魚類の生理学は食料としての産業応用から発展した分野でもあり，この点も考慮して項目を設定した．

［古屋康則］

多様な呼吸法

　水中は空気中と比べて酸素の濃度が約30分の1しかなく，しかも酸素の拡散が非常に遅い．このため，水がよどんだ湖沼や内湾では夏季を中心として，しばしば貧酸素環境が発生する．さらに水は空気より800倍も重く，粘性が高いため，陸上動物と比べて魚類は多くのエネルギーを呼吸のために必要とする．このように呼吸の面で不利な環境に住む魚類の鰓(えら)は，脊椎動物の呼吸器官としては最も呼吸効率が高くなっている．

鰓呼吸　魚類の鰓の呼吸効率が高い理由は，①水がいつも口から入って鰓孔から出ていく，一方向の流れを持つこと，および②血液と水が接する二次鰓弁(にじさいべん)では水の流れる方向と血液の流れる方向が相対する対向流システムを持つこと，が主な理由である．このような特徴を持たない陸上動物の肺は，流入する空気に含まれる酸素の20%ほどを取り込むにすぎないが，魚類の鰓は30～80%もの高効率で酸素を吸収できる．心臓から鰓に入ってくる静脈血は，二次鰓弁を通過する間に周囲の水から酸素を受け取り徐々に酸素分圧を増していくが，対向流があるため血液は常により酸素分圧の高い水と接することになる．また，魚類の鰓は呼吸を効率的に行うため，表面積が非常に大きく，水と血液を分ける細胞層が非常に薄く（1～数10 μm）なっているが，これは同時に水と血液の間で酸素以外の物質（イオンや水など）の移動も起こりやすいことを意味する．そのため，鰓は肺とは異なり，陸上脊椎動物では腎臓が行っている体液のイオン調節や窒素代謝物（アンモニア）の排泄，さらには体液pHの調節などの多様な機能を併せ持っている．

皮膚呼吸　魚類の皮膚は，陸上脊椎動物の皮膚と異なり生きた細胞でつくられている．種によっては体の最外表面に毛細血管が密に分布して，呼吸に重要な役割を果たしている．多くの硬骨魚類では皮膚呼吸が酸素摂取に占める割合は10～30%程度であるが，ムツゴロウ *Boleophthalmus pectinirostris* やトビハゼ *Periophthalmus modestus* などでは，水中では40～50%，空気中では80%にもおよぶことが知られている．ムツゴロウの皮膚には特殊な血管系があり，鱗の表面にあたる部分に毛細血管が表面から数μmの深さの所に放射状に分布して呼吸の役割を果たしている．しかし，これらの魚類においても，皮膚の血管床が動脈血によって潅流されていること，また皮膚の表面に空気や水を能動的に運搬する機構を持たないことから，皮膚呼吸の効率は鰓よりも低いと考えられる．また，皮膚の呼吸表面を出た血液は，心臓に戻る際に他の組織からの静脈血と混ざることから，酸素運搬系としても効率は高くない．

空気呼吸　3万種を超える現生魚類のうち，約400種が水ばかりでなく空気を用いた呼吸も行うことが知られている．陸上脊椎動物の呼吸器官が肺だけに限られるのに対して，魚類の空気呼吸器官は形態・部位共に多岐にわたる．上記のように，種によっては皮膚が重要な呼吸機能を果たしている場合もあるが，多くの空気呼吸魚では消化管に沿ったさまざまな場所に特殊な呼吸器官が発達している．例えば，口腔や鰓腔部位には，キノボリウオ亜目の仲間が持つ迷路状器官（図1A）やヒレナマズ属の樹状器官（図1B）などがある一方，タウナギ *Monopterus albus* やムツゴロウ，トビハゼでは口腔と鰓腔の内面自体に毛細血管が密集している．また，ナマズ類のアンシストラス属では胃が，同じくナマズ類の *Hoplosternum littorale*（図1C）やドジョウ *Misgurnus anguillicaudatus* では腸が呼吸に使われる．さらに，肺魚類やポリプテルス属は陸上脊椎動物と基本構造が類似した肺を持っており，パンガシアノドン属（図1D）やレピソステウス属などでは鰾が空気呼吸の機能を持っている．ほとんどの空気呼吸魚では，空気の取り込みは口で行われるが，ポリプテルス属では呼吸孔（噴水孔）から空気が取り込まれる．呼吸孔を用いる吸気は，両生類の祖先となったデボン紀の肉鰭類や初期の両生類でも行われていたと考えられており，現生のポリプテルス属で確認されたことは非常に興味深い（Graham et al., 2014）．

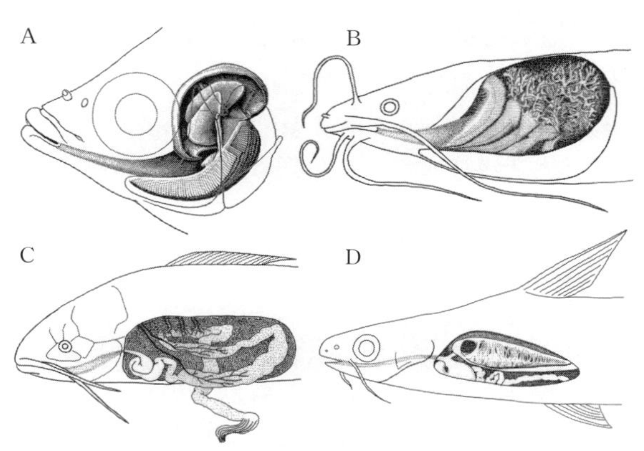

図1　(A) オスフロネムス科の *Osphronemus goramy* の迷路状器官［Peters, 1978］，(B) ヒレナマズ科の *Clarias* sp. の樹状器官［Lagler et al., 1977を改変］，(C) カリクティス科の *Hoplosternum littorale* の呼吸機能を持つ腸［Johasnen, 1968を改変］，(D) パンガシウス科の *Pangasianodon hypophthalmus* の呼吸機能を持つ鰾［作画：村田原］

貧酸素環境に対する反応　鰓は水中の酸素濃度を感受する機能を持っており，魚類は貧酸素水を回避する行動や，水面直下で空気と接していて酸素濃度が高い水を選択的に取り込む「鼻上げ」行動を示す．貧酸素状態では，より多くの二次鰓弁に血液が流入することや，ヘモグロビンの酸素親和性が増すことなどによって，呼吸効率をあげる．キンギョ *Carassius auratus* などでは水中に酸素が十分あり，比較的低温では二次鰓弁の間隙が細胞塊によってほとんど埋まっているのに対して，貧酸素状態や高水温ではこれらの細胞塊が消失して二次鰓弁の表面積が数倍大きくなる．この反応の調節機構はほとんど知られておらず，今後の解明が待たれる．

［石松　惇］

消化の調節と胃の役割

私たちヒトと同じく，魚類も外部から食物を摂取しなければ生きていけない．しかしほとんどの食物は高分子の集まりで，そのままでは吸収しにくい．したがって，食べたものを吸収しやすいように消化して体内に取り込む消化管は，生命維持に欠かせない大切な働きをしており，生きていくための「中心に位置する臓器」と言っても過言ではない．一方で，サンマ *Cololabis saira* やコイ *Cyprinus carpio* といった無胃魚の存在もあるせいか「魚類の胃は生体にとって必ずしも必須ではない」などといわれる場合があり，胃はずいぶんと軽視されている．魚類の胃の役割についてページを厚く割いた書籍も見かけない．そこで本項では，魚食性回遊魚をモデルに胃の役割の一部を概観する．

タンパク質の初期消化の役割　胃では脂肪を分解するリパーゼやデンプンを分解するアミラーゼの活性も検出されることがある．しかしながらこれらの酵素は胃ではなく膵臓由来のものであり，腸からの逆流や，捕食された魚（被食魚）由来との考え方もある．キチン分解酵素も検出されるが，胃の主な消化酵素「ペプシン」に比べると活性は低い．このようなことから魚食性魚類の胃はほぼタンパク質を消化するために特化した消化器官と見ることができる．

野生の魚食性魚類の場合，摂取するタンパク質は主に「生」の魚肉由来である．このようなタンパク質はまず胃内の塩酸で変性を受けることになる．例えばクロマグロ *Thunnus orientalis* の胃内に貯留する胃液のpHは3前後，滴定塩酸濃度は0.06～0.07％である．この強い酸による変性によってタンパク質の高次構造が壊れ，ペプシンの作用を受けやすくなり，タンパク質の断片化が始まる．タンパク質消化酵素はペプチド鎖の内部を切断するエンド型と末端から切断するエキソ型に分けられ，エンド型のペプシンで切断されると末端部分が増える．その結果，腸で行われるペプチド末端からの切断で消化産物がいっそう増えることになり，消化吸収の点で有利となる．短い腸管を持つ魚食性魚類では，胃のタンパク質初期消化のおかげで効率の良い腸内消化吸収を実現できているのだろう．

魚類もわれわれと同様，血糖値を維持して脳にグルコースを供給する必要がある．しかし，被食魚に含まれる糖質量は少なく，魚食性魚類が血糖値を維持するための糖質源を被食魚に頼ることはできない．したがってタンパク質や脂質の代謝産物を材料に糖新生で血糖値を維持することになる．こういった代謝の特性からもタンパク質は魚食性魚類の主要な栄養源であり，その効率の良い消化吸収のために胃は重要な役割を担っている．

自己消化の誘発の役割　魚食性魚類の場合，被食魚由来の酵素消化（自己消化）も考えておく必要がある．捕食魚由来の胃液酵素は，その分子サイズが制限となって被食魚体内へ拡散しにくい．したがって捕食魚の胃内では，丸飲みした被食魚を表面から消化していくことになる．一方で，H^+ イオンの被食魚体内への拡散速度は消化酵素の拡散速度よりもおよそ1,000倍速いことから，捕食魚の胃内では被食魚体の速やかな酸性化が起こる．自己消化酵素は主に細胞内リソソーム由来の酵素群である．魚体の酸性化によってリソソーム膜の透過性が高まり，酸性条件により被食魚リソソーム由来の酵素群が働き始める（Kuz'mina, 2008）．このようにして被食魚の内部から自己消化が起こる．表面積は体積の3分の2乗に比例して大きくなることから，大きな魚を丸飲みできたとしても，被食魚の表面からの消化のみでは，努力して大きなものを得た割には消化物（栄養素）の生産性が低いことになる．被食魚をいったんとどめて酸性化し，自己消化を誘発する役割を胃が担っていると見れば，胃の役割は無視できない．マグロ類やブリ類のように紡錘体型でコンパクトな内臓を持ち，袋状の大きな胃と体サイズの割に細く短い腸管を持つ回遊性の魚食性魚類にとっては，その高いエネルギー要求を満たす上で被食魚の自己消化の貢献度は高いのかもしれない．しかし，捕食魚胃内での消化に被食魚の自己消化がどの程度貢献しているのか，まだよくわかっていない．

幽門流出量の調節の役割　胃で消化されたタンパク質は断片化されて溶解し，脂質や胃液，粘液などと混合されて粥状になる．そして胃の収縮と幽門括約筋の弛緩によって胃内の糜粥（びじゅく）が腸内へ移送され，胃に続く幽門垂や腸がさらに消化・吸収をする．とはいえ，幽門垂や腸の能力を超える糜粥が一度に大量に入ってきても，消化吸収効率は劣ってしまうので，そこには適量を送り出す機構がある．釣り上げ直後のクロマグロから幽門括約筋が付いたまま胃を摘出し，胃内に水を貯めて内圧を高めても，幽門部から水が漏れ出すことはない．これだけ強固に括約筋で閉じられているということは（図1），幽門に開閉機構があるということだ．胃以外の臓器との連携ももちろんあるだろうが，糜粥が形成されて存在しているのは胃内である．つまり，消化が完了したという情報を胃が知覚して幽門部を開閉し，腸への流入量を調節しているというのが一般的な考え方なのだが，どのように胃内の消化を知覚し，内容物を幽門部から流し出しているのか，詳しい調節機構の解明が残されている．

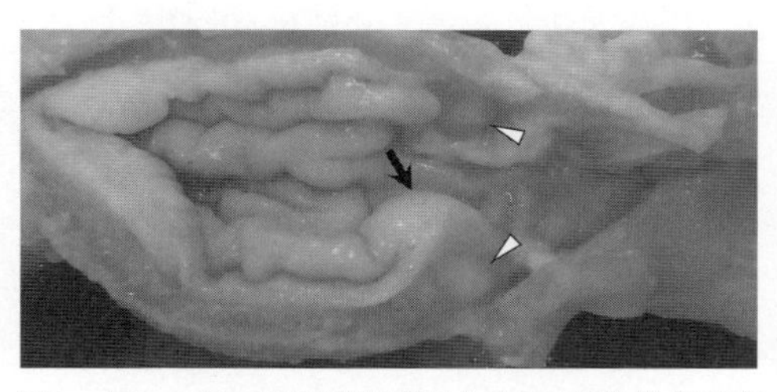

図1　クロマグロの胃の幽門部にあるこぶ状組織（矢印）とその内部の結合組織（矢じり）．この構造が胃の出口を強固に閉じている（左側が胃，右側が腸）［筆者撮影］

［木原　稔］

成長の仕組み

成長は，取り込んだ栄養を骨や筋肉として身に付けることで進む．魚体ではどのように骨や筋肉の合成が進められているだろうか．本項では，魚の成長について内分泌の観点から解説する．

成長に関わる内分泌因子　魚の成長は，哺乳類と同様にホルモン・成長因子などの内分泌因子によってコントロールされている．成長に関わる代表的なホルモンの1つとして成長ホルモン（Growth hormone；GH）があげられる．GHは，脳下垂体で産生された後に，成長ホルモン放出ホルモンによって血中への分泌が促進される（図1）．成長に関わる代表的な成長因子の1つとしてインシュリン様成長因子-I型（IGF-I）があげられる．IGF-Iは，GHの作用によって主に肝臓で産生・分泌される．このIGF-Iの作用によって，骨の形成や筋肉の合成が進められる．そのためIGF-Iの遺伝子発現量や血中量が成長と高い相関を示す．「成長」はこれらの内分泌因子（GH-IGF-I軸）が中心的役割を担い，スムーズに連携することでうながされる（日本比較内分泌学会編，1996．会田，2002）．

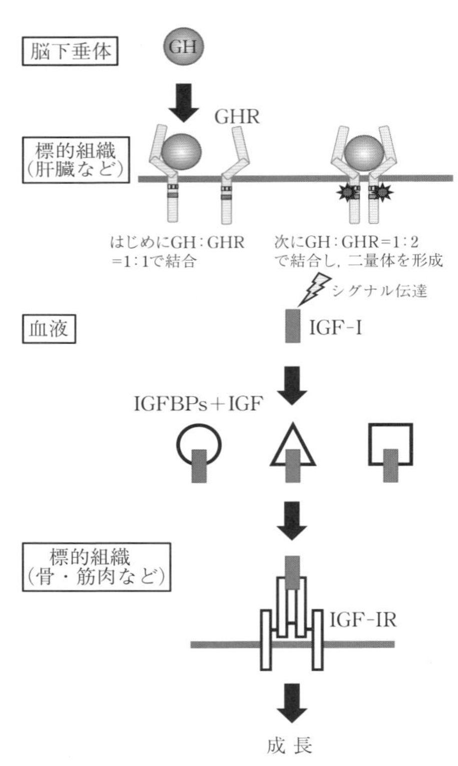

図1　魚類の成長に関わる内分泌機構［日本比較内分泌学会編，1996および会田他，2013より改変］

GH-IGF-I軸　GHがIGF-I産生を促進するためには，GHがGHに特異的な受容体（GHR）と結合し，IGF-I産生につながるシグナル伝達が行われる必要がある．魚類においてGHRは，2タイプあり，うち1つはGHと起源を同じくする脳下垂体ホルモンであるソマトラクチン（SL）の受容体としても機能していると考えられている．IGF-Iは，血中に分泌されたほとんどがIGF結合タンパク（IGF-binding protein；IGFBP）と結合した状態で存在する．IGFBPは，魚類において少なくとも3種類以上が存在すると考えられている（Shimizu et al., 2017）．各IGFBPが増減することによって，IGF-Iの成長への作用が調整されている．IGF-Iには特異的な受容体（IGF-IR）が存在し，IGF-IRがIGFBPからIGF-Iを受け取り，成長をうながす．これらの因子はお互いの干渉や，環境や栄養条件などによって影響を受けて増減することが知られている．以上のように成長は実に複雑な仕組みで調整されている．

GHと成長　魚類に合成GHを投与すると成長が促進される．また，遺伝子組換え技術によって，多量のGHを産生できるように改変されたサケ科魚類では，驚異的なスピードで成長が進む．GHの投与や遺伝子組換えをしなくても環境条件によっては，魚類は高い血中GH量を示した後に，劇的に成長する．これらのことからGHが魚類の成長を促進することは明らかである．しかしながら，必ずしも血中GH量が高いだけでは成長は進まない．例えば，魚を絶食させると，その期間が長くなるにつれ，血中GH量が次第に増加し，時には平時の数倍の濃度に達する．一方で，餌を食べていないため，魚の体重は減少する．そして給餌を再開すると，血中GH量が測定できないほど減少するが，再び体重が増加し始める．この血中GH量が高いのに成長しない，血中GH量が低いのに成長するという現象の仕組みは，GH-IGF-I軸を観察することによって明らかにされている．絶食時には，肝臓におけるGHR量が減少する．これによって，GHRに結合できないGHが血中に滞留する．さらにGHとGHRの結合様式が成長停滞へ拍車を掛ける．GHはGHRに対して親和性の高い結合部位と低い結合部位を有する．通常，GHはまず親和性の高い結合部位でGHRに結合し（GH：GHR＝1：1），次にこの結合体に親和性の低い結合部位がGHRと結合して二量体を形成する（GH：GHR＝1：2）（日本比較内分泌学会編，1996）．この二量体を形成することで，初めてGHはIGF-I産生のためのシグナルを伝えることができる．しかしながら，絶食下ではGHRが少ないため，血中に滞留する多くのGHは親和性の強い結合部位でGHRと1：1の結合体を形成してしまい，二量体を形成するためのGHRが不足する．その結果として，肝臓で産生されるIGF-I量が減少し，血中GH量が高いにもかかわらず成長が停滞する．再給餌後には，肝臓の減少したGHR量が増加し，GHとGHRの二量体形成が進む．そのため血中GH量は急激に減少するにもかかわらず成長が見られる．これらのことから，GH-IGF-I軸のGHが増加するだけでは，IGF-I産生とその結果生じる成長の促進が起きないことがわかる．

GH-IGF-I軸の応用　GH-IGF-I軸に関わる内分泌因子は，環境や栄養の条件によって調整されていることが明らかになりつつある．これを逆手にとって養殖魚の成長指標や飼料評価に用いられることも検討されている．魚類において成長の仕組みを解明することは，漁業にも大いに貢献できる可能性がある．

［深田陽久］

老廃物の排出

代謝活動に伴い老廃物が生じる．老廃物は体内に蓄積すると有害なため，取り除く必要がある．体から老廃物や他の有害物質を体外に出す過程を排出という．本項では含窒素性化合物の分解により生じる老廃物の排出について説明する．

アンモニアの生成と排出　食物から摂取したタンパク質は消化管で消化され，そのほとんどがアミノ酸に分解されて腸から吸収される．生体内のタンパク質は分解と合成を繰り返し，常に更新されている．食物由来の外因性アミノ酸と，組織由来の内因性アミノ酸は共通のアミノ酸プールに入り，タンパク質の合成に利用される．タンパク質合成に利用されなかったアミノ酸の一部は遊離アミノ酸として細胞内に貯留するが，そのほかのアミノ酸はエネルギー生成，糖新生，脂質生成などに利用され分解される．

生体内で生成するアンモニアの大部分は，このようなアミノ酸の分解過程によって生じるが，ピリミジン塩基などの核酸関連物質の代謝からもアンモニアが生成される．水溶液中のアンモニアは，NH_3とNH_4^+の形で存在し，その存在比はpHで大きく変わる．魚の血液のpHはアンモニアの解離定数pK（≒9.5）よりも1～2程度低いため，ほとんどのアンモニアは血漿（けっしょう）中でNH_4^+の形で存在する（>95%）．どちらの形のアンモニアも有毒であるが，NH_3は細胞膜の透過性が非常に高いために毒性がより高くなる．ほとんどの真骨類は，含窒素性化合物の分解により生じたアンモニアをそのまま排出するアンモニア排出動物で，総窒素排出量のおよそ85%をアンモニアが占める．

魚類の主要なアンモニアの排出器官は鰓（えら）で，尿からの排出は総アンモニア排出量の数%にすぎない．真骨類の血漿に存在するNH_3はNH_4^+に比べて非常に少ないが，鰓から排出されるアンモニアの大部分は，細胞膜を透過しやすいNH_3を介して行われる．なお，このNH_3の透過には，鰓の細胞に存在するアンモニア輸送体が重要な役割を果たすことが近年の研究で明らかとなっている．鰓の表面は細胞から分泌される薄い粘液の膜（境界層）で覆われる．この層には細胞から能動的に分泌されるH^+の他に，CO_2が排出されるために（CO_2が水に溶けるとH^+が生じる），境界層のpHは血漿のpHよりも常に低くなる．この結果，血漿中のNH_3は濃度勾配（NH_3濃度はpHの高低に依存して高くなる）に従って境界層へと拡散され，エネルギーを要することなくアンモニアが環境水に排出される．上記のような鰓からのアンモニア排出以外にマングローブキリフィッシュ *Kryptolebias marmoratus* のような空気呼吸魚では，皮膚から気化により直接，アンモニアを空気中に排出することが知られている．

尿素の生成と排出　アンモニアに次いで多く排出される窒素老廃物は尿素である．そのほかクレアチニン，トリメチルアミンオキシド（TMAO），アミノ酸なども排出物中に含まれるが，その量は非常に少ない．尿素の生成には核酸のプリン塩基やアルギニンの分解により生じる経路と，尿素サイクル（OUC）を経由する経路がある．OUCによる尿素合成では，1分子の尿素をアンモニアから生成するのに5分子ものATPを必要とする．

図1　カワスズメ科の1種*A. grahami*［撮影：Maina, J.］

真骨魚が排出する尿素は総窒素排出量のおよそ15%を占め，大部分が鰓から尿素輸送体を介して排出される．真骨魚が生成する尿素は一般に，プリン塩基やアルギニンの分解により生じたもので，エネルギーコストの高いOUCによる尿素合成は，鰓などの排出器官が未分化な胚期にのみ生じ，成長に伴い停止する．しかし，真骨魚の中でほんの数例であるが，強アルカリ性塩湖に住む唯一の魚種*Alcolapia grahami*（カワスズメ科の一種）などのように成魚の段階でもOUC機能を活発に作動させる魚が知られている（図1）．

現生の肉鰭類（にくきるい）のうち，シーラカンス*Latimeria chalumnae*とアフリカ産ハイギョ類*Protopterus* spp.および南米産ハイギョ*Lepidosiren paradoxa*はともに高いOUC機能を発達させている．これに対して，終生，水中生活を行うオーストラリアハイギョ*Neoceratodus forsteri*にはOUC機能がなく，アンモニア排出性である．なお，シーラカンスは後述する海産軟骨魚と同様，浸透圧調節に尿素を用いている．

海産軟骨魚は高いOUC機能を持ち，合成された尿素を体内に蓄積して浸透圧調節物質として利用している．そのために，海産軟骨魚は，尿素を体外に漏出させない機構を発達させてはいるが，尿素排出性で，総排出窒素量に占める尿素の割合は90%を超える．これに対して，純淡水産の軟骨魚はOUC機能を持たず，アンモニア排出性である．海産軟骨魚類は尿素を多量に体内に蓄積しているが，尿素にはタンパク質を変性させる毒性がある．しかし，軟骨魚などは窒素老廃物の一種のTMAOを尿素とともに蓄積することで毒性を緩和している．また，深海魚にとっても，このTMAOは高圧に伴うタンパク質変性の緩和剤として重要な役割を担っている．このように魚類が生成する窒素老廃物はただ廃棄するだけのものではなく，多様な魚種がそれぞれの環境に適した方法でそれらを再活用している．

［梶村麻紀子］

軟骨魚類の浸透圧調節

軟骨魚類の浸透圧調節を一言で表せば，尿素を利用する浸透圧調節である．高濃度の尿素を体内に保持することで体内の浸透圧を環境の海水よりもわずかに高く維持する．これは，血漿のNaCl濃度が海水の約2分の1という点で海産無脊椎動物に見られる「イオン・浸透圧順応型」（体液のNaCl濃度は海水とほぼ同じ）とは異なっている．浸透圧を環境に順応させるよう調節しているのであって，「イオン調節型・浸透圧順応型」ともいえる．高濃度の尿素はタンパク質や核酸を変性させて生体機能を阻害する危険があるが，トリメチルアミンオキシドなどのメチルアミン類を尿素と約1：2の比で持つことにより，酵素活性を維持できることが知られている．

体液調節のメカニズム　尿素による浸透圧調節は，尿素の合成，尿素の体内保持，体内に過剰となるイオンの排出，からなる．真骨類とは異なり浸透圧差による脱水が起こらないため，海水環境でも積極的な飲水は不要である．ただし，実験的に環境浸透圧を上昇させて脱水を生じさせると，飲水行動が引き起こされることが報告されている．通常は，逆に環境よりも体内の方がわずかに浸透圧が高いため，水は体内にわずかながらも流入すると考えられる．事実，腎臓での糸球体濾過量と尿量は，海産真骨類と比べて高い．尿素の合成は主として肝臓によるが，筋肉や消化管でも尿素合成に関わるオルニチン尿素サイクルを構成する酵素群の発現がみとめられている．生活史を通して尿素による浸透圧調節を行うことが示されており，肝臓などの組織が未発達の発生初期には，卵黄を包む卵黄嚢上皮で尿素がつくられる．一方で，呼吸のために表面積が広大な鰓や尿をつくる腎臓では，尿素を保持する仕組みが発達している．鰓の上皮細胞の細胞膜は，コレステロール含量が高く，このことが尿素透過性を下げ，体外への尿素漏出を防ぐと報告されている．腎ネフロンは4回のループという特殊な構造をしており，この構造が尿素再吸収に重要であることがわかりつつある．体内に過剰となるイオンに関して，NaClは直腸腺ならびに腎臓から排出される．鰓には塩類細胞が存在す

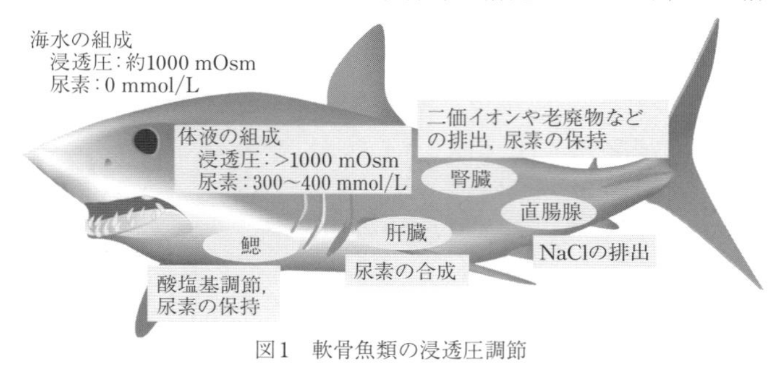

図1　軟骨魚類の浸透圧調節

るが，海産真骨類のように塩類細胞がNaClの排出に関わる証拠はこれまで得られていない．一方，マグネシウムイオンや硫酸イオンなど二価イオンは，真骨類と同様腎臓から排出される．

海産種以外の軟骨魚類　軟骨魚類のほとんどは海産種であるが，淡水環境にも生息できる広塩性種や，淡水環境を生息域とする淡水エイも存在する．南米の河川に生息するポタモトリゴン科のエイは尿素を持たず，淡水産の条鰭類(じょうきるい)と同じ仕組みで淡水環境に適応すると考えられているが，詳細なメカニズムは調べられていない．広塩性種として有名なのはオオメジロザメ *Carcharhinus leucas* やノコギリエイ *Pristis pristis*，アカエイ科の *Dasyatis sabina* などである．オオメジロザメやノコギリエイは河口域で出産した後，子ザメ・子エイが河川に進入し，数年間河川で成長した後に海に下ると考えられているものの，不明な点も多い．広塩性軟骨魚類は海水中では他の海産軟骨魚類と同様，尿素による浸透圧調節を行う．しかしながら淡水環境では，淡水エイのように尿素を持たなくなるわけではなく，比較的高い濃度のNaClと尿素を保持するため，その体液浸透圧は600～700 mOsmと，淡水産条鰭類の約2倍である．したがって，サケ類やウナギ類をはじめとする真骨魚の広塩性とは異なり，あくまで尿素を保持したまま，いわば海水型のまま河川に進入する．淡水中で高い尿素・イオン濃度や浸透圧を維持できるメカニズムは不明であり，河川では完全な淡水域ではなく塩水楔(えんすいくさび)のような汽水域を好んで生息している可能性も示唆されている．

進化という観点から　脊椎動物を広くながめると，尿素を浸透圧調節物質として利用するのは軟骨魚類だけでないことがわかる．硬骨魚肉鰭類(にくきるい)のシーラカンス *Latimeria chalumnae* は尿素を保持し，その体液組成は軟骨魚とほぼ同じである（Griffith et al., 1974）．両生類でも，カニクイガエルは汽水域に生息しており，環境浸透圧の上昇とともに体液中の尿素濃度を上昇させ，体液浸透圧を環境に合わせる（Wright et al., 2004）．ヒトを含む哺乳類は，腎臓内に尿素を高濃度に保持している．高濃度の尿素とNaClにより腎臓髄質内層の浸透圧は体液の3倍以上であり，この高い浸透圧を利用して原尿（尿細管内液）から水を再吸収し，尿を濃縮する．軟骨魚類やシーラカンス，カニクイガエルが体内に尿素をためることと，哺乳類が腎臓に尿素をためることは，「浸透圧を上昇させて水を体内に保持する」という目的において共通であり，尿素を利用する体液調節は広く脊椎動物に見られるといえる．

以上のとおり，尿素を利用する軟骨魚類の浸透圧調節の概要は明らかにされているものの，そのメカニズムや制御機構については条鰭類と比べて不明な点が多い．特に広塩性のメカニズムや，複雑な構造を持つ腎ネフロンの機能，鰓に存在する塩類細胞の機能の解明が待たれる．広塩性種については，生理学的メカニズムとともに，河川進入後の生態も大きな謎である．

［兵藤　晋］

浸透圧調節と塩類細胞

真骨類の体液の浸透圧は，海産魚・淡水魚を問わず，海水の3分の1の値に保たれている（図1）．海水では，体液と海水との間に生じる浸透圧差のため，水が体外へ流出しイオンが体内へ流入するが，魚は海水を飲んで消化管から吸収することによって水分を補給し，体内に過剰となったイオンを鰓（えら）から能動的に排出している．一方，淡水では，水が体内に流入しイオンが体外へ流出するが，魚は腎臓で多量の低張尿を産生し過剰な水分を排出するとともに，淡水に溶け込んでいる微量なイオンを鰓から取り込んでイオン不足を補っている．

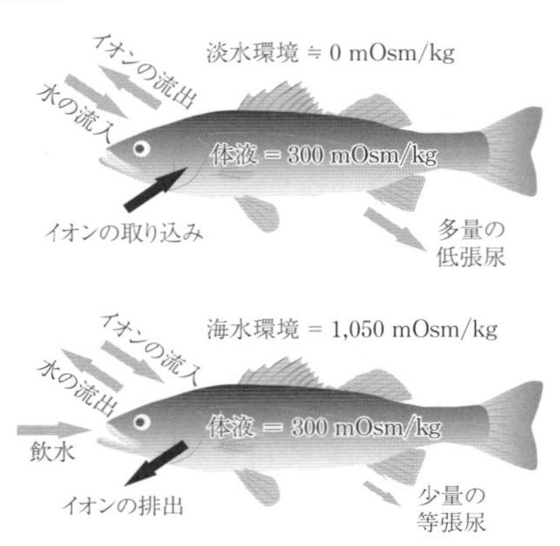

図1 真骨類の浸透圧調節機構

これらの浸透圧調節機構のうち，イオンの排出と取り込みという中心的な役割を担っているのが塩類細胞である．塩類細胞は鰓の粘膜上皮に存在する大型の細胞で，①細胞の頂部の細胞膜（頂端膜）が外部環境に接する，②細胞の側面・底面の細胞膜（側底膜）が細胞内部に入り込み複雑な管状構造を形成する，③イオンの能動輸送に必要なATPを供給するためのミトコンドリアに富む，などの特徴をもつ．鰓が未分化な胚期・仔魚期には，塩類細胞は体表皮や卵黄嚢（らんおうのう）上皮に存在する．

塩類細胞の謎の解明 海水における塩類細胞については，側底膜にNa^+/K^+-ATPase（NKA）と$Na^+/K^+/2Cl^-$共輸送体（NKCC1），頂端膜にCl^-チャネル（CFTR）が局在し，これらの3つのイオン輸送体の共同作業によってイオンが排出されるというモデルが現在受け入れられている．一方，淡水における塩類細胞のイオン取り込みモデルについては，淡水の塩類細胞に特異的に発現しているはずの輸送体を長らく特定することができず研究が停滞していたが，カワスズメ *Oreochromis mossambicus* をモデルとした一連の研究が突破口となった．従来，塩類細胞には海水型と淡水型の2種類が存在すると漠然と考えられていたが，複数のイオン輸送体を同時に可視化することによりカワスズメには4種類もの塩類細胞が存在することが明らかとなった．すなわち，淡水と海水の両方で出現するⅠ型，淡水で出現するⅡ型とⅢ型，そして海水で出現するⅣ型である（図2）．Ⅱ型は淡水でのみ出現するが，淡水のⅢ型は海水に移行するとⅣ型に変化し，海水

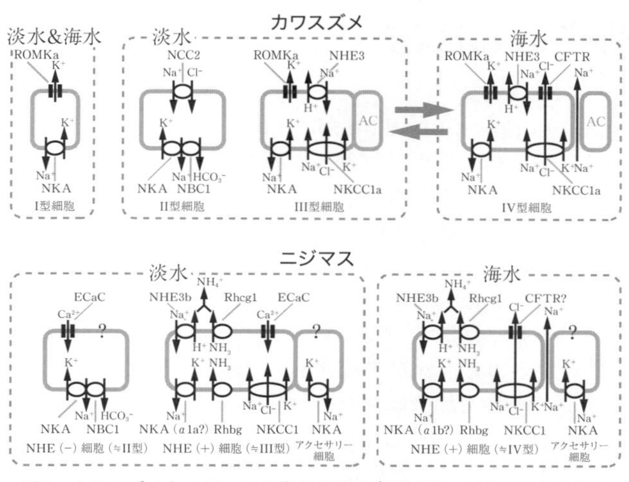

図2　カワスズメとニジマスの塩類細胞の多型［Hiroi, 2012より改変］

のⅣ型は淡水移行後Ⅲ型に変化する．そして，淡水特異的なⅡ型塩類細胞の頂端膜に局在するNa^+/Cl^-共輸送体（NCC2）が単離された．NCC2は条鰭類だけに見られる新規機能分子であり，NCC2の発見は，混迷を極めていた真骨類の浸透圧調節機構の研究に解明の糸口を与えるものとなった．

塩類細胞の多様性　現在，複数の魚種について世界中で精力的に研究が進められている．ニジマス *Oncorhynchus mykiss* では，少なくとも海水で1種類，淡水で2種類の塩類細胞が認められている（図2）．淡水でカワスズメのⅢ型細胞とニジマスのNHE（+）細胞は，どちらも頂端膜にNa^+/H^+交換輸送体（NHE3）を持ち，H^+を排出しながらNa^+を取り込むと考えられている．かつて，NHE3によるNa^+の取り込みは熱力学的に不可能ではないかとの疑問の声が上がっていたが，最近，有力な回答が得られた．鰓は，窒素代謝の最終産物であるアンモニアの排出部位でもあるが，アンモニア輸送体（Rhcg1）が塩類細胞の頂端膜にNHE3と共局在し，機能的な複合体を形成してNa^+の取り込みを促進させているというのである．つまり，浸透圧調節（Na^+の取り込み），酸塩基調節（H^+の排出）および窒素代謝（アンモニアの排出）はそれぞれ独立した生理現象ではなく，塩類細胞において密接に関係した一連のメカニズムであることがうかがわれる．

真骨類において，海水における塩類細胞のイオン排出機構は共通しているが，淡水におけるイオン取り込み機構は魚種によって多様性に富んでいるようである．今後，さまざまな分類群に属する魚種の塩類細胞を調べることにより，真骨類における浸透圧調節機構の共通性と多様性が明らかになると期待される．

［廣井準也］

骨組織の形成と代謝

魚類の骨格は脊索(せきさく)，多彩な軟骨様組織，硬骨および歯によって構成されるが，本項では前三者について説明する（歯に関しては ☞項目「歯」）．成長期の魚はもちろん，成体になり成長がほぼ停止した魚でも，軟骨様組織や硬骨は確実に代謝され続ける生きた組織である．

脊索 脊索は胚期や孵化後初期に，体の背部に頭部から尾部にかけて発達する棒状の支持組織である．脊索はII型コラーゲンを豊富に含む脊索鞘(せきさくしょう)と，脊索鞘を裏打ちしてII型コラーゲンを分泌する脊索上皮細胞，大きな液胞状の構造を持つ脊索細胞からなる．液胞内部にはゲル状物質がつまり，ゲル内に保持される水分から生じる内水圧が支持組織として体を支えるのに重要であるらしい．無顎類(むがくるい)，ギンザメ類，シーラカンス類，肺魚類，チョウザメ類などでは成魚でも脊索が支持組織として重要な機能を担う．一方，板鰓類(ばんさいるい)や真骨類においては，脊索の周囲に軟骨もしくは硬骨からなる椎体が発達する．脊索の代謝に関しては多くのことが不明のまま残されており，今後の研究の進展が期待される．

軟骨様組織 軟骨は軟骨細胞がその細胞間に軟骨基質を分泌することにより形成される．軟骨基質はII型コラーゲンとその間を埋めるゲル状のプロテオグリカン（タンパク質からなるコアに多量の糖鎖が結合した物質）からなる．魚類では以上の定義に当てはまる典型的な軟骨と，軟骨と硬骨や結合組織の中間的性状を示す多様な組織が存在する．ウィッテン他（Witten et al., 2010）は硬骨魚類に見られる軟骨様組織を，ガラス軟骨（典型的な軟骨組織），弾性線維やI型コラーゲン線維を多量に持つ軟骨，カルシウム塩が沈着した軟骨，軟骨と他の組織の中間的形態を示す組織，硬骨への移行途中にある軟骨，の5つのカテゴリーに区分した．これらの組織には軟骨細胞のみならずI型コラーゲンや弾性線維を分泌する線維芽細胞も存在する．軟骨様組織は形成後その性状をずっと保つ「分化が終了した組織」ではなく，ある軟骨様組織から他の軟骨様組織への移行や，軟骨様組織から硬骨への移行も，個体の成長過程で数多く見られる（Boglione et al., 2013）．

硬骨 硬骨とは多量のI型コラーゲンと少量の非コラーゲン性タンパク質からなる細胞間基質（骨基質）に多量のリン酸カルシウム結晶が沈着した組織である．魚類の硬骨は，体の外層近くに存在する外骨格（鱗(うろこ)や頭蓋骨など）と，体内部に存在する内骨格（脊椎骨など）に分類される．また，発生様式により膜骨，軟骨性骨，軟骨膜性骨に分けることができる（Boglione et al., 2013）．膜骨は結合組織の未分化間葉系細胞の集団が骨芽細胞に分化し，骨基質を分泌することにより形成される硬骨で，全ての外骨格は外胚葉性の上皮組織と中胚葉性の結合組織との相互作用で発生する膜骨である．このように上皮組織の関与で発生する膜骨を特に皮骨と呼び（Hall, 2015），鱗や鰭条，鰓蓋骨などがこれにあたる．膜骨以外の硬骨では，まず軟骨組織が形成され，それを鋳型として硬骨が形成される．そのうち，軟骨の周囲に骨芽細胞が分化し，硬骨が形成されてゆく骨を軟骨性骨と呼ぶ．硬骨に取り囲まれた軟骨は破壊されて他の組織（多くの場合脂肪組織）に置き換わる．このような例は，例えば鰓を構成する角鰓骨に認められる．これとは異なり，最初に形成された軟骨周囲の軟骨細胞が徐々に骨芽細胞に移行してやがて硬骨が形成されるものを軟骨膜性骨と呼ぶ．このとき，一時的に軟骨基質と骨基質が混合した基質が形成される（Boglione et al., 2013）．多くの真骨類の担鰭骨などがこの様式で形成される．さらに，真骨類の硬骨は骨中の骨細胞の有無により骨細胞を欠く無細胞性骨と骨細胞を持つ細胞性骨に分類される．

硬骨の代謝には骨基質を形成する骨芽細胞，骨基質を破壊・吸収する破骨細胞，骨芽細胞が骨基質中に埋め込まれた骨細胞，休止期骨芽細胞（代謝活性がきわめて低いが，必要に応じて活性化して骨芽細胞となる）が関与する（図1）．硬骨は骨芽細胞が新しい骨基質を分泌することで成長するが，同時に破骨細胞も骨基質を破壊・吸収して骨の形を整えるなど，骨の成長に重要な機能を果たしている．また，破骨細胞により削り取られた骨基質の穴を骨芽細胞が再び埋め戻すようにして，骨基質の新陳代謝が起こる．魚類の骨細胞が破骨細胞のように細胞周囲の骨基質を吸収することが報告されているが，骨細胞の機能には不明な点が多い．

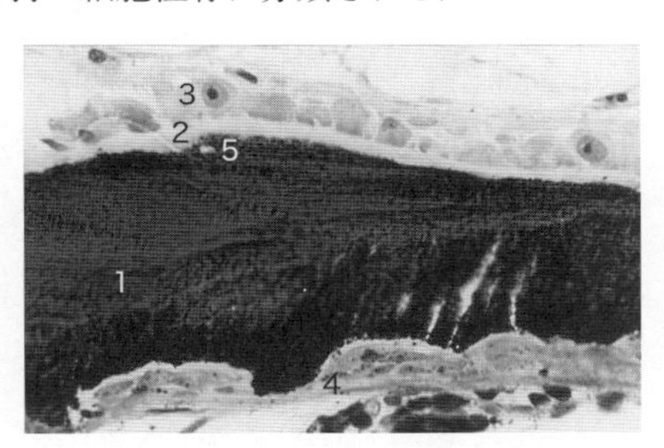

図1　ニジマス*Oncorhynchus mykiss*の咽頭骨の横断像（トルイジンブルー・硝酸銀染色）．硝酸銀により染色されている部分（1）はカルシウムが沈着した骨基質，その外側の一層（2）は形成されたばかりでカルシウムが沈着していない基質で類骨と呼ばれる部分．類骨には立方体の骨芽細胞（3）が多数付着しており，活発な骨形成が起こっている．骨基質の下面には多数のくぼみが形成されており，破骨細胞（4）が付着し，骨を破壊・吸収している．石灰化した骨基質内には骨細胞（5）が認められる［矢部他編，2017より改変］

硬骨の代謝とCa代謝　脊椎動物では，血液中のCaイオンの濃度は厳密に一定に保たれている．陸上脊椎動物では，消化管から吸収されるCa量と腎臓から排出されるCa量が制御されている他，Caを多量に貯蔵する硬骨へのCaの出入りを調節して，血液中のCaイオン濃度の恒常性を維持する．水中に生活する魚類では，たとえ淡水魚でも鰓を通じて水から常にCaを吸収できるため，硬骨のCa貯蔵部位としての重要性は低い．しかし，雌が卵黄タンパク質を合成する時期には，卵黄タンパク質に結合するCaが鱗から動員されることが知られている（Persson et al., 1997）．

［都木靖彰］

母川刷込みと母川回帰

遡河性サケ属魚類は，河川で生まれ育った幼稚魚が，降海時に河川に特有な匂い（以下，ニオイ）を憶え，それが長期間持続する特殊な学習である「刷込み」を行う．その後，海洋での索餌回遊により成長・成熟が進むと生まれた川（母川）に戻るという母川回帰を行う．この母川回帰の最終段階では，降海時に刷り込まれた母川のニオイを想起して母川識別を行い産卵遡上する（図1）．この特徴的な現象は，1950年代にハスラー（Hasler, A.D.）らがギンザケ *Oncorhynchus kisutch* 親魚を用いて行った嗅覚遮断放流実験で示され，嗅覚刷込み説として広く受け入れられている．

嗅覚刷込み 母川情報の嗅覚への刷込みは，支流の識別もできることから降海中に逐次刷り込むこと，刷込み可能時期には臨界期があること，人工物質も実験的に刷込み可能であることも示されている．母川のニオイ物質は，河川やその周囲の植生や土壌に由来する各河川特有の化学組成とされ，近年，上田宏による電気生理学的研究や行動学的研究によりアミノ酸組成が重要であることが示されている．実際に各河川のアミノ酸組成には特徴的なものがあり，春の降海時に刷り込み，秋の遡上期に識別することから，春と秋で組成が変わらないものが関わる．そのアミノ酸は，河床の礫に付着しているバイオフィルム（藻類や菌体など）に由来することも示されている．

嗅神経系 サケ属魚類の嗅神経系には，前後の鼻孔により外界と通じる鼻窩の

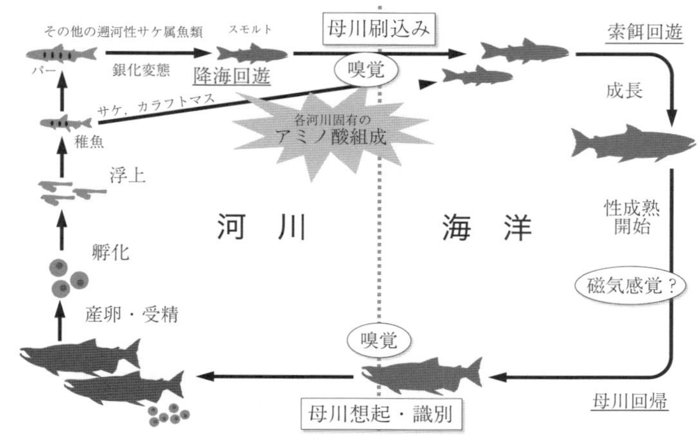

図1 遡河性サケ属魚類の回遊と母川回帰［工藤，2018を改変］

底部にその末梢器官として嗅房(嗅覚器官)が存在する(図2). 嗅房は, 成魚では15～20枚の嗅板からなり, 嗅板は中心点が吻側にやや偏った放射状に配置している. 各嗅板は二次褶曲という凹凸構造で表面積を増加させ, その表面は嗅上皮と非感覚性上皮で被われている. 嗅上皮には, ニオイ受容を行う線毛性と微絨毛性の嗅細胞が存在し, 一部の魚種ではクリプト細胞という型も確認されている. 嗅細胞は, サケ *Oncorhynchus keta* の稚魚の片側で約18万個, 親魚で約1,400万個存在する. 外部環境水と接する線毛や微絨毛の細胞膜にはニオイ受容体が存在する. 同じサケ科魚類のタイセイヨウサケ *Salmo salar* のゲノム解析では, 他の脊椎動物同様に4つのグループ(OR, TAAR, V1R, V2R)に相当するニオイ受容体遺伝子が見いだされている. 受容されたニオイ刺激は, 1つの嗅細胞から脳へ伸びる1本の軸索を伝わり, 中枢へ直接伝達される. この軸索は束となり第I脳神経である嗅神経を形成する. 嗅神経は嗅覚の一次中枢である嗅球へ投射し, 一次神経細胞である僧帽細胞と糸球体層でシナプス形成する. 嗅球で識別処理を受けた嗅覚情報は, 上位の終脳に伝達され記憶形成される.

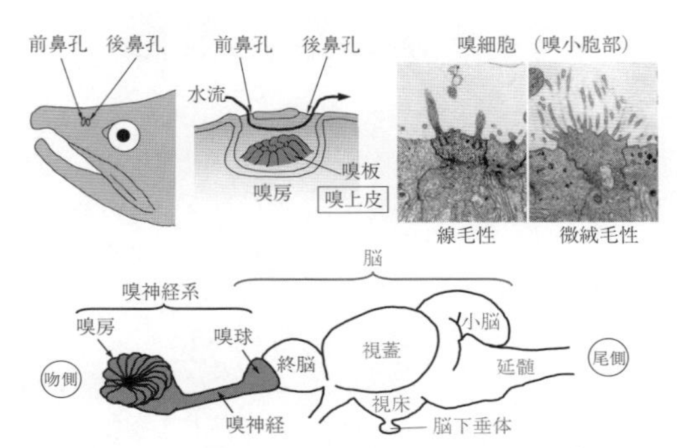

図2　サケ属魚類の嗅神経系の模式図と嗅細胞の透過型電子顕微鏡像［工藤, 2018を改変］

母川回帰・母川識別　ベーリング海で索餌回遊を行う日本系のサケは, 成熟が進むとほぼ一直線に日本に回帰することがデータロガー標識放流実験などから明らかにされ, 方向定位と航路決定ができることが示唆されている. 数千kmも離れた状況で母川のニオイが関わる可能性は低く, 現在は地磁気を頼りに回帰できるというモデル解析による幾つかの報告がある. しかし, 地磁気の受容感覚系が不明であるなど, 今後の研究の進捗が期待される. 母川に近づいた沿岸では, 母川探索を示す遊泳行動も認められ, 刷り込まれた母川のニオイを想起・識別していると考えられる. 最近では, アミノ酸組成などの母川特有のニオイ以外に, フェロモン, 水温, 水流, 汚染物質なども感知して識別するという階層的航法仮説も提唱されている. また, 想起・識別に強く関わる内分泌因子や神経伝達物質とその受容体などの発現解析によっても, 嗅覚による刷込みが示されている.

今後は, データロガーの小型化・多機能化や脳での遺伝子発現に関する情報の蓄積に加え, 嗅覚刷込みに関係が低い外洋索餌回遊個体や非母川に遡上する迷入個体の生理学的解析が進めば, 長年謎に包まれているサケの母川回帰や嗅覚刷込みの全容解明につながるものと考えられる.　［工藤秀明］

サケ科魚類の銀化変態

サケ科魚類，例えばサクラマス（ヤマメ）*Oncorhynchus masou masou* は川で生まれ，一定期間，河川生活型のparr（パー）として淡水で過ごした後に海洋生活型のsmolt（スモルト）となって海に下る．この過程は銀化（ぎんけ）「変態」と呼ばれ，カエルに見られるような変態の1つとされていたが，可逆的である（パーのような状態に戻ることができる）ため，厳密には変態ではなく移行現象とされる．実は，サクラマスのパーは一生河川で暮らしたいと願っており，それができなくなると仕方なく一念発起してスモルトとして海に下っているようである．

パーとスモルトの違い パーは図1のように体側に小判型のパーマークを持ち，体型がややずんぐりしている．一方，スモルト（日本語では銀毛（ぎんけ））では体表にグアニンが沈着して銀白化し，背鰭（せびれ）や尾鰭（おびれ）の末端が黒くなっている（つま黒）．また，体型はスリムになる．両者は行動も異なり，パーが流れに逆らって泳いでなわばり行動を取るのに対し，スモルトは流れに乗って群れを形成する．生理機能にも変化が見られ，パーからスモルトになる過程で海水適応能が発達する．海水適応能とは，一般的な魚類では，体内の塩分を海水の約3分の1に保つため水を取り込むとともにイオンを排出する浸透圧調節能力を指す．

図1 北海道南部の河川で捕獲したパーとスモルト［撮影：清水宗敬．藤岡，2009を改変］

なぜ銀化して海に下るのか 北海道のサクラマスでは，同じ親から生まれたとしても全ての個体が海に下るわけではなく，河川生活1年目の夏に成長の良否により残留か降海かが決まる．すなわち，成長の良い個体（特に雄）は成熟のスイッチが入り，早熟雄として河川に残留する．一方，中間のグループは2年目の春に銀化して海に下る．そして，最も成長が悪かったグループは未成熟のパーとしてもう1年河川に留まる．このような複数の生活史パターンの存在を生活史多型と呼ぶ．

注目して欲しいのは一番成長が良かったグループが残留の道を選ぶ点である．上述のようにパーはできれば海に下りたくなく，外敵の少ない河川で成熟したいと願っているとされている．しかし，川の資源は限られており，十分な成長が期待できないパーは一念発起してスモルトとなり，高いリスクを背負って海で成長し，再び川に戻った個体は，産卵時には体サイズの面で有利になり高い繁殖成功をおさめる．サケ属の中で原始的とされるサクラマスが条件付きで降海するのに対し，より新しく出現したサケ *O. keta* やカラフトマス *O. gorbuscha* は全ての個体が1年目の春に海に下る．彼らの資源量が大きいことを踏まえると，サケ属は海に行く覚悟を決めた（進化した）ことにより繁栄したともいえる．

どのように銀化するのか　降海を決めた個体では春に銀白化，行動変化および海水適応能の発達といった一連の変化が観察される．しかし，これらは複数のホルモンが単独もしくは複合的に調節しており，冬から春への光周期や水温の変化によってたまたま同調して起こっているようである．すなわち，銀白化には甲状腺ホルモンが，行動変化に甲状腺ホルモンとコルチゾール，海水適応能の発達にはコルチゾールと成長ホルモンが関わっているとされる．一方，銀化の阻害には生殖腺ホルモンが関わっているため，早熟雄は海水適応能を発達させないとされる．このように，銀化はさまざまな内分泌系の相互関係を調べる上で興味深い現象である．

サケなのに海が苦手なビワマス　わが国のサクラマスには地域の環境に高度に適応して亜種もしくは別種レベルに分化した系群が存在する．ビワマス *O. masou* subsp. はサクラマスの祖先型から派生した近縁種であり，琵琶湖水系のみに分布する．琵琶湖は世界で3番目に古い湖とされ（400万年前に形成），40～50万年前に深い湖となった．ビワマスはこの淡水域に約50万年陸封されたとされ，海水適応能が退化している（藤岡，2009）．例えば，ビワマスは降湖時期に銀白化するが，コルチゾールの分泌が弱まっているため海水適応能が発達しない．銀化時の変化が別々の内分泌系により調節されているのを示す一例でもある．ビワマスはサケ属の中では一番長く陸封されているようで，タイセイヨウサケ属で報告されている1万年の陸封と比べても遺伝的な変化が大きいと考えられ，ユニークな研究材料である．

秋に海に下るアマゴ　本州南西部にはアマゴ（サツキマス）*O. masou ishikawae* と呼ばれるサクラマスの亜種が分布している．アマゴは2年目の春ではなく，1年目の秋に銀化して海に下る．これは分布域の沿岸水温が高いので，水温が低くなる秋から冬にかけて海に下るようになったと考えられる．また，九州にもサクラマスが分布しているが，これは北海道の系群とは異なり，アマゴのように秋に銀化している可能性がある．サクラマスをはじめとするサケ科魚類は本来は秋と春の2回銀化するタイミングを持ち，それぞれの地域に適応していく過程で銀化のタイミングが特化していったのかもしれない．そのため，一口にサクラマスといってもさまざまな生活史を持った系群が存在し，それらの特性を踏まえながら，水産資源として利用するとともに，保全を考えていくことが重要である．

［清水宗敬］

変態の生理

変態といえば，オタマジャクシからカエルになる両生類の例が広く知られているが，魚類にも変態する種がある．一般に仔魚から稚魚への移行期には，多くの魚種でさまざまな変化が起こるが，その中でも一見別種と思われるほど顕著な外部形態の変化を示すものが特に変態と呼ばれる．本項では，検討の進んでいる変態についての生理的な知見をまとめるが，多くの魚種の仔魚から稚魚への移行期に起こる変化についても，ほぼ当てはまると考えてよい．

変態のホルモン調節機構　変態のように多くの器官を一生に1回だけ変化させるような場面では内分泌系による情報伝達が最も効率的である．変態においては甲状腺ホルモンが中心となって，体全体のさまざまな器官を一斉に変化させる．

魚類では，腹大動脈から入鰓動脈（にゅうさいどうみゃく）が分岐する周辺に，甲状腺ホルモンを産生する甲状腺濾胞（ろほう）が散在している．ヒラメ *Paralichthys olivaceus* をはじめとする数種の魚類では，変態期に甲状腺ホルモンの体内濃度が上昇する．甲状腺ホルモンを仔魚の飼育水に添加すると変態が早まる．一方，チオウレアなど甲状腺ホルモンの合成阻害剤を添加すると変態が遅れる．すなわち，魚類の変態には甲状腺ホルモンが不可欠であり，甲状腺ホルモンの分泌の活性化が変態を直接に開始させると考えられている（図1）．甲状腺ホルモンが発達過程に関与することは，両生類の変態期，鳥類の孵化（ふか）前後，および哺乳類の分娩前後でも知られている．さらにウニなどの無脊椎動物の変態にも関与が示唆されており，多くの動物にあてはまると考えられる．

コルチゾールはストレスに反応して分泌されるホルモンであるが，変態期には甲状腺ホルモンよりも早く体内濃度が上昇する．ヒラメ仔魚の伸長鰭条は変態期に短縮するが，コルチゾールがあると甲状腺ホルモンの作用が増強され，短縮が促進される．逆に，性ホルモンは甲状腺ホルモンの作用を低下させる．これらは，オタマジャクシの尾の短縮におけるホルモン調節とほぼ同様であるため，魚類の変態は両生類の変態とよく似た機構によって調節されていると考えられる．

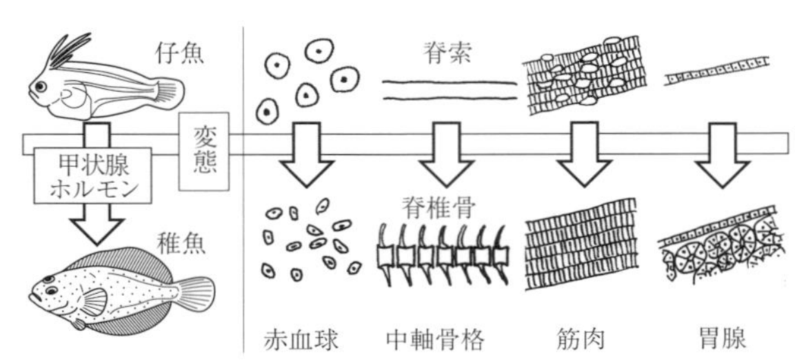

図1　ヒラメ変態期に形態が変化する体内器官の例
［田川，2016を改変］

変態期に変化する各種器官　変態期には仔魚の諸器官が完成された稚魚の器官

へ変化する（図1）．仔魚の諸器官は未熟で未完成ととらえられることが多いが，プランクトン生活を送る仔魚として生きるには十分な機能を有しており，その意味では機能的に完成されている．それが稚魚期以降の新たな生態に対応するために，別な機能を有する器官へとつくり替えられるととらえることもできる．

循環系や運動系は大きく変化する．その結果，比較的運動性の低い仔魚期のプランクトン生活から稚魚期以降の活発な運動，および高い酸素要求に対応できるようになると考えられる．例えばヒラメの赤血球は，仔魚では大型で丸いが，変態を終えて稚魚になると小型で扁平になる．この変化に伴って，赤血球中に含まれるヘモグロビンも，仔魚型から成魚型へと推移する．中軸骨格は効率的に力を運動に変換するために重要であるが，変態期には脊索から硬骨である脊柱へと変化する．筋肉についても，ヒラメでは仔魚に見られた空胞構造が変態期に消失し，充実した筋肉に変化する．成魚型の筋タンパク質も新たに出現する．

消化器官は当然のことながら仔魚期にも機能しており，仔魚の食べる餌であれば十分に消化吸収ができる．しかし，仔魚期にはなかった胃腺が変態期以降に出現し，稚魚や成魚では餌をより効率的に消化できるようになる．タンパク質の消化吸収においては，仔魚期にはタンパク質を大きなままで細胞内に取り込んでから消化するのが一般的であるのに対し，稚魚では成魚と同様にあらかじめ酵素によって短く分解した後に細胞内に取り込むように変化する．

魚種によっては，視覚や平衡感覚などの感覚器系の急激な発達や，稚魚と同程度の広塩性あるいは淡水や海水への適応能の獲得なども，変態期に起こることが知られている．

変態の失敗と形態異常　ヒラメやカレイ類，ウシノシタ類などをまとめて異体類と呼ぶ．これらでは他魚種と同様に左右対称な仔魚が，動物界でも最も極端な左右非対称な稚魚へと変態する．眼のある側を有眼側，眼のない側を無眼側と呼ぶが，通常は有眼側が黒く無眼側は白い．悩ましく，かつ興味深いのは，飼育下では変態を失敗して，体色が部分的（あるいは全面的に）に逆側の色になる稚魚や，両眼とも上方に移動した稚魚や，両眼とも移動しない稚魚など，左右性の異常な個体が，多い場合には数十%も出現してしまうことである．これらは変態の異常による形態異常である．近年，甲状腺ホルモンの作用や各種遺伝子の発現による左右非対称性の形成機構が明らかにされつつあり，異体類の変態異常の理解が急速に進みつつある．一方，左右対称な通常の魚類でも，各種の形態異常が知られている．ほとんどは骨格の異常であるため，顕在化するのは変態期以降である．卵期の低酸素環境や，仔魚期の鰾（うきぶくろ）の形成不全が原因と判明したものもあるが，多くは現在でも原因が不明である．変態期における各種硬骨の形成調節機構がさらに明らかになれば，これらの形態異常の発現機構が解明され，防除法の開発が進む可能性がある．

［田川正朗］

生殖腺の性決定と性分化

多くの魚類は雌雄異体であり，卵巣をつくる個体は雌，精巣をつくる個体は雄と呼ばれる．形態的に卵巣か精巣か区別できない生殖腺を未分化生殖腺といい，未分化生殖腺が卵巣または精巣に分化していく過程を生殖腺の性分化という．このとき，分化の方向性が決まることを性決定という．性染色体の組合せによって卵巣になるか精巣になるかが決まる場合を遺伝的性決定という．サケ科やミナミメダカ *Oryzias latipes* などは遺伝的性と表現型性は一致し，性分化の遺伝的支配が強い．一方，ヒラメ *Paralichthys olivaceus* やキンギョ *Carassius auratus* のように稚魚期に高温で飼育すると性が著しく雄に偏る種も知られる．しかし，このような種でも遺伝的性はあり，性分化時のストレス環境により卵巣分化が妨げられることで雄になると考えられている．条鰭類(じょうきるい)では哺乳類のように性染色体の形態が雌雄で著しく異なる例は少なく，性決定に関わる領域（性決定領域）が存在する染色体を性染色体と呼ぶ．性決定領域上には生殖腺の性分化を決定付けるマスター遺伝子があり，それを性決定遺伝子と呼ぶ．

性決定　脊椎動物では1990年に初めてヒトの性決定遺伝子が発見され，*SRY* と名付けられた．*SRY* 遺伝子はほとんどの哺乳類に共通する性決定遺伝子であり，精巣分化を誘導するマスター遺伝子である．対して条鰭類では，これまでに6種の異なる性決定遺伝子が報告されている．そのうち4種の遺伝子は以前から精巣分化に関わると知られていた因子をコードしていた．ミナミメダカでは性決定遺伝子 *Dmy* が分泌因子の1種GSDFの発現を促進して精巣分化を誘導すると考えられ，インドメダカ *O. dancena* の性決定遺伝子 *Sox3* もGSDF発現促進の役割を持つようである．一方，ルソンメダカ *O. luzonensis* では *GSDF* 遺伝子そのものが性決定遺伝子として働く．この3種のメダカ類では精巣分化開始のスイッチとなる遺伝子は異なるものの，いずれもGSDFの発現を通して精巣分化を誘導するという共通項がある．他方，パタゴニアペヘレイ *Odontesthes hatcheri* では分泌因子の1種AMHが，トラフグ *Takifugu rubripes* ではAMHの受容体をコードする *Amhr2* 遺伝子が性決定遺伝子と報告されている．*AMH* 遺伝子は近年，ナイルティラピア *Oreochromis niloticus* でも性決定遺伝子として報告されている．GSDFおよびAMHはいずれもTGF-βスーパーファミリーに属するホルモン様因子であり，精巣分化に関わる働きがわかっていないサケ科の性決定遺伝子 *sdY* を例外として，全ての性決定遺伝子がこれらTGF-βシグナルの活性化に関わっている．また，これら性決定遺伝子はXX/XY型性決定様式の種から同定されており，チョウザメ類やブリ類のようなZZ/ZW型性決定様式を持つ種の性決定遺伝子は特定されていない．果たして卵巣分化に関わる遺伝子が性決定遺伝子として働く例があるのかどうかは興味深い点である．

生殖腺の性分化　生殖腺は，体腔上皮上に体細胞が集まり盛り上がることによって生殖隆起が形成され，そこに始原生殖細胞（卵または精子のもととなる生殖細胞）が移入することによって形成される．形態的性分化の徴候は，将来の生殖腺の構造によって異なる．卵巣腔を形成する嚢状型卵巣を持つナイルティラピアでは，未分化生殖腺の下部に体細胞が集まり伸張する特徴が卵巣分化の徴候である．卵巣腔を持たない裸状型卵巣を持つウナギ類やチョウザメ類では生殖腺の表面に陥入が生じることが卵巣分化の徴候である．一方，生殖腺中に将来の輸精管となる空隙が形成されると精巣分化の徴候と判断できる．輸精管形成が遅れる種では精巣と判断できる時期も遅れる（図1）．このような形態的性分化に先立ち，性分化を誘導する遺伝子発現の性差が生じる．ナイルティラピアでは形態的性分化は孵化後25日以降に生じるが，それよりずっと早期に，孵化後5日目には遺伝的雌の未分化生殖腺で転写因子の1種Foxl2と雌性ホルモン合成に関わるアロマターゼの発現が高まる．Foxl2はアロマターゼの発現を誘導することで雌性ホルモン産生を活性化する．これは多くの魚種で性分化期に雌性ホルモンを処理すると雌化が誘導されることに符合する．遺伝的雄ではこの時期，雄性ホルモン産生は不活発であり，*GSDF*遺伝子と転写因子の1種Dmrt1の遺伝子（ミナミメダカのDmyと構造的に類似）の発現が高まる．遺伝的雌でも雌性ホルモン産生を阻害すると速やかにGSDFとDmrt1の発現が高まることから，ナイルティアピアでは雌性ホルモンが産生されるか否かが性分化の方向を決めると考えられる．Y染色体上の性決定遺伝子*AMHy*が雌性ホルモン産生を阻害することによって精巣分化を決定しているのか，それともAMHシグナルがGSDFまたはDmrt1の発現を誘導するのかはこれから明らかにされるだろう．また，雌性ホルモン産生が多くの魚種に共通して卵巣分化開始に必須なのかどうかもこれから明らかにされるだろう．

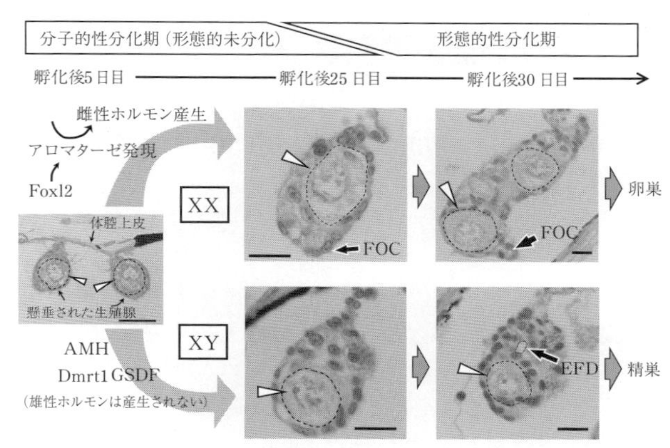

図1　ナイルティラピア生殖腺の性分化過程．写真は全て仔魚の横断面．白い矢印は生殖細胞を指す．破線で囲われた細胞が生殖細胞．FOC：卵巣腔形成，EFD：輸精管形成（細破線で囲う部分が輸精管となる空隙）［筆者作図］

［井尻成保］

雌雄性と雌雄同体

生物は自分の子孫を残すための生殖という重要な生命活動を行う．生殖の様式は多様であり（図1），脊椎動物には基本的に有性生殖のみが見られ，われわれヒトの属する哺乳類では有性生殖のうちの両性生殖の雌雄異体という様式のみである．一方，硬骨魚類は多種多様な生殖様式（図1）を示す興味深い動物群である．

雌雄性 有性生殖には，同型配偶子の合体による接合と，異型配偶子の合体による両性生殖がある（図1）．後者では配偶子の間に大小の差異が発達し，大きい配偶子（卵）をつくる性機能を雌と呼び，小さい配偶子（精子）をつくる性機能を雄と呼ぶ．魚類を含む脊椎動物では卵と精子をそれぞれ別の個体，すなわち雌と雄がつくる雌雄異体である場合が多い．雌雄異体では性によって，配偶子や生殖器のみならず，体サイズや性行動，攻撃行動などさまざまな違いが生じ，これを雌雄性あるいは性的二型と呼んでいる．例えば成熟したサケ科魚類の雄には，吻(ふん)が尖って屈曲し歯が牙状になる「鼻曲がり」や背中が盛り上がる「背隆起」が見られる．また，サケ *Oncorhynchus keta* の雌雄ペアの産卵行動を見ると，雌は尾鰭で河床を掘って産卵床をつくり，その間ペア雄は他の雄が近付くとこれを排除しようとする．これらは形態や行動の雌雄性の典型的な例といえる．

雌雄同体 魚類には同一個体内に卵巣と精巣を持つ雌雄同体となる種がいる．ただし，必ずしも同時に卵巣と精巣が発達・機能するわけではなく，同一個体の中で卵巣あるいは精巣が時間的に交代して発達し，性機能は雌か雄のいずれかと

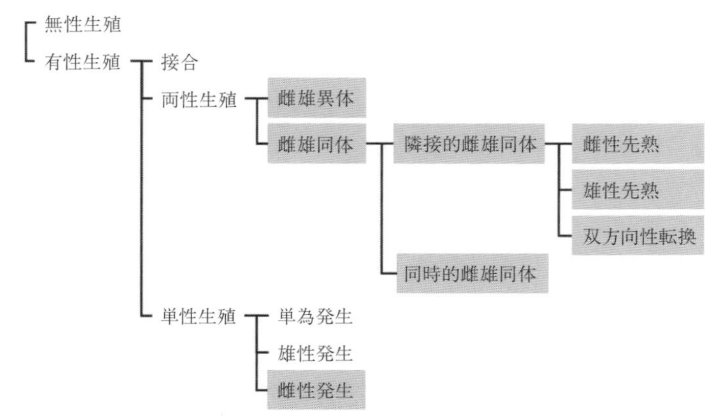

図1 自然界に見られる生殖様式．四角で囲ったものが，魚類に見られる生殖様式［小林他，2013］

なる，いわゆる性転換を示す隣接的雌雄同体の種が多い．隣接的雌雄同体には3様式ある．まず，初めは雌で後に雄になる雌性先熟である．ハタ科魚類の高級魚で水族館でも人気の高いクエ *Epinephelus bruneus* は雌性先熟で，体重5 kg程度までは卵巣が発達し雌として機能するが，5 kgを超えると卵巣が退縮するとともに精巣が発達して雄に性転換する．雄は繁殖期になわばりをつくり，複数の雌と産卵を行う．なわばり防衛には体の大きな方が有利であるため，体が小さい間は雌として機能し，体が大きくなると雄に変わるのであろう．2つ目は，初めは雄で後に雌になる雄性先熟（クマノミ *Amphiprion clarkii* など）である．クマノミは，一夫一妻で，隠れ家のイソギンチャクの中に棲む個体の間で自身が小さいときは雄として繁殖し，パートナーが死亡して自分が最大になると雌に性転換する．クマノミの場合は，イソギンチャクの付いている岩に産卵をするため，卵をたくさん産む方が有利であり，そのため大型の個体が雌になると考えられる．3つ目には，オキナワベニハゼ *Trimma okinawae* のように雌から雄または雄から雌の両方向へ性転換が起こる双方向性転換する種もいる．

⁘同時的雌雄同体と自家受精　雌雄同体の魚種には卵巣と精巣が同時に機能するものもおり，同時的雌雄同体と呼ばれる．北米のフロリダからキューバに分布するハタ科の *Serranus subligarius* は同時的雌雄同体で，2個体が交互に卵と精子を放出してカタツムリのような精子交換を行う．

同時的雌雄同体の最も極端なものが，カダヤシ目のマングローブ・キリフィッシュ *Kryptolebias marmoratus*（最新の研究では複合種species complexとされている．Tatarenkov et al., 2017）である．マングローブ・キリフィッシュは北米のフロリダから南米のブラジルまでのマングローブ域に広く分布している．この魚は，同時的雌雄同体であり，体内で成熟した卵と精子を自身の生殖管（輸卵管）の中で受精させ，受精卵を体外に産出する．つまり，自家受精をするのである．脊椎動物の中で自家受精をすることが確認されているのはこの魚1種だけである．有性生殖では，両親の配偶子が接合することで，子孫は雌親と雄親の遺伝子を半分ずつ受け継ぐことになる．このことが遺伝的多様性を生み，将来の環境変動などに対する適応度が高くなるという利点となる．ところが，自家受精を重ねるとこれらの多様性はだんだん減っていくことになる．事実，天然水域でも実験環境でもマングローブ・キリフィッシュの遺伝的にホモな個体，すなわちクローンの存在が多数確認されている．一方で，マングローブ・キリフィッシュには，機能的な雄の存在も少数ながら確認されているものの，機能的雌はまだ見つかっていない．天然水域で発見される遺伝的多様性の高い個体は，雌雄同体魚と雄が交配したものと思われているが，いまだに雌雄同体魚と雄とが繁殖行動をするところを目の当たりにした人はいない．適応的に不利と思われる自家受精を，なぜこの魚だけするようになったのか？　謎の多い魚はまだまだいる．　[阪倉良孝]

性転換の生理

魚類の中には，周りの社会環境の変化がきっかけとなり，みずからの性を変化させる「性転換魚」が存在する．性転換魚の存在は，古くから知られていたが，性転換の生理学的な研究は限られていた．そのため性転換の際に「魚の体内で何が起きているのか？」という基本的な問いの答えが長い間不明であった．しかし近年の解析技術の発展や，魚類の性決定・性成熟に関する基礎知見の収集が積み重なったことにより，魚類の性転換の生理機構に関する詳細が明らかになりつつある（小林他，2016）．

性転換魚は，自身の性を変化させる方向に従って，3つのタイプに分類される．すなわち最初に雌として機能した後に雄へ性転換する場合（① 雌性先熟），逆に雄から雌へ性転換する場合（② 雄性先熟），さらに同一個体が雄→雌→雄→雌→……と繰り返し何度も性転換する場合（③ 双方向性転換）である．

雌性先熟　雌性先熟型の性転換をする魚種では，卵を産んでいた個体が社会環境の変化によって生殖腺を変化させ精子を出すようになる．この生殖腺の変化に関する生理機構は，ベラ科の魚において詳しく解析されている．本科魚種の雌の卵巣内には，成熟した卵，若い卵母細胞などが観察されるが，精巣と判断される組織はまったく認められない（図1A）．ひとたび性転換を開始すると，その個体の生殖腺では，卵の急激な退行と吸収が観察される．その後，卵がほとんどなくなった生殖腺内において，精子をつくるための精巣組織が出現する（図1B）．この精巣組織の由来は，卵巣内にある一部の細胞（顆粒膜細胞，生殖原細胞の支持細胞）が性の脱分化後に，再分化して構築されたものである．最終的には卵巣組織は完全に消失・退行し，活発な精子形成が行われる完全な精巣となる（図1C）．この生殖腺の劇的な変化は，体内雌性ホルモン濃度の急激な減少によって引き起こされる．そのため性転換には，雌性ホルモン産生の鍵酵素であるアロマターゼの発現調節が重要であると考えられているが，社会環境の変化が，実際に，どのような経路でア

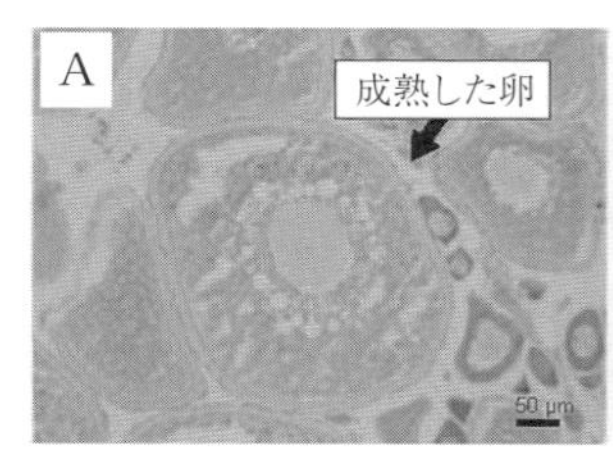

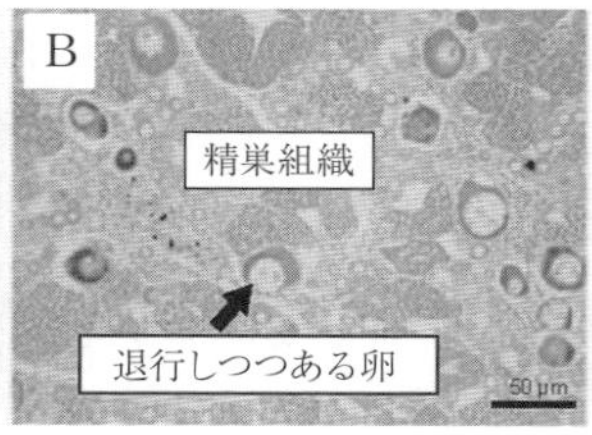

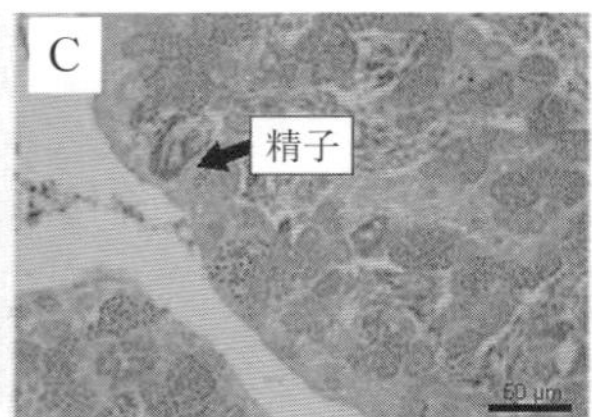

図1　雌性先熟魚ベラ科ミツボシキュウセン *Halichoeres trimaculatus* の生殖腺．(A) 雌，(B) 性転換中，(C) 雄

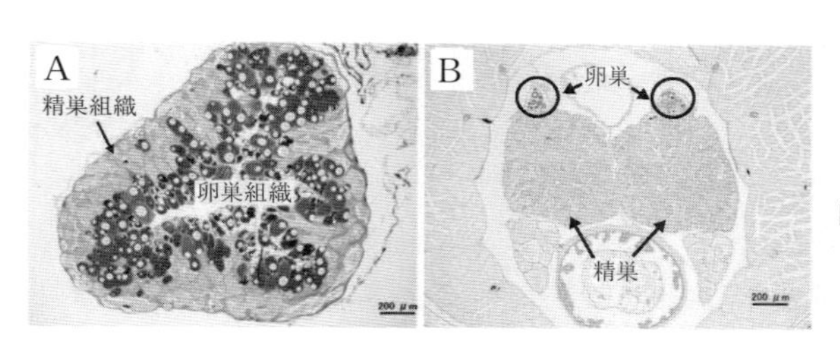

図2　雄性先熟魚クマノミの生殖腺(A)と双方向性転換魚オキナワベニハゼの生殖腺(B). いずれも雄として機能している状態

ロマターゼの発現を調整しているのかについては不明な点が多く残されている.

雄性先熟　雄性先熟型性転換の生理機構に関しては, 不明な点が多い. 最も研究がなされているのはクマノミ *Amphiprion clarkii* である. 本種の雄は, 成熟した精巣組織と未熟な卵巣組織が混在する両性生殖腺を持っている(図2A). 一方, 雌の生殖腺は発達した卵を持つ卵巣組織のみから成り, 精巣組織はまったく存在しない. そのためクマノミは雄から雌へと性転換する際に, 精巣組織を退行・消失させ, 未熟であった卵巣組織を発達させる. この変化にも雌性ホルモンが重要であると考えられているが, 詳細は明らかにされていない.

双方向性転換　双方向性転換の生理機構は, オキナワベニハゼ *Trimma okinawae* において詳しく研究されている. 本種は, 同一個体内に精巣と卵巣を同時に持つ. 個体が雄として機能するときは, 精巣を発達させ, 卵巣を未熟な状態にする(図2B). 逆に雌のときには卵巣を発達させ, 精巣を未熟な状態にする. このような生殖腺形態が, 双方向への性転換を可能にしている理由である. 社会環境によって使う生殖腺を切り替えるメカニズムについては不明な点が多いが, 形態変化の前に起こる生殖腺刺激ホルモン受容体の発現局在の切り替えが重要であると考えられている.

魚類に見られる「性転換」は, 性があやふやに決まる下等な魚種でのみ見られる例外的な生物現象と理解している人が多いが, それは誤りである. これまでのところ性転換する魚種は, ウナギ目, コイ目, ワニトカゲギス目, ヒメ目, ダツ目, タウナギ目, カサゴ亜目およびスズキ目で報告されている. このように性転換現象が多系統的に見られるのは, それぞれの種が独自に性転換を進化させた結果であると考えられる. つまり性転換は, 本来, 性があらかじめ決まっていた魚が, それぞれの置かれた環境に適応することによって, 新たに獲得した能力というのが現在の見方である(Sunobe et al., 2017).

魚類の性転換は, 脊椎動物における性の可塑性を示す代表例である. 脊椎動物における性の可塑性の生理学的側面については, 最近特に注目されながらも適当な実験系の欠如が原因でほとんど研究が進んでいない. 今後, 性転換魚をモデルとして性の可塑性や多様性, 普遍性に関する問題が解明されることが期待される.

[小林靖尚]

生殖行動の神経ペプチドによる制御

魚は内外の環境変化を感覚器官によって受容して脳・神経系で処理することで，季節や栄養状態，同種・異種個体間関係など内外の変化に柔軟に対応したさまざまな行動を起こす．本項では生殖行動に話を絞り，脳内で分泌される神経ペプチドによる，ゆるやかで持続的な神経回路調節が魚類の行動調節に果たす役割を概説する．

視床下部に存在する神経ペプチドを産生する神経細胞 脳内には性行動に関連するさまざまな神経ペプチド（ゴナドトロピン放出ホルモン〈GnRH〉，イソトシン，アルギニン・バソトシン，キスペプチンなど）が存在するが，その多くは視床下部に細胞体が存在する神経細胞（ニューロン）で産生・放出される．視床下部ニューロンから放出される神経ペプチドは，①血流で運ばれ下垂体の内分泌細胞や全身の標的器官を制御するホルモンとして，または②放出された脳内領域で近傍の標的神経細胞に作用して，その興奮性や神経細胞間の神経伝達効率を調節する神経修飾物質として機能する．多くの神経ペプチドは①②両方の機能を併せ持つことが知られており，例えばイソトシンとアルギニン・バソトシンはいずれも下垂体後葉（神経葉）に投射した軸索終末から放出され，それぞれ卵巣などの平滑筋収縮や腎臓における浸透圧調節を制御するホルモンとして働く．その一方でこれらのペプチドは視床下部を含む脳内に投射した軸索側枝からも分泌されて，性行動そのものや関連した攻撃行動に関する個体間コミュニケーションに絡んだ，発音や発電器官からの発電に影響を及ぼす神経修飾物質として働くことが報告されている．

複数のGnRH産生ニューロン 視床下部に存在するペプチドの中でGnRHは，下垂体前葉から黄体刺激ホルモン（LH）や濾胞刺激ホルモン（FSH）の分泌を促す，生殖腺の成熟・制御に関わるホルモンとして知られている．GnRHは10残基のアミノ酸からなるポリペプチドで，アミノ酸配列が一部異なる複数のGnRH分子種が存在する．視床下部にはGnRH1またはGnRH3（魚種により異なる）を分泌する神経細胞が存在する一方，中脳（被蓋（ひがい））にはGnRH2，終神経（しゅうしんけい）にはGnRH3を分泌する神経細胞が存在する．

生殖腺制御に直接関与しない終神経GnRH3ニューロン 終神経は軟骨魚・硬骨魚で発達している，嗅上皮（きゅうじょうひ）～嗅球（きゅうきゅう）～終脳（しゅうのう）に至る嗅覚情報の伝達経路に沿って存在する脳神経の1つである．終神経節内でGnRH3ニューロンは細胞塊を形成しており，そこから個々のニューロンの軸索が下垂体を除いた脳内広範囲に投射している．さらに終神経GnRH3ニューロンは一定間隔で規則的・自発的に活動電位を発する（図1．中脳に存在するGnRH2ニューロンも同様の形態・電気生理学的特徴を

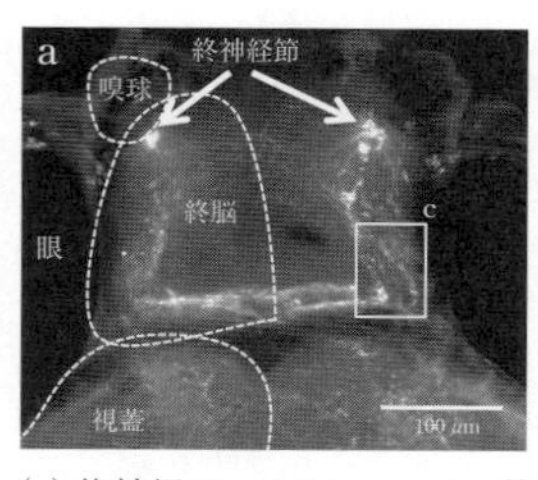

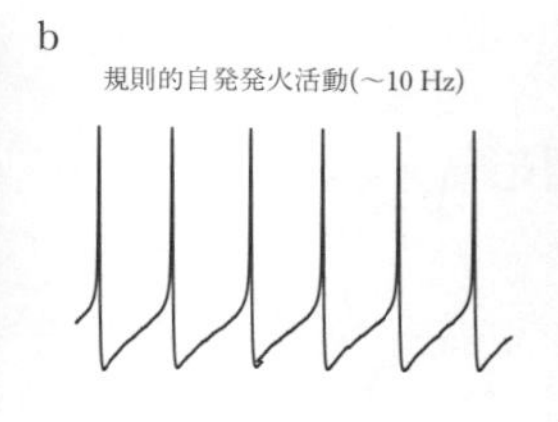

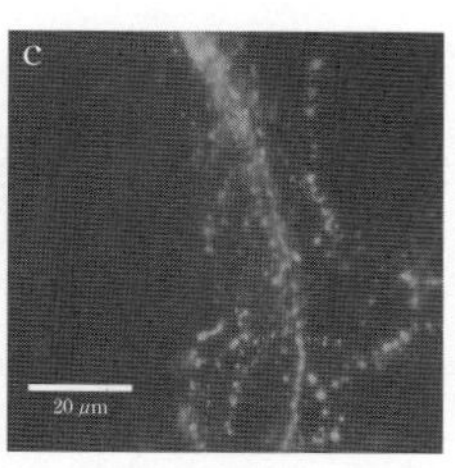

図1　(a) 終神経GnRH3ニューロン特異的に緑色蛍光タンパク質 (GFP) を発現させたトランスジェニックメダカ稚魚の頭部の蛍光顕微鏡像. 矢印で示した先に終神経節が存在し, GnRH3ニューロンが細胞塊を形成している. (b) 個々の終神経GnRH3ニューロンの神経活動を記録すると規則的自発発火活動が観察され, (c) これらのニューロンは終脳〜視蓋の広範囲に分枝した軸索を投射している

示す). 終神経・中脳で産生されるGnRH2・GnRH3を脳室内投与するとGnRH1と同様に下垂体におけるLH・FSH放出が誘起されるが, これら神経細胞の軸索は下垂体には投射せず, 終神経GnRH3ニューロンは主に前脳側に, 中脳GnRH2ニューロンは主に後脳側に軸索を分枝する. このため終神経や中脳のGnRHニューロン群から放出されたGnRH2・GnRH3は, 向下垂体ホルモンとしてではなく, 脳内に放出され近傍の神経回路を調節する神経修飾物質として作用する.

神経修飾系としてのGnRHニューロン　終神経節の破壊は雄の性行動開始の閾(いき)値(ち)を上げることが淡水棲熱帯魚ドワーフグラミー *Trichogaster lalius* で報告されている一方で, 雌では異性を受け入れる閾値を下げることがミナミメダカ *Oryzias latipes* で報告されている. 終神経GnRH3ニューロンの軸索が投射する嗅球（嗅覚）・網膜・視蓋(しがい)（視覚）など感覚情報処理に関わる脳領域を生体外に取り出した状態でGnRH溶液をかけると, これら領域のシナプス伝達や神経細胞の興奮性が変化することがキンギョ *Carassius auratus* やゼブラフィッシュ *Danio rerio*, ニジマス *Oncorhynchus mykiss* を用いた研究で報告されており, また脳内投与したGnRHペプチドが匂い刺激に対する嗅球誘起脳波（キンギョ）や音刺激に対する半円堤(はんえんてい)ニューロン活動を調節する報告がキンギョやスズメダイ科の *Abudefduf abdominalis* の個体まるごとを用いた研究から報告されている. そのため終神経GnRH3ニューロンから放出されたGnRH3ペプチドは, 脳内の感覚情報処理過程を修飾することで性行動の動機付けを制御すると考えられている.

展望　前述した終神経GnRH3ニューロンに限らず, 神経ペプチドが生殖行動に関わる神経活動を調節することが行動観察や最初期遺伝子発現を利用した神経活動マッピングなどによって示唆されている. しかし, ①個々の神経細胞がどんな刺激によって, いつ, 何処から神経ペプチドを放出するのか（最も基本となる入出力関係), ②放出されたペプチドが性行動における感覚情報処理にどのような影響を与えているのか, についてはいまだ明らかとなっておらず研究が進められている.

［阿部秀樹］

ウナギの人為催熟技術

ニホンウナギ *Anguilla japonica*（以下，ウナギ）は，飼育環境下ではほとんど成熟が進行せず，生殖腺内の生殖細胞は配偶子形成のごく初期の段階で停止してしまう．そのため，人為的な成熟誘導（人為催熟）なしでは配偶子（卵と精子）を得ることが不可能であり，養殖種苗を生産することはできない．一般に魚類の人為催熟は，天然の産卵環境を参考にした環境操作，あるいは成熟を制御するホルモンの投与により行われる．ウナギの産卵場所は太平洋の外洋域である西マリアナ海嶺付近であることはわかっているが，同海域に達するまでの生活環境など，産卵生態の多くが不明であるため，適切な環境操作による人為催熟は困難である．そのため，本種では主にホルモン投与による人為催熟・採卵が行われてきた．

脳下垂体で産生される生殖腺刺激ホルモン（GTH）は脊椎動物の成熟に非常に重要で，哺乳類においては成熟誘導に用いられる．GTHには濾胞刺激ホルモン（FSH）と黄体形成ホルモン（LH）があり，魚類ではFSHは配偶子の成長に，LHは最終成熟に関与するとされている．

ウナギの人為催熟にはウナギ自身のGTHが最適であるが，十分量のGTHを脳下垂体から得る事ができない．そのため，雌ウナギでは容易に入手できるサケ *Oncorhynchus keta* の脳下垂体を，雄ウナギでは市販のヒト由来GTHを用いて人為催熟が試みられ，成熟親魚を得ることができるようになった．しかし，異種ホルモンによる人為催熟では，得られる卵や精子の質が安定せず，低い場合が多く認められた．このように異種ホルモンによるウナギの人為催熟・採卵には大きな問題があり，さらなる最適化も困難な状況であったため，根本的な手法の改良が必要となった．

ウナギ自身からGTHの調整が不可能なことから，遺伝子工学的手法を導入し，哺乳類の細胞を用いてウナギ組換えGTHの大量生産を試み，これに成功した．現在では商業レベルでの産生法も確立され，ウナギ組換えGTHは市販されるに至った．組換えGTHを用いてウナギの人為催熟を試みたところ，雄ウナギではLHを単独で連続投与することにより，ほぼ全ての個体が完熟状態となり（図1），運動能の高い精子を含む大量の精液を得ることが可能となっている．一方，雌ウナギではFSH投与により催熟した後，LHおよび卵成熟誘起ステロイドを複合投与することにより，高い確率で良質卵を得ることが可能となっている． ［風藤行紀］

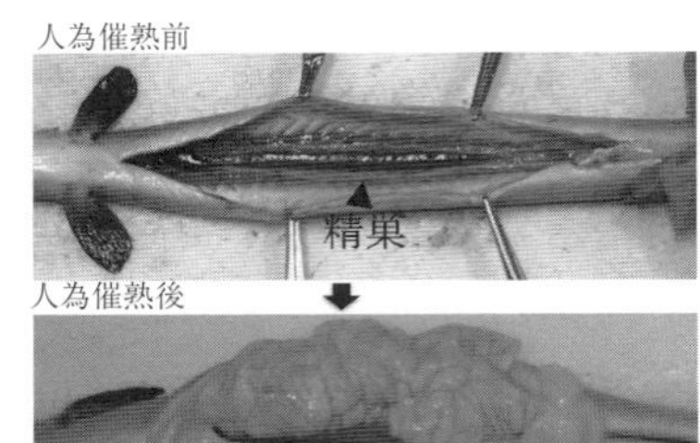

図1 LHにより人為催熟した雄ウナギ

環境ホルモンの影響

内分泌撹乱化学物質，いわゆる環境ホルモンとは，生体に取り込まれた後，体内の情報伝達物質であるホルモンの作用を撹乱する物質の総称である．医薬品に使用されている合成雌性ホルモン，工業製品の原料であるノニルフェノールやビスフェノールA，有機塩素系の農薬，海洋生物の付着防止に用いられていたトリブチルスズなどがそれにあたる．これらの生物への影響はさまざまであり，行動，細胞分裂，免疫系などへの影響などが報告されているが，その多くが雌性ホルモンと類似した構造を持つことから，生殖現象への影響が顕著である．最近では，人畜由来の雌性ホルモンも下水処理施設を経由して環境中に集中放出され，強い生物影響を持つため，環境ホルモンとして扱われている．

魚類における環境ホルモンの影響として最もよく知られているのは，雄や未熟な雌における卵黄タンパク質前駆物質（ビテロジェニン：VTG）の異常誘導である．VTGは卵黄形成期の雌において雌性ホルモンの作用によって肝臓で合成され，卵母細胞に卵黄タンパク質として蓄積される物質である．しかし，雌性ホルモン作用を持つ化学物質に暴露されれば，雄や未熟な雌でもVTGは合成される．この様な現象は大都市部や下水処理施設の周辺に生息する異体類やボラ *Mugil cephalus*, マハゼ *Acanthogobius flavimanus* などで観察されている．また，雄の精巣に卵母細胞が出現する「精巣卵」も環境ホルモンにより誘導されると考えられており，コイ *Cyprinus carpio*, ボラ，異体類などで報告されている（図1）．特に泥質の干潟や河口域は化学物質の蓄積が起こりやすく，魚類への影響もこのような場所で多く観察されている．

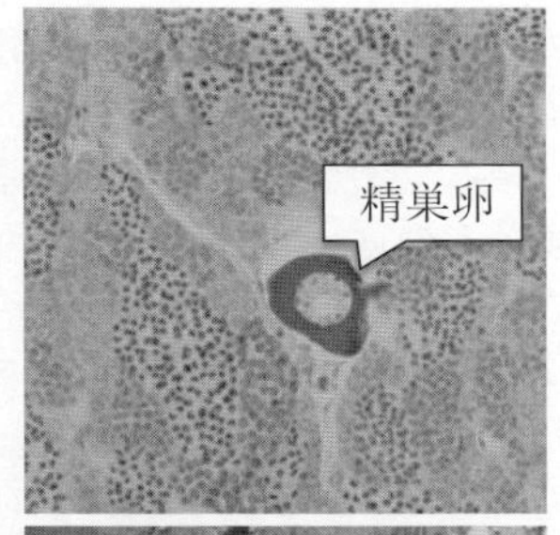

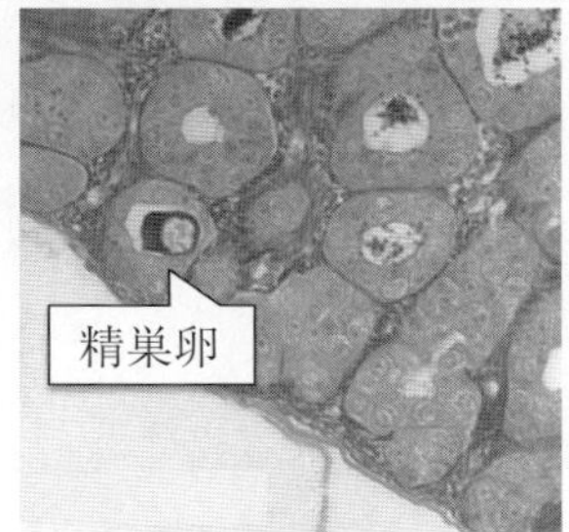

図1　ボラの精巣中に出現した卵母細胞（精巣卵）[Aoki et al., 2010]

環境ホルモンは雌化や生殖異常を引き起こすことから，健全な次世代生産を阻害する可能性がある．最近の知見では，生殖腺が完全に機能しなくなるような異常はきわめて稀であり，その心配は少ないとの意見もある．しかし，環境ホルモンは脳へも作用し，雄の行動を雌化させる．また，胚発生中や孵化後の仔魚期に環境ホルモンの影響を受けると，生殖腺の雌化が起こるばかりでなく，細胞分裂や骨形成などの異常も誘発される．したがって，汚染の度合いによっては，次世代数の減少を生みかねない．

［征矢野 清］

精子運動と精子活性化

魚類の精子は他の脊椎動物と同じく，核からなる頭部と運動性の鞭毛(べんもう)からなる尾部という共通した構造を持つ．一方，多くの硬骨魚で先体を欠き，卵膜を通過する時に他の動物で見られるような先体反応は起こらない．鞭毛の内部（軸糸と呼ぶ）には，9本のダブレット微小管（周辺微小管）が環状に配置し，環の中には2本の微小管（中心小管）がある．周辺微小管にはモータータンパク質であるダイニンが2列配置する．この配置を9+2構造と呼び，ほぼ全ての動物の鞭毛において共通の構造である．一方，ウナギ属の軸糸は一次繊毛に類似した，中心小管のない9+0構造をとる．鞭毛運動では，呼吸や解糖系などで生じたATPが軸糸ダイニンのモーター活性のエネルギーとなって，周辺微小管に滑り運動を生じさせ，鞭毛全体が屈曲波を形成して精子の推進力となっている．

魚類精子の運動様式　魚類の精子の運動における最大の特徴は，持続時間がきわめて短いことにある．例えばイシビラメ *Scophthalmus maximus*，コイ *Cyprinus carpio* は約2分，マコガレイ *Pseudopleuronectes yokohamae*，クサフグ *Takifugu alboplumbeus* は約1分，ニジマス *Oncorhynchus mykiss* に至っては約30秒である．一方例外もあり，トゲウオ科の *Gasterosteus aculeatus* やニシン *Clupea pallasii* は活性化後数時間運動を続けることが知られている．運動時間が短い理由については，鞭毛運動に必要なATPの供給が追いつかないことが一因とされている．例えばペルチェク（Perchec, G）らの研究によると，コイではミトコンドリアにおける呼吸でATPが供給されているが，運動時にはATP量が急減する．また計算上，ミトコンドリアの供給のみでは，鞭毛の先端部までATPの供給が追いつかないことも示されている．しかしこの問題は魚類に限ったことではなくATP産生に解糖系を用いない精子一般にいえることであり，他の動物に比してなぜ魚類だけが極端に運動時間が短いかの説明とはなっておらず，今後の研究が待たれる．

精子運動の活性化　魚類の精子は雄体内ではまったく運動しておらず，多くの場合放精と同時に運動を開始する．運動開始の引き金は，多くの魚類においては雄体内と体外の環境との間の浸透圧の変化である．海産魚では体内環境より周囲の海水の方が浸透圧が高く，放精時の浸透圧の上昇が運動開始の引き金となる（図1）．一方，淡水魚では，逆に浸透圧の低下が運動開始の引き金となっている．この浸透圧変化による運動調節は可逆的で，運動時間内であれば，閾値

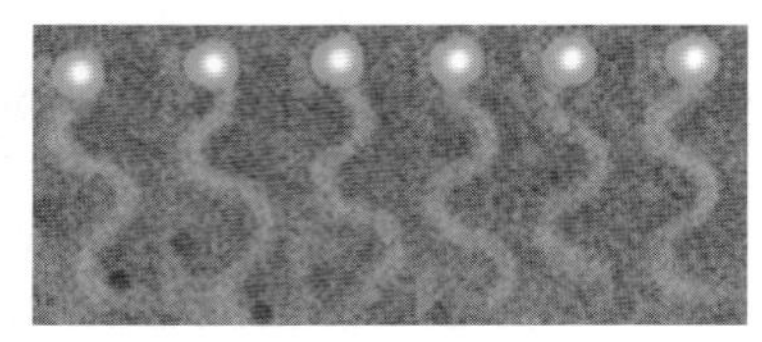

図1　高浸透圧で活性化したマコガレイの精子の運動［筆者撮影］

を超える浸透圧の変化は何度でも運動のオン・オフにつながる．

生殖環境に応じて運動開始に必要な浸透圧変化の方向性が逆となるメカニズムはまだよくわかっていない．浸透圧の刺激は精子頭部の体積に影響を及ぼすことがわかっており（海産魚は高浸透圧刺激により縮小，淡水魚は低浸透圧刺激により膨潤），この物理的な変化が，機械刺激作動性チャネルを開口させるか，体積の変化が直接細胞内K^+濃度の変化につながっていると思われる．また，多くの精子では運動開始時に細胞内Ca^{2+}の上昇が必要である．

ところで，カワスズメ *Oreochromis mossambicus* は淡水魚であるにもかかわらず汽水や海水環境でも生育可能で，繁殖も可能である．守田昌哉らの一連の研究によると，カワスズメの精子の運動開始システムの基本は淡水魚型，つまり低浸透圧が運動の引き金であるが，海水環境に適応したカワスズメの精子では，海水中に高濃度に存在するCa^{2+}が細胞内に流入するようになり，それによって高浸透圧下でも運動が可能となっていることが示された．

一方，ニジマスなどのサケ科魚類の生殖環境は淡水であるが，精子の運動開始は浸透圧ではなく外液中のK^+濃度の変化が引き金になっている．一般に精漿（せいしょう）は体液よりも高濃度のK^+を含んでいるが，サケ科魚類ではその傾向が著しく，血液の約120倍にもなっており，放精時の細胞外K^+濃度の減少が細胞膜の過分極，細胞内Ca^{2+}の増加，および細胞内環状アデリシン一リン酸（cAMP）の増加につながり，軸糸タンパク質のリン酸化を経て運動が開始されることが明らかとなっている．

雌性因子による精子運動の調節　魚類の中では例外的ではあるが，雌性因子により精子運動が活性化されるものもいる．ニシンは汽水域で生殖を行うが，放精された精子はほとんど運動せず，卵が近くにあって初めて運動を開始する．柳町隆造らと森澤正昭らの研究により，この精子運動の活性化は卵膜から放出される8 kDaの水溶性タンパク質HSAPsと，卵膜表面に存在する105 kDaのタンパク質SMIFが担っていることが示されている．SMIFは非水溶性タンパク質であり卵門近辺に局在していることから，後述するようにHSAPsが精子の活性化，SMIFは卵膜上での精子の誘導に効いていると考えられる．

卵門への精子走化性　魚類の精子には卵膜を通過する能力がなく，卵にたどり着くためには卵膜に存在する卵門を通過するしかない．多くの魚類では卵門は卵に1カ所しかないため，卵膜に到達した精子が卵門を見つけることを手助けするようなシステムがあることが一部の魚類で明らかとなっている．ニシンでは卵門付近の精子が卵門に誘導されることが古くより知られており，その分子実体はSMIFと考えられている．SMIFは卵門付近の卵膜上に存在する105 kDaの糖タンパク質で，卵門を中心に濃度勾配を形成している．SMIFのような卵膜近傍のみに存在する糖タンパク質は他の魚類でも見られ，卵門への精子誘導因子の候補としてMISAと呼称されている．

［吉田 学］

性フェロモン

陸上動物と同じように魚類も社会行動のために嗅覚を用いている．漁業や養殖現場においては，その優れた嗅覚を利用し，一方の性を捕獲するトラップ漁法や成熟促進が期待されている．本項では，魚類の性フェロモンについて活性物質に言及できる種を中心に紹介したい．

ホルモナルフェロモン　魚類の性フェロモンはキンギョ *Carassius auratus* で最も詳しく研究されており（小林, 2002），その機能からホルモナルフェロモン（ホルモン様のフェロモン）と呼ばれる（図1）．まず，成熟の初期における雌由来の雄誘引物質は雌性ホルモンであるエストラジオール（E_2）の代謝物である可能性が指摘されている．最終成熟期に入ると水温上昇が刺激となり，雌は黄体形成ホルモン（LH）の一過性大量分泌（サージ）により成熟誘起ホルモンである17, 20β-ジヒドロキシ-4-プレグネン-3-オン（17, 20β-P）を産生し，排卵に至る．その際，鰓や腎臓から排泄される17, 20β-Pとその硫酸抱合体が成熟雄のLHサージを誘起し，雄の血中17, 20β-Pと精液量を増加させる（生理作用を示すプライマー効果）．排卵時に，卵濾胞の崩壊に関わる局所ホルモンであるF型プロスタグランジン（PGF）は，雌自身の脳に作用して産卵行動を誘起するだけでなく，その代謝物とともに尿に含まれて排出され，雄の放精行動を解発する（行動を誘起するリリーサー効果）．また，未排卵の雌や雄から放出されるアンドロステンジオン（AD）を嗅いだ成熟雄は排卵雌以外に対し敵対行動をとる．17, 20β-Pへの嗅上皮応答の強度に性差や成熟度差はないが，PGFへの応答には雄特異性があり，いずれも応答の閾値は10^{-12} M（mol/L）程度である．これは一般的な25 mプールに耳掻き100分の1杯程の濃度に匹敵する．

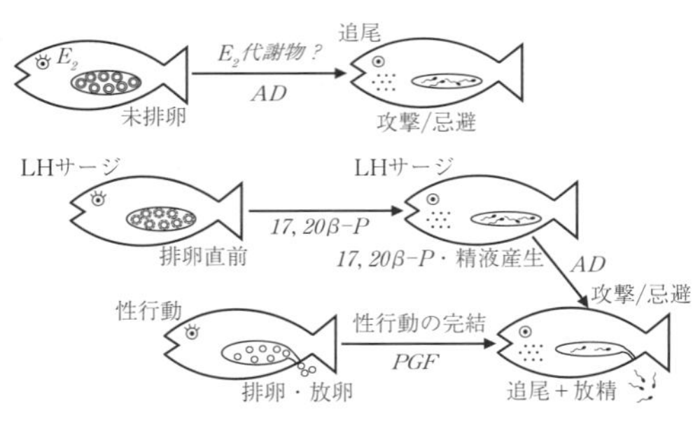

図1　キンギョのホルモナルフェロモン［小林, 2002を改変］

キンギョと同じフェロモン物質に対し他のコイ科魚類も強い嗅上皮応答とプライマー効果を示す．雌性発生により雌しか存在しないギンブナ *Carassius* sp. はキンギョとほぼ同じPGF代謝物を排出し，他種の雄の精子を受精させることで卵の発生を開始させていると考えられる．ドジョウ *Misgurnus anguillicaudatus* でもPGF類が雄の性行動を誘起し，その嗅上皮応答もきわめて強く閾値は10^{-13} Mである．

グッピー *Poecilia reticulata*, ゼブラフィッシュ *Danio rerio*, アフリカ産のナマズの1種 *Clarias gariepinus* でも性ステロイドホルモンに由来するホルモナルフェロモンが報告されている.

無顎類のフェロモン　ヤツメウナギの1種 *Petromyzon marinus* では, ステロイド骨格を持つ胆汁酸がさまざまなフェロモンとして機能している. 排精した雄の鰓から分泌される胆汁酸の硫酸抱合体は排卵した雌を誘引する性フェロモンの主成分であり, その嗅上皮応答の閾値は 10^{-12} Mである. また, 幼生の飼育水から新たに3種の胆汁酸硫酸抱合体が同定された. それらは回遊フェロモンと呼ばれ, 河川に棲む幼生が放出し成熟した雌雄の遡上を促す. その嗅上皮応答の閾値はいずれも 10^{-13} Mである. 五大湖ではこれらのフェロモンを利用し, 水産重要種であるレイクトラウト *Salvelinus namaycush* に寄生する本種の駆除が期待されている.

サケ科魚類のフェロモン　タイセイヨウサケ *Salmo salar* の雄に対するリリーサー効果は排卵した雌の尿にあり, プライマー効果には排卵した雌の尿や体腔液に含まれるPGFが有効である. ブラウントラウト *Salmo trutta* のリリーサーまたはプライマー効果にもPGFが有効である. しかし, これら2種におけるPGFは濃度的にきわめて近距離で有効と考えられる. サクラマス *Oncorhynchus masou masou* では, 排卵した雌の尿から性フェロモンの主成分といえるアミノ酸の1種, L-キヌレニンが同定された. この物質に対して排精した雄は誘引され, 実験水路中における行動の閾値は 10^{-11} M以下, 嗅上皮応答の閾値は 10^{-14} Mと推定された. さらに, 同物質は雄の血中17,20β-Pを上昇させる. 系統分類学的に近縁であり繁殖生理生態も似ているサクラマスとニジマス *O. mykiss* の雄は同種の排卵した雌の尿にのみ誘引されるだけでなく, 尿のクロマトグラフィー分析からも性フェロモンの種特異性が示唆される(山家, 2013). 一方, 排精した雄の尿には, 未成熟の雄を忌避させるようなフェロモンが含まれており, それは雄特異的なアミノ酸である可能性が高い.

性フェロモンの多様性　サクラマスの他, 次の2種でも非ホルモナルフェロモンが報告されている. タイリクバラタナゴ *Rhodeus ocellatus ocellatus* では, 排卵した雌の卵巣腔液に含まれる12種類のアミノ酸からフェロモン活性が確認された. そのうち主要なものはシステイン, セリン, アラニン, グリシン, リジンであり, 暗いときには雌を貝へ誘導するために雌をつつく行動が, 明るいときには放精行動が誘起される. クサフグ *Takifugu alboplumbeus* では, 排卵するとフグ毒の主成分であるテトロドトキシン（TTX）が卵内から卵膜外の卵巣腔液へと移行し, 卵巣腔液の体外への漏出に伴いTTXが雄を誘引するらしい. その行動の閾値は約 1.5×10^{-12} Mと推定される.

脊椎動物の中で最も多様に進化してきた魚類では, 種の多様性に応じた性フェロモンが想定できる. 受容体とその遺伝子からフェロモン物質を探る研究も進められており, 新たなフェロモン物質の発見が期待される.　[山家秀信]

胎生魚

雌の生殖器官内で受精・発生が起き，仔稚魚（しちぎょ）を産む魚．栄養を卵黄と母体のどちらに依存するか，卵膜の有無，栄養吸収のための器官の有無などで卵胎生・胎生に分けられるが，定義が曖昧であり，全ての事例を明確に分類できないため，単に胎生と呼ぶことを推奨したい．軟骨魚類では11目40科，真骨類では5目13科にわたって見られ（図1），これらの科では互いに独立して卵生から胎生への進化が起きたと考えられる．以下では真骨類の胎生現象について説明する．

胎生様式の分類　真骨類では胎生現象はアシロ目（フサイタチウオ科・ソコオクメウオ科・ニセイタチウオ科），ヨウジウオ目（サヨリ科），オヴァレンタリア（グデア科・ヨツメウオ科・カダヤシ科），スズキ目（フサカサゴ科・コメフォルス科・ウミタナゴ科・ゲンゲ科・アサヒギンポ科・ラブリソムス科）に見られる（図1）．胎生への特化の段階・様式は，後述するように，科間や科内でも多様である．胎生の様式は異なる観点によって以下のように分類できる．

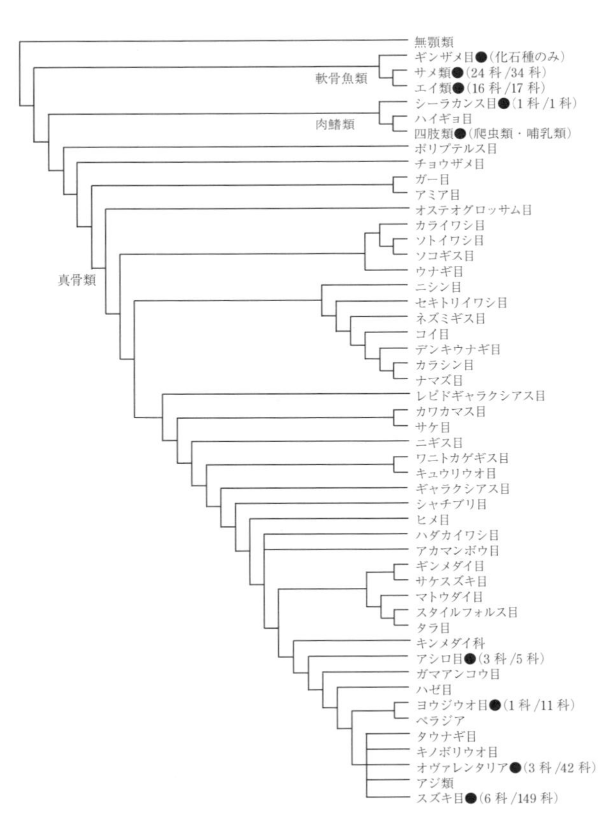

図1　脊椎動物の系統と胎生の出現状況．●は胎生種を含む分類群．括弧内は全科中の胎生種を含む科の数［系統樹は宮，2016を改変］

妊娠が起きる部位に着目すると，成熟した卵が卵巣腔に排卵されてそこで受精・発生する卵巣腔内妊娠型と，成熟卵が排卵されずに濾胞層（ろほうそう）に包まれた状態で受精・発生する濾胞内妊娠型に分けられる．濾胞内妊娠型はヨツメウオ科・カダヤシ科・アサヒギンポ科・ラブリソムス科に見られ，その他の10科は卵巣腔内妊娠型である．濾胞内妊娠型では濾胞細胞に包まれたままの卵がどのように受精するのか，よくわかっていない．

発生に使う栄養の母体への依存度に着目すると，卵黄依存型と母体依存型に分けられる．前者は主に卵黄の栄養を使って発生・出産されるもので，フサカサゴ科やカダヤシ科の数種などがあげられる．一方，後者は卵黄だけでなく母体からも栄養を受け取って成長するものである．このような魚種では，成熟卵と出産直後の胚の乾燥重量を比較すると，胚の方が数十倍（カダヤシ科・グデア科）から数百倍（ウミタナゴ科・アサヒギンポ科），さらには数千倍（ヨツメウオ科）にまで増加する．母体依存型では胚と母体にそれぞれガス交換や栄養授受のための特殊な器官を発達させる例が多い．ウミタナゴ科では，胚の垂直鰭（すいちょくき）が肥厚・伸長し毛細血管を発達させる．ヨツメウオ科の一種では，卵巣内の上皮が伸長して胚の鰓裂（さいれつ）に入り込み，胚の鰓や咽頭と接することで栄養の授受を行っていると考えられている．胚の腸が著しく発達する例が複数の科にまたがって見られ，ゲンゲ科の一種では，胚の後腸が栄養吸収能を持つことが実験的に示されている（Koya et al., 1994）．フサイタチウオ科，ニセイタチウオ科，ウミタナゴ科，およびグデア科では，胚の後腸が体の外に向かってリボン状に飛び出した栄養リボンと呼ばれる構造を持つ．濾胞内妊娠型のヨツメウオ科やカダヤシ科では，濾胞層が受精後にガス交換や栄養供給の機能を持つように変化する一方，胚の側でも表皮や腸がガス交換と栄養吸収の機能を持つように特殊化し，濾胞偽胎盤を形成する．

妊娠と出産　卵巣腔内妊娠型では排卵後すぐに放卵しない仕組みと，胚を適切な時期に出産する仕組みが必要である．フサカサゴ科では，これらの仕組みに排卵後濾胞とそこから分泌されるステロイドホルモンの一種（17, 20β-ジヒドロキシ-4-プレグネン-3-オン：以下17, 20β-P）が関与しているようである（Koya et al., 2004）．卵生魚では濾胞層が17, 20β-Pのサージ（一過性の大量分泌）を起こすことで卵成熟がうながされ，排卵後には濾胞層は速やかに退縮する．一方，フサカサゴ科の胎生魚では，卵成熟時に濾胞層から17, 20β-Pが大量に分泌されるところは卵生魚と同様であるが，排卵後にも濾胞層は退縮せず，そこから17, 20β-Pを分泌し続ける．出産が近付くと17, 20β-P分泌が止み，血中の17, 20β-P濃度が急減すると出産が起きる．17, 20β-Pの分泌が止む仕組みは不明であるが，十分に成長した胚の側から何らかのシグナルが伝えられることが想定される．排卵後濾胞が妊娠中に退縮せずにホルモンを分泌する点は，哺乳類の黄体と解剖学的にも機能的にも相同性がある．濾胞内妊娠型の場合には，卵成熟後の排卵の抑制，成長した胚の濾胞からの排出，および出産の仕組みについて不明である．

胎生魚の研究は魚類における生殖様式の進化のみならず，脊椎動物の生殖様式の進化を考える上での比較研究の対象として有用である．　［古屋康則］

活動のリズム

生物には一定の周期で繰り返されるさまざまな生命活動が観察される．これらの周期性には地球の自転や公転，そして月の公転によって引き起こされる環境の周期性に対応したものや，それとは独立して生物が独自に獲得してきたものがある．環境の周期性に対応した生命活動の多くは，生物が環境への適応として進化の過程で獲得してきたもので，環境変化を予測して種の生存と繁栄を保障するために役だっていると考えられている．生物が示す周期性には恒常条件においてもフリーラン（自由継続）するものがあり，多くの場合，自律振動する内因性の時計の制御を受けている．生命現象を時間軸の切り口で解明しようとする学問分野を時間生物学という．

水中生活に適応した魚類には，昼夜リズムである24時間周期（日周リズム）や季節のリズムである1年周期（年周リズム）に加えて，12.4時間周期（潮汐リズム），2週間周期（半月周性リズム），そして1カ月周期（月周リズム）などが現れる場合がある．これが自由継続する場合をそれぞれ，概日リズム，概年リズム，概潮汐リズム，概半月リズム，そして概月リズムなどと呼ぶ（図1）．

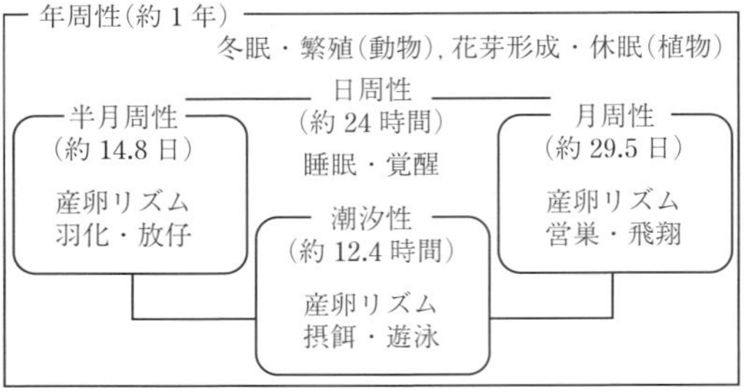

年周性（約1年）
冬眠・繁殖（動物），花芽形成・休眠（植物）
日周性（約24時間）
睡眠・覚醒
半月周性（約14.8日）
産卵リズム
羽化・放仔
月周性（約29.5日）
産卵リズム
営巣・飛翔
潮汐性（約12.4時間）
産卵リズム
摂餌・遊泳

図1　生物に見られるさまざまな周期性

日周性　地球の自転周期は24時間であり，照度，温度，湿度などが日周変化する．照度のような明るさの変化は信頼性の高い環境指標であり，日の出とともに急増し，日の入りとともに急減する．ベラ類は明確な日周性の活動周期を示し，夜間は砂に潜ったり岩陰に隠れたりして活動を休止しているが，昼間は摂餌や生殖の活動をしている．ベラ類の日周性の活動は恒常条件でも自由継続することから，約24時間周期の時計（概日時計）の制御を受けていると考えられる．哺乳類では活動リズムを支配する主時計（マスタークロック）が視床下部の視交叉上核に存在することが知られている．視交叉上核にある神経細胞で発現する遺伝子のうち，概日時計の発振機構に組み込まれた遺伝子（時計遺伝子）が転写と翻訳を繰り返すことで約24時間の周期性が生まれる．環境の周期性に同調するための入力系（眼などの光受容器），振動系（視交叉上核），そして生理的振動をつくりだす被駆動系が連動して機能することで正確なリズムが刻まれる．魚類の概日時計機構は哺乳類と基本的に同じであるが，松果体や血管嚢などが概日時計の主時計として機能することが示されている．

月周性　月の公転周期は約27.3日であり，朔望（さくぼう）（月の満ち欠け）周期は約29.5日である．月の満ち欠けに合わせて夜の明るさや地磁気などが変化し，それぞれ満月付近と下弦の月付近で極大となる．熱帯域に分布の中心を持つ魚類には月周性の産卵リズムを示すものが多い．例えば，ハタ科魚類のカンモンハタ *Epinephelus merra* とヤイトハタ *E. malabaricus* は，それぞれ満月および新月付近に産卵場所へ移動して一斉に産卵する．成熟可能な個体が同調して生殖腺を発達させて産卵することで繁殖効率を上げたり，一斉に産卵することで受精卵の捕食のリスクを下げることにメリットがあると考えられている．また，近縁種間での時間的生殖隔離が起こっている可能性も指摘されている．魚類の月周リズムが内因性の時計（概月時計）によって制御されているという実験的証拠はない．しかしながら，月光を与え続ける人為条件で飼育したゴマアイゴ *Siganus guttatus* において予定産卵月相が攪乱されたり，月光を遮断して飼育したヤイトハタにおいて概日時計を構成する時計遺伝子の脳内発現量が変化したりすることから，月光の周期的変化が1カ月単位の時刻合わせに関係していることが示唆されている．

潮汐性　日本沿岸の潮の満ち引きは12.4時間周期で繰り返される．沿岸性の魚類には潮汐性の摂餌や産卵の活動を繰り返すものが多い．例えば，カレイの1種 *Platichthys flesus* は上げ潮時に摂餌のために移動する．また，干満差は大潮時に大きくなり小潮時に小さくなるが，この周期は約14.8日である．熱帯性のベラ類は昼間の満潮時に産卵する．この場合，潮汐性の産卵は受精卵を速やかに分散させて捕食のリスクを下げることにメリットがあると考えられている．魚類では内因性の時計（概潮汐時計）の存在は明らかとなっていないが，潮汐の影響を受けるマングローブ域に生息するバッタ目昆虫の1種では時計遺伝子の発現をRNA干渉法で抑制しても概潮汐リズムは自由継続することから，概潮汐時計の存在が提起されている．魚類では潮汐を模した水圧変化を与えたミツボシキュウセン *Halichoeres trimaculatus* や *P. flesus* では，脳内モノアミン類（ドーパミン，セロトニン，ノルエピネフリンなど）が変動することから，脳内神経伝達物質の変動が潮汐性の行動パターンに影響をおよぼしている可能性がある．

年周性　地球は太陽の周りを公転しており，公転軸と自転軸に23.5度のずれがあるため，日長や温度の季節変化が1年周期で繰り返される．魚類では繁殖や回遊などに日長や温度に応答した年周性が見られる．サケ科魚類の成長やスモルト化などに概年リズムがあるとの報告があるが，内因性の時計（概年時計）の分子的基盤は明らかにされていない．

魚類に見られるさまざまな周期性の時間生物学的な解析は始まったばかりで，研究を進めることにより新たな発見や知見の集積が期待される．　［竹村明洋］

季節センサー

中・高緯度地方には明確な四季が存在し，1年を通して気温（水温）や日長などさまざまな環境因子が劇的に変化する．この年周期のリズムに同調して魚類も生理機能や行動を1年の周期で変化させる．サケ科魚類で見られる降海と母川回帰がその1例である．また1年の中で特定の季節にのみ繁殖期を迎える「季節繁殖」もよい例である．サクラマス *Oncorhynchus masou masou* は日長時間が短くなる秋頃に，ミナミメダカ *Oryzias latipes* は日長時間が長くなる春頃に繁殖を行う．魚類に限らずほとんどの生物は日長の変化を手掛かりに季節を読み取っている．本項では，近年の研究で魚類に特有の血管嚢という器官が日長の変化を感知していることがわかってきたので紹介する．

鳥類，哺乳類が季節変化を読み取る仕組み　脊椎動物の中で季節繁殖の研究に最も適したモデル動物の1つが鳥類である．鳥類は繁殖期にのみ劇的に生殖腺を発達させるという洗練された季節繁殖性を示す．哺乳類では眼が唯一の光受容器官であるため，眼を除去されたハムスターは日長変化に応じて生殖腺を発達させることはできない．しかし哺乳類以外の脊椎動物では眼の他にも，脳の頭頂部にある松果体や脳深部に光受容器が存在する．鳥類はこの脳深部光受容器を介して日長の情報を受容するため，眼や松果体がなくても日長の延長に反応して生殖腺を発達させることができる．長日性季節繁殖動物であるウズラを用いた一連の実験から，季節繁殖の制御機構が明らかになった．光が視床下部などにある脳深部光受容器で受容されると，下垂体の付け根に位置する下垂体隆起葉から甲状腺刺激ホルモンが視床下部へ分泌され，視床下部で甲状腺ホルモンを活性型に変換する2型脱ヨウ素酵素の発現が誘導される．2型脱ヨウ素酵素によって視床下部で甲状腺ホルモンが局所的に活性化されると生殖腺刺激ホルモン放出ホルモンの分泌が促される．甲状腺刺激ホルモンは甲状腺を刺激するホルモンとしてよく知られているが，隆起葉から分泌される甲状腺刺激ホルモンは脳に春を告げるホルモンとして働いている．その後，短日性季節繁殖動物であるヒツジや周年繁殖動物であるマウスでも下垂体隆起葉の甲状腺刺激ホルモンが春告げホルモンとして働いていることが明らかとなっている．

オールインワン季節センサー「血管嚢」　魚類の季節繁殖にも甲状腺ホルモンが関与しているが，魚類は解剖学的に下垂体隆起葉と相同な部位を持っていない．そこで明瞭な季節繁殖を示すサクラマスにおいて，季節繁殖を制御する因子の脳内発現が調べられた結果，それらが血管嚢で発現していることが判明した．血管嚢は脳の腹側部，下垂体の尾側に位置する袋状の器官で，脳室と連続した内腔を

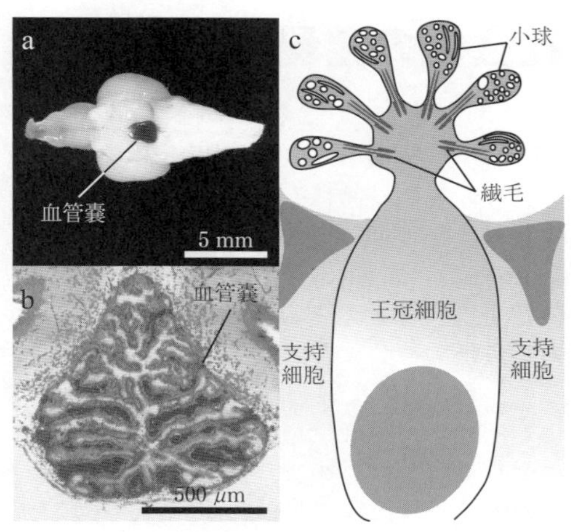

図１　血管嚢（a, b）と王冠細胞の模式図（c）
［Nakane et al., 2013および中根他, 2014より改変］

持っている．それを形成する壁には多量の血液を含んだ洞様血管（どうようけっかん）が豊富に分布しているため，脳を裏返すと赤い組織塊として簡単に観察できる（図1a,b）．しかし，血管嚢の存在が初めて報告されて以降，300年以上にわたりその生理機能は不明であった．

血管嚢を形成する壁の上皮は主に王冠細胞とそれを両脇から支える支持細胞から構成される．王冠細胞は繊毛由来の小球と呼ばれる構造を多数持ち，それがまるで王冠を被っているように見えることから名付けられた（図1c）．季節繁殖を制御する因子のうち甲状腺刺激ホルモンは小球で発現し，2型脱ヨウ素酵素は王冠細胞の細胞質で発現していた．さらに興味深いことに，小球では脊椎動物の光受容タンパク質として知られるオプシンの発現が認められた．そこで，血管嚢を取り出して器官培養してみると，日長の変化に対して甲状腺刺激ホルモンおよび2型脱ヨウ素酵素の発現が変化した．一方，血管嚢を外科的に除去したサクラマスは日長変化に応じて生殖腺を発達させることができなかった．

以上のことから哺乳類や鳥類では，光受容器官（眼や脳深部光受容器）や下垂体隆起葉，視床下部などの複数の組織が役割分担をしながら季節繁殖を制御している一方で，魚類においては血管嚢が入力（光受容器）から出力（ホルモン分泌）までの機能を1つの細胞に集約した「オールインワン季節センサー」であることがわかった．単細胞生物では1つの細胞で全ての生命活動が完結していたのが，多細胞生物になって組織による分業化が進んだ．進化の歴史を考えると原始的な細胞は複数の機能を備えているため，血管嚢は脊椎動物の祖先型の季節センサーといえるかもしれない．

今後の展望　血管嚢は全ての魚類が持っているわけではない．血管嚢を持たないミナミメダカのような魚類がどのように季節を感知しているか，さらなる研究が必要である．また外温動物である魚類は水温をも季節変化の手掛かりにしている．どのような機構で温度変化を捉えて生殖腺を発達させているのかはまだ不明である．さらに，魚類に限らず全ての脊椎動物において，日長を測る仕組みは謎に包まれている．今後これらの課題が解決され，魚類における季節繁殖の全容が解明されることが期待される．

［中根右介・吉村 崇］

社会性の発現制御

多くの魚類は同種の複数個体で社会を形成して生息している．社会性を有する魚類は，個体間でさまざまな社会行動を取りながら個体関係を築き保っている．社会行動には，主に繁殖行動やそれに関連する求愛・育児行動，攻撃や逃避などの闘争行動などがあり，いずれも社会や種の存続に不可欠である．したがって，ある魚種の社会において個体関係がどのように築かれ保たれているのかを知ることは，その種の生態を理解し資源を保護する上できわめて重要である．そして何より，社会行動は魚類に限らず多くの動物に広く見られる本能であるから，生体内で社会行動がどのようなメカニズムによって制御されるのかといった生命現象の根本的な謎を解き明かしたいという好奇心に駆り立てられる．

本項では，魚類の社会行動のうち特に雄個体間に見られる闘争行動を制御する脳内因子について概要を紹介する．

社会行動に伴う脳内ホルモンの発現変化 行動中枢である脳に存在する物質と社会行動との関連性を明らかにする研究は古くから盛んに行われてきた．特に魚類は脊椎動物の中では比較的単純な脳構造と明瞭な社会行動パターンを示すことから，行動神経科学分野の良い実験モデルである．なかでも脳内で産生される複数のペプチドホルモンは脊椎動物全般に共通しており，これらに着目した研究の進展は目まぐるしい．これまでにも複数の脳内ホルモンが社会行動に深く関与することが明らかにされている．

魚類の雄間闘争においては，生殖腺刺激ホルモン放出ホルモン（GnRHs），アルギニンバソトシン（AVT），副腎皮質刺激ホルモン放出ホルモン（CRH），キスペプチン（Kiss1）といった脳内ホルモンの発現が行動に伴って変化することが，さまざまな魚種を用いた研究により明らかにされている．これらの脳内ホルモンを産生する神経の細胞体は，視床下部を含む中脳や終脳に集中して局在しており（図1），各脳内ホルモンはそれぞれ異なる生理学的機能を担っている．室傍核（しつぼうかく）のCRHや終脳のGnRH3は，闘争相手から攻撃を受けることの多い劣位個体で増加する．一方，腹側隆起核のKiss1や視索前野の

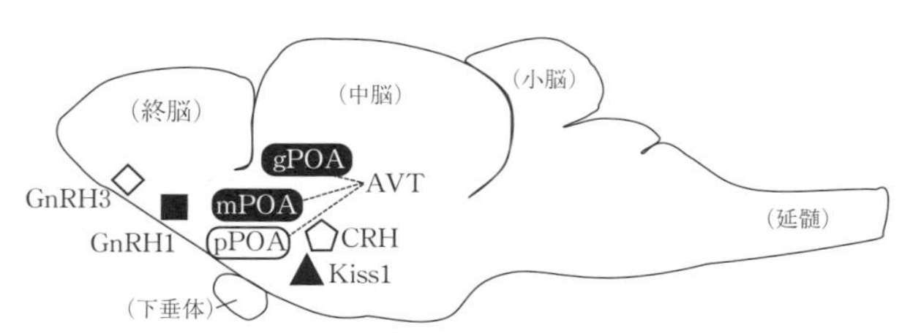

図1 雄間闘争時にはたらく脳内ホルモンの発現領域．黒塗りマークのホルモンは優位個体で，白抜きマークのホルモンは劣位個体で，それぞれの発現が増える

GnRH1は，闘争相手を攻撃することの多い優位個体で増加する．これらのうち，GnRH3以外の脳内ホルモンは個体間闘争がしばらく継続した後に発現変化が見られることから，闘争時の行動の発現制御に直接機能するのではなく，長期的な闘争に伴って引き起こされるストレス応答や繁殖準備などで生理学的な役割を果たす可能性が高い．

闘争が始まると同時に，優位個体と劣位個体でそれぞれ特有の発現変化を示す脳内ホルモンはAVTである．AVTを産生する神経細胞体は，図1に示すように3つの異なる視索前核領域（pPOA，mPOA，gPOA）に分かれて局在しており，闘争時に攻撃行動をとる個体ではmPOAとgPOAで，服従（あるいは逃避）行動をとる個体ではpPOAで，それぞれAVTの発現が増加する．このような脳領域特異的なAVT発現増加は，闘争に伴って個体の社会的地位が決まった後に始まるのではなく，他個体と遭遇しその相手個体に対して攻撃または服従の行動選択をする際に，その行動に対して特異的に瞬時に起こる．さらに，闘争行動時にAVTを発現する神経細胞は，脳下垂体後葉に加えて，脳内の他の領域にも軸索を投射することがわかっている．軸索が投射する脳領域には複数のAVT受容体のサブタイプが局在しており，闘争行動時に各受容体の発現変化も認められている．これらの事実から，AVTは脳下垂体後葉から分泌されて末梢器官で浸透圧調節など生理学的な機能を果たす以外に，脳内に分泌されて闘争行動の制御にも機能すると考えられる．

⁂ AVT関連遺伝子欠損による社会行動の異常　AVTが雄同士が闘争する時の社会行動制御に及ぼす機能については，近年，遺伝子改変されたメダカ類を使った研究も盛んに行われ，数々の興味深い知見が報告されている．例えば，AVTを脳内に持たないAVT遺伝子欠損個体では，遊泳行動自体には異常が認められないものの，雄間闘争の際に相手個体に対するつつき行動や接近行動を執拗にとるなどの行動異常を示すことがわかってきた．また，新規の環境下におかれた際のリスク回避行動にも異常を示すなど，新たな知見が得られ始めている．このようにAVTは他個体と遭遇した際にその相手個体に対してどのような社会行動をどの程度とるのかを決定する重要な脳内因子となっている可能性がある．

⁂ 脳内ホルモンによる社会行動制御機構の解明に向けて　現在，魚類の雄同士の闘争において行動制御に深く関わる脳内ホルモンはAVTとGnRH3である．これらを産生する神経細胞体はそれぞれ視索前核と終脳に局在する．視索前核には視神経，嗅球には嗅神経がそれぞれつながっている．遭遇した他個体を視覚や嗅覚によって認知する際，脳内ホルモン産生神経がこれらの感覚刺激とどのような接続を持つのか，また，遭遇個体に対する行動を決定する神経ネットワークにどのように関与するのか，解明すべき点はまだ数多く残されており，今後の課題である．

［加川　尚］

内温性

一般に，魚類の体温は環境水温にきわめて近く，水温とともに変化する．そのためわずかの間は例外としても，体温が水温を大幅に上回ることは起こり得ない．これは，体を巡った血液が鰓（えら）でのガス交換の際，それが酸素で飽和されるより速く環境水によって冷却され，冷却された血液が再び体内を巡ることで体は環境水と同じ温度にまで冷却され，これが繰り返されるからである．しかし，マグロ属14種とネズミザメ科5種は，例外的に体の中心付近の体温を環境水温より高く保つことができる．

脊椎動物を温度環境から分類するために，これまで変温・恒温動物という用語が用いられてきたが，恒温動物も体温変動するし，変温動物も体温をある範囲内に保とうと行動するため，区分が曖昧とされる．最近では，自分の代謝を利用して体温調節のためのエネルギーを生み出すものを内温動物，体温調節を外部の熱源に頼るものを外温動物と呼ぶ．ただし，上で示した魚類では体温が高いといっても体側筋の全体が高温に保たれているわけではなく，深部血合筋（ちあいきん）の中心部が高温になっており，体表へ向かうに従って体温は低くなり，体表に近い部分は，環境水温に近くなる．そのため部分的内温性と呼ばれたりもする．なお，同様の分類として古くは冷血・温血という語が使われたが，主観的表現であるため科学で用いるのは適当ではないとされるが，血液が動物の体温を決定する重要な役割を担っていることをうまく表現した語である．

産熱・体温保持の仕組み　マグロ類は平常時，酸素の供給があれば疲労することのない，血合筋のみを使った持続的遊泳を行う．血液から供給される酸素により（主に）脂肪が分解され，筋収縮が行われる際ATPが消費されることで熱が産生される．一般の魚類では血合筋の体側筋に占める割合は数%であるが，長時間持続的に遊泳を行うサバ科の多くは15%以上になり，熱が大量に産生される．特にマグロ・カツオ属の血合筋は，脊椎骨の近くに配置されているため深部血合筋あるいは真正血合筋と呼ばれ，産生熱は体表面に拡散されにくくなっている．

マグロ類には循環器系にも特徴がある．魚類では一般に，鰓から送られる血液は，脊椎骨中央の動脈から筋肉に補給されるが，マグロ類では，体側に走る2組ずつ4対の動脈静脈が血液補給の主たる役割を果たす．これらの皮下脈管から，直径約10分の1 mmの動脈と静脈が交互に何本も並んでおり，血合筋と普通筋の境界面に配置され，網状組織を形成している．この組織は奇網（きもう）と呼ばれ，熱交換器の役割を果たしている（図1）．血合筋での産熱は，奇網を構成する静脈から血液によって体側へ運ばれる際，熱だけが動脈側に伝わる．動脈は，静脈とは逆に体側から体の中心に向かって流れるため，熱は体外へ放出されない．奇網の発達度合は，体が大きくなるにしたがって増大する．カツオ *Katsuwonus pelamis* などでは脊椎骨の直下，クロマグロ *Thunnus orientalis* などマグロ亜属では内臓にも発達している．奇網は体温調節の役割を担っているとも考えられている．メバチ *T. obesus* は水温躍層下では，奇網で血管収縮など行って血流速度を下げて放熱（体温低下）を遅らせ，体温がある程度下がってくると躍層まで浮上し，血流速度を上げて環境水の熱を体内に取り込むことで体温の回復を図っていると考えられている．

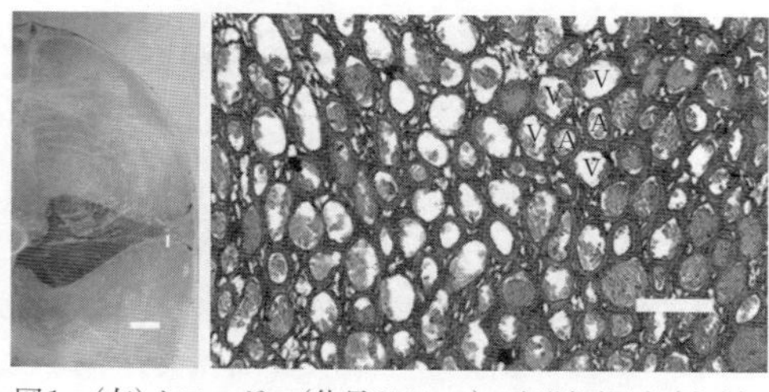

図1　（左）クロマグロ（体長61.5 cm）の切断面写真（半身）．スケールは1 cm．（右）体側方向から見た奇網断面写真（左の縦線箇所）．一部に表示したAおよびVは，それぞれ動脈，静脈を示す．血管壁が厚く内径が小さいものが動脈．スケールは0.1 mm［提供：Kathryn Dickson］

心臓は，血液循環系において奇網の外部に位置するため，環境水温の影響を強く受ける．水温低下により心拍数も低下するが，クロマグロでは1回の拍出量を高めることで心拍出量を補っている．最近，アカマンボウ *Lampris guttatus* は鰓に奇網を備え，胸鰭運動で産生された熱の損失を，奇網を介して抑制し，心臓を含めて体全体に暖かい血液を分配していることが明らかになった．

餌の摂取，消化・吸収，同化の一連の代謝過程で酸素が消費され，熱産生により体温が上昇する現象を特異動的作用という．この現象を利用し，近年ではカツオなどで内臓温の変動から野外での摂餌量が見積もられている．

⁂カジキ類の産熱器官　カジキ類は深部血合筋や奇網を持たないが，脳の直下で両眼の間に産熱器官を有し，眼や脳のみを温めている．この器官は眼筋の一部が変化したものと考えられるが，筋繊維は消失してしまっており，ミトコンドリアと筋小胞体のみからなる．ミオグロビンが多量に存在するため，多量の酸素をミトコンドリアに供給できる．本来の筋細胞では，電位センサーからのシグナルにより筋小胞体でCa^{2+}を放出して筋収縮を行い，終了とともにATPを使ってCa^{2+}を筋小胞体に取り込む興奮・収縮連関が行われるが，この器官では筋繊維が消失しており，筋小胞体でのCa^{2+}の放出・取込みのみが繰り返され，その際，多量のATPを消費して熱が産生される．

⁂適応的意義　筋肉（カジキ類の場合は眼や脳）の温度を水温より高く維持することで，筋出力や神経伝達速度を高く保つことができるため，馴化を必要とすることなく急激な鉛直移動や回遊が可能になり，その結果，低水温水深，高緯度・高栄養塩水域への進入を可能にすると考えられている．また，内臓温が高いと餌の消化・吸収を促進し速い成長を可能にするとされる．

［北川貴士］

極限水温条件への適応

魚類は地球上の水のあるさまざまな水域に進出・適応している．それぞれの環境条件の中で，魚類の生存に大きな影響を及ぼしている条件の1つが水温である．魚類に限らず生物への温度の効果は，高温と低温で大きな差がある．高温ではタンパク質が変性し不可逆な変化が起こるため，致死効果が高い．一方，低温では代謝が低下・停止するが通常は可逆的である．しかし，凍結によって細胞膜などの細胞構造が破壊されると致死的となる．その結果，魚類の生息が確認されている最低水温は約－2℃，最高水温は約40℃で，低温限界が海水の凝固点によって規定されているのに対して，高温は沸点よりかなり低い温度で限界となっている．

高水温環境への適応　高水温環境に適応している魚類としては，ケニア南西部マガディ湖に分布する*Alcolapia grahami*（カワスズメ科）や，アメリカ・デスバレー北部に分布する*Cyprinodon salinus*（カダヤシ目）などが知られている．*A. grahami*は火山性の熱水泉周辺の水温23～38℃前後の場所に見られ，40℃を超える場所にも生息する．また，マガディ湖の熱水泉はpH 10の高アルカリ環境でもあり，その環境への適応としてアンモニアを尿素に変換して排出している（Narahara et al., 1996）．*C. salinus*は42℃の高水温に耐えることができ，*A. grahami*同様，高塩濃度の環境に適応している．本種に近縁で，同じく水温35℃の高水温環境に生息している*Cyprinodon macularius*は，酸素の取込みを制限し，呼吸（好気呼吸）を抑制することで高水温の弊害を減少させている．

このように火山地帯や砂漠周辺には高水温環境が存在するが，通常の海洋環境では常時水温が40℃を超えるような高水温水域は見られない．深海の熱水噴出孔付近には高水温環境が存在し，固有のゲンゲ科魚類が生息しているが，高水温への適応については未確認である．

低水温環境への適応　海水は塩分を含むため，その凝固点は約－1.8℃となるが，恒常的にこのような低水温となる環境は北極・南極といった極域に限られる．例えば南極ロス海のマクマード入江では海水温が年間－1.4～－2.15℃，平均－1.87℃である．温帯海域に生息する一般的な魚類の場合，その血漿は約－0.7℃で凍結する．この血漿中の低分子成分を取り除くと約0℃で凍結することから，0.7℃分の凝固点降下は血漿中の塩類によるもので，特別な耐氷結物質は含まれていないことが分かる．当然このような魚類は－2℃近い海水中では凍結による細胞破壊が生じるため生存できない．

南極海の極限に近い低水温環境に適応しているのがナンキョクカジカ亜目に属する魚類で，その中でもボウズハゲギス*Pagothenia borchgrevinki*（ナンキョクカジカ科）（図1）は海氷直下を生息場所とし，最も低水温環境に適応している種類である．ボウズハゲギスの血漿の凝固点は－2.75 ℃で，周囲に氷がある状態でも－2.3 ℃まで凍結しないため，海水中にいる限り凍結を免れる．ボウズハゲギスをはじめとするナンキョクカジカ亜目魚類を凍結から守っているのは血漿中に含まれている不凍糖タンパク質（AFGP）という物質である．AFGPは塩類の存在による凝固点降下とは異なり，水分子が核となる氷の結晶表面に結合するのを阻害することで，細胞に障害を起こすようなサイズの結晶に成長させないように作用する（Devries et al., 2005）．このAFGPは膵臓（消化管前部に存在する異所性膵を含む）で合成・分泌され，血液中には直接分泌されないが，消化管内に分泌されたAFGPを再吸収することによって血液中に一定濃度が維持されるものと考えられている．また，AFGPを持つ魚類の腎臓は糸球体が発達しない無糸球体腎であり，合成されたAFGPが無駄に排出されないよう適応している．AFGP遺伝子の起源はある種のタンパク質分解酵素の前駆体の遺伝子で，今から約2,200万～4,200万年前頃に変異したものと考えられており，南極海の寒冷化の時期とよく一致している（Near et al., 2012）．

図1　水温約1℃の水槽内で飼育実験中のボウズハゲギス［筆者撮影］

もう一方の極域，北極海に生息するタラ科魚類においてもAFGPの存在が確認されているが，ナンキョクカジカ科とは近縁ではないことから収斂（しゅうれん）の結果と考えられている．同じく北極海に分布するケムシカジカ科，カレイ科などではAFGPとは別の，糖を含まない不凍タンパク質を持つ種類が知られており，低水温への多様な適応現象が認められる．ナンキョクカジカ亜目魚類では，十分に効果を発揮するほどの量のAFGPが存在しない組織や眼内液，稚魚期の個体，卵などが－2 ℃でも凍結しないことが知られており，表皮や角膜，卵殻などの構造が氷の侵入を防ぐことでも凍結回避が成立していると考えられている．

今後の発展　AFGPをはじめとする不凍物質を利用して，鮮度維持や二次的に低水温に適応させる研究が進められている．また，凍結による細胞破壊を回避できることから，生体組織の低温・非凍結保存への利用の可能性も指摘されており，遺伝子工学技術の利用で魚類の持つAFGPのさらなる応用が期待される．異なる視点からの研究として，AFGPの出現と南極海での魚類相成立の過程とを関連させることで進化学上興味深い知見も得られつつあり，極限環境への適応について，その過程が解明されつつある．　　［岩見哲夫］

痛みと麻酔

麻酔は，薬物・電気・低温そして針などにより人為的に鎮痛と意識消失する状態を示し，局所麻酔と全身麻酔がある．現在，①作業者の安全性確保，②生命を尊重し，対象種の生理・生態・習性などを理解した上で化学的・物理的方法を用い，苦痛を最小限に抑え短時間で意識消失させる薬理作用，③目的・種・年齢および環境との適合性，④麻酔後の生体そして外部への影響を重視した生理作用，⑤機器の維持管理・薬剤の利便性といった経済面，を考慮したさまざまな麻酔が行われ，それらはわれわれの苦痛を軽減させる身近なものとなった．麻酔は，通常，中枢神経系でのシナプス伝達抑制などに働きかけ，鎮痛，意識の消失，有害反射の消失，筋弛緩などを引き起こすとされるが，その作用機序は不明であり，万能な麻酔はいまだ存在しない．

魚類の麻酔　魚類実験および生産現場における麻酔は全身麻酔で，主に標識装着・測定・選別・手術・投ワクチン・投薬などで用いる．魚類は外温性の水棲生物で，代謝などがヒトと異なるため，既存のヒト用の麻酔がほとんど使えない．魚類の麻酔には，薬品や炭酸ガス（二酸化炭素）などによる化学的麻酔，低温や電気ショックなどによる物理的麻酔がある（Ross et al., 2008）．一般的に，前者は標識装着・測定・選別・手術・投ワクチン・投薬など作用範囲が小・中規模で生体の回復が必要な場合に用いられ，後者は野外調査・活け締めなど作用範囲が大規模で，安楽死などで使用される．

魚類の化学的麻酔　わが国における魚類の化学的麻酔薬は，香辛料としても知られるクローブ（チョウジノキの開花前の花蕾を乾燥させたもの）の精油であるオイゲノールを含むFA100（図1，DSファーマアニマルヘルス）のみが動物用医薬品として承認され，実験室や生産現場で多用される．しかし，魚類でも万能麻酔は存在せず，FA100には，使用時に規定量添加する必要があること，麻酔液が濁るとともに液表面に泡が発生するため魚が観察しづらく，魚の意識消失のタイミングを超過して麻酔死を引き起こすことや，独特の臭いがあるなどの難題がある．学術的試薬として知られるエタノール，2-フェノキシエタノール，

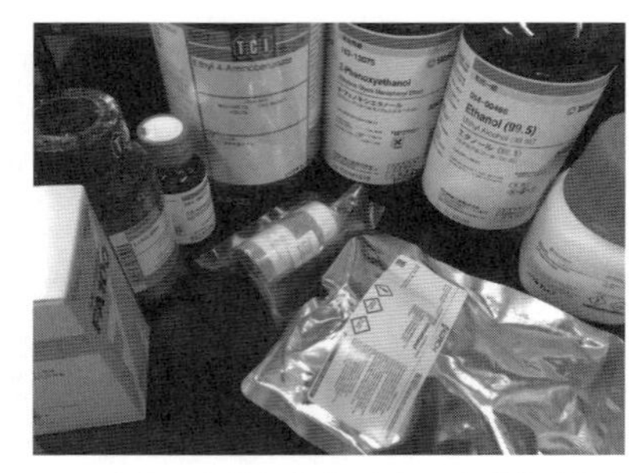

図1　魚類の化学的麻酔．魚類に麻酔作用を示す国内外で販売されている化学的麻酔各種．各国により承認されているものは異なる．わが国の水産承認麻酔は，写真左のオイゲノールを含むFA100のみである［筆者撮影］

ジエチルエーテル，ベンゾカイン塩酸塩，および通称MS-222と呼ばれるトリカインメタンスルフォネートなどでも麻酔効果があり，FA100よりも廉価で，麻酔死は少ない．しかしこれら学術的試薬は，動物用医薬品として未承認であること，規定量添加すると人体に悪影響をおよぼす可能性があることなど，安全性の観点から問題がある．ところで，魚類はほ乳類同様，炭酸ガスで麻酔効果を示す．魚類における炭酸ガス麻酔は，炭酸ガスボンベを用いて炭酸ガスを水中に通気する方法や，水中に炭酸水素ナトリウムと酸を規定量添加することで炭酸ガスを発生させる方法などで実施される．魚類の場合，水中に炭酸ガスを溶解させるため，作業者は安全である．しかし，炭酸ガスも未承認で，屋外の施設では重量のある炭酸ガスボンベの維持管理が困難という欠点がある．これらを踏まえ，われわれは，市販固形入浴剤に似た無色・無臭・無味の小型固形炭酸ガス発泡剤を開発した（渡邉，2011；渡邉他，2017）．これは，重曹とコハク酸などの有機酸を混合しただけのもので，水に入れると化学反応により炭酸ガスを発生する．小型固形炭酸ガス発泡剤はゲノムが明らかとなっている魚種をはじめ（図2），さまざまな日本産淡水魚および海産魚に麻酔作用を示し，麻酔死はない．また，発生する微量の炭酸ガスは揮発するため，環境負荷がない．

図2　小型固形炭酸ガス発泡剤で麻酔に罹ったギンザケ *Oncorhynchus kisutsh*. 水温1℃の淡水で小型固形炭酸ガス発泡剤を溶解した水槽に体重約1.5 kgの雌のギンザケを10尾入れた．ギンザケは小型固形炭酸ガス発泡剤8 g/Lおよび10 g/Lでは約5分，20 g/Lでは約3分で麻酔作用を示した．また，小型固形炭酸ガス発泡剤による麻酔に罹ったギンザケは，市販の麻酔薬と同様に切開法による採卵に供することができた．小型固形炭酸ガス発泡剤は安心安全簡便な次世代麻酔として開発が期待される［筆者撮影］

魚類の物理的麻酔　物理的麻酔である電気ショックでは低電圧の麻酔，低温処理では短時間の麻酔であれば，生体は覚醒する．しかし，電気ショック機器は重量があり高額である．危険も伴い，電気ショック後の魚の一部に脊椎骨の湾曲や異常遊泳なども認められることがある．また，低温処理はきわめて安価だが，覚醒には個体ごとの救出タイミングを把握することが必要である．なお，針麻酔は，きわめて特殊な技術を要するため普及していない．

苦痛を軽減する魚類麻酔の探索　動物福祉の面から魚類実験における麻酔は，最近，わが国の研究機関でも義務付けられつつあるが，欧米ではかねてから必要不可欠であった．しかし，麻酔作用を示す上記麻酔でも，実際にどの麻酔が魚類の苦痛を和らげているのか不明である．したがって，魚類の薬理・生理作用を考慮した最適麻酔を探索することや，その作用機序の解明が喫緊の課題である．

［松原 創・渡邉研一］

ストレス

ストレスとは，生物個体において外力によって引き起こされる歪みが生じた状態（歪みに対する非特異的反応）を指し，その要因となるものをストレッサーという．ストレッサーは，音・振動，個体間距離や新環境への移行などによる「精神的ストレッサー」と，外傷，急激な環境変化（温度，光，水質）などによる「身体的ストレッサー」に大別される．セリエ（Selye, H）は，これらストレッサーの種類にかかわらず，動物体内で共通した一連の生理学的・内分泌学的反応を示すことを見いだし，「汎適応症候群」と名付けた

ストレス反応と内分泌　魚類にストレッサーが作用すると，ストレッサーの種類を問わず，クロム親和性細胞（哺乳類では副腎髄質）からエピネフリン（アドレナリン）の著しい分泌増加が急速に起こる．これにより，心臓拍動量の増加，呼吸量の増加（脳や筋肉への酸素供給量増加），瞳孔拡大（視覚機能向上）などさまざまな生理変化が引き起こされる．これらの変化は，闘争あるいは逃避など，危険を回避するための個体の活動量増大につながる．

また同時に，ストレッサーの作用により，視床下部・脳下垂体系が急速に活性化され，脳下垂体からACTH（副腎皮質刺激ホルモン）が1～2分以内に分泌される．ACTHは間腎（哺乳類では副腎皮質）を刺激し，糖質コルチコイド（コルチゾール）が大量に放出されるため，血中コルチゾール濃度が急増する．コルチゾールは糖代謝に関与しており，血糖値を高める作用を持つ．

このように，ストレッサーの作用により，エピネフリンおよびコルチゾールを含む多様な内分泌因子の分泌量が極短時間に急激に増加することで，体を闘争または逃避反応に備えさせることが，ストレスに対する適応的な意味であると考えられる．

ストレス反応による生体機能への影響　上記のような内分泌因子の変化は，ストレス状態に対する生理学的適応においてきわめて重要である．しかしながら，長期に及ぶストレス状態の継続は，生理学的な破綻をきたす．特にコルチゾールによる影響が大きいとされる．

哺乳類においては，過剰なストレスによりコルチゾールが長期間にわたり分泌された場合，脳の海馬を萎縮させることが示されている．魚類の脳へのコルチゾールの長期的影響については明らかにされていないが，類似の影響も容易に想定される．また，コルチゾールの長期間に及ぶ濃度上昇は，免疫機能の低下を招く．

コルチゾールによる免疫抑制作用は古くから知られているが，その多くは哺乳

類での知見である．コルチゾールには，マクロファージやナチュラルキラー細胞の活性抑制作用や，細胞障害性T細胞への分化抑制作用が認められている．これら免疫細胞に対する抑制作用は，コルチゾールを含む軟膏薬などの抗炎症作用と同じである．また，抗体産生細胞の分化にも抑制的に働くことから，抗体産生能の低下をも招く．すなわち，長期間に及ぶストレス状態の継続は，免疫機能の低下を介して，病原性細菌やウィルスなどの感染機会を増大し，罹病率（りびょうりつ）を高める結果となる．これを避けることは，安定的な魚類の飼育や養殖において無視できない重要な課題である．また，ストレスは成長ホルモンの分泌を妨げて，個体の成長を抑制するため，この点においても魚類飼育上の回避すべき重要項目であるといえる．

ストレスを軽減させる飼育・管理上の工夫　井口恵一朗らは，魚類の行動特性をうまく利用し，ストレスを最小限に抑える魚類運搬中の工夫を見いだしているので，以下に紹介する．

生産地から目的の場所まで，長時間輸送した直後のアユ *Plecoglossus altivelis altivelis* の種苗において，しばしば冷水病発症を伴う大量へい死が認められている．輸送中に高密度となることで強いストレスを受け，免疫機能を低下させ，病気を発症しやすい状態に陥ることが判明した．一方，群れで泳ぐアユには，高密度であってもストレスを受けている兆候が認められなかった．そこで，輸送中のアユ種苗の収容タンク内に，渦流を常時発生させ，群れを形成させたところ，ストレス強度（血中コルチゾール濃度）を半減させることに成功した（図1）．

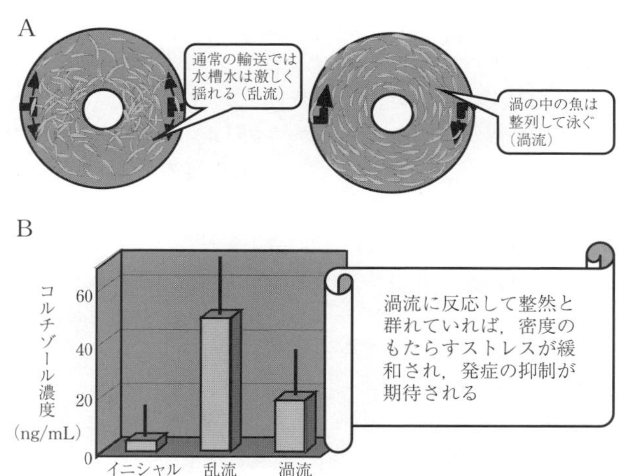

図1　アユ種苗の輸送におけるストレス軽減例．(A) 通常輸送水槽中の遊泳状態（乱流），渦流中の遊泳状態（渦流）．(B) イニシャル（輸送前の個体），乱流および渦流中輸送個体の血中コルチゾール濃度［Iguchi et al., 2002 を改変］

魚類の飼育や養殖現場においては，種々の要因によるストレスがつきものであり，罹病機会の増大や成長悪化などにつながる．そのため，上記のような生態学的特性を十分に把握した飼育・管理方法の開発が求められる．　［長江真樹］

免疫機能

水中は乾燥することなく，紫外線も届かない，微生物にとって好適な環境である．そのため水中の微生物の密度は，空気中のそれよりもはるかに高い．その中で，魚も病原体から体を守るために発達した免疫機構を備えている．

免疫機構は大きく適応免疫と自然免疫に分けられる．適応免疫系は脊椎動物のみが持つ仕組みで，主にT細胞やB細胞といったリンパ球が担っており，抗体の産生や，ウイルス感染した細胞への攻撃が誘導される．特異性が高く，また「免疫の記憶」を伴うことが特徴である．後者は主にマクロファージや顆粒球が担っており，活性酸素や抗菌ペプチドによる殺菌などが行われる．これらの細胞は病原体に特有の分子パターンを認識することにより大まかに敵を見分けている．

魚類の免疫機構の基本的な構成要素は概ね哺乳類と共通しているが，以下に述べるように，さまざまな点で魚類特有の性質が見られる．

魚類の白血球　T細胞，B細胞，マクロファージ，樹状細胞，顆粒球などの免疫を担う主要な細胞は魚類にも同様に存在する．リンパ球（T細胞，B細胞）は哺乳類ではさらに幾つかの亜集団に細分化されているが，魚類ではまだ不明な点が多い．魚類のB細胞は貪食能（どんしょくのう）を持つことが報告されている．顆粒球の種類や割合には魚種間の違いが大きい．血小板は存在せず，栓球が血液凝固を誘導するが，栓球は食作用などの機能も有している．

魚類の抗体　抗体は免疫グロブリンというタンパク質であり，ヒトではIgG, IgM, IgA, IgE, IgDの5種類の抗体が存在する．これらは抗原と特異的に結合するという点では同じであるが，それ以外の働きが異なっている．IgMはB細胞が最初に産生する抗体である．IgGは血中の，IgAは消化管などの粘膜組織の主要な抗体である．IgEはI型アレルギーに関与する．一方，硬骨魚類の血中や粘液中の抗体はIgMのみとされてきたが，近年，IgTという魚類に特有の抗体が見つかった．IgTは粘膜組織で重要な働きをしていることが示唆されており，注目されている．また抗体が存在しないと考えられていた無顎類で，免疫グロブリンとは異なるタンパク質が抗体として機能していることがわかった．

一次リンパ器官と二次リンパ器官　リンパ球を産生する器官を一次リンパ器官，リンパ球が集まり免疫応答を行う器官を二次リンパ器官という．哺乳類では前者はB細胞を産生する骨髄とT細胞を産生する胸腺，後者はリンパ節や脾臓などが相当する．硬骨魚類ではB細胞は主に腎臓でつくられる．また，リンパ管はあるがリンパ節は存在しない．侵入した異物は脾臓や腎臓などで捕捉され，免疫応答が誘導される．脾臓や頭腎にはメラノマクロファージセンター（MMC）と呼ばれる，黒い色素を持った細胞の集塊が見られ，脾臓や頭腎に運ばれた抗原は徐々にMMCへ集積されていく（図1）．しかし抗原特異的な抗体が効率よく産生されるためには，抗原を提示する樹状細胞と，T細胞，B細胞の連携が必要であり，それらの遭遇がどこで起きているかなど，不明な点が多々残されている．

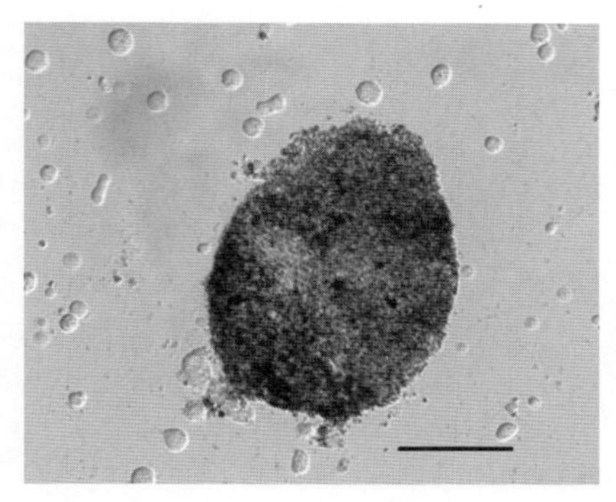

図1　マダイ*Pagrus major*の頭腎から分離したMMC．スケールバーは100 μm［筆者撮影］

体表の防御機構　外界との境界面を構成する皮膚，呼吸器，消化器粘膜は宿主側の重要な防衛ラインである．哺乳類の皮膚を覆う角質層は，死んだ表皮細胞のケラチン（角質）が積み重なってできた強固なバリアーであるが，魚類の皮膚には角質層はなく，体表面は生きた細胞からなる．粘液は多様な抗菌ペプチドやレクチン（糖を認識するタンパク質）などの防御物質を含む化学的バリアーとして体表面を守っている．レクチンは細菌表面の糖鎖と結合し，細菌を凝集することで感染を防ぐ．他にもヒストンやケラチンなど，意外なタンパク質が粘液中で防御物質として働いていることが報告されている．

前述のように粘膜組織の抗体としてIgTが注目されているが，抗原が認識されて抗体が粘液中に分泌されるまでの過程はよくわかっていない．

胎生魚における母仔間免疫　脊椎動物ではMHC（主要組織適合遺伝子複合体）が高度に多型化しており，自己と異なるMHC分子を発現する細胞はリンパ球によって排除される．では精子や胎仔は父親由来のMHC分子を発現しているにもかかわらず，なぜ排除されず，妊娠が成り立つのか．ヒトでは免疫応答を調節する巧妙な仕組みが明らかになってきたが，哺乳類以外の胎生動物ではほとんど調べられていない．

ウミタナゴ科の胎生魚では，胎仔魚は卵巣内部の空間（卵巣腔）で母体から分泌される液体を飲んで成長する．卵巣腔内には母親由来の白血球が存在しており，精子を貪食したりするが，拒絶反応は起きない．卵巣腔液にはリンパ球の増殖を抑制する物質が含まれている．また，妊娠中の卵巣組織内には大量のマクロファージが集まっており，これが何らかの免疫抑制を誘導していることが推測される．

魚類の免疫機能についての知見は近年飛躍的に増加しつつあり，ここではその一端を紹介したにすぎない．今後，魚類免疫系の特性がますます明らかになっていくことによって，免疫系の進化に対する理解が深まるのみならず，有効な魚病ワクチンの開発などにつながるものと期待される．

［中村 修］

魚　病

魚の病気を魚病，それを研究する学問を魚病学という．魚病には水産無脊椎動物の疾病も含めることが多いが，本項で記載するのは条鰭類の病気についてである．また，病気には細菌や寄生虫などの寄生生物やウイルスによる感染性のもの，環境性のもの，遺伝性のものなどがあるが，魚病では遺伝性の病気はほとんど問題にならず，研究も少ない．

魚類の感染症の特徴　魚は種類数がきわめて多く疾病も多岐にわたる．逆に研究者の数は少ない．そのためもあって病理学的な研究が少なく，原因（病原体）と結果（死亡）のみを見た研究が多い．さらに未知の感染症が頻繁に出現する．細菌（図1），真菌，ウイルス，およびそれ以外の寄生生物（寄生虫）が感染症の原因となるが，ヒトや家畜と異なり粘液胞子虫類（図2）や微胞子虫類（真菌）による疾病が比較的多いのが特徴である．また，魚類は外温動物であるため病気の発生は環境水温に依存することが多い．多くの病原体には増殖に適した温度帯が存在し，その温度帯以外では増殖効率が低下あるいはまったく増殖しなくなるため，温帯域では多くの魚病が季節性を示す．病原体の増殖適温以上に水温が上昇すると治癒する病気が多いが，これは必ずしも高水温で病原微生物が死ぬからではなく（そのような場合もあるが），宿主の免疫機構が病原体の増殖を抑え込むからである．逆に，その魚種にとっての低水温では免疫機構が働かないため，水温低下で病気が治癒したように見えても，水温が上昇すると再発することがある．一般に若齢魚ほど感染症に対する感受性が高いが，成魚でも産卵期前後には免疫機能が低下して感染症に罹患しやすくなる場合が多い．また一部の細菌を除き人魚共通の病気はほとんどない．これは病原体の増殖適温の差とども

図1　エドワジエラ症（細菌 *Edwardsiella tarda* 感染症）に罹患したヒラメ *Paralichthys olivaceus*. 脱腸（矢印）と腹水の貯留で腹部が膨れるのは本疾病に特徴的な症状である［撮影：高野倫一］

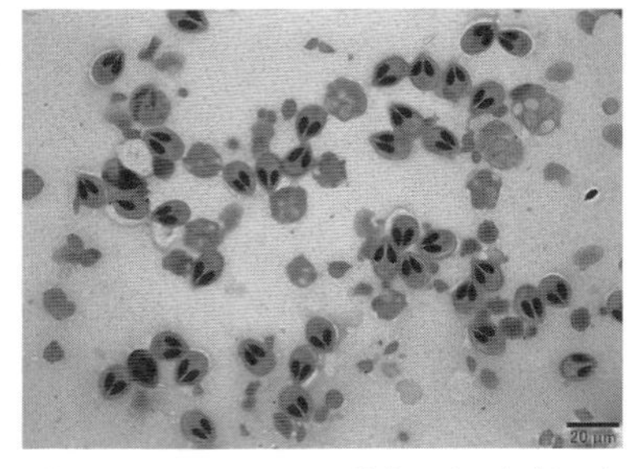

図2　メチレンブルーで染色した，魚類に寄生する *Myxobolus* 属の粘液胞子虫．本属の胞子は濃く染まる紡錘形の極嚢を2個持っている［筆者撮影］

に，ヒトと魚類の遺伝的，生理学的な隔たりがきわめて大きいため，魚類の病原体が人体に適応できないからである．魚類の寄生体の中にはクドア属の粘液胞子虫やアニサキスのように生食すると食中毒を引き起こすものがあるが，これらはもともとの宿主である魚にはほとんど臨床症状が見られず，魚病というよりは公衆衛生の問題となる．

病原体以外の発症要因　多くの病原体は多かれ少なかれ日和見的な要素を持ち，絶対的な病原体は少ない．これらの病原体は環境要因の悪化によって宿主が生体防御機構に異常をきたすと感染・増殖し病気を起こす．養殖魚で病原体以外に病気の発症要因として最も重要なのは飼育密度である．高密度飼育は病原体の水平感染を容易にし，ストレスや物理的接触によるスレ，水質悪化などにより魚病の発生を顕著に助長する．また，環境水温がその魚種の生育適水温より高くなれば魚体は衰弱し，低くなれば代謝活性が落ちて免疫機能が弱まるかほとんど働かなくなる．したがって生育適水温から逸脱し，それがある病原体の増殖適水温であった場合，その病気が起こりやすい．また移送によるスレやストレスもさまざまな病気の発症の引き金となる．栄養状態が悪ければやはり病気の発生は助長される．

環境性疾病と骨曲がり　環境要因自体が病気を引き起こすことがある．水質汚染や溶存酸素の低下，赤潮などによる大量死はしばしば発生し，養殖においてはビタミン欠乏（過剰）や酸化した餌による飼料性疾病が知られる．また低水温期の過剰な投餌により代謝異常が起こることが知られている．後天的に起こる「骨曲がり」などの形態異常は奇形（胚発生での異常）ではなく変形と呼ばれる．変形魚の出現は化学物質による水質汚染のせいにされがちであるが，多くは生物学的，栄養学的（ビタミンA過剰やビタミンC欠乏など），あるいは落雷による電気ショックなど物理学的な原因による．1970～80年代にかけて養殖ハマチの「骨曲がり」が問題になり，化学物質の関与が疑われたが，脳に寄生する粘液胞子虫が原因であった（粘液胞子虫性側弯症）．また1970年代にわが国沿岸のハゼ類で皮膚に腫瘍状の病変を有する個体が多数出現して「おばけハゼ」と呼ばれ，当時社会問題化していた公害による水質汚染が原因として疑われたが，後に原生生物の寄生によるものであることが明らかにされた．水質汚染による変形として知られるほぼ唯一の例は，神経系に作用する有機リン系の農薬が高濃度で環境水中に流れ込み，魚の体側筋を痙攣するように収縮させ，そのため脊椎骨が骨折して変形してしまう，というものである．水質汚染など環境による異常はその水域の多くの魚種に一斉に起こるのが普通であり，多くの魚種がいるにもかかわらず限られた魚種にのみ異常が見られた場合はまず生物学的な原因を疑う．

魚病の拡散　魚病を拡散させる最も大きな要因は魚の人為的な移動である．新たな養殖魚種確立や端境期の出荷を目的に，あるいは国内での種苗の調達が困難などの理由により，多くの魚種が海外から輸入されており，また国内でも卵や種苗の移動が頻繁に行われている．それに伴って病気が海外から侵入し，国内で拡散してきた．これらの中には，マス類の伝染性造血器壊死症や細菌性腎臓病，淡水魚の細菌性冷水病，ブリ類やマダイ *Pagrus major* のエピテリオシスチス病，多くの海産養殖魚に寄生するネオベネデニア（単生類寄生虫），コイ *Cyprinus carpio* のコイヘルペスウイルス病など多数の重大な疾病が含まれる（図3）．さらに種苗供給地が病原体に汚染されると病原体が短期間に全国に広がるという事態を招く．また，船舶のバラスト水も病原体を移送するものとして疑われてきたが，現在わが国では国際海事機関（IMO）によるバラスト水管理条約により排水前の処理が義務付けられている．

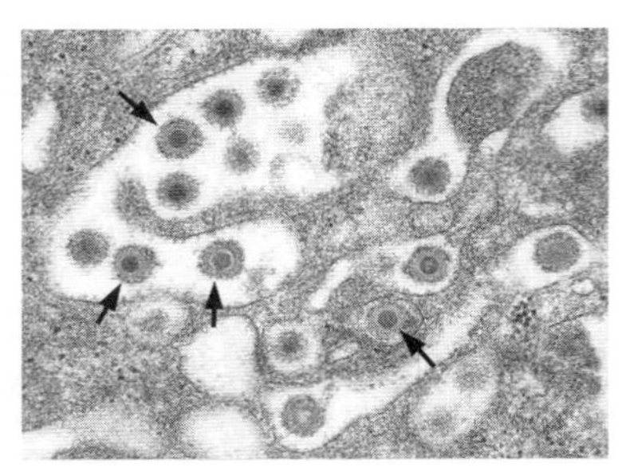

図3　コイヘルペスウイルスの透過電子顕微鏡像. 矢印はウイルスの感染粒子を示す. 粒子の大きさは200 nm程度［筆者撮影］

診断　ペットとして飼育されているものを除き，魚病の診断対象は個体ではなく群れであることが多い．特に養殖においては，診断が要求されるのは大量死が生じた場合であり，少数の死亡は通常問題とならない．そのため診断の目的は，大量死が共通した原因で起こっているのか否か，そうだとするとその原因は何かを突き止めることにある．したがって診断のためには臨床症状の明確な，生きている個体を，なるべく多数検査するのが理想である．用いる魚は通常殺して検査するが，魚類は死後の組織の自己消化がきわめて急速に起こるため，検査時にすでに死亡している魚は死亡直後のもの以外は診断には不適となる．また，病気が治まってくると病原体の検出が困難になるため，病勢が盛んなうちに検査を行う必要がある．

防疫　国際的な防疫については，国際獣疫事務局（OIE）の水生動物委員会が特に注意すべき水生動物疾病をリストアップし（うち魚類の疾病は10種，2017年9月時点）加盟国が遵守すべき義務を定めている．わが国では独自に水産資源保護法に基づく24種（うち魚類の疾病は9種，2017年9月時点）の「輸入防疫対象疾病」とその宿主となる水産動物を定めており，日本政府は輸入先国と衛生協定を締結し，そこに定められた衛生管理体制や検査などにより輸入動物の清浄性を求めている．一方，国内では持続的養殖生産確保法に基づき，輸入防疫対象疾病と同じ病気を「特定疾病」として定め，リスク管理を行っている．しかし法律で規制できるのは科学的に病原体が同定され，確定診断ができるものに限られる．海産養殖魚の重大疾病であるマダイイリドウイルス病は海外から侵入したと推測されるが，わが国で発生して大被害を起こすまでは存在すら知られていなかった．

また原産地では宿主と共存しているが，移入先で本来の宿主と近縁だが異なる宿主に対して重大な病原性を示すケースも多い．1990年代中頃に，日本海西部のヒラメに新たな単性類の寄生虫*Neoheterobothrium hirame*による感染症が発生し，当該地域で天然のヒラメ資源が減少するという事態が生じた．後の調査でこの寄生虫の本来の宿主は北米大西洋側に生息する*P. lethostigma*というヒラメの近縁種であり，この寄生虫は*P. lethostigma*には大きな害を与えていないらしいことが判明したが，わが国に侵入した経緯は不明である．このようにもともと病気として認識されていないものを検疫で排除することはできない．したがって，最も効果的な，かつ唯一の完全な防疫対策は個人レベルでも国レベルでも外部から生物を導入しないことである．

⁘水産用医薬品　一般に市販される水産動物の疾病の診断，治療，予防に使用する抗菌剤，駆虫剤，ビタミン剤，消毒剤，ワクチンなど，そして麻酔剤は「医薬品，医療機器の品質，有効性及び安全性の確保等に関する法律」(「医薬品医療機器等法」) に基づいて水産用医薬品として認可される必要がある．これらの包装には必ず「動物用医薬品」の文字の記載がある．食用の水産動物（放流用種苗を含む）には承認された水産用医薬品を既定の用法・用量を守って使用しなくてはならない．ただし，獣医師の診断と指示に基づく適応外使用が認められる場合がある．近年ワクチンの普及により，幾つかの魚病では被害が大きく減少している．

⁘野生魚の感染症　野生魚も当然さまざまな病気に罹患するが，大量死が起きない限り通常は病気の発生には気付かれない．河川・湖沼で起こるコイヘルペスウイルス病 (KHV) は一度大量死を起こすと同じ場所では通常2度目の大量死は起こらない．これは多くのコイが免疫を獲得するようになるためで，ウイルスがその水域から消失したわけではない．河川で起こるアユ*Plecoglossus altivelis altivelis*の冷水病の原因菌*Flavobacterium psychrophilum*は，もともとの種苗がそれを保有している場合と，釣り人がおとりアユを通じて他から持ち込む場合などがあるが，なわばり争いによる体表のスレや大雨による増水などが発症のきっかけになることが多い．

天然海域でも感染症による大量死が発生する．1999年にはレンサ球菌 (*Streptococcus iniae*) による感染症のためカリブ海のグレナダ一帯の広い海域で多数の魚種の大量死が生じた．1995および1998年にはオーストラリア沿海でヘルペスウイルスの一種によるイワシの大量死が起こり，最大で群の60%が死滅したといわれる．このように野生魚も他地域からの病原体の侵入により病気になるし，もともと存在するさまざまな病原体が条件によっては疾病を引き起こすものと考えられる．また，養殖魚は多くの場合何らかの方法で加工された餌料で育つため寄生虫の感染は少ないが，野生魚はそのほとんどが何らかの寄生虫に感染しているのが普通である．

[三輪 理]

実験動物としての魚類

われわれヒトを含む脊椎動物の「生理」の研究では，生体を種々の実験に供するが，多くの場合実験対象の命を奪うことで成果が得られる．実験に供される動物を実験動物と呼び，それらはヒトの代替あるいは動物の代表として扱われる．生理学・発生学の実験動物としては，キンギョ *Carassius auratus*，ミナミメダカ *Oryzias latipes*（以下，メダカ），ゼブラフィッシュ *Danio rerio*，ニホンウナギ *Anguilla japonica* などがあげられる．メダカは近代的な生物学の研究が始まって以来現在に至るまで，生理学にとどまらずさまざまな分野で実験動物として扱われてきた．それは体が小さいが故の飼育・繁殖の容易さ，卵の観察のしやすさなどの利点があったからである．以下ではメダカを使った研究の歴史をたどってみる．

メダカは初期には遺伝学や発生学の研究に用いられ，メンデルの法則が再発見されてから16年後の1916年には，体色のメンデル遺伝に関する報告がなされている．その後，会田龍雄により，体色の限性遺伝（Y染色体上の体色決定遺伝子）が見いだされ，これを基に雌雄で異なる体色（雄が緋色，雌が白色）を呈するd-rR系統が山本時男により確立された．この系統を用いて山本は外因性ホルモンにより遺伝的な性の表現型を人為的に転換（性転換）させ得ることを脊椎動物で初めて証明した（Yamamoto, 1953）．d-rR系統はその後も性分化に関する研究に不可欠な存在として，長く取り扱われてきた．一方，山本はメダカの卵の受精能を長時間保持させ，かつその中での受精が可能な等調塩類溶液を開発し，未受精卵や受精反応の観察を精力的に行った．1940年代には彼の観察により不可視的な「受精波」の存在が予言され，その後1978年にアメリカ人のギルキー（Gilkey, J. C.）らによりその正体がCa^{2+}の増加波であることが視覚的にも証明された（Gilkey et al., 1978）．岩松鷹司は，山本の等調塩類溶液を改良し，表層反応から精子の侵入，卵膜の硬化など数多くの成果を発表し，受精現象に関してはメダカが魚類の中で最も詳細に記述されるに至った．初期発生に関しては1920年代から多くの研究者によりメダカが用いられてきたが，発生段階記載の決定版は1993年に岩松により出版された『メダカ学』（岩松，1993）で，44ステージに分類されている．この『メダカ学』は当時のメダカ研究の総まとめ的な出版物としてだけでなく，メダカの実験動物としての位置付けを確固とするに必要な手技・手法にまで言及した教科書的な出版物である．

2002年にはメダカのY染色体上に存在する性決定遺伝子が同定され，*DMY*と名付けられた．これは哺乳類（ヒトとマウス）の性決定遺伝子*SRY*に次いで脊椎動物では2番目に明らかにされたものである．2007年には前述したd-rR系を近交系化したHd-rR系メダカを用いた全ゲノムの解読が完了し発表され，2010年代にはゲノム情報を利用した行動生理・神経生理の研究などにも積極的に利用されるに至っている．一方で，現在でも実験動物ではなく野生動物としてのメダカが持つ繁殖生態にも関心が持たれ，研究が継続されている．［古屋康則］

8. 発　生

魚類発生学は，卵が成魚に達するまでの形態形成，分化，変態，成長などを解明する学問分野である．魚類の発生は，一部の例外を除いて受精によって開始される．さまざまな水圏環境に生息する魚類はその個体発生も多様性に富んでいる．

本章では，魚類の配偶子および受精から成魚に至るまでの個体発生に関する基本的な事項について順を追って解説するとともに，魚類の初期生活史に見られる特異な形態や巧妙な生態の紹介に重点を置き，個体発生の多様性の理解から魚類の生き残りと進化のドラマを垣間見ていただけるように解説を行った．また，動物界を通して初めて魚類で確立された最新の発生工学技術も紹介した．

［望岡典隆］

卵

卵は1つの細胞である．これまで知られている最大の細胞はダチョウの卵（黄身のみで白身や卵殻は含まない）といわれているが，板鰓類の仲間の卵には10 cm程度のものが見られ，ダチョウよりも大きい．卵は卵巣中で形成されるが，もととなる細胞は直径20 μm程度の卵原細胞である．卵原細胞は体細胞分裂により増殖するが，その後，減数分裂を開始した段階で卵母細胞と呼ばれる．卵母細胞は第1減数分裂前期で分裂を停止し，栄養を蓄え大きくなっていく（卵成長）．十分に成長した卵母細胞は最終成熟（卵成熟）の後，排卵され受精可能な卵となる．

卵（巣）の構造　卵巣の内部組織である卵巣薄板には多数の卵濾胞（卵胞）がある．卵胞は卵母細胞とそれを取り囲む濾胞組織からなり，濾胞組織には外側の莢膜細胞層と基底膜を挟んだ内側に顆粒膜細胞層がある．莢膜細胞層には幾つかの種類の細胞および毛細血管があり，ステロイド産生細胞も存在する．顆粒膜細胞層は単層の上皮細胞で構成され，血管は存在しない．ある程度卵成長が進行すると，卵母細胞と顆粒膜細胞との間に卵膜が形成される．卵膜は卵成長に伴い厚さを増し，動物極側には，卵門が見られるようになる（図1）．卵門は受精時に精子が侵入する小孔で，受精後は閉鎖する．真骨類の卵門は1個しかないが，チョウザメ類の卵門は10個前後ある（図2B）．

卵（巣）の発達　マダイ *Pagrus major* は産卵期には毎日夕方に産卵し，卵巣中に

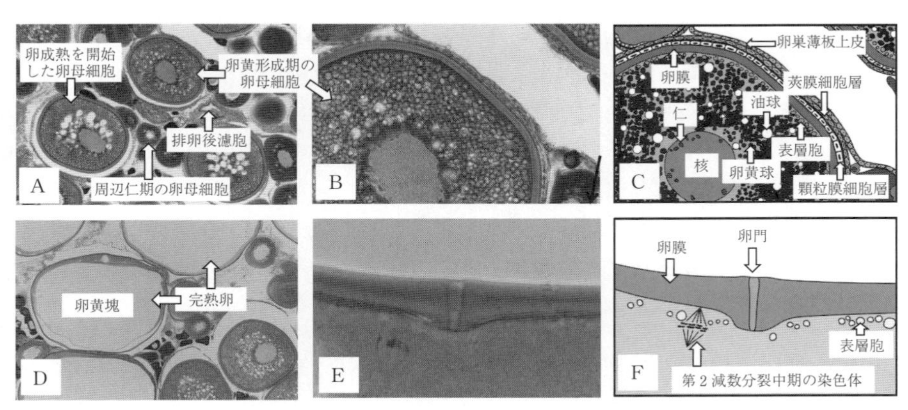

図1　マダイの卵成長と卵成熟．産卵期のマダイの卵巣中には，各時刻で異なる発達段階の卵母細胞が見られる．(A) 16時，排卵後濾胞を含む卵巣 (B) 卵黄形成期の卵母細胞（約400 μm）の拡大 (C) Bの模式図 (D) 12時，完熟卵（約1 mm）を含む卵巣 (E) 完熟卵の動物極付近の拡大 (F) Eの模式図

はさまざまな発達段階の卵母細胞が見られる．マダイは夕方に産卵するため，16～20時には，卵巣中には排卵後濾胞が見られるとともに，大小さまざまな卵母細胞が見られる（図1A）．100～200 µmの卵母細胞（周辺仁期）の細胞質中には目立った構造は観察されないが，この頃からすでに将来の初期発生に必要なタンパク質をつくるためのRNA（母性RNA）の蓄積は始まっている．卵成長が進行すると，細胞質中に卵黄胞が出現する．卵黄胞は細胞質中に散在するが，やがて卵母細胞の表層に1層に並び，表層胞となる．また，卵黄胞の出現と前後して油球が現れる．300～500 µmの卵母細胞中には油球に加えて卵黄（球）が見られる．マダイでは，油球の蓄積が先行することから，この時期を油球（形成）期と呼び，卵黄蓄積の開始以降を卵黄形成期という．卵黄は，濾胞組織で産生される雌性ホルモン（エストラジオール）の刺激により肝臓で合成される卵黄前駆タンパク（ビテロジェニン）が卵母細胞に取り込まれて形成される．卵母細胞の卵黄形成が完了（マダイでは500 µmくらいの卵母細胞で，16～20時の卵巣中に見られる）すると，卵成熟が始まる．

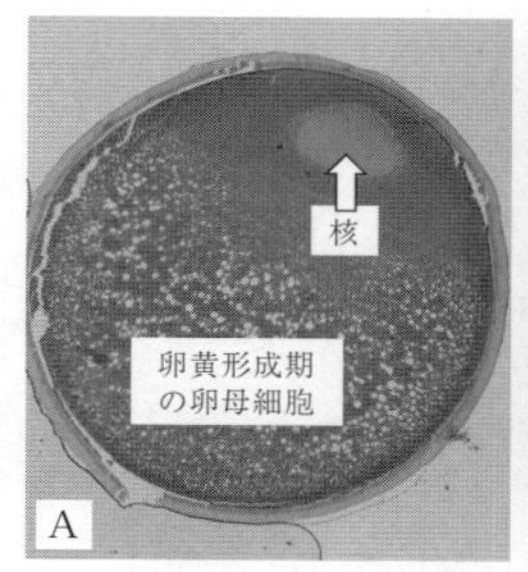

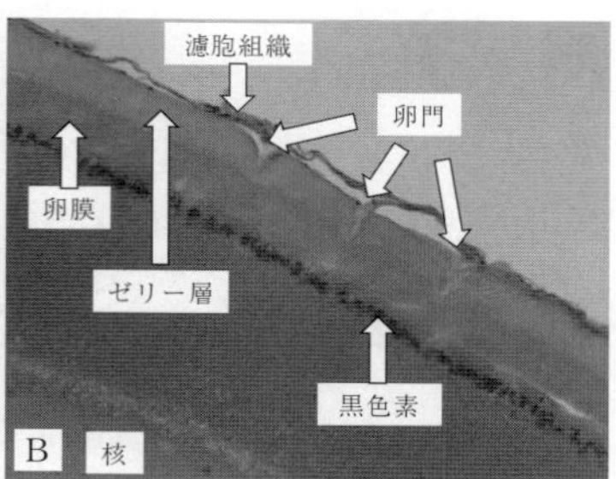

図2　ベステルチョウザメ（オオチョウザメ *Huso huso* × コチョウザメ *Acipenser ruthenus* の雑種）の卵母細胞　(A) 卵黄形成期の卵母細胞（約3 mm）(B) 動物極付近の拡大，この標本では卵門が3個見られる

卵成熟は，濾胞組織で産生される卵成熟誘起ホルモン（プロゲステロンの仲間）の刺激により卵母細胞が第1減数分裂を再開し，第2減数分裂中期に至って受精可能な卵になる過程である．他の魚種と同様，マダイの卵母細胞の核（卵核胞）は始めは中心に位置するが，卵成熟が始まると動物極側の卵門の直下へ移動する．この現象を核移動と呼ぶ．核移動に引き続き，卵核胞崩壊が起こると，次に卵母細胞は著しい不等分裂をして，第1極体を放出する．続いて直ちに第2減数分裂が始まるが，分裂は中期に至り再び停止し，完熟卵となる．マダイの完熟卵は12時くらいの卵巣中に見られることから，マダイの卵成熟は開始から20時間以内に完了する．完熟卵は濾胞組織から排卵された後は成熟卵あるいは単に卵と呼ばれる．また，卵成熟時には卵黄球および油球にも大きな変化が見られる．マダイでは，卵黄球は細胞質中に顆粒状に蓄積されるが，卵成熟が始まると卵黄球および油球の融合が進行し，最終的には1個の卵黄塊になるとともに，油球も1個となる．浮遊性の卵を産出するマダイの卵母細胞は急激に透明化し，吸水により卵径は1 mmくらいまで急激に増大し（図1D），浮遊性を獲得する．　［足立伸次］

精　子

精巣内において精原細胞が体細胞分裂によって増殖し，減数分裂と精子変態を経て精子が形成される．その後，精子は精巣の基部または後端部から体軸に沿って伸びる輸精管に移動し，産卵行動に伴い輸精管に連なる生殖孔から環境水中に放出される．魚類の精巣は一般に左右相称であるが，アユ *Plecoglossus altivelis altivelis* やワカサギ *Hypomesus nipponensis*，シシャモ *Spirinchus lanceolatus* 等のキュウリウオ科では，左葉が大型となって体腔内の前方に，小型の右葉が後方に位置する構造となっている（図1）．

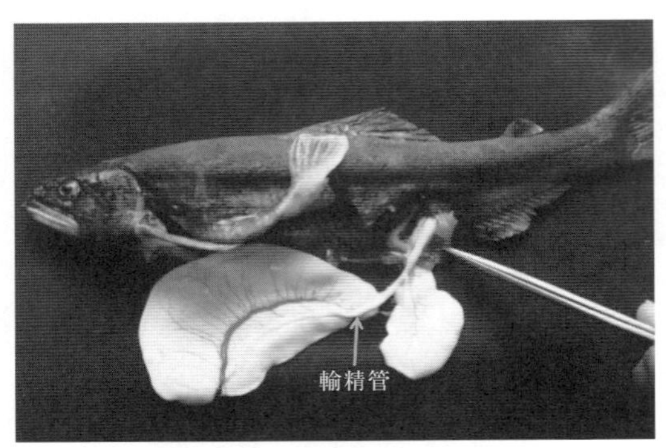

図1　成熟したアユの精巣と輸精管［筆者撮影］

精子の構造　精子は核が存在する頭部，精子運動のエネルギー源となるATPを産生するミトコンドリアと中心粒が存在する中片部，そして中心粒から延びた軸糸が鞭毛の中心部を通る尾部から構成される．多くの動物の精子は受精時に卵膜を溶解する先体を頭部の先端に持つが，硬骨魚の精子はチョウザメ目を除き，先体を欠く．これらの精子は，卵膜の動物極に存在する卵門と呼ばれるトンネル状通路を通って卵細胞膜との接着を果たす．

多くの卵生魚の精子の頭部は球形または楕円体を示す．一方，交尾を行って雌の卵巣内で受精するグッピー *Poecilia reticulata* やウミタナゴ *Ditrema temminckii temminckii* などの精子は槍形や扁平形の頭部を有し，これらは狭い卵巣腔内の移動に適した構造と考えられる（図2）．精子頭部の横断面の直径は種による差異は小さく，およそ1.5 μmから2.5 μm程度である．

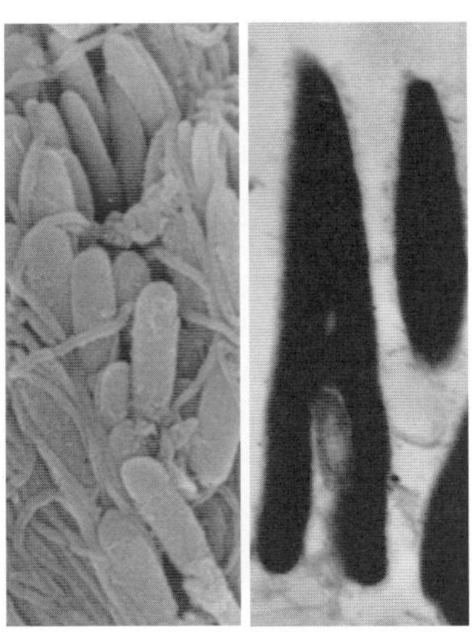
図2　ウミタナゴの精子．左は走査型，右は透過型電子顕微鏡写真［筆者撮影］

精子の中片部に存在するミトコンドリアは，大型で単一のものから小型で多数が軸糸を取り巻くように存在するものまで，魚種により多様な形態を示す．

鞭毛の長さはおよそ20 µmから60 µm程度までで，種による変異が大きい．また2本の鞭毛を持つ種や鞭毛を欠く種も報告されている．運動装置である軸糸は中心部に2本の微小管が存在し，その周りを9対のダブレット微小管が取り巻く構造となっている．

精巣の構造と精子形成　精巣内は薄い繊維性の結合組織で隔壁された細長い筒状の精小嚢と呼ばれる構造が，輸精管を基部として放射状に並んでおり，この精小嚢内で精子形成が進む．精原細胞はセルトリ細胞と呼ばれる体細胞と接しながら体細胞分裂を行うが，体細胞分裂が活発になると複数のセルトリ細胞が一個の精原細胞を取り囲み，包嚢と呼ばれる袋が形成される．この包嚢内では，精原細胞は魚種によって一定回数の体細胞分裂を行った後，減数分裂と精子変態を行う．包嚢内の全ての生殖細胞は細胞同士が細胞間橋で結ばれており，均一な成熟段階を示す．多くの種では精子変態終了直後に，一部の種では精子変態前の精細胞の段階で，それぞれの包嚢壁が破れ，精子（あるいは精細胞）が精小嚢の内腔に移動する．この包嚢内から内腔への移動は排精と呼ばれる．成熟期に入ると排精された精子の集塊が徐々に増え始め，さらに成熟が進むと精小嚢を構成していた結合組織が破れ，精巣内全体が精子で充満した状態となる（図3）．

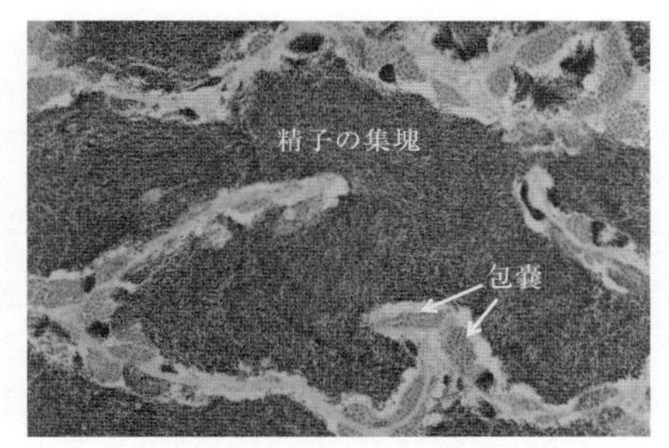

図3　成熟したアユの精巣の組織写真［筆者撮影］

排精と精液　精巣内で起こる排精は組織学的な観察によってのみ確認が可能である．排精された精子は，成熟が進むにつれて精小嚢壁や輸精管の上皮から分泌される精漿と混ざり，徐々に輸精管へと移動していく．硬骨魚類の雌で輸卵管を欠く種は存在するが，雄で輸精管を欠く種は知られていない．この段階になると，雄親魚の腹部を輸精管に沿って圧すと生殖孔より精液が滲出するようになる．この現象は雄を生かした状態で確認が可能なため，種苗生産の現場ではこの生殖孔からの精液滲出の有無を雄の成熟度の指標としている．

ほとんどの硬骨魚では，排精された精子は精巣内で速やかに運動能力を獲得する．生殖孔から採取可能な精液量が少ないニシン *Clupea pallasii* やドジョウ *Misgurnus anguillicaudatus* では，精巣を摘出して採取した精巣内精子を用いた人工授精が行われている．一方，サケ科やニホンウナギ *Anguilla japonica* では，精漿中の重炭酸やカリウムのイオン濃度が一定以上に達する輸精管内で運動能力を獲得する．従ってこれらの種では精巣内精子は受精能力を持たない．［太田博巳］

受　精

受精とは，有性生殖において雌雄それぞれがつくる卵と精子が互いに出会うべき環境に放たれ（放卵・放精），卵から発せられる化学的な信号を精子が認識しながら（精子の誘引・活性化）互いが出会い，相互に認識し合って細胞膜が融合し，最終的に双方の核が合一して新たな個体の基になる受精卵になる過程を指す．通常，雌が産む卵の数に対して数千～数万倍の数の精子が放出されるが，1個の卵と融合できる精子の数は1個のみである．卵が1個の精子しか受け入れない現象を多精拒否と呼ぶ．硬骨魚類では精子が卵膜を溶解する成分などを含む先体と呼ばれる構造を持たず，動物極の卵膜表面には精子が卵内に侵入するための卵門と呼ばれる穴が1カ所のみ（チョウザメ類を除く）開口している．1個の精子が卵門を通って卵細胞膜に到達すると，卵は表層変化を起こす．

卵門への精子の侵入　受精の最初のイベントは卵門への精子の誘引である．卵に比べてきわめて小さい精子にとって卵膜の表面は広大である．無秩序な遊泳により1カ所のみ開口している卵門にたどり着くのは困難であり，精子が卵門から出される何らかの信号に導かれていることは容易に想像できる．ニシン *Clupea pallasii* の精子は通常の硬骨魚類の精子とは異なり，受精環境である海水中に放たれても運動しない．しかし，この精子が卵門付近の卵膜に接触すると突然遊泳を開始し，卵門に侵入する現象が1950年代に観察されている．この観察から，ニシンの卵門付近には精子を活性化・誘引する物質の存在が示唆された．その後の研究によりある種の糖タンパク質がその役割を担っていることが確かめられ，MISA（micropylar sperm attractant）と名付けられた（図1右）．MISAはカレイ類・タラ類・サケ類・フグ類・メダカ類などの卵膜表面にも確認され，受精を効率よく行う上で重要な役割を果たしている（Yanagimachi et al., 2017）．一方でMISAを持たない魚種もおり，これらの魚種では放射状あるいは螺旋状の溝が卵膜表面に刻まれ，精子を物理的に卵門へと導いているという．卵門の入り口はラッパ状に広がり，多くの精子を受け入れやい構造になっているが，通常は奥へ行くに従って狭くなり，最終的に精子は1個ずつしか通れない大きさになっている．このため，卵細胞膜に到達できる精子は物理的に1個ずつとなる．卵膜を人為的に除去した裸の卵を媒精すると多精となることがニシンやメダカ類の卵で示されており，卵門は硬骨魚類の多精拒否の第1関門として重要であると考えられている．一方，円口類や原始的な硬骨魚であるチョウザメ類では卵膜には狭い範囲に複数個の卵門が開口しており，精子は先体を持つ．チョウザメ類では先体反応によって形成された先体突起と，それによって起きる卵の表層反応が多精拒否に重要な役割を果たしていると考えられている．

卵の表層変化　精子が卵門を通って卵細胞に到達し，精子の細胞膜と卵の細胞膜が融合すると，両者の細胞膜に由来する膜が膨潤して受精丘を形成し，卵門管を塞ぐ（図1）．受精丘は魚種によっては卵門の外側まで大きく突出する．これによって2番目以降の精子はしばらくの間，卵細胞の表面に到達できなくなる．卵細胞膜直下の細胞質には表層胞と呼ばれる直径0.2～40 μmの顆粒が卵の全体にわたって分布している．精子が卵門直下の卵細胞膜に到達すると，表層胞が卵細胞表面から卵膜との隙間に内容物を分泌する表層胞崩壊（図1左）と呼ばれる反応が，精子の侵入点を起点として最終的には卵門の反対側（植物極）まで順次伝播していく．この反応は卵細胞表面を波のように伝播することから，不可視的な受精波と呼ばれる波が卵細胞表層を伝わると考えられていた．受精波の正体は卵細胞表層における局所的なCa^{2+}の増加の波であることが，Ca^{2+}と結合すると発光するタンパク質イクオリンを注射した未受精卵を受精させることで明らかにされている（Gilkey et al., 1978）．表層胞の内容物に含まれるレクチンは卵門管を通って卵門周辺域まで溢れ出し，卵門周辺の余分な精子を凝集させるとともに，卵門への精子の誘引作用を無効にさせる．また，表層胞崩壊によって卵膜と卵細胞膜が分離し，囲卵腔と呼ばれる広い隙間が生じる（図1左）ことで，精子の卵表面への到達が物理的に不可能となる．卵細胞膜から分離した卵膜は表層胞に含まれる成分の働きによって収縮し，卵門が閉鎖されるとともに，化学変化によって硬く強靭な受精膜へと変化する．

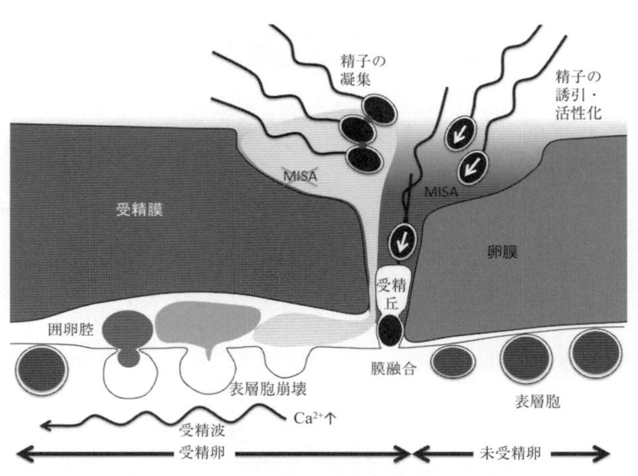

図1　魚類の受精の際に起きる変化の模式図．右側は未受精卵の状態，左側は受精後の変化を示す

精子と卵の相互認識　精子が卵細胞表面に達すると，精子細胞膜と卵細胞膜の結合と，それに引き続く精子細胞膜と卵細胞膜との融合が起きる．これらの反応の際にも，精子と卵それぞれの細胞膜表面に存在する受容体の相互作用による認識が起きると考えられるが，魚類ではその分子機構について現時点では不明である．これらの知見は，雑種形成の仕組みや水産学への応用など，今後重要な分野への発展が見込まれる．

［古屋康則］

胚――受精から三胚葉形成

受精後，卵と精子の前核が合体し受精卵となる．1細胞であった受精卵は，分裂（卵割）し細胞の数を増やす．分裂の過程で生じた細胞は，体細胞系列と生殖系列の細胞へと分化し，前者はさらに外中内の三胚葉へと分化する．三胚葉の細胞は，その後の形態形成運動を経て，受精卵の中に蓄えられていた卵黄を吸収しながらさまざまな器官を分化させ個体の基礎的な体制をつくり出す．胚は形態形成の過程で卵を覆っていた卵膜から外へと孵化をする．一般的に，受精から孵化までの個体を胚と呼ぶ．

卵割　魚類の卵割の様式には，卵全体が分裂する全割と，卵の一部のみが分裂する部分割がある．全割は無顎綱のヤツメウナギ類，硬骨魚綱の肉鰭綱の肺魚類，原始的な条鰭綱のポリプテルス類，チョウザメ類に限られ，これまで調べられた真骨類の卵割は部分割で，盤割と呼ばれる．

真骨類の受精直後の卵では，細胞質が1つの卵黄球の表面に薄く分布するものと，細胞質の中に多くの卵黄球や油球が分布するものがある（図1A）．どちらの卵の細胞質も，受精後，時間を経るにしたがい卵の表層の一部へ移動する．移動する側を動物極，反対側を植物極と呼ぶ．細胞質が移動して形成された部分が胚盤で，この部分が分裂する．分裂後に形成された細胞は割球と呼ばれる．初期の卵割は細胞周期のG1期を持たず，胚盤内の割球は全て同調的に卵割を行うが，ある時期を境に非同調的になる．すなわち，ある細胞は分裂するが他の細胞は分裂しなくなる．この非同調的な分裂の開始時期を中期胞胚期遷移と呼び，この時期までが卵割期で，以降を胞胚と呼ぶ．中期胞胚期遷移が起こる時期は，卵割の結果生じた核の数と細胞質の比によって決定されていると考えられている．中期胞胚期遷移を過ぎると，それぞれの割球の細胞周期にG1期が現れ，核

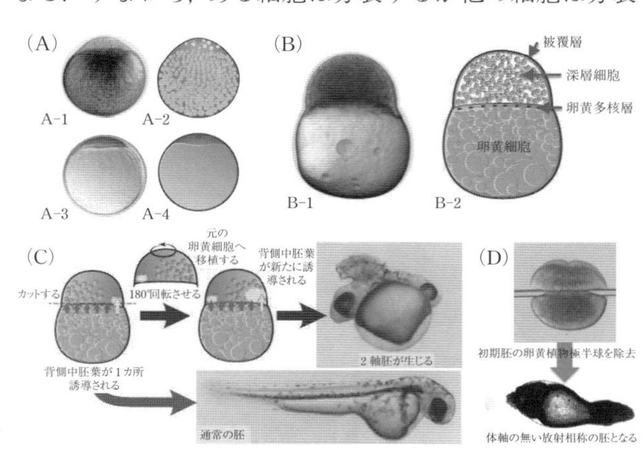

図1　受精卵（A）と胞胚（B），およびその模式図と胚発生のプログラムの解析実験（C, D）

からの遺伝子発現が起こる．また，運動性を示すようになり，胞状仮足や糸状仮足の突出が見られる．

卵割の過程で生じた細胞は，1細胞期の異なる位置の細胞質をそれぞれ取り込むことになる．この取り込んだ細胞質の違いが，この後の細胞の性質を決める．例えば，キンギョの1～2細胞期に卵黄の植物半球を取り除くと背側構造を欠く胚が形成される．また初期の何回かの卵割面の両端には生殖細胞質が集まり，この細胞質を取り込んだ割球が将来の生殖細胞へと分化する．

胞胚　胞胚は，3種類の細胞から構成される（図1B）．最外層の細胞は被覆層と呼ばれ，側方で互いに強固に結合した単層の細胞層である．一方，卵黄と接する割球は卵黄に落ち込み，卵黄の表面に複数の核が分布する卵黄多核層という層を生じる．卵黄多核層を含んだ卵黄全体を卵黄細胞と呼ぶことがある．被覆層と卵黄多核層に挟まれた部分が深層細胞と呼ばれる細胞で，将来的にはこの細胞が個体を形成する．個々の深層細胞は，将来どの胚葉，どのような器官に分化するかは，胞胚期の時点では決定されていない．すなわち，この時期に被覆層を含む深層細胞の一部を除去しても，他の胚の深層細胞を移植されてもその後の発生は正常に進行する．深層細胞のさまざまな種類の細胞へと分化できる能力を，分化多能性と呼ぶ．深層細胞の運命は，胚盤の下層に位置する卵黄多核層からの誘導によって決定される．この誘導は中胚葉誘導と呼ばれる．

中胚葉誘導　中胚葉誘導は，卵黄多核層に接触している胚盤周縁の深層細胞を内胚葉に，近接部分を中胚葉へと分化させ，それぞれの胚葉に特異的な遺伝子を発現させる（図1C）．中胚葉では，胚盤周縁全体，あるいは背側や腹側（☞項目「胚―エピボリー運動から胚体形成」）で異なる遺伝子が発現する．卵黄多核層よりも離れている部分は外胚葉となる．卵黄多核層は，1細胞期の植物極側の細胞質を受け継ぐことで，中内胚葉を誘導する能力を獲得する．すなわち，1細胞期に植物極側の卵黄を切除すると，中胚葉誘導がまったく起こらなかったり，部分的に起こったりするようになる．卵黄を切除し特殊な細胞質がなくなった受精卵は，結果として異常な形態を示す胚となる（図1D）．中胚葉誘導は，1細胞期での細胞質の局在性の違いによって生み出される．

三胚葉形成　卵黄多核層の誘導により，深層細胞の中から中内胚葉に特異的な遺伝子を発現する細胞群が生じるが，胞胚期の段階では1つひとつの細胞の運命は決定されていない．それぞれの胚葉に位置する少数の細胞を分離し，本来の場所から別の胚葉の場所へと移動させるとその発生運命は変わるからである．一方，中内胚葉の細胞を塊として別の場所へ移植すると発生運命は変わらない．これを集団効果という．胞胚期の三胚葉の細胞は個々の細胞としては運命が決まっていないが，集団としては方向性が決まっている．このような状況の細胞を指定された細胞と呼ぶ．

［山羽悦郎］

胚――エピボリー運動から胚体形成

エピボリーとは，盤割を行う魚類の胚で，卵黄の動物極に位置する胚盤が植物極に向かって卵黄全体を覆っていく運動である．最終的に，卵黄全体が細胞で覆われることになる．エピボリーに要する時間は卵の大小により異なる．小型の卵では嚢胚形成後，胚軸が形成される前後でエピボリーが終了する（図1A）が，大型の卵ではほとんどの器官が形成されるまで続く（図1B）．

エピボリー運動 エピボリー運動では，胚盤の下部の卵黄表面に位置する卵黄多核層（☞項目「胚―受精から三胚葉形成」）が，その細胞質を動物極から植物極へと卵黄上を移動させる．卵黄多核層の周縁で結合している被覆層は，それに引きずられるかたちで面積を広げていく．この際，形成する細胞の扁平化により被覆層は面積を広げる．深層細胞は，卵黄多核層と被覆層に挟まれながらその分布を広げていく．この過程で，一部の深層細胞は次第に被覆層の内側に接着していく．

嚢胚形成 エピボリーによる胚盤の面積の拡大に伴い，胚盤の周囲では中内胚葉の細胞が周縁から胚盤の内側へと移動する．結果として胚盤の周囲で2層の細胞層をもった環状の構造がつくられる（図1C）．これを胚環（はいかん）と呼ぶ．また，胚環を構成する中内胚葉の円周の一部の細胞は，さらに動物極側へと移動し始める．この部分を胚盾（はいじゅん）と呼ぶ．この結果，表面を被覆層で覆われたドーム状をした胚盤が形成される．被覆層の内側の深層細胞は，被覆層の内側に張り付いた細胞群，ドームの周縁で内側に入り込んだ細胞群，卵黄多核層の表面に張り付いた細胞群となる．それぞれの深層細胞はこの後，外，中，内胚葉の

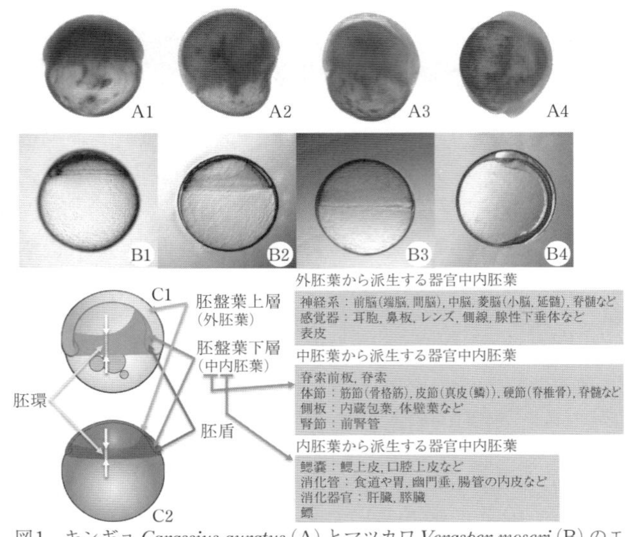

図1 キンギョ *Carassius auratus*（A）とマツカワ *Verasper moseri*（B）のエピボリー過程と，胚盾期の各部分から分化する器官（C）

細胞系列として分化する.

胚盾　受精直後の硬骨魚類の卵は回転相称で，将来胚体が形成される位置には形態的に明確な指標がない．細胞質が集合した動物極と，反対側の植物極を結んだ線が将来の頭尾軸である．嚢胚期に胚盾が形成されて初めて背腹軸（と左右軸）が明らかとなり，胚盤の胚盾形成側が背側，向かい側が腹側となる．胚盾は両生類における原口背唇に相当し，この部分の細胞を胚盤の他の部分に移植すると二次胚が誘導される．このことから，この領域は魚類におけるオーガナイザー領域と考えられる.

胚体形成　胚盾の形成後，胚盤の深層細胞の多くは背側へと移動（収斂）する．この時，収斂した細胞が左右から入り込むことにより，全体の長さは伸長する．エピボリーも並行して進行するため，胚体は前後に引き延ばされる．胚体の背側に位置する外胚葉の細胞は，胚盤葉上層と呼ばれる．中内胚葉の細胞は上層の腹側に位置し，胚盤葉下層を形成する．胚盤葉下層のほとんどは中胚葉の細胞で，内胚葉の細胞は卵黄表面に位置する．エピボリーの進行具合と胚体の形成時期との関係は種によって異なる.

外胚葉の分化　胚盤葉上層の胚盾側（背側）は，将来の中枢神経系が分化する神経領域であり，胚盾の反対側（腹側）は表皮が分化する領域となる．この神経領域は，腹側因子が発現する胚盤葉上層を，オーガナイザー（胚盾）から分泌される背側因子が抑制することで形成される．胚盤葉上層の頭尾軸に沿った神経領域は次第に肥厚し，将来的には神経管を形成する．神経管は，初期には中実（神経竜骨）で，発生が進むにつれて内腔が形成される．神経管は，前方から順に端脳，眼胞，間脳，中脳，小脳，延髄，脊髄へと分化する.

中胚葉の分化　胚盤葉下層の頭尾軸に沿った後脳中央より前方部は，脊索前板，それより後方の中央部は脊索へと分化する．脊索の左右に位置する領域からは体節，さらにその外側からは側板が分化する．体節の一部では，側板との間に腎臓原基が生じ，これが後方へ伸長して前腎管を形成する．体節のうち，中心部を筋節，接する部分を皮節，脊索に接する部分を硬節と呼ぶ．筋節は筋肉に，皮節は真皮に分化する．硬節の細胞は，遊離・移動し，その後脊索の周囲を覆って，脊椎骨を形成する.

内胚葉の分化　胚盤葉下層の卵黄多核層に接する細胞は，発生の進行に伴い脊索の下部へと集合し消化管を形成する．消化管の前方は，口腔部で左右に膨出し鰓嚢を形成する．鰓嚢後方の体幹部の腸管膨大部では，消化管は側方へ膨出して肝臓と膵臓を，背方への膨出して鰾を形成する．腸管膨大部より前方の消化管では胃が，後方部では腸が形成される．最前部は外胚葉と融合し口を，最後端は肛門を形成する．浮遊性仔魚期を持つ多くの海産魚では，孵化時点では口も肛門も形成されておらず，卵黄吸収後に開口する.

［山羽悦郎］

孵　化

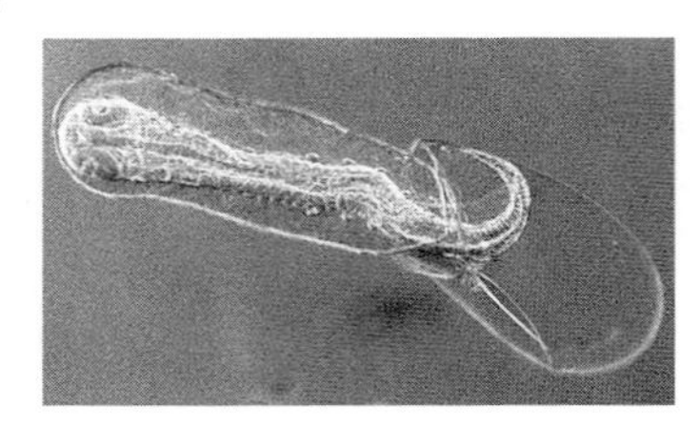
図1　カタクチイワシ *Engraulis japonicus* の孵化［Kawaguchi et al., 2009］

魚類は川，浅海，深海などさまざまな環境に生息しており，それぞれの環境で卵を生む．胚は卵膜内で保護されながら発生が進み，あるところまで発生が進むと孵化する．卵膜は強靭な構造をしているため，胚の運動のみでは孵化できない．そこで胚は，自身が分泌する孵化酵素で卵膜を溶かして軟らかくした後，胚の運動によって孵化する（図1）．さまざまな孵化の環境に適応して卵の性質や卵膜の形態も多様である．例えば，水中に浮く浮性卵は，水底や藻場で発生する沈性卵と比べると卵膜が薄い．孵化は全ての魚種にとって生き残る上で重要なイベントであり，孵化時の卵膜分解は環境に適応した多様性を示す．

孵化様式の進化　脊椎動物の中でも，魚類と両生類はどちらも水中で孵化をする．魚類の中でも下位条鰭類（チョウザメ類など）の孵化時の卵膜分解様式は両生類のものとよく似ている．すなわち，両者とも単一の孵化酵素を持ち，卵膜を構成する主なタンパク質，ZPA，ZPB，ZPCのうちZPAを切断して卵膜を膨潤・軟化させる．一方，下位条鰭類の後に分岐した真骨類では孵化様式が大きく異なっており，孵化酵素の基質はZPBとZPCに変化している．これは真骨類の進化過程で獲得したトランスグルタミナーゼによる卵膜の硬化機構により，真骨類がより強靭な卵膜を持ったことと密接に関係していると考えられている（図2）．

真骨類は最も分岐の古いカライワシ類とその後に生じた正真骨類とニシン・骨鰾類の3つに大別される（図2）．カライワシ類では，単一の孵化酵素で卵膜を膨潤・軟化させて孵化する．このような卵膜の膨潤化が孵化酵素の祖先型の活性と考えられている．カライワシ類が分岐した後に孵化酵素の多様化が起き，ニシン・骨鰾類と正真骨類は2種類（clade Ⅰとclade Ⅱ酵素）の孵化酵素を持つ．このうち，正真骨類ではclade Ⅱ酵素が新規機能を獲得し，卵膜を可溶化できるようになった．すなわち，正真骨類ではHCEと呼ばれるclade Ⅰ酵素が卵膜を膨潤させた後，LCEと呼ばれるclade Ⅱ酵素が膨潤した卵膜を可溶化させる．このように両酵素の共同作用により，正真骨類は卵膜を分解・可溶化して孵化している（☞項目「孵化に関わる遺伝子」）．

興味深いことに，孵化酵素の効率のよい分解系の獲得と同期して，卵膜タンパク質の合成場所が変化した（図2）．下位条鰭類やカライワシ類では卵膜の合成場所が卵巣だったのに対し，ニシン・骨鰾類や正真骨類では卵巣に加えて肝臓で合

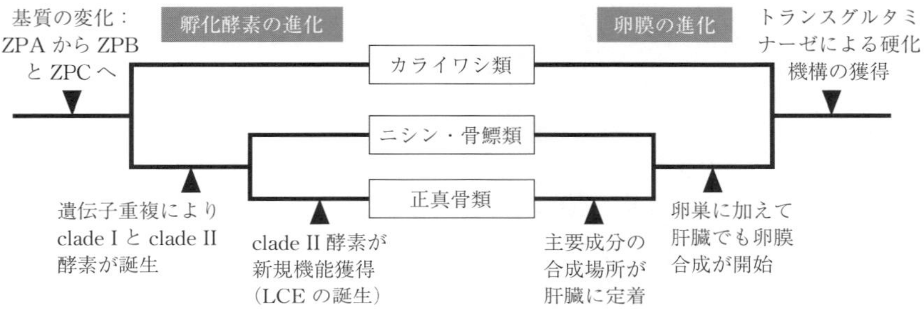

基質の変化：
ZPA から ZPB
と ZPC へ
孵化酵素の進化
卵膜の進化
トランスグルタミナーゼによる硬化機構の獲得
カライワシ類
ニシン・骨鰾類
正真骨類
遺伝子重複により
clade I と clade II
酵素が誕生
clade II 酵素が
新規機能獲得
（LCE の誕生）
主要成分の
合成場所が
肝臓に定着
卵巣に加えて
肝臓でも卵膜
合成が開始

図2　真骨類における孵化酵素と卵膜の共進化 [Sano et al., 2014]

成する魚種が誕生した．特に，正真骨類ではほぼ全ての魚種は卵膜の主要な構成成分を肝臓で合成している．これにより，厚い卵膜を合成することが可能になったと考えられている．実際に正真骨類には厚い卵膜を持つ魚種（ハタハタ *Arctoscopus japonicus* やサケ類など）が多数知られている．正真骨類で可溶化酵素（LCE）を獲得したことにより，厚い卵膜を効率よく分解することが可能になったのだろう．

孵化腺細胞の分布の多様性　孵化酵素は孵化腺細胞と呼ばれる特殊に分化した細胞で合成される．孵化腺細胞は他の細胞に比べて大きく，卵膜を取り去れば光学顕微鏡で容易に観察できる．種により異なるが，細胞数は200～4,000個で，酵素顆粒を分泌後に消失する．孵化腺細胞は真骨類に共通して初期神経胚期に体軸先端部の細胞集団から分化する．その後，分化した孵化腺細胞は体表面を移動し，最終的な局在は口腔内（ミナミメダカ *Oryzias latipes* など）や体表（ニシン *Clupea pallasii*），卵黄嚢（ゼブラフィッシュ *Danio rerio*）など，種ごとに多様である．例えば，カタクチイワシでは孵化腺細胞は頭部周辺に線状に並び，それに接する部分の卵膜のみを分解することで，缶詰のふたを開けるかの如く孵化する（図1）．これを「缶切り型孵化」と呼んでいる．また，アユ *Plecoglossus altivelis altivelis* などシラス型の胚は孵化前に卵内で尾部がとぐろを巻くように折りたたまれており，孵化腺細胞は卵膜に面した尾部に分布して卵膜を可溶化する．孵化前の胚の孵化腺細胞の分布はそれぞれの魚種が効率よく孵化できるように多様化したと考えられる．

胎生魚の孵化　魚類の中には親の体内で孵化するものがいる．例えば，胎生魚は母親の体内で発生が進み孵化する．これらの魚種では，卵膜による胚の保護の必要性が低く，卵膜が極端に薄くなっている．胎生魚クロソイ *Sebastes schlegeli* とプラティー *Xiphophorus maculatus* では，*HCE* と *LCE* 遺伝子がゲノム上には存在するが，クロソイでは *LCE* 遺伝子が，プラティーでは両遺伝子が偽遺伝子化しており，機能しなくなっている．

［川口眞理］

仔　魚

魚類の場合は，生まれてから多かれ少なかれ変態しながら成魚になる．魚類の多くは，孵化後から生活史を通じて生活様式が遷移し，それを反映した形態的・生態的・生理的な変化が生じる．

仔魚期の区分　孵化してから成魚の形態に近くなる稚魚期までの時期を仔魚期と呼ぶ．仔魚期は，孵化直後から卵黄を吸収するまでの前期仔魚期，卵黄を吸収して各鰭の鰭条数がほぼ親と同じ定数になるまでの後期仔魚期に大別される．人工種苗生産などの場合には，孵化直後から数えた日齢何日目の仔魚と日齢で表現するが，天然から採集した場合には日齢がわからないので，何ミリメートルの仔魚などと大きさで表現する．一般に仔魚期の区分は，形態を基準にする場合と，生態的あるいは行動的特性を基準にする場合がある．形態的発育区分としては孵化直後の卵黄嚢仔魚，脊索後端が上屈を開始していない前屈曲期，脊索後端が上屈中の屈曲期，脊索後端の上屈が完了して背鰭(せびれ)および臀鰭(しりびれ)の最後部棘状が軟条の状態の時期を後屈曲期などに分ける方法がある（図1）．また，これらの時期を一括して変態期仔魚と表現したり，生態的区分では水域を浮遊する時期を浮遊期仔魚，海藻や砂礫などに付着したり，水底に定着する時期を着底仔魚などと表現す

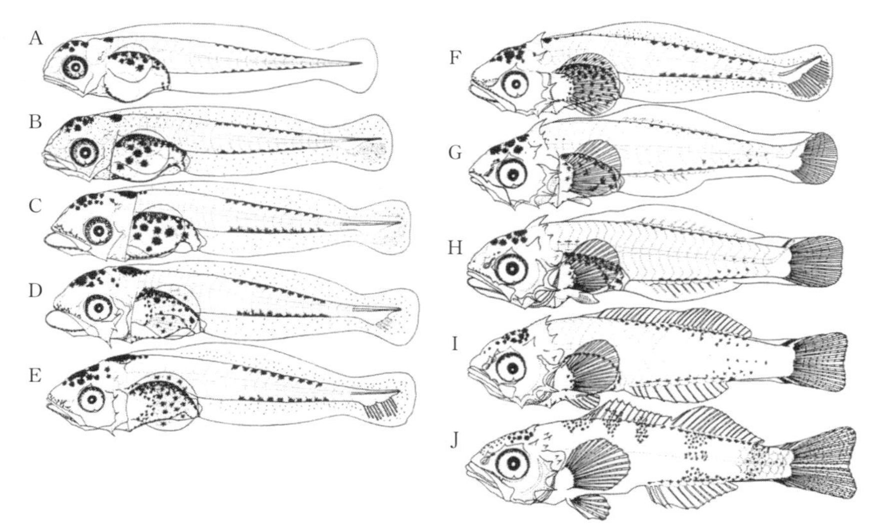

図1　メバル類仔魚期の形態的区分．(A, B)卵黄嚢仔魚期，(C, D)前屈曲期，(E)屈曲期，(F～I)後屈曲期，(J)稚魚期

る場合がある.

仔魚期の特徴　仔魚期の最大の特徴は背鰭, 臀鰭, 尾鰭, 腹鰭, 胸鰭などの運動に関連する形態分化が未熟で, 特にこれらの鰭では鰭条数(きじょうすう)が親の持つ数になっていないことである. また, 体表の鱗や側線管といった魚類特有の体制も整っていない. このため, 稚魚に比べて自律的な遊泳力に乏しく, 捕食による食害を受けやすいので, 個体の生存において最も過酷な減耗（初期減耗）が生じる時期である. 仔魚期は生存に必要な生理的・生態的に重要な器官の発生と機能が分化する時期であり, これによって成魚になるための基本的な体制を整える.

図2　タナゴ類仔魚の表皮上突起と系統的形質

仔魚期には主に五感を司る器官が形成される. 中枢神経系である脳と延髄の形成分化に伴い, 鼻孔が開口して鼻腔内に嗅房が形成されて嗅覚細胞が発生し, 目には網膜細胞が分化して明暗や色を識別する細胞が現れ, 耳には平衡感覚や聴覚に関係する三半規管が分化して, 体表には味覚を感じる味蕾細胞と水流や水圧を感じる遊離感丘（体表に開口した感覚細胞の集合で稚魚期以降は多くが皮下に埋没して側線管内でクプラに変化する）が多数出現する. また, 卵内発生中にできた原腎管は腎臓に発達し, 腸からは鰾や胃あるいは魚類特有の幽門垂が分化する. 卵黄の栄養を消費して, 小型の動物プランクトンなどを捕食し始める頃には, 肝臓も分化して栄養の消化・吸収に関与する器官の形成と発達が起こる.

仔魚期の系統的形質　淡水のタナゴ類は淡水二枚貝に卵を産み付け, 貝の体内を仔魚期の生育場として利用することで, 初期減耗を極力少なくする巧みな繁殖生態を獲得している. このため, 仔魚の表皮には貝から吐き出されないために発達したと考えられる微小な突起が無数に存在する. この突起の形には円錐型, 斜め円錐型（斜面型）, 半球型の3つのタイプ（図2）が存在し, アブラボテ属, タナゴ属, およびバラタナゴ属の仔魚はそれぞれ円錐型, 斜面型, および半球型の突起を表皮上に備えている.

このような突起に見られる共通の形質は共有派生形質と呼ばれ, 進化の過程で共通の祖先から分化したものが持つ形質として系統的分類形質に使用される.

［鈴木伸洋］

稚 魚

稚魚期は「形態的にはほぼ成魚と同じであるが性的には未熟な時期」とされている．しかし稚魚期の，特に始まりを決定するのは，なかなか難しい．それは，1つには言葉の問題であり，また情報が少ないことも1つの原因である．

幼・稚・仔魚—専門用語と日常用語　稚魚の定義は，沖山宗雄（編）の『日本産稚魚図鑑』の初版（1988）の「鰭条数は定数に達しているが，体各部の比や色彩，生態などが成魚とは異なっている時期」(その後，未成熟期と成魚期が続く）から第2版（2014）では「仔魚期から変態（変形）した後の段階．鰭条数が完全に揃い，鱗が発達する魚類ではそれが形成される．形態は基本的に成魚に類似するが，繁殖能力はない」(成魚期に続く）へと変化した（図1）．筆者には初版の方がわかりやすい．そもそも昭和の初め頃には，専門的な論文でも仔魚や稚魚という言葉はあまり使われていなかった．幼魚や初期・後期稚魚，稚仔と呼ばれていた．専門用語として魚類の発育段階を最初に定義したのは内田恵太郎（1930）である．孵化して卵黄を吸収し終わるまでを仔魚期とし，「幼魚といふ名稱も従来多く用ゐられてゐたが，意義の明確でない場合が屢〻あるので，仔魚を用ゐたいと思ふ」としている．続いて，各鰭の鰭条が定数になるまでを後期仔魚期，定数になってから体形がほぼ種の特徴を示すまでを稚魚期，次いで成熟していない/するによって未成魚期と成魚期とした．『日本産稚魚図鑑』の初版と同じで，明

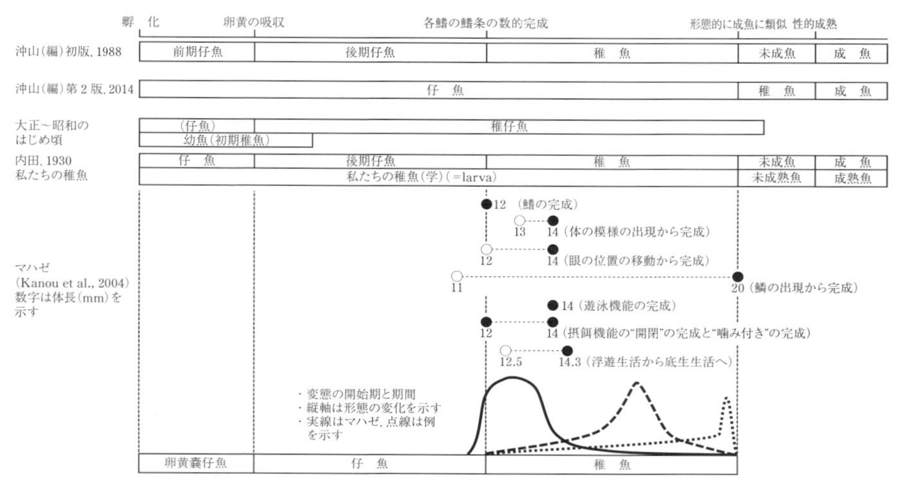

図1 「稚魚」という用語をめぐるいろいろな定義とマハゼの形態的・生態的変化の例

解でわかりやすい．このような用語の「ゆらぎ」は日常的に使う用語と関係している．一般の人に「仔と稚のどちらが成長していると思う？」と聞いてみると，ほとんどの人が「稚 → 仔」で，「ヒトでいえば，稚は園児，仔は小学生」と答えるだろう．さらに，幼稚というように，幼は生まれてすぐから未熟まで，意味が幅広い．日常的な感覚からすれば，幼 → 稚 → 仔であろうか．このように日常用語と専門用語が混在しているために，ゆらぎが生じたと考えられる．

身近な魚—マハゼの稚魚期の始まり　マハゼ*Acanthogobius flavimanus*を例にして稚魚期の始まりを考えてみよう（図1）．鰭条数が定数に達するのは体長約12 mmである．上述書の初版でいえば，これからが稚魚である．ところが，成魚と同じ体の模様になるのは14 mm以上である．この大きさになると，海底から見上げるための眼の位置も定まる．しかし鱗が完成していない．鱗の出現は体長11 mmとやや早いが，完成は20 mmになってからである．第2版ではこれからが稚魚である．透明骨格標本にもとづいて鰭を支える骨や脊椎の出現などの遊泳に関する形質を観察した結果，体長14 mmまでに機能的な遊泳が可能になると判断された．摂餌機能に関しては，体長12 mmまでに口の開閉が機能的になり，14 mmになると噛み付き機能が発達する．この時期に合わせるように，浮遊していた仔魚は体長12.5から14.3 mmにかけて，徐々に着底するようになる．図1に，いわゆる変態がはじまりピークに達し完了するまでの様子を実線で描いた．こうした時期を稚魚期としたのが初版である．そうではなく，この時期は仔魚期の終わりにあたる，としているのが第2版である．これは英語圏の研究者の考えでもある．程度の差はあれ（図1の点線で2種の例を示した），変態と名の付くものはどうしてもlarva（仔魚）の内である，という点は英語的に譲れないのであろう．ただ，第2版の稚魚期は，マハゼでは体長20 mm以上となる．そうすると稚魚期には，形態的にも生態的にも生理的にも動的（ダイナミック）な質的変化というよりも，静的（スタティック）な量的変化だけが続いてしまう．もちろん，生残や加入といった重要な研究課題は存在するが，ちょっと面白みのない発育段階になってしまう．

「私たちの稚魚（学）」のさらなる展開　仔魚期だろうと稚魚期だろうと，やはり研究の魅力は，形態や生理，生態のダイナミックな変化にある．『稚魚学』という革新的な本（田中他，2008）が対象としているのは「稚魚」ではなく「仔魚から稚魚にかけて」である．「稚魚学」という言葉も「仔稚魚期の生活史の全体像がおぼろげながら浮かび上がってきたという思い」から使用されている．そこで筆者らが研究対象としている「私たちの稚魚（学）」では孵化から変態の完了までと定義したい．発育段階の区分，特に仔魚と稚魚については今後も議論が必要であるが，「私たちの稚魚学」がさらに発展していくためには，より多くの情報が必要である．『日本産稚魚図鑑』のように1種1種をきちんと記載するとともに，『稚魚学』のように1種1種を多角的に解明していくことが重要となる．　［河野 博］

直達発生

魚類には，その個体発生の過程で，前期仔魚（卵黄を持つ仔魚）・後期仔魚（卵黄吸収後の仔魚）・稚魚・未成魚・成魚などの各期を通して形態的に大きな変化を遂げるものが多い．ウナギ類や異体類（ヒラメやカレイ）などは，その形態変化が著しく，仔魚から成魚の形態を想像することが難しい．しかし中には，胚が大きな形態的変化を経ず，直接成魚と同じ形態に成長していく種も知られている．このような発育様式を直達発生という．

カワスズメ　その1例として，アフリカから日本に持ち込まれた外来種のカワスズメ *Oreochromiss mossambicus* があげられる．カワスズメの卵は，平均長径約2.7 mm，平均短径約2.0 mmの楕円形で，水温約27 ℃の条件下では受精後約89時間で孵化する．孵化個体は，全長約4 mmで大きな卵嚢を持ち，目は黒化していない（図1A）．本種は，口内保育を行うため，孵化個体は，そのまま雌の口腔内で発育を続ける．日齢2で全長5.6 mmに達し，開口し，目が黒化する（図1B）．日齢4で体長5.8 mmに達し，脊索末端の上屈が終了する（図1C）．日齢6で体長6.6 mmに達し，自由遊泳を開始する．この時点では，まだ頭部と同大の卵黄を持ち，腹鰭が未分化で，遊泳能力もきわめて限定的である（図1D）．日齢12で体長9.4 mmに達し，全ての

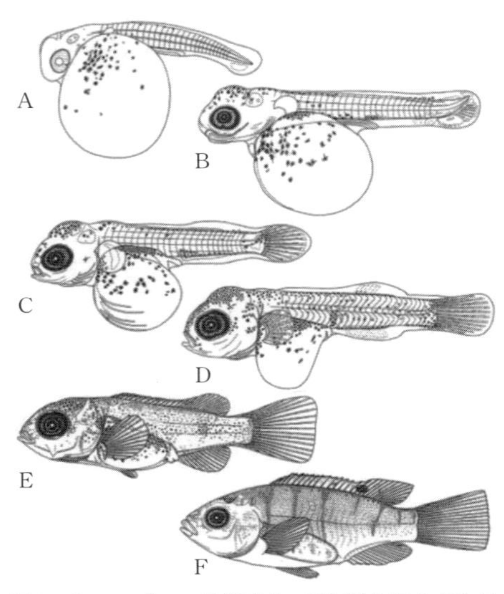

図1　カワスズメの形態変化．(A) 孵化仔魚 (B) 日齢2 (C) 日齢4 (D) 日齢6 (E) 日齢12 (F) 日齢25［Tachihara et al., 2003］

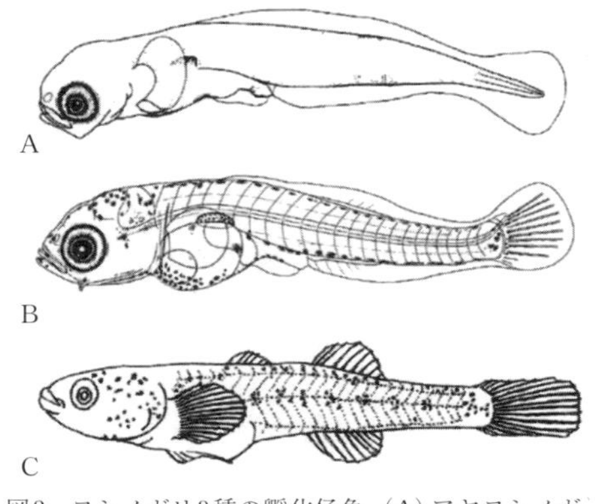

図2　ヨシノボリ3種の孵化仔魚．(A) アヤヨシノボリ［近藤, 2013］(B) アオバラヨシノボリ［平嶋他, 2000］(C) カワヨシノボリ［水野, 1961］

鰭が形成される（図1E）．日齢16で体長9.7 mmに達するが，この時点では，まだ卵黄が完全に吸収されていない．日齢25で体長11.4 mmに達し，成魚とよく似た形態となる．この段階になると，卵黄は完全に吸収されている（図1F）．本種は，自由遊泳が可能な発育段階になっても卵黄を持ち，卵黄吸収時には，ほぼ成魚と同じような形態となる．

カワヨシノボリ　ハゼ科のヨシノボリ属の多くは，小型の卵（例：アヤヨシノボリ *Rhinogobius* sp. MO，長径約2.7 mm）を生み，孵化した仔魚（アヤヨシノボリ，脊索長約3.5 mm）は，卵黄を持ち，背鰭・臀鰭・尾鰭が未発達で膜鰭からなり，孵化後直ちに海に降る（図2A）．本属の多くの種は，海域で成長した後，再び河川に遡上する両側回遊型の生活史を持つ．ところが，河川陸封型のカワヨシノボリ *Rhinogobius flumineus* は，大きな卵を生み（長径6.0～6.5 mm），孵化仔魚（全長約7.5 mm）は，まだ卵黄が残るものの，すでに尾鰭・背鰭・臀鰭・腹鰭が完成し，直ちに着底生活に移行する（図2C）．すなわち，カワヨシノボリは，大きな卵の中で初期の形態形成を終えて孵化する．本種の孵化仔魚の発育段階は，アヤヨシノボリの日齢11に匹敵する．面白いことに，沖縄の河川陸封種であるアオバラヨシノボリ *Rhinogobius* sp. BBは，両者の中間の卵サイズ（長径約4.3 mm）であり，孵化仔魚（標準体長5.8 mm）は，すでに尾鰭を完成させ，背鰭と臀鰭の原基を形成しており，短い浮遊期間の後に着底する（図2B）．本種は，アヤヨシノボリとカワヨシノボリの中間的な発育段階で孵化する．

マダラロリカリア　南アメリカ原産で沖縄島の河川に定着しているマダラロリカリア *Pterygoplichthys disjunctivus* は，川岸に1 m前後の巣穴を掘り，その中に直径3.7～4.0 mmの卵を産む．孵化仔魚は，全長9.3 mmで，尾鰭は脊索末端が上屈し，形成を完了させている（図3A）．日齢2で全長12.4 mmに達し，全ての鰭が形成され（図3B），日齢5で全長約17.0 mmになり，成魚とよく似た形態となる（図3C）．この発育段階まで，親の保護下で巣穴に滞在するため，沖縄の河川で本種を捕食するものは極めて限られると想定される．

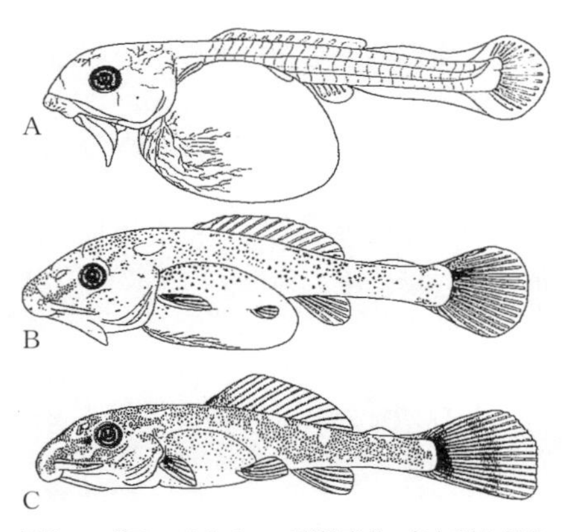

図3　マダラロリカリアの形態変化．(A) 孵化仔魚 (B) 日齢2 (C) 日齢5［嶋津・立原，未発表］

直達発生を行う種は，基本的に卵や孵化個体が大きく，浮遊期を持たない，あるいはきわめて短いため，発育初期の分散能力が著しく低い．口内保育を行うシクリッド科の魚類は，全てこのような発育様式をとる．　［立原一憲］

変　態

魚類の発育における形態的変化は比較的ゆるやかに進行するのが一般的であるが，ニシン目，ウナギ目，カレイ目魚類などは発育初期の短い期間に劇的な形態の変化を経過する．サケ科魚類では，体表の色彩や斑紋に大きな変化が起こる．これらほど劇的ではないが，仔魚期から稚魚期にかけての期間に小規模な形態変化や一時的な形質の発現が生じる魚類も見られる．このように仔魚が形態の異なる成体に変化することを「変態」と呼んでいる．見掛け上の形態が劇的に変化するということは，多くの形質の発現，消失が短時間のうちに集中して起こるということができる．

さまざまな変態　内田恵太郎（1963）は，魚類の初期発育は，形態・色彩などが未発達な状態からほぼ直進的に成体形に達する「直達発育」と「変態を経過する発育」に分けられることを示し，後者の典型として，シラス型変態，ウナギ型変態，サバ型変態ならびにカレイ型（異体類型）変態などをあげている．

魚類の「変態」について，代表的なものを以下に解説する．

シラス型変態：ニシン目のイワシ類のほか，アユ *Plecoglossus altivelis altivelis*，エソ類，イカナゴ *Ammodytes japonicus* などに見られる．シラス型変態では，変態前には体形が非常に細長く，肛門が体の著しく後方に位置し，体色は透明に近いが，変態の進行とともに肛門が体の前方に移動し，体色が透明から不透明に変化して成魚に近い体色になる，という特徴をもつ．シラス型変態を経過する魚類には，終生，浮魚生活を送るものと，変態とともに浮遊期から底生期に移行するものとがある．

ウナギ型変態：レプトセファルス仔魚（葉形仔魚）を経て稚魚に変態する．葉形仔魚とは，体が細長く，植物の葉のような形状を呈することからこう呼ばれる．葉形仔魚では，体が透明で細長く，頭部は体に比較して著しく小さく，体の表皮は成魚と異なりきわめて薄く，粘液物質が充満する，という特徴をもつ．一般的な海産魚の仔魚に比べて非常に大きく，全長100 mmを超えるものもある．仔魚期が長期間に及ぶ葉形仔魚の変態では，体の急激な収縮を伴い，肛門が急激に前方に移動する．背鰭と臀鰭の相対的な位置は前方に移動する．変態を経て，浮遊生活から底生生活に生態が変化する．

サバ型変態：サバ類，カツオ類，タチウオ類などにみられる変態で，変態期には肛門の位置が後方に移動する．内田（1966）によれば，サバ型変態の特徴は，①肛門と臀鰭起点の間に広い空間があり，肛門は成長とともに後進する．②仔魚期の後期に巨頭，巨顎化が顕著である．③仔魚期の後期に前鰓蓋骨後縁に数個の大棘が発現する．④背鰭前部の巨大な鰭条などが一時的発達と著しい退縮を示す，などである．これらの変態を経て成魚に至るが，体は著しく大型になることも特徴的である．

カレイ型変態：カレイ目魚類に見られる変態である．カレイ型変態の最も顕著な特徴は，体の片側の眼が移動してもう一方の体側に2つの眼がそろうことである（図1）．眼の移動には2つのパターンがあり，体の右側に眼がそろう魚種と体の左側に眼がそろう魚種がある．例外的には，ボウズガレイ類やヌマガレイ *Platichthys stellatus* のように，種内の個体変異により一定の割合で両眼が体の左側あるいは右側にある種もいる．

カレイ目魚類の眼の移動による体の左右性の形成については，古く1800年代に頭部の骨格形成の詳細な観察から眼の移動が物理的にどのように誘導されるかを解明した研究がある．近年では，遺伝子シグナルの発現により，眼の移動が誘導され，体の不対称性が形成される機構を説明した研究が行われている．

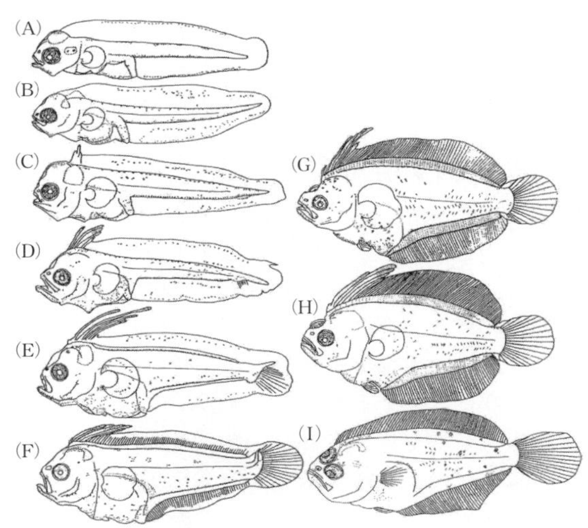

図1　ヒラメの発育と変態．(A) 3.25 mm，(B) 5.40 mm，(C) 5.45 mm，(D) 5.50 mm，(E) 8.30 mm，(F) 9.20 mm，(G) 10.25 mm，(H) 12.10 mm，(I) 13.20 mm．大きさは体長［南，1982を改変］

カレイ目魚類の変態における眼の移動の様式は3つに分類される．変態前に背鰭の前端が眼よりも後方から始まっているカレイ科やヒラメ科魚類では，頭部背縁における両眼の間が窪み，片方の眼がその窪みを通って反対側の体側に移動する．その後に背鰭の前端が前進する（図1）．背鰭が眼よりも前部から始まるダルマガレイ科魚類では，背鰭と頭蓋の間に間隙が生じ，眼はそこを通って反対側に移り，その後に背鰭基底と頭蓋が癒合する．ウシノシタ科魚類では，背鰭が吻の上に鈎状に伸び，眼はその突起と頭蓋の間（吻嘴）を通って移動し，その後に吻嘴は頭部と癒合する．

眼の移動には，頭骨や神経など内部構造のねじれが伴い，変態前に左右対称に発達していた体側筋肉，体表面の色素胞なども変態に伴って左右不対称になる．

カレイ目魚類の変態において変化する形質は眼の移動のほかにもある．胸鰭の形成と退縮，鰭の一部の伸長と退縮，鰾の形成と退縮などである．

ウシノシタ科魚類では仔魚期には胸鰭が膜状に形成されるが，変態期には縮小し，消失する．鰾は，ヒラメ科の仔魚期に形成され，変態の進行とともに収縮・消失するが，カレイ科では，鰾は変態期を通じて形成されないという（Norman, 1934）.

内田（1963）は，魚類の「変態」を「再演性変態」と「後発性変態」に区分した．前者は系統進化の過程の大略が個体の生活史のうちに現れていると考えられるもの，後者は，系統進化とは関係なく，幼期の特殊な形態は特殊な生活様式への適応と考えられるものである．再演性変態としては，ヤツメウナギ類のアンモシーテス幼生やカレイ目魚類，ワラスボ *Odontamblyopus lacepedii* の眼などがあげられる．後発性変態としては，幼生の浮遊適応や被食を減ずるために一時的に発現する形質をもつ魚類が相当し，きわめて多様性に富んでいる．しかし，2区分された「変態」が明瞭に区別できるかどうかは疑問である．

変態の内分泌機構　魚類の変態には，両生類と同じようにホルモンによる調節機構が関与していることが明らかにされ，変態に関与する甲状腺ホルモンの働きについて研究が進んでいる．

ヒラメ *Paralichthys olivaceus* の変態期における甲状腺ホルモン受容体の分布と動態が明らかにされ，甲状腺ホルモンが中心的な役割を果たしていることが示唆された．変態前の仔魚に実験的に甲状腺ホルモンを与えると変態が起こる．また，変態中の仔魚では，甲状腺ホルモンの濃度が高くなる，などの現象がみられる．ヒラメ以外の魚種でも変態および仔魚期から稚魚期にかけての形態変化にヒラメと同様な内分泌系の関与が示唆されており，カレイ科魚類やウナギ目魚類，ハタ科魚類など形態変化が大きい魚類や，クロダイ *Acanthopagrus schlegelii* のような形態変化が小さい魚種においても稚魚の形態変化には甲状腺ホルモンが関与していることが明らかにされている．魚類の変態や形態変化に甲状腺ホルモンが普遍的に関与している可能性が高い．

ヒラメの仔魚では一時的に背鰭の前部の5鰭条ほどが伸長し，変態が進むと縮小する．この伸長鰭条の伸縮には，副腎皮質ホルモンのコルチゾールが促進的に，プロラクチンや性ステロイドホルモンが抑制的に，それぞれ補助的な役割を果たす．また，甲状腺ホルモンの分泌を促進する甲状腺刺激ホルモンも変態に関与している可能性が示唆されている．

ニホンウナギ *Anguilla japonica* やマアナゴ *Conger myriaster* の変態（図2）にも内分泌系の関与が示唆されている．甲状腺ホルモンにはチロキシン（T4）とトリヨードチロニン（T3）があり，変態期のマアナゴの葉形仔魚ではT4の活性は低いが，変態期になると活性が高まり，変態が完了するとT4の活性は再び低くなる．このことはヒラメの変態と同じであるが，マアナゴの場合，T3はヒラメと異なり変態が完了する時期に増加し，コルチゾールは変態期には大きな変化を起こさない．

甲状腺ホルモンの作用とは別に，動物の左右性の分化をつかさどる遺伝子シグナルの発現とその時期について，近年目覚ましい研究の発展がみられる．

魚類の発育初期に胚の後方に一時的に発現するクッパー胞は，左右性の発現に重要な役割を果たしており，*pitx2* 遺伝子の発現・作用により眼の移動が誘起されることが明らかにされた．

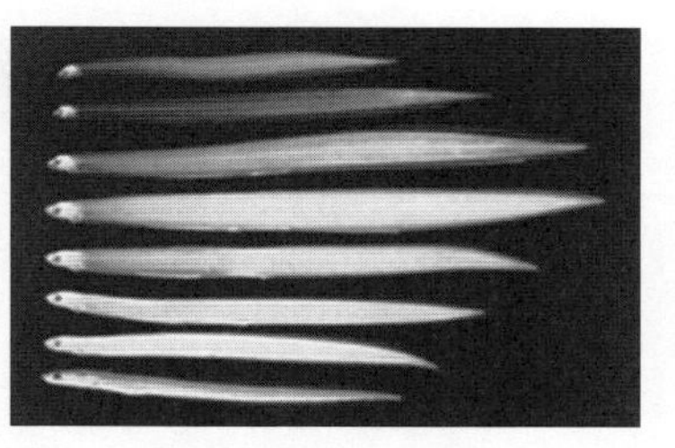

図2　マアナゴのレプトセファルスの変態過程．上から3個体は変態前，4番目は変態初期の個体（全長112.7 mm），一番下は変態完了後の稚魚（全長73.6 mm）［撮影：望岡典隆］

変態と着底　変態に伴って，生態的な変化が生じることも知られている．その代表的な事例として，底生魚類の幼生が浮遊期を経て，「変態」に伴って底生期に移行する生態的変化を起こすことがあげられる．

カレイ目魚類では，変態期における眼の移動と大きな生態的変化はほぼ対応し，移動中の眼が頭部背縁に達した時期を前後して，浮遊期から底生期に移行し，「着底」する．

カレイ目魚類は，600以上の種によって構成されているが，「変態」して着底する体サイズはきわめて多様性に富んでおり，メイタガレイ *Pleuronichthys cornutus* の約6.4 mmからカラスガレイ *Reinhardtius hippoglossoides* の約51 mmまでさまざまである．日本産カレイ科魚類では，最も小さなサイズで変態するのはクロガレイ *Pleuronectes obscurus*（体長8.4 mm）で，最も大きなサイズで変態するのはヒレグロ *Glyptocephalus stelleri*（体長41.9 mm）である．

生活史における変態の生態学的意義　「変態の生態的意義」を考察してみると，浮遊期における「分散」を効果的に成就できる形から，「定着」を目的とする成魚や繁殖期の個体の形態への「転換」が変態の目的であると考えられる．生活史戦略が個体の生存に効果的であるために，大胆な形のつくり替えを敢行した一部の魚類が「変態」する魚類群となったのではないだろうか．

浮遊適応は，底生魚類の浮遊仔魚期に見られる，一時的に発現する頭部棘や伸長鰭条，ニシン目のシラス型仔魚やウナギ目のレプトセファルス幼生などが体組織内に水分を蓄積すること，ハゼ科やカレイ目魚類の一部の魚類において，変態期に鰾が消失することなどがその事例である．浮遊期仔魚と底生期の成魚とが異なる色彩を有することも変態期における劇的な変化の1つであり，最も顕著なのは，カレイ目における体色の表と裏が眼の移動に伴って形成されることである．淡水に適応しているサケ科魚類の稚魚が海水に適応する稚魚に変態する銀化（スモルト化）も生態的変化と形態変化が同調している事例であり，これらの幼期形態が変化あるいは消失し，成魚の形態に達することが「変態」である．［南　卓志］

左右非対称性の発現

心臓や腸などの内臓器官は，左右非対称に形づくられ，それにより体の中にコンパクトに収まっている．脳にも左右非対称性があり，魚類では，特に間脳（前脳後部）の上部の松果体の配置や左右の手綱核（たずなかく）の形態など明瞭な左右非対称性が認められる．脊椎動物に共通して，内臓の左右非対称性はノダル経路と呼ばれる遺伝子で制御されており，さらに魚類では間脳の非対称性もノダル経路で制御されていることがわかっている．異体類では，眼の配置と体色が左右非対称であるが，眼の配置は間脳で働くノダル経路により制御されることが示唆されている（鈴木，2017）．

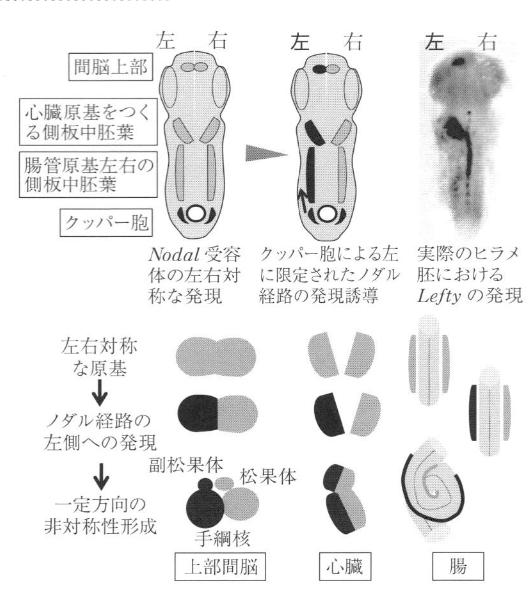

図1 （上）ノダル経路の胚左側への発現誘導と（下）ノダル経路による器官の非対称性形成の制御

ノダル経路による内臓と間脳の左右非対称性の制御

左右非対称性を形成する間脳上部，心臓，腸はいずれも最初は体節期初期に左右対称な原基として発生し，この時点では各原基は左右のどちらにも非対称性を形成する潜在能力を持ち，左側に発現したノダル経路により非対称性は一定方向に発生するよう制御される（図1）．ノダル経路は分泌性シグナルの遺伝子 *Nodal* と *Lefty*，転写因子の *Pitx2* で構成され，*Nodal* は *Lefty* と *Pitx2* の発現を誘導し，*Lefty* は *Nodal* の抑制因子として働く（図2）．*Nodal* 受容体は間脳上部，心臓原基を形成する側板中胚葉，および腸管原基に隣接する側板中胚葉のいずれも左右両側に発現するが，

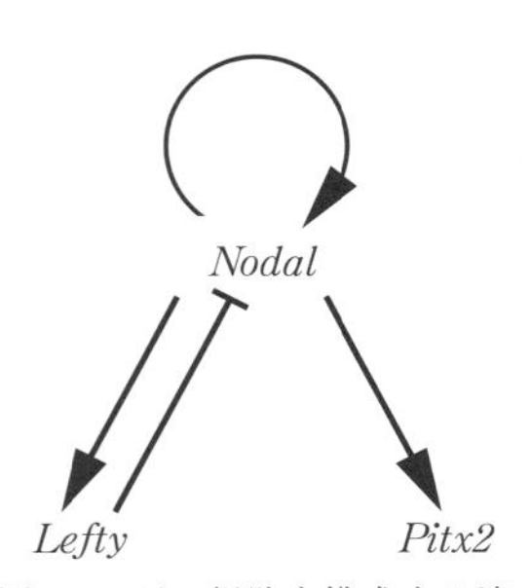

図2 ノダル経路を構成する遺伝子とそれらの相互作用．矢印は発現の誘導作用，横棒は抑制作用を示す

クッパー胞の制御（☞項目「クッパー胞」）により *Nodal* の発現は腸管原基左側

の側板中胚葉に誘導され，シグナルはさらに間脳左側にまで伝達され，同時に *Lefty* と *Pitx2* も左側に発現誘導する（図1上）．*Lefty* は抑制作用により *Nodal* が胚の右側に拡散しないように調節し，左側に発現した *Pitx2* が実際の左右制御因子として非対称性を制御する．

異体類の左右非対称性とノダル経路　異体類は脊椎動物で唯一全身が左右非対称性を示すが，仔魚は一般の魚類と同じように左右対称に発生し，変態期に片方の眼が体の反対側に移動し，有眼側の皮膚が着色することで体の非対称性を形成する（図3左）．眼は単独で移動するのではなく，終脳（前脳前部）が傾きを伴う非対称性を形成し，それに伴って眼の移動が起こる（図3右上）．このとき，終脳が左に傾くと右眼が移動し，右に傾くと左眼が移動する．異体類には右眼位の種と左眼位の種が存在するが，この違いは，視神経束交叉の左右差によって決まっている．魚類の視神経交叉は，右眼からの視神経は全て左脳に，左眼からの視神経は右脳に投射する完全交差であるため，交叉部には，左右どちらの視神経束が前側を通るかにより，左右逆の非対称性が形成されている．左右どちらの視神経束が前側を通るかは，魚種一般に種内で半々の個体に分かれるが，異体類では左眼位の種では右眼からの視神経束が前側を通り，右眼位の種ではその逆に固定化が起こっている（図3右中）．胚発生で上部間脳左側に発現した *Pitx2* は，変態期に左手綱核で再活性化し（図3右下），終脳の非対称性形成を視神経束の交叉を解放する向きに制御し，それにより左眼位と右眼位に分かれる．ボウズガレイ *Psettodes erumei* は，種内に左眼位と右眼位の個体が半々で存在する点で，異体類の祖先型の非対称性を維持していると考えられている．この種では神経束交叉はまだ固定されておらず，かつどちらのタイプの視神経束交叉にも左眼位と右眼位が半々で存在する．したがって進化的には，異体類の非対称性は，最初，眼位が左右ランダムな状態で誕生し，次に視神経束交叉の固定化が起こり，この時点でノダル経路が脳の非対称性を制御するようになり，左眼位と右眼位の種に固定化が起こったものと考えられる．　[鈴木 徹]

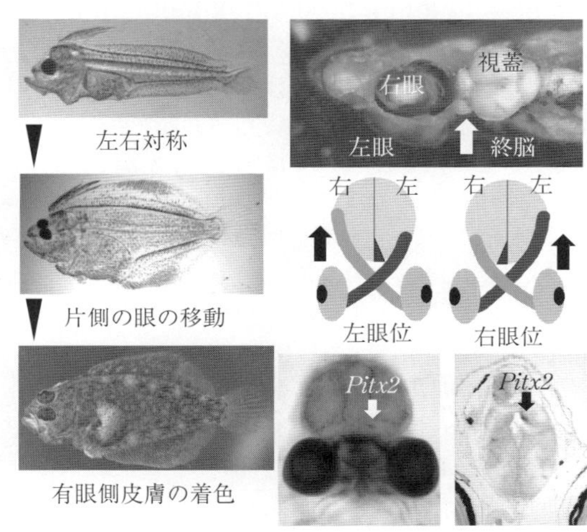

図3　異体類の左右非対称性形成．（左）ヒラメ *Paralichthys olivaceus* の非対称性形成．（右上）終脳の傾きと眼球の移動．（右中）視神経束交叉と移動する眼球（↑）との関係．（右下）左手綱核での *Pitx2* 発現

クッパー胞

クッパー胞は液体を含む透明で球状の組織で，魚類の体節期の胚の尾部に一過的に出現する（図1）．実体顕微鏡下ではっきりと観察できるので，クッパー胞は体節期を判定するための指標となる．ヒラメ *Parali-chthys olivaceus* の場合，クッパー胞は直径が約60 μmで，3～14体節期の約6時間出現した後消失する．クッパー胞の機能については，間脳，心臓と腸の左右非対称性を制御するノダル経路と呼ばれるシグナル伝達経路（☞項目「左右非対称性の発現」）を胚の左側に発現誘導することで，左右軸形成に関わる遺伝子の最上流で機能していることがわかっている．

クッパー胞は魚類に固有な組織であり，マウスでは，胚の腹側中央部表面に形成されるノードと呼ばれるくぼんだ組織が左右軸形成に機能する．

左右軸形成でのクッパー胞の役割　クッパー胞を覆う上皮組織では，各細胞に1本の繊毛が生えており，繊毛は時計回りに回転運動する（図2）．マウスのノードはくぼんだ組織で，球体のクッパー胞とは構造が異なるが，やはり繊毛が生えている．

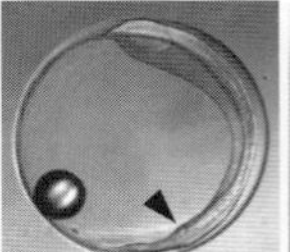
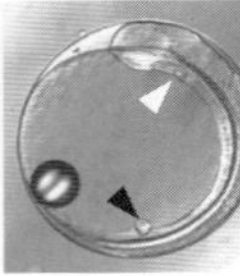
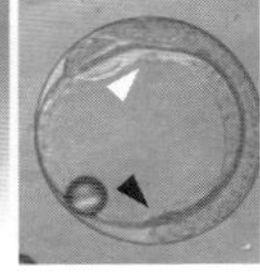
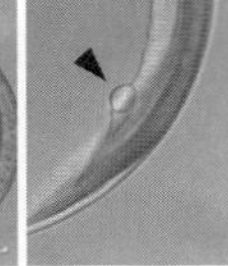

図1　ヒラメ胚のクッパー胞．卵径：1 mm．黒矢印：クッパー胞．白矢印：心臓原基

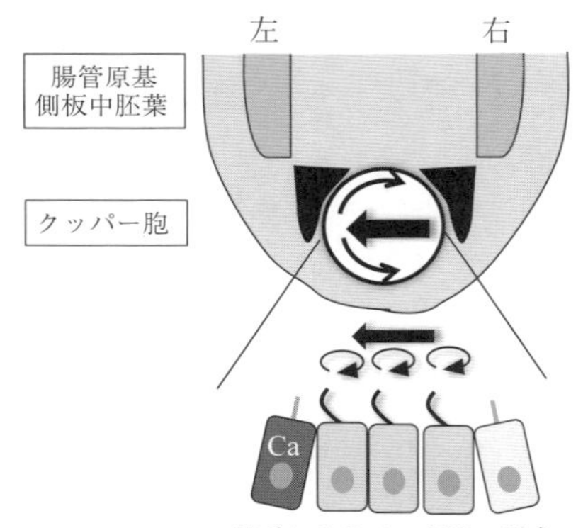

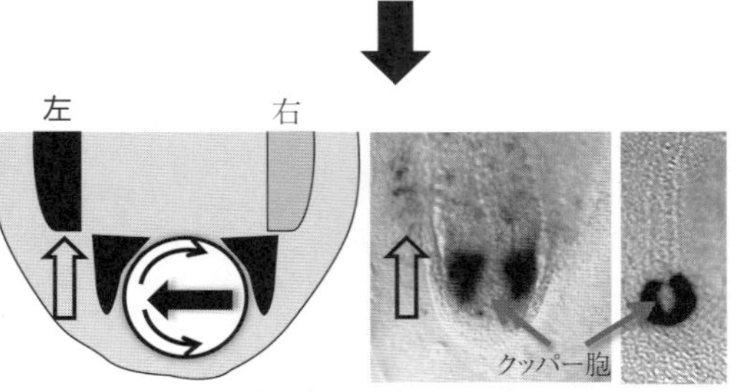

図2　クッパー胞によるNodalの胚左側への入力システム．右下はヒラメ胚におけるNodalとCharonの発現

繊毛は尾側に傾いて生えており，上皮細胞の繊毛がいっせいに回転運動すると，クッパー胞とノードに左方向の水流（ノード流）が発生する（Scott, 2015）．微少な蛍光粒子をクッパー胞内に注入すると，ノード流により左方向に運ばれるのが観察される．ノードには，運動能がなく，水流を感知する性質を持ったCa^{2+}チャネル遺伝子*Pkd2*を発現する繊毛細胞が縁に沿って分布し，それらのうちクッパー胞左側の細胞がノード流を感知すると細胞内のカルシウム濃度が上昇し，それが引き金となって左側板中胚葉の後端にNodalが入力される．魚類のクッパー胞にも同じ仕組みが備わっているものと考えられる（図2）．

またクッパー胞の周りには，Nodalの抑制因子であるCharonが発現し，*Nodal*シグナルの右側への拡散を防ぐことで，ノード流による左右軸形成を補助する（図1）．クッパー胞が出現する時期には，Nodal受容体が胚の左右両側の側板中胚葉に発現しているが，クッパー胞の制御により左側に限定されてNodalの発現が誘導される．このようにクッパー胞は，胚において最初に左右差を発生することで，左右軸形成のシグナル伝達の最上流で機能する．

クッパー胞の機能異常による非対称性の攪乱　クッパー胞の繊毛の内部では，チューブリンと呼ばれるタンパク質からなる微小管が9＋0構造を形成し，微小管に沿ってモータータンパク質であるダイニンが運動することで，回転運動が発生する．回転運動に関わるタンパク質が突然変異により機能欠損して繊毛が回転運動能を失うと，クッパー胞でノード流が発生せず，正常なら左に発現するNodalが，胚の左右両側に発現する．

またCharonの合成を阻害すると，Nodalがクッパー胞の右側に拡散し，やはりNodalが左右両側に発現する．それにともなってノダル経路が胚の左右両側に発現すると，方向の制御が働かないために，器官の非対称性形成は左右方向がランダムとなり，心臓と腸の非対称性が正常な個体，逆転した個体および左右相称の個体が発生し，間脳の非対称性は正常と逆位の個体に分かれる．

繊毛は腎臓の尿形成でも機能するため，繊毛の回転運動が損なわれた変異体では，左右非対称性の異常に加え，腎臓の機能障害も併発する．ヒトでは，カルタゲナ症候群が繊毛不動症候群であり，患者の半数が内臓逆位となり，やはり腎疾患を併発する．

異体類の眼位は，胚期に間脳の左側に入力されたノダル経路が変態期に再活性化することで制御されている（☞項目「変態」）．そのため胚期にクッパー胞の機能が抑制されると，胚期と変態期共にノダル経路が機能せず，胚発生での内臓の非対称性が個体によりランダムとなり，変態期に内臓の非対象性とは独立的に眼位がランダムに形成される．一方，胚期にノダル経路が正常に入力されたものの変態期に再活性化しない場合，内蔵の非対称は全個体が正常で，眼位だけが個体によりランダムとなる．

［鈴木 徹］

ヌタウナギの発生

円口類の1グループであるヌタウナギ類は，深海性のため長らくその発生過程が謎のままであり，唯一，1899年に発表された，古生物学者ディーン（Dean, B.）による記載があるのみといってよい状態だった．しかし，2007年に理化学研究所（当時）の太田欽也らが実験室内で受精卵を得ることに成功して以来（Ota et al., 2007），次第にその発生パターンがよく理解されるようになってきた．

ヌタウナギ発生学とその意義　以前は，成体の解剖学的特徴から，ヌタウナギ類は，顎口類（顎を持つ脊椎動物）や円口類に属するもう1つのグループであるヤツメウナギ類よりも，さらに原始的な動物であるとされてきた．その根拠は，側線系や目がないことに加え，軟骨性の椎骨を欠くことであった．さらに，ヌタウナギの腺性下垂体が，他の脊椎動物におけるような外胚葉ではなく，内胚葉から由来するという観察も報告されていた．

一方で，分子系統学の発達により，ヤツメウナギ類とヌタウナギ類が単系統群をなすということが次第に認められ始めた．これにより，分子系統学者と形態学者の間で意見の対立を見ることになった．しかし，太田らによって追認されたように（Ota et al., 2011），成体のヌタウナギの尾部には椎骨に類似した軟骨原基が発し，見かけ上の椎骨の不在が単に二次的な状態にすぎないという可能性も示唆された．そこで形態学や遺伝子のアミノ酸配列だけに留まらず，発生学的なデータを加えることにより，ヌタウナギの形態パターンを改めて精査する必要が生じたのである（Ota et al., 2007）．

ヌタウナギ胚の発生パターン　比較的小さな受精卵が全割を行うヤツメウナギ類とは異なり，ヌタウナギ類の卵は大量の卵黄顆粒を含み，盤割を行う．この点でヌタウナギ胚は，多くの羊膜類や軟骨魚類の胚に似る．神経胚から初期咽頭胚にかけての形状も同様であり，神経管と脳の分化パターンや咽頭弓，体節などの分節的原基の配置，感覚器プラコードや神経節プラコード（プラコードは外胚葉上皮の肥厚の意）の配置，*Hox*遺伝子群や神経堤の分化に関わるさまざまな発生制御遺伝子群の発現パターンについても，多くの脊椎動物胚（ヤツメウナギ胚を含む）との共通点を多く持つ．これらの特徴は全て，円口類と顎口類が分岐する以前の共通祖先においてすでに獲得されていたと想像できる（Oisi et al., 2013）．

上のことは腺性下垂体についても同様であり，ヌタウナギの腺性下垂体は口腔外胚葉に由来する．ヌタウナギ初期咽頭胚の口咽頭膜（口腔外胚葉と咽頭内胚葉を境する膜）が消失し，口が開口するのとほぼ同時に，外から外胚葉性の膜が新たに生じ，口を閉じるため，この二次的な膜がヌタウナギの口咽頭膜と誤解され，そのために誤って腺性下垂体のできる位置が咽頭内胚葉に相当すると，以前は考えられたのである．

⁂円口類に特異的な発生パターン　ヌタウナギの腺性下垂体が外胚葉由来であることがわかり，もはやヌタウナギを脊椎動物以前の動物と考える積極的な理由はなくなった．しかも，ヤツメウナギにおける腺性下垂体と同様，ヌタウナギの腺性下垂体は，嗅上皮を分化する「鼻プラコード」と一体となって発し，この正中の単一の原基を鼻下垂体板と呼ぶ(図1)．そして，この構造が明瞭になる頃の胚の形態は，ヌタウナギとヤツメウナギで酷似する(鼻下垂体板の前後に，前突起と後突起という顔面原基が発する)(Oisi et al., 2013)．この円口類独自のパターンに基づいて，ヤツメウナギの口器の天井部とヌタウナギの鼻口腔隔壁が相同の構造であり，ヌタウナギの鼻腔がヤツメウナギにおけるように盲嚢に終わらず，咽頭に通ずるのが二次的状態にすぎないことが判明した．すなわち，ヤツメウナギとヌタウナギの頭部形態が直接比較可能となった(Oisi et al., 2013)．

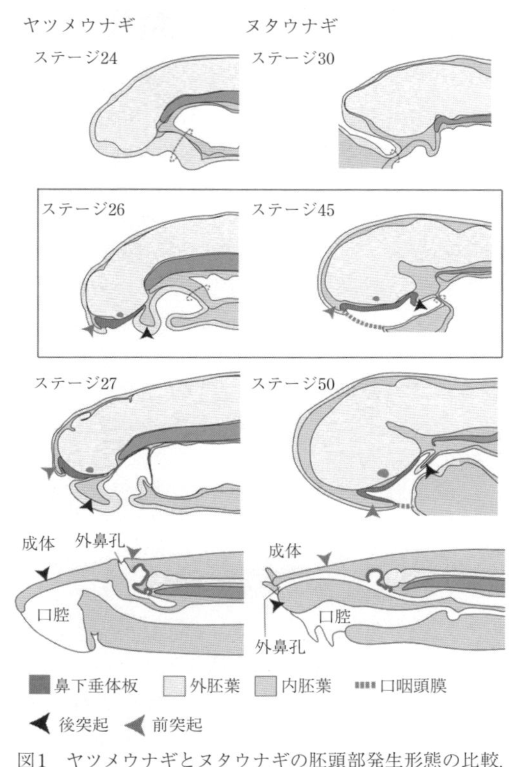

図1　ヤツメウナギとヌタウナギの胚頭部発生形態の比較．対応する発生段階を左右に並べた［倉谷，2017を改変］

⁂ヌタウナギの発生と脊椎動物の進化　円口類に特異的な胚の頭部の形態は，単一の外鼻孔と，顎の不在という，円口類に特徴的な解剖学的パターンをもたらす．一方で，顎口類では鼻プラコードと下垂体プラコードが早期から分離し，有対の外鼻孔と顎が発生する．しかし，円口類と分岐して間もない原始的な顎口類は(一般に「甲皮類」と呼ばれる無顎類の仲間がこれに相当する)，その名に似合わずまだ顎を持たず，外鼻孔が1つしかなく，円口類に類似していた．つまり，円口類独自の発生パターンは，脊椎動物全体にとっての原始形質を示すと予想できる．今後は，円口類の発生研究を通じ，われわれヒトを含めた脊椎動物全体の発生プログラムがたどった進化の道筋がより鮮明になると期待できる．　［倉谷 滋］

軟骨魚類の繁殖と発生

軟骨魚類は腹鰭の一部が変形した交接器を1対有し，それを使って体内受精を行う．体内で受精することにより卵生と胎生の繁殖，そして胎生においては胎仔への栄養供給様式の多様化が可能となった．

生殖器官 雄は精巣，副精巣，輸精管，貯精嚢，交接器，サイフォン･サックを，雌は卵巣，輸卵管，卵殻腺，子宮（胎生種）を持つ．精子は生殖輸管の前端にある副精巣で分泌物と混ざり精液となり輸精管を通り貯精嚢に蓄えられる．交尾時に泌尿生殖突起より流出し交接器にある溝を通り雌の生殖輸管に入る．その際交接器の溝に開口する嚢状のサイフォン・サックに蓄えられた液体が噴出し精液の流入を補完する．交接器やサイフォン・サックの形態は種により異なる．

雌の生殖輸管に入った精子は卵殻腺にたどり着きそこで貯えられる．腹腔あるいは卵巣腔に排卵された卵は腹腔前部にある輸卵管開口部より前部輸卵管に入り卵殻腺にたどり着き受精する．卵殻腺は粘液物質からコラーゲンを含む強固な卵殻まで種により多様な卵膜を分泌形成する．卵膜に包まれた受精卵は卵生種の場合には後部輸卵管を通り排出孔より産出される．胎生種の場合には後部輸卵管が膨大した子宮において胎仔の発育がなされる．

繁殖様式 軟骨魚類は卵生と胎生の繁殖様式を有する．卵生は受精卵が卵膜に包まれた後，母体からの栄養素を受けず体外に産出される様式である．そのため胚形成の栄養は卵黄に依存する．卵生種は卵殻腺において種特有の形態を持つ強固な卵殻を形成し，受精卵を包み込み産出する．トラザメ科の一部の種では卵殻に包まれた受精卵が体内に数カ月とどまり，胚形成が進んだ後に産出される．卵殻は通常1個の受精卵を含むが，複数個を含む場合もある．

胎生は胚が母体から栄養素を受け自由生活できる状態まで発育し産出される様式である．胎生は卵黄依存型と母体依存型に分けられ，前者では胚（胎仔）発育において母体からの栄養供給が不明瞭な場合には卵胎生として区別されることがある．比較的大型の卵を形成する卵黄依存型の胎生種では受精卵と出生直前の胎仔における有機物（乾燥）重量の差が代謝による損失で20%以上あるとされ，それ以下の場合には母体からの栄養供給が見込まれている．この様式の胎生種は発生初期には薄い卵殻で個別あるいは複数の個体を包んでいる．また明瞭な卵殻に包まれていない場合もある．トガリドチザメ *Gollum attenuatus* では卵殻に数十個の受精卵が包まれそのうち1つが胚形成し，他の卵は発生した胚の卵黄と融合し卵殻内で1つとなり卵黄量を増やしている．

母体依存型の胎生は卵黄依存による胚形成とともに母体からの栄養供給法によ

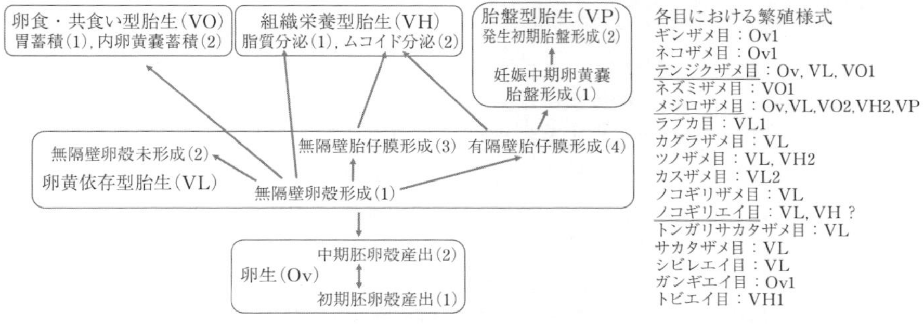

図1　軟骨魚類における繁殖様式と各目内にみられる様式. 矢印は胎仔への栄養素の質や供給法, 胎仔の維持環境などから類推される派生状況を示す. 下線は単為発生が確認されたことを示す. 右側の目内の「Ov1」などの数字は, その番号のタイプしか見られないことを示す

り組織栄養型, 胎盤型, 卵食・共食い型に分けられる. 組織栄養型は子宮内上皮より分泌されるムコイドや脂質などの栄養素を胎仔が吸収し発育する様式である. 胎仔の卵黄吸収とともに子宮内上皮には絨毛や栄養絨毛突起が発達し分泌を行う. 分泌された栄養素は体表からあるいは飲食され消化管から吸収される. 胎盤型は卵黄吸収に伴い外卵黄嚢が子宮壁と密着し卵黄嚢胎盤を形成し, それを通して栄養素を吸収し発育する様式である. 胎仔は薄い卵殻（胎仔膜）に包まれ子宮隔壁により個別に発育する. この様式はメジロザメ目のサメ類で発達し, トガリアンコウザメ *Scoliodon laticaudus* では直径1 mmの卵を排卵し, 外卵黄嚢柄に付属突起を発達させ栄養吸収するとともに, 卵黄嚢胎盤を形成し全長150 mmまで発育し出生する. 卵食・共食い型は排卵されてくる卵あるいは卵黄嚢を持つ胚を摂食し胎仔が発育する様式である. 妊娠中でも排卵が起こり卵殻に包まれた卵が子宮に至り胎仔の栄養素となる. 卵黄は胃や内卵黄嚢に蓄えられる.

繁殖様式は胎仔への栄養供給法により多様化しており, これらの様式には連続性が見られる. 多くの目内の種では繁殖様式は共通しているがメジロザメ目は多様な様式を有している. 軟骨魚類の系統と繁殖様式の変換の状態に基づき卵黄依存型胎生から各様式へと派生したと考えられている（図1).

発生　受精した卵は部分割により胚盤を形成し, 直達発生を行う. 種ごとの特徴は胚の口が菱形から楕円型に扁平し, 鰓裂に外鰓が見え始めてから形成される. 胎生種の多様な栄養吸収は胚の器官形成が進展した後に起こる. 近年, 卵生, 卵黄依存型と胎盤型の板鰓類で単為発生が確認された. 水族館で飼育されている胎盤型種では出生直後の単為発生個体はすぐに死亡したが, 卵生種では交接器を持つ単為発生個体や成熟し再び単為発生個体を産出した単為発生個体が報告され, 野生の卵黄依存型胎生の *Pristis pectinata* でも認められた.　[田中 彰]

硬骨魚類の胎仔

硬骨魚類のうち約500種は交尾により雄が精子を雌の体内に送り込み，体内で受精と発生を営む胎生の生殖様式を持つ．胎生は硬骨魚類のさまざまな分類群で出現し胎生への特殊化のレベルも多様である．雌親魚の体内で保育される子魚を胎仔(たいし)と呼ぶ．ある程度発生が進んだ後に生み出される胎仔には，栄養や酸素の摂取などの機能を果たす固有の形質が発達する．

ウミタナゴ科の生殖様式　ウミタナゴ科は北米太平洋沿岸を中心に日本・韓国沿岸の温帯～亜寒帯に13属24種1亜種が生息して全種が胎生の生殖様式である．日本沿岸には2属4種1亜種が岩礁，藻場などに生息し遊漁や漁業の対象となる．日本産ウミタナゴ類では雄が9～11月に成熟して雌と交尾するが，この時期に卵巣は成熟せず精子は襞状に入り組んだ卵巣腔で待機する．卵巣は12～1月に成熟して直径約0.6 mmの卵が卵巣腔へ排卵され受精する．孵化した胎仔は卵巣腔壁面から分泌される栄養に富む漿液を口や体表から取り入れ，また漿液を介して酸素を摂取して成長する．出産時期は九州～関東では5～6月，福島・岩手～北海道南部では7～8月であるが，妊娠期間は寒冷な水域ではより長期に及ぶと推測される．胎仔は尾鰭から先に生み出され出生時に遊泳能力を有して直後から摂餌を行う．出生時の体サイズはウミタナゴ *Ditrema temminckii temminckii* が全長50～60 mm，アオタナゴ *D. viride* が45～50 mm，オキタナゴ *Neoditrema ransonnetii* が40～45 mmである．東北では大型で出生する傾向があり全長65 mmを超えるウミタナゴ胎仔が採集されている．保育胎仔数は親魚サイズに比例して増加し，最多胎仔数はウミタナゴで約60個体，アオタナゴで70個体，オキタナゴで40個体である．

ウミタナゴ科の胎仔の成長　孵化後間もないウミタナゴの胎仔は体が細長く，発達した消化管が腹部から膨出する．卵黄は小さくすぐに消失する（図1A，脊索長4.9 mm）．次第に体が側扁して消化管が著しく発達して膨出が顕著になる．擬鎖骨が発達するが鰓蓋の形成は遅く鰓耙が露出する（図1B，11.9 mm）．妊娠中期の胎仔は体高が高くなり背鰭，臀鰭，尾鰭が拡張し縁辺部は皮弁状を呈して鰭条の間には毛細血管が分布する（図1C，19.4 mm）．その後，背鰭，臀鰭，尾鰭はさらに拡張し，鰓蓋が発達して鰓耙は収容され消化管の膨出は小さくなる．体側面にも毛細血管が発達する（図1D，全長40.5 mm）．出生が近くなると各鰭は収縮して毛細血管も消失し成魚と同様の形態となる．色素胞が発達して鱗が形成される（図1E，60.6 mm）．鰓耙の露出，消化管の発達，鰭膜の拡張，毛細血管の発達などの形態は胎仔が卵巣腔で効率的に栄養と酸素を摂取するための適応である．親魚が保

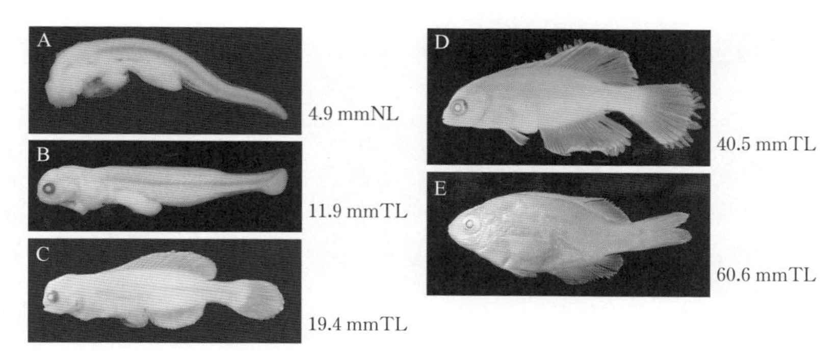

図1　ウミタナゴ胎仔の外部形態の変化. NL：脊索長, TL；全長［櫻井他, 2009］

育する一腹の胎仔の成長段階はきわめて均質で全長もほとんど同じである. 卵巣には正常な胎仔に混じり発育途上で死亡して吸収過程にある胎仔が一部に見いだされることから, 妊娠期間の途中で雌親魚が胎仔数を調節すると考えられる. カリフォリニアの藻場に生息するウミタナゴ科の *Micrometrus minimus* では出生時の雄の精巣は成熟しており, 生み出されてすぐに雌を追尾して交尾する能力を備えている. 胎仔の成長を出生後の繁殖成功と関連して適応させた結果と考えられる.

さまざまな分類群で出現する胎生魚の胎仔　観賞魚としてなじみ深いカダヤシ目の多くは胎生で, グッピー *Poecilia reticulata* などのカダヤシ科やヨツメウオ科の胎仔では囲心嚢が拡張した構造物, グッデア科の胎仔では腸が伸長した栄養紐(えいようちゅう)が雌親魚と胎仔間の物質交換で機能する. 食用として美味なカサゴ *Sebastiscus marmoratus* が属するカサゴ亜目でも一部で胎生が出現する. カサゴでは直径約0.9 mmの受精卵から全長約4 mmの胎仔が孵化する. 胎仔には特異な形質は出現せず孵化後間もなく生み出される. 1繁殖期間中に5,000～2万尾の胎仔が3～4回産出され浮遊生活により分散する.

生きた化石として知られるシーラカンス *Latimeria chalumnae* の仲間も胎生である. シーラカンスの受精卵は直径9 cm程度となり, 孵化した胎仔は腹部に外部卵嚢を有し栄養源とする. ある雌親魚からは体重400～500 gの胎仔が26尾見いだされ, 全長約35 cmで生み出されると考えられている. 100 m以深の海底でひっそりと生息するシーラカンスでは少数だが確実に子孫を残す胎生の生殖様式は適応的であろう.

硬骨魚類の一部は固有な胎生の生殖様式を進化させることで生き延びてきた. その進化の結果が胎仔の形質に見られる. 胎仔は栄養の確保, 酸素摂取, 抗原抗体反応などの課題に適応してきた. 硬骨魚類の胎生の仕組みに関してはさまざまな研究が進められてきたが未解明の部分が多い. 最新の研究手法を取り入れることで硬骨魚類の適応能力の深部を解明できると期待される.　［櫻井 真］

魚卵の形態

魚卵を生態的特徴で分類すると，水に浮く卵「浮性卵」と沈む卵「沈性卵」の二つのタイプに分けられる．さらに浮性卵では個々が独立して水中を漂う「分離浮性卵」とゼラチン質に包まれた状態で浮遊する「凝集浮性卵」に，沈性卵では石や海藻などの基質に付着したり卵同士がくっ付いて塊状になる「付着卵」，付着はせずバラバラの状態にある「非付着卵」に分けられる．

浮性卵　海産魚類には浮性卵を産む種類が大勢を占める．その中でタイ類，マグロ類，ヒラメ・カレイ類など水産重要種の多くの卵が分離浮性卵である．凝集浮性卵を産む種類はハナオコゼ *Histrio histrio* やミノカサゴ *Pterois lunulata* など数種に限られる．淡水魚の中で浮性卵を産むのは中国が原産のソウギョ *Ctenopharyngodon idellus* やハクレン *Hypophthalmichthys molitrix* である．中国の大河で産卵された卵は塩分の影響を受ける水域に達する前に孵化することができる．

浮性卵の大きさはほぼ0.5〜5 mmの範囲に収まっており，特に0.6〜1.6 mmに集中している．3 m近い大型魚類のクロマグロ *Thunnus orientalis* の卵径はおよそ1 mm，一方，20 cmにも満たないマイワシ *Sardinops melanosticta* の卵が1.3 mmであることからわかるように，魚体の大きさと卵径の間に相関関係はなく，多種多様の魚類にとって，1 mm前後の大きさが最も効率のよいサイズなのであろう．

浮性卵は，幾つかの例外を除き，球形をしている．非球形の卵としては，楕円形の卵を産むカタクチイワシ *Engraulis japonicus* がよく知られている（図1a）．また，琉球列島に生息する同じカタクチイワシ科のインドアイノコイワシ属は洋ナシ形の卵を産む．アオブダイ *Scarus ovifrons* などブダイの仲間の卵も細長い形状で，カタクチイワシの卵より両端が鋭い．

ほとんどの浮性卵の卵膜表面は平滑で特別な構造物は見当たらないが，特殊な構造物を持つ種類が幾つか知られている．ネズッポ科の仲間の卵膜には垂直に立った平板で形成される亀甲模様の構造物が見られる（図1b）．この多角形の構造物はエソ科，ミシマオコゼ *Uranoscopus japonicus*，メイタガレイ *Pleuronichthys cornutus*，ツノウシノシタ *Aesopia cornuta* の卵膜上にも見られる．この構造物の生態的意義については，卵膜の強化，浮力の調整，捕食圧の軽減などが考えられるが，詳しいことはわかっていない．

沈性卵　湖沼や河に生息する日本固有の淡水魚は全て沈性卵を産む．河川の小石の下に卵を産むサケ科の魚は分離した沈性卵を産むが，多くは基質に付着する沈性付着卵を産む．コイ *Cyprinus carpio* やギンブナ *Carassius* sp. では卵膜の表面に粘性のある付着層を持ち，水草などに卵を付着させる．アユ *Plecoglossus altivelis*

*altivelis*では卵膜の半球部分がめくりあがりその部分が石に付着する．ハゼの仲間でも卵の一部が反転して付着糸となりこれにより基質に付着する（図1 c）．海産魚類で非付着性の沈性卵を産むのはマコガレイ *Pleuronectes yokohamae*，ゴンズイ *Plotosus japonicus*など少数だが，付着卵はニシン *Clupea pallasii*，ハタハタ *Arctoscopus japonicus*，ハゼ類，カジカ類，カワハギ類，スズメダイ類など多くの魚類に見られる．

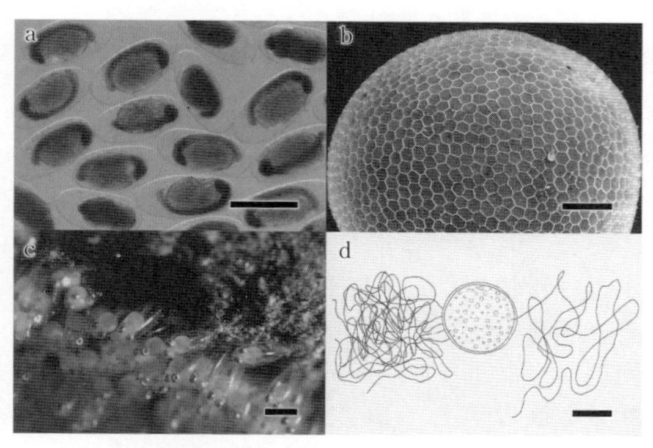

図1　多様な魚卵の形態（a）カタクチイワシの卵，（b）ネズッポ科の1種の卵，（c）ドロメ *Chaenogobius gulosus*（ハゼ科）の卵［撮影：伊藤光機］，（d）サヨリの卵．スケールは（a, c, d）1 mm，（b）0.1 mm［平井，2003］

沈性卵の卵径は範囲が1～3 mmに集中しており浮性卵に比べると若干の大型化の傾向が見られ，5 mm以上の卵径を持つ卵も幾つか報告されている．しかし，タナゴモドキ *Hypseleotris cyprinoides*は卵径が0.3 mmほどであり，浮性卵より小型の沈性付着卵を産む．

卵の形は浮性卵と同様に球形が多いが，二枚貝の鰓に産み付けるタナゴの仲間の卵は形状が卵型，細長いカプセル型，電球型など非球形で，ハゼの仲間の卵も球形型から楕円型，こけし型，バット型など多様な形状を持つ．

沈性卵の卵膜には浮性卵に見られたような表面を覆う特別な構造物を持つ卵は知られていないが，流れ藻に産み付ける際に藻から離脱しないための纏絡糸を持つ卵がある．ダツの仲間はこの纏絡糸を持ち，糸の数や付属する場所は種類によって異なる．サンマ *Cololabis saira*の卵はやや楕円球でその一端に10数本の纏絡糸を持ち，これと約90°隔ててやや太い糸を持つが，サヨリ *Hyporhamphus sajori*は卵膜の両端から糸が出ており一方から太い糸が1本，片方からは細い糸が5本程度である（図1d）．ダツ *Strongylura anastomella*では纏絡糸が不均一ではあるが卵膜全体に見られ，その数は50本程度である．

これまで述べたように魚卵，特に浮性卵の構造は単純で形や大きさに分類のための十分な違いが見いだせない．プランクトンネットによる海産有用魚種の卵の調査は，資源量や生態を知る上で重要なデータとなり得るが，分類形質の乏しさのため採集された魚卵の同定が難しく解析を行う上で大きな障害となっている．今後，得られた試料を有効に活用するために電子顕微鏡による観察，生化学的手法による識別など新しい視点からの分類形質の追加が必要となってくるだろう．

［平井明夫］

仔稚魚の形態

海産硬骨魚類の仔魚は，浮遊生活から底生生活へ移行・着底する過程で，程度の差はあれ形態変化，すなわち変態を経て稚魚になる．変態過程においては，さまざまな特化した幼期形質が発現する．それらは初期生残を高めるため，適切な着底場所へ到達するための分散性の向上，摂食・消化効率の向上，被食リスクの回避につながる形態的適応と解釈されるものが多い．

分散性の向上　「体の比重の減少による浮力増大」と「沈降に対する抵抗増大」を基本とした浮遊機能の獲得による適応である．前者では，比重の大きな物質の節減，水分蓄積による比重の低下，水より比重の小さい物質（気体，脂油など）の蓄積があげられる．後者では，体が小さいこと，体全体の形の特殊化（扁平化，細長化），体面からの突出物の発達（膜質平面，隆起脈，糸状物，棘状物など）があげられる．具体的には頭部の鋸歯縁を持つ棘・骨質諸突起，伸長鰭条（特に背鰭・胸鰭・腹鰭）や肥大した鰭膜，体の皮弁（ひげを含む），鰾(うきぶくろ)の発達が効果的に寄与すると解釈されている．

これらの特化形質を持つ仔稚魚の例として，頭部棘の発達したアカマツカサ属の1種のリンキクチス幼生（図1A），ナカムラギンメ *Diretmichthys parini*（図1B），チョウチョウウオ属の1種のトリクチス幼生（図1C），体全体に棘要素の発達したヤリマンボウ *Masturus lanceolatus*（図1D），背鰭と腹鰭に伸長鰭条を持つヨコスジフエダイ *Lutjanus ophuysenii*（図1E），背鰭前部に伸長鰭条を持つトウカイナガダルマガレイ *Arnoglossus yamanakai*（図1F），強大な頭部棘と伸長した胸鰭条を持つキホウボウ属の1種（図1G），下顎に長大なひげを持つウケグチトビウオ *Cypselurus longibarbus*（図1H）など多くの分類群に属するものがあげられる．

摂食効率の向上　巨頭巨口化（大型餌料生物の効率的摂取），眼の特殊化（視野の拡大をもたらす有柄眼・楕円眼，コロイド組織の発達），消化管の旋回・膨出（外腸の発達）などは摂食・消化に関わる機能の増強とも考えられる．

巨頭巨口のイソマグロ *Gymnosarda unicolor*（図1I），下縁にコロイド組織のある楕円形の眼を持つドングリハダカ *Hygophum reinhardtii*（図1J），有柄眼を持つミツマタヤリウオ属の1種（図1K），有柄眼と外腸（脱腸型）を持つヒカリハダカ *Myctophum aurolaternatum*（図1L），外腸（非脱腸型）を持つウキコンニャクイタチウオ *Lamprogrammus brunswigi*（図1M）などがあげられる．

被食リスクの回避　長大で頑健な棘要素，鰭条の伸長・装飾性（クダクラゲ類や鳥の羽毛への擬態）のほか，さまざまな色素胞の発現や斑紋形成は，流れ藻下

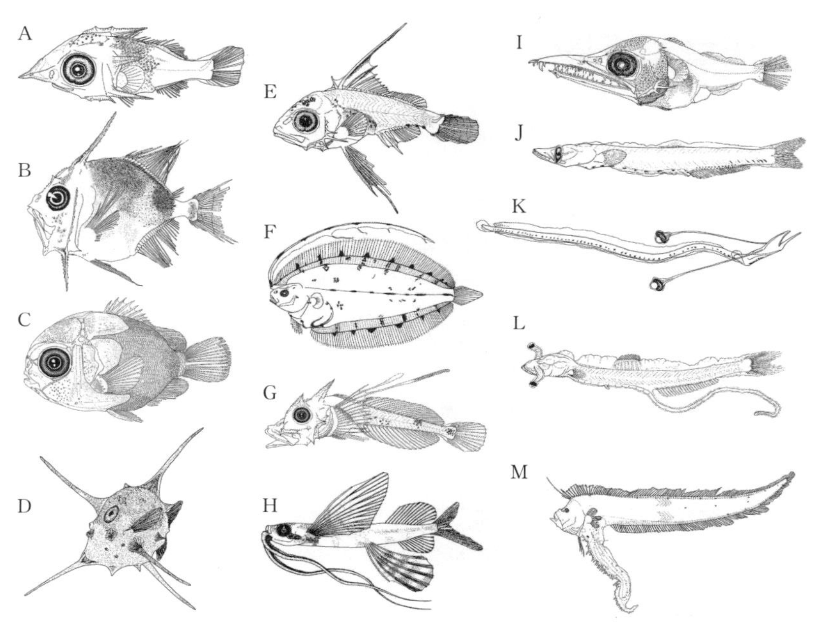

図1　海産硬骨魚類に見られる形態的に特化した仔稚魚.（A）アカマツカサ属の1種（6.0 mm SL：小嶋原図），（B）ナカムラギンメ（8.8 mm SL：Konishi, 1999），（C）チョウチョウウオ属の1種（9.9 mm SL：小嶋原図），（D）ヤリマンボウ（5.5 mm TL：Martin et al., 1978），（E）ヨコスジフエダイ（7.7 mm SL：Mori, 1984），（F）トウカイナガダルマガレイ（49.0 mm SL：Ozawa et al., 1986），（G）キホウボウ属の1種（12.4 mm SL：小嶋原図），（H）ウケグチトビウオ（51.8 mm SL：Chen, 1987），（I）イソマグロ（9.06 mm SL：沖山他, 1977），（J）ドングリハダカ（12.8 mm SL：Moser et al., 1970），（K）ミツマタヤリウオ属の1種（13.5 mm SL：小澤, 2014），（L）ヒカリハダカ（25.8 mm SL：Moser et al., 1970），（M）ウキコンニャクイタチウオ（38.0 mm SL：沖山, 2014）

や海面，砂浜性・岩礁性砕波帯といった生活環境で保護色として機能（黄褐色適応，青色適応，透明適応，銀白色適応）し，被食リスクの回避につながると考えられる.

生態観察情報の急増の恩恵　近年，ダイバーによる水中生態写真・ビデオや飼育時の観察記録の蓄積に伴い，天然海域における仔稚魚の浮遊・遊泳姿勢，クダクラゲ類への付随状態などの詳細情報が蓄積されつつある．また，稚魚ネットなどで採集された仔稚魚に基づく形態記載には，採集時に繊細な伸長鰭条などが破損したことで，本来の形態とは大きく異なる場合があることが明らかになってきた．黒色素胞に加えて黄色，赤色，虹色，白色の色素胞の出現する仔稚魚も多いが，ホルマリン固定標本に基づく記載では得られなかったさまざまな生時の色彩・形態・生態情報が得られるようになった．今後，それらが持つ適応的意義や系統類縁関係の解明への寄与が期待される.

［小嶋純一］

初期生活史戦略

多くの海産魚類は著しく多数の小さな卵（大半は直径1 mm未満）を産むが，その大部分は孵化後，数カ月のうちに死亡し（初期減耗），仔魚・稚魚期を生き延びるものはごく少数である．初期減耗のわずかな変化によって，その後の成魚の数は年により大きく増減する．現在のところ，仔魚・稚魚期を通しての主要な死亡要因は，飢餓よりも被食であるとの認識が一般的である．孵化後，数カ月間の水温や餌密度などの生息環境が良好であった年には成長が早く，外敵からの捕食の危険性が低くなり，生き残り率が高くなると考えられる．それぞれの種は仔魚・稚魚期を生き残るための工夫（初期生活史戦略）を長い適応進化の歴史の中で発達させており，形態と関連した多様な生態が伺われる．本項では海産魚類の仔魚期に絞ってその一端を紹介する．

形態的多様性　仔魚の体形，口，眼，消化管，鰭などの形態や色素胞の配列は多様性に富んでいる（図1）．体形は標準的なもの(a)，細長いもの(b)，ずんぐりしたもの(c)および扁平なもの(d)などがある．口の発達も小さな顎をもつ仔魚(d)から，強靭な顎と鋭い歯を有する仔魚(e)までさまざまである．眼は通常は円形であるが，楕円形の仔魚(f）や著しく長い柄部の先端に眼を有する仔魚(g, h）も知られる．さらに，直腸が体外に伸長した外腸(g, i)，背・腹部のゼラチン状の膜鰭(i, j)，特異的に伸長した背鰭と腹鰭の鰭条(k)，扇状に発達した胸鰭の鰭条(f, l)，胸鰭の装飾的な伸長鰭条(j)および頭部の棘要素(m)などを有する仔魚も認められる．このような特徴的な形態は仔魚が稚魚へと移行（変態）するとともに消失する．

仔魚の形態は摂餌様式や捕食者からの逃避行動など，各種の生き残り戦略と関連する．例えば，巨大な胸鰭は素早い動きを可能にして摂餌や捕食者からの逃避に役立ち，背鰭と腹鰭の伸長棘や頭部の棘要素は外敵による捕食への対抗策と解釈されている．また，楕円形眼や眼柄部を有する眼は，円形眼に較べて可視空間を著しく広げ，餌や外敵をいち早く発見することに役立つと考えられる．さらに，膜鰭や胸鰭の装飾的な伸長鰭条はクダクラゲ類への擬態で，捕食からの回避と関係すると推測されている．以下に述べる仔魚の浮遊適応や食性も形態と密接に関連している．

浮遊適応　大部分の海産魚類では，浮魚類・底魚類を問わず仔魚期には，生物生産が高く餌の豊富な表層でプランクトン生活を送る．仔魚の比重は海水より大きいため，海洋の表層に留まり，深層に沈まないための工夫（浮遊適応）が認められる．体の扁平化や細長化および体面からの突出物（膜鰭，伸長した鰭条，頭

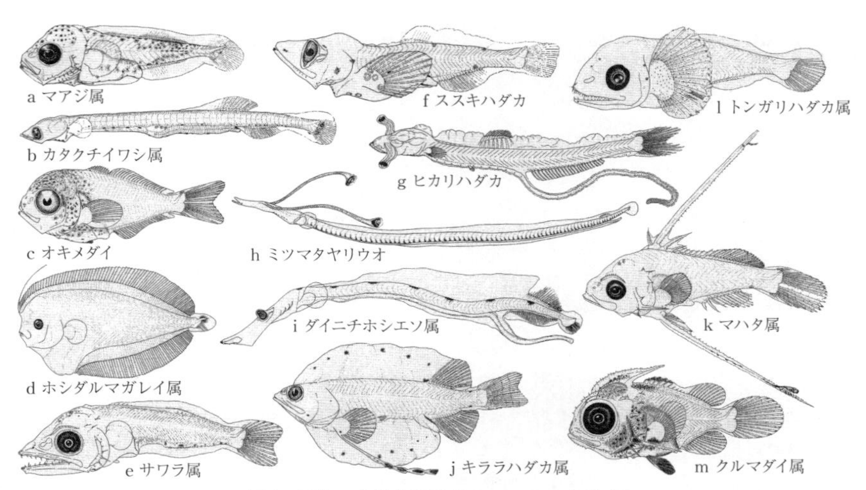

図1　仔魚の多様な形態［Moser, 1996 を改変］

部の棘要素，巨大な胸鰭および外腸など）は沈下に対する抵抗を増大させると考えられる．レプトセファルス幼生（☞項目「レプトセファルス—小さな頭という仔魚」）のように体内に多量の水分を含むことで浮力を得ている仔魚もある．また，遊泳能力には乏しいものの，成長した仔魚は鰭や体躯による推進力によって，あるいは鰾を有する仔魚の一部は活動の低下する夜間にそれを膨らませることによって，沈降を防ぐ．各種の仔魚はその浮力特性や遊泳力に応じて，種に特有の水深に分布する．プランクトン生活を送る仔魚は，潮流や海流によって受動的に輸送され大規模に分散する．仔魚の生残に好適な海域に輸送される場合もあれば，逆に不適な海域に輸送される場合もあり，生残の年変動はその時々の環境条件によって大きく左右される．

食性　仔魚は昼間に視覚によって摂餌活動を行う．仔魚の食性は摂餌器官や消化器官の発達と強く関連しており，例えば，大きな口径の仔魚は大型の餌を食べることができる．食性は種によりさまざまである．摂餌開始期の仔魚にとって，最も重要な餌生物はカイアシ類のノープリウス幼生である．また，植物プランクトン，繊毛虫類および甲殻類の卵を食べる種もいる．成長と伴に大型の餌に移行し，多くの仔魚がカイアシ類のコペポダイト幼生を摂餌する．これ以外では，枝角類，介形類，オキアミ類幼生，尾虫類および底生動物（多毛類，二枚貝類および腹足類など）の浮遊幼生が重要である．大きな両顎，発達した歯および機能的な胃を有するサバ科の一部の仔魚は魚食性である．尾虫類が脱ぎ捨てたハウス（包巣），動物プランクトンの糞粒および動植物プランクトンの死骸など有機物を多く含むデトリタス（デトライタス）を専食する仔魚も報告されている．　［佐々千由紀］

レプトセファルス――小さな頭という仔魚

外洋域で大型のプランクトンネットを曳くと，仔稚魚，クラゲ類，イカ類，ミジンコ類，オキアミ類，エビ類，遊泳性の貝類などさまざまな生物が採集される．仔稚魚の形態は，深海魚のハダカイワシの仲間，沿岸性のベラやニザダイの仲間，外洋性のカツオやマグロの仲間，底棲性のカレイやヒラメの仲間の浮遊期仔魚など多種多様である．その中で透明で木の葉のような形のひときわ大きい仔魚がレプトセファルスである．カライワシ目，ソトイワシ目，ソコギス目およびウナギ目に属する魚類はレプトセファルス（葉形仔魚）と呼ばれる浮遊仔魚期をもつ．レプトセファルスの形態は，柳の葉のように細長いものから桜の葉のように幅広く丸みを帯びるものまで，また，望遠眼を持つもの，外腸を持つもの，吻端に糸状突起を持つものなど多様である（図1）．

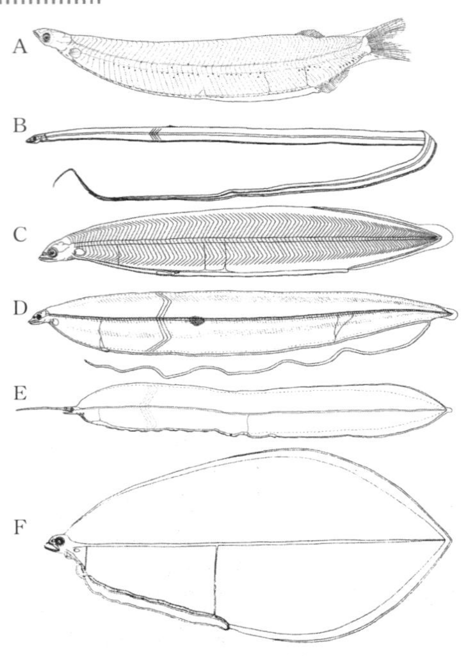

図1 レプトセファルス仔魚.（A）カライワシ目イセゴイ *Megalops cyprinoides*（25.5 mm TL：望岡, 2014),（B）ソコギス目トカゲギス科の1種（280.0 mm TL：高橋, 2014),（C）ウナギ目ウナギ科ニホンウナギ *Anguilla japonica*（48.0 mm TL:望岡, 2014),（D）ウナギ目アナゴ科ゴテンアナゴ属の1種（91.4 mm TL：Mochioka et al., 1982),（E）ウナギ目ホラアナゴ科リュウキュウホラアナゴ亜科の1種（239.5 mm TL：高橋, 2014),（F）ウナギ目アナゴ科 *Congriscus maldivensis*（154 mm TL：Castle et al., 1975)

レプトセファルスの名前の由来

レプトセファルスは親とは似ても似つかぬ姿をしているので，初めて報告されたときには浮遊性魚類の1グループと考えられ，グロノビウス（Gronovius, 1763）によって「小さな頭」という意味の*Leptocephalus*属が提唱された．その後，プランクトンネットで容易に採集されるこの奇妙な形の魚は全て*Leptocephalus*属に組み込まれ，次々と記載されていき約140種が新種として報告された．しかし，1864年，ギル（Gill, T.）は*Leptocephalus morrisii*として記載された仔魚はアナゴ類の幼生ではないかとする論文を発表し，デラゲ（Delage, 1886）は水槽内でアナゴ類稚魚に変態する様子を観察し，ギルの説が正しいことを証明した．ウナギ属についてはイタリアの動物学者グラッシ他（Grassi et al., 1897）がメッシナ海峡で採集した*Leptocephalus brevirostris*を水槽飼育したところ，やがて変態を開始し，体高が低くなって筒状になり，ヨーロッパウナギ*Anguilla anguilla*のシラスへと変態したことを明らかにした．これらの発見で，頭が小さな奇妙な形の魚はウナギやアナゴの仲間の仔魚であることが解明された．

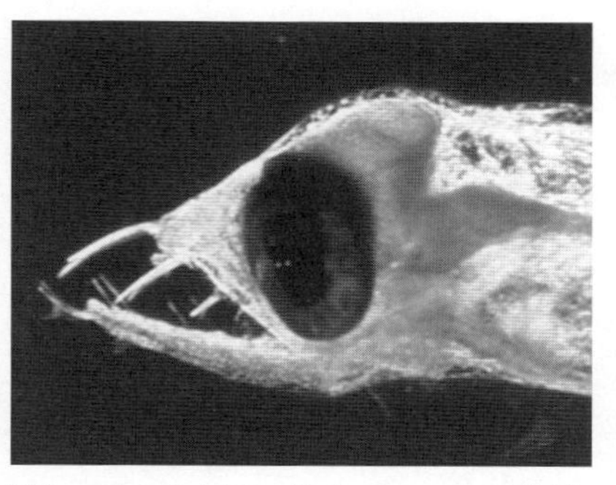

図2　ニホンウナギレプトセファルスの頭部［筆者撮影］

レプトセファルスの特徴　レプトセファルスの主な特徴を列記すると以下のようになる．体は透明で木の葉状．頭は体に比較して小さい．表皮と筋肉節は薄く，体内部の大部分はグリコサミノグリカンを主成分とするゼラチン様の物質で満たされている．心臓や血管は機能的であるが，鰓は未発達で，変態するまでヘモグロビンは形成されない．眼と嗅覚器はよく発達し，これらと関連する脳の部位も同様に発達する．鋸（のこぎり）の歯状の前方を向く特異な幼歯を持ち（図2），これらは変態時に脱落する．消化管から尾虫類の包巣（ハウス）や糞粒が見いだされている（図3）．浮遊生活期は数カ月以上継続し，この間，基本的構造は大きく変化せず，体の増大のみ進む．変態は数週間のうちに完了し，形態と生態上の大きな変換を遂げる（☞項目「変態」）．

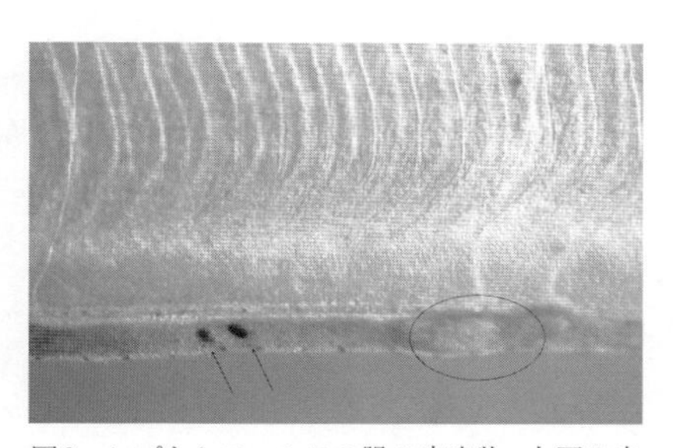

図3　レプトセファルスの腸の内容物．丸囲み内は尾虫類の包巣，矢印は尾虫類の糞粒［筆者撮影］

特異な形態の適応的意義　レプトセファルスが持つ特異な形態，すなわち，小さな頭（＝大きな体）と前傾する牙状歯の適応的意義は以下のようにまとめられる．平たくて大きな体は沈みにくくするためと体表からの酸素摂取を有利にするためで，皮膚呼吸は鰓でのガス交換より低コストである．未分化な血球しか持たないので循環系コストも低い．生きた組織は体表面に薄く分布しているので体の中心部に酸素を送る必要がない．体中心部のゼラチン様物質（ムコ多糖類）は体の比重を軽くしている．前傾する牙状の歯で，低栄養であるが豊富に存在する餌を食べている．以上のようにレプトセファルスは，省エネルギーに特化した仔魚であり，他の仔魚に比べて長い浮遊生活期を可能にしたと考えることができる．

［望岡典隆］

選択的潮汐輸送

浮性卵を産む沿岸魚類の産卵場は岸近くの浅場やその沖合に形成され，引き潮などにより沖合に流された仔魚は沿岸の稚魚成育場まで数kmから数十km移動しなければならない．体長が数mmしかない仔魚が，自分の遊泳力で成育場まで移動することは難しい．そのような浮遊仔魚が利用する成育場までの輸送手段の1つが，選択的潮汐輸送である．基本的に上げ潮は岸向き，下げ潮は沖向きの流れである．

輸送の重要性　生産力が高く餌料が豊富な沿岸域は，捕食者も多く生息することから卵や遊泳力の乏しい仔魚にとっては危険な海域でもある．このような海域で産卵する魚種では，大きめの沈性卵を産卵したり親魚が卵を保護したりすることも珍しくない．一方，沿岸魚類の多くは，小型の浮性卵を多数産卵して生き残りの確率を上げる小卵多産（多産多死）の生活史戦略をとる．このような魚種では，仔魚が適度に分散しながらより多くの個体が好適な成育場に到達できることが産卵場の必要な条件である．成育場に到達した仔魚は，変態して成魚に近い体構造，消化機能，運動機能を持つ稚魚となり，豊富な餌料を摂餌して急速に成長することができる．稚魚が必要とする成育場環境や餌生物は種ごとに異なることから，種の存続のためには，できるだけ多くの仔魚が種に固有の好適な浅海の成育場に輸送される必要がある．しかし，沖合海域に，必ずしも潮汐流が存在するわけではない．浅海域成育場への輸送は2段階に分けられ，最初のフェーズは吹送流などの海流による沿岸への輸送である．この段階で流れが沖へ向かうと，卵・仔魚は成育場へ到達することなく死滅する．このような沖合への輸送は無効輸送と呼ばれ，ヒラメ *Paralichthys olivaceus* や大西洋産のカレイの1種であるプレイス *Pleuronectes platessa* では，卵・仔魚の輸送環境によって年級群の資源水準が決まるという報告もある．

選択的潮汐輸送の意義　浅海域成育場への輸送の第2のフェーズが，海流による輸送で沿岸域に近づいた後の接岸である．うまく沿岸近くまで輸送されたとしても，全長10 mmに満たない仔魚が好適な成育場へ到達することは容易ではない．特に浮遊期後半の異体類（ヒラメ・カレイ類）仔魚は，変態の途中にあって体高が高いことから遊泳力に乏しく，自力遊泳による移動は難しいと考えられる．また，ニホンウナギ *Anguilla japonica* は西マリアナ海嶺付近で産卵し，レプトセファルス幼生は黒潮により日本の近くまで輸送されてシラスウナギに変態するが，シラスウナギは黒潮から離れて沿岸域や河川へ移動しなければならない．このような異体類仔魚やシラスウナギなどで明らかにされた接岸機構が，選択的潮

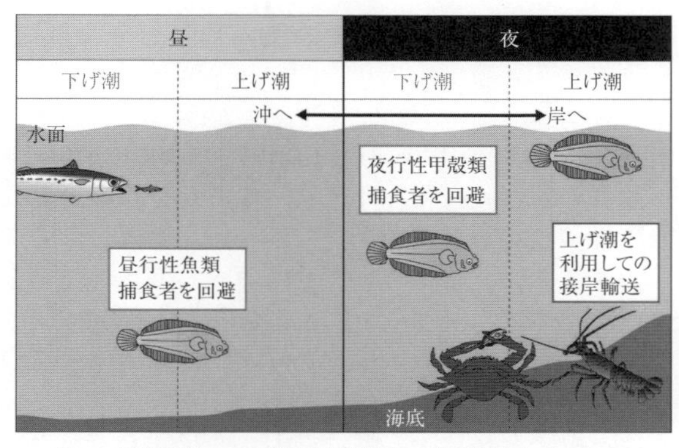

図1　異体類仔魚の選択的潮汐輸送の模式図［山下，2013］

汐輸送である．変態期のヒラメ，イシガレイ *Platichthys bicoloratus* の後期仔魚やシラスウナギは，昼間は主に中底層に分布し夜間の上げ潮時に上層へ移動する（図1）．この行動には2つの意義があると考えられる．まず，流れが沖向きの下げ潮時には中底層に分布し，岸向きの上げ潮時に上層の流れに乗って成育場に移動することにより，エネルギー消費を節約することができる．仙台湾のイシガレイ仔魚では，1回の上げ潮で1 km，浜名湖のシラスウナギでは5 kmも移動できると推定されている．選択的潮汐輸送は大潮時に顕著であり，流れの速い潮汐流を積極的に利用して成育場へ加入していることがわかる．2つ目の意義として，昼間上層に分布しないことは，魚類などの昼行性の捕食者による被食の回避につながると考えられている．また，夜行性のエビジャコやカニ類が異体類仔稚魚の主要な捕食者であることが知られており，夜間に海底から離れることは，これら肉食者からの逃避にも役立つことが示唆される．

選択的潮汐輸送のメカニズム　選択的潮汐輸送の利用は，魚類だけでなく海産無脊椎動物の幼生においても多くの例が知られているが，夜間の上げ潮時にのみ上昇するメカニズムの詳細はわかっていない．この行動には日周期と月周期が関係しており，ヒラメやシラスウナギでは，潮汐周期に対応する内在的な活動リズムの存在が示唆されている．一方，シラスウナギでは，同種内でも満月，新月にかかわらず夜の大潮時に海底近傍から上昇する例と，新月の大潮時にのみ上昇する例が報告されており，潮汐に対する反応が種，場所，発育段階，そのほかの外部環境などによって異なることが示された．上昇のメカニズムとしては，潮の干満によって変化する塩分，水温，にごり，臭い，流向･流速などの外部環境要因が，内在リズムの同調因子となって上昇行動につながると推察されている．さらに，潮汐周期は場所により異なることから，加入する成育場の潮汐リズムに内在リズムを調整する必要がある．おそらく，生息場の多様な外部環境の影響を受けながら，内在リズムは日周期と潮汐に対する活動性を柔軟に制御していると考えられる．日本海側のようにほとんど潮汐流が存在しない環境では，エスチュアリー循環流（河口域の塩分勾配による密度差によって生じる密度流）などのまったく異なる仕組みを利用した接岸回遊の存在が想定される．

［山下 洋］

異時性

生物の形態の進化を考える上で注目されている概念が異時性である．異時性とは，種に固有な形態や形質を祖先種と比較した場合，個体発生が進む際に器官形成のタイミングをずらすことによって生じたとするモデルである．最初に異時性を唱えたのは，「個体発生は系統発生を繰り返す」という反復説を提唱したヘッケル（Haeckel, E.）である．異時性の概念が研究者の間で普及しなかったのは，用語の整理が不十分で難解であったからであろう．進化学者のグールド（Gould, S.）が用語を整理し，時計モデルを提案して普及に至った．現在は，マクナマラ（McNamara, K. J.）のグループが唱えたモデルと用語が普及している．ここではマクナマラのモデルを，田隅本生（2001）の訳語を基に解説していく（図1）．

異時性の6様式　種ごとの形態の差は，祖先種と比べて各器官の形成過程を変化させることによって生じたと考えられる．ここでいう形態の差とは，体の大小，棘の有無，斑紋の有無，鰭の形態や複雑さなど，全てを指す．子孫種にない形質は，その形質の形成が中止されたと解釈される．注意しなければならないのは，必ず時間（日齢，年齢など）を軸に，祖先種と個体発生の比較を行う必要がある点である．

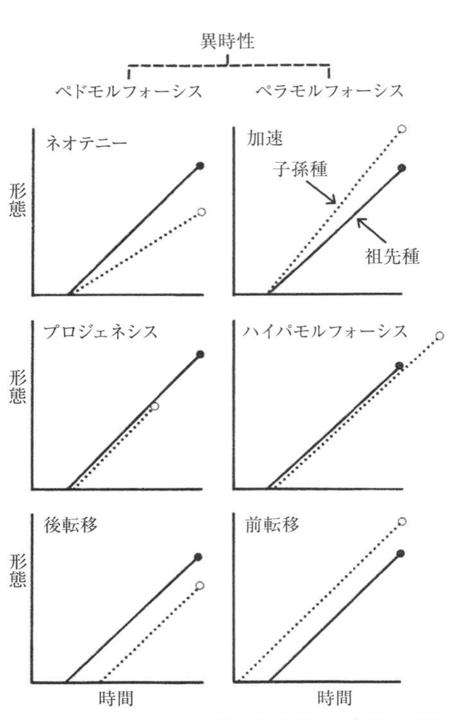

図1　マクナマラの異時性の概念図．日本語は田隅（2001）に従った．実線は祖先種，破線は子孫種を示す

異時性は，祖先種と比較した場合に器官形成の度合いが低いペドモルフォーシスと，高いペラモルフォーシスに二分される（図1）．この2つを，さらに器官形成の速度，期間，開始時期の差により3つに分類する．ペドモルフォーシスは，器官形成の速度が遅く器官形成の度合いが低いネオテニー，器官形成の速度は祖先種と同じだが早く終わるプロジェネシス，器官形成の速度は同じだが開始が遅れる後転移に分類される．ペラモルフォー

シスは，器官形成の速度が速い加速，器官形成の期間が延長されるハイパモルフォーシス，器官形成の開始が早くなる前転移に分類される．

例をあげてみよう．ある種の頭が細長く，もう1種の頭が短いとしよう．すると，シナリオ1：両種の頭の器官形成の速度に差があり，頭長の差はその産物である．シナリオ2：2種の頭部の器官形成の速度は同じだが，頭長の短い種は長い種と比較した場合，個体発生のより早い時期に頭部の形成が止まった．シナリオ3：両種で頭の器官形成の速度は同じだが，頭の短い種は頭部の器官形成の開始時期が遅く，そのために頭が小さい．頭の大きい種を祖先種とすると，頭の小さい種は，シナリオ1，2，3ではそれぞれネオテニー，プロジェネシス，後転移となる．逆に頭の小さい種を祖先種とすると，頭の大きい種は，シナリオ1，2，3ではそれぞれ加速，ハイパモルフォーシス，前転移となる．成体の形態を比較しただけでは，個体発生の過程がわからないので，異時性の概念を当てはめることはできない．個体発生を通しての比較が必要であり，これが異時性の研究を阻んでいる要因の1つでもある．

異時性の魚類への展開　シラウオ *Salangichthys microdon*，シロウオ *Leucopsarion petersii*，シラスウオ類 *Schindleria* spp.などが魚類のペドモルフォーシスの代表例である．日本は稚魚分類学の分野で先進国であり，異時性の概念を用いた研究が期待される．異時性の概念を魚類に当てはめる場合，系統と時間齢軸のある個体発生に関する情報が不可欠である．しかし，日齢など時間に沿った個体発生に関する情報のそろった魚種は少ない．魚類の多くは卵から孵化し，卵黄を吸収した時から従属栄養体となる．仔魚期に変態を行い器官形成が進み，稚魚となる．絶対的な時間に関する情報はなくても，ふ化，卵黄吸収，遊泳開始，摂餌開始，鰭の形成時期などの個体発生上の出来事を，時間軸の代わりのタイムスタンプのように利用してはどうだろうか．発育段階ごとに種間で形質の形成度合いを比較して，初期生活期における適応機構の解明に応用することは可能であろう．図2にニシン *Clupea pallasii* とマイワシ *Sardinops melanostictus* の個体発生を比較した例を示した．実際，十脚目甲殻類では，異時性の概念を導入してゾエア期ごとに比較を行い，個体発生の進化学的研究がなされている．有性生殖を行う多くの生物が性的二型を有し，成熟時に二次性徴を発現する．この現象を雌雄間の異時性としてとらえ，説明しようという試みもなされている．いずれも，今後の進展が期待される興味深い研究分野である．

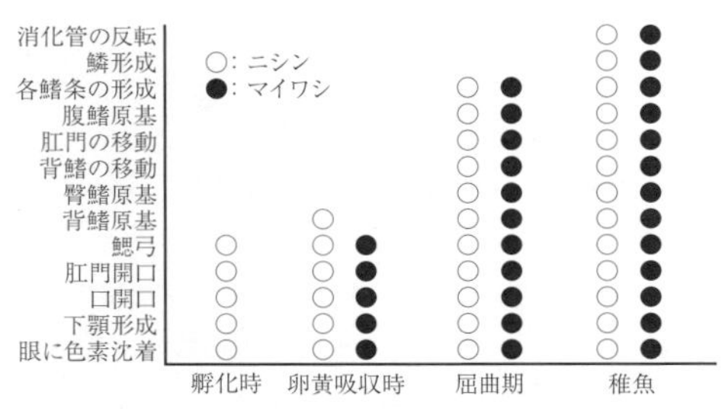

図2　ニシンとマイワシの発育史の比較［猿渡，2001］

［猿渡敏郎］

魚類の個体発生にみる系統発生

魚類，特に硬骨魚類の個体発生は系統発生を再演するのか？という興味深い問いがあるが，著者は再演すると考えている．

鰭と眼の個体発生と系統　多くの魚類で正尾である尾鰭の発育を遡っていくと，全骨下綱のアミア *Amia calva* およびガー類，軟質下綱のチョウザメ類や腕鰭亜綱のポリプテルス類の異尾，そして総鰭亜綱のシーラカンス類の略式両尾や肺魚亜綱の肺魚類の原尾にたどり着く．すなわち，これらの過程は脊索尾端の上屈の程度に注目した仔魚期の発育段階の用語である後屈曲期，屈曲期，前屈曲期に相当し，正尾の魚類が，もともとは原尾および異尾の魚類から派生して来たことを示している．他方，原尾のように見える無足類・タラ類なども，下尾骨を有しそこから数本の尾鰭主鰭条を備える同尾を持つ．両者の個体発生をみると，仔魚期では，脊索尾端の上屈が明確に認められる．

系統類縁関係が常に問題になるハタハタ類は，比較的基底の長い2基の背鰭を持つ．しかし，浮遊仔魚期には第1と第2背鰭の間に，軟骨組織の担鰭骨が7本前後出現し，その後，着底とともに消える．これは彼らがより長い連続した1基の背鰭を持つグループから派生したことを示す証拠と考えられる．

ワラスボ類の眼は痕跡的で，泥中で生息する彼らにとって，視覚は必要ないのであろう．ところが，浮遊仔魚期では，立派な眼を持ち，その相対的な大きさは，他のハゼ類仔魚のそれよりもむしろ勝っている．ところが，ワラスボ類の眼は着底寸前に瞬時に退縮してしまう（図1）．これこそ，変態と呼ぶにふさわしいが，ワラスボ類が一般的な眼を持つハゼ類を先祖に持つことは疑いない．

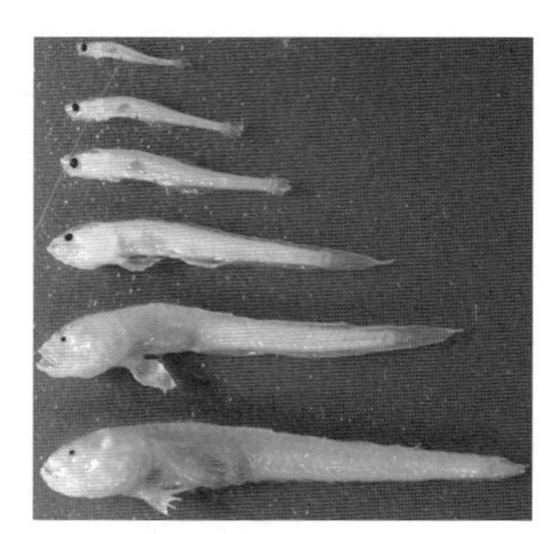

図1　ワラスボの個体発生．上から体長4.2 mm屈曲期仔魚，6.9 mm後屈曲期仔魚，9.3 mm後屈曲期仔魚，12.1 mm稚魚，14.9 mm稚魚，19.3 mm稚魚

左右不相称な異体類は，仔魚期には全ての種で，眼は両側に1個づつ有り，外見的には左右相称な形態で浮遊期を送る．ところが浮遊晩期，一方の眼が移動を始め，着底寸前にはこの移動が完了する．すなわち，ダルマガレイ類・ヒラメ類・ウシノシタ類では両眼が体の左側に位置し，カレイ類・ササウシノシタ類では体の右側に位置するようになる．これら眼の動態様式は2型に大別される．ヒラメ類・カレイ類のように頭上を移動する型と，ウシノシタ類・サ

サウシノシタ類のように背鰭基底の下側にスリットが開き，その隙を通過する型である．このスリットは眼の移動後，再び閉じる．この奇妙な現象は，異体類が外見的に左右相称な仲間から派生したことを示している（☞項目「変態」）．

仔稚魚の形態と系統　1983年に「魚類の個体発生と系統分類」（Ontogeny and systematics of fishes）をテーマとしたシンポジウムがアールストロム（Ahlstrom, E. H.）の業績を讃えるために開催され，翌年その論文集が出版された．この大著の冒頭の諸言で，魚類の系統分類には個体発生の情報はほとんど使われてなかった経緯を説明し，今後は幼期形質での相同性の検証こそが系統類縁関係に意義があると述べている．ジョンソン（Johnson, G. D.）はこの論文集の中でスズキ亜目を概説し，「スズキ亜目の仔魚の多様性は，混沌とした同亜目と系統類縁を論じる上で潜在的な効用を提供し得るであろう」と述べるに留まっている．ところが，このシンポジウムを遡るおよそ20年前に本邦の稚魚学（ここでは卵からの幼期全体を指す）の内田恵太郎は，稚魚の形態と系統との関係を論述している．その中で，魚類の変態を大きく次の2つの範疇で定義づけている．

・再演性変態：系統進化の過程が個体の生活史のうちに現われているもの．
・後発性変態：系統発生とは無関係で特別な環境に適応した一時的なもの．

内田は後者を「特殊幼形の発現と，その退行による常態復帰の変態」と換言していることから，特化と変態をやや混乱させているきらいがある．後発性変態という概念はむしろ後発性特化に置き換えた方が理解し易い．この2つの変態の識別は容易ではなく，縁遠い分類群にも共通してみられる特化も珍しくなく，それを内田は並行現象または収斂と示唆している．すなわち，特化的な個体発生が系統進化または環境に左右されているのか科学的に実証できていないところに限界がある．

さて，2016年に最新のFishes of the world（5 th ed.）が発刊され，多くの分子遺伝学的情報がとりいれられ，従来の分類体系が少なからず否定されている．さらに，個体発生や共有派生形質を基盤とした情報もあまり反映されていない．納得できる刷新性も散見されるが，個体発生からみて違和感を持たざるを得ないものも多い．150年前にヘッケル（Haeckel, E. P. A. H.）が個体発生における系統発生の再演を提唱し，その後，その説は衰勢に向かったが，20世紀後半に，グールド（Gould, S. J.）などにより，幼形進化という観点から再び着目されるようになった（☞項目「異時性」）．このような情勢の中，筆者は以下を指摘したい．異なる分類群間にみられる幼期の共有派生形質は，並行現象あるいは収斂の結果生じたものである可能性を否定できず，それらの類縁関係を論ずることは困難である．しかし，分子遺伝学的解析で近縁とされた分類群間で共通の幼期特化をみせる場合には，個体発生の情報は類縁関係を示す可能性があり，今後のさらなる研究を要する．

［木下 泉］

代理親魚技法

2種類の魚が遺伝的に近い親戚関係にあれば，ある魚から卵や精子の起源となる生殖細胞（始原生殖細胞，精原細胞，卵原細胞のいずれか）を取り出し，別の魚（代理親魚）に移植することで，代理親魚の体内で異種由来の卵や精子をつくらせることが可能になっている．本技法は，動物の初期発生や配偶子形成のメカニズムを利用して効率的な動物の繁殖を行う発生工学的技術の1つで，日本の研究者によって，動物界全体を通して初めて，魚類（サケ科魚類）で確立された（図1）．すでに，淡水，海水のさまざまな魚種へと応用され，絶滅危惧種の保存や，養殖魚の種苗生産に利用されている．将来的には，サバにマグロを産ませることも可能になるかもしれない（☞項目「生殖幹細胞操作—サバがマグロを産む？」）．

生殖細胞移植から次世代子孫の作出に至るまで　異種・同種にかかわらず遺伝的に異なる細胞（異物）の移植を行った場合，それらを拒絶する免疫反応が起こる．これを回避するため，免疫系が未発達な孵化直後の仔魚に対して，顕微注入法による生殖細胞の移植を行う．仔魚の腹腔内に移植されたドナー生殖細胞は，宿主の生殖腺から分泌される誘引シグナルを頼りに仮足を伸ばして移動することで生殖腺原基へとたどり着く．その後，ドナー生殖細胞は宿主生殖腺内で増殖したのち，精巣内では精子へ，卵巣内では卵へと分化する．このとき，自分自身の配偶子をつくれない不妊魚（例：3倍体魚，種間交雑魚）を宿主に用いることで，ドナー由来の精子のみ，あるいは，ドナー由来の卵のみを得ることが可能になっている．代理親魚の体内で生産された配偶子から得られた受精卵は，正常に孵化し，繁殖能力を持つ成魚へと成長する．また，本来は精子になるはずの精原細胞を雌の仔魚に移植した際には，宿主卵巣内でドナー由来の卵がつくられることがわかる．逆に，卵になるはずの卵原細胞を雄の仔魚に移植した際には，宿主精巣内でドナー由来の精子がつくられることから，生殖細胞には高い性的可塑性があること，さらに，精原細胞や卵原細胞の一部には，自己複製により多くの精子や卵を生み出す生殖幹細胞としての機能が備わっていることが実験的に証明されている．

魚のタイムカプセル—遺伝的多様性を将来へ　代理親魚技法を応用すれば，絶滅の危機にある希少魚の生殖細胞を凍結保存しておき，必要な際に，近縁種に移植することで，卵をつくり出すことが可能である．サケ科魚類では，丸ごと冷凍保存した魚を解凍し，生殖細胞を取り出した後，他の仔魚へ移植すれば，代理親魚から冷凍魚由来の卵や精子をつくらせることも可能になっている．さらには，1尾の代理親魚に3尾の異なる魚の精子を同時につくらせることで，少数の代理親魚から遺伝的多様性に富む子孫を生み出す技術も開発されている．これらの技術はニ

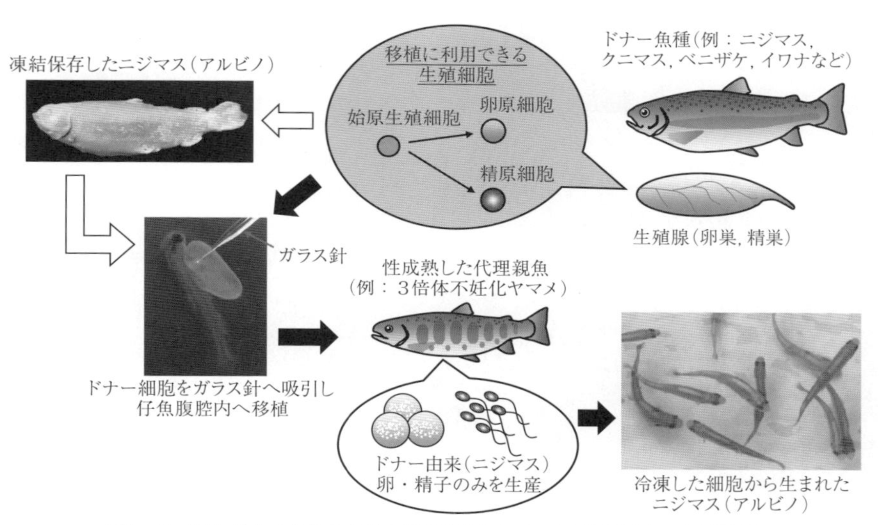

図1　代理親魚技法の仕組みと種の保存技術としての利用例［写真：吉崎悟朗］

ジマス *Oncorhynchus mykiss* で確立され，現在は，クニマス *O. nerka kawamurae*（2010年に山梨県の西湖で70年ぶりに再発見された絶滅危惧種），日本産イワナ類，米国アイダホ州の希少ベニザケ *O. nerka*，日本産タナゴ類，欧州や中国のチョウザメ類への応用が進んでいる．

養殖対象種への応用　海産魚の種苗生産や養殖研究が盛んな日本では，クロマグロ *Thunnus orientalis*，ブリ *Seriola quinqueradiata* などの主要養殖魚に良質の受精卵を必要な時期に計画的に産ませることが重要な研究課題となっており，環境制御やホルモン投与法などさまざまな技術の開発が進められている．ここでも代理親魚技法を利用し，飼育が容易で小型な代理親魚に目的の魚種の卵や精子を生産させることが可能になれば，受精卵供給の安定化，親魚養成に掛かる労力・スペース・コストの省力化が期待できる．また，成熟までに多年を要する魚種の卵や精子を短期間で成熟する近縁種に生産させることで，世代時間を短縮し，品種改良（育種）を高速化させることも可能になる．これまでに，マアジ *Trachurus japonicus* を代理親魚にしてブリの精子をつくらせること（アジ科魚類の異属間での移植），クサフグ *Takifugu alboplumbeus* を代理親魚にしてトラフグ *T. rubripes* の精子と卵をつくらせること（フグ科トラフグ属内での移植）ができるようになっている．本技法は比較的安価な機器で実施でき，技術習得も容易であるため，民間養殖場や公設試験場への技術移転が期待できる．本技法が広く実用化されれば，魚類遺伝子資源の保全や，効率的な人工種苗生産への貢献が期待される．

［竹内　裕］

卵仔稚魚の採集法

本コラムでは小型調査船による浮遊期の卵仔稚魚の採集法を紹介する．主に，口径1.3 m，網目0.33 mmの円錐型のネット（通称，丸稚ネット）が用いられるが，開口比（網口部面積に対する網地の濾過面積）を上げるためには円筒＋円錐型（図1）がよい．網目は対象魚種，発育段階により選択する．卵の採集では，最小径0.5 mm（メバル科の一部など）を考慮して網目0.33 mmを使用するが，沿岸域では植物プランクトンなどによってすぐ目詰まりする．多くの真円卵の径は0.7～1.2 mmであるため，筆者は目詰まりの起きにくい網目0.5 mmを使っている．ただし，カタクチイワシ類などの楕円形卵や孵化仔魚は通過しやすいため，現存量を過少評価する恐れがある．ニューストンネットやIKMTネットなどにより，稚魚期以降のものを狙って3ノット以上の速度（通常は2ノット）で曳く場合は，網目1 mm以上を用いる．網口には濾水計（図1F）を装着し，曳網距離と網口面積から濾水量を計算する．採集個体数を濾水量で除して，個体数密度を求める．

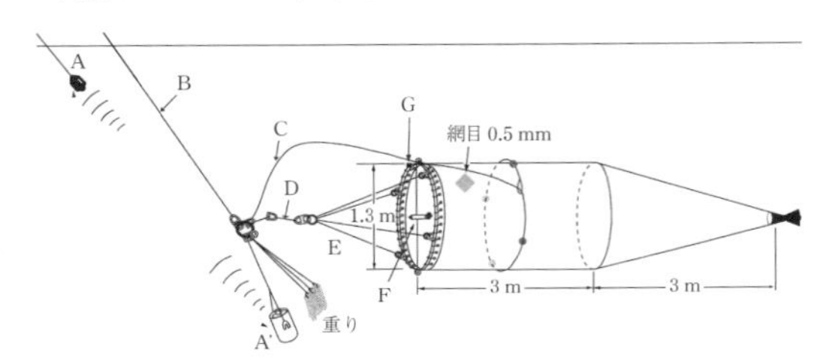

図1　筆者が使用している閉鎖式稚魚ネット

曳網方法は鉛直曳，表層曳，傾斜曳，層別曳に大別される．鉛直曳は，口径25～45 cmの小型の網を使って主に魚卵の分布を調べる場合に行われる．表層曳は，表在性の卵仔稚魚のみを対象とする場合に使用する．傾斜曳はある水域の群集または特定の魚種の水平分布を調べる場合に行い，曳網法の中で採集効率が最も高い．任意の水深までネットを降ろし，ゆっくり航走しながら，曳網ロープを巻き上げる．そして，層別曳は，対象種の鉛直分布を調べる場合に用いる．任意の層以外とのサンプル混合を回避するため，通常はメッセンジャーと呼ばれる重りを用いて網口を閉鎖するが，閉鎖に失敗する頻度が高い．そこで，筆者は曳網ロープ（図1 B）とブライドル（E）の間に径5 mmほどの短く破断しやすいロープ（D）を挿(はさ)み，閉網ロープ（C）を装着する方法を考えた．すなわち，任意の層を曳網後，船速をわずかに上げ，ロープ（D）を断ち閉網する．そして，一定の水深を正確に曳網するために，水深をリアルタイムでモニターする深度センサーと超音波発信機（A'）・受信機（A），および曳網した後，曳網水深を確認するデータロガー（G）を装着することが望ましい．なお，採集時には，水温，塩分などの物理環境の観測が不可欠であることを付記する．

［木下　泉］

9. 遺　伝

魚類を含めた生物を生物たらしめる基本的な情報，いわば個々の生物の「設計図」の内容は，遺伝子であるDNAに遺伝情報としてコードされている．すなわち，生物の形態や生理機能あるいは行動など全ての形質は，それに関わる遺伝子群が働くことによってもたらされる．この原理は20世紀の半ばに明らかになったが，実際に形質とその背後にある遺伝子との関係が解き明かされ始めたのは，最近のことである．本章では，魚類に関するこの分野の研究進展状況を解説する．また，遺伝子研究の進展によりもたらされる魚類集団の適応や種分化などに関する知見の深まりや，ゲノム編集や環境DNA研究などの最新情報についても紹介する．

［西田　睦］

遺伝子

遺伝子はgeneの訳である．人類は有史以前から親から各種の特徴を引き継ぐという遺伝の認識をもっていたであろう．メンデル（Mendel, G. J.）はこの親から子に引き継がれる特徴は，独立に分離・分解され，確率的な組合せで遺伝することを発見した．遺伝子という概念の萌芽である．

ダーウィン（Darwin, C. R.）の仮説は体全体から小さな遺伝物質が生殖細胞に移動してそれらが遺伝するというもので，pangenesis（パンゲン説）と呼ばれた．パンゲン説は結局否定されたが，この言葉からpangene が派生し，メンデルの概念と相俟って，全体という意味を表すpanが除かれて，geneという言葉が生まれた．すなわち遺伝子という言葉は，親から子に伝わる個々の形質の基盤となる因子を表すものとして生じて使われてきた．

geneからゲノム（genome）という単語が生じた．ゲノムとはgeneとchromosome，又は-ome（総体，全体）の合成語であり，ある生物のもつ1セットの染色体の遺伝情報全体，すなわち染色体を構成するDNAの全配列情報のことである．染色体とは，ゲノムDNAとそれが巻き付き，足場とするタンパク質からなる超高分子の分子複合体である．染色体が生物の遺伝情報を担っていることはボヴェリ（Boveri, T. H.）らによって明らかにされた．モーガン（Morgan, T. H.）は遺伝的組換えの観測によって交叉頻度を求めて染色体地図を作成し，遺伝学の礎を築いた．表現形質の奥にあるものに焦点を当てて遺伝子との関連に迫ったのはビードル（Beadle, G. W.）らである．ビードルらはアカパンカビの実験により，1遺伝子は1酵素に対応していることを示した．このことは概観的には1つの遺伝子が1つのタンパク質に対応していることを明らかにした点で歴史的な発見であった．

遺伝子の分子生物学的定義　アベリー（Avery, O. T.）らにより遺伝物質がDNAであること，ワトソンとクリック（Watson, J. D., Crick, F. H. C.）らによってDNAの構造が明らかになって以来（図1），DNAに記録された遺伝情報がRNAに転写され，さらに翻訳されてタンパク質が生成するプロセスが解明された．その結果，遺伝子を分子生物学的に定義することが可能になった．すなわち遺伝子とは（1つの）機能を持つタンパク質あるいはRNA（多くの場合，それらの前駆体）の一次配列の情報を保持するゲノムDNA中の連続し

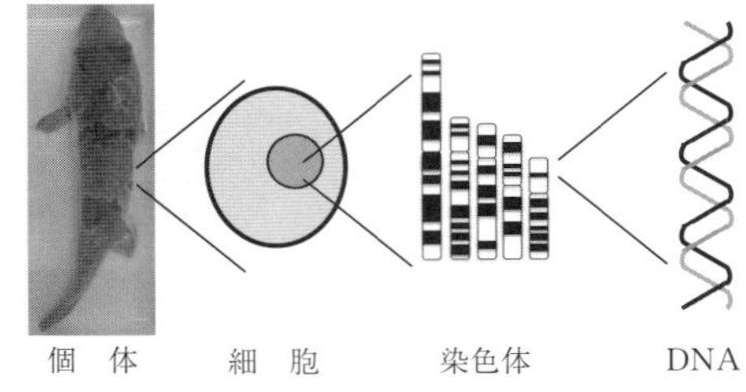

図1　個体からDNAまでの概念図

た部分配列と考えることができる．rRNA，tRNAなど翻訳されないRNA（ノンコーディングRNA）の遺伝子は一部存在するものの，ほとんどの場合，遺伝子とはタンパク質の一次配列を指定するタンパク質コード遺伝子のことを指すようになった．遺伝子が示す内容は目的・状況によって異なるが，もっとも狭い使われ方はmRNAのコード領域（翻訳配列）に対応するDNA領域である．より一般的には真核生物であればmRNAの最初にある5′非翻訳領域から3′非翻訳領域の終わりまで，すなわちポリAの手前までの領域であり，原核生物では5′非翻訳領域から終止コドンまでである．また真核生物ゲノムにおいてはmRNAの最初（転写開始点）と最後（必ずしも転写終結点ではない）に対応するゲノム領域に挟まれた範囲であり，それらはエキソンとイントロンから構成されている．これらに加えてRNAの転写制御領域も遺伝子の構成領域として含めることもある．

生命科学の進展による遺伝子概念の広がり　ヒトゲノム解析などの進展により，遺伝子を明快に定義することは容易ではないことがわかってきた．タンパク質遺伝子に限っても，選択的スプライシングによるmRNAの変異に加えて，複数の転写開始点や3′エンドをもつ多様なmRNAの変異が存在することがわかった．さらに全ゲノムの70%以上の領域が転写されること，タンパク質遺伝子を上回る数のmRNA型のノンコーディングRNAが存在すること，RNA干渉に関わるmiRNAやpiRNAなど新たなノンコーディングRNAが存在することなども明らかになった．またヒトではコード領域が100塩基長以下のタンパク質遺伝子が16種類登録されているが（2018年現在），従来顧みられなかった短い潜在的翻訳配列についても，今後さらなる検討が必要だろう．転写調節領域に関しても，通常，遺伝子の上流の比較的近くにあると思われていたが，下流や1 Mb以上離れた領域にある転写調節領域の存在などが明らかになってきた．初期の単純な遺伝子像には収まらないさまざまな知見の出現により，遺伝子という用語の範囲は広がり，それぞれの状況で，適切な解釈が求められるようになった．表現型との関係においては，遺伝子の表す対象が，ある遺伝子の対立遺伝子全体のこともあれば，特定の表現型と結びついた対立遺伝子のみの場合もある．近年の量的形質に関わる遺伝子の探求においては，表現型の説明にゲノムに広く存在する数千もの遺伝的要因を考慮しなくてはならないことが明らかとなり，遺伝子と表現型との関連に対するとらえ方にも変化が求められてきている．

遺伝子クローニング　遺伝子クローニングとは，研究などの目的とする遺伝子のDNAを取り出して，生物の正確なDNA複製能を利用しながら，そのDNAを保持，増幅し，活用しやすい形態にすることであり，宿主として大腸菌や酵母などが利用される．1個の遺伝子のクローニングに関しても，そのコーディング領域のみから調節領域を含めたゲノム配列全体まで，さまざまな形態があるので，目的に応じてその形態および宿主とベクターの選定が求められる．　［浅川修一］

染色体と核型

染色体は，細胞の分裂期に観察される塩基性色素で濃く染まる，DNAとタンパク質からなる構造体である．細胞中のDNAの大部分が染色体上に局在するので，染色体は遺伝情報担体といえる．

染色体の構造と形態　染色体はヒストンタンパク質からなるコア構造に2本鎖DNAが巻きついたヌクレオソームと呼ばれる構造をとる．真珠の首飾りのように連なったヌクレオソームは，螺旋を描くようにほぼ30 nmのクロマチン繊維をつくる．クロマチン繊維がさらに高次に折りたたまれて，凝縮した体細胞分裂中期染色体として光学顕微鏡で観察される．凝縮した分裂中期の染色体は一次狭窄を持ち，そこには分裂装置である紡錘糸が付着する動原体が存在する．DNA合成期を経て複製された2本の染色分体が動原体の部分で付着する（図1）．動原体を中心としてその両側を腕とし，動原体の位置（短腕と長腕の比）によって，一般に，その比が1.0～1.7の中部動原体型（m），1.7～3.0の次中部動原体型（sm），3.0～7.0の次端部動原体型（st），7.0～∞の端部動原体型（t）に分類される．また，染色体によっては二次狭窄とその末端部に付随体が認められる場合がある（図1）．

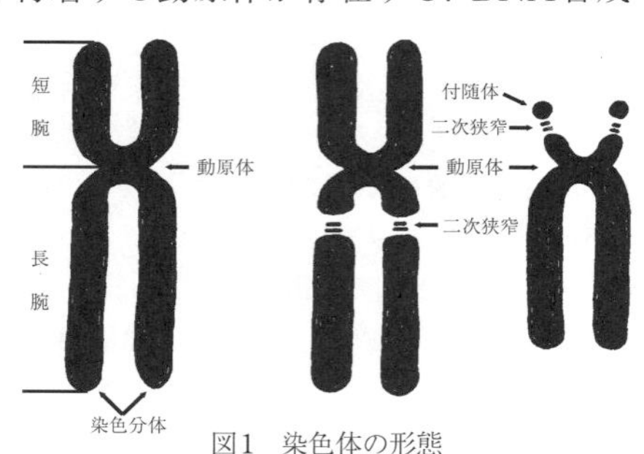

図1　染色体の形態

核型分析　一般に生物は種ごとに固有の染色体構成を持つ．それを知るには，まず体細胞分裂中期像の中から大きさと形態が同じ2本の染色体を組み合わせる．相同染色体と呼ばれるもので，一方は母親に，もう一方は父親に由来する．相同染色体を大きさと形態を基に並び替え，その個体における染色体構成の特徴を示したものが核型である．核型は遺伝的な性を決定する性染色体とそれ以外の常染色体からなる．哺乳類では性染色体の報告が数多くあるが，魚類では，爬虫類，両生類と同様に少なく，約3,500種の染色体報告の内で性染色体は200種ほどで認められているにすぎない．魚類では性染色体と性の分化の程度が弱い段階にあると考えられるため，魚類は性染色体分化機構を明らかにする上で格好の対象と考えられる．図2にはミヤコタナゴ *Tanakia tanago* の体細胞分裂中期像と比較のために同じスケールでヒトの中期像を示す．一般に染色体の大きさが小さいという魚類の特徴が分かる．図2にはタイリクバラタナゴ *Rhodeus ocellatus ocellatus* の核型も示すが，染色体数は48本（$2n = 48$）で，4対8本の中部動原体型，20本の次中部動原体型，10対20本の次端部動原体型染色体からなる．性染色体は認められていない．

染色体分染法　各染色体やその部位を特徴付ける染色体分染法が開発され，検出されるバンドのパターンによって詳細な分析が可能である．方法が簡単な上，明瞭な多数のバンドが得られるG染色法が哺乳類では最も広く使われている．得られるバンドはGバンドと呼ばれ，2本鎖DNAを構成する2種類の塩基対（GCとAT）の多少が染色の濃淡に反映してバンドとして現れる．しかし，魚類では，一般に染色体が小さいことと染色体内の塩基対の密度差が明瞭でないことなどから，鮮明なGバンドが安定して得られていないのが現状である．ほかに，染色体の特定部位を検出する方法として，短い塩基配列が高度に反復した構成的ヘテロクロマチンの局在部を濃染するC染色法と核小体形成部位を染め分けるAg-NOR法がある．明瞭なGバンドが得にくい魚類の染色体の分類においては有用な方法である．また，遺伝子やDNA断片を蛍光物質で標識して染色体DNAと分子雑種を形成させ，蛍光シグナルの検出によって染色体上の特定部位を知ることができるFISH法がある．染色体上の遺伝子の位置を特定する染色体地図の充実には欠かせない方法である．

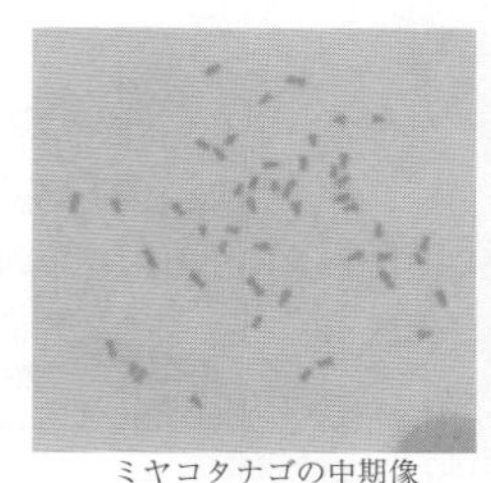

ミヤコタナゴの中期像

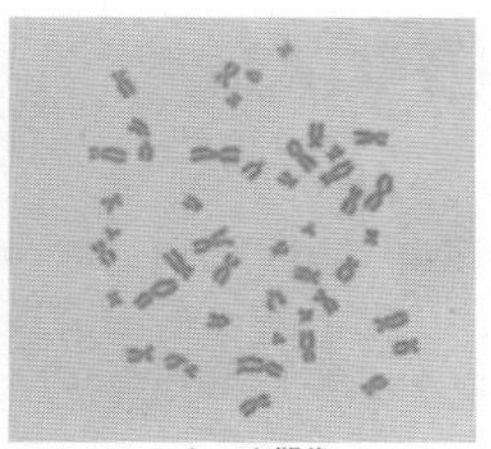

ヒトの中期像

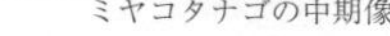

タイリクバラタナゴの核型

図2　体細胞分裂中期像と核型

核型進化　生物が進化する過程で生じた染色体の累積的変化を核型進化という．生殖細胞に生じた染色体異常が核型進化の引き金になる．染色体異常には数の異常と構造の異常がある．数の異常には倍数性，半数性，異数性があり，構造の異常には欠失，逆位，転座，重複などがある．核型進化として残るには染色体に変化を持った個体が生き残ることが必要である．魚類の種内あるいは近縁種間において，生存性との関連から，数の異常として倍数性はしばしば認められているが，明確な半数性，構造異常を伴わない異数性の報告は見当たらない．魚類の核型進化において一般的に認められている構造の変化としてはロバートソン型融合，切断，逆位，縦列結合がある．

種は固有の核型を持ち，核型変化が種分化に何らかの役割を果たしたことが推測できる．魚類の染色体地図が充実して，生殖隔離要因を勘案しながら染色体変化と遺伝子発現との関係が詳細に検討されるようになれば，性染色体の分化を含む核型進化および種分化の仕組みの理解がさらに深まることであろう．[上田高嘉]

核ゲノム

生物の持つ遺伝情報全体のセットをゲノムという．遺伝情報のほぼ全てを担っているのは核の中の染色体であり，まとめて核ゲノムという．多くの魚類は2倍体で，ゲノムを2セット持つ．

ゲノム解読　トラフグ *Takifugu rubripes* のゲノム配列解読（2002年8月）に始まり，次世代シーケンサーの開発と高性能化により，2017年10月現在，89種の魚類のゲノム配列が解読されるに至っている（表1）．

魚類のゲノムは哺乳類よりも一般に小さいが（ヒトの約30億塩基対に対してトラフグは約4億，ミナミメダカ *Oryzias latipes* は約8億，ゼブラフィッシュ *Danio rerio* は約17億塩基対），他の脊椎動物にはないゲノム重複を経験しているため，重複に由来する類似の配列を多く含み，アセンブル（個々の配列データ

表1　ゲノムが解読された魚類一覧
（2017年10月現在）［NCBIのHPより作成］

分類群		種　数	代表的な種
円口類		3	ウミヤツメ
全頭類		1	ゾウギンザメ
板鰓類		2	ジンベエザメ
肉鰭類		1	シーラカンス
全骨類		1	スポッテドガー
真骨類	アロワナ目	1	アジアアロワナ
	ウナギ目	3	ニホンウナギ
	ニシン目	1	タイセイヨウニシン
	コイ目	8	ゼブラフィッシュ
	カラシン目	2	メキシカンテトラ
	ナマズ目	1	アメリカナマズ
	カワカマス目	1	ノーザンパイク
	サケ目	3	ニジマス
	タラ目	1	タイセイヨウタラ
	ダツ目	1	ミナミメダカ
	ヨウジウオ目	1	タツノオトシゴの1種
	カダヤシ目	14	グッピー
	ハゼ目	4	ムツゴロウ
	カワスズメ目	10	ナイルテラピア
	スズメダイ科	2	スズメダイの1種
	ベラ目	1	ベラの1種
	アジ目	2	ブリ
	カレイ目	3	ヒラメ
	サバ目	2	クロマグロ
	スズキ目	10	イトヨ
	サンフィッシュ目	1	マーレーコッド
	ニベ科	2	ホンニベ
	アカメ科	1	バラマンディ
	モロネ科	1	ストライプトバス
	タウナギ目	1	タウナギ
	フグ目	4	トラフグ
	合　計	89	

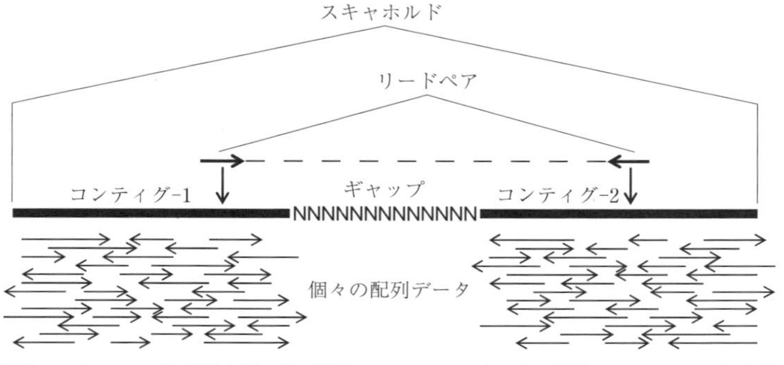

図1　配列のアセンブル過程概念図．第1段階でコンティグを，第2段階でスキャホルドを構築する

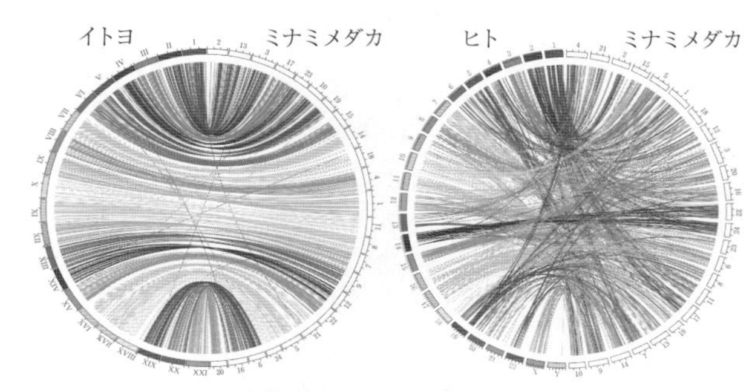

図2　魚類と他の脊椎動物（ヒト）との遺伝子の対応関係（相同性）を，左右に半円状に配置した染色体間を結ぶ線で表す．イトヨ対ミナミメダカでは1：1だが，真骨魚特有のゲノム重複を反映して，ヒトから出た1本の線が2本に分かれてミナミメダカとを結んでいるケースが多い［Inoue et al., 2015］

のつなぎ合わせによる配列の再構成）が困難である．この傾向は，真骨魚にしばしばみられる倍数体（☞項目「全ゲノム重複」「倍数体と異数体」）ではさらに強い．

ゲノム解読はこれまで，短い（数十～数百塩基）配列データをつなげた数千～数万塩基の断片（コンティグ）を，長めのゲノムDNAの両端だけを読んだリードペアで橋をかけるようにつなげることで行われてきた（図1）．できあがったものはスキャホルドと呼ばれ，読めていないところがギャップとなり空いている．最近では，数千塩基を超える長い配列データを取得できる技術が開発され（ただしエラー率は1割程度と高い），ギャップが少なくより長いスキャホルドを構築できるようになってきた．

ゲノム解読の次の工程は，遺伝子領域の予測と整理で，遺伝子情報を転写したメッセンジャーRNA配列を写し取ったcDNA配列のゲノム配列へのマッピングや，他の魚種で予測された遺伝子情報を頼りに行われる．予測遺伝子の機能分類も同様に，他の生物との比較により行われる．そのためのツールやデータベースが整備されつつある．

生命の本質に迫る　ゲノムが解読されても，その魚種の形態や生態が遺伝子にどのように規定されているかといった，素朴な疑問にたちどころに答えられるようになるわけではない．例えば，トラフグの性決定遺伝子の解明は，ゲノムの解読から10年後のこと．しかし，カワスズメ科魚類などでは，近縁種のゲノムの比較から，種分化に関連する遺伝子が明らかになるなどの成果があり，近い将来，ゲノム解読により素朴な疑問に次々と答えることができるようになるかもしれない．その主役になるのはコンピュータ解析であり，人の手に余る膨大なデータから，関連性や規則性を見いだしていくことになる．

コンピュータ解析により進んだ分野に比較ゲノム研究がある．遺伝子などの配列を染色体と対応させ比較することで，染色体やゲノム全体の構造の進化傾向が次第に明らかになってきた（図2）．また，多数の遺伝子の相同関係が明らかになったので，系統解析などへの応用も広がっている．［斉藤憲治］

ミトコンドリアゲノム

ミトコンドリアは，ほぼ全ての真核生物の細胞内に存在する小器官で，生物が生きていくために不可欠なエネルギーを産生する，いわば「細胞の発電所」の役割を担っている．このミトコンドリアは，もともとは酸素を使うことができなかった真核生物の祖先が，進化の過程でαプロテオバクテリアという細菌を細胞内に取り込み，酸素を使ってエネルギーを産生してもらう代わりに，細菌が必要とするタンパク質を合成するという共生関係を成立させた結果だと考えられている．これを細胞内共生説といい，取り込んだ細菌がミトコンドリアになったと考えられている．そのため，ミトコンドリアは細胞の核遺伝子とは別に，ミトコンドリア独自の一連の遺伝子を持っている．これをミトコンドリアゲノムと呼ぶ．

ミトコンドリアゲノムの特徴　魚類のミトコンドリアゲノムは，長さが約1万6,500～2万塩基対で，環状のDNAから構成される．通常は13個のタンパク質，2個のリボゾームRNA（rRNA），22個の転移RNA（tRNA）の遺伝子（計37個）が，介在配列（イントロン）を持たずに同じ順序でほぼ隙間なく並んでいる（図1）．ミトコンドリアゲノムは，母親由来のものだけが組替えなしで子供へと伝わる母系遺伝（母性遺伝）という遺伝様式をとることが知られている．そのため，母系と父系が混合する核ゲノムと比べて，母系の系統を追跡することで系統関係を復元しやすいという特徴を有している．また，ミトコンドリアゲノムは核ゲノムに比べて進化速度が5～10倍ほど速く，属間・種間・集団間における系統推定に適していることから，魚類でもさまざまな遺伝的解析に広く用いられている．さらに，細胞内に存在するコピー数が核ゲノムの2コピーに対して数千コピーと著しく多く，DNAの回収が容易であることも遺伝的マーカーとしてのミトコンドリアゲノムの有用な点である．

魚類ミトコンドリアゲノム解読の現状　現在，魚類の高次分類群の系統解析ではミトコンドリアゲノムの全長配列を当然のように用いているが，従来までのプライマーを設計しつつ少しずつ配列を決定していく手法では，時間的・資金的に高コストであり，ミトコンドリアゲノム全塩基配列のデータ収集は容易ではなかった．しかし宮正樹らによるロングPCRと多数の魚類汎用プライマーを用いた手法が発表されてからは，全塩基配列データを迅速かつ確実に決定することが可能になった（Miya et al., 1999）．2000年以降は実験機器・試薬類の改良が進んだこともあり，飛躍的にデータ数が増え続けた．今日ではデータベース上に魚類ミトコンドリアゲノム全塩基配列として2,500種を超えるデータが登録されており，近年でも年間で約300種というペースで全塩基配列データの登録数は伸び続けて

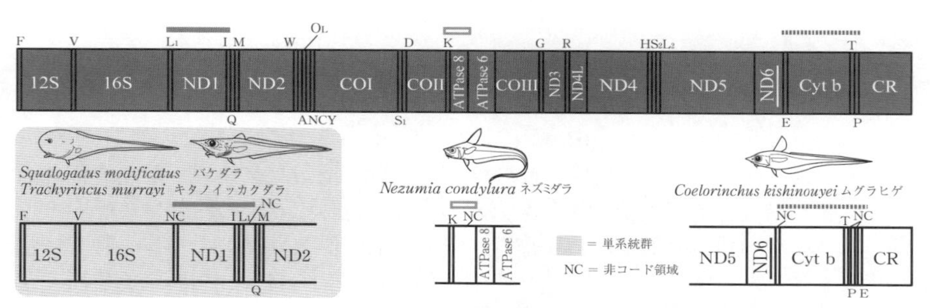

図1　魚類ミトコンドリアゲノムの典型的な遺伝子配置とソコダラ科魚類の遺伝子配置変動例［Satoh et al., 2006の図を改変］

いる．これは全生物種の中でも群を抜いたデータ数であり，魚類の分子解析におけるミトコンドリアゲノムデータへの高い注目度を示すものである．

ミトコンドリアゲノムからわかること　魚類では他の生物種に先んじて，高次分類群の系統解析に対するミトコンドリアゲノム全長配列データの有用性に着目し，これらを用いた革新的な研究成果が数多く報告されてきた．近年はこれに複数の核遺伝子の配列データを取り入れ，ミトコンドリアと核の両側面から魚類の包括的系統解析を行う研究も増えている（Near et al., 2013）．

このような塩基配列情報以外に，ゲノム上の遺伝子の並び順（遺伝子配置）も重要な系統情報の1つである．ミトコンドリアゲノムが持つ37遺伝子の配置は，魚類を含む脊椎動物では非常によく保存されていると考えられてきた．しかしデータが充実するにつれて，異なる遺伝子配置の例（遺伝子配置変動）が報告されてきた．この遺伝子配置変動という出来事は発生頻度が稀なため，特異な遺伝子配置を共有するものを単系統と見なすことが可能となり，信頼度の高い遺伝マーカーとなり得るのである（図1）．

また魚類ミトコンドリアゲノムの塩基配列は，国際的なプロジェクトである「DNAバーコーディング」にも利用されている．これは，確かな証拠標本に基づくミトコンドリアゲノム*COI*遺伝子の約650塩基対を決定し，分類の専門家以外でも生物標本の同定を可能にするもので，分類学などの基礎研究のみならず生物多様性の保全や資源管理など多くの分野で実用化が進んでいる．

さらに，近年発展を遂げている次世代シーケンサーの技術を用いることにより，多数の個体からのミトコンドリアゲノム全塩基配列情報が高速かつ低コストで得られるようになってきた．今後は，このような大規模データに基づいた網羅的な系統解析や集団解析が主流となり，これまでの解析方法では追えなかった魚類全体から個々の種の進化史解明にミトコンドリアゲノムの配列情報は貢献し続けるだろう．

［佐藤 崇］

全ゲノム重複

全ゲノム重複とは，ある生物を特徴付ける全遺伝情報（ゲノム）が，進化の過程で倍化し増大する現象を指す．ゲノムおよび染色体セットの倍化は，配偶子形成のエラーや異種間交配で起こり得る．例えば染色体数20本の2倍体生物で倍化が起きると，染色体数40本の4倍体生物が生まれる．その後，相同染色体間で変異が蓄積して対合ができなくなると2倍体生物へと復帰し，祖先種よりも多くの染色体と遺伝情報を持った子孫種が生じる．この過程により，進化史においてゲノムのサイズや構造が大きく変化したことを指して，特に全ゲノム重複と呼ぶことが多い．現象やメカニズムは倍数性進化・倍数化と同じである（☞項目「倍数体と異数体」）．

全ゲノム重複の進化的意義　全ゲノム重複は，新規の機能を持った遺伝子を多数生み出し得るイベントとして，重要視されている．ゲノムが倍になれば，生存に必要な遺伝子セットを二重に持つことになるので，ゲノムの保持する情報に大きな余剰が生まれる．余剰になった遺伝子は，本来の機能を保持する淘汰圧から開放される．そのため，多数の余剰遺伝子がさまざまな分子進化過程をたどるようになり，新しい機能が生じる素材になると考えられている．事実，われわれヒトを含む脊椎動物のゲノムでは，免疫システムで機能を担うMHC遺伝子クラスター，初期発生で機能するHox遺伝子クラスター，化学受容体の遺伝子群，そのほか多くの代謝酵素遺伝子などが全ゲノム重複によって増加した後，機能が多様化してきたことが明らかにされている．

脊椎動物のゲノムを特徴付ける全ゲノム重複　全ゲノム重複は，魚類やヒトを含む脊椎動物の進化過程で2回から3回起きてきた（図1）．1回目（図1の1R）は，無脊椎動物と脊椎動物の共通祖先が分岐した後，脊椎動物の祖先で起きた．2回目（図1の2R）は，同じく全脊椎動物の祖先か，または，無顎類を除いた有顎類（顎口類）の祖先のど

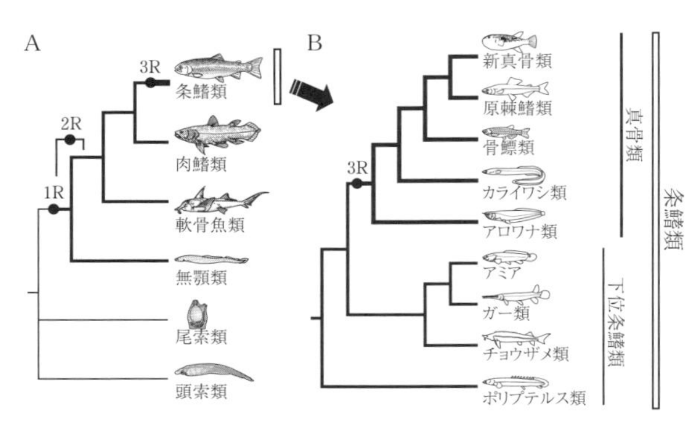

図1　脊椎動物の系統関係と全ゲノム重複イベントが起きた系統的位置．1R，2R，3Rはそれぞれ第1回目，2回目，3回目の全ゲノム重複を指す［佐藤他，2009より作成］

ちらかで起きた．われわれヒトを含む四肢動物は肉鰭類に属しており，これら2回の全ゲノム重複を経て形成されたゲノムを受け継いでいる．サメ・エイ類を含む軟骨魚類，ガー類などの下位条鰭類も同様である．一方で，硬骨魚類の大部分を占める真骨類は，共通祖先でさらに3回目の全ゲノム重複を経験した（図1の3R）．このことは，地球上で広範に繁栄する真骨類の起源が，四足動物と比較して倍数化した4倍体生物であったことを意味する．この真骨類に特有な全ゲノム重複（3R）の痕跡は，真骨類のみが有する7本のHox遺伝子クラスターや，さまざまな代謝酵素遺伝子が重複した状態などに見いだすことができる．この3Rで生み出された新規遺伝子群が，真骨類の環境適応，分布拡大，多様化に関与してきた可能性が議論されており，解明が待たれる．

⁂重複した遺伝子の消失とゲノム再編　全ゲノム重複は新規の遺伝子を生み出すだけでなく，余剰となった遺伝子や染色体断片が二次的に消失する過程を通じて，ゲノムを特徴付ける遺伝子の並び順に大きな変化をもたらす．解読された魚類ゲノムの比較解析によると，真骨類の祖先で全ゲノム重複が起きてから（図1の3R）ゼブラフィッシュ *Danio rerio* が分岐するまでの約5,000万年の間に，重複した遺伝子の 82％が消失しており，この期間中に，真骨類ゲノムに共通する基本的な遺伝子配置が確立した（Inoue et al., 2015）．すなわち，3Rを経験した真骨類同士はゲノム中の遺伝子の並び順が類似しており，3Rを経験していないガー類やヒトとはかけ離れている．ガー類は，むしろニワトリやヒトと類似した遺伝子配置を保持している（Braasch et al., 2016）．これらのことは，少なくとも脊椎動物の進化史においては，全ゲノム重複がゲノム全体の構造変化をもたらす主要因であったことを意味しており，表現型進化との関連の解明が待たれる．

⁂個別魚類グループにおける倍数性進化　図1に示した3回の全ゲノム重複は，脊椎動物や真骨類といった大きな系統グループの共通祖先で起きたものである．一方，真骨類内部では，目や科といった比較的小さな系統グループの内部でも倍数性進化が起きている．代表的なものは，サケ科の共通祖先，コイ目とナマズ目の一部のグループ（フナ属，ドジョウ属，コリドラス属など），およびタイワンドジョウ科，ナカムラギンメ科の一部の種に見られる倍数化である．こうした個別グループに見られる倍数化が，進化・生態にどう影響したかについては大部分不明であるが，真骨類の誕生と密接に関わった全ゲノム重複（3R）の直後における選択的有利性や進化の詳細を探る上で有用なモデルになる可能性がある．また，特にフナ類では同種内にさまざまな倍数体が共存することが知られており，無性生殖集団の出現や生息域拡大との関連が疑われる．四肢動物では，両生類と爬虫類のごく一部の種を除いて，基本的に倍数性進化は観察されない．この差異の要因として性決定システムやゲノム刷込みとの関連が議論されている．

［佐藤行人］

遺伝子重複

遺伝子重複とは，もともとゲノムに存在していたある遺伝子が，何らかの原因でゲノム中の別の場所にコピーされることで，単一の遺伝子に由来する同じ配列を持った遺伝子が複数生じることである．そのようにして生じた遺伝子を重複遺伝子といい，新しい機能を持った遺伝子が進化する上での主要な材料だと考えられている．重複遺伝子の多くは，時間の経過とともに無作為に変異を蓄積して機能を失い（偽遺伝子化），やがてゲノムから失われる．一部の重複遺伝子は，有利な変異によって新規の機能を持つか（新機能獲得），または由来となった遺伝子の機能を複数の遺伝子で分け合う状態へと進化し（機能分化），ゲノムに保持される．主にこのような過程を経て，遺伝子重複をきっかけとした新しい機能の進化がもたらされる（Zhang, 2003）．

遺伝子重複のメカニズム　遺伝子重複が起きる分子遺伝学的メカニズムは複数ある．直列重複は，ゲノムの隣り合う位置に重複遺伝子が複数並んでいることであり，染色体逆位に起因する相同組換えのエラーや不等交差などで生じる．魚類やその他の脊椎動物のゲノムには，直列重複が繰り返されて生じた遺伝子クラスターがしばしば存在しており，嗅覚受容体遺伝子群や免疫応答に関わるMHC遺伝子群がその代表例である．逆転写による重複は，レトロポゾンの1種であるLINE配列がコードする逆転写酵素によって細胞中のmRNAが逆転写され，ゲノムに組み込まれることで起こる．mRNAに由来するためにイントロン配列を持たず，3' 末端側の非翻訳領域にポリA配列を持つことが多い．また直列重複とは異なり，由来する遺伝子とは無関係なゲノム内の位置に挿入され，転写調節領域を欠くことが多い．このため大部分は機能を失って偽遺伝子化するものの，稀に重要な機能を獲得する場合もある．例えば魚類では，視細胞で発現するロドプシンの遺伝子が全てのイントロンを欠いており，逆転写由来の遺伝子ではないかと考えられている．染色体や全ゲノムレベルでの重複は，減数分裂や染色体分離のエラーにより起きる．特にゲノム全体が倍化する全ゲノム重複は，脊椎動物に特有な生物機能の進化において重要な役割を果たしたと考えられてきた（☞項目「全ゲノム重複」）．また硬骨魚類では，その大部分を占める真骨類の共通祖先で特有の全ゲノム重複が起きており，このときに生じた多数の重複遺伝子の進化が，魚類の特殊性や多様性に関係している可能性がある．

遺伝子重複と新遺伝子の生成　重複した遺伝子が素材となって，新しい機能を持った遺伝子が誕生する過程については，幾つかの進化モデルが提唱されている．重複によって遺伝子が二重に存在するようになると，その片方が元の機能を担えば生存に支障はない．そのため，残ったもう一方の遺伝子は，機能を維持する負の淘汰圧から開放されて変異を蓄積するようになる（図1）．このとき，有利な遺伝子機能をもたらす変異が起きると，重複遺伝子は新機能を獲得した新しい遺伝子としてゲノムに保持される（図1A）．例えば，南極に生息するノトセニア類の不凍タンパク質遺伝子は，消化酵素の膵液トリプシン遺伝子から新機能獲得で生じたものである．しかし，一般に突然変異は無作為なものなので，有利な変異よりも機能を損なう変異の方が圧倒的に多い．そのため，重複遺伝子の多くは機能を失って偽遺伝子化し，元の単一遺伝子座状態へと戻る（図1B, C）．全ゲノム重複を経験した生物であっても遺伝子数が極端に多いことがないのは，大部分の重複遺伝子が偽遺伝子化し消失するからである．ただし，遺伝子の発現制御やタンパク質の機能を一部だけ損なうような変異が起きると，遺伝子の機能分化がもたらされ，両方の重複遺伝子が生存に必須となりゲノムに保持される（図1D, E）．このような機能分化は，より細やかな遺伝子機能や発現制御の進化をもたらすと考えられており，魚類で複雑に重複しているHox遺伝子クラスターなどにその例を見て取ることができる．

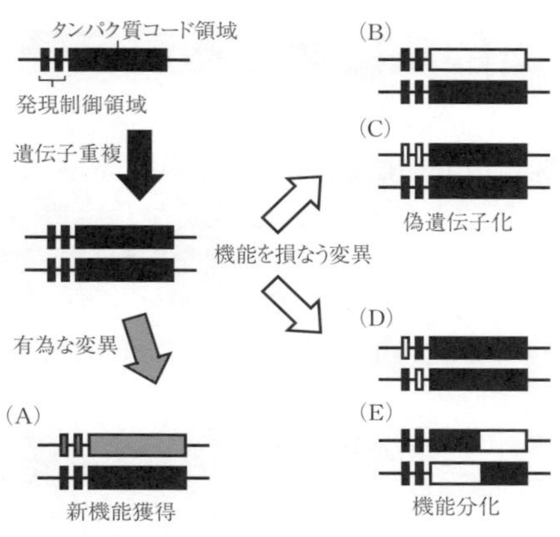

図1　重複遺伝子の進化モデル

コピー数多型　コピー数多型（CNV）とは，特定のゲノム領域において，細胞あたりのその領域のコピー数が生物個体間で異なる，すなわち多型状態であることをいう．特に遺伝子領域におけるコピー数多型（GCNV）は，個体間での遺伝子数の違いを生み出すため，異なる環境に生息する集団間での適応的分化の原因となり得る．一般にCNVの同定には大量の塩基配列決定が必要なため，まだ魚類ではあまり研究が進んでいないが，複数個体で全ゲノムが解読されているイトヨ属の1種*Gasterosteus aculeatus*では幾つかの研究例がある．イトヨ海洋型・淡水型の各10個体ずつのゲノム配列比較に基づく解析では，生態型間で分化した24のGCNVが同定されている．それらの遺伝子の多くでは淡水型でコピー数が増加しており，遺伝子重複がイトヨ類の淡水適応に関与していると推測される．またヨーロッパ・アメリカ大陸に分布するイトヨ類66個体のゲノム解析からCNVを同定したところ，多くのCNVは低頻度で単一の集団特異的に存在すること，イトヨの系統で新規に出現した「若い」遺伝子にしばしばCNVが見られること，集団間でコピー数が分化している遺伝子として，免疫関連（MHCなど），嗅覚受容体（OR, TAAR）が多いことなどが明らかになった．　［橋口康之・佐藤行人］

鰭形成に関わる遺伝子

魚類の鰭形成機構に関しては，鰭から四肢への進化の分子メカニズムを明らかにする目的で，特に対鰭を題材にした研究が盛んに行われてきた．本項では，対鰭形成を担う遺伝子ネットワークに焦点を絞って解説する．なお，対鰭から四肢への進化の形態学的・古生物学的側面については，項目「肉鰭類の鰭」を参照のこと．

鰭の誘導に関わる遺伝子　ゼブラフィッシュ *Danio rerio* の発生過程において，胸鰭領域は，心臓領域がレチノイン酸によって前側に限局されることで，その後側に設定される．続いて，胸鰭領域近傍の中間中胚葉で発現する *wnt2b* が，胸鰭領域の間充織細胞にT-box転写因子をコードする遺伝子である *tbx5* の発現をうながす（図1）．*tbx5* は，さらに，間充織細胞で *fgf24* の発現をうながしたのちに，*fgf10a* の発現がうながされて，受精1日後までには胸鰭原基の隆起が開始する（図1）．

一方，ゼブラフィッシュの腹鰭原基は，受精3週間後の仔魚から稚魚への移行期に出現する．このとき，腹鰭原基ではT-box遺伝子である *tbx4* が発現し，*fgf10a* の発現をうながすことで，腹鰭原基の形成が開始すると考えられている（図1）．ゼブラフィッシュやイトヨ属の1種 *Gasterosteus aculeatus* の腹鰭原基では，腹鰭特異的に発現する *pitx1* が *tbx4* の発現をうながしている（図1）．また，トゲウオ類の腹鰭のサイズの多様性の背景には *pitx1* の腹鰭特異的制御領域の配列の変化があることがわかっている（Shapiro et al., 2006）．

パターン形成に関わる遺伝子　マウスの肢芽の前側領域と後側領域で発現する遺伝子の発現をハナカケトラザメ *Scyliorhinus canicula* の胸鰭原基で調べると，

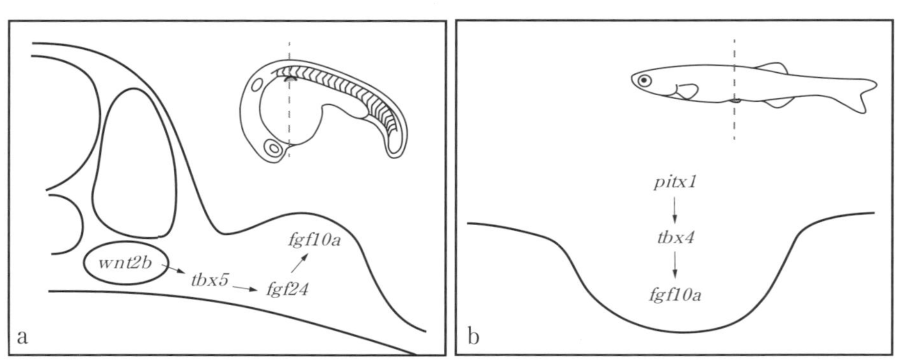

図1　ゼブラフィッシュの胸鰭原基（a）と腹鰭原基（b）の誘導に関わる遺伝子［Garrity et al., 2002, Ng et al., 2002, Fischer et al., 2003, Ahn et al., 2008, Don et al., 2016, Shapiro et al., 2006を改変］

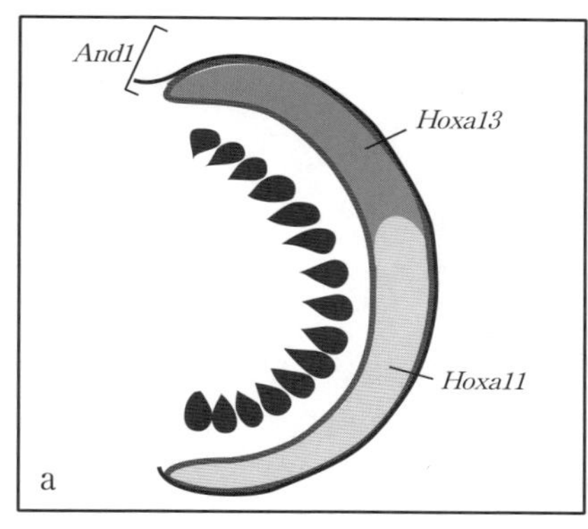

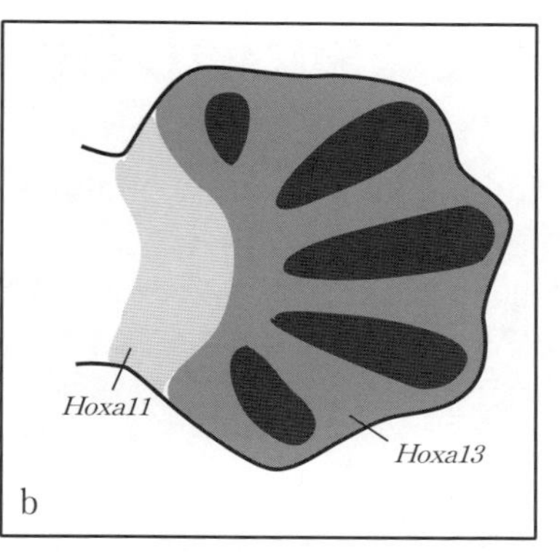

図2　ヘラチョウザメの胸鰭原基 (a) とマウスの前肢芽 (b) での*Hoxa11*と*Hoxa13*の発現パターン [Tulenko et al., 2016, 2017, Zhang et al., 2010を改変]

サメの胸鰭原基では，前側領域が広く，後側領域が狭くなっていることがわかっている．これはマウスの肢芽の前側で発現し，前後軸方向のパターン形成を制御する*Gli3*の発現が，サメの胸鰭原基では後側で強く発現していることが一因であり，鰭から四肢への進化の過程では，*Gli3*の発現変化を含めた前後軸方向のパターン形成機構が変化することで，前側の骨格エレメントが退化した可能性が提唱されている (Onimaru et al., 2015).

また，マウスやニワトリの肢芽では，*Hoxa11*と*Hoxa13*は，肢芽の先端部で重なって発現しはじめるが，発生が進むと*Hoxa13*の発現は自脚（指や手のひら）になる先端部に，*Hoxa11*の発現は自脚よりも基部に限局される．一方，ハナカケトラザメ，ヘラチョウザメ*Polyodon spathula*，ゼブラフィッシュの胸鰭原基では，*Hoxa11*と*Hoxa13*の発現領域は先端部で重なったままであることから，*Hoxa11*と*Hoxa13*の発現が基部と先端部に分かれることが，自脚の獲得に必要であったとされている（図2).

Apical Fin Fold　鰭の発生過程では，鰭原基の先端部のapical fin fold (AEF) が伸長する．AEF内に侵入する細胞は鰭条を形成するが，この細胞由来のactinotrichiaと呼ばれる原線維を構成するアクチノイジンをコードする遺伝子*and1*と*and2*は，魚類のゲノムには存在するが，四肢動物のゲノムには存在しない．さらに，ゼブラフィッシュで*and1*と*and2*の機能を阻害するとAEFが退化する（Zhang et al., 2010)．また，胸鰭原基のAEF内に侵入する細胞は，指を形成する細胞と同じく側板中胚葉由来であり，ヘラチョウザメの胸鰭原基の先端部では，四肢動物の自脚マーカーである*Hoxa13*がAEF区画内に観察されている．これらのことから，*and1*と*and2*が失われることが，鰭から四肢への進化の一因であるとされている（図2).

[田中幹子]

浸透圧調節に関わる遺伝子

浸透圧調節とは，体内外の水とイオンの出入りを調節して，体液のホメオスタシス（恒常性）を維持する生理機能である．水生動物である魚類では，鰓（えら），腸，腎臓などが主要な浸透圧調節器官であり，それらの上皮細胞にある多くの輸送体がその役割を担っている．また，輸送体の機能や遺伝子発現の調節には環境浸透圧の変動とともに多くのホルモンが関与している．本項では，項目「全ゲノム重複」との重複を避けるため，浸透圧調節に関わる遺伝子ネットワークについて最新の知見を中心に解説する．

浸透圧調節遺伝子を調べる際には，淡水と海水双方によく適応できる広塩性魚を用いて，異なる浸透圧環境に移した後に変動する遺伝子を同定する．サケ科魚類（ニジマス *Oncorhynchus mykiss* やタイセイヨウサケ *Salmo salar*），ニホンウナギ *Anguilla japonica*，モザンビークティラピア *Oreochromis mossambicus*，ミナミメダカ *Oryzias latipes* などがよく用いられる．これらの種ではゲノムデータベースが公表されているため，精度の高いトランスクリプトーム解析（発現遺伝子の解析）が可能である．広塩性魚を淡水から海水へ移行させると，これまでイオンを吸収して水を排出していた浸透圧調節器官が，イオンを排出して水を吸収するようになる．それには，発現が変動する遺伝子ネットワークが関与している．

短期の調節に関わる遺伝子　環境浸透圧変化に反応してまず発現が亢進するのが，初期応答遺伝子群に属する転写因子である（図1）．それらの発現は，浸透圧調節器官の上皮細胞にある浸透圧センサーからの情報伝達により直接的に亢進する．直接環境水の浸透圧を感知する鰓，飲んだ海水にさらされる腸，体液の浸透圧変化を感知する腎臓において，海水移行に対する反応時間が異なる．これまでに，*Ostf1*，*SGK1*，*CEBP* などが，浸透圧反応性の初期応答遺伝子として同定されている．しかし，*Ostf1* や *SGK1* は淡水から淡水に移行した対照群でも発現が上昇するため，浸透圧に特異的ではなくストレス全般に反応する．これらの転写因子の発現は，ヒストンのリン酸化やアセチル化により起こると考えられている．

これら遺伝子発現による調節だけではなく，浸透圧センサーからのシグナル伝達によるリン酸化や脱リン酸化は，すでに細胞膜に存在する輸送体分子の活性を調節することにより水やイオンの出入りを調節する（図1）．また，細胞骨格を構成するアクチン分子をリン酸化することにより細胞内顆粒を細胞膜まで輸送・融合させ，即座に輸送体を細胞膜に挿入する．

長期の調節に関わる遺伝子　海水移行後に素早く合成される転写因子は，浸透圧調節器官の上皮細胞に存在する輸送体や細胞接着分子の遺伝子発現を調節する

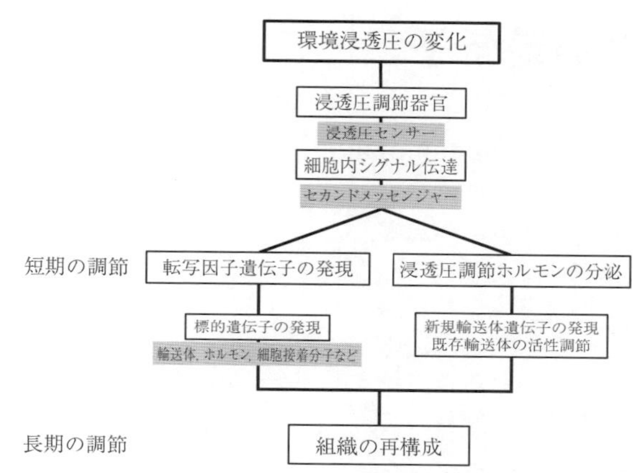

図1　広塩性魚を淡水から海水に移行させたときに浸透圧調節器官の上皮細胞で見られる遺伝子発現変化の相関図．最終的に浸透圧調節器官が淡水型から海水型につくり変えられる

（図1）．輸送体には，濃度勾配に従ってイオンを輸送する共輸送体や交換輸送体，濃度勾配に逆らってエネルギーを使って輸送するポンプ（ATPアーゼ），分子内の穴を通して水やイオンを輸送するチャネルなどがある．また，輸送された水やイオンを体全体に分配するため，血管を新生する血管増殖因子の遺伝子発現も亢進する．これら遺伝子発現の変化により，浸透圧調節器官が再構成される．腸を例に取ると，組織がしっかりして白っぽかった淡水型の腸が，海水適応後は血管が発達して赤っぽくなり，上皮が薄く管腔内が透けて見える海水型に変化する．これらの長期適応に関わる浸透圧調節遺伝子は，狭塩性魚と呼ばれる淡水魚や海水魚の浸透圧調節でも主役を演じていると考えられている．

浸透圧調節ホルモン遺伝子　浸透圧調節のようにホメオスタシスの維持には，ホルモンが重要な働きをする．広塩性魚を淡水から海水に移行させると，アンジオテンシンや心房性ナトリウム利尿ペプチドなどのオリゴペプチドホルモンがすぐに分泌される．これらのホルモンは，すでに存在する輸送体の活性を調節することにより短期の調節に関与するとともに，長期の適応に関わるコルチゾールや脳下垂体ホルモンである成長ホルモンやプロラクチンの分泌を調節する．また，短期調節に関わる転写因子は，ホルモン遺伝子の発現を変化させて長期の適応にも関与する．例えば，海水移行に反応する転写因子は，淡水適応ホルモンであるプロラクチン遺伝子を抑制し，海水適応ホルモンである成長ホルモン遺伝子を促進する．これらのホルモンは，前述した長期の適応に関わる多くの遺伝子発現を調節して，浸透圧調節器官を淡水型から海水型へとつくり変える．これらの浸透圧調節遺伝子は互いに調節し合うことにより，遺伝子ネットワークを形成していることが明らかにされている．

［竹井祥郎］

免疫に関わる遺伝子

魚類はわれわれと同じ脊椎動物であり，基本的な免疫システムは魚類も哺乳類も同じである．すなわち，魚類は自然免疫と獲得免疫システムを有しており，これら免疫システムに必要な多くの免疫に関わる遺伝子は，哺乳類と類似の遺伝子を持っている（図1）．魚類の免疫システムは脊椎動物の免疫システムの基盤的（原始的）なものであることが知られているが，魚類特異的あるいは一部の魚類に特異的に進化した免疫システムも存在する．

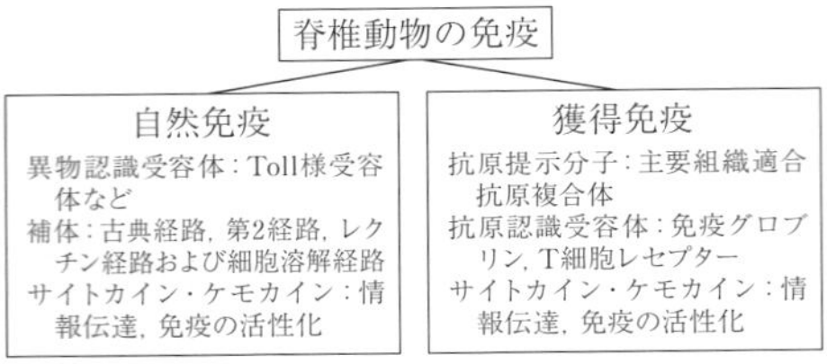

脊椎動物の免疫	
自然免疫	獲得免疫
異物認識受容体：Toll様受容体など	抗原提示分子：主要組織適合抗原複合体
補体：古典経路，第2経路，レクチン経路および細胞溶解経路	抗原認識受容体：免疫グロブリン，T細胞レセプター
サイトカイン・ケモカイン：情報伝達，免疫の活性化	サイトカイン・ケモカイン：情報伝達，免疫の活性化

図1　脊椎動物の免疫は自然免疫と獲得免疫からなる

免疫に関わる遺伝子の研究　魚類の免疫に関わる遺伝子研究は1990年代後半から急速に発展し，キャピラリーシーケンサーが登場すると大規模な遺伝子発現解析が進められ，発現している遺伝子配列情報から免疫関連遺伝子を探索する方法へと代わっていった．その後，次世代シーケンサーの登場により，ゲノムレベルでの魚類の免疫関連遺伝子の研究が展開されるようになり，魚類と哺乳類の免疫に関する遺伝子セットの違いが明らかにされてきている．

自然免疫と獲得免疫のいずれにおいても，これら免疫システムに関わる細胞はネートワークを形成し，細胞間でコミュニケーション（相互作用）をとっている．獲得免疫は自然免疫の活性化とその後の自然免疫システムからの情報伝達がないと成立しない．両免疫システムともにまず異物を認識することが重要で，異物を認識してから免疫システムの活性化が始まる．免疫システムの情報伝達に関与している分子（サイトカインやケモカイン）も複数存在し，この伝達に関与する分子の使い分けにより免疫システムが成立している．

自然免疫　魚類にも哺乳類と同様に病原微生物の特徴的な構造を認識するToll様受容体（TLR）が存在する．このTLRは自然免疫において重要な異物認識受容体で，魚類の特徴はヒトやマウスより多くのTLR遺伝子を持っていることである．このことは魚類が水中環境に適応するために自然免疫機構を進化させてきた可能性を示唆している．

自然免疫に関する分子としてほかにも詳細に研究されているものとして補体がある．補体は侵入してきた病原体を排除するために機能する分子で，複数の補体分子が関与している．魚類の補体系は哺乳類と同様に古典経路，第二経路，レクチン経路および細胞溶解経路の4経路を有しており，補体系に関与する分子は魚類も哺乳類も同じセットを有している．しかし，魚類にはゲノム倍加などにより遺伝子セットにサブタイプ（アイソタイプ）が存在しており（☞項目「全ゲノム重複」），補体においてもいくつかの分子に機能の分化したサブタイプの存在が明らかにされている．

獲得免疫　獲得免疫には体液性免疫と細胞性免疫がある．体液性免疫に重要な分子は免疫グロブリン（Ig）で，生体内の異物を認識する抗体である．哺乳類ではB細胞（Bリンパ球）が成熟する過程でクラススイッチと呼ばれるIgの定常領域（M, D, G, A, E）の選択が遺伝子レベルで起こり，生産されるIgのタイプが決定されるが，魚類のIgではクラススイッチは起こらない．魚類の免疫グロブリンにはIgMとIgDが存在し，一部の魚では魚類特有のIgT（別名IgZ）が存在する．魚類特有のIgTの機能について詳細は明らかになっていないが，粘膜（液）免疫系で働いていることが知られている．

獲得免疫の細胞性免疫ではT細胞（Tリンパ球）が重要な役割をする．T細胞の表面に存在するT細胞レセプター（TCR）が主要組織適合抗原複合体（MHC）により提示された抗原を認識することにより機能するものである．このMHCは哺乳類ではクラスⅠからⅢまで存在し，それぞれのクラスがゲノム上に遺伝子群として存在している．魚類では哺乳類のMHC-Ⅲ類似の遺伝子群は存在しない．MHC-ⅠとMHC-Ⅱにはさらにそれぞれに異なるタイプが存在しており，魚類のこれら遺伝子は，魚種ごとにコピー数が異なることが明らかにされている．

T細胞にはTCRとともに働くレセプターが存在し，それらのうちTリンパ球の機能と関連するものとしてCD4（ヘルパーT細胞）とCD8（キラーT細胞）がある．魚類では両方のT細胞の存在が明らかになっているが，CD4については一部の魚類では2タイプ存在することが報告されており，魚類のヘルパーT細胞の機能分化が示唆されている．近年，種々の魚類のゲノムの解読が進むにつれ，これら獲得免疫に関連する遺伝子についても興味深い発見が報告されている．タイセイヨウダラ*Gadus morhua*では体液性免疫機能発揮に不可欠なCD4遺伝子とMHC-Ⅱが存在しないことが明らかになっている．

魚類の免疫関連遺伝子研究の未来　今後も魚類のゲノム解析が進むことにより，さまざまな魚種でユニークな免疫システムが明らかになる可能性がある．ただし，免疫に関わる遺伝子のみではないかもしれないが，哺乳類のホモログ遺伝子を研究対象の魚からクローン化して解析する場合に，その遺伝子が研究対象魚種に1つなのか複数タイプ存在するのかを明らかにしておかないと，研究結果の解釈を間違う可能性があると思われる．近年，新たな遺伝子工学技術としてCRISPR/Cas9やTALENによるゲノム編集による遺伝子ノックアウト技術が魚類にも利用されるようになり（☞項目「ゲノム編集」），魚類の免疫関連遺伝子においても新たな知見がもたらされるようになってきた．

［廣野育生］

色彩と視覚に関わる遺伝子

魚類の体表には多彩な色や模様がある．体表模様は周囲の背景に溶け込むような保護色として形成されている場合が多いが，個体間のコミュニケーションに用いられることもある．特に繁殖時の婚姻色は配偶相手を決める重要な役割を担っており，非常に鮮やかな場合が多い．体表の色彩や模様は，周囲の環境に存在する光を吸収，もしくは反射をすることにより初めて色や模様として周囲の生物に認識される．そのため，環境に存在する光の波長の影響を大きく受ける．魚類の体表に反射された光は，他の捕食性の魚類，もしくは配偶者の視覚に受容され，保護色や婚姻色の役割を果たす．本項ではこのような魚類の色彩と視覚がどのように形成されているかについて述べる．

魚類の色彩の形成　皮膚の中に沈着した色素によって模様がつくられる哺乳類とは異なり，魚類の色彩や模様は色素を含有する色素細胞（色素胞）によってつくられている．肉眼で魚類を見た場合，縞などの模様や色彩を見ることができるが，顕微鏡で見るとそれらが多数の色素胞の分布と密度の相違によってつくられていることがわかる（図1）．魚類の色素胞には2つのタイプがあり，それらは光を吸収するか反射するかによって異なる．光を吸収するタイプについて説明すると，全ての可視光を吸収する黒色素胞，短波長（青）～中波長域（緑）の光を吸収する黄色素胞，黄色素胞に比べさらに黄色まで吸収する赤色素胞がある．黒色素胞の中にはメラニンが，黄色素胞と赤色素胞にはプテリジンやカロテノイドが色素として存在し，光を吸収している．光を吸収した結果，黒色素胞は黒く，黄，赤色素胞は黄色と赤に見える．これらの色素胞の密度が高い箇所はそれぞれの色として認識される．光を反射する色素胞は虹色素胞と呼ばれ，この細胞の中には薄いグアニンの板状結晶が重なって存在している．この重なったグアニンの結晶が光を反射し構造色をつくり出す．タチウオ *Trichiurus japonicus* の金属光沢やサンゴ礁魚の鮮やかな青色などは虹色素胞の反射による構造色である．

魚類の体表模様形成の遺伝子基盤　先に述べたように魚類の体表模様は色素胞の配置と密度によって形成されている．そして体表模様の遺伝子基盤はゼブラフィッシュ *Danio rerio* の変異体解析から研究が進められている．ゼブラフィッシュには多くの体表模様変異体が存在し，それら変異体の原因遺伝子が特定され解析されてきた．ここではそれらを個別に説明しないが，大別すると3つのグループの遺伝子が体表模様の形成に関わっている．1つ目は色素をつくる遺伝子であり，これらの変異体では，色素胞は存在するがそこに色素が存在しない．2つ目は色素胞を形成する遺伝子であり，これらの遺伝子の変異体では先に説明した色素胞のいずれかが形成されない．3つ目は色素胞間の相互作用に関わる遺伝子であり，これら変異体では色素胞は正常に形成されるが，その配置が野生型と異なる．このようなゼブラフィッシュを用いた体表模様の研究はシン他（Singh et al., 2015）の総説によくまとめられている．ゼブラフィッシュは婚姻色を呈さないが，今後，婚姻色の遺伝子基盤も解明されることに期待をしたい．

魚類の視覚　多くの魚類の視覚はよく発達しており，採餌や同種個体の認識などに重要な役割を持つ．周囲の環境の光は眼に入り，レンズを通った後に網膜で像を結ぶ．網膜には桿体細胞と錐体細胞と呼ばれる視細胞が存在し，光は視細胞に吸収される．視細胞には光を吸収する視物質が存在しており，視物質はタンパク質成分のオプシンと発色団と呼ばれる物質のレチナールからなる（図1）．視物質は光を吸収するとレチナールの構造が異性化し，それが引き金となり神経信号が脳に送られて，像が認識される．海水魚は主にA1，淡水魚はA1とA2の両方のレチナールを用いており，A1がA2レチナールに代わると視物質は少し長波長の光を吸収するようになる．光が弱い環境に生息する魚類には網膜の裏側にタペータムと呼ばれる反射板が存在し，網膜で吸収されなかった光を反射して再び網膜で吸収させることにより光刺激を増幅させている．視細胞の中で桿体細胞は薄明視，つまり微弱な光で物体を見る働きがあり，錐体細胞は色を見る働きがある．

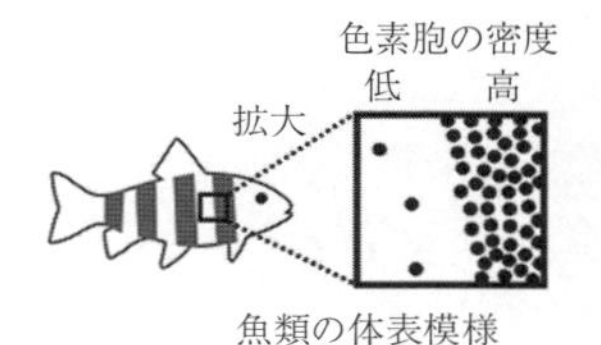

図1　魚類の体表模様形成と視物質

魚類の視覚の遺伝子基盤　多くの魚類は3色もしくは4色系の色覚を持つ．これは3種類，もしくは4種類の色覚の視物質が錐体細胞に存在することを意味する．視物質で光を吸収するのはレチナールであり，どの光の波長を吸収するかを決めているのが，レチナールを取り囲むオプシンである．そのため，視物質の種類の数だけオプシン遺伝子が存在する．薄明視に働くオプシンはRH1遺伝子にコードされ，桿体細胞で発現する．色覚に働くオプシンは錐体細胞で発現し，UVから青を吸収する視物質のオプシンSWS1，青を吸収するSWS2B，緑を吸収するRH1，黄色から赤を吸収するLWSの遺伝子からなる．魚類ではオプシン遺伝子にしばしば遺伝子重複が見られ，網膜での局在や吸収する光の波長が異なることが報告されている．水中では水深や透明度で環境中の光の波長が大きく異なる．そのため，オプシン配列の光環境への適応は魚類の進化の過程で大きな役割を果たしてきたと考えられる（☞項目「遺伝子重複」）．　［寺井洋平］

味覚と嗅覚に関わる遺伝子

魚類では，味覚・嗅覚はいずれも水中の化学物質の認識に関わる感覚である．陸生の脊椎動物と異なり，魚類では味覚・嗅覚の両方で共通に受容される化学物質も多い（アミノ酸など）．一方，味覚と嗅覚は受容器も中枢への神経伝達経路もまったく異なるため，それぞれ異なる機能を持ち，環境への適応メカニズムも異なると考えられる．以下では，魚類の味覚・嗅覚それぞれに関わる受容体の概略を説明し，それらをコードする遺伝子群の多様性と進化について解説する．

味覚受容体 味覚として認識される物質は，甘味，うま味（＝グルタミン酸などのアミノ酸），苦味，酸味，塩味の5味に分類される．甘味，うま味はT1Rと呼ばれる味覚受容体により認識される．T1RはGタンパク質共役型受容体（GPCR）であり，味細胞の細胞膜上に発現している．T1Rには脊椎動物の共通祖先で生じたT1R1, T1R2, T1R3の3種類があり，これらがヘテロ2量体を形成することで機能する．魚類では，T1R1＋T1R3とT1R2＋T1R3はどちらもアミノ酸の受容体である．また魚類ではT1R2が遺伝子重複によってしばしば多様化している（表1）．ミナミメダカ *Oryzias latipes*（Hd-rR系統）は2種類のT1R2を持つが，それぞれがT1R3と形成する2量体は，アミノ酸に対する応答性が異なっている．イトヨ属の1種 *Gasterosteus aculeatus* は8種類もの *T1R2* 遺伝子を持ち，その適応的意味は不明だが，何らかの機能的な多様化が示唆される．同様の例はホンニベ *Miichthys miiuy* でも知られており（7種類），肉食への適応ではないかと考察されている．

苦味物質は，T2R型の味覚受容体により認識される．魚類では，ゼブラフィッシュ *Danio rerio* やミナミメダカのT2Rの一部が，苦味物質のデナトニウムに応答することが知られている．多くの魚類では *T2R* 遺伝子数は1～7種類程度であるが，興味深いことにシーラカンス *Latimeria chalumnae* はゲノム中に58種類もの *T2R* 遺伝子を持つ（表1）．マウスなどの哺乳類も数十種類の *T2R* 遺伝子を持つこ

表1 代表的な魚類の嗅覚・味覚受容体遺伝子数．偽遺伝子は含まない．遺伝子数は研究によって若干変動する場合がある［Hashiguchi et al., 2006, Hashiguchi et al., 2007, Nei et al.,2008, Picon et al., 2013より作成］

魚種	嗅覚受容体				味覚受容体	
	OR	V1R（ora）	V2R（olfc）	TAAR	T1R	T2R
（参考）マウス	1,063	187	121	15	3	35
シーラカンス	56	15	61	4	5	58
ゼブラフィッシュ	155	6	44	109	3	7
ミナミメダカ（Hd-rR）	53	6	17	25	5	1
イトヨ属の1種	95	6	23	49	10	3
トラフグ	86	5	18	13	4	4

とから，条鰭類−肉鰭類の共通祖先で*T2R*遺伝子の多様化が生じたと推測される．

嗅覚受容体　脊椎動物の嗅覚受容体は非常に多様化している．特にORと呼ばれるタイプは四肢動物の一部では1,000種類以上存在し，最大の多重遺伝子ファミリーを構成している．個々の嗅覚受容体はそれぞれ複数の匂い分子を受容し，また同じ匂い分子でも，受容体により反応濃度が異なる．そのため，特定の匂い分子に対する応答は，複数の嗅覚受容体の受容する/しないの「組合せ符号」の情報として脳に伝達される（図1）．この仕組みにより，脊椎動物は多様な匂い物質を区別することができる．嗅覚受容体遺伝子は，脊椎動物の進化過程において頻繁な重複・消失を繰り返しており，またそれぞれの生物種の生息環境や餌生物，生殖様式などに適応した機能分化を生じているなど，進化的にも大変興味深い．魚類では，四肢動物と比較すると嗅覚受容体の種類数は比較的少ない（表1）．脊椎動物ORの系統解析を行った研究から，一部のグループのORが陸上進出に伴って急速に多様化したことが明らかにされているが，魚類ではそのグループに属するORはゼブラフィッシュに1種類存在するのみである．

受容体＼匂い分子	A	B	C	D	E
受容体1	●		●	●	
受容体2	●	●			
受容体3	●	●		●	
受容体4		●	●		
受容体5					●

図1　嗅覚受容の組合せ符号仮説．個々の匂い分子は，複数の嗅覚受容体によって認識され，匂いの情報は，複数の受容体に認識される・されないの組合せ情報として脳に送られる．また，一部の匂い物質は特定の嗅覚受容体と1対1に対応する場合もある．種特異性が高いフェロモンなどにはそのような傾向が見られる場合が多い［東原，2012を改変］

一方，魚類の系統で特異的に多様化した嗅覚受容体も存在する．TAARタイプの嗅覚受容体は四肢動物では3～20種類程度しか存在しないのに対して，魚類ではTAARは種によっては約50から100種類以上存在する（表1）．哺乳類のTAARはアミン類の受容体であるため，魚類においても，アミン類のような水溶性の化学物質の認識に使われることで多様化したものと推測される．

最近の研究で，ゼブラフィッシュの一部のORおよびTAARの認識する化学物質が明らかにされている．OR114は雌が分泌する性フェロモンであるプロスタグランジン$F_{2\alpha}$の受容体であることが，またTAAR13は忌避物質として知られるカダベリンの受容体であることがそれぞれ示されている．

そのほか，魚類の嗅覚受容体にはV1R（ora），V2R（olfc）と呼ばれる種類が知られている．これらは哺乳類では主に鋤鼻器官で発現し，フェロモン受容体として機能するが，鋤鼻器官を持たない魚類では，これらの受容体も嗅上皮に発現している．魚類では*V1R*遺伝子は5～8種類，*V2R*遺伝子は数十種類存在する（表1）．魚類におけるV1R，V2Rの認識する化学物質は不明だが，V2Rは味覚受容体T1Rと進化的な類縁性があること，また哺乳類のV2Rがペプチド性フェロモンの受容体であることから，魚類V2Rもアミノ酸やペプチドの受容体と推測される．

［橋口康之］

巣づくりに関わる遺伝子

巣づくりといえば鳥類が思い浮かぶが，魚類でも多くの種がさまざまな形態の巣をつくり，卵を保護し，種によっては仔稚魚期まで育てる．例えばカワスズメ科魚類の一部は卵を産み付ける前に岩の表面をきれいにして簡単な巣をつくる．ハゼの仲間も，干潟に巣穴を掘り，その中に産卵する．なかでもトゲウオ科魚類にはさまざま繁殖様式が見られ（図1），巣づくりを行う種は糊状の物質を分泌して巣材を接着するという特徴を持つ．

巣づくりに用いられる糊状の物質　トゲウオ科のイトヨ属の1種 *Gasterosteus aculeatus* は，降海型または陸封型の生活史を示す小型魚類である．イトヨ類の雄は繁殖期になると婚姻色を示し，巣づくりを行う．巣づくりの際には水底を掘り，植物などの巣材を集め，みずからが分泌する糊状物質で固めて，トンネル状の構造をつくる（図2）．巣材同士を接着する糊状物質は雄の腎臓でつくられ，膀胱に貯められた後，総排泄口から必要に応じて分泌される．分泌されると弾力のある接着性の糸をつくる．雄性ホルモンによって産生が促進されるこの物質はシステインに富む糖タンパク質で，イトヨ類のスウェーデン語名である「spigg」にちなみ，spiggin（スピギン）と名付けられた．

糊状物質をコードする遺伝子の同定　スピギンをコードするスピギン遺伝子は複数存在して遺伝子ファミリーを形成しており，転写の際にスプライシングバリアントが生じることもある．遺伝子ファミリーは，繁殖期に巣づくりを行うのに十分な量の糊状物質を産生するのに役立っていると考えられる．また，遺伝子には多量体形成に関わるvon Willebrand Factorドメインが含まれ，複数の翻訳産物が多量体をつくり，糊状の物質として機能していると予測される．

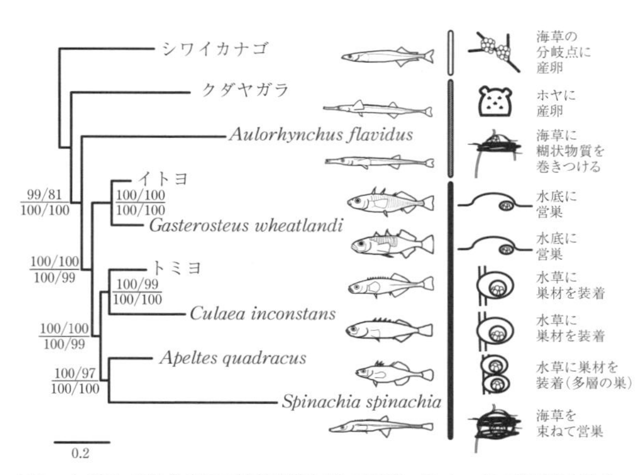

図1　トゲウオ科魚類の系統関係と巣の形態．各ノードの数字は最尤法/ベイズ法におけるブートストラップ値と事後確率．（上）ミトコンドリアDNA，（下）核DNA．縦の白いライン：シワイカナゴ科，グレー：クダヤガラ科，黒：トゲウオ科［Kawahara et al., 2009を改変］

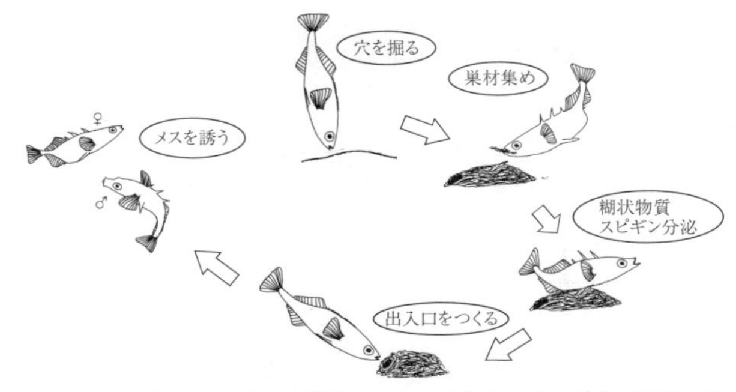

図2　イトヨ類の繁殖行動．繁殖期のオスは水底に穴を掘り，巣材を集める．分泌した糊状物質で接着し，出入口をつくる．そこにメスを誘導して産卵させる［川原，2010］

他の脊椎動物と比較すると，トラフグ *Takifugu rubripes* やゼブラフィッシュ *Danio rerio* では相同遺伝子が1つ存在しており，マウスやヒトでは相同遺伝子が *MUC19* であったことから，スピギンは唾液などの粘液に含まれる粘性のタンパク質をコードする *mucin* 遺伝子ファミリーの一員であり，イトヨ属の1種を含むトゲウオ類の系統で遺伝子が重複したと考えられる．この重複によりこの遺伝子が糊状物質としての機能を獲得したのかもしれない．

重複の過程については，不等交差により遺伝子が直列に重複していったと考えられるが，近傍に存在するレトロトランスポゾンの働きでスピギン遺伝子を含む領域がゲノムのさまざまな領域にコピー数を増やした可能性も考えられる．また，配列の短い遺伝子については多量体の構成に関わるドメインの数が少ない一方で，TILドメインを含んでおり，このドメインを持つ他のペプチド同様，抗菌作用を持つ可能性が示唆される．

イトヨ類は生息環境によって，巣の形や巣材を接着するためのスピギンの分泌量を調整している．流れのある環境では巣の形状を変え，分泌するスピギンの量も増加している．このとき，スピギン遺伝子の発現は一様に増減しているわけではなく，発現変動に偏りがあることから，遺伝子ファミリーは機能的に多様化し，巣づくりする環境や巣づくりの段階などによって使い分けられていると考えられる．

バイオマーカーとしての利用　自然状態のイトヨ類では，糊状物質は繁殖期の雄でしか分泌されないが，人為的に雄性ホルモンを与えることで，雄だけでなく雌でも糊状物質の分泌やスピギン遺伝子の発現が誘導される．この特徴を利用して，環境ホルモンの生物影響を評価するツールとしての開発が進められている．

巣づくりに関わる遺伝子と巣づくりの進化　トゲウオ科魚類はイトヨ類に限らず，巣づくりする種全てがこの糊状物質を分泌するため，糊状物質とその遺伝子は巣づくり行動の「鍵」になっていると考えることができる．また，糊状物質は体外に直接分泌される物質であることから，その進化を遺伝子配列のレベルで予測しやすい．イトヨを含むトゲウオの系統におけるスピギン遺伝子の重複とそれに伴う進化は，糊状物質スピギンとそれを用いた巣づくりのさまざまな環境への適応に貢献していると考えられる．

［川原玲香］

孵化に関わる遺伝子

魚類の胚発生は孵化まで卵膜に保護されて進む．卵膜は，周囲の環境からの物理的な衝撃やバクテリアなどから胚を守るため，強靭な構造をしており，胚の運動のみでは破れない．その一方で，孵化時に胚は卵膜から速やかに脱出して，水中生活を始める必要がある．そこで胚は，孵化時に孵化酵素を分泌して卵膜を分解して孵化する（図1）．本項では，孵化に関わる遺伝子である孵化酵素遺伝子について，その基質となる卵膜を産出する卵膜タンパク質遺伝子との密接な関係を踏まえて解説する．

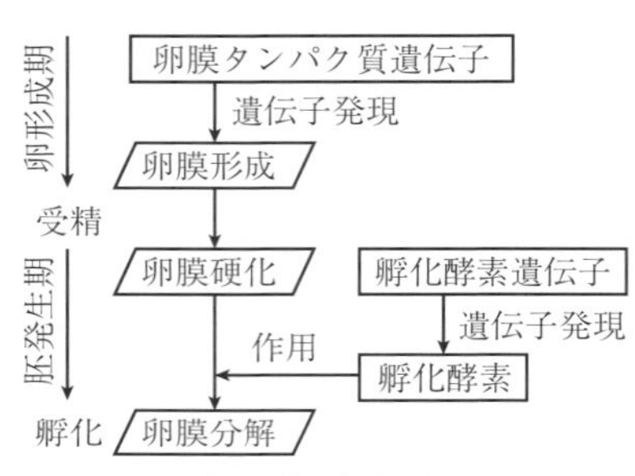

図1　孵化酵素と卵膜の相互関係

孵化酵素と卵膜　卵膜は，数種類の糖タンパク質（卵膜タンパク質）から構築される（☞項目「孵化」）．卵が受精すると，トランスグルタミナーゼによって卵膜タンパク質が架橋されて束ねられることで卵膜は硬化する．この硬化卵膜は孵化時に孵化酵素によって分解される．このとき，孵化酵素は主に架橋された領域を細かく切断し，束ねられていた構造が緩むため，卵膜が膨潤・軟化する．特に正真骨類には，HCEとLCEと呼ばれる2種類の孵化酵素があり，HCEが卵膜を膨潤化し，LCEが卵膜タンパク質の真ん中を切断することにより，膨潤卵膜を可溶化する．

このように，卵膜と孵化酵素は密接に関係しているため，両者は共進化してきたといえる．例えば，ミナミメダカ *Oryzias latipes* とマミチョグ *Fundulus heteroclitus* の孵化酵素には種特異性が見られ，他種の卵膜を可溶化できない．進化過程で，卵膜タンパク質の孵化酵素による切断部位に変異が入ると，孵化酵素が分解できなくなってしまう．一方，孵化酵素に変異が入って基質特異性が変わると，卵膜タンパク質を分解できなくなる．孵化は魚類の生活のスタートを切る重要なイベントなので，孵化できないと次世代を残せず，このような変異は許容されない．両者の遺伝子は協調的に変化しつつ，卵膜分解を維持し続けている．ではどのようにして種特異性が生じたのだろうか？　その過程は，分子系統学的に推定された祖先型の孵化酵素を人工的に作製し，その性質を分析することにより調べることができる．研究の結果から，まず孵化酵素の基質特異性が広くなり，その切断活性の範囲内で卵膜タンパク質のアミノ酸配列が変化したという，孵化酵素遺伝子の変異が先導した進化過程が推測されている（Kawaguchi et al., 2013）．

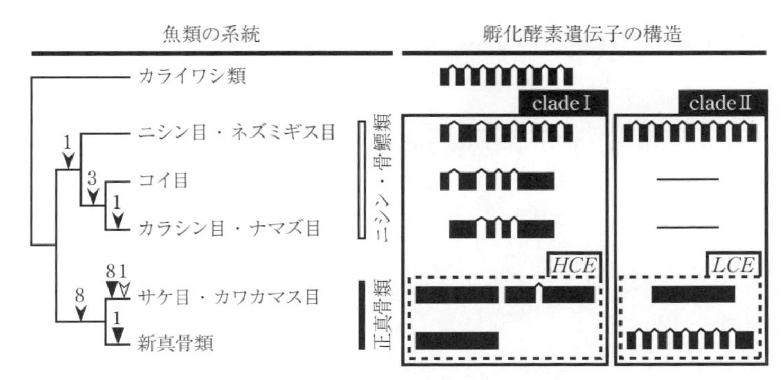

図2　真骨類における孵化酵素遺伝子の数と構造の変異．黒四角がエキソン，山なりの線がイントロンを示す．矢じり（clade I 遺伝子）と逆三角（clade II 遺伝子）がイントロンの消失（▼，▼）もしくは挿入（▽）が生じた系統を示し，その上の数値が消失もしくは挿入した数を示す［Kawaguchi et al., 2010より改変］

環境適応　孵化酵素のアミノ酸配列の変化（つまり孵化酵素遺伝子の塩基配列の変化）も環境への適応に関わっている．例えば，潮の満ち引きの大きい汽水域に生息するマミチョグは，至適塩濃度の異なる2種類の孵化酵素HCEを持つ．これにより，幅広い塩濃度環境での孵化が可能になるが，この違いはわずか1ヵ所のアミノ酸変異によるものである．

遺伝子そのものの変化だけでなく，孵化酵素を産出する孵化腺細胞の局在の変化も孵化環境に柔軟に適応している．例えば，浮性卵は沈性卵と比べて卵膜が薄い（☞項目「孵化」）．同じカレイ目に属するが，卵のタイプが異なるホシガレイ *Verasper variegatus*（浮性卵）とマコガレイ *Pseudopleuronectes yokohamae*（沈性卵）で孵化を比較すると，卵膜の薄いホシガレイでは孵化腺細胞は卵黄嚢に帯状に局在し，ここを卵膜に密着させることで，卵膜を局所的に分解して「缶切り型孵化」を行っている．一方，マコガレイでは卵黄嚢全体に孵化腺細胞が局在し，厚い卵膜を全体的に分解して孵化している（Kawaguchi et al., 2014）．

孵化酵素遺伝子のダイナミックな進化　孵化酵素遺伝子の数と構造の変異も興味深い．真骨類の祖先は，タンパク質の情報をコードする9つのエキソンとそれを分断する8つのイントロンからなる孵化酵素遺伝子を1つ持っていたが，孵化酵素遺伝子の重複・多様化が生じ，ニシン・骨鰾類と正真骨類の系統はclade I とclade IIの2種類の孵化酵素遺伝子を持つに至った（図2）．clade I 遺伝子では，ニシン・骨鰾類でイントロンが数個に減少し，新真骨類ではイントロンがなくなっている．またclade II 遺伝子でも，サケ目・カワカマス目でイントロンがなくなっており，コイ目などコイ・カラシン類では遺伝子自体が消失している．このように，孵化酵素遺伝子は真骨類の進化過程でダイナミックに変化している（Kawaguchi et al., 2010）．

［川口眞理］

倍数体と異数体

細胞核内の遺伝情報は「染色体」という構造に組織化され，遺伝情報の複製，組換え，分離，発現は染色体を通じて行われる（☞項目「染色体と核型」）．多くの魚類では，相同染色体は減数分裂を経てつくられた卵と精子の受精により次世代に伝達され，子孫は2セットの染色体を持つ．この状態の染色体を持つ生物を2倍体と呼び，2nと表す．これに対して，3セットの染色体を持つ生物を3倍体と呼び，3nと表す．染色体セットの整数倍の増加に伴い，4倍体（4n），5倍体（5n），6倍体（6n）などが生じ，一般的に3セット以上の相同染色体を持つ生物を倍数体と総称する．同種に由来する相同染色体のみを持つ倍数体を同質倍数体，異種由来の非相同な染色体を持つ雑種の倍数体を異質倍数体という．AとB種の相同染色体を各2セット持つ異質4倍体を特に複2倍体と呼ぶ．倍数体はゲノムおよび遺伝子重複と密接に関連するが（☞項目「全ゲノム重複」「遺伝子重複」），本項では，染色体操作により誘起する人為倍数体と野生集団に出現する自然倍数体について説明する．異数体とは生物種に固有の1セットの染色体数の整数倍とならず，遺伝情報の過剰あるいは欠失により不完全なゲノムを持つ生物をいう．

人為倍数体　魚類では，生理的成熟卵は，減数分裂第2分裂の中期で排卵され，精子（核1n）の進入後に第2極体（核1n）を放出し減数分裂を完了する．その後，卵核は膨潤して雌性前核（1n）となり，精子由来の雄性前核（1n）と融合（受精）して，接合体核（2n）となり，胚発生を開始する．人為3倍体魚は，温度・圧力処理などを用いた第2極体放出阻止により誘起する．3倍体誘起は比較的簡単なことから多くの魚種で実現されてきたが，その生存，成長，成熟などへの影響は魚種，飼育環境，評価方法により大きく異なる．一般に，3倍体魚の初期生残と成長は2倍体魚より劣るが，雌では不妊となり，成熟期以降に高成長を示す．一方，3倍体雄は二次性徴を示し，異数体精子を少量つくる．これらの精子の交配から生じる子孫は多くの場合致死的である．あらかじめ定められたガイドラインに従って，染色体操作法により誘起された3倍体魚などは実際の養殖に利用されている（☞項目「育種」「染色体操作」）．4倍体は卵割を阻止して倍加を図ることにより誘起するが，誘起率は低い．4倍体は2倍体配偶子の給源となるが，不妊となる例も報告されており，実用化にはさらに研究が必要である．

自然倍数体　種内に倍数体変異を示す魚種がある．中国長江流域のドジョウ *Misgurnus anguillicaudatus* では，2倍体（2n＝50）と4倍体（4n＝100）が同所的に生息する．後者は前者のちょうど2倍の核型構成を有し，相同染色体が4本ずつ並ぶ．しかし，減数分裂像では前者が25本の二価染色体を示すのに対し，後

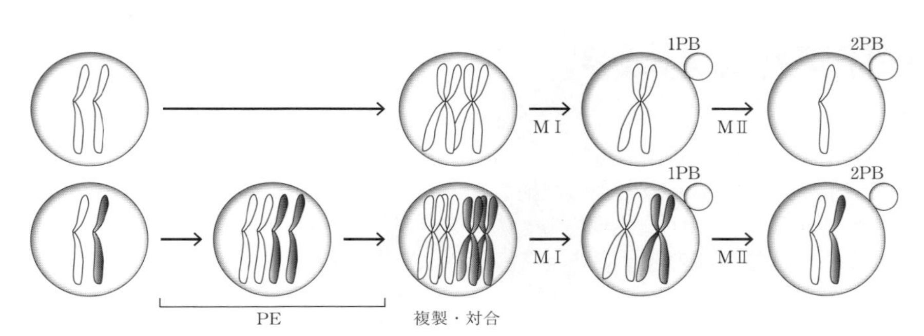

図1　通常の減数分裂による1n卵形成（上）と減数分裂前核内分裂（＝PE）による2n卵形成（下）．MⅠ：第1減数分裂，MⅡ：第2減数分裂，1PB：第1極体，2PB：第2極体

者は少数の四価染色体と多数の二価染色体を示すことから，倍加した後に，再2倍体化が生じていると推定される．自然4倍体は2n配偶子の給源となり，4倍体と2倍体の交配から3倍体を作出できる．これらの3倍体雄は不妊であり，雌は異数体卵に加えて，非還元3n卵や染色体2セットのみの減数分裂により1n卵をつくる場合（減数分裂雑種発生）がある．

日本産ドジョウの多くは有性生殖により繁殖する2倍体であるが，北海道および石川県の一部には雌性発生により繁殖するクローン2倍体が生息する．これらクローン2倍体では，減数分裂前核内分裂により全染色体が倍加し，姉妹染色体があたかも相同染色体のように行動して，減数分裂を起こすことにより，母親と同一の遺伝子型を持つ非還元2n卵が形成される（図1）．そして，これらの2n卵が同所的な野生型雄の精子の刺激により雌性発生を起こすことによりクローン系統を維持する．稀に，進入した精子核が2n卵に取り込まれた場合はクローン由来の3倍体となり，これらの雌は減数分裂雑種発生により1n卵を産む．ドジョウには遺伝的に大きく分岐したグループが認められ，クローン系統はこれらグループ間の交雑に起源することが，種々の遺伝学的証拠から示されている．クローン生殖は，交雑と深く関係し，非還元配偶子の形成は倍数体出現の一因となる．同様の例はグッピー属，*Squalius* 属，シマドジョウ属でよく知られている．雌性発生によるクローン生殖はギンブナ *Carassius* sp. 3倍体にも見られるが非還元3n卵形成には三極紡錘体形成による減数分裂第1分裂の省略（無配偶生殖）が関わっている．

最近，アイナメ属野生集団において見いだされた自然雑種スジアイナメ雌×クジメ雄あるいはアイナメ雄も，過去の交雑に起源し，父系由来遺伝子を全て排除し，母系スジアイナメ由来の遺伝子のみを持つ1n卵を形成する（雑種発生）．そして，これらの卵と現在同所的に生息する父系種との受精により半クローン雑種集団として繁殖している．半クローン生殖は *Poeciliopsis* 属の淡水魚で知られていたが，上記のアイナメ属自然雑種は海産魚で初の例となった．　［荒井克俊］

適応進化の遺伝学

適応進化とは，個体の生存や繁殖成功率を上げるような遺伝的変化のことである．生物が環境へ適応進化する際に，幾つくらいの遺伝子の変化が必要なのか，どのような遺伝子が関与するのか，どういった突然変異が関与するのかなどを研究するのが適応進化の遺伝学である．適応進化の遺伝機構を解析するアプローチは大きく分けて2つある．

適応形質の遺伝基盤を探る　1つ目のアプローチは，個体の生存率や繁殖成功率に影響を与える形質を同定し，次いで，その形質の遺伝基盤を探る方法である．ある形質が適応的であることを示すためには，ある形質が個体の生存や繁殖成功率に影響を与えることを示す必要がある．環境要因と形質に有意な相関があることを示すのが第一歩であるが，最終的には，実験的に示すことが重要である．トゲウオ科イトヨ属の1種 *Gasterosteus aculeatus* の例をあげると，透明度が高く深い湖や海では，カルシウムでできた硬い鱗板が体の側面を覆っているのに対して，浅い濁った湖や流れのゆるい小河川では鱗板が体側部で退化して前方のみに分布している（図1）．このような形質の違いは，系統的に離れた複数の系統で繰り返し見られることから平行進化の例であり，適応的であることを強く示唆する．鱗板は，大型捕食者に捕まった際に体に傷がつくのを防ぐことで生存率をあげることが実験的に示されていることから，開けた生息地で有利であると考えられる．逆に，鱗板の存在は逃避遊泳の速度を下げることが実験的に示されており，隠れ場所の多い生息地では鱗板がない方がむしろ有利であると考えられる．

図1　カルシウム染色液で鱗板を染めたイトヨ属の1種．（上）海の個体と（下）河川の個体

形質の遺伝基盤を解析する手法には大きく2つある．まずは，形質の異なる個体間で交配をして雑種家系を作出し，遺伝マーカーを利用して雑種の遺伝型を解析することによって，形質と一緒に分離するマーカーを同定する手法で，連鎖解析，あるいは，量的形質遺伝子座（QTL）解析といわれる．もう1つの方法は，多型の存在する野外集団を利用して，形質と相関のある遺伝マーカーを探索する手法で，アソシエーション解析と呼ばれる．上記のイトヨの鱗板の事例では，QTL解析とアソシエーション解析を組み合わせることで，鱗板数と強い関連のある遺伝子 *EDA* が同定された（Colosimo et al., 2005）．

QTL解析やアソシエーション解析の優れた点は，単一の遺伝子が支配していない場合，つまり，多遺伝子支配の場合にも，幾つくらいの遺伝子が重要なのか，染色体の特定の部位に集積しているのかなどを明らかにできる点である．イトヨ属の例では，少数の効果の強い遺伝子と多数の効果の弱い遺伝子の組合せで形質値が決まる場合が多いこと，染色体逆位や染色体融合などの染色体構造変化の部位に集積していることなどが明らかになりつつある（Peichel et al., 2017）．

ゲノム解析から迫る適応進化の遺伝基盤　適応進化の遺伝機構を解析するもう1つのアプローチは，全ゲノムを解析することによって，適応進化に関与したゲノム領域，つまり，強い自然選択の働いた領域を同定しようという間接的な手法である（Nosil, 2012）．近年の著しいゲノム技術の進展によって，全ゲノム配列が報告されていないような生物でもゲノム解析が比較的容易になりつつあり，この手法はますます普及すると考えられる．

全ゲノム解析から適応進化の遺伝基盤を研究する手法は，大きく分けて2つの方法がある．1つ目の方法は，ある1つの集団に着目する手法で，ある集団に割と最近に働いた強い選択の痕跡を探索する方法である．強い選択が働くと，そのゲノム領域は他の部位に比較して遺伝的多様性が減少したり，連鎖不平衡が大きかったりする傾向があり，それをとらえるのである．もう1つの方法は，対比的な環境に生育する集団間での比較を行うことで，他のゲノム領域に比べて，遺伝的な違いがとりわけ大きな領域を探索する手法である．そのような領域のことを，海に浮かぶ島になぞらえて，「分化のゲノム島」と呼ぶ（図2）．後者の場合，遺伝子流動のある集団，つまり，交雑しているような集団を利用すれば，遺伝的分化の度合いがゲノム全体では低下するため，選択のかかる領域の分化が顕著になる．上記の比喩を用いると，海水面が下がるので，島が目立つのである．これら間接手法の問題は，島の位置が組換え率や突然変異率など他の要因に左右されること，具体的にどのような形質と関係があるのかが不明なことである．

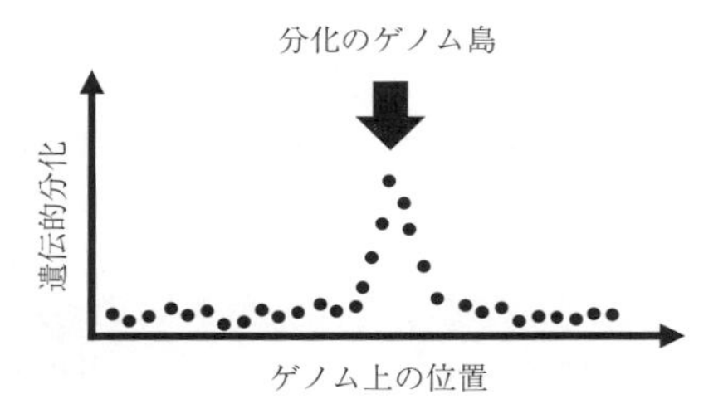

図2　分化のゲノム島．分岐的選択のかかるゲノム領域では，集団間の分化の程度が上昇し，島のように見える

今後の展望　ゲノム解析技術の進展によって，適応進化の遺伝学は急速に進展しており，イトヨ属以外にもシクリッド類やコレゴヌス属をはじめ多くの魚類で盛んに研究が進んでいる．また，CRISPR/Cas9のような遺伝子編集技術によって，実際に遺伝子を操作することが可能となり（☞項目「ゲノム編集」），その遺伝子が個体の適応度に与える効果を直接実験的に解析することも可能になりつつある．

［北野　潤］

種分化の遺伝学

種分化とは1つの種が2つの種に分かれる過程のことである．種が分かれるとは，2つの新しい種が交雑しない，もしくは低頻度の交雑だけで完全には交雑が進まないことを意味する．交雑しないことを生殖的隔離というが，種分化とは生殖的隔離が成立する過程である．種分化には大別して3つのモデルが考えられている．それぞれのモデルは種分化が起こり始めるときの集団の交雑の程度，つまり分かれていく集団の間にどの程度遺伝的交流（遺伝子流動）があるかで異なる．

種分化の3つのモデル　3つのモデルとは，異所的種分化，側所的種分化，および同所的種分化である．まず，もともと同じ湖に生息していた種が湖の陸地による分断により別々の湖に生息するようになり，お互いに交流がなくなったとする．そして時間とともにそれぞれの湖に適応した形態や生態を獲得し別々の種に進化したとする．この場合，集団間の交流がまったくない状態から種分化が始まる．このような隔離された集団から起こる種分化を異所的種分化という．

次に，同じ仮定において，湖が完全には分断されず細い運河によってつながっていたとする．この場合2つの集団には運河によって移動する個体がいるが，数が制限された交流となる．この状態から種分化が起こる場合を側所的種分化という．異所的種分化と側所的種分化の違いは，種分化の初期に集団が完全に分断されているか，少数の個体の交流があるかという点で異なる．

最後に，集団の交流が自由にある場合，つまり集団が分かれていない状態から起こる種分化のモデルが同所的種分化である．魚類の場合，異所的種分化は数多く起きてきたと予想されるが，同一の集団から種が分かれる同所的種分化は，あまり起きてきたとは考えられず，実際に報告例もほとんどない．それらの中間である側所的種分化は，近年その例が報告され，その機構も明らかになってきた．本項では側所的種分化の1つ，感覚器適応種分化について，シクリッドと総称されるカワスズメ科魚類の研究を例に説明する．

視覚の適応と婚姻色の進化による種分化　これまでにヴィクトリア湖産のシクリッドで感覚器適応種分化が報告されている．ヴィクトリア湖は14,000年程度前に一度干上がったことが知られており，現存するこの湖固有の500種ほどのシクリッドは，湖が水で満たされた後に侵入した少数の周辺河川の種から急速に種分化を繰り返して生じてきたと考えられている．最初に感覚器適応種分化を報告したのは，岩場に生息する種の集団を用いた研究であった（Terai et al., 2006）．始めに透明度の異なる岩場に棲む個体を採集し，中長波長域の光（黄～赤色）を吸収する眼の中の視物質のタンパク質成分（LWSオプシン）の遺伝子を調べた．その結

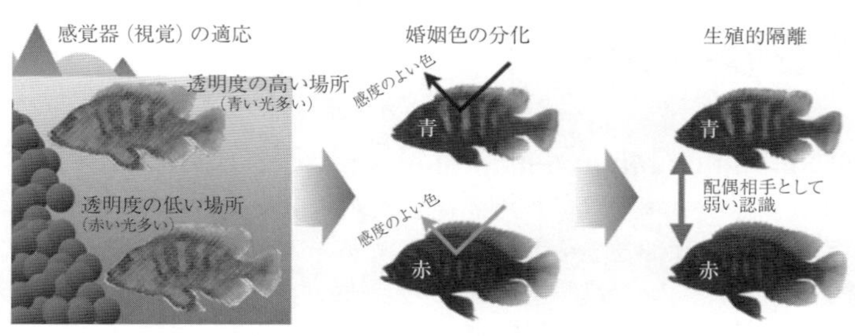

図1　感覚器適応種分化のメカニズム

果，透明度が高い岩場に生息する集団と透明度が低い集団でLWSオプシンの配列が異なっていた．それらの配列からLWSオプシンタンパク質を培養細胞中で合成して，視物質をつくり，それが吸収する光の波長を測定した．その結果，透明度が低い場所の集団の視物質は，透明度が低い水中でほとんどを占める長波長の光（橙～赤色）を吸収し，透明度が高い場所の集団の配列は，その環境で多い短波長寄りの光を吸収した．これらの機能の違いは生息環境に存在する光をより多く吸収するため，つまり環境への適応のために起こったと考えられた．

ヴィクトリア湖のシクリッドは雌が雄の婚姻色を認識して配偶者選択を行う．そのためこれら集団の雄の婚姻色を調べると透明度が低い場所の集団では長波長の光をよく反射する婚姻色（黄～赤色）の個体が多く，透明度が高い場所の集団では短波長寄りの光を反射する婚姻色（青）が多く存在していた．このような婚姻色の分化は適応した視覚（LWSオプシン）に感度よく受容される光を反射する色が，性選択により進化したためだと考えられる．また視覚が適応的に分化し，婚姻色が性選択により分化した後には，異なる集団の雌雄間では雄の反射する色が雌に感度よく受容されない，つまり目立たないため配偶相手としての認識が弱くなると考えられる．その結果，配偶相手として認識しない個体とは交配しなくなり，生殖的隔離が生じ種分化につながる（図1）．これが感覚器適応種分化の機構である．

✤感覚器適応種分化の共通性　感覚器適応種分化について，さらなる研究が同じ岩場に生息するが生息水深の異なる2種を用いて行われた（Seehausen et al., 2008）．この研究でも水深により異なる光環境への視覚の適応と，婚姻色の進化が示された．上述の2つの例は岩場の種を用いた研究であったが，砂場や泥場に生息する種でも，異なる水深に生息する種では視覚が生息する光環境に適応し（Terai et al., 2017），また婚姻色も視覚に対応するように進化していた（Miyagi et al., 2012）．これらの例から，感覚器適応種分化は少なくともヴィクトリア湖のシクリッドで共通の種分化の機構の1つであると考えられる．今後，他の魚種，特に婚姻色を呈する種でこの種分化の機構が機能してきたかを明らかにできれば，感覚器適応種分化の普遍性を示すことができると期待している．［寺井洋平］

人工種苗の遺伝学

野外で捕獲したり，継代飼育した種親を人為的に交配させてつくった仔稚魚を人工種苗と呼ぶ（受精卵を含む場合もある）．この時期の魚はまだ弱く，自然界では外敵も多い上に環境も過酷であるため，放っておくと生き残ることができない．また産卵場所そのものが自然界では失われていることもある．そこでこの時期の魚を人が育て，十分な大きさに成長したところで移植・放流や養殖に供する，というのが人工種苗生産の主な目的である．本項では遺伝学的な観点から，人工種苗とそれを取り巻く問題について解説する．

人工種苗のいろいろ　人工種苗の歴史は古く，中国では紀元前5世紀にコイ *Cyprinus carpio* の養殖方法に関する書物「養魚経」が出版されている．四大家魚（ソウギョ *Ctenopharyngodon idellus,* ハクレン *Hypophthalmichthys molitrix,* コクレン *Aristichthys nobilis,* アオウオ *Mylopharyngodon piceus*）を含む中国のコイ科魚類養殖は今でも盛んで，国連食糧農業機関（FAO）によれば世界の魚類養殖生産の中で第1位となっている．日本で養殖，というと海水魚を連想しがちだが，世界的には淡水魚養殖の方が圧倒的に多い．

日本でも江戸時代にはマダイ *Pagrus major* やコイの養殖が盛んに行われ，金魚養殖は武士の副業としても流行していた．明治以降になると栽培技術が近代化し，魚類の他にも多種多様な生物の種苗生産や大規模養殖が広まった．種苗を放流し，成魚を捕獲する種苗放流と合わせると，われわれの食卓を彩る魚介類の多くが何らかの形で人工種苗に依存していると考えてよい．

健苗性と種苗性　捕獲漁業より安定的かつ効率よく食料を供給する，という点で，人工種苗の果たす役割は大きい．また栽培漁業の観点からは，最小限の労力で最大の成果，すなわち漁獲を得るのが望ましい．このため，種苗生産においては病気に強く，健康で丈夫な種苗を生産することが求められる．種苗における形態的・機能的な質のことを「健苗性」という．人工飼育下ではこれに加えて高密度でもよく餌を食べ，成長がよく，なお且つ不必要に他の個体を攻撃しない，といった，いわば人間にとって都合のよい形質が好まれ，時に意図的に選抜されてきた．このプロセスを育種という（☞項目「育種」「染色体操作」）．

種苗放流魚の場合，人の手が関与できるのはここまでとなる．しかし，種苗放流の成果は放流された魚が自然界で生き延び，成魚となって初めて得られる．そのためには放流された魚が餌を探し，敵から身を隠しながら成長していかねばならない．このように，種苗の形態的・機能的特徴に加えて魚の行動を含めた種苗の質を「種苗性」という．

人工種苗の功罪　良いことずくめに思える人工種苗の選抜育種だが，野生生物としての種という観点は見落とされがちで，目的によっては野生魚と放流魚の遺伝的な違いが大きな問題となり得ることもわかってきた．

その1例が，人工種苗の家魚化とそれに伴う自然環境への不適応化である．筆者らが実施したアメリカ・フッド川のスチールヘッド（降海型ニジマス *Oncorhynchus mykiss*）の研究（Araki et al., 2007）では，DNAを使った遡上親魚の家系解析により，産卵遡上した種苗放流魚が自然界で残した子供の数が野生魚に比べ約4割も少ないことが明らかとなった．しかもこの影響は遺伝し，人工種苗2世代目ではさらに4割の子孫数減少が見られた（図1）．この結果は「種苗放流魚は野生魚に比べ，自然繁殖力（繁殖能力や次世代の自然界での生存力）が著しく劣っていること」「その不適応化は世代を超えて遺伝・蓄積すること」を示している．サケ科魚類についてはその後，さまざまな魚種での追試実験でも同様の結果が得られており，今では天然資源の増殖を目指す上での種苗放流の一般的な問題点の1つと考えられている．

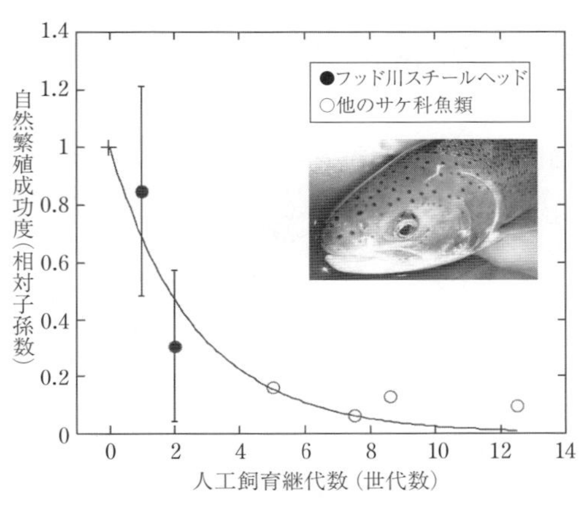

図1　サケ科魚類の人工飼育が自然界での繁殖成功に与える影響［Araki et al., 2007より改変］

人工種苗のこれから　人工種苗の自然繁殖力減少の主因は，人工飼育環境への急速な適応と考えられる．生活史を人為環境下で全うする完全養殖の場合はそれでもかまわないが，天然遺伝資源保全の機運が高まりつつある現在，この問題にどう取り組むかは保全遺伝学上の大きな課題の1つである．例えば行動学的には，種苗放流魚が野外で餌を捕る際に大胆過ぎることや繁殖期にうまく交配相手を獲得できないことが指摘されており，これらの背景に学習効果のみならず遺伝的な影響があることもわかってきている．これらの現象は人工種苗をより早く，健康に，大きく育てようと人間が魚に対して行った試行錯誤の副作用といえるだろう．つまり，「健苗性」を優先するあまり「種苗性」を低下させているのだ．そのような遺伝子が野生集団に拡散してしまうと，本来守るべき野生魚の集団にも悪影響が及ぶ．さまざまな種のゲノム情報が比較的容易に手に入るようになった今，育種学，行動学，保全学と並んで遺伝学がこの問題解決に果たす役割は大きい．ゲノムレベルでの人工種苗解析と野生生態の解明を含め，人間社会と自然の一部としての魚達との真の共存を模索する挑戦は続く．　［荒木仁志］

量的形質の遺伝学

量的形質とは個体間の変異が連続的で，数量や数値として表される形質である．図1にグッピー *Poecilia reticulata* の2系統の雄における生後180日目の体長分布を示す．2系統とも平均値を中心とした両側に裾を引くような分布をしている．平均値を中心にある幅を持った分布をとるのが量的形質の特徴である．2系統間の差異は明確であるものの，メンデルの法則で用いられた形質のように対立形質として明確に分けることができず，対立遺伝子や遺伝子型と表現型との関係を明確にすることができない形質はわれわれ自身の身近にも多く存在する．身長や体重，髪の毛の色などは連続変異する形質といえる．これらの形質は古くから遺伝すると考えられてきた．しかし，形質間の差異が連続的であることや，対立遺伝子と遺伝子型との対応関係が不明瞭であることからメンデルの法則の例外として扱われた時期があった．

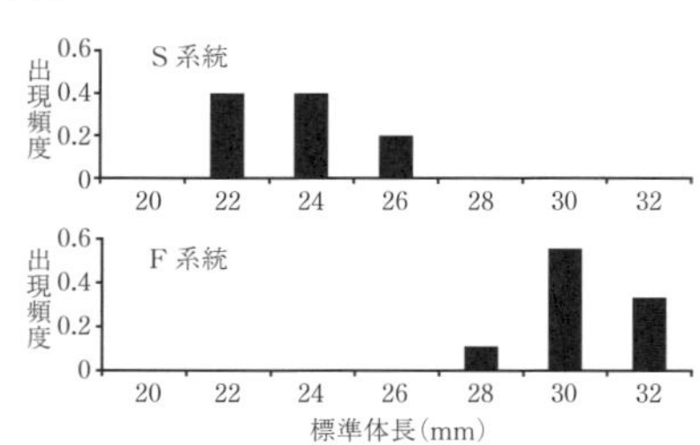

図1　東北大学大学院農学研究科で維持されているグッピー，F系統とS系統における雄の生後180日目の体長分布

量的形質の遺伝　このような連続変異する形質には複数の遺伝子が関与していることが示されている．複数の遺伝子が関与する場合，形質の分布は関与する遺伝子が増えるほど遺伝子型間の表現型差異が不明確となる．さらに，環境効果が加わると遺伝子型を明確に分離できなくなる（図2）．

このような形質の遺伝支配はポリジーンと呼ばれ，単一遺伝子による支配（メジャージーン）と区別されている．育種を考える場合，高成長（体長，体重，肥満度など）や環境適応能力（高温耐性，低温耐性，塩分耐性など），再生産能力（産卵数，生残率など）などの育種対象となる形質の多くがこの量的形質に当たる．量的形質の遺伝的解析は育種における重要な課題であり統計遺伝学と組み合わせることにより，さまざまな形で解析が進められてきた（☞項目「育種」）．また，遺伝子型の組み合わせが多様であることから，自然集団における種々の環境への適応に対して重要な役割を担ってきたと考えられている．

遺伝率と育種価　それぞれの個体で測定された量的形質の値は表現型値（P）と呼ばれる．表現型値は遺伝子型値（G）と，その生物に無作為に働く環境効果（E）の和（$P = G + E$）として表される．

量的形質では表現型値の連続変異は遺伝的変異と環境変異の両方の和と考える．遺伝的変異の表現型値に及ぼす影響の大きさを表す値として遺伝率（h）がある．遺伝率には広義の遺伝率と狭義の遺伝率の2種類がある．広義の遺伝率は遺伝分散V_Gの表現型分散V_Pに対する割合として以下のように表される：$h^2 = V_G/V_P$．一方，遺伝分散は遺伝子型変異の相加的効果である相加遺伝分散（V_A）と対立遺伝子の組合せの効果である優性分散（V_D）とに分けられる．遺伝子の加算的効果は遺伝し，優性効果は遺伝しない．そのため，相加的遺伝分散V_Aの表現型分散V_Pに対する割合が狭義の遺伝率として定義される：$h^2 = V_A/V_P$．特に断りがない場合は狭義の遺伝率が遺伝率として用いられる．

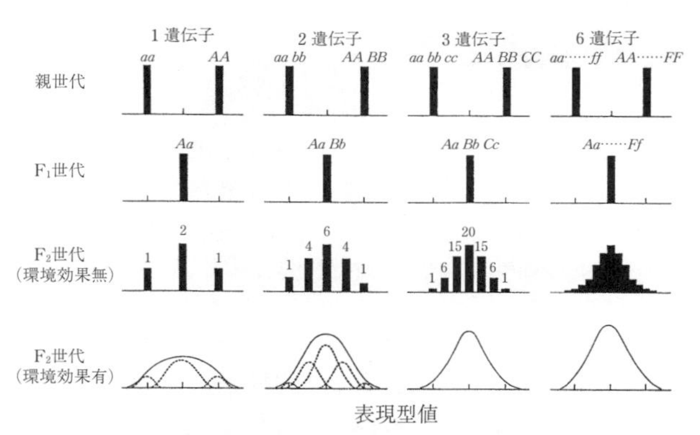

図2　ある形質に関与する遺伝子数増加に伴うF_2世代における表現型の分布の変化．F_2世代（環境効果無）における数値は分離比を表す

遺伝率は特定の集団において推定される値であり，飼育環境や系統，集団が異なると同じ形質でも異なった値が推定される．一般的には遺伝率が0.2以上あると選択育種の対象となり得るとされ，0.4以上あると「高い」と評価される．グッピーの脊椎骨数で0.38，マダイ *Pagrus major* の45日目体長で0.84などが推定されている．遺伝率はその集団の進化の可能性を示す値でもある．

集団の遺伝的性質が次世代へどのように伝えられるかを考える場合には親から子に伝わる値を定義しなければならない．次世代では両親から伝えられた対立遺伝子により新たな遺伝子型が形成される．したがって，親個体の遺伝子型が次世代に及ぼす影響，育種価，を求めなければならない．育種価は，ある個体を集団からランダムに抽出した個体と交配させた時，集団平均をどの程度変化させ得るかを示す値として求められ，個体の能力を表す値としても用いられる．

量的形質の遺伝的改良　量的形質における遺伝的改良は個体の育種価を増加させることと等しい．ヘンダーソン（Henderson, 1975）はブラップ法（Best Linear Unbiased Predictor, BLUP法）と呼ばれている育種価の推定手法を考案した．近年のコンピュータ高性能化により個人のコンピュータでも解析可能となった．

さらに，さまざまな種で遺伝マーカーを用いた連鎖地図が作成されるようになると育種価を個体レベルで推定するのではなく各マーカー座の形質に及ぼす影響（育種価）を推定し，全てのマーカー座の総和として遺伝子型の組合せにおける育種価を求める手法が考案された．これがゲノム育種価である．ブラップ法の近交係数が上昇しやすいという欠点を補う手法として用いられている．［中嶋正道］

集団の遺伝学

集団遺伝学では，ある生物種の特定の個体の遺伝子に生じた突然変異が，生物集団内でその頻度をどのように増減させるのかを理論的に予測する．このとき，進化とはある生物集団の遺伝的組成の時間的な変化と定義される．進化を引き起こす主な要因として，遺伝的浮動と自然選択の2つが知られている．

遺伝子頻度と遺伝子型頻度　まず2倍体の生物集団を考える．ある遺伝子座について対立遺伝子A, aが存在する場合，この集団の個体の遺伝子型はAA, Aa, aaのいずれかになる．この集団の①個体数が十分に多く，②集団内外での個体の移入・移出がなく，③異なる遺伝子型の間で生存・繁殖力に違いがなく，また④集団内の個体はランダムに交配する（任意交配）場合，対立遺伝子A, aの頻度は世代を超えて変化しない．またA, aの頻度をそれぞれp_A, p_aとすると，各遺伝子型の個体の頻度はAAが$p_A{}^2$, Aaが$2\,p_Ap_a$, aaが$p_a{}^2$となる．この法則をハーディ・ワインベルグの法則という．この法則の仮定①や③が成り立たない場合，対立遺伝子頻度の世代ごとの変動，つまり進化が生じる．

遺伝子の機械的浮動（遺伝的浮動）　遺伝的浮動とは，個体数が有限の生物集団において生じる偶然による遺伝子頻度の世代ごとの変動のことである．有限集団では，異なる遺伝子型の個体間に選択が働かなくても，親から子に遺伝子が伝わる際，対立遺伝子の頻度は確率的に変動する．集団サイズNの2倍体集団において，子世代の集団の遺伝子組成が親世代から重複を許してランダムに抽出された$2N$個の対立遺伝子から構成されるとすると（Wright-Fisherモデル），次世代に伝わる対立遺伝子の数は二項分布に従う．そのため，対立遺伝子Aの頻度の次世代における平均はp_A, 分散は$p_A(1-p_A)/2N$となる．つまり，集団サイズが小さいほど，遺伝子頻度の分散が大きく，そのため世代ごとの遺伝子頻度の変動幅が大きくなる（図1）．また有限集団において，ヘテロ

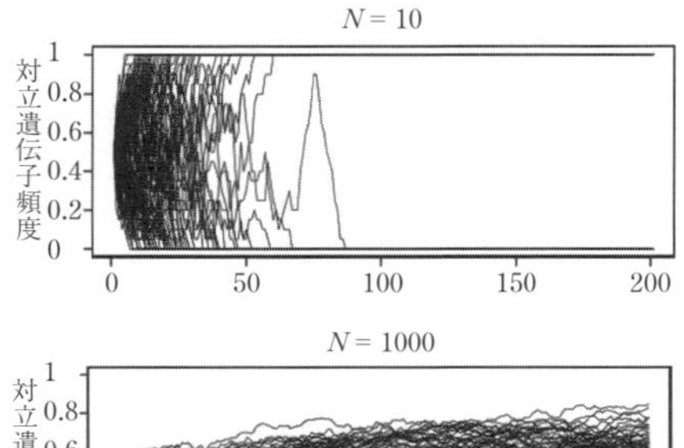

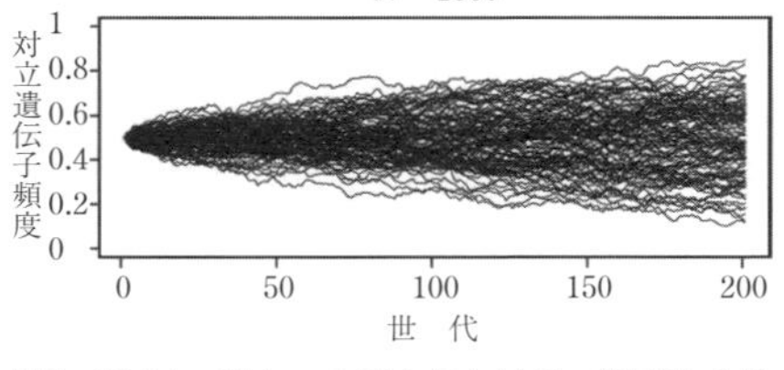

図1　Wright-Fisherモデルにおける，集団サイズが異なる場合の遺伝子頻度の世代ごとの変化（Rによるシミュレーション）．1回の計算は200世代で，同じ計算を100回繰り返した結果を示す．$N=10$のとき，対立遺伝子頻度は0または1に固定する．一方，$N=1000$では，対立遺伝子がどちらかに固定するケースは少ない

接合度は毎世代ごとに2N分の1の率で減少することが理論的に予測されるため，集団サイズが小さいほど，ヘテロ接合度は急速に減少する．集団サイズの減少は遺伝的浮動の効果を大きくするため，集団の遺伝的多様性の低下をもたらし，希少種の保全などの際に問題となる．特に淡水魚では，ハリヨ *Gasterosteus aculeatus* sub sp.，カジカ大卵型 *Cottus pollux.*，イワナ *Salvelinus leucomaenis* などの一部の小集団で遺伝的多様性の低下が示唆されており，対策が必要である．

自然選択　異なる遺伝子型の個体間で適応度が異なる場合，自然選択が働き，有利な遺伝子型をもたらす対立遺伝子の頻度は時間とともに増加する．適応度とは，生存力・繁殖力などの違いに基づいて決まる値で，ある遺伝子型の個体が次世代に残す子孫の数の期待値として定義される．自然界において，あらゆる環境に適応した多様な生物が存在するのは，さまざまな遺伝子に生じた変異に自然選択が働いた結果である．自然選択による適応メカニズムを明らかにすることは，ダーウィン（Darwin, C. R.）以来の進化生物学の中心的な課題であり，これまで数多くの研究がなされている．

集団内に生じた突然変異の多くは，生存や繁殖に不利な変異なので，速やかに集団中から除かれる（負の選択）．一部の変異は生存・繁殖に影響しない（中立）ため，それらの頻度は遺伝的浮動のみにより変動する．ごく少数の変異のみが個体の生存・繁殖に有利に働き，このような変異は正の選択によって集団中に広がる可能性がある．正の選択は方向性選択とも呼ばれ，異なる環境に生息する同種の集団において，それぞれの環境への適応を生じさせる．例えば北太平洋に分布するイトヨ属の1種 *Gasterosteus aculeatus* では，遡河回遊を行う海洋型と，淡水湖などに陸封された淡水型という2通りの生態型が存在するが，淡水型では体側の鱗板列が退化・消失することが知られている．この形質の変異は，鱗板列の形成に関わる遺伝子である *Ectodysplasin A*(*Eda*) の発現調節領域に生じた変異による．淡水型では，鱗板列の退化が淡水環境への適応として複数の集団で生じており，変異型の *Eda* 対立遺伝子が方向性選択によって集団に固定したことが示唆されている．

自然選択には，集団内に多型を維持する方向に働くものもあり，平衡選択と呼ばれる．平衡選択の例としては，アフリカのタンガニイカ湖に生息する鱗食性のシクリッド *Perissodus microlepis* が有名である．この魚には，被食者の左側の鱗を食べる「右利き」と，右側の鱗を食べる「左利き」がそれぞれ存在し，その形質は1遺伝子の変異によって決まる．被食者は，体側のより頻繁に襲われる側を警戒するため，この魚では頻度の低い利きの個体が捕食の際に有利になる．その結果，有利な利きの頻度が増加し，全体の半数以上になると，被食者は今度は学習により反対の側を警戒するようになるため，有利なタイプが入れ替わり，反対の利きの個体が増加を始める．このような自然選択は負の頻度依存性選択と呼ばれ，平衡選択の主要なメカニズムの1つである．　　　　　　　　　　　　　　　　　　　　　［橋口康之］

小集団の遺伝現象

魚類の集団サイズは，自然または人為的要因による生息地の消失，乱獲，伝染病の蔓延，外来種の影響などを通じて縮小する．集団サイズの縮小，すなわち小集団化は，集団が保有する遺伝的多様性を失わせ，近親交配に伴う近交弱勢を引き起こす．このような小集団の遺伝現象は，実際の集団サイズ（センサスサイズ）ではなく，有効集団サイズ（N_e）に左右される．一般に，長期的なN_eはセンサスサイズの10分の1程度だが，魚類のように多産な生物では数桁も小さい場合がある．小集団化による遺伝的多様性の消失と近交弱勢は，集団の絶滅確率を高め，集団サイズの回復速度を低下させる．

遺伝的多様性の消失　集団が保有する遺伝的多様性の大きさは，ヘテロ接合度やアリル多様度で表される．前者は，集団中のヘテロ接合体の頻度の期待値であり，遺伝子座あたりのアリル（対立遺伝子）数が多く，アリル頻度に偏りがないほど高くなる．一般に，複数の遺伝子座のヘテロ接合度の平均値が遺伝的多様性の指数として用いられる．アリル多様性は，遺伝子座当りのアリル数の平均値である．この値は調べた個体数に依存するので，集団間で比較する場合は，各集団同数を調べたと仮定した場合の期待値であるアリル豊度が用いられる．

個体の出入りがない集団において，ヘテロ接合度は遺伝的浮動により毎世代$1/(2N_e)$の割合で減少する（☞項目「集団の遺伝学」）．例えば，50世代で，$N_e=500$の集団では，当初のヘテロ接合度の約5%が遺伝的浮動により失われ，$N_e=50$の集団では，約40%が失われる．このように，ヘテロ接合度の減少は，極端に小さな集団においてより顕著である．これまで，絶滅が危惧される淡水魚の隔離集団などでヘテロ接合度の大幅な低下が観察されている（図1）．なお，世代間で集団サイズが大きく変動する場合など，N_eを小さくする要因が存在する場合には，ヘテロ接合度の低下がより速やかに起きる．一方，集団間の個体の移動によ

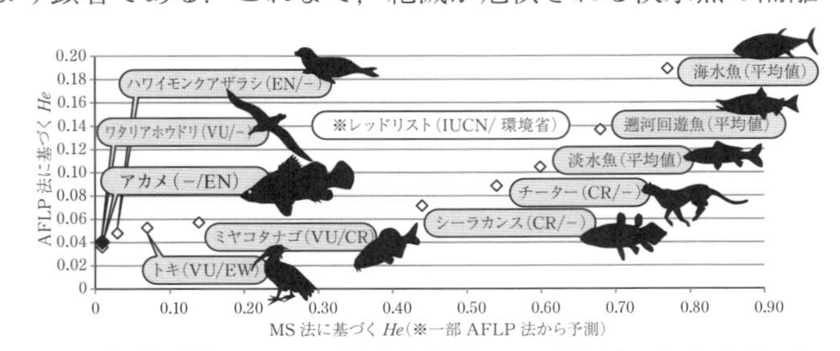

図1　絶滅危惧種にみられる遺伝的多様性（ヘテロ接合度）の低下．魚類では，ミヤコタナゴの飼育集団やアカメの野生集団などで遺伝的多様性の著しい低下が報告されている．図の縦軸は増幅断片長多型（AFLP）分析に基づく推定値，横軸はマイクロサテライトDNA（MS）分析に基づく推定値であり，一方の遺伝マーカーしかデータが得られていない種については，予測値がプロットされている

る遺伝子流動が毎世代わずかでもあると，低下は大幅に緩和される．

アリル多様度と集団サイズとの関係は単純な式で表すことはできないが，アリル多様度はヘテロ接合度に比べて乱獲などによる小集団化の影響をより受けやすいと考えられている．また，この影響は，アリル多様度の高い遺伝子座においてより顕著である．メタ分析の結果，乱獲されている魚類集団では，そうでない集団に比べて，平均して2%のヘテロ接合度の低下と，12%のアリル多様度の低下が認められた．魚類において，低頻度のアリルが，新しい環境への適応に大きな役割を果たす例が知られており，アリル多様度の低下は，魚類集団が環境の変化に適応して進化していく可能性を低下させると考えられている．

近親交配と近交弱勢　親子，兄妹，親戚間など，血縁関係にある個体間の交配のことを近親交配という．個体の出入りがない小集団では，わずかな世代のうちに全ての個体が互いに血縁となるために，近親交配は避けられない．近親交配の程度は，近交係数（F）で表される．Fは，ある遺伝子座において，個体の持つ2つのアリルが同祖的である確率，すなわち，共通祖先が保有していたあるアリルの同一コピーをホモ接合で受け継いでいる確率である．集団の平均近交係数は毎世代$1/(2N_e)$の割合で上昇し，これはヘテロ接合度の低下と等しい．したがって，集団の平均近交係数（有効近交係数）は，小集団化が起きてからの時間に伴うヘテロ接合度の低下率から推定することができる．

近親交配に伴う適応度の低下を近交弱勢という．近交弱勢は，卵の孵化率，稚魚生残率，成長速度といった適応度の構成要素における表現型値の低下としてとらえられる．近交弱勢は，近親交配によりホモ接合が増加することによって起きる．通常，野生集団は適応度に関わる多くの有害なアリルを保有しているが，その多くは優性の正常なアリルとヘテロ接合しており，その害は現われない．しかし，小集団の状態が続くと，近親交配により劣性の有害アリルがホモ接合になって，その害が現れる．このような，集団中の有害アリルによる負荷のことを遺伝的荷重と呼ぶ．遺伝的荷重は，除去淘汰や遺伝的救済によって軽減される．前者は，近親交配によって劣性の有害アリルが発現し，自然淘汰により除去されることをいい，特に致死アリルや有害性の高いアリルが効果的に除去される．一方，後者は，近親交配の進んだ集団を，他の非血縁集団と人為的に異系交配させることで，有益な遺伝的多様性を導入し，近交弱勢から回復させることをいう．

近交弱勢は，特定のFにおける適応度の平均減少率として測定される．また，Fの増加とともに低下する生残率との間の回帰式から，1配偶子当り平均してどれくらいの有害遺伝子が存在するかを予測することができる．この予測値は致死相当量と呼ばれ，哺乳類の飼育集団ではその中央値は約1.57であるが，魚類の場合は1以下であることが多い．致死相当量は，絶滅危惧種などの集団存続可能性分析に用いられる重要な変数の1つである．　［髙橋 洋］

外来魚の集団遺伝学

外来魚とは人為的に持ち込まれた魚類のことであり，海外からの導入だけでなく，国内における移動も外来魚となる．外来魚のもたらすさまざまな問題については項目「保護」で詳述されるため，本項では遺伝学的手法による外来魚の研究について紹介する．

導入経路，導入圧の推定 外来魚の侵入はさまざまな要因で生じる．主な要因は，漁業や釣りの対象としての意図的放流，水産放流への非意図的混入，観賞魚の投棄，自然災害による養殖魚の逸出，大型船のバラスト水への取り込みなどである．しかし，個々の外来魚が，どのように侵入し，分布を拡大したのかについては不明なことが多い．侵入予防や分布拡大の防止を行うには，個々の魚種についての導入経路（起源地と運搬手段）と導入圧（個体数と回数）についての具体的情報が不可欠である．

日本で大きな問題となっている外来魚としてオオクチバス *Micropterus salmoides* をあげることができる．日本のオオクチバスは1925年に芦ノ湖に導入されたのが最初とされ（図1a），その後，1972年にアメリカ合衆国のペンシルベニア州産とミネソタ州産が移殖されたといわれている（図1b）．さらに1980年代にはフロリダ半島産亜種 *M. s. floridanus* が神奈川県津久井湖と奈良県池原貯水池に放流されている（図1c）．その後，1990年代に全国でオオクチバスの急速な分布拡大が問題視される中，釣り関係者の密放流が分布拡大の主要因とする研究者と，琵琶湖産アユの放流に混入したことがオオクチバスが広がった主要因とする釣り業界の間で対立があった．しかし，琵琶湖でオオクチバスが激増したのは1980年

図1　オオクチバス3系統の都道府県ごとの分布．(a) 1925年の導入に由来すると考えられるハプロタイプ．西日本の空白は未調査地域が多いため．(b) 1972年の導入に由来すると考えられるハプロタイプ．琵琶湖には分布しないが，関東地方以北に広く高頻度で見られる．(c) 1980年代に導入されたフロリダ半島産亜種のハプロタイプ．近畿地方から中部地方に広がっている［高村，2005・北川，2007・土田他，2007をもとに作成］

代であり，それ以前にも各地でオオクチバスの侵入が見られていたことや，琵琶湖のオオクチバスのmtDNAハプロタイプと，1990年代になってから分布を広げたオオクチバスのハプロタイプは異なっていることから，琵琶湖産アユ種苗に混入して全国にオオクチバスが広がったのが主要因とする説は否定された．また，琵琶湖へのフロリダ半島産亜種の密放流が行われることで，1990年代後半から琵琶湖のオオクチバスは急速にフロリダ半島産亜種との雑種に置き換わっていることも明らかになった．

一方，生態学的影響の大きな外来魚であるブルーギル *Lepomis macrochirus* については，1960年にシカゴのシェド水族館から送られた15個体が日本全国に分布を拡大したとされている．日本のブルーギルからは，起源地と推定される場所と同じハプロタイプしか見いだされず，合衆国からの1回限りの導入が日本の全てのブルーギルの起源となったためと考えられる．そのほか，さまざまな日本産淡水魚の国内移殖についてもmtDNAなどをマーカーとした導入起源の推定が行われている（向井，2007）．

交雑の解析　外来魚の導入起源の推定にはmtDNAが有効だが，mtDNAは母系遺伝のために外来種と在来種の間で交雑が起きているのかどうかは判定できない．また，外来種の雄と在来種の雌が交雑するような方向性がある場合，その個体群が雑種化していてもmtDNAは在来種のものということも生じる．さらに，遺伝的分化が小さいことでmtDNAでは地域差が判定できないこともある．そのような場合は，核DNAマーカーを用いる必要がある（☞項目「DNAマーカー」）．比較的よく使われる手法として，マイクロサテライトマーカーを用いた帰属性検定がある．また，簡易な交雑判定として計数形質や色斑の比較をmtDNA解析と併用することもしばしば行われている．

外来魚の進化　外来魚が定着する過程で，原産地の個体群とは異なる遺伝的組成への変化が生じる．少数の個体が侵入した場合は，元の個体群よりも遺伝的多様性が低くなる．一方，複数の起源地から導入された場合は元の個体群よりも多様になる．いずれの場合も外来個体群は原産地とは異なる淘汰圧にさらされる．

侵入時に遺伝的多様性が減少した場合は，近交弱勢が生じたり，侵入先への適応進化に必要な多様性が不足すると考えられる（☞項目「小集団の遺伝現象」）．天敵や競争相手を欠く環境であれば多少の遺伝的多様性の減少は問題にならないと考えられるが，多くの外来種が定着に失敗する原因の中には遺伝的要因も含まれるだろう．また，植物では複数の起源地から導入された外来個体群（あるいは近縁種）が交雑することで「スーパー外来種」として著しい侵略性を発揮する事例が知られている．魚類ではそのような事例は知られていないが，池原貯水池や琵琶湖ではオオクチバスの名義亜種とフロリダ半島産亜種の雑種化が急速に進んでおり，交雑による侵略性の強化が生じている可能性がある．　　［向井貴彦］

種内の遺伝的変異

遺伝的変異は種の存続，進化の可能性の基盤として不可欠である．生物の種内には，多かれ少なかれ遺伝的変異が保持されており，遺伝的変異をあまり持たない地域集団は，大きな環境の変化に応答できず，絶滅するかもしれない．一方で，遺伝的変異を有する集団では環境変化に応答し，存続できる可能性がある．地域集団で近親交配が進んだ場合，遺伝的変異は小さくなり，近交弱勢により個体の適応度は低下し得る（☞項目「小集団の遺伝現象」）．これらのことから，種内に保持されている遺伝的変異を検出し，評価することは，生物の存続や，進化の理解にとって非常に有効である．

自然集団における個体や地域集団内の遺伝的変異は，分子生物学的手法の発展とともに，さまざまな方法によって分析されてきた．タンパク質の分析に始まり，ポリメラーゼ連鎖反応（PCR）法の利用によるDNAの分析を経て，近年では，次世代シーケンサーによる全ゲノムの比較分析が可能になってきた（☞項目「DNAマーカー」）．

タンパク質分析　アロザイム分析は，活性を持つ酵素タンパク質の変異を，電荷と分子量の違いに基づいて，電気泳動によって検出できる手法である．DNAにコードされている遺伝子の情報は，メッセンジャーRNAへと転写された後，アミノ酸へと翻訳される．タンパク質はアミノ酸から構成されるので，酵素タンパク質の電荷を持つアミノ酸の変異を検出すれば，その原因となるDNAの変異を検出できることになる．アロザイム分析は，DNAの変異の一部しか検出できないものの，1960年代の後半から魚類の自然集団の分析に盛んに適用され，多くの成果を上げてきた．変異の評価は，遺伝子座当りの対立遺伝子数や，ヘテロ接合度により行われる．魚類のアロザイム分析の膨大なデータをまとめて，ヘテロ接合度の平均値を比較すると，海産魚（0.059）＞遡河回遊魚（0.052）＞淡水魚（0.046）となる．これは，それぞれの集団サイズの大きさを反映しているとみられる．このように，タンパク質分析でも種内の変異量の大まかな傾向は十分に抽出できる．

DNA分析　DNAは遺伝物質そのものであり，遺伝的変異を検出するには，DNAの塩基配列を直接決定すればよい．1980年代後半に確立されたPCR法により，DNAレベルの変異の検出は劇的に進展した．PCR法によりターゲットの遺伝子領域を増幅し，増幅断片をジデオキシ法（サンガー法）により蛍光標識した後，DNAシーケンサーにて電気泳動することで，塩基配列を決定できる．魚類を含む脊椎動物のミトコンドリアDNA（mtDNA）は，核DNAの遺伝子領域と比べておよそ5～10倍も変異性が高く，細胞当りのコピー数が多く，半数体で

表1　諸分析手法によるアユ種内の遺伝的変異性評価の結果．用いる分析手法や評価指数により数値は異なるが，アユの2亜種間の遺伝的変異性の違いはいずれにおいても明瞭に検出されている［Nishida, 1985, Takeshima et al., 2005, 2016］

	遺伝的変異性分析手法および評価指数		
	mtDNA調節領域塩基配列分析によるハプロタイプ多様度	アロザイム分析による平均ヘテロ接合度	マイクロサテライトDNA分析による平均ヘテロ接合度
リュウキュウアユ	0.54～0.80	0.001	0.154～0.161
ア　ユ	0.99	0.037～0.040	0.594～0.711

あることなどの分析のやりやすさから，塩基配列分析が盛んに行われてきた．変異の評価には，集団あたりのハプロタイプ数や，ハプロタイプ多様度，塩基多様度などを算出する．絶滅が危惧されるリュウキュウアユ *Plecoglossus altivelis ryukyuensis* について，mtDNA調節領域の塩基配列を調べたところ，ハプロタイプ多様度は，基亜種アユ *Plecoglossus altivelis altivelis* と比較して顕著に低かった（表1）．

PCR法は，核ゲノムのマイクロサテライトDNAの変異検出にも利用される．マイクロサテライトDNAの繰り返し配列は，非常に変異に富み，個体間でさえ異なることが多い．蛍光プライマーの適用により増幅したターゲット領域のPCR産物を，DNAシーケンサーによって電気泳動し，繰り返し配列の変異を検出できる．変異の評価法は，アロザイム分析と同様であるが，その変異性はアロザイムと比べてはるかに高い（表1）．

全ゲノム分析　2000年代の後半には次世代シーケンサーが登場し，ついに全ゲノムの比較から種内の遺伝的変異を大規模に検出できる時代がやってきた．大量のDNA情報の処理を高速コンピューターにより効率的に行うことが必須となり，バイオインフォマティクス（生物情報科学）と呼ばれる学問分野が誕生した．

平行進化のモデル魚類であるイトヨ属の1種 *Gasterosteus aculeatus* では，世界中から集めた海洋型と淡水型の全ゲノム比較分析が行われた．興味深いことに，まったく別の場所の淡水型でも，同じDNA変異が固定していた．これは，過去から種内に保持されてきた変異が，別々の場所で固定したことによると考えられる（保有遺伝変異）．このように固定した変異は，遺伝子のコード領域よりも（17%），遺伝子発現を制御する制御領域に多く生じていた（83%）．このことから，イトヨ類の生態型の進化には，遺伝子制御領域の変異が非常に重要であったことが示唆される．

［武島弘彦］

遺伝子分析が解明する隠蔽種

形態的に他種との区別ができない隠蔽種は，遺伝子のDNA塩基配列分析を用いた分子系統解析の発展と普及によって，幅広い動物分類群（海綿から哺乳類まで）においてその存在が多く知られるようになった．従来，種は主に形態的な特徴によって判別されてきた．しかしながら，形態的には同じとみなせる種の多個体について遺伝子分析をすると，その中に別種とみなせるほどの遺伝的な違いがある個体のグループが複数発見されることがある．これらが隠蔽種にあたる．これら隠蔽種の存在は，生態的な特徴や行動パターンの違いなどから予想されることもあるが，最終的には遺伝子分析によって別種だと判断される場合がほとんどである．

隠蔽種が発見されると，単に種数が増えるというだけではなく，次のような学術的な課題が生じる．例えば分類学的には，発見された複数の隠蔽種のうち，今まで学名が与えられてきたのは，どの種だったのかを再検討する必要が出てくる．しかし，かつての種記載は形態形質に基づいていることがほとんどなので，この再検討には困難が多い．ただし，形態の比較を改めて行うと，種の識別に有効な分類形質が新たに見つかり，隠蔽種が形態的に区別できるようになることもある（この場合，これらを隠蔽種とは呼ばなくなる）．また，ある分類群の進化プロセスを推定するとき，隠蔽種の発見によって推定の前提となる種の構成や系統樹の樹形が変わることがあれば，それまでの推定についての見直しが必要になるといった影響も考えられる．

隠蔽種発見による新たな種分化パターンの発見例　DNA分析により魚類の隠蔽種が発見されはじめた1997年，インパクトのある論文が*Nature*誌に掲載された．この論文は，外洋生物の分布域は広いという当時の常識を覆し，世界で1種だと信じられていたユキオニハダカ *Cyclothone alba*（世界の熱帯・亜熱帯海域の中深層に生息）が実は5種の別種からなることを示した（Miya et al., 1997）．

この研究のさらに興味深い点は，「発見された5種のうちの太平洋に分布する3種は，中部北太平洋，西部南太平洋および西部北太平洋と物理的な障壁のない太平洋の中で隣り合って分布しているが，少なくとも数百万年もの間，この3種は形を変えることなく，遺伝的にも混じり合うこともなく存続してきた」という進化プロセスの推定にある．ただ，分類学的にはこれら5種は同一種にされたままという問題が残されている．

非常に多くの隠蔽種が見つかった例　インド・太平洋のサンゴ礁にきわめて小さなシラスウオと呼ばれるハゼ亜目魚類が生息している．このシラスウオ属魚類

（以下，シラスウオ類）は，「シラス」（ニシン亜目の仔魚一般の名称）といった名前が示すとおり，成魚でも体は細くて透明で，まさに仔魚に似る幼形進化的な魚類である（図1）．シラスウオ類は最小クラスの脊椎動物（体長6～20 mm，重さ2 mg以下）としても知られ，さらに脊椎動物の中で最も早熟である（最短成熟齢23日，世代交代10回/年）．

このシラスウオ類から，多くの隠蔽種が発見された．琉球列島，小笠原諸島，およびパラオで採集された合計500個体以上による遺伝子分析をしたところ，十分に別種レベルで遺伝的に分化していると考えられる個体のグループが25系統も発見された（図2）．論文が発表された当時（2007年および2011年），シラスウオ類として知られていたのは3種のみだったので，種数は一挙に8倍以上となったわけである（分類学的な問題は未解決）．調査海域を拡大していけば，今後も多くの隠蔽種が発見されることが予想される．熱帯・亜熱帯には幼形進化的な魚類が他にもいることから，隠蔽種がこれから多数発見され，この地域の種多様性の推定値も大きく上方に修正されることが考えられる．

図1　シラスウオ類（体長2 cm）[Kon et al., 2007]

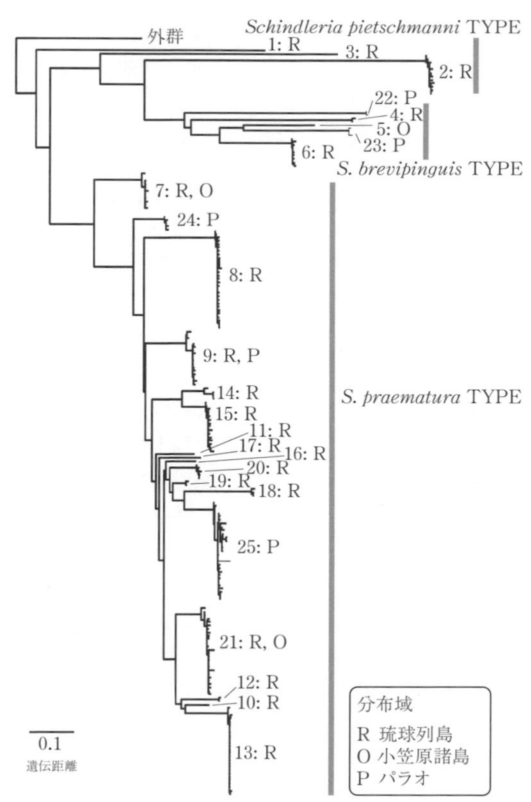

図2　シラスウオ類の分子系統樹．数字1～25を付した枝間の遺伝変異が他のハゼ類の変異と同等に大きく，一方，枝内の遺伝的な変異がほぼ1%未満と枝間変異に比べて十分に小さいことから，シラスウオ類には少なくとも25の種が存在していることがわかる[Kon et al., 2011を改変]．

[昆 健志]

種間交雑と遺伝子浸透

魚類における種間交雑は古くから知られてきたが，かつては人為的攪乱などの環境変化によって偶発的に起きる現象と考えられていた．しかし，DNA解析技術の発展によって，さまざまな魚類の進化過程で種間交雑と遺伝子浸透が広く生じていることが明らかになってきた（向井，2001）．なお，「種間交雑」は異種の雌雄で交配して雑種が生まれることであり，不稔のF_1雑種しか生まれない場合も含まれる．不稔の雑種しか生まれない場合は相互に繁殖を阻害する「繁殖干渉」となり，絶滅危惧種の絶滅要因となることがある．「遺伝子浸透」は戻し交雑によって集団内に異種の対立遺伝子（あるいはハプロタイプ）が入り込む現象であり，適応進化や種分化に影響すると考えられる．

交雑帯　種間交雑はさまざまな状況で生じるが，なかでも近縁種（あるいは同種の遺伝的に異なった集団）の地理的分布が重複して雑種が生じている地域のことを交雑帯と呼ぶ．交雑帯にはさまざまな構造があり，分散能力の高い陸上動植物や沿岸魚では交雑帯への個体の移入と雑種に対する淘汰のバランスによって，狭い範囲に交雑帯が維持される例が知られている．こうした構造は“tension zone”と呼ばれている．しかし，純淡水魚の場合，水系ごとに生息地が分離しているために交雑帯への周辺地域からの移入が生じにくい．孤立した交雑帯の中では雑種群が形成されやすく，雑種化した集団は染色体の倍加などを経て生殖的に隔離された独立種となることもある．日本産淡水魚ではシマドジョウ属に交雑由来の種が多く知られている．また，交雑帯の中で一方の種が絶滅し，生き残った種に遺伝子浸透した絶滅種の遺伝子が「ゴースト」として残ることで，過去の交雑の痕跡を示すこともある．ただし，純淡水魚においても水系内の上流と下流などに生息地を分けることで，水系内にtension zoneを形成する場合もあると考えられる．

mtDNAの遺伝子浸透　20世紀後半に生化学的手法や分子生物学的手法による野生動物の集団構造の解析が進んだ結果，形態形質やアロザイム分析によって明らかにされた集団構造とmtDNAの系統が大きく異なる事例が知られるようになった．形態形質やアロザイム分析は集団間の差異を見いだすためには有効だが，個々の形質が交雑によって浸透した遺伝子に由来するものかどうかを判別することはできない．それに対して，mtDNAは塩基配列に基づいて「遺伝子の系図」を推定することができるため，その集団（もしくは種）のmtDNAが異種に由来する場合は，形態形質やアロザイム分析とは大きく異なる系統樹が推定される（図1a）．例えば，トゲウオ科のイトヨ属の1種 *Gasterosteus aculeatus* とニホンイトヨ *G. nipponicus*，ハゼ科のチチブ *Tridentiger obscurus* とヌマチチブ *T. brevispinis* では，アロザイム分析で明瞭に異なる2種の間で遺伝子浸透が生じており，mtDNAに種間でほとんど差がないことがわかっている．また日本産ヨシノボリ類は10種以上の間で著しいmtDNAの遺伝子浸透を過去に経験したことが示されている（Yamasaki et al., 2015，図1b）．

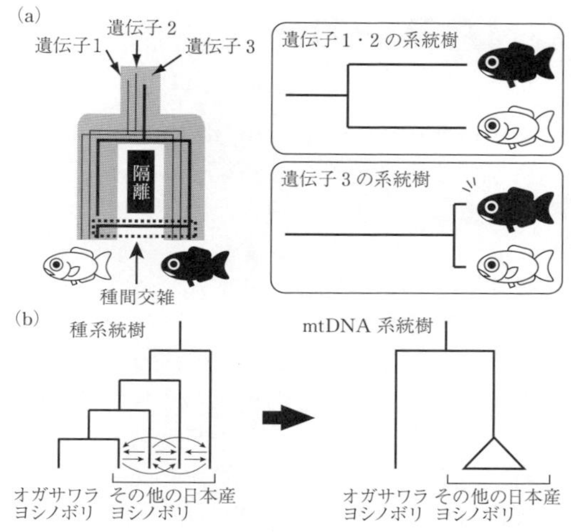

図1　種間交雑による遺伝子浸透の模式図．(a) ある程度の生殖隔離が存在する状態で種間交雑が起きると，遺伝子1と2のように浸透しなかった遺伝子と，遺伝子3のように異種に浸透した遺伝子で異なる系統樹が生じる．(b) 日本産ヨシノボリ類は多種間でのmtDNA遺伝子浸透が生じており，地理的に隔離されたオガサワラヨシノボリ *Rhinogobius ogasawaraensis* 以外のmtDNAの塩基配列が類似したものとなっている［(a) は向井他, 2010より改変，(b) は Yamasaki et al., 2015より改変］

核の遺伝子浸透と多様化

2000年代になると次世代シーケンサーの登場により，塩基配列解読能力が爆発的に向上した．その結果，mtDNAだけでなく，核ゲノムにおける遺伝子浸透のパターンや遺伝子浸透による適応進化を解析することが可能になった（Payseur et al., 2016）．

遺伝子浸透のパターンを決める要因として，着目するゲノム領域が自然選択において中立かそうでないかは重要である．異なる環境に適応した種や集団間で遺伝子浸透が起きる場合，中立的なゲノム領域は浸透しやすいが，それぞれの環境に適応的なゲノム領域，または生殖隔離の維持に重要なゲノム領域は淘汰されるために浸透しにくいと予想される．このパターンは，イトヨ類やシクリッド類のように近縁種が異なる環境に適応した種間で見られる．一方，異種間での遺伝子浸透が適応的な場合もある．十和田湖のイトヨ類では，ニホンイトヨのゲノムの一部が遺伝子浸透しており，その領域の周囲に強い連鎖不平衡があることから，この遺伝子浸透が適応的だったのではないかと推測されている．

種間交雑による遺伝的変異の組合せの増加が，急速な多様化を促進したことも明らかになりつつある．ヴィクトリア湖のシクリッド類は過去約1万4,000年以内に，1種から700種以上に急速に多様化したが，この祖先集団は，遺伝的に分化した2つの系統の交雑に由来することが大量の一塩基多型データから示された．また浅場と深場の各光環境に適したオプシン対立遺伝子は，祖先の2系統がそれぞれ保有していたものに由来することが示唆され，交雑による適応放散の促進仮説は遺伝子機能のレベルからも支持されている．

［向井貴彦・山﨑　曜］

DNAマーカー

生物個体間に認められるゲノム塩基配列の変異の目印となるDNAマーカーは，系統，遺伝，生態・行動，進化といった魚類の自然史研究においても有用なツールとなっている．本項ではその概要を解説する．

DNAマーカーの変遷　DNAマーカーが対象とする変異は，一塩基置換，挿入・欠失，反復配列の繰り返し数などであり，目的に応じてさまざまなDNAマーカーが開発されてきたが，DNA情報を大量に取得できる次世代シーケンサー（NGS）の台頭により，次々と新しい手法へと置き換わりつつある．旧来，DNAを直接扱うわけではないが，酵素タンパク質のアミノ酸配列の差異を検出するアロザイム分析，対象種の塩基配列情報が存在しない状況でも利用可能で，複数領域の多型を検出可能なRAPD分析やAFLP分析は利用例が多かったが，手法上の欠点があり，最近はほとんど使われていない．その一方で，参照となる全ゲノム配列がすでに解読されているトゲウオ類やシクリッド類といった進化学的モデル魚類においては，複数個体の全ゲノムリシーケンス（再解読）から得られた一塩基多型（SNP）情報を用いた集団レベルでのゲノム分析が行われるようになっている．精度の高さという面においては，このようなゲノムを完全に網羅するDNAマーカーの利用は最適なものといえ，ゲノム解読のコストがますます下がっていくことが予測される今後は，同様の手法が他の魚種にも広がっていくだろう．

一般に，系統解析や集団の分化・歴史的動態といった集団遺伝解析においては，進化的に中立なDNAマーカーが使用されるが，近年では個体の適応度に関係するようなDNAマーカーを用いて適応進化の動態を追求する研究も行われている（☞項目「適応進化の遺伝学」）．適応遺伝子マーカーは集団特異的な適応（局所適応）の検出や環境変動に対する生物の進化的応答を追跡できる潜在性を持ち，野生生物保全に対する貢献も期待されている．このよ

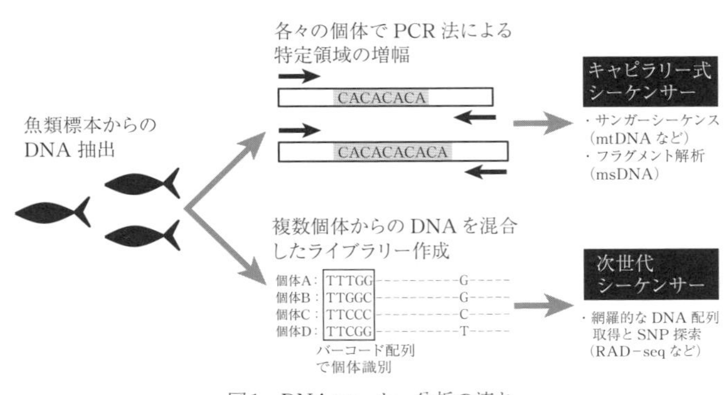

図1　DNAマーカー分析の流れ

うにDNAマーカーを取り巻く状況は日進月歩で変化しているが，ここでは現在の魚類の自然史研究においても高頻度で使用されるものを取り上げる（図1）．

ミトコンドリアDNA（mtDNA） mtDNAは突然変異率が高く，ほとんどの動物の場合，母系遺伝をするという特徴をもつため，古くから系統解析に有用なDNAマーカーとして利用されてきた（☞項目「ミトコンドリアゲノム」）．また，核DNAとの遺伝様式の違いから，核DNAと併用して解析することで，過去の交雑に由来する異種間の遺伝子浸透などが次々と明らかになっている．動物のミトコンドリアゲノム（ミトゲノム）はコンパクトな構造で37遺伝子を持つ．標準的なDNAバーコーディング法ではシトクロムc酸化酵素サブユニットI遺伝子が用いられるが，淡水魚類の系統地理解析などには中程度の突然変異率を持つシトクロム*b*遺伝子が頻繁に用いられている．非コード領域である調節領域は塩基置換速度がきわめて速く，多くの変異を蓄積している．そのため，集団の遺伝的変異性や近い過去における集団分化を感度よく検出でき，海産魚類での研究例も多い．また，動物のミトゲノムサイズは通常16,000塩基対程度で，複数個体のデータをNGSで解読するコストも小さいことから，ミトゲノム配列を用いた研究が増加しており，単一遺伝子解析よりも解像度が高い結果が得られている．

マイクロサテライトDNA（msDNA） 生物のゲノムにはさまざまな反復配列が存在するが，このような配列の反復数にはDNA複製の際に変異が生じやすい（☞項目「反復配列」）．CA/GTなどの2-6塩基の反復単位を持つmsDNAは，きわめて高い多型性を持つことから，微細な集団構造や遺伝子流動の検出といった集団遺伝学的研究，QTL解析といった形質遺伝学的研究，希少種の遺伝的多様性の評価といった保全遺伝学的研究，雄繁殖成功の測定や血縁関係解析といった行動生態学的研究などの多方面で有用なDNAマーカーとなっている．多くの場合，対象種ごとにPCRプライマーを設計する必要があり，以前はプライマー開発自体に多大な労力が必要であったが，現在ではNGSを用いて大量に開発する手法が確立している．

RADシーケンシング（RAD-seq） RAD-seqは，NGSを利用してゲノム全域にわたるSNP探索とその遺伝子型決定を同時に行う画期的な手法である．RAD-seqには，オリジナルの方法に加えて，ライブラリー作成方法が異なるddRAD-seq，ezRAD-seq，2bRAD-seqなどの種類があるが，DNAを制限酵素で切断し，その切断部位近傍の塩基配列のみをNGSで解読するという「ゲノムを薄く広く読む」という分析の特徴は共通している．DNA切断断片にバーコード配列を付与したライブラリーを作成することで多個体の網羅的なSNP型情報が入手可能で，あらゆる生物種においてこの手法の有用性は大きい．特に，全ゲノム情報が利用できない非モデル魚類において，RAD-seq由来のゲノム全域にわたる多型情報を用いた自然史研究が急速に進展している．

［小北智之］

染色体操作

染色体操作とは，細胞核のDNA量をゲノム単位で増減させ，次世代に不稔性などの生理学的変化を起こさせたり，雄親，雌親の遺伝的関与を抑止したり，性を統御したりする技術である．

染色体操作およびその周辺技術　この技術は倍数化と遺伝的不活性化の2つに大別される．

倍数化には温度刺激処理と高水圧刺激処理とがあり，一般には汎用できる温度刺激処理が用いられているが，卵割阻止を効率よく行うためには高水圧刺激処理が用いられることが多い．これまで対象となったさまざまな魚種ごとに処理の強度，タイミングなどの操作条件が詳細に検討されてきた．受精後の処理のタイミングによって第2極体の放出が抑えられる場合と卵割が阻止される場合とに分かれ，それぞれで作出される個体の倍数性や遺伝的組成が異なる．

一方，配偶子の遺伝的不活性化は，雌性発生を誘導する場合は精子に対して，雄性発生を誘導する場合は卵に対してそれぞれ行う．卵の遺伝的不活性化は卵核の位置を狙って処理するのが困難であることから，比較的試行例が少ない．精子の遺伝的不活性化は，精子にまんべんなく放射線が照射されるように精子の運動開始を抑制できる人工精漿を用いて精液を希釈して行う．汎用されている放射線は主に紫外線であり，殺菌灯を用いることが多い．

3倍体や雌性発生2倍体などの作出　通常の受精卵は，精子が卵門を通過した後に第2極体を放出し，卵に残る1組のゲノムを持つ雌性前核(n)と精子頭部の変化した1組のゲノムを持つ雄性前核(n)との融合により受精核(2n)となる．倍数化によって第2極体の放出を抑止した場合には，第2極体のゲノム(n)がこれに加わり，3組のゲノムからなる3倍性の受精核を形成する．雌性発生操作では，媒精前に精子に遺伝的不活性化を施すので，精子は卵門を通過しその刺激で卵の発生を開始させるだけに働き，卵割期以降の発生卵の核には加わらない．そのため卵核由来のゲノムのみで発生を開始する．このままでは発生胚は1組のゲノムしか持たず（半数体），一般には発生途中で死亡する．これを防ぐため，極体放出阻止か卵割阻止いずれかの方法で倍数化を行い，発生核に2組のゲノムを保持し生存性を回復させる．ただし，このいずれの方法をとるかによって，発生核の遺伝的組成が異なり，卵割を阻止した場合には全ての遺伝子座がホモ化する．

雌性発生育種　雌性発生は，精子を遺伝的不活性にするので，雄親の遺伝子を次世代に伝えない．また，発生卵の卵割を阻止した場合には1代で全ての遺伝子座がホモ接合になるし（図1a），極体放出を阻止した場合（図1b）も減数分裂時

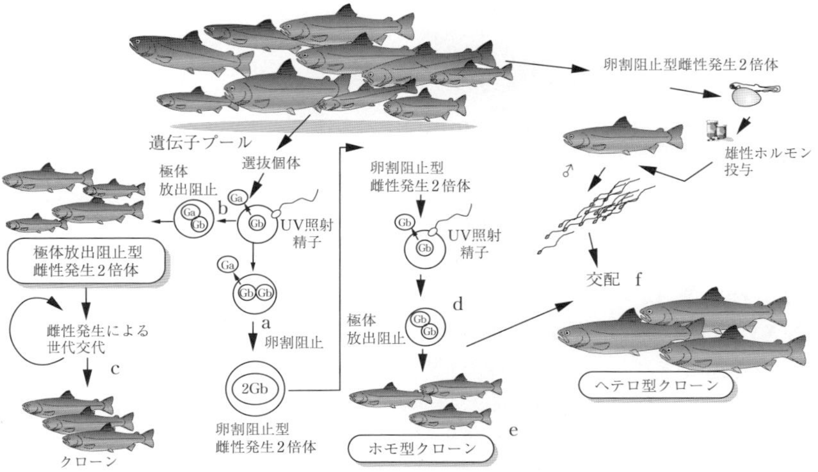

図1　雌性発生育種と優良クローン系統の作出

の組換えの影響を受けない遺伝子座はホモ化する（図1c）．これらのことから，雌性発生は早期に近交系の作出を実現することから，親魚選抜と併用して有用品種系統の作出にきわめて有効である．

クローン作出　雌性発生卵の卵割を阻止した場合には，卵割に先立ち複製された全ての遺伝子座がそのまま互いの相同染色体に位置するため，1代目で完全ホモ個体が作出される．この個体は全ての遺伝子座がホモであるため，減数分裂を行っても形成される配偶子の遺伝子組成が同じになる．さらに雌性発生で継代した場合（図1d）にはその一腹仔は互いにクローンとなる（図1e）．このことから，卵割阻止はクローン系統を作出する方法として重要とされている．

染色体操作技術の活用における留意点　染色体操作に限らず，野生集団に比較して遺伝的に異なる集団を扱うので，逃亡防止などの施設管理が重要である．また，染色体操作を用いると，極度に近交度の高い集団が作出されるので，遺伝的多様性の確認や系統間の交配（図1f）など保有系統の遺伝的管理にも注意が必要である．

今後の課題　染色体操作のうち卵割阻止は，前述のように育種への大きな貢献が期待されるが，その成功率の低さから有用系統作出への実用化が困難であるとされてきた．しかし，卵割阻止操作は，近年分裂装置（主に中心小体）破壊のメカニズムの解明が進められ，処理条件のさらなる精査から成功率も徐々に上がってきており，近いうちに有用クローン系の作出も容易に行えるようになるだろう．雌性発生育種でさまざまな系統が容易に作出されるようになれば，育種事業の推進のために，それらの管理保存システムの整備が重要になると思われる．［小林 徹］

ゲノム編集

これまでに用いられていた遺伝子導入技術では，導入遺伝子はランダムにゲノム中に挿入されるため，魚類では特定の塩基配列を狙って改変することはできなかった．この状況はゲノム編集技術の登場により一変した．ゲノム編集とは，人工制限酵素などを用いてゲノム上の任意の配列を改変する技術である．

ゲノム編集とは　ゲノム編集技術の根幹は，ゲノム上の狙った塩基配列特異的にDNA二重鎖切断（DSB）を誘導することである．また，モデル生物ではない生物にも適応できることも重要な特徴である．ゲノム編集を可能にする分子はゲノム編集ツールと呼ばれ，開発順にジンクフィンガーヌクレアーゼ（ZFN），ターレン（TALEN），クリスパーキャス9（CRISPR/Cas9）がある．ゲノム編集ツール作製の簡便さから，CRISPR/Cas9が現在最も一般的に使われている．

①ZFN：転写調節因子に存在するC2H2型 ジンクフィンガーモチーフと，切断部位が異なるII型制限酵素であるFok IのDNA分解酵素領域を融合した人工制限酵素である．②TALEN：サントモナス属の細菌が植物に感染する際に用いるDNA認識領域とFok IのDNA分解酵素領域とを融合した人工制限酵素である．ZFNおよびTALENのいずれにおいても特定のアミノ酸配列（ZFNではジンクフィンガーモチーフ，TALENではDNA認識領域）が標的塩基配列を認識し，その場でDNA分解酵素がDSBを引き起こす．つまり，このアミノ酸配列を人工的に改変することで任意の塩基配列を切断することができる．③CRISPR/Cas9：真正細菌や古細菌が持つ獲得免疫システムを利用したものである．標的配列を認識するRNA（gRNA）とDNA分解酵素であるCas9タンパク質のRNA-タンパク質複合体である．この複合体がゲノム上のgRNAと相補的な配列に結合し，DSBを引き起こす．

ゲノム編集による遺伝子破壊のメカニズム　ゲノム編集ツールにより細胞内の染色体にDSBが生じると，細胞はその染色体のキズ（DSB）の修復を相同組換え（HR）または非相同末端結合（NHEJ）により行う．HRでは，損傷を受けていない染色体（姉妹染色分体）を鋳型とし元通りに修復する．一方，NHEJは，染色体の切断という急場をしのぐための反応であり，細胞周期には関係なく起こると考えられている．このNHEJでは，時として塩基の欠失や付加が起こることがある．タンパク質をコードする領域で，3の倍数以外の数の塩基の欠失・付加が生じるとアミノ酸への読み枠のズレが起こり，標的遺伝子がコードするアミノ酸配列がでたらめとなり，遺伝子が破壊されることになる（図1）．

さまざまなゲノムの編集　DSB誘導時に切断部位と一部が相同な配列を持つ

DNAを共存させることで，塩基配列の変換（書き換え）や新たな遺伝子の挿入を行うことができる．また，DNA分解酵素領域を遺伝子発現上昇または抑制因子や塩基を変換する因子（脱アミノ酵素など）などに置き換えることができ，DSBだけではなくさまざまな効果をゲノムの任意の場所で行えるようになっている（図1）．

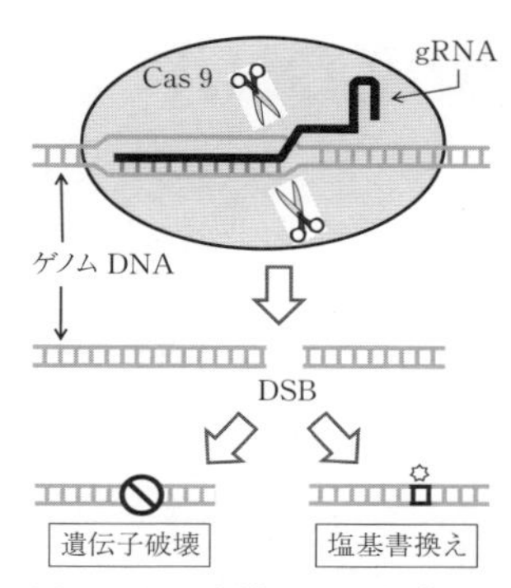

図1　ゲノム編集の原理と作用．ゲノム編集では，ゲノム上の狙った位置にDSBを導入する．その結果，遺伝子破壊や塩基の書換えが可能となる

魚類でのゲノム編集方法　魚類では，受精直後の卵に顕微注入法によりゲノム編集を施すことが一般的である．ゲノム編集ツールはCRISPR/Cas9が主流であり，Cas9 はRNAに加えてタンパク質として顕微注入することが可能である．

魚類でのゲノム編集技術の活用　①モデル魚を用いた研究：ゲノム編集技術により狙った遺伝子の正確な破壊・書き換えや，ゲノム上の任意の部位への正確な遺伝子導入が可能になり，逆遺伝学的手法による遺伝子機能解析が大きく進んでいる．例えば，候補遺伝子をゲノム編集技術により改変し，性決定や性分化に関する遺伝子の同定（メダカ類，ティラピア類など），循環器系の発生に関わる分子の同定（ゼブラフィッシュ）などが行われている．加えて，ヒトの疾患原因遺伝子の相同遺伝子にゲノム編集操作を加えることにより，ヒト疾患モデル魚の作製も試みられている．②非モデル魚を用いた研究：先述のように非モデル魚にもゲノム編集は適用可能である．そのため，水産業に貢献する魚品種作製など，応用利用を目指した研究が行われている．例えば，特定の遺伝子を破壊することによる，筋肉量増加や成長期間の短縮を目指した研究がマダイ *Pagrus major* やトラフグ *Takifugu rubripes* を用いて行われ，衝突死を防ぎ養殖しやすいクロマグロ *Thunnus orientalis* の作製を目指す研究も行われている．

今後の課題と展望　ゲノム編集を行うには受精直後の卵を計画的に確保することが必要であるが，これに叶う魚種は現在のところメダカ類やゼブラフィッシュ *Danio rerio* などの実験モデルやマダイ，トラフグなどほんの一部の魚種に限られている．また，受精卵の性状も魚種によりさまざまである．より多様な魚種でゲノム編集を行うためには，完全養殖の確立など魚類の生殖制御技術のさらなる向上が必要である．ゲノム編集技術の特徴の1つは，外来遺伝子を付け加えることなく，目的の遺伝子を改変できることである．この方法で作製された魚は従来の「遺伝子組み換え魚」とはならないため，水産業への利用が広がると考えられる．同技術により，多様な魚類の特徴をもたらす分子的メカニズムが解明されることが期待される．

［岸本謙太・木下政人］

環境DNA

魚類を含め，水中生物の分布域を把握することは一般に難しい．そのような調査は通常，生物の捕獲または目視を伴う手法によって行われ，いずれの方法も労力がかかること，確認できる生物種にバイアスがかかること，同定に専門的な知識が必要なことなどから，広域を短期間に調査することは困難である．近年，そのようなさまざまな難しさをクリアし，従来型の調査を補完し得る新たな生物分布調査手法として，環境DNA分析手法が注目されている．

海や川の水の中にはさまざまな生物のDNAが存在している．このような環境中に存在するDNAのことを総称して「環境DNA」と呼ぶ．環境DNAは生体内外のDNAも含む概念であるが，本項では魚類などの大型生物の生体外DNA（狭義の環境DNA）を用いた分析手法について述べる．大型生物の環境DNAは糞，粘液，配偶子などに由来すると考えられ，環境中にくまなく存在する．このような環境中のDNA情報を用いて生物分布を推定しようとする手法はこの10年ほどの間に急速に発展しており，魚類への適用例も多い．ここでは環境DNA分析でどのようなことができるのか，研究事例を交えて紹介し，現時点の課題と今後の展開について述べる．

種特異的な検出および定量　環境DNA分析は，対象種のみを検出する種特異的検出手法と，特定の分類群をまとめて検出するメタバーコーディング手法（網羅的検出法）の2種類に大別される（図1）．初期の環境DNA分析では主に種特異的検出が行われてきた．魚類への適用例としては，ブルーギル *Lepomis macrochirus macrochirus* の侵入域の把握に代表されるような，外来種の侵入範囲を調べるために用いられたケースが多いが，通し回遊魚の遡上域の把握や，希少種の生息地探索などでも成果をあげている．種特異的な検出は，メタバーコーディング手法と比べると，専

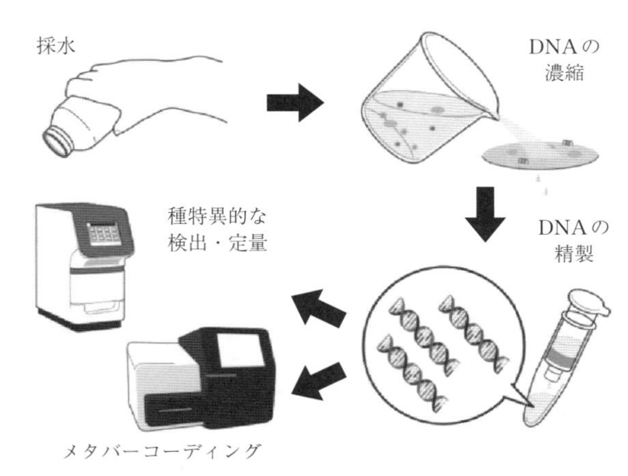

図1　環境DNA分析の流れ［源，2016を改変］

用の検出系を必要とする点で不利であるが，一度系をつくってしまえば，その後は短時間で結果を出せることや解析コストが低いことなどは有利な点である．種特異的な検出の応用として，リアルタイムPCRやデジタルPCRといったDNA定量手法との組合せによる，バイオマスや個体数の推定などの取組みもある．溜池のような止水域だけでなく，河川や海洋においても，生物の生息密度と環境DNA濃度の間には相関があることがわかってきており，将来的にはバイオマスや個体数が推定できるようになることが期待される．

⁂環境DNAメタバーコーディングの威力　近年急速に発展しているのが，環境DNAメタバーコーディングである．メタバーコーディングとは，ある一定の分類群に属する生物種のDNAをPCR法によってまとめて増幅し，次世代シーケンサーなどによってまとめて解析する手法で，バケツ1杯の水から数十種以上の環境DNAを検出することができる強力なツールである．種特異的検出と比較するとコストや時間がかかるという側面はあるものの，多種をまとめて解析でき，対象種ごとに系をつくる手間がないことは大きなメリットである．幾つものチームが魚類のメタバーコーディング用のプライマーを発表しているが，宮正樹らが発表したMiFishプライマーが有効性において群を抜いている（Miya et al., 2015）．舞鶴湾で行われた研究例では，合計128種のDNAを検出しており，これは同海域で行われた14年間にわたる潜水目視調査で検出した魚種の6割以上をたった6時間の調査で検出したことになる．ごく最近ではメタバーコーディングを用いた多種DNAの同時定量も試みられており（Ushio et al., 2018），将来的には多種の生物種のバイオマス推定をまとめて行うことが可能になるかもしれない．

⁂現時点の課題と今後の展開　今後の発展が期待される環境DNA分析であるが，幾つか課題がある．最大の課題は環境DNAが反映する時空間的な範囲がわからないことである．つまり，ある魚種の環境DNAを検出したとして，その魚がいつそこにいたのか，採水ポイントからどれくらいの距離の場所にいたのかがわからないということである．これは，環境DNAの由来や正体，その挙動に関する理解が遅れていることが1つの原因であり，今後研究が進むにつれてある程度解決されていくと考えられる．第2の課題は，環境DNAからは生物の状態がわからないことである．つまり稚魚なのか成魚なのか，あるいは生きているのかどうかなどの区別がつかないことである．これについては適切な環境DNA（あるいはRNA）マーカーを開発することで解決に近付くであろう．第3の課題は，対象魚種のDNAデータがなければ分析が不可能である点である．この点については，多種のマーカー配列のシーケンス解析を継続する必要がある．これらの課題が解決されれば，水を汲むだけでそこにどの魚種がどれだけ生息しており，どのような生理状態にあるといった，いわば国勢調査と健康診断を同時に行うような技術へと進化していくことが期待される．

［源 利文］

エピジェネティクス

生物の遺伝情報はDNAの塩基配列であるが，同じDNA配列を持っている同一個体の細胞でも神経細胞と筋細胞とでは異なる遺伝子を発現する．また，まったく同じ遺伝情報を持つ一卵性の双子であっても生活する環境によって差異が生じる．このようなDNA配列の変化を伴わない性質の変化（＝エピジェネティックな変化）を対象とした学問がエピジェネティクスである．

分子メカニズム　DNA配列はアデニン，チミン，グアニン，シトシンの4種類の塩基で構成されているが，これらに化学的修飾が付加されることがある．特に，脊椎動物ではシトシン，グアニンの2塩基の並び（CpG）のうちのシトシンにメチル基が付加（メチル化）される（図1）．DNAがメチル化されると，転写因子などのDNA結合タンパク質の結合のしやすさが変化する．これによって遺伝子の発現状態が変化する．また，DNAは細胞の核の中でヒストンタンパク質に巻きついた状態で存在している．このヒストンタンパク質にもさまざまな化学的修飾（メチル基やアセチル基など）が付加されることで遺伝子発現が活性化または抑制化される（図1）．これらDNAメチル化やヒストンに対する修飾は細胞分裂を経ても娘細胞へと受け継がれるため，DNA配列の変化なしに細胞の性質の変化が維持される．さらに，最近ではノンコーディングRNA（非翻訳性RNA）やゲノムの3次元的な折り畳みの変化も遺伝子発現に影響を与え細胞の性質を変化させることがわかっている．

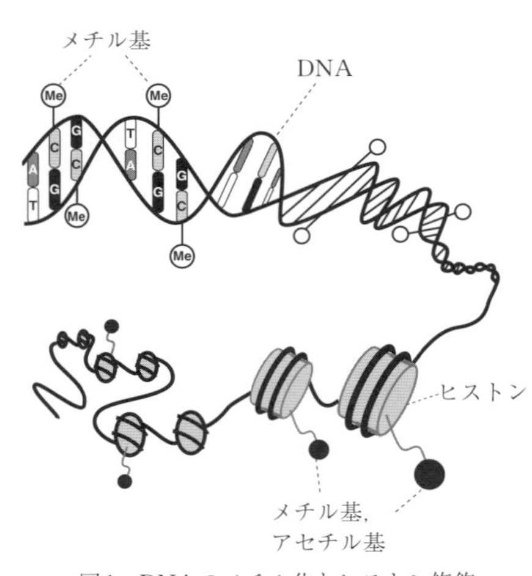

図1　DNAのメチル化とヒストン修飾

エピジェネティクスと発生　エピジェネティックな遺伝子発現制御は形態形成に重要である．一例が，魚類の背側形態を制御する*zic1*遺伝子である．*zic1*が背側組織で発現しなくなるミナミメダカ*Oryzias latipes*突然変異体*Double anal fin* (*Da*) では背側の形態が腹側化する．具体的には，背鰭が臀鰭と同じ形態になり，腹側に存在する虹色色素胞が背側にも分布するようになる．野生型のメダカ類では，*zic1*は発生過程において体節の背側半分で発現を開始するが，この発現は成魚になっても体節由来の筋肉，真皮，骨の背側半分で生涯維持される（Kawanishi et

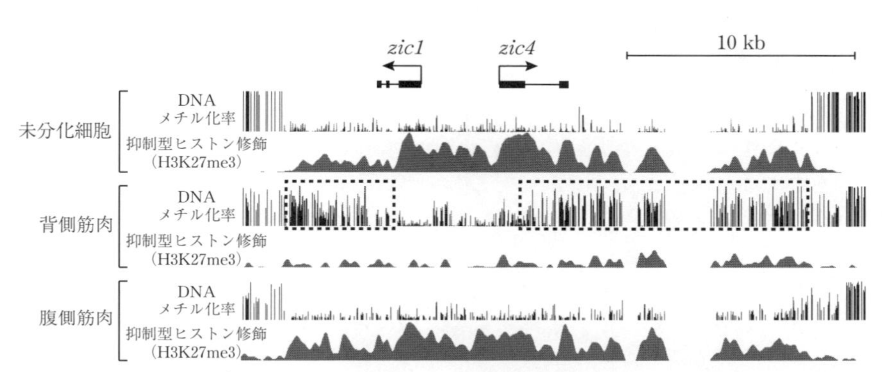

図2　*zic1*遺伝子領域のエピジェネティック修飾パターン．背側筋肉ではDNAメチル化が上昇し（破線枠内），抑制型ヒストン修飾レベルが低い［Nakamura et al., 2014より改変］

al., 2013)．つまり，発生初期に生じた背側という情報を細胞が増殖や細胞移動を経ても生涯記憶しているのである．この*zic1*発現維持にはDNAメチル化とヒストン修飾が関与している可能性がある（Nakamura et al., 2014)．図2に示すように，発生初期の未分化な細胞においては，*zic1*遺伝子周辺領域のDNAはメチル化されておらず，代わりに抑制型のヒストン修飾が遺伝子周辺領域に集積しており，*zic1*は発現しない．発生が進み，体節が形成されると，神経管からの背側シグナルによって体節の背側の細胞で抑制型ヒストン修飾が取り除かれ，*zic1*が発現する．その後，*zic1*が発現した細胞では遺伝子周辺領域においてDNAがメチル化される．DNAのメチル化は抑制型ヒストン修飾と拮抗関係にあるため，一度DNAがメチル化された細胞ではそれ以降，背側シグナルがなくても抑制型ヒストン修飾が集積せず，*zic1*が発現し続ける．これによって細胞は背側という性質を保ち続ける．

エピジェネティクスと進化　ゲノムのエピジェネティックな修飾パターンの変化が，進化に寄与している可能性がある．例えば，ミナミメダカとヒトの未分化な細胞におけるDNAメチル化パターンを比較すると，脊椎動物の基本的なボディプランの形成を制御するような遺伝子群のプロモーターはメダカとヒトで共通して低メチル化状態である．しかし，ヒトの未分化細胞特異的に低メチル化状態になっている遺伝子群には，神経系で発現する遺伝子が多く含まれる傾向があり（Nakamura et al., 2014)，これらの遺伝子はヒトではメダカと異なる使われ方をされている可能性がある．一方，メダカの2つの近交系であるHd-rRとHNI（日本のメダカ類2種由来）の間には約2.4％の塩基多型（SNP）が存在するが，2つの近交系は形態が非常によく似ていて交雑も可能である．両者のDNAのメチル化パターンは非常によく似ていて，DNAの低メチル化に重要と考えられている塩基配列にはSNPが少なく，保存されている傾向にある（Uno et al., 2016)．

［中村遼平・武田洋幸］

転移因子

染色体には遺伝子が並んで乗っており，それぞれの遺伝子の位置は概ね安定している．例えばメダカ類（ミナミメダカ *Oryzias latipes* およびキタノメダカ *O. sakaizumii*）では，黒色素メラニンの合成に必須であるチロシナーゼ遺伝子は，第14染色体の一方の端から3分の1ほどの場所にある．ところが，このような「通常」の遺伝子のほかに，位置を変えることのできる遺伝因子が存在する．転移性遺伝因子，あるいは単に転移因子と呼ばれる．第9染色体にあったものが，次の世代では第2染色体に移っているといった振舞いを示す因子である．魚類も含めほとんどの生物のゲノムに存在する．英語の名前のままでトランスポゾンと呼ぶことも，最近は多い．

転移因子の様態　転移因子には，図1に示すように，大きく分けて2つのタイプがある．カット・アンド・ペーストの様式で転移するDNA転移因子と，コピー・アンド・ペーストの様式をとるRNA介在転移因子である．どちらも，自己増殖するという性質のため，ゲノムの中で反復配列として存在する．すなわち，同じまたは類似の塩基配列を持つ多数の因子が，いろいろな場所にある．ゲノム全体に占める割合は，ヒトで47％ほど，ゼブラフィッシュ *Danio rerio* で50％ほど，メダカ類で7％ほどと推定されている．個々の因子の長さは，0.1～10 kbの範囲に収まるものが多い．

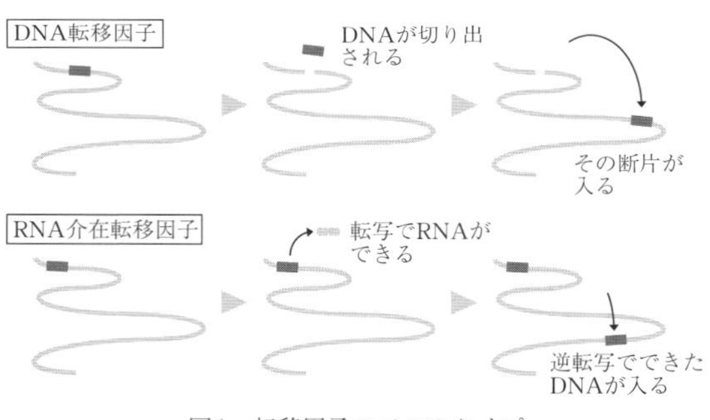

図1　転移因子の二つのタイプ

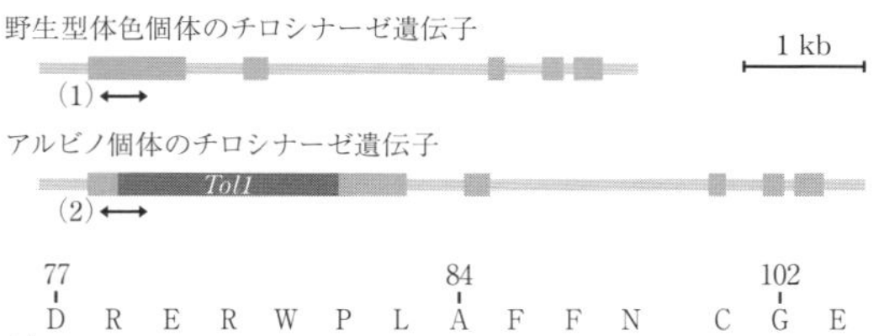

図2　チロシナーゼ遺伝子に生じた変異．太線部分は第1～第5エクソン．濃色部分は *Tol1*．(1) と (2) の領域の塩基配列およびアミノ酸配列を下段に示す

変異の供給源としての作用

転移が起こると，入った部分の塩基配列が変化する．これが近辺の遺伝子の機能に影

響を及ぼすことがある．図2は，メダカ類で見つかった例である．チロシナーゼ遺伝子が機能を失うと，メラニンが合成できず，アルビノの体色となる．メダカ類では，体表はピンク色，目は赤色となる．ここで調べたアルビノ個体では，*Tol1*という名前のDNA転移因子が，チロシナーゼ遺伝子に入っていた．チロシナーゼ遺伝子は540個のアミノ酸をコードするはずのところが，85番目から先は異なるアミノ酸に，そして102番目の位置が終始コドンとなっていた．また，このアルビノ系統から*Tol1*が抜けて，体色が元に戻るという現象も観察されている．

❖有益か有害か　転移因子はそれを持つ生物，すなわちホストにとって，有益か，あるいは有害か．少なくとも，数百世代くらいまでの短い時間スケールでは，有害である．一般に生命活動は，多数の遺伝子の協調で成立するが，転移で新しく生じる変異はこの協調を乱すことが多いからである．しかし，ホストに有用な新機能をもたらした例も知られている．このため，長期的に有益か有害かについては，議論は分かれる．有益か有害かは，なぜ転移因子が存在するのかの議論にも，大きく影響する．存在する理由としては，2つが考えられる．1つは，たまには生じる有益な変異はホストにとって貢献が大きく，有害な変異の影響の総和を上回り，このために転移因子が保持されているとする考えである．もう1つは，上回ることはないものの，転移因子の自己増殖能が高く，ホストがなかなか排除できないとする考えである．

❖転移因子の利用　転移因子は，研究のツールとして広く利用されている．単純な利用法は，遺伝子導入のためのベクターである．転移因子を加工し，遺伝子などのDNA断片を組み込む．これを人為的に細胞に送り込む．すると細胞内で，染色体への転移が起こり，DNA断片が染色体に乗ることになる．転移因子は遺伝子タギングにも多用される．これは，特定の表現型，例えば鰭の形態変化などをもたらす未知の遺伝子を同定するための方法である．ゲノムのあちらこちらに挿入が生じるように，転移を人為的に誘発する．続いて表現型を観察し，鰭の形態が変化した個体を選び出す．その個体では，形態変化の原因となった遺伝子に転移因子が入り込んでいる．その転移因子が塩基配列としての目印となり，遺伝子のクローニングが可能となる．

❖転移因子に関する魚類の特性　魚類以外の脊椎動物では，2つのタイプのうちDNA転移因子が，過去のある時点で転移しなくなっている．理由は不明である．残骸となったDNA転移因子はゲノムに多数含まれているが，転移活性を保持しているものは皆無に近い．魚類は例外的で，*Tol1*，また類似の構造を持つ*Tol2*が，高い転移活性を保持する因子として，これまでに同定されている．どちらもメダカ類で見つかったものであるが，*Tol2*の方はコイ目の種にも見られる．また，*Teratorn*という名のDNA転移因子も，転移活性を保持しており，メダカ類で形態などの変異の原因となっている．

［古賀章彦］

反復配列

魚類を含む真核生物の核ゲノム中には，同じ塩基配列が繰り返して出現するDNA領域がかなりあり，反復配列と呼ばれる．反復配列のゲノム中の存在量は生物種によってさまざまで，ヒトではおよそ44%が反復配列である（表1）．近年，多くの魚類で全ゲノム解読が進む中で，反復配列の存在量は，フグ類の8%からゼブラフィッシュ *Danio rerio* の62%まで，種によって大きな幅があることがわかってきた（表1）．反復配列は大きく2つに大別される．1つは，ゲノム中のある領域に，「CA」や，「CAGT」のようなユニットを1単位として，縦列（タンデム）に数回から100回以上も繰り返す，縦列反復配列．もう1つは，ある特徴を持った塩基配列（多くは80～1,000塩基程度の長さ）が，ゲノム全体のあちこちに散在する，散在反復配列である．

縦列反復配列　縦列反復配列は，しばしば反復する塩基のユニットの長さによって3つに大別される．2～10塩基ユニットの繰り返しを，マイクロサテライトDNA，10～60塩基ユニットの繰り返しを，ミニサテライトDNA，100塩基までの長さのユニットの繰り返しを，サテライトDNAと呼ぶ．縦列反復配列は，DNAの複製過程で反復ユニットがコピーされるときに，ユニット単位で，挿入したり欠失したりすることで，反復ユニットの繰り返し数が変化する．この変化の頻度が非常に高いことから，DNAマーカーとして有効に利用される（☞項目「DNAマーカー」）．マイクロサテライトDNAは，ミニサテライトDNAやサテライトDNAに比べて，長さが短いことから，PCR法により容易に増幅が可能である．蛍光ラベ

表1　魚類におけるゲノムサイズと反復配列の割合［Chalopin et al., 2015を改変］

	ゲノムサイズ (Mb)	反復配列の合計 (%)	DNAトランスポゾン (%)	LINE (%)	SINE (%)	LTRを含むそのほかの散在反復配列 (%)
ヒト	3,324	44.7	3.1	19.5	12.0	8.2
ヤツメウナギ	886	40.5	4.9	7.9	0.0	26.3
ゾウギンザメ	769	46.2	0.1	20.3	10.2	12.2
シーラカンス	2,861	30.4	1.0	3.9	6.2	10.9
スポッテッドガー	955	20.6	3.5	5.4	2.7	8.1
ヨーロッパウナギ	1,101	16.5	4.6	1.4	0.8	6.9
ゼブラフィッシュ	1,412	62.0	41.0	3.6	1.8	8.5
イトヨ属の1種	462	15.9	4.2	3.7	0.6	5.5
タイセイヨウダラ	832	21.2	4.7	1.4	0.4	7.7
ティラピア	927	25.5	9.9	6.8	0.8	6.5
プラティ	730	22.8	12.1	2.4	0.5	6.2
ミナミメダカ	869	29.4	9.5	4.4	0.7	13.6
トラフグ	393	8.9	1.3	2.7	0.3	2.4
淡水フグ	359	8.3	1.3	1.8	0.1	2.7

ルしたPCR増幅産物をDNAシーケンサーにて電気泳動することで，反復ユニットの繰り返し数の違いを検出することができる．マイクロサテライトDNAの繰り返し数の違いは，生物種内でも，個体の間でさえ異なっていることが多い．この非常に高い変異を利用することにより，個体の間の親子関係などの，血縁関係の分析が可能となる．種内の地域集団間について遺伝的差異を検出するためには，マイクロサテライトDNAの対立遺伝子の出現頻度を，地域集団間で比較することが非常に有効な手段となる（☞項目「種内の遺伝的変異」）．

散在反復配列　散在反復配列は，ある特徴を持った反復ユニットがゲノム中のあちこちに転移して生じたものである（☞項目「転移因子」）．その転位の仕組みの違いによって，DNAトランスポゾンならびに，レトロトランスポゾン（またはレトロポゾン）の2つに大別される．DNAトランスポゾンでは，DNAが特定の位置から切り出されて，他の位置に挿入される．レトロトランスポゾンでは，ゲノム上の特定の位置からRNAへと転写され，その転写産物から逆転写酵素によりcDNAが合成された後，そのcDNAがゲノム中の他の位置に挿入される．この転移の仕組みを，レトロ転移と呼ぶ．

レトロトランスポゾンは，転移に関わる長い末端反復配列（LTR）を両端に持つLTR型レトロトランスポゾンと，LTRを持たない非LTR型レトロトランスポゾンに分けられる．後者のレトロトランスポゾンはさらに，LINE（長い散在反復配列，100～1,000塩基程度）と，SINE（短い散在反復配列，80～400塩基程度）に分けられる．LINEの内部には，逆転写酵素がコードされており，みずからレトロ転移できるが，SINEは逆転写酵素を持たず，そのレトロ転移をLINEに依存していることが明らかになってきた．魚類のゲノムを比較してみると，ゼブラフィッシュでは，DNAトランスポゾンの存在量が圧倒的に多いことや，ゾウギンザメ *Callorhinchus milii* では，LINEとSINEが顕著に多いことなどがわかってきている（表1）．

このように，生物のゲノム中にはLINEやSINEの多くのコピーが存在している．これらのレトロポゾンは，生物の進化過程のあるタイミングである生物種に，レトロ転位の結果として挿入されたものである．ある種に一度挿入されたレトロポゾンは，後に種分化したとしても，大きな欠失がない限り分岐した両種で保持される．したがって，これらのレトロポゾンの挿入パターンを生物種間で比較することで，生物種間の系統関係を推定することができる．特に，LINEと比較してSINEは長さが短いことから，PCR法による増幅が容易であり，PCR増幅産物の長さをゲル電気泳動により比較することができる．このように，各生物種のSINE挿入の有無のパターンを調べることによって，近縁種間の系統関係を推定できる．実際に，SINEを用いた系統関係推定法が，サケ科魚類やカワスズメ科魚類に適用され，成果があがっている．　［武島弘彦］

モデル動物としてのメダカ

メダカには実験材料として長い歴史がある．江戸時代後期にはクロメダカ，ヒメダカ，シロメダカの記載がある．20世紀初頭にはそれらを用いて脊椎動物として最も初期にメンデルの法則が確認されている．また1921年には体色の多型を利用してメダカはXX-XY型の性決定システムを持つこと，Y染色体上にはX染色体と同様に遺伝子が存在すること，両染色体間で乗換が起こることも示されている．雄性ホルモンもしくは雌性ホルモン投与によって雄もしくは雌方向への完全な性転換が起こることが示された初めての脊椎動物でもある．メダカは世界的に利用されているモデル動物で，英語でもMedakaと記載されているが，分類学的にはミナミメダカ *Oryzias latipes* とキタノメダカ *Oryzias sakaizumii* の2種に分けられる．

メダカは卵サイズの直径が1 mmと比較的大きいこと，人工授精の手法が確立されていること，世代時間が3カ月程度と比較的短いこと，全ての発生段階を顕微鏡下で観察できること，透明な胚を持つことなどから受精の生理学的研究，形質遺伝学や発生学研究に多く利用されてきた．メダカは魚類において初めて遺伝子導入が可能となった種でもある．1970年から近交系の樹立が開始され現在ではヒメダカや野生集団に由来する10系統以上の近交系が樹立されている．

メダカとその近縁種はダツ目メダカ科に属しメダカ属と *Adrianichitys* 属が含まれる．現在までに36種あまりが記載されているが国内には16種22系統が保存されている．これらの種は分子系統学的解析から3つの単系統群に別れ，それぞれの単系統群は，*latipes, javanicus, celebensis* species groupsと名付けられている．その分布はインド西海岸からマレー半島，スラウェシ島，そして東アジアまで広がる．すなわちメダカとその近縁種はアジア固有のグループである（☞「巻頭口絵」）．

これらを用いて数々の興味深い研究が行われてきた．メダカは環境毒性学での標準動物として世界的に利用されている．メダカ性決定遺伝子 *Dmy* は脊椎動物で *Sry* に次いで発見された第2の性決定遺伝子であり，その後の脊椎動物における性決定遺伝子と性染色体進化研究を推進するきっかけとなった．また20代を越える兄妹交配により樹立された近交系Hd-rRII1は系統内多型がないためより正確なゲノム塩基配列決定ができることからメダカゲノムプロジェクトに利用され，迅速なゲノム配列決定に重要な役割を果たした．近年では雌雄間の個体認識とそれに基づく社会行動の分子神経基盤の研究，メダカ生殖細胞での性決定因子Foxl3の発見，雄分化因子としてのGsdfの発見，抗重力因子としてのYAP因子の同定，破骨細胞造骨細胞可視化系統を用いた骨代謝ダイナミクス研究と微小重力の影響などさまざまな興味深い研究が展開されている．これらの研究に用いられてきたさまざまな系統やcDNA/BAC/Fsomidクローン，ゲノム塩基配列情報，実験プロトコールなどのバイオリソースは，メダカバイオリソースプロジェクトを通じて世界中の研究者に提供されている．

［成瀬 清・竹花佑介］

トランスジェニックフィッシュ

トランスジェニックフィッシュとは，外来遺伝子をゲノムに組み込んだ遺伝子組換え魚のことである．遺伝子機能を調べるため，あるいは魚に新規な性質を付与するために，トランスジェニックフィッシュの作製は非常に有力な手段である．本項では主に，モデル脊椎動物として世界中で広く研究に使われているゼブラフィッシュ *Danio rerio* について紹介する．

1981年，ゼブラフィッシュ受精卵の細胞質にプラスミドDNA（外来遺伝子）を微量注入すると，注入されたDNAは生殖細胞のゲノムへ組み込まれ，掛け合わせにより得られた子孫（F1）に，外来遺伝子をゲノムに持つトランスジェニックフィッシュが得られることが示された（Stuart et al., 1988）．1995年には，普遍的に発現するプロモーターの下流にGFP（緑色蛍光タンパク質）遺伝子を持ち，体全体でGFPを発現するトランスジェニックゼブラフィッシュが初めてつくられた（Amsterdam et al., 1995）．

この方法では，プラスミドDNAは，偶発的に体細胞や生殖細胞のゲノムに組み込まれる．したがって，微量注入された個体は，モザイク個体になる．このモザイク個体をトランスジェニックフィッシュと呼ぶこともあるが，通常はプラスミドDNAが生殖細胞ゲノムに組み込まれ，精子あるいは卵子を経て得られた次世代（F1）以降の魚のことを指す．実際の研究においては，微量注入した受精卵から，どのくらいの割合で次世代に外来遺伝子を伝えることができる魚（ファウンダーフィッシュ）が得られるかが重要になってくる．プラスミドDNAを用いる方法では，この頻度は5%程度かあるいはそれ以下，という低いものであった．

2004年に，メダカ由来の *Tol2* トランスポゾン（☞項目「転移因子」）を用いて効率の良いトランスジェニックフィッシュ作製法がゼブラフィッシュを用いて開発された（Kawakami et al., 2004）．トランスポゾンベクターに任意の外来遺伝子を組み込んだプラスミドDNAと試験管内合成した転移酵素mRNAを同時に受精卵に微量注入すると，微量注入された胚の50～100%が，次世代に外来遺伝子を伝えることができる．この方法の開発により，トランスジェニックゼブラフィッシュの作製が飛躍的に容易になり，特定の細胞（神経細胞や血液細胞など）や特定の器官（心臓，膵臓，血管など）をGFPで可視化して，その形成過程や機能を明らかにする研究が盛んに行われるようになった．

Tol2 トランスポゾンを利用して，ナイルティラピア *Oreochromis niloticus*，カワスズメ *O. mossambicus* などの他の魚類でもトランスジェニックフィッシュ作成が行われつつある．原理的には，受精卵に微量注入することが可能であれば，どのような魚種にも応用可能と考えてよい．

［川上浩一］

生殖幹細胞操作―サバがマグロを産む？

クロマグロの仲間はサバ科に属する大型種であり，太平洋に分布するクロマグロ *Thunnus orientalis* と太西洋に分布するクロマグロ *Thunnus thynnus* に分けられる．さらに，その近縁種として南半球に分布するミナミマグロ *Thunnus maccoyii* が存在する．国際自然保護連合が定めているレッドリストによると，2017年現在これら3種はいずれも絶滅危惧種に指定されている．

筆者らは，これらのクロマグロをなんとか効率的に増やすことができないかと考え，「サバにマグロを産ませる」ことを計画した．天然環境ではクロマグロは3歳，体重が50 kg程度に達した頃から成熟個体が出現し始め，ほとんどの個体が成熟に至るのは満5歳，体重が100 kg程度に達してからである．したがって，クロマグロを成熟するまで育てるためには，大型の飼育施設や多大な労力，さらに餌代を含む莫大なコストが必要となる．筆者らは体重300 g程度，満1歳で成熟するマサバ *Scomber japonicus* のような小型のサバ科魚類がクロマグロを産むようになれば，クロマグロの受精卵の供給が飛躍的に簡便化できると考えた．

それでは，どのようにすればクロマグロを産むサバをつくることができるのだろうか？ 筆者らは，卵や精子のおおもとの細胞である生殖幹細胞と呼ばれる細胞をクロマグロから取り出し，この細胞をサバに移植すれば，移植されたサバはクロマグロの生殖幹細胞を使ってクロマグロの卵や精子をつくり続けるだろうと考えた．魚類も高等動物と同様に，体内に異種の細胞が入るとこれを拒絶する．そこで，免疫系が構築される前である孵化直後のサバの仔魚へとクロマグロの生殖幹細胞を移植することを考えた．しかし，サバの孵化仔魚は3 mm程度であり，これらの仔魚が保持している未熟な卵巣や精巣はきわめて小さい．これら孵化仔魚の卵巣や精巣に，どうやってクロマグロの生殖幹細胞を届けるかが難題であった．

そこでこれらの細胞を腹腔の中に注射するという作戦を進めた．すると，注射された生殖幹細胞はなんとアメーバのようにサバの腹腔の中を動き回り，最終的には本来の存在場所である卵巣や精巣へとたどり着き，その中へと入り込んでいったのである．現在までにクロマグロ生殖幹細胞がサバの卵巣や精巣内で卵や精子へと分化するには至っていないが，同様の実験はすでにサケ科，アジ科，ニベ科やフグ科などでは成功しており，飼育が容易な小型の代理親魚に移植細胞由来の卵や精子を生産させることが可能になっている（☞項目「代理親魚技法」）．

今までの研究で，クロマグロと産卵水温や卵の孵化水温が似かよった亜熱帯系の小型サバ科魚類へと細胞を移植すると，卵巣や精巣への移動効率が飛躍的に高まることが明らかになっており，サバがマグロを産む日も近いと期待される．

［吉崎悟朗］

10. 保　護

水圏環境の劣化が地球規模で進行する中，魚類を保護することへの社会的要請はますます高まりを見せている．魚類を保護するためには，各魚種の特性を解明するにとどまらず，それを対象とする産業，政治，文化，および社会的環境とのすり合わせが不可欠である．そのため，魚類保護に関する研究は魚類学の中でも最も広範で新しい学問領域となっている．本章でははじめに開発によって魚類が追い込まれている窮状，および外来魚がもたらす負の効果について解説する．次いで希少魚を保護するための具体的手法と関連する法律を紹介し，望ましい保護のありようについて提言する．

［細谷和海］

日本の淡水魚の現状と課題

淡水魚とは文字どおり真水の中で生活する魚類を指す．日本の淡水魚相は，コイ科のように一生を淡水域で過ごす純淡水魚を主体に，サケ科やウナギ科のように繁殖や成長を目的に川と海を往復する通し回遊魚，スズキ科のように普段は海水魚として振る舞うが生活史の一時期に淡水に侵入する周縁性淡水魚が加わり，きわめて多様である．現在までのところ日本列島に分布する淡水魚は，亜種を含めて498種が知られている（細谷，2015）．これには国外からの外来種が約40種含まれるので，実質的な日本の在来種数は約460種となる．この数は同じくらいの大きさの島国と比べると，イギリスの15倍，ニュージーランドの10倍で，きわめて多いことがわかる．ところが，今，日本の淡水魚はその価値を十分に理解されないまま人知れず消えようとしている．

日本の淡水魚の価値　四面を海に囲まれたわが国では，食卓を飾るのはほとんどが海水魚である．一方，淡水魚ではウナギとアユを除けば一般的な食用魚は見当たらない．しかし，たとえ食用対象とならなくてもさまざまな点において日本の淡水魚の価値は高い（図1）．日本の淡水魚は日本列島の変遷とともに進化してきた．琵琶湖の固有種であるワタカ *Ischicauia steenackeri* は大陸の淡水魚の末裔といわれ，長崎県壱岐の島において今から1,000万年以上前の中新世の地層から近縁種の化石が発見されている．茶木滋が作詞した《めだかの学校》は水田の中を流れる小川を連想させ，日本人であるならば誰もが郷愁を誘われる．五月の空を元気よく泳ぐ鯉のぼりへの想いには，家族の絆を確かめるとともに男の子への期待が込められている．サケはアイヌ民族が尊ぶ神聖な魚である．宴会を盛り上げる安来節は，ドジョウが古くから農山村で親しまれてきたことをうかがわせる．これらは明らかに文化財としての価値を持つ．一般に，希少淡水魚の生息地では自然度の高い環境が維持されている．本州ではトゲウオ科やスナヤツメ *Lethenteron* spp. は湧水の，メダカ類 *Oryzias latipes* complex は水田の良好な環境指標種といえる．ギ

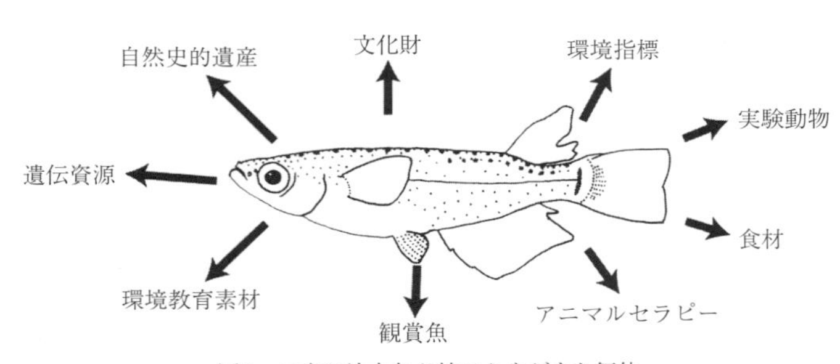

図1　日本の淡水魚が持つさまざまな価値

ンブナ *Carassius* sp. は自然に生じるクローンである．個体の違いにかかわらず遺伝的条件がそろっているので，実験動物や医学用動物としてきわめて有用な可能性を秘めている．淡水魚は海水魚にくらべて飼いやすく，水槽内で繁殖させることも可能である．例えば，タナゴ類と二枚貝との関係は共生について学ぶ機会を提供する．そればかりか，タナゴ類の雄は美しく雌は可憐，水槽を毎日見ていればストレスで痛んだ心は癒されるはずである．

日本の淡水魚の危機　わが国の淡水魚は，日本列島が形成されて以来最大の危機を迎えている．環境省は2012年に新生物多様性国家戦略を打ち出した．その中で日本の野生生物に大きな影響を及ぼしている主な要因を4つの危機としてまとめている．

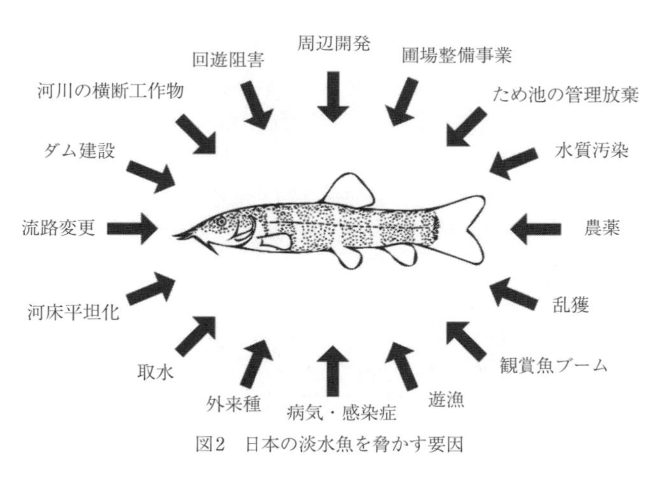

図2　日本の淡水魚を脅かす要因

第1の危機は「人間の活動や開発」．これには河川の種々の人工化に加え，稲作の効率化を目的とした圃場整備事業も含まれる．第2の危機は「自然に対する人間の働きかけが減っていくことによる影響」．長年，適度に人手が入ることで生物多様性とバランスをとってきた里山里地は，人間が干渉をやめると一挙に荒廃してしまう．伝統的稲作を行っている水田地帯は二次自然の典型で，希少淡水魚が多く見られる場所でもある．ため池や素掘りの農業水路は，定期的に水を抜いて泥をさらわなければ水質が悪化して，淡水魚の生息に適さなくなる．第3の危機は「化学物質や外来種による影響」．農薬が外来種と一緒にまとめられている理由は，異物の環境放出，すなわち本来なかった要素が在来生態系の中に無条件に取り込まれ，影響を与える点で共通するからである．外来種はいったん繁殖してしまうと，それを取り除くことはきわめて困難である．そのため，外来魚の移殖放流は日本の淡水魚にとって最大の脅威ともいえる．最後に，第4の危機は「地球温暖化」．水温の上昇はイワナ属のように分布の南限に生息する冷水性淡水魚の生息環境に影響を与えているものと危惧される．このように，日本の淡水魚を絶滅や減少させた原因はさまざまで魚種ごとに異なる(図2)．しかし，彼らを絶滅のふちに追いやった全ての原因は人為的活動にあるといえる．

［細谷和海］

日本の絶滅魚

現代は大量絶滅の時代といわれている．大量絶滅は，生命が地球上に現れて以来，幾度となく繰り返されてきたが，現在進行している大量絶滅は規模と速度において最大と考えられている．その原因が人類の活動によることは言うまでもない．とりわけ，魚類に与える影響は大きい．

絶滅とは　生物を絶滅したと見なす判断基準について，環境省は「信頼できる調査にもかかわらず，過去50年間生息情報が得られていない種および亜種」としている．この基準はさらに自然界でも水族館などの施設内でも生存個体がまったく見られなくなった「絶滅　Extinct (EX)」，および自然界では見られなくなったが施設内では一部の系統が維持されている「野生絶滅　Extinct in the Wild (EW)」に分けられる．ただし，汽水・淡水魚類版においては「野生」を「自然分布域」と定義しているので，たとえ移殖個体群が野生で現存していたとしても自然分布域で消滅している場合は「野生絶滅」と見なされる．「野生」という表記は，環境省が国際自然保護連合（IUCN）のカテゴリーに準拠したことに由来するが，誤解を与えやすいので「原生息地」に読み替えて理解する必要がある．

チョウザメ *Acipenser medirostris*　河川で繁殖し海洋で成長する遡河回遊魚である（図1A）．卵巣はキャビアとして賞味される．一般に「ベステル」と呼ばれるチョウザメは旧ソ連においてオオチョウザメ *Huso huso* とコチョウザメ *Acipenser ruthenus* の交雑育種によって作出された養殖対象品種である．チョウザメは世界の令温帯に広く分布し，かつては10～11月ごろ北海道の石狩川や天塩川に成熟個体が多数遡上したが，現在では見られない．他のチョウザメ科魚類同様，沿岸域で稀に漁獲されることがあるが，アムール川を母川とする個体の迷い込みと考えられる．絶滅の直接的な原因は明らかではないが，河川の改修，横断工作物の構築，汚濁などが遡上を妨げていると思われる．

スワモロコ *Gnathopogon elongatus suwae*　タモロコ *Gnathopogon elongatus* の亜種で，長野県諏訪湖の止水環境に適応した個体群と考えられる（図1B）．1960年代に絶滅したとされる．その原因については，諏訪湖に琵琶湖から移殖されたホンモロコ *G. caerulescens* との種間競争に敗れたとか，コンクリート護岸化に伴う繁殖場の退縮とか，周辺のタモロコとの交雑により純系が消滅したなどの諸説がある．福井県三方湖産タモロコは，スワモロコ同様，湖中適応した集団として興味が持たれる．

ミナミトミヨ *Pungitius kaibarae*　トゲウオ科の陸封型の種で一生を淡水で過ごし，湧水を水源とする稲田，芹田，小川，池沼に生息する（図1C）．和名はト

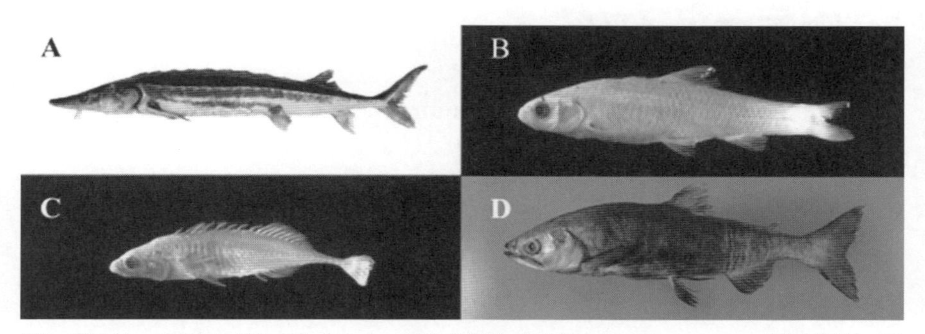

図1　絶滅（A～C）と野生絶滅（D）．(A) チョウザメ［撮影：内山りゅう］，(B) スワモロコ［筆者撮影］，(C) ミナミトミヨ［筆者撮影］，(D) クニマス［撮影：中坊徹次］

ミヨ属魚類で最も南に分布することにちなむ．かつては京都府桂川水系と兵庫県加古川水系に分布していたが，1960年代までにともに絶滅した．その原因として，湧水の枯渇，過度の農薬散布，圃場整備や宅地化に伴う生息場所の消失が考えられる．本種の種小名“*kaibarae*”は，兵庫県氷上郡柏原町にちなんで付けられたものであるが，実際のタイプ産地は京都市吉祥院である．国外ではロシア沿海州と朝鮮半島東岸の一部の水域に不連続分布する．最近の分子遺伝分析では，秋田県と山形県に分布するトミヨ属雄物型，および大陸産*P. kaibarae*が同じ系統に含まれることから，雄物型に*P. kaibarae*の学名をあてている．しかし，これら現存個体群と絶滅したミナミトミヨをめぐる種の異同については検討を要する．

クニマス ***Oncorhynchus kawamurae***　ヒメマス*Oncorhynchus nerka*に似るが，全体に体色が黒みを帯び，背面に黒点がないことで区別できる（図1D）．原産地は秋田県田沢湖．戦前に各地に移殖された．田沢湖では1940年代に玉川から強酸性水が導入されたため水質が悪化し，その結果絶滅した．その後，2010年に中坊徹次をはじめとする京都大学のグループが山梨県富士五湖の西湖に奇跡的に残存していることを明らかにした．西湖の個体群は移殖に由来するためクニマスの位置付けは野生絶滅となるが，今後，種の系統保存を考える場合，きわめて重要な供給源となり得る．現在，山梨県水産技術センター忍野支所において本種の人工繁殖が進められ，西湖から田沢湖への里帰りも計画されている．西湖での産卵期は11～2月．産卵場所は 水深30～40 mの湧水がある砂礫質の湖底．流入河川には遡上しない．産卵場所の水温は4～5℃．原産地の田沢湖では水深100～300 m付近の深部に生息し，付着藻類や動物プランクトンを餌としていたと考えられている．類似の集団はカナダやロシアからも報告されているが，形態的，生態的特徴からクニマスは深い湖の環境に適応した固有の種であることは明らかである．

［細谷和海］

レッドデータブック

レッドデータブックとは，絶滅のおそれのある野生生物の種を選定し一覧化した「レッドリスト」の掲載種に関する解説書であり，絶滅危険度を示す各カテゴリーに選定された種の形態的・生態的特徴，生息状況，保護状況などが記述されている．国単位では，「環境省版」，地域単位では，「都道府県版」が一般的であるが，一部，地域では市町村が作成していたり，学会，環境NGOなどが主体となり作成している場合もある．レッドデータブックは，これら各単位における種の絶滅危険度の指標として，現状を把握し保全の優先度などを設定するため，また環境アセスメント（環境影響評価）を実施するための基礎資料として利活用されている．

環境省版レッドリスト・レッドデータブックの変遷　魚類において日本で初めて発行されたレッドデータブックは，1991年に当時の環境庁が作成した「日本の絶滅のおそれのある野生生物–レッドデータブック–脊椎動物編」（第1次レッドリスト/レッドデータブック）である．その後，魚類のレッドリストは，1999年（第2次），2007年（第3次），2013年（第4次）に見直しが行われており，レッドデータブックは2003年（第2次），2014年（第4次）にそれぞれ改訂版が発行されている（図1）．なお，第3次レッドリストではレッドデータブックは発行されておらず，2010年にカテゴリー変更や新規掲載種のみを解説した「付属説明資料」が公表されている．また，2015年からは生息状況の悪化などにより，早急に検討が必要な種を対象とした第4次レッドリストの随時見直しが進められている．魚類では2017年3月に

レッドリスト	1991年	1999年	2007年	2013年	2017年
	第1次レッドリスト	第2次レッドリスト	第3次レッドリスト	第4次レッドリスト	第4次レッドリスト2017
		↓	↓	↓	↓
レッドデータブック	1991年	2003年	2010年	2015年	2017年
	レッドデータブック	改訂レッドデータブック	付属説明資料	レッドデータブック2014	補遺資料

図1　環境省版レッドリスト，レッドデータブックの関係性と変遷

レッドリスト2017が公表され，この見直しによりカテゴリー変更，新規掲載された5種を解説した「レッドリスト2017補遺資料」が同年9月に公表されている．

レッドリストの評価対象範囲は，第1次から第4次まで概ね変わらず，純淡水魚の他，汽水域にまたがって生息する種，陸域にきわめて関連のある干潟に生息する種，海域に生息するが繁殖時に淡水域まで入り込む種であり（環境庁，1991），いわゆる海水魚を含まない．海水魚については，2012年より既存レッドリストとは別の「海洋生物レッドリスト」の評価検討が環境省と水産庁により進められ，2017年3月にそれぞれの省庁から公表されている．

⁂カテゴリー区分と判定基準　環境省版レッドリストで用いられているカテゴリー区分は，基本的には国際自然保護連合（IUCN）のレッドリストに準じている．第2次レッドリスト以降，最新版の第4次まで使用しているカテゴリー区分は，「絶滅（EX）」「野生絶滅（EW）」「絶滅危惧IA類（CR）」「絶滅危惧IB類（EN）」「絶滅危惧Ⅱ類（VU）」「準絶滅危惧（NT）」「情報不足（DD）」の6つであり，加えて環境省独自のカテゴリーとして付属資料である「絶滅のおそれのある地域個体群（LP）」を設定している（環境省，2015）．一方で，IUCNで用いられている「低懸念（LC）」「未評価（NE）」というカテゴリーは採用していない．近年では一般的な呼称になりつつある「絶滅危惧種」は，このうちCR，EN，VUのいずれかに選定された種を指し，魚類では具体的に「ミヤコタナゴ（CR）」「ニホンウナギ（EN）」「ミナミメダカ（VU）」などが該当する．この絶滅危惧は特に絶滅が差し迫った状況にあることを示すカテゴリーであり，法令に基づく国内希少野生動植物種指定の基礎資料としても利用される．絶滅危惧種に選定するには，個体群の減少率や生息地面積，地点数などの数値基準に基づく「定量的要件」に当てはめる必要があるため情報が少なく，種の絶滅危険度を判断しきれない場合には，DDに選定されることもある．DDのカテゴリーは単に情報が不足しているのではなく，本来は絶滅のおそれはあると思われるが，その状況を客観的に示すだけの情報が不足している場合に選定されるものであり，このような種は優先的に調査を行い，早急に絶滅危惧か否かを判定する必要があるともいえる．

⁂都道府県版レッドデータブック　都道府県が主体となり作成されたレッドデータブックを指す．環境省版が種の全国的な分布状況により評価するのに対して，都道府県版は各地域単位での分布状況から評価を行う．そのため，環境省版レッドデータブックに未掲載である種が，都道府県版では高いカテゴリーとして掲載される場合も多い．例えば主に西日本に分布するタナゴ亜科のカネヒラは，環境省版レッドデータブックには未掲載だが，京都府，奈良県，和歌山県などでは絶滅危惧種として掲載されている．都道府県版レッドデータブックは，すでに全都道府県で作成されており，多くの都道府県では改訂版の発行も進んでいる．

［高久宏佑］

日本の希少淡水魚

広義の淡水魚は，日本におよそ500種生息するとされている（藤田, 2015）．これらのうち生活史を通して純淡水域を利用する魚類は300種程度，汽水魚とされるのは200種程度である．

希少種の割合 「日本の希少淡水魚」とは，一般的に「レッドリスト」に記載される種である．日本産淡水・汽水魚のうち，約半数の242種が環境省レッドリストに掲載されており「重要種・希少種」として取り扱われる．そのうち169種は「絶滅危惧種」に相当する．環境省レッドリストは，IUCNの定義に従い，絶滅危惧ⅠA種，絶滅危惧ⅠB種，絶滅危惧Ⅱ類，純絶滅危惧種，準絶滅危惧，情報不足，絶滅のおそれのある地域個体群に分けられている．これらは，その絶滅可能性の危機の程度によりランクが整理されている．一方で，日本では環境省レッドリスト以外に，全都道府県版のレッドリスト，レッドデータブックが作成されている．淡水魚は，進化の歴史が地史により影響を強く受けるため，淡水魚の重要性，価値を評価するために，これらの地域的なレベルで見たレッドリストもきわめて重要である．この都道府県版レッドリストには計442種が収録され，純淡水および淡水から汽水に生息する種は257種が掲載されている（図1）．このように，日本産の淡水魚については，その危機について全国的な評価が行われているが，都道府県レベルの評価を含めて見た場合，いずれのレッドリストにも掲載されていない魚類では，純淡水域にのみ生息するのはフクドジョウ *Nemacheilus barbatulus toni* である（新種記載後，レッドリストの対象として評価検討されていない種は除く）．このように考えると，日本産淡水魚類，特に純淡水域に生息する魚種の90％程度はいずれかの場所で危機的な状況にあると評価されていることになる．

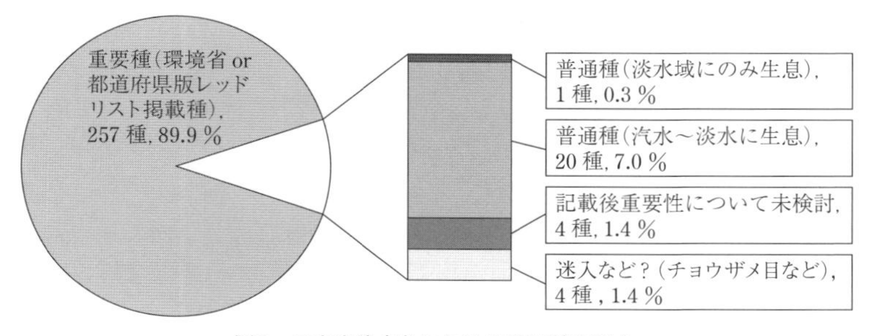

図1　日本産淡水魚における重要種の割合

保護の現状　レッドリストに掲載されても，法的に保護対象となるわけではないが，環境影響評価法に基づく環境アセスメントなどにおいて，保全措置などを検討する上で活用されている．日本産淡水魚として，種の単位で直接的に法的に保護されるのは，種の保存法（☞項目「種の保存法」）において指定されている種，また文化財保護法において天然記念物に指定されている種であり，イタセンパラ *Acheilognathus longipinnis*，ミヤコタナゴ *Tanakia tanago*，アユモドキ *Parabotia curtus*，ネコギギ *Tachysurus ichikawai*，カゼトゲタナゴ山陽個体群 *Rhodeus smithii smithii* のみである．ただし，地域的に天然記念物に指定されている種や，自治体の条例で採捕が禁じられている種もある．ウシモツゴ *Pseudorasbora pugnax* のように，生息地のほとんどで条例などにより採捕が禁じられているため，実質的に無許可での採捕が困難な種もある．

希少淡水魚の特徴　絶滅が危惧されている淡水魚類には，繁殖に淡水二枚貝を必要とするタナゴ類や湧水を必要とするトゲウオ類など生息条件が限定される種，生息地が日本の1カ所に限定されるムサシトミヨ *Pungitius* sp. およびヒナモロコ *Aphyocypris chinensis* が含まれる．特に純淡水魚の絶滅危惧ＩＡ類の多くは，シナイモツゴ *Pseudorasbora pumila* やヒナモロコのように溜池や用水路など，小規模な二次的自然環境にのみ生息している種が多い．これらの魚類は，地権者の協力や，地域住民，水田管理者など，一般市民の努力により辛うじて守られている．

希少淡水魚の分類に関わる課題

重要な保全対象となる種の分類学的な位置付けも，いまだ不安定である．そもそも，汽水魚を除く日本産淡水魚の12％程度（44種）が未記載種・亜種である（図2）．そのうち，未記載の重要種・亜種は8種ある．また，日本産淡水魚の5％（12種）が，和名では「～の1種，～型」などの呼称で呼ばれている，これらはいずれも重要種となっている（スナヤツメ北方種 *Lethenteron* sp. N・スナヤツメ南方種 *L.* sp. S，フナ属の1種（琉球列島）*Carassius* sp.，カジカ中卵型 *Cottus* sp. など）．保全対象を明確にするためにも，このような種の分類学的整理は急務である．なお，分類学的に記載されておらず，さらに明確な和名すら存在していない集団は，遺伝情報や生態型を根拠に集団が保全単位として認められており，レッドリストに収録されている場合が多い．このように，近年では遺伝学的情報を根拠にした集団の認識が先に進む現状にある．　［藤田朝彦］

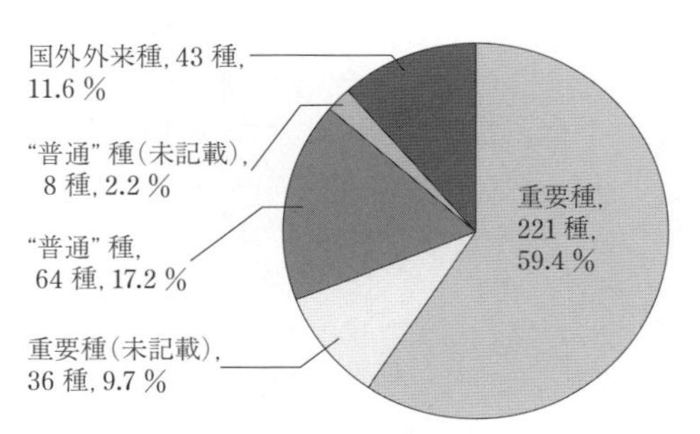

図2　日本産淡水魚類の記載状況

日本の希少海水魚

海に住む魚は川や湖などに住む魚に比べてわれわれの目に留まりにくく，また種数も膨大に多い．さらに日本を取り巻く海は周辺国まで広がっている．このため，ある地域のある魚が少なくなったとしても，にわかにその種の絶滅のおそれや希少性を判断するのは大変難しい．このようなことから，ようやく2017年になって初めての海水魚レッドリストが環境省から発表された．また，同時に水産庁からも89種の魚類を含む海洋生物レッドリストが公表された．

環境省版海洋生物レッドリスト 環境省では2012年に海洋生物の希少性評価を行い，続いて2013年度から4年をかけてレッドリストを作成した．このレッドリストは，すでに汽水・淡水魚レッドリストで検討された種を除く純海水魚と呼ぶべき種を対象として検討されたものである．また，わが国が締結している二国間入漁協定および地域漁業管理機関の管理対象種であるサメ類，外洋性サバ科，カジキ亜目およびシマガツオ科などの43種，さらに次に述べる水産庁が資源評価を行った重要漁業対象種58種も検討から除外された．日本産魚類約4,200種から汽水・淡水魚レッドリストの対象魚種の約400種と，上記の国際協定や水産庁の評価の対象種の約100種を除いた約3,700種が今回の評価の対象となった．評価の基準やカテゴリーの区分・定義は汽水・淡水魚類レッドリスト（☞項目「レッドデータブック」「日本の希少淡水魚」）と同様である．

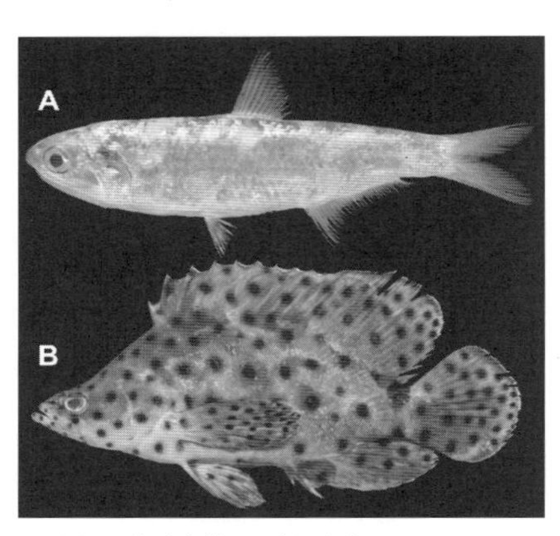

図1 絶滅危惧ⅠA類．(A) オオイワシ，(B) サラサハタ［筆者撮影］

この評価では絶滅した種はなく，絶滅危惧ⅠA類が8種（図1），絶滅危惧ⅠB類が6種，絶滅危惧Ⅱ類が2種，準絶滅危惧が89種，情報不足が112種であった．この他絶滅のおそれのある地域個体群として沖縄島のオクヨウジ *Urocampus nanus*，瀬戸内海のアイナメ *Hexagrammos otakii* があげられた．絶滅危惧とされた16種のうちコイチ *Nebea albiflora*（ニベ科）とカラス *Takifugu chinensis*（フグ科）を除く，図1に示したオオイワシ *Thryssa baelama* やサラサハタ *Chromileptes altivelis* のような熱帯性魚類で，日本では沖縄県を中心として生息している．オオイワシは小笠原諸島ではすでに絶滅したと推測され（東京都環境局，2014），沖縄県でも2001年以降採集記録がない．サラサハタは観賞用および食用として漁獲されてきたが，近年では観察記録や成魚の漁獲はほとんどない．このような海域での人為的な環境の悪化がこれらの種の生息を脅かしているものと考えられる．特にサンゴ礁域の環境悪化や環境破壊は，サンゴ礁に強く依存している種の減少を招いている．情報不足とされた112種は絶滅の可能性を多分に含んでいるものの，評価を判定するための情報が少なく，十分な検討ができなかった種である．したがって，情報が蓄積すれば，絶滅危惧種になる可能性は十分にある．

水産庁版海洋生物レッドリスト　水産庁では1993年から5年間「希少水生生物保存対策試験事業として，1994～98年に5冊の「日本の希少な野生生物に関する基礎資料（Ⅰ-Ⅴ）」を公表した（Ⅰは水産庁発行，Ⅱ-Ⅴは日本水産資源保護協会発行）．この資料では海水魚類23種が詳細に検討され，地域が指定されているものの，絶滅危惧種と危急種がそれぞれ7種，希少種が14種とされた．2017年には重要漁業対象種として58種の海水魚が評価されたが，ナガレメイタガレイ *Pleuronichthys japonicus* のみが情報不足とされ，他の57種全てがランク外とされた．しかし，これらの中にはデータの乏しい種もあり，またデータ精度が低い調査船現存量推定を用いて評価されている種もある．さらに，定量基準では絶滅危惧Ⅱ類と評価された4種全てについて，付加的事情の考慮によってランクが2段階下げられ，「ランク外」と評価されている．このようなことから，今回「ランク外」とされた種も絶滅のおそれがまったくないわけではなく，将来ランクが変更される可能性は十分にある．

希少種と絶滅危惧種　日本周辺海域に分布する魚類には，これまで採集例が非常に少ない，いわゆる希少種と呼ばれるものがある．これらは元来個体数が少ないことから容易に絶滅に向かう可能性があるが，採集例，観察例が少ないため，ランクが過小評価されやすい．また，迷入種や無効分散種は評価の対象とされない．しかし，これらの種も迷入，あるいは無効分散の正確な判断は難しい場合もある．さらに極端な例では原記載以来採集情報や生息情報がまったくない種もある．このような種はすでに絶滅した可能性もあるが，実際にはデータ不足のため，情報不足のランク，あるいはランク外とされている．ただし，このような種は奇形が新種記載された可能性もあり，さらに評価を困難にしている．

地域個体群と地球温暖化　環境省版レッドリストで絶滅のおそれのある地域個体群と評価されたアイナメは，東京湾や伊勢湾でも個体数が著しく減少しているとの情報もあり，関東以西のアイナメ資源の動向に対して十分注意する必要がある．伊勢湾のイカナゴ *Ammodytes japonicus* は2016～17年の2年にわたって資源量が激減し，操業中止となった．この原因の1つとして，夏眠域である伊勢湾口の水温上昇があげられている．このように，南日本に分布を広げた冷水性の魚類の生息状態にも今後，十分な注意が必要である．　［木村清志］

保護の方法

生物保護は，対象生物の生息地そのものの環境を好適に保つ生息域内保全と，生物を研究施設に隔離し個体や遺伝情報を環境中から抜き出して保つ生息域外保存の，大きく2つのアプローチによって成立する（WRI et al., 1992）．わが国の保護活動においては，「生息域外保全」という語が用いられることが多いが，保全（conservation）と保存（preservation）に対して同一の単語をあてることは，各手法の位置付けを曖昧にし，それぞれが有する意味を減退させる懸念がある．そこで本項では，生息域外保存が対象生物の情報を抽出して保つという点を重視し，長田他（1997）に従い，l. c. reservationを「保存」と訳す．さらに，持続的な保護活動の達成には，対象の生息地周辺に居住する一般住民をはじめとした，市民の参画に基づく草の根運動が不可欠であり，価値観の共有に向けた社会啓発もまた，重要な保護手法の1種といえる．実際の希少魚類を対象とする保護活動においては，保護の対象となる地域全体の生態系そのものを守る生息域内保全が優先されるべきとされる．ただし，対象生物の危急度が著しく高い場合には，絶滅回避の手段として生息域外保存技術の確立が非常に重要となる．

生息域内保全　生息域内保全の対象は，一般に，ある環境を表徴する種（キーストーン種，希少種）の，保全単位によって定められた地域個体群の生息範囲と

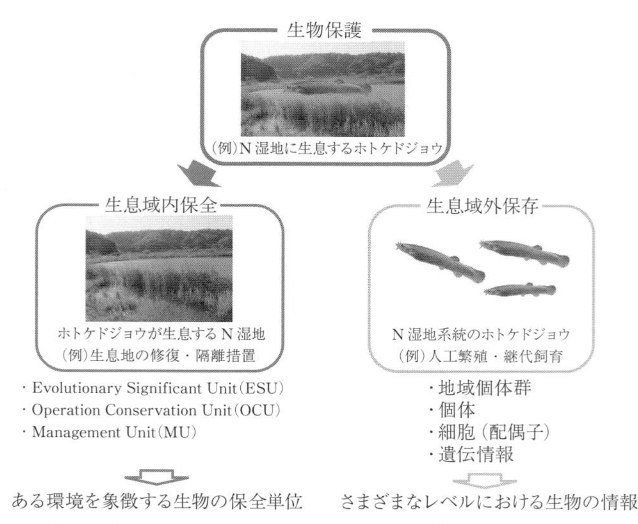

図1　ホトケドジョウ *Lefua echigonia* をキーストーン種とする保護手法の使い分け

なる．保全範囲の設定に用いる保全単位には，対象個体群の進化的背景を重視した進化的有意単位（ESU），進化的背景に加えて繁殖の固有性を重視した管理単位（MU），生物学的情報に社会的・経済的制約を加味して決定する活動保全単位（OCU）などが適用される（図1）．ただし，生物情報のみに基づき設定される前2者については，社会的制約などから厳密な適用は難しいと考えられる．同手法はあくまでも場の機能改善を目的とし，特定の種の生態に着目した施策がなされた場合には，保全の定義に当てはまらないばかりか，当地の生態系の改善・維持に対して悪影響を招きかねないことに留意すべきである．

生息域外保存　生息域外保存は，対象種の有する，あらゆる情報の保存を目的とした方法である．すなわち，①地方個体群，②個体，③細胞（配偶子），④遺伝情報，といったものが保存の対象となる．さらに，現在の生態系の維持には直結しないが，生態系に劣化が生じた場合の復活モデルの構築に向けて標本やスケッチから得られる生物学的情報を集めておくことも，生息域外保存の1種と考えられる．

日本の魚類保護に求められるもの　野生動物の保護への取組みが盛んな欧米諸国では，特定区域の聖域化など，生息域内保全を重視した方策が採られている．わが国においても，希少種をシンボルとしたかたちでの域内保全を主体とした活動が展開されている．しかし，わが国の水圏環境には，氾濫原・後背湿地を前身とした水田地帯に代表される二次的自然が多く含まれ，そこに生息する希少淡水魚類は，水域同士のつながりの中に生活環を完結させている．そのため，日本産淡水魚の保護には，単純な場の保全のみならず，伝統農法に基づく農業用水の管理など人間の社会活動の関与が求められる．野生動物の保護に人為操作が求められるという特徴は，保護対策と絶滅リスクの上昇が不可分の関係にあることを示している．そこで，攪乱の上に成立し，不干渉を保つことが有効策となりがたい日本産希少淡水魚類の保護においては，生息域外保存の展開が重要な意味を持つと考えられる．

今後の展望　わが国の希少魚保護においては，生息域の環境改善や外来魚の駆除など，生息域内保全を主体とした施策が，各地で実行されている．他方で，生物保護の片軸となるべき生息域外保存は，専門設備や継続的な予算の確保といった課題から，研究機関のみで実施される例が多く，市民レベルの保護活動への展開は不十分である．持続的な希少淡水魚類の保護には，市民，行政，研究機関が一体となった活動が求められるとされ（片野他, 2005），草の根活動における生息域外保存の認知度向上が求められる．今後の希少魚保護においては，息域内保全と生息域外保存の，それぞれの特性と対象とに関する認識が組織・団体間で共有され，さらに両手法からの情報を相互にフィードバックできる体制の構築が望まれる．

［北川哲郎］

保　全

絶滅の危機に瀕(ひん)した野生生物を守ろうとするとき，何を守るのか，すなわち保全の対象を明確にしておく必要がある．私たちは保全を考えるとき絶滅危惧種や希少種，天然記念物，国内希少野生動植物種など，ことごとく種を対象としている．それは，種を守ることが生物多様性の保全にとってきわめて重要だからである．では，種を守るというのはどういうことだろうか．野生生物は自然下で個体の集合，すなわち個体群という形で存在し，遺伝情報を代々引き継いでいる．種はこのような個体群が幾つか集まったものである．そのため，個体群の絶滅の積み重ねが種の絶滅を招いてしまう．すなわち，種を守るということは個体群を守るということにほかならない．

遺伝的固有性と多様性　生物多様性保全の目標はあくまでも構成要員の進化的価値と固有性を守ることにあり，地域の自然環境に長い年月をかけて適応してきた在来の個体群のみを保全の対象とすべきである．一般に種には地理的変異が存在する．そのため，個体群間で隔離によって独自の分化を遂げようとする遺伝的固有性と時々交配して変異性を回復しようとする遺伝的多様性という，相反する特徴を併せもっている．遺伝的固有性は，長い年月をかけた自然選択と中立遺伝子の遺伝的浮動が積み重なってきたもので，系統の特徴を表している．選択的形質の多くは地域環境への適応と関係しており，地域に分布する個体群はその地域環境に最も適応しているということになる．

一方，遺伝的多様性は，高ければ高いほど個体群が健全であることがわかっている．遺伝的多様性が高ければ，適応度の低い潜性遺伝子が適応度の高い顕性遺伝子によって被覆されるので，生存に不利な表現型を個体で発現させることを回避することができる．反対に遺伝的多様性が低下すると，環境変動への個体群の適応力や病気への抵抗性を低下させ，個体群の再生産力も下げると考えられている．また，遺伝的多様性の低下は近交弱勢（潜性有害遺伝子の発現）などの問題も引き起こす．以上のように，自然下で健全な個体群を維持するためには，個体群の持つ遺伝的固有性と遺伝的多様性を守らねばならない．

保全単位　保全目標を実現するためには，保全単位の設定が不可欠となる．現在，よく知られているものとして，進化的有意単位と管理単位があげられる．進化的有意単位は，系統発生を重視し，単系統群を保全単位とする考え方である．単系統群とは，1つの祖先から進化した全ての子孫を含む群のことで，この場合，1つ以上の遺伝子マーカーで特徴付けられる個体群ということになる．管理単位は，系統発生ではなく対立遺伝子頻度を重視し，そのまま過去の遺伝子流動をするため，単系統群のみならず側系統群や多系統群も保全の対象とする．そのため，進化的有意単位では設定できない自然交雑によって生じた交雑集団も保全単位とすることができる．つまり，どのような進化的あるいは地域的背景があろうと遺伝的に固有であれば管理単位として設定することができる．そのため，魚類の場合，管理単位の中で保全されることが望ましい（図1）．

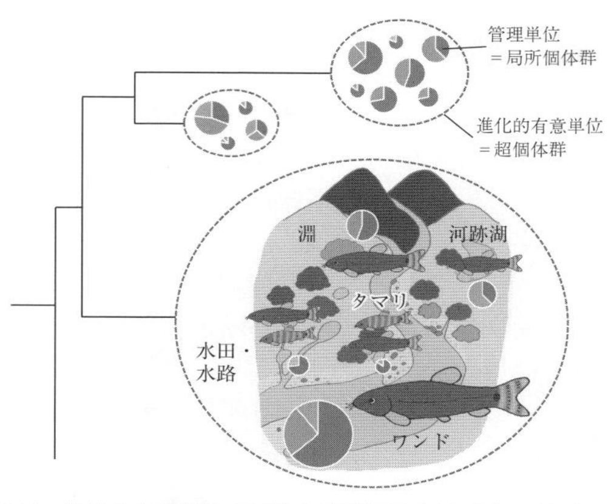

図1　進化的有意単位（破線）と管理単位（それぞれの円グラフ）の模式図．淡水魚の場合，進化的有意単位は水系で制約された超個体群に，管理単位は局所個体群に一致する．局所個体群の円グラフの大きさは個体群の大きさを，割合は遺伝子頻度の違いを表している［作図：小田優花］

有効集団サイズ（N_e）　遺伝的浮動など小集団の遺伝的多様性に関与する個体の数は実際の集団の個体数よりも小さいのが普通である．なぜなら，その集団の全ての個体が繁殖に参加するわけではなく，成熟した親のみが次代に子を残すためである．このような問題を扱う概念のことを有効集団サイズという．有効集団サイズが小さくなると対立遺伝子が減少し，遺伝的多様性が損なわれ，ヘテロ接合個体が少なくなる．有効集団サイズとヘテロ接合の減少率ΔFの関係は$\Delta F = 1/2N_e$の式で表され，繁殖に関わる親の数が減少すると反比例的にヘテロ接合の減少率は増加することがわかる．言い換えると，遺伝的多様性を維持するためには，可能な限り多くの親を繁殖に参加させなければならない．野生集団で事実上の有効集団サイズを推定することはきわめて困難とされているが，長期的な存続と進化の可能性を保持するためには少なくとも有効集団サイズ 500 個体以上必要で，実際にはこれより大幅に大きな数の個体を必要とする．

保全の優先度　全ての種を保全するのが理想だが，実際には予算や労力などの関係で優先順位をつけざるを得ない．それではどのような種から保全していけばよいのだろうか．国の天然記念物として種指定されているものや絶滅のおそれのある野生動植物の種の保存に関する法律（種の保存法）で国内希少野生動植物種に指定されている種は優先順位が高くなる．さらに，レッドリストにおいて絶滅危惧種に選定されている種は優先されるべきである．そのほか，一般的な認知度が高い淀川のイタセンパラ *Acheilognathus longipinnis* のようにシンボルとなるものや，生態系の中で重要な位置を占めるキーストーン種から保全されることが多い．

［川瀬成吾］

保　存

生息域外保存は，保護対象とする生物を研究施設などに隔離し，個体や遺伝情報を環境中から抜き出して保つ保護手法の1種である．本手法の目的は，対象生物の系統保存ならびに野生復帰による絶滅の回避にある．また，単純に遺伝情報や系統を維持するのみならず，希少淡水魚類の繁殖生態を明らかとして自然史科学的情報を保存すると同時に，生息域内保全へと科学的な情報をフィードバックする役割を担う（図1，☞項目「保護の方法」）．

生息域外保存の意義　自然下から限られた要素を抽出して取り扱う生息域外保存は，生息域内保全から切り離された状態では生態系の維持・修復に寄与し得ない．ただし，域内保全に際して，生息地そのものの改変に伴う絶滅リスク上昇への備えとしては，域外保存技術の確立は不可欠である．とりわけ野生個体群の生息環境が劣悪である場合や危急度が高い種に対しては，絶滅回避の手段として非常に重要な意味をもつ．水田地帯をはじめとする二次的自然を擁し，生活環の成立に適度な攪乱が求められる希少魚類が数多く生息するわが国の水圏環境においては，生息域外保存の展開が保護活動の成否を大きく左右すると考えられる．

希少魚の保存　生息域外保存の達成に向けた主たる取組みとして，国立環境研究所による「環境試料タイムカプセル事業」による体細胞・生殖細胞の凍結保存や，日本動物園水族館協会が組織する種保存委員会の下部組織「日本産希少淡水魚類繁殖検討委員会」において系統保存の試みがなされている．また，危急度の高い幾つかの種については，個別に人工繁殖や生殖細胞の凍結保存に関する技術研究が実施されている．しかし，研究の対象とされている種はいまだ少なく，保存技術そのものの体系化には結び付いていない．

水産技術の応用　魚類の生息域外保存に求められる技術の多くは，水産増殖分野技術と共通している．水産増殖の黎明期においては，事業の公益的目的・理想として，水産生物の繁殖や成長を積極的に助成する「水産蕃殖」と天然の状態で水産生物の繁殖を保護する「保護蕃殖」があげられていた．水産増殖の最終目標は資源増大であるものの，前者は域外保存に，後者は域内保全に近い発想であり，生物保護への応用に適した技術が集積していると考えられる．実際に育種技術の転用を試みた研究例はいまだ少ないが，今後の展開に期待が持たれる．

技術的課題　現行の技術段階においては，体組織や配偶子の遺伝情報から個体を復元して野生復帰させることは困難な状況にある．さらに，人工繁殖による系統保存においては，少数の親魚に基づく継代飼育に伴う近交弱勢のリスクが課題とされている．近交化の抑制手法としては近交化抑制交配やトップクロス（里親

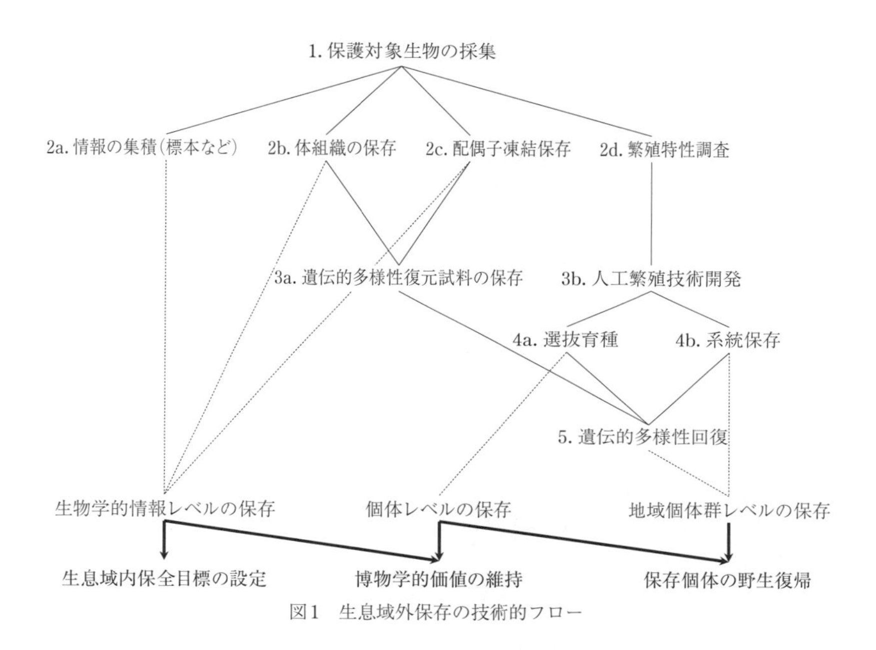

図1　生息域外保存の技術的フロー

制度などを活用して対象とする個体群を複数の系統に分けて飼育し，定期的に系統間の交配を実施して近交化を抑制する手法）飼育が提案され，すでに幾つかの希少種においては，研究機関や市民団体を核とした保護体制の下に運用されている．ただし，系統を維持していく上で目標とすべき有効集団サイズの設定が科学的知見の不足により困難であるうえ，継代的な飼育や遺伝的モニタリングに対して持続的な予算や技術力の確保が求められるなど，多様な種あるいは個体群の保存技術の普及に向けた課題は多い．今後の展開としては，凍結保存法，主として凍結精子を用いた近交化対策に期待がもたれる．凍結細胞を用いた人工繁殖で得られた集団の近交係数は野生集団と継代集団の中間値を示し，継代ごとに対数的に回復する．すなわち，凍結保存法を活用することで，クローンレベルにまで近交化された個体でも繁殖親魚としての役割に堪えることを示唆している．

生息域外保存の展望　生息域外保存の実践には，専門的な設備や技能が求められ，水産研究機関や水族館が主体的な機能を果たさなければならない．他方で，遺伝的多様性の保持を目指した継代飼育や生息域内保全との連携には草の根活動における生息域外保存の浸透が不可欠といえ，研究機関と市民が緊密に結び付いた体制を構築する必要がある．同時に，多くの種を対象とした，より低位の保存レベルからの野生復帰を可能とするため，人工繁殖や細胞保存に関する技術開発とマニュアル化が急務である．

［北川哲郎］

外来魚

外来種の侵入は，生物多様性にとって最大の脅威といわれている．なぜなら，外来種がいったん定着してしまうと，在来種の絶滅など生物多様性にとって不可逆的な変化を起こし，回復が非常に困難であるからである．特に，淡水域のような閉鎖的環境に侵略的外来魚が侵入すると，逃げ場のない小型の在来魚の絶滅リスクは高くなる．事実，わが国ではブラックバスやブルーギルが与える影響は甚大で，被害防止と駆除は今や克服すべき国家的課題となっている．

外来魚とは　外来魚といえば，私たちはすぐに外国から持ち込まれた魚類を連想するが，外来魚は必ずしも外国から来たものだけとは限らない．在来の淡水魚に国境があるはずもなく，問題となるのは彼らの生活圏の内か外かである．したがって，日本国内であっても本来の生息場所を越えて人為的に移殖される淡水魚も外来種と呼ぶべきである．このことから外来魚は，外国に由来する「国外外来魚」と日本の他の地域から来た「国内外来魚」に分けられる．さらにわが国では，川や湖にヤマトゴイ，錦鯉，金魚，ヒメダカのような交雑または選抜により作出された人工改良品種がさまざまな目的で無秩序に放流されてきた経緯がある．放流がもたらす自然環境への影響は小さくないものと危惧されるが，人工改良品種の扱いは依然あいまいなままである．あえて定義すれば，野外放流される人工改良品種は，国外外来魚，国内外来魚に次ぐ第3の外来魚，すなわち「人工外来魚」といえる．これらの外来魚が在来水生生物に与える影響は，以下の4つに大別できる（図1）．

生態的影響　外来魚がもたらす生態的影響の中で最も典型的な事例は食害であ

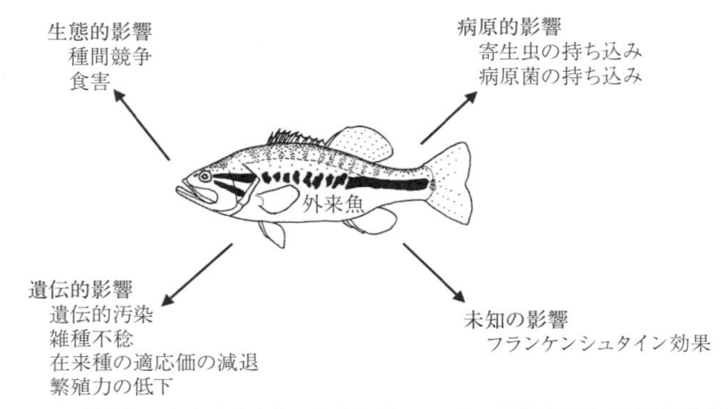

図1　外来魚が在来水生生物にもたらす4つの負の影響［細谷，2006を改変］

る．外来魚の食害によって数多くの固有淡水魚が壊滅状態に陥った代表的な例にアフリカの「ヴィクトリア湖の悲劇」がある（ゴールドシュミット，1999）．ヴィクトリア湖にはもともと強力な肉食魚はいなくて，フル（furu）と呼ばれる500種もの小型シクリッド類（カワスズメ類）が生息していた．ところが，オランダ人商人が増殖目的に1954年から数回にわたり隣接するアルバート湖から魚食魚ナイルパーチ*Lates niloticus*を移殖した結果，ヴィクトリア湖では，わずか30年間に200種のフルが絶滅している．類似の現象は，現在，ブラックバスが侵入した日本各地の水域でも認められ，地域的な絶滅が進行している．

⁂遺伝的影響　在来種は近縁な外来種が移殖されるとしばしば交雑する．在来種と外来種が微妙に生殖隔離していれば，遺伝子や染色体の不整合が原因で雑種の多くは不稔となる．在来種と外来種の間で隔離がほとんどないと，雑種は雌雄とも生じて何回も親種と戻し交配を繰り返すだろう．その結果，在来種が備えていた優れた表現型は瞬時に劣化する．いわゆる遺伝的汚染である．反対に，外来種が在来種より繁殖力と適応力に優れていれば，在来種や中間の形態を備える雑種は世代ごとに淘汰され，やがては外来種の形態だけの個体群だけとなる．西南日本の止水域で進行しているニッポンバラタナゴ*Rhodeus ocellatus kurumeus*からタイリクバラタナゴ*R. ocellatus ocellatus*への置換もこの仕組みによるものと考えられる．

⁂病原的影響　外来魚の移殖を実施するとき，水産研究者であれば誰でも在来の生物群集に与える影響を予想するだろう．しかし多くの場合，有用魚の被捕食ばかりに目を奪われてしまう．私たちが見逃しやすいのは，移殖という行為によって，放流個体に潜む病原菌や寄生虫が移殖先で無抵抗の個体に水平感染し，在来の集団を脅かすことである．アユの冷水病については，北米産ギンザケの種苗導入やそれに続く湖アユの種苗放流に問題があるともいわれている．

⁂未知の影響　外来魚を特徴付ける最大の脅威は，移殖先で何をしでかすかわからない未知の影響にある．このような予想不能な影響はフランケンシュタイン効果と呼ばれている（Moyle, 1986）．

在来の水圏生態系は，私たち一人ひとりの生体に喩えることができる．生体内では，さまざまな臓器が血液やホルモンを通じ互いに協調し，全体として個体の恒常性を維持している．個々の臓器にそれぞれ固有な役割があり，どれ1つも欠かすことができないのは，生態系を構成する生物種と同じである．異物が侵入し限界を超えるまで数を増やしてしまうと，やがてバランスを失い，系全体が崩壊する点でも両者は似ている．在来の水圏生態系も生体も，進化という長い時間をかけ巧みな調節機構を獲得した点では変わりはない．日本の在来淡水魚を後世に伝えるためには，生物多様性に変更を加えずまとめて保全することが前提となる．

［細谷和海］

国外外来魚

国外外来魚とは外来魚のうち国外起源のものをいい，日本国内で定着したものは約50種を数える．なかでも広域に分布し生態的影響が著しいものがオオクチバス *Micropterus salmoides* とブルーギル *Lepomis macrochirus macrochirus* である．特に，オオクチバスがその利用者の釣り人らとともに各地で引き起こす「ブラックバス問題」は社会的にも注目され，外来生物法の制定など国の外来種対策を後押しする要因ともなった．ブラックバス問題は，原因となる外来種が野外に生息する状況を利用する釣り人という受益者が存在する点，および関連業界を含めた受益者が生息抑制に強く反対する点で，外来種問題の中でも特異的なものである．

北米の温水魚　ブラックバスの1種オオクチバス（図1）は1925年，神奈川県芦ノ湖に導入され，戦後しばらくは芦ノ湖を含め試験放流された国内数カ所に留まっていた．ブルーギルは当時の皇太子殿下が1960年に渡米した際にシカゴ・シェッド水族館館長から贈られた個体をもとに増養殖が試みられ，一部水域への放流も行われた．1970年代になるとオオクチバスはルアー釣りの対象として生息水域を急増させ，1980年代後半の滋賀県琵琶湖をはじめ各地で深刻な影響が顕在化した．ブルーギルもオオクチバスの餌としてセット放流が推奨されるなどし，オオクチバスの後を追うように1990年代には全国的に分布を広げた．さらに，1991年に長野県野尻湖で初確認されたもう1つのブラックバスであるコクチバス *M. dolomieu* が生息水域を増やし，大型化するオオクチバスの亜種フロリダバス *M. s. floridanus*（米国では近年，独立種として扱われることが多い）も一部水域へ導入後，琵琶湖にも持ち込まれ1990年代以降に交雑が進行した．こうした状況を受け，ブラックバス類とブルーギルは，1991年の水産庁長官通達に従い，全国の都道府県の漁業調整規則により移植が禁止された．さらに2005年施行の「外来生物法」の規制対象の「特定外来生物」に指定され，生きた個体の所持に関連した行為や放流が罰則付きで禁止されている．また，滋賀県のように釣った個体のリリースを禁止する条例などを定めた地域もある．被害への対策として，既存漁法による駆除活動や，電気ショッカーボートの導入，人工産卵装置やフェロモントラップなど繁殖抑制技術の開発，ダム貯水池での水位変動様式に対応した抑制対策の検討などの取組みが進み，条件次第では完全駆除が可能な溜め池に加え，湖沼や貯水池でも生息抑制努力により在来生物の回復が見られる水域も出てきた．

図1　オオクチバス

茨城県霞ヶ浦で激増した大型のナマズ・チャネルキャットフィッシュ（通称，アメリカナマズ）*Ictalurus punctatus*も福島県阿武隈川や愛知県矢作川・滋賀県瀬田川・琵琶湖など幾つかの水域で確認され，影響が懸念されている．

東アジアの温水魚　1923年頃に朝鮮半島から奈良県に導入されたカムルチー*Channa argus*は，魚食性が懸念され導入直後に移殖禁止が通達されたが，全国に分布を拡大した．外来生物法施行時は環境省の「要注意外来生物リスト」に含められたが，深刻な生態的影響は確認されていないことから2016年に公表された国の「生態系被害防止外来種リスト」からは外れた．中国原産のソウギョ*Ctenopharingodon idellus*は植物食の習性から水域の水草除去のために導入されることがあるが，繁殖には長い流程の河川を必要とするため，国内の定着水域は利根川水系に限られる．ソウギョの種苗に混入して持ち込まれたタイリクバラタナゴ*Rhodeus ocellatus ocellatus*は，ほとんどの種が絶滅を危惧される状況にあるタナゴ類との産卵母貝をめぐる競合や，在来固有の亜種ニッポンバラタナゴ*R. o. kurumeus*との交雑が顕在化している．近年，コイ*Cyprinus carpio*は琵琶湖などの野生型と「ヤマトゴイ」として知られる養殖型（錦鯉を含む）は遺伝的に種レベルで異なり，後者はユーラシア原産の国外外来種であることが判明した．

熱帯魚　沖縄や小笠原など亜熱帯の島々では，観賞用の美麗な種を含めさまざまな系統の熱帯魚の定着が相次いで確認され，在来魚への影響が懸念されている．沖縄島で特に分布が広い種は，養殖魚のカワスズメ*Oreochromis mossambicus*と観賞魚のグッピー*Poecilia reticulata*で，ともに塩分耐性が強く海を越えた分布拡大も見られる．また，沖縄島中南部にはマダラロリカリア*Pterygoplichthys disjunctivus*が繁殖し河床に無数の巣穴が掘られている河川もある．

冷水魚　ニジマス*Oncorhynchus mykiss*は淡水養殖が盛んに行われ釣り堀での利用も多く，河川・湖沼への公的放流が各地で行われてきた．その結果，北海道の多くの河川と，梅雨時の増水が定着を阻害するとされる本州でも一部の山地渓流に定着し，在来サケ科魚類との競合が懸念され，在来種が排除される例も知られている．ブラウントラウト*Salmo trutta*は1980年代ごろから公的放流のない北海道の複数の河川で確認され始め，降海個体が別の河川に遡上して分布を拡大することもある．最近は本州でも増えてきており，在来サケ科魚類との競合や交雑に加え，大型化するため他魚種などへの捕食の影響も指摘されている．カワマス*Salvelinus fontinalis*は，長野県上高地や北海道の河川源流部で在来イワナ属魚類との交雑を起こしている．ニジマスとブラウントラウト，栃木県中禅寺湖のみに生息するレイクトラウト*Salvelinus namaycush*とともに「生態系被害防止外来種リスト」において，利用に当たって適切な管理が必要な「産業管理外来種」とされている．しかし，自然水域で広まりつつある外来種問題への対応は産業による管理に任せられず，法令規制を含めた対策のあり方を検討する必要がある．［中井克樹］

国内外来魚

国内における魚類の移殖放流は古くから行われてきたが，明治以前はコイやフナ類などの丈夫な魚種に限られていた．しかし，輸送手段の発達した現在では，さまざまな魚種が人為的に運ばれ，国内外来魚として各地に定着することとなった（日本魚類学会自然保護委員会，2013）．

水産放流と他魚種の随伴　魚類の移殖放流は生物多様性の保全といった観点からは望ましくない面があるが，内水面（河川や湖沼）では漁業および遊漁による影響が大きいため，漁業法による第五種共同漁業権として漁業権対象種の増殖義務が漁業協同組合に課せられている．現状では増殖義務の履行方法が「放流」「産卵床造成」「堰堤下に滞留した稚魚の汲み上げ放流」にほぼ限定されており，人工ふ化種苗や他地域産の幼稚魚の放流によって増殖義務が履行されることが多い．しかし，そもそも資源量の少ない内水面で野生の幼稚魚を大量に捕獲して他地域に送るのは難しい．その中で唯一それが大規模に可能なのが「琵琶湖産アユ」であり，大正時代以降全国に琵琶湖産アユが放流されてきた理由である．

琵琶湖産アユについては，全国の両側回遊性アユとの間で遺伝的差異があり，生態的にも異なっている．しかし，その結果として放流先での遺伝的攪乱を起こさず，産卵しても生き残らないことが多い．そのため「アユ」だけに限定すれば，国内外来魚としての問題はほとんど生じていない．問題は，琵琶湖産アユに混入して随伴する魚種である．これまで知られている限りにおいて，スナヤツメ南方種，シロヒレタビラ，イチモンジタナゴ，オイカワ，ハス，カワムツ，ヌマムツ，ビワヒガイ，ワタカ，スゴモロコ，ゼゼラ，カマツカ，オオガタスジシマドジョウ，ギギ，オウミヨシノボリ（トウヨシノボリ），ビワヨシノボリが琵琶湖産アユに随伴して他地域に侵入したと考えられている．ヌマチチブのように国内外来魚として琵琶湖に侵入して定着した後，琵琶湖産アユ放流に随伴して二次的に分布を広げているものもある．国外外来魚であるオオクチバスやブルーギルについても，一部は琵琶湖産アユへの混入で分布を広げた可能性がある．

アユ以外の水産放流への随伴　コイやフナ類などのように養魚池で育てた種苗を販売，放流する場合は，養魚池に入り込んでいる小型魚が混入する可能性がある．アユの放流が行われていないため池で見られる国内外来種は，そうした混入魚の可能性が高い．状況的にコイやフナ類への混入が原因と考えられるのは，モツゴ，ツチフキ，ギギ，トウヨシノボリ，シマヒレヨシノボリである．国外外来魚のタイリクバラタナゴやブルーギルでも同様のことが生じていると考えられる．北海道に自然分布するフクドジョウやイトヨ太平洋型が本州に侵入・定着している地域もあり，これらはサケ科幼魚の放流に随伴した可能性がある．

水田養魚の影響　近年は水田やため池を利用した淡水魚の養殖が行われていることもあるが，その対象となるドジョウやホンモロコは国内外来魚として在来個体群の遺伝的撹乱などを引き起こすと考えられる．水田養魚によるものかどうかは不明だが，少なくとも岐阜県では在来のドジョウに加えて，カラドジョウの侵入と中国産ドジョウ，九州産ドジョウのmtDNAハプロタイプが見つかっている．琵琶湖固有種のホンモロコは食用高級魚として各地で養殖が行われているが，同属の近縁種がいない地域では外来種としての生態学的影響が懸念され，在来のタモロコが分布する地域では遺伝的撹乱が危惧されている．

観賞魚の放流　1960年代に熱帯魚ブームが始まり，観賞魚としての日本産淡水魚の飼育も行われるようになった．その結果，日本産淡水魚の販売と，それに由来する国内外来魚の定着も見られるようになった．そうした国内外来魚として，オヤニラミ（図1），ドンコ，ミナミメダカがあげられる．オヤニラミは京都府以西の西日本に分布するが，日本産の純淡水魚の中では珍しいスズキ形の肉食魚であり，愛好家に非常に人気がある．すでに1980年代には観賞魚として流通しており観賞魚雑誌などでもしばしば魅力的な写真とともに紹介されていた．1980～90年代には滋賀県，岐阜県，愛知県，東京都に侵入定着しており，愛好家の放流によるものと考えられている．神奈川県に定着したドンコについては，観賞魚店が倒産したすぐ近くの河川で見つかっている．ミナミメダカは，改良品種のヒメダカとともに全国の観賞魚店やホームセンターで販売されており，イベント的に放流されることもある．そのほか，アブラボテ，ムギツク，カワヨシノボリなども分布域外に侵入定着しているが，それらはアユやコイ，フナ類，サケ科魚類の放流に混入することが想定しにくいため，観賞魚由来の可能性がある．

図1　オヤニラミ

国内外来魚の影響と法規制　国内外来魚による生態学的影響についての研究は少ないが，九州に侵入して広がっているハスについては，ニッポンバラタナゴなどの希少魚を食害していることが知られている．モツゴは東日本においてシナイモツゴの繁殖を阻害し，絶滅させる要因の1つとなっている．コイは湖沼において水草を減少させるなどの影響が明らかになっている．また，同種もしくは近縁種の移殖による遺伝的撹乱は，さまざまな魚種で生じている．こうしたことから，愛知県，滋賀県，愛媛県では条例によってオヤニラミなどの国内外来魚の放流などが禁止されている．また，2015年に環境省が公表した生態系被害防止外来種リストにおいても「琵琶湖・淀川以外のハス」「東北地方などのモツゴ」「九州北西部および東海・北陸地方以東のギギ」「近畿地方以東のオヤニラミ」が総合対策外来種としてあげられている．

［向井貴彦］

第3の外来種

外来種とは，直接・間接を問わず，人為的に過去あるいは現在の自然分布域外に導入された種，亜種，それ以下の分類群（集団）である．従来，外来種は国境を超えたか超えないかで，さらに2つのカテゴリーに分類されてきた．1つは海外にルーツがある国外外来種で，北米原産で日本にはもともと分布しないオオクチバス *Micropterus salmoides* やブルーギル *Lepomis macrochirus macrochirus* は代表的な例である．もう1つは，国内に分布する生物が国内の分布域外に導入された国内外来種で，近年，全国各地に生息場所を広げている琵琶湖産のワタカ *Ischikauia steenackeri* やハス *Opsariichthys uncirostris* などがある．さらに，本来のその種の自然分布域であっても，他の地域に由来する集団が導入された場合も外来種となる．近年のDNA分析の発展により，このような他地域産の集団の混入も検出できるようになってきた．つまり，外来種と在来種を区別するのは国境の内外，自然分布域の内外ではなく，個々の生物集団の自然分布域の外への導入のみで決めるべきである．外来種が生物多様性にもたらす悪影響として，在来種の捕食，在来種との競合，在来種との交雑，病原菌の運搬による生態系の攪乱が代表的なものであるが，特に影響力が強いものについては侵略的外来種とも呼ばれている．

新たな外来種の考え方　わが国では，河川，湖沼にヤマトゴイ，ニシキゴイ，金魚，ヒメダカのような交雑または選抜により作出された人工改良品種がさまざまな目的で無秩序に放流されてきた経緯がある（図1）．これらの人工改良品種の影響は小さくないと危惧されるが，人工改良品種の扱いは依然として，曖昧なままである．そこで，野外に放出された人工改良品種を，国外外来種，国内外来種に次ぐ，いわば「第3の外来種」として位置付けて認識し，これに伴い国外外来種と国内外来種もそれぞれ第1，第2の外来種として呼ぶことが提唱されている．

従来定義されてきた国外（第1の）外来種や国内（第2の）外来種と，第3の外来種の明確な違いは，前2者が国境を越えたあるいは超えない野生種と集団を起源とした水平移動を想定してきたものであるのに対し，後者は何らかの利用の目的を持って人工管理下で個体あるいは集団への改変がなされた生物が野外に導入される場合である．この場合，もともとの起源となった集団の生息地への再導入も第3の外来種となり得る．飼育・繁殖の過程で選抜育種などを行わず，野生集団を単に経代飼育した場合であっても，その過程で集団内の遺伝的構成が改変されている可能性があるため，野外に放出すれば第3の外来種となり得る．

琵琶湖固有種のゲンゴロウブナ *Carassius cuvieri* は，ヘラブナに改良され全国

図1　第3の外来種となり得る人工改良品種.(a) 金魚(子赤)[撮影:根来央],(b) ヒメダカ[提供:近畿大学水圏生態学研究室]

各地の池などに放流され,従来,国内(第2の)外来種として認識されてれきたが,第3の外来種としてとらえるべきである.

第3の外来種には,日本在来の生物種を起源とするものと,国外の種または集団を起源とする生物が含まれる.例えば,ヒメダカは国内のミナミメダカ *Oryzias latipes* 集団を起源とすることがわかっており,金魚は大陸産のフナを起源とすることがわかっている.改めて強調するが,あくまでも人工改良品種イコール第3の外来種ではない.これらを自然界とは隔離された管理下で利用する限りにおいては外来種ではなく,野外に放出された段階で初めて外来種として認識される.

第3の外来種の問題　第3の外来種による影響は,第1,2の外来種と比べても基本的に変わりはないが,背景の複雑さや解決に向けての困難さはこれらよりむしろ上かもしれない.まず,人工改良品種が生活に身近な生物で入手しやすい場合が多いことがあげられる.例えば,ニシキゴイや金魚やヒメダカは,専門の養殖業者により大量に養殖されたものが全国の観賞魚店などで誰でも手軽に,安価に入手できる.このように人々の生活により近いことによって,例えば,飼いきれなくなった観賞用品種の河川への遺棄や,誤った環境認識に基づいた保護活動として金魚やヒメダカの自然河川への放流なども行われている.第3の外来種は自然界への流出の機会を多くもつが,それらに対する社会的な問題意識も低い.

また,人工改良品種は産業的に増養殖されている場合が多く,潜在的に供給源集団のサイズが大きい場合が多いため,大量の個体を野外に放出することを可能にする.さらに,在来種が起源となっている場合は,定着や在来集団との交雑のリスクが高くなる.人工改良品種は遺伝的に均質な場合が多いため,野生集団と交雑した場合,野生集団の遺伝的多様性の低下のリスクはより高くなる.長年,国策としても行われてきた水産利用のための種苗放流事業も,実際にあるいは潜在的に第3の外来種に該当するものが多い.

種苗放流は食料増産という社会的利益を目的とするが,生物多様性保全の観点も含めてのメリットとデメリットのバランスと,長期的展望の中でその是非あるいは実施範囲を考えていく必要がある.

[北川忠生]

運河を通じた魚類の侵入

外来魚が侵入・定着する原因には，意図的導入と非意図的導入がある．意図的導入には，水産資源の回復や増殖といった明確な目的の下，種苗が放流されやがて定着する場合を指す．非意図的導入は，何らかの人間活動に付随して偶然定着する場合を指す．一般に，非意図的導入の例として寄生虫，付着生物，バラスト水への混入生物を想定するが，運河や用水もまた異質の魚類の侵入を可能にする点で外来魚移殖と同じ効果を招く．しかもその規模は大きく，在来生態系に与える影響は無視できない．

レセップス移動　スエズ運河の開通により，紅海から地中海へ一方的に魚類が侵入した事例はよく知られている．すなわち，紅海由来の45種類もの海水魚が大挙して地中海東部沿岸域に侵入し，現在，一部は地中海沿岸漁業における重要な漁業対象種となっていることが報告されている．一方，地中海から紅海へはわずか3種類しか侵入せず，しかも運河そのものから拡散できなかったことが確かめられている．その差を生じた理由として，通常スエズ運河の水の流れが紅海から地中海へ一方向に流れていること，途中にある高塩分水域に対して紅海産魚類の方がより耐えられること，地中海産魚類は熱帯環境にある紅海に適応できなかったことなどがあげられる．この現象はスエズ運河掘削事業に大きく関わったフランス人外交官レセップス（de Lesseps, F. M. V.）にちなんでレセップス移動と呼ばれている．

五大湖へのウミヤツメ侵入　ウミヤツメ *Petromyzon marinus* はアメリカとカナダ東岸に分布し，淡水域と大西洋を往復する遡河回遊魚である．五大湖にはナイアガラ瀑布に阻まれもともと分布していなかったが，1833年にウエランド運河が開通したことによりセントローレンス川から一挙に侵入した．その後1921～46年の間に五大湖の全ての湖に定着している．一般に，遡河回遊するヤツメウナギ類は吸血食性を示すことが知られている．そのため，五大湖ではシロマス科魚類，レイクトラウト *Salvelinus namaycush*，カワメンタイ（淡水タラ）*Lota lota* な

図1　ウミヤツメに吸血されているレイクトラウト
［写真：捕食動画ナビ］

どが捕食され，これらを対象とした漁業が一時成り立たないくらい激減したといわれている（図1）．一方，ウミヤツメの五大湖への侵入要因として，19世紀にウミヤツメの幼生アンモシーテスが釣り餌として多量に供され，釣り残しが遺棄された結果，定着したとの説もある．現在，五大湖のウミヤツメの個体数はアンモシーテスに特異的に作用する殺魚剤lampricideの散布によりある程度抑えられている．

韓国４大河川接続事業　朝鮮半島の淡水魚類相はきわめて多様で地域性に富む．それは漢江（Han River），錦江（Guem River），栄山江（Yeongsan River），洛東江（Nakdong River）をそれぞれ核とする生物地理区に整理される（図2）．李明博元大統領は2007年に北朝鮮も含む朝鮮半島の物流をうながすために，これらの河川を運河でつなぐ大プロジェクトを立ち上げた．この事業は2012年までに終了する予定であったが，やがて財政的な見通しが立たなくなった上，相次ぐ大統領の交代により現在中断している．この間，世界中の研究者や韓国の自然保護団体は，魚類相の大規模攪乱など水生生物相への影響は必至と警鐘を鳴らしてきた．

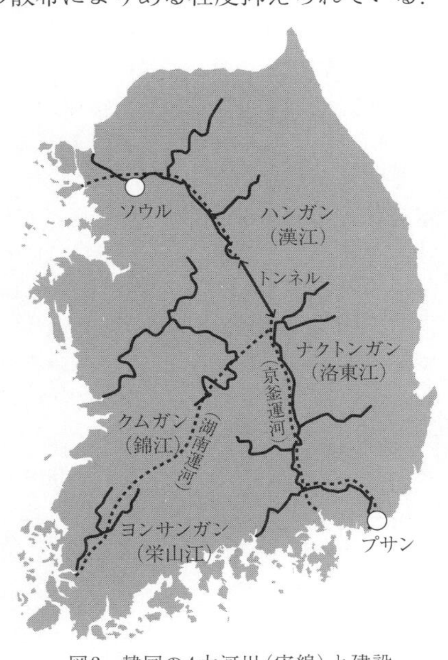

図2　韓国の4大河川（実線）と建設予定の運河（破線）

日本の事例　短い河川が多いわが国において物流は伝統的に海域を使ってきたため，運河によって大きな河川をつなぐ工事はなかった．むしろ降雨量の少ない地方へ水を引く用水の掘削が各地で行われてきた．奈良盆地には大和川水系に属する支川が幾つもあるが，内陸部に位置するため農業を営むには水が不足していた．奈良県に多くのため池が集中するのもそれを補うためである．そこで水不足を解消するために，比較的水量の多い県南部の吉野川から導水する工事がなされ，1974年に吉野川分水として本格的な通水を開始した．これに伴い，ウグイ *Tribolodon hakonensis*，ムギツク *Pungtungia herzi*，イトモロコ *Squalidus gracilis gracilis* など複数の魚種が吉野川から大和川水系へ移動したものと考えられた．カワムツ *Candidia temminckii* は吉野川，大和川ともに分布しているが，石井他（2011）はミトコンドリアDNAを調べ，遺伝子型（ハプロタイプ）に偏りがあることを見いだし，同種であっても異なる集団の侵入があることを明らかにした．これらのことは，大和川水系において生態的にも遺伝的にも攪乱が生じていることを示唆している．　［細谷和海］

外来生物法

「外来生物法」とは，外来生物による生態系，人の生命・身体，農林水産業への被害を防止することを目的に2005年6月に施行された法律で，正式名称を「特定外来生物による生態系等に係る被害の防止に関する法律」という．生態系などへ被害を及ぼしている，あるいは及ぼすおそれのある外来生物を特定外来生物として指定し，その飼養，運搬，輸入などに規制をかけ，また必要に応じて国や地方公共団体などが防除を行うことを定めたものである．違反者には罰則が科される．

対象となる外来生物　現在日本には多数の外来生物が侵入・定着しているが，外来生物法で対象とするものはこの全てではない．外来生物法での「外来生物」とは，海外由来の外来生物であり，国内外来生物を含まない．海外由来の外来生物であっても，人為的に導入されたという記録が明確でないことが多いため，1868（明治元）年より前に持ち込まれた生物は含まれない．外来生物による被害の防止という観点から，海外などで被害を及ぼしている生物を国内に入れないため，国内に導入されたことのない生物も「外来生物」として含められている．

なお，法律ができた当初は海外由来の種同士の交雑種や海外由来の種と国内の種による交雑種は法律の対象外となっていたが，その後の法改正によりこれら交雑種についても法律による規制の対象となった．

この「外来生物」の中で，生態系などに被害を及ぼしているもの，及ぼすおそれのあるものなどの中から法律による規制の対象となる生物が指定される．

規制対象と規制される行為　法律で規制されるのは特定外来生物，未判定外来生物，種類名証明書添付外来生物の3つである．特定外来生物は生態系，人の生命・身体，農林水産業へ被害を及ぼすもの，または及ぼすおそれがあるものの中から指定され，未判定外来生物は生態系などに被害を及ぼすおそれがある疑いのある生物が指定される．種類名証明書の添付が必要な生物は，特定外来生物や未判定外来生物と外見がよく似ていてすぐに判別することが困難な生物が指定される．それぞれに対する規制内容は表1のとおりである．なお，このときに規制の

表1　外来生物法による各種外来生物の規制

特定外来生物	未判定外来生物	種類名証明書の添付が必要な外来生物
飼育・栽培，保管，運搬，輸入，販売，譲渡，放出の原則禁止	輸入者に国への届け出の義務．国が「被害を及ぼすおそれがない」と判定しなければ，輸入できない	外国の政府機関などが発行した種類名証明書の添付がなければ輸入できない

対象外であるが注意喚起が必要なものとして「要注意外来生物」が選定されたが，後述する「生態系被害防止外来種リスト」の公表により，この区分は廃止された．これらの規制に違反した場合，重い罰則が科されることになる．

罰則　外来生物法に違反した場合の罰則は2通りある．より軽い方は，販売もしくは配布以外の目的で飼養または譲渡などをした場合と未判定外来生物を許可の通知を受けずに輸入した場合で，個人の場合1年以下の懲役または100万円以下の罰金，法人の場合5,000万円以下の罰金が科されることになる．より重い方はそれ以外の違反（販売目的の飼養，野外への放出など）に対して科せられ，個人の場合3年以下の懲役または300万円以下の罰金，法人の場合1億円以下の罰金となる．

特定外来生物の防除　外来生物法では，必要に応じて国や地方公共団体などが特定外来生物の防除を行うことを定めており，特に国以外が防除を実施する場合には，積極的な防除を実施できるよう，国の「確認（地方公共団体の場合）」「認定（民間団体の場合）」を受けることで，外来生物法や鳥獣保護法，自然公園法に関する規制（保管，運搬，捕獲など）を一部除外できるようになっている．

外来種被害防止行動計画と生態系被害防止外来種リスト　外来生物をめぐる状況は年々たえず変化しており，環境省では「外来生物法」の施行後も特定外来生物の追加指定を行っている．これにより，当初39種（種以外のものを含めると42種類）であった特定外来生物は，2017年10月現在で108種＋7交雑種（132種類）にまで増えている．

しかし，外来生物対策は法規制だけで済むものではなく，多様な主体が積極的に防除などの取組みを実施していくことが必要となる．このため，環境省では外来種対策を総合的かつ効果的に推進するべく，2015年3月に「外来種被害防止行動計画」を策定した．行動計画には，「外来種対策を推進するための8つの基本的な考え方」「外来種対策に関係する各主体の役割と行動指針」「国として実施すべき行動と2020年までの行動計画」が書かれている．

また，行動計画と併せて「生態系被害防止外来種リスト」も作成された．これは要注意外来生物について具体的な対策の方向性が示されていなかったことや，法規制の対象とならないそのほかの外来種への対策の必要性が増していたことに応えたものである．本リストでは，国内外来種も含めて，日本における侵入状況や侵略性を評価し，「定着予防外来種（未定着だが定着した場合に被害を及ぼすおそれのあるもの）」「総合対策外来種（定着していて被害を及ぼしている，あるいはそのおそれがあるもの．防除の緊急性に応じてさらに細かいカテゴリに分けられている）」「産業管理外来種（産業などで重要で代替性がなく，利用にあたり適切な管理が必要なもの）」のカテゴリに分け整理されている．

今後は外来生物法と併せて，これらのリストを活用して外来種対策が進められていくことになる．　　　　　　　　　　　　　　　　　　　　　　［今井　仁］

放流ガイドライン

放流ガイドラインとは，2005年に日本魚類学会によって策定された「生物多様性の保全をめざした魚類の放流ガイドライン」の通称である．魚類を含む生物多様性の保全に役立つ放流の条件と手順を示し，同時に保全の逆効果となる放流行為を抑制することを目的としている．

策定の経緯　放流ガイドラインの策定の背景として，生物多様性保全上，問題がある放流，例えば，錦鯉やヒメダカ，別地域から持ち込まれた淡水魚，あるいはゲンジボタルやカワニナなどの放流が，行政や学校，市民団体，個人などにより，保全や環境教育の名目で頻繁に行われてきた状況がある．2004年6月19日に東京海洋大学において日本魚類学会市民公開講座「淡水魚の放流と保全―生物多様性の観点から」が開催された際，「安易な放流」「善意の放流」などとも呼ばれる保全上無益または有害な放流をなくし，どのような放流が保全に役立ちうるかを啓発するために，ガイドラインのような明確なかたちでの発信がなされる必要があると指摘された．その後，日本魚類学会自然保護委員会内にガイドライン策定のためのワーキンググループがつくられ，同委員会の3名（森誠一，渡辺勝敏，前畑政善），および委員会外の1名（原田泰志）がメンバーとなって原案を作成した．学会内の諸手続きと修正を経て，2005年3月26日に「生物多様性の保全をめざした魚類の放流ガイドライン（放流ガイドライン，2005）」として発行された（日本魚類学会，2005）．策定にあたっては，国際自然保護連合・種の保存委員会の再導入専門家グループによる「再導入のためのガイドライン」（1995年版）が参考にされ，特に魚類と日本の現状を踏まえた構成と内容としてまとめられた．

ガイドラインの構成と内容　放流ガイドラインの全文は，魚類学雑誌（日本魚類学会，2005），日本魚類学会ホームページ，そして幾つかの関連書籍に収録されている（日本魚類学会自然保護委員会編，2016など）．放流ガイドラインには，最初に要約が示され，本文には，「はじめに」以降，5つの項目について検討すべき内容が列記されている．

「はじめに」においては，ガイドラインの目的とともに，放流による生物多様性への潜在的な生態的・遺伝的悪影響が明記されている．続く「1. 放流の目的と是非」では，放流の内訳（再導入，補強，保全的導入）とそれぞれの保全上の活用範囲が記されている．再導入とは，ある種がもともと自然分布し，絶滅してしまったところに，放流により集団を復元させようとすることであり，補強は現存の集団に同種の個体を加えることである．保全的導入は，保全の目的で元の分布域外の適切な生息場所に，対象種を定着させようとすることであり，本来の分布域にある生息可能地だけでは，集団の存続が困難と予測される場合にだけ試みられるべきだとされる．さらに，これら以外の場合，つまり絶滅の危険性が低い在来集団の生息場所に何らかの放流を行うことは，保全上の意義よりも悪影響が大きい場合があるので，放流以外の保全策を検討すべきだとされている．

「2. 放流場所の決定」では，定着の可能性を最大化するための検討項目（環境条件など）とともに，他種への影響や関係者との事前協議の必要性が記されている．「3. 放流個体の選定」では，放流に用いる個体の由来や遺伝的多様性，また病歴などに関する検討項目が記されている．放流個体は，放流場所に由来するものなど，遺伝的，生態的に元の生息個体と近いものを用いることが望ましく，とくに安易に市販個体を使用しないよう注意がうながされている．「4. 放流の手順」では，放流個体の定着を成功させるための諸注意点とともに，事前の許認可，公開や記録の必要性に関して記されている．最後に「5. 放流後の活動」では，モニタリングや事後評価の必要性，活動の継続，得られた知見の発信などについて記されている．

ガイドラインの活用と課題　放流ガイドラインは，保全に役立つ放流の条件と安易な放流の弊害を明記する啓発的な役割を果たすとともに，実際の放流をともなう保全活動における検討項目のチェックリストとして活用されている．ガイドラインの発行以降，行政や市民団体などが行う保全を目的とした魚類の放流において，放流ガイドラインへの準拠が明示されることが多くなっている．そのような事例として，イタセンパラ *Acheilognathus longipinnis*，ミヤコタナゴ *Tanakia tanago*，イチモンジタナゴ *Acheilognathus cyanostigma*，ネコギギ *Tachysurus ichikawai*，イトウ *Hucho perryi* などの再導入や補強放流がある（例えば，Ogawa et al., 2011）．

放流ガイドラインは，野生集団の保全を目的とする放流のためのものであり，それ以外の目的を含む水産業やレジャー，宗教行事やペット投棄などに伴う放流行為そのものを対象としていない．特に最も規模の大きい放流である水産における各種放流を対象外としているため，ガイドラインの保全への貢献には限界がある．しかし「これらの放流も，生物多様性の保全に反して実施されることは望ましくないため，共通する検討事項は多い」とされている．また放流ガイドラインに含まれる検討項目は多岐にわたり，必ずしも市民団体などによる対応が簡単でないことがしばしば指摘される．ただし，そもそも安易に放流は実施すべきではなく，さまざまな活動主体（地域住民・市民，行政，研究者，博物館・水族館など）が社会的コンセンサスのもとで協働する必要があることを，ガイドラインは強調している．現在までに，放流ガイドラインの参照や活用事例は増えてきたとはいえ，生物多様性に有害な放流は，公的か私的かを問わず続けられている．ガイドラインのさらなる普及啓発が必要である．

［渡辺勝敏］

地球温暖化による分布の変化

気候変動に関する政府間パネル第5次評価報告書によれば，人間活動によるCO_2濃度の上昇が，20世紀半ば以降に観測された気温の上昇の支配的要因であった可能性がきわめて高く，地表面の平均気温は過去100年間で0.85℃上昇したとしている．気温の上昇は海水温にも影響を与え，気象庁地球環境・海洋部が2017年3月に発表した資料によれば，日本列島近海の過去100年間の平均海面水温（年平均）は，日本海側で1.28～1.70℃，琉球列島から関東までの太平洋側では0.75～1.16℃上昇したとしている．また，上昇率は季節によっても異なり，関東沖では夏季よりも冬季の上昇率が高いという．いずれにしても，どの海域においても海水温は上昇傾向にあり，海の上層1,000 mまでの平均水温は，今世紀末までに0.5～1.5℃上昇すると予測されている．こうした海水温の上昇は，魚類の分布にどのような影響を与えるのであろうか？

死滅回遊魚の北上と越冬　毎年，伊豆半島を含む相模湾から駿河湾にかけての沿岸や河川には，熱帯・亜熱帯性の魚類の幼魚が多数出現する．南の海に分布する魚類の卵稚仔が黒潮に取り込まれて受動的に輸送され，何らかの離脱機構を経て沿岸に着底したものと考えられている．このような魚類の出現は，高水温期の中でも晩秋にピークを迎え，水温が低下する12月下旬ともなると一気にその数を減じ，年を越す頃には姿を消してしまう．つまり，多くは幼魚のまま，低水温に耐えきれずに死に絶える．生物地理学的には無効分散という現象で，そのような魚類を死滅回遊魚と総称している（☞項目「無効分散と死滅回遊魚」）．相模湾からは深海魚も含めて1,500種以上の魚類が記録されているが，出現種数の多い上位10科には，死滅回遊魚が約5割も含まれている．

近年，海水温の上昇傾向と関連し，死滅回遊魚が北上したり，越冬したりする事例が確認されている．ヒメツバメウオ *Monodactylus argenteus* は，1990年代までは琉球列島のみで記録されていたが，2000年に和歌山県で幼魚が記録されて以降，2007・2009年に宮崎県，2008・2009年および2016年に高知県，2015・2016年には神奈川県と千葉県でいずれも幼魚が記録されたことから，2000年以降，本種の出現範囲は北上していると考えられている．

さらに，伊豆半島沿岸に出現する死滅回遊魚について，越冬の目安となる3～4月にかけての年別出現状況を過去20年間にわたって分析した結果では，ハタ科（フタイロハナゴイ *Pseudanthias bicolor* を含む10種）やベラ科（カンムリベラ *Coris aygula* を含む8種）など，23科59種の越冬事例が確認されている．これらの種の多くはある年1回だけの出現にとどまったが，オオモンカエルアンコウ

*Antennarius commerson*を含む6科10種は複数年かつ2～3年連続の出現を確認できた．また，ほとんどの年で越冬種は1～5種と少数であったが，2011年と2012年ではそれぞれ13種と21種で突出して多かった．

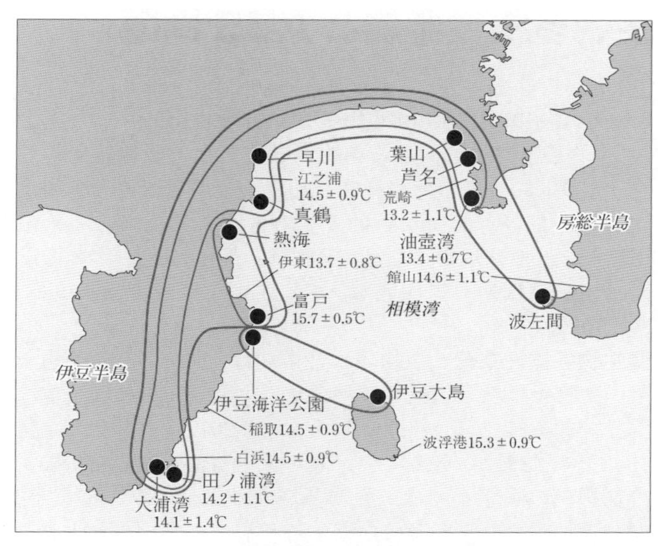

図1　相模湾における地点別魚類相の類似関係．水温は2月の表面平均水温［竹内他，2012を改変］

予測される魚類相の変化　このまま水温の上昇傾向が続けば，いずれ定着するものが現れ，伊豆半島沿岸の魚類相に大きな変化が起きると予想されるが，それはいつどこでのことだろうか？　伊豆半島の東側にあたる相模湾の魚類相は，城ヶ崎海岸にある伊豆海洋公園と伊豆大島を含む地域と，そのほかの地域とに大きく二分される．興味深いのは，その境界が沿岸の水温が最低となる2月の表面平均水温15℃の等温線にほぼ一致していることである（図1）．この水温は，熱帯性魚類の低温致死限界である15℃付近とも一致していることから，死滅回遊魚の定着の可否を決定付ける境界線ともいえる．現状ではほとんどの死滅回遊魚は越冬すらできない状況だが，もし，冬季の平均水温が15℃よりももっと高くなったとき，相模湾では最初の変化が城ヶ崎海岸や伊豆大島で起こることを示唆している．

ただし，それは必ずしも熱帯性魚類と温帯性魚類の急激な入れ替わりを意味するものではない．今から6,000年前，黒潮の流路の影響で海水温が現在よりも2℃高かった縄文時代に，熱帯性の貝類は相模湾付近，亜熱帯性の貝類は東北地方まで分布を拡大し，房総半島にはサンゴ礁が発達していた．しかしながら，その当時にあっても縄文人は，マダイ *Pagrus major* やスズキ *Lateolabrax japonicus* などの温帯性魚類を食べていたことが貝塚の遺存体の調査からわかっている．当時，魚類においても熱帯や亜熱帯の種が分布を拡大していたはずだが，なぜか貝塚からはそうした証拠が見つからないのである．温帯性魚類は衰退しなかったとも考えられる．

［瀬能　宏］

生物多様性条約と ABS 問題

「生物の多様性に関する条約」(以下，生物多様性条約）は「生物の多様性の保全，その構成要素の持続可能な利用及び遺伝資源の利用から生ずる利益の公正かつ衡平な配分」を主な目的とする国際条約である．その主な目的の1つである「遺伝資源の利用から生ずる利益の公正かつ衡平な配分（Access and Benefit-Sharing：ABS)」に関連し，さまざまな分野で支障や衝突が生じていることをABS問題という．

生物多様性条約　生物多様性条約は，ワシントン条約やラムサール条約を補完し，生物多様性を包括的に保全し，生物資源の持続可能な利用を行うための国際的な枠組みである．1993年に発効し，2017年9月1日時点において，日本を含む194の国と2地域（EU・パレスチナ）が締約をしている．生物多様性条約は，その採択前の調整案では，生物多様性の保全のみに重点が置かれていた．しかし，開発途上国の遺伝資源に由来する利益を先進国に独占されている点を開発途上国が問題視し，利益の公正な配分を強く主張した．その結果，「遺伝資源の利用から生ずる利益の公正かつ衡平な配分」も生物多様性条約の主な目的に加えられ，本条約は経済的な側面も持つようになった．

名古屋議定書　生物多様性条約では「遺伝資源の利用から生ずる利益の公正かつ衡平な配分」が規定されたものの，その遵守の手続きなどが具体的に説明されておらず，開発途上国から法的拘束力のある枠組みの作成が提案された．その結果，2002年に「遺伝資源へのアクセスとその利用から生じる利益の公正・かつ衡平な配分に関するボン・ガイドライン」が採択され，PIC（Prior Informed Consent）と呼ばれる事前同意の仕組みやMAT（Mutually Agreed Terms）と呼ばれる相互に合意する条件での契約の参考例などが具体的に例示された．PICは国の担当部局から得る許可証であり，MATは機関同士が締結する契約書であると考えると理解しやすい（図1)．ボン・ガイドラインは，採択されたものの，任意のガイドラインであったため，実効性のある国際的な制度の策定が引き続き求められていた．2010年に名古屋市で開催された生物多様性条約第10回締約国会議（CBD COP10）において，「生物の多様性に関する条約の遺伝資源へのアクセスおよびその利用から生じる利益の公正かつ衡平な配分に関する名古屋議定書」(いわゆる名古屋議定書）が採択されたのである．

名古屋議定書は，締約国に対して法的拘束力のある国際文書である．2014年10月12日に発効し，2017年9月1日時点において100の国と地域が締約をしている．日本も2017年8月20日に「遺伝資源の取得の機会及びその利用から生ずる利益の公正かつ衡平な配分に関する指針」を施行し，名古屋議定書の締約国になっている．名古屋議定書の日本における国内措置は，法令に基づく規制的な措置ではなく，遺伝資源の適法な取得を奨励する行政上の措置である．国内措置では，核酸の塩基配列などの遺伝資源に関する情報が本措置の適用外であることが規定され，日本の生物資源・遺伝資源を外国の研究者が利用する場合において，PICが不要であることやMATの締結が奨励されることも規定されている．

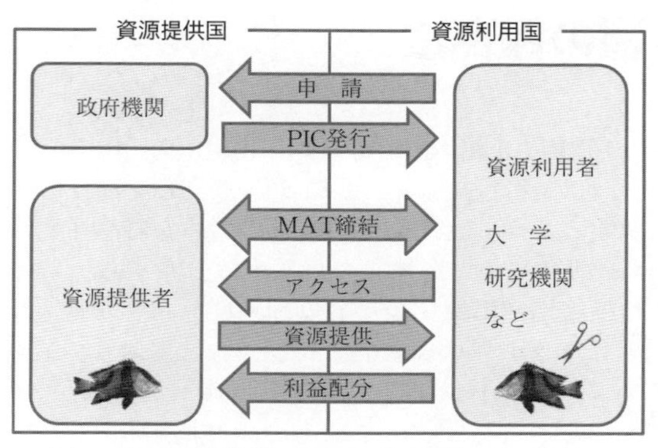

図１　外国の生物資源・遺伝資源を利用する際に推奨される手続きおよび利益配分の概略図

魚類学分野でのABS問題　生物多様性条約のABSが問題になるのは，「生物資源に対する各国の主権的権利が認められており，海外調査や国外由来の生物資源・遺伝資源を用いた研究においては，資源提供国の国内法令に従って事前同意（PIC）を得ること，および相互に合意する条件（MAT）に基づいた契約を締結した上で，遺伝資源の利用から生じる利益を公正かつ衡平に配分することの遵守を求められる」からである．つまり，生物多様性条約におけるABSが規定されるまでは，外国での魚類の現地調査や外国産の標本を用いた研究を比較的自由に行えたが，規定後では，研究対象の標本（採集前の個体を含む）が存在する国の研究機関などと契約を締結し，その国の政府から事前に許可を得る必要が出てきたのである．その結果，MATの締結やPIC取得の煩雑さ，および資源提供国の国内法を侵害するおそれから，研究者が外国産の標本を用いた研究を敬遠する例が増えている．また，科学研究の推進に支障をきたす場合もある．これが研究や魚類学分野でのABS問題である．

ABSに関する手続きなどについては，各国の担当者，研究機関などの担当者および研究者が不慣れな場合には，速やかに進めることは簡単でない．しかし，いずれノウハウが蓄積され，手続きの煩雑さや枠組みが改善されていくと思われる．日本や韓国のように，必ずしもPICやMATが必要でないとする国や研究活動に支障が出ないように配慮をしている国もある．また，研究者や研究機関が「科学的な研究目的に限り，生物資源の第三者への移転を可能とする」という一文が入ったMATを締結し，PICを取得するようにすれば，研究者の相互扶助により，ABS問題も解決されていくと期待される．

［中江雅典］

種の保存法

「種の保存法」は，正式名称を「絶滅のおそれのある野生動植物の種の保存に関する法律」といい，国内外の希少な野生生物を保全するために必要な事項を定めた法律である．本項では国内に分布する種の保全に絞って解説する．

保護増殖事業　環境省は国内に分布する野生生物の絶滅のおそれを科学的に評価したレッドリストを作成し公表しており，最新のレッドリストである「レッドリスト2017」および「海洋生物レッドリスト」には計3,690種が絶滅危惧種として掲載されている．これらの絶滅危惧種の中で，特に必要な種については，「種の保存法」に基づく国内希少野生動植物種に指定することで捕獲などを原則禁止とすることができ，2017（平成29）年3月現在で，208種を指定している．さらに必要な場合には，国内希少野生動植物種の生息・生育地における開発行為などを規制することを目的とした保護区（生息地等保護区）を指定することができ，また，生息地の環境や繁殖状況の改善などを図るために，保護増殖事業を実施することができる．

汽水・淡水魚では，レッドリストで評価対象となった約400種のうちの169種，そのおよそ4割が絶滅危惧種に選定されている．国は絶滅危惧種のうちアユモドキ *Parabotia curtus*, イタセンパラ *Acheilognathus longipinnis*, スイゲンゼニタナゴ *Rhodeus smithii smithii*, ミヤコタナゴ *Tanakia tanago* の4種を国内希少野生動植物種に指定しており，保護増殖事業を実施している．

アユモドキ　アユモドキは，氾濫原的環境が約1カ月続くような一時的水域で産卵を行い，水田に水を引くための水位変化によって生じる一時的水域でも産卵するなど，人の暮らし，とりわけ稲作とも深く結び付いている種である（図1）．河川改修や圃場整備などによって，生息環境や産卵環境が減少・消失し，現在では岡山県と京都府のごく一部の河川にしか生息しないきわめて絶滅のおそれの高い日本固有の淡水魚である．環境省，文化庁などの国の関係行政機関や生息地を有する自治体が，水路などを管理する地元の自治会，専門家などと連携しながら保護増殖事業を進めており，オオクチバス *Micropterus*

図1　アユモドキ［撮影：細谷和海］

*salmoides*の駆除や水路の清掃といった生息環境の改善のみならず，水族館や小学校と連携した飼育下繁殖にも取り組んでいる．本種の生息地の一部に建設が予定されていた京都スタジアムについては，京都府と亀岡市が専門家の助言を受けて建設予定地を大きく変更し，アユモドキと共生するスタジアムの建設を目指しているが，予断を許さないため，今後の動向が注目される．

イタセンパラ　イタセンパラは平野を流れる河川のワンドなどを生息地とし，濃尾平野，大阪平野，富山平野に生息している日本の固有種である．ワンドとは，川の流れとつながっているが水の流れがほとんどない水域のことを指し，そのような環境を好む水生生物の重要な生息・成育地となっている．このような水域が樹林化したり，産卵母貝である二枚貝を捕食するヌートリアなどの外来種が入り込むことによって，生息環境が悪化しており，イタセンパラを野生下で確認することが極めて難しくなっている．環境省，文部科学省，農林水産省，国土交通省が共同で保護増殖事業計画を策定しており，大阪平野では，国土交通省が中心となって，地元自治体や市民団体と連携しながら，ワンドの復元や再導入も行われており，平成26年には本種の定着が確認された．

ミヤコタナゴ　ミヤコタナゴは関東地方に固有のタナゴ類であり，現在数カ所のみで生息が確認されている．湧水のある河川支流や湧水池に生息し，かつては関東地方の丘陵地帯に広く分布する普通の魚であったが，河川改修，圃場整備，宅地化などによって生息地が失われ，絶滅の危機に瀕(ひん)している．また，綺麗な婚姻色を示すことから密漁圧も高く，さらに外来種であるタイリクバラタナゴ*Rhodeus ocellatus ocellatus*との競合も問題となっている．環境省の委託事業によって千葉県と栃木県が保護増殖事業に取り組んでおり，外来種の駆除といった生息環境の改善の他，飼育下繁殖や調査研究に取り組んでいる．生息地の1つである栃木県の農業用の貯水池は，1994（平成6）年に「種の保存法」に基づく初めての生息地等保護区に指定され，開発行為が規制されているほか，地権者を中心に結成された保存会を始めとした地域住民と学校，技術機関に加え，環境省，栃木県，大田原市の各行政機関が連携して，さまざまな環境改善の取組みが進んでいる．本種の保全のためには，湧水をもたらす周辺林や，本種の産卵場所となる二枚貝のマツカサガイなど，生息環境全体を一体として保全する必要がある．

まとめ　2018（平成30）年に施行された「改正・種の保存法」では，特定第二種国内希少野生動植物種という法指定制度が新設された．調査研究や環境教育など販売・頒布目的でない捕獲は規制対象とならない種指定制度となっており，商業的な大規模捕獲は規制しつつも，自然観察会などで実際に捕まえた生物を見せながら保全意識を高めることができ，法に基づく保護増殖事業の実施や生息地など保護区の指定ができるため，魚類の保全にも有効に活用されることが望まれる．

［羽井佐幸宏・佐藤直人］

ワシントン条約

「絶滅のおそれのある野生動植物の種の国際取引に関する条約」（ワシントン条約）は1973年に作成された．条約の要諦は，「附属書」に掲載された動植物種の国際商業取引を禁止もしくは制限することにある．「附属書Ⅰ」は国際取引禁止，「附属書Ⅱ」は輸出国政府の許可があれば，商業取引が可能である．附属書の変更は，締約国からの提案に基づき3年に1回開かれる締約国会議で審議され，賛成国数と反対国数を合計して3分の2以上が賛成すれば決まる．

淡水魚から海水魚へ　条約初期には対象魚類はアジアアロワナなど淡水魚が中心で，純海産種はシーラカンスとトトアバのみであった（表1）．2000年代になると，海水魚の新規掲載提案が多数提出されるようになった．掲載が新たに決まった海水魚としては，2002年のジンベエザメ，タツノオトシゴ類，2004年のメガネモチノウオ，ホホジロザメ，2013年のシュモクザメ類3種，オニイトマキエイ類，2016年のクロトガリザメ，オナガザメ類などがある．純海水魚ではないが，2007年にはヨーロッパウナギが掲載された．海水魚の掲載が増えてきた理由としては，①条約事務局が条約対象にすることを歓迎している，②欧米が対象にすることに熱心である，③附属書未掲載種は海に多く残っている，④各締約国の条約担当は漁業関係ではなく環境関係部局が大勢を占めている，⑤陸上よりも海産の方がデータの不確実性が大きい傾向があり予防原則を適用しやすい，⑥ジンベエザメのように大きな魚が注目を集めやすい，などが考えられる．

附属書掲載基準　条文によれば，「附属書Ⅰ」には取引の影響を受けているか受けるかもしれない種で，絶滅の脅威にさらされている種を掲載する．附属書Ⅱは必ずしも絶滅の脅威にさらされていないが，規制しないとそうなるかもしれない種と，これらの種を効果的に規制するのに必要な他の種を掲載する．こうした基準があいまいであるとして，締約国会議で決議が採択された．1994年の決議では，個体数，分布面積，減少率に関する数値指針が盛り込まれ，客観性に富む基準が示された．この基準の原案は国際自然保護連合（IUCN）が作成し，ワシントン条約の委員会での議論を経て，1994年の締約国会議で採択された．このような背景もあり，特に「附属書Ⅰ」掲載基準はIUCNのレッドリスト基準に類似した構造となっている．1994年の基準はさらに見直され，2004年に現行の基準が完成した．それによると，「附属書Ⅰ」掲載のためには，個体数が少ない（例えば5,000以下），分布域が限定されている，個体数減少が著しい（例えば基線の5～30％まで減少）のいずれかの基準に合致すればよい．「附属書Ⅱ」には，「附属書Ⅰ」掲載を避けるために取引規制が必要な種や識別困難な類似種などを掲載する．漁業対象種に

表1　ワシントン条約対象魚種と附属書掲載決定年

和　名	学　名	附属書	掲載決定年
タイガーバルブ	*Probarbus jullieni*	I	1973
クイウイ	*Chasmistes cujus*	I	1973
メコンオオナマズ	*Pangasianodon gigas*	I	1973
オーストラリアハイギョ	*Neoceratodus forsteri*	II	1973
ピラルク	*Arapaima gigas*	II	1973
アジアアロワナ	*Scleropages formosus*	I	1973
バルチックチョウザメ	*Acipenser sturio*	I	1973
ウミチョウザメ	*Acipenser brevirostrum*	I	1973
チョウザメ類	Spp. of Acipenseriformes	II	1973,1992,1997
シーラカンス類	*Latimeria* spp.	I	1973,2000
トトアバ	*Totoaba macdonaldi*	I	1976
カエコバルブス	*Caecobarbus geertsii*	II	1981
ジンベエザメ	*Rhincodon typus*	II	2002
ウバザメ	*Cetorhinus maximus*	II	2002
タツノオトシゴ類	*Hippocampus* spp.	II	2002
メガネモチノウオ	*Cheilinus undulatus*	II	2004
ホホジロザメ	*Carcharodon carcharias*	II	2004
ノコギリエイ類	Spp. of Pristidae	I	2007
ヨーロッパウナギ	*Anguilla anguilla*	II	2007
ニシネズミザメ	*Lamna nasus*	II	2013
アカシュモクザメ	*Sphyrna lewini*	II	2013
ヒラシュモクザメ	*Sphyrna mokarran*	II	2013
シロシュモクザメ	*Sphyrna zygaena*	II	2013
ヨゴレ	*Carcharinus longimanus*	II	2013
オニイトマキエイ類	*Manta* spp.	II	2013
クロトガリザメ	*Carcharhinus falciformis*	II	2016
オナガザメ類	*Alopias* spp.	II	2016
イトマキエイ類	*Mobula* spp.	II	2016
クラリオンエンゼルフィッシュ	*Holacanthus clarionensis*	II	2016

ついては，最大持続生産量を達成するための管理手法や，種間の繁殖率の違いなど水産魚種の特性を考慮した詳細な指針が示されている．しかし，基準は指針であり拘束力がないことから，基準に合致していない種が附属書に掲載されたり，逆に基準に合致しているのに掲載されなかったりすることがしばしばある．

ワシントン条約の行方　提案が提出されると各締約国は基準のほかにも，科学当局からの助言，非政府機関（NGO）の意見，他国政府との協議，IUCNレッドリスト掲載状況，締約国会議の場での議論内容などを基に投票態度を決める．最近話題になっているものに太平洋のクロマグロ *Thunnus orientalis* とニホンウナギ *Anguilla japonica* がある．2010年の締約国会議では，大西洋のクロマグロ *Thunnus thynnus* の国際取引を禁止する提案が提出されたが否決された．ヨーロッパウナギは「附属書II」に載っている．クロマグロ2種は個体数減少率の点で，ニホンウナギは減少率と類似種の点で，少なくとも「附属書II」掲載基準に合致する．漁業対象種を条約の対象とすることについては，日本政府はFAOなど漁業管理機関が扱うべき事項であるとして，基本的に反対している．一方，欧米諸国は，附属書掲載は漁業管理機関の取組みを補完する効果があるとして，附属書掲載を歓迎している．漁業対象海産種が掲載される事例が増えていくことは確かだろう．　［金子与止男］

ラムサール条約と日本の重要湿地

ラムサール条約は，1971年2月2日にイランのラムサールで採択された国際条約である．正式名称を「特に水鳥の生息地として国際的に重要な湿地に関する条約」といい，主に国境をまたいで移動する水鳥の生息地である湿地を保全するための国際的な取決めとして条約がつくられた．その後，水鳥の生息地として重要な湿地から，広く生態系として重要な湿地へと重点が移された．ラムサール条約の目的は，国際的に重要な湿地およびそこに生息・生育する動植物の保全と賢明な利用を促進することであり，魚類を含む全ての生物種を対象としている．

ラムサール条約が定義する湿地は，条約第1条1項により，「湿地とは，天然のものであるか人工のものであるか，永続的なものであるか一時的なものであるかを問わず，さらには水が滞っているか流れているか，淡水であるか汽水であるか鹹水であるかを問わず，沼沢地，湿原，泥炭地または水域をいい，低潮時における水深が6 mを超えない海域を含む」とされている．

2008年の第10回締約国会議では，湿地システムとしての水田の生物多様性の向上（決議X. 31），いわゆる「水田決議」が採択され，水田が単に生産の場としてだけでなく，生物多様性の保全にも重要な生態系であることが世界的に認められた．

日本のラムサール条約登録湿地と魚類　日本のラムサール条約登録湿地は1980年に釧路湿原が初めて指定され，2017年現在50カ所，面積は148,002ヘクタールである．ラムサール条約登録湿地の指定要件は3つある．1つ目は，ラムサール条約で示された9つの国際基準のいずれかを満たし国際的に重要な湿地であること，2つ目は，国の法律（自然公園法，鳥獣保護管理法など）により，将来にわたって自然環境の保全が図られること，3つ目は，地元住民などから指定への賛意が得られること，である．

魚類が該当する国際基準は，主に基準7と8であるが，基準2，3，4も関連する（表1）．既存50カ所のラムサール条約登録湿地の中で，国際基準7と8によって魚類の重要性が特に評価されている湿地は，三方五湖（福井県），琵琶湖（滋賀県），円山川下流域・周辺水田（兵庫県），宍道湖（島根県），慶良間諸島海域（沖縄県），名蔵アンパル（沖縄県）である．ただし，他の基準で登録されている湿地においても，湿地生態系の構成要素として多様な魚類相が重要であることは言うまでもない．

重要湿地　2001年，環境省は科学的・専門的な知見と情報に基づく湿地保全の基礎資料を得るとともに，開発計画における配慮をうながすことなどを目的とし

表1　登録湿地の選定基準［環境省HPより作成］

基準グループA：代表的，希少または固有な湿地タイプを含む湿地	
基準1：	特定の生物地理区内で代表的，希少，または固有の湿地タイプを含む湿地
基準グループB：生物多様性の保全のために国際的に重要な湿地	
〈種および生態学的群集に基づく基準〉	
基準2：	絶滅のおそれのある種や群集を支えている湿地
基準3：	特定の生物地理区における生物多様性の維持に重要な動植物を支えている湿地
基準4：	動植物のライフサイクルの重要な段階を支えている湿地，または悪条件の期間中に動植物の避難場所となる湿地
〈水鳥に基づく基準〉	
基準5：	定期的に2万羽以上の水鳥を支えている湿地
基準6：	水鳥の1種または1亜種の個体群の個体数の1%以上を定期的に支えている湿地
〈魚類に基づく基準〉	
基準7：	固有な魚類の亜種，種，科，魚類の生活史の諸段階，種間相互作用，湿地の価値を代表するような個体群の相当な割合を支えており，それによって世界の生物多様性に貢献している湿地
基準8：	魚類の食物源，産卵場，稚魚の生息場として重要な湿地，あるいは湿地内外の漁業資源の重要な回遊経路となっている湿地
〈その他の分類群に基づく基準〉	
基準9：	鳥類以外の湿地に依存する動物の種または亜種の個体群の個体数の1%以上を定期的に支えている湿地

て，全国的な視点から生物多様性の保全上重要な湿地を選定し，「日本の重要湿地500」を公表した．これはラムサール条約登録湿地の候補地，自然環境保全基礎調査やモニタリングサイト1,000の調査サイトの選定などに広く活用された．

選定から10余年が経過し，湿地環境が急速に変化している状況を受け，選定湿地の再評価と新規湿地の追加が行われた．改定された日本の重要湿地500は，「生物多様性の観点から重要度の高い湿地（略称，重要湿地）」として，2016年4月に公表された．500カ所であった重要湿地は633カ所に増え，22の湿地タイプ（高層湿原，中間湿原，低層湿原，雪田草原，河川，淡水湖沼，汽水湖沼，汽水域，干潟，塩性湿地，藻場，砂浜，浅海域，サンゴ礁，マングローブ湿地，水田，休耕田，ため池，水路，湧水，湧水湿地，その他湿地）に区分された．改定された重要湿地では，日本の重要湿地500ではあまり評価されていなかった生物群や湿地タイプの観点から湿地が追加された．例えば汽水域にも着目し，汽水・淡水魚類の重要な生息地として河口域などが新たに選定された．また，人工的な水域も検討対象とし，遊水地やダム湖が追加された．淡水魚類の観点から125カ所が重要湿地に指定され，そのうち53カ所が新たに追加された．

湿地は，飲料水や食料，農業用水や工業用水を供給するだけでなく，時に災害に対する防災・減災機能も備えている．また，植物遺体からなる泥炭地は，地球上で最も多くの炭素が貯えられている場所の1つで，二酸化炭素の排出を抑え，気候変動に対する影響を軽減する役割も担っている．さらに，多様な生物が生息・生育する湿地は，その美しさ故に人々に楽しみや癒しを与え，豊かなくらしを支えている．持続可能な社会を実現するためには，湿地の保全は欠かせないといえる．

［横井謙一］

河川水辺の国勢調査

現在の「河川法」では,「河川環境の保全と整備」がその総則に明記されており,河川事業や河川管理の際には,河川生物に配慮した対策が行われている.そのために活用されているデータとして,河川生物環境の基礎情報を収集整備する「河川水辺の国勢調査」がある.

調査内容 河川水辺の国勢調査は,主に国土交通省によって行われている河川およびダムにおける調査であり,1990(平成2)年から調査が開始されている.調査項目は,魚類調査,底生動物調査,植物調査,鳥類調査,両生類・爬虫類・哺乳類調査,陸上昆虫類等調査,動植物プランクトン調査(ダムのみ)である.なお,そのほか,植生図の作成や瀬淵状況,構造物などを確認する環境基図作成調査,利用者数を確認する利用実態調査がある.淡水魚についての調査「魚類調査」は,5巡目調査(2011～15年)では,河川は全国122河川の一級河川と主要な二級河川,ダムは国土交通省および独立行政法人水資源機構により管理されている全国112ダムを中心に行われている.魚類調査は5年に一度実施され,現在の調査は6巡目となる.調査手法や調査結果については,調査マニュアルや出現種リスト,各調査のデータが河川環境データベースによって公開されており,各年度および項目ごとの取りまとめ結果についても公開されている.

調査・取りまとめ手法 現地調査は,各河川,ダムにおいて,河川の縦断区分などを検討して設定された地点において,投網,定置網,タモ網,刺網,電気ショッカーなどを必要に応じ組み合わせて行われる.これらの詳細・考え方については,「河川水辺の国勢調査基本調査マニュアル」で整理・公表されている.使用する種名についても,確認種の状況に合わせ毎年更新されている「河川水辺の国勢調査のための生物リスト」により統一されている.また,調査は現地での採捕調査だけでなく,地域に精通した学識者(アドバイザー)からのヒアリングや文献調査,漁業組合からの放流状況などの情報収集も行われ,周辺情報も合わせて総合的に取りまとめられる.

調査と整理の流れ 調査は,国土交通省や地方自治体からの発注によって主に民間のコンサルタントに委託され行われる.調査結果,調査データについては,調査の次年度に行われる専門家によって構成されたスクリーニング委員会によって,調査年度の総括検討結果と合わせて検証される.その後,委員会での検討結果を踏まえ,見直されたデータが河川環境データベースに河川水辺の国勢調査入出力システムを用いて登録され,さまざまな場面で利用されている.このように,河川水辺の国勢調査は,結果においてその定量性と精度が担保されている,日本で最も大きい規模の環境モニタリングである.

河川水辺の国勢調査の結果に見る経年変化　河川水辺の国勢調査は，調査河川，ダム数については経年的に増加している．魚類の確認種数についても経年的に増加している．分類学の進展による潜在的な種数増加などの影響もあるが，日本の河川における魚類相については，河川水辺の国勢調査によるモニタリングでは一定程度安定していることが示唆される．ただし，外来魚の確認種数も増加していることが明らかになっている．外来魚の急激な全国への分布拡大は，河川水辺の国勢調査によって明確にされてきており，かつてはオオクチバス *Micropterus salmoides*，ブルーギル *Lepomis macrochirus* の確認地点が経年的に増加し，近年はコクチバス *M. dolomieu*，チャネルキャットフィッシュ *Ictalurus punctatus* といった種が急激に分布拡大していることもリアルタイムで知ることができる（図1）.

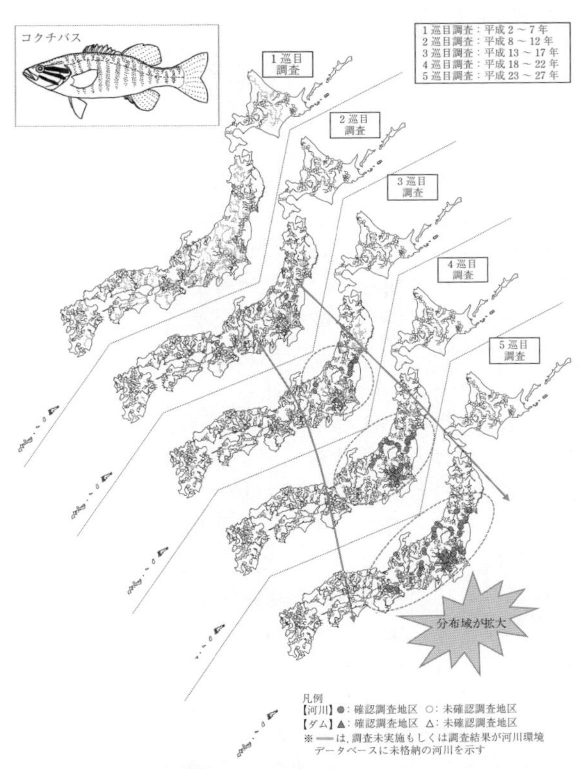

図1　河川水辺の国勢調査の公表資料で報告されているコクチバスの経年的な分布拡大［河川環境データベースより作成］

そのほかの検討内容　河川水辺の国勢調査結果では，河川においては，通し回遊魚を対象とした河川の縦断的な連続性の維持状況についての評価，南方性のハゼ科魚類を対象とした温暖化に伴う分布拡大の分析，ダム湖においては，回遊性魚類の陸封化の状況や新たに創出された生息場所についても考察されている．河川水辺の国勢調査のような全国の河川・ダムを対象とした規模で詳細かつ高精度な調査は，世界的に見ても他に類を見ない貴重なデータを提供する．日本産淡水魚の生息現況と変化を把握し，日本の淡水環境を評価するベースとなり得るものであり，淡水魚の保全へも大きく寄与している．

［藤田朝彦］

環境教育

現在，温暖化や自然環境の人為的改変などにより，生物を取り巻く環境の悪化が深刻化している．環境保全を進める上で多くの人，特に次世代を担う子どもたちに身近な自然環境の現状を知ってもらい，環境への配慮を意識してもらうことが重要となる．そのため，環境に関わる諸問題を考え，解決に向けて行動できる人材の育成を目的とした環境教育やそれらを踏まえた持続発展教育（ESD）の必要性が高まっている．環境教育は学校，博物館，地域，NPO，企業などさまざまな現場で実践されており，生物を教材としたプログラムが多く見られる．なかでも魚類は水環境の問題を考える上できわめて重要であることから，魚類をテーマとした環境教育が各地で行われている．

学校における環境教育　環境教育実践の場として，とりわけ力を入れているのは学校であろう．校内にビオトープを建設し，そこにやって来るさまざまな生物を観察したり，希少種保存の場として活用している．また，地域の自然環境を知るために，学校周辺の川や水路で魚類を採集して観察したり，飼育することが行われている．学校における環境教育では生物の観察や飼育など，体験型の学習が重要視されている．そのような環境教育の教材として，どのような魚が用いられているのだろうか？ 代表的なものとしてはメダカ類があげられる．誰もが知っているメダカ類はわれわれにとって親しみやすく，環境教育が叫ばれる以前から小学校の理科の教材に用いられてきた．さらに，最近進められている環境教育では，タナゴ類やトゲウオ類などその地域に特有の魚類を教材とする事例も増えている．

地域の特徴を生かした教育　大阪府八尾市高安地区では，その地区のため池群に古くから生息していたニッポンバラタナゴ *Rhodeus ocellatus kurumeus* を用いた環境教育が行われている．本種は体長4 cmほどのコイ科魚類であり，イシガイ科二枚貝の鰓腔内に産卵する特異な繁殖生態を持つ．

図1　ニッポンバラタナゴを教材とした授業．ドブガイ類を解剖し，中に産み込まれているニッポンバラタナゴの卵を取り出して観察する［撮影：加納義彦］

高安地区の小学校では，二枚貝の中に産み込まれたニッポンバラタナゴの卵の発生過程を観察するという授業が行われている（図1）．学内授業だけでなく，ニッポンバラタナゴが生息する池で本種や二枚貝を採集し，どのような環境で生活しているかを実際に観察するという学外授業も行われている．この授業を通して子どもたちはニッポンバラタナゴの生活史や他の生物との関係を知ることができ，それぞれの生物にとって良い環境とはどのような環境か？ 良い環境を維持するために自分たちにできることは何か？ など，自発的に考える力を養うことができる．同じような事例として，滋賀県の琵琶湖周辺の水田地帯では琵琶湖固有種のニゴロブナ *Carassius buergeri grandoculis* をはじめとした魚類の産卵場所を保全・再生させる「魚のゆりかご水田」に取り組んでおり，親子向けの観察会・勉強会が開催されている．また，岡山県では国指定天然記念物であるアユモドキ *Parabotia curtus* を教材とした地域での学習が行われている．地域で親しまれている魚を教材とすることは，その魚への愛着が湧きやすく，魚が生息する水環境への関心も高まるといった効果が期待される．

水族館・博物館における教育プログラム　学校以外に魚類を通して水環境を考える場として重要な役割を果たしているのは水族館や博物館であろう．水族館はレクリエーションや観光施設として機能する一方で，博物館相当施設であることから教育普及の場としての機能も大きく，多くの人々に展示や解説を通して情報を提供することができる．

近年，水族館や博物館では環境問題や生物多様性を意識した展示および教育プログラムが頻繁に実施されている．本来の生息地を模した展示や共生関係など生物同士のつながりがわかるような工夫がされており，生物をただ見せるだけではなく，その生物がどのような環境に生息し，環境や他の生物とどう関わっているかということがわかる展示が増えている．また，生物に触れることができるタッチングプールなど，体験型の展示方法も積極的に取り入れられている．最近では，屋外にビオトープや水田をつくり，生きもの観察会を実施したり，実際に魚を釣って調理し，食べる体験ができる園館も見られる．

館内の展示や体験プログラムの充実が図られるとともに，館外での活動も積極的に進められている．地元の河川や干潟での自然観察会や学校，NPO，地域と連携して進める授業の実施，環境に関連するイベントへの出展など，環境問題や保護に関する情報発信に力を入れている．

広がる環境教育の場　環境教育や持続発展教育は今や国全体をあげて取り組まれている政策であり，環境教育を実施する機関およびプログラムの内容は多様化している．魚類をテーマとした教育も充実しており，海洋，河川，湖沼などの水辺環境でさまざまな魚類を対象としたその地域特有の環境教育が進められている．最近では水田や干潟，アマモ場などの生物多様性も注目されており，それらを産卵場や仔稚魚の生育場として利用する魚類を教材とした教育が実施されている．環境教育の多様化は，多くの人が環境問題に関心を持つきっかけが増えることにつながり，今後ますます発展していくことが望まれる．　［山野ひとみ］

里海・里川

里海や里川は，森林生態学者の四手井綱英が1950年代後半に，昔から田舎に存在した農業林としての里山という概念を学問の世界に広めたことに派生する概念である．手つかずの自然としての海や川ではなく，人が先人の知恵を生かして賢く手を加えることにより，生物生産性や生物多様性を高く維持しながら自然の恵みを享受する，人と自然の共生に深く関わる概念といえる．これらの概念は，今では国際的にも高い関心を集めている．

里海の誕生と国際的広がり　里海という概念を最初に提唱したのは柳哲雄であり，「人が手を加えることにより，生産性と生物多様性が高くなる沿岸域」と定義されている（柳，1998）．里海の発想は日本を代表する内海，閉鎖性水域としての瀬戸内海の再生方策として生まれたものであり，「保全しながら利用し，利用しながら保全する」東洋的発想といえる．里海論を世界に紹介している松田治によると，2005年に韓国馬山市での河口域における生態系管理に関する国際ワークショップ，続く2006年にはフランスのカーン市での世界閉鎖性海域環境保全会議における里海論の紹介に対して，大きな反響が得られた．後者の会議では，「人間社会と沿岸環境の共生のあり方，より合理的な共存のビジョンである」と「Sato-umi」が総括された．

里海の発想は日本古来の先人の知恵の中に見られる．例えば，海辺に暮らす人々の，水辺の森を保全すると周辺の海には生き物が居続け，漁業が存続できるとの「魚付き林」思想と共通する．そのことを示唆する記述は1,300年ほど前の古文書に見られる．1989年に気仙沼の牡蠣養殖漁師が健全な海の存続には健全な森の存在が必須との考えで始めた「森は海の恋人」運動によって，日本列島全体の森が日本周辺の海全体の「魚付き林」であるとのとらえ方に高められ，世界が注目した．2011年の国際森林年に際して国際連合森林フォーラムは，世界のフォレストヒーローズに，アジアの代表として森は海の恋人運動を先導する漁師，畠山重篤を選んだ．

里山とつながる里川　里山や里海に比べて，里川は認知度も低く，学問的に議論されてはいない．全国各地に「里川」との名を持つ河川があり，古くから田舎に存在した里山の川として，そのように呼ばれてきたと推定される．里川が公式の文書に現れたのは，2014年に岐阜県長良川上中流4市で構成する農林水産業推進協議会が，世界農業遺産に申請した文書「清流長良川の鮎～里川における人と鮎のつながり」の中である．それは，里山と同じく，手つかずの川ではなく，森林の管理や水害防止策，河川の清掃活動などを通じて，川を暮らしに欠かせない資産として多目的に利用しながら生物多様性も高いレベルで維持するとらえ方といえる．里川は里山の中を流れる川として，里山とは不可分の関係にある．

里川の主要な担い手はかつては川漁師であり，高知県の四万十川では四季を通して川と海の間を行き来するニホンウナギ*Anguilla japonica*，アユ*Plecoglossus altivelis altivelis*，ヨシノボリ類*Rhinogobius* spp.，モクズガニ，テナガエビが漁獲されてきた．魚類ではこれらは通し回遊魚と呼ばれ，里海と里川は密接につながった存在であることを意味している．近年，資源の減少が懸念されるアユでは，秋に産卵する場所の造成など再生産の手助けが進められている．今後ますます里川的な取組みの必要性が高まると思われる．

森里海連環学と里海・里川　2003年に森から海に至る多様なつながりを解明し，崩した自然や社会の再生をゴールに定めた新たな統合学問「森里海連環学」が筆者らによって提唱された（京都大学フィールド科学教育研究センター編，2011）．ここでは，森と海を結ぶ鍵物質は命の源である水とし，川の流域には水を求めて人が集まり村や町が，多くの川が集まる河口沖積平野には巨大な都市が形成され，これらの人の生活空間を広義の「里」ととらえる．里に暮らす人々の環境意識が森と海のつながりをよくも悪くもする．多様なつながりを紡ぎ直すことこそ，人と生き物が世代を越えて共存する道であると唱える．

図1　宮城県気仙沼市舞根湾奥部に東日本大震災後によみがえった塩性湿地．この地震と津波の贈り物ともいえる湿地を保全し，生物多様性の変化が調べられている［撮影：気仙沼舞根湾調査グループ］

2011年3月11日に発生した巨大な地震と津波は，東北太平洋沿岸域に甚大な被害を及ぼし，陸と海の間の移行帯エコトーンを崩して宅地や農地などに変えてきた場所を壊滅させた．しかし，三陸リアスの多くの浜では，震災による地盤沈下と海水の侵入により，かつての干潟や湿地などのかけがえのないエコトーンの復活が見られ（図1），気仙沼舞根湾では全国的に減少が著しいアサリの大発生や絶滅危惧種ニホンウナギの出現が確認されるなど生物多様性の回復が認められている．気仙沼市の舞根湾を舞台に誕生した森は海の恋人運動のシンボルとして開催されている植樹祭は，里山と里海の人々の強い絆のもとに，今では毎年1,500名前後の参加者が集う一大イベントに発展している．さらに，環境省は本腰を上げて「つなげよう，支えよう森里川海プロジェクト」を立ち上げ，里山・里川・里海をつなぐ未来志向の大きな流れが生まれている．　［田中 克］

琵琶湖の危機

琵琶湖流域には日本で最も多くの純淡水魚が生息し，その数は日本における純淡水魚の総種数の3分の2にあたる約60種類に上り，うち17が固有種・亜種である．しかし，近年，当流域の魚類の多様性は，流域の過度な開発や外来魚の侵入などにより危機に瀕（ひん）している．

図1　琵琶湖の本湖と内湖
［撮影：細田和海］

本来，琵琶湖と陸地の境界は曖昧で，ヨシ帯，内湖，水田などのエコトーンとして機能し，魚類の繁殖場や成育場となってきた．しかし，琵琶湖総合開発に伴って湖岸堤が内湖とヨシ帯の前面に建設されたため，エコトーンを破壊すると同時に琵琶湖と陸域を明確に分けてしまった．その結果，繁殖・生育場の消失や水田などへの移動阻害を引き起こし，ニゴロブナなどの魚類の減少につながった．また，南湖を中心とした湖岸整備による人工護岸も同様の問題を生じていると考えられる．このような物理環境の改変は，在来魚に対する最も大きな脅威となっている．

内湖とは琵琶湖岸より陸側に存在する小水域で，琵琶湖とつながりのある付属湖である．内湖の水深は3 m以浅で，魚類のみならず水生植物や底生動物のきわめて重要な生息・成育場となっていた．しかし，干拓事業によって内湖の総面積の7分の6もが失われ，琵琶湖の生物多様性に甚大な被害をもたらした．同様に，下流の淀川には河川本流の周辺にワンドと呼ばれる小水域が点在し，天然記念物イタセンパラや固有種ヨドゼゼラなどの重要な生息場となっていた．しかし，ワンドも500個以上あったものが改修工事によって1970年代半ばには40個程度にまで激減し，結果として淀川の魚類相の衰退を招いた．

季節的な水位変動は魚類の繁殖や生育などに欠かせない．しかし，琵琶湖では琵琶湖総合開発計画によって水位が1 mも下がり，瀬田川洗堰の操作で人為的に水位コントロールされるようになった．その影響で増水してもすぐに水位が低下するようになり，ホンモロコなどが産卵しても孵化する前に干出し，卵が死滅するということが起こるようになった．

減少傾向にあった在来魚に追い打ちをかけたのが，オオクチバスやブルーギルに代表される外来魚である．これら外来魚はそれぞれ1974年と1965年に琵琶湖で初めて見つかった．1980年代に入って突如として個体数が激増してイチモンジタナゴやカワバタモロコなどの内湖を中心に生息していた小型魚はことごとく姿を消してしまった．また，近年，琵琶湖や下流の淀川ではチャネルキャットフィッシュやコクチバスなど新たな外来魚の侵入も確認されており，被害の拡大が懸念される．

［川瀬成吾］

有明海の危機

図1 有明海の泥干潟を代表する特産魚ムツゴロウ［筆者撮影］

九州の中央西部に長崎県，佐賀県，福岡県，熊本県に囲まれたわが国を代表する内湾，有明海が存在する．南北に長さ90 km，東西に幅20 km前後の奥深い湾であり，その大きさは東京湾，伊勢湾，大阪湾などとほぼ同じである．有明海は他の内湾と大きく異なり，最大6 mにも及ぶわが国最大の干満差と日本全体の干潟面積の40％を占める広大な干潟に恵まれた，濁度の高い汽水の海として特徴付けられる．

この海は，かつてはきわめて高い生物生産性と，わが国ではこの海にしか生息しない多くの生き物を育む生物多様性に恵まれた「宝の海」と呼ばれた．しかし，20世紀後半の相次ぐ大規模環境改変によって，今では多くの魚介類が激減し，漁船漁業者の漁獲物は中国で需要が高まるビゼンクラゲのみという末期的症状に至っている．それは，この海にしか生息しない多くの特産種にとっても危機的な事態の進行を示している（田北，2009）．魚類の特産種は，エツ，アリアケシラウオ，アリアケヒメシラウオ，ハゼクチ，ムツゴロウ，ワラスボ，ヤマノカミの7種とされているが，有明海奥部に生息するスズキの中には，大陸沿岸域と日本沿岸域に分かれて生息するタイリクスズキとスズキの両方の遺伝子を持つ個体群が知られている．有明海は未知の多くの同様の生物が存在する可能性の高いかけがえのない海といえる．

有明海特産種の起源は大陸沿岸域にあり，かつて海水準が現在より百数十メートルも低下した氷期に大陸沿岸域の生き物が九州沿岸域に分布を広げ，その後の温暖期における海水準の上昇後も，ふるさとの環境と類似した有明海に居残った「大陸沿岸遺存種」と推定されている．多くの有明海特産種の生息数が急速に減少する中，遺伝的多様性のモニタリングは差し迫った課題である．

有明海を今日の瀕死の海に至らしめた主原因として，①20世紀後半の50年間に筑後川の河川敷からインフラ整備のために膨大な砂が持ち出され，②1985年に福岡大都市圏への送水を目的に筑後大堰が設置され，③1997年に諫早湾奥部に全長7 kmの潮受け堤防を設置し，広大な泥干潟を干拓したことが上げられる．これら3つの大規模環境改変はいずれもその時その場の都合による人為的な森と海の分断そのものであり，ここにこそ有明海瀕死化の本質が存在する．近年では，湾奥部が海苔養殖の畑となりつつあることが瀕死化に拍車をかけている．

有明海は，雲仙，多良，背振，九重・阿蘇山系に囲まれ，湾奥部には九州最大の筑後川が流入する典型的な森里海連環の立地条件にあり，このことがきわめて高い生物生産性と生物多様性の基盤と考えられる．司法を巻き込んで，混迷化を深める有明海再生の本道は，森里海のつながりの再生といえる．　［田中 克］

西表島の危機

西表島(いりおもてじま)は，琉球列島の南西端近く（北緯約24度19分，東経約123度49分）に位置する面積約300 km^2，周囲約130 kmの菱形をした，琉球列島では沖縄島，奄美大島に次ぐ大きな島である．島は亜熱帯林に被われた森林域が大半を占め，それらの谷間を縫って大小40数本の河川が走り，潤沢な水量を有する．

図1　絶滅危惧ⅠA類のウラウチフエダイ *Lutjanus goldiei*（全長約30 cm）［筆者撮影］

西表島には絶滅危惧Ⅰ類と同Ⅱ類の汽水・淡水魚が日本全国の36％にあたる60種も生息している（環境省，2017）．島は日本全土の約0.08％にあたる面積289.6 km^{2}であるが，汽水・淡水魚に関して，日本一多くの絶滅危惧種を抱えるホットスポットである．なかでも，島最大の河川である浦内川（流域面積54.24 km^2）では，これまで400種を超える汽水・淡水魚が確認され，全国の26％にあたる43種もの絶滅危惧種が生息する（図1，鈴木他，2016）．

西表島のある竹富町は，現在，浦内川渓流域で干魃の緊急対策として1日500トンを取水する計画を進めている．環境省の許可のもと，町は2015年8月には導水管などの設備の敷設工事を完了し，同年10月には試験的に取水を行っている．日本魚類学会自然保護委員会はこの取水計画の環境に対する悪影響を強く懸念し，質問状と要望書を環境大臣と竹富町長宛てに送付したが，両者は専門家会議の設置を示唆しただけで納得できる回答はせず，現在（2018年4月）まで専門家会議は開催されていない．さらに竹富町は将来，渇水時以外での取水も示唆しており，取水は緊急時に限るとした回答書とはまったく異なる．

浦内川河口のトゥドゥマリ浜に2004年4月，大型リゾートホテルが開業した．同学会自然保護委員会は，ホテル建設や開業に伴う悪影響を予想・懸念し，適正な環境アセスメントの実施を求める要望書を，ホテル建設中に，開発企業や環境大臣をはじめとする関係行政機関の長宛てに送付したが，何の回答もなくホテルは開業した．因果関係は不明であるが，それ以来トゥドゥマリ浜や河口では底質の還元層が増えて，固有のトゥドゥマリハマグリが激減し，生息するハゼの種類も減少している．このほか，浦内川では降雨の際に1支流から本流汽水域に赤土の流入が見られるが，何の対策も取られていない．

西表島の陸水域では，このほか，圃場整備による湿地の消失，道路拡張と橋梁掛け替えによる河川環境悪化，観光客の河川への大量侵入など，魚類への負荷が増大している．現在，竹富町は世界自然遺産指定を目指しているが，指定後，観光客はさらに増加し，大量の水が消費され，ゴミや排出物が増え，山や沢に人が溢れることが予想される．対策は進んでいるとは聞かない．行政，島民，専門家が連携してこれらの危機を乗り越えていくことを願ってやまない．　［鈴木寿之］

市民活動による希少魚保護

シナイモツゴ*Pseudorasbora pumila*は大崎市鹿島台周辺の旧品井沼を模式産地とするコイ科の小型魚で，ゼニタナゴ*Acheilognathus typus*とともに東北地方の池沼における代表的な魚類である．しかし，近年，近縁種のモツゴの移入，生息場の減少，オオクチバスなどの外来種の侵入などにより激減し，現在は里山の溜池など隔離された環境にしか生息できない．高橋清孝（2017）はシナイモツゴやゼニタナゴなどの希少魚は適切に管理されたため池で少なくとも80年以上にわたり繁殖可能であることを確認している．しかし，このままでは，外来種の侵入，遺伝的多様性の喪失，自然災害による崩壊などによって，近い将来，全滅するおそれがある．絶滅リスクを軽減するためには，地域ぐるみで，希少魚の生息池を増やして危険分散し，これらを長期にわたって保全する必要がある．

「地域ぐるみ」の主体である市民や農業者が活動を担うためには「誰でもできる自然再生技術」の開発が不可欠である（図1）．シナイモツゴ郷の会は2002年の結成以来，簡単で確実な技術の開発に取り組み，シナイモツゴの採卵装置や孵化稚魚飼育用プランクトンの培養技術，オオクチバス繁殖阻止のための2段式人工産卵床，アメリカザリガニ連続捕獲装置そのほかを開発してきた．誰でもできる技術を駆使して，毎年，宮城県内4～6校の小学生が里親としてシナイモツゴの人工繁殖に取り組み，500～1,000尾の稚魚を育てている．これらの稚魚を，池干しによりブラックバスを退治した溜池へ地域住民とともに放流し，生息池を増やしてきた．この結果，2015年には里山からオオクチバスを一掃することに成功し，同時にため池を水源とする周辺の小川でもバスが姿を消し，メダカなど多くの希少な水生動物が復元した．これらのことから，地域ぐるみで里山のため池群の魚類を復元し保全することにより，里地の水辺も含め広範な地域で自然再生できると考えられる．活動の成果は毎年秋開催の「水辺の自然再生共同シンポジウム」「水辺の自然再生シリーズ」既刊3冊の単行本（細谷他，2007，高橋，2009，高橋，2017），シナイモツゴ郷の会ホームページなどで公表している．

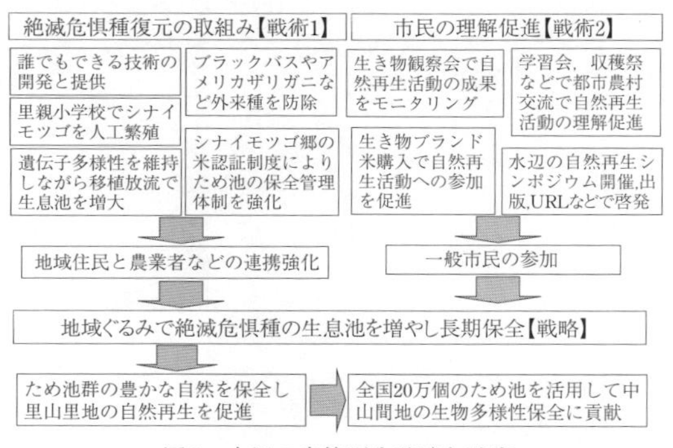

図1　水辺の自然再生戦略と戦術

［高橋清孝］

市民活動による外来魚駆除

北米原産のブラックバスは，1970年代にバス釣りブームの急進に伴い全国的に拡散し，わが国の水生生物全般に壊滅的なダメージを与えるようになった．それ以前にも外来魚が野外に放出されることはあったが，大掛かりな外来魚駆除を必要とする事態が起きたことはなかった．ブラックバスの猛威を目の当たりにして政府としてもこの問題を放置できず，2004年に「特定外来生物法」を制定し2005年6月の法施行と同時にブラックバス2種（オオクチバス *Micropterus salmoides*，コクチバス *Micropterus dolomieu*）とブルーギル *Lepomis macrochirus macrochirus* を特定外来生物として指定して，その対応に乗り出した．

市民レベルでも，法制定以前からブラックバス駆除に苦慮していた団体が複数あり，バス釣り人気が衰えない状況下で共闘しようという機運が高まり，外来魚のいない健全な水辺を目指して，同年11月に「全国ブラックバス防除市民ネットワーク（略称，ノーバスネット）」が15団体で発足した．2018年4月時点で，構成団体数は北海道から九州まで全国45団体になっている．

図1 刺網によるオオクチバスの駆除

ノーバスネットでは，ブラックバス問題を多くの市民に周知徹底することを活動の柱とし，5月下旬の1週間を「全国一斉ブラックバス防除ウィーク」（ノーバスウィーク）としてキャンペーン活動を展開した．

この活動は，名称を変えながらも現在まで続いており，2006年度からの12年間に延べ2,800以上の団体により，延べ22万人以上の参加者を得て外来魚駆除活動，学習会・自然観察会，シンポジウム，外来魚情報交換会などが実施されている．

このほか，ブラックバスを駆除しようとする全国各地の団体向けに，ノウハウを掲載した冊子『NO BASS GUIDEBOOK 2009』の出版を行っている．これらの活動により，例えば神奈川県横浜市の三ツ池ではオオクチバスの根絶に成功．また，宮城県の伊豆沼ではオオクチバスを低密度に抑え込んだ結果，希少淡水魚であるゼニタナゴ *Acheilognathus typus* の復活も見えてくるなどの成果が出始めている．

外来魚がいったん野外に放出されると，その完全駆除は容易ではなく，地道で継続的な大きな労力が必要とされるが（図1），法律で禁止されているにもかかわらずいまだに密放流がバス釣り愛好者によって続いていることはきわめて残念である．

［小林 光］

11. 社　会

人間は先史時代から魚と関わってきたと考えられる．食料として魚を確保するため，人間はまず魚を獲るための技術を発達させた．その後，魚を獲ることに加えて，育てたり，増やしたり，さらに改良したりする技術を発達させてきた．私たちの暮らしの中で，魚は食料としての役割を果たすだけでなく，魚粉・魚油の原料や餌料などとしてさまざまな産業にも貢献してきた．また，古くから鑑賞魚としても親しまれ，最近では魚はレクリエーションの対象にもなっている．このような長い歴史の中で，私たちは豊かな魚食文化を育んできた．今や魚は，食品としての優れた機能性から，世界中で健康に良いと認識されてきている．本章では，魚と社会との関わりについて，漁業や資源，養殖，放流，育種などのほか，私たちの暮らしの中からさまざまな項目を取り上げている．さらに，魚類学と関係の深い機関の中から博物館と水族館を取り上げている．

［坂本一男］

水族館

約35年前，筆者が大学院で軟骨魚類の系統分類に取り組み始めた頃，水族館は大型のサメ・エイ類の標本入手先として必須の存在であった．特に食用として利用頻度が低く，取り扱いも大変な大型軟骨魚類の標本は大学や博物館の収蔵庫にも少なく，まずは標本収集から始めるのが常道であった．当時から水族館では大型のサメ・エイ類に対する来館者の人気は高く，さまざまな種の飼育展示が試みられ，必然的に冷凍やホルマリン液浸の標本も数多く保管されていた．本項では，魚類学と水族館の関連，水族館における魚類学の役割，水族館が魚類学に貢献できることなどを考察する．

魚類学と水族館　水族館に勤務すると，大学などで魚類学をはじめとするさまざまな分野の生物学を学んできた仲間達と仕事をともにすることになる．特に魚類飼育展示は水族館の中核であり，着任後も魚類学の勉強は欠かせない．また，前述したように水族館は貴重な標本を提供するだけでなく，その生きた姿を観察できる場所でもある．専門家でも自然界で目にする事が難しい大きなサメ・エイ類が水族館では悠々と泳いでいる．索餌，摂餌，交尾や出産などの繁殖行動，標本の調査から推測するしかなかったさまざまな生命現象が目の前に繰り広げられる．一方，魚類をはじめとする水生生物の姿を楽しみに水族館（日本動物園水族館協会に加盟する62館）を訪れる来館者の数は2016年度3,600万人（同協会調べ）となっている．この膨大な数の来館者に水族館が「命を展示する博物館」として伝えるべきは「命の素晴らしさや，多様な命を守ることの大切さ」である．この情報伝達の正確さを担保するのが魚類学をはじめとするさまざまな科学の成果や進歩である．このように魚類学と水族館はさまざまな面で強固な結び付きをもっている．

水族館における魚類学の役割　水族館で最も大切なものは何であろうか．基本コンセプト，展示のテーマ，見せ方の工夫もあるが，やはり「展示生物」と「来館者」抜きで水族館を語ることはできない．展示生物と来館者，この両者を結び付ける場が水族館で，結び付ける手段は「感性から得られる正確な情報」である．どんなものであれ感動を伴わない記憶はすぐに消えてしまうし，記憶に残っても間違った内容は役に立たない．水族館は学校と異なり，楽しさ，驚き，癒しを伴った感性に訴える方法で情報を発信できるし，魚類学の成果と進歩は常に伝えるべき正確な情報を更新してくれる．このような認識をもって学会やシンポジウムに参加して，専門書や学会誌を読んで，自分がフィールドや水槽で得た情報を正しく理解すること，そして，整理した情報をいかなるかたちで来館者の感性に響くように伝えるかを工夫することが水族館の飼育展示担当者に求められる時代となった.

水族館が魚類学に貢献できること

筆者は以前に日本動物園水族館協会の記録を調べたことがあり，協会加盟園館で2009年に飼育展示された軟骨魚類は129種，硬骨魚類は約2,500種（亜種含む）であった（西田, 2014）. 魚類全体の1割弱の飼育展示種数ではあるが，おそらくこの数字は海外の水族館と比較すると非常に多いといえる. これは日本が小さな島国ではあるが北から南までさまざまな水域に面しており，定置網漁をはじめとする漁業が盛んであり，飼育に適した良い状態の魚類を入手できることに起因している. 一方で，日本固有の淡水魚に代表されるように絶滅の危機に瀕する魚類も少なからず存在し，日本動物園水族館協会に加盟する水族館では1991年に日本産希少淡水魚繁殖検討委員会を設立して特に日本産淡水魚類の保全に取り組んでいる. 保全を使命とする水族館にとって飼育展示魚類の繁殖に関する仕組みの解明や技術の向上は重要で，2011年までにわが国で初めて繁殖に成功した「繁殖表彰」を受賞した魚類の数は軟骨魚類35種，硬骨魚類248種で，飼育展示されている魚類の1割にあたる（西田, 2014）. また，近年では鯨類や鰭脚類(ききゃくるい)だけでなく魚類に関しても水槽や群れ単位ではなく個体管理が目指されるようになり，健康診断のためのハズバンダリートレーニング（健康診断時にストレスを少なくする訓練）を行い，ストレスの少ない状態で魚類の採血を行う水族館も増えている.

図1　ジンベエザメ *Rhincodon typus*［写真：海遊館］

このように多くの魚種が飼育展示され，その摂食行動や繁殖行動が観察でき，仔稚魚の成長記録，血液など生理学的データも収集できる水族館は，まさに宝の山である. 最近では水族館も大学など専門機関との共同研究に積極的に力を入れるところが多くなり，共同研究の提携，覚書などを交わした上で多くの研究が行われるようになった. さらに独自の研究所で研究活動を行う例（沖縄美ら島財団総合研究センター）や水族館の研究施設を共同研究相手の大学や専門機関の研究者や学生に利用させる園館（大阪・海遊館海洋生物研究所以布利センター）もある.

水族館は大学や専門機関に貴重なサンプルや題材を提供するだけの施設ではなく，本来の意味で共同研究を行い，飼育展示担当者は専門家から多くを学び，学んだことを3,600万人の来館者にわかりやすく伝える. こうした両者の双方向性こそ「自然や命の素晴らしさと多様性を守ることの大切さ」を伝えるという使命の達成に大きく貢献する鍵である.

［西田清徳］

博物館

博物館は，社会とその発展に貢献するための将来にわたる非営利の施設で，常に誰でも利用することができ，教育と研究と娯楽を目的として人類と環境に関する有形無形の遺産（資料）を収集・保存し，調査・研究し，伝達し，展示する施設である（ICOM日本委員会事務局, 2016）．博物館にはさまざまな種類があり，扱うものによって，資料館，美術館，文学館，歴史館，科学館，水族館，動物園，植物園などの名前で呼ばれる．

魚類学と博物館　魚類は自然史博物館や自然系部門のある博物館で扱われる．これらの博物館での諸活動の基礎をなす資料は自然史標本（以下標本）である．なお，生きている魚類などを扱う博物館が水族館である（☞項目「水族館」）．本項では標本を扱う日本の博物館を例にして解説する．標本は博物館においては，展示や普及教育活動に使用されるものもあるが，魚類学との関わりにおいては，自然史研究に用いる標本として扱われるものが多い．魚類の場合，標本は剥製などを除いてホルマリンで固定されアルコールで保存された液浸標本である．これらの薬品は毒性や危険性があって，液浸標本は，収蔵庫のある博物館や大学などの研究機関でしか保管できない．この点において，魚類学は博物館との関わりが非常に強い．

魚類を食物やゲームの対象とする遊漁者，ウォッチングや写真の対象とするダイバーは多い．一方で，近年のインターネットなど，メディアの普及により生物としての魚類に関心を示す人も増え，少しではあるが魚類を扱う博物館が増えているのは事実である．以下に，魚類を現在扱っている主な自然史系博物館（大学博物館を除く）を記す（アルファベットは各博物館の略号で，通常標本番号と一緒に記される）．千葉県立中央博物館（CBM；分館，CMNH-ZF），国立科学博物館（NSMT），横須賀市自然・人文博物館（YCM），神奈川県立生命の星・地球博物館（KPM），ふじのくに地球環境史ミュージアム（SPMN），滋賀県立琵琶湖博物館（LBM），大阪市立自然史博物館（OMNH），和歌山県立自然博物館（WMNH），徳島県立博物館（TKPM），北九州市立自然史・歴史博物館（KMNH）．なお，平成27年度の全国博物館園総数は4,179，そのうち，自然史系博物館は176（大学は10），総合博物館は181（同24）である（日本博物館協会, 2017）．なお歴史的に，欧米の自然史系博物館は，分類学を中心とする研究拠点である．欧米では，研究や資料収集・保管，展示や普及教育が分業されているのに対して，日本では，国立の博物館や大学博物館を除くと，博物館の専門職員である学芸員は，それらすべてを担っている．英語のキューレーター（curator）が学芸員と訳されることがあるが，キューレーターは資料収集や研究に携わり，博物館を管理する職員である．

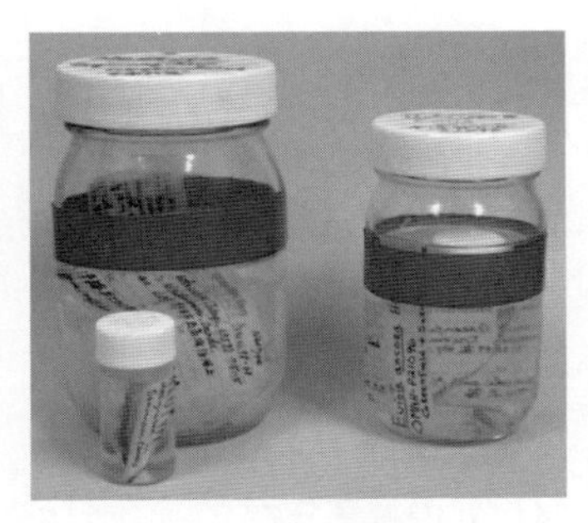

図1　大阪市立自然史博物館に保管されているクボハゼ*Chaenogobius scrobiculatus*のネオタイプ（左，OMNH-P 11261）とボンボリイソハゼ*Eviota ancora*のホロタイプ（右，OMNH-P 21096）［筆者撮影］

魚類学への貢献　自然史研究における標本は，採集データを備えて良好な状態で保存されているものである．そして，解剖などの研究材料として使用されるとともに，研究結果を保証する証拠としての役割を果たす．特に後者は重要で，新種記載の際の学名を担うタイプ標本として，生物分布調査などでは証拠標本としてその役割を果たす．タイプ標本に関しては，国際動物命名規約（☞項目「国際動物命名規約」）の勧告（「16.Cタイプ標本の保存と供託」における研究機関の1つは博物館である）にもあげられているように，博物館は重要な施設となっている．生物分布の証拠に関しては，1種と思われていた個体群の中に，よく似た複数の種が混在していたと後からわかった場合，調査における採集個体が標本として残されていれば，その再検討は容易である．例えば，コイ科のヌマムツ*Candidia sieboldii*とカワムツ*C. temminckii*が同種とされていた時期にカワムツに同定され，保存された標本が好例である．

新種記載や分類学的再検討などに於いては，原記載論文の掲載された学術雑誌や図書などの文献は必須のものである．専門の文献（特に古書）だけではなく，図書館では扱われない，調査・研究で作成された画像資料や原図，地図，野帳，手紙などの収集・保管も博物館に課せられた重要な役割である．また，博物館は標本情報を目録やデータベースとして発表しているが，環境問題が重要視されるようになっている現代社会においては，収蔵標本の多くは，環境の指標としての意義ももち，研究者に注目されつつある．

魚類学の役割　魚類分野の研究においても他分野同様，遺伝子による解析は日常のこととなり系統分類に関する優れた研究が報告されている．また，近年の交通の利便さから，海外の博物館へ出向いてタイプ標本（送付はできない場合がある）を簡単に観察できるようになったため，各分類群の分類学的検討が多くの研究者によって行われている．これらの成果に基づいて，最近では，専門家でなくても正確な同定ができる図鑑などの出版物やWEBサイトが多く出てきている．また，博物館の学芸員らによる一般の人々を対象とした観察会も充実したものとなっている．生物多様性の保全が叫ばれる中，水中生物の主役の1つである魚類の情報を多くの人々に提供する使命を魚類学と博物館は担っているといえよう．

［波戸岡清峰］

漁　業

漁業とは，漁業法の第二条において「水産動植物の採捕又は養殖の事業をいう．」とされている．一般的にも漁業という場合には採捕漁業と養殖業を一緒にして漁業と呼ぶことが多いが，本項では天然の水産動植物を採取する採捕（さいほ）漁業を漁業と呼ぶ（☞項目「養殖」）．

世界の漁業生産　国際連合食糧農業機関（FAO）の公表統計で確認できる1950年以降を見ると，世界の総漁業生産量は一貫して増加を続けてきたが，1990年代半ばに9,000万トンを超えて以降は9,000万～9,500万トンの間を推移している．

2015年の世界の総漁業生産量は9,260万トンであるが，そのうち海面漁業による生産量が88％を占めている．内水面漁業の生産量は増加し続けているが，依然として総漁業生産量の13％以下にとどまっており，総漁業生産量の停滞は海面漁業生産量の停滞を反映したものである．FAO（2016）の資源評価によれば，世界の海洋水産資源の約90％は過剰利用または満限利用の状態にあるとされており，そのことが海面漁業生産量の停滞に結び付いているのであろう．2015年の国別海面漁業生産量を見ると，世界一は中国（1,531万トン）で，世界の総生産量の19％を占めている．以下，インドネシア（603万トン），米国（502万トン），ペルー（479万トン），ロシア（417万トン），インド（350万トン），日本（343万トン），ベトナム（261万トン），ノルウェー（229万トン），フィリピン（195万トン）と続き，アジア諸国が世界の海面漁業生産量の53％を占めている．

魚種別生産量（2015年）ではペルーアンチョビ*Engraulis ringens*が431万トンで最も多く，以下スケトウダラ*Gadus chalcogrammus* 337万トン，カツオ*Katsuwonus pelamis* 282万トン，タイセイヨウニシン*Clupea harengus* 151万トン，マサバ*Scomber japonicus* 149万トン，プタスダラ*Micromesistius poutassou* 141万トン，キハダ*Thunnus albacares* 136万トン，カタクチイワシ*Engraulis japonicus* 133万トン，タイセイヨウダラ*Gadus morhua* 130万トンなどが続く．スケトウダラ，プタスダラ，タイセイヨウダラを除けばいずれも浮魚類で，主にまき網やトロール網などの効率的漁法で漁獲される．主要漁業先進国の中心的な漁業が，大型船によるこれらの効率的漁法であることから，厳格な資源管理の必要性がますます高まっている．

日本の漁業制度　現在の日本の漁業は，1949年に公布された漁業法に基づいて，許可漁業，漁業権漁業，自由漁業に分類される．許可漁業は農林水産大臣の許可に基づく大臣許可漁業，都道府県知事の許可に基づく知事許可漁業に分けられる．また漁業権漁業は，共同漁業権，定置漁業権，区画漁業権に分けられ，行政庁の免許により一定の水面において排他的に一定の漁業（区画漁業権は養殖業）を営むことのできる権利と定義される（金田, 2017）. 自由漁業は許可や漁業権を必要としない漁業で, 竿釣, 手釣などのごく限られた漁法のみが該当する.

また, 農林水産省大臣官房統計部が行う海面漁業生産統計調査では, 漁業を遠洋漁業, 沖合漁業, 沿岸漁業に分類しているが, この分類は漁場による分類ではなく, 漁業種類による分類である. 例えば, 遠洋かつお一本釣漁業, 遠洋まぐろはえ縄漁業, 以西底びき網漁業などは遠洋漁業, さけ・ます流し網漁業, 沖合底びき網1そうびき漁業, 沖合底びき網2そうびき漁業, 小型底びき網漁業, 近海かつお一本釣漁業などは沖合漁業, 船びき網漁業, 大型定置網漁業, 採貝・採藻漁業などは沿岸漁業と規定されて, 統計調査が行われる.

日本の漁業生産　日本の総漁業生産量（養殖業を除く）は1984年に1,161万トン（うち海面漁業は1,150万トン）でピークを迎えて世界一の座にあったが, その後減少を続けて2015年には358万トン（うち海面漁業は355万トン）となっている. 1970年代にはスケトウダラが200万トン台, サバ類が100万トン台で漁業生産の中心を占めていたが, 1980年代に入ってこれらは減少し, 代わってマイワシ *Sardinops melanosticta* の大量漁獲が始まり, 総生産量の約3分の1を占めるようになった. このマイワシも1990年代に入って急激に減少し始め, 近年は総生産量の減少に加えて, かつてのように飛び抜けた生産量を示す魚種が見あたらない状況が続いている. 2015年の海面漁業種類別生産量では, まき網が141万トンで最も多く, 以下底びき網59万トン, 定置網44万トン, まぐろはえ縄15万トン, かつお一本釣10万トンなどが続く. 魚種別生産量では, サバ類が56万トンで最も多く, 以下マイワシ34万トン, カツオ25万トン, マグロ類19万トン, スケトウダラ18万トン, カタクチイワシ17万トン, マアジ *Trachurus japonicus* 15万トンなどが続く.

日本の漁業生産量は, 1977年の世界の主要国の排他的経済水域設定による日本漁船の漁場喪失や, 魚種の持つ固有の資源変動, 日本近海の海洋環境の変化などさまざまな要因で変化を遂げてきている. 北欧を中心とする漁業先進国は, 高効率の大型漁船による沖合での特定少数魚種の選択的漁獲という比較的単純な構造であるのに対し, 日本では沿岸から沖合にかけてさまざまな規模の漁船が, 各種の漁法で多様な魚種を漁獲するという複雑な構造である. このような漁業構造の違いは, 北欧のような高緯度水域においては種数は少ないが各種は大量に生息するという種分布特性であるのに対し, 日本のような中緯度水域では, 種数はより多いが, それぞれの生息量はそれほど多くはなく, 資源量変動も大きいという種分布特性の違いを反映した側面もある. したがって, 日本における資源管理のあり方もより複雑で緻密なものが求められ, 困難さの一因となっている.

［馬場 治］

持続可能な漁業

持続可能な漁業とは，今と同じ程度の漁獲量を将来も続けられる漁業のことをいう．主に野生生物資源を利用する獲る漁業について用いられる．持続可能性という語は環境問題について広く用いられ，「将来世代のニーズを損なうことなく現在の世代のニーズを満たすこと」という1987年のブルントラント委員会の定義がよく知られている．持続可能な漁業という概念はそれより古く，1931年のラッセル（Russell, E. S.）による「最大持続生産量」(MSY）概念にさかのぼる．現在では，より広義に，利用する資源の持続可能性だけでなく，利用しない生物も含めた生態系の健全性を維持することを指すことがある．

親魚量と加入量の関係　野生生物資源は，獲り残した資源（産卵親魚）が次世代の資源を産み，将来の資源となる．したがって，現在の漁獲量を増やすことと将来利用する資源を確保することは，しばしば相反する．水産資源となる生物は餌や水温などの環境条件がよければ，親世代より多くの次世代を残すことができる．水産学では，この増分を余剰生産力という．産卵親魚が残す次世代の加入量が多ければ，現在の資源を漁獲によって減らしても，将来の資源は回復し得る．それに対して，漁獲量が過剰になると，産卵親魚が不足し，将来の資源が維持できなくなる．以下は魚類資源を想定して説明するが，無脊椎動物や哺乳類などでも基本的な考え方は変わらない．

ある年に漁場に加入する資源量を加入量，それを生んだ親の資源量を親魚量または産卵親魚量という．加入量Rと親魚量Bの比R/Bを加入率という．加入率が年によらず一定で1より大きければ，銀行の複利と同じく，親魚量Bは指数関数的に増える．しかし，無限に増えることはなく，やがて飽和すると考えられる．この飽和水準を環境収容力という．親魚量が多いときには，親魚または生まれた仔稚魚が利用できる餌が不足するなどして，親魚量がより多くても加入量は頭

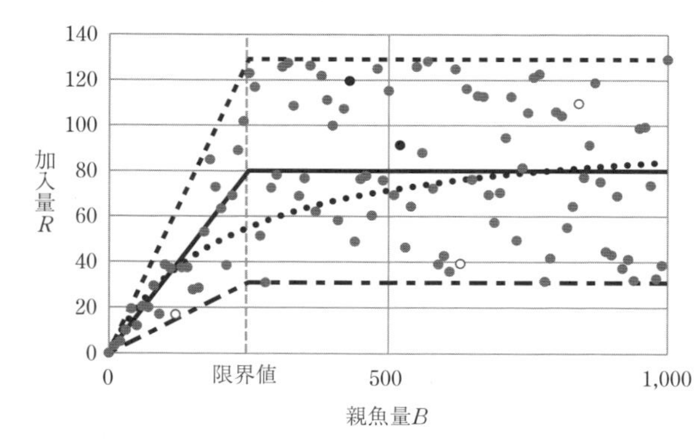

図1　親魚量Bと加入量Rの関係の概念図．点は各年の値．3つの線は上から加入した環境が最善，平均，最悪の場合の親魚量と加入量の関係を表す

打ちになると考えられる．これを加入率の密度効果という．よって，親魚量と加入量の関係は比例関係になく，親魚量が増えると加入率は減る頭打ちの関係にあると考えられる．

さらに，加入率は，しばしば産卵場の水温などの環境条件により大きく変動する．よって，図1のように親魚量と加入量の関係を描いても，通常，図1の折れ線のようなきれいな相関関係は得られず，散布図の点のようにばらつく．ここでは折れ線を用いたが，図の点線のような曲線を用いることもある．

この図ではある環境条件で親魚量Bが限界値以上なら親魚量Bと加入量Rに相関はなく，Rは環境条件に左右される．親魚量が限界値以下なら，同じ環境条件下では加入率は一定で加入量は親魚量に比例するが，環境条件が年変動するためにばらついて見える．

資源管理の考え方　このような場合，親魚量を限界値以上に維持することが肝要である．それ以上に漁獲を控えても，来年の加入量は変わらない．親魚量を限界値以下に減らさない程度に漁獲量を増やすことが，長期的な漁獲量を増やす上で有効である．限界値以下では，環境がよければ加入は多いが，同じ環境ならば親魚量が多い方が加入も多く，資源を回復させるために漁獲量を控える必要がある．現代の水産資源管理では，このような散布図から限界値を求め，親魚量がそれを下回ると漁獲量を厳しく制限し，親魚量の回復を目指す．すなわち，持続可能な漁業とは毎年の漁獲量を一定にすることではなく，親魚量に応じて漁獲量を調節することで実現する．このように資源量に応じて漁獲量を調整する管理は，順応的管理と呼ばれる手法の1つである（松田，2012）．

環境条件による加入率の変動が大きいために，水産資源の多くは親魚量が定常状態になく，大きく自然変動する．特にマイワシ *Sardinops melanostictus* などのプランクトン食浮魚類は，先史時代から数百倍以上の幅で変動してきたことが知られている．そのため，資源が激減した原因が自然環境にあると主張されることがある．資源変動の要因は複合的であり，多くの場合，環境不順によって減った資源を過剰に漁獲し続けることで，資源が激減してしまう（白山他，2012）．沿岸や内水面の漁場の場合，人為的な水質汚染，河川改修や埋め立てなど漁業以外の人為影響との複合影響も考えられる．

資源が自然変動する以上，持続可能な漁業とは，親魚量が多いときは規制不要で，減ったときに漁獲を控えねばならない．逆に，親魚量が減ったときにも漁獲量を維持しようとする漁業は持続不可能である．もし，補助金などで漁業の安定を図るならば，減った資源を獲り続ける漁家への支援ではなく，漁獲を控える補償が必要である．2010年に「生物多様性条約」で合意された愛知生物多様性目標には，生物多様性に有害な奨励措置を廃止し，持続可能な利用のための正の奨励措置を策定するよう求めている．　［松田裕之］

資源としての魚

水産学では，資源とは人間が利用するものを指す．資源は利用すれば減り，魚など野生生物資源は，獲り残された親魚が繁殖（再生産）することによって補充される．

成長と繁殖と漁業　一部の1回繁殖の魚種を除いて，魚は成熟後も成長を続ける（図1）．これを無限成長という．これは環境変化により加入率が毎年激しく変動する中で次世代をより多く残すための「両賭け戦略」と理解される．持続可能な漁業を行うには，漁獲量を控えるだけでなく，未成魚の漁獲を控えて再生産の機会を確保することも有効である．しかし，無限成長する魚は繁殖開始齢ではまだ魚体が小さく，それだけでは不十分な場合がある．タイセイヨウサバ*Scomber scombrus*は2～3歳で成熟するが近年の漁獲物の大半は5歳以上が占めている（小川他，2015）．降海型サクラマス*Oncorhynchus masou masou*など1回繁殖の遡河性魚類資源の場合，産卵親魚を獲ることはその魚の繁殖の機会を奪うことになる．

さらに，ハタ科やタイ科などの水産資源も含め，魚類には成長とともに雌から雄または雄から雌へと性転換する魚種も知られている．次世代資源を確保する上で，特に雌個体の獲り過ぎには注意が必要である．大きさでなく雌雄で魚価が異なる例としては，産卵期に雌が卵巣に栄養を取られるサケ類では雄の魚価が高い．カラフトシシャモ*Mallotus villosus*は雌の市場価値が高いが，漁獲されるときには区別がつきにくい．魚類ではないがズワイガニなどでは雄の価格が高い．

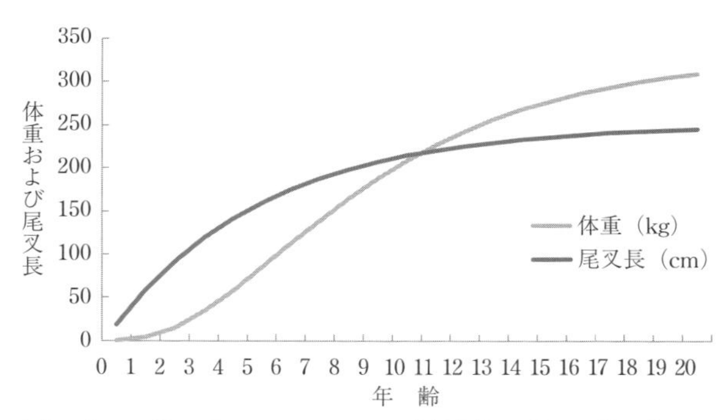

図1　クロマグロ*Thunnus orientalis*の成長曲線．2歳で一部，4歳でほぼ全個体が成熟する（WCFPC/ISC, 2016）．成熟魚の産卵数はほぼ体重に比例すると考えられる

前述のように魚類資源の特徴は加入率の年変動が激しく，成熟後も大きく成長を続ける無限成長である．また，産卵から仔稚魚を経て漁場に加入するまでの自然死亡率（初期減耗）が高く，日本近海の沖合に分布する魚種の多くは産卵場と索餌域が異なって広域を移動する高度回遊性魚類であり，サケ類やニホンウナギ

*Anguilla japonica*などは河川に遡上し，それぞれ河川と遠洋海域で産卵する．これらの生態的特徴から，資源が減っていても現状が乱獲状態にあるかどうかが不明確であり，何歳までを保護すべきか専門家でも意見に相違が生じやすい．

✿体重と魚価と自然死亡率の兼ね合い　魚を小さなうちに獲ると魚価が低いが，大きくなるまで待ってから獲るのは自然死亡により全部を獲ることが期待できない．小型魚と大型魚の魚価あるいは体重の比がその間の生存率より大きければ，小型魚を獲ることは資源の有効利用とはいえない．これを「成長乱獲」という．ただし，漁場で発見した小型魚を見逃しても，同じ漁業者が成長した大型魚を漁獲できるとは限らないため，小型魚を乱獲する傾向は後を絶たない．他の漁業者が大型魚のみ獲り，ある漁業者が大小全て獲ると後者が得をすることになる．このように，共通の資源を複数の者が利用する場合に，乱獲した者が得をするために持続可能な漁業ができない状態を「共有地の悲劇」という．

さらに，持続可能な漁業のためにはある年生まれの魚種を漁獲して最大の漁獲を得るだけでなく，繁殖して次世代の資源を確保する必要がある．獲り過ぎて十分な親魚を残さずに次世代の加入量の期待値が現世代より少なくなる状態を「加入乱獲」という．ただし，加入率は環境変動に大きく左右されるため，その判定はしばしば困難である．多くの魚種では，加入直後に大量に漁獲するのは成長乱獲であり，未成魚や成魚の産卵期に獲るのは加入乱獲のおそれがある．

クロマグロのような上位捕食者の魚種の方が経済的に高価な傾向がある．そのため，特に上位捕食者の資源枯渇が問題となっている．かつて世界各海域の水産資源は軒並み資源が激減し，資源管理に失敗していると指摘されたが，最近では回復している例が幾つかある．タイセイヨウクロマグロ *Thunnus thynnus*の東系群では，2010年頃は資源が「あと数年で枯渇する」と評価され，ワシントン条約で禁輸措置が提案された．この提案は否決されたが，地域漁業機関が厳しい管理措置に合意し，2014年には資源崩壊の危機を脱し，「史上空前の高水準」にあると評価され，資源管理の成功例といわれた．水産資源の資源評価は，対象魚種の基本的な生態的知見が不十分なまま行われることが多い．特に，自然死亡率と初期減耗率の情報がなく，資源評価には大きな不確実性を伴う．タイセイヨウクロマグロのように，わずか数年で評価が変わる例もある．

✿漁業の利益は自然の恵みの一部　沿岸生態系には，漁獲物がもたらす利益以外にも多くの生態系サービスがある．沿岸生態系は単位面積当たりで見れば熱帯雨林に劣らぬ生態系サービスがあるとされ，その経済価値は漁業とその関連産業による利益より桁違いに大きいとされる．沿岸生態系の一員として，魚類の貢献も少なくないだろう．漁業もそれらの利益の主要な要素である．今後は，漁業と自然保護を対立的にとらえるのではなく，持続可能な漁業を含めた自然資源の多面的な利用のあり方が問われていくだろう．　［松田裕之］

養　殖

日本では海面や河川などの公共水面において養殖業を行う場合には，漁業法に規定された区画漁業権に基づく必要がある．漁業法上の解釈における養殖という行為は，「収穫の目的をもって人工手段を加え，水産動植物の発生又は成育を積極的に増進し，その数又は個体の量を増加させ又は質の向上を図る行為をいう」とされている．また，養殖と類似した行為として蓄養があるが，これは「市場操作あるいは餌料用として短期間魚介類の生育の状態のまま一定の場所に保存するにとどまり，その数又は質量等の増加を図る行為ではなく，養殖とは異なる」とされている（金田，2017）．しかし養殖と蓄養の違いに関する厳密な定義がなかったことから，1999（平成11）年のJAS法改正に伴う水産物品質表示基準に基づく養殖の表示義務化に際して，養殖とは「幼魚等を重量の増加又は品質の向上を図ることを目的として，出荷するまでの間，給餌することにより育成することをいう」と定義された（水産物品質表示基準第2条）．この定義が示されるまでは，地中海やオーストラリアなどで漁獲されたタイセイヨウクロマグロやミナミマグロなどに給餌して大きくし，トロ部分を増やしたものを蓄養マグロと表示して販売していたが，これらは全て養殖マグロと表示することが義務化された．

✤養殖の方法　養殖はその方法によって，主に魚類や甲殻類を対象として人為的に餌を与えて成長させる給餌養殖と，主に藻類や甲殻類を対象として養殖環境中のプランクトンや栄養塩類によって成長させる無給餌養殖の2つに大別できる．海産生物の給餌養殖には，魚類を対象とする小割り式（生簀）養殖，海面を区切って利用する築堤式養殖と網仕切り式養殖，陸上にタンクなどを設置して行う陸上養殖がある．他方無給餌養殖には，貝類を対象とする地まき式養殖，ノリ類を対象とするひび建養殖と浮流し養殖，カキ類，真珠，ホタテガイ，ワカメ類などを対象とする垂下式養殖（いかだ式，はえ縄式）がある．

魚類養殖においては，天然種苗を利用する方法と人工種苗を利用する方法がある．人工種苗生産技術が確立して養殖業に広く利用されているのは，マダイ，ヒラメ，トラフグ，ギンザケなどである．ブリでは人工種苗生産技術は確立されているが，天然種苗（モジャコ）が豊富に獲れることから，人工種苗の利用は進んでいない．近年わが国において養殖生産量が増加してきたクロマグロは，当初天然種苗の利用から始まったが，同種の資源減少が指摘される中で種苗生産技術はほぼ確立をみた．しかし，大量生産には至っておらず，また歩留まりにも課題があり，今後のさらなる安定生産に向けた取組みが求められている．資源の減少が問題視されているニホンウナギに関しては，人工種苗の仔魚期の餌料開発に課題があり，養殖業に人工種苗を利用できる段階には至っていない．

わが国における魚類養殖は，1928年に香川県引田町（現東かがわ市）の安戸池において，野網和三郎がブリ養殖に成功したことに始まるとされている．当初の養殖方法は築堤式施設が主流であったが，昭和20年代（1945～54年）後半に網仕切り式施設が登場した．その後，昭和30年代（1955～64年）には小割り式生簀の利用が始まり，魚類養殖の本格的発展が始まった．築堤式施設や網仕切り式施設は地形条件に強く依存し，規模は大きいが魚類の収容量に限りがあるのに対し，小割り式生け簀では施設設置可能海面が大幅に広がり，かつ生簀内の潮通しが良くなるために魚類収容量を高められるという利点があることから，急速に普及することとなった．

世界の養殖生産　世界の養殖生産量は国際連合食糧農業機関（FAO）の統計整備が始まった1950年以降，一貫して増加している．なかでも増加が顕著になったのは1985年頃からで，毎年対前年比100万トン以上の増加を示すようになった．さらに，1995年ごろからは毎年300万トン以上の増加を示し，今日でも増加を続けており，総養殖生産量は2013年に総漁獲量を上回り，2014年に1億トンを超えた．2015年の生産量比率では，海面養殖が54%，内水面養殖が46%である．養殖生産物分類群別では，淡水魚が4,400万トンで最も多く，次いで海藻類2,900万トン，貝類1,600万トン，甲殻類700万トン，通し回遊魚500万トン，海産魚300万トンと続く（2015年）．

生産量の多い種としては，コイ・フナ類，紅藻類，褐藻類，ハマグリ類，カキ類，ティラピア類，エビ類，サケ・マス類などである．この中で魚類に注目すると，生産量の多い順に，ソウギョ（582万トン），ハクレン（513万トン），コイ（433万トン），ナイルティラピア（393万トン），コクレン（340万トン），コイ科の1種 *Catla catla*（276万トン），タイセイヨウサケ（238万トン）など，生産量上位にコイ科魚類が並ぶ（2015年）．ソウギョ，ハクレン，コイ，ナイルティラピア，コクレンはいずれも中国，*Catla catla* はインド，タイセイヨウサケはノルウェーが最大の生産国である．

日本の養殖生産　日本の養殖生産量は1988年に143万トンのピークに達した後，130万トン台で推移してきたが2000年代に入って徐々に減少し始め，近年は100万トン程度で推移している．種別の生産量では，ノリ類が最も多く（30万トン），以下ホタテガイ（25万トン），カキ類（16万トン，殻付き），ブリ類（14万トン）と続く．ノリ類，カキ類は経営体の減少から生産量も減少傾向にあるが，ホタテガイは東日本大震災の影響を受けて一時的に減少したものの，2015年には震災前の水準にまで復活している．ブリ類，マダイを中心とする生産量は，毎年多少の変動はあるもののほぼ安定的に推移しているが，餌料代の高騰，魚価の低迷など厳しい経営環境にあり，経営体数は減少を続けている．　［馬場　治］

放流――栽培漁業

水産増殖とは，本来，自然と人類の両インパクトによりダメージを受けた水圏生態系とそこに生息する生物を科学的に評価し，リハビリテーションを図ることである．具体的な内容としては，海洋保護区，産卵親魚や成育場の保全，魚付き林，保護河川や保護水面，人工孵化放流事業および栽培漁業などである（帰山，2008）．生態系のリハビリテーションは，そのフレームワークおよびそれぞれの生物の環境収容力の中で生物間相互作用に注意深く配慮して行うことが基本となる．しかし，人工孵化放流事業を含む栽培漁業は，生態系の構造と機能を無視して「増やしながら獲れば，（水産）資源は永久に循環するし，生産量を増すことも可能であろう」（水産庁，1983）という概念の下に行われている場合が多く，増えた「放流」生物が生態学的に，あるいは遺伝学的に生態系やその構成種にさまざまな影響を及ぼしている．

孵化場魚が野生魚に及ぼす影響　サケ属魚類の孵化場魚が野生魚に及ぼす影響に関する研究は，密度依存効果，集団有効サイズ，遺伝的多様性の低下，近交弱勢，集団の固有性の喪失，家畜化に伴う適応力の低下などのほか，生態学，行動学，遺伝学や生理学の分野において数多く行われている．わが国では明治時代に人工孵化放流技術を導入する過程でサケ *Oncorhynchus keta* 野生魚を減らしてきた苦い経験があるが，現在でも北海道におけるサケ野生魚が自然再生産する河川は少なく，孵化場魚が多くを占める．1990年代以降，北太平洋全体でもサケ孵化場魚が増えており，全体の過半数にまで増加している．孵化場魚の多くは日本産が多いが，南東アラスカでも70～90％が孵化場魚であり，最近ではロシア産孵化場魚も増えている．北太平洋におけるサケの環境収容力は気候レジーム・シフトや温暖化とリンクして変動するが，限られた環境収容力の中で，増えた孵化場魚が野生魚へ影響を及ぼしている．

ここでは，その1例としてサケの人工孵化放流事業が野生魚に及ぼす遺伝学的影響について紹介する．

野生魚と孵化場魚の遺伝学的課題　石川県の手取川では，早く帰ってくるサケ早期群を増やす目的で，1979～95年に北海道石狩川の千歳孵化場から大量の発眼卵が移植された．早期群のミトコンドリアDNA分析を行った結果，手取川へ実際に移植されたサケは千歳孵化場産（F_{st}: 0.030）であるにもかかわらず，石狩川とは地理的に大きく隔離された十勝川（F_{st}: 0.014）や，移植を受けたことのないオホーツク海沿岸の常呂川集団（F_{st}: 0.053）とも遺伝的分化が認められなかった．石狩川におけるサケ孵化場魚の放流歴を調べた結果，石狩川ではサケ遡上数

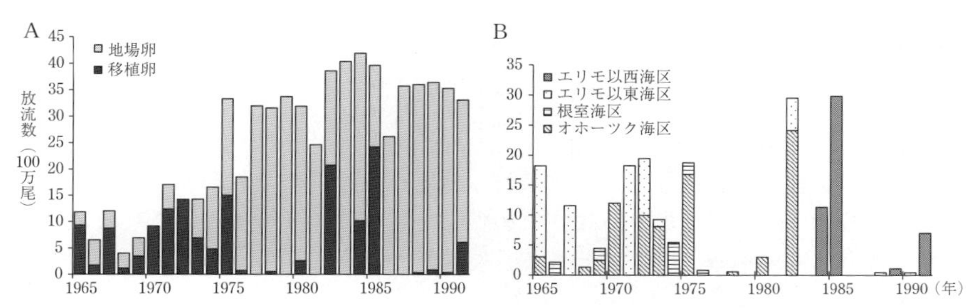

図1　石狩川におけるサケ孵化場魚の放流状況.（A）地場卵：石狩川産サケ卵, 移植卵：北海道各地域から移植されたサケ卵.（B）移植卵の内訳. 1972年に石狩川へ放流されたサケは地場卵が無く, オホーツク海区とエリモ以東海区からの移植卵のみである. このように1975年までは, 石狩川へ放流されたサケは移植卵の方が多い［帰山他, 2013］

表1　サケの遺伝的多様度. ミトコンドリアDNA調節領域におけるハプロタイプ多様度（h）と塩基多様度（π）［帰山他, 2013］

個体群	h	π	備　考
日本孵化場魚	0.63 ± 0.01	0.0028	16河川, Abe et al.（2004）
ロシア野生魚	0.43 ± 0.03	0.0025	10河川, Abe et al.（2004）
北米野生魚	0.34 ± 0.02	0.0008	21河川, Abe et al.（2004）
千歳川孵化場魚	0.71 ± 0.04	0.0038	Sato et al.（2001）
十勝川孵化場魚	0.75 ± 0.04	0.0039	Sato et al.（2001）
西別川孵化場魚	0.67 ± 0.03	0.0040	Sato et al.（2001）
遊楽部川10月孵化場魚	0.71 ± 0.02	0.0024	Yokotani et al.（2009）
遊楽部川11月孵化場魚	0.67 ± 0.04	0.0020	Yokotani et al.（2009）
遊楽部川12月野生魚	0.43 ± 0.06	0.0010	Yokotani et al.（2009）

が少なかった1960年代後半から1970年代前半にかけて総放流数の60％以上が北海道全体から移植されたサケで, 地場産はきわめて少なかった（図1）. このことは, 1970年代以降, 石狩川のサケは地場産よりも移植魚により再生産されており, その発眼卵が手取川をはじめ全国の河川に移植放流されたことを意味する.

日本のサケ孵化場魚はロシア産や北米産の野生魚に比べてハプロタイプ数が多く, ハプロタイプ多様度が高いことから, 一見メタ個体群で見ると日本系サケの遺伝的多様度は高いと見なされる. しかし, 北海道のサケ個体群のハプロタイプ多様度と塩基多様度を見ると, 前期に回帰する孵化場魚では多様度は高いが, 河川個体群間では遺伝的差異はほとんど見られない. 一方, これまで孵化放流事業にあまり利用されてこなかった12月以降に産卵回帰する遊楽部川の野生魚の多様度は低く, ロシアや北米の野生魚と差が見られない（表1）. このことは, 北海道の孵化場魚は人為的な移植により遺伝的攪乱を受けていた可能性が高く, 一見, ロシアや北米産の野生魚より遺伝的多様性が高いように見えていただけであり, むしろ後期の野生魚の方が個体群ごとの遺伝的固有性を示している可能性が高いことを表している.

［帰山雅秀］

育　種

育種とは品種改良と同義であり，植物の栽培，動物の繁殖管理が可能となったことにより始まる．育種による生物生産の効率化は農業で多くの例がある．魚類においても，飼い慣らし，繁殖させることにより，無意識のうちに飼育に適した系統が育種されてきた．魚類の飼育繁殖の歴史は浅いが，基礎的知見が蓄積され，種苗生産技術の急速な確立に至った．そこで，優れた経済形質（例：高成長率，多産性，抗病性など）を持ち，かつ形質において均質な（個体差がない，あるいは小さい）品種の生産が求められるようになった．

現在，多くの養殖対象魚種において明確な育種目標が設定され，他の産業生物において確立・開発・実践された理論と技術の導入と応用，水産分野独自の創意工夫により，一部では急速な進展を見ることになった．

選抜育種　生物の変異から有用な形質を選抜することにより改良を目指す方法である．ドナルドソン系ニジマス *Oncorhynchus mykiss* は，ワシントン大学において1949年以来30年以上にわたって選抜を続けた結果大型化を実現した品種で，日本の養鱒業のみならずチリの海面養殖に導入育種（海外からの品種の輸入・利用）され，広く活用されている．マダイ *Pagrus major* では，近畿大学が1960年代より成長率と飼料効率の向上を目指して選抜育種を実施し，4歳魚初代の体重が約2 kgであったのに対し5代目で約4 kg，6～7代目で約5 kgと効果が認められた．

同様の成功事例は，イスラエルのドール70系のコイ *Cyprinus carpio*，ノルウエーのタイセイヨウサケ *Salmo salar* でよく知られており，成長などが大きく改善した．育種目標とされる経済形質は複数の遺伝子（ポリジーン）に支配される量的形質であり，その解析には分散分析などの統計学的手法が用いられる．量的形質は遺伝要因と環境要因の両方に影響されるが（表現型分散 Vp = 遺伝分散 Vg + 環境分散 Ve），子孫に遺伝するのは遺伝的変異のみである．Vg の Vp に対する割合を遺伝率と呼び，一般に0.2以上で選抜の効果が期待できる．

マーカーアシスト選抜　家系を選抜するにせよ，個体を選抜するにせよ，選抜の対象は表現型となる．しかし，成魚の表現型を，稚魚，幼魚の時期に選抜することはできないし，病気になるかならないかは感染しないとわからない．目的とする形質をもつか，もたないかを識別するマーカーがあれば，これを目印にして選抜育種できる．

識別のためのマーカーを開発するには，マイクロサテライトDNAやSNP（一塩基多型）を多数配置した遺伝地図が必要となる．現在，多くの養殖対象種で地図作成が行われ，一部ではDNAマーカーを目印としたマーカーアシスト選抜（MAS）が実現されている．日本のヒラメ*Paralichthys olivaceus*養殖ではMASにより選抜したリンホシスチス病抗病性系統が利用されている．現在，ゲノム情報を利用して，有用形質の候補となる遺伝子を同定し，さらに育種を進める取組みがなされている．

交雑育種　近交弱勢防止の措置を取りつつ品種を維持し，雑種強勢（ヘテロシス）を期待して品種間交雑由来のF1を実用に供することが望ましい．また，F1からF2をつくり，そこで選抜を行うことにより異なる品種に由来する新たな形質を組み込んだ品種を確立する交雑育種も有用である．しかし，品種確立が進んでいないこと，異種間交雑はF1あるいはF2における繁殖力低下をもたらし，選抜を進められないことから，フナ*Carassius* sp.×コイ雑種の後代子孫を除き実用化の例は乏しい．F1のみの利用としては，ベステル（オオチョウザメ*Huso huso*×コチョウザメ*Acipenser ruthenus*）などがある．

染色体操作育種　倍数体は植物では一般的であるが，産業動物における利用は魚類と水産無脊椎動物の一部に限られる（☞項目「倍数体と異数体」）．魚類では，染色体操作の研究が精力的になされ，作出された3倍体が雌で不妊性を示すことから，同種あるいは異種の遺伝的雌から性転換した雄の精子（雄を決定する遺伝子・染色体を持たない）により受精後，上記の染色体操作を施すことにより全雌3倍体を作成し，地域ブランド品的な養殖品種として利用している．

代表的なものとして，絹姫サーモン（ニジマス雌×アマゴ*Oncorhynchus masou ishikawae*雄，愛知県），信州サーモン（ニジマス4倍体雌×ブラウントラウト*S. trutta*雄，長野県）などがある．染色体操作による3倍体魚などの適切な利用には社会的な合意が重要である．日本では，水産庁が長官通達として「三倍体魚等の水産生物の利用要領」としたガイドラインが示され（1992年7月），事業者は事前の特性調査を実施し，開放水系での利用をしないことなどを原則として養殖利用が認められている．

遺伝子操作育種　遺伝子導入（トランスジェニック）魚の研究がなされ，成長ホルモン遺伝子導入では顕著な成長促進が認められた．この技術を用いて民間企業により作出されたタイセイヨウサケは食用動物としては初めて2015年11月に米国食品医薬品局の認可を得たが，現時点では商業化に至っていない．日本では，遺伝子導入魚は，通称カルタヘナ法（遺伝子組換え生物などの規制による生物の多様性の確保に関する法律）により規制され，さらに食品とするためには，関係法令に定められる安全基準を満たし，所定機関によるリスク評価を受けることとなっている．

現在，新規技術であるゲノム編集の育種応用が魚類においても研究されており，これらについても遺伝子導入魚と同様の規制が前提とされている．　［荒井克俊］

有用魚

魚類は私たちの暮らしと直接・間接に深い関わりをもっている．食料としての役割が最も大きいが，養殖業をはじめ世界中のさまざまな産業で利用されている魚粉・魚油の原料としても重要である．このほかにも，観賞魚，漁業や養殖・畜産の餌料などとして利用される．このような有用魚のうち，本項では食用や魚粉・魚油の原料として漁業や養殖業で大量に生産される魚類を取り上げる（☞項目「漁業」「養殖」「観賞魚」）．

有用魚　2015年の漁獲量を科ごとに見ると，サバ科，ニシン科，タラ科，カタクチイワシ科，アジ科の上位5科が全体のおよそ半分を占め，重要な魚類となっている．多くは浮魚類であるが，タラ科のような底魚類もある．養殖業では主要な科は限定され，コイ科，カワスズメ科，サケ科の上位3科で70%を超える（FAO, 2015）．それぞれの科の主要な漁業・養殖対象種とその主な漁場または産地は以下のとおりである（表1）．水域区分はFAO（2015）に，日本語表記は農林水産省大臣官房統計部（2016）に従った．

①ニシン科：タイセイヨウニシン *Clupea harengus*（大西洋北西部），ニシン *C. pallasii*（太平洋北西部），*Sardina pilchardus*（大西洋中東部，地中海），*Sprattus sprattus*（大西洋北東部），*Brevoortia patronus*（大西洋中西部），マイワシ *Sardinops melanosticta*（太平洋北西部），*Sardinella longiceps*（インド洋西部），ベンティンクニシン *Strangomera bentincki*（太平洋南東部），*Tenualosa ilisha*（インド洋東部）など．多くの種が魚粉・魚油の原料として重要であるが，特にベンティンクニシン，*Brevoortia*やマイワシ属の魚類は重要．

②カタクチイワシ科：ペルーアンチョビ *Engraulis ringens*（太平洋南東部），カタクチイワシ *E. japonicus*（太平洋北西部），*E. encrasicolus*（地中海，大西洋中東部）など．ほとんどの種が魚粉・魚油の原料として重要である．特にペルーアンチョ

表1　世界の主要魚種別漁獲量（左）と養殖生産量（右）［FAO, 1995, 2000, 2005, 2010, 2015］

種	科	1995	2000	2005	2010	2015年
ペルーアンチョビ	カタクチイワシ科	864	1,128	1,022	421	431
スケトウダラ	タラ科	469	302	279	283	337
カツオ	サバ科	156	189	231	262	282
タイセイヨウニシン	ニシン科	233	237	232	220	151
マサバ	サバ科	156	146	201	164	149
プタスダラ	タラ科	55	142	207	55	141
キハダ	サバ科	105	100	130	124	136
カタクチイワシ	カタクチイワシ科	97	173	164	120	133
タイセイヨウダラ	タラ科	126	95	84	95	130
Trichiurus lepturus	タチウオ科	124	148	145	134	127
魚類合計		9,504	7,997	7,957	7,594	7,804

種	科
ソウギョ	コイ科
ハクレン	コイ科
コイ	コイ科
ナイルティラピア	カワスズメ科
コクレン	コイ科
Catla catla	コイ科
タイセイヨウサケ	サケ科
Labeo rohita	コイ科
サバヒー	サバヒー科
Megalobrama amblycephala	コイ科
魚類合計	

ビの漁獲量の変動はさまざまな産業に影響を与える.
③コイ科：重要な漁業対象種でもあるが，養殖魚としての重要性がきわめて高い. ソウギョ *Ctenopharyngodon idellus*, ハクレン *Hypophthalmichthys molitrix*, コイ *Cyprinus carpio*, コクレン *Aristichthys nobilis*, *Catla catla*, *Labeo rohita*, *Megalobrama amblycephala* はじめ多くの種がアジアを中心に世界各地で養殖されている. 特に中国での生産が多い.
④サケ科：漁業ではカラフトマス *Oncorhynchus gorbuscha*, サケ *O. keta*（太平洋北東部，北西部）など. 養殖ではタイセイヨウサケ *Salmo salar*（ノルウェー，チリ），ニジマス *O. mykiss*（チリ，イラン，トルコ）が大量に生産されている.
⑤タラ科：スケトウダラ *Gadus chalcogrammus*（太平洋北東部，北西部），プタスダラ *Micromesistius poutassou*（大西洋北東部），タイセイヨウダラ *Gadus morhua*（大西洋北東部），マダラ *G. macrocephalus*（太平洋北東部，北西部），モンツキダラ *Melanogrammus aeglefinus*（大西洋北西部）など. 多くがフィレ・すり身などに加工される一方，加工残渣も含め魚粉・魚油の原料としても重要である.
⑥アジ科：チリマアジ *Trachurus murphyi*（太平洋南東部），*T. capensis*（大西洋南東部），マアジ *T. japonicus*（太平洋北西部），ムロアジ属（太平洋北西部，中西部）など. 魚粉・魚油の原料としても利用される.
⑦カワスズメ科：カワスズメ属魚類が主な漁業対象であるが，漁業・養殖ともにナイルティラピア *Oreochromis niloticus* が中心. 主漁場はアフリカで，養殖は世界各地で行われている.
⑧サバ科：カツオ *Katsuwonus pelamis*（世界中の温帯～熱帯域），マサバ *Scomber japonicus*（太平洋北西部），タイセイヨウサバ *S. scombrus*（大西洋北東部），*S. colias*（大西洋中西部，中東部），キハダ *Thunnus albacares*, メバチ *T. obesus*（世界中の温帯～〈亜〉熱帯域），グルクマ *Rastrelliger kanagurta*, スマ *Euthynnus affinis*（インド洋西部，太平洋中西部）など.

漁業では，次の科の魚も重要である. ニベ科，タチウオ科（特に *Trichiurus lepturus*〈太平洋北西部〉），メルルーサ科，イトヨリダイ科，カレイ科，タイ科，ボラ科など. さらに，キュウリウオ科（特にカラフトシシャモ *Mallotus villosus*〈大西洋北東部〉）とイカナゴ科（イカナゴ属〈大西洋北東部，太平洋北西部〉）魚類は魚粉・魚油の原料として重要である. 養殖では，パンガシウス科（特に *Pangasius*〈東南アジア〉），ヒレナマズ科（ヒレナマズ属〈アフリカ，東南アジア〉），サバヒー科（サバヒー *Chanos chanos*〈インドネシア，フィリピン〉）魚類も大量に生産されている. ［坂本一男・馬場 治］

（万トン）

1995	2000	2005	2010	2015年
210	345	390	436	582
255	347	415	410	513
182	272	304	342	433
52	105	170	254	393
126	164	221	259	340
40	65	124	298	276
47	88	124	144	238
47	80	120	113	179
37	46	59	81	112
—	—	—	65	80
1,499	2,307	3,030	3,849	5,191

有毒魚

日本では毎年概ね1,500件の食中毒事件が発生し，約3万人が罹患，数名が死亡する．事件数や患者数では，細菌ないしウイルス性のものが圧倒的に多いが，死者数では魚介毒，特にフグ毒によるものが他を凌駕する．有毒魚には，エイ類やゴンズイなど毒棘で外敵を攻撃する刺毒魚も含まれるが，本項では，食べると中毒する魚に焦点を絞り，フグ類，シガテラ毒魚，そのほかに分けて紹介する．

フグ類　フグ類は強力な神経毒テトロドトキシン(TTX)を保有する．日本近海では，トラフグ *Takifugu rubripes*，マフグ *T. porphyreus*，クサフグ *T. alboplumbeus*，コモンフグ *T. flavipterus* など，少なくともフグ科の22種が有毒種とされている．有毒部位は種によって異なるが，通常，肝臓と卵巣が強毒である場合が多く，皮と腸がそれに次ぐ．筋肉と精巣は，ドクサバフグ *Lagocephalus lunaris* など一部の例外を除き無毒または弱毒で，多くの種で食用が認められている．中毒すると，まず唇や舌の先のしびれが現れ，さらに四肢のしびれ，知覚麻痺，言語障害，呼吸困難などを呈し，重篤な場合は呼吸麻痺で死亡する．致死時間は長くても8時間程度で，それをもちこたえると急速に回復する．

TTXはフグ類のみが持つ毒と思われていたが，1964年にイモリの毒がTTXと同定されて以来，ある種のハゼ，カエル，タコ，巻貝，ヒトデ，カニ，カブトガニ，ヒラムシ，ヒモムシなど，多様な生物にTTXが見出されてきた．さらに，フグ類は孵化時から無毒の餌を用いて飼育すると無毒になるが，そのような無毒個体にTTXを経口投与すると毒化すること，元来，海洋細菌がTTXを産生していること，などが順次明らかにされ，フグ類の毒化は細菌から始まる食物連鎖で説明することが可能となった．すなわち，細菌から上位の生物に移行するに従って生物濃縮されたTTXを，フグ類はヒトデ，小型巻貝，ヒラムシなどの有毒餌生物から摂取・蓄積しているものと考えられる（図1）．

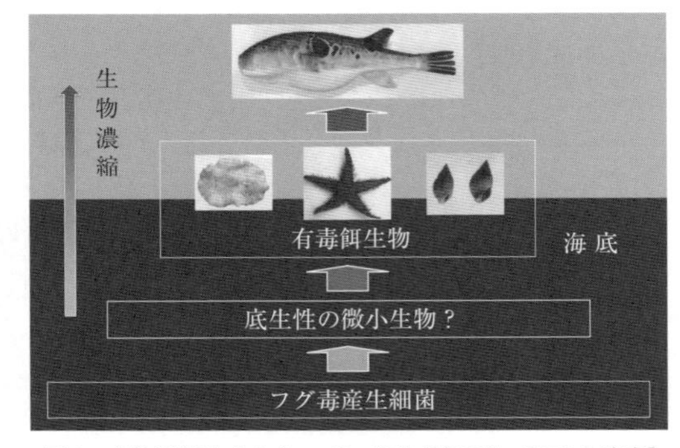

図1　食物連鎖を介したフグの毒化［安田他，2013を改変］

有毒フグ類は，TTXに対して一般魚の数百倍の抵抗性を持ち，外敵に遭遇すると，皮の腺組織から忌避物質としてTTXを放出する．一方，無毒養殖トラフグにTTXを投与すると，免疫機能が活性化されるとともに，行動生態が変化して天然魚に近くなり，捕食魚による食害を受けにくくなることが示唆されている．フグ類にとって，TTXは生存に必要なさまざまな生理機能を有しているものと推察される．

シガテラ毒魚　シガテラは，主に熱帯ないし亜熱帯のサンゴ礁域に生息する毒魚によって起こる食中毒である．原因物質は*Gambierdiscus*属の渦鞭毛藻が産生するシガトキシン（CTX）類で，食物連鎖を介して渦鞭毛藻から藻食魚，さらに肉食魚へと移行する．シガテラの最も特徴的な症状は，ドライアイスセンセーションと呼ばれる温度感覚異常で，冷たいものに触れると電気刺激のような痛みを感じたり，冷水を口に含むとピリピリ感を感じたりする．そのほか，筋肉痛，関節痛，掻痒，徐脈，血圧低下，下痢，嘔吐など多様な症状を呈する．死亡例はほとんどないが，重症化すると症状が数週間ないし数年間続くこともある．

シガテラは，自然毒による食中毒としては世界最大規模で，南太平洋の島嶼国を中心に毎年数万人の罹患が推定されている．シガテラ発生海域では，400種以上の魚が毒化するともいわれるが，実際に中毒に関わるのはドクウツボ*Gymnothorax javanicus*やオニカマス*Sphyraena barracuda*など数十種に限られる．日本の主要なシガテラ発生地域は沖縄県，主な原因魚種は，バラフエダイ*Lutjanus bohar*，イッテンフエダイ*L. monostigma*およびバラハタ*Variola louti*である．1998年以降，九州や本州でイシガキダイ*Oplegnathus punctatus*を原因とするシガテラの事例が7件発生しており，温暖化など海洋環境の変化による有毒渦鞭毛藻の分布域拡大と，これに伴うシガテラ毒魚の多様化，分布広域化が危惧される．

そのほかの毒魚　アオブダイ*Scarus ovifrons*は稀に強毒を持ち，特異な中毒を起こしてきた．これまでに九州を中心に100名以上が中毒し，8名が死亡している．中毒患者は横紋筋融解に伴う激しい筋肉痛やミオグロビン尿を呈し，重篤な場合は急性腎不全などを併発して死に至る．原因物質はいまだに構造不明であるが，種々の性状が軟体サンゴの毒パリトキシンに似ていることから，パリトキシン様毒と呼ばれている．アオブダイ中毒は，以前は同種のみが起こす特殊な中毒と考えられていたが，1990年以降，ハコフグ類やハタ科魚類によっても同様の中毒が繰り返し発生するようになった．さらに，これらの中毒の特徴はハフ病（1924年にバルト海沿岸で初めて記録され，その後世界中で発生している原因不明の魚食中毒）にも酷似しており，両者の関連究明が急がれる．

そのほか，国内では，卵巣に毒を持ち，食べると胃腸障害を起こすナガヅカ*Stichaeus grigorjewi*，肝臓に高濃度のビタミンAを含み，ビタミンA過剰症を起こすイシナギ類，筋肉中に多量の異常脂質を持ち，下痢（肛門からの油脂の漏出）や皮脂漏症を起こすアブラソコムツ*Lepidocybium flavobrunneum*，バラムツ*Ruvettus pretiosus*なども食品衛生上問題となる魚類である．　［荒川 修］

鑑賞魚

　水槽や池で愛玩動物として飼育し，鑑賞して楽しむ魚類の総称．姿や形，色合いの美しさだけでなく，変わった習性も鑑賞の対象となる．代表的なものは，キンギョ，ニシキゴイ，熱帯魚などである．

キンギョ　中国の古い文献によれば，キンギョ（金魚）*Carassius auratus* のさまざまな品種は，3～4世紀頃，中国南部で発見された野生の赤い個体に由来する．8～9世紀に飼育品種が出現し，宋の時代（960～1179）には初期の赤い個体が私有池で飼育されるようになった．その後，明の時代（1368～1644）には水槽飼育が一般的となり，さまざまな形のものが選抜されるようになった．日本には，室町時代（1336～1573）の文亀2年（1502）に明から渡来した．当時は貴族や豪商など上流階級の間で愛玩飼育されていたが，江戸時代（1603～1867）中期になってからは一般市民の間にも流行した．17世紀初めにヨーロッパに伝わってからキンギョは世界的な観賞魚になった．飼育の長い歴史の過程で，選抜や交雑により多数の品種が作出され，日本でも30品種を超す．現在，日本で見られる品種には，明治時代（1868～1912）までに輸入されたもの（ワキン，リュウキン，デメキンなど），日本で選抜や交雑によってつくられたもの（ランチュウ，オランダシシガシラ，ジキン，トサキン，キャリコなど），第二次世界大戦後に中国から輸入されたもの（スイホウガンなど），アメリカから輸入されたもの（コメット）がある（松井，1970；鈴木，1994）．海外へ輸出も行われている．

ニシキゴイ　ニシキゴイ（錦鯉）の名称は1958（昭和33）年頃からのことで，古くはカワリゴイ（変わり鯉），イロゴイ（色鯉），ハナゴイ（花鯉）と呼ばれていた（松井，1970）．ニシキゴイは，新潟県中越地方の山古志村（現長岡市）を中心とした山間部で飼育していた食用のコイ *Cyprinus carpio* から突然変異により生じたものと考えられており，19世紀前半にはそれらを飼育していたらしい．明治時代になると，ニシキゴイの生産が盛んに行われるようになり，選抜や交雑により多くの品種が生まれた．1904年にドイツから持ち込まれたドイツゴイ（コイの品種）との交雑も品種を増加させた．現在では色彩・斑紋の特徴から100品種を超える．主な品種は，紅白（図1），大正三色，鼈甲，昭和三色，浅黄，山吹黄金，金銀鱗などである．昭和30年代（1955～1964）には生産者が

図1　錦鯉（紅白）

急増し，昭和40年代（1965～1974）にはブームもあって，さらに増加した．しかし，オイルショック以後は需要が停滞し，生産者も減少した．平成時代（1989～）になると国内需要は低迷したが，代わって海外への輸出量は増大した（佐藤，2005）．近年ではヨーロッパやアメリカだけでなく，アジア圏向けの輸出も多い．

熱帯魚　観賞魚としての熱帯魚が初めてヨーロッパに紹介されたのは1868年のことで，中国南部のタイワンキンギョ *Macropodus opercularis* がパリにもたらされた．その後，熱帯各地から鑑賞飼育用の淡水魚が続々ともち込まれ，ヨーロッパとアメリカでは1930年代までに小形の熱帯魚の飼育が趣味として定着した．日本に初めて熱帯魚がもたらされたのは大正時代（1912～1926）の中頃である．グッピー *Poecilia reticulata* など数十種が日本に紹介されたが，主として上流階級で愛玩されるにとどまった．熱帯魚の輸入は第二次世界大戦による中断の後，間もなくして再開された．1950年代後半になると飼育器具の改良，航空輸送の発達などによって，海外からの新しい種類の輸入が活発化した．同時に，国内で繁殖が盛んに行われるようになり，1960年代の熱帯魚ブームをもたらした．しかし，1970年代に入るとブームは下降線をたどった．1980年代以降，飼育人口は安定し，特定の魚種を収集する飼育者が増加した．これまで数多くの熱帯魚が日本に紹介され，淡水魚だけでも500種以上に上る．主な魚類は次のようなものである．コイ類（コイ科，ドジョウ科など），カラシン類（カラシン科など），ナマズ類（ナマズ科，ロリカリア科など），カダヤシ類（カダヤシ科など），カワスズメ科，キノボリウオ類（キノボリウオ科など）（多紀，1994）．海水魚は飼育管理が難しく，当初，鑑賞飼育の対象は主に淡水魚であったが，飼育装置の改良により，現在では小形で色彩も変化に富むサンゴ礁魚類などの飼育も一般的になった．主な分類群はチョウチョウウオ科，スズメダイ科，ベラ科，モンガラカワハギ科などである．

観賞魚の問題点―外来魚として　世界中から多種多様な観賞魚が輸入されている現在，こうした魚類の遺棄と思われる淡水魚や海水魚が日本各地で見つかっている．なかでも沖縄では，外国産の熱帯性淡水魚が意図的に放逐され，それらが定着して大きな問題となっている（☞項目「国外外来魚」）．輸入の淡水魚を中心としていた観賞魚ブームは日本産淡水魚にも及んだ．各地の観賞魚店では希少魚を中心にさまざまな淡水魚が販売されており，これらの魚類の遺棄も深刻である（☞項目「国内外来魚」）．このような野生の外国・日本産淡水魚の遺棄や放逐に加えて，人工改良品種であるキンギョやニシキゴイなどのさまざまな目的による無秩序な放流もある．これらの自然環境への影響は小さくないものと危惧されている（☞項目「第3の外来種」）．どのような理由であれ，観賞魚は，野生種であれば人の管理下を離れて自然分布域外に放たれた時点で，人工改良品種であれば野外放流された瞬間に，外来魚となる．人の暮らしに憩いを与えてくれる観賞魚を外来魚にしてはならない．

［坂本一男］

遊　漁

遊漁という用語のとらえ方には幾つかあるが，法的に厳密な定義はないと思われる．例えば漁業法では内水面漁業の項目下において「当該漁場の区域においてその組合員以外の者のする水産動植物の採捕（以下，遊漁）」との記述があるが，海面について遊漁の語は使用されていない．しかし，海面において遊漁の概念がないわけではなく，各都道府県の漁業調整規則などにおいて，特に遊漁者といった表現で使用されている．これらを総合すると，遊漁とは「漁業権に直接基づかずに水産動植物を採捕する行為」と集約することができそうである．営利目的であるか否かで区別する旨の説明がなされていることも多いが，近年では競技大会の賞金やテレビの釣り番組の出演料などから利益を得ている遊漁者もおり，一方で内水面漁業では出荷はせず自家消費のみで利益を得ていない漁業者も多いことから，この分け方は適切ではないだろう．そのほか，調査・研究目的の採捕についても遊漁から除外されることが多いが，特別採捕許可に基づいて実施されるもの以外は遊漁に関するルールが適用されるのが通例である．いずれにせよ，遊漁を通してわれわれは多岐にわたる生態系サービスを享受している．なお，本項では主に魚類に関する遊漁について解説する．

遊漁の実態　遊漁として真っ先に思い浮かぶのは釣りであろう．それ以外にも，投網や刺網，手網といった網を使った採捕も当然遊漁である．そればかりか，セルビンやもんどりと呼ばれるトラップを用いた採捕や潮干狩りなど熊手や手づかみでも遊漁である．遊漁はその定義が曖昧なこともあり，参加人口について正確な統計は得られていないが，そのうち釣りについては『レジャー白書』によって調査結果が報告されている．中村智幸はこれを解析し，調査の始まった1984年に人口当りの参加率が約20％と最高であったこと，その後漸減した後，1993年から1998年にかけて高水準となり，その後2011年まで減少を続けていることを明らかにした．とはいえ，参加率10％程度もある日本の一大娯楽といえる．これを参加人口で見ると，1996年と1998年に2,040万人の最高値を記録し，その後2011年には930万人まで減少した（中村，2015；図1）．中村も考察で述べているが，この1990年代の遊漁人口増は，空前のブラックバス釣りブーム（第3次バス釣りブーム〈淀他，2004〉）の期間とよく一致する．このブームは，芸能人やマスメディアを介して，バス釣りを釣りの一分野から釣人以外も対象としたレクリエーションの一選択肢へと変化させたことによって生まれた．その後バス釣りは外来魚への問題意識の高まりや外来生物法の施行とともに衰退した．これらを合わせると，日本において釣りを中心とした遊漁は1980年代から一貫して衰退傾向にあり，第

3次バス釣りブームは一時的に非遊漁者の取り込みに成功したものの，遊漁者への転換には失敗し大部分はバス釣りブーム衰退とともに遊漁自体からも離れていったと考えられる．

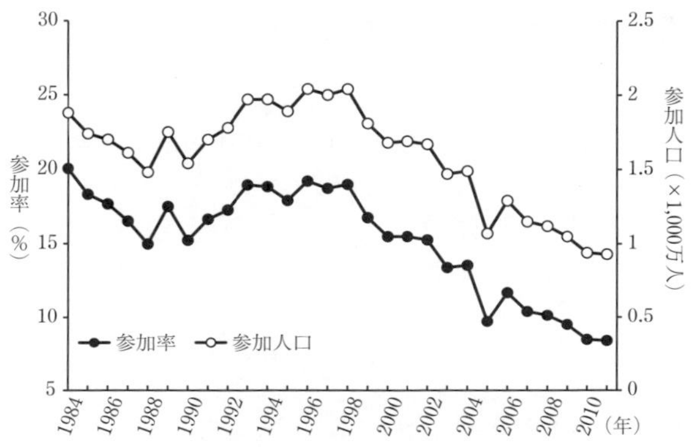

図1　釣り遊漁参加率および参加人口の経年変化［中村，2015および政府統計より作成］

遊漁に関わる規制　公共水面において水生生物は無主物であるが，その採捕については一定の規制がかけられている．例えば，毒物や爆発物の使用は水産資源保護法により国レベルで禁止されており，そのほか水中に電気を流しての採捕も全都道府県の漁業調整規則で規制されている．一般の遊漁者と関わりの深い範囲では，手網やセルビンなどのトラップを使った採捕が多くの都道府県で規制されており，注意が必要である．法的には，釣りが最も普遍的に実施可能な採捕手法といえる．ただし，釣りにおいても地域によって特定の道具や餌などが規制されている場合がある．このような漁具漁法の制限以外に，期間，区域，サイズによる規制が定められていることも多い．また，海面と内水面では漁業権の仕組みが大きく異なり，内水面では一般的に第五種共同漁業権が設定されている．この漁業権は，漁業者に対して遊漁者数が多く，公共的な性格が強く，かつ小規模で乱獲の起こりやすい内水面の特性に鑑み，魚種を指定して，漁場内での漁業協同組合による排他的な採捕を認める代わりに，増殖の義務を負わせるというものである．遊漁者が漁業権漁場で対象種の採捕を行う際には，組合は遊漁規則に則って遊漁料を徴収することができる．

遊漁の抱える問題と未来　前述のように，遊漁はわが国における一大娯楽ではあるものの，遊漁者は侵略的外来魚に依存した一時的増加を除き，減少傾向である．また，第五種共同漁業権における増殖義務の履行方法は，水産庁長官の通達により極端に種苗放流に偏っており，魚病や外来魚の侵入，遺伝的多様性の攪乱や魚類群集の劣化・均質化の要因となっているなど，生物多様性の観点からみれば大いに問題である．天然資源の直接的採集という性質上，環境悪化・乱獲・外来生物の侵入によって資源状態の悪化した多くの水域において，ただ遊漁者増による振興を目指すことは難しい．資源や生物多様性を維持しつつ，遊漁を通じて水圏環境の恵みを持続的にわれわれが享受していくためには，法体制の抜本的刷新も視野に入れた対策が必要である．　［淀 太我］

スポーツダイビング

　レジャーの一環として始まったスポーツダイビングは，当初スピアフィッシングや貝類の採捕などを行うことがあったが，現在の主たる目的はフィッシュウォッチングで益田一により広く全国に普及した．スポーツダイビングには，沈船ダイビング，洞窟ダイビング，大深度ダイビング，宝探しダイビング，流氷ダイビング，ナイトダイビングなどがあり，伊豆半島や沖縄を中心に日本中で盛んに行われている．

スポーツダイビングとは　スポーツダイビングには，水面のみを楽しむスノーケリング，息こらえをして潜るスキンダイビング（素潜り），高圧ガスを用いて潜るスキューバダイビングがある．スキューバとは英語のself contained underwater breathing apparatusのアクロニム（頭文字語）であるSCUBAのカナ表記で自給式水中呼吸装置の意味だが，この装置を用いて行う潜水活動全般は一般にスキューバダイビングと呼ばれている．スキンダイビングの基本装備は3点セット（水中マスク，スノーケル，フィン）で，スノーケリングではこれにライフベストを着用することもある．スキューバダイビングは，3点セット，レギュレーター，BCD（水中で浮力調整ができる背負子）などを使う．レギュレーターはタンク内の高圧ガスを吸う装置である．スキューバダイビングで一般的に用いられるタンク容量は約10 ℓで200気圧の空気が入っている．これを使うと，例えば最大潜水深度20 m，平均水深10 mで通常30分から1時間の潜水が可能である．スポーツダイビングにはさまざまな競技会がある．競技用プールで3点セットを使うタイムレースやスキューバを使い水中を泳ぐタイムレース（潜泳），男女が交互にタンクの空気を吸い水中を泳ぐタイムレース（バディーブリージング），海上での長距離レースなどである．これらの大会はスポーツダイビングの安全普及活動の一環でもある．また，スキンダイビングで深度や距離を競うものもある．スキューバダイビングを行うにはCカード（certification card）が必要で，ガイドを頼む場合やダイビング施設を利用する場合，タンクを借りる場合に提示が求められる．Cカードは民間のダイビング指導団体が直接，または，これに属するインストラクターにより技能講習が行われた後に発行される（図1）．

スポーツダイビングと魚類学　魚類の研究は魚市場採集や磯採集，調査船による採集によって得られた標本に基づいて行われてきた．しかし，スポーツダイビングの普及によって研究者が魚の生息環境に直接入り込み，採集が困難だった小型魚類も採集したり，観察したりできるようになった．一方，レジャーダイビングでは，水中カメラの技術の進歩とともに水中撮影が普及していった．水中生物に興味を持つ日本各地のガイドダイバーやインストラクターをはじめ，一般のダイバーも挙って海洋生物を撮影したため，多くの水中写真の情報が研究者の下へ集まり，魚類分類学をはじめとする海洋生物学の進展に大きく寄与している．1例をあげると，神奈川県立生命の星・地球博物館が作成した「魚類写真資料データベース」が国立科学博物館のウェブサイトで公開されている．近年ではビデオカメラの技術の進歩により水中の動画が数多く見られるようになり，魚類行動生態学への貢献が期待される．スポーツダイビングは魚類の定点観測にも用いられており，漁礁やライン調査では，定期的にダイバーが訪れ，魚類相の季節的変化，経年変化，分布などを調べている．また調査海域の魚にマーキングを施したり，模様や特徴を記録し，行動，生態の観察を行っている．ほかにも，サンゴ礁や藻場の保護，再生事業の一環として，サンゴや海藻の養殖や移植にもダイバーが活躍している（図2）．

図1　プールにてCカード認定講習中のダイバー［筆者撮影］

図2　海綿動物に産み付けられた魚卵を調査中のダイバー［筆者撮影］

スポーツダイビングと漁業　スポーツダイビングは，漁業にも取り入れられており，日本各地で行われているナマコやサザエ・アワビなど貝類の採捕，スピアフィッシングのほか，定置網のメンテナンスにも一役かっている．沖縄県伊良部島佐良浜地区で行われているアギャー漁では，当日海底に設置した追い込み網に数名のダイバーがサッピャという飾りの付いた棒を振って主にタカサゴ科の魚を追い込む．当初レジャーダイバーは沿岸漁業の漁場と重複する場所でスピアフィッシングやサザエ・アワビの採捕を行うことがあり，漁業者とレジャーダイバー間でのトラブルが多かった．その後スポーツダイビングの目的はフィッシュウォッチングに移行したが，密漁者とレジャーダイバーの区別が付けにくいなどの理由から漁業協同組合（漁協）は，その海域を全面潜水禁止区域にすることもあった．現在では，漁協が設置するシャワーや更衣室などの施設に対する使用料や迷惑料をダイバーが漁協に支払うことにより，共存している地域が多い．漁協がこれらの収入により大きな利益を得ている地域もある．レジャーダイバーが多く訪れる静岡県伊東市では，市内8カ所のダイビング施設に合計7万8000人（2016年度）のダイバーが来訪し，近隣の民宿活用などにより地域の活性化にも貢献している．いまだにトラブルが解決できない地域もあるが，今後の共存共栄に期待したい．

［瓜生知史］

魚市場

魚市場は水産物を取り引きする市場のことで，江戸時代に形成されたといわれる．現在では，品ぞろえ，集荷・分荷，物流，価格形成，決済の機能を持つ卸売市場を魚市場ということが多い．

流通の仕組み　漁業や養殖業で生産された水産物の流通経路は多様で，魚についても鮮魚，活魚（生きている魚），養殖魚，冷凍魚などでその仕組みが異なる．最も流通量の多い鮮魚は産地市場・消費地市場を経由する市場流通が主流である．漁獲された魚は水揚港に隣接する産地卸売市場に集荷される．産地仲買業者は卸売業者からセリや入札によって魚を買い付け，都市周辺の消費地卸売市場に出荷する．消費地卸売市場でも，同じように卸売業者と仲買業者（や売買参加者）の間でセリや入札，相対取引を通じて魚が売買され，その後スーパーや鮮魚店などの小売業者へ流通していく（図1）．活魚は活魚問屋を中心とする市場外流通が主流である．養殖魚の消費地市場経由率は高いが，産地では産地市場を経由せず，多くは餌飼料・稚魚も供給する大手買付業者による寡占的流通が行われている．冷凍魚・加工品や輸入品は大手商社や中小問屋による市場外流通が主流である．近年，小売・外食業者などと産地出荷業者が消費地卸売市場を介さずに取り引きするなどの市場外流通が増え，2012年の水産物の消費地市場経由率は53.4％と，20年前から20％以上低下した（水産庁，2016）．

日本の魚市場の魚　1918年，田中茂穂は日本産魚類およそ1,250種といわれた当時，東京市場で見ることができる魚は700種以上，そのうち食用魚は370種以上，重要魚は200種を超えるとし，「普通に東京市民が注目する」ものとしてマカジキ *Kajikia audax*・メカジキ *Xiphias gladius*・クロマグロ *Thunnus orientalis*・マダイ *Pagrus major* など約40種をあげた（田中，1918）．岩井保（1985）は，「日本産の魚類は約3,000種余り……魚市場に水揚げされる魚類は大小取り混ぜて約400種である」と述べている．日本産およそ4,400種といわれる現在，魚市場内外にはどのくらいの数の魚が流通しているのであろうか．近年，日本最大の魚市場である築地市場で調査したところ，田中（1918）や岩井（1985）と同じで約400種であった．これに加え，現代の魚市場内外には日本周辺に分布しない外国産魚類も100種ほど流通している．日本の水産物流通における築地市場の取り引きの現状を見ると，この種数は概ね日本の魚市場全体の現状を表していると思われる．

「新顔の魚」の歴史　今日，私たちの食卓に輸入魚が上ることは珍しくない．日本人が伝統的に利用してきた魚に加えて，外国産の魚いわゆる「新顔の魚」が市場に大量に出回り始めたのは1954年からである．日本漁業が沖合から遠洋へ発

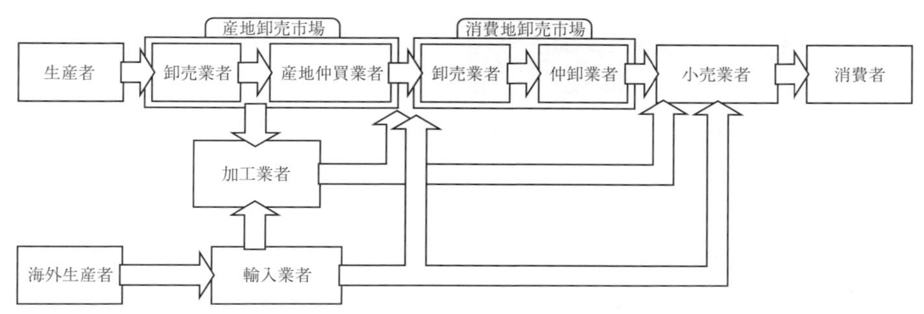

図1　流通の仕組み［水産庁，2016を改変］

展し，海外漁場から持ち帰られたのである．最初に登場したのは，ベーリング海，西カムチャッカ沖，アリューシャン列島付近などの北洋で漁獲されたコガネガレイ *Limanda aspera*（カレイ科），アラスカメヌケ *Sebastes alutus*（メバル科），ギンダラ *Anoplopoma fimbria*（ギンダラ科）などであった．1950年代後半から1960年代後半にかけてアフリカ北西岸のサハラ沖のタイ科，1960年代前半から1970年代前半にかけて南アフリカ沖のタイ科，メルルーサ科魚類など，1960年代後半に入って北西大西洋のバターフィッシュ *Peprilus triacanthus*（マナガツオ科），タイセイヨウニシン *Clupea harengus*（ニシン科），カラフトシシャモ *Mallotus villosus*（キュウリウオ科）など，1960年代後半から1970年代後半にかけてニュージーランド沖のミナミオオスミヤキ *Thyrsites atun*（クロタチカマス科），ニュージーランドマアジ *Trachurus novaezelandiae*，チリマアジ *T. murphyi*（アジ科），ホキ *Macruronus novaezelandiae*（メルルーサ科），シルバー *Seriolella punctata*，シロヒラス *S. caerulea*（イボダイ科）などへと，漁場の大きな移動に伴う魚種の変遷があった（稲田，1987）．

1977年からの200海里体制により，日本漁船が多くの遠洋漁場から撤退したため，さまざまな魚類を輸入せざるを得なくなった．その後，輸入量が増加したものは，カラフトシシャモ（主にアイスランド，ノルウェーから），タイセイヨウサケ *Salmo salar*（サケ科，養殖，ノルウェー），タイセイヨウサバ *Scomber scombrus*（サバ科，ノルウェー，アイスランド），ニシマアジ *Trachurus trachurus*（アジ科，オランダなど），モトアカウオ *Sebastes marinus*（メバル科，アイスランド），マジェランアイナメ *Dissostichus eleginoides*（ノトテニア科，チリ）などである．また新顔とはいえないが，かつて遠洋漁場で漁獲されていたマグロ属やサケ属魚類などは今日では大量に輸入される外国産魚類である．1971年以降，日本は水産物輸出国から輸入国に転じた．1963年には最高113％あった日本の食用魚介類の自給率は減少し続け，2004年には55％，最近では60％前後である．

［坂本一男・馬場 治］

食材としての魚

食品の機能は一次～三次に区分されている．一次機能は食品の三大栄養素のタンパク質，脂質，糖質がもつ機能で，生命の維持に不可欠な栄養源，エネルギー源となる．二次機能は人の感覚に依存するもので，味覚，嗅覚，視覚などに訴えるもののほか，歯ごたえなども含まれる．近年，食品分野で大きく取り上げられるようになってきた三次機能とは，人の健康の維持や増進などに役立つ効果が期待される健康機能性の食品機能を指す．四方を海で囲まれているわが国では古来から海産物を食してきたが，世界中で一二を争う高寿命の国としても有名である（水産庁，2009）．その原因が魚介類食にあることが種々の事実から明らかになっている．魚介類のタンパク質の分解物であるペプチドや脂質，糖質の一部にも健康機能性を示す成分が知られている（渡部，2008，2010；水産庁，2016）．これらの成分を中心に魚介類の食材としての特徴を示す．

タンパク質　わが国では魚介類が主要な動物性タンパク質源である．近年，畜肉や鶏肉などの消費が増えているものの，動物性タンパク質の半分近くは魚介類から供給されている．動物性タンパク質は人の成長に欠かせず，人の体内では合成できない必須アミノ酸を豊富に含む．動物性タンパク質は植物特に穀類のタンパク質のみでは不足する必須アミノ酸リシンも基準レベルを遙かに超える量で含むため，主食の米やパンと同時に動物性タンパク質を取ると，理想的な食事となる．

魚肉からタンパク質分解酵素の作用で生成するペプチドにも種々の健康機能性が証明されている．かまぼこの原料の魚肉すり身をタンパク質分解酵素で処理すると機能性を示すようになる．また，イワシ類やカツオ *Katsuwonus pelamis* のエキス成分にも機能性を示すペプチドが存在する．

脂質　魚介肉には脂質を構成する脂肪酸で，n-3系列に属するエイコサペンタエン酸（化学名イコサペンタエン酸，EPA）やドコサヘキサエン酸（DHA）といった高度不飽和脂肪酸が豊富に含まれている．EPAおよびDHAは血液をさらさらにする効果があり，生活習慣病の多くを占める循環系の疾病の予防に大きな効果がある．一方，畜肉ではn-6系列のリノール酸やアラキドン酸が多い．これらの脂肪酸を取りすぎると中性脂肪の蓄積や，悪玉コレステロールの蓄積につながり，循環系の疾病に陥りやすくなる．ただし，最近の研究ではn-6系列の脂肪酸にも血液コレステロールの低下や認知機能改善効果が報告されており，ある程度の量を摂取する必要がある．なお，高度不飽和脂肪酸は容易に酸化して過酸化物を生成し（油焼け），これが健康にはむしろ悪影響を及ぼすことから，魚介類の貯蔵には低温管理などの注意が必要である．近年，厚生労働省が認可する特定保健用食品（特保）が市場に多く流通しているが，EPAやDHAを含む食品も認可されている．その原料は主にイワシ類である．サケ類にはアスタキサンチンが多量に含まれているが，このカロテノイドは体内で生じる活性酸素を除去する作用があり，免疫機能の活性化や老化の防止に効果があるとされている．

糖質　ムコ多糖の1種コンドロイチン硫酸は，サメ類の軟骨，スルメイカの軟骨，ナマコ類の体壁に多く含まれている．この物質にも血液をさらさらにする効果が認められている．また，エビ・カニ類の外骨格（甲羅）に多く含まれるキチンもムコ多糖の1種で，これはN-アセチルグルコサミンが重合した物質である．これを脱アセチル化するとキトサンになる．キチン，キトサンは適当なサイズに切ることでオリゴ糖になって溶液中に分散し，免疫賦活作用を示すようになる．

ビタミン・ミネラル　わが国では，骨格形成などに機能するビタミンDおよび補酵素として重要なビタミンB_{12}は，魚介類からの摂取量が全食品からの摂取量の70％程度に達していることが報告されている．シラスや小型魚類には小骨が多く含まれており，これらを食することによりカルシウムを容易に摂取することができる．鱗もカルシウムを多く含むが鱗をわざわざ食事で摂ることはほとんどない．

うま味成分　食品の基本味は，塩味，酸味，甘味，苦味，うま味の5つで，うま味はわが国が提唱した第5番目の最も新しい基本味である．1900年代の初頭に海産物の昆布からアミノ酸の1種であるグルタミン酸ナトリウム塩がうま味物質として初めて単離された．次に発見されたうま味成分も海産物からで，かつお節から核酸のイノシン−5′−一リン酸(IMP，イノシン酸)が同定された．魚肉にはアデノシン5′−三リン酸(ATP)が豊富に含まれており，死後急激に分解してイノシン酸が蓄積するが，これは魚肉ではイノシン酸をイノシンに分解する酵素が弱いことによる．上述の2つの海産物からつくられる「だし」は，料理の要として和食の中核を担ってきた(図1)．

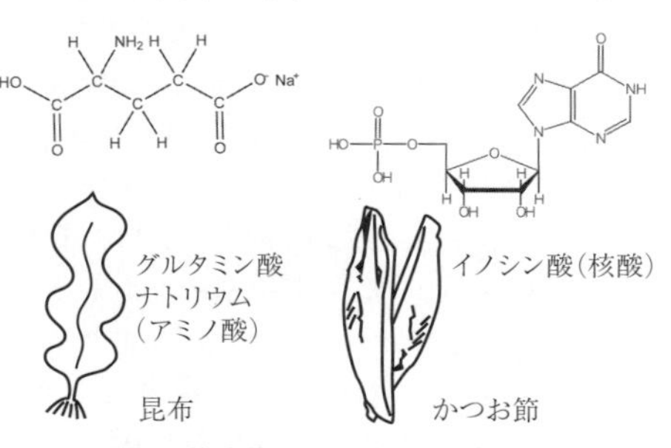

図1　海産物から発見されたうま味成分

そのほかの成分　魚肉に含まれているイミダゾール化合物の一種，アンセリン，カルノシン，バレニンにも健康機能性があることが動物実験などで示されている．

魚類は前述のATPのように死後急激に体成分が変化するが，この変化に伴って死後硬直が生じる．高鮮度の硬直前の筋肉はもちもち感がありその歯ごたえが好まれている．その後，魚肉は急激に柔らかくなるが，これは魚肉中にコラーゲンが分解することが一因と考えられている．一方，サザエやアワビは多量に含まれているコラーゲンが加熱でゼラチン化して急激に軟化する．　［渡部終五］

魚食文化

四方を海で囲まれているわが国では古くから食料資源としての魚介類を海の恵みとして受けきた．ただし，現代のようにコールドチェーンが発達していない昔では，塩漬け，乾燥，時には発酵食品などに加工して内陸地まで輸送した．そのための多くの工夫が昔から行われてきており，魚介類には伝統食品が多い．わが国の高寿命は和食の中でも特に魚食の貢献が大きいと考えられている（☞項目「食材としての魚」）．

世界の魚食文化 地中海沿岸では大昔から漁業が行われていたことが紀元前2,500年頃のエジプトの古文書からも示されている．この地中海に注ぎ込むナイル川でも多くの魚が捕獲されており，興味深いことにその一部が干物として処理されている様子が示されている．魚が捕れない内陸へ輸送するための貯蔵手段であることも考えられる．ローマ時代においてはマグロ類の切り身が販売されている様子が壺の絵柄に用いられている（田口，2004）．

魚は信仰の上でも欠かせない．インドの仏陀（ぶっだ）の足の裏には2匹の魚が記されている（図1）．また，中国の仏教寺院の灯籠にも同じように双魚が描かれている（図2）．星座の1つにも魚座があり，これも双魚である．わが国ではほとんど見られなくなったが，過去には正月などのめでたいときに玄関に双魚が飾られたとの記録がある（矢野，1981）．

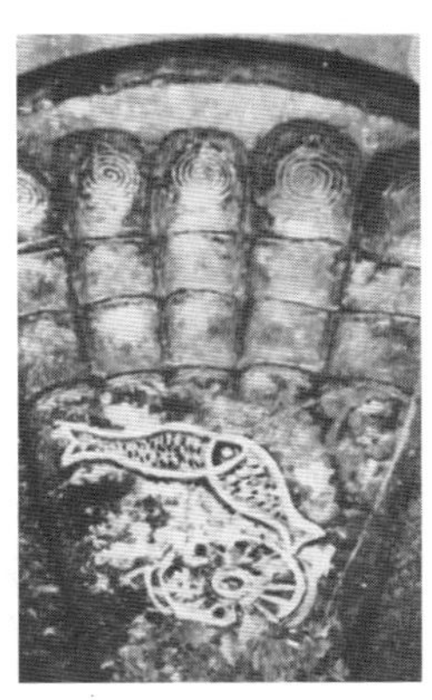

図1 インド・ブダガヤ遺跡の仏足石［矢野，2016］

わが国の魚食文化 わが国の魚食は紀元前1,000年頃の化石や貝塚などからも明らかである．縄文時代の貝塚からは魚類の骨が多く見つかっている．古代から現代までの食事の様子を模倣して表した書物では古来から必ず魚介類が食事に添えられている（樋口，1976）．神宮行事には地方から送られてきた干しアワビなどが見受けられ，このような神事における食事の内容は朝鮮半島にその原型がある．若狭湾から京都まで続く鯖街道では一塩したサバ類が漁獲地から京都に運ばれるとちょうどよい塩味になるとのことである．

図2 中国・杭州の霊穏寺景区にある永福禅寺の灯籠［筆者撮影］

寿司の歴史　わが国の寿司の原型は飯(い)ずしで，魚に野菜を加えて乳酸発酵させてつくるなれずしの一種である．なれずしとは主に魚を塩と米飯で乳酸発酵させた食品である．琵琶湖周辺で製造される鮒寿司が特に有名である．今日の形態の寿司の始まりは江戸時代になってからである．コールドチェーンが発達していなかったため，酢じめにして販売されていた．

かまぼこ（蒲鉾）の歴史　わが国で最も多く生産されている水産加工品は練り製品である．かまぼことして世界でも通用しているが，竹輪，はんぺん，伊達巻きなど，多くの種類がある．古文書に初めて登場したのは900年前で，平安時代の『類聚雑要抄』に，永久3年（1115年）7月21日に藤原忠実(ふじわらのただざね)の転居祝いの宴会で，串に刺したかまぼが供されたとの記述がある．かまぼこの名前の由来はこの形が蒲(がま)の穂に似ていたとの説がある．1970年代のカニ蒲(かま)の発明は，インスタントラーメン，レトルトカレーと並ぶ世紀の大発明とされるが，1960年代に初めて製造された冷凍すり身（かまぼこの原料）の発明こそがわが国の魚食の歴史の中での大発明であろう．

魚食の現状　世界の趨勢とは逆にわが国では魚介類の消費が減少しており，畜産物（肉類）の消費が増大している（水産庁，2012）．さまざまな要因が考えられるが，共働きが多くなり，料理に割く時間が短くなったためと考えられている．魚の場合，フィレーにしたり，骨抜きしたり，調理に手間がかかる．また，小骨も多く，これが子供の喉(のど)にかかった場合の心配がある．骨なしで魚体がそのままの形をした調理品が出て話題になった．アンケート調査で魚介類と肉類の比較を聞くと，魚介類は健康には良いとするものの，肉類の方がスタミナが付きそうである，食事後の満足感がある，との傾向が示されている（水産庁，2013）．また，水産物が肉類に比べて割高となっている．一方，身の回りに食品があふれるようになったこの時代の日本人にとって，魚を食べなければならない理由がなくなった．仕事，育児，介護などで多忙な日常では，おいしいと感じる好みの食品だけを食べるようになり，料理も簡単なもの（極端には出来合いの惣菜）がよいとされる．

魚食文化の未来　わが国では魚の消費量がやや減少しているが，50歳以下での減少が目立ち，青少年期の魚離れは特に著しい．高齢者は魚をよく食べているが，年を取れば，現在の若年層も魚食に移行するという予測は当たらない．人も他の生物も子供の頃の食習慣が年齢を重ねても継続する．和食は健康的で理想的と世界中で評価されている．その理由の1つが魚食文化である．しかしながらわが国沿岸の漁業資源は必ずしも安泰ではない．また，魚介類がどのような環境の影響を受けているのか，また，漁獲されてから消費者の口に入るまでにどのようなシステムで流通しているのかについても消費者の知識は必ずしも十分ではない．海洋環境の保全と適切な資源管理がこれからのわが国の魚食文化の維持や発展に重要であることは間違いない．

［渡部終五］

『古事記』の魚

『古事記』に登場する5種の魚のこれまでの比定を現代の魚類学に照らしてみた．

①わに：最初に出てくるのは大国主神の章の「和邇」である．幾つかの比定があり，「わに」は八尋和邇の出産の姿などから爬虫類のワニ類と見なす説もあるが，日本に爬虫類のワニ類はいないから一般的にサメ類と考えられてきた．最近の説としては，ギンザメ *Chimaera phantasma* 説がある．その主な根拠は一尋和邇の話で，和邇の「頸」に結び付けた「紐小刀」をギンザメの第1背鰭の前縁の強大な1棘と見なしたのである．従来，サメ類説も爬虫類説もその鋭い歯を刃物に例えたものとしか考えてこなかった．「紐小刀」はおそらく1本であろうから，ギンザメが文献に登場するのが江戸時代からであることや，深海性であまりなじみがないとはいえ，これまでの説の中では最も説得力があるように思われる．『出雲国風土記』嶋根郡には，海産物として和爾や沙魚が捕れるとあり，これらは爬虫類とは考えられない．ここでは和爾は魚類で，沙魚とは区別されていることになる．

②すずき：大国主神の国譲りに，「釣りをする海人が“口大之尾翼鱸　訓云鱸須受岐”を，ざわざわと音を立てて引き上げ」とある．口の大きな尾鰭がぴんと張った立派なスズキ *Lateolabrax japonicus* との従来の比定に異論はない．藤原京跡出土の木簡にも，出雲国の大贄の荷札に「煮魚須々支」とある．

③たひ：火遠理命の海神の国訪問に赤海鯽魚と出てくる．「たひ」と読む．鯽はフナ（類）（フナ属）のことで，赤い，海の，フナのような魚，すなわち鯛（マダイ *Pagrus major*）である．平安時代の『倭名類聚鈔』には「鯛……和名太比……」とある．藤原京跡出土の木簡にも「多比大贄」とあり，縄文時代の遺跡からの出土例も多く，この比定は妥当と思われる．

④あゆ：仲哀天皇の章に年魚が出てくる．藤原京跡出土の木簡には「鮎大贄」や「年魚大贄」とあり，『風土記』では年魚，『万葉集』には鮎，年魚，安由，阿由などとある．『倭名類聚鈔』にも「鮎……和名安由……春生夏長秋衰冬死故名年魚也」とある．年魚のアユ *Plecoglossus altivelis altivelis* への比定に問題は見あたらない．

⑤しび：清寧天皇の章の歌垣にある2首の志毘（や斯毘）は一般的にマグロ類（マグロ属）と考えられている．マグロ類は外洋表層性であるが，キハダ *Thunnus albacares* やクロマグロ *T. orientalis* などは沿岸域にも来遊する．しかしわずかに，歌意“……「しび」の鰭のはしに妻がいるのが見える”に適合するのは沿岸域にも来遊するバショウカジキ *Istiophorus platypterus* であるとの異論もある．鰭陰に妻が隠れているとみて，この鰭をバショウカジキの大きい第1背鰭と見なしたのであるが，キハダの成魚も第2背鰭と臀鰭が伸長する．『倭名類聚鈔』には「鮪……一名黄頰魚……和名之比……」とあり，この「しび」は体側の黄色が目立つキハダと思われる．『古事記』の「しび」はマグロ類（キハダか）とするのが穏当であろう．

［坂本一男］

付　録

付録1 魚類学の歴史

魚類学（ichthyology）とは「魚類に関する学問」のことである．現代の魚類学は魚類を対象とした分類学，系統学，進化学，生態学，行動学，動物地理学，発生学，生理学，保全学などさまざまな分野から成り立っている．しかし，1950年代以前に魚類学の中心を占めていたのは，魚類の分類や系統，分布などに関する研究であった．その中でも「魚類学」の中核を占めていたのは魚類の分類学であったといえよう．本項では魚類学の歴史を黎明期から1950年代までと1960年代から現在までの2つの時期に分け，魚類の分類と系統に関する研究に重点を置いて概観する．

魚類学の誕生　魚類学の系譜をさかのぼるとスウェーデンの研究者アルテディ（Artedi, P.）にたどり着く．アルテディは「魚類学の父」と呼ばれるほど有能であったが，1735年にオランダのアムステルダムで運河に落ちて溺死してしまった．30歳という若さで亡くなったアルテディであったが，当時としては画期的な『魚類学（Ichthyologia）』の原稿をほとんど完成させていた．アルテディは過去の研究者の業績に基づき274種の魚類を認め，さらに，70種に及ぶヨーロッパの魚類を一貫した方式で初めて記載した．学名の二語名法（二名法）を考案したことで有名なスウェーデンの自然史研究者リンネ（Linnaeus, C.）はアルテディの友人であった．リンネはアルテディの原稿を読んで強い感銘を受け，原稿を編集した上で1738年に出版した．その結果，アルテディの『魚類学』は当時の魚類研究の標準となり，魚類研究者に大きな影響を与えた．一方，リンネは魚類を含む動物，植物および鉱物を分類し，『自然の体系』という大著にまとめた．リンネは魚類の研究にも大きな足跡を残した．アルテディを含むリンネ以前の研究者は鯨類を魚類に含めていたが，リンネは鯨類と魚類は別の動物群に属すことを明らかにした．

ヨーロッパの魚類学　19世紀になると多くの魚類研究者がフランスで活躍し，魚類学は大きな進歩を遂げた．その中でもキュビエ（Cuvier, G）と共同研究者のヴァランシエンヌ（Valenciennes, A.）が出版した『魚類の自然史（Histoire naturelle des poisons）』は他を圧倒している．同書の第1巻と2巻は1828年に出版され，最終巻の第22巻が世に出たのは1850年のことだった．第1巻ではアリストテレス（Aristotle）の研究から18世紀までの魚類研究を総括し，次にヨーロピアンパーチの外部形態と内部形態を詳細に記載し，最後に動物分類に関する考え方と本書で使用された魚類の分類体系を示している．第2巻からは各魚種が詳細に記載され，上位分類群に関する説明も与えられた．同書に収録された魚類は4,055種におよび，そのうち2,311種は新種として記載された．同書は比較解剖学的な知見を活用しながら，魚類の上位分類群の分類体系を示しており，その体系は部分的に今日まで受け継がれている．このことはキュビエとヴァランシエンヌの研究業績の素晴らしさを物語るものといえよう．

『魚類の自然史』最終巻発刊の9年後に当たる1859年に大英博物館のギュンター（Günther, A）は『大英博物館の魚類目録（Catalogue of the fishes in the British Museum）』の第1巻を出版した．同書は全8巻からなり，最終巻は1870年に出版された．本書の序文を書いたグレイ（Gray, J. E.）によると収録された魚類は1,177種であった．同書はどのような特徴が各魚種の識別形質となるかを示すとともに，全巻にわたってさまざまな魚種の検索を提唱した．これによって少なくとも大英博物館に収蔵された魚類の同定が容易となった．なお，序文には，図版が別巻として出版されると述べられているが，残念なことに図版が世に出ることはなかった．キュビエ，ヴァランシエンヌ，ギュンターとほぼ同時代にヨーロッパから遠く離れた地域で活躍していたオランダの魚類研究者がいた．ブリーカー（Bleeker, P.）はオランダ東インド陸軍の軍医としてインドネシアのバタビア（現在のジャカルタ）に1842～60年まで18年間滞在し，インドネシアを中心とする東インド諸島の魚類を収集した．ブリーカーは約700編の業績を出版し，1,300種以上の新種を発表した．ブリーカーによって熱帯域の魚類に関する知見が飛躍的に増大した．

オーストリアのシュタインダッハナー（Steindachner, F.）は19世紀後半から20世紀初頭に南米の魚類調査を精力的に行い，多くの新種を発見するなど南米産魚類の分類において大きな業績をあげた．シュタインダッハナーは1,000種以上の新種を記載し，その大半は今日でも有効種として認められている．大英自然史博物館（大英博物館から1881年に分離）ではリーガン（Regan, C. T.）が20世紀前半に魚類の分類体系の再検討を行い，今日の分類体系の基礎となる新たな体系を提唱した．大英自然史博物館の魚類部門ではその後もトレワヴァス（Trewavas, E.），ホイーラー（Wheeler, A.），ホワイトヘッド（Whitehead, P.）などによって魚類の分類学的研究が精力的に行われ，ヨーロッパの魚類学の中核を形成した．一方，ロシアの魚類学者ベルグ（Berg, L. S.）は『現生および化石魚類の分類（Classification of fishes, both Recent and fossil）』を1947年に出版し，化石魚類を含む魚類全体の分類体系を提唱し，その後の魚類学に大きな影響を与えた．

アメリカの魚類学　アメリカでは19世紀後半から20世紀初頭にかけてジョーダン（Jordan, D. S.）と彼の弟子達によって魚類研究が精力的に行われた．ジョーダンとエヴァーマン（Evermann, B. W.）は『北米および中米の魚類（Fishes of North and Middle America）』を1896～1900年に出版し，パナマ地峡以北から当時知られていた海水魚と淡水魚の全魚種を記載した．ジョーダンは非常に多くの論文を出版するとともに魚類研究の指針となる書籍も出版し，北米における魚類学の発展に大きな足跡を残した．ジョーダンはインディアナ大学で教授を務めた後，スタンフォード大学に移り，多くの魚類研究者を育てた．彼の弟子や指導を受けた研究者にはギルバート（Gilbert, C. H.），アイゲンマン（Eigenmann, C. H.），スナイダー（Snyder, J. O.），スタークス（Starks, E. C.），ファウラー（Fowler, H. W.），ボウリン（Bolin, R. L.），ヘリー（Herre, A. W.），マイヤース（Myers, G. S.）など魚類の分類，分布，生態および比較解剖学に大きな貢献をした人達が多数含まれている．日本の田中茂穂もジョーダンの指導を受けた．後年，アメリカ魚類両生爬虫類学会の重鎮となったハブス（Hubbs, C. L.）もスタンフォード大学のギルバートの指導を受けた．ハブスは魚類の系統，分類および生態に関する研究を行うとともに，ラグラー（Lagler, K. F.）と共同で行ったアメリカの五大湖の魚類に関する研究の中で，計数形質や計測形質の標準的な測定方法を提唱し，魚類学の発展に大きく寄与した．また，ハブスは魚類の反熱帯分布の研究や計数形質の緯度による変異の研究など，従来の魚類研究には見られなかった新たな視点を提唱した．

第2次世界大戦後の魚類学　第2次世界大戦が終了すると，アメリカでは国立自然史博物館，アメリカ自然史博物館，カリフォルニア科学アカデミー，ミシガン大学，マイアミ大学，スクリップス海洋研究所などで魚類学が大いに発展した．魚類の分類学や系統学は，1960年代後半に導入された新たな研究手法や方法論によって爆発的な発展期を迎えた．分類学においては，スキューバ潜水やカラー写真によって，サンゴ礁性魚類の研究がそれまでには見られなかった速度で進展した．スキューバ潜水は1970年代に入ると魚類の行動学や生態学の研究に取り入れられ，この分野の研究を新たな段階へと導いた．また，偶然同じ時期に提唱された骨格の透明二重染色法（1967年）と分岐分類学（1966年）が多くの分類群における系統関係の研究を促進させた．ヨーロッパ，オセアニアおよび日本を中心とするアジアでも1960年代に入ると魚類学が戦前に比べて大きく発展した．

1960年代後半になると，世界の魚類研究者の交流が進み，国を超えた共同研究が行われるようになった．1966年には従来とはまったく異なった真骨類の系統類縁関係に関する論文がイギリスとアメリカの4人の研究者の共著論文として発表された．第一著者である大英自然史博物館のグリーンウッド（Greenwood, P. H.）は新進気鋭の若手研究者であり，第2著者と第3著者のアメリカ自然史博物館のローゼン（Rosen, D. E.）とアメリカ国立自然史博物館のワイツマン（Weitzman, S. H.）も若手研究者であった．第4著者のマイヤースはスタンフォード大学の重鎮として共著論文に名を連ねた．この論文は発表当初，北米の魚類研究者から厳しく批判され，真骨類の系統類縁関係に関する大論争を引き起こした．この論文を契機として，多くの研究者が真骨類の系統類縁関係を分岐分類学的手法によって再検討を進めた結果，従来の分類体系が激変することになった．また，真骨類に関する多くの国際シンポジウムが1980年代から1990年代に開催され，系統類縁関係に関する論議が深まっていった．

カナダの魚類研究者ネルソン（Nelson, J. S.）は『世界の魚類（Fishes of the World）』の初版を1976年に出版し，魚類の系統に関する研究結果を批判的に検討し，現生および化石魚類の分類体系を示した．ネルソンは同名の単行本を1984年（第2版），1994年（第3版）および2006年（第4版）に出版し，版を改める度に分類体系に改訂を加えた．ネルソンの分類体系は多くの研究者に影響を与えた．1990年代に入ると分子データを用いた系統研究が大きく進展し，魚類の系統研究は新たな時代に入った．そして，分子データと形態データの再検討によって，魚類の大系統については概ね研究者の意見が一致するようになったが，目レベルや科レベルの系統関係については依然として多くの問題が残っている．このような状況はネルソンの死後，2016年に出版されたネルソン，グランデ（Grande, T. C.），ウィルソン（Wilson, M. H.）の共著による『世界の魚類』（第5版）に反映され，第4版と比べると，魚類の分類体系が大きく異なっている．第5版の分類体系については，今後，詳しい検討を要する．また，スズキ類の科の系統関係や多くの科内の属間関係については未解明の部分が多く，今後の研究が待たれる．一方，カリフォルニア科学アカデミーのエシュマイヤー（Eschmeyer, W. N.）によって魚類の属名に関するデータベースが1990年に構築され，インターネット上に公開された．1998年にはエシュマイヤーと彼の協力者によって属名に加えて種名のデータベースも公開された．このデータベースは「魚類目録（Catalog of fishes）」と呼ばれており，魚類の有効な属名と種名，シノニム，さらには各種の分布域などの情報を発信し，常に更新を続け，魚類分類学にとって重要な情報源となっている．

世界の魚類学会　世界の魚類関係の学会の中で最も古くから活動しているのは1916年に設立されたアメリカ魚類両生爬虫類学会（American Society of Ichthyologists and Herpetologists）である．会員数は約1,600人で，魚類関係者と両生爬虫類関係者の正確な比率は不明であるが，同学会の庶務幹事に問い合わせたところ約7割（1,100人）が魚類関係者とのことである．同学会は英文誌Copeiaを年4回出版している．アジアの魚類学会の設立年や会員数などの概要は以下のようになっている．

日本魚類学会（Ichthyological Society of Japan）：1968年，1,160人，英文誌を年4回出版，和文誌を年2回出版．インド魚類学会（Indian Society of Ichthyologists）：1975年，学会の活動は途絶えている模様で学会誌は最初の数号が出たのみで，その後出ていない．中国魚類学会（Chinese Ichthyological Society）：1979年，600人，年1回出版の論文集を6号まで出版していたが，その後途絶えている．韓国魚類学会（Ichthyological Society of Korea）：1989年，350人，韓国語・英語の学会誌を年4回出版．台湾魚類学会（Ichthyological Society of Taiwan）：1999年，200人，学会誌は当初から出していない．ヨーロッパの魚類学会としては，フランス魚類学会（Société Française d'Ichtyologie）が1976年に設立され，学会誌Cybiumを年4回出版している．魚類関係の国際学会としては，インド・太平洋魚類国際会議（Indo-Pacific Fish Conference）が4年おきに開催されている．日本では1985年（第2回，200人が参加）と2013年（第9回，530人が参加）に開催された．ヨーロッパでは3年おきにヨーロッパ魚類会議（European Congress of Ichthyology）が開催されている．なお，2014年にアジア魚類学会（Asian Society of Ichthyologists）が設立され，年会を開催しているが，参加者の大半は東アジアと東南アジアの魚類研究者である．［松浦啓一・木村清志］

付録 2　日本魚類学会の歴史

日本国内での魚類に関する学術雑誌は，1913年に発行された『魚学雑誌』が最初であろう．しかし，雑誌の出版と呼応して魚類研究者の団体が結成されるということはなく，『魚学雑誌』も1～7号が出版された後，廃刊になった．それから30数年が経ち，第2次世界大戦後間もない1946年に「魚の会」という組織が魚類学に興味をもつ人たちによって結成され，魚類に関する一般的な内容を含む『魚』を発行した．1950年には「魚の会」編集による純粋な学術誌の『魚類学雑誌（英名Japanese Journal of Ichthyology）』が「日本魚類振興会」から創刊された．

日本魚類学会の誕生　当初は順調に刊行された『魚類学雑誌』であったが，原稿の集まりは悪く，第1巻のみが隔月刊，その後は合冊が多くなり，ついには年1，2冊の発行となってしまった．このような状況を改善したいと願う研究者が多くなり，魚類学会設立の機運が高まってきた．また，1966年に東京で開催された第11回太平洋学術会議に海外の魚類学者が大勢来日したことも，魚類学会設立の運動に拍車を掛けた．翌1967年には学会設立の準備が始まり，1968年4月3日に日本大学農獣医学部において，日本魚類学会設立総会が開催された（図1，表1〈☞601頁〉）．初代会長は岡田彌一郎で，設立総会には約50人が参加し，学会諸規定が承認された．発足時の会員数は330名であった．1968年6月には松原喜代松が次期会長に選出され，田中茂穂が名誉会員となった．会員数は順調に増加し，1968年末までにさらに100名以上の会員が加入した．発足したばかりの魚類学会がこうむった最初の大事件は，次期会長に決定していた松原喜代松が選挙からわずか半年，1968年12月に享年61歳で急逝したことであった．当時，松原は現役の京都大学教授であった．松原が急逝したため，1969年3月に次期会長に阿部宗明が選出された．

図1　日本魚類学会設立総会

日本魚類学会の発展　日本魚類学会の日常的な活動は会長を中心とする幹事会（会長，副会長を含む6～8名）によって行われてきた．学会誌の編集については，編集委員会が担当し，学会発足時の編集委員会は6名で構成されていた（発足時の委員は黒沼勝造，日比谷京，加福竹一郎，中村守純，尾崎久雄，上野輝彌）．この状態は長く続いたが，「日本魚類学会も広く社会に対して応分の活動をすべき」との考えから，2001年には自然保護委員会，2003年には標準和名検討委員会

図2 評議員会参加者の集合写真（2017年9月，北海道大学函館キャンパス）．魚類学会は函館年会において任意団体としては解散し，一般社団法人に移行した

と電子情報委員会，2008年には男女共同参画委員会が設立され，現在も活動を続けている．また2002年にはみずからの学会活動を記録するために日本魚類学会史委員会が設立された．学会賞選考委員会も2002年に設立され，同年には奨励賞，翌2003年には奨励賞と論文賞が授与されるようになった．魚類学会は設立以来2017年9月まで任意団体として活動してきたが（図2），2017年9月から一般社団法人という法人格を有する団体となった．

魚類学雑誌とIchthyological Research 日本魚類学会は，14巻まで発行された「魚の会」発行の魚類学雑誌を引き継いで刊行することとした．雑誌名は同じであったが，装丁も変わり，新たな魚類学雑誌が誕生した（図3）．魚類学雑誌は学会発足時の第15巻から第41巻まで1巻について4冊が発行された．当時は学会の会計年度が4月から翌年の3月までになっていたため，学会誌の1号を4月から8月までに発行し，4号を翌年の2月か3月に発行していた．つまり，同一の巻ではあっても，年をまたいで発行されていたのである．後述するように1996年から英文誌と和文誌を発行することになり，それを契機にして同じ巻の学会誌は同一の年に発行することになった．そのため，英文誌Ichthyological Research刊行直前の第42巻3号と4号（1995年11月）は合併号で，これだけが1巻3冊であった．

魚類学雑誌は前述のように着実にその地位を固め，年々英文論文の割合が増加し，インド・太平洋域の魚類学専門誌としての高い評価を国際的に得るようになったが，その反面和文論文の割合が極端に減少した．このような状況から，学会誌について1993年に国内会員に対するアンケート調査が行われた．その結果，英文誌・和文誌の両方の発行を希望する会員が多いことが判明し，1995年に両誌の発行が決定された．この後，Ichthyological Researchは年4回，和文誌の魚類学雑誌は年2回発行されるようになった．また，雑誌の大きさもそれまでのB5版からA4版（Ichthyological Researchは変形）に変更された．2001年からIchthyological Researchのさらなる国際化，出版費用の削減などを意図して，その発行をシュプリンガー・フェアラーク（現シュプリンガー・ジャパン）に委託することになった．

❀年会　魚類学会年会は学会設立の翌年1969年3月31日に東京大学総合研究資料館（現総合研究博物館）で開催され，12題の研究発表があった．1970年の年会は3月31日に国立科学博物館，1971年は3月31日，1972年は4月1日に東京水産大学（現東京海洋大学）で開催された．1973年から年会は3月31日と4月1日（1976年は3月28日と29日）の2日間開催されるようになり，評議員会，総会，編集委員会，研究発表会に加えてシンポジウムも行われるようになった．このようなスタイルの年会は1978年まで続き，東京水産大学で開催された．開催期間が年度をまたがっていたのは，4月上旬に東京で開催される日本水産学会春季大会に参加する会員の便宜を考慮したためであった．1979年の年会からシンポジウムはなくなり，春の年会は2日間の研究発表が主体となった．1993年からは評議員会や編集委員会を研究発表会の前日に行うようになり，年会は3日間となった．また，この年会では「日本産フナ属魚類の分類と系統進化」というサテライト研究集会が年会前日に行われた．春季に東京で開催される年会は1995年まで続き，会場は国立科学博物館（上野本館，新宿分館）あるいは東京水産大学であった．年会の参加者増加によって，研究発表会は2会場で平行して行われるようになった．

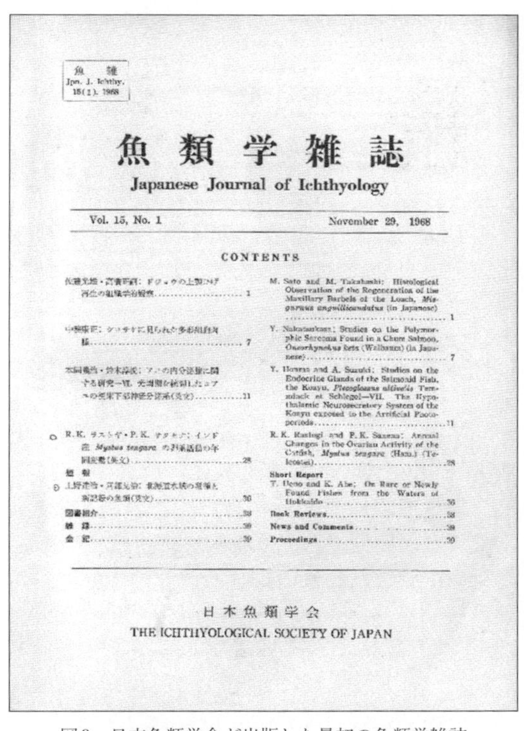

魚雑
Jpn. J. Ichthy.
15(1): 1968

魚類学雑誌
Japanese Journal of Ichthyology

Vol. 15, No. 1　　November 29, 1968

CONTENTS

M. Sato and M. Takahashi: Histological Observation of the Regeneration of the Maxillary Barbels of the Loach, *Misgurnus anguillicaudatus* (in Japanese) 1
Y. Nakatsukasa: Studies on the Polymorphic Sarcoma Found in a Chum Salmon, *Oncorhynchus keta* (Walbaum) (in Japanese) 7
Y. Honma and A. Suzuki: Studies on the Endocrine Glands of the Salmonoid Fish, the Ayu, *Plecoglossus altivelis* Temminck et Schlegel—VII. The Hypothalamic Neurosecretory System of the Ayu exposed to the Artificial Photoperiods 11
R. K. Rastogi and P. K. Saxena: Annual Changes in the Ovarian Activity of the Catfish, *Mystus tengara* (Ham.) (Teleostei) 28
Short Report
T. Ueno and K. Abe: On Rare or Newly Found Fishes from the Waters of Hokkaido 36
Book Reviews 38
News and Comments 39
Proceedings 39

日本魚類学会
THE ICHTHYOLOGICAL SOCIETY OF JAPAN

図3　日本魚類学会が出版した最初の魚類学雑誌

魚類学会年会に続けて水産学会春季大会に参加する会員の割合が低くなってきたため，年会を春に開催する必然性はなくなり，1996年から日本魚類学会年会は秋に開催されるようになった．また，開催場所は東京だけでなく，全国各地で開催されるようになった．最初の地方開催の年会は北海道大学函館キャンパスで1996年10月に行われた．この年会では10月1〜4日に編集委員会・評議員会・研究発表会・サテライトシンポジウムが函館で開催され，さらに10月5日に苫小牧でもう1つのサテライトシンポジウムも行われた．1997年に横須賀市自然博物館（現横須賀市自然・人文博物館）で開催された年会では研究発表が3日間となり，編集委員会・評議員会とシンポジウムで5日間の年会となった．この年会からオークションが行われるようになった．オークションでは学会員から提供された書籍などを販売し，その収入を学会活動のために使用するようになった．オークションは若手研究者を始めとした多くの会員に入手しにくい書籍を提供する場となっている．

翌1998年に高知大学で開催された年会も5日間の日程で行われた．1999年の九州大学での年会では，ポスター発表を増やして研究発表を2日間とし，全体で4日間の年会とした．これ以降年会は4日の日程で行われるようになり，神奈川県立生命の星・地球博物館（2000年），鹿児島大学（2001年），信州大学（2002年），京都大学（2003年），琉球大学（2004年），東北大学（2005年），東海大学（2006年），北海道大学札幌キャンパス（2007年），愛媛大学（2008年），東京海洋大学（2009年），三重大学（2010年），弘前大学（2011年），水産大学校（2012年），宮崎大学（2013年）と全国各地で開催を続け，2014年には再び神奈川県立生命の星・地球博物館で開催された．その後，2015年には近畿大学，2016年には岐阜大学で年会が開催され，2017年には再度，北海道大学函館キャンパスで開催された．

シンポジウムと秋の集談会　春の年会時のシンポジウムは前述のとおり1973年が最初で「外国産移殖魚の現状と功罪」というテーマで7題の講演があった．一方，「秋の集談会」は1972年から始まり，日本水産学会秋季大会に合わせて開催された．第1回は1972年10月4日，同年に亡くなった蒲原稔治の業績を顕彰する講演や高知県の魚類に関する発表が高知大学で行われた．翌年からはテーマを定め，1973年は鹿児島大学で「南九州の魚類について」，第3回は京都大学で「アユのはなし」，第4回は長崎大学で「東シナ海大陸斜面周辺の魚類」，第5回は水産大学校で「中国地方の魚類について」，第6回は東北大学で「サケ科魚類の回帰と資源管理」と毎年開催された．日本魚類学会秋の集談会は1977年に終了し，1978年からは春の年会時に催されてきたシンポジウムを秋に開催するようになった（1978年は春秋ともにシンポジウムが開催された）．春に開催していた年会の研究発表数が増加したため，シンポジウムの時間が取れなくなったのである．そして，秋季のシンポジウムはこれ以降，1984年を除いて毎年開催された．さらに，1996年から年会を秋に開催することになると年会の日程を1日（1996年は2日）延ばして，シンポジウムを年会最終日に行うようになった．また，前述のシンポジウムとは別に「市民公開シンポジウム」を日本魚類学会自然保護委員会が主体となって開催を続けている．

魚類に関する国際会議　日本魚類学会が初めて取り組んだ国際会議は第2回インド・太平洋魚類国際会議（IPFC2）であった（当時使用した名称は第2回太平洋・インド洋の魚類に関する国際研究会議）．主催は第2回太平洋・インド洋の魚類に関する国際研究会議組織委員会，日本魚類学会が共催，国立科学博物館が後援，農林水産省が協賛で組織され，明仁皇太子殿下（1989年より天皇陛下）がIPFC2の名誉総裁となり，1985年7月28日から8月3日の期間に国立科学博物館（東京）で開催された（図4）．

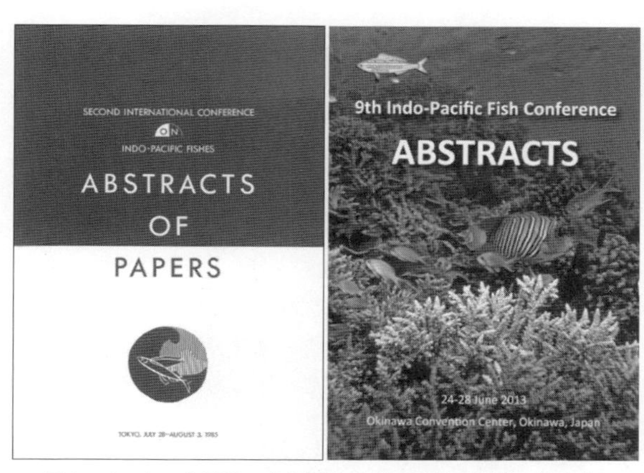

図4　インド・太平洋の魚類国際会議の講演要旨集．（左）第2回，（右）第9回

IPFC2から28年後の2013年，第9回インド・太平洋魚類国際会議（IPFC9）が沖縄県宜野湾市の沖縄コンベンションセンターで開催された．この国際会議は第9回インド・太平洋魚類国際会議組織委員会が主催し，日本魚類学会が共催した．IPFC2の参加者は約250人だったが，IPFC9の参加者は530人を超えた．また，IPFC2の時には日本の大学院生の発表は多くなかったが，IPFC9では大学院生を含む多くの若手会員が発表した．

また，2000年に天皇陛下在位10周年記念式典の一環として，日本魚類学会，国立科学博物館，東京大学海洋研究所の共催による「魚類の多様性に関する国際シンポジウム―生物多様性の理解の新たな地平を目指して」と題するシンポジウムが国立科学博物館において開催された．2008年には日本魚類学会と国立科学博物館の共催によって，「魚類の系統と多様性に関する国際シンポジウム」が同博物館において開催された．

魚類学会の学会誌や学会発表の研究内容　魚類学が分類学や系統学，形態学を中心にしながら発展してきたため，日本魚類学会の学会誌や年会における論文や研究発表においても，1970年代まではそれらの分野に関するものが多かった．しかし，1980年代に入ると生態学や行動学に関する発表数が増加し，最近では発表数の半分あるいはそれ以上となることもある．また，20世紀末から生物多様性や地球環境の危機に社会の注意が向くようになったが，学会の発表においても絶滅危惧種の保護や魚類の生息環境保全に関する発表が増加している．学会における研究内容が多様性を見せているのは，現代社会の状況を反映しているといえよう．ただし，日本魚類学会は魚類に関する基礎研究に軸足を置いていることは学会設立当初から現在まで変わっていない．この点は学会として今後も留意すべきであろう．また，毎年10種前後の新種が日本から報告されていることを考慮すると，日本の魚類の多様性は依然として解明されていないことがわかる．日本魚類学会は今後も日本および周辺海域・地域における魚類の多様性解明のために活動を続ける必要がある．

おわりに　以上のように日本魚類学会は設立以来，会誌の発行，研究発表会やシンポジウムの開催をほぼ定期的に行い，順調に発展してきたように見える．しかし，大きな問題に直面することもあった．例えば2004年には学会事務を委託していた日本学会事務センターが倒産し，当時の幹事会が全ての事務処理を負担せざるを得ないという危機的な状況に陥ったが，幹事会の奮闘によって危機を乗り越えた．この50年の間にはさまざまなことがあったが，当時の学会の舵を取り，牽引した先輩諸氏の力や会員の協力によって，今の日本魚類学会が存在していると言っても過言ではない．2017年にはIchthyological Researchのインパクトファクターが1.28となり，動物学関係の学術誌の中で確固たる地位を占めるようになった．また，インド・太平洋の魚類国際会議を1985年と2013年に開催しことから明らかなように，アジア地域および世界の魚類学をリードする地歩を確立したといえよう．

表1　日本魚類学会および日本の魚類学の歴史．2年の会長任期を年度によって定めている時代があるため，複数者が1年に登場する場合がある．その場合，斜線を付して氏名を併記した

年	魚類学会の活動と関連事項	年会開催場所	会　長	魚類学と魚類分類に関する国内主要出版物
1895				Mitsukuri, K.「On a new genus of the chimaeroid group *Hariotta*」（日本人初の魚類の新種記載—テングギンザメ），Ishikawaの「A preliminary note on the fishes of Lake Biwa」（日本人初の淡水魚の新種記載—ゼゼラ）
1911				田中茂穂『日本産魚類図説』出版開始
1913				Jordan et al.「A catalogue of the fishes of Japan」
1938				岡田彌一郎他『日本産魚類検索』
1946	魚の会結成			
1950	魚の会による『魚類学雑誌』創刊			蒲原稔治『土佐及び紀州の魚類』
1955				松原喜代松『魚類の形態と検索』
1963				阿部宗明『原色魚類検索図鑑』，宮地伝三郎『原色日本淡水魚類図鑑』，松原喜代松『動物系統分類学9脊椎動物魚類』，中村守純『原色淡水魚類検索図鑑』
1965				松原喜代松他『魚類学（上）』
1967	日本魚類学会設立準備開始			
1968	日本魚類学会設立，『魚類学雑誌』15巻1号発行	日本大学農獣医学部（設立総会）	岡田彌一郎	
1969		東京大学総合研究資料館	岡田彌一郎	
1970		国立科学博物館	阿部宗明	
1971		東京水産大学	阿部宗明	岩井保『魚学概論』
1972	『松原喜代松博士記念号』発行（19巻4号）	東京水産大学	阿部宗明／石山禮蔵	
1973		東京水産大学	石山禮蔵	
1974		東京水産大学	石山禮蔵／黒沼勝造	
1975		東京水産大学	黒沼勝造	益田一他『魚類図鑑南日本の沿岸魚』
1976		東京水産大学	黒沼勝造／中村守純	
1977		東京水産大学	中村守純	
1978		東京水産大学	中村守純／阿部宗明	
1979		東京水産大学	阿部宗明	

（続き）

年	魚類学会の活動と関連事項	年会開催場所	会長	魚類学と魚類分類に関する国内主要出版物
1980		東京水産大学	阿部宗明/石山禮蔵	
1981	日本魚類学会編『魚名大辞典』	東京水産大学	石山禮蔵	
1982		東京水産大学	石山禮蔵/中村守純	
1983		国立科学博物館	中村守純	
1984		東京水産大学	中村守純/上野輝彌	
1985	第2回インド・太平洋魚類国際会議共催	国立科学博物館	上野輝彌	岩井保『水産脊椎動物学Ⅱ魚類』
1986		東京水産大学	上野輝彌/岩井 保	Uyeno et al.「Indo-Pacific Fish Biology」
1987		国立科学博物館	岩井 保	
1988		東京水産大学	岩井 保/上野輝彌	沖山宗雄『日本産稚魚図鑑』
1989		国立科学博物館	上野輝彌	川那部浩哉他『日本の淡水魚』
1990		東京水産大学	上野輝彌/落合 明	
1991		国立科学博物館	落合 明	
1992		東京水産大学	落合 明/岩井 保	
1993		国立科学博物館	岩井 保	中坊徹次『日本産魚類検索—全種の同定』
1994		東京水産大学	岩井 保/沖山宗雄	
1995		東京水産大学	沖山宗雄	
1996	「Ichthyological Research (IR)」創刊・和文誌『魚類学雑誌』(43巻) 発行	北海道大学水産学部	沖山宗雄/尼岡邦夫	
1997	学会ホームページ公開	横須賀市自然博物館	尼岡邦夫	岡村収他『日本の海水魚』
1998	日本魚類学会監修『日本の希少淡水魚の現状と系統保存』	高知大学朝倉キャンパス	沖山宗雄	
1999		九州大学法文系キャンパス	沖山宗雄	
2000		神奈川県立生命の星・地球博物館	尼岡邦夫	中坊徹次『日本産魚類検索—全種の同定』第2版
2001	IRをシュプリンガー・フェアラークから発行，自然保護委員会設立	鹿児島大学工学部	尼岡邦夫	
2002	学会賞選考委員会設立，日本魚類学会史委員会設立，自然保護委員会編『川と湖沼の侵略者ブラックバス』	信州大学松本キャンパス	松浦啓一	中坊徹次『日本産魚類検索—全種の同定』英語版

(続き)

年	魚類学会の活動と関連事項	年会開催場所	会 長	魚類学と魚類分類に関する国内主要出版物
2003	標準和名検討委員会，電子情報委員会設立	京都大学農学部	松浦啓一	
2004	日本学会事務センター破産，学会事務を国際文献印刷社に委託	琉球大学理学部	西田 睦	
2005		東北大学農学部	西田 睦	
2006		静岡県コンベンションアーツセンター	松浦啓一	
2007		北海道大学学術交流会館	松浦啓一	
2008	男女共同参画委員会設立	愛媛大学城北キャンパス	西田 睦	
2009	自然保護委員会編『干潟の海に生きる魚たち』	東京海洋大学品川キャンパス	西田 睦	
2010		三重県文化会館	後藤 晃	
2011	自然保護委員会編『絶体絶命のイタセンパラ』	弘前大学文京町キャンパス	後藤 晃	
2012		水産大学校	木村清志	
2013	第9回インド・太平洋魚類国際会議共催，自然保護委員会編『見えない脅威“国内外来魚”』	宮崎観光ホテル	木村清志	中坊徹次『日本産魚類検索―全種の同定』第3版
2014		神奈川県立生命の星・地球博物館	矢部 衞	沖山宗雄『日本産稚魚図鑑』第2版
2015		近畿大学奈良キャンパス	矢部 衞	
2016	自然保護委員会編　淡水魚保全の挑戦出版，学会活動に関するアンケート実施	岐阜大学	桑村哲生	
2017	一般社団法人日本魚類学会発足	北海道大学函館キャンパス	桑村哲生／細谷和海*	矢部衞他『魚類学』
2018	日本魚類学会設立50周年	国立オリンピック記念青少年総合センター	細谷和海	

＊2017年に魚類学会は任意団体から一般社団法人へ移行したため，会長任期が通常と異なる

［木村清志・松浦啓一］

付録3 日本魚類学会の現在

一般社団法人日本魚類学会に関する詳しい情報は，その公式ホームページ（http://www.fish-isj.jp）に掲載されている．会則（定款）や入会方法についても記載してあるので，興味のある方はアクセスしてみていただきたい．

これまでの学会活動の内容については，付録2「日本魚類学会の歴史」に詳しく紹介されているので，本項では現在の学会活動の概要を簡単に紹介した後に，この学会を構成する会員の属性と専門分野について少し詳しく紹介することにしたい．

学会の活動　魚類学会の現在の主な活動は以下の4点である．

①年会の開催：年1回，秋に4日間の日程で年会を開催し，総会・各種委員会，研究発表（口頭発表とポスター発表），シンポジウム（1～数件）などを実施している．2018年度の年会は50回目にあたり，魚類学会設立50周年記念大会と位置付けて，記念事業の1つとして公開シンポジウムを開催し，魚類学会の歴史を振り返るとともに，若手・中堅研究者に次世代の魚類学について提言してもらう．

②学会誌の発行：英文誌 Ichthyological Research 年4号と和文誌『魚類学雑誌（Japanese Journal of Ichthyology）』年2号を発行している．和文誌の掲載論文には英文要旨も付いている．また，英文誌掲載論文の和文要旨を和文誌に掲載している．いずれも冊子体と電子媒体の両方で読むことができる．

英文誌は会員以外からの投稿も認めており，現在では投稿者の6割以上を海外の研究者が占めている．また，英文誌に掲載された論文を引用しているのも8割以上が海外の研究者である．2016年のインパクトファクター（掲載論文の引用率）は1.2を越え，魚類学の専門誌として世界のトップジャーナルの地位を占めるに至っている．

③市民公開講座の開催：自然保護委員会の主催で，主として日本産魚類の保全をテーマとして，会員のみならず一般市民にも公開するシンポジウムを年1回開催している．

④書籍の出版：本事典をはじめ『日本産魚名大辞典』（1981年）など，学会編の書籍を随時発行している．

会員の属性　2016年12月に学会設立50周年記念事業の1つとして，会員にアンケート調査を実施した．その際に会員の属性についても調査・集計した．会員数は当時と現在で大きくは変わっていないので，以下は特に断らない限り2016年12月現在のデータに基づく．

①会員種別と性別：会員は一般会員，学生会員，外国会員，名誉会員，賛助会員，団体会員の6種類に区分され，それぞれの年会費が設定されている．それぞ

れの人数は，一般940，学生145，外国68，名誉6（以上小計1,159人），賛助1，団体76であり，一般会員が75%を占める．

個人会員のうち女性が占める割合は，一般5%，学生21%，外国12%，名誉0%ときわめて低い．学生会員では約2割いるものの，一般会員になると5%に激減するのは，この分野での女性の就職（特に大学などの研究機関への就職）がきわめて難しいという現実を反映している．学会内に男女共同参画委員会が置かれて10年が経過したが，事態の改善には至っておらず，今後の課題である．

②所属地区：北海道から沖縄まで日本の全県に会員がいる．トップ10は，東京90，神奈川85，北海道77，大阪62，沖縄56，静岡54，千葉52，愛知44,京都42，滋賀40で，以上で全体の半数を占めている．

外国会員の数は1993年がピークで222人だったが，その後は減少して2007年以降は100人を切っている．その理由の1つは，2007年に英文誌への投稿資格を非会員にも開放したことにある．それによって外国会員は減少したものの，海外からの投稿が増加して，英文誌の国際化が実現した．

③所属機関：学生会員はほとんどが大学に所属しているが（大学院生または学部生），まれに高校生もいることがある．一般会員と外国会員について所属（職種）を集計してみると，やはり一番多いのは大学310（36%）で，次いで水産研究所・試験場などの水産関係152（18%），環境調査･コンサル関係137（16%），水族館･博物館など115（13%）となっており，これらで8割以上を占めている．

大学・研究所・博物館で約半数を占めていることから，みずから研究し論文を書く会員と，その情報を必要とする会員がちょうど半々くらいという構成になっている．

専門分野　魚類学は魚類を研究対象とする生物学であり，生物学のさまざまな分野を含んでいる．本事典の章立てに準じて，分類，系統，形態，分布，生態，行動，生理，発生，遺伝，保全（保護）の10分野に分けて，会員の構成を見てみる．この分析には次の4種類のデータを用いた（次頁表1）．①入会時に会員みずからが申請・登録した分野（2016年12月の会員属性調査に基づく），②年会の研究発表数（2017年9月年会の口頭発表およびポスター発表；シンポジウムは除く），③和文誌『魚類学雑誌』の投稿論文数（2016～17年7月），④英文誌Ichthyological Researchの投稿論文数（2016～17年7月）．

①会員登録：登録された分野では，生態が28%，分類が22%で，両者で約半数を占めている（次頁表1）．また，分野を記入していない会員が約半数いることから，前述したように，非研究者が会員の約半数を占めていると考えられる．

②年会発表数：2017年度年会の口頭発表とポスター発表では，分類，分布，生態，遺伝がほぼ同数で，それぞれ15%弱を占めていた（次頁表1）．遺伝にはDNAを用いた研究を含めたため多くなったと思われる．分類あるいは生態とし

表1　魚類学会会員の専門分野

分　野	会員登録数（2016年12月）	%	年会発表数（2017年9月）	%	和文誌投稿数（2016～17年7月）	%	英文誌投稿数（2016～17年7月）	%
分　類	140	22.2	28	14.5	19	25.3	54	20.9
系　統	16	2.5	19	9.8	0	0.0	4	1.6
形　態	21	3.3	13	6.7	0	0.0	21	8.1
分　布	42	6.7	28	14.5	7	9.3	—	—
生　態	176	27.9	28	14.5	9	12.0	63	24.4
行　動	25	4.0	17	8.8	1	1.3	7	2.7
生　理	13	2.1	6	3.1	0	0.0	19	7.4
発　生	39	6.2	12	6.2	1	1.3	9	3.5
遺　伝	49	7.8	28	14.5	5	6.7	28	10.9
保　全	69	11.0	11	5.7	—	—	—	—
その他	40	6.3	3	1.6	33	44.0	53	20.5
計	630	100.0	193	100.0	75	100.0	258	100.0

＊「—」としたのは集計区分に入っていない分野

て会員登録していた会員が，最近はDNAを用いるようになってきたことも，この数字に反映されていると思われる．

③和文誌『魚類学雑誌』投稿論文数：分類が25％と多く，次いで生態の12％になっている．保全関係のシリーズものも掲載されているが，編集委員会の分類では「その他」に含まれているので，その正確な数字は不明である．著者（共著者を含む）の約8割は大学か研究所に所属している．

④英文誌Ichthyological Research投稿論文数：生態が24％，分類が21％とやはりこの2分野で半数近くを占めている．先に述べたように英文誌は非会員でも投稿できるようになっているが，①の会員登録の分野比率とよく似た結果になっており，日本と世界で魚類学者の分野構成に大きな違いはないことがうかがえる．英文誌では著者の9割近くが大学か研究所の所属である．

以上見てきたように，本事典の章によっては学会員が少ない分野もあることから，会員以外にも執筆を依頼した．

おわりに　日本魚類学会は2017年9月に任意団体から非営利型の一般社団法人に変わり，より安定した学会運営による研究の発展と社会貢献を目指している．

［桑村哲生］

引用・参照文献

＊五十音順ならびにアルファベット順に掲載．また同一の場合は出版年順とした．
＊［参］と示したものは参照文献．それ以外は引用文献．

【1章　分類】

探検航海―未知の魚を求めて

［参］西村三郎（1999）『文明のなかの博物学―西欧と日本』上・下，紀伊國屋書店

［参］Takigawa, Y.（2016）Japanese ichthyological objects and knowledge gained in contact zones by the Krusenstern Expedition. In: Klemun, M. and Spring, U.（eds.）*Expeditions as Experiments*, pp 73-96, Palgrave Macmillan

日本の魚類分類学史

［参］松浦啓一（監訳）（2007）『魚類』朝倉書店

［参］松浦啓一（2017）『動物分類学』東京大学出版会

［参］Matsuura, K.（1997）Fish collection building in Japan, with comments on major Japanese ichthyologists. In: Pietsch, T. W. and Anderson, W. D. Jr.（eds.）*Collection building in ichthyology and herpetology. Amer Soc Ichthyol Herpetol, Spec Publ 3.* pp 171-182

魚類の多様性

日本魚類学会「日本産魚類の追加種リスト」［http://www.fish-isj.jp/info/list_additon.html（参照 2017-06-22）］

Eschmeyer, W. N. and Fong, J. D.（2017）*Species by family / subfamily in the catalog of fishes.*［http://researcharchive.calacademy.org/research/ichthyology/catalog/SpeciesByFamily.asp（参照 2017-04-28）］

Nelson, J. S., Grande, T. C. and Wilson, M. V. H.（2016）*Fishes of the world*（*5th edition*）. John Wiley & Sons

［参］矢部　衞・桑村哲生・都木靖彰（編）（2017）『魚類学』恒星社厚生閣

学名とは何か

［参］西村三郎（1989）『リンネとその使徒たち―探検博物学の夜明け』人文書院

［参］松浦啓一（2009）『動物分類学』東京大学出版会

標準和名―日本独自の命名体系

［参］瀬能　宏（2002）「標準和名の安定化に向けて」奥谷喬司・青木淳一・松浦啓一（編著）『虫の名、貝の名、魚の名―和名にまつわる話題』東海大学出版会, pp 192-225

［参］瀬能　宏（2012）魚類における標準和名の考え方と日本魚類学会の取り組み. Panmixia, 17, pp 37-44

分類形質

Imamura, H. (2012) Validity and redescription of a flathead fish, *Onigocia macrocephala* (Weber, 1913) (Teleostei: Platycephalidae). *Zootaxa*. 3450, pp 23-32

分類群

Sasaki, D. and Kimura, S. (2014) Taxonomic review of the genus *Hypoatherina* Schultz 1948 (Atheriniformes: Atherinidae). *Ichthyol Res*, DOI 10.1007/s10228-014-0391-1 fig.2

種概念

[参]松本俊吉（編著）(2010)『進化論はなぜ哲学の問題になるのか—生物学の哲学の現在（いま）』勁草書房

上位分類群

Nelson, J. S. (1976) *Fishes of the world*. John Wiley & Sons

Nelson, J. S., Grande, T. C. and Wilson M. V. H. (2016) *Fishes of the world* (*5th edition*). John Wiley & Sons

[参]大久保憲秀（2014)『学名語の初中級文法—動物方言』東海大学出版部

[参]Nelson, J. S. (1984) *Fishes of the world* (*2nd edition*). John Wiley & Sons

新 種

動物命名法国際審議会(2000)『国際動物命名規約』第4版，日本語版，日本動物分類学関連学会連合

International Commission on Zoological Nomenclature (ICZN) (2012) Amendment of Articles 8, 9, 10, 21 and 78 of the International Code of Zoological Nomenclature to expand and refine methods of publication. *Zookeys*, 219, p 3944

International Commission on Zoological Nomenclature (ICZN) (2017) Declaration 45-Addition of Recommendations to Article 73 and of the term "specimen, preserved" to the Glossary. *Bull Zool Nomencl*, 73, pp 96-97

タイプ概念

[参]動物命名法国際審議会（2000)『国際動物命名規約』第4版，日本語版，日本動物分類学関連学会連合

[参]馬渡峻輔（2006)『動物分類学30講』朝倉書店

シノニム

動物命名法国際審議会（2000)『国際動物命名規約』第4版，日本語版，日本動物分類学関連学会連合

国際動物命名規約

動物命名法国際審議会（2000)『国際動物命名規約』第4版，日本語版，日本動物分類学関連学会連合

野田泰一・西川輝昭（2013）国際動物命名規約第4版の2012 年9月改正．タクサ，34，pp 71-76，日本動物分類学会

[参]大久保憲秀（2006)『動物学名の仕組み—国際動物命名規約第4版の読み方』伊藤印刷出版部

[参]中坊徹次・平嶋義宏（2015）『日本産魚類全種の学名―語源と解説』東海大学出版部

分子分類

中坊徹次（編）（2013）『日本産魚類検索―全種の同定』第3版，東海大学出版会，pp 99-116
[参]西田　睦（1999）「自然史研究における分子的アプローチ」松浦啓一・宮　正樹（編著）『魚の自然史―水中の進化学』北海道大学出版会

検 索

[参]中坊徹次（編）（2013）『日本産魚類検索―全種の同定』第3版，東海大学出版会
[参]松原喜代松（1955）『魚類の形態と検索』I-III，石崎書店

同 定

中坊徹次（編）（2013）『日本産魚類検索―全種の同定』第3版，東海大学出版会
Harrison I. J., Chakrabarty P., Freyhof J., et al.（2011）Correct nomenclature and recommendations for preserving and cataloguing voucher material and genetic sequences. *J Fish Biol*, 78, pp 1283-1290
Iwatsuki, Y. and Heemstra, P. C.（2007）A new gerreid fish species and redescription of *Gerres maldivensis* Regan, 1902 from the Indian Ocean（Perciformes: Gerreidae）. *Copeia*, 2007, pp 85-92

標本データベース

[参]松浦啓一（編著）（2014）『標本学―自然史標本の収集と管理』第2版，東海大学出版会
[参]Matsuura, K.（1997）Fish collection building in Japan, with comments on major Japanese ichthyologists. In: Pietsch, T. W. and Anderson, W. D. Jr.（eds.）*Collection building in ichthyology and herpetology. Amer Soc Ichthyol Herpetol, Spec Publ 3.* pp 171-182

図鑑と分類学

[参]内田清之助（代表，他）（1947）『日本動物圖鑑』改訂増補版，北隆館
[参]国立国会図書館デジタルコレクション．[http://dl.ndl.go.jp/]
[参]中島　淳・内山りゅう（2017）『日本のドジョウ―形態・生態・分化と図鑑』山と渓谷社

国際データベース／新種はどこから見つかるのか

[参]松浦啓一（2017）『したたかな魚たち』KADOKAWA

【2章　系統】

魚類系統解析の歴史―形態から遺伝子へ

Broughton, R. E., Betancur-R, R., Li, C., et al.（2013）Multi-locus phylogenetic analysis reveals the pattern and tempo of bony fish evolution. *PLoS Currents*, 5, DOI: 10.1371/currents.tol.2ca8041495ffafd0c92756e75247483e
Greenwood, P. H., Rosen, D. E., Weitzman, S. H., et al.（1966）Phyletic studies of teleostean fishes, with a provisioinal classification of living forms. *Bull Am Mus Nat Hist*, 131, pp 339-456

Miya, M., Takeshima, H., Endo, H., et al. (2003) Major patterns of higher teleostean phylogenies: a new perspective based on 100 complete mitochondrial DNA sequences. *Mol Phylogenet Evol*, 26, pp 121-138

Near, T. J., Eytan, R. I., Dornburg, A., et al. (2012). Resolution of ray-finned fish phylogeny and timing of diversification. *Proc Natl Acad Sci*, 109(34), pp 13698-13703

❖化石から見た魚類大系統

Gai, Z., Donoghue, P. C. J., Zhu, M., et al. (2011) Fossil jawless fish from China foreshadows early jawed vertebrate anatomy. *Nature*, 476, pp 324-327

Zhu, M., Zhao, W., Jia, L., et al. (2009) The oldest articulated osteichthyan reveals mosaic gnathostome characters. *Nature*, 458, pp 496-474

[参]シュービン，ニール（著）・垂水雄二（訳）(2008)『ヒトのなかの魚、魚のなかのヒト―最新科学が明らかにする人体進化35億年の旅』早川書房

[参]土屋　健 (2014)『デボン紀の生物』技術評論社

❖無顎類の系統進化

Eschmeyer W. N. and Fong, J. D. (2016) Catalog of fishes. Species of Fishes by family/subfamily. [http://research.calacademy.org/ichthyolog/catalog/family (参照2017-08)]

[参]工樂樹洋 (2012)「ゲノム重複と脊椎動物の成立」日本進化学会(編)『進化学事典』pp 336-340, 共立出版

[参]宮田　隆 (2014)『分子からみた生物進化―DNAが明かす生物の歴史』講談社

❖軟骨魚類の系統進化

宮　正樹 (2016)『新たな魚類大系統―遺伝子で解き明かす魚類3万種の由来と現在』慶應義塾大学出版会

Shirai, S. (1992) *Squalean phylogeny: a new framework of "squaloid" sharks and related taxa.* Hokkaido University Press

Naylor, G. J. P., Caira, J. N., Jensen, K., et al. (2012) Elasmobranch phylogeny: A mitochondrial estimate based on 595 species. In: Carrier, J. C., Musick, J. A. and Heithaus, M. R. (eds.) *The biology of sharks and their relatives*. CRC Press, pp 31-56

Nelson, J. S., Grande, T. C. and Wilson, M. V. (2016) *Fishes of the world (5th edition)*. John Wiley & Sons

❖古代魚の系統進化

Inoue, J., Sato, Y., Sinclair, R., et al. (2015) Rapid genome reshaping by multiple-gene loss after whole-genome duplication in teleost fish suggested by mathematical modeling. *Proc Natl Acad Sci U S A*, 112(48), pp 14918-14923

❖下位真骨類の系統進化

Inoue, J. G., Miya, M., Tsukamoto, K., et al. (2003) Basal actinopterygian relationships: a mitogenomic perspective on the phylogeny of the "ancient fish." *Mol Phylogenet Evol*, 26(1), pp 110-120

ニシン・骨鰾類の系統進化（※種数の典拠とした文献含む）

荒山和則・松崎慎一郎・増子勝男他（2012）霞ケ浦における外来種コウライギギ（ナマズ目ギギ科）の採集記録と定着のおそれ. 魚類学雑誌, 59, pp 141-146

環境省自然環境局野生生物課希少種保全推進室（編）（2015）『レッドデータブック2014―日本の絶滅の恐れのある野生生物―4 汽水・淡水魚類編』ぎょうせい

斉藤憲治（2014）コイ科魚類の系統と分類. 海洋と生物, 210, pp 116-124, 生物研究社

中島　淳・内山りゅう（2017）『日本のドジョウ』山と渓谷社

中坊徹次（編）（2013）『日本産魚類検索―全種の同定』第3版，東海大学出版会

萩原富司（2017）霞ヶ浦で確認された外来魚ダントウボウ（コイ目コイ科）の採集記録. 伊豆沼・内沼研究報告，11, pp 75-81

Bohlen, J. and Slechtova, V.（2009）Phylogenetic position of the fish genus *Ellopostoma*（Teleostei: Cypriniformes）using molecular genetic data. *Ichthyol Explor Freshw*, 20, pp 157-162

Fink, S. V. and Fink, W. L.（1981）Interrelationships of the ostariophysan fishes. *Zool J Linn Soc*, 72(4), pp 297-353

Kobayakawa, M.（1992）Comparative morphology and development of bony elements in the head region in three species of Japanese catfishes（*Silurus*: Siluridae; Siluriformes）. *Jpn J Ichthyol*, 39, pp 25-36

Lavoue, S., Miya, M., Inoue, J. G., et al.（2005）Molecular systematics of the gonorynchiform fishes（Teleostei）based on whole mitogenome sequences: Implications for higher-level relationships within the Otocephala. *Mol Phylogenet Evol*, 37, pp 165-177

Nakatani, M., Miya, M., Mabuchi, K., et al.（2011）Evolutionary history of Otophysi（Teleostei）, a major clade of the modern freshwater fishes: Pangaean origin and Mesozoic radiation. *BMC Evol Biol*, 11, 177

Nelson, J. S., Grande, T. C. and Wilson, M. V. H.（2016）*Fishes of the world*（*5th edition*）. John Wiley & Sons

Sakai, H. and Amano, S.（2014）A new subspecies of anadromous Far Eastern dace, *Tribolodon brandtii maruta* subsp. nov.（Teleostei, Cyprinidae）from Japan. *Bull Natl Mus Nat Sci*, *Ser. A*（*Zoology*）, 40, pp 219-229

Staab, K. L., Ferry, L.. A. and Hernandez, L. P.（2012）Comparative kinematics of cypriniform premaxillary protrusion. *Zool*, 115(2), pp 65-77

下位正真骨類の系統進化

宮　正樹（2016）『新たな魚類大系統―遺伝子で解き明かす魚類3万種の由来と現在』慶應義塾大学出版会

Betancur-R, R., Wiley, E. O., Arratia, G., et al.（2017）Phylogenetic classification of bony fishes. *BMC Evol Biol*, 17, 162

Greenwood, P. H., Rosen, D. E., Weitzman, S. H., et al.（1966）Phyletic studies of teleostean fishes, with a provisional classification of living forms. *Bull Am Mus Nat Hist*, 131, pp 339-456

Ishiguro, N. B., Miya M. and Nishida, M.（2003）Basal euteleostean relationships: a mitogenomic perspective on the phylogenetic reality of the "Paracanthopterygii". *Mol Phylogenet Evol*, 27, pp 476-488

Nelson, J. S., Grande, T. C. and Wilson, M. V.（2016）*Fishes of the world*（*5th edition*）. John Wiley & Sons

⁂棘鰭類の系統進化

Alfaro, M. E., Faircloth, B. C., Harrington, R. C., et al. (2018) Explosive diversification of marine fishes at the Cretaceous-Palaeogene boundary. *Nat Ecol Evol*, 2, pp 688-696

Betancur-R, R., Wiley, E. O., Arratia, G., et al. (2017) Phylogenetic classification of bony fishes. *BMC Evol Biol*, 17, 162

Nelson, J. S., Grande, T. C. and Wilson, M. V. H. (2016) *Fishes of the world* (*5th edition*). John Wiley & Sons

Rosen, D. E. (1973) Interrelationships of higher euteleostean fishes. In: Greenwood, P. H., Miles, R. S. and Patterson, C. (eds.) *Interrelationships of fishes*. Academic Press, pp 397-513

[参]宮　正樹 (2016)『新たな魚類大系統—遺伝子で解き明かす魚類3万種の由来と現在』慶應義塾大学出版会

⁂硬骨魚類の新たな分類体系

Betancur-R, R., Wiley, E. O., Arratia, G., et al. (2017) Phylogenetic classification of bony fishes. *BMC Evol Biol*, 17, 162

Nelson, J. S., Grande, T. C. and Wilson, M. V. (2016) *Fishes of the world* (*5th edition*). John Wiley & Sons

⁂ウナギもマグロも祖先は深海魚

Inoue, J. G., Miya, M., Miller, J. M., et al. (2010) Deep-ocean origin of the freshwater eels. *Biology Lett*, 6, pp 363-366

Miya, M., Friedman, M., Satoh, T. P., et al. (2013) Evolutionary origin of the Scombridae (tunas and mackerels): members of a Paleogene adaptive radiation with 14 other pelagic fish families. *PLoS ONE*, 8, e73535

【3章　形態】

⁂外部形態

[参]岸本浩和・鈴木伸洋・赤川　泉 (編著) (2006)『魚類学実験テキスト』東海大学出版会

[参]矢部　衞・桑村哲生・都木靖彰 (編) (2017)『魚類学』恒星社厚生閣

⁂体形と遊泳

篠原現人・野村周平 (編著) (2016)『生物の形や能力を利用する学問バイオミメティクス』東海大学出版部

ピネ・ポール・R. (著), 東京大学海洋研究所 (監訳) (2006)『海洋学原著』第4版, 東海大学出版会

Barton, M. (2006) *Bond's biology of fishes* (*3rd edition*). Brooks/Cole Publishing Company, Pacific Grove

⁂雌雄の形態

[参]Helfman, G. S., Collette, B. B., Facey, D. E., et al. (2009) *The diversity of fishes: biology, evolution, and ecology* (*2nd edition*). Wiley-Blackwell

皮膚と色彩・斑紋

落合　明（編）(1987)『魚類解剖学』緑書房
[参]岩井　保（2005)『魚学入門』恒星社厚生閣
[参]日高敏隆（1998）魚の色と模様－その機能. 海洋と生物, 119, pp 451-456
[参]藤井良三（1998）魚類皮膚の色彩発現のメカニズム. 海洋と生物, 119, pp 457-465

鱗

落合　明（編）(1987)『魚類解剖学』緑書房
[参]岩井　保（2005)『魚学入門』恒星社厚生閣
[参]矢部　衞・桑村哲生・都木靖彰（編）(2017)『魚類学』恒星社厚生閣
[参]吉冨友恭（2007)『魚のウロコのはなし』成山堂書店

無顎類の形態

松原喜代松・落合　明・岩井　保（1974)『魚類学（上)』改訂3版, 恒星社厚生閣
松原喜代松・落合　明・岩井　保（1979)『新版魚類学（上)』恒星社厚生閣
Oisi, Y., Ota, K. G., Fujimoto, S., et al. (2013) Development of the chondrocranium in hagfishes, with special reference to the early evolution of vertebrates. *Zool Sci*, 30 (11), pp 944-961

顎の起源

Dupret, V., Sanchez, S., Goujet, D., et al. (2014) A primitive placoderm sheds light on the origin of the jawed vertebrate face. *Nature*, 507, pp 500-503
Gai, Z., Donoghue, P. C. J., Zhu, M., et al. (2011) Fossil jawless fish from China foreshadows early jawed vertebrate anatomy. *Nature*, 476, pp 324-327
Kuratani, S. (2012) Evolution of the vertebrate jaw from developmental perspectives. *Evol Dev*, 14, pp 76-92
Mallatt, J. (1984) Early vertebrate evolution: pharyngeal structure and the origin of gnathostomes. *J Zool*, 204, pp 169-183
Mallatt, J. (2008) Origin of the vertebrate jaw: neoclassical ideas versus newer, development-based ideas. *Zool Sci*, 25, pp 990-998
Shigetani, Y., Sugahara, F., Kawakami, Y., et al. (2002) Heterotopic shift of epithelial-mesenchymal interactions for vertebrate jaw evolution. *Science*, 296, pp 1319-1321

軟骨魚類の頭骨

後藤友明（1996）ネズミザメ上目の系統類縁関係—上位の類縁関係の推定. 月刊海洋, 28, pp 338-345
後藤友明・西田清徳（2001)「ジンベエザメの解剖学と系統進化」中坊徹次・町田吉彦・山岡耕作他（編)『以布利黒潮の魚—ジンベエザメからマンボウまで』大阪海遊館, pp 27-35
Compagno, L. J. V. (1988) *Sharks of the order Carcharnhiniformes*. Princeton University Press
Daniel, J. F. (1934) *The elasmobranch fishes (3rd edition)*. University California Press
Shirai, S. (1992) *Squalean phylogeny: a new framework of "squaloid" sharks and related taxa*. Hokkaido University Press
[参]Goto, T. (2001) Comparative anatomy, phylogeny and cladistic classification of the order Orectolobiformes (Chondrichthyes, Elasmobranchii). *Mem Graduate School Fish Sci*,

Hokkaido Univ, 48, pp 1-100

⁂軟骨魚類の顎

白井　滋（2005）「第6章 顎の出る話」松浦啓一（編著）『魚の形を考える』東海大学出版会, pp 201-228

Wilga, C. and Motta, P.（1998）Conservation and variation in the feeding mechanism of the spiny dogfish *Squalus acanthias*. *J Exp Biol*, 201, pp 1345-1358

[参]木村清志（監）(2010)『新魚類解剖図鑑』緑書房

[参]都木靖彰・今村　央・白井　滋（2017）「5章 骨格系」矢部　衞・桑村哲生・都木靖彰（編）『魚類学』恒星社厚生閣, pp 34-54

⁂軟骨魚類の歯

Luer, C. A., Blum, P. C. and Gilbert, P. W.（1990）Rate of tooth replacement in the nurse shark, *Ginglymostoma cirratum*. *Copeia*, 1990, pp 182-191

[参]後藤仁敏（2012）板鰓類の進化における歯の適応. 鶴見大学紀要, 49(3), pp 65-85

⁂サメ形からエイ形へ

Nishida, K.（1990）Phylogeny of the suborder Myliobatidoidei. *Mem Fac Fish, Hokkaido Univ*, 37, pp 1-108

Shirai, S.（1992）*Squalean phylogeny: a new framework of "squaloid" sharks and related taxa*. Hokkaido University Press

[参]白井　滋（1995）「第3章 サメ・エイ類の系統関係—形態学からの取組み」馬渡峻輔（編著）『動物の自然史—現代分類学の多様な展開』北海道大学図書刊行会, pp 168-182

⁂古代魚の頭骨と顎

Bemis, W. E.（1984）Morphology and growth of lepidosirenid lung-fish tooth plates（Pisces, Dipnoi）. *J Morphol*, 179, pp 73-93

Criswell, K. E.（2015）The comparative osteology and phylogenetic relationships of African and South American lungfishes（Sarcopterygii: Dipnoi）. *Zool J Linn Soc-Lond*, 174(4). April 2015, DOI: 10.1111/zoj.12255

Forey, P. L.（1998）*History of the coelacanth fishes*. Chapman and Hall

Grande, L.（2010）An empirical synthetic pattern study of gars（Lepisosteiformes）and closely related species, based mostly on skeletal anatomy. *Amer Soc Ichthyol Herpetol, Spec Publ 6*, pp 1-871

Grande, L. and Bemis, W. E.（1991）Osteology and phylogenetic relationships of fossil and recent paddlefishes（Polyodontidae）with comments on the interrelationships of Acipenseriformes. *J Vertebr Paleontol*, 11（S1）, pp 1-121

Grande, L. and Bemis, W. E.（1998）A comprehensive phylogenetic study of amiid fishes（Amiidae）based on comparative skeletal anatomy. An empirical search for interconnected patterns of natural history. *J Vertebr Paleontol*, 18（S1）, pp 1-696

⁂真骨類の頭骨

Imamura, H. and Yabe, M.（2002）Demise of the Scorpaeniformes（Actinopterygii:

Percomorpha): an alternative phylogenetic hypothesis. *Bull Fish Sci Hokkaido Univ*, 53, pp 107-128

Imamura, H. (2004) Phylogenetic relationships and new classification of the superfamily Scorpaenoidea (Actinopterygii: Perciformes). *Spec Divers*, 9, pp 1-36

Imamura, H., Shirai, S. M. and Yabe, M. (2005) Phylogenetic position of the family Trichodontidae (Teleostei: Perciformes), with a revised classification of the perciform suborder Cottoidei. *Ichthyol Res*, 52, pp 264-274

Imamura, H. and Yoshino, T. (2007) *Ryukyupercis*, a new genus of pinguipedid fish for the species *Parapercis gushikeni* (Teleostei: Perciformes) based on the phylogenetic relationships of the family. *Raffles Bull Zool, Suppl*, (14), pp 93-100

Shinohara, G. and Imamura, H. (2005) Anatomical description and phylogenetic classification of the orbicular velvetfishes (Scorpaenoidea: Caracanthus). *Ichthyol Res*, 52, pp 64-76

真骨類の顎

Bone, Q. and Moore, R. (2008) *Biology of fishes (3rd edition)*. Taylor & Francis

[参]Helfman, G. S., Collette, B. B., Facey, D. E., et al. (2009) *The diversity of fishes (2nd edition)*. Wiley-Blackwell

硬骨魚類の歯

後藤仁敏・大泰司紀之・田畑　純他（編）(2014)『歯の比較解剖学』第2版, 医歯薬出版

Berkovitz, B. and Shellis, P. (2017) *The teeth of non-mammalian vertebrates*. Academic Press

Fink, W. L. (1981) Ontogeny and phylogeny of tooth attachment modes in actinopterygian fishes. *J Morphol*, 167(2), pp 167-184

鰓耙と咽頭顎

[参]岩井　保 (1985)『水産脊椎動物II 魚類』恒星社厚生閣

[参]木村清志 (2010)『新魚類解剖図鑑』緑書房

硬骨魚類の脊柱と尾骨

藤田　清 (1990)『魚類尾部骨格の比較形態図説』東海大学出版会

[参]落合　明（編）(1987)『魚類解剖学』緑書房

肉鰭類の鰭

Miyake, T., Kumamoto, M., Iwata, M., et al. (2016) The pectoral fin muscles of the coelacanth *Latimeria chalumnae*: function and evolutionary implications for the fin-to-limb transition and subsequent evolution of tetrapods. *Anat Rec*, 299, pp 1203-1223

[参]Nakamura, T., Gehrke, A. R., Lemberg, J., et al. (2016) Digits and fin rays share common developmental histories. *Nature*, 537, pp 225-228

[参]Pardo, J. D., Szostakiwskyj, M., Ahlberg, P. E., et al. (2017) Hidden morphological diversity among early tetrapods. *Nature*, 546, pp 642-645

条鰭類の鰭

篠原現人・松浦啓一・河合俊郎 (2016)「魚類のかたちと生息環境」篠原現人・野村周平（編著）『生

物の形や能力を利用する学問バイオミメティクス』東海大学出版部, pp 60-73
中坊徹次・中山耕至（2013）「魚類概説」中坊徹次（編）『日本産魚類検索 全種の同定』第3版, 東海大学出版会, pp 3-30
Hubbs, C. L. and Lagler, K. F.（1958）Fishes of the Great Lakes region. *Bull Cranbrook Inst Sci*, 26, pp 1-213, pls. 1-44
[参]矢部　衞・桑村哲生・都木靖彰（編）（2017）『魚類学』恒星社厚生閣

体側筋

塚本勝巳（1991）「17. 遊泳生理」板沢靖男・羽生　功（編）『魚類生理学』恒星社厚生閣, pp 539-584
Altringham, J. D. and Ellerby, D. J.（1999）Fish swimming: patterns in muscle function. *J Exp Biol*, 202, pp 3397-3403
Liao, J. C., Beal, D. N., .Lauder, G. V., et al.（2003）Fish exploiting vortices decrease muscle activity. *Science*, 302, pp 1566-1569
Rome, L. C., Swank, D. and Corda, D.（1993）How fish power swimming. *Science*, 261, pp 340-343

鰾

Sasaki, K.（1989）Phylogen of the family Sciaenidae, with notes on its zoogeography（Teleostei, Perciformes）. *Mem Fac Fish Hokkaido Univ*, 36（1/2）, pp 1-137

鰓

岸本浩和・鈴木伸洋・赤川　泉（編著）（2006）『魚類学実験テキスト』東海大学出版会
ケント, ジョージ・C.（著）, 谷口和之・福田勝洋（訳）（2015）『ケント—脊椎動物の比較解剖学』緑書房［Kent, G. C. and Carr, R. K.（2001）*Comparative anatomy of the vertebrates*（*9th edition*）. McGraw-Hill］
難波憲二・半田岳志（2013）「第3章 呼吸・循環」会田勝美・金子豊二（編）『魚類生理学の基礎』増補改訂版, 恒星社厚生閣, pp 43-64
Helfman, G. S., Collette, B. B., Facey, D. E., et al.（2009）*The diversity of fishes*（*2nd edition*）. Wiley-Blackwell
[参]落合　明（編）（1987）『魚類解剖学』緑書房
[参]川本信之（編）（1970）『魚類生理』恒星社厚生閣

循環器

Kardong, K. V.（2005）*Vertebrates: comparative anatomy, function, evolution*（*4th edition*）. McGraw-Hill
[参]クヌート・シュミット＝ニールセン（著）, 沼田英治・中嶋康裕（監訳）（2007）『動物生理学—環境への適応』東京大学出版

血液と造血器官

椎橋　孝・飯田貴次（2003）「顆粒球—魚類好中球の活性酸素産生機構を中心として」渡辺　翼（編）『魚類の免疫系』, 恒星社厚生閣, pp 87-104
中村弘明・菊池慎一（2002）「12. 魚類の生体防御系」名取俊二（編）『動物界における免疫系の進化』

別冊医学のあゆみ, 199, 医歯薬出版, pp 797-801

Kobayashi, I., Sekiya, M., Moritomo, T., et al. (2006) Demonstration of hematopoietic stem cells in ginbuna carp (*Carassius auratus langsdorfii*) kidney. *Develop Comp Immunol*, 30, pp 1034-1046

Nakanishi, T., Toda, H., Shibasaki, Y. et al. (2011) Cytotoxic T cells in teleost fish. *Develop Comp Immunol*, 35, pp 1317-1323

消化器官

Akiyoshi, H. and Inoue, A. (2004) Comparative histological study of teleost livers in relation to phylogeny. *Zool Sci*, 21, pp 841-850

泌尿器官

クヌート・シュミット=ニールセン(著), 沼田英治・中嶋康裕(監訳) (2007)『動物生理学—環境への適応』東京大学出版会 [Schmidt-Nielsen, K. (1997) *Animal physiology*. Cambridge University Press]

Hickman Jr., C. P. and Trump, B. F. (1969) The Kidney. In: Hoar, W. S. and Randall, D. J. (eds.) *Fish physiology*. Academic Press, pp 91-239

Marshall, W. S. and Grosell, M. (2005) Ion transport, osmoregulation, and acid-base balance. In: Evans, D. H. and Claiborne, J. B. (eds.) *The physiology of fishes* (*3rd edition*). CRC Press, pp 177-224

真骨類の生殖器官

Koya, Y. and Muñoz, M. (2007) Comparative study on ovarian structures in scorpaenids: possible evolutional process of reproductive mode. *Ichthyol Res*, 54, pp 221-230

Koya, Y., Hayakawa, Y., Markevich, A., et al. (2011) Comparative studies of testicular structure and sperm morphology among copulatory and non-copulatory sculpins (Cottidae: Scorpaeniformes: Teleostei).*Ichthyol Res*, 58, pp 109-125

Uribe, M. C., Grier, H. J. and Mejia-Roa, V. (2014) Comparative testicular structure and spermatogenesis in bony fishes. *Spermatogenesis*, 4, 3, e983400, DOI:10.4161/21565562.2014.983400

[参]高野和則 (1989)「Ⅰ-Ⅰ卵巣の構造と配偶子形成」隆島忠夫・羽生　功 (編)『水族繁殖学』緑書房, pp 3-34

神経系

谷内　透・中坊徹次・宗宮弘明他 (編) (2005)『魚の科学事典』朝倉書店

[参]植松一眞・山本直之 (2013)「第2章 神経系」会田勝美・金子豊二 (編)『魚類生理学の基礎』増補改訂版, 恒星社厚生閣, pp 28-42

視 覚

田村　保 (1963) 魚の眼の機能の研究方法. 日本水産学会誌, 29, pp 75-88

Khorramshahi, O., Schartau, J. M. and Kröger, R. H. H. (2008) A complex system of ligaments and a muscle keep the crystalline lens in place in the eyes of bony fishes (teleosts). *Vision Res*, 48, pp 1503-1508

Miyazaki, T., Iwami, T., Yamauchi, M., et al. (2001) "Accessory corner cones" as putative UV-sensitive photoreceptors in the retinas of seven adult nototheniid fishes. *Polar Biol*, 24, pp 628-632

Miyazaki, T., Iwami, T., Somiya, H., et al. (2002) Retinal topography of ganglion cells and putative UV-sensitive cones in two Antarctic fishes: *Pagothenia borchgrevinki* and *Trematomus bernacchii* (Nototheniidae). *Zool Sci*, 19, pp 1223-1229

Nelson, R., Famiglietti, E. V., Jr. and Kolb, H. (1978) Intracellular staining reveals different levels of stratification for on- and off center ganglion cells in the cat retina. *J Neurophys*, 41, pp 472-483

❖嗅覚と味覚

[参]会田勝美（編）(2002)『魚類生理学の基礎』恒星社厚生閣

[参]植松一眞・岡　良隆・伊藤博信（編）(2002)『魚類のニューロサイエンス—魚類神経科学研究の最前線』恒星社厚生閣

❖聴覚と平衡感覚

Fay, R. R. (1988) *Hearing in vertebrates: a psychophysics databook*. Hill-Fay Associates

Lanford, P. J., Platt, C. and Popper, A. N. (2000) Structure and function in the saccule of the goldfish (*Carassius auratus*): a model of diversity in the non-amniote ear. *Hear Res*, 143, pp 1-13

Lewis, E. R., Leverenz, E. L. and Bialek, W. S. (1985) *The vertebrate inner ear*. CRC Press

[参]Evans, D. H., Claiborne, J. B. and Currie, S. (eds.) (2013) *The physiology of fishes (4th edition)*. CRC Press

❖側線系

Dijkgraaf, S. (1962) The functioning and significance of the lateral-line organs. *Buik Rev*, 38, pp 51-105

Sato, M., Asaoka, R., Nakae, M., et al. (2017) The lateral line system and its innervation in *Lateolabrax japonicus* (Percoidei incertae sedis) and two apogonids (Apogonidae), with special reference to superficial neuromasts (Teleostei: Percomorpha). *Ichthyol Res*, 64, pp 308-330

❖電気受容器

Hopkins, C. D. (2009) Electrical perception and communication. *Encyclopedia of Neuroscience*. 3, pp 813-831

von der Emde, G. (2006) Non-visual environmental imaging and object detection through active electrolocation in weakly electric fish. *J Com Physiol. A*, 192, pp 601-612

[参]会田勝美・金子豊二（編）(2013)『魚類生理学の基礎』増補改訂版, 恒星社厚生閣

[参]菅原美子（1996）電気感覚系の比較生物学II電気受容器と電気受容機構. 比較生理生化学, 13 (3), pp 219-234

❖形態観察の染色法

[参]明仁・坂本勝一・池田祐二他（2013)「ハゼ亜目」中坊徹次（編)『日本産魚類検索—全種の同定』

第3版, 東海大学出版会, pp 1347-1608
[参]伊藤弥寿彦・岩見哲夫・須田有輔他 (2009)「驚異！透明標本 いきもの図鑑」『別冊宝島1663号』宝島社

ヒトの中の魚

[参]倉谷　滋 (2004)『動物進化形態学』東京大学出版会
[参]Shubin, N. (2008) *Your inner fish: A journey into the 3.5-billion years history of the human body*. Pantheon Books. [シュービン, ニール (著)・垂水雄二 (訳)『ヒトのなかの魚, 魚のなかのヒト―最新科学が明らかにする人体進化35億年の旅』早川書房]
[参]Liem, K. F., Bemis, W. E., Walker, W. F., et al. (2001) *Functional anatomy of the vertebrates: an evolutionary perspective* (*3rd edition*). Harcourt College Publishers

【4章　分布】

生物地理区―淡水魚

Abell, R., Thieme, M. L., Revenga, C., et al. (2008) Freshwater ecoregions of the world: a new map of biogeographic units for freshwater biodiversity conservation. *Bioscience*, 58(5), pp403-414
Berra, T. M. (2001) *Freshwater fish distribution*. Academic Press
Holt, B. G., Lessard, J.-P., Borregaard, M. K., et al. (2013) An update of Wallace's zoogeographic regions of the world. *Science*, 339, pp 74-78
Udvardy, M. D. F. (1975) A classification of the biogeographical provinces of the world. *IUCN Occasional Paper*, No.18, International Union for Conservation of Nature and Natural Resources

生物地理区―海水魚

[参]Springer, V. G. (1982) Pacific plate biogeography, with special reference to shorefishes. *Smithson Contr Zoology*. (367), pp i-vi + 1-182
[参]Briggs, J. C. and Bowen, B. W. (2011) A realignment of marine biogeographic provinces with particular reference to fish distributions. *J Biogeogr*, doi 10.1111/j.1365-2699.2011.02613.x

大陸移動―淡水魚

Smith, A. G., Smith, D. G. and Funnell, B. M. (1994) *Atlas of Mesozoic and Cenozoic coastlines*. Cambridge University Press

大陸移動―海水魚

[参]Hoorn, C., Guerrero, J., Sarmiento G. A., et al. (1995) Andean tectonics as a cause for changing drainage patterns in Miocene northern South America. *Geology*, 27, pp 237-240
[参]Inoue, J. G., Miya, M., Venkatesh, B., et al. (2005) The mitochondrial genome of Indonesian coelacanth *Latimeria menadoensis* (Sarcopterygii: Coelacanthiformes) are divergence time estimation between the two coelacanths. *Gene*, 349, pp 227-235

❖分散と分断―淡水魚

[参]渡辺勝敏・高橋　洋（編著）(2010)『淡水魚類地理の自然史―多様性と分化をめぐって』北海道大学出版会

[参]Bowen, B. W., Gaither, M. R., DiBattista, J. D., et al. (2013) Comparative phylogeography of the ocean planet. *Proc Natl Acad Sci USA*, 113(29), pp 7962-7969

[参]Briggs, J. C. (1961) The East Pacific barrier and the distribution of marine shore fishes. *Evolution*, 15(4), pp 545-554

❖反熱帯性分布

中坊徹次 (2015)「南日本太平洋沿岸における魚類相の生物地理学的特徴」池田博美・中坊徹次『南日本太平洋沿岸の魚類』東海大学出版部，pp 547-568

馬渕浩司 (2009)「日本の磯魚群集の成り立ち―分子系統が語る浅海の交流史」西田　睦（編）『海洋の生命史 生命は海でどう進化したか 東京大学海洋研究所 海洋生命系のダイナミクス』東海大学出版会，pp 359-375

Hubbs, C. L. (1952) Antitropical distribution of fishes and other organisms. Symposium on problems of bipolarity and of pantemperate faunas. *Proc Seventh Pacif Sci Congress*, 3, pp 324-329

Randall, J. E. (1982) Examples of antitropical and antiequatorial distribution of Indo-West-Pacific fishes. *Pacific Science*, 35, pp 197-209

❖系統地理学

[参]ジョン・C・エイビス（著），西田　睦・武藤文人（監訳）(2008)『系統地理学―種の進化を探る』東京大学出版会

[参]種生物学会（編），池田　啓・小泉逸郎（責任編集）(2013)『系統地理学―DNAで解き明かす生きものの自然史』文一総合出版

❖魚類相

[参]Motomura, H. and Matsuura, K. (eds.) (2010) *Fishes of Yaku-shima Island: A World Heritage Island in the Osumi Group, Kagoshima Prefecture, Southern Japan*.National Museum of Nature and Science

❖クラスター分析

[参]小林四郎（1995)『生物群集の多変量解析』蒼樹書房

[参]加藤和弘（2002)「多変量解析による「分類」で何ができるのか？」日本生物地理学会会報，57, pp 3-17

❖日本の魚類相―淡水魚

Watanabe, K. (2012) Faunal structure of Japanese freshwater fishes and its artificial disturbance. *Environ Biol Fish*, 94, pp 533-547

[参]西村三郎（1980)『日本海の成立―生物地理学からのアプローチ』改訂版，築地書館

[参]Watanabe, K., Tominaga, K., Nakajima, J., et al. (2016) Chapter 7. Japanese freshwater fishes: biogeography and cryptic diversity. In: Motokawa, M. and Kajihara, H. (eds.) *Species diversity of animals in Japan, diversity and commonality in animals*. Springer, pp 183-227

北日本の魚類相—海水魚
中坊徹次（編）(2013)『日本産魚類検索—全種の同定』第3版，東海大学出版会

南日本の魚類相—海水魚
[参]本村浩之（2015)「琉球列島の魚類多様性」日本生態学会（編）『南西諸島の生物多様性，その成立と保全』南方新社，pp 56-63
[参]Motomura, H. and Harazaki, S.（2017）Annotated checklist of marine and freshwater fishes of Yaku-shima island in the Osumi Islands, Kagoshima, southern Japan, with 129 new records. *Bull Kagoshima Univ Mus*, (9), pp 1-183

小笠原諸島の魚類相—海水魚
[参]栗岩　薫（2012)「アカハタにおける進化の歴史的変遷」松浦啓一（編著)『黒潮の魚たち』東海大学出版会，pp 75-96
[参]瀬能　宏（2004)「小笠原の魚類」神奈川県立生命の星・地球博物館（編)『東洋のガラパゴス小笠原—固有生物の魅力とその危機』神奈川県立生命の星・地球博物館，pp 52-62

東アジアの魚類相—淡水魚
李　思忠（1981)『中国淡水魚类的分布区划』科学出版社
Abell, R., Thieme, M. L., Revenga, C., et al.,（2008）Freshwater ecoregions of the world: a new map of biogeographic units for freshwater biodiversity conservation. *BioScience*, 58(5), pp 403-414
Bănărescu, P.（1992）*Zoogeography of fresh waters: Vol. 2. Distribution and dispersal of freshwater animals in North America and Eurasia*. Aula-Verlag
Xing, Y., Zhang, C., Fan, R., et al.（2016）Freshwater fishes of China: species richness, endemism, threatened species and conservation. *Divers Distrib*, 22, pp 358-370

東南アジアの魚類相—淡水魚
Kottelat, M.（2013）The fishes of the inland waters of Southeast Asia: a catalogue and core bibliography of the fishes known to occur in freshwaters, mangroves and estuaries. *Raffles Bull Zool. Supplement*, 27, pp 1-663
[参]Allen, G. R. and Erdmann, M. V.（2012）*Reef fishes of the East Indies*. Tropical Reef Research
[参]Gower, D. J., Johnson, K. G., Richardson, J. E., et al. (eds.)（2012）*Biotic evolution and environmental change in Southeast Asia*. Cambridge University Press

コーラルトライアングル
[参]Burke, L., Reytar, K., Spalding, M., et al.（2012）*Reefs at risk revisited*. World Resources Institute
[参]Eschmeyer, W. N, Fricke, R., Fong, J. D., et al.（2010）Marine fish biodiversity: a history of knowledge and discovery (Pisces). *Zootaxa*. 2525, pp 19-50

【5章 生態】

❖無性生殖

Schultz, R. J.（1980）Role of polyploidy in the evolution of fishes. In: Lewis, W. H.（ed.）*Polyploidy*, Springer, pp 313-340

❖初期生残

Goatley, C. H. R. and Bellwood, D. R.（2016）Body size and mortality rates in coral reef fishes: a three-phase relationship. *Proc R Soc B-Biol Sci*, 283, 20161858

Smith, C. C. and Fretwell, S. D.（1974）The optimal balance between size and number of offspring. *Am Nat*, 108, pp 499-506

［参］田中 克・田川正朋・中山耕至（2009）『稚魚―生残と変態の生理生態学』京都大学学術出版会

❖表現型可塑性

［参］三浦 徹（2016）『表現型可塑性の生物学―生態発生学入門』日本評論社

［参］West-Eberhard, M. J.（2003）*Developmental plasticity and evolution*. Oxford University Press

❖左右性

中嶋美冬（2005）魚の右利き左利き. 月刊アクアネット, 11月号, pp 18-20

中嶋美冬（2016）「右利き？左利き？？魚の左右性から考える行動生態学・進化生態学」猿渡敏郎（編）『生きざまの魚類学―魚の一生を科学する』東海大学出版部, pp 129-142

［参］Hori, M., Nakajima, M., Hata, H., et al.（2017）Laterality is universal among fishes but increasingly cryptic among derived groups. *Zool Sci*, 34, pp 267-274. doi:10.2108/zs160196

［参］竹内勇一（2013）「シクリッドの捕食被食関係における左右性の役割」桑村哲生・安房田智司（編）『魚類行動生態学入門』東海大学出版部, pp 185-212

❖形質の地理的クライン

入江貴博（2010）温度―サイズ則の適応的意義. 日本生態学会誌, 60(2), pp 169-181

山平寿智（2001）魚類の成長率における緯度間変異―GとEの相互作用と共分散に着目して. 日本生態学会誌, 51(2), pp 117-123

Belk, M. C. and Houston, D. D.（2002）Bergmann's rule in ectotherms: a test using freshwater fishes. *Am Nat*, 160, pp 803-808

Conover, D. O., Duffy, T. A. and Lyndie, A. H.（2009）The covariance between genetic and environmental influences across ecological gradients. Reassessing the evolutionary significance of countergradient and cogradient variation. The Year in Evolutionary Biology 2009. *Ann New York Acad Sci*, 1168, pp 100-129

❖摂餌なわばり

川那部浩哉（1970）アユの社会構造と生産II－15年間の変化をみて. 日本生態学会誌, 20(4), pp 144-151

中野 繁（2003）『川と森の生態学―中野繁論文集』北海道大学図書刊行会

堀 道雄（編）（1993）『タンガニイカ湖の魚たち―多様性の謎を探る』平凡社

擬 態

Fujisawa, M., Sakai, Y. and Kuwamura, T. (2018) Aggressive mimicry of the cleaner wrasse by *Aspidontus taeniatus* functions mainly for small blennies. *Ethology*, 124, pp 432-439

Robertson, D. R. (2013) Who resembles whom? Mimetic and coincidental look-alikes among tropical reef fishes. *PLoS One*, 8, e54939

[参]上田恵介（編）(1999)『擬態—だましあいの進化論〈2〉脊椎動物の擬態』築地書館

[参]Wickler, W. (1968) *Mimicry in plants and animals*. McGraw Hill［羽田節子（訳）(1970)『擬態—自然も嘘をつく』平凡社］

寄生と宿主操作

Dobson, A., Lafferty, K. D., Kuris, A. M., et al. (2008) Homage to Linnaeus: How many parasites? How many hosts? *Proc Natl Acad Sci USA*, 105(1), pp 11482-11489

Sato, T., Egusa, T., Fukushima, K., et al. (2012) Nematomorph parasites indirectly alter the food web and ecosystem function of streams through behavioural manipulation of their cricket hosts. *Ecol Lett*, 15(8), pp 786-793

Sato, T., Watanabe, K., Kanaiwa, M., et al. (2011) Nematomorph parasites drive energy flow through a riparian ecosystem. *Ecology*. 92(1), pp 201-207

物質輸送

[参]帰山雅秀（2005）水辺生態系の物質輸送に果たす遡河回遊魚の役割. 日本生態学会誌, 55, pp 51-59

[参]Koshino, Y., Kudo, H. and Kaeriyama, M. (2013) Stable isotope evidence indicates the incorporation of marine-derived nutrients transported by spawning Pacific salmon to Japanese catchments. *Freshwater Biol*, 58, pp 1864-1877

[参]Qin, Y. and Kaeriyama, M. (2016) Feeding habits and trophic levels of Pacific salmon (*Oncorhynchus* spp.) in the North Pacific Ocean. *N Pac Anadr Fish Comm Bull*, 6, pp 469-481

食物網

Post, D. M., Pace, M. L. and Hairston, N. G., Jr. (2000) Ecosystem size determines food-chain length in lakes. *Nature*, 405, pp 1047-1049

Power, M. E. (1990) Effects of fish in river food webs. *Science*, 250(4982), pp 811-814

地下水・伏流水に棲む魚たち

[参]道津喜衛（1963）ドウクツミミズハゼについて. 動物学雑誌, 72, pp 1-5

[参]平嶋健太郎・高橋弘明（2008）和歌山県産イドミミズハゼの水槽内産卵および初期発育. 魚類学雑誌, 55(2), pp 121-126

[参]吉田隆男・道津喜衛・深川元太郎他（2006）長崎県大村湾産イドミミズハゼO型、*Luciogobius* sp.の生態、生活史と飼育. 長崎県生物学会誌, 61, pp 13-25

[参]Kanagawa, N., Itai, T. and Senou, H. (2011) Two new species of freshwater gobies of the genus *Luciogobius* (Perciformes: Gobiidae) from Japan. *Bull Kanagawa Prefect Mus (Nat Sci)*, 40, pp 67-74

大陸系遺存種

［参］佐藤正典（編）(2000)『有明海の生きものたち―干潟・河口域の生物多様性』海游舎

［参］田北　徹・山口敦子（2011）有明海の魚類の現状と保全. 魚類学雑誌, 58(2), pp 199-202

［参］中島　淳・鬼倉徳雄・松井誠一他（2006）福岡県における純淡水魚類の地理的分布パターン. 魚類学雑誌, 53(2), pp 117-131

水陸両棲魚

Graham, J. B.（1997）*Air-breathing fishes*. Academic Press

Shimizu, N., Sakai, Y., Hashimoto, H., et al.（2006）Terrestrial reproduction by the air-breathing fish *Andamia tetradactyla*（Pisces; Blenniidae）on supralittoral reefs. *J Zool*, 269(3), pp 357-364

藻 場

［参］日本水産学会（編）(2007)『藻場・海中林』水産学シリーズ38. 恒星社厚生閣

［参］Horinouchi, M.（2007）Review of the effects of within-patch scale structural complexity on seagrass fishes. *J Exp Mar Biol Ecol*, 350(1-2), pp 111-129

［参］Horinouchi, M.（2009）Horizontal gradient in fish assemblage structures in and around a seagrass habitat: some implications for seagrass habitat conservation. *Ichthyol Res*, 56(2), pp 109-125

［参］Mackenzie, A., Ball, A. S. and Virdee, S. R.（著）, 岩城英夫（訳）(2001)『生態学キーノート』キーノートシリーズ, シュプリンガー・フェアラーク東京

砕波帯

［参］千田哲資・木下　泉（編）(1998)『砂浜海岸における仔稚魚の生物学』恒星社厚生閣

［参］田中　克・田川正朋・中山耕至（編）(2008)『稚魚学―多様な生理生態を探る』生物研究社

［参］田子泰彦（2002）富山湾の砂浜域砕波帯周辺におけるアユ仔魚の出現, 体長分布と生息場所の変化. 日本水産学会誌, 68(2), pp 144-150

高度回遊魚

Itoh, T., Tsuji, S. and Nitta, A.（2003）Migration patterns of young Pacific bluefin tuna *Thunnus orientalis* determined with archival tags. *Fish Bull*, 101(3), pp 514-534

Madigan, D. J., Boustany, A. and Collette, B. B.（2017）East not least for Pacific bluefin tuna. *Science*, 357(6349), pp 356-357

周縁性淡水魚

［参］田中　克・木下　泉（編）(2002)『スズキと生物多様性―水産資源生物学の新展開』恒星社厚生閣

［参］田中　克・田川正朋・中山耕至（編）(2008)『稚魚学―多様な生理生態を探る』生物研究社

遡河回遊

前川光司・中野　繁（1994）「遡河回遊から河川生活へ」後藤　晃・塚本勝巳・前川光司（編）『川と海を回遊する淡水魚―生活史と進化』東海大学出版会, pp 206-220

前川光司（編）(2004)「はじめに」『サケ・マスの生態と進化』文一総合出版, pp 3-11

Azumaya, T., Sato, S., Urawa, S., et al. (2016) Potential role of the magnetic field on homing in chum salmon *Oncorhynchus keta* tracked from the open sea to coastal Japan. *N Pac Anadr Fish Comm. Bull*, 6, pp 235-241

Gross, M. R., Coleman, R. M. and McDowall, R. M. (1988) Aquatic productivity and the evolution of diadromous fish migration. *Science*, 239(4845), pp 1291-1293

代替繁殖戦略

小関右介・Fleming, I. A. (2004)「繁殖から見た生活史二型の進化:性選択と代替繁殖表現型」前川光司（編）『サケ・マスの生態と進化』文一総合出版, pp 71-106

Gross, M. R. (1996) Alternative reproductive strategies and tactics: diversity within sexes. *Trends Ecol Evol*, 11, pp 92-98

Hutchings J. A. (2004) Norms of reaction and phenotypic plasticity in salmonid life histories. In: Hendry, A. P. and Stearns, S.C. (eds.) *Evolution illuminated*, Oxford University Press, pp 154-174

Taborsky, M. (2008) Alternative reproductive tactics in fish. In: Oliveira, R. F., Taborsky, M., Brockmann, J. (eds.) *Alternative reproductive tactics: An integrative approach*. Cambridge University Press, pp 251-299

降河回遊

Tsukamoto, K., Chow, S., Otake, T., et al. (2011) Oceanic spawning ecology of freshwater eels in the western North Pacific. *Nature Commun*. 2:179 DOI: 10.1038/ncomms 1174

両側回遊

[参]高橋勇夫・東　健作 (2016)『天然アユの本』築地書館

[参]井口恵一朗 (2011) アユを絶やさないための生態研究. 日本水産学会誌, 77(3), pp 356-359

河川陸封

後藤　晃・井口恵一朗（編）(2001)『水生動物の卵サイズ—生活史の変異・種分化の生物学』海游舎

Kitano, J., Ishikawa, A., Kume, M., et al. (2012) Physiological and genetic basis for variation in migratory behavior in the three-spined stickleback, *Gasterosteus aculeatus*. *Ichthyol Res*, 59 (4), pp 293-303

Yamasaki, Y. Y., Nishida, M., Suzuki, T., et al. (2015) Phylogeny, hybridization, and life history evolution of *Rhinogobius* gobies in Japan, inferred from multiple nuclear gene sequences. *Mol Phylogenet Evol*, 90, pp 20-33

[参]内田詮三・荒井一利・西田清徳 (2014)『日本の水族館』東京大学出版会

[参]鈴木克美・西　源二郎 (2010)『新版水族館学—水族館の発展に期待をこめて』東海大学出版会

水田漁撈

[参]斉藤憲治 (1997)「淡水魚の繁殖場所としての一時的水域」長田芳和・細谷和海（編）『日本の希少淡水魚の現状と系統保存—よみがえれ日本産淡水魚』緑書房, pp 194-204

[参]Tsuruta, T., Yamaguchi, M., Abe, S., et al. (2011) Effects of fish in rice-fish culture on the rice yield. *Fish Sci*, 77(1), pp 95-106

古代湖
Gorthner, A.（1994）What is an ancient lake? *Archiv für Hydrobiologie Beiheft Ergebnisse der Limnologie*, 44, pp 97-100

島の生物学
[参]可児藤吉（1944）「渓流性昆虫の生態」古川晴男（編）『昆虫』研究社，3-91

東日本大震災の影響
稲葉　修（2005）「5.淡水魚類」『原町市史 第8巻 特別編Ⅰ自然』原町市，福島，pp 692-749
稲葉　修・倉石　信（2015）「第5節 相馬市の淡水魚類」『相馬市史 第8巻 特別編Ⅰ自然』相馬市，福島，pp 675-727
原口　強・岩松　暉（2011）『東日本大震災津波詳細地図下巻：福島・茨城・千葉』古今書院，p 98

アユと日本人
[参]若狭　徹（2002）古墳時代における鵜飼の造形―その歴史的意味. 動物考古学,（19）, pp 15-24

【6章　行動】

群れ行動
Krause, J. and Ruxton, G. D.（2002）*Living in groups*. Oxford University Press
Pitcher, T. J. and Parrish, J. K.（1993）Functions of shoaling behaviour in teleosts. In: Pitcher, T. J.（ed.）*Behaviour of teleost fishes*, Chapman & Hall, pp 363-439

なわばり行動
Kohda, M.（1984）Intra- and interspecific territoriality of a temperate damselfish, *Eupomacentrus altus*（Teleostei : Pomacentridae）. *Physiol Ecol Japan*, 21, pp 35-52
Kohda, M., Shibata, J., Awata, S., et al.（2008）Niche differentiation depends on body size in a cichlid fish: a model system of a community structured according to size regularities. *J Anim Ecol*, 77, pp 859-868
Kuwamura, T.（1984）Social structure of the protogynous fish *Labroides dimidiatus*. *Publ Seto Mar Biol Lab*, 29, pp 117-177

攻撃行動
阪倉良孝（2010）「攻撃」塚本勝巳（編）『魚類生態学の基礎』恒星社厚生閣，pp 242-250
中野　繁（2003）『川と森の生態学―中野繁論文集』北海道大学図書刊行会

逃避行動
Eaton R. C., Bombardieri, R. A. and Meyer, D. L.（1977）The Mauthner-initiated startle response in teleost fish. *J Exp Biol*, 66, pp 65-81
Fuiman, L. A.（1993）Development of predator evasion in Atlantic herring, *Clupea harengus* L. *Anim Behav*, 45, pp 1101-1116
Lee, R. K. K., Eaton, R. C. and Zottoli, S. J.（1993）Segmental arrangement of reticulospinal

neurons in the goldfish hindbrain. *J Comp Neurol*, 329, pp 539-556

⁂採餌行動

Hobson, E. S. (1991) Chapter 4. Trophic relationships of fishes specialized to feed on zooplankters above coral reefs. In: Sale, P. F. (ed.) *The ecology of fishes on coral reefs*, Academic Press, pp 69-95
[参]佐原雄二 (1987)『魚の採餌行動』東京大学出版会
[参]Helfman, G. S., Collette, B. B., Facey, D. E., et al. (2009) *The diversity of fishes: biology, evolution, and ecology* (*2nd edition*). Wiley-Blackwell

⁂捕食行動

Kobler, A., Klefoth, T., Mehner, T., et al. (2009) Coexistence of behavioural types in an aquatic top predator: a response to resource limitation? *Oecologia*, 161, pp 837-847
Mehta, R. S. and Wainwright, P. C. (2007) Raptorial jaws in the throat help moray eels swallow large prey. *Nature*, 449, pp 79-82
Westneat, M. W. and Wainwright, P. C. (1989) Feeding mechanism of *Epibulus insidiator* (Labridae; Teleostei): evolution of a novel functional system. *J Morphol*, 202, pp 129-150

⁂繁殖行動

[参]桑村哲生 (2004)『性転換する魚たち―サンゴ礁の海から』岩波新書
[参]矢部　衛・桑村哲生・都木靖彰（編）(2017)『魚類学』恒星社厚生閣

⁂求愛行動

[参]桑村哲生・安房田智司（編）(2013)『魚類行動生態学入門』東海大学出版会
[参]Krebs, J. R. and Davies, N. B. (1997) *Behavioural ecology: an evolutionary approach* (*4th edition*). Blackwell Publishing
[参]Shibata, J. and Kohda, M. (2006) Seasonal sex role changes in the blenniid *Petroscirtes breviceps*, a nest brooder with paternal care. *J Fish Biol*, 69, pp 203-214

⁂交尾行動

櫻井　真 (1998)「胎生魚ウミタナゴ科魚類3種の交尾行動と社会構造に関する研究」博士学位論文，九州大学
[参]宗原弘幸・後藤　晃・矢部　衛（編著）(2011)『カジカ類の多様性―適応と進化』東海大学出版会

⁂産卵行動

Gage, M. J. G., Macfarlane, C. P., Yeates, S., et al. (2004) Spermatozoal traits and sperm competition in Atlantic salmon: relative sperm velocity is the primary determinant of fertilization success. *Curr Biol*, 14, pp 44-47
Makiguchi, Y., Torao, M., Kojima, T., et al. (2016) Reproductive investment patterns and comparison of sperm quality in the presence and absence of ovarian fluid in alternative reproductive tactics of masu salmon, *Oncorhynchus masou*. *Theriogenol*, 86, pp 2189-2193

❖保護行動

桑村哲生（2007）『子育てする魚たち—性役割の起源を探る』海游舎

[参]上野輝彌・沖山宗雄（編）(1988)『現代の魚類学』朝倉書店

❖配偶システム

桑村哲生・中嶋康裕（編）(1996)『魚類の繁殖戦略1』海游舎

[参]桑村哲生・安房田智司（編）(2013)『魚類行動生態学入門』東海大学出版会

❖性転換の進化

Nakashima, Y., Kuwamura, T. and Yogo, Y.（1995）Why be a both-ways sex changer? *Ethology*, 101, pp 301-307

Warner, R. R.（1975）The adaptive significance of sequential hermaphroditism in animals. *Am Nat*, 109, pp 61-82

[参]門田　立（2013)「一夫多妻社会における逆方向性転換—サラサゴンベを中心に」桑村哲生・安房田智司（編）『魚類行動生態学入門』東海大学出版会

[参]中園明信・桑村哲生（編）(1987)『魚類の性転換』東海大学出版会

❖配偶者選択

Smith, C., Barber, I., Wootton, R. J., et al.（2004）A receiver bias in the origin of three-spined stickleback mate choice. *Proc R Soc Lond B*, 271, pp 949-955

❖協同繁殖

[参]桑村哲生・安房田智司（編）(2013)『魚類行動生態学入門』東海大学出版会

[参]塚本勝巳（編）(2010)『魚類生態学の基礎』恒星社厚生閣

❖托 卵

山根英征（2014)「ギギへの托卵」長田芳和（編）『淡水魚研究入門』東海大学出版部, pp 172-180

Sato, T.（1986）A brood parasitic catfish of mouthbrooding cichlid fishes in Lake Tanganyika. *Nature*, 323, pp 58-59

Stauffer, J. R. and Loftus, W. T.（2010）Brood parasitism of a bagrid catfish（*Bagrus meridionalis*）by a clariid catfish（*Bathyclarias nyasensis*）in Lake Malawi, Africa. *Copeia*, 2010, pp 71-74

Yamane, H., Nagata, Y. and Watanabe, K.（2016）Exploitation of the eggs of nest associates by the host fish *Pseudobagrus nudiceps*. *Ichthyol Res*, 63, pp 23-30

❖共 生

[参]服部昭尚（2011）イソギンチャクとクマノミ類の共生関係の多様性—分布と組合せに関する生態学的レビュー. 日本サンゴ礁学会誌, 13, pp 1-27

[参]本川達雄（1985)『サンゴ礁の生物たち—共生と適応の生物学』中央公論社

❖掃除行動

[参]Pinto, A., Oates, J., Grutter, A., et al.（2011）Cleaner wrasses *Labroides dimidiatus* are more cooperative in the presence of an audience. *Curr Biol*, 21, pp 1140-1144

[参]Waldie, P. A., Blomberg, S. P., Cheney, K. L., et al. (2011). Long-term effects of the cleaner fish *Labroides dimidiatus* on coral reef fish communities. *PLoS One*, 6, e21201

異種間の随伴行動

[参]Lukoschek, V. and McCormick, M. I. (2000) A review of multi-species foraging associations in fishes and their ecological significance. *Proc 9th Intern Coral Reef Symp*, 1, pp 23-27

行動の個体発生

阪倉良孝 (2001) 魚類の攻撃行動の個体発生に関する研究. 日本水産学会誌, 67, pp 605-609

Makino, H., Masuda, R. and Tanaka, M. (2015) Environmental stimuli improve learning capability in striped knifejaw juveniles: the stage-specific effect of environmental enrichment and the comparison between wild and hatchery-reared fish. *Fish Sci*, 81, pp 1035-1042

Masuda, R. (2009) Behavioral ontogeny of marine pelagic fishes with the implications for the sustainable management of fisheries resources. *Aqua-Biosc Monogr*, 2(2), pp 1-56

学 習

実森正子・中島定彦 (2002)『学習の心理―行動のメカニズムを探る』サイエンス社

[参]Brown, C., Laland, K. and Krause, J. (ed.) (2011) *Fish cognition and behavior (2nd edition)*. Wiley-Blackwell

個体認知

Kohda, M., Jordan, L. A., Hotta, T., et al. (2015) Facial recognition in a group-living cichlid fish. *PLoS One*, 10, e0142552

発 光

[参]尼岡邦夫 (2009)『深海魚―暗黒街のモンスターたち』ブックマン社

発 電

Kawasaki, M. (2011) Generation of electric signals. In: Farrell, A. P. (ed.) *Encyclopedia of fish physiology: from genome to environment*, pp 398-408, Academic Press

Sullivan, J. P. and Hopkins, C. D. (2001) Quand les poissons apportent leur pierre et leurs signaux électriques. *Canopée Bulletin sur l'Environment en Afrique Centrale*, 19, pp 17-20

発 音

宗宮弘明 (2002)「魚類発音システムの多様性とその神経生物学」植松一真・岡　良隆・伊藤博信 (編)『魚類のニューロサイエンス―魚類神経科学研究の最前線』恒星社厚生閣, pp 38-57

Fine, M. and Ladich, F. (2003) Sound production, spine locking, and related adaptations. In: Arratia, G., Kapoor, B. G., Chardon, M., et al. (eds.) *Catfishes*, (vol. 1), Science Publishers, Inc.

Ladich, F. (2016) *Sound communication in fishes*. Springer

Mann, D. A., Hawkins, A. D. and Jech, J. M. (2008) Active and passive acoustics to locate and study fish. In: Webb, J. F., Fay, R. R. and Popper, A. N., (eds.) *Fish Bioacoustics*, Springer, pp 279-309

行動生態学

中園明信・桑村哲生（編）(1987)『魚類の性転換』東海大学出版会
[参]桑村哲生・安房田智司（編）(2013)『魚類行動生態学入門』東海大学出版会
[参]野間口眞太郎・山岸　哲・巌佐　庸（訳）(2015)『デイビス・クレブス・ウエスト 行動生態学』原著第4版, 共立出版

漁具と魚の行動

[参]有元貴文・難波憲二（編）(1996)『魚の行動生理学と漁法』恒星社厚生閣
[参]有元貴文 (2007)『魚はなぜ群れで泳ぐか』大修館書店
[参]有元貴文 (2013)「漁獲過程の理解と行動制御」棟方有宗・小林牧人・有元貴文（編）『魚類の行動研究と水産資源管理』恒星社厚生閣, pp 128-140

行動観察法

片野　修・勝呂尚之 (2010)「個体識別法」塚本勝巳（編）『魚類生態学の基礎』恒星社厚生閣, pp 132-143
バイオロギング研究会 (2009)『動物たちの不思議に迫るバイオロギング—最新科学で解明する動物生態学』京都通信社
宮下和士, 北川貴士, 宮本佳則他 (2014) データ高回収率を実現するバイオロギング・システムの構築—魚類の個体群・群集ダイナミクス解明に挑む. 日本水産学会誌, 80, pp 1009-1015
Nanami, A. and Yamada, H. (2008) Size and spatial arrangement of home range of checkered snapper *Lutjanus decussatus* (Lutjanidae) in an Okinawan coral reef determined using a portable GPS receiver. *Mar Biol*, 153, pp 1103-1111

空を飛ぶ魚

[参]Davenport, J. (1994) How and why do flying fish fly? *Rev Fish Biol Fish*, 4, pp 184-214
[参]Makiguchi, Y., Kuramochi, K., Iwane, S., et al. (2013) Take-off performance of flying fish *Cypselurus heterurus doederleini* measured with miniature acceleration data loggers. *Aqua Biol*, 18, pp 105-111
[参]Park, H. and Choi, H. (2010) Aerodynamic characteristics of flying fish in gliding flight. *J Exp Biol*, 213, pp 3269-3279

雄が出産するタツノオトシゴ

Kuiter, R. H. (2009) *Seahorses and their relatives*. Aquatic Photographics
[参]桑村哲生 (2007)『子育てする魚たち—性役割の起源を探る』海游舎

ブダイの寝袋

[参]桑村哲生 (2012)『サンゴ礁を彩るブダイ—潜水観察で謎をとく』恒星社厚生閣
[参]Grutter, A. S., Rumney, J. G., Sinclair-Taylor, T., et al. (2011) Fish mucous cocoons: the 'mosquito nets' of the sea. *Biol Lett*, 7, pp 292-294

【7章　生理】

❖多様な呼吸法

Graham, J. B., Wegner, N. C., Miller, L. A., et al. (2014) Spiracular air breathing in polypterid fishes and its implications for aerial respiration in stem tetrapods. *Nature Commun*, 5, doi 10.1038/ncommus4022

Johansen, K. (1968) Air-breathing fishes. *Sci Am*, 219(4), pp 102-111

Lagler, K. F., Bardach, J. E., Miller, R. R., et al. (1977) *Ichthyology (2nd edition)*. John Wiley & Sons

Peters, H. M. (1978) On the mechanism of air ventilation in anabantoids (Pisces: Teleostei). *Zoomorphologie*, 89(2), pp 93-123

[参]会田勝美・金子豊二（編）(2013)『魚類生理学の基礎』増補改訂版, 恒星社厚生閣

[参]Nilsson, G. E. (2010) *Respiratory physiology of vertebrates: life with and without oxygen*. Cambridge University Press

❖消化の調節と胃の役割

Kuz'mina, V. (2008) Classical and modern concepts in fish digestion. In: Cyrino, J. E. P., Bureau, D. P. and Kapoor, B. G. (eds.) *Feeding and digestive functions of fishes*, Science Publishers, pp 85-154

❖成長の仕組み

会田勝美 (2002)「第10章　代謝 3タンパク質代謝と成長」会田勝美（編）『魚類生理学の基礎』恒星社厚生閣, pp 204-214

日本比較内分泌学会（編）(1996)『成長ホルモン・プロラクチンファミリー』ホルモンの分子生物学, 学会出版センター

Shimizu, M. and Dickhoff. W. W. (2017) Circulating insulin-like growth factor binding proteins in fish: Their identities and physiological regulation. *Gen Comp Endocr*, 252, pp 150-161

❖老廃物の排出

[参]岩田勝哉 (2014)『魚類比較生理学入門—空気の世界に挑戦する魚たち』海游舎

[参]Wood, C. M., Nawata, C. M., Wilson, J. M., et al. (2013) Rh proteins and NH_4^+-activated Na^+-ATPase in the Magadi tilapia (*Alcolapia grahami*), a 100% ureotelic teleost fish. *J Exp Biol*, 216, pp 2998-3007

❖軟骨魚類の浸透圧調節

Wright, P., Anderson, P., Weng, L., et al. (2004) The crab-eating frog, *Rana cancrivora*, upregulates hepatic carbamoyl phosphate synthetase I activity and tissue osmolyte levels in response to increased salinity. *J Exp Zool Part A*, 301(7), pp 559-568

[参]兵藤　晋 (2016)「第1部 体液調節機構の進化 2魚類」海谷啓之・内山　実（編）『ホルモンから見た生命現象と進化シリーズV—ホメオスタシスと適応—恒』裳華房, pp 16-31

❖浸透圧調節と塩類細胞

Hiroi, J. and McCormick, S. D. (2012) New insights into gill ionocyte and ion transporter function

in euryhaline and diadromous fish. *Resp Physiol Neurobi*, 184(3), pp 257-268
[参]廣井準也・金子豊二 (2016)「塩類細胞」海谷啓之・内山　実 (編)『ホルモンから見た生命現象と進化シリーズ V—ホメオスタシスと適応—恒』裳華房, pp 70-86

⁂骨組織の形成と代謝

矢部　衞・桑村哲生・都木靖彰 (編) (2017)『魚類学』恒星社厚生閣
Boglione, C., Gavaia, P., Koumoundouros, G., et al. (2013) Skeletal anomalies in reared European fish larvae and juveniles. Part 1: normal and anomalous skeletogenic processes. *Rev Aquacult*, 5 (Suppl. 1), S99-S120
Hall, B. K. (2015) *Bones and cartilage, developmental and evolutionary skeletal biology* (*2nd edition*). Elsevier
Persson, P., Johannsson, S. H., Takagi, Y., et al. (1997) Estradiol-17β and nutritional status affect calcium balance, scale and bone resorption, and bone formation in rainbow trout, *Oncorhynchus mykiss*. *J Comp Physiol B*, 167(7), pp 468-473
Witten, P. E., Huysseune, A. and Hall, B. K. (2010) A practical approach for identification of the many cartilagenous tissues in teleost fish. *J Appl Ichthyol*, 26(2), pp 257-262

⁂母川刷込みと母川回帰

工藤秀明 (2018) 嗅覚刷込をおこなうサケの嗅神経とその関連分子. *Aroma Res*, 19(2), pp 3-8
Hasler, A. D. and Scholz, A. T. (1983) *Olfactory imprinting and homing in salmon: Investigations into the mechanism of the imprinting process*. Springer-Verlag
Ueda, H. (2011) Physiological mechanism of homing migration in Pacific salmon from behavioral to molecular biological approaches. *Gen Comp Endocr*, 170(2), pp 222-232

⁂サケ科魚類の銀化変態

藤岡康弘 (2009)『川と湖の回遊魚ビワマスの謎を探る』サンライズ出版

⁂変態の生理

田川正朋 (2016)「5章 魚の変態とホルモン」天野勝文・田川正朋 (編)『ホルモンから見た生命現象と進化シリーズII—発生・変態・リズム—時』裳華房, pp 64-81
[参]三輪　理・田川正朋 (2013)「8章 変態」会田勝美・金子豊二 (編)『増補改訂版 魚類生理学の基礎』恒星社厚生閣, pp 184-192

⁂生殖腺の性決定と性分化

[参]菊池　潔・細谷　将・田角聡志 (2013) 魚類の性決定－フグの性決定遺伝子 *Amhr2* を中心に. 動物遺伝育種研究, 41(1), pp 37-48
[参]北野　健 (2016)「6章 魚類の性決定」伊藤道彦・高橋明義 (編)『ホルモンから見た生命現象と進化シリーズIII—成長・成熟・性決定—継』裳華房, pp 76-91

⁂雌雄性と雌雄同体

小林牧人・大久保範聡・足立伸次 (2013)「第7章 生殖」『魚類生理学の基礎』増補改訂版, 恒星社厚生閣, pp 149-183
Tatarenkov, A., Lima, S. M. Q., Earley, R. L., et al. (2017) Deep and concordant subdivisions in

the self-fertilizing mangrove killifishes (*Kryptolebias*) revealed by nuclear and mtDNA markers. *Biol J Linn Soc*, 122(3), pp 558-578

性転換の生理

小林靖尚・中村　將（2016)「7章 魚類の性転換」伊藤道彦・高橋明義（編)『ホルモンから見た生命現象と進化シリーズⅢ—成長・成熟・性決定—継』裳華房, pp 92-106

Sunobe, T., Sado, T., Hagiwara, K., et al. (2017) Evolution of bidirectional sex change and gonochorism in fishes of the gobiid genera *Trimma*, *Priolepis*, and *Trimmatom*. *The Science of Nature*, 104(3-4), 15

生殖行動の神経ペプチドによる制御

[参]岡　良隆（2007)「7章 環境に適応した行動を発現させる脊椎動物神経系・内分泌系のしくみ」岡　良隆・蟻川謙太郎（共編)『シリーズ21世紀の動物科学8－行動とコミュニケーション』培風館, pp 197-226

[参]Abe, H. and Oka, Y. (2011) Mechanisms of neuromodulation by a non-hypophysiotropic GnRH system controlling motivation of reproductive behavior in the teleost brain. *J Reprod and Devel*, 57(6), pp 665-674. DOI: 10.1262/jrd.11-055E

環境ホルモンの影響

Aoki, J., Nagae, M., Takao, Y., et al. (2010) Survey of contamination of estrogenic chemicals in Japanese and Korean coastal waters using the wild grey mullet (*Mugil cephalus*). *Sci Total Environ*, 408, pp 660-665

性フェロモン

小林牧人（2002)「15章 魚類の性行動の内分泌調節と性的可塑性—魚類の脳は両性か？」植松一眞・岡　良隆・伊藤博信（編)『魚類のニューロサイエンス』恒星社厚生閣, pp 245-262

山家秀信（2013)「2章 繁殖行動におけるフェロモンの役割」棟方有宗・小林牧人・有元貴文（編)『水産学シリーズ176—魚類の行動研究と水産資源管理』恒星社厚生閣, pp 28-46

胎生魚

宮　正樹（2016)『新たな魚類大系統—遺伝子で解き明かす魚類3万種の由来と現在』遺伝子から探る生物進化4, 慶應義塾大学出版会

Koya, Y., Mori, H. and Nakagawa, M. (2004) Serum 17, 20β-dihydroxy-4-pregnen-3-one levels in pregnant and non-pregnant female rockfish, *Sebastes schlegeli*, viviparous teleost, and its production by post-ovulatory follicles. *Zool Sci*, 21, pp 565-573

[参]Koya, Y. (2008) Reproductive physiology in viviparous teleosts. In: Rocha, M. J., Arukwe, A. and Kapoor, B. G. (eds.) *Fish Reproduction*. Science Publishers, pp 245-275

[参]Wourms, J. P., Grove, B. D. and Lombardi, J. (1988) Maternal-embryonic relationship in viviparous fishes. In: Hoar, W. S. and Randall, D. J. (eds.) *Fish Physiology, Vol. 11 Part B, The Physiology of Developing Fishes: Viviparity and Posthatching Juveniles*, Academic Press, pp 1-134

活動のリズム

[参]清水　勇・大石　正（2008）『リズム生態学―体内時計の多様性とその生態機能』東海大学出版会

[参]富岡憲治・井上慎一・沼田英治（2003）『時間生物学の基礎』裳華房

季節センサー

中根右介・池上啓介・飯郷雅之他（2014）魚類の季節センサー Seasonal sensor in fish. 比較内分泌学, 40(152), pp 65-67

Nakane, Y., Ikegami K., Iigo, M., et al.（2013）The saccus vasculosus of fish is a sensor of seasonal changes in day length. *Nature Commun*, 4, p 2108

内温性

[参]阿部宏喜（2009）『カツオ・マグロのひみつ―驚異の遊泳能力を探る』恒星社厚生閣

[参]Hochachka, P. W. and Mommsen, T. P.（eds.）（1991）Phylogenetic and biochemical perspectives. *Biochemistry and Molecular Biology of Fishes*, 1, pp 1-361

極限水温条件への適応

DeVries, A. L. and Cheng, C. -H. C.（2005）*The physiology of polar fishes* Antifreeze proteins and organismal freezing avoidance in polar fishes. In: Farrell, A. P. and Steffensen, J. F.（eds.）*Fish Physiology Vol. 22, Physiology of Polar Fishes*, Elsevier Academic Press, pp 155-201

Narahara, A., Bergman, H. L., Laurent, P., et al.（1996）Respiratory physiology of the Lake Magadi tilapia（*Oreochromis alcalicus grahami*）, a fish adapted to a hot, alkaline, and frequently hypoxic environment. *Physiol Zool*, 69(5), pp 1114-1136

Near, J. T., Dornburg, A., Kuhn, K. L., et al.（2012）Ancient climate change, antifreeze, and the evolutionary diversification of Antarctic fishes. *Proc Natl Acad Sci*, 109(9), pp 3434-3439

痛みと麻酔

渡邉研一（2011）「魚類用の麻酔剤とその使用方法」（特許第4831409号；特許権者 東京農業大学）

渡邉研一・松原　創（2017）「魚類用麻酔剤及びその製造方法並びに該魚類用麻酔剤の使用期限を判別する方法」（特許第6202570号；特許権者 東京農業大学）

Ross, L. G., Ross, B. and Ross, B.（eds.）（2008）*Anaesthetic and sedative techniques for aquatic animals*（*3rd edition*）. Blackwell Publishing Ltd.

ストレス

[参]Iguchi, K., Ito, F., Ogawa, K., et al.（2002）Reduction of transport stress of ayu by obligated schooling. *Fisheries Sci*, 68(4), pp 849-853

魚 病

[参]江草周三（監修），若林久嗣・室賀清邦（編）（2004）『魚介類の感染症・寄生虫病』恒星社厚生閣

実験動物としての魚類

岩松鷹司（1993）『メダカ学』サイエンティスト社

Gilkey, J. C., Jaffe, L. F. and Reynolds, G. T.（1978）A free calcium wave traverses the activating egg of the medaka, *Oryzias latipes*. *J Cell Biol*, 76, pp 448-466

Yamamoto, T.（1953）Artificially induced sex-reversal in genotypic males of the medaka（*Oryzias latipes*）. *J Exp Zool Part A*, 123, pp 571-594

［参］岩松鷹司（1997）『メダカ学全書』大学教育出版

［参］岩松鷹司（2004）『魚類の受精』培風館

【8章　発生】

卵

［参］井尻成保（2017）「14章 生殖」矢部　衞・桑村哲生・都木靖彰（編）『魚類学』恒星社厚生閣，pp 155-178

［参］小林牧人・大久保範聡・足立伸次（2013）「第7章 生殖」会田勝美・金子豊二（編）『魚類生理学の基礎』増補改訂版，恒星社厚生閣，pp 149-183

精 子

［参］小林牧人・足立伸次（2002）「生殖」会田勝美（編）『魚類生理学の基礎』恒星社厚生閣，pp 155-184

［参］高橋裕哉（1989）「精巣の構造と配偶子形成」隆島史夫・羽生　功（編）『水族繁殖学』緑書房，pp 35-64

受 精

Gilkey, J. C., Jaffe, L. F. and Reynolds, G. T.（1978）A free calcium wave traverses the activating egg of the medaka, *Oryzias latipes*. *J Cell Biol*, 76, pp 448-466

Yanagimachi, R., Harumi, T., Matsubara, H., et al.（2017）Chemical and physical guidance of fish spermatozoa into the egg through the micropyle. *Biol Reprod*, 96, pp 780-799

［参］岩松鷹司（2004）『魚類の受精』培風館

胚―受精から三胚葉形成，胚―エピボリー運動から胚体形成

［参］武田洋幸・岡本　仁・成瀬　清他（編）（2002）『小型魚類研究の新展開―脊椎動物の発生・遺伝・進化の理解をめざして』共立出版

［参］武田洋幸（2001）『動物のからだづくり―形態発生の分子メカニズム』朝倉書店

孵 化

Kawaguchi, M., Fujita, H., Yoshizaki, N., et al.（2009）Different hatching strategies in embryos of two species, pacific herring *Clupea pallasii* and Japanese anchovy *Engraulis japonicus*, that belong to the same order Clupeiformes, and their environmental adaptation. *J Exp Zool Part B*, 312B, pp 95-107

Sano, K., Kawaguchi, M., Watanabe, S., et al.（2014）Neofunctionalization of a duplicate hatching enzyme gene during the evolution of teleost fishes. *BMC Evol Biol*, 14, 221

⁂稚 魚
内田恵太郎（1930）『魚類—圓口類—頭索類』岩波書店
沖山宗雄（編）(1988)『日本産稚魚図鑑』東海大学出版会
沖山宗雄（編）(2014)『日本産稚魚図鑑』第2版, 東海大学出版会
田中　克・田川正朋・中山耕至（編）(2008)『稚魚学—多様な生理生態を探る』生物研究社

⁂直達発生
近藤　正（2013）琉球列島における河川産ハゼ亜目魚類の初期生活史に関する研究. 琉球大学理工学研究科海洋環境学専攻博士論文, pp 175
平嶋健太郎・立原一憲（2000）沖縄島に生息する中卵型ヨシノボリ2種の卵内発生および仔稚魚の成長に伴う形態変化. 魚類学雑誌, 47, pp 29-41
水野信彦（1961）ヨシノボリの研究Ⅰ—生活史の比較. 日本水産学会誌, 27(1), pp 6-11
Tachihara, K. and Obara, E. (2003) Morphological development of embryos and juveniles in the Mozambique tilapia, *Oreochromis mossambicus* as a direct developmental fish under rearing conditions. *Suisanzoshoku*, 51, pp 295-306

⁂変 態
内田恵太郎（1963）稚魚の形態・生態と系統. 動物分類学会報, 30, pp 14-16
内田恵太郎（1966）「魚類の変態」久米又三（編）『脊椎動物発生学』培風館, pp 115-122
南　卓志（1982）ヒラメの初期生活史. 日本水産学会誌, 48(11), pp 1581-1588

⁂左右非対称性の発現
鈴木　徹（2017）「13章 異体類における左右性異常を発生システムと遺伝子発現から追う」有瀧真人・田川正朋・征矢野　清（編）『魚の形は飼育環境で変わる—形態異常はなぜ起こるのか？』恒星社厚生閣, pp 105-113

⁂クッパー胞
スコット F. ギルバート（著）, 阿形清和・高橋淑子（監訳）(2015)『ギルバート発生生物学』メディカル・サイエンス・インターナショナル

⁂ヌタウナギの発生
倉谷　滋（2017）『新版・動物進化形態学—Evolutionary morphology: Bauplan and embryonic development of vertebrates』Natural History Series, 東京大学出版会
[参]Dean, B. (1899) *On the embryology of Bdellostoma stouti. A general account of myxinoid development from the egg and segmentation to hatching.* Festschrift zum 70ten Geburtstag Carl von Kupffer, Jena, pp 220-276
[参]Oisi, Y., Ota, K. G., Kuraku, S., et al. (2013) Craniofacial development of hagfishes and the evolution of vertebrates. *Nature*, 493, pp 175-180
[参]Ota, K. G., Fujimoto, S., Oisi, Y., et al. (2011) Identification of vertebra-like elements and their possible differentiation from sclerotomes in the hagfish. *Nature Commun 2*, 373
[参]Ota, K. G., Kuraku, S. and Kuratani, S. (2007) Hagfish embryology with reference to the evolution of the neural crest. *Nature*, 446, pp 672-675

軟骨魚類の繁殖と発生

［参］Ballard, W. W., Mellinger, J. and Lechenault, H.（1993）A series of normal stages for development of *Scyliorhinus canicula*, the lesser spotted dogfish（Chondrichthyes: Scyliorhinidae）. *J Exp Zool*, 267（3）, pp 318-336
［参］Hamlett, W. C.（ed.）（2005）*Reproductive biology and phylogeny of chondrichthyes: sharks, batoids and chimaeras*. Science Publishers, INC
［参］Straube, N., Lampert, K. P., Geiger, M. F., et al.（2016）First record of second-generation facultative parthenogenesis in a vertebrate species, the whitespotted bambooshark *Chiloscyllium plagiosum*. *J Fish Biol*, 88（2）, pp 668-675

魚卵の形態

平井明夫（2003）『魚の卵のはなし』成山堂書店

仔稚魚の形態

沖山宗雄・上柳昭治（1977）イソマグロ *Gymnosarda unicolor*（Rüppell）の仔稚魚. 遠洋水研報, 15, pp 35-49
沖山宗雄（2014）「ウキコンニャクイタチウオ」沖山宗雄（編）『日本産稚魚図鑑』第2版, 東海大学出版会, p 429
小澤貴和（2014）「ミツマタヤリウオ属の1種」沖山宗雄（編）『日本産稚魚図鑑』第2版, 東海大学出版会, p 268
Chen, C. H.（1987）Studies of the early life history of flying fishes（family Exocoetidae）in the northwestern Pacific. *Taiwan Mus Spec Publ Ser*,（7）, pp 1-203（In Chinese）
Konishi, Y.（1999）Development and comparative morphology of beryciform larvae（Teleostei: Acanthomorpha）, with comments on trachichthyoid relationships. *Bull Seikai Natl Fish Res Inst*,（77）, pp 23-92
Martin, F. D. and Drewry, G. E.（1978）Development of fishes of the Mid-Atlantic Bight. An atlas of egg, larval and juvenile stages. VI. Stromateidae through Ogcocephalidae. *U. S. Fish Wildl Serv*, *Biol Serv Prog*, FWS/OBS-78/12, pp 1-416
Mori, K.（1984）Early life history of *Lutjanus vitta*（Lutjanidae）in Yuya Bay, the Sea of Japan. *Jpn J Ichthyol*, 30（4）, pp 374-392
Moser, H. G. and Ahlstrom, E. H.（1970）Development of lanternfishes（family Myctophidae）in the California Current. Part 1. Species with narrow-eyed larvae. *Bull Los Angeles Cty Mus Nat Hist Sci*,（7）, pp 1-145
Ozawa, T. and Fukui, A.（1986）Studies on the development and distribution of the bothid larvae in the western North Pacific. In: Ozawa, T.（ed.）*Studies on the oceanic ichthyoplankton in the western North Pacific*. Kyushu Univ. Press, pp 322-420, pls. 1-23,
［参］田中　克・中山耕至・田川正朋（2009）『稚魚―生残と変態の生理生態学』京都大学学術出版会
［参］矢部　衞・桑村哲生・都木靖彰（編）（2017）『魚類学』恒星社厚生閣

初期生活史戦略

Moser, H. G.（ed.）（1996）The early stages of fishes in the California Current region. *Cal Coop Ocean Fish*, ATLAS, no.33

✿レプトセファルス—小さな頭という仔魚

高橋正知（2014）「ソコギス目」「リュウキュウホラアナゴ亜科」沖山宗雄（編）『日本産稚魚図鑑』第2版，東海大学出版会，pp 9-11, 57-59

望岡典隆（2014）「葉形仔魚」沖山宗雄（編）『日本産稚魚図鑑』第2版，東海大学出版会，pp 2-89

Castle, P. H. J. and Raju, N. S.（1975）Some rare leptocephali from the Atlantic and Indo-Pacific Oceans. *Dana Rep*,（85）, pp 1-25

Delage, Y.（1886）Sur les relations de parenté du Congre et du Leptocéphale, *C. R. Acad. Sc*, 103, pp 698-699

Gill, T.（1864）On the affinities of several doubtful British Fishes. *Proc Acad Natl Sci Philad*, 16, pp 199-208

Grassi, B. and Caladruccio, S.（1897）Fortpflanzung und Metamorphose des Aales. *Allg. FischZtg*. 22, pp 402-408

Gronovius, L. T.（1763）Zoophylacii Gronoviani fasciculus primus exhibens animalia quadrupeda, amphibia atque pisces, quae in museo suo adservat, rite examinavit, systematice disposuit, descripsit atque iconibus illustravit Laurentius Theodorus Gronovius, J. U. D. *Lugduni Batavorum*, pp 1-136

Mochioka, N., Kakuda, S. and Tabeta, O.（1982）Congrid leptocephali in the western North and Middle Pacific - I: Exterilium *Ariosoma*-type larvae. *J Fac Appl Biol Sci, Hiroshima Univ*, 21（1/2）, pp 35-66

Mochioka, N. and Iwamizu, M.（1996）Diet of anguilloid larvae: leptocephali feed selectively on larvacean houses and fecal pellets. *Mar Biol*, 125（3）, pp 447-452

［参］望岡典隆（2001）「第7章 ウナギ目レプトケパルス消化管の謎」千田哲資・南　卓志・木下　泉（編著）『稚魚の自然史—千変万化の魚類学』北海道大学出版会，pp 85-98

［参］望岡典隆（2005）「ウナギのふるさとをさがして」『たくさんのふしぎ』244号, 福音館書店

✿選択的潮汐輸送

山下　洋（2013）『ヒラメ・カレイのおもてとうら—平たい魚のウラの顔』恒星社厚生閣

✿異時性

ケネス J. マクナマラ（著）, 田隅本生（訳）（2001）『動物の発育と進化—時間がつくる生命の形』工作舎

猿渡敏郎（2001）ニシン仔稚魚の発育史に見られる特異性. 月刊海洋, 33（4）, pp 232-236

✿魚類の個体発生にみる系統発生

内田恵太郎（1964）稚魚の形態・生態と系統．動物分類会報，（30）, pp 14-16

Johnson, G. D.（1984）Percoidei: development and relationships. In: Moser, H. G., Richards, W. J., Cohen, D. M., et al.（eds.）*Ontogeny and systematics of fishes, Amer Soc Ichthyol Herpetol, Spec. Publ. 1*. pp 464-498

Nelson, J. S., Crande, T. C. and Wilson, M. V. H.（2016）*Fishes of the world*（*5th edition*）, John Wiley & Sons

［参］沖山宗雄・望岡典隆・木下　泉他（2001）魚類の系統類縁に関する個体発生学的アプローチの効用と限界. 月刊海洋, 33（3）, pp 133-136

［参］木下　泉（2001）スズキ亜目の幼期形質にみられる平行現象と収斂. 月刊海洋, 33（3）, pp

203-211
[参]道津喜衛（1957）ワラスボの生態，生活史．九州大學農學部學藝雜誌，16(1)，pp 101-110

⁂代理親魚技法

[参]中嶋正道・荒井克俊・岡本信明他（編）(2017)『水産遺伝育種学』東北大学出版会
[参]吉崎悟朗（2014）『サバからマグロが産まれる！？』岩波書店

【9章　遺伝】

⁂染色体と核型

[参]小嶋吉雄・高井明徳（1995）『魚の世界―ミクロからマクロへ』裳華房
[参]Arai, R. (2011) *Fish karyotypes – A check list*. Springer Tokyo
[参]Levan, A., Fredga, K. and Sandberg, A. A. (1964) Nomenclature for centromeric position on chromosomes. *Hereditas*, 52(2), pp 201-220

⁂核ゲノム

Inoue, J., Sato, Y., Sinclair, R., et al. (2015) Rapid genome reshaping by multiple-gene loss after whole-genome duplication in teleost fish suggested by mathematical modeling. *Proc Natl Acad Sci USA*, 112(48), pp 14918-14923
NCBI [https://www.ncbi.nlm.nih.gov/genome/]
[参]川島武士・濱田麻友子・新里宙也他（2008）動物ゲノムの10年がもたらした新しい進化観．科学，78，pp 1070-1079

⁂ミトコンドリアゲノム

Miya, M. and Nishida, M. (1999) Organization of the mitochondrial genome of a deep-sea fish, *Gonostoma gracile* (Teleostei: Stomiiformes): First example of transfer RNA gene rearrangements in bony fishes. *Mar Biotechnol*, 1(5), pp 416-426, Springer-Verlag, DOI: 10.1007/PL00011798
Near, T. J., Dornburg, A., Eytan, R. I., et al. (2013) Phylogeny and tempo of diversification in the superradiation of spiny-rayed fishes. *Proc Natl Acad Sci USA*, 110(31), pp 12738-12743, DOI: 10.1073/pnas.1304661110
Satoh, T. P., Miya, M., Endo, H., et al. (2006) Round and pointed-head grenadier fishes (Actinopterygii: Gadiformes) represent a single sister group: evidence from the complete mitochondrial genome sequences. *Mol Phylogenet Evol*, 40(1), pp 129-138

⁂全ゲノム重複

佐藤行人・西田　睦（2009）全ゲノム重複と魚類の進化．魚類学雑誌，56(2)，pp 89-109
Braasch, I., Gehrke, A. R., Smith, J. J., et al. (2016) The spotted gar genome illuminates vertebrate evolution and facilitates human-teleost comparisons. *Nat Genet*, 48(4), pp 427-437
Inoue, J., Sato, Y., Sinclair, R., et al. (2015) Rapid genome reshaping by multiple-gene loss after whole-genome duplication in teleost fish suggested by mathematical modeling. *Proc Natl Acad Sci USA*, 112(48), pp 14918-14923

⁂遺伝子重複

Zhang, J. (2003) Evolution by gene duplication: an update. *Trends Ecol Evol*, 18(6), pp 292-298

[参]Casola, C. and Betrán, E. (2017) The genomic impact of gene retrocopies: what have we learned from comparative genomics, population genomics, and transcriptomic analyses? *Genome Biol Evol*, 9, pp 1351-1373

⁂鰭形成に関わる遺伝子

Ahn, D. and Ho, R. K. (2008) Tri-phasic expression of posterior Hox genes during development of pectoral fins in zebrafish: implications for the evolution of vertebrate paired appendages. *Dev Biol*, 322, pp 220-233

Don E. K., de Jong-Curtain. T. A., Doggett, K., et al. (2016) Genetic basis of hindlimb loss in a naturally occurring vertebrate model. *Biol Open*, 5, pp 359-366

Fischer, S., Draper, B. W. and Neumann, C. J. (2003) The zebrafish *fgf24* mutant identifies an additional level of Fgf signaling involved in vertebrate forelimb initiation. *Development*, 130, pp 3515-3524

Garrity, D. M., Childs, S. and Fishman, M. C. (2002) The *heartstrings* mutation in zebrafish causes heart/fin Tbx5 deficiency syndrome. *Development*, 129, pp 4635-4645

Ng, J. K., Kawakami, Y., Buscher, D., et al. (2002) The limb identity gene *Tbx5* promotes limb initiation by interacting with *Wnt2b* and *Fgf10*. *Development*, 129, pp 5161-5170

Onimaru, K., Kuraku, S., Takagi, W., et al. (2015) A shift in anterior-posterior positional information underlies the fin-to-limb evolution. *eLife*, 4, e07048

Shapiro, M. D., Bell, M. A. and Kingsley, D. M. (2006) Parallel genetic origins of pelvic reduction in vertebrates. *Proc Natl Acad Sci USA*, 103, pp 13753-13758

Tulenko, F. J., Augustus, G. J., Massey, J. L., et al. (2016) *HoxD* expression in the fin-fold compartment of basal gnathostomes and implications for paired appendage evolution. *Sci Rep*, 6, 22720

Tulenko, F. J., Massey, J. L., Holmquist, E., et al. (2017) Fin-fold development in paddlefish and catshark and implications for the evolution of the autopod. *Proc Biol Sci*, 284, 20162780

Zhang, J., Wagh, P., Guay, D., et al. (2010) Loss of fish actinotrichia proteins and the fin-to-limb transition. *Nature*, 466, pp 234-237

⁂浸透圧調節に関わる遺伝子

Wong, M. K. S., Ozaki, H., Suzuki, Y., et al. (2014) Discovery of osmotic sensitive transcription factors in fish intestine via a transcriptomic approach. *BMC Genomics*, 15, 1134, DOI: 10.1186/1471-2164-15-1134

[参]Takei, Y. and Hwang, P.-P. (2016) Homeostatic responses to osmotic stress in fishes. *Fish Physiol*, 35, pp 207-249

⁂免疫に関わる遺伝子

[参]中尾実樹・矢野友紀 (2000) 硬骨魚類の補体系—補体成分の多様性から特有の生体防御戦略を探る. 化学と生物, 38(9), pp 582-588

[参]Buonocore, F. and Gerdol, M. (2016) Alternative adaptive immunity strategies: coelacanth, cod and shark immunity. *Mol Immunol*, 69, pp 157-169

[参]Grimholt, U. (2016) MHC and evolution in teleosts. *Biology*, (Basel), 5(1), pii: E6. doi: 10.3390/biology5010006

[参]Hu, Y., Yoshikawa, T., Chung, S., et al. (2017) Identification of 2 novel type I IFN genes in Japanese flounder, *Paralichthys olivaceus*. *Fish Shellfish Immunol*, Ide. doi: 10.1016/j.fsi.2017.05.054

[参]Tokunaga, Y., Shirouzu, M., Sugahara, R., et al. (2017) Comprehensive validation of T- and B-cell deficiency in *rag1*-null zebrafish: implication for the robust innate defense mechanisms of teleosts. *Sci Rep*, 7(1), doi: 10.1038/s41598-017-08000-2

[参]Xu, Z., Parra, D., Gómez, D., et al. (2013) Teleost skin, an ancient mucosal surface that elicits gut-like immune responses. *Proc Natl Acad Sci USA*, 110(32), pp 13097-13102

❖色彩と視覚に関わる遺伝子

Singh, A. P. and Nusslein-Volhard, C. (2015) Zebrafish stripes as a model for vertebrate colour pattern formation. *Curr Biol*, 25(2), R81-92

[参]Kawamura, S. (2011) Evolutionary diversification of visual opsin genes in fish and primates. In: Inoue-Murayama, M., Kawamura, S. and Weiss, A. (eds.) *From genes to animal behavior*, pp 329-349, Springer

❖味覚と嗅覚に関わる遺伝子

東原和成（編）(2012)『化学受容の科学—匂い・味・フェロモン—分子から行動まで』化学同人

Hashiguchi, Y. and Nishida, M. (2006) Evolution and origin of vomeronasal-type odorant receptor gene repertoire in fishes. *BMC Evol Biol*, 6, 76

Hashiguchi, Y, and Nishida, M. (2007) Evolution of trace amine-associated receptor (TAAR) gene family in vertebrates: lineage-specific expansions and degradations of a second class of vertebrate chemosensory receptors expressed in the olfactory epithelium. *Mol Biol Evol*, 24, pp 2099-2107

Nei, M., Niimura, Y. and Nozawa, M. (2008) The evolution of animal chemosensory receptor gene repertoires: roles of chance and necessity. *Nat Rev Genet*, 9, pp 951-963

Picone, B., Hesse, U., Panji, S., et al. (2013) Taste and odorant receptors of the coelacanth—A gene repertoire in transition. *J Exp Zool* (*Mol Dev Evol*), 322B, pp 403-414

❖巣づくりに関わる遺伝子

川原玲香 (2010) トゲウオの巣作り—その多様性と進化. 生物科学, 61(3), p 158

Kawahara, M., Miya, M., Mabuchi, K., et al. (2009) Stickleback phylogenies resolved: Evidence from mitochondrial genomes and 11 nuclear genes. *Mol Phylogenet Evol*, 50, pp 401-404

❖孵化に関わる遺伝子

Kawaguchi, M., Hiroi, J., Miya, M., et al. (2010) Intron-loss evolution of hatching enzyme genes in Teleostei. *BMC Evol Biol*, 10, 260

Kawaguchi, M., Inoue, K., Iuchi, I., et al. (2013) Molecular co-evolution of a protease and its substrate elucidated by analysis of the activity of predicted ancestral hatching enzyme. *BMC Evol Biol*, 13, 231

Kawaguchi, M., Sano, K., Yoshizaki, N., et al. (2014) Comparison of hatching mode in pelagic and demersal eggs of two closely related species in the order Pleuronectiformes. *Zool Sci*, 31, pp 709-715

倍数体と異数体

[参]中嶋正道・荒井克俊・岡本信明他（編）(2017)『水産遺伝育種学』東北大学出版会

[参]Arai, K. and Fujimoto, T. (2013) Genomic constitution and atypical reproduction in polyploid and unisexual lineages of the *Misgurnus* loach, a teleost fish. *Cytogenet Genome Res*. 140, pp 226-240

適応進化の遺伝学

Colosimo, P. F., Hosemann, K. E., Balabhadra, S., et al. (2005) Widespread parallel evolution in sticklebacks by repeated fixation of ectodysplasin alleles. *Science*, 307, pp 1928-1933

Nosil, P. (2012) *Ecological speciation*. Oxford University Press

Peichel, C. L., Marques, D. A. (2017) The genetic and molecular architecture of phenotypic diversity in sticklebacks. *Phil Trans R Soc Lond B Biol Sci*, 372, DOI: 10.1098/rstb.2015.0486

種分化の遺伝学

Miyagi, R., Terai, Y., Aibara, M., et al. (2012) Correlation between nuptial colors and visual sensitivities tuned by opsins leads to species richness in sympatric Lake Victoria cichlid fishes. *Mol Biol Evol*, 29(11), pp 3281-3296

Seehausen, O., Terai, Y., Magalhaes, I. S., et al. (2008) Speciation through sensory drive in cichlid fish. *Nature*, 455(7213), pp 620-626

Terai, Y., Miyagi, R., Aibara, M., et al. (2017) Visual adaptation in Lake Victoria cichlid fishes: depth-related variation of color and scotopic opsins in species from sand/mud bottoms. *BMC Evol Biol*, 17(1), 200

Terai, Y., Seehausen, O., Sasaki, T., et al. (2006) Divergent selection on opsins drives incipient speciation in Lake Victoria cichlids. *PLoS Biol*, 4(12), e433

人工種苗の遺伝学

国連食糧農業機関（FAO）Global Aquaculture Production レポート [http://www.fao.org/fishery/statistics/global-aquaculture-production/en（参照 2018-06-15）]

Araki, H., Cooper, B. and Blouin, M. S. (2007) Genetic effects of captive breeding cause a rapid, cumulative fitness decline in the wild. *Science*, 318(5847), pp 100-103

量的形質の遺伝学

Henderson, C. R. (1975) Best linear unbiased estimation and prediction under a selection model. *Biometrics*, 31, pp 423-447

[参]佐々木義之（1994）『動物の遺伝と育種』朝倉書店

[参]中嶋正道・荒井克俊・岡本信明他（編）(2015)『水産遺伝育種学』東北大学出版会

[参]Ayala, F. J. (1982) *Population and evolutionary genetics: a primer*. The Benjamin/Cummings Publishing Company, Inc.

[参]Frankham, R., Ballou, J. D. and Briscoe, D. A.（著）, 西田　睦（監訳）, 高橋　洋・山崎裕治・渡辺勝敏（訳）(2007)『保全遺伝学入門』文一総合出版

集団の遺伝学

[参]Colosimo, P. F., Hosemann, K. E., Balabhadra, S., et al. (2005) Widespread parallel evolution in sticklebacks by repeated fixation of ectodysplasin alleles. *Science*, 307, pp 1928-33

[参]Hori, M. (1993) Frequency-dependent natural selection in the handedness of scale-eating cichlid fish. *Science*, 260, pp 216-219

小集団の遺伝現象

[参]Frankham, R., Ballou, J. D. and Briscoe, D. A. (著), 西田　睦 (監訳), 高橋　洋・山崎裕治・渡辺勝敏 (訳) (2007)『保全遺伝学入門』文一総合出版

外来魚の集団遺伝学

北川忠生 (2007)「日本におけるフロリダバスの定着と拡散」細谷和海 (監修), 近畿大学水圏生態研究室 (編)『ブラックバスを科学する—駆除のための基礎資料』pp 38-43, (財) リバーフロントセンター

高村健二 (2005) 日本産ブラックバスにおけるミトコンドリアDNAハプロタイプの分布. 魚類学雑誌, 52(2), pp 107-114

土田陽介・佐藤千夏・向井貴彦 (2007) 岐阜県周辺地域におけるオオクチバスの侵入と分布拡大パターン. 生物科学, 58(4), pp 213-220

向井貴彦 (2007) DNAから見た外来種研究—どこまで"犯人"を追えるのか?, 生物科学, 58(4), pp 192-201

種内の遺伝的変異

Nishida, M. (1985) Substantial genetic differentiation in Ayu *Plecoglossus altivelis* of the Japan and Ryukyu Islands. *Bull Jpn Soc Sci Fish*, 51(8), pp 1269-1274

Takeshima, H., Iguchi, K., Hashiguchi, Y., et al. (2016) Using dense locality sampling resolves the subtle genetic population structure of the dispersive fish species *Plecoglossus altivelis*. *Mol Ecol*, 25(13), pp 3048-3064

Takeshima, H., Iguchi, K. and Nishida, M. (2005) Unexpected ceiling of genetic differentiation in the control region of the mitochondrial DNA between different subspecies of the ayu *Plecoglossus altivelis*. *Zool Sci*, 22(4), pp 401-410

[参]Frankham, R., Ballou, J. D. and Briscoe, D. A. (著), 西田　睦 (監訳), 高橋　洋・山崎裕治・渡辺勝敏 (訳) (2007)『保全遺伝学入門』文一総合出版

遺伝子分析が解明する隠蔽種

Kon, T., Yoshino, T., Mukai, T., et al. (2007) DNA sequences identify numerous cryptic species of the vertebrate: a lesson from the gobioid fish *Schindleria*. *Mol Phylogenet Evol*, 44, pp 53-62

Kon, T., Yoshino, T. and Nishida, M. (2011) Cryptic species of the gobioid paedomorphic genus *Schindleria* from Palau, Western Pacific Ocean. *Ichthyol Res*, 58, pp 62-66

Miya, M. and Nishida, M. (1997) Speciation in the open ocean. *Nature*, 389, pp 803-804

種間交雑と遺伝子浸透

向井貴彦 (2001) 魚類の種分化プロセスにおける交雑と遺伝子浸透. 魚類学雑誌, 48(1), pp 1-18

向井貴彦・高橋　洋（2010）「種間交雑をともなう系統地理」渡辺勝敏・高橋　洋（編著）『淡水魚類地理の自然史』北海道大学出版会，pp 137-152
Payseur, B. A. and Rieseberg, L. H.（2016）A genomic perspective on hybridization and speciation. *Mol Ecol*, 25（11）, pp 2337-2360
Yamasaki, Y., Nishida, M., Suzuki, T., et al.（2015）Phylogeny, hybridization and life history evolution of *Rhinogobius* gobies in Japan, inferred from multiple nuclear gene sequences. *Mol Phylogenet Evol*, 90, pp 20-33
［参］Meier, J. I., Marques, D. A., Mwaiko, S., et al.（2017）Ancient hybridization fuels rapid cichlid fish adaptive radiations. *Nature Commun*, 8, 14363
［参］Yoshida, K., Miyagi, R., Mori, S., et al.（2016）Whole-genome sequencing reveals small genomic regions of introgression in an introduced crater lake population of threespine stickleback. *Ecol Evol*, 6(7), pp 2190-2204

DNAマーカー

［参］井鷺裕司・陶山佳久（2013）『生態学者が書いたDNAの本―メンデルの法則から遺伝情報の読み方まで』文一総合出版
［参］Avise, J. C.（2004）*Molecular markers, natural history, and evolution*（*2nd edition*）, Sinauer Associates, Inc.

染色体操作

［参］荒井克俊（1997）「染色体操作」青木　宙・隆島史夫・平野哲也（編）『魚類のDNA―分子遺伝学的アプローチ』恒星社厚生閣，pp 32-62
［参］鈴木　亮（編），日本水産学会（監修）（1989）『水産増養殖と染色体操作』水産学シリーズ75，恒星社厚生閣

ゲノム編集

［参］山本　卓（編）（2014）『今すぐ始めるゲノム編集―TALEN & CRISPR/Cas9の必須知識と実験プロトコール』実験医学別冊，最強のステップUPシリーズ，羊土社
［参］NHK「ゲノム編集」取材班（2016）『ゲノム編集の衝撃―「神の領域」に迫るテクノロジー』NHK出版［https://www.nhk-book.co.jp/detail/000000817022016.html］

環境DNA

源　利文（2016）環境DNAを用いて水中の生物相を知る．月刊BIOINDUSTRY, 33(6), pp 60-65
Miya, M., Sato, Y. Fukunaga, T., et al.（2015）MiFish, a set of universal PCR primers for metabarcoding environmental DNA from fishes: detection of more than 230 subtropical marine species. *Roy Soc Open Sci*, 2, 150088
Ushio, M., Murakami, H., Masuda, R., et al.（2018）Quantitative monitoring of multispecies fish environmental DNA using high-throughput sequencing. *Metabarcoding & Metagenomics*, 2, e23297
［参］高原輝彦・山中裕樹・源　利文他（2016）環境DNA分析の手法開発の現状―淡水域の研究事例を中心にして．日本生態学会誌, 66(3), pp 583-599
［参］山中裕樹・源　利文・高原輝彦他（2016）環境DNA分析の野外調査への展開．日本生態学会誌, 66(3), pp 601-611

エピジェネティクス

Kawanishi, T., Kaneko, T., Moriyama, Y., et al. (2013) Modular development of the teleost trunk along the dorsoventral axis and *zic1/zic4* as selector genes in the dorsal module. *Development*, 140(7), pp 1486-1496

Nakamura, R., Tsukahara, T., Qu, W., et al. (2014) Large hypomethylated domains serve as strong repressive machinery for key developmental genes in vertebrates. *Development*, 141(13), pp 2568-2580

Uno, A., Nakamura, R., Tsukahara, T. et al. (2016) Comparative analysis of genome and epigenome in the closely related medaka species identifies conserved sequence preferences for DNA hypomethylated domains. *Zool Sci*, 33(4), pp 358-365

[参]牛島俊和・眞貝洋一（編）(2013)『イラストで徹底理解するエピジェネティクスキーワード事典—分子機構から疾患・解析技術まで』羊土社

反復配列

Chalopin, D., Naville, M., Plard, F., et al. (2015) Comparative analysis of transposable elements highlights mobilome diversity and evolution in vertebrates. *Genome Biol Evol*, 7(2), pp 567-580

[参]Brown, T. A.（著）, 村松正實・木南　凌（監訳）(2007)『ゲノム—新しい生命情報システムへのアプローチ』第3版, メディカルサイエンスインターナショナル

モデル動物としてのメダカ

Sasado, T., Tanaka, M., Kobayashi, K., et al. (2010) The National BioResource Project Medaka (NBRP Medaka): an integrated bioresource for biological and biomedical sciences. *Exp Animals*, 59(1), pp 13-23

Takehana, Y., Naruse, K. and Sakaizumi, M. (2005) Molecular phylogeny of the medaka fishes genus *Oryzias* (Beloniformes: Adrianichthyidae) based on nuclear and mitochondrial DNA sequences. *Mol Phylogenet Evol*, 36(2), pp 417-428

Wittbrodt, J., Shima, A. and Schartl, M. (2002) Medaka—a model organism from the far East. *Nat Rev Genet*, 3, pp 53-64

トランスジェニックフィッシュ

Amsterdam, A., Lin, S., Hopkins, N., et al. (1995) The *Aequorea victoria* green fluorescent protein can be used as a reporter in live zebrafish embryos. *Dev Biol*, 171(1), pp 123-129

Kawakami, K., Takeda, H., Kawakami, N., et al. (2004) A transposon-mediated gene trap approach identifies developmentally regulated genes in zebrafish. *Dev Cell*, 7(1), pp 133-144

Stuart, G. W., McMurray, J. V., Westerfield, M., et al. (1988) Replication, integration and stable germ-line transmission of foreign sequences injected into early zebrafish embryos. *Development*, 103(2), pp 403-412

【10章　保護】

日本の淡水魚の現状と課題

環境省（編）(2012)「生物多様性国家戦略2012-2020—豊かな自然共生社会の実現に向けたロードマップ」

細谷和海（編,監修）(2015)『日本の淡水魚』山渓ハンディ図鑑15,山と渓谷社

レッドデータブック

環境省（編）(2015)『レッドデータブック2014—絶滅のおそれのある野生生物—4汽水・淡水魚類』ぎょうせい

環境庁（編）(1991)『日本の絶滅のおそれのある野生生物—レッドデータブック』脊椎動物編，財団法人日本野生生物研究センター

日本の希少淡水魚

環境省「環境省版海洋生物レッドリストの公表について」[http://www.env.go.jp/press/103813.html（参照2017-11-27)]

水産庁「海洋生物レッドリストの公表について」[http://www.jfa.maff.go.jp/j/press/sigen/170321.html（参照2017-11-27)]

東京都観光局（2014)『レッドデータブック東京2014』東京都環境局自然環境部

藤田朝彦・細谷和海（2015)「日本産淡水魚リスト」細谷和海（編，監修)『日本の淡水魚』山渓ハンディ図鑑15,山と渓谷社，pp 506-515

Fujita, T. and Hosoya, K..（2013）Taxonomy and conservation of Japanese freshwater fishes. *9th Indo-Pacific Fish Conference Abstracts*

保護の方法

片野　修・森　誠一（監修,編）(2005)『希少淡水魚の現在と未来—積極的保全のシナリオ』信山社

長田芳和・細谷和海（編）(1997)『日本の希少淡水魚の現状と系統保存—よみがえれ日本産淡水魚』緑書房

WRI, IUCN and UNEP（1992）*Global biodiversity strategy*. World Resources Institute

保 全

[参]高橋清孝（編著）(2017)『よみがえる魚たち』恒星社厚生閣

[参]日本魚類学会自然保護委員会（編），渡辺勝敏・森　誠一（責任編集）(2016)『淡水魚保全の挑戦—水辺のにぎわいを取り戻す理念と実践』東海大学出版部

[参]プリマック，R. B.・小堀洋美（1997)『保全生物学のすすめ—生物多様性保全のためのニューサイエンス』文一総合出版

保 存

[参]Frankham, R., Ballou, J. D. and Briscoe, D. A.（2002）*Introduction to conservation genetics*. Cambridge Univ. Press

[参]Hosoya, K.（2008）Circumstance of protection for threatened freshwater fishes in Japan. *Kor Jour Ichthyol*, 20(2), pp 133-138

⁂外来魚

ゴールドシュミット，ティス（著），丸　武志（訳）(1999)『ダーウィンの箱庭ヴィクトリア湖』草思社

細谷和海（2006）「ブラックバスはなぜ悪いのか」細谷和海・高橋清孝（編）『ブラックバスを退治する―シナイモツゴ郷の会からのメッセージ』恒星社厚生閣，pp 3-12

Moyle, P. B., Li, H. W. and Barton, B. A. (1986) The Frankenstein effect: impact of introduced fishes on native fishes in North America. In: Stroud, R. H. (ed.) *Fish Culture in Fisheries Management*. pp 415-426, American Fisheries Society

⁂国外外来魚

日本魚類学会自然保護委員会（編）(2013)『見えない脅威“国内外来魚”―どう守る地域の生物多様性』東海大学出版会

[参]日本魚類学会自然保護委員会（編）(2002)『川と湖沼の侵略者ブラックバス―その生物学と生態系への影響』恒星社厚生閣

[参]日本生態学会（編）(2002)『外来種ハンドブック』地人書館

[参]細谷和海・高橋清孝（編）(2006)『ブラックバスを退治する―シナイモツゴ郷の会からのメッセージ』恒星社厚生閣

[参]松沢陽士・瀬能　宏（2008）『日本の外来魚ガイド』文一総合出版

⁂第３の外来種

[参]日本魚類学会自然保護委員会（編）(2013)『見えない脅威”国内外来魚”―どう守る地域の生物多様性』東海大学出版会

[参]細谷和海・小林牧人・北川忠生（2017）野生メダカ保護への提言. 海洋と生物, 39(2), pp 138-142

⁂運河を通じた魚類の侵入

石井文子・安斎有紀子・伊藤玲香他（2011）吉野川分水による吉野川水系から大和川水系へのカワムツの移入. 魚類学雑誌, 58(1), pp 65-74

[参]Moyle, P. B. and Cech, J. J. Jr. (2004) *Fishes: an introduction to ichthyology* (*5th edition*). Pearson Prentice-Hall

⁂外来生物法

[参]環境省「日本の外来種対策」[https://www.env.go.jp/nature/intro/index.html（参照 2017-10-23）]

⁂放流ガイドライン

日本魚類学会（2005）生物多様性の保全を目指した魚類の放流ガイドライン（放流ガイドライン，2005）. 魚類学雑誌, 52(1), pp 80-82

日本魚類学会自然保護委員会（編），渡辺勝敏・森　誠一（責任編集）(2016)『淡水魚保全の挑戦―水辺のにぎわいを取り戻す理念と実践』東海大学出版部

Ogawa, R., Aya, S., Kawai, N. et al. (2011) Re-introduction of the Itasenpara bitterling to the Yodo River in Osaka Prefecture, Japan. *Global Re-introduction Perspectives: 2011: More case studies from around the globe*. IUCN, pp 49-53

地球温暖化による分布の変化

竹内直子・瀬能　宏・青木優和（2012）伊豆半島大浦湾の魚類相および相模湾沿岸域におけるその生物地理学的特性. 日本生物地理学会会報, 67, pp 41-50

［参］日本海洋学会（編）（2017）『海の温暖化—変わりゆく海と人間活動の影響』朝倉書店

生物多様性条約とABS問題

［参］中江雅典・千葉　悟・大橋慎平（2015）生物多様性条約および名古屋議定書の魚類学分野への影響—知らなかったでは済まされないABS問題. 魚類学雑誌, 62(1), pp 84-90

種の保存法

環境省「海洋生物レッドリスト」[https://www.env.go.jp/press/files/jp/106403.pdf]

環境省「レッドリスト2017」[https://www.env.go.jp/nature/kisho/hozen/redlist/MOEredlist2017.pdf]

ワシントン条約

［参］中野秀樹・高橋紀夫（編）（2016）『魚たちとワシントン条約』文一総合出版

ラムサール条約と日本の重要湿地

［参］環境省「生物多様性の観点から重要度の高い湿地（略称「重要湿地」）」[http://www.env.go.jp/nature/important_wetland/（参照 2017-9-29）]

［参］環境省「ラムサール条約と条約湿地」[http://www.env.go.jp/nature/ramsar/conv/（参照 2017-09-29）]

河川水辺の国勢調査

河川環境データベース［http://mizukoku.nilim.go.jp/ksnkankyo/］

国土交通省水管理・国土保全局河川環境課（2016）「平成28年度版河川水辺の国勢調査基本調査マニュアル」

里海・里川

京都大学フィールド科学教育研究センター（編）（2011）『森里海連環学—森から海までの統合的管理を目指して』増補改訂版, 京都大学学術出版会

柳　哲雄（1998）沿岸域の「里海」化. 水環境学会誌, 21, p 703

［参］柳　哲雄（2006）『里海論』恒星社厚生閣

琵琶湖の危機

［参］西野麻知子（2009）『とりもどせ！琵琶湖・淀川の原風景—水辺の生物多様性保全に向けて』サンライズ出版

［参］西野麻知子・浜端悦治（2005）『内湖からのメッセージ—琵琶湖周辺の湿地再生と生物多様性保全』サンライズ出版

有明海の危機

日本魚類学会自然保護委員会（編），田北　徹・山口敦子（責任編集）（2009）『干潟の海に生きる魚たち—有明海の豊かさと危機』東海大学出版会

西表島の危機

環境省（2017）「汽水・淡水魚類 環境省レッドリスト2017」[http://www.env.go.jp/press/files/jp/105449.pdf（参照2018-01-05）]

鈴木寿之・森　誠一（2016）西表島浦内川の魚類. 魚類学雑誌, 63, pp 39-43

[参]鈴木寿之（監修・著）(2017)『西表島浦内川の魚』西表島エコツーリズム協会

市民活動による希少魚保護

高橋清孝（2009）『田園の魚をとりもどせ！』恒星社厚生閣

高橋清孝（2017）『よみがえる魚たち』恒星社厚生閣

細谷和海・高橋清孝（2007）『ブラックバスを退治する―シナイモツゴ郷の会からのメッセージ』恒星社厚生閣

市民活動による外来魚駆除

全国ブラックバス防除市民ネットワーク（2009）『NO BASS GUIDEBOOK 2009』全国ブラックバス防除市民ネットワーク

[参]全国ブラックバス防除市民ネットワーク（編）(2012)『外来魚のいない水辺づくり』全国ブラックバス防除市民ネットワーク

【11章　社会】

水族館

西田清徳（2014）「第5章 魚類―軟骨魚類・硬骨魚類」内田詮三・荒井一利・西田清徳『日本の水族館』東京大学出版会, pp 118-156

[参]鈴木克美・西　源二郎（2010）『水族館学―水族館の発展に期待をこめて』新版, 東海大学出版会

博物館

日本博物館協会（2017）平成27年度博物館館園数関連統計 平成27年度 博物館園数. 博物館研究, 52, pp 13-16

ICOM日本委員会事務局（2016）「ICOMレポート. ICOM日本委員会（訳）, UNESCO―ミュージアムとコレクションの保存活用、その多様性と社会における役割に関する勧告」『博物館研究』51(3), pp 24-27

[参]松浦啓一（編著）(2014)『標本学―自然史標本の収集と管理』第2版, 国立科学博物館叢書③, 東海大学出版会

漁 業

金田禎之（2017）『新編漁業法詳解』増補5訂版, 成山堂書店

FAO（2016）*The state of world fisheries and aquaculture 2016.*

[参]農林水産省統計情報部（編）(2016)『漁業・養殖業生産統計年報』

[参]FAO（2015）*The state of world fisheries and aquaculture 2016.*

持続可能な漁業

白山義久・桜井泰憲・古谷　研他（編）(2012)『海洋保全生態学』講談社
松田裕之（2012)『海の保全生態学』東京大学出版会

資源としての魚

小川太輝・平松一彦（2015）マサバ太平洋系群と北東大西洋のタイセイヨウサバの資源評価・管理の比較. 日本水産学会誌, 81, pp 408-417
中西部太平洋まぐろ類委員会科学委員会（WCFPC/ISC, 2016）[http://isc.fra.go.jp/pdf/ISC16/ISC16_Annex_09_2016_Pacific_Bluefin_Tuna_Stock_Assessment.pdf]
[参]中野秀樹・高橋紀夫（編）(2016)『魚たちとワシントン条約―マグロ・サメからナマコ・深海サンゴまで』文一総合出版

養 殖

金田禎之（2017)『新編漁業法詳解』増補5訂版, 成山堂書店

放流―栽培漁業

帰山雅秀（2008)「生態系をベースとした水産資源増殖のあり方」北田修一・帰山雅秀・浜崎活幸他（編）『水産資源の増殖と保全』成山堂書店, pp 1-21
帰山雅秀・永田光博・中川大介（編著）(2013)『サケ学大全』北海道大学出版会
水産庁（監）(1983)『最新版つくる漁業』資源協会

育 種

中嶋正道・荒井克俊・岡本信明他（編）(2017)『水産遺伝育種学』東北大学出版会

有用魚

農林水産省大臣官房統計部（編）(2016)『漁業・養殖業統計年報（併載：漁業生産額）』
安田弘法・中村宗一郎・太田寛行他（編）(2013)『農学入門―食料・生命・環境科学の魅力』養賢堂
FAO（1995,2000,2005,2010,2015）*Fishery and aquaculture statistics.*
[参]松浦啓一・長島裕二（編著）(2015)『毒魚の自然史』北海道大学出版会

鑑賞魚

佐藤　将（2005)「12. ニシキゴイ」隆島史夫・村井　衛（編）『水産増養殖システム2 淡水魚』恒星社厚生閣, pp 133-144
鈴木　亮（1994)「キンギョ」『日本大百科全書6』第2版, 小学館, pp 218-222
多紀保彦（1994)「熱帯魚」『日本大百科全書18』第2版, 小学館, pp 264-266
[参]金尾滋史（2013)「第11章 観賞魚店における日本産淡水魚類の販売状況と課題」日本魚類学会自然保護委員会（編）『見えない脅威“国内外来魚”：どう守る地域の生物多様性』東海大学出版会, pp 169-178
[参]瀬能　宏（監著）・松沢陽士（著）(2008)『日本の外来魚ガイド』文一出版
[参]瀬能　宏（2013)「第1章 国内外来魚とは何か」日本魚類学会自然保護委員会（編）『見えない脅威“国内外来魚”どう守る地域の多様性』東海大学出版会, pp 3-18
[参]細谷和海（2017)「国外外来魚, 国内外来魚, そして第3の外来魚」2017年度市民講座要旨集

『第3の外来魚―人工改良品種の野外放流をめぐって』日本魚類学会，pp 5-7

遊 漁

中村智幸（2015）レジャー白書からみた日本における遊漁の推移．日本水産学会誌，81，pp 274-282
淀 太我，井口恵一朗（2004）バス問題の経緯と背景．水産総合研究センター研究報告（12），pp 10-24

魚市場

稲田伊史（1987）「第5章 新顔の魚のプロフィル」東京水産大学第10回公開講座編集委員会（編）『新顔のさかな―チョウザメ・イカ類・ペヘルイ類』成山堂書店，pp 124-158
岩井 保（1985）『水産脊椎動物Ⅱ 魚類』恒星社厚生閣
水産庁（編）（2016）『平成28年度水産白書』農林統計協会
田中茂穂（1918）東京市場の鮮魚に就て（豫報）．動物学雑誌，（356），pp 242-243
[参]濱田英嗣（2009）「水産物流通」「水産物輸出入」日本流通学会（編）『現代流通事典』第2版，白桃書房，pp 206-207, 222-223

食材としての魚

水産庁（編）（2009）『平成20年度水産白書』農林統計協会
水産庁（編）（2016）『平成27年度水産白書』農林統計協会
渡部終五（編）（2008）『水圏生化学の基礎』恒星社厚生閣
渡部終五（編）（2010）『水産利用化学の基礎』恒星社厚生閣
[参]水産庁（編）（2014）『平成25年度水産白書』農林統計協会

魚食文化

矢野憲一（2016）『魚の文化史』講談社
[参]大場秀章・坂本一男・佐々木猛智他（2003）『東大講座すしネタの自然史』NHK出版
[参]京の魚の研究会（編）（2017）『京の魚―おいしさの秘密』恒星社厚生閣
[参]水産庁（編）（2012）『平成23年版水産白書』農林統計協会
[参]水産庁（編）（2013）『平成24年版水産白書』農林統計協会
[参]田口一夫（2004）『黒マグロはローマ人のグルメ』成山堂書店
[参]樋口清之（1976）『食べる日本史―食べ物が歴史を変えた』柴田書店
[参]矢野憲一（1981）『魚の民俗』雄山閣

『古事記』の魚

[参]神野志隆光・山口佳紀（1997）『古事記注解4』笠間書院
[参]武藤文人（2013）日本における鮪のマグロ類への比定の歴史．海―自然と文化，10，pp 11-20
[参]山口佳紀・神野志隆光（校注，訳）（1997）『新編日本古典文学全集（1）古事記』小学館

事項索引

＊英数字，五十音順に掲載（英数字の和読みも五十音順内に掲載）．
＊見出語になっている語句の頁数は太字で表示．

■数字

200海里体制　200-mile regime　583
2倍体　diploid　66
2半規管　two semicircular canal　95
3倍体　triploid　464, 488
4倍体　tetraploid　66

■A～Z

ABS（遺伝資源の取得と利益配分）　Access and Benefit-Sharing　**536**
ATP（アデノシン5′-三リン酸）　adenosine triphosphate　373
cDNA　complementary DNA　443
COI　cytochrome oxidase subunit 1　37
CRISPR/Cas9　clustered regularly interspaced short palindromic repeats / CRISPR-associated proteins　490
Cスタート　C-start　272
C型レクチン　C-type lectin　327
Da　*Double anal fin*　494
DiAsp　4-(4-diethylaminostyryl)-1-methylpyridinium iodide　159
DNA（デオキシリボ核酸）　deoxyribonucleic acid　32, 180, 438
DNAトランスポゾン　DNA transposon　499
DNAバーコーディング　DNA barcoding　33, 445
DNAマーカー　DNA marker　**486**
DNAメチル化　DNA methylation　494
GH-IGF-I軸　GH-IGF-I axis　335
GPS（全地球無線測位システム）　global positioning system　325
Gタンパク質共役型受容体　G-protein coupled receptor　458
Hox遺伝子　homeotic (hox) gene　446
IGF-I受容体　IGF-I receptor (IGF-IR)　335
IGF結合タンパク　IGF-binding protein (IGFBP)　334
IKMTネット　IKMT (Isaacs-Kidd midwater trawl) net　436
K-Pg境界　K-Pg Boundary (Cretaceous-Paleogene Boundary)　75
LINE（長鎖散在反復配列）　long interspersed nuclear element　499
LTR型レトロトランスポゾン　LTR retrotransposon　499
MAT（相互に合意する条件）　Mutually Agreed Terms　536
MDN（海起源栄養物質）　marine-derived nutrient　229
MHC（主要組織適合遺伝子複合体）　major histocompatibility complex　381
MHC遺伝子　major histocompatibility complex (MHC) gene　446
MiFishプライマー　MiFish primers　493
miRNA　microRNA　439
MRI（磁気共鳴画像法）　magnetic resonance imaging　31
mRNA　messenger RNA　439
Na^+/H^+交換輸送体　Na^+/H^+ exchanger (NHE)　341
PCR法　polymerase chain reaction (PCR) method　493
RNA（リボ核酸）　ribonucleic acid　438
RNA干渉　RNA interference　439

Tol1　transposable element of *Oryzias latipes*, #1　454, 496
Tol2　transposable element of *Oryzias latipes*, #2　497, 501
tRNA　transfer RNA　439
T細胞レセプター　T cell receptor　455

■あ

IKMTネット　Isaacs-Kidd midwater trawl net　436
挨拶行動　greeting behavior　281
IGF-I受容体　IGF-I receptor（IGF-IR）335
IGF結合タンパク　IGF-binding protein（IGFBP）334
アイソザイム　isozyme　32
愛知生物多様性目標　Aichi Biodiversity Target　563
顎　chin　96, **100**, **106**, **112**
顎出し　jaw protrusion　276
浅　黄　Asagi（carp）576
味細胞　taste receptor cell　151
亜　種　subspecies　19, 179
アスペクト比　aspect ratio（AR）86
アセンブル　assemble　442
亜　属　subgenus　17
アソシエーション解析　association analysis　466
圧縮相　compression　113
亜熱帯　subtropics　64
アピカルフィンフォールド　apical fin fold（AEF）451
アブミ骨　stapes　162
脂　鰭　adipose fin　64, 83, 122
アフリカ熱帯界　Africotropical realm　164
アマゾン川　Amazon River　46
アマモ場　eelgrass bed　238
アミノ酸　amino acid　336
アミノ酸組成　amino acid composition　344
アムール川　Amur River　196
アメリカザリガニ　American crayfish　554
有明海　Ariake Sea　234, **551**
アリザリンレッドS　alizarin red S　158
アリル多様度　allelic diversity　476
アリル豊度　allelic richness　476
RNA（リボ核酸）ribonucleic acid　438
RNA干渉　RNA interference　439
アルギニン・バソトシン　argnine-vasotocin　356
アルシアンブルー　alcian blue　158
アロザイム　allozyme　32
アロザイム分析　allozyme analysis　480
アンキアライン洞窟　anchialine-cave　232
アンジオテンシン　angiotensin　453
安定同位体　stable isotope　230
安定同位体比　stable isotope ratio　243
アンモシーテス幼生　ammocoetes larva　95, 97
アンモニア排出動物　ammoniotelic animal　336
アンモニア輸送体　ammonia transpoter　336, 341
胃　stomach　136, **332**
イオン輸送体　ion transporter　340
威　嚇　threatening　127
威嚇音・警戒音　threatening sounds　317
囲眼骨　circumorbital　108
閾　値　threshold　249
生きている化石　living fossil　69
育児嚢　brood pouch　89, 282, 286, 327
育　種　breeding　**570**
育種価　breeding value　472
異形歯　heterodont　102
遺　産　legacy　558
石狩低地帯　Ishikari Lowland　186
異時性　heterochrony　**430**
石巻若宮丸漂流民　Ishinomaki Wakamiyamaru Hyoryumin　5
異種共同襲撃　interspecific joint hunting　303
異種混群　mixed-species school（shoal）267, 328
移　植　transplantation　568
異所的種分化　allopatric speciation　19, 203, 468
伊豆・小笠原弧　Izu-Ogasawara（Bonin）

Arc 194
伊豆・小笠原・マリアナ弧 Izu-Bonin-Mariana Arc 195
イースター島 Easter Island 176
一塩基多型 single nucleotide polymorphism 486
一次顎関節 primary jaw joint 162
一次性淡水魚 primary freshwater fish 164, 169, 197
一次性徴 primary sexual characteristic 88
一時的水域 temporary water 256
一妻多夫 polyandry 288
一夫一妻 monogamy 278, 281, 288
一夫多妻 polygyny 278, 287, 288
遺伝子流動 gene flow 249
遺伝的多様性 genetic diversity 249
遺伝学 genetics 4, **70**, **466**, **468**, **472**, **474**
遺伝基盤 genetic basis 466
遺伝子 gene **438**, **450**, **452**, **454**, **456**, 458, **460**, **462**, 559
遺伝子型頻度 genotype frequency 474
遺伝子クラスター gene cluster 448
遺伝子クローニング gene cloning 439
遺伝子系統樹 gene tree 180
遺伝子工学 genetic engineering 358
遺伝子座 locus 489
遺伝子浸透 introgression **484**
遺伝子タギング gene tagging 497
遺伝子重複 gene duplication **448**
遺伝子導入 transgenesis 497
遺伝子導入魚 transgenic fish 571
遺伝子の機能分類 gene ontology 443
遺伝子配置 gene arrangement 445, 447
遺伝子配置変動 gene rearrangement 445
遺伝子発現 gene expression 66
遺伝子頻度 allele frequency / gene frequency 474
遺伝子ファミリー gene family 460
遺伝子分析 genetic analysis **482**
遺伝情報 genetic code 438
遺伝子流動 gene flow 467, 468
遺伝子領域の予測 gene prediction 443
遺伝地図 genetic map 570
遺伝的攪乱 genetical disturbance 569
遺伝的荷重 genetic load 477
遺伝的救済 genetic rescue 477
遺伝的順応 genetic accommodation 212
遺伝的多様性 genetic diversity 489, 516
遺伝的多様度 genetic diversity 569
遺伝的不活性化 genetic inactivation 488
遺伝的浮動 genetic drift 180, 474, 476, 516
遺伝的変異 genetic variation **480**
遺伝分散 genetic variance 216, 473
遺伝率 heritability 472, 570
緯度間補償 latitudinal compensation 216
緯度クライン latitudinal cline 216
異尾 heterocercal tail 432
異名 synonym 12
囲卵腔 perivitelline space 393
西表島 Iriomote-jima Island **552**
イロゴイ Irogoi (carp) 576
咽鰓骨 pharyngobranchial 117
咽鰓軟骨 pharyngobranchial cartilage 99
インシュリン様成長因子-I型 insulin-like growth factor I 334
咽頭顎 pharyngeal jaw **116**, 277
咽頭弓 pharyngeal arch 128
咽頭溝 pharyngeal groove 128
咽頭歯 pharyngeal tooth 65
咽頭嚢 pharyngeal pouch 128
咽頭裂 pharyngeal cleft 128
インドシナ半島 Indochina Peninsula 200
インド・太平洋 Indo-Pacific 167
インド・西太平洋 Indo-West Pacific 166
インドマラヤ界 Indomalayan realm 164, 196
イントロン intron 439, 463
隠蔽種 cryptic species **482**
隠蔽色 concealing coloration / cryptic coloring 221
ウェーバー小骨 Weberian ossicles 153
ウェーベル氏器官 Weberian apparatus 64
魚市場 fish market **582**
魚付き林 fish breeding forest 548
ウォーレス線 Wallace Line 200
浮 魚 pelagic fish 242, 424, 560, 572

鰾　swim bladder　64, 87, **126**, 317, 422
烏口鰓筋　coraco-branchialis　100, 104
烏口舌筋　coraco-hyoideus　100
うま味　umami taste　585
海ウナギ　sea eel　251
海起源栄養物質　marine-derived nutrient (MDN)　229
海草藻場　seagrass bed　238
ウミクワガタ類　gnathiid isopods　328
浦内川　Urauchi River　553
鱗　scale　**92**, 402
運　河　canal　**528**
営巣なわばり　nesting territory　268
栄養塩　nutrient　228
栄養カスケード効果　trophic cascade effect　224
栄養段階　trophic level　224, 230
栄養リボン　trophotaenia　365
エキソン　exon　439, 463
エコトーン　ecotone　549, 550
エコリージョン　ecoregion　164
餌の学習　feeding learning　306
エチオピア界　Ethiopian realm　164
ATP（アデノシン5′-三リン酸）　adenosine triphosphate　373
エナメロイド　enameloid　102, 114
ABS（遺伝資源の取得と利益配分）　Access and Benefit-Sharing　536
エピゴナル器官　epigonal organ　135
エピジェネティクス　epigenetics　**494**
エピジェネティック制御　epigenetic regulation　213
エピテリオシスチス　epitheliocystis　384
エピネフリン　epinephrine　378
エピボリー　epiboly　**396**
FAO（国連食糧農業機関）　Food and Agriculture Organization of the United Nations　198
MRI（磁気共鳴画像法）　Magnetic Resonance Imaging　31
MHC遺伝子　major histocompatibility complex (MHC) gene　446
MHC（主要組織適合遺伝子複合体）　major histocompatibility complex　381
MDN（海起源栄養物質）　marine-derived nutrient　229
鰓　gill　**96**, 128
鰓呼吸　gill respiration　330
LTR型レトロトランスポゾン　LTR retrotransposon　499
塩基対　base pairs　442
延　髄　medulla oblongata　144
塩分耐性　salinity tolerance　236
塩分躍層　halocline　241
円　鱗　cycloid scale　92
塩類細胞　ionocyte　**340**
オイゲノール　eugenol　376
追　星　breeding tubercle　88
王冠細胞　coronet cells　368
黄色素胞　xanthophore　91, 456
黄体形成ホルモン　luteinizing hormone　358
横紋筋融解　rhabdomyolysis　575
大隅分枝流　Osumi Branch Current　193
小笠原諸島　Ogasawara (Bonin) Islands　**194**
押し込み型　ram　112
雄間闘争　male-male aggression　370
オーストラリア界　Australian realm　164
オーストラリアプレート　Australian Plate　166
雄をつくるコスト　cost of males　209
オーソログ　ortholog　55, 63
頤　chin　82
音のコミュニケーション　sound communication　316
オーノログ　ohnolog　63
尾　鰭　caudal fin　83, 122, 405
オプシン　opsin　368, 457
親　潮　Oyashio Current　188
オランダシシガシラ　Oranda-shishigashira (goldfish)　576
オロダス　*Orodus*　57
温帯性淡水魚　temperate freshwater fish　187
温度刺激処理　thermal shock treatment　488

温度障壁　thermal barrier　185

■か

界　realm　164
外温動物　ectotherm　216, 372
海外漁場　overseas fishing ground　583
概月リズム　circalunar rhythm　366
外国産魚類　foreign fishes　582
外骨格　exoskeleton　342
外　鰓　external gill　130
外鰓軟骨　extrabranchial cartilage　99
介在配列　intervening sequence　444
海産硬骨魚類　marine bony fishes　422
概日リズム　circadian rhythm　366
海水魚　sea fishes, seawater fish　46, 141, **166**, **170**, **174**, **188**, **190**, **192**, **194**, **198**, **202**, **512**
海水性両側回遊　marine amphidromy　252
海水適応能　seawater adaptability　346
階層構造　hierarchical structure　20
海藻藻場　seaweed bed, algal bed　238
海中林　algal forest, macroalgal forest　238
外腸（脱腸型）　trailing hind-gut　422
外腸（非脱腸型）　exterilium　422
概潮汐リズム　circatidal rhythm　366
概年リズム　circannual rhythm　366
概半月リズム　circasemilunar rhythm　366
外鼻孔　external nostril　415
開鰾魚　physostome fishes　126
回復相　recovery　113
外部形態　external morphology　**82**
外部骨格　exoskeleton　108
回　遊　migration　206, **242**, **246**, **250**, **252**, 325, 534
海洋生物レッドリスト　Red list of marine species　509
海洋島　oceanic island　173, 194
外来魚　alien fishes　478, **520**, **524**, **554**, 577
外来種　alien fish / non-native fish / non-native species　67, 222, 479, 492, 520, 522, 524, **526**
外来生物　alien species　45
外来生物法　Invasive Alien Species Act　522, 528, **530**
下咽頭歯　lower pharyngeal tooth　117
カウンター・イルミネーション　counter-illumination　313
顔認知　face recognition　308
顔の倒立効果　face inversion effect　308
科階級群　family group　20
下　顎　lower jaw　82, 108
家魚化　domestication　471
核　型　karyotype　66, **440**, 464
核型進化　karyotype evolution　441
核魚種　nuclear fish species　302
核ゲノム　nuclear genome　**442**
顎骨弓　mandibular arch　96
角鰓骨　ceratobranchial　117
角鰓軟骨　ceratobranchial cartilage　99
学　習　learning　**304**, 306
角舌軟骨　ceratohyal cartilage　99
拡張相　expansion　112
核DNA　nuclear　DNA　480
獲得免疫　adaptive immunity　454
学　名　scientific name　**6**, **10**, **12**, **22**
隠れた選択　cryptic female choice　293
家系解析　pedigree analysis　471
河口ウナギ　estuary eel　251
下鰓軟骨　hypobranchial cartilage　99
下垂体　pituitary　356
下垂体隆起葉　pars tuberalis of the pituitary gland（PT）　368
ガス腺　gas gland　126
化　石　fossil　**52**, 65, 169
化石魚類　fossil fishes　30
河川争奪　river piracy / stream capture　172
加　速　acceleration　431
加速度計　acceleration data logger　326
加速度・ジャイロセンサー　accelerometer / gyroscope sensor　277
可塑性　plasticity　**212**
割　球　blastomere　394
褐虫藻　zooxanthella　299
可倒歯　hinged teeth　114
加　入　recruitment　562

加入乱獲　recruitment overfishing　565
下尾骨　hypural　119
下尾骨側突起　hypurapophysis　119
鎌状突起　falciform process　148
蒲　鉾　kamaboko　587
噛付き　biting　112, 276
カメラ様眼　camera-like eye　148
ガラモ場　*Sargassum* bed　238
カリフォルニア科学アカデミー　California Academy of Sciences　44
カルダモン山脈　Cardamom Mountains　201
カワウ　great cormorant　264
カワリゴイ　Kawarigoi（carp）　576
眼　窩　orbit　98
眼下域　suborbital region　82
眼窩域　orbital region　108
眼窩冠状隆起　supraorbital crest　98
眼下筋　suborbitalis　100
眼隔域　interorbital space　82
感覚細胞　sensory cell　126
感覚便乗　sensory bias　292
眼窩接型　orbitostyly　100, 105
管器感丘　canal neuromast　154
感　丘　neuromast　154
環境DNA多種同時検出法　environmental DNA metabarcoding　182
環境エンリッチメント　environmental enrichment　305
環境教育　environmental education　**546**
環境省　Ministry of the Environment　508
環境庁　Environment Agency　508
環境DNA　eviromental DNA　33, **492**
環境DNA分析　environmetal DNA analysis　492
環境適応　environmental adaptation　447
環境分散　environmental variance　216
環境ホルモン　environmental disrupting chemicals / endocrine disruptor　**359,** 461
韓国4大河川接続事業　Korean's Four Major Rivers Project　529
肝細胞　hepatocyte　138
カンザシゴカイ類　serpulid worms　220
干渉型競争　interference competition　222
鑑賞魚　aquarium fish　525, **576**
肝小葉　hepatic lobule　138
換　水　ventilation　130
肝膵臓　hepatopancreas　139
関節骨　articular bone　162
感染症　infectious diseases　382
肝　臓　liver　138
間　脳　diencephalon　144, 410
カンブリア紀　Cambrian　52
顔面葉　facial lobe　151
肝　油　liver oil　126
管理単位　managing unit　516
寒　流　cold current　64
偽遺伝子　pseudogene　448
危　機　crisis　**551, 552, 550**
鰭脚類　pinnipeds　557
気候変動　climate change　173
気候変動に関する政府間パネル　Intergovernmental Panel on Climate Change（IPCC）　534
擬　鰓　pseudobranch　130
基鰓軟骨　basibranchial cartilage　99
鰭　式　fin formula　123
擬似産卵　pseudospawning　295
鰭　条　fin ray　402
鰭状骨　pterygium　120
希少種　rare species　492, **510**, **512**, 553
騎乗襲撃　hunting by riding　303
鰭条数　counts of fin rays　37
汽水域　brackish waters　64
汽水魚類　brackishwater fish　506
寄生虫　parasite　**226**, 300
寄生的　parasitic　297
基舌軟骨　basihyal cartilage　99
季節繁殖　seasonal reproduction　368
帰属性検定　assignment test　479
擬　態　mimicry　**220**, 233, 422
北赤道海流　North Equatorial Current　250
既知種　described species　22
基　底　base　83
気　道　pneumatic duct　126
キヌタ骨　incus　162

絹姫サーモン　Kinuhime salmon　571
機能歯　functional teeth　102
機能的雌雄同体　functional hermaphrodite　353
機能分化　subfunctionalization　448
基　板　basal plate　98
起　部　origin　83
奇　網　mirabile net / rete mirabile　126, 133, 372
逆転写酵素　reverse transcriptase　499
逆方向性転換　reversed sex change　291
ギャップ　gap　443
キャリコ　Kyariko (goldfish)　576
求　愛　courtship　127
求愛音　mating sounds　317
求愛行動　courtship behavior　**280**, 284
吸引摂餌　suction feeding　112
嗅　覚　olfaction　**150**, 344, **458**
嗅覚受容体　olfactory receptor　459
嗅覚刷込み説　olfactory imprinting hypothesis　344
嗅　球　olfactory bulb　150
究極因　ultimate factor　318
球形嚢　saccule　152
嗅細胞　olfactory receptor cell / olfactory receptor neuron　150
休止帯　resting zone　93
嗅上皮　olfactory epithelium　345
嗅神経　olfactory nerve　150
嗅神経系　olfactory nerve system　344
嗅電図　electro-olfactogram (EOG)　362
嗅　嚢　olfactory sac　94
吸　盤　disc　83, **160**
嗅　板　olfactory lamellae　150
嗅　房　olfactory rosette　401
旧北界　Palaearctic realm　164
橋　pons　144
狭塩性魚　stenohaline fish　252
競　合　competition　523
凝集浮性卵　agglutinated pelagic egg　420
共進化　coevolution　219
暁新世　Paleocene　66
共　生　symbiosis　**298**
鏡像自己認知　mirror self-recognition　309
共同漁業権　common fishery right　560
共同的一妻多夫　cooperative polyandry　295
矯　尾　gephyrocercal tail　432
峡　部　isthmus　82
胸　部　breast / chest　82
共有地の悲劇　tragedy of the commons　565
共有派生形質　synapomorphy　7
共輸送体　cotransporter　453
漁獲過程　capture process　320
漁獲選択性　catch selectivity　320
漁　業　fishery　64, **560**, **562**, 572
漁業権　fishing rights　264, 560
漁業法　Fishery Act　560
魚　食　fish eating　**586**
魚　病　fish pathology　**382**
魚　粉　fish meal　572
魚　油　fish oil　572
魚　卵　roe　**420**
距離的障壁　distance barrier　185
距離による隔離　isolation by distance　217
魚類学名データベース　Catalog of Fishes　44
魚類相　fish fauna / ichthyofauna　**182**, **186**, **188**, **190**, **192**, **194**, **198**, **200**, **202**
魚類相調査　ichthyofaunal survey　182
魚類標本　fish specimen　40
キール　keel　82
銀ウナギ　silver eel　250
近縁種　closely related species　443
金銀鱗　Kinginrin (carp)　576
近交化抑制交配　maximum avoidance of inbreeding　518
近交系　inbred strain　489, 500
近交係数　inbreeding coefficient　477, 489
近交弱勢　inbreeding depression　476, 516, 518
筋骨竿　myorabdoi　119
筋小胞体　sarcoplasmic reticulum　373
近親交配　inbreeding　476
筋振動発音器　drumming sonic organ　317
筋　節　myotome / sarcomere　124

筋線維　muscle fiber　124
筋　肉　muscle　349
空間学習　spatial learning　307
空気呼吸　air breathing　311, 330
空気中産卵　spawning in the air　237
空洞現象　cavitation　113
区画漁業権　demarcated fishery right　560
躯幹部　trunk　82
駆　除　extermination　**554**
クダクラゲ類　siphonophores　422
口　mouth　82
屈曲期仔魚　flexion larva　400
クッパー胞　Kupffer's vesicle　**412**
クドア属　Kudoa　383
クプラ　cupula　154
組合せ符号仮説　combinatorial coding hypothesis　459
クラスター分析　cluster analysis　**184**
グラミスチン　grammistin　90
グリコサミノグリカン　glycosaminoglycan　427
CRISPR/Cas9　clustered regularly interspaced short palindromic repeats/ CRISPR-associated proteins　490
グリソン鞘　Glisson's sheath　138
グレイザー　grazer　275
クレード　clade　68
黒　潮　Kuroshio Current　174, 188, 192, 206, 250, 534
Cl^-チャネル（CFTR）　chloride channel / cystic fibrosis transmembrane conductance regulator　340
クローン　clone　353, 465, 489
群　泳　schooling　266
群平均法　group average method / UPGMA　185
芸　tricks　307
系　群　stock　19
形　質　character　**14**, 30, **216**
形状抵抗　form drag　84
計数形質　meristic character　14
計測形質　proportional character　14
形　態　morphology　30, **88**, **94**, **420**
形態異常　morphological abnormality　349
形態形質　morphological character　7, 14, 30, 482
形態形成　morphogenesis　405
系　統　strain / line / phylogeny　11, 489
系統解析　phylogenetic analysis　443
系統学的種概念　phylogenetic species concept　18
系統関係　phylogenetic relationship　7, 48, **56**
系統樹　phylogenetic tree　49, 482
系統進化　phylogenic evolution　**54**, **60**, **62**, **64**, **68**, **72**
系統地理/系統地理学　phylogeography　**180**, 187
系統保存　stock preservation　518
警報物質　alarm substance　64
鯨　類　whale　557
系列選抜　lineage sorting　19
血　液　blood　**134**
血縁関係　genealogical relationship　48
血　管　blood vessel　132
血管弓門　hemal arch　118
血管棘　hemal spine　118
血管嚢　saccus vasculosus : SV　368
血　糖　blood glucose　332
ゲノム　genome　32, 438, 442, 466, 488
ゲノム育種価　genomic breeding value　473
ゲノム刷込み　genomic imprinting　447
ゲノム重複　genome duplication　442
ゲノム編集　genome editing　**490**, 571
K-Pg境界　K-Pg Boundary（Cretaceous-Paleogene Boundary）　75
健康機能性　health functional　584
検　索　key　**34**
懸垂骨　suspensorium　108
減数分裂　meiosis　464
減数分裂前核内分裂　premeiotic endomitosis　465
限性遺伝　sex-limited inheritance　386
現生魚類　extant fishes　30
健苗性　fish health　470
コイヘルペスウイルス　Koi herpesvirus

384
広域分布種　widespread species　**176**
好異球　heterophil　134
広塩性　euryhaline　252, 339, 452
恒温動物　homothermic animal / homothermal animal　372
黄　河　Yellow River　196
紅　海　Red Sea　176
降　海　seaward migration　346
降海型　anadromous form　460
口蓋骨　palatine　65
口蓋方形軟骨　palatoquadrate　100
降河回遊　catadromy　**250**, 252, 261
交換輸送体　exchanger　453
孔　器　pit organ　154
口　腔　oral cavity　136
口腔外胚葉　oropharyngeal membrane　414
後屈曲期仔魚　postflexion larva　400
攻撃回避　avoidance of attack　272
攻撃擬態　aggressive mimicry　220, 303
攻撃行動　aggressive behavior　**270**
硬　骨　bone　342, 158
交　雑　hybridisation / crossing　181, 209, 523
交雑育種　cross-breeding　571
交雑帯　hybrid zone　484
交差捕食　cross predation　215
虹色素胞　iridophore　456
高次消費者　higher consumer　257
高次分類群　higher taxon　7
高次捕食者　higher predator　242
甲状腺刺激ホルモン　thyroid-stimulating hormone : TSH　368
甲状腺ホルモン　thyroid hormone　348
甲状軟骨　thyroid cartilage　162
更新世　Pleistocene　191, 203
高水圧刺激処理　hydrostatic pressure shock treatment　488
高水温適応　adaptaion to high water temperature　374
交接器　clasper　416
構造湖　tectonic lake　258
高速度カメラ　high speed camera　326
合祖理論　coalescent theory　180
後　腸　hindgut　365
後転移　postdisplacement　430
咬　頭　cusp　102
行動異常　behavioral disorder　371
行動制御　behavior control　320
行動生態学　behavioral ecology　**318**
後頭部　occipital region / occiput　82, 98
高度回遊魚　highly migratory fish　**242**
高度不飽和脂肪酸　highly unsaturated fatty acid　584
口内保育　mouthbrooding　286
紅　白　Kohaku（carp）　576
交　尾　copulation　142, **282**
交尾器　clasper　83, 282
項　部　nape　82
喉　部　throat　82
肛　門　anus　82
抗　力　drag　86
硬　鱗　ganoid scale　92
コーラルトライアングル　The Coral Triangle　**204**
小型魚類　small fish　585
呼吸機能　respiratory function　127
呼吸孔　spiracle　128, 331
国外外来魚　foreign alien fishes　**522**, 520
国際海事機関　International Maritime Organization（IMO）　384
国際自然保護連合　International Union for Conservation of Nature（IUCN）　44, 506, 509, 532, 540
国際獣疫事務局　World Organisation for Animal Health（OIE）　384
国際生物科学連合　International Union of Biological Sciences　29
国際データベース　international database　**44**
国際動物学会議　International Congress of Zoology　29
国際動物命名規約　International Code of Zoological Nomenclature　11, 21, 22, **28**, 559
国際連合食料農業機関　Food and

Agriculture Organization of the United Nations (FAO) 44
黒色素胞 melanophore 91, 423, 456
国土交通省 Ministry of Land, Infrastructure, Transport and Tourism 544
国内希少野生動植物種 national endangered species 509
国立遺伝学研究所 National Institute of Genetics 45
国立科学博物館 National Museum of Nature and Science 45
古参シノニム senior synonym 25
コズミン鱗 cosmoid scale 92
古生代 Paleozoic 52
子育て parental care 296
個体管理 individual management 557
古代魚 ancient fish **60**, 68, **106**
個体群 population 27
古代湖 ancient lake **258**
五大湖 Great Lakes 528
古第三紀 Paleogene 75
個体識別 individual discrimination 323
個体認知 individual recognition **308**
個体発生 ontogenesis/ontogeny **304, 432**
骨外歯胚 extraosseous tooth germ 115
骨芽細胞 osteoblast 343
骨細胞 osteocyte 343
骨　髄 bone marrow 135
骨内歯胚 intraosseous tooth germ 115
骨　板 bony plate 67
ゴナドトロピン放出ホルモン gonadotropin releasing hormone (GnRH) 356
ゴノポディウム gonopodium 282
コピー数多型 copy number variation 449
個別摂餌 particulate feeding 274
コメット Comet (goldfish) 576
固有科 endemic family 198
固有種 endemic species 166, **176**, 187, 258
固有属 endemic genus 198
固有派生形質 autapomorphy 7
コーラルトライアングル Coral Triangle 176, **204**
コルチゾール cortisol 301, 348, 378, 408, 453
コロイド組織 choroids tissue 422
婚姻色 nuptial coloration 280
混　獲 bycatch 320
混合域 (Kuroshio-Oyashio) transition waters 64
混信回避行動 jamming avoidance response 157
コンティグ contig 442
ゴンドワナ大陸 Gondwanaland 65

■さ

サイアニンブルー cyanine blue 159
鰓　蓋 operculum 82, 129
鰓隔膜 interbranchial septum 130
鰓　弓 gill arch 108, 116, 128
細菌性腎臓病 bacterial kidney disease 384
細菌性冷水病 bacterial coldwater disease 384
鰓　腔 gill chamber 136
西　湖 Lake Sai 507
鰓　孔 gill opening 82
採餌行動 foraging behavior **274**
鰓条軟骨 branchial ray 99
鰓条膜 branchiostegal membrane 82
再生産 reproduction 206
再生鱗 regenerated scale 93
最大持続生産量 maximum sustainable yield 562
最短距離法 nearest neighbor method / SLINK 185
最長距離法 furthest neighbor method / CLINK 185
最適採餌 optimal foraging 274
再導入 re-introduction 532
サイトカイン cytokine 454
鰓　嚢 gill pouch 94
鰓　耙 gill raker 37, 116, 129, 277
栽培共生 cultivation mutualism 218
栽培漁業 aquaculture / fish-farming 568
砕波帯 surf zone **240**
鰓　耙 gill chamber **116**
サイフォンサック siphon sac 283

事項索引

鰓　弁　gill filament　116, 129
細胞内共生説　endosymbiotic theory　444
採捕漁業　capture fishery　560
鰓　膜　gill membrane　82
在来種　native species　222
鰓　裂　gill slit　128
SINE（短鎖散在反復配列）　short interspersed nuclear element　499
索餌回遊　feeding migration　242
遡河回遊魚　anadromous fish　228
殺菌灯　germicidal lump　488
雑種強勢　heterosis　571
雑種群　hybrid group / hybrid swarm　484
雑種発生　hybridogenesis　66, 208, 465
サテライトDNA　satellite DNA　499
里　海　satoumi　**548**
里　山　satoyama　**548**
左右軸　left-right axis　412
左右非対称　left-right asymmetry　349, **410**
サンガー法　Sanger sequencing　480
サンゴ礁　coral reef　46, 204
サンゴ礁魚類　coral reef fish　577
散在反復配列　interspersed repetitive sequences　499
三重なわばり　three-folded territories　268
酸性化　acidification　333
残存種　relic species　258
産地卸売市場　landing area wholesale market　582
3倍体　triploid　464, 488
三半規管　semi-circular canal　401
産　卵　spawning　65, 242, 253, **284**, 562
産卵回遊　spawning migration　242
産卵基質　spawning substrate　253
産卵親魚量　spawning stock biomass　562
産卵床共有　spawning nest association　65
GH-IGF-I軸　GH-IGF-I axis　335
COI　cytochrome oxidase subunit 1　37
紫外線　ultraviolet rays　488
耳　殻　otic capsule　98, 126
耳殻域　otic region　108
視覚機能　visual function　**148**, 321, **456**
自家受精　self-fertilization　353
C型レクチン　C-type lectin　327
シガテラ毒魚　ciguatera fish　574
シガトキシン　ciguatoxin　575
時間生物学　chronobiology　366
色　彩　color　**90, 456**
色彩多型　color polymorphism　89
色素胞　chromatophore　90, 422, 456
識別的特徴　diagnosis　16
自給率　self-sufficient rate　583
仔　魚　larva　253, 348, **400**, 402
ジキン　Jikin（goldfish）　576
軸　索　axon　144
刺激-反応系　stimuli-reponse system　320
脂　瞼　adipose eyelid　83
資　源　resource　564
始原生殖細胞　primordial germ cells　434
自己消化　autolysis　332
自己認知　self-recognition　309
嘴鰓軟骨　gill pickx　99
視細胞　photoreceptor　149
脂　質　lipid　87
四肢動物　tetrapods　120, 459
市場外流通　outside market distribution　582
視床下部　hypothalamus　356
市場経由率　ratio of distribution through wholesale market　582
耳小骨　auditory ossicles　162
市場流通　market distribution　582
視神経交叉　optic chiasma　411
始新世　Eocene　66, 72
Cスタート　C-start　272
シスト　cyst　227
姿勢制御　posture control　152
雌性前核　female pronucleus　464, 488
雌性先熟　protogyny　290, 352, 354
雌性発生　gynogenesis　66, 208, 488
雌性発生育種　gynogenetic breeding　488
雌性発生2倍体　gynogenetic diploid　488
雌性ホルモン　estrogen　351
耳　石　otolith　251
耳石器　otolith organs　152
次世代シーケンサー　next generation

sequencer 442, 445, 480, 485, 493
自然史博物館 narural history museum 40, 558
自然選択 natural selection 474
自然淘汰 natural selection 181
『自然の体系』 Systema Naturae 10, 28
自然分類 natural classification 32
自然免疫 innate immunity 454
持続可能性 sustainability **562**
歯足骨 pedicel / pedicle 114
持続的養殖生産確保法 Sustanable Aquaculture Production Assurance Act 384
持続発展教育 education for sustainable development (ESD) 546
Gタンパク質共役型受容体 G-protein coupled receptor 458
仔稚魚期 larval and juvenile stages 27
*zic1*遺伝子 zinc finger of the cerebellum 1 gene 495
実験動物 experimental animals **386**
実効性比 operational sex ratio (OSR) 280
櫛状歯 comb-like teeth 264
櫛 鱗 ctenoid scale 92
cDNA complementary DNA 443
シナプス synapse 144
シノニム synonym **26**
自発摂餌 demand-feeding 306
GPS (全地球測位システム) Global Positioning System 325
始 部 origin 83
視物質 visual pigment 457
姉妹種 sister species 175, 195, 203
社会行動 social behavior 370
社会的地位 social rank 371
ジャカードの群集係数 Jaccard coefficient 184
種 species 10
雌雄異体 gonochorism 279
周縁性淡水魚 peripheral freshwater fish 164, **244**, 260, 504
終神経 terminal nerve 356
重心法 centroid method / UPGMC 185
雌雄性 sexuality **352**
集団遺伝学 population genetics **474, 478**
雌雄同体 hermaphroditism 279, **352**
終 脳 telencephalon 144, 345
縦扁形 depressiform 84
重要湿地 important wetlands 542
縦列反復配列 tandem repeat sequences 498
収斂進化 convergent evolution 221
種階級群 species group 20
種概念 species concept **18**
種間競争 interspecific competition **222**
種間交雑 hybridization **484**
種間なわばり interspecific territory 269
宿主イソギンチャク host sea anemone 298
宿主操作 host manipulation 227
宿主転換 trophic transmission 227
珠 江 Perl River 196
樹状器官 arborescent organ 331
樹状図 dendrogram 184
樹状突起 dendrite 144
種小名 specific name 10
受 精 fertilization **392, 394, 462, 464**
受精丘 fertilization cone 393
受精波 fertilization wave 386, 393
受精膜 fertilization membrane 393
種多様性 species diversity 8, 46, 183, 393, 483
種内競争 intraspecific competition 222
種内変異 intraspecific variation 27
ジュニアシノニム junior synonym 26
『種の起源』 On the origin of species 127
種苗性 fish quality 470
種苗生産 seed production 434
種分化 speciation 176, 254, 258, 441, 443, **468**
寿 命 life span 584
主要組織適合抗原複合体 major histocompatibility complex (MHC) 455
受容体 receptor 371
ジュラ紀 Jurassic period 65
順位制 dominance hierarchy 270
準下尾骨 parhypural 119

循環器　circulatory organ　**132**
純淡水魚　genuine (primary) freshwater fish　186, 244, 504
順応的管理　adaptive management　563
準備相　preparation　112
楯　鱗　placoid scale　92
床　域　basicranial region　108
上位分類群　higher taxa　**20**
上咽頭歯　upper pharyngeal tooth　117
消化管　alimentary canal　136
消化器官　digestive organ　**136, 332, 349**
上　顎　upper jaw　82, 108
条件付き戦略　conditional strategy　249, 279
上鰓器官　suprabranchial organ　311
上鰓骨　epibranchial　117
上鰓軟骨　epibranchial cartilage　99
上　唇　upper lip　97
上神経骨　epineural　118
上椎体骨　epicentral　118
小　脳　cerebellum　144
消費型競争　exploitative competition　222
消費地卸売市場　consumption area wholesale market　582
商品名　commodity name　12
障　壁　barrier　172, 181
情報不足　data deficient species　512
小離鰭　finlet　83
上肋骨　epipleural　118
昭和三色　Showa (carp)　576
初期応答遺伝子　early response gene　452
初期減耗　early stage mortality　211, 253, 424
初期生活史　early life history　**424**
除去淘汰　purging　477
触　鬚　barbel　151
植食性魚類　herbivorous fish　275
食　性　feeding habit　424
食　道　esophagus　136
食道嚢　pharyngeal sac　117
食品機能　food function　584
食物網　food web　**227, 230**
食物連鎖　food chain　226, 230, 574
ジョーダンの法則　Jordan's rule　217
シラス　sardine larva　585
自律神経系　autonomic nervous system　146
臀　鰭　anal fin　83, 122
人為催熟　artificial induction of maturation　**358**
進　化　evolution　136, **290**, 466
深　海　deep sea　46, 64
深海魚　deep-sea fish　69, **80**
進化的傾向　evolutionary trend　49
進化的有意単位　evolutionary significant unit　516
進化的由来　evolutionary descent　69
進化発生生物学　evolutionary developmental biology　95
進化論　Darwin's theory of evolution　11
新機能獲得　neofunctionalization　448
親魚選抜　selection of parent fish　489
神経弓門　neural arch　118
神経棘　neural spine　118
神経細胞　neural cell / neurons　144, 370
神経修飾　neuromodulation　356
神経伝達物質　neurotransmitter　367
神経頭蓋　neurocranium　65, 98, 108
神経毒　neurotoxin　574
神経ペプチド　neuropeputide　**356**
人工外来魚　artificial alien fishes　520
人工種苗　artificial seed　**470**
人工精漿　artificial seminal plasma　488
人工孵化放流事業　artificial stocking program　568
新参シノニム　junior synonym　25
心　室　ventricle　132
新　種　new species　7, **22**, 27, 38, **46**
信州サーモン　Shinshu salmon　571
唇褶軟骨　labial cartilage　100
新生代　Cenozoic　66, 75
心　臓　heart　132
腎　臓　kidney　140, 338
深層細胞　deep cell　395
シンタイプ　syntype　22
親敵現象　dear enemy phenomenon　269
浸透圧センサー　osmosensor　452
浸透圧調節　osmoregulation　140, 244, 327,

338, **340**, 452
新熱帯界　Neotropical realm　164
真　皮　dermis　90
深部（真正）血合筋　deep-seated（true）dark muscle　372
心　房　atrium　132
心房性ナトリウム利尿ペプチド　atrial natriuretic peptide　453
新北界　Nearctic realm　164, 197
心　理　psychology　306
侵略的外来魚　invasive alien fishes　520
水　温　water temperature　206
水圏生態系　aquatic ecosystem　568
吸込み　suction　112, 276
水産資源保護法　Act on Protection of Fishery Resources　384
水産増殖　aquaculture　518
水産庁　Fisheries Agency　509
水産用医薬品　fishhery drug　385
膵　臓　pancreas　139
水槽観察　aquarium observation　323
吹送流　wind-driven current　428
水族館　aquarium　**556**
水田漁撈　paddy fishing　**256**
水田決議　Rice paddy resolution　542
水田養魚　aquaculture in paddy field　525
随伴採餌　feeding association　302
随伴の核魚種　nuclear fish species　302
スイホウガン　Bubble eye（goldfish）　576
スエズ運河　Suez　Canal　528
図　鑑　illustrated book　**42**
梳取り食　grazing　219
スキャホルド　scaffold　443
スキューバダイビング　scuba diving　580
スキンダイビング　skin diving　580
スクアレン　squalene　87
ズダンブラックB　sudan black B　158
ストレス　stress　**378**
砂浜海岸　sandy beach　240
スニーカー　sneaker　248
スニーキング　sneaking　284
ズーバンク　ZooBank　23
スポーツダイビング　sports diving　**580**
スモルト　smolt　346
刷込み　imprinting　344
スンダランド　Sundaland　175, 200
成育場　nursery　238, 428
精　液　semen　488
生活史　life history　227, 405
生活史戦略　life histry strategy　409, **424**
性決定　sex determination　**350**, 386
性決定遺伝子　sex determination（determining）gene　350, 443, 500
精原細胞　spermatogonia　434
性　差　sexual difference　287
生　残　survival　425
精　子　sperm　**360**, **390**, 434, 488
青色素胞　cyanophore　91
精子競争　sperm competition　285, 293
精　漿　seminal plasma　391
精小嚢　seminal lobule　**142**, 391
生殖幹細胞　germline stem cells　434, 502
生殖幹細胞操作　germline stem cells　**502**
生殖孔　genital pore　390
生殖細胞　germ cells　434
生殖腺　gonad　**350**, 354
生殖腺刺激ホルモン　gonadotropin　358
生殖腺重量指数　gonadosomatic index（GSI）284
生殖的隔離　reproductive isolation　32, 468
生殖突起　urogenital papilla / genitalia　142
性染色体　sex chromosome　500
精　巣　testis　354, 390
精巣分化　testicular differentiation　350
精巣卵　testis-ova　359
生息域外保存 / 生息域内保全　ex situ preservation / in situ conservation　514
生息環境　habitat　39
生態学　ecology　**318**
生態系アプローチ　ecosystem-based approach　321
生態系機能　ecosystem function　227
生態系サービス　ecosystem services　229, 565
生態系被害防止外来種リスト　List of ecolosystem damage alien species　525

事項索引

生態ピラミッド　ecological pyramid　231
正中矢状面　midsagittal plane　82
正中線　median line　82
成長曲線　growth curve　564
成長帯　growth zone　93
成長変異　change with growth　15
成長ホルモン　growth hormone　334
成長乱獲　growth overfishing　565
性的可塑性　sexual plasticity　434
性的二形　sexual dimorphism　89
性転換　sex change　**290**, **354**, 386, 564
性淘汰　sexual selection　89, 292
正　尾　homocercal tail　432
性フェロモン　sex pheromone　**362**
生物学的種概念　biological species concept　18
生物系統樹（プロジェクト）　Tree of Life Web Project　45
生物進化　biological evolution　32
生物多様性　biodiversity　44, 205, 228, 257, 559
生物多様性国家戦略　Biodiversity National Strategy　505
生物多様性条約　Convention on Biological Diversity　**536**
生物多様性ホットスポット　biodiversity hot spot　200
生物地理区　biogeographical region / ecozone　**164**, **166**, 192
生物濃縮　bioaccumulation　574
生物発光　bioluminescence　312
生物百科事典　Encyclopedia of Life　45
生物標本　biological specimen　11
性分化　sex differentiation　**350**, **354**, 386
脊　索　notochord　118, 342
赤色素胞　erythrophore　91, 456
赤色筋線維　red fiber　124
脊　髄　spinal cord　144
脊髄神経　spinal nerve　146
脊　柱　vertebral column　**118**, 349
脊椎骨　vertebral bone / vertebra　37, 64, 118
脊椎動物　vertebrate　8, 483
舌顎軟骨　hyomandibular cartilage　99
接岸回遊　inshore migration　428
舌　弓　hyoid arch　108
赤血球　red blood cell　348
舌　骨　hyoid bone　162
摂　餌　feeding　328
摂餌なわばり　feeding territory　**218**, 268, 275
摂食器官　feeding organ　136
接触刺激　tactile stimulation　301
絶滅危惧種　Endangered species　65, 502, **506**, 509, 512
背　鰭　dorsal fin　83, 122
セルトリ細胞　Sertorli cell　391
セロトニン　serotonin　367
浅海域　shallow waters　241
前額交尾器　frontal clasper　283
栓　球　thrombocyte　134
前屈曲期仔魚　preflexion larva　400
全ゲノム重複　whole genome duplication　55, 61, 133, **446**
全国ブラックバス防除市民ネットワーク／ノーバスネット　No Black-Bass Network　552
前上顎骨　premaxilla　65
染色体　chromosome　7, **440**, 442, 446, 464
染色体異常　chromosomal aberration　441
染色体操作　chromosome manipulation　464, **488**, 571
染色体地図　chromosome map　438, 441
染色体分染法　chromosome banding　441
染色分体　chromatid　440
潜水観察　diving observation / underwater observation　319, 322
腺性下垂体　adenohypophysis　414
先　体　acrosome　390, 392
全　長　total length　31, 83
前庭動眼反射　vestibuloocular reflex　152
前転移　predisplacement　431
選抜育種　selective breeding　570
全雌3倍体　all-female triploid　571
繊　毛　cilium　412
相加遺伝分散　additive genetic variance

473
早期警戒システム　early warning system 299
象牙質　dentin　102, 114
造　血　hematopoiesis　134
造血幹細胞　hematopoietic stem cell　135
走光性　phototaxis　241
掃除魚　cleaner fish　300, 309
掃除共生　cleaning symbiosis　300
掃除行動　cleaning behavior　**300**
槽　生　thecodont　114
走　性　taxis　304
相同遺伝子　orthologous gene　460
相同組換え　homologous recombination (HR)　490
相同性　homology　51, 443
相同染色体　homologous chromosome　446
双方向性転換　bidirectional sex change 291, 354
宗谷暖流　Soya Warm Current　189
相利共生　mutualism　297, 298, 300
藻類食　herbivory　218
遡河回遊　anadromous migration / anadromy 71, **246**, 252, 564
遡河回遊魚　anadromous fish　476
属　genus　10, 16
属階級群　genus group　17
側系統　paraphyly　50, 67
側所的種分化　parapatric speciation　468
側　線　lateral line　154
速線維　fast fiber　124
側線管　lateral line canal　401
側線系　lateral line system　126, **154**, 159, 266
側線神経　lateral line nerve　154
側線鱗　lateral line scale　92, 154
側頭骨　temporal bone　162
側突起　parapophysis　118
側板中胚葉　lateral plate mesoderm　410, 451
側扁形　compressiform　84
俗　名　vernacular name　10
側面誇示　lateral display　280
側隆起縁　keel　82
底魚類　demersal fishes　424, 572
底引網　trawl net　320
組織栄養　histotrophy　417
祖　先　ancestor　**80**
ソーレンセンの類似商　Sørensen's quotient of similarity　184
ソンホン川　Song Hong River　196

■た

DiAsp　4-(4-diethylaminostyryl)-1-methylpyridinium iodide　159
体外運搬型保護　external bearer　286
体外受精　external fertilization　278
体　形　body shape　**84**
体　高　body depth　84
体腔液　coelomio fluid　285
対向流　counter current　330
第5種共同漁業権　Type 5 common fishing rights　524, 579
体細胞分裂　somatic cell division　440
第3の外来魚　third alien fishes　520
胎　仔　embryo　**418**
体　軸　body axis　82
代　謝　metabolism　310, **342**
代謝量　metabolic rate　130
大正三色　Sanke (carp)　576
胎　生　viviparity　142, **364**, 381, 399, 416, 418
体　節　somite　397
大絶滅　mass extinction　75
体側筋　lateral muscle　86, **124**, 373
代替繁殖戦術　alternative reproductive tactics　213, **248**, 284
体長差の原理　size principle　269
体長有利性モデル　size-advantage model 290
体内運搬型保護　internal bearer　286
体内受精　internal fertilization　278
体内配偶子会合　internal gametic association 282
第2極体　second polar body　464, 488
体　盤　disc　82

胎　盤　placenta　417
体・尾鰭遊泳型　body and caudal fin swimming gait（BCF）　85
タイプ　type　**24**, 28, 559
タイプシリーズ　type series　22, 25
タイプ属　type genus　25
タイプ標本　type specimen　22
太平洋プレート　Pacific Plate　167
対捕食者戦略　anti-predator strategy　239
大陸移動　continental drift　168, **170**, **172**
大陸沿岸遺存種　continental coastal waters relict spcies　551
大陸系遺存種　continental relict species　**234**
代理親魚　surrogate parent fish　434, 502
対立遺伝子　allele　516
タキシング　taxiing　326
タ　グ　tag　323
タクソン　taxon　28
托　卵　brood parasitism　65, **296**
田沢湖　Lake Tazawa　507
多重遺伝子ファミリー　multigene family　459
多精拒否　block of polyspermy　392
多生歯性　polyphydont　114
脱腸型外腸　trailing hind-gut　422
タペータム　tapetum　457
タマイタダキイソギンチャク　*Entacmaea quadricolor*　298
騙　し　deception　300
ため池　irrigation pond in Satoyama　554
多様性　diversity　**8**, 136
ターレン　transcription activator-like effector nuclease（TALEN）　490
単為発生　parthenogenesis　208, 417
段階群　grade　48
タンガニイカ湖　Lake Tanganyika　294
単系統　monophyly　49
単系統群　monophyletic group　64
単系統性　monophyletic　17
探　索　searching　274, 276
炭酸ガス　carbon dioxide gas　376
単純一致係数　simple matching coefficient　184
淡水魚　freshwater fish　65, 141, **164**, **168**, **186**, **196**, 200, 244, **504**, **510**
淡水性両側回遊　freshwater amphidromy　252
淡水フグ　freshwater pufferfish　498
胆　嚢　gall bladder　138
担名タイプ　name-bearing type　22
暖　流　warm current　64
血合筋　dark muscle / red muscle　124
地域漁業機関　regional fisheries management organization　565
地域個体群　local population　19, 40, 512
地域変異　local variant　22
地下水　ground water　**232**
地球温暖化　global warming　513, **534**
地球規模生物多様性情報機構　Global Biodiversity Information Facility（GBIF）　44
稚　魚　juvenile　252, 348, **402**
筑後川　Chikugo River　235, 551
蓄　養　strage　566
地磁気　geomagnetism　345
地磁気刷込み仮説　geomagnetic imprinting hypothesis　247
致死相当量　lethal equivalent　477
千島海溝 / 海盆　Kuril Trench / Kuril Basin　189
地図コンパス説　map and compass hypothesis　247
遅線維　slow fiber　124
地中海　Mediterranean Sea　176
地底湖　subterranean lake　232
地方名　local name　10, 12
チャオプラヤ川　Chao Phraya River　201
チャネル　channel　453
中期像　metaphase figure　440
中軸骨格　axial skeleton　108
中心小体　centriole　489
中新世　Miocene　202
中・深層　meso-and bathypelagic　71
中枢神経　central nerves　144, 401
中生代　Mesozoic　65, 75

中性浮力 neutral buoyancy 87
中 脳 mesencephalon 144
中胚葉誘導 mid-blastula transition 395
腸 intestine 136
聴 音 sound reception 126
潮間帯魚類 intertidal fishes 236
長 江 Changjiang River / Yangtze River 196
腸呼吸 intestinal respiration 311
潮汐周期 tidal cycle **428**
頂点捕食者 apex predator **224**
蝶番性支持 hinged attachment 114
跳 躍 jumping 236
直列重複 tandem duplication 448
貯精嚢 seminal vesicle 143
地理的変異 geographic variation 15, 516
チロキシン thyroxine 408
チロシナーゼ遺伝子 tyrosinase gene 496
沈性卵 demersal egg 210, 284, 398, 420
対 鰭 paired fin 83
追従魚種 follower fish species 302
椎 体 centrum 118
椎体癒合体 synarcual 104
津軽暖流 Tsugaru Warm Current 188
対馬暖流 Tsushima Warm Current 190
ツチ骨 malleus 162
突っ込み ram 276
津 波 Tsunami 262
摘取り食 browsing 219
DNA（デオキシリボ核酸） deoxyribonucleic acid 7, 32, 180, 438
DNAトランスポゾン DNA transposon 499
DNAバーコーディング DNA barcoding 33, 445
DNAメチル化 DNA methylation 494
T細胞レセプター T cell receptor 455
釘 植 gomphosis 115
低水温適応 adaptaion to low water temperature 374
底生魚 demersal fish 65
定置網 set-net 320
定置漁業権 fixed gear fishery right 560
ディープリーフ deep reef 46
定量基準 quantitative criterion 513
データベース database **44**
適 応 adaptation 64, **374**
適応進化 adaptative evolution **466**
適応放散 adaptive radiation 68, 258
データロガー data logger 247, 324
テチス海 Tethys Sea 171
テトロドトキシン tetrodotoxin 574
デボン紀 Devonian Period 52, 120
デメキン Telescope (goldfish) 576
δ^{13}C carbon stable isotope 228
δ^{15}N nitorogen stable isotope 228
転 位 transposition 499
転移因子 trasposable element **496**
電気魚 electric fish 156
電気泳動法 electrophoresis 7
電気感覚 electroreception 156
電気器官 electric organ 314
電気コミュニケーション electrocommunication 157, 314
電気細胞 electrocyte 314
電気受容器 electroreceptor 67, 156, 315
電気定位 electrolocation 156, 314
伝染性造血器壊死症 infectious hematopoietic necrosis 384
伝統食品 traditional food 586
デンドログラム dendrogram 184
天然記念物 natural monument 511
纏絡糸 filament 421
ドイツゴイ German carp 576
同位体 isotope 39
頭 鰭 cephalic fins 83
洞 窟 cave 232
洞窟魚 cave fish 232
同形歯性 homodont 114
凍結保存法 cryopreservation 519
動原体 centromere 440
頭 骨 skull **98, 106, 108**
頭索類 Cephalochordata 446
同質倍数体 autopolyploid 464
同時的雌雄同体 simultaneous hermaphrodite 353

同所的種分化　sympatric speciation　19, 468
頭　腎　head kidney　380
同性間競争　intrasexual competition　279, 292
同　定　identification　**36**
稲田養魚　rice-fish culture　257
道東沿岸流　East Hokkaido Coastal Current　189
導入圧　propagule pressure　478
導入経路　route　478
逃避成功　escape success　272
頭　部　head　82
胴　部　trunk　82
同物異名　synonym　11, 38
動物行動学　ethology　318
動物性タンパク質　animal protein　584
動物地理区　zoogeographical region　164
動物プランクトン　zooplankton　240
動物命名法国際審議会　International Commission of Zoological Nomenclature　28
動物用医薬品　animal drugs　385
頭部把握器　frontal tenaculum　83
動脈弓　aortic arch　133
動脈球　bulbus arteriosus　133
冬　眠　hibernation　**310**
同　名　homonym　12
透明二重染色法　cleared and double-stained method　158
東洋界　Oriental realm　164
通し回遊／通し回遊魚　diadromy / diadromous fish　250, 252, 232, 244, 504, 549, 567
トカラ海峡　Tokara Strait　174, 192
特異動的作用　specific dynamic action (SDA)　373
毒　腺　venomous gland　67
特定外来生物　invasive alien species　522, 530, 552
特定疾病　specitific disease　384
トサキン　Tosakin (goldfish)　576
ドーパミン　dopamine　367
飛び石移動モデル　stepping stone migration model　217
富山湾　Toyama Bay　240
渡洋回遊　transoceanic migration　242
ドライアイスセンセーション　dry-ice sensation　575
トランスクリプトーム解析　transcriptomic analysis　452
トランスジェニックフィッシュ　transgenic fish　501
tRNA　transfer RNA　439
トランスポゾン　transposon　496, 501
トリメチルアミンオキシド　trimethylamine oxide　337
トリヨードチロニン　triiodothyronine　408
Tol2　transposable element of *Oryzias latipes*, #2　497, 501
Tol1　transposable element of *Oryzias latipes*, #1　454, 496
トレードオフ　trade-off　239

■な

内温性　endothermy　**372**
内温動物　endotherm / endothermal animal　372
内　湖　Naiko lagoon　550
内骨格　endoskeleton　342
内在リズム　internal rhythm　429
内　耳　inner ear　64, 152
内臓（蔵）頭蓋　visceral cranium / splanchnocranium　98
内部骨格　endoskeleton　108
内　湾　estuary　64
長い末端反復配列　long terminal repeat (LTR)　499
流れ藻　drifting algae　175
名古屋議定書　Nagoya Protocol　536
ナトリウムカリウムATPase　Na^+/K^+-ATPase (NKA)　340
ナトリウムカリウム$2Cl^-$共輸送体　$Na^+/K^+/2Cl^-$ cotransporter (NKCC)　340
ナトリウムカリウム共輸送体　Na^+/Cl^- cotransporter (NCC)　341
なわばり　territory　**218**, 268, 270

なわばり重複　territry overlapping　269
なわばり訪問型複婚　male-territory-visiting (MTV) polygamy　287
南極区　Antarctic Region　167
軟　骨　cartilage　158
軟骨性骨　endochondral bone　343
軟骨膜性骨　perichondral bone　343
軟骨様組織　cartilaginous tissues　342
二価染色体　bivalent chromosome　464
2型脱ヨウ素酵素　type 2 deiodinase (DIO2) 368
肉間骨　intermuscular bone　118
肉　鰭　lobed fin　120
二　型　dimorphism　248
二語名法　binominal nomenclature　10
二次顎関節　secondary jaw joint　162
ニシキゴイ／錦鯉　colored carp　520, 526, 576
二次鰓弁　secondary lamella　130, 330
虹色素胞　iridophore　91
二次性淡水魚　secondary freshwater fish 164
二次性徴　secondary sexual characteristic 88
二次的自然　secondary nature　257, 515
西マリアナ海嶺　Weat Mariana Ridge　250
二重鎖切断　double strand break (DSB) 490
日周鉛直移動　diel vertical migration　250
日本海溝　Japan Trench　188
2倍体　diploid　66
2半規管　two semicircular canal　95
200海里体制　200-mile regime　583
日本海　Sea of Japan　**190**
日本海固有水　Japan Sea Proper Water 189, 191
日本魚類学会　Ichthyological Society of Japan　12
日本魚類学会自然保護委員会　Nature Conservation Committee of Ichthyological Society of Japan　532
日本産希少淡水魚繁殖検討委員会 Committee for Breeding of Endangered Japanese Freshwater Fishes　557
日本動物園水族館協会　Japanese Association of Zoos and Aquariums　556
日本動物誌　Fauna Japonica　6
乳頭状皮弁　papilla　15
ニューストンネット　neuston net　436
ニューロン　neuron　144
尿　urine　140
尿　素　urea　337, 338
尿素サイクル　urea cycle　337
尿素輸送体　urea transporter　337
認　知　cognition　295, **308**
ネオタイプ　neotype　22
ネオテニー　neoteny　430
熱　帯　tropics　64
熱帯魚　tropical fish　576
粘液細胞　mucous cell　90
粘液腺　mucous gland　90
粘液の寝袋　mucous cocoon　328
粘液胞子虫　Myxosporea　382
脳函天蓋　cranial roof　98
脳神経　cranial nerve　146
脳内ホルモン　neurohormones　370
ノダル経路　nodal pathway　410
ノード　node　45
ノード流　node flow　413
ノーバスネット／全国ブラックバス防除市民ネットワーク　NO Black-Bass Network 552
ノルエピネフリン　norepinephrine　367
ノンコーディングRNA　non-coding RNA 439, 494

■は

歯　tooth　**102, 114**
パ　ー　parr　346
肺　lung　127, 330, **394, 396**
バイオインフォマティクス　bioinformatics 481
バイオテレメトリー　biotelemetry　324
バイオマス　biomass　493
バイオミメティクス　biomimetics　160
バイオリソース　bio-resource　500

バイオロギング　bio-logging　243, 324
胚　環　germ ring　396
配偶子形成　gametogenesis　434
配偶システム　mating system　278, 287, **288**
配偶者選択　mate choice　209, 279, 281, **292**
配偶なわばり　mating territory　268
背光反射　dorsal light reflex　152
肺呼吸　pulmonary respiration　311
背　根　dorsal root　147
胚　盾　embryonic shield　397
倍数化　polyploidization　446, 488
倍数性進化　polyploid evolution　446
倍数体　polyploid　66, 208, 443, **464**
排　精　spermiation　391
媒　精　insemination　488
排他的経済水域　Exclusive Economic Zone (EEZ)　205, 561
背中線　mid-dorsal line　82
ハイパモルフォーシス　hypermorphosis　431
胚　葉　endoderm　**394**, 410, 451
排　卵　ovulation　142
白亜紀　Cretaceous Period　65, 72, 104
白色素胞　leucophore　91
白色筋線維　white fiber　124
博物館　museum　558
破骨細胞　osteoclast　343
ハズバンダリートレーニング　husbandry training　557
発育段階　developmental stage　405
発　音　sound production　127, **316**
発音魚　sonic fish / sound-producing fish　316
発光器　photophore / light organ / luminous organ　64, 83, 312
発光バクテリア　luminous bacteria　312
発色団　chromophore　457
ハッチンソン則　Hutchinson's rule　269
発電器　electric organ　67, 314
ハーディ・ワインベルグの法則　Hardy-Weinberg's low　474
鼻上げ　surfacing　331
歯の支持様式　attachment of tooth　114
羽ばたき運動　flapping　86
ハフ病　Haff disease　575
ハプロタイプ　haplotype　180
ハラスメント行動　sexual harrasment　280
パラタイプ　paratype　22
腹　鰭　pelvic fin / ventral fin　83, 122
腹鰭原基　pelvic fin bud　450
腹鰭前突起 / 腹鰭前部把握器　prepelvic lentaculum / peripelvic tenaculum　83, 283
パラレクトタイプ　paralectotype　25
パラログ　paralog　55
ハリガネムシ　nematomorpha　226
パリトキシン　palytoxin　575
ハワイ諸島　Hawaiian Islands　176
半規管　semicircular canals　152
半クローン　hemi-clone　465
パンゲア　Pangaea　65, 170, 179
パンゲン説　pangenesis　438
萬国動物命名規約　Règles internationales de la nomenclature zoologique　29
半栽培　semi-domestication　257
繁　殖　reproduction　127, 245, **278**, 328, **416**
半数体　haploid　488
反赤道性分布　antiequatorial distribution　**178**
反復配列　repetitive sequence　**498**
氾濫原　floodplain　256
非LTR型レトロトランスポゾン　non-LTR retrotransposon　499
鼻　殻　nasal capsule　98
鼻殻域　olfactory region　108
比較形態学　comparative morphology　7
比較ゲノム　comparative genomics　443
東アジア　East Asia　**196, 198**
東日本大震災　Great East Japan earthquake　**262**, 549
干　潟　tidal flat　551
尾鰭椎　ural centrum　119
尾鰭下葉　lower lobe of the caudal fin　326
尾鰭下葉屈筋　flexor caudalis　105
鼻　孔　nostril　82, 150, 401

尾　骨　caudal skeleton　**118**
尾索類　Urochordata　446
尾叉長　folk length　83
PCR（ポリメラーゼ連鎖反応）　polymerase chain reaction　32
PCR法　polymerase chain reaction (PCR) method　480, 493
糜　粥　chyme　333
被　食　predation　274
ヒストン修飾　histone modification　495
脾　臓　spleen　380
非相同末端結合　non-homologous end joining (NHEJ)　490
非脱腸型外腸　exterilium　422
ビタミン　vitamin　585
左体側　left side of body　82
尾虫類　larvacean　427
尾椎骨　caudal vertebra　118
PIC　Prior Informed Consent　536
ビテロジェニン　vitellogenin (VTG)　359
避難地　refugium　173
泌尿生殖孔　urogenital pore　140, 142
泌尿生殖突起　urogenital papilla　83
皮　膚　skin　**90**
尾　部　tail　82
被覆層　enveloping layer (EVL)　395
皮膚呼吸　skin respiration　330
尾部棒状骨　urostyle　119
尾　柄　caudal peduncle　82, 86
尾柄欠刻　precaudal pit　83
微胞子虫　Microsporidia　382
ヒメダカ　himedaka (Japanese rice fish)　520, 527
piRNA　Piwi-interacting RNA　439
氷河前縁湖　proglacial lake　173
氷　期　ice age / glacial period　173, 551
氷期・間氷期サイクル　glacial-interglacial cycle　179
表現型可塑性　phenotypic plasticity　**212**, 216
表現型多型　polyphenism　212
表現型分散　phenotypic variance　216
表現型変異　phenotypic variation　248
標　識　mark　323
標識放流再捕　mark-release-recapture　242
標準体長　standard length　31, 83
標準和名　standard Japanese name　**12**
氷　床　ice sheet / continental glacier　173
表層胞　cortical alveoli　393
表　皮　epidermis　90
標　本　specimen　**38**, 558
標本カード　specimen card　40
標本室　collection room　40
標本台帳　ledger　40
標本データベース　collection database　**38**, 40
鰭　fin　82, **120**, **122**, **450**
披裂軟骨　arytenoid cartilage　162
琵琶湖　Lake Biwa　187, **550**
品　種　race / variety　12, 489, 576
頻度依存性選択　frequency-dependent selection　215, 475
ファイター　fighter　248
フィッシュウォッチング　fish watching　580
フィッシュネット　FishNet　44
フィッシュベース　FishBase　36, 44
フィリピン海プレート　Philippine Sea Plate　166
風洞実験　wind tunnel experiment　326
フェロモン　pheromone　362, 459
フォッサマグナ　Fossa Magna　186
孵　化　hatch　**398**, **462**
孵化酵素　hatching enzyme　399, 462
孵化場魚　hatchery-reared fish　568
孵化腺細胞　hatching gland　399
腹　根　ventral root　147
福島第一原子力発電所事故　Fukushima Daiichi nuclear disaster　262
腹中線　mid-ventral line　82
腹椎骨　abdominal vertebra　118
腹　部　abdomen / belly　82
伏流水　subsoil water　**232**
浮性卵　pelagic egg　210, 398, 420
付属骨格　appendicular skeleton　108
附属書掲載基準　Criteria for the iclusion of species in Appendices I and II　540

付着骨　bone of attachment　114
付着藻類　attached algae　264
付着卵　adhesive egg　420
不対鰭　unpaired fin　83
不対鰭・対鰭遊泳型　median and paired fin swimmimg gait（MPF）　85
普通筋　ordinary muscle / white muscle　124
物質輸送　material transport　**228**
不凍タンパク質　antifreeze protein　375, 449
不凍糖タンパク質　antifreeze glycoprotein（AFGP）　375
不稔性　sterility　488
負の頻度依存選択　negative frequency-dependent selection　248
浮遊期　pelagic stage　405
浮遊適応　floating adaptation　424
プライマー効果　primer effect　362
ブラウザー　browser　275
プラコード　placodes　414
フランケンシュタイン効果　Frankenstein effect　521
フランス領ポリネシア　French Polynesia　176
浮力調整　buoyancy control　126
不連続分布　discontinuous distribution　177
プロジェネシス　progenesis　430
プロラクチン　prolactin　327
吻　snout　82
分化のゲノム島　genomic island of divergence　467
分岐学　cladistics　50
分岐年代　divergence time　61, 168
分岐分類　cladistics　7
吻　骨　kinethmoid　65
分　散　dispersal　168, **172**, **174**, 180, 211
分子系統　molecular phylogeny　50, 64, 168
分子系統解析　molecular phylogenetic analysis　482
分子進化　molecular evolution　446
吻歯 / 吻棘　rostral teeth　103
分子分類　molecular typing　32
噴水孔　spiracle　83
分　断　vicariance　168, **172**, **174**, 180
吻軟骨　rostral cartilage　98
分　布　distribution　**178**, **534**
分離浮性卵　separated pelagic egg　420
分　類　classification　**30**, **32**, 36
分類学　taxonomy　10, 14, **42**, 89
分類群　taxon　**16**, **20**
分類形質　taxonomic character / taxonomical character　**14**, 421
分類体系　classification system　**20**, **76**
分裂装置　mitotic apparatus　489
閉顎筋　adductor mandibulae　100
平衡感覚　sense of equilibrium　**152**
平行進化　parallel evolution　255, 466
平衡斑　macula　152
並行捕食　parallel predation　215
ベイツ型擬態　Batesian mimicry　233
閉鰾魚　physoclist fishes　126
鼈甲　Bekko（carp）　576
ヘテロ接合度　heterozygosity　476
ヘテロトピー説　hetorotopi theory　96
ペドモルフォーシス　paedomorphosis　430
ペプシン　pepsin　332
ペプチド　peptide　332
ヘマトキシリン　hematoxylin　158
ヘラブナ　Herabuna（Carassius cuvieri）　526
ペラモルフォーシス　peramorphosis　430
ベルクマンの法則　Bergmann's rule　216
ヘルパー　helper　294
変　異　variation　30
変温動物　poikilothermic（poikilothermal）animal　372
偏光感覚　polarization sensitivity　149
変　性　denaturation　332
変　態　metamorphosis / transformation　95, 250, **348**, 402, **406**, 422, 426
弁別学習　discriminate learning　307
片利共生　commensalism　298
保育場　nursery ground　256
防　衛　guarding　286
方形骨　quadrate bone　162
方向性選択　directional selection　475

縫合部　symphysis　82
放　散　radiation　58
紡錘形　fusiform　84
包　巣　house　427
包　嚢　cyst　391
胞　胚　blastula　394
頬　部　cheek　82
放　流　release　522, **568**
放流ガイドライン　Conservation Guidelines for Re-Introduction of Fishes　**532**
放流魚　hatchery fish　223
北西太平洋　western North Pacific Ocean　198
北鮮海流　North Korean Current　191
母系遺伝　maternal inheritance　37, 444
保　護　conservation/preservation　**514, 553**
保護擬態　protective mimicry　220
保護行動　parental care　286
保護色　protective coloration　221, 423
圃場整備事業　project on paddy field consolidation　505
捕　食　predation　523
捕食回避　avoidance of predation　272
捕食者　predator　64, **224**, 276, 306
保　全　conservation　516
保全遺伝学　conservation genetics　471
母川回帰　homing migration / salmon run　247, **344**
保全単位　conservation unit　511, 516
保全的導入　conservation / benign introductions　532
保　存　preservation　518, 538
補　体　complement　454
母体依存　matrotrophy　416
北極区　Arctic Region　167
Hox遺伝子　homeotic (hox) gene　446
ホットスポット　hotspot　8, 165, 553
ポップアップタグ　pop-up tag　325
骨曲がり　spinal deformity　383
保有遺伝変異　standing genetic variation　481
ポリジーン　polygene　472
ホルマリン　formalin　38
ホルモン　hormone　347
ホロタイプ　holotype　22
ボン・ガイドライン　Bonn Guidelines　536
本草学　herbalism　6, 42

■ま

マイクロRNA　miRNA　439
マイクロサテライトDNA　microsatellite DNA　481, 487, 499
MiFishプライマー　MiFish primers　493
マウスナー細胞　Mauthner cell　273
巻　網　purse seine　321
膜　骨　membrane bone　342
マークテスト　mark test　309
マクロファージ　macrophage　380
摩擦発音器　stridulation sonic organ　317
麻　酔　anesthesia　376
マスト細胞　mast cell　90
マダイイリドウイルス　red seabream iridovirus　384
待伏せ　sit-and-wait　276
末梢神経　peripheral nerve　158
末梢神経系　peripheral nervous system　144
MAT（相互に合意する条件）　Mutually Agreed Terms　536
マッピング　mapping　443
マレー半島　Malay Peninsula　201
マングローブ　mangrove　204
マンハッタン距離　Manhattan metric distance　184
ミオグロビン　myoglobin　373
未解決の多分岐　bush at the top　51
味　覚　taste　**150, 458**
未記載種　undescribed species　22
右体側　right side of body　82
密度依存型競争　density-dependent competition　222
密度効果　density effect　563
ミトゲノム全長配列　whole mitogenome sequence　51
ミトコンドリア　mitochondrion / mitochondria　37, 373
ミトコンドリアゲノム　mitochondrial

genome 61, **444**
ミトコンドリアDNA mitochondrial DNA 480, 487, 529, 568
南シナ海 South China Sea 203
ミニサテライトDNA minisatellite DNA 498
ミネラル mineral 585
見張り型保護 guarding 287
未判定外来生物 Uncategorized Alien Species 530
未分化生殖腺 undifferentiated gonad 350
味 蕾 taste bud 151
ミンダナオ海流 Mindanao Current 251
無限成長 indeterminate growth 564
無効分散 unsuccessful dispersal **206**, 534
ムコ多糖 mucopolysacchride 585
無糸球体腎 aglomerular kidney 375
無性生殖 asexual reproduction **208**
胸 鰭 pectoral fin 83, 122
胸鰭原基 pectoral fin bud 450
無配偶生殖 apomixis 465
群がり aggregation 266
群 れ school / shoal **266**, 304
眼 eye 82
迷走葉 vagal lobe 151
命 名 nomenclature 10, 12, **28**
命名者 nomenclator 10
迷路状器官 labyrinth organ 331
メコン川 Mekong River 201
メタ個体群 meta-population 209
メタバーコーディング metabarcoding 33, 492
メッケル軟骨 Meckelian cartilage 100
mRNA(伝令RNA) messenger RNA 439
メディアン法 median method / WPGMC 185
メラニン melanin 496
メラノマクロファージセンター melanomacrophage center 380
免 疫 immunity / immune function 378, 380, **454**
免疫グロブリン immunoglobulin 380, 455
メンデルの法則 Mendel's laws 500
毛細血管 capillary vessel 126, 138
網膜神経節細胞 retinal ganglion cell 149
モデル動物 model animal **500**
モニタリングサイト1000 Monitoring sites 1000 543
藻 場 seaweed bed **238**
森里海連環学 studies for connectivity of hills, humans, and oceans 549
モンスーン気候 monsoon climate 256

■や

野生魚 wild fish 223, 568
野生絶滅 Extinct in the Wild 506
ヤマトゴイ Yamato-goi (carp) 520, 526
山吹黄金 Yamabuki-ogon (carp) 576
優 位 dominant 271
誘引突起 illicium 83
遊漁人口 leisure fishing participants 578
有効集団サイズ effective population size 476, 517
有効餌量仮説 food availability hypothesis 246
有孔側線鱗 pored lateral line scale 15
有効名 valid name 25
有性生殖 sexual reproduction 352
雄性前核 male pronucleus 464, 488
雄性先熟 protandry 290, 352, 354
雄性発生 androgenesis 488
優性分散 dominance variance 473
雄性ホルモン androgen 460
優占科 dominant family 195
有毒魚 toxic fish 574
有柄眼 stalked eye 422
有毛細胞 hair cell 126, 153, 154
幽門垂 pyloric caeca 136, 333, 401
有用魚 useful fish **572**
遊離感丘 free neuromast 401
ユークリッド距離 Euclidean distance 184
輸精管 sperm duct 143, 390
輸 送 transportation 211
ユニバーサルプライマー universal primer 51
輸入魚 imported fish 582

輸入防疫対象疾病　diseases subject to import quarantine　384
ユーラシア大陸　Eurasian Continent　187
ユーラシアプレート　Eurasian Plate　166
幼形進化　paedomorphosis　483
養　殖　aquaculture　470, **566**, 572
吉野川分水　artificial diversion of River Yoshino　529
予備歯　replacement teeth　102
4倍体　tetraploid　66, 464

■ら

ライディヒ器官　Leydig's organ　135
LINE（長鎖散在反復配列）　long interspersed nuclear element　499
ラゲナ　lagena　152
RADシーケンシング　restriction site associated DNA sequencing　487
ラムサール条約　Ramsar convention　**542**
卵　egg　**388, 434**
卵円体　oval　126
卵黄依存　lecithotrophy　416
卵黄多核層　yolk syncytial layer（YSL）　395, 396
卵黄嚢　yolk-sac　402
乱　獲　overfishing　476
卵殻腺　oviducal gland　416
卵割阻止　supression of cleavage　488
卵　径　egg diameter　420
卵原細胞　oogonia　434
乱　婚　promiscuity　287, 288
卵サイズ　egg size　210, 254
卵　食　oophagy　417
卵　数　fecundity　210
卵　生　oviparity　416
卵成熟　oocyte maturation　388
卵成熟誘起ホルモン　maturation-inducing hormone　389
卵成長　oocyte growth　388
卵　巣　ovary　354
卵巣腔　ovarian cavity　142
卵巣腔内妊娠　intraluminal gestation　364
卵巣分化　ovarian differentiation　350
卵胎生　ovoviviparity　364, 399
ランチュウ　Ranchu（goldfish）　576
卵　胞　ovarian follicle　142
卵母細胞　oocyte　388
卵　膜　chorion / vitelline envelope　360, 392, 398, 462
卵　門　micropyle　361, 390, 392, 488
乱流抵抗　turbulent drag　84
卵濾胞（卵胞）　ovarian follicle　388
リアクションノーム　reaction norm　212
リアルタイムPCR　real-time PCR　493
陸封型　landlocked form　460
リソソーム　lysosome　333
リードペア　paired reads　442
rRNA（リボソームRNA）　ribosomal RNA　439
リマン海流　Liman Current　189, 190
隆　起　uplift　172
隆起線　ridge　92
琉球弧　Ryukyu arch　260
琉球列島　Ryukyu Islands　7, 187, 553
リュウキン　Ryukin（goldfish）　576
粒子イメージ流速計測法　particle image velocimetry　277
流線形　streamline shape　84
両棲魚類　air-breathing fishes　236
両側回遊　amphydromy / amphidromous migration　232, 241, **252**, 260, 264
量的形質　quantitative trait　**472**, 570
量的形質遺伝子座解析　quantative trait locus（QTL）analysis　466
梁軟骨　trabecular cartilage　96
稜　鱗　scute　64
緑色蛍光タンパク質　green fluorescent protein（GFP）　501
リリーサー効果　releaser effect　362
臨界期　critical period　305
鱗状骨　squamosal bone　162
輪状軟骨　cricoid cartilage　162
鱗食魚　scale-eating fish　214
リンネ式分類体系　Linnean classification system　20, 34
リンパ管　lymphatic vessel　132

類　洞　sinusoid　138
ルシフェラーゼ　luciferase　312
ルシフェリン　luciferin　312
冷水性淡水魚　cold water freshwater fish　187
歴史生物地理　historical biogeography　169
レクチン　lectin　381
レクトタイプ　lectotype　22
レセップス移動　Lessepsian migration　528
レチナール　retinal　457
劣　位　subordinate　271
レッドデータブック　Red data book　**508**, 510
レッドリスト　Red list　502, 508, 510, 512, 517, 540
レトロ転位　retrotransposition　499
レトロトランスポゾン　retrotransposon　461, 499
レンサ球菌　*Streptococcus*　385
老廃物　waste product　**336**
濾過摂餌　filter feeding　274
肋　骨　rib　118
濾胞偽胎盤　follicluar pseudoplacenta　365
濾胞刺激ホルモン　follicle-stimulating hormone　358
濾胞内妊娠　intrafollicular gestation　364
ローラシア大陸　Laurasia　65
ロングPCR　long PCR　51

■わ

矮小雄　dwarf male　161
ワキン　*Carassius auratus*　576
ワシントン条約　Convention on International Trade in Endangered Species of Wild Fauna and Flora (CITES)　**540**
和　名　Japanese name　12
ワンド　wando pool　550

魚名和文索引

＊本文に述べられた魚名を取り上げている

■あ

アイゴ科　Siganidae　275
アイザメ類　centrophorids / gulper sharks　87
アイナメ　*Hexagrammos otakii*　512
アイナメ科　Hexagrammidae　191
アイナメ属　*Hexagrammos*　465
アオウオ　*Mylopharyngodon piceus*　470
アオザメ　*Isurus oxyrinchus*　83
アオタナゴ　*Ditrema viride*　418
アオバラヨシノボリ　*Rhinogobius* sp. BB　261, 405
アオブダイ　*Scarus ovifrons*　420, 575
アオメエソ属　*Chlorophthalmus*　313
アカアマダイ　*Branchiostegus japonicus*　190
アカエイ　*Hemitrygon akajei*　192
アカエイ類　dasyatids / stingrays　103
アカカマス　*Sphyraena pinguis*　240
アカザ科　Amblycipitidae　197
アカササノハベラ　*Pseudolabrus eoethinus*　117, 179, 183, 195
アカシュモクザメ　*Sphyrna lewini*　541
アカツキハギ　*Acanthurus achilles*　195
アカヒメジ　*Mulloidichthys vanicolensis*　267
アカマツカサ　*Myripristis berndti*　177
アカマツカサ属　*Myripristis*　422
アカマンボウ　*Lampris guttatus*　72, 373
アカマンボウ上目　Lamproidea　72, 75
アカムツ　*Doederleinia berycoides*　179
アカメ科　Latidae　259, 442, 476
アカントステガ　*Acanthostega*　112
アクタウオ科　Lactariidae　78
アゴアマダイ科　Opistognathidae　78
アゴゲンゲ　*Petroschmidtia toyamensis*　191
アサヒアナハゼ　*Pseudoblennius cottoides*　238
アサヒギンポ科　Clinidae　364, 365
アジアアロワナ　*Scleropages formosus*　201, 442, 540
アジ目　Carangiformes　78, 316, 442
アジ科　Carangidae　74, 78, 261, 572, 583
アジ類　carangids / jacks　83, 86
アシロ　*Ophidion asiro*　69
アシロ目　Ophidiiformes　74, 76, 316, 364
アナゴ　Congridae　62
アナハゼ　*Pseudoblennius percoides*　198
アナハゼ属　*Pseudoblennius*　198
アネサゴチ　*Onigocia macrolepis*　15
アブラソコムツ　*Lepidocybium flavobrunneum*　575
アブラツノザメ　*Squalus acanthias*　100
アブラヒガイ　*Sarcocheilichthys biwaensis*　187
アブラボテ　*Tanakia limbata*　525
アブラボテ属　*Tanakia*　401
アブラヤッコ属　*Centropyge*　303
アフリカカワスズメ　*Astatotilapia burtoni*　501
アフリカ産ハイギョの１種　*Protopterus annectens*　311
アフリカ産ハイギョ類　*Protopterus*　129, 169, 337
アマゴ（サツキマス）　*Oncorhynchus masou ishikawae*　218, 226, 271, 347, 571
アマダイ科　Branchiostegidae　165, 190

アマダイ類　branchiostegids / tilefishes　108
アマミホシゾラフグ　*Torquigener albomaculosus*　46
アミア　*Amia calva*　58, 60, 68, 86, 106, 432, 446
アミア目　Amiiformes　119
アミメウナギ属　*Erpetoichthys*　60
アミメカワヨウジ　*Hippichthys heptagonus*　174
アミメハギ　*Rudarius ercodes*　286
アメマス　*Salvelinus leucomaenis leucomaenis*　247
アメリカウナギ　*Anguilla rostrata*　250
アメリカナマズ　*Ictalurus punctatus*　442
アヤヨシノボリ　*Rhinogobius* sp. MO　405
ア　ユ　*Plecoglossus altivelis altivelis* / ayu　6, 70, 134, 215, 240, 192, 201, 210, 215, 218, 240, 244, 252, 264, 379, 384, 390, 399, 406, 420, 481, 521, 524, 547, 588
アユカケ　*Cottus kazika*　250
アユモドキ　*Parabotia curtus*　66, 187, 511, 538, 547
アユモドキ科　Botiidae　197
ア　ラ　*Niphon spinosus*　116
アラスカメヌケ　*Sebastes alutus*　583
アリアケギバチ　*Tachysurus aurantiacus*　187, 235
アリアケシラウオ　*Salanx ariakensis*　234, 551
アリアケスジシマドジョウ　*Cobitis kaibarai*　235
アリアケヒメシラウオ　*Neosalanx reganius*　234, 551
アロワナ　Osteoglossinae / arowana　169
アロワナ目　Osteoglossiformes　169, 442
アロワナ類　osteoglossids / bonytongues　119, 446
アンコウ　*Lophiomus setigerus*　215
アンコウ目　Lophiiformes　74, 76, 79, 275
アンコウ類　lophiids / goosefishes　83, 84, 117, 220
アンモシーテス　ammocoetes　408, 529
イェンツーユイ　*Myxocyprinus asiaticus*　197
イカナゴ　*Ammodytes japonicus*　191, 310, 406, 513
イカナゴ科　Ammodytidae　573
イカナゴ属　*Ammodytes*　573
イクチオステガ　*Ichthyostega*　112
イサキ　*Parapristipoma trilineatum*　266
イサキ類　haemulids / barbeled grunters　303
イサザ　*Gymnogobius isaza*　187
イシガキダイ　*Oplegnathus punctatus*　193, 575
イシガレイ　*Platichthys bicoloratus*　429
イシダイ　*Oplegnathus fasciatus*　90, 193, 266, 305, 316
イシダイ科　Oplegnathidae　127
イシダイ属　*Oplegnathus*　178
イシナギ類　polyprionids / wreckfishes　575
イシビラメ　*Scophthalmus maximus*　360
イシヨウジ　*Corythoichthys haematopterus*　281
イスズミ類　kyphosids / sea chubs　302
イズヌメリ　*Calliurichthys izuensis*　35
イセゴイ　*Megalops cyprinoides*　426
イソギンポ目　Blenniiformes　78
イソギンポ科　Blenniidae　78, 137, 160, 177, 236
イソマグロ　*Gymnosarda unicolor*　198, 422
異体類　Heterosomata / Pleuronectiformes　404
イタセンパラ　*Acheilognathus longipinnis*　511, 517, 533, 538
イタチザメ　*Galeocerdo cuvier*　225
イダテンカジカ属　*Ocynectes*　198
イチモンジタナゴ　*Acheilognathus cyanostigma*　524, 533, 550
イッテンフエダイ　*Lutjanus monostigma*　575
イットウダイ　*Sargocentron spinosissimum*　316
イットウダイ目　Holocentriformes　73
イットウダイ科　Holocentridae　127
イデユウシノシタ　*Symphurus thermophilus*

9
イトウ　*Hucho perryi*　246, 533
イトウ属　*Hucho*　246
イトヒキイワシ　*Bathypterois atricolor*　71
イトマキエイ　*Mobula japonica*　85
イトマキエイ科　Mobulidae　103, 175
イトマキエイ類　mobulids　86, 541
イドミミズハゼ　*Luciogobius pallidus*　232
イトモロコ　*Squalidus gracilis gracilis*　529
イトヨ属の1種　*Gasterosteus aculeatus*　246, 254, 292, 307, 442, 449, 450, 458, 460, 466, 475, 481, 484, 498
イトヨ類　*Gasterosteus*　91, 255, 460, 485
イトヨ太平洋型　*Gasterosteus aculeatus*　524
イトヨリダイ科　Nemipteridae　573
イトヨリダイ類　nemipterids / threadfin breams　303
イボダイ科　Centrolophidae　583
イワシ　*Sardines*　385
イワシ類　sardines　92, 210, 242, 406, 585
イワトコナマズ　*Silurus lithophilus*　187
イワナ　*Salvelinus leucomaenis*　222, 226, 435, 475
イワナ属　*Salvelinus*　246, 505
イワナ類　*Slavelinus*　84, 218
インドアイノコイワシ属　*Stolephorus*　420
インドストムス科　Indostomidae　201
インドネシアシーラカンス　*Latimeria menadoensis*　170
インドメダカ　*Oryzias dancena*　350
ウィーディシードラゴン　*Phyllopteryx taeniolatus*　286
ウキコンニャクイタチウオ　*Lamprogrammus brunswigi*　422
ウグイ　*Tribolodon hakonensis*　119, 246, 529
ウグイ亜科　Leuciscinae　66
ウグイ属　*Tribolodon*　197
ウケグチトビウオ　*Cypselurus longibarbus*　422
ウシノシタ科　Cynoglossidae　407
ウシノシタ類　cynoglossids / tonguefishes　91, 349, 432
ウシマンボウ　*Mola alexandrini*　161
ウシモツゴ　*Pseudorasbora pugnax*　511
ウスメバル　*Sebastes thompsoni*　193
ウツボ　*Gymnothorax kidako*　62
ウツボ科　Muraenidae　233, 277
ウツボ類　muraenids / moray eels　302
ウナギ目　Anguilliformes　63, 94, 119, 137, 142, 174, 220, 233, 355, 406, 426, 442
ウナギ科　Anguillidae　20, 63, 504
ウナギ属　*Anguilla*　20, 250, 252
ウナギ類　anguilliforms / eels　83, 84, 119, 126, 404
ウバウオ　*Aspasma minima*　160
ウバウオ目　Gobiesociformes　78
ウバウオ科　Gobiesocidae　78
ウバウオ類　gobiesocids / clingfishes　83, 123, 160
ウバザメ　*Cetorhinus maximus*　103, 541
ウミタナゴ　*Ditrema temminckii temminckii*　282, 286, 390, 418
ウミタナゴ科　Embiotocidae　78, 117, 142, 364, 381, 418
ウミタナゴ類　embiotocids / surfperches　84, 210, 418
ウミチョウザメ　*Acipenser brevirostrum*　541
ウミヘビ科　Ophichthidae　220, 233
ウミヤツメ　*Petromyzon marinus*　442, 528
ウラナイカジカ科　Psychrolutidae　191
エ　イ　rays　201, 282
エイ類　Batoidea　56, 84, 98, 102, 104, 224, 302, 447, 574
エゾイソアイナメ　*Physiculus maximowiczi*　312
エソ科　Synodontidae　71, 116, 190, 420
エソ類　synodontids / lizardfishes　406
エ　ツ　*Coilia nasus*　234, 551
エボシダイ　*Nomeus gronovii*　175
円口類　Cyclostomata　54, 98, 414, 442
円鱗上目　Cyclosquamata　75
オイカワ　*Opsariichthys platypus*　524
オヴァレンタリア　Ovalentaria　364
オヴァレンタリア系　Ovalentaria　78

オウミヨシノボリ（トウヨシノボリ） *Rhinogobius* sp. OM 524
オオイカナゴ *Ammodytes heian* 191
オオイワシ *Thryssa baelama* 512
オオカスミザメ *Centroscyllium excelsum* 103
オオガタスジシマドジョウ *Cobitis magnostriata* 524
オオクチイケカツオ *Scomberoides commersonnianus* 206
オオクチバス *Micropterus salmoides* 86, 215, 259, 263, 310, 478, 522, 524, 526, 538, 545, 550, 552, 553
オオクチバス（フロリダ半島産亜種） *Micropterus salmoides floridanus* 478
オオクチユゴイ *Kuhlia rupestris* 261
オオスジイシモチ *Ostorhinchus doederleini* 154
オオチョウザメ *Huso huso* 506, 571
オオテンジクザメ *Nebrius ferrugineus* 282
オオニベ *Argyrosomus japonicus* 170
オオメジロザメ *Carcharhinus leucas* 225, 261, 339
オオモンカエルアンコウ *Antennarius commerson* 535
オガサワラヨシノボリ *Rhinogobius ogasawaraensis* 173, 485
オキアナゴ *Congriscus megastomus* 27
オキエソ *Trachinocephalus trachinus* 177
オキシガスター亜科 Oxygastrinae 66
オキタナゴ *Neoditrema ransonnetii* 418
オキナワベニハゼ *Trimma okinawae* 291, 353, 355
オクヨウジ *Urocampus nanus* 512
オグロイワシ *Sardinella melanura* 174
オザーカス *Ozarcus* 57
オショロコマ *Salvelinus malma* 222, 229
オステオグロッサム類 osteoglossomorphs 50, 58, 60, 62, 68
オーストラリアハイギョ *Neoceratodus forsteri* 131, 169, 337, 541
オスフロネムス科 Osphronemidae 197
オナガザメ類 *Alopias* 541
オニイトマキエイ類 *Manta* 540
オニカサゴ *Scorpaenopsis cirrosa* 183, 193
オニカマス *Sphyraena barracuda* 277, 575
オニダルマオコゼ *Synanceia verrucosa* 221
オニハダカ属 *Cyclothone* 71
オビシメ *Scarus obishime* 195
オームリ *Coregonus migratorius* 259
オヤニラミ *Coreoperca kawamebari* 187, 296, 304, 525
オレスティアス属 *Orestias* 258

■か

ガー gar 92
ガー目 Lepisosteiformes 169
ガー類 gars 58, 106, 108, 432, 446
カエコバルブス *Caecobarbus* 541
カエルアンコウ *Antennarius striatus* 177
カエルアンコウ類 antennariids / frogfishes 91, 112
顎口上綱 Gnathostomata 34
カグラザメ目 Hexanchiformes 102
カグラザメ属 *Hexanchus* 171
カグラザメ類 hexanchiforms / six-gill sharks 101, 129
カゴカキダイ *Microcanthus strigatus* 179
カサゴ *Sebastiscus marmoratus* 74, 110, 193, 286, 316, 419
カサゴ亜目 Scorpaenoidei 316, 355, 419
カサゴ類 sebastids / rockfishes 108
カジカ *Cottus pollux* 282
カジカ亜目 Cottoidei 258
カジカ大卵型 *Cottus pollux* 475
カジカ科 Cottidae 187, 191, 198, 250, 254, 297
カジカ属 *Cottus* 197, 255
カジカ類 cottids / sculpins 87, 88, 142, 421
カジキ目 Istiophoriformes 78
カジキ亜目 Xiphioidei 275
カジキ類 xiphiids / swordfishes 86, 242, 373
カスザメ *Squatina japonica* 56

カスザメ類 squatinids / angel sharks 225
ガストロミゾン科 Gastromyzontidae 197
カゼトゲタナゴ山陽個体群 *Rhodeus smithii smithii* 511
カタクチイワシ *Engraulis japonicus* 240, 276, 398, 420, 560, 572
カタクチイワシ科 Engraulidae 64, 420, 572
カタクチイワシ類 engraulids / anchovies 148, 436
カダヤシ *Gambusia affinis* 282
カダヤシ目 Cyrpinodontiformes 78, 374, 419, 442
カダヤシ科 Poeciliidae 142, 364, 419, 577
カダヤシ類 poeciliids / livebearers 88, 577
カツオ *Katsuwonus pelamis* 10, 39, 118, 125, 174, 242, 266, 373, 426, 560, 573, 584
カツオ類 skipjacks 406
顎口類 Gnathostomata 52, 54, 414, 446
カトストムス科 Catostomidae 65
ガーパイク garpike 60, 68
ガマアンコウ目 Batrachoidiformes 74, 76, 316
ガマアンコウ科 Batrachoididae 127, 165
ガマアンコウ類 batrachoidiforms 75
カマス科 Sphyraenidae 78, 275
カマス類 sphyraenids / baracudas 117
カマツカ *Pseudogobio esocinus* 187, 524
カマツカ亜科 Gobioninae 66
カムルチー *Channa argus* 523
カライワシ上目 Elopomorpha 136
カライワシ目 Elopiformes 426
カライワシ類 elopomorphs 50, 58, 62, 68, 119, 398, 446, 463
ガラクシアス目 Galaxiiformes 68
ガラクシアス科 Galaxiidae 250, 254
カラシンの1種 *Characidium* sp. 303
カラシン目 Characiformes 65, 67, 169, 172, 316, 442, 463
カラシン科 Characidae 8, 577
カラシン系 Characiphysi 65, 67
カラシン類 characiforms / characins 577
カラス *Takifugu chinensis* 512
カラスガレイ *Reinhardtius hippoglossoides* 409
カラチ *Orestias* 259
カラドジョウ *Paramisgurnus dabryanus* 525
カラフトシシャモ *Mallotus villosus* 564, 583
カラフトマス *Oncorhynchus gorbuscha* 228, 246, 344, 347, 573
ガレアスピス類 Galeaspida 97, 99
カレイ pleuronectids / righteye flounders 404, 426
カレイ目 Pleuronectiformes 74, 78, 406, 442, 463
カレイ科 Pleuronectidae 190, 375, 407, 573, 583
カレイ類 pleuronectiforms 349, 392, 420, 428, 432
カワアナゴ科 Eleotridae 259
カワカマス目 Esociformes 69, 70, 442, 463
カワカマス科 Esocidae 197, 275
カワスズメ *Oreochromis mossanbicus* 261, 340, 361, 404, 523
カワスズメ目 Cichliformes 78, 316, 442
カワスズメ科 Cichlidae 8, 68, 78, 169, 213, 214, 258, 268, 288, 294, 308, 374, 499, 572, 577
カワスズメ属 *Oreochromis* 573
カワハギ *Stephanolepis cirrhifer* 114
カワハギ科 Monacanthidae 30
カワハギ類 monacanthids / filefishes 275, 302, 421
カワバタモロコ *Hemigrammocypris rasborella* 550
カワマス *Salvelinus fontinalis* 523
カワムツ *Candidia temminckii* 524, 529, 559
カワメンタイ *Lota lota* 528
カワヤツメ *Lethenteron japonicum* 83, 95, 246
カワヨシノボリ *Rhinogobius flumineus* 159, 405, 525

ガンギエイ *Raja clavata* 85, 156
ガンギエイ科 Rajidae 191
ガンギエイ類 rajids / skates 104
カンパンゴ *Bagrus meridionalis* 296
カンムリキンメダイ stephanoberycids 74
カンムリブダイ *Bolbometopon muricatum* 206
カンムリベラ *Coris aygula* 534
カンモンハタ *Epinephelus merra* 367
キアンコウ *Lophius litulon* 114
ギ ギ *Tachysurus nudiceps* 297, 524
ギギ科 Bagridae 197
ギギ類 bagrids / bagrid catfishes 316
キダイ *Dentex hypselosomus* 25, 190
キタイカナゴ *Ammodytes heteropterus* 310
キタノトミヨ *Pungitius pungitius* 292, 304
キタノメダカ *Oryzias sakaizumii* 176, 217, 500
キタリヌス亜目 Citharinoidei 67
ギチベラ *Epibulus insidiator* 113, 277
キツネアマダイ類 malacanthids / tilefishes 303
キノボリウオ *Anabas testudineus* 311
キノボリウオ目 Anabantiformes 78, 316
キノボリウオ科 Anabantidae 197, 577
キノボリウオ系 Anabantaria 78
キノボリウオ類 anabantids / climbing gouramies 577
キハダ *Thunnus albacares* 560, 573, 588
ギバチ *Tachysurus tokiensis* 187, 268
キバラヨシノボリ *Rhinogobius* sp. YB 187, 255, 261
キプリノドン科 Cyprinodotnidae 259
キホウボウ属 *Peristedion* 422
キホウボウ類 peristediids / armored searobins 109
キュウセン *Parajulis poecilepterus* 30, 310
キュウリウオ *Osmerus dentex* 64
キュウリウオ目 Osmeriformes 70
キュウリウオ科 Osmeridae 390, 573, 583
キュウリウオ類 osmerids 148
キュウリエソ *Maurolicus japonicus* 191
狭鰭上目 Sternopterygii 75
棘鰭上目 Acanthopterygii 72
棘魚類 Acanthodii 53
棘鰭類 Acanthomorpha 72
ギリノケイルス科 Gyrinocheilidae 65, 201
ギンイソイワシ属 *Hypoatherina* 17
ギンカガミ科 Menidae 78
ギンガメアジ属 *Caranx* 302
キンギョ / 金魚 *Carassius auratus* 150, 272, 331, 350, 357, 362, 386, 395, 520, 576
ギンザケ *Oncorhynchus kisutch* 248, 344, 377, 521, 566
ギンザメ *Chimaera phantasma* / Silver chimaera 56, 282, 588
ギンザメ類 chimaeras 86, 101, 102, 104, 342
ギンダラ *Anoplopoma fimbria* 583
ギンダラ科 Anoplomatidae 583
ギンダラ類 anoplopomatids / sablefishes 87
キンチャクダイ類 pomacanthids / angelfishes 219, 303, 319
キントキダイ *Priacanthus macracanthus* 316
キントキダイ目 Priacanthiformes 79
ギンブナ *Carassius* sp. / Silver crucian carp 18, 92, 362, 420, 465, 505
ギンポ類 labrisomids / labrisomid blennies 303
キンメダイ目 Beryciformes 73, 316
キンメダイ系 Berycomorpha 73, 75
ギンメダイ目 Polymixiiformes 73
グイユウ *Guiyu* 53, 541
ク エ *Epinephelus bruneus* 353
クサアジ *Velifer hypselopterus* 72
クサウオ科 Liparidae 191
クサウオ類 snailfishes 87, 123, 160
クサフグ *Takifugu alboplumbeus* 38, 211, 240, 360, 363, 435, 574
クジメ *Hexagrammos agrammus* 193
クジラウオ *Cetichthys parini* 74
クジラウオ科 Cetomimidae 89
クダヤガラ *Aulichthys japonicus* 460
クダヤガラ科 Aulorhynchidae 460

グッピー *Poecilia reticulata* 89, 213, 261, 281, 292, 363, 390, 419, 442, 472, 523, 577
グッピー属 *Poecilia* 208, 465
グデア科 Goodeidae 142, 364, 419
クニマス *Oncorhynchus kawamurae* / Black kokanee 435, 507
クボハゼ *Chaenogobius scrobiculatus* 559
クマノミ *Amphiprion clarkii* 298, 353, 355
クマノミ類 anemonefishes 290, 298, 319
クモハゼ *Bathygobius fuscus* 278, 322
クラドセラケ *Cladoselache* 53
クラノグラニス科 Cranoglanididae 197
クラリオンエンゼルフィッシュ *Holacanthus clarionensis* 541
グランマ科 Grammatidae 78
グルクマ *Rastrelliger kanagurta* 573
クレヌクス科 Crenuchidae 303
クロガレイ *Pleuronectes obscurus* 409
クログチ *Atrobucca nibe* 177
クロサギ目 Gerreiformes 79
クロサギ科 Gerreidae 261
クロソイ *Sebastes schlegeli* 399
クロソラスズメダイ *Stegastes nigricans* 218
クロダイ *Acanthopagrus schlegelii* 174, 244, 408
クロタチカマス科 Gempylidae 583
クロトガリザメ *Carcharhinus falciformis* 541
クロマグロ *Thunnus orientalis* / Pacific bluefin tuna 33, 149, 155, 174, 190, 242, 332, 373, 420, 435, 442, 491, 502, 541, 564, 566, 582, 588
クロメジナ *Girella leonina* 193
クロヨシノボリ *Rhinogobius brunneus* 255
ケイロレピス *Cheirolepis* 53
ケツギョ科 Sinipercidae 197
ケムシカジカ科 Hemitripteridae 375
原棘鰭類 Protacanthopterygii 64, 69, 446
ゲンゲ科 Zoarcidae 191, 198, 364, 374
ゲンゲ類 zoarcids / eelpouts 85, 108
ゲンゴロウブナ *Carassius cuvieri* 526
コイ *Cyprinus carpio* / common carp 45
コイ目 Cypriniformes 65, 119, 136, 142, 160, 197, 316, 355, 442, 447, 463, 497
コイ科 Cyprinidae 8, 65, 136, 180, 187, 197, 200, 226, 232, 258, 296, 504, 546, 559, 572, 577
コイ亜科 Cyprininae 65
コイ類 cyprinids / carps 92, 108, 126, 524, 567, 577
ゴイシウミヘビ属 *Myrichthys* 233
コイチ *Nebea albiflora* 512
降海型サクラマス *Oncorhynchus masou masou* 564
硬骨魚綱 Osteichthyes 20, 34, 316, 394
硬骨魚類 Osteichthyes 52, **58**, **76**, 109, **114**, **118**, 169, **418**, 557
ゴウシュウマダイ *Pagrus auratus* 179
甲皮類 ostracoderms 99, 415
コウライガジ *Zoarces gilli* 198
コオリウオ科 Channichthyidae 167
コガネガレイ *Limanda aspera* 583
コガネヤッコ *Centropyge flavissima* 195
コクチバス *Micropterus dolomieu* 522, 545, 550, 553
コクレン *Aristichthys nobilis* 470, 567, 573
コダラ *Melanogrammus aeglefinus* 317
コチ科 Platycephalidae 290
コチ類 platycephalids / flatheads 84
コチョウザメ *Acipenser ruthenus* 506, 571
骨鰾上目 Ostariophysi 136, 169, 197
骨鰾類 Ostariophysi 62, **64**, 197, 398, 446
骨鰾系 Otophysi 65
コトヒキ *Terapon jarbua* 198, 316
コノシロ *Konosirus punctatus* 116, 137
コバンザメ *Echeneis naucrates* 122
コバンザメ科 Echneidae 78, 175
コバンザメ類 echeneids / remoras 83, 160
ゴマアイゴ *Siganus guttatus* 367
ゴマサバ *Scomber australasicus* 83, 179
コメフォルス科 Comephoridae 364
コモリウオ科 Kurtidae 78, 165
コモリザメ *Ginglymostoma cirratum* 102
コモンフグ *Takifugu flavipterus* 574

コリドラス属 *Corydoras* 447
ゴールデンシャイナー *Notemigonus crysoleucas* 296
ゴンズイ *Plotosus japonicus* 266, 421, 574

■さ

サカサナマズ科 Mochokidae 317
サカタザメ *Rhinobatos schlegelii* 107
サカタザメ類 rhinobatids / guitarfishes 106
サクラマス *Oncorhynchus masou masou* 222, 246, 248, 284, 346, 363, 368
サ ケ *Oncorhynchus keta* / chum salmon 64, 92, 158, 198, 223, 228, 246, 324, 345, 347, 352, 568, 573
サケ目 Salmoniformes 20, 69, 70, 463
サケ科 Salmonidae 187, 197, 198, 213, 218, 222, 226, 228, 246, 248, 252, 254, 259, 284, 350, 352, 391, 406, 420, 434, 447, 471, 499, 504, 525, 572, 583
サケ属 *Oncorhynchus* 228, 246, 568
サケ類 salmonids / salmon 88, 92, 108, 122, 126, 142, 210, 248, 392, 399, 564, 567, 585
サケガシラ *Trachipterus ishikawae* 73
サケガシラ類 *Trachipterus* 85
サケスズキ目 Percopsiformes 73
サケビクニン *Careproctus rastrinus* 87
ササウシノシタ科 Soleidae 201
ササウシノシタ類 soleids / soles 432
サザナミハゼ *Valenciennea longipinnis* 322
ササノハベラ属 *Pseudolabrus* 178
サッカー科 Catostomidae 197
サ バ Scombridae 434
サバ目 Scombriformes 76, 442
サバ科 Scombridae 80, 116, 174, 198, 275, 372, 572, 583
サバ類 scombrids / mackerels 83, 406, 561, 586
サバヒー *Chanos chanos* 65, 573
サバヒー科 Chanidae 573
サプア *Bathyclarias nyasensis* 296
サメ・エイ類 elasmobranchs 556
サメ類 Selachii 56, 60, 87, 100, 102, 104, 128, 169, 210, 224, 233, 282, 417, 447, 450, 585, 588
サヨリ *Hyporhamphus sajori* 421
サヨリ科 Hemirhamphidae 173, 201, 364
サラサハタ *Chromileptes altivelis* 512
ザラビクニン *Careproctus trachysoma* 191
サラマンダーフィッシュ *Lepidogalaxias salamandroides* 311
サルモ属 *Salmo* 246
サワラ *Scomberomorus niphonius* 190, 198
サンフィッシュ目 Centrarchiformes 79, 442
サンフィッシュ科 Centrarchidae 259
サンマ *Cololabis saira* / Pacific saury 8, 74, 118, 137, 148, 206, 242, 332, 421
シイラ科 Coryphaenidae 78
シイラ類 coryphaenids 88
シクリッド cichlid / Cichlidae 214, 468
シクリッド科 Cichlidae 405
シクリッドの１種 *Perissodus microlepis* 475
シクリッド類 cichlids 19, 68, 74, 89, 230, 248, 485, 486
シシャモ *Spirinchus lanceolatus* 246, 390
四肢類 Tetrapoda 58, 127
シソル科 Sisoridae 197
耳頭類 Otocephala 64
シナイモツゴ *Pseudorasbora pumira* 504, 511, 552, 553
シナヘラチョウザメ *Psephurus gladius* 197
シノドンティス *Synodontis multipunctatus* 296
シノノメサカタザメ *Rhina ancylostomus* 104
シビレエイ *Narke japonica* 314
シマイサキ *Rhynchopelates oxyrhynchus* 244
シマイサキ科 Teraponidae 127, 198
シマウミヘビ *Myrichthys colubrinus* 220, 233

シマキンチャクフグ *Canthigaster valentini* 220
シマドジョウ *Cobitis biwae* 66
シマドジョウ属 *Cobitis* 66, 465
シモフリタナバタウオ *Calloplesiops altivelis* 91
シャチブリ目 Ateleopodiformes 71
ジュズカケハゼ広域種 *Gymnogobius* sp. 262
シュモクザメ類 sphyrnids / hammerhead sharks 540
条鰭類 Actinopterygii / ray-finned fishes 8, 59, 72, 82, 100, **122**, 382, 394, 447
シラウオ *Salangichthys microdon* 70, 431
シーラカンス *Latimeria chalumnae* 53, 170, 336, 339, 419, 442, 458, 476, 498, 540
シーラカンス目 Coelacanthiformes 170
シーラカンス類 coelacanths 8, 58, 60, 92, 106, 108, 170, 342, 432, 541
シラスウオ類 *Schindleria* 431, 483
シラスウナギ glass eel 250, 428
シルバー *Seriolella punctata* 583
シロイトダラ *Pollachius virens* 266
シロウオ *Leucopsarion petersii* 246, 431
シロシュモクザメ *Sphyrna zygaena* 541
シロヒラス *Seriolella caerulea* 583
シロヒレタビラ *Acheilognathus tabira tabira* 524
シロマス科 Coregonidae 528
シロリンクス亜科 Psilorhynchinae 65
シワイカナゴ *Hypoptychus dybowskii* 460
シワイカナゴ科 Hypoptychidae 460
シンカイクサウオ *Pseudoliparis amblystomopsis* 9
真骨類 Teleostei 48, 65, **108**, **112**, 136, **142**, 340, 343, 394, 446
新真骨類 Neoteleostei 446, 463
新生板鰓類 Neoselachii 56
ジンベエザメ *Rhincodon typus* / whale sharks 87, 103, 161, 225, 442, 540, 557
スイゲンゼニタナゴ *Rhodeus smithii smithii* 538
スイ属 *Vellitor* 198
スギ科 Rachycentridae 78
スケトウダラ *Gadus chalcogrammus* 73, 191, 198, 560, 573
スゴモロコ *Squalidus chankaensis biwae* 524
スジシマドジョウ類 *Colbitis minamorii* 187
スジブダイ *Scarus rivulatus* 328
スズキ *Lateolabrax japonicus* 83, 190, 234, 244, 252, 535, 551, 588
スズキ目 Perciformes 316, 355, 364, 442
スズキ亜目 Percoidei 112, 187
スズキ科 Lateolabracidae 79, 190, 198
スズキ系 Percomorpha 73
スズキ類 Percomorpha 59, 76, 92, 108, 126
スズメダイ *Chromis notata notata* 219, 286
スズメダイ科 Pomacentridae 78, 117, 180, 202, 206, 268, 275, 290, 442, 577
スズメダイ類 Pomacentridae / damselfishes 84, 218, 220, 308, 316, 421
スズメダイの1種 pomacentrid 442
スタイルフォルス目 Stylephoriformes 73
ストライプトバス *Morone saxatilis* 210, 442
スナヤツメ *Lethenteron* spp. / sandy lamprey 504
スナヤツメ南方種 *Lethenteron* sp. S 524
スナヤツメ北方種（北日本） *Lethenteron* sp. N 263, 511
スポッテッドガー *Lepisosteus oculatus* 442, 498
ス マ *Euthynnus affinis* 573
スワモロコ *Gnathopogon elongatus suwae* 506
正真骨区 Euteleostei 72
正真骨類 Euteleostei 58, 68, 398
セキトリイワシ目 Alepocephaliformes 68
セキトリイワシ亜目 Alepocephaloidei 64
セキトリイワシ類 alepocephaliforms / slickheads 69
ゼゼラ *Biwia zezera* 524
ゼニタナゴ *Acheilognathus typus* 262, 553

ゼブラフィッシュ *Danio rerio* 65, 151, 214, 272, 357, 363, 386, 399, 442, 447, 450, 456, 458, 460, 490, 496, 498, 501
セミホウボウ *Dactyloptena orientalis* 316
セミホウボウ類 dactylopterids / flying gurnards 108
前骨鰾系 Anotophysi 65
全頭亜綱 Holocephali 56
全頭類 Holocephali 82, 102, 442
セントロポムス科 Centropomidae 78
センニンガジ科 Congrogadidae 78
総鰭亜綱 Sarcopterygii / sarcopterygians 432
ソウギョ *Ctenopharyngodon idellus* 65, 420, 470, 523, 567, 573
ゾウギンザメ *Callorhinchus milii* 442, 498
ゾウギンザメ科 Callorhynchidae 57
ソウハチ *Cleisthenes pinetorum* 190
側棘鰭上目 Paracanthopterygii 72
側棘鰭類 Paracanthopterygii 76
ソコオクメウオ科 Aphyonidae 364
ソコギス目 Notacanthiformes 426
ソコクジラウオ科 Megalomycteridae 89
ソコダラ *Nezumia kamoharai* 69
ソコダラ科 Macrouridae 312, 445
ソトイワシ目 Albuliformes 426, 445
ソトオリイワシ科 Neoscopelidae 71
ソードテール属 *Xiphophorus* 89

■た

タイ目 Spariformes 79
タイ科 Sparidae 115, 171, 190, 564, 573, 583
タイ類 sparids / porgies 420
タイガーバルブ *Probarbus jullieni* 541
タイセイヨウクロマグロ *Thunnus thynnus* 565, 566
タイセイヨウサケ *Salmo salar* 248, 345, 363, 452, 567, 570, 573, 583
タイセイヨウサバ *Scomber scombrus* 11, 564, 573, 583
タイセイヨウダラ *Gadus morhua* 305, 455, 498, 560, 573
タイセイヨウニシン *Clupea harengus* 272, 442, 560, 572, 583
ダイダイヤッコ *Centropyge shepardi* 195
タイリクスズキ *Lateolabrax maculatus* 234, 551
タイリクバラタナゴ *Rhodeus ocellatus ocellatus* 363, 440, 521, 523, 524, 539
タイワンキンギョ *Macropodus opercularis* 577
タイワンドジョウ科 Channidae 197, 447
タウエガジ科 Stichaeidae 191
タウナギ *Monopterus albus* 311, 331, 442
タウナギ目 Synbranchiformes 355, 442
タウナギ科 Synbranchidae 197
タウナギ属 *Monopterus* 261
タカサゴイシモチ科 Ambassidae 78, 201
タカサゴ科 Caesionidae 581
タカノハダイ属 *Goniistus* 178
タカノハダイ類 cheilodactylids / morwongs 302
タカハヤ属 *Rhynchocypris* 197
多鰭類 Cladistia 127
タチウオ *Trichiurus japonicus* 456
タチウオ科 Trichiuridae 573
タチウオ類 trichiurids 85, 117, 406
ダツ *Strongylura anastomella* 148, 421
ダツ目 Beloniformes 355, 442, 500
ダツ科 Belonidae 165, 201
ダツ類 belonids / needlefishes 85, 137
タツノオトシゴ *Hippocampus coronatus* 281, 282, 286, **327**, 442
タツノオトシゴ属 *Hippocampus* 180
タツノオトシゴ類 seahorses 221, 540
ダテハゼ *Amblyeleotris japonica* 299
ダテハゼ類 *Amblyeleotris* 298
タナゴ *Acheilognathus melanogaster* 263, 421
タナゴ属 *Acheilognathus* 401
タナゴ類 bitterlings 88, 142, 297, 401, 505
タナゴモドキ *Hypseleotris cyprinoides* 421
タナバタウオ科 Plesiopidae 78
ダニオ亜科 Danioninae 65, 197
タニノボリ科 Balitoridae 66, 197

タニノボリ類　balitorids / hillstream loaches 160
タビラクチ　*Apocryptodon punctatus*　191
タモロコ　*Gnathopogon elongatus*　506
タラ目　Gadiformes　73, 316, 442
タラ科　Gadidae　191, 198, 266, 572
タラ類　gadids / cods　86, 122, 126, 210, 392, 432
ダルマガレイ科　Bothidae　407
ダルマガレイ類　bothids / lefteye flounders 432
ダルマザメ　*Isistius brasiliensis*　102
ダルマハゼ　*Paragobiodon echinocephalus* 291
ダンゴウオ科　Cyclopteridae　89, 198
ダンゴウオ類　lumpfishes　85, 122, 160
ダンゴオコゼ　*Caracanthus maculatus*　109
チゴダラ科　Moridae　312
チダイ　*Evynnis tumifrons*　25, 190
チチブ　*Tridentiger obscurus*　484
チヒロクサウオ　*Pseudoliparis belyaevi*　9
チャネルキャットフィッシュ　*Ictalurus punctatus*　522, 545, 550
チョウザメ　*Acipenser medirostris*　506
チョウザメ目　Acipensriformes　390
チョウザメ科　Acipenseridae / sturgeons 60, 108
チョウザメ類　Acipenseridae / sturgeons 58, 60, 68, 92, 97, 106, 128, 316, 342, 350, 388, 392, 394, 398, 432, 435, 446, 541
チョウチョウウオ　*Chaetodon auripes*　206, 316
チョウチョウウオ目　Chaetodontiformes　79
チョウチョウウオ科　Chaetodontidae　202, 288, 300, 577
チョウチョウウオ属　*Chaetodon*　422
チョウチョウウオ類　chaetodontids / butterflyfishes　84, 219, 221, 299
チョウチンアンコウ上科　Ceratioidea　313
チョウチンアンコウ類　himantholophids / footballfishes　89, 122
チョウチンハダカ　*Ipnops murrayi*　71
チリマアジ　*Trachurus murphyi*　573, 583
ツクシトビウオ　*Cypselurus doederleini* 191, 326
ツチフキ　*Abbottina rivularis*　197
ツノウシノシタ　*Aesopia cornuta*　420
ツノザメ上目　Squalomorpha　98
ツノザメ目　Squaliformes　102
ツノザメ類　squaliforms　100, 105, 225
ツバメコノシロ　*Polydactylus plebeius*　27
ツバメコノシロ科　Polynemidae　78, 201
ツマグロ　*Carcharhinus melanopterus*　326
ツマジロモンガラ　*Sufflamen chrysopterum* 286
ツユベラ　*Coris gaimard*　117, 275
ツルウバウオ　*Aspasmichthys ciconiae*　90
ティクターリック　*Tiktaalik roseae*　112
ディスカス類　discus fish　308
ティラピア　tilapia　498
ティラピア類　tilapias　491, 567
テオノエソ　*Argyropelecus sladeni*　70
テッポウウオ科　Toxotidae　78
デメニギス科　Opisthoproctidae　312
デメニギス類　opisthoproctids / barreleyes 70
デンキウナギ　*Electrophorus electricus* / electric eel　85, 314
デンキウナギ目　Gymnotiformes　65, 67, 156, 315
デンキウナギ類　gymnotids / nakedback knifefishes　86
デンキナマズ　*Malapterurus electricus* / electric catfish　314
テングカワハギ　*Oxymonacanthus longirostris*　289
テングギンザメ科　Rhinochimaeridae　57
テンジクザメ目　Orectolobiformes　98
テンジクダイ科　Apogonidae　78, 174, 202, 286
デンティセプス科　Denticepitidae　64
デンベエシタビラメ　*Cynoglossus lighti*　234
トウカイナガダルマガレイ　*Arnoglossus yamanakai*　422
ドウクツギョ　amblyopsids　73
ドウクツギョ科　Amblyopsidae　232

魚名和文索引

ドウクツミミズハゼ *Luciogobius albus* 232
頭甲綱 Cephalospidomorphi 34, 278
トウゴロウイワシ *Hypoatherina valenciennei* 16
トウゴロウイワシ目 Atheriniformes 78
トウゴロウイワシ科 Atherinidae 216
トウゴロウイワシ類 atheriniforms 78
トウゴロウイワシ系 Atherinomorpha 74
トウゴロウメダカ科 Phallostethidae 201
等椎類 Isospondyli 48
トガリアンコウザメ *Scoliodon laticaudus* 417
トガリドチザメ *Gollum attenuatus* 416
ドクウツボ *Gymnothorax javanicus* 575
ドクサバフグ *Lagocephalus lunaris* 574
トクビレイワシ科 Mirapinnidae 89
トクビレ科 Agonidae 191
トゲウオ目 Gasterosteiformes 74, 76
トゲウオ科 Gasteosteidae 187, 254, 292, 304, 461, 466, 484, 504
トゲウオ類 gasterosteids / sticklebacks 89, 486
トゲウナギ科 Mastacembelidae 197
トゲナガユゴイ *Kuhlia munda* 261
トゴットメバル *Sebastes joyneri* 286
ドジョウ *Misgurnus anguillicaudatus* 39, 197, 256, 311, 331, 362, 391, 464, 504, 525
ドジョウ科 Cobitidae 187, 197, 577
ドジョウ属 *Misgurnus* 447
ドジョウ類 cobitids / loaches 65, 131, 263
ドチザメ *Triakis scyllium* 92
トトアバ *Totoaba macdonaldi* 540
ドナルドソン系ニジマス *Oncorhynchus mykiss* 570
トビウオ *Cypselurus hiraii* 191
トビウオ類 excoetids / flyignfishes 137
トビエイ目 Myliobatiformes 98
トビエイ類 myliobatids / eagle rays 104
トビハゼ *Periophthalmus modestus* 236, 330
ドブカスベ *Bathyraja smirnovi* 191
トミヨ属 *Pungitius* 507
トラザメ科 Scyliorhinidae 416
トラザメ類 scyliorhinids / cat sharks 102
ドラス科 Doradidae 317
トラフグ *Takifugu rubripes* 74, 270, 350, 435, 442, 458, 460, 491, 498, 566, 574
トラフグ属 *Takifugu* 198, 435
ドリオダス *Doliodus* 57
トリコミクテルス属 *Trichomycterus* 258
ドロメ *Chaenogobius gulosus* 160
ドワーフグラミー *Trichogaster lalius* 356
ドワーフフェアリーミノー *Paedocypris progenetica* 161
ドングリハダカ *Hygophum reinhardtii* 422
ドンコ *Odontobutis obscura* 297, 525
ドンコ科 Odontobutidae 197
トンプソンチョウチョウウオ *Hemitaurichthys thompsoni* 195

■な

ナイルティラピア *Oreochromis niloticus* 350, 442, 567, 573
ナイルパーチ *Lates niloticus* / Nile perch 521
ナガヅカ *Stichaeus grigorjewi* 575
ナガブダイ *Scarus rubroviolaceus* 302
ナカムラギンメ *Diretmichthys parini* 422
ナカムラギンメ科 Diretmidae 447
ナガレメイタガレイ *Pleuronichthys japonicus* 513
ナギナタナマズ類 notopterids / featherfin knifefishes 201
ナマズ *Silurus asotus* 187, 197, 303, 310
ナマズ目 Siluriformes 65, 126, 136, 151, 197, 316, 442, 447, 463
ナマズ科 Siluridae 187, 197, 577
ナマズ類 siluriforms / catfishes 577
ナンキョクカジカ亜目 Notothenioidei 374
軟骨魚綱 Chondrichthyes / cartilaginous fishes 34
軟骨魚類 Chondrichthyes / cartilaginous fishes 8, 52, **56**, 58, 88, **98**, **100**, **102**, 126, 128, 139, 282, **338**, **416**, 446, 556
軟質類 Holostei 108
南米産ハイギョ／ミナミアメリカハイギョ

Lepidosiren paradoxa 337
ナンヨウブダイ *Chlorurus microrhinos* 85, 328
ナンヨウボウズハゼ属 *Stiphodon* 260
ニギス *Glossanodon semifasciatus* 190
ニギス目 Argentiniformes 64, 69
ニギス科 Argentinidae 190
肉鰭類 Sarcopterygii / sarcopterygians 52, 58, 82, 108, 120, 127, 442, 447
ニゴロブナ *Carassius buergeri grandoculis* 547, 550
ニザダイ *Prionurus scalprum* 426
ニザダイ目 Acanthuriformes 79
ニザダイ類 acanthurids / surgeonfishes 302
ニシオンデンザメ *Somniosus microcephalus* 161
ニジカジカ *Alcichthys elongatus* 282
ニジギンポ *Petroscirtes breviceps* 281
ニシネズミザメ *Lamna nasus* 541
ニシマアジ *Trachurus trachurus* 583
ニジマス *Oncorhynchus mykiss* 135, 246, 272, 341, 343, 360, 363, 435, 442, 451, 523, 571, 573
ニシレモンザメ *Negaprion brevirostris* 102
ニシン *Clupea pallasii* **64**, 360, 391, 392, 399, 421, 431, 572
ニシン目 Clupeiformes 64, 119, 127, 174, 409, 442, 463
ニシン科 Clupeidae 64, 116, 201, 228, 275, 572, 583
ニシン類 clupeids / herrings 49, 86, 108, 126, 398
ニシン・骨鰾類 Otocephala 59, 68
ニセイタチウオ科 Parabrotulidae 364
ニセクロスジギンポ *Aspidontus taeniatus* 220, 301
ニッポンバラタナゴ *Rhodeus ocellatus kurumeus* 521, 523, 525, 546
ニベ科 Sciaenidae 127, 170, 177, 442, 573
ニベ類 sciaenids / drums 316
ニホンイトヨ *Gasterosteus nipponicus* 484
ニホンウナギ *Anguilla japonica* 20, 62, 90, 118, 135, 174, 250, 262, 358, 386, 391, 408, 426, 428, 442, 509, 541, 547, 565, 566
ニュージーランドマアジ *Trachurus novaezelandiae* 583
ヌタウナギ *Eptatretus burgeri* / hagfish 54, 95, **414**
ヌタウナギ綱 Myxini 34, 278
ヌタウナギ科 Myxinidae 54
ヌタウナギ類 hagfishes 8, 54, 85, 91, 94, 96, 98, 129, 414
ヌノサラシ *Grammistes sexlineatus* 90
ヌマガレイ *Platichthys stellatus* 407
ヌマチチブ *Tridentiger brevispinis* 484, 524
ヌマムツ *Candidia sieboldii* 524, 559
ネオランプロローグス・ブリシャディ *Neolamprologus brichardi* 294
ネコギギ *Tachysurus ichikawai* 187, 511, 533
ネコザメ *Heterodontus japonicus* 103, 286
ネコザメ目 Heterodontiformes 98
ネコザメ属 *Heterodontus* 102
ネコザメ類 heterodontiforms / bullhead sharks 103, 105
ネズッポ科 Callionymidae 420
ネズッポ属 *Repomucenus* 35
ネズッポ類 callionymids 76
ネズミギス目 Gonorynchiformes 463
ネズミザメ目 Lamniformes 98, 102
ネズミザメ科 Lamnidae 372
ネズミザメ類 lamniforms / mackerel sharks 84, 101
ネマティスティウス科 Nemastiidae 78
ネムリミミズハゼ *Luciogobius dormitoris* 232
ノコギリエイ *Pristis pristis* 339
ノコギリエイ属 *Pristis* 103
ノコギリエイ類 pristids / sawfishes 541
ノコギリザメ *Pristiophorus japonicus* 56
ノコギリザメ目 Pristiophoriformes 98
ノコギリザメ属 *Pristiophorus* 103
ノコギリザメ類 pristiophorids / saw sharks

105
ノコギリダイ *Gnathodentex aureolineatus* 267
ノコギリハギ *Paraluteres prionurus* 220
ノーザンパイク *Esox lucius* 276, 442
ノトセニア亜目 Notohenioidei 165
ノトテニア科 Nototheniidae 583
ノトセニア類 notothenioids / icefishes 87
ノロゲンゲ *Bothrocara hollandi* 191

■は

バイカルカジカ類 comephorids 9
肺魚 / ハイギョ lungfish 69, 92, 169
肺魚亜綱 Dipnomorpha 432
肺魚類 lungfishes 8, 58, 60, 106, 108, 342, 394, 432
ハクレン *Hypophthalmichthys molitrix* 230, 420, 470, 567, 573
ハゲブダイ *Chlorurus sordidus* 301
ハコフグ類 ostraciids / boxfishes 85, 575
バショウカジキ *Istiophorus platypterus* 588
ハ ス *Opsariichthys uncirostris* 197, 215, 524, 526
バ ス bass 578
ハゼ目 Gobiiformes 316, 442
ハゼ亜目 Gobioidei 137, 482
ハゼ科 Gobiidae 8, 31, 195, 197, 201, 232, 236, 238, 254, 261, 278, 300, 405, 409, 484
ハゼ類 gobioids / gobies 46, 78, 160, 210, 421, 432
ハゼ系 Gobiaria 78
ハゼクチ *Acanthogobius hasta* 234, 551
ハ タ grouper 408
ハタ科 Serranidae 8, 116, 275, 534, 564, 575
ハタ類 groupers 302
ハダカイワシ *Diaphus watasei* 83, 426
ハダカイワシ上目 Scopelomorpha 72
ハダカイワシ目 Myctophiformes 71, 72
ハダカイワシ科 Myctophidae 31
パタゴニアペヘレイ *Odontesthes hatcheri* 350
ハタハタ *Arctoscopus japonicus* 108, 399, 421
ハタハタ類 trichodontids / sandfishes 432
バターフィッシュ *Peprilus triacanthus* 583
ハタンポ sweepers 316
ハタンポ目 Pempheriformes 79
ハタンポ類 pempherids / sweepers 84
ハナオコゼ *Histrio histrio* 420
ハナカケトラザメ *Scyliorhinus canicula* 450
ハナゴイ *Pseudanthias pascalus* 576
ハナナガスズメダイ *Stegastes lividus* 218
ハナビラウツボ *Gymnothorax chlorostigma* 91, 301
ハマクマノミ *Amphiprion frenatus* 298
ハマトビウオ属 *Cypselurus* 190, 326
ハ モ *Muraenesox cinereus* 115
バラタナゴ属 *Rhodeus* 401
パラドックスフィッシュ *Indostomus paradoxus* 78
バラハタ *Variola louti* 575
バラフエダイ *Lutjanus boha* 575
バラマンディ *Lates carcalifer* 442
バラムツ *Ruvettus pretiosus* 575
ハリセンボン *Diodon holocanthus* 301
ハリヨ *Gasterosteus aculeatus* subsp. 475
バルチックチョウザメ *Acipenser sturio* 541
板鰓亜綱 Elasmobranchii / elasmobranchs 56
板鰓類 Elasmobranchii / elasmobranchs 58, 82, 97, 98, 102, 104, 106, 128, 224, 388
板皮類 Placodermi / placoderms 53, 97, 99
パンプキンシード・サンフィッシュ *Lepomis gibbosus* 213
ヒイラギ科 Leiognathidae 312
ヒウチダイ目 Trachichthyiformes 73, 316
ヒガシシマドジョウ *Cobitis* sp. 263
ヒカリオニアンコウ *Photocorynus spiniceps* 161
ヒカリキンメダイ科 Anomalopidae 312

ヒカリハダカ *Myctophum aurolaternatum* 422
ヒシダイ目 Caproiformes 79
ヒナモロコ *Aphyocypris chinensis* 187, 235, 511
ヒ メ *Aulopus japonicus* 179
ヒメ目 Aulopiformes 71, 75, 355
ヒメイトマキエイ *Mobula thurstoni* 83
ヒメシラウオ類 *Neosalanx* 234
ヒメジ類 mullids / goatfishes 76, 302
ヒメツバメウオ *Monodactylus argenteus* 534
ヒメマス *Oncorhynchus nerka* 228, 507
ヒメヤマノカミ属 *Dendrochirus* 30
ピメロドゥス科 Pimelodidae 317
ヒラシュモクザメ *Sphyrna mokarran* 541
ヒラスズキ *Lateolabrax latus* 276
ピラニア piranhas 316
ヒラマサ *Seriola aureovittata* 177
ヒラメ *Paralichthys olivaceus* 74, 125, 190, 193, 305, 348, 350, 404, 407, 408, 412, 426, 428, 442, 566, 570
ヒラメ科 Paralichthyidae 190, 407
ヒラメ類 paralichthyids / sand flounders 91, 221, 420, 428, 432
ピラルク *Arapaima gigas* 541
ヒレグロ *Glyptocephalus stelleri* 409
ヒレナマズ科 Clariidae 197, 573
ヒレナマズ属 *Clarias* 573
ビワヒガイ *Sarcocheilichthys variegatus microoculus* 524
ビワマス *Oncorhynchus masou* subsp. 347
ビワヨシノボリ *Rhinogobius biwaensis* 524
フウセンウナギ目 Saccopharyngiformes 63
フエダイ *Lutjanus stellatus* 195
フエダイ目 Lutjaniformes 79
フエダイ類 lutjanids / snappers 302
フエフキダイ類 lethrinids / emperor breams 303
ブカブカ *Lates stappersii* 259
フグ目 Tetraodontiformes 74, 79, 442
フグ亜目 Tetraodontoidei 137
フグ科 Tetoradontidae 202, 435, 574
フグ類 tetraodontids / pufferfishes 85, 134, 392, 574
フクドジョウ *Nemacheilus barbatulus toni* 187, 510, 524
フクドジョウ科 Nemacheilidae 8, 197
フクドジョウ亜科 Nemacheilinae 66
フサアンコウ類 chaunacids / coffinfishes 85
フサイタチウオ科 chaunacids / coffinfishes 364
フサカサゴ科 Scorpaenidae 30, 142, 177, 364
ブダイ *Calotomus japonicus* 195, 328, 420
ブダイ科 Scaridae 117, 275
ブダイ類 scarids / parrotfishes 86
フタイロハナゴイ *Pseudanthias bicolor* 534
プタスダラ *Micromesistius poutassou* 560, 573
プテラポゴン *Pterapogon kauderni* 286
フトシミフジクジラ *Etmopterus splendidus* 313
フ ナ *Carassius* sp. 256, 571
フナ属 *Carassius* 66, 208, 261, 447, 588
フナ類 *Carassius* 197, 209, 263, 310, 524, 567, 588
ブラウントラウト *Salmo trutta* 222, 247, 363, 523, 571
ブラキミスタクス属 *Brachymystax* 246
ブラックバス black bass 520, 522, 553, 554, 578
プラティ *Xiphophorus maculatus* 399, 498
ブ リ *Seriola quinqueradiata* 26, 271, 305, 435, 442, 566
ブリ類 *Seriola* 84, 333, 350, 567
ブルーギル *Lepomis macrochirus macrochirus* 259, 479, 492, 520, 522, 524, 526, 545, 550, 553
プルチャー *Neolamprologus pulcher* 308
ブルーヘッド *Thalassoma bifasciatum* 289
プレイス *Pleuronectes platessa* 428
プロトプテルス属 *Protopterus* 106, 108

フロリダバス *Micropterus salmoides floridanus* 522
ベステル *Bester sturgeon* 506, 571
ベタ属 *Betta* 215
ペドシプリス属 *Paedocypris* 65
ベニザケ *Oncorhynchus nerka* 228, 246, 435
ヘビギンポ科 Tripterygiidae 30
ベ ラ wrass 426
ベラ目 Labriformes 79, 442
ベラ亜目 Labroidei 74, 137
ベラ科 Labridae 8, 115, 117, 202, 300, 354, 534, 577
ベラ類 labrids / wrasses 86, 248, 302, 310, 319, 366
ベラギンポ科 Tripterygiidae 78
ヘラチョウザメ *Polyodon spathula* 450
ヘラチョウザメ科 Polyodontidae 60, 107, 197
ペルーアンチョビ *Engraulis ringens* 560, 572
ベルヴィカ *Salmo ohridanus* 259
ペルカ目 Perciformes 79
ペルカ亜目 Percoidei 79
ヘロストマ科 Helostomatidae 201
ベンティンクニシン *Strangomera bentincki* 572
ボウエンギョ *Gigantura* 71
ホウキボシエソ *Photostomias tantillux* 312
ボウズガレイ *Psettodes erumei* 411
ボウズガレイ類 psettodids / spiny turbots 407
ボウズハゲギス *Pagothenia borchgrevinki* 374
ボウズハゼ *Sicyopterus japonicus* 90, 252
ホウセキキントキ *Priacanthus hamrur* 206
ホウボウ *Chelidopterus spinosus* 316
ホウボウ類 triglids / searobins 109, 302
ホウライエソ *Chauliodus sloani* 70
ホウライエソ科 Chauliodontidae 313
ホ キ *Macruronus novaezelandiae* 583
ホシガレイ *Verasper variegatus* 463
ホシササノハベラ *Pseudolabrus sieboldi* 179, 183
ホシザメ類 *Mustelus* 225
ホソフジクジラ *Etmopterus brachyurus* 103
ポタモトリゴン科 Potamotrygonidae 171
ホテイエソ *Photonectes albipennis* 70, 312
ホテイエソ科 Melanostomiidae 313
ホトケドジョウ *Lefua echigonia* 262, 514
ホホジロザメ *Carcharodon carcharias* 87, 224, 540
ボ ラ *Mugil cephalus cephalus* 27, 244, 252, 359
ボラ目 Mugiliformes 78
ボラ科 Mugilidae 261, 573
ポリセントルス科 Polycentridae 78
ポリプテルス目 Polypteriformes 169
ポリプテルス属 *Polypterus* 60
ポリプテルス類 bichirs 60, 68, 106, 127, 316, 394, 432, 446
ホロヌメリ *Repomucenus virgis* 35
ホンソメワケベラ *Labroides dimidiatus* 117, 220, 291, 300, 309, 310, 328
ホンニベ *Miichthys miiuy* 192, 442
ホンベラ *Halichoeres tenuispinis* 310
ホンベラ属 *Halichoeres* 303
ボンボリイソハゼ *Eviota ancora* 559
ホンモロコ *Gnathopogon caerulescens* 187, 506, 525, 550

■ま

マアジ *Trachurus japonicus* 74, 179, 190, 240, 305, 435, 561, 573
マアジ類 *Trachurus* 179
マアナゴ *Conger myriaster* 408
マイワシ *Sardinops melanosticta* 198, 211, 420, 431, 561, 563, 572
マイワシ属 *Sardinops* 572
マエソ *Saurida macrolepis* 116
マエソ属 *Saurida* 71, 190
マカジキ *Kajikia audax* 582
マカジキ科 Istiophoridae 175
マグロ *Thunnus* 80, 426, 434

マグロ属 *Thunnus* 372, 588
マグロ類 *Thunnus* / tunas 84, 124, 176, 210, 242, 333, 372, 420, 561, 586, 588
マコガレイ *Pleuronectes yokohamae* 360, 421, 463
マサバ *Scomber japonicus* 8, 116, 190, 206, 240, 502, 560, 573
マジェランアイナメ *Dissostichus eleginoides* 583
マスノスケ *Oncorhynchus tshawytscha* 266
マス類 trout 142, 567
マダイ *Pagrus major* 6, 33, 74, 93, 118, 125, 171, 179, 190, 307, 381, 384, 388, 470, 473, 491, 535, 566, 570, 582, 588
マダラ *Gadus macrocephalus* 73, 573
マダラトビエイ *Aetobatus narinari* 103
マダラロリカリア *Pterygoplichthys disjunctivus* 405, 523
マツカサウオ *Monocentris japonica* 316
マツダイ *Lobotes surinamensis* 175
マツダイ目 Lobotiformes 79
マツバゴチ *Rogadius asper* 14
マトウダイ *Zeus faber* 316
マトウダイ目 Zeiformes 73
マトウダイ類 zeiforms / dories 84
マナガツオ科 Stromateidae 573, 583
マハゼ *Acanthogobius flavimanus* 193, 244, 359, 403
マフグ *Takifugu porphyreus* 574
マーブルハチェット *Carnegiella strigata* 272
マミチョグ *Fundulus heteroclitus* 462
マルタ *Tribolodon brandtii maruta* 262
マーレーコッド *Maccullochella peelii peelii* 442
マングローブ・キリフィッシュ *Kryptolebias marmoratus* 353
マンジュウダイ目 Ephippiformes 79
マンボウ *Mola mola* 85, 118, 177
ミシマオコゼ *Uranoscopus japonicus* 420
ミズウオ *Alepisaurus ferox* 175
ミスジリュウキュウスズメダイ *Dascyllus aruanus* 289
ミズタマヤッコ *Genicanthus takeuchii* 195
ミズテング属 *Harpadon* 71
ミズン *Herklotsichthys quadrimaculatus* 174
ミツボシキュウセン *Halichoeres trimaculatus* 354, 367
ミツマタヤリウオ属 *Idiacanthus* 422
ミツマタヤリウオ類 *Idiacanthus* 313
ミナミアメリカハイギョ / 南米産ハイギョ *Lepidosiren paradoxa* 131, 169, 311
ミナミオオスミヤキ *Thyrsites atun* 583
ミナミギンポ *Plagiotremus rhinorhynchos* 221
ミナミクロダイ *Acanthopagrus sivicolus* 174
ミナミコノシロ *Eleutheronema rhadinum* 206
ミナミトミヨ *Pungitius kaibarae* 506
ミナミマグロ *Thunnus maccoyii* 502, 566
ミナミメダカ *Oryzias latipes* 214, 262, 350, 357, 368, 386, 399, 442, 462, 494, 496, 498, 500, 509, 525, 527
ミノカサゴ *Pterois lunulata* 420
ミノカサゴ属 *Pterois* 177
ミヤコタナゴ *Tanakia tanago* 187, 440, 476, 509, 511, 533, 538
無顎上綱 Agnatha 34
無顎類 Agnatha 52, **54**, 82, **94**, 96, 342, 446
ムカシオオホホジロザメ *Carcharocles megalodon* 161
ムギツク *Pungtungia herzi* 65, 296, 525, 529
ムサシトミヨ *Pungitius* sp. 511
ムシガレイ *Eopsetta grigorjewi* 190
ムツゴロウ *Boleophthalmus pectinirostris* 234, 236, 330, 442, 551
ムロアジ属 *Decapterus* 573
メイタガレイ *Pleuronichthys cornutus* 409, 420
メイタガレイ属 *Pleuronichthys* 190
メカジキ *Xiphias gladius* 582
メガネモチノウオ *Cheilinus undulatus* 540
メガマウスザメ *Megachasma pelagios* 103

メキシカンテトラ *Astyanax mexicanus* 442
メギス科 Pseudochromidae 78
メコンオオナマズ *Pangasianodon gigas* 541
メジナ *Girella punctata* 12, 193
メジナ属 *Girella* 178
メジロザメ目 Carcharhiniformes 98, 102, 417
メジロザメ類 carcharhiniforms / ground sharks 101
メダカ *Oryzias latipes* 55, 74, **500**
メダカ科 Adrianichthyidae 173, 500
メダカ属 *Oryzias* 500
メダカ類 *Oryzias latipes* complex 135, 143, 308, 371, 392, 491, 496, 504
メバチ *Thunnus obesus* 373, 573
メバル sebastids / rockfishes 282, 286
メバル科 Sebastidae 127, 142, 436, 583
メバル属 *Sebastes* 174
メバル類 sebastids / rockfishes 88
メルルーサ科 Merlucciidae 573, 583
モザンビークティラピア *Oreochromis mossambicus* 452
モツゴ *Pseudorasbora parva* 65, 197
モトアカウオ *Sebastes marinus* 583
モルミルス目 Mormyriformes 156, 314
モロコ類 *Gnathopogon* 187
モロネ科 Moronidae 442
モンガラカワハギ *Balistoides conspicillum* 85
モンガラカワハギ科 Balistidae 577
モンガラカワハギ類 balistids / triggerfishes 86, 302
モンツキダラ *Melanogrammus aeglefinus* 573

■や

ヤイトハタ *Epinephelus malabaricus* 367
ヤガラ類 aulostomoids 85
ヤクシマイワシ *Atherinomorus lacunosus* 16
ヤクシマイワシ属 *Atherinomorus* 17
ヤツメウナギ petromyzontiforms / lampreys 415, 498
ヤツメウナギ科 Petromyzontidae 54, 197
ヤツメウナギ類 lampreys 8, 52, 54, 85, 95, 96, 98, 129, 160, 394, 408, 414
ヤナギムシガレイ *Tanakius kitaharae* 190
ヤマトコブシカジカ *Malacocottus gibber* 191
ヤマノカミ *Trachidermus fasciatus* 234, 250
ヤマブキベラ *Thalassoma lutescens* 302
ヤマメ *Oncorhynchus masou masou* 222, 226, 435
ヤマメ類 *Oncorhynchus masou* 84
ヤリタナゴ *Tanakia lanceolata* 187
ヤリヌメリ *Repomucenus huguenini* 35
ヤリマンボウ *Masturus lanceolatus* 422
有顎類 Gnathostomata 446
ユウゼン *Chaetodon daedalma* 195
ユキオニハダカ *Cyclothone alba* 482
ユゴイ *Kuhlia marginata* 261
ユゴイ科 Kuhlidae 261
ユゴイ属 *Kuhlia* 261
ユーペルカ系 Eupercaria 76, 79
ユメカサゴ *Helicolenus langsdorfii* 109
ユメザメ類 *Centroscymnus* 87
ユメタカノハダイ類 latrids / trumpeters 109
ヨウジウオ *Syngnathus schlegeli* 281
ヨウジウオ目 Syngnathiformes 316, 364, 442
ヨウジウオ科 Syngnathidae 201, 288, 327
ヨウジウオ属 *Syngnathus* 289
ヨウジウオ類 syngnathids / pipefishes 76
ヨウジウオ系 Syngnatharia 76
ヨコスジフエダイ *Lutjanus ophuysenii* 422
ヨゴレ *Carcharhinus longimanus* 541
ヨゴレヘビギンポ *Helcogramma nesion* 195
ヨシキリザメ *Prionace glauca* 87
ヨシノボリ *Rhinogobius* 485
ヨシノボリ属 *Rhinogobius* 255, 405
ヨシノボリ類 *Rhinogobius* 215, 261, 547

ヨダレカケ *Andamia tetradactyla* 138, 236
ヨダレカケ属 *Andamia* 160
ヨツメウオ科 Anablepidae 364, 419
ヨミノアシロ *Abyssobrotula galatheae* 9
ヨメゴチ *Calliurichthys japonicus* 35
ヨメゴチ属 *Calliurichthys* 35
ヨロイナマズ callichthyids 67
ヨーロッパウナギ *Anguilla anguilla* 250, 427, 498, 540
ヨーロッパスズキ *Dicentrarchus labrax* 266
ヨーロッパブナ *Carassius carassius* 212

■ら

ラブカ *Chlamydoselachus anguineus* 85, 98, 129
ラブリソムス科 Labrisomidae 364
ラベオ亜科 Labeoninae 197
リュウキュウアユ *Plecoglossus altivelis ryukyuensis* 192, 260, 481
リュウグウノツカイ *Regalecus russelii* 73, 175
ルリホシスズメダイ *Plectroglyphidodon lacrymatus* 218
レイクトラウト *Salvelinus namaycush* 363, 528
レトロピンナ科 Retropinnidae 70
レピドガラクシアス *Lepidogalaxias* 68
レピドシレン属 *Lepidosiren* 106
レプトセファルス leptocephalus 27, 63, 250, 409, 425, 426, 428
レプトブラマ科 Leptobramidae 78
ロウソクギンポ *Rhabdoblennius nitidus* 280
ロウニンアジ *Caranx ignobilis* 261
ロリカリア科 Loricariidae 8, 160, 577
ロリカリア類 loricariids / suckermouth armored catfishes 303

■わ

ワカサギ *Hypomesus nipponensis* 70, 246, 390
ワタカ *Ischicauia steenackeri* 504, 524, 526
ワニトカゲギス目 Stomiiformes 70, 75, 312, 355
ワニトカゲギス類 stomiiforms 312
ワニトラギス *Ryukyupercis gushikeni* 110
ワラスボ *Odontamblyopus lacepedii* 234, 408, 432
ワラスボ類 *Odontamblyopus* 432
腕鰭亜綱 Cladistia 432
腕鰭類 Cladilstia 108

魚名欧文索引

＊本文に述べられた魚名を取り上げている

A

Abbottina rivularis　ツチフキ　197
Abyssobrotula galatheae　ヨミノアシロ　9
Acanthodii　棘魚類　53
Acanthogobius flavimanus　マハゼ　193, 244, 359, 403
Acanthogobius hasta　ハゼクチ　234, 551
Acanthomorpha　棘鰭類　72
Acanthopagrus schlegelii　クロダイ　174, 244, 408
Acanthopagrus sivicolus　ミナミクロダイ　174
Acanthopterygii　棘鰭上目　72
Acanthostega　アカントステガ　112
acanthurids / surgeonfishes　ニザダイ類　302
Acanthuriformes　ニザダイ目　79
Acanthurus achilles　アカツキハギ　195
Acheilognathus　タナゴ属　401
Acheilognathus cyanostigma　イチモンジタナゴ　524, 533, 550
Acheilognathus longipinnis　イタセンパラ　511, 517, 533, 538
Acheilognathus melanogaster　タナゴ　263, 421
Acheilognathus tabira tabira　シロヒレタビラ　524
Acheilognathus typus　ゼニタナゴ　262, 553
Acipenser brevirostrum　ウミチョウザメ　541
Acipenser medirostris　チョウザメ　506
Acipenser ruthenus　コチョウザメ　506, 571
Acipenser sturio　バルチックチョウザメ　541
Acipenseridae / sturgeons　チョウザメ科　60, 108
Acipenseridae / sturgeons　チョウザメ類　58, 60, 68, 92, 97, 106, 128, 316, 342, 350, 388, 392, 394, 398, 432, 435, 446, 541
Acipensriformes　チョウザメ目　390
Actinopterygii / ray-finned fishes　条鰭類　8, 59, 72, 82, 100, **122**, 382, 394, 447
Adrianichthyidae　メダカ科　173, 500
Aesopia cornuta　ツノウシノシタ　420
Aetobatus narinari　マダラトビエイ　103
Agnatha　無顎上綱　34
Agnatha　無顎類　52, **54**, 82, **94**, 96, 342, 446
Agonidae　トクビレ科　191
Albuliformes　ソトイワシ目　426, 445
Alcichthys elongatus　ニジカジカ　282
Alepisaurus ferox　ミズウオ　175
Alepocephaliformes　セキトリイワシ目　68
alepocephaliforms / slickheads　セキトリイワシ類　69
Alepocephaloidei　セキトリイワシ亜目　64
Alopias　オナガザメ類　541
Ambassidae　タカサゴイシモチ科　78, 201
Amblycipitidae　アカザ科　197
Amblyeleotris　ダテハゼ類　298
Amblyeleotris japonica　ダテハゼ　299
Amblyopsidae　ドウクツギョ科　232
amblyopsids　ドウクツギョ　73
Amia calva　アミア　58, 60, 68, 86, 106, 432, 446
Amiiformes　アミア目　119
ammocoetes　アンモシーテス　408, 529
Ammodytes　イカナゴ属　573

Ammodytes heian オオイカナゴ 191
Ammodytes heteropterus キタイカナゴ 310
Ammodytes japonicus イカナゴ 191, 310, 406, 513
Ammodytidae イカナゴ科 573
Amphiprion clarkii クマノミ 298, 353, 355
Amphiprion frenatus ハマクマノミ 298
Anabantaria キノボリウオ系 78
Anabantidae キノボリウオ科 197, 577
anabantids / climbing gouramies キノボリウオ類 577
Anabantiformes キノボリウオ目 78, 316
Anabas testudineus キノボリウオ 311
Anablepidae ヨツメウオ科 364, 419
Andamia ヨダレカケ属 160
Andamia tetradactyla ヨダレカケ 138, 236
anemonefishes クマノミ類 290, 298, 319
Anguilla ウナギ属 20, 250, 252
Anguilla anguilla ヨーロッパウナギ 250, 427, 498, 540
Anguilla japonica ニホンウナギ 20, 62, 90, 118, 135, 174, 250, 262, 358, 386, 391, 408, 426, 428, 442, 452, 509, 541, 547, 565, 566
Anguilla rostrata アメリカウナギ 250
Anguillidae ウナギ科 20, 63, 504
Anguilliformes ウナギ目 63, 94, 119, 137, 142, 174, 220, 233, 355, 406, 426, 442
anguilliforms / eels ウナギ類 83, 84, 119, 126, 404
Anomalopidae ヒカリキンメダイ科 312
Anoplomatidae ギンダラ科 583
Anoplopoma fimbria ギンダラ 583
anoplopomatids / sablefishes ギンダラ類 87
Anotophysi 前骨鰾系 65
antennariids / frogfishes カエルアンコウ類 91, 112
Antennarius commerson オオモンカエルアンコウ 535
Antennarius striatus カエルアンコウ 177
Aphyocypris chinensis ヒナモロコ 187, 235, 511
Aphyonidae ソコオクメウオ科 364
Apocryptodon punctatus タビラクチ 191
Apogonidae テンジクダイ科 78, 174, 202, 286
Arapaima gigas ピラルク 541
Arctoscopus japonicus ハタハタ 108, 399, 421
Argentinidae ニギス科 190
Argentiniformes ニギス目 64, 69
Argyropelecus sladeni テオノエソ 70
Argyrosomus japonicus オオニベ 170
Aristichthys nobilis コクレン 470, 567, 573
Arnoglossus yamanakai トウカイナガダルマガレイ 422
Aspasma minima ウバウオ 160
Aspasmichthys ciconiae ツルウバウオ 90
Aspidontus taeniatus ニセクロスジギンポ 220, 301
Astatotilapia burtoni アフリカカワスズメ 501
Astyanax mexicanus メキシカンテトラ 442
Ateleopodiformes シャチブリ目 71
Atherinidae トウゴロウイワシ科 216
Atheriniformes トウゴロウイワシ目 78
atheriniforms トウゴロウイワシ類 78
Atherinomorpha トウゴロウイワシ系 74
Atherinomorus ヤクシマイワシ属 17
Atherinomorus lacunosus ヤクシマイワシ 16
Atrobucca nibe クログチ 177
Aulichthys japonicus クダヤガラ 460
Aulopiformes ヒメ目 71, 75, 355
Aulopus japonicus ヒ メ 179
Aulorhynchidae クダヤガラ科 460
aulostomoids ヤガラ類 85

■ B

Bagridae ギギ科 197
bagrids / bagrid catfishes ギギ類 316
Bagrus meridionalis カンパンゴ 296
Balistidae モンガラカワハギ科 577
balistids / triggerfishes モンガラカワハギ類

86, 302
Balistoides conspicillum　モンガラカワハギ　85
Balitoridae　タニノボリ科　66, 197
balitorids / hillstream loaches　タニノボリ類　160
bass　バ ス　578
Bathyclarias nyasensis　サプア　296
Bathygobius fuscus　クモハゼ　278, 322
Bathypterois atricolor　イトヒキイワシ　71
Bathyraja smirnovi　ドブカスベ　191
Batoidea　エイ類　56, 84, 98, 102, 104, 224, 302, 447, 574
Batrachoididae　ガマアンコウ科　127, 165
Batrachoidiformes　ガマアンコウ目　74, 76, 316
batrachoidiforms　ガマアンコウ類　75
Belonidae　ダツ科　165, 201
belonids / needlefishes　ダツ類　85, 137
Beloniformes　ダツ目　355, 442, 500
Beryciformes　キンメダイ目　73, 316
Berycomorpha　キンメダイ系　73, 75
Bester sturgeon　ベステル　506, 571
Betta　ベタ属　215
bichirs　ポリプテルス類　60, 68, 106, 127, 316, 394, 432, 446
bitterlings　タナゴ類　88, 142, 297, 401, 505
Biwia zezera　ゼゼラ　524
black bass　ブラックバス　520, 522, 553, 554, 578
Blenniidae　イソギンポ科　78, 137, 160, 177, 236
Blenniiformes　イソギンポ目　78
Bolbometopon muricatum　カンムリブダイ　206
Boleophthalmus pectinirostris　ムツゴロウ　234, 236, 330, 442, 551
Bothidae　ダルマガレイ科　407
bothids / lefteye flounders　ダルマガレイ類　432
Bothrocara hollandi　ノロゲンゲ　191
Botiidae　アユモドキ科　197
Brachymystax　ブラキミスタクス属　246
Branchiostegidae　アマダイ科　165, 190
branchiostegids / tilefishes　アマダイ類　108
Branchiostegus japonicus　アカアマダイ　190

■ C

Caecobarbus　カエコバルブス　541
Caesionidae　タカサゴ科　581
callichthyids　ヨロイナマズ　67
Callionymidae　ネズッポ科　420
callionymids　ネズッポ類　76
Calliurichthys　ヨメゴチ属　35
Calliurichthys izuensis　イズヌメリ　35
Calliurichthys japonicus　ヨメゴチ　35
Calloplesiops altivelis　シモフリタナバタウオ　91
Callorhinchus milii　ゾウギンザメ　442, 498
Callorhynchidae　ゾウギンザメ科　57
Calotomus japonicus　ブダイ　195, **328**, 420
Candidia sieboldii　ヌマムツ　524, 559
Candidia temminckii　カワムツ　524, 529, 559
Canthigaster valentini　シマキンチャクフグ　220
Caproiformes　ヒシダイ目　79
Caracanthus maculatus　ダンゴオコゼ　109
Carangidae　アジ科　74, 78, 261, 572, 583
carangids / jacks　アジ類　83, 86
Carangiformes　アジ目　78, 316, 442
Caranx　ギンガメアジ属　302
Caranx ignobilis　ロウニンアジ　261
Carassius　フナ属　66, 208, 261, 447, 588
Carassius　フナ類　197, 209, 263, 310, 524, 567, 588
Carassius auratus　キンギョ / 金魚　150, 272, 331, 350, 357, 362, 386, 395, 520, 576
Carassius buergeri grandoculis　ニゴロブナ　547, 550
Carassius carassius　ヨーロッパブナ　212
Carassius cuvieri　ゲンゴロウブナ　526
Carassius sp.　フ　ナ　256, 571
Carassius sp. / Silver crucian carp　ギンブナ　18, 92, 362, 420, 465, 505

Carcharhiniformes　メジロザメ目　98, 102, 417
carcharhiniforms / ground sharks　メジロザメ類　101
Carcharhinus falciformis　クロトガリザメ　541
Carcharhinus leucas　オオメジロザメ　225, 261, 339
Carcharhinus longimanus　ヨゴレ　541
Carcharhinus melanopterus　ツマグロ　326
Carcharocles megalodon　ムカシオオホホジロザメ　161
Carcharodon carcharias　ホホジロザメ　87, 224, 540
Careproctus rastrinus　サケビクニン　87
Careproctus trachysoma　ザラビクニン　191
Carnegiella strigata　マーブルハチェット　272
Catostomidae　カトストムス科　65
Catostomidae　サッカー科　197
Centrarchidae　サンフィッシュ科　259
Centrarchiformes　サンフィッシュ目　79, 442
Centrolophidae　イボダイ科　583
centrophorids / gulper sharks　アイザメ類　87
Centropomidae　セントロポムス科　78
Centropyge　アブラヤッコ属　303
Centropyge flavissima　コガネヤッコ　195
Centropyge shepardi　ダイダイヤッコ　195
Centroscyllium excelsum　オオカスミザメ　103
Centroscymnus　ユメザメ類　87
Cephalospidomorphi　頭甲綱　34, 278
Ceratioidea　チョウチンアンコウ上科　313
Cetichthys parini　クジラウオ　74
Cetomimidae　クジラウオ科　89
Cetorhinus maximus　ウバザメ　103, 541
Chaenogobius gulosus　ドロメ　160
Chaenogobius scrobiculatus　クボハゼ　559
Chaetodon　チョウチョウウオ属　422
Chaetodon auripes　チョウチョウウオ　206, 316
Chaetodon daedalma　ユウゼン　195
Chaetodontidae　チョウチョウウオ科　202, 288, 300, 577
chaetodontids / butterflyfishes　チョウチョウウオ類　84, 219, 221, 299
Chaetodontiformes　チョウチョウウオ目　79
Chanidae　サバヒー科　573
Channa argus　カムルチー　523
Channichthyidae　コオリウオ科　167
Channidae　タイワンドジョウ科　197, 447
Chanos chanos　サバヒー　65, 573
Characidae　カラシン科　8, 577
Characidium sp.　カラシンの1種　303
Characiformes　カラシン目　65, 67, 169, 172, 316, 442, 463
characiforms / characins　カラシン類　577
Characiphysi　カラシン系　65, 67
Chauliodontidae　ホウライエソ科　313
Chauliodus sloani　ホウライエソ　70
chaunacids / coffinfishes　フサアンコウ類　85
chaunacids / coffinfishes　フサイタチウオ科　364
Cheilinus undulatus　メガネモチノウオ　540
cheilodactylids / morwongs　タカノハダイ類　302
Cheirolepis　ケイロレピス　53
Chelidopterus spinosus　ホウボウ　316
Chimaera phantasma / Silver chimaera　ギンザメ　56, 282, 588
chimaeras　ギンザメ類　86, 101, 102, 104, 342
Chlamydoselachus anguineus　ラブカ　85, 98, 129
Chlorophthalmus　アオメエソ属　313
Chlorurus microrhinos　ナンヨウブダイ　85, 328
Chlorurus sordidus　ハゲブダイ　301
Chondrichthyes / cartilaginous fishes　軟骨魚綱　34
Chondrichthyes / cartilaginous fishes　軟骨魚類　8, 52, **56**, 58, 88, **98**, **100**, **102**, 126, 128, 139, 282, **338**, **416**, 446, 556

Chromileptes altivelis　サラサハタ　512
Chromis notata notata　スズメダイ　219, 286
cichlid / Cichlidae　シクリッド　214, 468
Cichlidae　カワスズメ科　8, 68, 78, 169, 213, 214, 258, 268, 288, 294, 308, 374, 499, 572, 577
Cichlidae　シクリッド科　405
cichlids　シクリッド類　19, 68, 74, 89, 230, 248, 485, 486
Cichliformes　カワスズメ目　78, 316, 442
Citharinoidei　キタリヌス亜目　67
Cladilstia　腕鰭類　108
Cladistia　多鰭類　127
Cladistia　腕鰭亜綱　432
Cladoselache　クラドセラケ　53
Clarias　ヒレナマズ属　573
Clariidae　ヒレナマズ科　197, 573
Cleisthenes pinetorum　ソウハチ　190
Clinidae　アサヒギンポ科　364, 365
Clupea harengus　タイセイヨウニシン　272, 442, 560, 572, 583
Clupea pallasii　ニシン　**64**, 360, 391, 392, 399, 421, 431, 572
Clupeidae　ニシン科　64, 116, 201, 228, 275, 572, 583
clupeids / herrings　ニシン類　49, 86, 108, 126, 398
Clupeiformes　ニシン目　64, 119, 127, 174, 409, 442, 463
Cobitidae　ドジョウ科　187, 197, 577
cobitids / loaches　ドジョウ類　65, 131, 263
Cobitis　シマドジョウ属　66, 465
Cobitis biwae　シマドジョウ　66
Cobitis kaibarai　アリアケスジシマドジョウ　235
Cobitis magnostriata　オオガタスジシマドジョウ　524
Cobitis sp.　ヒガシシマドジョウ　263
Coelacanthiformes　シーラカンス目　170
coelacanths　シーラカンス類　8, 58, 60, 92, 106, 108, 170, 342, 432, 541
Coilia nasus　エツ　234, 551
Colbitis minamorii　スジシマドジョウ類　187
Cololabis saira / Pacific saury　サンマ　8, 74, 118, 137, 148, 206, 242, 332, 421
Comephoridae　コメフォルス科　364
comephorids　バイカルカジカ類　9
Conger myriaster　マアナゴ　408
Congridae　アナゴ　62
Congriscus megastomus　オキアナゴ　27
Congrogadidae　センニンガジ科　78
Coregonidae　シロマス科　528
Coregonus migratorius　オームリ　259
Coreoperca kawamebari　オヤニラミ　187, 296, 304, 525
Coris aygula　カンムリベラ　534
Coris gaimard　ツユベラ　117, 275
Corydoras　コリドラス属　447
Coryphaenidae　シイラ科　78
coryphaenids　シイラ類　88
Corythoichthys haematopterus　イシヨウジ　281
Cottidae　カジカ科　187, 191, 198, 250, 254, 297
cottids / sculpins　カジカ類　87, 88, 142, 421
Cottoidei　カジカ亜目　258
Cottus　カジカ属　197, 255
Cottus kazika　アユカケ　250
Cottus pollux　カジカ　282
Cottus pollux　カジカ大卵型　475
Cranoglanididae　クラノグラニス科　197
Crenuchidae　クレヌクス科　303
Ctenopharyngodon idellus　ソウギョ　65, 420, 470, 523, 567, 573
Cyclopteridae　ダンゴウオ科　89, 198
Cyclosquamata　円鱗上目　75
Cyclostomata　円口類　54, 98, 414, 442
Cyclothone　オニハダカ属　71
Cyclothone alba　ユキオニハダカ　482
Cynoglossidae　ウシノシタ科　407
cynoglossids / tonguefishes　ウシノシタ類　91, 349, 432
Cynoglossus lighti　デンベエシタビラメ　234
Cyprinidae　コイ科　8, 65, 136, 180, 187, 197, 200, 226, 232, 258, 296, 504, 546,

559, 572, 577
cyprinids / carps　コイ類　92, 108, 126, 524, 567, 577
Cypriniformes　コイ目　65, 119, 136, 142, 160, 197, 316, 355, 442, 447, 463, 497
Cyprininae　コイ亜科　65
Cyprinodotnidae　キプリノドン科　259
Cyprinus carpio / common carp　コ　イ　45
Cypselurus　ハマトビウオ属　190, 326
Cypselurus doederleini　ツクシトビウオ　191, 326
Cypselurus hiraii　トビウオ　191
Cypselurus longibarbus　ウケグチトビウオ　422
Cyrpinodontiformes　カダヤシ目　78, 374, 419, 442

■ D

Dactyloptena orientalis　セミホウボウ　316
dactylopterids / flying gurnards　セミホウボウ類　108
Danio rerio　ゼブラフィッシュ　65, 151, 214, 272, 357, 363, 386, 399, 442, 447, 450, 456, 458, 460, 490, 496, 498, 501
Danioninae　ダニオ亜科　65, 197
Dascyllus aruanus　ミスジリュウキュウスズメダイ　289
dasyatids / stingrays　アカエイ類　103
Decapterus　ムロアジ属　573
Dendrochirus　ヒメヤマノカミ属　30
Dentex hypselosomus　キダイ　25, 190
Denticepitidae　デンティセプス科　64
Diaphus watasei　ハダカイワシ　83, 426
Dicentrarchus labrax　ヨーロッパスズキ　266
Diodon holocanthus　ハリセンボン　301
Dipnomorpha　肺魚亜綱　432
Diretmichthys parini　ナカムラギンメ　422
Diretmidae　ナカムラギンメ科　447
discus fish　ディスカス類　308
Dissostichus eleginoides　マジェランアイナメ　583
Ditrema temminckii temminckii　ウミタナゴ　282, 286, 390, 418
Ditrema viride　アオタナゴ　418
Doederleinia berycoides　アカムツ　179
Doliodus　ドリオダス　57
Doradidae　ドラス科　317

■ E

echeneids / remoras　コバンザメ類　83, 160
Echeneis naucrates　コバンザメ　122
Echneidae　コバンザメ科　78, 175
Elasmobranchii / elasmobranchs　板鰓亜綱　56
Elasmobranchii / elasmobranchs　板鰓類　58, 82, 97, 98, 102, 104, 106, 128, 224, 388
elasmobranchs　サメ・エイ類　556
Electrophorus electricus / electric eel　デンキウナギ　85, 314
Eleotridae　カワアナゴ科　259
Eleutheronema rhadinum　ミナミコノシロ　206
Elopiformes　カライワシ目　426
Elopomorpha　カライワシ上目　136
elopomorphs　カライワシ類　50, 58, 62, 68, 119, 398, 446, 463
Embiotocidae　ウミタナゴ科　78, 117, 142, 364, 381, 418
embiotocids / surfperches　ウミタナゴ類　84, 210, 418
Engraulidae　カタクチイワシ科　64, 420, 572
engraulids / anchovies　カタクチイワシ類　148, 436
Engraulis japonicus　カタクチイワシ　240, 276, 398, 420, 560, 572
Engraulis ringens　ペルーアンチョビ　560, 572
Eopsetta grigorjewi　ムシガレイ　190
Ephippiformes　マンジュウダイ目　79
Epibulus insidiator　ギチベラ　113, 277
Epinephelus bruneus　ク　エ　353
Epinephelus malabaricus　ヤイトハタ　367
Epinephelus merra　カンモンハタ　367

Eptatretus burgeri / hagfish　ヌタウナギ　54, 95, **414**
Erpetoichthys　アミメウナギ属　60
Esocidae　カワカマス科　197, 275
Esociformes　カワカマス目　69, 70, 442, 463
Esox lucius　ノーザンパイク　276, 442
Etmopterus brachyurus　ホソフジクジラ　103
Etmopterus splendidus　フトシミフジクジラ　313
Eupercaria　ユーペルカ系　76, 79
Euteleostei　正真骨区　72
Euteleostei　正真骨類　58, 68, 398
Euthynnus affinis　ス　マ　573
Eviota ancora　ボンボリイソハゼ　559
Evynnis tumifrons　チダイ　25, 190
excoetids / flyignfishes　トビウオ類　137

■ F

Fundulus heteroclitus　マミチョグ　462

■ G

Gadidae　タラ科　191, 198, 266, 572
gadids / cods　タラ類　86, 122, 126, 210, 392, 432
Gadiformes　タラ目　73, 316, 442
Gadus chalcogrammus　スケトウダラ　73, 191, 198, 560, 573
Gadus macrocephalus　マダラ　73, 573
Gadus morhua　タイセイヨウダラ　305, 455, 498, 560, 573
Galaxiidae　ガラクシアス科　250, 254
Galaxiiformes　ガラクシアス目　68
Galeaspida　ガレアスピス類　97, 99
Galeocerdo cuvier　イタチザメ　225
Gambusia affinis　カダヤシ　282
gar　ガ　ー　92
garpike　ガーパイク　60, 68
gars　ガー類　58, 106, 108, 432, 446
Gasteosteidae　トゲウオ科　187, 254, 292, 304, 461, 466, 484, 504
gasterosteids / sticklebacks　トゲウオ類　89, 486
Gasterosteiformes　トゲウオ目　74, 76
Gasterosteus　イトヨ類　91, 255, 460, 485
Gasterosteus aculeatus　イトヨ属の1種　246, 254, 292, 307, 442, 449, 450, 458, 460, 466, 475, 481, 484, 498
Gasterosteus aculeatus　イトヨ太平洋型　524
Gasterosteus aculeatus subsp.　ハリヨ　475
Gasterosteus nipponicus　ニホンイトヨ　484
Gastromyzontidae　ガストロミゾン科　197
Gempylidae　クロタチカマス科　583
Genicanthus takeuchii　ミズタマヤッコ　195
Gerreidae　クロサギ科　261
Gerreiformes　クロサギ目　79
Gigantura　ボウエンギョ　71
Ginglymostoma cirratum　コモリザメ　102
Girella　メジナ属　178
Girella leonina　クロメジナ　193
Girella punctata　メジナ　12, 193
glass eel　シラスウナギ　250, 428
Glossanodon semifasciatus　ニギス　190
Glyptocephalus stelleri　ヒレグロ　409
Gnathodentex aureolineatus　ノコギリダイ　267
Gnathopogon　モロコ類　187
Gnathopogon caerulescens　ホンモロコ　187, 506, 525, 550
Gnathopogon elongatus　タモロコ　506
Gnathopogon elongatus suwae　スワモロコ　506
Gnathostomata　顎口上綱　34
Gnathostomata　顎口類　52, 54, 414, 446
Gnathostomata　有顎類　446
Gobiaria　ハゼ系　78
Gobiesocidae　ウバウオ科　78
gobiesocids / clingfishes　ウバウオ類　83, 123, 160
Gobiesociformes　ウバウオ目　78
Gobiidae　ハゼ科　8, 31, 195, 197, 201, 232, 236, 238, 254, 261, 278, 300, 405, 409, 484
Gobiiformes　ハゼ目　316, 442
Gobioidei　ハゼ亜目　137, 482
gobioids / gobies　ハゼ類　46, 78, 160, 210,

421, 432
Gobioninae カマツカ亜科 66
Gollum attenuatus トガリドチザメ 416
Goniisitus タカノハダイ属 178
Gonorynchiformes ネズミギス目 463
Goodeidae グデア科 142, 364, 419
Grammatidae グランマ科 78
Grammistes sexlineatus ヌノサラシ 90
grouper ハ タ 408
groupers ハタ類 302
Guiyu グイユウ 53, 541
Gymnogobius isaza イサザ 187
Gymnogobius sp. ジュズカケハゼ広域種 262
Gymnosarda unicolor イソマグロ 198, 422
Gymnothorax chlorostigma ハナビラウツボ 91, 301
Gymnothorax javanicus ドクウツボ 575
Gymnothorax kidako ウツボ 62
gymnotids / nakedback knifefishes デンキウナギ類 86
Gymnotiformes デンキウナギ目 65, 67, 156, 315
Gyrinocheilidae ギリノケイルス科 65, 201

■ H

haemulids / barbeled grunters イサキ類 303
hagfishes ヌタウナギ類 8, 54, 85, 91, 94, 96, 98, 129, 414
Halichoeres ホンベラ属 303
Halichoeres tenuispinis ホンベラ 310
Halichoeres trimaculatus ミツボシキュウセン 354, 367
Harpadon ミズテング属 71
Helcogramma nesion ヨゴレヘビギンポ 195
Helicolenus langsdorfii ユメカサゴ 109
Helostomatidae ヘロストマ科 201
Hemigrammocypris rasborella カワバタモロコ 550
Hemirhamphidae サヨリ科 173, 201, 364
Hemitaurichthys thompsoni トンプソンチョウチョウウオ 195
Hemitripteridae ケムシカジカ科 375
Hemitrygon akajei アカエイ 192
Herklotsichthys quadrimaculatus ミズン 174
Heterodontiformes ネコザメ目 98
heterodontiforms / bullhead sharks ネコザメ類 103, 105
Heterodontus ネコザメ属 102
Heterodontus japonicus ネコザメ 103, 286
Heterosomata / Pleuronectiformes 異体類 404
Hexagrammidae アイナメ科 191
Hexagrammos アイナメ属 465
Hexagrammos agrammus クジメ 193
Hexagrammos otakii アイナメ 512
Hexanchiformes カグラザメ目 102
hexanchiforms / six-gill sharks カグラザメ類 101, 129
Hexanchus カグラザメ属 171
himantholophids / footballfishes チョウチンアンコウ類 89, 122
Hippichthys heptagonus アミメカワヨウジ 174
Hippocampus タツノオトシゴ属 180
Hippocampus coronatus タツノオトシゴ 281, 282, 286, **327**, 442
Histrio histrio ハナオコゼ 420
Holacanthus clarionensis クラリオンエンゼルフィッシュ 541
Holocentridae イットウダイ科 127
Holocentriformes イットウダイ目 73
Holocephali 全頭亜綱 56
Holocephali 全頭類 82, 102, 442
Holostei 軟質類 108
Hucho イトウ属 246
Hucho perryi イトウ 246, 533
Huso huso オオチョウザメ 506, 571
Hygophum reinhardtii ドングリハダカ 422
Hypoatherina ギンイソイワシ属 17
Hypoatherina valenciennei トウゴロウイワシ 16
Hypomesus nipponensis ワカサギ 70, 246,

390
Hypophthalmichthys molitrix ハクレン 230, 420, 470, 567, 573
Hypoptychidae シワイカナゴ科 460
Hypoptychus dybowskii シワイカナゴ 460
Hyporhamphus sajori サヨリ 421
Hypseleotris cyprinoides タナゴモドキ 421

■ I

Ichthyostega イクチオステガ 112
Ictalurus punctatus アメリカナマズ 442
Ictalurus punctatus チャネルキャットフィッシュ 522, 545, 550
Idiacanthus ミツマタヤリウオ属 422
Idiacanthus ミツマタヤリウオ類 313
Indostomidae インドストムス科 201
Indostomus paradoxus パラドックスフィッシュ 78
Ipnops murrayi チョウチンハダカ 71
Ischicauia steenackeri ワタカ 504, 524, 526
Isistius brasiliensis ダルマザメ 102
Isospondyli 等椎類 48
Istiophoridae マカジキ科 175
Istiophoriformes カジキ目 78
Istiophorus platypterus バショウカジキ 588
Isurus oxyrinchus アオザメ 83

■ K

Kajikia audax マカジキ 582
Katsuwonus pelamis カツオ 10, 39, 118, 125, 174, 242, 266, 373, 426, 560, 573, 584
Konosirus punctatus コノシロ 116, 137
Kryptolebias marmoratus マングローブ・キリフィッシュ 353
Kuhlia ユゴイ属 261
Kuhlia marginata ユゴイ 261
Kuhlia munda トゲナガユゴイ 261
Kuhlia rupestris オオクチユゴイ 261
Kuhlidae ユゴイ科 261
Kurtidae コモリウオ科 78, 165
kyphosids / sea chubs イスズミ類 302

■ L

Labeoninae ラベオ亜科 197
Labridae ベラ科 8, 115, 117, 202, 300, 354, 534, 577
labrids / wrasses ベラ類 86, 248, 302, 310, 319, 366
Labriformes ベラ目 79, 442
Labrisomidae ラブリソムス科 364
labrisomids / labrisomid blennies ギンポ類 303
Labroidei ベラ亜目 74, 137
Labroides dimidiatus ホンソメワケベラ 117, 220, 291, 300, 309, 310, 328
Lactariidae アクタウオ科 78
Lagocephalus lunaris ドクサバフグ 574
Lamna nasus ニシネズミザメ 541
Lamnidae ネズミザメ科 372
Lamniformes ネズミザメ目 98, 102
lamniforms / mackerel sharks ネズミザメ類 84, 101
lampreys ヤツメウナギ類 8, 52, 54, 85, 95, 96, 98, 129, 160, 394, 408, 414
Lampris guttatus アカマンボウ 72, 373
Lamprogrammus brunswigi ウキコンニャクイタチウオ 422
Lamproidea アカマンボウ上目 72, 75
Lateolabracidae スズキ科 79, 190, 198
Lateolabrax japonicus スズキ 83, 190, 234, 244, 252, 535, 551, 588
Lateolabrax latus ヒラスズキ 276
Lateolabrax maculatus タイリクスズキ 234, 551
Lates carcalifer バラマンディ 442
Lates niloticus / Nile perch ナイルパーチ 521
Lates stappersii ブカブカ 259
Latidae アカメ科 259, 442, 476
Latimeria chalumnae シーラカンス 53, 170, 336, 339, 419, 442, 458, 476, 498, 540
Latimeria menadoensis インドネシアシーラカンス 170

latrids / trumpeters　ユメタカノハダイ類　109
Lefua echigonia　ホトケドジョウ　262, 514
Leiognathidae　ヒイラギ科　312
Lepidocybium flavobrunneum　アブラソコムツ　575
Lepidogalaxias　レピドガラクシアス　68
Lepidogalaxias salamandroides　サラマンダーフィッシュ　311
Lepidosiren　レピドシレン属　106
Lepidosiren paradoxa　ミナミアメリカハイギョ/南米産ハイギョ　131, 169, 311, 337
Lepisosteiformes　ガー目　169
Lepisosteus oculatus　スポッテッドガー　442, 498
Lepomis gibbosus　パンプキンシード・サンフィッシュ　213
Lepomis macrochirus macrochirus　ブルーギル　259, 479, 492, 520, 522, 524, 526, 545, 550, 553
Leptobramidae　レプトブラマ科　78
leptocephalus　レプトセファルス　27, 63, 250, 409, 425, 426, 428
Lethenteron japonicum　カワヤツメ　83, 95, 246
Lethenteron sp. N　スナヤツメ北方種（北日本） 263, 511
Lethenteron sp. S　スナヤツメ南方種　524
Lethenteron spp. / sandy lamprey　スナヤツメ　504
lethrinids / emperor breams　フエフキダイ類　303
Leuciscinae　ウグイ亜科　66
Leucopsarion petersii　シロウオ　246, 431
Limanda aspera　コガネガレイ　583
Liparidae　クサウオ科　191
Lobotes surinamensis　マツダイ　175
Lobotiformes　マツダイ目　79
lophiids / goosefishes　アンコウ類　83, 84, 117, 220
Lophiiformes　アンコウ目　74, 76, 79, 275
Lophiomus setigerus　アンコウ　215
Lophius litulon　キアンコウ　114
Loricariidae　ロリカリア科　8, 160, 577
loricariids / suckermouth armored catfishes　ロリカリア類　303
Lota lota　カワメンタイ　528
Luciogobius albus　ドウクツミミズハゼ　232
Luciogobius dormitoris　ネムリミミズハゼ　232
Luciogobius pallidus　イドミミズハゼ　232
lumpfishes　ダンゴウオ類　85, 122, 160
lungfish　肺魚 / ハイギョ　69, 92, 169
lungfishes　肺魚類　8, 58, 60, 106, 108, 342, 394, 432
lutjanids / snappers　フエダイ類　302
Lutjaniformes　フエダイ目　79
Lutjanus boha　バラフエダイ　575
Lutjanus monostigma　イッテンフエダイ　575
Lutjanus ophuysenii　ヨコスジフエダイ　422
Lutjanus stellatus　フエダイ　195

■ M

Maccullochella peelii peelii　マーレーコッド　442
Macropodus opercularis　タイワンキンギョ　577
Macrouridae　ソコダラ科　312, 445
Macruronus novaezelandiae　ホ　キ　583
malacanthids / tilefishes　キツネアマダイ類　303
Malacocottus gibber　ヤマトコブシカジカ　191
Malapterurus electricus / electric catfish　デンキナマズ　314
Mallotus villosus　カラフトシシャモ　564, 583
Manta　オニイトマキエイ類　540
Mastacembelidae　トゲウナギ科　197
Masturus lanceolatus　ヤリマンボウ　422
Maurolicus japonicus　キュウリエソ　191
Megachasma pelagios　メガマウスザメ　103
Megalomycteridae　ソコクジラウオ科　89
Megalops cyprinoides　イセゴイ　426

Melanogrammus aeglefinus コダラ 317
Melanogrammus aeglefinus モンツキダラ 573
Melanostomiidae ホテイエソ科 313
Menidae ギンカガミ科 78
Merlucciidae メルルーサ科 573, 583
Microcanthus strigatus カゴカキダイ 179
Micromesistius poutassou プタスダラ 560, 573
Micropterus dolomieu コクチバス 522, 545, 550, 553
Micropterus salmoides オオクチバス 86, 215, 259, 263, 310, 478, 522, 524, 526, 538, 545, 550, 552, 553
Micropterus salmoides floridanus オオクチバス（フロリダ半島産亜種） 478
Micropterus salmoides floridanus フロリダバス 522
Miichthys miiuy ホンニベ 192, 442
Mirapinnidae トクビレイワシ科 89
Misgurnus ドジョウ属 447
Misgurnus anguillicaudatus ドジョウ 39, 197, 256, 311, 331, 362, 391, 464, 504, 525
Mobula japonica イトマキエイ 85
Mobula thurstoni ヒメイトマキエイ 83
Mobulidae イトマキエイ科 103, 175
mobulids イトマキエイ類 86, 541
Mochokidae サカサナマズ科 317
Mola alexandrini ウシマンボウ 161
Mola mola マンボウ 85, 118, 177
Monacanthidae カワハギ科 30
monacanthids / filefishes カワハギ類 275, 302, 421
Monocentris japonica マツカサウオ 316
Monodactylus argenteus ヒメツバメウオ 534
Monopterus タウナギ属 261
Monopterus albus タウナギ 311, 331, 442
Moridae チゴダラ科 312
Mormyriformes モルミルス目 156, 314
Morone saxatilis ストライプトバス 210, 442
Moronidae モロネ科 442
Mugil cephalus cephalus ボラ 27, 244, 252, 359
Mugilidae ボラ科 261, 573
Mugiliformes ボラ目 78
mullids / goatfishes ヒメジ類 76, 302
Mulloidichthys vanicolensis アカヒメジ 267
Muraenesox cinereus ハモ 115
Muraenidae ウツボ科 233, 277
muraenids / moray eels ウツボ類 302
Mustelus ホシザメ類 225
Myctophiformes ハダカイワシ目 71, 72
Myctophidae ハダカイワシ科 31
Myctophum aurolaternatum ヒカリハダカ 422
myliobatids / eagle rays トビエイ類 104
Myliobatiformes トビエイ目 98
Mylopharyngodon piceus アオウオ 470
Myrichthys ゴイシウミヘビ属 233
Myrichthys colubrinus シマウミヘビ 220, 233
Myripristis アカマツカサ属 422
Myripristis berndti アカマツカサ 177
Myxini ヌタウナギ綱 34, 278
Myxinidae ヌタウナギ科 54
Myxocyprinus asiaticus イェンツーユイ 197

■ N

Narke japonica シビレエイ 314
Nebea albiflora コイチ 512
Nebrius ferrugineus オオテンジクザメ 282
Negaprion brevirostris ニシレモンザメ 102
Nemacheilidae フクドジョウ科 8, 197
Nemacheilinae フクドジョウ亜科 66
Nemacheilus barbatulus toni フクドジョウ 187, 510, 524
Nemastiidae ネマティスティウス科 78
Nemipteridae イトヨリダイ科 573
nemipterids / threadfin breams イトヨリダイ類 303
Neoceratodus forsteri オーストラリアハイ

ギョ 131, 169, 337, 541
Neoditrema ransonnetii オキタナゴ 418
Neolamprologus brichardi ネオランプロローグス・ブリシャディ 294
Neolamprologus pulcher プルチャー 308
Neosalanx ヒメシラウオ類 234
Neosalanx reganius アリアケヒメシラウオ 234, 551
Neoscopelidae ソトオリイワシ科 71
Neoselachii 新生板鰓類 56
Neoteleostei 新真骨類 446, 463
Nezumia kamoharai ソコダラ 69
Niphon spinosus ア ラ 116
Nomeus gronovii エボシダイ 175
Notacanthiformes ソコギス目 426
Notemigonus crysoleucas ゴールデンシャイナー 296
Notohenioidei ノトセニア亜目 165
notopterids / featherfin knifefishes ナギナタナマズ類 201
Nototheniidae ノトテニア科 583
Notothenioidei ナンキョクカジカ亜目 374
notothenioids / icefishes ノトセニア類 87

■ O

Ocynectes イダテンカジカ属 198
Odontamblyopus ワラスボ類 432
Odontamblyopus lacepedii ワラスボ 234, 408, 432
Odontesthes hatcheri パタゴニアペヘレイ 350
Odontobutidae ドンコ科 197
Odontobutis obscura ドンコ 297, 525
Oncorhynchus サケ属 228, 246, 568
Oncorhynchus gorbuscha カラフトマス 228, 246, 344, 347, 573
Oncorhynchus kawamurae / Black kokanee クニマス 435, 507
Oncorhynchus keta / chum salmon サ ケ 64, 92, 158, 198, 223, 228, 246, 324, 345, 347, 352, 568, 573
Oncorhynchus kisutch ギンザケ 248, 344, 377, 521, 566
Oncorhynchus masou ヤマメ類 84
Oncorhynchus masou ishikawae アマゴ（サツキマス） 218, 226, 271, 347, 571
Oncorhynchus masou masou 降海型サクラマス 564
Oncorhynchus masou masou サクラマス 222, 246, 248, 284, 346, 363, 368
Oncorhynchus masou masou ヤマメ 222, 226, 435
Oncorhynchus masou subsp. ビワマス 347
Oncorhynchus mykiss ドナルドソン系ニジマス 570
Oncorhynchus mykiss ニジマス 135, 246, 272, 341, 343, 360, 363, 435, 442, 451, 523, 571, 573
Oncorhynchus nerka ヒメマス 228, 507
Oncorhynchus nerka ベニザケ 228, 246, 435
Oncorhynchus tshawytscha マスノスケ 266
Onigocia macrolepis アネサゴチ 15
Ophichthidae ウミヘビ科 220, 233
Ophidiiformes アシロ目 74, 76, 316, 364
Ophidion asiro アシロ 69
Opisthoproctidae デメニギス科 312
opisthoproctids / barreleyes デメニギス類 70
Opistognathidae アゴアマダイ科 78
Oplegnathidae イシダイ科 127
Oplegnathus イシダイ属 178
Oplegnathus fasciatus イシダイ 90, 193, 266, 305, 316
Oplegnathus punctatus イシガキダイ 193, 575
Opsariichthys platypus オイカワ 524
Opsariichthys uncirostris ハ ス 197, 215, 524, 526
Orectolobiformes テンジクザメ目 98
Oreochromis カワスズメ属 573
Oreochromis mossambicus モザンビークティラピア 452
Oreochromis mossanbicus カワスズメ 261, 340, 361, 404, 523
Oreochromis niloticus ナイルティラピア

350, 442, 567, 573
Orestias オレスティアス属 258
Orestias カラチ 259
Oryzias メダカ属 500
Oryzias dancena インドメダカ 350
Oryzias latipes ミナミメダカ 214, 262, 350, 357, 368, 386, 399, 442, 462, 494, 496, 498, 500, 509, 525, 527
Oryzias latipes メダカ 55, 74, **500**
Oryzias latipes complex メダカ類 135, 143, 308, 371, 392, 491, 496, 504
Oryzias sakaizumii キタノメダカ 176, 217, 500
Osmeridae キュウリウオ科 390, 573, 583
osmerids キュウリウオ類 148
Osmeriformes キュウリウオ目 70
Osmerus dentex キュウリウオ 64
Osphronemidae オスフロネムス科 197
Ostariophysi 骨鰾上目 136, 169, 197
Ostariophysi 骨鰾類 62, **64**, 197, 398, 446
Osteichthyes 硬骨魚綱 20, 34, 316, 394
Osteichthyes 硬骨魚類 52, **58**, **76**, 109, **114**, **118**, 169, **418**, 557
osteoglossids / bonytongues アロワナ類 119, 446
Osteoglossiformes アロワナ目 169, 442
Osteoglossinae / arowana アロワナ 169
osteoglossomorphs オステオグロッサム類 50, 58, 60, 62, 68
Ostorhinchus doederleini オオスジイシモチ 154
ostraciids / boxfishes ハコフグ類 85, 575
ostracoderms 甲皮類 99, 415
Otocephala 耳頭類 64
Otocephala ニシン・骨鰾類 59, 68
Otophysi 骨鰾系 65
Ovalentaria オヴァレンタリア 364
Ovalentaria オヴァレンタリア系 78
Oxygastrinae オキシガスター亜科 66
Oxymonacanthus longirostris テングカワハギ 289
Ozarcus オザーカス 57

■ P

Paedocypris ペドシプリス属 65
Paedocypris progenetica ドワーフフェアリーミノー 161
Pagothenia borchgrevinki ボウズハゲギス 374
Pagrus auratus ゴウシュウマダイ 179
Pagrus major マダイ 6, 33, 74, 93, 118, 125, 171, 179, 190, 307, 381, 384, 388, 470, 473, 491, 535, 566, 570, 582, 588
Pangasianodon gigas メコンオオナマズ 541
Parabotia curtus アユモドキ 66, 187, 511, 538, 547
Parabrotulidae ニセイタチウオ科 364
Paracanthopterygii 側棘鰭上目 72
Paracanthopterygii 側棘鰭類 76
Paragobiodon echinocephalus ダルマハゼ 291
Parajulis poecilepterus キュウセン 30, 310
Paralichthyidae ヒラメ科 190, 407
paralichthyids / sand flounders ヒラメ類 91, 221, 420, 428, 432
Paralichthys olivaceus ヒラメ 74, 125, 190, 193, 305, 348, 350, 404, 407, 408, 412, 426, 428, 442, 566, 570
Paraluteres prionurus ノコギリハギ 220
Paramisgurnus dabryanus カラドジョウ 525
Parapristipoma trilineatum イサキ 266
pempherids / sweepers ハタンポ類 84
Pempheriformes ハタンポ目 79
Peprilus triacanthus バターフィッシュ 583
Perciformes スズキ目 316, 355, 364, 442
Perciformes ペルカ目 79
Percoidei スズキ亜目 112, 187
Percoidei ペルカ亜目 79
Percomorpha スズキ系 73
Percomorpha スズキ類 59, 76, 92, 108, 126
Percopsiformes サケスズキ目 73
Periophthalmus modestus トビハゼ 236, 330

Perissodus microlepis シクリッドの１種 475
peristediids / armored searobins キホウボウ類 109
Peristedion キホウボウ属 422
Petromyzon marinus ウミヤツメ 442, 528
Petromyzontidae ヤツメウナギ科 54, 197
petromyzontiforms / lampreys ヤツメウナギ 415, 498
Petroschmidtia toyamensis アゴゲンゲ 191
Petroscirtes breviceps ニジギンポ 281
Phallostethidae トウゴロウメダカ科 201
Photocorynus spiniceps ヒカリオニアンコウ 161
Photonectes albipennis ホテイエソ 70, 312
Photostomias tantillux ホウキボシエソ 312
Phyllopteryx taeniolatus ウィーディシードラゴン 286
Physiculus maximowiczi エゾイソアイナメ 312
Pimelodidae ピメロドゥス科 317
piranhas ピラニア 316
Placodermi / placoderms 板皮類 53, 97, 99
Plagiotremus rhinorhynchos ミナミギンポ 221
Platichthys bicoloratus イシガレイ 429
Platichthys stellatus ヌマガレイ 407
Platycephalidae コチ科 290
platycephalids / flatheads コチ類 84
Plecoglossus altivelis altivelis / ayu アユ 6, 70, 134, 215, 240, 192, 201, 210, 215, 218, 240, 244, 252, 264, 379, 384, 390, 399, 406, 420, 481, 521, 524, 547, 588
Plecoglossus altivelis ryukyuensis リュウキュウアユ 192, 260, 481
Plectroglyphidodon lacrymatus ルリホシスズメダイ 218
Plesiopidae タナバタウオ科 78
Pleuronectes obscurus クロガレイ 409
Pleuronectes platessa プレイス 428
Pleuronectes yokohamae マコガレイ 360, 421, 463
Pleuronectidae カレイ科 190, 375, 407, 573, 583
pleuronectids / righteye flounders カレイ 404, 426
Pleuronectiformes カレイ目 74, 78, 406, 442, 463
pleuronectiforms カレイ類 349, 392, 420, 428, 432
Pleuronichthys メイタガレイ属 190
Pleuronichthys cornutus メイタガレイ 409, 420
Pleuronichthys japonicus ナガレメイタガレイ 513
Plotosus japonicus ゴンズイ 266, 421, 574
Poecilia グッピー属 208, 465
Poecilia reticulata グッピー 89, 213, 261, 281, 292, 363, 390, 419, 442, 472, 523, 577
Poeciliidae カダヤシ科 142, 364, 419, 577
poeciliids / livebearers カダヤシ類 88, 577
Pollachius virens シロイトダラ 266
Polycentridae ポリセントルス科 78
Polydactylus plebeius ツバメコノシロ 27
Polymixiiformes ギンメダイ目 73
Polynemidae ツバメコノシロ科 78, 201
Polyodon spathula ヘラチョウザメ 450
Polyodontidae ヘラチョウザメ科 60, 107, 197
polyprionids / wreckfishes イシナギ類 575
Polypteriformes ポリプテルス目 169
Polypterus ポリプテルス属 60
pomacanthids / angelfishes キンチャクダイ類 219, 303, 319
pomacentrid スズメダイの１種 442
Pomacentridae スズメダイ科 78, 117, 180, 202, 206, 268, 275, 290, 442, 577
Pomacentridae / damselfishes スズメダイ類 84, 218, 220, 308, 316, 421
Potamotrygonidae ポタモトリゴン科 171
Priacanthiformes キントキダイ目 79
Priacanthus hamrur ホウセキキントキ 206
Priacanthus macracanthus キントキダイ

316
Prionace glauca ヨシキリザメ 87
Prionurus scalprum ニザダイ 426
pristids / sawfishes ノコギリエイ類 541
pristiophorids / saw sharks ノコギリザメ類 105
Pristiophoriformes ノコギリザメ目 98
Pristiophorus ノコギリザメ属 103
Pristiophorus japonicus ノコギリザメ 56
Pristis ノコギリエイ属 103
Pristis pristis ノコギリエイ 339
Probarbus jullieni タイガーバルブ 541
Protacanthopterygii 原棘鰭類 64, 69, 446
Protopterus プロトプテルス属 106, 108
Protopterus アフリカ産ハイギョ類 129, 169, 337
Protopterus annectens アフリカ産ハイギョの1種 311
Psephurus gladius シナヘラチョウザメ 197
Psettodes erumei ボウズガレイ 411
psettodids / spiny turbots ボウズガレイ類 407
Pseudanthias bicolor フタイロハナゴイ 534
Pseudanthias pascalus ハナゴイ 576
Pseudoblennius アナハゼ属 198
Pseudoblennius cottoides アサヒアナハゼ 238
Pseudoblennius percoides アナハゼ 198
Pseudochromidae メギス科 78
Pseudogobio esocinus カマツカ 187, 524
Pseudolabrus ササノハベラ属 178
Pseudolabrus eoethinus アカササノハベラ 117, 179, 183, 195
Pseudolabrus sieboldi ホシササノハベラ 179, 183
Pseudoliparis amblystomopsis シンカイクサウオ 9
Pseudoliparis belyaevi チヒロクサウオ 9
Pseudorasbora parva モツゴ 65, 197
Pseudorasbora pugnax ウシモツゴ 511
Pseudorasbora pumira シナイモツゴ 504, 511, 552, 553
Psilorhynchinae シロリンクス亜科 65
Psychrolutidae ウラナイカジカ科 191
Pterapogon kauderni プテラポゴン 286
Pterois ミノカサゴ属 177
Pterois lunulata ミノカサゴ 420
Pterygoplichthys disjunctivus マダラロリカリア 405, 523
Pungitius トミヨ属 507
Pungitius kaibarae ミナミトミヨ 506
Pungitius pungitius キタノトミヨ 292, 304
Pungitius sp. ムサシトミヨ 511
Pungtungia herzi ムギツク 65, 296, 525, 529

■ R

Rachycentridae スギ科 78
Raja clavata ガンギエイ 85, 156
Rajidae ガンギエイ科 191
rajids / skates ガンギエイ類 104
Rastrelliger kanagurta グルクマ 573
rays エイ 201, 282
Regalecus russelii リュウグウノツカイ 73, 175
Reinhardtius hippoglossoides カラスガレイ 409
Repomucenus ネズッポ属 35
Repomucenus huguenini ヤリヌメリ 35
Repomucenus virgis ホロヌメリ 35
Retropinnidae レトロピンナ科 70
Rhabdoblennius nitidus ロウソクギンポ 280
Rhina ancylostomus シノノメサカタザメ 104
Rhincodon typus / whale sharks ジンベエザメ 87, 103, 161, 225, 442, 540, 557
rhinobatids / guitarfishes サカタザメ類 106
Rhinobatos schlegelii サカタザメ 107
Rhinochimaeridae テングギンザメ科 57
Rhinogobius ヨシノボリ 485
Rhinogobius ヨシノボリ属 255, 405
Rhinogobius ヨシノボリ類 215, 261, 547

Rhinogobius biwaensis　ビワヨシノボリ　524
Rhinogobius brunneus　クロヨシノボリ　255
Rhinogobius flumineus　カワヨシノボリ　159, 405, 525
Rhinogobius ogasawaraensis　オガサワラヨシノボリ　173, 485
Rhinogobius sp. BB　アオバラヨシノボリ　261, 405
Rhinogobius sp. MO　アヤヨシノボリ　405
Rhinogobius sp. OM　オウミヨシノボリ（トウヨシノボリ）　524
Rhinogobius sp. YB　キバラヨシノボリ　187, 255, 261
Rhodeus　バラタナゴ属　401
Rhodeus ocellatus kurumeus　ニッポンバラタナゴ　521, 523, 525, 546
Rhodeus ocellatus ocellatus　タイリクバラタナゴ　363, 440, 521, 523, 524, 539
Rhodeus smithii smithii　カゼトゲタナゴ山陽個体群　511
Rhodeus smithii smithii　スイゲンゼニタナゴ　538
Rhynchocypris　タカハヤ属　197
Rhynchopelates oxyrhynchus　シマイサキ　244
Rogadius asper　マツバゴチ　14
Rudarius ercodes　アミメハギ　286
Ruvettus pretiosus　バラムツ　575
Ryukyupercis gushikeni　ワニトラギス　110

■ S

Saccopharyngiformes　フウセンウナギ目　63
Salangichthys microdon　シラウオ　70, 431
Salanx ariakensis　アリアケシラウオ　234, 551
Salmo　サルモ属　246
Salmo ohridanus　ベルヴィカ　259
Salmo salar　タイセイヨウサケ　248, 345, 363, 452, 567, 570, 573, 583
Salmo trutta　ブラウントラウト　222, 247, 363, 523, 571
Salmonidae　サケ科　187, 197, 198, 213, 218, 222, 226, 228, 246, 248, 252, 254, 259, 284, 350, 352, 391, 406, 420, 434, 447, 471, 499, 504, 525, 572, 583
salmonids / salmon　サケ類　88, 92, 108, 122, 126, 142, 210, 248, 392, 399, 564, 567, 585
Salmoniformes　サケ目　20, 69, 70, 463
Salvelinus　イワナ属　246, 505
Salvelinus fontinalis　カワマス　523
Salvelinus leucomaenis　イワナ　222, 226, 435, 475
Salvelinus leucomaenis leucomaenis　アメマス　247
Salvelinus malma　オショロコマ　222, 229
Salvelinus namaycush　レイクトラウト　363, 528
Sarcocheilichthys biwaensis　アブラヒガイ　187
Sarcocheilichthys variegatus microoculus　ビワヒガイ　524
Sarcopterygii / sarcopterygians　総鰭亜綱　432
Sarcopterygii / sarcopterygians　肉鰭類　52, 58, 82, 108, 120, 127, 442, 447
Sardinella melanura　オグロイワシ　174
sardines　イワシ類　92, 210, 242, 385, 406, 585
Sardinops　マイワシ属　572
Sardinops melanosticta　マイワシ　198, 211, 420, 431, 561, 563, 572
Sargocentron spinosissimum　イットウダイ　316
Saurida　マエソ属　71, 190
Saurida macrolepis　マエソ　116
Scaridae　ブダイ科　117, 275
scarids / parrotfishes　ブダイ類　86
Scarus obishime　オビシメ　195
Scarus ovifrons　アオブダイ　420, 575
Scarus rivulatus　スジブダイ　328
Scarus rubroviolaceus　ナガブダイ　302
Schindleria　シラスウオ類　431, 483
Sciaenidae　ニベ科　127, 170, 177, 442, 573
sciaenids / drums　ニベ類　316

Scleropages formosus アジアアロワナ 201, 442, 540
Scoliodon laticaudus トガリアンコウザメ 417
Scomber australasicus ゴマサバ 83, 179
Scomber japonicus マサバ 8, 116, 190, 206, 240, 502, 560, 573
Scomber scombrus タイセイヨウサバ 11, 564, 573, 583
Scomberoides commersonnianus オオクチイケカツオ 206
Scomberomorus niphonius サワラ 190, 198
Scombridae サ バ 434
Scombridae サバ科 80, 116, 174, 198, 275, 372, 572, 583
scombrids / mackerels サバ類 83, 406, 561, 586
Scombriformes サバ目 76, 442
Scopelomorpha ハダカイワシ上目 72
Scophthalmus maximus イシビラメ 360
Scorpaenidae フサカサゴ科 30, 142, 177, 364
Scorpaenoidei カサゴ亜目 316, 355, 419
Scorpaenopsis cirrosa オニカサゴ 183, 193
Scyliorhinidae トラザメ科 416
scyliorhinids / cat sharks トラザメ類 102
Scyliorhinus canicula ハナカケトラザメ 450
seahorses タツノオトシゴ類 221, 540
Sebastes メバル属 174
Sebastes alutus アラスカメヌケ 583
Sebastes joyneri トゴットメバル 286
Sebastes marinus モトアカウオ 583
Sebastes schlegeli クロソイ 399
Sebastes thompsoni ウスメバル 193
Sebastidae メバル科 127, 142, 436, 583
sebastids / rockfishes カサゴ類 108
sebastids / rockfishes メバル 282, 286
sebastids / rockfishes メバル類 88
Sebastiscus marmoratus カサゴ 74, 110, 193, 286, 316, 419
Selachii サメ類 56, 60, 87, 100, 102, 104, 128, 169, 210, 224, 233, 282, 417, 447, 450, 585, 588
Seriola ブリ類 84, 333, 350, 567
Seriola aureovittata ヒラマサ 177
Seriola quinqueradiata ブ リ 26, 271, 305, 435, 442, 566
Seriolella caerulea シロヒラス 583
Seriolella punctata シルバー 583
Serranidae ハタ科 8, 116, 275, 534, 564, 575
Sicyopterus japonicus ボウズハゼ 90, 252
Siganidae アイゴ科 275
Siganus guttatus ゴマアイゴ 367
Siluridae ナマズ科 187, 197, 577
Siluriformes ナマズ目 65, 126, 136, 151, 197, 316, 442, 447, 463
siluriforms / catfishes ナマズ類 577
Silurus asotus ナマズ 187, 197, 303, 310
Silurus lithophilus イワトコナマズ 187
Sinipercidae ケツギョ科 197
Sisoridae シソル科 197
skipjacks カツオ類 406
Slavelinus イワナ類 84, 218
snailfishes クサウオ類 87, 123, 160
Soleidae ササウシノシタ科 201
soleids / soles ササウシノシタ類 432
Somniosus microcephalus ニシオンデンザメ 161
Sparidae タイ科 115, 171, 190, 564, 573, 583
sparids / porgies タイ類 420
Spariformes タイ目 79
Sphyraena barracuda オニカマス 277, 575
Sphyraena pinguis アカカマス 240
Sphyraenidae カマス科 78, 275
sphyraenids / baracudas カマス類 117
Sphyrna lewini アカシュモクザメ 541
Sphyrna mokarran ヒラシュモクザメ 541
Sphyrna zygaena シロシュモクザメ 541
sphyrnids / hammerhead sharks シュモクザメ類 540
Spirinchus lanceolatus シシャモ 246, 390
Squalidus chankaensis biwae スゴモロコ 524

Squalidus gracilis gracilis イトモロコ 529
Squaliformes ツノザメ目 102
squaliforms ツノザメ類 100, 105, 225
Squalomorpha ツノザメ上目 98
Squalus acanthias アブラツノザメ 100
Squatina japonica カスザメ 56
squatinids / angel sharks カスザメ類 225
Stegastes lividus ハナナガスズメダイ 218
Stegastes nigricans クロソラスズメダイ 218
stephanoberycids カンムリキンメダイ 74
Stephanolepis cirrhifer カワハギ 114
Sternopterygii 狭鰭上目 75
Stichaeidae タウエガジ科 191
Stichaeus grigorjewi ナガヅカ 575
Stiphodon ナンヨウボウズハゼ属 260
Stolephorus インドアイノコイワシ属 420
Stomiiformes ワニトカゲギス目 70, 75, 312, 355
stomiiforms ワニトカゲギス類 312
Strangomera bentincki ベンティンクニシン 572
Stromateidae マナガツオ科 573, 583
Strongylura anastomella ダ ツ 148, 421
Stylephoriformes スタイルフォルス目 73
Sufflamen chrysopterum ツマジロモンガラ 286
sweepers ハタンポ 316
Symphurus thermophilus イデユウシノシタ 9
Synanceia verrucosa オニダルマオコゼ 221
Synbranchidae タウナギ科 197
Synbranchiformes タウナギ目 355, 442
Syngnatharia ヨウジウオ系 76
Syngnathidae ヨウジウオ科 201, 288, 327
syngnathids / pipefishes ヨウジウオ類 76
Syngnathiformes ヨウジウオ目 316, 364, 442
Syngnathus ヨウジウオ属 289
Syngnathus schlegeli ヨウジウオ 281
Synodontidae エソ科 71, 116, 190, 420
synodontids / lizardfishes エソ類 406
Synodontis multipunctatus シノドンティス 296

■T

Tachysurus aurantiacus アリアケギバチ 187, 235
Tachysurus ichikawai ネコギギ 187, 511, 533
Tachysurus nudiceps ギ ギ 297, 524
Tachysurus tokiensis ギバチ 187, 268
Takifugu トラフグ属 198, 435
Takifugu alboplumbeus クサフグ 38, 211, 240, 360, 363, 435, 574
Takifugu chinensis カラス 512
Takifugu flavipterus コモンフグ 574
Takifugu porphyreus マフグ 574
Takifugu rubripes トラフグ 74, 270, 350, 435, 442, 458, 460, 491, 498, 566, 574
Tanakia アブラボテ属 401
Tanakia lanceolata ヤリタナゴ 187
Tanakia limbata アブラボテ 525
Tanakia tanago ミヤコタナゴ 187, 440, 476, 509, 511, 533, 538
Tanakius kitaharae ヤナギムシガレイ 190
Teleostei 真骨類 48, 65, **108**, **112**, 136, **142**, 340, 343, 394, 446
Terapon jarbua コトヒキ 198, 316
Teraponidae シマイサキ科 127, 198
Tetoradontidae フグ科 202, 435, 574
tetraodontids / pufferfishes フグ類 85, 134, 392, 574
Tetraodontiformes フグ目 74, 79, 442
Tetraodontoidei フグ亜目 137
Tetrapoda 四肢類 58, 127
Thalassoma bifasciatum ブルーヘッド 289
Thalassoma lutescens ヤマブキベラ 302
Thryssa baelama オオイワシ 512
Thunnus マグロ 80, 426, 434
Thunnus マグロ属 372, 588
Thunnus / tunas マグロ類 84, 124, 176, 210, 242, 333, 372, 420, 561, 586, 588
Thunnus albacares キハダ 560, 573, 588
Thunnus maccoyii ミナミマグロ 502, 566

Thunnus obesus　メバチ　373, 573
Thunnus orientalis / Pacific bluefin tuna　クロマグロ　33, 149, 155, 174, 190, 242, 332, 373, 420, 435, 442, 491, 502, 541, 564, 566, 582, 588
Thunnus thynnus　タイセイヨウクロマグロ　565, 566
Thyrsites atun　ミナミオオスミヤキ　583
Tiktaalik roseae　ティクターリック　112
tilapia　ティラピア　498
tilapias　ティラピア類　491, 567
Torquigener albomaculosus　アマミホシゾラフグ　46
Totoaba macdonaldi　トトアバ　540
Toxotidae　テッポウウオ科　78
Trachichthyiformes　ヒウチダイ目　73, 316
Trachidermus fasciatus　ヤマノカミ　234, 250
Trachinocephalus trachinus　オキエソ　177
Trachipterus　サケガシラ類　85
Trachipterus ishikawae　サケガシラ　73
Trachurus　マアジ類　179
Trachurus japonicus　マアジ　74, 179, 190, 240, 305, 435, 561, 573
Trachurus murphyi　チリマアジ　573, 583
Trachurus novaezelandiae　ニュージーランドマアジ　583
Trachurus trachurus　ニシマアジ　583
Triakis scyllium　ドチザメ　92
Tribolodon　ウグイ属　197
Tribolodon brandtii maruta　マルタ　262
Tribolodon hakonensis　ウグイ　119, 246, 529
Trichiuridae　タチウオ科　573
trichiurids　タチウオ類　85, 117, 406
Trichiurus japonicus　タチウオ　456
trichodontids / sandfishes　ハタハタ類　432
Trichogaster lalius　ドワーフグラミー　356
Trichomycterus　トリコミクテルス属　258
Tridentiger brevispinis　ヌマチチブ　484, 524
Tridentiger obscurus　チチブ　484
triglids / searobins　ホウボウ類　109, 302
Trimma okinawae　オキナワベニハゼ　291, 353, 355
Tripterygiidae　ヘビギンポ科　30
Tripterygiidae　ベラギンポ科　78
trout　マス類　142, 567

■ U

Uranoscopus japonicus　ミシマオコゼ　420
Urocampus nanus　オクヨウジ　512

■ V

Valenciennea longipinnis　サザナミハゼ　322
Variola louti　バラハタ　575
Velifer hypselopterus　クサアジ　72
Vellitor　スイ属　198
Verasper variegatus　ホシガレイ　463

■ W

wrass　ベ　ラ　426

■ X

Xiphias gladius　メカジキ　582
xiphiids / swordfishes　カジキ類　86, 242, 373
Xiphioidei　カジキ亜目　275
Xiphophorus　ソードテール属　89
Xiphophorus maculatus　プラティ　399, 498

■ Z

Zeiformes　マトウダイ目　73
zeiforms / dories　マトウダイ類　84
Zeus faber　マトウダイ　316
Zoarces gilli　コウライガジ　198
Zoarcidae　ゲンゲ科　191, 198, 364, 374
zoarcids / eelpouts　ゲンゲ類　85, 108

人名索引

＊本文中で述べられた人名を取り上げている

■あ

会田龍雄　Aida Tatsuo　386
アベリー, O. T.　Avery, O. T.　438
アリストテレス　Aristotle　2, 35, 80, 316
アルファロ, M. E.　Alfaro, M. E.　73
池田博美　Ikeda Hiromi　43
岩松鷹司　Iwamatsu Takashi　386
ヴァランシエンヌ, A.　Vallenciennes, A.　5, 43
ヴェゲナー, A. L.　Wegener, A. L.　168
ウォルム, O.　Worm, O.　2
ウォレス, A. R.　Wallace, A. R.　164
内田恵太郎　Uchida Keitaro　402
内村鑑三　Uchimura Kanzo　6
エカテリーナ2世　Yekaterina II　5
エシュマイヤー, W. N.　Eschmeyer, W. N.　44
沖山宗雄　Okiyama Muneo　402
オルティ, G.　Orti, G.　51

■か

川那部浩哉　Kawanabe Hiroya　218
岸上鎌吉　Kishinouye Kamakichi　11
キュビエ, G.　Cuvier, G　5, 43
クック, J.　Cook, J.　4
倉谷　滋　Kuratani Shigeru　95
グラハム, J. B.　Graham, J. B.　236
クリズウェル, K. E.　Criswell, K. E.　106
クリック, F. H. C.　Crick, F. H. C.　438
グリーンウッド, P. H.　Greenwood, P. H.　48, 73
クルーゼンシュテルン, I. F.　Krusenstern, I. F.　5
グロス, R. M.　Gross, R. M.　246
グロノビウス, L. T.　Gronovius, L. T.　3
ゲスナー, C.　Gessner, C.　3

■さ

ジェンキンズ, O. P.　Jenkins, O. P.　26
シーボルト, P. F.　Siebold, P. F.　5, 43
シュレーゲル, H.　Schlegel, H.　6, 25, 26
ジョーダン, D. S.　Jordan, D. S.　6, 43
ジョンソン, G. D.　Johnson, G. D.　50
ストリックランド, H.　Strickland, H.　29
スナイダー, J. O.　Snyder, J. O.　7
ソランダー, S.　Solander, S.　4

■た

大黒屋光太夫　Daikokuya Koudayu　5
ダーウィン, C. R.　Darwin, C. R.　11, 18, 29, 48, 89, 127, 178, 318, 438
田中茂穂　Tanaka Shigeho　6, 25, 43
田中　克　Tanaka Masaru　403
ツュンベリー, C. P.　Thunberg, C. P.　4, 11
ティレジウス, W. G.　Tillesius von Tilenau, W. G.　5
ティンバーゲン, N.　Tinbergen, N.　270, 318
ディーン, B.　Dean, B.　414
デーデルライン, L.　Döderlein, L.　26
テミンク, C. J.　Temminck, C. J.　6, 25, 26

■な

中島　淳　Nakajima Jyun　43
中野　繁　Nakano Shigeru　218
中坊徹次　Nakabo Tetsuji　43
西田　睦　Nishida Mutsumi　51

ネルソン, G.　Nelson, G.　51, 72
ネルソン, J. S.　Nelson, J. S.　20, 50
ネルソン, R.　Nelson, R.　149

■は

ハウタイン, M.　Houttuyn, M.　4, 6
パーカー, G. A.　Parker, G. A.　285
パーキンソン, S.　Parkinson, S.　4
パターソン, C.　Patterson, C.　50
バート, H. L., Jr.　Bart, H. L., Jr.　44
ハブス, C. L.　Hubbs, C. L.　178
バーロウ, G. W.　Barlow, G. W.　288
バンクス, J.　Banks, J.　4
ハンター, J.　Hunter, J.　88
ビードル, G. W.　Beadle, G. W.　438
ビーミス, W. E.　Bemis, W. E.　106
ビュフォン, G. -L. L.　Buffon, G. -L. L.　3
ヒルゲンドルフ, F. M.　Hilgendorf, F. M.　6
ファーマン, L. A.　Fuiman, L. A.　272
ブーガンヴィル, L. -A.　Bougainville, L. -A.　4
ブリーカー, P.　Bleeker, P.　25, 205
フレデリック, A　Frederik, A　3
フロージー, R.　Froese, R.　44
ベタンクール-R. R.　Betancur-R. R　75, 76
ベルグ, L. S.　Berg, L. S.　48
ヘルフマン, G. S.　Helfman, G. S.　88
ボヴェリ, T.　Boveri, T.　438
ボスマン, M.　Boeseman, M　25
ポーリー, D.　Pauly, D.　44
堀　道雄　Hori Michio　219

■ま

マイア, E.　Mayr, E.　16, 18
マイヤース, G. S.　Myers, G. S.　48
牧野富太郎　Makino Tomitaro　42
益田　一　Masuda Hajime　580
松原喜代松　Matsubara Kiyomatsu　7
松原新之助　Matsubara Shinnosuke　6
三宅貞祥　Miyake Sadayoshi　43
宮　正樹　Miya Masaki　51, 493
メンデル, G. J.　Mendel, G. J.　438
モーガン, T. H.　Morgan, T. H.　438

■や

山本時男　Yamamoto Tokio　386
ヨルト, J.　Hjort, J.　211

■ら

ラクスマン, K.　Laxman, K.　5
ラクスマン, A.　Laxman, A.　5
ラングスドルフ, G. H.　Langsdorff, G. H.　5
ランドール, J. E.　Randall, J. E.　178
リーガン, C. T.　Regan, C. T.　48
李　時珍　Li, Shizen　42
リンネ, C.　Linnaeus, C.　2, 10, 13, 20, 29
ルアー, C. A.　Luer, C. A.　102
ルコントワ, G.　Lecointre, G.　51
レザノフ, N. P.　Rezanov, N. P.　5
レセップス, F. M. V.　Lesseps, F. M. V.　528
ローゼン, D. E.　Rosen, D. E.　48, 72

■わ

ワイツマン, S. H.　Weitzman, S. H.　48
ワイリー, E. O.　Wiley, E. O.　44, 51

魚類学の百科事典

平成30年10月5日　発　行

編　者　一般社団法人　日本魚類学会

発行者　池　田　和　博

発行所　丸善出版株式会社

〒101-0051 東京都千代田区神田神保町二丁目17番
編集：電話(03)3512-3266／FAX(03)3512-3272
営業：電話(03)3512-3256／FAX(03)3512-3270
https://www.maruzen-publishing.co.jp

組版印刷・株式会社 日本制作センター／製本・株式会社 星共社

ISBN 978-4-621-30317-7 C 0544　　Printed in Japan